GESCHICHTE DES DEUTSCHEN VERBRENNUNGSMOTORENBAUES

VON 1860 BIS 1918

VON

DR.-ING. DR.-ING. E. H. FRIEDRICH SASS

PROFESSOR AN DER TECHNISCHEN UNIVERSITÄT BERLIN

MIT 373 ABBILDUNGEN
18 PORTRÄTS UND EINER ZEITTAFEL

SPRINGER-VERLAG BERLIN HEIDELBERG GMBH

1962

Additional material to this book can be downloaded from http://extras.springer.com

ISBN 978-3-662-11843-6   ISBN 978-3-662-11842-9 (eBook)
DOI 10.1007/978-3-662-11842-9

ALLE RECHTE, INSBESONDERE DAS DER ÜBERSETZUNG IN FREMDE SPRACHEN, VORBEHALTEN

© BY SPRINGER-VERLAG BERLIN HEIDELBERG 1962
URSPRÜNGLICH ERSCHIENEN BEI SPRINGER-VERLAG OHG, BERLIN/GÖTTINGEN/HEIDELBERG 1962
SOFTCOVER REPRINT OF THE HARDCOVER 1ST EDITION 1962

Vorwort

„Nichts ist mehr zu wünschen, als daß Deutschland gute Geschichtschreiber haben möge; sie allein können machen, daß sich die Ausländer mehr um uns bekümmern", sagt Georg Christoph Lichtenberg und setzt hinzu: „Ich wünschte aber wohl zu wissen, inwieferne der Deutsche jetzt zu einer solchen Geschichte fähig ist; ich sage meine Meinung mit einiger Furcht. Der eigentliche Professor . . . ist der Mann, der unter allen am wenigsten fähig ist, ein großer Geschichtschreiber zu werden."

Eine Arbeitsgemeinschaft für die Geschichte des deutschen Verbrennungsmotorenbaues, die sich Anfang 1951 aus den Vertretern der ersten deutschen Motorenfabriken gebildet hat, glaubte die Warnung Lichtenbergs nicht beachten zu sollen. Sie übertrug einem Professor die Aufgabe, in einem Geschichtswerk den Anteil zu beschreiben, den Deutschland an der Entwicklung der Verbrennungskraftmaschine — nur die Kolbenkraftmaschine ist gemeint — gehabt hat. Dem kleinen, verwachsenen, geistreichen Lehrer der Mathematik und Physik der Göttinger Universität hätte sie vielleicht entschuldigend erwidern können, daß der von ihr Beauftragte dem Beruf nach Ingenieur sei, der in einer mehr als vierzigjährigen Praxis durch eine ständige Beschäftigung mit den angewandten Naturwissenschaften zu strenger Wahrheitsliebe erzogen worden und der zudem im Verbrennungskraftmaschinenbau während mehrerer Jahrzehnte schaffend tätig gewesen sei. Die Leistung eines großen Geschichtsschreibers erwarte man nicht von ihm; ihr, der Arbeitsgemeinschaft, liege nur an einer auf geschichtlicher Wahrheit beruhenden Darstellung der Entwicklung der Verbrennungskraftmaschine, soweit sie sich in Deutschland vollzogen hat. Eine solche Geschichte könne nur jemand schreiben, der als Fachmann auf diesem Gebiet gearbeitet habe. Ob der berühmte Göttinger Professor, dessen Leben 1799 endete, sich mit diesem Bescheid zufriedengegeben haben würde, kann hier dahingestellt bleiben.

Wie aber soll man, belastet durch Lichtenbergs Urteil und als Ingenieur gewohnt, mehr in die Zukunft als in die Vergangenheit zu blicken — wie soll man unter solchen Gegebenheiten die Geschichte einer technischen Entwicklung schreiben? Ein namhafter Schriftsteller äußerte unlängst mir gegenüber: „Eine Technikgeschichte sollte immer zugleich eine Kulturgeschichte sein." Wenn dies zutrifft, dann weist das vorliegende Werk einen Mangel auf, denn kulturgeschichtliche Parallelen zur Entwicklung des Verbrennungsmotors habe ich in meiner Darstellung nicht gezogen. Ich habe es unterlassen, weil ich nicht glaube, daß jene Aussage unbedingte Gültigkeit hat. Die Technik entwickelt sich stetig aufwärts; ihre staunenerregenden Leistungen haben wir täglich vor Augen. Daß die Entwicklung der Kultur die gleiche Aufwärtsrichtung ständig einhält, sehe ich nicht, wenn ich dem Begriff der Kultur die von bevorzugten Menschen geschaffenen geistigen Güter zuordne, deren Besitz das Innenleben des Menschen auf eine höhere Stufe hebt. Mir scheint, daß wir heute mehr von den Kulturgütern der Vergangenheit leben als von dem, was die Lebenden dem Vorhandenen hinzufügen. So teile ich die Meinung WALTER BAUERSFELDs, des kürzlich verstorbenen bedeutenden Ingenieurs, der durch seine hervorragenden Leistungen auf dem Gebiet der Optik und weiten Kreisen als Schöpfer des Planetariums bekannt geworden ist. „Ich will betonen", sagte er anläßlich seines fünfzigjährigen Doktor-Jubiläums im Dezember 1955, „daß für die Erziehung zum schöpferischen Arbeiten nichts besser ist als eine Geschichte der technischen Erfindungen, wobei aber der Schwerpunkt nicht auf der Lebensgeschichte der Erfinder liegt wie bei der Literaturgeschichte, sondern auf den wesentlichen Leistungen, die die Technik vorwärts gebracht haben"[1]. An diese Richtlinie habe ich mich gehalten, bevor ich die Bestätigung in BAUERSFELDs Rede fand. Ich habe mich bemüht, die Leistungen der großen Erfinder, die Deutschland auf dem Gebiet des Verbrennungsmotorenbaues gehabt hat, und die ihrer bedeutenden Mitarbeiter und hervorragenden Nachfolger so zu schildern, wie der Ingenieur sie sieht. Einzelheiten aus dem Leben dieser Männer mag man in den Monographien nachlesen, die wir von ihnen besitzen und die uns ein Bild ihrer Persönlichkeit vermitteln; die wichtigsten sind im Schrifttum genannt. Wir werden hier in erster Linie ihre Taten sprechen lassen.

Eine Geschichtsschreibung sollte nicht aus zusammengetragenen älteren Veröffentlichungen bestehen; der Schreiber läuft sonst Gefahr, auch die Fehler abzuschreiben, die seine Vorgänger gemacht haben. Die Geschichtsschreibung muß überall bemüht sein, auf die Quellen zurückzugehen, d. h. auf die ältesten erreichbaren Dokumente. Das ist bei dem hier vorliegenden Geschichtswerk geschehen. Ermöglicht wurde es durch eine großzügige Forschungsarbeit, die von der einleitend erwähnten Arbeitsgemeinschaft veranlaßt worden ist. Die Archive aller heute bestehenden deutschen Firmen, soweit sie einen Beitrag zur Entwicklung des Verbrennungsmotors geliefert haben, wurden sorgfältig durchkämmt, und es wurden Abschriften aller wichtigen Schriftstücke und Kopien der Zeichnungen genommen, die etwas über die Entwicklung aussagen. Auch das Archiv des Deutschen Museums in München, das sein reiches Material bereitwillig zur Verfügung gestellt hat, stand uns offen. Geleistet hat die ganze umfangreiche Vorarbeit Professor Dr.-Ing. *K. Schnauffer*, München, der im Auftrag der Arbeitsgemeinschaft in acht Jahren zahlreiche, 32 Doppelbände füllende Auszüge aus den Akten der Archive zusammengetragen hat.

Als Unterlagen standen mir ferner zur Verfügung bisher unveröffentlichte Handschriften[2,3] von PAUL MEYER (früher Delft), einem der ältesten Mitarbeiter RUDOLF DIESELs, und von IMANUEL LAUSTER, der die Entwicklung des Dieselmotors in dessen Frühzeit entscheidend beeinflußt hat. Zahlreiche einzelne Mitteilungen unserer Motorfirmen haben das Bild ergänzt, das der deutsche Verbrennungsmotorenbau in dem ersten halben Jahrhundert seines Bestehens bietet. Natürlich habe ich auch die ältere deutsche und ausländische Literatur berücksichtigt, soweit sie mir zugänglich ist. Einzelne Abbildungen sind ihr entnommen, jedoch nur nach sorgfältiger Prüfung, ob die Darstellung mit den alten Dokumenten übereinstimmt.

So entstand eine Stoffmenge von sehr großem Umfang, aus der für die Drucklegung eine Auswahl zu treffen war. Das bot keine Schwierigkeiten, denn wer von den hundert Jahren, die seit dem Beginn des deutschen Verbrennungsmotorenbaues verstrichen sind, sechzig Jahre beobachtend miterlebt hat, sieht rückschauend klar, was für die Entwicklung wichtig gewesen ist. Weniger einfach war es, den verbleibenden, immer noch umfangreichen Stoff so zu gliedern, daß ein deutliches Bild der Vergangenheit entsteht. Für die Einteilung erschien eine andere als die chronologische Form nicht tunlich. Der zeitliche Anfang war gegeben; es ist die Jahreswende 1860/1861, als N. A. OTTO zum erstenmal vom Lenoir-Motor hörte. Als obere Zeitgrenze habe ich in Übereinstimmung mit der Archivforschung die Jahre 1914—1918 gewählt; eine spätere Begrenzung hätte den Umfang des Buches zu sehr anschwellen lassen. So umfaßt die vorliegende Darstellung etwa die ersten 60 Jahre des deutschen Verbrennungsmotorenbaues.

Der gesamte Stoff wurde in eine Anzahl von Abschnitten zerlegt, die sich zwar unvermeidlich teilweise zeitlich überdecken, aber doch nur so, daß der Leser sich nicht zu oft und zu weit aus einer späteren in eine frühere Zeit zurückzuversetzen braucht. Angefangen hat man in Deutschland und den anderen Ländern mit dem Bau von Gasmotoren; dann kamen die Benzin- und Petroleummotoren; erst 1893 tritt DIESEL auf, dessen Motor sieben Jahre brauchte, bis er die Anfangsschwierigkeiten überwunden hatte. So konnten die Otto-Motoren (Abschnitte II bis XXIII) von den Diesel- und anderen Schwerölmotoren (Abschnitte XXIV bis XXXIII) zwanglos in der Darstellung getrennt werden. Die dem Schluß des Textteiles beigefügte Zeittafel erleichtert den Überblick. Sie zeigt zugleich im Umriß, wann unsere großen deutschen Firmen mit dem Motorenbau begonnen haben und welche Wandlungen es dabei gegeben hat.

Die Vorgeschichte des Verbrennungsmotorenbaues liegt ganz im Ausland. Die ersten Motoren, die sich gedreht haben, mögen sie auch recht unvollkommen gewesen sein, sind nicht in Deutschland gebaut worden, sondern in England, Frankreich und den USA; auch der Bau der ersten atmosphärischen Gaskraftmaschine ist den Italienern BARSANTI und MATTEUCCI einige Jahre vor N. A. OTTO gelungen. Unsere ersten Lehrmeister waren Ausländer. Über diese Frühzeit berichtet Abschnitt I des Buches. Dabei war ich für die Darstellung ganz auf die älteste deutsche und ausländische Literatur angewiesen, in der vielleicht nicht alle Geschehnisse richtig wiedergegeben worden sind.

Nur den deutschen Verbrennungsmotorenbau hatte ich nach der mir gestellten Aufgabe zu behandeln. Den Motorenbau des Auslandes einzubeziehen würde eine Durchforschung der ausländischen Archive voraussetzen, eine Arbeit, die nur in dem betreffenden Land geleistet werden kann. Die Beschreibung der deutschen Entwicklung darf jedoch die Anregungen nicht außer acht lassen, die sie aus dem Ausland erhalten hat. Die wichtigste habe ich schon erwähnt: Zur Beschäftigung mit dem Verbrennungsmotorenbau ist NICOLAUS AUGUST OTTO durch den Motor des Franzosen JEAN JOSEPH LENOIR angeregt worden. RUDOLF DIESEL wollte den Prozeß verwirklichen, den der französische Genie-Offizier SADI CARNOT 1824 angegeben und theoretisch als den wirtschaftlichsten begründet hat. Die Motoren des Amerikaners BRAYTON und des Engländers HERBERT AKROYD STUART bezeichnet DIESEL als „seine wichtigsten Antecedentien". In Magdeburg hat die kleine Firma Buss, Sombart & Co. von 1878 bis 1886 einen von dem Franzosen ALEXIS DE BISSCHOP konstruierten Kleinmotor in Lizenz gebaut. Die Maschinenbau-Gesellschaft Nürnberg fertigte ihre ersten Gasmotoren nach Konstruktionszeichnungen des russischen Ingenieurs BORIS LOUTZKY (später BORIS VON LOUTZKOY) an. Daß der englische Dampfmaschinenbau, der um 1860 dem deutschen weit überlegen war, auf die konstruktive Gestaltung des Gasmotors großen Einfluß gehabt hat, ist deutlich erkennbar.

Wo das Ausland erwähnt wird, habe ich im allgemeinen davon abgesehen, Untersuchungen der Priorität anzustellen. Ob irgendeine Entwicklung in dem einen Land etwas früher aufgenommen worden ist als in einem anderen, ist für die Gesamtheit unwichtig. Die Nationen verdanken einander viel, nicht nur auf dem Gebiet des Verbrennungsmotorenbaues; das zu bedenken ist förderlicher als ein unfruchtbarer Prioritätsstreit. Nur zu den Fragen der Priorität BEAU DE ROCHAS — OTTO und AKROYD — DIESEL habe ich ausführlicher Stellung genommen, weil die Erörterungen, die sich an diese Namen knüpfen, immer noch nicht verstummt sind. Das ist nur zu erreichen, wenn man auf beiden Seiten gewillt ist, die Leistung des anderen anzuerkennen.

Für die Darstellung einer technischen Entwicklung genügt das geschriebene Wort nicht; es muß durch Zeichnung und Lichtbild ergänzt werden. Die Vorlagen der Abbildungen dieses Buches entstammen wie der Text zu einem wesentlichen Teil der Archivforschung. Nur die Bilder aus der Frühzeit sind der alten Literatur entnommen, in der sie nicht immer technisch richtig dargestellt sind, wie man bei genauerer Betrachtung einzelner Abbildungen aus der älteren Zeit erkennt. Es schien mir aber richtig, daran nichts zu ändern. Alle Bilder werden durch Unterschrift und, wo es zweckmäßig erschien, durch Buchstabenhinweise auf einzelne Teile so erläutert, daß auch der im Lesen technischer Zeichnungen weniger Geübte ein Bild von den imponierenden Leistungen unserer großen Ingenieure erhält.

Manches wird man in diesem Buch anders lesen, als es bisher dargestellt worden ist. Von dem „Kgl. bayerischen Hofuhrmacher" CHRISTIAN REITHMANN z. B., der schon vor N. A. OTTO einen Viertaktmotor gebaut haben will, bleibt nichts übrig als das Bild eines intelligenten und emsigen Bastlers, der von seiner Beschäftigung mit dem Verbrennungsmotor so fasziniert war, daß er schließlich glaubte, das Viertaktverfahren schon vor OTTO erfunden zu haben. Das Landgericht München hatte ihm dies bescheinigt, das Oberlandesgericht München und das Reichsgericht haben die Legende zerstört, nur erfuhr es die Öffentlichkeit nicht. — CONRAD MATSCHOSS' Meinung, man könne die Leistungen GOTTLIEB DAIMLERs und WILHELM MAYBACHs nicht auseinanderhalten, zeigt sich im Licht der Archivforschung als nicht haltbar. WILHELM MAYBACH ist der eigentliche Schöpfer des raschlaufenden Verbrennungsmotors; alle konstruktiven Einzelheiten, welche die Entwicklung gefördert haben, stammen von ihm, dem „Roi des Constructeurs". GOTTLIEB DAIMLERs großes Verdienst bleibt es, als erster und früher auch als WILHELM MAYBACH erkannt zu haben, daß der Verbrennungsmotor als Schnelläufer gebaut werden kann, mit größter Zähigkeit dieses Ziel verfolgt und es dem mittellosen WILHELM MAYBACH ermöglicht zu haben, seine wundervollen schöpferischen Leistungen zu vollbringen. — Auch über Einzelheiten aus der Entstehungsgeschichte des Dieselmotors hat die Archivforschung volle Klarheit erbracht. RUDOLF DIESEL hat als einer der Ersten erkannt, daß seine beiden Grundpatente ein unmögliches Verfahren beschreiben, wenn er dies auch in der Öffentlichkeit nie zugegeben und seine Patente gegen alle Angriffe erfolgreich verteidigt hat. Aber DIESEL hat auch als erster das Mittel angegeben, das sein Verfahren brauchbar gemacht hat und das wir noch heute bei allen Motoren, die seinen Namen tragen, im Grundsatz anwenden.

Die Geschichte des Verbrennungsmotorenbaues hat einen spröden Stoff zum Gegenstand. Wer sie wahrheitsgetreu schreiben will, findet wenig Möglichkeiten, Anekdoten einzustreuen, mit denen manche Autoren den Leser bei der Trockenheit des Dargestellten erfrischen zu müssen glauben. Das Leben der großen Erfinder hat nur wenige heitere Momente aufzuweisen; es gab sie nur, wenn sich am Ende einer langen, mühevollen, zermürbenden Arbeit endlich der Erfolg zeigte. So etwa, wenn EUGEN LANGEN (1876) schreibt, der ruhige Lauf der kleinen Gasmaschine sei eine Engelsfreude gewesen; wenn KARL BENZ in seinen Erinnerungen sagt, daß er und seine Lebensgefährtin in der Stille der Neujahrsnacht 1879/80 ergriffen dem gleichmäßigen Geräusch lauschten, das der zum erstenmal ruhig arbeitende Gasmotor vernehmen ließ, oder wenn der 58jährige ERNST KÖRTING (1900) mit seinem Bruder einen Indianertanz um die sogleich bei der ersten Erprobung gut laufende Zweitakt-Großgasmaschine von 500 PS aufführte[4]. Solche kostbaren Augenblicke müssen im Leben des Ingenieurs mit schwerer Mühe erkauft werden. So weiß auch das hier vorliegende Geschichtswerk von wenig mehr als von harten Kämpfen mit der Materie — und mit Menschen — zu berichten, aber doch auch von großen Erfolgen.

Für meine Arbeit hatte ich mir völlige Unabhängigkeit vorbehalten. Alle Firmen haben sie mir gewährt; keine hat versucht, meine Darstellung zu beeinflussen, keine ein Zensurrecht gewünscht. So konnte ich ungestört die in den Archiven aufbewahrte Vergangenheit sprechen lassen und dem Buch die Worte jenes alten griechischen Geschichtsschreibers vorsetzen.

Berlin, im Oktober 1961   F. Sass

Inhaltsverzeichnis

Seite

I. Von den Anfängen bis Lenoir (1673—1860)   2
Christian Huygens S. 2 · Jean de Hautefeuille S. 3 · Denis Papin S. 3 · John Barber S. 4 · Robert Street S. 4 · Philippe Lebon S. 5 · Isaac de Rivaz S. 5 · William Cecil S. 5 · Samuel Brown S. 6 · Wellman L. Wright S. 6 · William Barnett S. 7 · Alfred Drake S. 8 · Barsanti und Matteucci S. 8 · Degrand S. 10 · Lenoir und sein Motor S. 11

Erster Teil

Ottomotoren

II. N. A. Ottos erste Begegnung mit dem Verbrennungsmotor (1860—1862)   19
Jugendjahre S. 19 · Der Kaufmann Otto hört vom Lenoir-Motor S. 19 · Er und sein Bruder wollen den Motor mit den Dämpfen kohlenwasserstoffhaltiger Flüssigkeiten betreiben S. 20 · Otto läßt einen Lenoir-Motor nachbauen S. 21 · Seine Versuche veranlassen ihn zum Bau eines Vierzylindermotors S. 23 · Heftige Zündstöße zertrümmern den Motor S. 25

III. Die atmosphärische Gaskraftmaschine (1862—1876) — N. A. Otto & Cie. (1864) — Gründung der Gasmotoren-Fabrik Deutz (1872)   25
Ottos erste atmosphärische Gaskraftmaschine S. 26 · Otto gründet mit Eugen Langen die Firma N. A. Otto & Cie. S. 28 · Die atmosphärische Maschine wird von ihm und Langen verbessert S. 29 · Die atmosphärische Gaskraftmaschine von 1867 S. 31 · Die Steuerung von Gaswechsel und Zündung der Maschine von 1867 S. 33 · Die Pariser Ausstellung 1867 S. 34 · Die Firma Langen, Otto & Roosen S. 36 Gründung der Gasmotoren-Fabrik Deutz S. 36 · Gottlieb Daimler und Wilhelm Maybach treten in die Firma ein S. 37 · Monteur Gilles versucht, die atmosphärische Maschine nachzubauen S. 38

IV. Otto erfindet den Viertaktmotor (1876)   39
In der Gasmotoren-Fabrik vor Ottos Erfindung S. 39 · Die Erfindung S. 41 · Ottos erster Viertaktmotor S. 43 · Steuerung und Zündung des ersten Viertaktmotors S. 45 · Ottos neuer Motor wird fabriziert S. 50 · Das DRP 532 vom 4. August 1877 S. 51 · Das DRP 2735 S. 52 · Ottos Viertaktmotor auf dem Markt S. 53 · Waren Daimler und Maybach an Ottos Erfindung beteiligt? S. 55

V. Die Priorität am Viertaktverfahren   56
Beau de Rochas S. 56 · Reithmann in der Technikgeschichte S. 58 · Der Prozeß gegen Reithmann vor dem Landgericht München I S. 60 · Vertrag der Gasmotoren-Fabrik mit Reithmann S. 63 · Der Prozeß Deutz gegen Reithmann vor dem Oberlandesgericht München S. 64 · Das Reichsgericht zum Urteil des Oberlandesgerichts S. 64 · Reithmann als Erfinder S. 65

VI. In der Gasmotoren-Fabrik Deutz bis zum Ausscheiden Daimlers und Maybachs (1876—1882)   66
Vorübergehende Entfremdung zwischen Otto und Langen S. 66 · Die Gasmotoren-Fabrik vergibt Lizenzen S. 68 · Der Deutzer „A"-Motor S. 69 · Ottos Zwillingsmotor S. 70 · Der Deutzer Verbundmotor S. 71 · Das DRP 14254 vom 31. Dezember 1879 S. 73 · Daimlers letzte Jahre in Deutz S. 74 · Auch Maybach verläßt Deutz S. 76 Wilhelm Maybachs letzte Arbeiten in Deutz S. 78

VII. Daimler und Maybach im Gartenhaus der Villa Daimlers in Cannstatt (1882—1887)   79
Die Arbeit in Cannstatt beginnt S. 80 · Die gesteuerte und die ungesteuerte Glührohrzündung S. 80 · Daimlers DRP 28022 vom 16. Dezember 1883 S. 82 · Daimlers

und Maybachs erster schnellaufender Versuchsmotor S. 85 · Daimlers Kurvennutensteuerung S. 86 · Gottlieb Daimler verhandelt mit Deutz S. 88 · Die Standuhr S. 88
Maybachs Schwimmervergaser S. 93 · Erstes Motorrad mit Daimler-Maybach-Motor S. 96 · Der erste vierrädrige Motorwagen S. 100 · Daimlers und Maybachs erstes Motorboot S. 102 · Die Werkstatt in Daimlers Garten wird zu eng S. 104

VIII. Karl Benz in Mannheim (1876—1890) 104
Gründung der Gasmotoren-Fabrik in Mannheim und Austritt S. 106 · Benz & Co., Rheinische Gasmotoren-Fabrik in Mannheim S. 107 · Karl Benz' verbesserter Gasmotor von 1884 S. 107 · Benz entwickelt die Batteriezündung S. 110 · Benz' Arbeiten an seinem Motor S. 111 · Schwierigkeiten mit dem Patentamt S. 112
Karl Benz' erster Viertakt-Wagenmotor S. 113 · Benz' erster Motorwagen S. 118
Die Summerzündung von 1885 S. 121 · Karl Benz' Schwimmervergaser S. 122
Die Rheinische Gasmotoren-Fabrik bis 1890 S. 124

IX. Auch in Hannover und Magdeburg beginnt man Gasmotoren zu bauen 126
Die Hannover'sche Maschinenbau-AG (1877—1882) S. 126 · Aufnahme des Gasmotorenbaues S. 127 · Der Gegenkolbenmotor von Kindermann S. 128 · Der Motor von Wittig und Hees S. 129 · Otto droht mit Patentverletzungsklage S. 132 · Die Hannover'sche Maschinenbau-AG gibt den Gasmotorenbau auf S. 133
Buss, Sombart & Co. (1879—1892) S. 134 · Der Bisschop-Motor S. 134 · Sombart baut Zweitaktmotoren eigenen Systems und geht 1886 zum Viertakt über S. 137
Buss, Sombart & Co. verkaufen ihren Motorenbau an Krupp-Gruson S. 139
Gebrüder Körting (1881—1887) S. 139 · Gebr. Körting bauen Zweitakt-Gasmotoren S. 140 · Die Gasflammenzündung von Lieckfeld S. 142 · Auch die Gebr. Körting gehen zum Viertakt über S. 144

X. Die Gasmotoren-Fabrik Deutz nach dem Ausscheiden Daimlers und Maybachs bis zum Tod Ottos (1882—1891). Der Reichsgerichtsprozeß um das DRP 532 (1886) 147
Der stehende Deutzer C-Motor S. 147 · Deutz baut Gaserzeugungsanlagen S. 149
Man sucht in Deutz nach einem elektrischen Zündverfahren S. 151 · Otto erfindet die magnetelektrische Niederspannungszündung S. 153 · Der erste Deutzer Benzinmotor S. 155 · Deutz benutzt auch die Glührohrzündung S. 158 · Anfänge der Hochspannungs-Magnetzündung S. 160
Der Reichsgerichtprozeß um das DRP 532 S. 162 · Die Entstehung des Streites S. 162 · Verlauf der ersten Nichtigkeitsklage S. 163 · Die zweite Nichtigkeitsklage S. 164
Ottos letzte Jahre S. 166

XI. Daimler und Maybach auf dem Seelberg (1887) 167
Der 1 PS-Motor besteht seine ersten Erprobungen S. 168 · Der Zweizylinder-V-Motor S. 168 · Maybachs Stahlradwagen mit Zahnradwechselgetriebe S. 172
Maybachs erster Vierzylindermotor S. 175 · Maybachs erster Kühlwasserrückkühler S. 181 · Gründung der Daimler-Motoren-Gesellschaft S. 181 · Maybach tritt die Stelle als technischer Direktor der Daimler-Motoren-Gesellschaft nicht an S. 183

XII. Maybach in der Königstraße und im Hotel Hermann (1891—1895) ... 183
Maybach nimmt Wohnung in der Königstraße S. 184 · Er verbessert den Riemenwagen S. 184 · Maybachs Schwungradkühlung S. 185 · Im Hotel Hermann S. 186
Der Phönix-Motor S. 187 · Gottlieb Daimler und der Phönix-Motor S. 191 · Maybachs Spritzdüsenvergaser S. 193 · Arbeiten am Wagengestell S. 196 · Gottlieb Daimler in den Jahren Königstraße — Hotel Hermann S. 198

XIII. Die Daimler-Motoren-Gesellschaft ohne Maybach (1891—1895) ... 199
Der Anfang der Daimler-Motoren-Gesellschaft S. 200 · Gegensätze zwischen Daimler und dem Aufsichtsrat S. 201 · Die von Schrödter gebauten Motoren S. 204 · Die Lage der Daimler-Motoren-Gesellschaft verschlechtert sich S. 209
Der Petroleummotor der Brüder Spiel S. 211 · Die Konkurrenz der Daimler-Motoren-Gesellschaft S. 216 · Der Motor von Johannes Spiel S. 216 · Die Capitaine-Motoren S. 220 · Daimlers Stellung in der Gesellschaft S. 224 · Die Einigungsverhandlungen S. 227

	Seite
XIV. Maybach technischer Direktor der Daimler-Motoren-Gesellschaft (1895). Tod Daimlers (1900)	230

Maybachs erste Arbeiten in der Daimler-Motoren-Gesellschaft S. 230 · Maybach erfindet den Röhrenkühler S. 233 · Der Röhrenkühler ermöglicht den Bau größerer Wagenmotoren und Wagen S. 236 · Übergang zur Bosch-Abreißzündung S. 239 Das Motorengeschäft dehnt sich aus S. 241 · Daimlers letzte Jahre S. 245 · Gottlieb Daimler in der Geschichte S. 248

XV. Der Motorenbau in Deutz nach Otto bis zur Jahrhundertwende (1891—1900)	249

Konstruktive Entwicklung der Deutzer Motoren S. 249 · Die Deutzer Glührohrzündung mit Anfahrsteuerung S. 251 · Ottos Membransteuerung des Auspuffventils S. 253 · Die Deutzer Petroleummotoren S. 255 · Deutzer Spiritusmotoren S. 259

XVI. Die Rheinische Gasmotoren-Fabrik bis zu Karl Benz' Austritt (1890 bis 1903)	260

Benz' Arbeiten am Wagenmotor S. 260 · Benz verbessert die Summerzündung S. 263 · Der „Velo"-Wagen mit 1½ PS-Motor S. 265 · Ortsfeste Motoren S. 266 Karl Benz' „Contra"-Motor S. 268 · Die Firma Benz & Co. ändert ihren Namen in „Benz & Cie." S. 269 · Benz & Cie. stellen Gasgeneratoren her S. 270 · Bau größerer Gasmotoren S. 272 · Das Motorwagen-Geschäft verschlechtert sich S. 274 · Karl Benz tritt aus der Firma aus S. 275 · Daimler-Maybach und Karl Benz S. 276

XVII. Nach dem Fall des DRP 532 liefert Körting Viertakt-Gasmaschinen (1887—1900)	278

Stehende Körting-Kleinmotoren S. 278 · Liegende Viertaktmotoren S. 281 · Der Körting-Viertaktmotor Type M S. 282 · Liegender Körting-Kleinmotor Type MA S. 285 · Liegende einfachwirkende Viertakt-Tandemmaschine S. 286

XVIII. Krupp-Gruson übernimmt den Motorenbau von Buss, Sombart & Co. (1893)	288

Ebbs führt den Gasmotorenbau bei Krupp-Gruson ein S. 288 · Ebbs versucht, Petroleummotoren zu bauen S. 292 · Krupp-Gruson tritt den Motorenbau an die Maschinenbau-Gesellschaft Nürnberg ab S. 294

XIX. Die Maschinenbau-Gesellschaft Nürnberg mit Boris Loutzky (1891 bis 1897). Nürnberg übernimmt 1898 den Motorenbau von Krupp-Gruson	294

Loutzkys Hammertype S. 294 · Loutzky in Nürnberg S. 295 · Die regelbare Glührohrzündung S. 296 · Stehender Benzinmotor mit Saugluft-Zerstäubung S. 297 Stehender Gasmotor mit senkrechter Steuerwelle S. 298 · Loutzky verläßt Nürnberg S. 302 · Nürnberg übernimmt den Motorenbau von Krupp-Gruson S. 302

XX. Die Großgasmaschine vor und nach der Jahrhundertwende	304

Oechelhäuser und Junkers S. 305 · Gebr. Körting S. 311 · Gasmotoren-Fabrik Deutz S. 318 · Ehrhardt & Sehmer S. 323 · Maschinenbau-Gesellschaft Nürnberg S. 329 · Friedrich Wilhelms-Hütte S. 335 · Maschinenfabrik Thyssen & Co. S. 336 Märkische Maschinenbauanstalt S. 337

XXI. Die Daimler-Motoren-Gesellschaft von 1900 bis zum Ausscheiden Maybachs 1907	339

Der erste Mercedes-Motor S. 340 · Der Paul Daimler-Wagen S. 344 · Der Simplex-Motor S. 346 · 300 PS-Motor für die russische Marine S. 347 · Das Gordon Bennett-Rennen 1903 S. 350 · Maybachs weitere Arbeiten in der Daimler-Motoren-Gesellschaft S. 351 · Der sechszylindrige Rennwagenmotor (1906) S. 352 · Maybachs Benzin-Dampfmotor S. 353 · Maybachs Benzinmotor mit Druckluftübertragung S. 354 · Maybach verläßt die Daimler-Motoren-Gesellschaft S. 355

XXII. Die Daimler-Motoren-Gesellschaft nach dem Ausscheiden Maybachs (1907) bis 1914	357

Die Kraftwagenmotoren der DMG von 1907 bis 1914 S. 357 · Luftschiffmotoren S. 362 · Flugmotoren S. 364 · Schiffsdieselmotoren S. 367

XXIII. Die ersten Jahre der Maybach-Motorenbau GmbH (1909—1918)	368

Wilhelm Maybach nimmt die Verbindung mit dem Grafen Zeppelin auf S. 369 · Der erste Maybach-Luftschiffmotor S. 370 · Der 250 PS-Maybach-Flugmotor S. 378

Inhaltsverzeichnis

ZWEITER TEIL

Dieselmotoren

XXIV. **Rudolf Diesels Erfindung (1891—1893)** 383
Der Carnot-Prozeß S. 385 · Diesel macht Versuche mit Ammoniak-Dämpfen S. 386
Diesel glaubt, das richtige Verfahren gefunden zu haben S. 388 · Das DRP
67207 vom 28. Februar 1892 S. 389 · Diesel sucht Linde und Moritz Schröter für
seine Erfindung zu interessieren S. 391 · Diesels Druckschrift „Theorie und Konstruktion eines rationellen Wärmemotors" S. 394 · Otto Köhler S. 399 · Diesel
findet das brauchbare Arbeitsverfahren S. 402 · Diesel wählt den richtigen Verdichtungsdruck S. 405 · Die Selbstzündung S. 406 · Das DRP 82168 vom 30. November 1893 S. 408 · Hatte Diesel Vorläufer? S. 412 · Der Brayton-Motor S. 413
Herbert Akroyd Stuart S. 415 · Dieselmotor und Akroyd-Motor S. 418 · Die Kritik
Riedlers S. 422 · Lüders' „Dieselmythus" S. 424

XXV. **Diesel schließt Lizenzverträge mit Augsburg, Krupp und Sulzer. Bau der ersten drei Versuchsmotoren in Augsburg (1892—1897)** 424
Verhandlungen und Vertragsabschluß mit der MAN S. 425 · Der Vertrag mit
Fried. Krupp S. 428 · Der Gemeinschaftsvertrag Augsburg-Krupp S. 431 · Der
Vertrag mit Gebrüder Sulzer S. 431 · Der erste in Augsburg gebaute Versuchsmotor S. 431 · Erste Versuchsreihe Juli/August 1893 S. 437 · Erster Umbau des
Versuchsmotors S. 439 · Zweite Versuchsreihe Januar/April 1894 S. 442 · Versuche mit direktem Einspritzen des Brennstoffs S. 442 · Versuche mit Verdampfen
des Brennstoffs („äußerer" Vergaser) S. 445 · Versuche mit Einblasen des Brennstoffs durch Druckluft S. 447 · Dritte Versuchsreihe Juni/September 1894 S. 449
Versuche mit „innerem" Vergaser und Zündvorrichtung S. 449 · Vierte Versuchsreihe Oktober/November 1894 S. 452 · Neuer „äußerer" Vergaser S. 452 · Versuche mit Leuchtgas S. 454 · Zweiter Umbau des Versuchsmotors S. 457 · Fünfte
Versuchsreihe März 1895/September 1896 S. 459 · Der Versuchsmotor erhält einen
angehängten Einblaseluftkompressor S. 462 · Krupp will vom Vertrag zurücktreten S. 464 · Meßfahrten und Abgasanalysen S. 466 · Neue Besprechungen mit
Krupp S. 466 · Der dritte Versuchsmotor S. 467 · Der dritte Versuchsmotor soll
mit Aufladung gebaut werden S. 467 · Imanuel Lauster S. 468 · Die Konstruktion
des dritten Versuchsmotors S. 469 · Sechste Versuchsreihe Oktober 1896/Anfang
1897 S. 474 · Der Motor wird Interessenten gezeigt S. 478 · Schröters Versuche und
die Hauptversammlung des VDI 1897 S. 480

XXVI. **Der Dieselmotor in seiner schwierigsten Zeit (1898—1900)** 481
Abschluß zahlreicher Lizenzverträge S. 482 · Die Diesel Motoren-Fabrik in Augsburg S. 484 · Köhler und Capitaine greifen Diesel an S. 486 · Die Münchener Ausstellung 1898 S. 488 · Die Lizenznehmer sind vom Dieselmotor schwer enttäuscht
S. 489 · Die Allgemeine Gesellschaft für Dieselmotoren S. 492 · Eigene Versuche
Diesels in den Jahren 1896 bis 1900 S. 493 · Diesels Compound-Motor S. 494 · Versuche mit verschiedenen Brennstoffen S. 496 · Leuchtgasversuche nach dem Otto-Verfahren S. 497 · Versuche mit Kohlenstaub S. 498 · Diesels Zerstäuberversuche
S. 499 · Versuche mit der Selbsteinblasung S. 500 · Diesels Vorschlag einer Druckeinspritzung S. 500 · Auflösung der Augsburger Versuchsstation S. 502 · Güldners
Zweitakt-Dieselmotor S. 502 · Der Kemptener Motor S. 505 · Der 50 PS-Motor
für Rugendas & Co. S. 511 · Die Entwicklung des Plattenzerstäubers S. 512 · Die
zweistufige Verdichtung der Einblaseluft S. 516 · Diesel, Buz und Lauster S. 517

XXVII. **Der Dieselmotorenbau in Augsburg und Nürnberg nach der Jahrhundertwende** 521
Augsburg führt die Tauchkolbenbauart ein S. 522 · Der „DM"-Dieselmotor S. 523
Steinkohlenteeröl als Treibstoff S. 528 · Ortfeste Motoren der Bauarten AV und BV
S. 530 · Die ersten Dieselmotoren für Schiffsantrieb S. 531 · Die Entwicklung von
Unterseebootmotoren S. 534 · Der Dieselmotorenbau im Nürnberger Werk S. 537
Nürnberg baut die Augsburger DM-Motoren S. 538 · Die kreuzkopflosen Zweitaktmotoren des Werkes Nürnberg S. 539 · Liegende Viertakt- und Zweitaktmotoren S. 543 · Erster doppeltwirkender Zweitakt-Dieselmotor S. 545 · Stehende
Zweitakt-Schiffsmotoren S. 546 · Der doppeltwirkende Nürnberger Zweitaktmotor
mit 2000 PS Zylinderleistung S. 550 · Der 12000 PS-Motor S. 558

XII   Inhaltsverzeichnis

                                                                                    Seite
XXVIII. Krupps Dieselmotorenbau in Essen und auf der Germaniawerft in
        Kiel (1897—1918)   559
        Nach Herstellung weniger Motoren gibt Krupp den Dieselmotorenbau auf S. 560
        Die ersten Schiffsdieselmotoren der Krupp-Germaniawerft S. 561 · Ortfeste Diesel-
        motoren der Germaniawerft S. 565 · Die Schiffsdieselmotoren der Germaniawerft
        seit 1909 S. 566 · Die Zweitakt-U-Bootmotoren von 1909 bis 1918 S. 567 · Vier-
        takt-U-Bootmotoren der Germaniawerft S. 573 · Zweitakt-Handelsschiffsmotoren
        S. 573 · Die 12000 PS-Maschine der Krupp-Germaniawerft S. 576
  XXIX. Der Schwerölmotorenbau in Deutz (1897—1914)   581
        Deutz baut zwei Dieselmotoren nach Augsburger Muster S. 581 · Die Deutzer
        Dieselmotoren W und X S. 581 · Deutz gibt den Dieselmotorenbau auf S. 583
        Der Haselwander-Motor S. 585 · Der Brons-Motor S. 588 · Der Deutzer Diesel-
        motor Modell 8 S. 592 · Der liegende Deutzer Dieselmotor MKD S. 593 · Deutzer
        Bemühungen um den kompressorlosen Motor S. 594 · Der Deutzer Verdränger-
        motor S. 597
   XXX. Hugo Güldner und die Güldner-Motoren-Werke (1894—1914)   598
        Güldners erster Viertakt-Gasmotor S. 599 · Gründung der Güldner-Motoren GmbH
        S. 601 · Die Gas- und Benzinmotoren der Güldner-Werke bis 1914 S. 602 · Die
        Dieselmotoren der Güldner-Werke bis 1914 S. 603
  XXXI. Der Motorenbau der Benz-Werke in Mannheim (1903—1918)   605
        Prosper L'Orange S. 606 · Die von L'Orange konstruierten Kleinmotoren S. 606
        Die Dieselmotoren der Benz-Werke S. 608 · Schiffsdieselmotoren System Benz-
        Hesselman S. 609 · Die Erfindung des Vorkammerverfahrens S. 610 · Die Fahr-
        zeugmotoren der Benz-Werke S. 614 · Die Rennwagenmotoren der Firma Benz
        1899 bis 1913 S. 617 · Die Flugmotoren von Benz S. 621
 XXXII. Die Gebrüder Körting Aktiengesellschaft (1903—1918)   625
        Raschlaufende Zweitakt- und Viertakt-Kleinmotoren S. 626 · Der Trinkler-Motor
        S. 628 · Körting baut Dieselmotoren S. 629 · Die U-Boot-Petroleummotoren S. 631
        Die U-Boot-Dieselmotoren S. 635
XXXIII. Aus der Frühgeschichte anderer deutscher Motorfirmen   637
        Hamburger Motoren-Fabrik Carl Jastram S. 637 · Carl Kaelble GmbH S. 640
        Motorenfabrik Anton Schlüter S. 641 · Motorenfabrik München-Sendling S. 642
        MODAG Motorenfabrik Darmstadt GmbH S. 645 · Motorenfabrik Hatz GmbH
        S. 646 · Basse & Selve S. 647

        Ausblick   650
        Schrifttum und Anmerkungen   654
        Verzeichnis der Porträts   657
        Namenverzeichnis   658
        Sachverzeichnis   664
        Zeittafel (am Schluß des Buches)

Ich schreibe dies, wie es mir wahr zu sein scheint.

HEKATAIOS VON MILET
(um 550 bis 476 v. Chr.)

I. Von den Anfängen bis Lenoir (1673—1860)

Den Anfang der Geschichte der Verbrennungskraftmaschine hat man nicht mit Unrecht mit dem Namen **Christian Huygens** (1629—1695) in Verbindung gebracht. Der geistreiche Gedanke der Pulvermaschine, den der große Mathematiker und Physiker 1673 seinem Bruder brieflich mitteilte[5], darf in der Tat als Vorläufer der Erfindung der atmosphärischen Gaskraftmaschine angesehen werden, wie OTTO und LANGEN sie 200 Jahre später in Deutz gebaut haben. HUYGENS lebte damals in Paris, wo er sich mit der Aufgabe beschäftigte, für die Wasserkünste Ludwigs des XIV. Wasser aus der Seine in die Gärten des neu erbauten Schlosses von Versailles zu pumpen. Bild 1 zeigt, wie HUYGENS sich die Lösung der Aufgabe dachte. In den oben offenen Zylinder $A—B$,

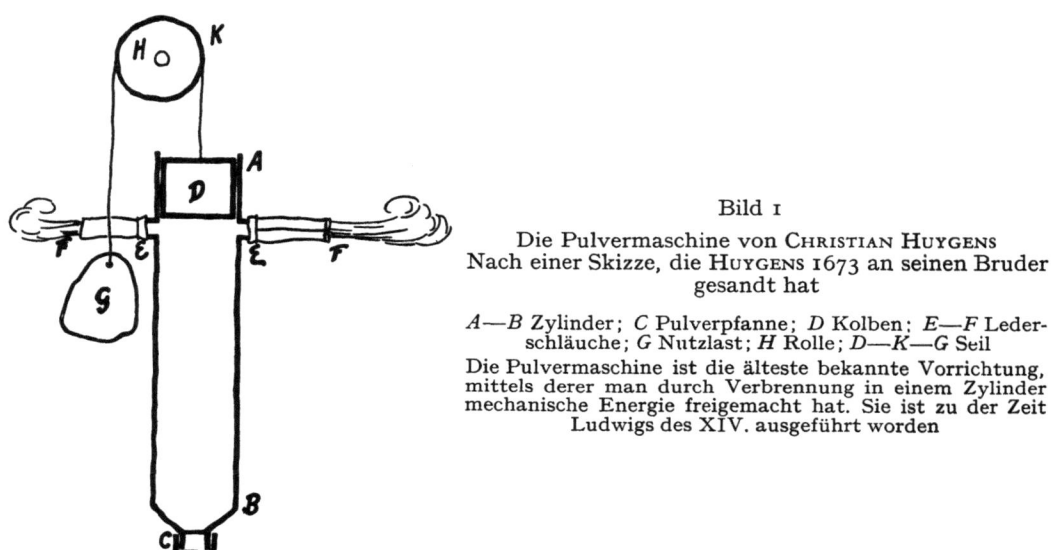

Bild 1
Die Pulvermaschine von CHRISTIAN HUYGENS
Nach einer Skizze, die HUYGENS 1673 an seinen Bruder gesandt hat

$A—B$ Zylinder; C Pulverpfanne; D Kolben; $E—F$ Lederschläuche; G Nutzlast; H Rolle; $D—K—G$ Seil
Die Pulvermaschine ist die älteste bekannte Vorrichtung, mittels derer man durch Verbrennung in einem Zylinder mechanische Energie freigemacht hat. Sie ist zu der Zeit Ludwigs des XIV. ausgeführt worden

dessen untere Öffnung durch die Pulverpfanne C verschlossen werden konnte, war an einem über die Rolle H geführten Seil $D—K$ der Kolben D gehängt; am freien Ende des Seiles hing die Nutzlast G. Wurde Schießpulver in die Pfanne C geschüttet und durch eine Lunte entzündet, so mußte der Gasdruck den im Zylinder unten stehenden Kolben D nach oben schleudern. In seiner höchsten Stellung gab der Kolben die Öffnungen E frei, und die Pulvergase strömten durch die als Ventile wirkenden Lederschläuche $E—F$ ins Freie. Im Zylinder entstand ein Vakuum, so daß der äußere Luftdruck die Lederschläuche zusammendrückte und den Kolben nach unten bewegte, wobei die Nutzlast G gehoben wurde. Das Gewicht des Kolbens vermehrte die Nutzleistung. Die Vorrichtung ist ausgeführt worden; HUYGENS hat sie 1673 der französischen Akademie der Wissenschaften und dem Minister COLBERT vorgeführt.

Mit demselben Problem und gleichzeitig mit HUYGENS beschäftigte sich der aus Orléans gebürtige Abbé **Jean de Hautefeuille** (1647—1724). Sein Gerät hatte keinen Kolben; es bestand lediglich aus einem Kasten, der, mehrere Meter über dem Spiegel des zu hebenden Wassers stehend, in seiner oberen Wand mit vier nach außen öffnenden Ventilen versehen war. Vom Boden des Kastens reichte ein Rohr bis unter den Wasserspiegel des Flusses[6]. Durch Verbrennen von Schießpulver sollte ebenso wie bei der Pulvermaschine von HUYGENS im Kasten ein Vakuum erzeugt werden, wodurch das Wasser angesaugt wurde. DE HAUTEFEUILLE hat diesen Gedanken 1678 in seiner in Paris gedruckten Schrift „Pendule perpétuel avec la manière d'élever l'eau par le moyen de la poudre à canon" veröffentlicht. Etwas später, 1682, versuchte er, den Überdruck der Pulvergase unmittelbar zum Fortbewegen einer Wassersäule zu benutzen, ein Gedanke, den man 200 Jahre später in der Form der Humphrey-Pumpe wieder antrifft.

In Paris war **Denis Papin** (1647—1710), der Medizin studiert und als Arzt praktiziert hatte, mit HUYGENS in Verbindung getreten; er hat sich an HUYGENS' Versuchen beteiligt. 1688 wurde PAPIN Professor der Mathematik in Marburg, wo er den Landgrafen von Hessen für die Idee der Pulvermaschine interessierte. Der Landgraf beauftragte ihn, eine solche Maschine zu bauen, und PAPIN fertigte ein Modell an, das Bild 2 schematisch zeigt.

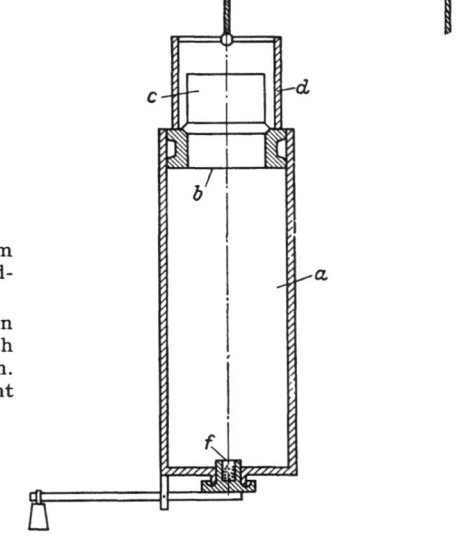

Bild 2

Schema der Pulvermaschine von DENIS PAPIN (1688)

a Zylinder; *b* Kolben mit nach oben öffnendem Ventil *c*; *d* Traggerüst des Kolbens; *e* Seil; *f* Zündpfanne

PAPINS Pulvermaschine beruht auf demselben Prinzip wie die von HUYGENS. Sie unterscheidet sich von dieser nur durch unwesentliche Einzelheiten. PAPIN war in jungen Jahren HUYGENS' Assistent

In einem Messingzylinder *a* von 13 cm Durchmesser und 40 cm Länge kann sich ein ringförmiger Kolben *b* bewegen, der den Sitz für das nach oben öffnende Ventil *c* bildet. Der Kolben wird durch ein Gerüst *d* an einem über Rollen geführten Seil *e* aufgehängt, dessen freies Ende die Nutzlast trägt. In der Mitte des Zylinderbodens befindet sich die bewegliche Zündpfanne *f*, die ein gewichtsbelasteter Hebel von unten gegen die Öffnung im Boden drückt. Wird bei untenstehendem Kolben das in die Pfanne gebrachte Schießpulver entzündet, so wird der Kolben nach oben geschleudert, und die Gase entweichen ins Freie, indem sie das Ventil anheben. Im Zylinder entsteht ein Unterdruck; der äußere Luftdruck schließt das Ventil und drückt den Kolben abwärts, wobei er die am Seil hängende Nutzlast hebt. Die chemische Energie der Pulvergase wird in mechanische Energie umgeformt.

C. MATSCHOSS nennt die Papinsche Pulvermaschine „das Urbild der atmosphärischen Gasmaschine"[7], ein Ehrentitel, der aber schon der Pulvermaschine von HUYGENS zukommt. PAPIN hat den grundlegenden Gedanken HUYGENS entlehnt; neu sind bei PAPIN nur das im Kolben angeordnete Ventil c (Bild 2) und die Vorrichtung zum Einfüllen des Pulvers. Ein geordneter Betrieb war mit diesen primitiven und gefährlich zu bedienenden Apparaten natürlich nicht möglich, aber als älteste Bemühungen, durch Verbrennung in einem Zylinder Energie verfügbar zu machen, wird man die Pulvermaschinen von HUYGENS und PAPIN in der Geschichte nennen.

Die Pulvermaschine hat die Erfindertätigkeit in der Folgezeit nicht angeregt, vermutlich weil die Verwendung von Schießpulver als Kraftstoff abschreckte. Erst hundert Jahre später mit der Herstellung von brennbarem Gas aus Steinkohle und Holz und mit dem Aufkommen der Dampfmaschine waren die Voraussetzungen erfüllt, um an die Verbrennung von Gas im Zylinder einer Kolbenmaschine denken zu können.

Wer die Leuchtgasherstellung erfunden hat, ist nicht genau bekannt. Der aus Speyer gebürtige Chemiker JOHANN JOACHIM BECHER (1635—1682) hat als einer der ersten 1680 in London Versuche mit der trockenen Destillation von Steinkohlen angestellt und das sich entwickelnde Gas entzündet, das er „philosophisches Licht" nannte. Auch der Engländer JOHN CLAYTON stellte zu Anfang des 18. Jahrhunderts Leuchtgas aus Steinkohlen dar, und 1786 benutzte Lord DUNDONALD auf Culross Abbey das aus Koksöfen entweichende Gas zur Beleuchtung seines Landhauses. Der Franzose LEBON verkohlte 1786 Holz in verschlossenen Gefäßen und verwendete seinen Apparat, den er „Thermolampe" nannte, zur Heizung und Beleuchtung. Von PHILIPPE LEBON wird noch ausführlicher zu sprechen sein.

Erst nach der Erfindung des Leuchtgases, hundert Jahre nach DENIS PAPIN, werden in England und Frankreich vereinzelt Vorschläge für den Bau von Gasmaschinen zum Patent angemeldet. Im Jahr 1791 erhält **John Barber** das englische Patent Nr. 1833. Er will Holz, Kohle, Öl oder andere Kohlenwasserstoffe in einer von außen beheizten Retorte vergasen und die sich bildenden Gase in einem Aufnehmer auffangen und abkühlen. Eine Pumpe soll die Gase, in passendem Verhältnis mit Luft gemischt, in ein Gefäß drücken, das er „exploder" nannte. Hier soll das brennbare Gemisch entzündet und der austretende Feuerstrahl gegen ein Schaufelrad geleitet werden. BARBER erwähnt, daß es zweckmäßig sei, Wasser in den exploder zu spritzen; dadurch werde die Düse gekühlt und das Volumen des Feuerstrahles vergrößert. Es ist das Prinzip der Gasturbine, das hier zum erstenmal vorgeschlagen wird, seltsamerweise noch vor der Kolbenmaschine.

Drei Jahre später, 1794, läßt sich **Robert Street** durch das englische Patent Nr. 1983 einen Gedanken schützen, den DONKIN[8] „a great step in advance" nennt. Flüssige Brennstoffe, wie Teer, Terpentin oder Petroleum, werden auf den von unten beheizten Boden eines stehenden, oben offenen Zylinders gespritzt, so daß sie verdampfen. Der erste Teil des Aufwärtshubes des Kolbens wird durch einen Hebel von Hand bewirkt, wodurch Luft in den Zylinder gesaugt wird, so daß sich ein brennbares Gemisch bildet. Bewegt sich der Kolben weiter nach oben, so gibt er eine Öffnung in der Zylinderwand frei und stellt die Verbindung mit einer ständig brennenden Flamme her, die das Gemisch entzündet. Der Kolben wird nach oben geschleudert und seine Bewegung auf den Kolben einer Pumpe übertragen[9]. Es scheint, daß der Erfinder an eine Wasserhaltungspumpe für die englischen Steinkohlengruben gedacht hat, deren Trockenhaltung schon damals den Grubenbesitzern Schwierigkeiten machte. Einige der von

STREET ausgesprochenen Gedanken findet man später in den Anfängen des Gasmotorenbaues verwirklicht, so das Ansaugen von Luft durch den Arbeitskolben und die vom Kolben gesteuerte Zündung durch eine ständig brennende Flamme. ROBERT STREET ist der erste gewesen, der an die Verwendung flüssiger Brennstoffe für Verbrennungskraftmaschinen gedacht hat.

Philippe Lebon d'Humbersin erhielt 1799 das französische Patent Nr. 356 auf einen Ofen zur trockenen Destillation von Brennstoffen zwecks Erzeugung von Leuchtgas und ließ sich 1801 in einem Zusatzpatent einen doppeltwirkenden Zweitaktmotor schützen[9], den er mit dem Gas betreiben wollte. Zwei vom Motor angetriebene Pumpen sollten das Gas und die Luft getrennt voneinander in einen neben dem Arbeitszylinder angeordneten Behälter drücken. Das außerhalb des Zylinders vorverdichtete Gemisch wollte LEBON durch den elektrischen Funken entzünden und das brennende Gas durch Kanäle, ähnlich wie bei der Dampfmaschine, abwechselnd auf die beiden Seiten des Arbeitskolbens leiten. PHILIPPE LEBON, der 1804 im Alter von 35 Jahren, wie ein später angezweifeltes Gerücht sagte, eines gewaltsamen Todes starb, hat zuerst die Vorverdichtung des Gas-Luft-Gemisches, wenn auch außerhalb des Arbeitszylinders, vorgeschlagen und war der erste, der die Funkenzündung erwähnt. So gilt LEBON in Frankreich als der Erfinder der Gasmaschine, wenn auch die Ausführung seiner geistreichen Ideen an der Unzulänglichkeit der damals zur Verfügung stehenden technischen Mittel scheitern mußte. Auch Schöttler[10] meint: „Ganz sicher steht die Eigenschaft des Erfinders der Gasmaschine LEBON zu".

Isaac de Rivaz, ein Schweizer aus Sitten im Kanton Wallis (1752—1829), ließ sich 1807 den Antrieb eines Kraftfahrzeuges durch einen atmosphärischen, mit Wasserstoffgas betriebenen Motor in Frankreich patentieren. Bild und Beschreibung dieses ersten „Kraftwagens" bringen F. SCHILDBERGER[5] und C. DAVISON[9]. RIVAZ schlägt verschiedene Mittel zur Entzündung des Gasgemisches vor: in seiner Patentskizze deutet er die elektrische Zündung an, doch spricht er auch von der Zündung durch Zusammendrücken des Sauerstoffs — ein früher Hinweis auf die Möglichkeit einer Zündung durch Verdichtungswärme.

Der Reverend **William Cecil** führte 1820 der Cambridge Philosophical Society das von ihm gebaute Modell[9] einer atmosphärischen Gasmaschine vor. Es hatte einen senkrecht stehenden, unten offenen Zylinder; an den oberhalb des Kolbens liegenden Brennraum waren zwei horizontal angeordnete zylindrische Behälter angeschlossen. Die Behälter und der Brennraum wurden mit einem Wasserstoff-Luft-Gemisch beschickt; wenn dieses abbrannte, bildete sich in den drei Räumen ein Unterdruck, und der äußere Luftdruck trieb den Kolben nach oben. CECIL hat zuerst versucht, den Druck zu messen, der bei der Verbrennung eines Wasserstoff-Luft-Gemisches auftritt. Er benutzte einen Blechzylinder von 50 mm Durchmesser mit festem Boden; die zweite Stirnseite war durch einen sauber eingepaßten Stöpsel verschlossen, der durch mehrere im Innern parallel zur Achse liegende Blechstreifen gehalten wurde. Der Druck, bei welchem die Streifen rissen, wurde durch Gewichtsbelastung festgestellt. Aus der Zahl der unter dem Zünddruck gerissenen Streifen schloß CECIL auf die Höhe des Verbrennungsdruckes, für den er 180 lb./sq.in., 12 bis 13 at, fand. Den Zünddruck in der laufenden Maschine hat CECIL nicht gemessen; den von JAMES WATT (1736—1819) erfundenen Indikator scheint er nicht gekannt zu haben.

In seinem vor der Cambridge Philosophical Society gehaltenen Vortrag sagt CECIL, daß er Versuche mit seinem Motor gemacht habe. Die Zündungen seien bei 60 U/min ganz regelmäßig gewesen, hätten aber ein beträchtliches Geräusch verursacht. Der Verbrauch an Wasserstoff habe 17,6 cbf/h (500 ltr/h) betragen. Eine Leistung wird nicht angegeben[11]. Die Angaben sind später angezweifelt worden.

Von den Maschinen des Engländers **Samuel Brown** wird als sicher überliefert, daß sie ausgeführt und verkauft worden sind. Auch die Brownsche Maschine arbeitet wie die seines Vorgängers nach dem Prinzip der atmosphärischen Gasmaschine; sie ist mehrzylindrig und hat stehende, oben offene Zylinder. Während der Kolben durch den unteren Totpunkt geht, wird das Gasgemisch in den Raum unterhalb des Kolbens geleitet und durch eine außerhalb des Zylinders brennende Flamme, die durch eine Öffnung in das Zylinderinnere schlagen kann, entzündet. Der aufwärtsgehende Kolben schließt die Öffnung der Zündflamme ab; im Zylinder brennt das Gasgemisch, und die verbrannten Gase entweichen durch Ventile, die im Kolben angebracht sind, ins Freie. Die Ventile schließen sich, sobald der Kolben seinen oberen Totpunkt erreicht hat. Der Zylinder ist — zum erstenmal — mit einem Kühlmantel versehen; die Kühlwasserpumpe wird von dem Balancier, dem die Kolben angelenkt sind, angetrieben. Infolge der starken Kühlung sinkt der Druck unterhalb des Kolbens schnell, und der äußere Luftdruck treibt den Kolben arbeitverrichtend nach unten. Im unteren Totpunkt beginnt ein neues Arbeitsspiel.

Samuel Brown erhielt auf seine Maschine die englischen Patente Nr. 4874 (1823) und 5350 (1826). Er gründete Gesellschaften zum Vertrieb seiner Maschinen, von denen nach Dugald Clerk[11] im Jahr 1832 zwei in Old Brompton und je eine in Croydon und Soham in Wasserwerken in Betrieb gewesen sind. Der Zylinder der Maschine in Croydon hatte einen Durchmesser von 1065 mm und eine Länge von 560 mm. Die Zahl der Zylinder einer Anlage hat bis zu sechs betragen, die paarweise einander gegenüberstanden. Eine Maschine von kleineren Abmessungen (12 Zoll Durchmesser, 24 Zoll Hub) wurde in einen Wagen eingebaut, der (1826) eine Steigung von 1 : 10 überwunden haben soll. Ein mit seinem Motor ausgerüstetes Boot führte Brown 1827 den Lords der Admiralität auf der Themse vor; das Boot fuhr, so wurde berichtet[11], „with the regularity of a steamer".

Samuel Brown gebührt das Verdienst, als erster die Ausführbarkeit einer Gasmaschine nachgewiesen zu haben. Die Zähigkeit, mit welcher er sein Ziel verfolgte, wird von den englischen Geschichtsschreibern mit Recht gerühmt. Daß sein Erfolg nicht von Dauer sein konnte, empfinden wir als selbstverständlich, wenn wir an die primitiven Mittel denken, auf die man damals angewiesen war.

Von der Maschine des Engländers **Wellman L. Wright** (englisches Patent Nr. 6525 von 1833) wird übereinstimmend berichtet[9,12], daß sie „carefully designed and well thought-out" gewesen sei. Die doppeltwirkende Maschine arbeitet wie ihre Vorgänger im Zweitakt. Gas und Luft sollen durch Pumpen getrennt in die an den Zylinderenden befindlichen Brennräume gedrückt, das Gemisch soll durch eine Flamme entzündet werden. Am Ende eines jeden Hubes treten die Abgase durch Auspuffventile aus. Von Samuel Brown hat Wright den Kühlwassermantel des Arbeitszylinders übernommen; neu ist die Kühlung des Kolbens, dem durch die hohle Kolbenstange Kühlwasser zugeführt wird. Ein Wattscher Gewichtsregler steuert die Gaszufuhr. Wichtig ist an dieser gut erdachten Maschine, daß sie nicht mehr nach dem Prinzip des atmosphärischen Motors mit Unterdruck im Zylinder arbeitet, sondern erstmalig mit einem auf den Kolben wirkenden Überdruck von mehreren Atmosphären („Direktwirkung"). Daß sie ausgeführt worden ist, wird bezweifelt. Güldner[13] bejaht es; auch Evans[14] sagt, die Maschine „was actually made and run", während DONKIN[8] es für nicht erwiesen erklärt, daß sie gebaut worden ist. Vermutlich ist sie ausgeführt worden, aber da sie als doppeltwirkender Zweitaktmotor der Entwicklung um hundert Jahre voraus war, konnte ihr Erbauer die sich bietenden enormen Schwierigkeiten nicht überwinden.

William Barnett ließ sich 1838 durch das englische Patent Nr. 7615 ein Verfahren schützen, das er auf einfach- und auf doppeltwirkende Gasmaschinen anwenden wollte. Eine Luft- und eine Gaspumpe, beide vom Gestänge des Arbeitskolbens angetrieben, fördern in einen vom Arbeitszylinder abgetrennten Laderaum, der durch einen Drehschieber dann mit dem Raum unterhalb des Arbeitskolbens verbunden wird, wenn dieser durch seinen unteren Totpunkt geht. Das Gas-Luft-Gemisch wird im Laderaum vorverdichtet; es ist das erste Mal, daß die Vorverdichtung erwähnt wird. Den Wert der Vorverdichtung hat BARNETT freilich wohl nicht erkannt; sie wird in den Patentansprüchen nicht erwähnt, und nur in der Beschreibung wird nebenbei gesagt, daß

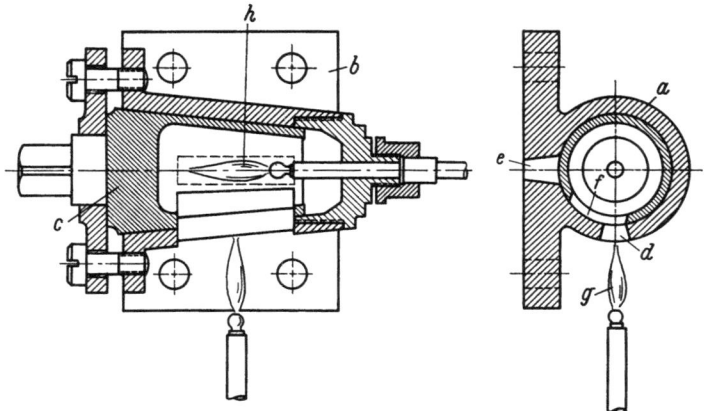

Bild 3. WILLIAM BARNETTS Flammenzündung (1838)

a Hahngehäuse mit Befestigungsflansch *b*; *c* umlaufender Hahn; *d, e* Steueröffnungen im Hahngehäuse; *f* Steueröffnung im Hahn; *g* ständig brennende Außenflamme; *h* intermittierend brennende Zündflamme
Die primitive Vorrichtung ist das Vorbild für das Zündverfahren geworden, das vor der Erfindung der Glührohrzündung und der magnetelektrischen Abreißzündung OTTO und andere Erfinder jahrelang benutzt haben

sie die Wirkung des Platinmohrs, das Barnett alternativ als Zündmittel vorschlägt, unterstütze. Die Vorverdichtung soll auch nicht im Arbeitszylinder stattfinden, sondern die beiden Pumpen verdichten das Gas bzw. die Luft in den Laderaum hinein, von dem aus sie erst dann in den Arbeitszylinder strömen, wenn der Kolben im unteren Totpunkt steht. Aber bei der Beschreibung einer der möglichen Ausführungsarten spricht BARNETT auch davon, daß der Arbeitskolben, nachdem er auf der ersten Hälfte seines nach innen gerichteten Hubes die vor ihm befindlichen Abgase ausgetrieben hat, auf dem zweiten Teil das ihm von den Hilfspumpen zugeschobene Gemisch vor der Zündung verdichten soll. Insofern kann man BARNETT nicht das Verdienst absprechen, daß er als erster die Verdichtung der Ladung *im* Arbeitszylinder vorgeschlagen hat.

Erwähnenswert ist die Vorrichtung, mit welcher BARNETT die Ladung im Arbeitszylinder entzünden wollte. In dem Gehäuse *a* (Bild 3), das mit dem Flansch *b* am Zylinder befestigt ist, läuft das Hahnküken *c* mit der gleichen Drehzahl wie die Kurbelwelle um. Das Hahngehäuse ist mit den rechteckigen Öffnungen *d, e* versehen, das Küken mit der Steueröffnung *f*. Unterhalb der Öffnung *f* brennt ständig die Gasflamme *g*. Sie entzündet die im Hohlraum des Kükens brennende Gasflamme *h*, und an dieser entzündet sich die Zylinderladung, sobald sich die Öffnungen *e* und *f* decken und ein Teil der Ladung aus dem Zylinder durch den Spalt *e* in das Innere des Kükens tritt. Bei Eintritt der Zündung im Zylinder ist die Öffnung *d* durch die Wand des Kükens verschlossen. Die bei der Zündung im Zylinder entstehende Druckwelle löscht die Flamme *h* aus, doch entzündet diese sich sogleich wieder an der ständig brennenden Flamme *g*, sobald sich die Öffnungen *d* und *f* von neuem decken. Mit einer ähnlich primitiven Vorrichtung haben sich die meisten Hersteller von Gasmaschinen bis zur Einführung besserer Zündverfahren mühsam beholfen.

Es ist nicht sicher, ob die Maschine BARNETTS jemals gelaufen ist. Die Patentschrift geriet in Vergessenheit; man erinnerte sich ihrer erst wieder in dem Reichsgerichtsprozeß, in welchem OTTOS Viertaktpatent vernichtet wurde (S. 162). Eine entscheidende Rolle hat sie in diesem Prozeß nicht gespielt.

In der Folgezeit mehrt sich die Zahl der Erfinder, die sich um die Gasmaschine bemühen. DONKIN[8] nennt aus der Zeit von 1838 bis 1854 neun Inhaber von Patentschriften, jedoch ist kein Fortschritt in der Entwicklung der Verbrennungskraftmaschine erkennbar. Erwähnung verdient die von dem Amerikaner **Alfred Drake** gebaute Maschine, die mit einem Gemisch von Leuchtgas und Luft im Mischungsverhältnis 1 : 9 bis 1 : 10 betrieben wurde. Ein Fliehkraftregler steuerte das Mischungsverhältnis entsprechend der Belastung. Die Maschine war doppeltwirkend gebaut, wurde aber auf einer Ausstellung in Philadelphia 1843 einfachwirkend im Betrieb vorgeführt. Die Leistung soll 20 PS bei 60 U/min betragen haben; der Zünddruck wird zu 100 lb./sq.in. (7 at) der mittlere effektive Druck zu 36 lb./sq.in. (2,5 at) angegeben. Gemischverdichtung war nicht vorgesehen; das Gemisch hatte bei der Zündung Atmosphärendruck. Der Kolben saugte auf der ersten Hälfte seines Arbeitshubes das Gemisch in den Zylinder; um die Hubmitte wurde es entzündet, wozu DRAKE ein mit Preßgas beheiztes gußeisernes Rohr benutzte, das auf Weißglut gehalten wurde. Hier tritt ein Vorläufer der Glührohrzündung zum erstenmal auf. Dieses Zündverfahren hat später bei den gemischverdichtenden Motoren, die wir heute als Otto-Motoren bezeichnen, lange eine wichtige Rolle gespielt.

Da die Zündung auf Hubmitte, nicht im Totpunkt, eintrat, ging die Maschine hart. DONKIN[8] berichtet, daß die Maschine starke Erschütterungen der Umgebung verursacht habe.

Obwohl DRAKE seinen Motor um die Mitte der 40er Jahre nicht nur in Philadelphia, sondern auch in New York öffentlich im Betrieb gezeigt hatte, wurden 1855 ein amerikanisches und ein englisches Patent erteilt, das englische auf den Namen A. V. NEWTON lautend. Vielleicht ist LENOIR, dessen 1860 fertiggestellte Maschine einige Ähnlichkeit mit dem Drake-Motor hat, durch diesen zum Bau seines berühmt gewordenen Motors angeregt worden.

Unter den Erfindern, die N. A. OTTO vorausgingen, sind ferner die Italiener **Barsanti** und **Matteucci** zu nennen, die 1853 in der Akademie der Georgofili in Florenz eine versiegelte Schrift hinterlegten, in welcher sie das Prinzip des Flugkolbens dargestellt haben. Daß PAPIN schon 1690 dieses Prinzip bei der von ihm vorgeschlagenen atmosphärischen Dampfmaschine verwenden wollte, haben die beiden Italiener offenbar nicht gewußt. Sie sind die ersten gewesen, die (1854) einen Flugkolben-Gasmotor gebaut und in Betrieb gesetzt haben. Bild 4 veranschaulicht die Wirkungsweise dieser Maschine.

Wir beschreiben sie ausführlicher, weil es zwar nicht erwiesen, aber wahrscheinlich ist, daß sie N. A. Otto als Vorbild gedient hat.

Im Zylinder *a* bewegt sich der Arbeitskolben *b* mit der verzahnten Kolbenstange *c*, die mit dem lose auf der Arbeitswelle *d* sitzenden Zahnrad *e* kämmt. Diesem ist die Sperrklinke *f* angelenkt, die durch eine Feder gegen die Zähne des Sperrades *g* gedrückt wird. Bewegt sich der Arbeitskolben *b* aufwärts, so dreht er das Zahnrad *e* entgegen dem Uhrzeigersinn, ohne daß die Welle *d* mitgenommen wird; dabei gleitet die Sperrklinke *f* über die Zähne des Sperrades *g* hinweg. Bei einer Abwärtsbewegung des Kolbens dreht sich das Zahnrad *e* im Uhrzeigersinn; dabei verbindet die Klinke *f* das Zahnrad *e* kraftschlüssig mit dem Sperrad *g* und durch dieses auch mit der Arbeitswelle *d*. Der Kolben kann nur beim Abwärtsgang Arbeit auf die Welle übertragen.

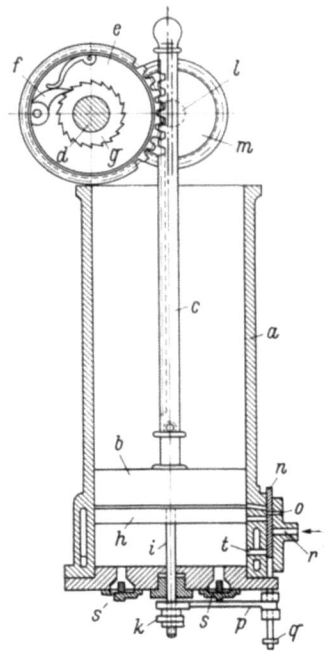

Bild 4

Atmosphärische Gasmaschine von Barsanti und Matteucci
(1854)

a Zylinder; *b* Arbeitskolben; *c* Kolbenstange des Arbeitskolbens; *d* Arbeitswelle, lose auf *d*; *f* Sperrklinke; *g* Sperrad, fest auf *d*; *h* Hilfskolben mit Kolbenstange *i*; *k* Querhaupt; *l* Steuerwelle; *m* Zahnrad auf *l*; *n* Steuerschieber; *o* Lufteintritt; *p* Antrieb des Steuerschiebers; *q* Anschlag auf der Schieberstange; *r* Gaseintritt; *s* Bodenventile; *t* Verbindungskanal

Die beiden italienischen Erfinder haben diese Gasmaschine schon zehn Jahre vor N. A. Otto gebaut, jedoch blieb ihnen ein Erfolg versagt

Unterhalb des Arbeitskolbens ist ein zweiter Kolben, der Hilfskolben *h*, angeordnet, dessen Kolbenstange *i* durch den Zylinderboden geführt ist; sie trägt an ihrem unteren Ende das Querhaupt *k*, an dem zwei (in Bild 4 nicht sichtbare) Pleuelstangen angreifen. Die Stangen werden von einer Steuerwelle *l* bewegt, die ihre Bewegung durch ein Zahnradvorgelege *m* erhält, dessen kleines Rad auf der Welle *d* aufgekeilt ist. Diese wird durch den Arbeitskolben zwar intermittierend angetrieben, aber da die Maschine zwei Zylinder besitzt und zwei Schwungräder vorgesehen sind, dreht sich Welle *d* und somit auch die Nebenwelle *l* hinreichend gleichförmig. Der Hilfskolben *h* führt eine regelmäßige Auf- und Abwärtsbewegung aus.

In Bild 4 ist der Arbeitskolben *b* in seiner tiefsten, der Hilfskolben *h* in seiner höchsten Stellung gezeichnet. Der Hilfskolben wird so von der Welle *l* angetrieben, daß er, bevor der Kolben *b* sich bewegt, zunächst nach unten geht. Der Steuerschieber *n* gibt dabei durch den Kanal *o*, durch einen Hohlraum im Schieber und durch die obere der beiden Öffnungen in der Zylinderwand, die vom Hilfskolben *h* freigelegt werden, der Luft den Eintritt in den Raum zwischen den beiden Kolben frei. Der Hilfskolben bewegt sich weiter abwärts, und der am Querhaupt *k* befestigte Arm *p* trifft auf den Anschlag *q* der Schieberstange und zieht den Schieber weiter nach unten, so daß dieser den Luftkanal *o* abdeckt und das Gas durch den Kanal *r*, durch die Öffnung im Schieber und durch die untere der beiden Öffnungen in der Zylinderwand unter den Arbeitskolben *b* treten läßt. Darauf schließt der Schieber den Gaszutritt *r* ab. Jetzt wird das angesaugte Gemisch durch einen elektrischen Funken entzündet; der Arbeitskolben wird nach oben geschleudert, während der Hilfskolben sich noch etwas weiter abwärts bewegt, wobei er die Gas- und Luftreste, die auf seine Unterseite durchgesickert sind, durch die nach außen öffnenden Bodenventile s austreibt. In einer Zwischenstellung verbindet der Schieber n durch den Kanal t, durch eine (in Bild 4 nicht sichtbare) Höhlung im Schieber und durch die untere der beiden Öffnungen in der Zylinderwand die oberhalb und unterhalb des Hilfskolbens liegenden Räume miteinander. Durch die rasche Aufwärtsbewegung des Hauptkolbens b ist unter ihm ein Unterdruck entstanden, der sich durch die Steuerkanäle in den Raum unterhalb des Hilfskolbens fortpflanzt, so daß sich die Bodenventile s schließen. Wenn die lebendige Kraft des Arbeitskolbens aufgezehrt ist, kehrt er seine Bewegung um und bewegt sich abwärts, wobei der Überdruck der Atmosphäre und das Gewicht von Kolben und Stange Nutzarbeit leisten, die durch das Gesperre auf die Arbeitswelle d übertragen wird. Ist der Druck unterhalb des Arbeitskolbens wieder bis auf Atmosphärendruck gestiegen, so treibt der Kolben die unter ihm befindlichen verbrannten Gase durch die Schiebermuschel und die Bodenventile s aus. Inzwischen steigt der Hilfskolben, von der Nebenwelle l bewegt, wieder an, bis er seine Anfangsstellung erreicht hat, worauf das Spiel von neuem beginnt.

Den italienischen Erfindern blieb ein dauernder Erfolg versagt. Trotz mancher Verbesserungen, die der Motor erfuhr, konnte er sich nicht durchsetzen. BARSANTI starb, fast erblindet, im Alter von 43 Jahren, und auch MATTEUCCIs Gesundheit versagte. Aber die von ihnen geleistete Pionierarbeit ist in die Geschichte der Verbrennungskraftmaschine eingegangen. Der Motor soll nach Messungen eines vom Lombardischen Institut eingesetzten Ausschusses auf dem Prüfstand den niedrigen Verbrauch von 800 ltr Leuchtgas/h erreicht haben, was bei einem angenommenen Heizwert des Leuchtgases von 3700 kcal/cbm einem thermischen Wirkungsgrad von etwa 21% entsprechen würde, einem sehr guten Wert, der aber bei dem großen Hubverhältnis des Motors (160 mm Zylinder-Durchmesser, 1200 mm Hub) nicht unmöglich ist.

Daß JOHN COCKERILL 1857 den Motor BARSANTIs und MATTEUCCIs in Seraing gebaut hat, wie GÜLDNER[13] angibt, ist nicht verbürgt[15].

Mit der Erwähnung des Patentes 36801 (1858) des Franzosen **Degrand** schließen wir die — nicht vollständige — Aufzählung der Vorgänger Lenoirs ab. DEGRAND erhielt Patentschutz auf einen stehenden doppeltwirkenden Zweitaktmotor, der mit Vorverdichtung von Gas und Luft arbeiten sollte. Die Luft sollte durch die saugende Wirkung der vom vorhergehenden Arbeitsspiel austretenden Abgassäule in den Arbeitszylinder gefördert und auf dem ersten Teil des Verdichtungshubes des Arbeitskolbens auf etwa 1 at verdichtet werden, das Gas durch eine Ladepumpe auf den gleichen Druck gebracht und in einem Behälter gespeichert werden. Auf dem zweiten Teil des Kolbenhubes sollte das Gas in den Arbeitszylinder überströmen und Gas und Luft gemeinsam weiter verdichtet werden. DEGRAND und BARNETT gebührt das Verdienst, zum erstenmal die Vorverdichtung erwähnt zu haben, wenn diese auch nur zum Teil im Arbeitszylinder stattfinden sollte.

AIMÉ WITZ[16] faßt sein Urteil über die Frühperiode des Verbrennungsmotorenbaues in die Worte zusammen:

„En somme, on peut affirmer en toute vérité qu'avant 1860 aucune machine à gaz n'a pu être utilisée industriellement. Le moteur était inventé; mais il s'agissait de le faire marcher. Ce fut le mérite de Lenoir."

Lenoir und sein Motor

JEAN JOSEPH ETIENNE LENOIR[17] (1822—1900), von Geburt Luxemburger, war 1838 mittellos nach Paris gekommen und verdiente sich dort seinen Lebensunterhalt als Kellner. Voll lebhaften Interesses für jedes technische Problem beschäftigte er sich mit Erfindungen auf dem Gebiet der Emailliertechnik und der Galvanoplastik, erfand eine elektrische Bremse und ein Signalsystem für die Eisenbahn und meldete im Januar 1860 unter dem Titel „Moteur à air dilaté par combustion des gaz" einen Gasmotor zum Patent an. Bei seiner Maschine sollten „das Gas und die Luft durch die Kolbenbewegung selbst, ohne vorherige Mischung, die immer gefährlich ist, und ohne Pumpe angesaugt werden".

Da LENOIR keine eigene Fabrik besaß, ließ er seinen Motor bei Pariser Fabrikanten, MARINONI, LEFEBVRE und anderen, ausführen. Schon acht Monate nach der Patentanmeldung soll eine Anzahl seiner Motoren in Paris in Betrieb gewesen sein. Der nach zeitgenössischen Berichten etwas lauten Propaganda, die in Zeitungen, Zeitschriften

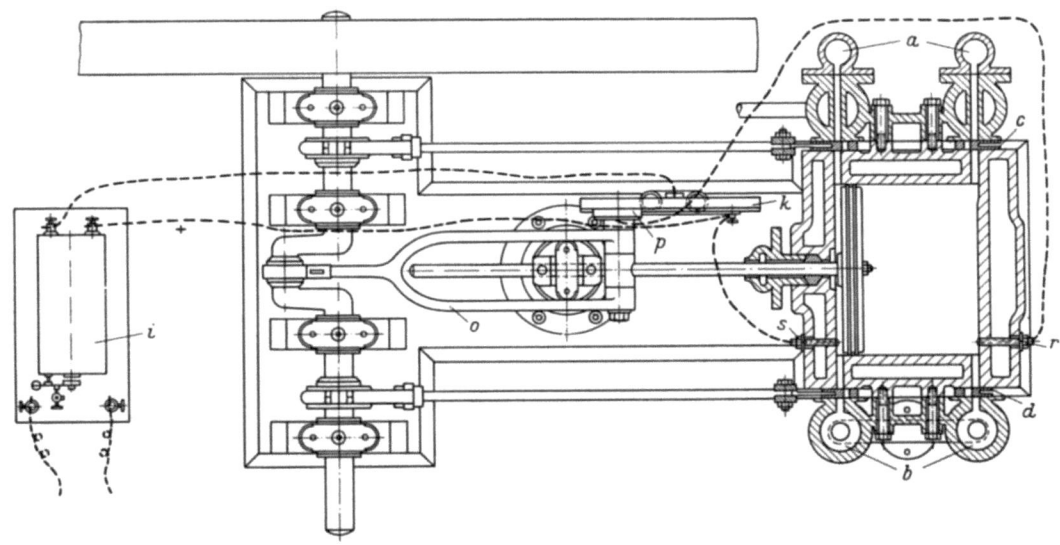

Bild 5. LENOIRS Gasmotor (1860)

a Gaseintritt; *b* Gasaustritt; *c* Einlaßschieber; *d* Auslaßschieber; *i* Induktionsapparat; *k* Zündverteiler; *o* Pleuelstange; *p* Kontaktscheibe; *r* Zündkerze Deckelseite; *s* Zündkerze Kurbelseite

Dieser Motor hat NICOLAUS AUGUST OTTO zu seinem Lebenswerk angeregt

und Broschüren entfaltet wurde, ist es zu verdanken, daß N. A. OTTO schon im Spätherbst 1860 von dem Motor hörte. Durch diesen Motor ist OTTO zu seinem Lebenswerk angeregt worden.

Natürlich hat LENOIR die damals als Antriebsmaschine für das Kleingewerbe schon ziemlich weit verbreitete liegende Dampfmaschine für das Äußere seines Motors zum Vorbild genommen. Grundplatte, Zylinder, Kolben und Triebwerk gleichen den Teilen einer Dampfmaschine; nur sind der Zylindermantel und die Zylinderdeckel wassergekühlt. Wie die Dampfmaschine so ist auch der Lenoir-Motor doppeltwirkend. Der Gaseinlaß *a* (Bild 5) liegt auf der Schwungradseite, der Auslaß *b* gegenüber. Beide werden wie bei der Dampfmaschine durch Flachschieber *c, d* gesteuert, die durch Exzenter und

Exzenterstangen von der Kurbelwelle bewegt werden. Der Auslaßschieber d ist ein einfacher Flachschieber mit zwei Öffnungen, die abwechselnd die Verbindung der beiden Brennräume mit den Gasaustrittskanälen b herstellen. Der Einlaßschieber c ist weniger einfach gebaut, da er Eintritt und Mischung von Gas und Luft zu steuern hat. Bild 6 zeigt den Schieber in seiner Anordnung am Zylinder und im Grundriß in größerem Maßstab. An beiden Enden hat der Schieber breite, flache Schlitze e, die nach der

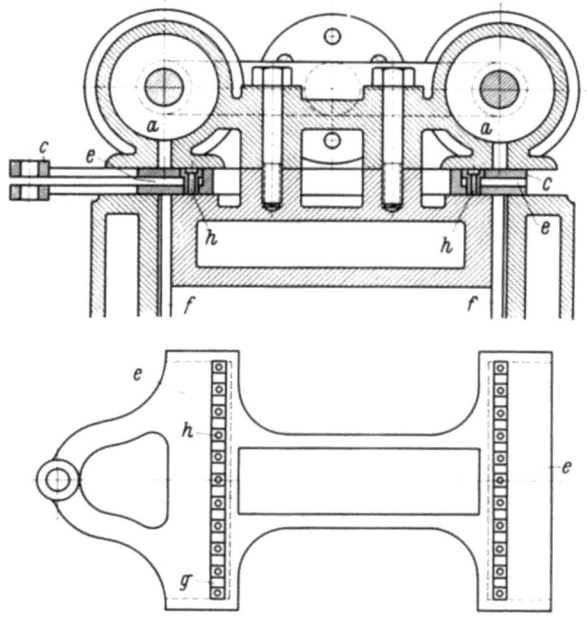

Bild 6

Einlaßschieber des Lenoir-Motors (nach SCHÖTTLER[10])

a Gaseintritt; c Einlaßschieber; e Schlitze in c für Lufteintritt; f Einlaßkanäle im Zylinder; g Öffnungen für Lufteintritt; h Buchsen für Gaseintritt

Die Schieber, von denen besonders der Auslaßschieber sehr heiß wurde, mußten übermäßig geschmiert werden, weshalb der Motor auch „Ölfresser" genannt wurde

Atmosphäre offen sind. Auf jeder Schieberseite liegt eine Reihe von Öffnungen g, h, von denen die viereckigen Öffnungen g nur in den unteren Schieberlappen angebracht sind, während die Öffnungen h als Bohrungen in Buchsen ausgeführt sind, deren Höhe gleich der Schieberhöhe ist. Wenn die Bohrungsreihen g, h über den Kanälen f stehen, kann die Luft durch die Öffnungen g und das Gas durch die Bohrungen h auf die betreffende Zylinderseite treten, wobei das Mischungsverhältnis durch das Querschnittsverhältnis der Durchtrittsöffnungen bestimmt wird. So mischen sich Gas und Luft erst in den Kanälen f des Zylinders. LENOIR erhielt auf diese Anordnung ein Patent.

Der Einlaßschieber wurde durch sein Exzenter so gesteuert, daß eine Kolbenseite während der ersten Hälfte des Hubes Gas und Luft ansaugte. Etwa auf Hubmitte wurde das Gemisch entzündet, wozu LENOIR die Funkenzündung verwendete. Wie diese arbeitete, zeigen Bild 5 und 7. Eine aus zwei Bunsen-Elementen bestehende Batterie liefert den Strom für die Primärspule des Induktionsapparates i (Bild 5), in dessen Sekundärwicklung dauernd Stromstöße entstehen. Die Sekundärleitungen, in Bild 7 mit $+$ $-$ bezeichnet, führen zum Zündverteiler, dessen Wirkungsweise aus Bild 7 ersichtlich ist. An den die Kontaktschienen tragenden Bock k ist die vom Induktor i (Bild 5) kommende Minusleitung angeschlossen. Der Bock steht auf der Maschinengrundplatte und ist dadurch mit dem Zylinder und den Zylinderdeckeln leitend verbunden. Die untere Kontaktschiene l, die isoliert am Bock k befestigt ist und aus einem Stück besteht, ist mit der vom Induktionsapparat kommenden Plusleitung verbunden.

Oberhalb *l* liegen die beiden Kontaktschienen *m*, *n*; diese sind von *k* und voneinander isoliert. Am Kreuzkopf (mit angedeuteter Pleuelstange *o*) ist isoliert die metallene Scheibe *p* befestigt, die nach unten in eine auf den Kontaktschienen gleitende Zunge *q* ausläuft. Die nutzbare Länge der Kontaktschienen entspricht dem Kolbenhub. Steht der Kolben und damit der Kreuzkopf auf Mitte Hub, so berührt die Zunge *q* zwar die untere Kontaktschiene *l*, nicht aber eine der Schienen *m*, *n*. Bewegt sich der Kreuzkopf (in Bild 7) weiter nach links, so verbindet *q* die Schienen *l* und *m*; der Sekundärkreis wird geschlossen, und an der Zündkerze *r* (Bild 5) der Deckelseite springen Funken über. Sie entzünden das Gemisch, das der Kolben bei seiner Bewegung nach links auf der ersten Hälfte seines Hubes angesaugt hat. Die Funken springen so lange über, wie *q* (Bild 7) die Schiene *m* berührt, also auch dann noch, wenn der Kolben seine Bewegung umgekehrt hat und nach rechts geht, aber da sich dann nur noch Abgase über dem Kolben befinden, stört dies nicht. Die Funkenbildung hört auf, wenn *q* die Schiene *m*

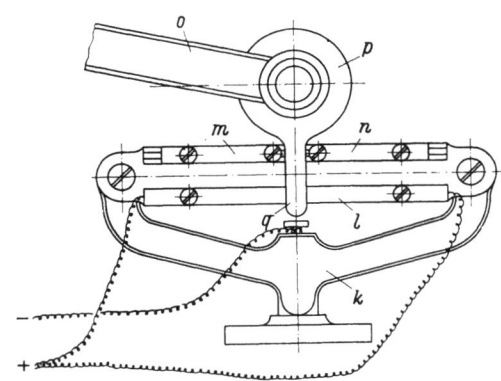

Bild 7
Zündverteiler des Lenoir-Motors

k Kontaktschienenträger; *l* untere Kontaktschiene; *m* Kontaktschiene für Brennraum Deckelseite; *n* Kontaktschiene für Brennraum Kurbelseite; *o* Pleuelstange; *p* Kontaktscheibe mit Zunge *q*

verläßt. Alsdann verbindet *q* die Schienen *l* und *n* miteinander; die Funken treten an der Kerze *s* auf und zünden das nunmehr auf der Kurbelseite des Kolbens befindliche Gemisch. Bei jeder Umdrehung der Kurbel tritt auf jeder Kolbenseite auf der Hubmitte eine Zündung ein: die Lenoir-Maschine arbeitet im doppeltwirkenden Zweitakt.

Die Zündkerzen waren fast schon so wie heute üblich gebaut. In einen Porzellanzylinder waren zwei Drähte eingelegt, von denen der eine mit der Verschraubung, die den Porzellankörper im Zylinderdeckel befestigte, in leitender Verbindung stand und dadurch geerdet war, während der andere an die Kontaktschienen *m*, *n* führte. Die Kerze *r* (Bild 5) war mit der Schiene *m* (Bild 7), *s* mit *n* verbunden. Der mit Wagnerschem Hammer versehene Induktionsapparat erzeugte abwechselnd an den beiden Kerzen eine ununterbrochene Funkenfolge, die während je einer halben Umdrehung der Kurbelwelle andauerte.

Der Lenoir-Motor arbeitete ohne Gemischvorverdichtung. Bei Eintritt der Zündung hatte das Gemisch nur einen geringen Unterdruck, da die Einlaßquerschnitte reichlich bemessen waren. Die Zündung ließ den Gasdruck plötzlich auf 5 bis 6 at hochschnellen. Da die Zündung auf Hubmitte eintrat, während der Kolben seine größte Geschwindigkeit hatte, verursachte die plötzlich eintretende Druckzunahme einen harten Stoß auf das Triebwerk. Der Gang der Maschine kann nicht so ruhig gewesen sein, wie von einigen Zeitgenossen behauptet wurde. Ein von Schöttler[10] aufgenommenes Diagrammblatt

(Bild 8), das sieben Arbeitsspiele übereinander zeigt, läßt den steilen Druckanstieg bei Eintritt der Zündung erkennen.

LENOIR regelte seinen Motor anfangs nur von Hand, indem er das Küken eines Hahnes drehte, der in der Gaszuleitung angebracht war. Später benutzte MARINONI, der LENOIRs Maschinen baute, einen Wattschen Gewichtsregler. Das Lichtbild eines aus einer späteren Bauperiode stammenden Lenoir-Motors zeigt Bild 9. Der Arbeitszylinder ist hier etwas anders ausgeführt als in Bild 5 und 6; in dem an den Zylinder geflanschten

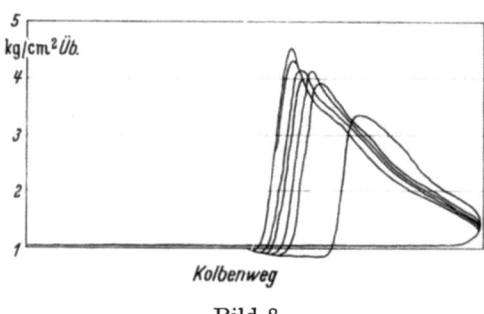

Bild 8

Indikatordiagramme einer Zylinderseite der Lenoir-Maschine, aufgenommen von R. SCHÖTTLER

Gehäuse a sind die in Bild 6 mit a bezeichneten Gasräume untergebracht. Die zu den Kolbenseiten führenden Gaskanäle haben dieselbe Form wie bei einer Dampfmaschine. Hinter dem Gehäuse a ragt der Gaseinlaßschieber c hervor (in Bild 5 und 6 ebenso bezeichnet). Er wird von dem auf der Kurbelwelle aufgekeilten Exzenter d (Bild 9) und

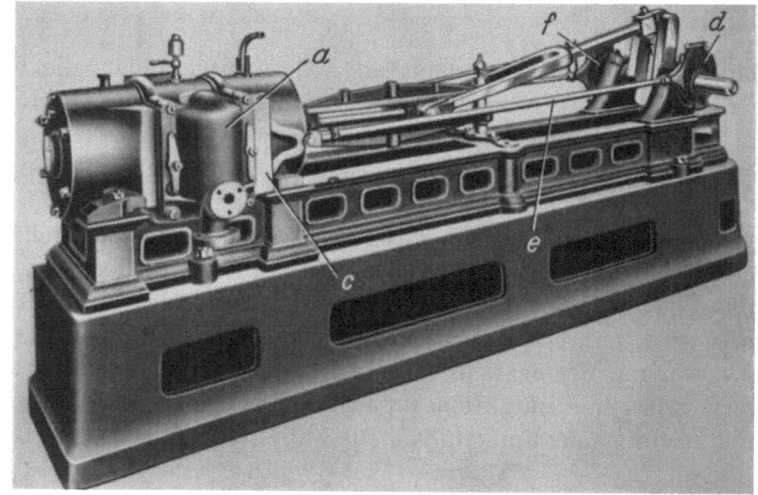

Bild 9

Ein von LEFEBVRE gebauter Lenoir-Motor, der heute im Werkmuseum der Klöckner-Humboldt-Deutz AG steht

Das Schwungrad ist von der am rechten Bildende sichtbaren Kurbelwelle abgezogen. Der Schieber c hat die in Bild 6 gezeichnete Gestalt. a ist das Einlaßgehäuse für Gas und Luft; d,e,f Exzentersteuerung der Schieber

An diesem Motor hat WILHELM MAYBACH in den 70er Jahren Versuche gemacht der Exzenterstange *e* bewegt. Hinter der gegabelten Pleuelstange sieht man das Exzenter *f*, das den auf der anderen Zylinderseite liegenden Auslaßschieber steuert.

Über die Verbreitung des Lenoir-Motors teilt G. DELABAR in einem Bericht[18] über die Pariser Ausstellung 1867 mit:

> Nach einer mir vorliegenden Publication von Lefèbvre befanden sich schon zur Zeit der Ausstellung nicht weniger als circa 140 bloß Lenoir'sche Maschinen von ½ bis 2 und 3 Pferdestärken allein in Paris und wenigstens ebenso viele im übrigen Frankreich und im Ausland, und zwar in den meisten Ländern Europa's sowie in Nord- und Südamerika. Davon kommen 9 Exemplare auf Deutschland und zwar 3 auf Wiesbaden, 2 auf Hannover, 1 auf Berlin, 1 auf Augsburg, 1 auf München und 1 auf Wien.

Es fehlte natürlich auch nicht an Beanstandungen: der Motor verbrauchte erheblich mehr Gas, als in den Werbeschriften zugesagt war, und besonders lebhaft waren die Klagen über den hohen Schmierölverbrauch. Die aus Rotguß gefertigten Schieber (*c* und *d* in Bild 5) mußten sehr reichlich geschmiert werden; die Reibung der Schieber zwischen ihren Gleitflächen war so stark, daß die Drehzahl nachließ, sobald zu wenig geschmiert wurde. Das galt besonders von dem Auslaßschieber, dessen Temperatur man nur durch starkes Schmieren auf erträglicher Höhe halten konnte. Bei der unvollkommenen Ausdehnung — das Gasgemisch wurde erst auf Hubmitte entzündet — konnte der Gasverbrauch nicht den von LENOIR angegebenen niedrigen Betrag von 0,5 cbm/PSh erreichen; er stellte sich bei Messungen als wesentlich höher heraus. MAX EYTH, dessen „Meister" G. KUHN in Stuttgart einen Lenoir-Motor nach Zeichnungen des Fabrikanten MARINONI hatte bauen lassen, fand je nach dem Gasgehalt der Ladung einen Gasverbrauch zwischen 1,2 und 5,4 cbm/PSh[13]. Ein Civil-Ingenieur BOETIUS schrieb in einer Broschüre[19], die 1861 in Hamburg erschien:

> Ich glaube in Nachfolgendem definitiv beweisen zu können, daß zunächst die Angaben über die Nutzwirkung der Maschinen falsch sein müssen und sogar so weit von der Wahrheit abweichen, daß man sich nicht genug über die Ungenirtheit solcher Behauptungen wundern kann, daß außerdem derartige Verhältnisse in der Maschine eintreten, daß jeder Practiker in seinem Urteil über die Construction der Maschine den Stab brechen wird.

Richtiger urteilt LEFEBVRE, einer der Hersteller des Lenoir-Motors. Er weist zwar darauf hin, daß alle wichtigen Bauelemente des Motors schon vor LENOIR bekannt gewesen seien:

> La machine Lenoir emploie le piston breveté de Street; elle est à effet direct, à double effet comme la machine de Lebon; elle enflamme par l'étincelle électrique, comme la machine de Rivaz; elle emprunte à Samuel Brown le refroidissement du cylindre par l'eau; elle peut marcher par les hydrocarbures volatiles proposés par Herskine-Hazard[20]; peut-être même trouverait-on dans Talbot l'idée ingénieuse du distributeur circulaire[21].

Jedoch setzt er hinzu:

> Aber er (der Lenoir-Motor) saugt das Gas und die Luft durch das Kolbenspiel selbst an, ohne daß sie sich vorher mischen, was immer gefährlich ist und zur Anwendung von Pumpen zwingt — und das ist sein Patentschutz, das ist das, was man ihm nicht nehmen kann.

Aber LENOIRs Verdienst reicht weiter: er hat als erster einen Verbrennungsmotor über das Versuchsstadium hinausgeführt und der Praxis dienstbar gemacht. Daß es nur ein primitiver Betrieb war, ist für die Geschichte unwichtig. Für uns hat der Lenoir-Motor die besondere Bedeutung, daß er dem dreißigjährigen Kaufmann NICOLAUS AUGUST OTTO den Weg gewiesen hat, der zum Entstehen einer deutschen Verbrennungsmotorenindustrie führen sollte.

Erster Teil

Ottomotoren

II. N. A. Ottos erste Begegnung mit dem Verbrennungsmotor (1860—1862)

Nichts deutete in den Jugendjahren N. A. OTTOS darauf hin, daß er später einer der berühmtesten deutschen Ingenieure werden sollte. Er, der am 10. Juni 1832 das Licht der Welt erblickt hat, wird seine Kinder- und Knabenjahre nicht anders als seine Kameraden verlebt haben. Von irgendeiner Neigung zur Beschäftigung mit technischen Dingen weiß seine Jugendgeschichte[22] nichts zu berichten. Sein Geburtshaus stand in Holzhausen auf der Haide, einem an der Straße Wiesbaden-Ems gelegenen Dorf im Taunus, wo sein Vater Landwirt, Gastwirt und Posthalter war. Schon wenige Monate nach Nicolaus Augusts Geburt stirbt sein Vater, und seine tatkräftige Mutter wird seine Erzieherin. Der bescheidene Wohlstand, den der Vater hinterließ, ermöglicht es, dem Sohn eine gute Schulbildung zu geben. Nach achtjährigem Besuch der Dorfschule seines Heimatsortes wird er im Frühjahr 1846 auf die Realschule in Langenschwalbach geschickt, die er Ostern 1848 mit gutem Abgangszeugnis verläßt. Die zu jener Zeit allenthalben gärende Unruhe scheint die Entscheidung über seine Berufswahl verzögert zu haben; erst im November 1848 wird mit W. GUNTRUM, dem Inhaber eines kleinen Warengeschäftes in Nastätten, ein dreijähriger Lehrvertrag geschlossen, da Nicolaus August den Kaufmannsberuf erlernen soll. Nach Ablauf der Lehrzeit bescheinigt ihm sein Lehrherr, daß er sich während der drei Jahre „treu, fleißig und gesittet" betragen habe und jedem bestens empfohlen werden könne.

Ende 1851 wird OTTO, 19 Jahre alt, aus der Lehre entlassen. In der Folgezeit arbeitet er als „Handlungscommis" in verschiedenen Kolonialwarengeschäften in Frankfurt und Köln, zuletzt bei CARL MERTENS in Köln. Er bereist ganz Westdeutschland, um Kaffee, Reis, Tee und Zucker zu verkaufen; auch Stoffballen liefert er gelegentlich an seine Bauernkundschaft. Im Juli 1860 verliert er seine 66jährige Mutter, die ihm ein kleines Vermögen hinterläßt. Jetzt, 28 Jahre alt und auf sich allein gestellt, erkennt er, daß der Kaufmannsberuf, den er nun schon zehn Jahre ausübt, ihm keine Aussicht auf ein Vorwärtskommen bietet.

Da tritt zur rechten Zeit das Ereignis ein, das seinem Leben die entscheidende Wendung geben sollte: er und sein älterer Bruder Wilhelm erhalten Kenntnis von der Gasmaschine eines Franzosen LENOIR. Auf welchem Weg OTTO vom Lenoir-Motor erfahren hat, ist nicht mehr nachzuweisen; man sprach allenthalben von der französischen Maschine, und so wird auch OTTO von ihr gelegentlich gehört haben. Aber während die Neuigkeit bei den meisten auf Zweifel und Kritik stieß, erregte sie die Aufmerksamkeit der Brüder OTTO. Es war die Zeit, da die Dampfkraft schon seit langem in den Industriebetrieben, im Eisenbahnverkehr und in der Schiffahrt mit Nutzen verwendet wurde, während es an einer bequem zu handhabenden Kraftquelle für das Kleingewerbe und das Handwerk fehlte. Die Aufgabe, eine zuverlässig und dabei billig arbeitende kleine Kraftmaschine zu schaffen, die dem Menschen die Mühsal der Handarbeit erleichterte, war dringend geworden. Die Dampfmaschine hatte ihre Mängel, denn sie benötigte einen mit Schornstein versehenen Kessel, dessen Aufstellung umständlich war, der viel Steinkohlen verbrauchte und einen Heizer zur Bedienung erforderte; auch bedurfte es einer polizeilichen Erlaubnis, eine solche Maschine aufzustellen. Bei dem neuen Motor erschien alles viel einfacher. Wo Leuchtgas zur Verfügung stand, das damals schon ziemlich weit verbreitet war, brauchte man nur eine Anschlußleitung für das Gas zu legen und den Motor mit Zu- und Ableitung für das Kühlwasser zu versehen. Die Auspuffgase konnte man durch ein Rohr über das Dach der Werkstatt ins Freie führen.

Zunächst dachten die Brüder OTTO indessen nicht daran, solche Maschinen selbst zu bauen; ihr Bestreben war, die Lenoir-Maschine zu verbessern und insbesondere sie für den Betrieb mit flüssigen Brennstoffen einzurichten. Wenn dies gelang, war man nicht an den Ort gebunden, an dem das Leuchtgas erhältlich war; man war in der Aufstellung freier und konnte sogar daran denken, Fahrzeuge durch einen Motor zu betreiben. Unter den flüssigen Brennstoffen gaben sie dem Spiritus den Vorzug. Wie aus der folgenden Patentanmeldung hervorgeht, haben sie gegen Ende 1860 Versuche mit einem Spiritusvergaser gemacht, über die indessen in den Akten nichts erhalten geblieben ist. Mit dem Datum des 2. Januar 1861 richteten sie „An den Königlich Preußischen Minister für Handel, Gewerbe und öffentliche Arbeiten" in Berlin ein „gehorsamstes Gesuch um Verleihung eines Patentes für den Umfang des preußischen Staates auf einen bis jetzt noch nicht in Anwendung gekommenen Motor, sowie der betreffenden Maschine, um bewegende Kraft leicht und gefahrlos zu erzeugen". In der Beschreibung heißt es:

Nach verschiedenen Versuchen ist es uns gelungen, die Dämpfe der kohlenwasserstoffhaltigen Flüssigkeiten als bewegende Kraft praktisch anzuwenden. Unter diesen räumen wir dem Spiritus den Vorzug ein. Die Dämpfe werden, wie bei Anwendung des Gases nach Lenoirs Methode, mit dem 10 — 20fachen volumen Luft zur Speisung eines Cylinders benutzt und ein Kolben in demselben durch Entzündung des Gemenges vermittelst electrischen Funken in Bewegung gesetzt...

Die ganze Maschine ist von großer Einfachheit und Leichtigkeit und kann momentan nach Belieben in Thätigkeit oder Stillstand gesetzt werden. Ein Quart Spiritus genügt dieselbe bei einer Stärke von einer Pferdekraft drei Stunden in Thätigkeit zu halten... und kann die Maschine daher zur Fortbewegung von Gefährten auf Landstraßen x x leicht und nützlich verwendet, sowie auch der kleinen Industrie von erheblichem Nutzen werden...

In der frohen Hoffnung, unsere ergebenste Bitte vor Ew. Excellenz Gewährung finden zu sehen, verharren in größter Hochachtung Ew. Excellenz gehorsamste Diener Wilhelm Otto, Aug. Otto.

Die Hoffnung der Brüder, ein Patent zu erhalten, erfüllte sich nicht. Die „Königliche technische Deputation für Gewerbe", welche die Anmeldung zu begutachten hatte, entschied, daß die „zur Patentierung eingereichte sogenannte Spiritus-Dampfmaschine in ihrer wesentlichen Einrichtung und Wirkungsart mit der bekannten Lennoir'schen[23] Gasmaschine übereinstimme". Der Unterschied, daß das Gasgemenge nicht aus Leuchtgas und Luft, sondern aus den Dämpfen kohlenwasserstoffhaltiger Flüssigkeiten und Luft bestehen solle, könne die Patentfähigkeit nicht begründen. Auch der zur Entwicklung der Spiritusdämpfe dienende Apparat, bestehend aus einer kupfernen Flasche, deren Boden durch eine Flamme erhitzt werden soll, enthalte „an und für sich nichts Neues". Das Patentgesuch wurde abgelehnt.

Dieser erste Mißerfolg scheint den Bruder WILHELM OTTO veranlaßt zu haben, sich von der Mitarbeit an den Plänen des jüngeren Bruders zurückzuziehen. Nicolaus August aber ließ sich nicht entmutigen. Durch den Mechaniker M. J. ZONS, der in Köln eine feinmechanische Werkstatt betrieb, ließ er eine Nachbildung des Lenoir-Motors bauen. „Es wird wohl wenig Techniker geben", sagt OTTO in seinen Aufzeichnungen[24],

„welche 1860 oder später, als ihnen die Erfindung LENOIRs bekannt wurde, derselben nicht volle Aufmerksamkeit schenkten. Mich interessierte dieselbe so, daß ich mir schon Anfang 1861 eine kleine Modellmaschine bauen ließ". Nach welchen Unterlagen das Modell ausgeführt wurde, ist nicht bekannt. Etwa Mitte März dürfte ZONS seine Arbeit abgeliefert haben, denn am 3. März 1861 schreibt OTTO aus Ahrweiler an seine Braut: „Die Maschine wird wohl fertig sein." An dieser Maschine hat OTTO seine ersten tastenden Versuche gemacht, über die er selbst berichtet:

Das angesaugte Quantum nahm ich zu ¼ des Kolbenhubs an und machte nun die Beobachtung, daß nur selten der Kolben über den Totpunkt kam. Nach jeder Wirkung kam derselbe bis nahe an das Ende seines Hubes und wurde alsdann der Kolben auf demselben Wege wieder zurückgezogen. Diese Beobachtungen waren der Ausgangspunkt für mich, später atm[osphärische] Gaskraftmaschinen [zu bauen], die 1863 in allen Staaten, nur nicht in Preußen, patentiert wurden.

OTTO entdeckte hier von neuem, was seine Vorgänger schon vor ihm gefunden und in den älteren Patentschriften beschrieben hatten: daß infolge der Ausdehnung der Verbrennungsgase ein Unterdruck im Zylinder entsteht, wenn die Expansion weit genug getrieben wird. Aber an diese Entdeckung knüpft er zunächst keine weiteren Überlegungen; an die Ausnutzung des Atmosphärendruckes zur Krafterzeugung, an die „atmosphärische Gaskraftmaschine", hat er erst zwei Jahre später gedacht, als alle Versuche, den Überdruck der Verbrennungsgase auszunutzen, fehlgeschlagen waren. Zunächst setzt er seine Versuche an der Lenoir-Maschine fort. Da der Eintritt der Zündung des Gasgemisches recht unregelmäßig ist, ändert er die Füllung planmäßig:

An dem ersten mißlungenen Versuch, das Maschinchen in regelmäßigen Betrieb zu setzen hatte ich die Ursache nicht erkannt, die Abkühlung der verbrannten Gase war eine weit größere, als ich in Rechnung gezogen hatte, und [ich] änderte die Maschine dahin um, daß ich auf ½, selbst auf ¾ des Kolbenhubes Exp.[25] ansaugen konnte. Bei ½ Füllung blieb das Maschinchen in Gang, bei ¾ Füllung ging sie sogar schlechter, was ja wiederum leicht erklärlich war; ich kam dadurch auf den richtigen Gedanken, die Zündung und Verbrennung muß zu Beginn des Kolbenhubes stattfinden und so dieser Gedanke, war auch die Ausführung da. Ich saugte auf ½ oder ¾ Hub Expl.[gemisch] an, versuchte den Kolben durch umgekehrtes Drehen am Schwungrad soweit wie möglich zurückzupressen, zündete alsdann und siehe da, das Schwungrad machte dann mit großer Kraft mehrere Umdrehungen. Das war der Ausgangspunkt für einen Viertaktgasmotor.

Aus den Worten „Das war der Ausgangspunkt für einen Viertaktgasmotor" glaubt A. LANGEN[22] schließen zu dürfen, daß OTTO damit das Viertaktverfahren erfunden habe. „Aus den Briefen an ANNA GOSSI [OTTOs Braut]", schreibt LANGEN, „wissen wir um die Geburtsstunde des Viertakts. Sie fällt in den Frühsommer 1861."

Zur Begründung seiner Meinung, daß OTTO schon 1861 das Viertaktverfahren gefunden habe, bringt LANGEN eine schematische Darstellung, die verkleinert in Bild 10 wiedergegeben ist. Wir haben hier nur im Grundriß des Motors die Bezeichnung „Schieber" hinzugefügt und die vier Indikatordiagramme durch die Buchstaben a bis d unterschieden; im Diagramm d wird durch die Ziffer *1* auf den Saughub, durch *4* auf den Auspuffhub des Viertaktes hingewiesen. LANGEN bemerkt zu dem Bild:

Über den konstruktiven Aufbau der kleinen Modellmaschine Lenoirscher Wirkungsweise sind Unterlagen nicht erhalten. Die hier wiedergegebene Form lehnt sich, lediglich zum besseren Verständnis für die Leser, an die neuzeitliche Form der einzylindrigen Tauchkolbenmaschine an. Auch die wiedergegebenen Druck-Volumen-Diagramme beruhen natürlich nicht auf Messungen, sondern sollen nur den Verlauf der Vorgänge charakterisieren.

Dies ist um 1940 geschrieben worden, achtzig Jahre nach OTTOs Versuchen. Nach so langer Zeit Versuchsergebnisse zu rekonstruieren, noch dazu wenn nur sehr spärliche Angaben vorliegen, die, wenn auch von OTTO selbst, so doch erst dreißig Jahre nach den Versuchen gemacht worden sind, bleibt ein unsicheres Beginnen. Trotzdem darf angenommen werden, daß damals der Druck im Lenoir-Zylinder ungefähr so verlaufen ist, wie die Diagramme a bis c zeigen. Nur das Diagramm d muß angezweifelt werden.

Wenn der Druck im Zylinder tatsächlich so verlaufen ist, wie das Diagramm angibt, dann hat OTTO schon damals den Viertaktmotor erfunden. Das Diagramm d zeigt die

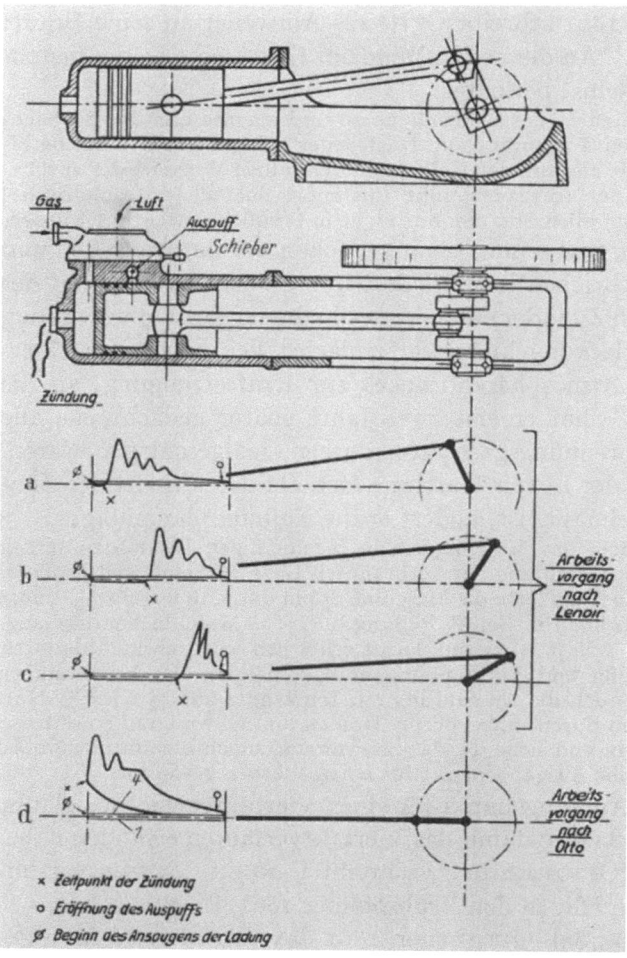

Bild 10

Verkleinerte Wiedergabe der Abb. 1 aus A. LANGEN: Nicolaus August Otto

Das Bild soll, wie LANGEN ausdrücklich sagt, lediglich veranschaulichen, wie sich die Vorgänge im Zylinder der Versuchsmaschine OTTOs im Frühjahr 1861 nach LANGENS Meinung abgespielt haben. Die Diagramme a, b und c beziehen sich auf den Lenoir-Motor, an welchem OTTO den (durch ein Kreuz bezeichneten) Zündzeitpunkt veränderte. Das Diagramm d ist ein vollständiges Viertaktdiagramm. Die Diagramme beruhen auf Vermutungen, da OTTO die Maschine nicht indizieren konnte. Die Versuche beweisen nicht, daß OTTO das Viertaktverfahren schon 1861 gefunden hat

Sauglinie *1*, die Verdichtungslinie, an deren Ende sich die durch die Zündung hervorgerufene Drucksteigerung anschließt, die unruhig verlaufende Ausdehnungslinie und an diese sich anschließend die Linie *4*, die den Ausschubhub bezeichnet. Das sind die vier Takte des Viertaktmotors. Aber die Diagrammlinien *1* und *4* sind hier hinzugefügt, ohne daß hierfür Unterlagen vorliegen. Wenn der Druckverlauf wirklich so gewesen ist, wie das Diagramm d es glauben machen möchte, dann muß der Motor eine Viertaktsteuerung gehabt haben, d. h. eine Steuerwelle, die mit der halben Drehzahl der Kurbelwelle umlief, denn es durfte dann nur bei jeder zweiten Umdrehung eine Zündung eintreten, und zwischen je zwei Umdrehungen mußte eine Leerumdrehung eingeschaltet werden, die beim Viertakt zum Ausschieben der verbrannten Gase und nach der Kolbenumkehr zum Ansaugen frischen Gemisches erforderlich ist. Die konstruktiven Maßnahmen, die OTTO hätte treffen müssen, wären so umfangreich und so einschneidend gewesen, daß Otto sie sicherlich in seinen Aufzeichnungen erwähnt hätte. Aber nichts sagt er darüber; er schreibt nur, daß das Schwungrad „mit großer Kraft mehrere Umdrehungen machte", wenn er durch kräftiges Drehen am Schwungrad die Ladung verdichtet hatte und sie dann durch Betätigung der Zündvorrichtung von Hand entzündete. Das war zwar ein Teil des Viertaktprozesses und ein sehr wichtiger Teil, aber es war noch kein Viertaktverfahren. Es war, wie OTTO sagt, „der Ausgangspunkt für einen Viertaktgasmotor", aber ein Viertaktmotor war das nicht.

Immerhin aber brachte der improvisierte Versuch die wichtige Erkenntnis, daß man die Gasladung im Zylinder verdichten und im Augenblick des höchsten Verdichtungsdruckes, also der Umkehr des Kolbens, zünden müsse. Diese Erkenntnis begeisterte OTTO so, daß er noch in demselben Jahr (1861) einen neuen Motor bauen ließ:

Noch in demselben Jahre war die Zeichnung für einen solchen[26] fertig, ich glaubte meiner Sache so sicher zu sein, daß ich alle Vorsicht vergaß und anstatt eine eincylindrige Modellmaschine zu bauen gleich eine größere 4cyl. Maschine baute. Die Maschine ließ ich in der mech. Werkstätte von J. Zons in Köln ausführen.

Von dieser Maschine ist nichts erhalten geblieben, keine Zeichnung, keine Beschreibung, keine Angaben über die Steuerung. Erst 23 Jahre später, 1885, wurde die Skizze Bild 11 angefertigt. Sie ist als „Annex" einem Protokoll beigefügt, das am 7. Dez.

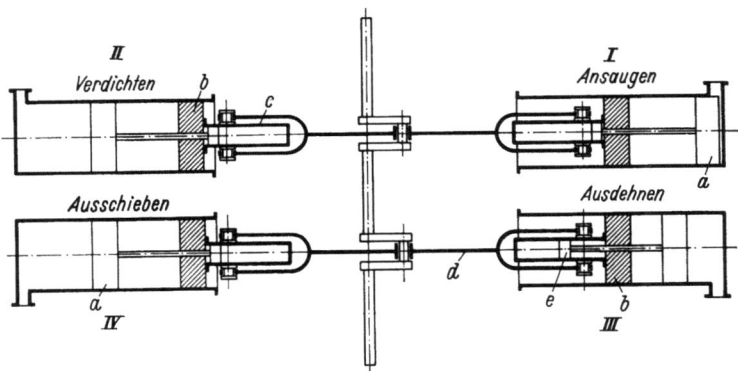

Bild 11. Diese Skizze wird in der Literatur als „Ottos Viertakt-Versuchsmotor von 1862" bezeichnet. Sie ist 1885 angefertigt worden; man wollte sie im Reichsgerichtsprozeß um das Viertaktverfahren (1886) als Beweismittel für die Priorität OTTOS verwenden

Das Original (in den Akten der Klöckner-Humboldt-Deutz AG) enthält keinerlei Beschriftung und läßt nicht einwandfrei erkennen, daß ein Viertaktmotor dargestellt werden soll. *a* Arbeitskolben; *b* Hilfskolben; *c* Hohlzylinder; *d* Pleuelstange; *e* Pufferkolben

1885 vor dem Preußischen Notar GOECKE in Köln aufgenommen worden ist. Darin sagt der Mechaniker MICHAEL JOSEPH ZONS aus:

Achtzehnhundertzweiundsechszig baute ich für Herrn Otto nach dessen Angaben eine vier cylindrige Maschine, bei welcher die für Verwendung comprimierter Explosionsgemische nothwendigen vier Operationen, nämlich:

    a. Ansaugen des Explosionsgemisches
    b. Comprimieren desselben
    c. Verbrennung und Arbeitswirkung
    d. Austreiben der Verbrennungsprodukte

in ein und demselben Cylinder vorgenommen wurde[27].

Nach beiliegender Skizze [Bild 11] hatte die Maschine vier Cylinder und die Arbeitskolben waren so mit der Kurbelwelle verbunden, daß in je zwei nebeneinander liegenden Cylindern diese Kolben sich nach auswärts bewegten, wenn in den beiden andern Cylindern der Einwärtshub erfolgte.

Jeder Cylinder hatte außer dem Arbeitskolben noch einen Hülfskolben, zwischen beiden war ein größerer mit Luft gefüllter Raum. Durch diese Anordnung war es möglich, sämtliche Verbrennungsprodukte aus dem Cylinder auszutreiben und nach ansaugen eines frischen Explosionsgemisches, in demselben Cylinder auch die Compression und nachherige Verbrennung und Kraftentwicklung vorzunehmen.

Der Cyclus von vier Operationen in jedem einzelnen Cylinder wie oben angedeutet war auf die vier Cylinder so verteilt, daß während des Auswärtshubes in dem einen Cylinder ein frisches Explosionsgemisch angesaugt und in dem andern Cylinder ein comprimiertes Gemisch verbrannt und Kraft entwickelt wurde.

Zur gleichen Zeit wurde in den beiden andern Cylindern während des Einwärtshubes in dem einen Cylinder ein Explosionsgemisch comprimiert und in dem andern Cylinder die Verbrennungsprodukte ausgetrieben.

Es erfolgten somit bei jeder Kurbelumdrehung zwei Arbeitswirkungen.

Das Protokoll ist von dem Mechaniker ZONS sowie zwei Zeugen unterschrieben und notariell beglaubigt. Die Zahlen *I* bis *IV* und die Buchstaben *a* bis *e* sind hier zur Erläuterung hinzugesetzt. Das Original enthält nur das schematische Bild, keinerlei Beschriftung, insbesondere nicht die Worte Ansaugen, Verdichten, Ausdehnen, Ausschieben, die GÜLDNER in seinem Lehrbuch[13] (1903) hinzugefügt hat; sie finden sich auch bei G. RICHARD[21], der die gleiche Skizze mit den Zusätzen Aspiration, Compression, Explosion, Echappement bringt. Ohne diese Erläuterung kann das Bild mit gleicher Wahrscheinlichkeit als vierzylindriger Zweitaktmotor gedeutet werden, was vielleicht richtiger wäre, da OTTO ja vom Zweitaktverfahren LENOIRs ausgegangen ist. In seinen späteren Aufzeichnungen nennt OTTO diesen Versuchsmotor eine „Viertaktmaschine":

Diese 4 Takt Maschine unterschied sich im Wesentlichen von m[einer] Erfindung 1876, daß ich durch Hohlkolben die Verbrennungsprodukte aus der Maschine trieb ...

Auf den „Hohlkolben" hatte OTTO besondere Hoffnungen gesetzt. Zwei Vorteile wollte er mit der Konstruktion erreichen, die in Bild 11 durch die Buchstaben *a* bis *e* schematisch angedeutet ist. Bei den Versuchen mit dem Lenoir-Motor war OTTO die Härte der Zündstöße aufgefallen; diese würde die Kurbelwelle, so fürchtete er, nicht lange aushalten, daher legte er zwischen den Arbeitskolben *a*, der die Zündstöße empfing, und die Kurbelwelle eine Puffervorrichtung, die aus den Teilen *b* bis *e* bestand. Nur der Hilfskolben *b*, der zugleich als Führung für die Kolbenstange des Arbeitskolbens *a* diente, war durch den mit ihm verbundenen Hohlzylinder *c* und die diesem angelenkte Pleuelstange *d* mit der Kurbelwelle verbunden. Die Kolbenstange des Arbeitskolbens trug an ihrem linken Ende (Teilbild *III*) den kleinen Pufferkolben *e*, der bei Eintritt der Zündung sich innerhalb des Pufferzylinders *c* nach links verschob und die in *c* befindliche Luft verdichtete. Das Luftkissen übertrug den Arbeitsdruck auf die Pleuelstange. So dachte OTTO sich die Wirkungsweise.

Mit dieser Vorrichtung sollte noch ein zweiter Vorteil erreicht werden. Am Ende des Ausdehnungshubes (von welchem Teilbild *III* eine Zwischenstellung zeigt) muß die in *c* verdichtete Luft, auf den Pufferkolben *e* wirkend, den Arbeitskolben *a* so weit nach rechts schieben, bis *e* an *b* anliegt (Teilbild *I*). Die Abmessungen konnten so gewählt werden, daß der zwischen *a* und dem Zylinderdeckel verbleibende schädliche Raum sehr klein wurde. Dadurch erschien es erreichbar, die Verbrennungsgase nahezu restlos auszutreiben, und auch das für das folgende Arbeitsspiel angesaugte Gasvolumen wurde vergrößert.

Aber nichts von dem Erhofften trat ein. Im Gegenteil: die Zündstöße wurden so heftig, daß der Motor bald zerstört war. Die Ursache ist heute unschwer zu erkennen. Der Eintritt der Zündung muß durch die Kurbelwelle gesteuert werden, aber die Zündung darf nur bei einer bestimmten Stellung des Arbeitskolbens eintreten, wenn harte Druckstöße vermieden werden sollen. Und da die Stellung des Arbeitskolbens nicht mehr, wie bei dem einfachen Kurbeltrieb, von der Stellung der Kurbel abhing, sondern

Nicolaus August Otto
1832–1891

von dem Spiel des Pufferkolbens *e* im Zylinder *c*, d. h. von seiner schwer zu kontrollierenden Undichtigkeit, so waren die Stellung des Kolbens *a* im Arbeitszylinder und der Eintritt der Zündung nicht mehr eindeutig aufeinander abgestimmt, und schlimme Frühzündungen konnten nicht verhindert werden. Resigniert schreibt OTTO in seinen Erinnerungen von 1889:

> 1862 lief dieselbe und war auch in demselben Jahr total ruiniert durch die heftigen Stöße, welche in derselben auftraten... Die Erfahrung mit der 4 Takt Maschine war so deprimierend, daß ich damals zweifelte, ob es jemals gelänge, eine direktwirkende G[as] m[aschine] zu bauen.

Mehr, als hier dargestellt, wissen wir nicht über die Jahre 1861 bis 1862, in denen OTTO sich zum erstenmal mit einem Verbrennungsmotor beschäftigt hat. Sein großes Erlebnis war, daß er an dem Lenoir-Motor die Steuerung der Zündung veränderte, daß er durch Drehen der Kurbelwelle mit der Hand ein Gasgemisch in den Zylinder saugte, durch kräftiges Weiterdrehen am Schwungrad das Gemisch verdichtete und erst im Totpunkt den Zündfunken auslöste: „und siehe da, das Schwungrad machte dann mit großer Kraft mehrere Umdrehungen". OTTO selbst nennt diese Beobachtung, die für ihn wohl der tiefste Eindruck seines Lebens geblieben ist, bescheiden „den Ausgangspunkt für einen Viertaktgasmotor", aber er sagt das erst fast 30 Jahre später, 13 Jahre nach dem Gelingen seines Viertaktmotors. So scheint es uns richtig zu sagen: jene Beobachtung war der Keim zu der späteren großen Erfindung OTTOs, aber es war noch nicht die Erfindung selbst.

III. Die atmosphärische Gaskraftmaschine (1862—1876)
N. A. Otto & Cie. (1864)
Gründung der Gasmotoren-Fabrik Deutz (1872)

Auf den Zusammenbruch der Hoffnungen, die OTTO auf seinen vierzylindrigen Versuchsmotor gesetzt hatte, folgten für ihn sorgenvolle Jahre. Seine Beobachtung am Lenoir-Motor hatte ihn so begeistert, daß er beschloß, den Kaufmannsberuf aufzugeben und sich ganz der Tätigkeit eines Erfinders zu widmen. Am 15. Mai 1862 trat er aus der Kölner Firma Carl Mertens aus, bei der er damals arbeitete. Fortan lebte er nur dem Gedanken, daß es gelingen müsse, einen besseren Gasmotor zu schaffen, als der Lenoir-Motor war.

Aber die Versuche hatten das bescheidene väterliche Erbe aufgezehrt. Von der Vierzylinder-Versuchsmaschine war nur ein Trümmerhaufen übriggeblieben; jedoch zeigt er in den Briefen, die er seiner Braut schreibt, keine Mutlosigkeit. Beim Suchen nach einem Ausweg verfällt er auf die atmosphärische Gasmaschine. Was ihn bewogen hat, sich mit dieser Bauart zu beschäftigen, die ja technisch gegenüber dem Lenoir-Motor kein Fortschritt war, sagt OTTO in seinen Aufzeichnungen nicht. A. LANGEN[22] glaubt die Erklärung geben zu können:

> Dieser Gefahr [den schweren Stößen der Gasexplosionen] konnte er, wie er sich dachte, nur dann entgehen, wenn er davon absah, die durch die Explosion erzeugte Drucksteigerung zum Antrieb der Maschine zu verwenden. Dann aber blieb nach seinen Beobachtungen am Lenoirmodell noch eine Hoffnung. Man mußte die Explosion in der Maschine ohne schädliche Wirkung verpuffen lassen und lediglich den Unterdruck, der sich infolge der schnellen Abkühlung der verbrannten Gase einstellte, zum Antrieb benutzen. So entstand der Gedanke der sogenannten Atmospärischen Maschine...

Es ist anzunehmen, daß OTTO Ähnliches gedacht hat. Von seinen Experimenten mit dem Lenoir-Motor war ihm die Furcht vor der „Direktwirkung" geblieben, vor der unmittelbaren Wirkung der Verbrennungsgase auf den Kolben; jahrelang hat er sich nicht von dieser Furcht befreien können. Bei der „Indirektwirkung" traf zwar ebenfalls eine Explosionswelle den Kolben, aber der dadurch verursachte Stoß gelangte nicht bis zur Kurbelwelle; zudem konnte man ihn dämpfen. Die Explosion warf nur den Kolben der stehenden Maschine nach oben, und der weichere Druck der Atmosphäre, vermehrt um das Kolbengewicht, leistete bei der Abwärtsbewegung die auf die Kurbelwelle übertragene Nutzarbeit. So war die Gefahr einer Zertrümmerung der Maschine durch die scharfen Zündungen beseitigt. Das müssen seine Überlegungen gewesen sein, als er 1863 beschloß, atmosphärische Maschinen zu bauen. Er selbst berichtet in seinen Erinnerungen (1889) nur:

> Ich versuchte nun atm. Gaskraftmaschinen zu bauen, bei welchen die Expl.kraft eines Gemenges von Gas und Luft nur zur Bildung eines luftverdünnten Raumes benutzt wird, dann der Überdruck der äußeren Atmosph. als treibende Kraft zur Geltung brachte. Den gemeinschaftlichen Bestrebungen des Hn. Eug. Langen und meinerseits gelang es, wie schon zu Anfang dieser Schrift kurz angedeutet, eine brauchbare Maschine 1867 auf der Pariser Weltausstellung auszustellen und diese Maschine, obgleich ihr viele Fehler anhafteten, behauptete den Markt bis 1876...

Daß OTTO die Maschine der Italiener BARSANTI und MATTEUCCI (S. 9) gekannt hat, ist nicht erwiesen, aber wahrscheinlich. In seinen Aufzeichnungen erwähnt er die Namen der Italiener nicht, doch ist nicht anzunehmen, daß ihre Maschine seiner Aufmerksamkeit entgangen ist, als er nach einem Ersatz für den Lenoir-Motor suchte. Der englische Patentanwalt ABEL hat OTTO auf das englische Patent von BARSANTI und MATTEUCCI hingewiesen, aber das war erst 1865. EUGEN LANGEN hat 1886 angegeben, er habe erst während der Pariser Weltausstellung 1867 von der italienischen Maschine gehört. OTTO selbst hat sich nicht als Erfinder der atmosphärischen Gasmaschine bezeichnet, nur seine Konstruktionen hat er zum Patent angemeldet.

Ottos erste atmosphärische Gaskraftmaschine

Am 16. April 1863 reichte OTTO eine preußische Patentanmeldung ein. Bild 12 (nach der englischen Patentschrift Nr. 2098 von 1863) erläutert die Bauart der ersten von OTTO entworfenen, von ZONS ausgeführten atmosphärischen Maschine; das linke Teilbild ist eine Außenansicht, das rechte ein Schnitt durch den Zylinder. Dieser ist stehend angeordnet, wie bei der atmosphärischen Dampfmaschine, die offenbar als Vorbild gedient hat. Die beiden Lagersäulen a tragen die Kurbelwelle mit dem Schwungrad, der fliegend angeordneten Kurbel b und den beiden unrunden Scheiben c, die durch ihr Gestänge d die beiden Steuerschieber e bewegen. Diese öffnen und schließen die in der Zylinderwand übereinanderliegenden Öffnungen f und g, f für den Eintritt der Luft, g für das Gas-Luft-Gemisch. Der Kolben ist, ähnlich wie beim Versuchsmotor von 1862 (Bild 11), in den Arbeitskolben h und den Hilfskolben i unterteilt. Nur i ist durch die hohle Kolbenstange k und die gegabelte Pleuelstange l mit der Kurbelwelle direkt gekuppelt. Der Arbeitskolben h, dessen Unterseite unter der Wirkung der Gaskraft steht, ist wie früher durch einen kleinen am Ende seiner Kolbenstange angebrachten Pufferkolben in der hohlen Kolbenstange k geführt. Mit seinem Pufferkolben hängt der Arbeitskolben so im Kolben i, daß h etwas angehoben wird, wenn der Kolben i sich seiner durch den Kurbeltrieb vorgezeichneten oberen Totlage nähert. Durch diese Anhubbewegung des Kolbens h wird das Gas-Luft-Gemisch durch den Kanal g und die entsprechend gesteuerten Schieber e angesaugt. Darauf wird das Gemisch entzündet; die Zündeinrichtung wird nicht näher beschrieben. Der Arbeitskolben h wird nach oben geschleudert, wobei die zwischen den Kolben h und i befindliche Luft durch Ventile, die

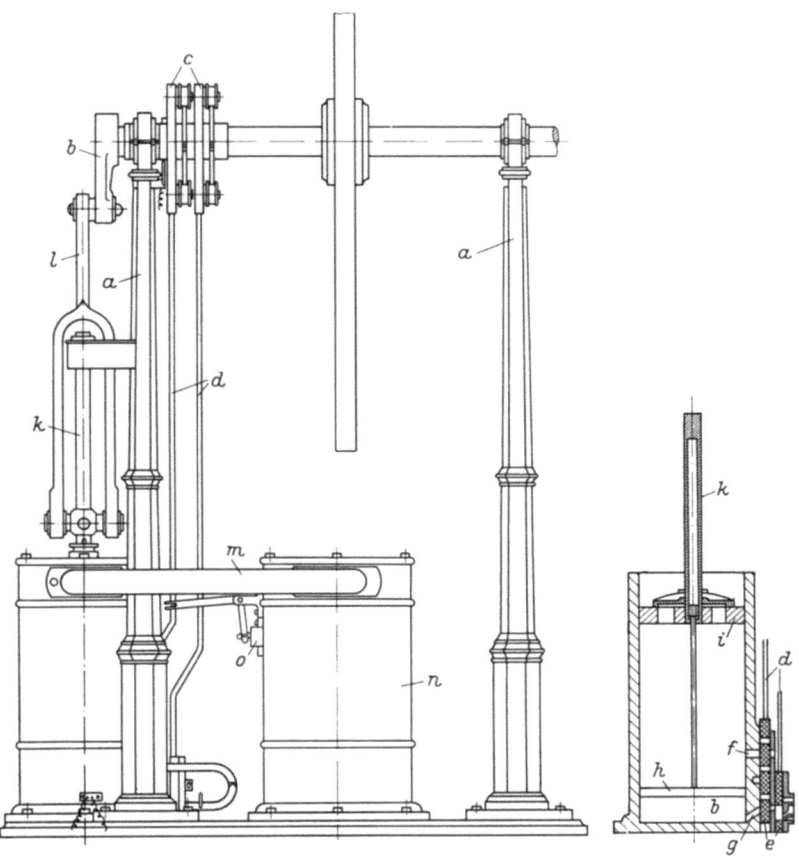

Bild 12. Ottos erste atmosphärische Gasmaschine mit Flugkolben und Kurbeltrieb (1863)
a Lagersäulen; b Kurbel; c unrunde Steuerscheiben; d Steuerungsgestänge; e Steuerschieber; f Kanal für Frischluft; g Kanal für das Gas-Luft-Gemisch; h Arbeitskolben; i Hilfskolben; k Kolbenstange; l Pleuelstange; m Verbindungsrohr zwischen Arbeitszylinder und Windkessel n; o Luftventil am Windkessel
OTTO hat diese kleine Maschine, die etwa ½ PS leistete, durch den Mechaniker ZONS bauen lassen. Im Frühjahr 1864 hat EUGEN LANGEN sie gesehen. Das war für die beiden Männer der Anfang einer fast dreißigjährigen Zusammenarbeit, aus der die heutige Klöckner-Humboldt-Deutz AG hervorgegangen ist

in i angebracht sind, entweichen kann. Infolge der Ausdehnung der Gase entsteht unterhalb des Kolbens h ein Unterdruck, und nunmehr kann der äußere Luftdruck, Arbeit leistend, beide Kolben gemeinsam herunterdrücken, wobei das in der hohlen Kolbenstange k befindliche Luftkissen stoßdämpfend wirkt. Wenn der obere Kolben seine untere Totlage erreicht hat, befindet sich seine untere Kante noch etwas oberhalb des Kanales f. Durch diesen Kanal läßt nunmehr die Schiebersteuerung Außenluft zwischen die beiden Kolben treten; der Arbeitskolben senkt sich auf den Boden des Zylinders und treibt durch den Kanal g die Abgase aus dem Zylinder. Die in Drehung befindliche Kurbel b bewegt den Hilfskolben i wieder nach oben, während der Arbeitskolben zunächst in seiner Lage verharrt. Erst wenn i sich der oberen Totlage nähert, wird der mit seinem Pufferkolben in i hängende Arbeitskolben h mitgenommen, wodurch frisches Gasgemisch angesaugt und ein neues Arbeitsspiel eingeleitet wird.

Im rechten Teilbild 12 ist der Zylinder oben offen gezeichnet; in der ausgeführten Maschine ist er oben geschlossen und die Kolbenstange ist in einer Stopfbuchse durch den Zylinderdeckel geführt. Damit die Luft beim Aufwärtsgang des Kolbens i entweichen kann, steht der Raum oberhalb i durch ein weites Rohr m mit dem Behälter n in Verbindung, der als Windkessel dient. Sein Inhalt kann durch ein vom Steuerungsgestänge bewegtes Ventil o abwechselnd mit der Außenluft verbunden und von ihr abgesperrt werden. Während des Aufwärtshubes des Hilfskolbens i ist Ventil o geöffnet; dann wirkt der Windkessel als Verdichtungsraum. Wenn der Arbeitskolben h seine rasche Aufwärtsbewegung macht, schließt das Ventil o den Windkessel von der Außenluft ab, und dieser wirkt als Luftspeicher, in welchem der Luftdruck über dem Atmosphärendruck liegt. Geht der Kolben i abwärts, so wirkt auf ihn anfangs der erhöhte Luftdruck des Speichers und sodann der Atmosphärendruck, so daß der Speicherdruck die Leistung der Maschine erhöht.

Das von OTTO nachgesuchte Schutzrecht auf diese Maschine wurde in Preußen von der Technischen Deputation für Gewerbe im Juni 1863 mit der Begründung abgelehnt, daß das Verfahren durch die älteren atmosphärischen Dampfmaschinen vorweggenommen sei; auch sei die Wirkungsweise der neuen Maschine nicht klar genug beschrieben. In seiner Erwiderung (Juli 1863) gab OTTO zu, daß das Prinzip seiner Maschine mit dem der atmosphärischen Dampfmaschine übereinstimme, jedoch wünsche er nicht einen Patentschutz auf das Prinzip, sondern auf die Konstruktion. Außerdem sei eine Versuchsmaschine der beschriebenen Bauart „seit mehreren Monaten in fortwährender Thätigkeit und eine solche Maschine würde für die Industrie von besonderem Nutzen sein". Auch der die Leistung erhöhende Luftakkumulator sei neu. Aber auch diese Vorstellungen halfen nichts; die preußische Behörde blieb bei ihrer Ablehnung. Dagegen wurde es in anderen deutschen Ländern, von denen jedes damals seine eigene Patentgesetzgebung hatte, erteilt, so in Baden, Bayern, Sachsen, Württemberg, Hannover, Hessen und Österreich. Auch in England, Frankreich und Belgien wurde der Patentschutz gewährt.

Otto gründet mit Eugen Langen die Firma N. A. Otto & Cie.

Durch den Bau dieser Maschine und die anschließenden Versuche, die im Frühjahr 1863 begonnen hatten, waren OTTOs Mittel bis auf einen kleinen Betrag zusammengeschmolzen. Auch bestand die Gefahr, daß der Mechaniker ZONS, der alle Einzelheiten der Maschine kannte und dessen Werkstatt in Köln, also in Preußen lag, die Möglichkeit hatte, die atmosphärische Maschine unbehindert durch einen Patentschutz herzustellen und in Preußen zu vertreiben, da OTTO in Preußen kein Patent besaß. Gegen solche Gefahr mußte OTTO sich schützen. Er schloß im Oktober 1863 mit ZONS einen Vertrag, in welchem ZONS sich verpflichtete, für eine befristete Zeit OTTOs Maschine nicht nachzubauen und dritten Personen keine Mitteilungen über den atmosphärischen Gasmotor zu machen, wogegen OTTO dem Mechaniker ZONS, der ihm mehrere hundert Taler schuldete, diesen Betrag stunden oder erlassen würde, wenn er in der Ausbeutung seiner Maschine für einen bestimmten Zeitraum durch ZONS nicht benachteiligt worden sei. ZONS hat diesen Vertrag redlich gehalten.

OTTO trennte sich jetzt auch räumlich von ZONS, mit dem er fast drei Jahre gearbeitet hatte. Er mietete am Gereonswall in Köln eine eigene Werkstatt, um dort seine Versuche fortzusetzen. Die atmosphärische Maschine sowie mehrere Werkzeugmaschinen und Werkzeuge, die als sein Eigentum in dem mit Zons geschlossenen Vertrag genau aufgeführt waren, nahm er mit. Viel mehr als dies besaß er jetzt nicht. Die Maschine lief zwar und leistete bei erträglichem Gasverbrauch ½ PS, aber es traten immer wieder Störungen auf; zudem kosteten die in- und ausländischen Patente viel Geld und waren nicht zu verwerten. Seine Versuche, bei Verwandten und Freunden ein Darlehen aufzunehmen, mißlangen. In dieser Bedrängnis führte ihn ein günstiges Geschick mit dem Mann zusammen, dem er während seines ganzen Lebens verbunden geblieben ist, mit Eugen Langen. In der Zusammenarbeit mit ihm ist es Otto gelungen, das Schicksal zu wenden und die große Leistung seines Lebens zu vollbringen: die Schaffung des Viertaktmotors.

Eugen Langen[28], der Sohn einer angesehenen Kölner Familie, hatte auf dem Polytechnikum Karlsruhe Maschinenbau studiert, wo unter anderen Ferdinand Redtenbacher zu seinen Lehrern gehört hatte. Mit einer guten Ausbildung in Physik und Mechanik hatte er die Hochschule verlassen. Schon in jungen Jahren betätigte er sich erfinderisch, auch nachdem er als Teilhaber in die Zuckerfabrik seines Vaters eingetreten war. Allen technischen Neuerungen gegenüber aufgeschlossen hatte er sich auch mit den Heißluftmotoren beschäftigt, mit denen das Kleingewerbe sich damals behalf, und auch der Lenoir-Motor war seiner Aufmerksamkeit nicht entgangen. So konnte es nicht ausbleiben, daß die Nachricht von der kleinen Gasmaschine, die ein Kölner namens Otto gebaut haben sollte, Eugen Langen erreichte und ihn aufhorchen ließ. Die Maschine mußte er sehen; vielleicht war es das, was das Gewerbe so dringend brauchte. So suchte Langen am 9. Februar 1864 den Erfinder in seiner Werkstätte am Gereonswall auf. Was er sah, beeindruckte ihn so, daß er es sogleich seinem Vater vortrug, der dem Sohn seine Unterstützung zusagte. In wenigen Wochen waren sich beide — Nicolaus August Otto und Eugen Langen — einig. Sie schlossen am 31. März 1864 einen Gesellschaftsvertrag, nach welchem Otto als allein haftender Teilhaber seine Erfahrungen, Probemaschinen und Werkzeuge gegen eine Gutschrift von 2000 Talern in die Firma N. A. Otto & Cie. einzubringen hatte, während Eugen Langen sich als Kommanditist mit 10000 Talern beteiligte. Das war der Anfang einer fast drei Jahrzehnte, bis zu Ottos Tod im Jahr 1891 dauernden, überaus fruchtbaren Zusammenarbeit, welche die beiden Männer in Freundschaft verbunden hielt. Freilich sollte Langens Vertrauen in Ottos Erfindung zunächst noch auf eine harte Probe gestellt werden.

Ottos atmosphärische Maschine wird von ihm und Langen verbessert

Der Zustand, in dem sich die Maschine im Frühjahr 1864 befand, war nicht befriedigend. Die Ursache der immer wieder auftretenden Störungen glaubte man in dem Kurbeltrieb zu sehen, der durch die von den Explosionen herrührenden Stöße zu stark beansprucht wurde. Man kam zu der Überzeugung, daß die Verbindung zwischen dem Kolben und der Kurbel nachgiebig sein müsse, solange die Explosion und die Verbrennung andauerten, und daß man nur dann den Kurbeltrieb einschalten dürfe, wenn die langsamer wirkende Atmosphäre ihre Arbeit verrichtete. Ein Vorversuch bestätigte dies. In einen stehenden, unten verschlossenen Zylinder wurde ein Kolben ohne Triebwerk bis auf den Boden eingelassen. Unter den Kolben wurde ein Gasgemenge, bestehend aus einem Raumteil Gas und neun Raumteilen Luft geleitet, wodurch sich der Kolben entsprechend dem Gemischvolumen hob. Wurde jetzt das Gemisch entzündet, so schnellte der Kolben um den neun- bis zehnfachen Betrag des Weges hoch, um den er sich vorher gehoben hatte. Das ergab einen Anhalt für die Bemessung der nutzbaren Zylinderlänge und ermöglichte, die Arbeit überschläglich zu ermitteln, die der Kolben bei seiner Abwärtsbewegung würde abgeben können. Aber erst nach fast dreijähriger mühsamer Arbeit gelang es, diesen Gedanken in brauchbarer Form zu verwirklichen. Eine Sperrklinkenkonstruktion, die man zunächst für das Trennen und Verbinden von Kolbenstange und Kurbelwelle ersonnen hatte, versagte bald, weil die Klinke den harten Stößen nicht standhielt. Die Beseitigung der immer wieder auftretenden Störungen hatten EUGEN LANGENs Einlage schon fast zur Hälfte aufgezehrt, und es ist verständlich, daß er sich im Herbst 1865 überlegte, ob es nicht ratsam sei, aus der Firma auszutreten, wozu er sich in seinem Vertrag mit OTTO das Recht vorbehalten hatte. Es schien fast aussichtslos, daß es jemals gelingen würde, eine noch so bescheidene Rentabilität des Unternehmens zu erzielen. Aber OTTOs Zuversicht stützte den wankenden Mut des Partners, und LANGEN blieb Teilhaber, wenn er auch die Frage seines Rücktritts bis zum Mai 1866 offengehalten hat.

Im Dezember 1865 glückte es LANGEN, das unzuverlässige Sperrklinkenschaltwerk durch eine Freilaufkupplung zu ersetzen, die sich weit besser als die älteren Konstruktionen verhielt. Bild 13 zeigt die Wirkungsweise. Auf der das Schwungrad und die Riemenscheibe tragenden Arbeitswelle a ist die Kupplungsscheibe b fest aufgekeilt. Auf

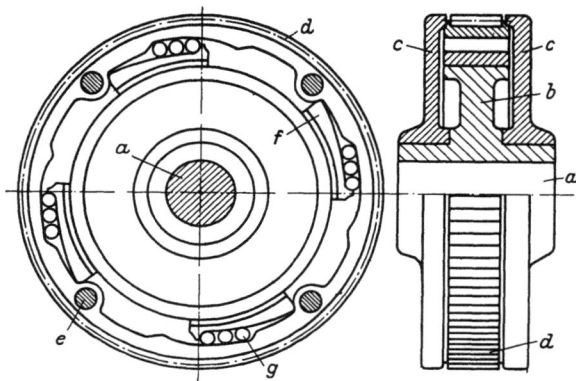

Bild 13

Das Schaltwerk EUGEN LANGENS (1865)

a Arbeitswelle; b Kupplungsscheibe, fest auf a; c Deckscheiben; d Zahnkranz; e Bolzen; f Keile; g Walzen
Durch das Klemmrollengesperre f,g wird erreicht, daß der von der gezahnten Kolbenstange (Bild 16) in wechselndem Drehsinn bewegte Zahnkranz d die Welle a in gleichbleibendem Sinn dreht

deren Nabe sind die beiden Deckscheiben c zentriert; diese sind in entkuppeltem Zustand frei um die Nabe von b drehbar. Sie tragen den Zahnkranz d, mit dem sie durch vier Bolzen e fest verbunden sind. Auf dem zylindrischen, als Bremstrommel ausgebildeten Umfang der Scheibe b liegen innerhalb des Innenumfangs des Zahnkranzes vier mit Lederbelag versehene Keile f und zwischen diesen und dem Zahnkranz je drei Walzen. Die verdickten Enden der Keile stoßen gegen die Wulste des Zahnkranzkörpers, durch welche die Bolzen e geführt sind. Wenn der Zahnkranz sich im Sinn des Uhrzeigers (linkes Teilbild 13) dreht, nehmen die Wulste die Keile mit, und diese gleiten auf dem Umfang der Scheibe b; dann sind die Scheiben b und c nicht miteinander gekuppelt. Dies gilt für den Aufwärtsgang der gezahnten Kolbenstange (k in Bild 14 und 16). Dreht sich der Zahnkranz d entgegen dem Uhrzeigersinn, aber langsamer als die Festscheibe b (deren Drehsinn immer entgegen dem Uhrzeiger gerichtet ist), so gleiten die Keile ebenfalls, ohne zu kuppeln, denn diese Relativbewegung des Zahnkranzes gegenüber der Scheibe b entspricht derselben Bewegung wie vorhin. Wenn aber der Zahnkranz voreilt, wie es beim arbeitleistenden Abwärtshub der Kolbenstange der Fall ist, klemmen sich die Walzen zwischen Keile und Innenfläche der Zahntrommel und stellen die Verbindung zwischen c und d her. Die Arbeitswelle a dreht sich also ständig entgegen dem Uhrzeigersinn, wenn auch ungleichförmig; der Zahnkranz d folgt den Auf- und Abwärtsbewegungen der Kolbenstange, und diese ist nur während des arbeitleistenden Abwärtshubes mit der Welle gekuppelt.

Die Walzen, in der Patentanmeldung Holzröllchen genannt, waren ursprünglich aus Hartholz gefertigt, das die Beanspruchungen nicht lange aushielt. Nachdem sie durch stählerne Rollen ersetzt worden waren, erwies sich ,,Langens Schaltwerk" als eine betriebssichere Kupplung.

Die atmosphärische Gaskraftmaschine von 1867

Im April 1866 gelang es den beiden Freunden zum erstenmal, ein preußisches Patent auf eine Anmeldung zu erhalten, die sie gemeinsam am 8. Februar 1866 eingereicht hatten. Es schützte eine atmosphärische Gasmaschine, die verschiedene konstruktive Neuerungen, darunter auch Langens Schaltwerk, aufwies. Dieses wird zwar in der von EUGEN LANGEN und N. A. OTTO unterschriebenen Anmeldung ausführlich erläutert, ist aber nicht für die Erteilung des Patentes ausschlaggebend gewesen. Das Neue bestand vielmehr darin, daß die Zahl der Arbeitshübe unabhängig von der Drehzahl der Arbeitswelle war, was dadurch erreicht wurde, daß die Steuerungsvorgänge, Gaseinlaß, Zündung und Gasauslaß, durch die Auf- und Abbewegung der Kolbenstange, nicht durch die sich drehende Arbeitswelle, ausgelöst wurden. Zu dieser von OTTO stammenden Konstruktion hatte die Beobachtung geführt, daß die Maschine bei einer bestimmten Höhe des Kolbenfluges am besten arbeitete.

Da jedoch der Nutzeffect der Maschine [so heißt es in der Anmeldung] für eine gewisse Flughöhe des Kolbens der beste ist, so empfiehlt es sich, die ausgeübte Kraft in solcher Weise zu regulieren, daß die Flughöhe des Kolbens stets die gleiche bleibe, unabhängig von der, von der Maschine in der Zeiteinheit geforderten Leistung. Wir erreichen dieses, indem wir die Zahl der Kolbenhübe unabhängig machen von der als constant anzusehenden Umdrehungszahl der Axe. — Bei großer Leistung macht der Kolben viele, bei kleinerer Kraftanordnung wenige Hübe, und ist zu dem Zwecke der Steuermechanismus unabhängig von der Umdrehungszahl der Axe.

Die eigenartige Steuerung, mit welcher Otto erreichte, daß die Drehzahl der Arbeitswelle unabhängig von der Zahl der Kolbenhübe wurde, zeigt Bild 14. Im Bild rechts oben ist das auf der Arbeitswelle a sitzende ,,Schaltwerk" sichtbar. Die Arbeitswelle trägt an ihren Enden das Schwungrad h und die Riemenscheibe i; sie dreht sich ständig im Sinn des eingezeichneten Pfeiles. Mit dem Zahnkranz d des Schaltwerks kämmt die Zahnstange k, die eine Verlängerung der Kolbenstange ist. An ihrem unteren Ende wird sie durch den Kolben, am oberen durch das auf zwei Stangen l gleitende Querhaupt m geführt (s. auch Bild 16 und 17). Die Steuerwelle n, ebenso wie die Arbeitswelle auf der oberen Abschlußplatte des Zylinders gelagert, liegt parallel zur Arbeitswelle in gleicher Höhe und wird durch das Zahnradpaar o mit gleicher Drehzahl angetrieben. Über die Steuerwelle sind lose zwei Exzenter p und q geschoben, die aus einem Stück hergestellt und um 90° gegeneinander versetzt sind. Am Bügel des Exzenters p hängt die Stange r, die den Schieber für den Gaseinlaß (Bild 15) bewegt. In die Exzenterscheibe q ist ein Zapfen eingelassen, um welchen die Sperrklinke s eine Schwenkbewegung ausführen kann. Die Klinke kann mit ihrem Haken über einen Zahn des auf der Steuerwelle n fest aufgekeilten Sperrades t fallen, wenn sie vom Hebel u freigegeben wird. Dies tritt ein, wenn die Zahnstange k (und damit der Arbeitskolben) sich ihrer unteren Totlage nähert, durch diese hindurchgeht und sich wieder von ihr entfernt, denn während dieses Teiles ihrer Bewegung drückt die Zahnstange mit ihrem Ansatz v den Hebel u nieder, so daß s über einen Zahn des Sperrades t fallen kann. Jetzt nimmt das auf der Welle n aufgekeilte Sperrad die Klinke s und damit auch die Exzenterscheibe q und das mit ihr verbundene Exzenter p mit. Beide Exzenter machen eine volle Umdrehung; dabei bewirkt die dem Exzenterbügel von p angelenkte Stange r die erforderliche Bewegung des Gasschiebers. Während der einen Umdrehung der Exzenter hat sich die Zahnstange k gehoben, und die Nase v hat eine Schwenkbewegung des Hebels u freigegeben. Eine Blattfeder w hebt den Hebel u ein wenig an, so daß die Klinke s, wenn sie mit dem Exzenter q eine Umdrehung gemacht hat, mit ihrem radialen Arm gegen einen Absatz am Hebel u stößt und aus dem Sperrad herausfällt. Das Sperrad dreht sich mit seiner Welle n weiter, aber die Exzenter bleiben stehen. Während des größeren Teiles des Verbrennungs- und des Arbeitshubes arbeitet die Steuerung nicht.

Das Exzenter q hat ferner die Aufgabe, den Kolben etwas anzuheben, wenn er nach Beendigung des Arbeitshubes und nach dem Ausschieben der Verbrennungsgase in seiner unteren Totlage angelangt ist. Während dieser Bewegung soll das Gas-

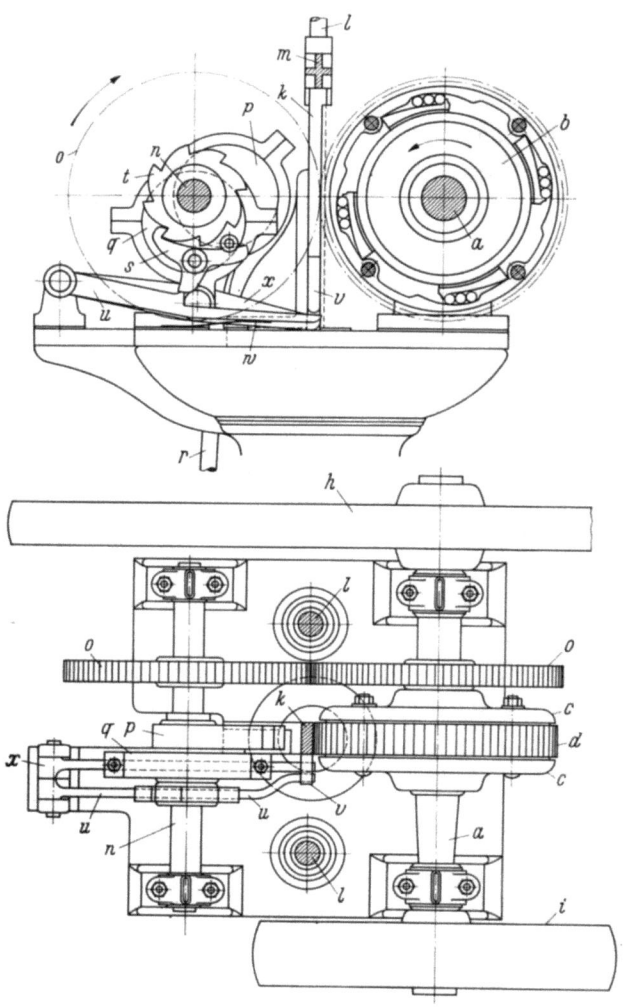

Bild 14. Die verbesserte Steuerung der atmosphärischen Gasmaschine von 1867

a,b,c,d LANGENs Schaltwerk (wie Bild 13); h Schwungrad; i Riemenscheibe; k Zahnstange; l Führungsstangen für Querhaupt m; n Steuerwelle; o Zahnräder zum Antrieb der Steuerwelle; p Exzenter; s Sperrklinke; t Sperrad; u Ausklinkhebel für Freigabe der Sperrklinke s; v Ansatz an k; w Blattfeder; x Hebel zum Anheben der Zahnstange

Mit dieser komplizierten und geräuschvoll arbeitenden Steuerung war die 1867 in Paris ausgestellte Maschine versehen

Luft-Gemisch für das nächste Arbeitsspiel angesaugt werden. Am Bügel des Exzenters q hängt der Hebel x, der ebenfalls unter den Ansatz v der Zahnstange greift. Sobald die Exzenter sich zu bewegen beginnen, hebt der Hebel x die Stange an, die sich von ihm wieder abhebt, sobald die Zündung den Kolben nach oben wirft.

Eugen Langen
1833–1895

Die Steuerung von Gaswechsel und Zündung der Maschine von 1867

In seiner Patentanmeldung vom Februar 1866 hatte OTTO eine Steuerung der Gaszufuhr und des Auspuffs durch Hähne vorgesehen, und die Ladung sollte durch den Funken entzündet werden. Ausgeführt hat er die Steuerung des Gaswechsels durch einen Flachschieber, den er von der Lenoir-Maschine her kannte, aber konstruktiv völlig änderte. Als Zündvorrichtung wählte er für die Ausführung die Gasflammenzündung, die er für betriebssicherer als die Funkenzündung hielt.

Bild 15 zeigt die seltsame Schiebersteuerung. Im Teilbild *I* ist der Schieberspiegel am Zylinder, in *II* der Schieber und in *III* der Schieberdeckel dargestellt, darunter im

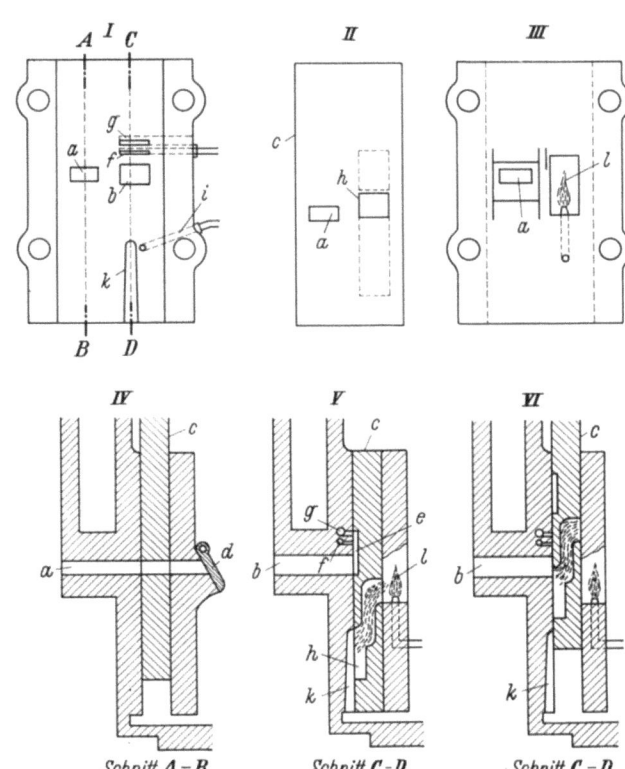

Bild 15
Schiebersteuerung und Flammenzündung der atmosphärischen Gasmaschine (1867)

I Schieberfläche am Zylinder; *II* Schieber; *III* Schieberdeckel; *IV* Schieber in Auspuffstellung; *V* Schieberstellung beim Ansaugen des Gas-Luft-Gemisches; *VI* Schieberstellung bei Zündung
a Kanal für den Auspuff; *b* Kanal für den Eintritt des Gas-Luft-Gemisches; *c* Schieber; *d* Auspuffklappe; *e* Schiebermuschel; *f* Eintrittskanal für das Gas, *g* für die Luft; *h* Hohlraum im Schieber für das Zündgemisch; *i* Bohrung für das Zündgas; *k* Aussparung für Luft; *l* Zündflamme

Die sinnreich erdachte, uns heute zu Unrecht primitiv anmutende Schieber-Flammen-Steuerung ist bei allen in der Gasmotoren-Fabrik Deutz gebauten atmosphärischen Maschinen ausgeführt worden. Auch OTTOs Viertaktmotoren hatten anfänglich diese Steuerung, bis sie durch die von OTTO erfundene Abreißzündung ersetzt wurde

Schnitt der Schieber in den Stellungen *IV*, *V* und *VI*. Durch die Zylinderwand, unterhalb des Kühlmantels, sind zwei Kanäle von Rechteckquerschnitt geführt: *a* für den Austritt der Abgase, *b* für den Eintritt des Gas-Luft-Gemisches. Steht der Schieber *c* in Stellung *IV*, so hat er den Auspuffkanal *a* freigegeben, und die Abgase können durch die Auspuffklappe *d* entweichen; diese wird angehoben, sobald auf dem Abwärtsgang des Kolbens der Druck im Zylinder, in welchem anfangs ein Unterdruck herrscht, größer als der äußere Luftdruck geworden ist. Während des letzten Teiles des Abwärtshubes werden die Verbrennungsgase ausgetrieben, und der Kolben sinkt in seine tiefste Stellung. Der Schieber *c* bewegt sich weiter nach unten, und seine Muschel *e* verbindet die Kanäle *f* und *g* mit dem Eintrittskanal *b*. Der engere Kanal *f* läßt das Gas, der weitere *g* die Luft zutreten; die Querschnitte sind so bemessen, daß ein Mengenverhältnis 1 : 9 hergestellt wird. Das Anheben des Kolbens durch die Steuerung ruft die Saugwirkung hervor. Aus den Teilbildern *I*, *V* und *VI* ist ersichtlich, wie die Zündung eingeleitet wird. Befindet sich der Schieber in der Nähe seiner unteren Totlage, so füllt sich sein Hohlraum h mit einem Gas-Luft-Gemisch, wozu das Zündgas durch die Bohrung i (I), die Luft durch die Aussparung k (I und V), die beide im Schieberspiegel liegen, zugeführt wird. Das in der Mulde h befindliche Gasgemenge entzündet sich an der ständig brennenden Flamme l, und das brennende Zündgemisch wird durch den nunmehr aufwärtsgehenden Schieber vor den Kanal b transportiert, wo es den Zylinderinhalt entzündet (VI). Der Schieber bewegt sich weiter nach oben und hält den Kanal a verschlossen, solange der Druck im Zylinder höher als der Atmosphärendruck ist. Darauf bewegt er sich wieder abwärts und verharrt bis zum nächsten Arbeitsspiel in der Stellung IV. Auspuffgase können jetzt nicht durch die Klappe d entweichen, weil der Druck im Zylinder unter den Atmosphärendruck gesunken ist. Erst wenn der Arbeitskolben sich seinem unteren Totpunkt nähert, schiebt er die Abgase durch den Kanal a und die Klappe d in die Auspuffleitung.

Auch die Regelung der Maschine hat OTTO sorgfältig durchdacht. Es lag nahe, die Leistung einfach dadurch dem jeweiligen Bedarf anzupassen, daß man die Gas*zufuhr* durch ein Ventil in der Zuleitung mehr oder weniger stark drosselte. Das hätte aber zur Folge gehabt, daß bei kleinerer Leistung zwar die Zahl der Kolbenflüge in der Minute die gleiche geblieben wäre, aber die Kolbenflughöhe wegen des gasärmeren Gemisches abgenommen hätte. Das wollte OTTO nicht, da Vorversuche gezeigt hatten, daß nur ein Kolbenflug von bestimmter Höhe einen guten Wirkungsgrad lieferte. Auch bestand die Gefahr, daß bei zu gasarmem Gemisch die Zündung versagte. Es gelingt ihm, ein besseres Verfahren zu finden: er bringt einen Hahn in der *Auspuff*leitung an und drosselt den Austritt der Abgase von Hand oder durch einen Fliehkraftregler. Betätigt man den Drosselhahn, so dauert der Auspuffvorgang länger und der Arbeitskolben sinkt langsamer. Die Höhe des Kolbenfluges bleibt dieselbe, weil das Gemisch sich nicht ändert, aber die Zahl der Kolbenflüge je Minute nimmt ab. Bei jedem Arbeitsspiel bleibt der thermische Wirkungsgrad gleich gut.

In Bild 16 ist dieser erste Verbrennungsmotor, der in Deutschland serienmäßig in größerer Stückzahl fabriziert worden ist, im Schnitt und in der Ansicht dargestellt. Wie die eingetragenen Maßzahlen zeigen, war die Bauhöhe der kleinen Maschine (120 mm Zylinder-Durchmesser, 640 mm Kolbenhub), die nur $\frac{1}{3}$ PS leistete, recht ansehnlich; sie betrug, gemessen von der Unterkante der Grundplatte bis zum höchsten Punkt des Schwungrades, 1830 mm. Der 1½pferdige Motor brauchte sogar eine Höhe des Aufstellungsraumes von mindestens 3,5 m, ein Nachteil, der den schließlichen Erfolg nicht verhindert hat.

Die Pariser Ausstellung 1867

OTTO und LANGEN waren von den Vorzügen ihrer Maschine so überzeugt, daß sie beschlossen, die atmosphärische Gaskraftmaschine auf der Ausstellung zu zeigen, die 1867 in Paris stattfinden sollte. Das war ein Wagnis, denn man hatte dort mit vierzehn Gasmaschinen, in der Mehrzahl französischen Ursprungs, zu konkurrieren; ihnen gegenüber konnte das seltsame Bauwerk, mit welchem die Deutschen auftraten, kaum einen vorteilhaften Eindruck machen. Im Betrieb fiel das durch die Klinkensteuerung verursachte Geräusch besonders unangenehm auf. Ein harter Schlag leitete jedesmal den Steuerungsvorgang ein, während die Zündungen ruhiger verliefen und der Arbeitshub kaum hörbar war. Die kleine deutsche Maschine (Bild 17) hatte somit wenig Aussicht, bei der Preisverteilung Beachtung zu finden, wenn nicht REULEAUX als amtlicher Vertreter Preußens eingegriffen und eine Messung des Gasverbrauches verlangt hätte. Dieser fiel gegenüber den Konkurrenzmaschinen so überraschend günstig aus, daß man die Richtigkeit der Messungen anzweifelte und nach einer unter dem Fußboden versteckten Gasleitung suchte. Als man sich überzeugt hatte, daß der Gasverbrauch weniger als die Hälfte des Verbrauches der anderen Maschinen betrug, erkannte die Jury dem Deutzer Motor die höchste Auszeichnung, den Grand Prix, zu.

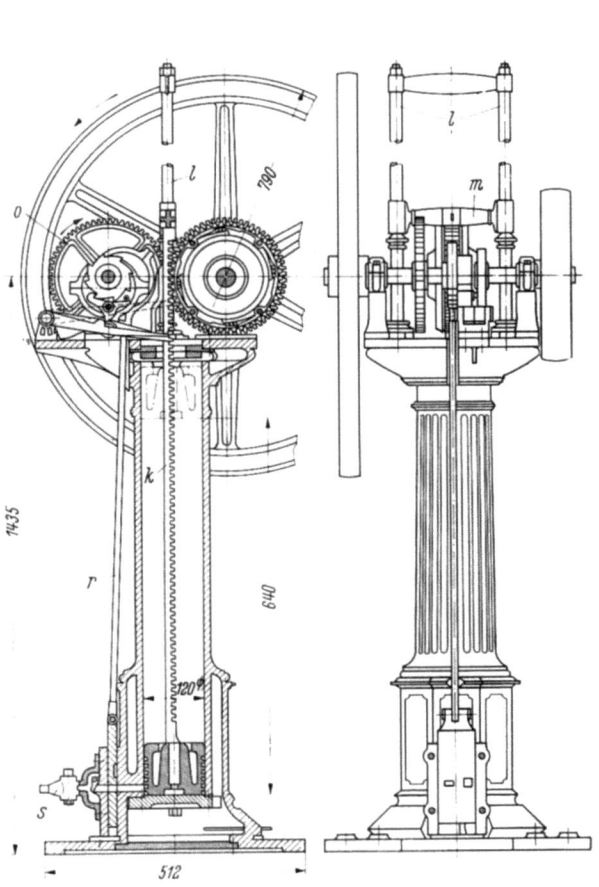

Bild 16. Die atmosphärische Gasmaschine von 1867 Längsschnitt und Ansicht von der Schieberseite

k gezahnte Kolbenstange; l Führungsstangen für Querhaupt m; o Zahnrad zum Antrieb der Steuerwelle; r Antriebstange des Steuerschiebers; s Drosselhahn in der Auspuffleitung zum Regeln der Leistung

Im rechten Bild unten ist der Deckel der Schiebersteuerung abgenommen; man sieht den Flachschieber mit den beiden rechteckigen Steuerkanälen. Die Führungsstangen l sind abgebrochen gezeichnet; sie ragten nach oben weit über das Schwungrad hinaus (Bild 17)

Bild 17. Die „Atmosphärische Gaskraftmaschine von OTTO und LANGEN", Bauart 1867

Die Maschine erhielt trotz des störenden Geräusches, das sie verursachte, auf der Pariser Weltausstellung 1867 den Grand Prix, weil sie nur halb soviel Gas verbrauchte wie die anderen ausgestellten Maschinen

Die Firma „Langen, Otto & Roosen"

Aber die Genugtuung über den Pariser Erfolg und den langsam wachsenden Umfang des Geschäfts wurde durch schwere finanzielle Sorgen getrübt. Die Entwicklung der atmosphärischen Maschine hatte viel Geld verschlungen; die Preise, die beim Verkauf der Motoren erzielt wurden, waren unzureichend; die Störungen, die bei der Kundschaft nur zu häufig auftraten, mußten kostenlos beseitigt werden. Eugen Langen, der die Betriebsmittel hergab, da Otto kein Vermögen besaß, hatte Ende 1867 schon mehr als 32000 Taler in die Firma gesteckt, eine Summe, die ernstlich gefährdet schien. Langens Studienfreund Franz Reuleaux (1829—1905), damals Dozent an der Gewerbeakademie, der späteren Technischen Hochschule Berlin, sprach ihm Mut zu: „Denke Dich einmal in die Zeit hinein, die 50 Jahre nach uns liegt, und die Gasmaschine dann in vollem Flor, so wie heute die Dampfmaschine! Denk Dir das! Schwankst Du noch?" Aber die Mittel zur Weiterführung der Firma konnte auch Reuleaux nicht beschaffen.

Da erinnerte Eugen Langen sich eines Bekannten, eines jungen Hamburger Kaufmanns namens Roosen-Runge, der in Manchester wohnte und dessen Bekanntschaft er beim Verkauf seines Etagenrostes in England gemacht hatte. Es gelang ihm, Roosen-Runge, der zuverlässigen Charakters und vermögend war, für die Sanierung zu gewinnen. Im März 1869 wurde mit ihm ein zunächst auf drei Jahre begrenzter Gesellschaftsvertrag geschlossen. Die Firma änderte ihren Namen in „Langen, Otto & Roosen". Roosen brachte 22500 Taler in die neue Firma ein und war als Teilhaber zur Alleinzeichnung berechtigt. Ottos Werk war finanziell gerettet; unter Roosens geschickter Leitung trat eine Wendung zum Besseren ein, die auch anhielt, als Roosen Ende 1871 aus der Firma austrat. Der für das Jahr 1871 vorgelegte Geschäftsbericht meldet: „Es schwankt die Fabrication pro Monat zwischen 21—24 Maschinen". Von da an geht es mit dem Unternehmen aufwärts.

Jetzt war es auch nicht mehr schwierig, für die stetig anwachsende Fabrikation größere Geldmittel zu beschaffen. Eugen Langen war Teilhaber einer Zuckerfabrik; seine Partner, die Brüder Emil und Valentin Pfeifer, erklärten sich bereit, 100000 Taler der Motorenfabrik zur Verfügung zu stellen. Eugen Langens Anteil wurde mit 200000 Talern bewertet; auch Otto, mit dem ein langfristiger Anstellungsvertrag geschlossen wurde, erhielt eine ansehnliche Vergütung. Nach Roosens Ausscheiden nannte sich die Firma vom Januar 1872 an „Gasmotoren-Fabrik Deutz AG".

Die Gasmotoren-Fabrik Deutz

Das Unternehmen brauchte jetzt einen Werkstättenmann, der die Fähigkeit besaß, die Fabrikation den rasch zunehmenden Aufträgen anzupassen und so zu leiten, daß sie Gewinn brachte. Eine solche Tätigkeit lag Otto nicht; er war ein Grübler, der unablässig nachsann, wie er seine Maschine verbessern könne; die Werkstatt interessierte ihn weniger. Die Überwachung einer Fabrikation erfordert Eigenschaften, die Otto nicht besaß. Es gelang dem Aufsichtsrat, den Mann zu finden, der wie kein zweiter für die Aufgabe geschaffen war: das war Gottlieb Daimler, der von 1872 bis 1882 als Mitglied des Vorstandes der Gasmotoren-Fabrik Deutz die Fabrikation der Deutzer Motoren geleitet hat.

Gottlieb Daimler[29], 1834 in Schorndorf geboren und somit zwei Jahre jünger als OTTO, hatte als Büchsenmacher in der Maschinenfabrik Grafenstaden angefangen, von 1857 bis 1859 auf dem Polytechnikum Stuttgart studiert und war in verschiedenen Stellungen in Deutschland und England tätig gewesen. 1867 wurde er technischer Leiter der Maschinenfabrik des „Bruderhauses" Reutlingen, einer gemeinnützigen Stiftung, welche Kindern und jungen Leuten sowie alleinstehenden gebrechlichen Personen eine Zuflucht gewährte. Mit der Stiftung waren ein größerer landwirtschaftlicher Betrieb, eine Möbelfabrik und eine Maschinenfabrik verbunden. Diese war wohl etwas in Unordnung geraten, so daß der Vorstand des Bruderhauses einen Wechsel in der Leitung der Maschinenfabrik für nötig hielt. Er berief GOTTLIEB DAIMLER, der der richtige Mann war, um Ordnung zu schaffen, was bald erreicht war. Zwei Jahre darauf ging DAIMLER zur Maschinenbau-Gesellschaft Karlsruhe, deren Werkstättenleitung er übernahm. In Karlsruhe wird GOTTLIEB DAIMLER die Bekanntschaft FRANZ GRASHOFs gemacht haben, der zu jener Zeit an der Technischen Hochschule Karlsruhe den Maschinenbau lehrte. GRASHOF hat dann EUGEN LANGEN auf GOTTLIEB DAIMLER aufmerksam gemacht, und LANGEN veranlaßte den Aufsichtsrat der Gasmotoren-Fabrik Deutz, DAIMLER in den Vorstand zu berufen. Am 1. August 1872 ist DAIMLER bei der Deutzer Fabrik eingetreten. In seinem Anstellungsvertrag wurde ihm „die Oberleitung der Werkstätten und des Zeichenbüros, sowie die Disposition über das zugehörige Material und Personal" übertragen. GOTTLIEB DAIMLER machte zur Bedingung, daß er WILHELM MAYBACH mitbringen dürfe.

Wilhelm Maybach[30], der am 9. Februar 1846 in Heilbronn das Licht der Welt erblickt hat, verlor mit sieben Jahren seine Mutter und drei Jahre später auch den Vater. Mit zehn Jahren war er Vollwaise, als das Bruderhaus in Reutlingen ihn (1856) aufnahm. Als er fünfzehn Jahre alt war, wurde er, weil man seine Begabung im Zeichnen erkannt hatte, in das technische Büro der Maschinenfabrik versetzt. Dort hat MAYBACH eine fünfjährige Lehrzeit verbracht. Man gab ihm Gelegenheit, in den Abendstunden in der städtischen Fortbildungsschule Reutlingen Unterricht in der Physik und im Freihandzeichnen zu nehmen, und später durfte er sich in der städtischen Oberrealschule in den mathematischen Fächern fortbilden. Sein Selbststudium ermöglichte es ihm, das damals weitverbreitete, von JULIUS WEISBACH (1806—1871) verfaßte dreibändige „Lehrbuch der Ingenieur- und Maschinenmechanik" sowie die Werke der Brüder BERNOULLI selbständig durchzuarbeiten.

Wie WILHELM MAYBACH nach Deutz gekommen ist, hat er später selbst erzählt[31]:

Ums Jahr 1867, berichtet Maybach, kam Herr Daimler als Vorstand in die Maschinenfabrik zum Bruderhaus; etwa 2 Jahre später nahm er Stellung in der Maschinenbau-Gesellschaft Karlsruhe als Werkstättenvorstand. Dort brachte er mich gelegentlich in Vorschlag zur Anstellung im Konstruktionsbüro ...; so kam ich im Jahr 1869 nach 13jährigem Aufenthalt im Bruderhaus nach Karlsruhe. Im Jahr 1872 erhielt Herr Daimler Anstellung als techn. Direktor der damals im Aufblühen begriffenen Gasmotoren-Fabrik Deutz. Schon von Karlsruhe aus empfahl mich Herr D. ebenfalls zur Anstellung dort u. so kam ich noch vor ihm dorthin, um zunächst die Erweiterungsbauten nach dem mit H[errn] D[aimler] in Karlsruhe durchdachten Plan zu leiten, bis die längere Kündigungsfrist Daimlers in Karlsruhe abgelaufen war. Nach Fertigstellung der Neubauten wurde ich Vorstand im Konstruktionsbüro, wo mir zuerst die Aufgabe zufiel, den atm. Motor für billigere Herstellung umzukonstruieren.

Am 1. Juli 1872 hat WILHELM MAYBACH seine Tätigkeit als Konstrukteur in Deutz begonnen. Anfang Januar 1873 wurde dem 27jährigen die Stelle eines „Chefs der Constructionsabtheilung der Gasmotoren-Fabrik Deutz" übertragen, wodurch er „ein überaus erfreuliches Arbeitsfeld" erhielt, wie er später gesagt hat. In dieser Stellung hatte er ,,alle constructiven Arbeiten der Gasmotoren-Fabrik zu besorgen". Als erstes erhielt er die Aufgabe, die atmosphärische Gasmaschine so weit umzukonstruieren, wie es die Rücksicht auf die Herstellung erforderte; auch sollte nach Möglichkeit die Hubzahl je Minute gesteigert werden. Manche konstruktiven Verbesserungen gelangen ihm, so eine einfache Regelung und eine leichter herzustellende Bauform des Zylinders, dessen Kühlmantel vom Zylinder getrennt wurde. Die Steuerungsteile des Schaltwerks, die OTTO auf zwei Wellen verteilt hatte, vereinigte MAYBACH auf einer Welle; auch gab er der Maschine ein gefälligeres Aussehen. DAIMLER hatte bald den Erfolg, daß die Fabrikation reibungslos lief, und so stieg die Zahl der gebauten Motoren rasch an. Um den Absatz brauchte man sich nicht zu sorgen; das Kleingewerbe nahm jede Stückzahl bereitwillig auf. Von 197 Maschinen, die im Jahr 1871 hergestellt wurden, stieg der Umsatz auf 348 im Geschäftsjahr 1873/74, um in 1875/76 mit 634 Maschinen einen Höchststand zu erreichen (Bild 26, S. 54). Die Durchschnittsleistung der Maschinen betrug $5/4$ PS. Jetzt konnte man mit Gewinn fabrizieren und eine ansehnliche Dividende verteilen.

Die Leistung der einzylindrigen atmosphärischen Maschine war freilich recht bescheiden; es gelang nicht, sie für eine größere Leistung als 3 PS zu bauen. Auch das lästige Geräusch, das der Motor verursachte, ließ sich nicht beseitigen. Trotz dieser Mängel hat die Gasmotoren-Fabrik Deutz in den Jahren von 1864 bis 1883 insgesamt 2650 atmosphärische Maschinen verkauft. Sie haben sich lange in der Praxis behauptet, selbst dann noch, als der Viertaktmotor seine Überlegenheit bewiesen hatte. Nach einer erhalten gebliebenen Statistik wurde noch im Geschäftsjahr 1905/06 ein einzelner atmosphärischer Motor verkauft; der Empfänger ist nicht mehr bekannt. Etwa zwölf Exemplare, verteilt auf das Deutsche Museum, das Werkmuseum der Klöckner-Humboldt-Deutz AG und mehrere Technische Lehranstalten, erinnern an den nunmehr hundert Jahre zurückliegenden Anfang des deutschen Verbrennungsmotorenbaues.

Gilles. In Deutschland sind verschiedene Ausführungen des atmosphärischen Motors bis etwa 1877 zum Patent angemeldet und zum Teil patentiert worden. In größerem Umfang gebaut wurde nur eine von GILLES angegebene Form, die sich von der Deutzer Maschine durch die Anordnung von zwei Kolben statt eines Kolbens unterschied. GILLES, der als Monteur beim Bau der ersten atmosphärischen Maschinen in der Gasmotoren-Fabrik beschäftigt gewesen war, kannte die Deutzer Maschine genau und wußte von ihrem Nachteil, dem lästigen Geräusch. Dem wollte er durch die Anordnung von zwei Kolben abhelfen. Der untere Kolben war durch seine Pleuelstange mit der Kurbelwelle verbunden; der obere arbeitete als Flugkolben und sollte den bei der Explosion auftretenden Stoß mildern. Die Maschine ist von der Maschinenbau-Anstalt Humboldt in Köln-Kalk in etwa 200 Exemplaren gebaut worden; eine Lizenz wurde nach England vergeben. GÜLDNER[13] beschreibt ihre Bauart an Hand einer Schnittzeichnung. In der Gasmotoren-Fabrik regte man sich über diese Konkurrenz nicht auf. ,,1874, 20. Januar, beliebte unser früherer Monteur Gilles dieselbe Maschine genau nochmals zu erfinden", schreibt OTTO am 18. Oktober 1877. Man ging gegen GILLES nicht vor, was auf Grund der Deutzer Patente möglich gewesen wäre, weil man voraussah, daß seiner Maschine nur eine kurze Lebensdauer beschieden sein würde. Dies sollte sich bald bestätigen; der Viertaktmotor, der 1876 erschien, verdrängte in kurzer Zeit wie alle anderen Bauarten so auch die Maschine von GILLES.

In seiner geschichtlichen Übersicht berichtet GÜLDNER ferner über eine atmosphärische Gasmaschine, die von REITHMANN und AINMILLER[32] gebaut worden sein soll.

Es soll sich um einen Flugkolbenmotor mit zwei unabhängig voneinander wirkenden gegenläufigen Kolben gehandelt haben, deren Kolbenstangen durch ein Klemmgesperre „irgend welcher Art zu geeigneter Zeit" mit dem Kurbeltrieb verbunden wurden. Dieses „interessante Verbrennungs-Kraftmaschinchen", sagt GÜLDNER, ist „von 1867 bis 1873 in der Werkstatt des Erfinders und Erbauers zum Antrieb kleiner Werkzeuge gebraucht" worden. Die Angabe stammt ersichtlich von REITHMANN selbst, der auch den Viertaktmotor vor OTTO erfunden haben wollte, aber mit seiner Beweisführung keinen Erfolg gehabt hat (S. 64). Die anonyme Zeitungsnotiz vom Oktober 1869, die GÜLDNER anführt, beweist nicht, daß es REITHMANN jemals gelungen ist, eine atmosphärische Gasmaschine in Betrieb zu setzen.

IV. Otto erfindet den Viertaktmotor (1876)

In der Gasmotoren-Fabrik vor Ottos Erfindung

Die günstige Lage, in der die Firma sich um die Mitte des Jahres 1874 befand, sollte nicht von Dauer sein. Man hatte die monatliche Leistung auf 80 atmosphärische Maschinen gesteigert, und es schien keine Absatzschwierigkeit zu geben. Da — um die Jahreswende 1874/75 — begann der Verkauf sich plötzlich zu verlangsamen; es wurden im Monat nur noch 45 Maschinen abgesetzt, und man mußte die zuviel produzierten Maschinen auf Lager nehmen. Die Ursache der Absatzstockung wurde bald erkannt. Handwerk, Gewerbe und Industrie hatten anfänglich das Erscheinen der atmosphärischen Maschine dankbar begrüßt und rasch gelernt, sich ihrer zu bedienen, aber sie verlangten jetzt Maschinen größerer Leistung, als man in Deutz herzustellen vermochte. Für Leistungen von mehr als drei Pferdestärken eignete sich die atmosphärische Maschine nicht, und 3 PS waren zuwenig. Durch Vergrößern des Zylinderdurchmessers war das Problem nicht zu lösen, denn man hätte in dem gleichen Verhältnis die Kolbenhubhöhe vergrößern müssen, um dasselbe Ausdehnungsverhältnis zu erhalten, wenn man nicht eine erhebliche Verschlechterung des Gasverbrauches in Kauf nehmen wollte. Die Vergrößerung der Hubhöhe hätte zudem die Höhenabmessungen der Maschine so gesteigert, daß man sie nicht mehr in einer Werkstatt von normaler Höhe hätte aufstellen können. Die Leistung dadurch zu vergrößern, daß man mehrere Zylinder auf eine Welle arbeiten ließ, hat man in Deutz erwogen, aber das ergab so große konstruktive Schwierigkeiten, daß man diesen Plan als unausführbar fallen ließ. Man sagte sich auch, daß der Lärm, den eine Mehrzylindermaschine verursachen würde, unerträglich sein müsse. Für die atmosphärische Gasmaschine gab es keinen Ausweg — 3 PS waren die obere Leistungsgrenze.

Hinzu kam die unangenehme Konkurrenz der Heißluftmotoren, die in Deutschland und anderen Ländern seit einiger Zeit auf dem Markt waren. Sie arbeiteten wie die atmosphärische Gasmaschine mit abwechselnder Erwärmung und Ausdehnung des Arbeitsmittels, benutzten jedoch nicht Leuchtgas, sondern Luft, die wie der Dampf in einem Kessel durch ein außerhalb des Kessels brennendes Feuer erwärmt wurde. So waren sie vom Brennstoff unabhängig; man konnte den Kessel mit Holz, Torf, Steinkohle und anderen billigen Brennstoffen heizen. Der Brennstoffverbrauch war zwar hoch und der Betrieb nicht sehr wirtschaftlich, aber die Heißluftmotoren wurden mit

Leistungen bis zu 8 PS und mehr angeboten, und damit konnte die atmosphärische Gasmaschine nicht konkurrieren. Der Heißluftmotor hatte außerdem den Vorteil, daß er von der Gasleitung unabhängig war; man konnte ihn überall aufstellen, und seine Bauhöhe war kleiner als die der Gasmaschine.

Franz Reuleaux, Langens Studienfreund, machte Langen auf die drohende Konkurrenz des Heißluftmotors aufmerksam. Am 12. Juli 1875 schreibt er an ihn:

> Eine andere Sache scheint mir von weit größerer Wichtigkeit für Dich zu sein, weshalb ich eile, sie Dir aufs neue ans Herz zu legen. Die Versuche mit der Hochdruckluftmaschine sind vollständig gelungen! Die Maschine von 3 Pferdestärken — 24" Zyl.-Dchm. — ist jetzt 9 bis 10 Pferde stark! Stenberg, der Erfinder, hat das Patent zugesagt bekommen ... Die Konkurrenz mit dieser neuen Luftmaschine kann nun die Gasmaschine nicht mehr bestehen!! Die 1pferdige wird in den Dimensionen so herabgehen, daß sie weit billiger wird als die Gasmaschine; die 6—10pferdige ist für das Gas heute unerreichbar. Was also zu geschehen hat, ist, daß sofort in Eurer Fabrik die Hochdruckmaschine hervorgesucht und in eine praktische Form gebracht wird. Die Daimleriaden sind mit einem Ruck zu den Akten zu legen ... Herr Otto muß auf die Hinterbeine, Herr Daimler auf die vorderen meinetwegen, aber es darf keine Zeit mehr versäumt werden ...

Die Schlußworte des Briefes sind eine Anspielung auf das unerquickliche Verhältnis, das zwischen Otto und Daimler bestand. Daimler hatte sich bei seinem Eintritt Vollmacht in allen technischen Angelegenheiten vorbehalten und machte von seinen Befugnissen rücksichtslosen Gebrauch. Otto, der das Hauptverdienst an dem hatte, was bisher erreicht worden war, fühlte sich, empfindlich wie er war, zurückgesetzt und gekränkt, fand wohl auch anfangs bei Langen und dem Aufsichtsrat nicht den Rückhalt, den er auf Grund seiner Verdienste hätte beanspruchen können, während man Daimler Rechte einräumte, die Otto nie besessen hatte, so das Recht, Erfindungen auf den eigenen Namen zum Patent anzumelden. Das Verhältnis zwischen beiden wurde immer gespannter, und Eugen Langen hat wiederholt in seinen Briefen an Reuleaux seinem Unmut darüber Ausdruck gegeben, so daß Reuleaux sogar Langen geraten hat, Daimler zu entlassen. Aber das wollte Langen nicht; er wußte, wie wertvoll Daimler für das Unternehmen war. Doch an seine Geduld wurden — wohl von beiden Seiten — hohe Anforderungen gestellt. „Sind Sie Beide denn Wasser & Feuer und können Sie sich nie befreunden, weder geschäftlich noch häuslich, trotzdem Sie die gleichen Interessen haben?" schreibt er am 22. Januar 1877 an Otto. Aber es gelang ihm nicht, die beiden großen Männer zu versöhnlicher Zusammenarbeit umzustimmen. Die Gegnerschaft blieb auch nach dem Ausscheiden Gottlieb Daimlers aus der Gasmotoren-Fabrik bestehen; erst Ottos früher Tod (1891) hat den Frieden hergestellt.

Mit den „Daimleriaden" meint Reuleaux die Vorschläge, die Daimler in jener kritischen Zeit gemacht hat, um das darniederliegende Geschäft zu beleben. Daimler dachte daran, das Gas-Luft-Gemisch, das bei der atmosphärischen Maschine nicht vorverdichtet wurde, vor der Zündung auf höheren Druck zu bringen, wozu er auf das obere Ende der gezahnten Kolbenstange einen Hilfskolben setzen wollte, der das angesaugte Gemisch auf 1 at Überdruck bringen sollte. Noch mehr versprach Daimler sich von einem anderen Projekt: er wollte eine doppeltwirkende atmosphärische Gasmaschine bauen, deren Arbeitskolben auf seinen beiden Seiten durch je einen Flugkolben vor den harten Stößen der Zündung geschützt werden sollte. A. Langen[22] erläutert in seinem Buch[33] an Hand von Skizzen die „Daimleriaden", die nicht ausgeführt worden sind. Wilhelm Maybach hat sich seinem Vorgesetzten Daimler gegenüber geweigert, die Konstruktionszeichnungen anzufertigen, weil er „von der Sache nichts hielt".

MAYBACH war damals (1875) damit beschäftigt, die atmosphärische Maschine für Benzinbetrieb einzurichten. Über seine Versuche hat er sich später (1913) geäußert:

> Es war diese Erfindung [d. i. des Spritzvergasers, S. 193] eine einfache Folge meiner vielfachen Versuche mit Gas aus dem Hirzelschen Ölgasapparat und dem damals schon bekannten Leuchtgas aus einem Gasolin-Apparat; eines Tages hielt ich einfach ein mit Benzin getränktes Stück Putzwolle vor die Luftsaugeöffnung eines in Gang befindlichen ½pferdigen Atm. Gasmotor unter Abschluß des Gashahns, und der Benzinmotor war fertig ...

So wurde die von MAYBACH umgebaute atmosphärische Maschine der erste Benzinmotor, der in Deutschland gelaufen ist. Im Ausland hat man das schon früher versucht; so soll LENOIR sich 1862 bemüht haben, seinen Motor für Benzinbetrieb einzurichten. Von dem Wiener Fabrikanten JULIUS HOCK wird berichtet, daß er 1873 einen Benzinmotor auf den Markt gebracht habe; dasselbe soll um die gleiche Zeit dem Amerikaner BRAYTON gelungen sein. Einen dauernden Erfolg hatte keiner der Genannten, auch MAYBACH zunächst nicht, obwohl sein atmosphärischer Benzinmotor Anfang 1876 zum Verkauf freigegeben wurde. Es sind nur wenige Exemplare verkauft worden, weil auch MAYBACH die Leistung nicht über 3 PS steigern konnte. Für WILHELM MAYBACH waren die Versuche eine Vorbereitung auf seine spätere große Leistung.

Währenddessen beschäftigte sich OTTO eifrig mit dem Projekt eines neuen Heißluftmotors. „Obige Maschine ist von bekannten Versuchen darin unterschieden", sagt er in einem ausführlich schriftlich ausgearbeiteten Vorschlag, „daß nicht für jeden Kolbenhub ein Quantum Luft comprimirt wird und der Arbeitskolben nicht starken Druckdifferenzen & Erhitzungen ausgesetzt ist. Die Maschine ist gleichsam mit comprimirter Luft angefüllt & arbeitet mit demselben Quantum compr. Luft, welche abwechselnd erhitzt und gekühlt wird ..." LANGEN sandte OTTOS Vorschlag zur Begutachtung an REULEAUX. Dieser antwortete:

> Das wieder zurückfolgende Projekt Ottos ist erstens schon wiederholt vorgeschlagen, zweitens ist es unpraktisch und gegenüber der neuen Maschine völlig wertlos. Die Maschine würde 4—5mal soviel kosten, als die gleichstarke neue. Otto darf nicht vergessen, daß es sich nicht sowohl um das bloße Lösen des Problems, sondern zugleich um eine äußerst einfache, kaufmännisch verwertbare Lösung handeln muß. Mein Rat ist vor allem: man kultiviere die Gasmaschine. Die Idee mit der langsamen Verbrennung in hohem Luftdruck ist gewiß ausbildbar. Darauf soll sich Otto legen, da steckt etwas drin ...

Wie „die neue Maschine", die in der Korrespondenz und den Protokollen der Aufsichtsratssitzungen auch als Hochdruckmaschine bezeichnet wird, wie diese Maschine aussehen sollte, konnte auch REULEAUX nicht sagen, und ebensowenig, wie die langsame Verbrennung verwirklicht werden sollte. Die Forderung der langsamen Verbrennung war aus der Furcht vor den Explosionsstößen entstanden, die OTTOS Versuchsmaschine vor Jahren zertrümmert hatten. Die Furcht war geblieben, aber wie konnte man erreichen, daß die Verbrennung so langsam verlief, daß der Kolben nicht zertrümmert wurde?

Die Erfindung

Ein schlichtes, unbedeutend erscheinendes Erlebnis ist es gewesen, das OTTO von seinen Zweifeln befreite, ob es möglich sei, einen Gasmotor zu bauen, bei welchem die „Explosion" unmittelbar auf den Kolben wirkte. Er hat es später, 1889, aus Anlaß der Feier des 25jährigen Bestehens der Firma so geschildert:

> Es war nun die Frage zu lösen, wie kann man solche Gemenge von 1 : 11 bis 1 : 13 prompt und sicher zünden? Diese Frage beschäftigte mich sehr oft und eines Tages Anfang 1876 wieder eine Lösung suchend, beobachtete ich den Rauch, der einem Fabrikschornstein entstieg. Zuerst den-

selben anschauend, wie es hundertmal früher geschah und es wohl viele Tausende vor mir thaten, brachte ich diesen Rauch mit einem Explosionsgemenge in Verbindung, und zunächst sagte ich mir: wenn das ein Explosionsgemenge wäre, wie würde dieses aufflammen, wie würde sich die Flamme bis in die weiteste Form fortpflanzen? Mit diesem Gedanken war mir die Erfindung gegeben.

„Die Erfindung" — damit meint OTTO nicht etwa den Viertakt, den wir als seine große Erfindung ansehen. Ein Zusammenhang zwischen dem Schornsteinrauch und dem Viertakt ist ja nicht denkbar. Für OTTO bestand die Erfindung darin, daß er das Prinzip einer Mischung von Gas und Luft gefunden zu haben glaubte, welches den doppelten Vorteil bot, daß die Zündung gesichert ist, aber keine heftigen Explosionsstöße bis zum Kolben gelangen können. Jahrelang hat er an der atmosphärischen Gasmaschine beobachtet, wie das Mischungsverhältnis die Stärke der „Explosionen" beeinflußt:

Während den Jahren 1867 bis 1876 ließ ich es an zeitraubenden Versuchen nicht fehlen, ob nicht doch eine direct wirkende Gasmaschine zu bauen sei. Die Atm. Gasmaschine war für mich ein offenes Buch und für Versuche vorzüglich geeignet.

So erst stellte ich Versuche an, und jede Explosion, ob kräftig oder schwach, war deutlich zu erkennen, da ja durch diese Wirkung der Kolben mit der Zahnstange in die Höhe geschleudert wurde. Je nach dem Grade des Gasreichtums war die Explosion eine äußerst heftige oder langsame; bei schwachem Gemenge sah man oft nach einer geraumen Zeit, nachdem das Schwungrad schon eine Zahl von Umdrehungen gemacht hatte, den Kolben langsam in die Höhe steigen ... An der Atm. Maschine machte ich selbständig einen großen Theil der Erfahrungen, welche an der Lenoir-Maschine durch andere gemacht wurden, und ich kam zu der Überzeugung, daß für einen stoßfreien Gasmotor nur gasarme Gemenge benutzt werden konnten.

Aber er beobachtete an der atmosphärischen Maschine auch, daß mit dem Grad der Verdünnung die Zündfähigkeit abnimmt. Gasarme Gemische brannten zwar ruhig, zündeten aber schlecht. Und aus diesen Beobachtungen entstand für ihn die große Frage: wie kann man es erreichen, daß das Gemisch ruhig brennt und doch sicher zündet?

Der Schornsteinrauch hat ihm die Antwort gegeben. So wie der Rauch zunächst als schwarze geballte Masse aus der Mündung austritt, sich dann allmählich verdünnt und schließlich, farblos geworden, in der Luft verschwindet, so muß das Gasgemenge im Zylinder des Motors geschichtet sein: an der Zündstelle, unmittelbar am Zylinderdeckel, muß ein reiches Gemisch liegen, das leicht und sicher zu entzünden ist. Gegen den Kolben hin muß die Gaskonzentration abnehmen und am Kolbenboden der Gasgehalt am kleinsten sein. Dann ist die Zündung gesichert und der Explosionsstoß auf den Kolben vermieden.

Wir wissen, daß OTTO sich geirrt hat. Die Gasmaschine braucht nicht nur die schichtenförmige Gemischbildung nicht, sondern Luft und Gas sollen möglichst gleichmäßig gemischt sein; das ergibt die beste Ausnutzung des Brennstoffs. Scharfe Drucksteigerungen bei der Zündung lassen sich durch andere Mittel vermeiden. Das Bild der Rauchfahne ist auf die Verbrennung im Gasmotor nicht anwendbar.

OTTO hat zäh an dem Glauben festgehalten, der ihn von seiner Furcht vor der „Direktwirkung" befreit hat. Er brauchte jetzt kein Bedenken mehr zu haben, das brennende Gas unmittelbar auf den Kolben wirken zu lassen, und konnte den höheren Druck der Gase ausnutzen, um größere Leistungen als 3 PS zu erzielen, die für den atmosphärischen Motor die obere Grenze waren. Sein Irrtum hat ihn durch sein ganzes Leben begleitet und ist ihm schließlich zum Verhängnis geworden. Als andere Firmen mit ihren Zweitaktmotoren der Gasmotoren-Fabrik Deutz Konkurrenz machten, griff er sie an, weil er überzeugt war, daß auch der Zweitaktmotor die Schichtenbildung nicht entbehren könne. Die Firmen setzten sich zur Wehr und brachten das DRP 532 zu Fall, das 1886 vom Reichsgericht für nichtig erklärt wurde. Die Erregung hierüber und über die unglückliche Fassung des Reichsgerichtsurteils haben zu seinem frühen Tod beigetragen.

Für uns gilt OTTO als der Erfinder des Viertaktmotors. Wann ihm der Gedanke an den Viertakt zum erstenmal gekommen ist, wissen wir nicht. Als er mit dem Lenoir-Motor experimentierte, der im Zweitakt arbeitete, wird er sich schwerlich Gedanken über Zweitakt und Viertakt gemacht haben; andernfalls hätte er wohl das Viertaktverfahren als seine Erfindung zum Patent angemeldet. Immer aber scheint ihm das Verfahren Nebensache gewesen zu sein. Und als er sich schließlich nach zehnjähriger Unsicherheit von seinen Zweifeln befreit hatte, hat er — wie es scheint, instinktiv — oder besser: mit dem glücklichen Griff des Genies — das Viertaktverfahren für seinen Motor gewählt.

Ottos erster Viertaktmotor

Um den ständigen Zwistigkeiten zwischen OTTO und DAIMLER zu begegnen, hatte EUGEN LANGEN im Sommer 1875 für OTTO eine von dem Betrieb unabhängige Versuchsabteilung eingerichtet, in der OTTO ungestört arbeiten konnte. Im November 1875 erhielt er den tüchtigen FRANZ RINGS als Mitarbeiter. Am 20. November 1875 ist RINGS eingetreten; an diesem Tag muß OTTO das Bild seines Viertaktmotors schon fertig vor Augen gehabt haben. RINGS wurde sogleich mit der Anfertigung der Werkzeichnungen beauftragt; er hat, wie aus den Protokollen der Aufsichtsratssitzungen hervorgeht, die Aufgabe in zwei Monaten gelöst. Nach weiteren anderthalb Monaten war der erste Viertaktmotor der Welt fertig zum Anfahren.

OTTOS Versuchsmotor (Bild 18) ist die Urform aller Viertaktmotoren geworden. Sein Äußeres wirkt noch etwas behelfsmäßig, erklärlich durch die Eile, mit der er zu-

Bild 18. OTTOS erster Viertaktmotor (1876)

a Steuerwelle; *b* Stirnkurbel; *c* Antriebstange des Zündschiebers; *d* Gaseintritt; *e* Feder des Rückschlagventils in der Gaszuleitung; *f,g* Gaszuleitung zum Zündschieber; *h* Auspuffventil; *i* Ventilhebel; *k* Zugfeder; *l* Auspuffleitung, *m* Kühlwasseraustritt; *n* Stutzen für Schmiergefäß

Der Motor leistete 3 PS bei 180 U/min

Das Datum der ersten Inbetriebsetzung ist nicht genau bekannt; es ist wahrscheinlich auf Ende Februar bis Anfang März 1876 zu verlegen. Zeichnungen sind nicht mehr vorhanden. Der Motor steht heute im Werkmuseum der Klöckner-Humboldt-Deutz AG

44 OTTO erfindet den Viertaktmotor

sammengebaut worden ist. Der Motor ist einfachwirkend, der Kolben als Tauchkolben ausgebildet; die gegabelte Pleuelstange greift am Kolbenbolzen an. Vorn rechts sieht man das Kegelradpaar, das die Drehzahl der Steuerwelle a auf die halbe Drehzahl der Kurbelwelle herabsetzt. Die Steuerwelle trägt an ihrem linken Ende die Stirnkurbel b, welche durch die Stange c den (im Bild durch den Schieberdeckel verdeckten) Zündschieber bewegt. Das Treibgas tritt am Stutzen d ein; ein Winkelhahn ermöglicht, die Gaszufuhr zu drosseln oder abzustellen; ein durch die Feder e belastetes Rückschlagventil schützt die Gaszuleitung vor dem Zurückschlagen der Flamme. Durch Rohr f tritt das Gas in den mit Regelventil versehenen Stutzen g, der auf dem Schieberdeckel angeordnet ist und das Gas in einen Kanal im Schieberdeckel eintreten läßt. (Die Steuerung des Eintritts von Gas und Luft wird durch Bild 22 erläutert.) Das Auspuffventil h liegt bei diesem Motor unten auf der Zylindermitte; später wurde es auf die Seite gelegt (h in Bild 21). Gesteuert wird das Auspuffventil durch den Winkelhebel i, dessen Rolle durch die Zugfeder k ständig gegen einen neben der Stirnkurbel auf der Steuerwelle sitzenden Nocken gezogen wird. l ist die Auspuffleitung. Von den Armaturen sind nur der Austrittsstutzen m für das Kühlwasser und ein Rohrstück n zu sehen, auf das ein Schmiergefäß zum Schmieren des Kolbens gesetzt wurde.

Der Motor hat einen Zylinderdurchmesser von 161 mm und 300 mm Hub; er leistete 3 PS bei 180 U/min. Die mittlere Kolbengeschwindigkeit war mit 1,8 m/sec sehr niedrig. Man mußte vorsichtig vorgehen, da alles Neuland war. Der Gasverbrauch wurde zu 0,95 cbm/PSh gemessen.

Bild 19 ist die photographische Wiedergabe eines an diesem Motor aufgenommenen Indikatordiagramms. Das Liniennetz hat man damals eingezeichnet, um den mittleren indizierten Druck zu berechnen. Er ergab sich, wie aus dem Diagramm (undeutlich) zu erkennen ist, zu 2,36 atü. Das war ein erfreulich hoher Wert gegenüber dem mit der

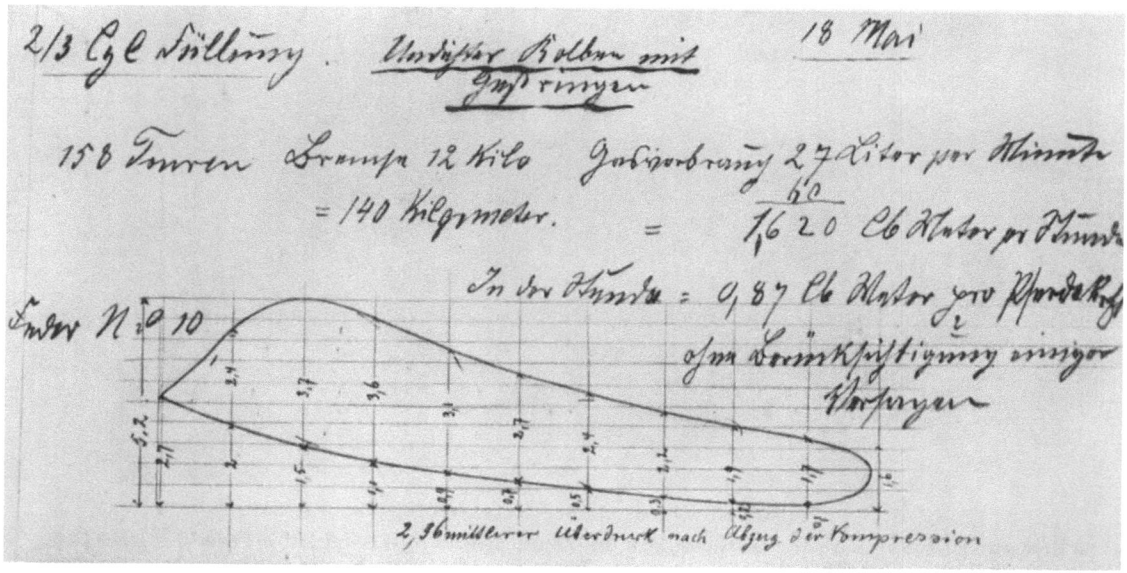

Bild 19. Ein Indikatordiagramm des ersten Viertaktmotors, aufgenommen am 18. Mai 1876
A. LANGEN sagt in seinem Buch[22] (dort S. 195), daß das Original verloren gegangen sei. Es hat sich bei der Durchsicht des Deutzer Archivs wieder angefunden

atmosphärischen Maschine erreichbaren, der ja als Differenzdruck zwischen Atmosphäre und Vakuum nur einen Bruchteil einer at betragen konnte. So war man berechtigt, die neue Maschine als „Hochdruckmotor" zu bezeichnen, den man auch für beträchtlich größere Leistungen als 3 PS würde bauen können.

Unter WILHELM MAYBACHs geschickten Händen nahm der Motor bald ein besseres Aussehen an, wie es der Verkauf erforderte. Im Äußeren (Bild 20) gleicht der Motor jetzt einer liegenden Dampfmaschine, wie man sie damals in England baute. Der

Bild 20. Der von MAYBACH umgebaute Viertaktmotor von 1876

Der Tauchkolben wurde durch Kolben mit Kolbenstange, Kreuzkopf und Gleitbahn ersetzt, und der Motor erhielt ein gefälligeres Aussehen. Die wichtigen Teile — Steuerung des Gemischeinlasses und der Gasflammenzündung — blieben unverändert

Tauchkolben wurde durch die solidere Bauart mit Kolbenstange, Kreuzkopf und Gleitbahn ersetzt. Während OTTO seinen Versuchsmotor durch Drosseln der Gaszufuhr mit der Hand geregelt hatte, übernahm die Regelung jetzt ein Wattscher Regler (f_1 in Bild 21), der die Gaszufuhr abstellte, wenn die Drehzahl unzulässig anstieg. An der Steuerung der Gaszufuhr und der Vorrichtung zum Zünden mittels brennender Gasflamme konnte MAYBACH nichts verbessern; sie waren so vollkommen, wie es damals erreichbar war, und sind jahrelang unverändert benutzt worden, bis man Besseres fand.

Steuerung und Zündung des ersten Viertaktmotors

Von OTTOS erstem Versuchsmotor hat die Technik des deutschen Verbrennungsmotorenbaues ihren Ausgang genommen. Das rechtfertigt die hier folgende genaue Beschreibung seiner Wirkungsweise. Wir legen ihr die Ausführungsform zugrunde, die WILHELM MAYBACH noch im Erfindungsjahr 1876 OTTOS Motor gegeben hat.

Die in Aufriß, Grundriß und Seitenansicht dargestellte Maschine (Bild 21) ist schon etwas größer; sie hat 400 mm Hub. Im Aufriß und im Grundriß ist das Triebwerk mit Kreuzkopf und Gleitbahn sichtbar. Die Grundplatte hat jetzt eine gefälligere Ge-

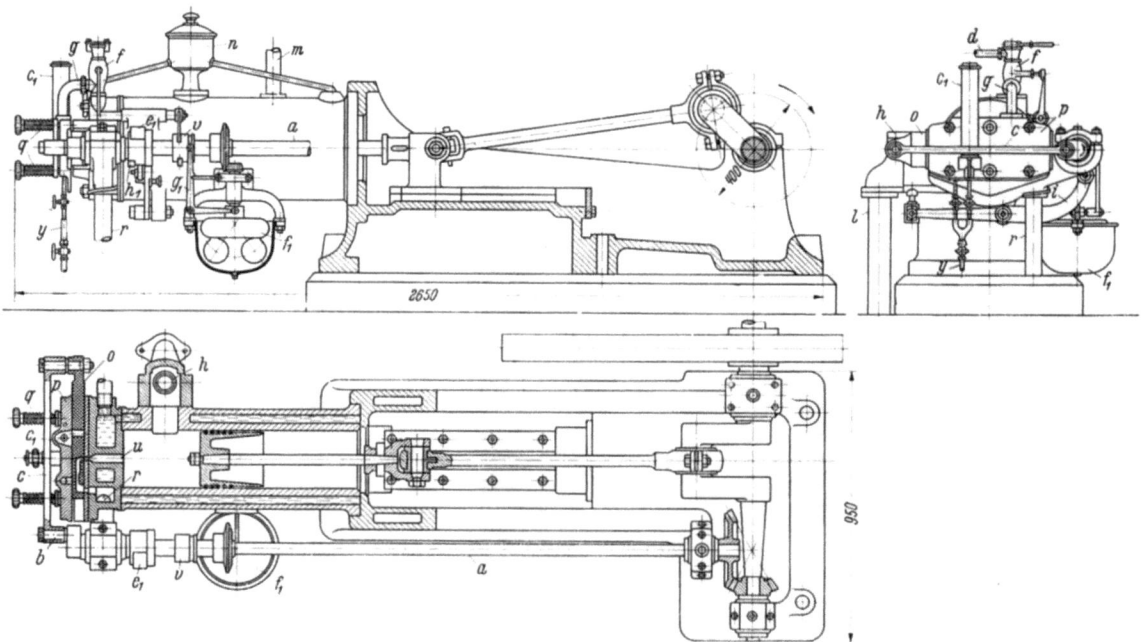

Bild 21. Der von WILHELM MAYBACH umgebaute Viertaktmotor von 1876 in Seitenansicht, Stirnansicht und Grundriß

a Steuerwelle; *b* Stirnkurbel; *c* Antriebstange des Zündschiebers; *d* Treibgaseintritt; *f* Gasventil; *g* Gaszuleitung zum Schieberdeckel; *h* Auspuffventil; *i* Ventilhebel für *h*; *l* Auspuffleitung; *m* Kühlwasseraustritt; *n* Schmiergefäß; *o* Zündschieber; *p* Schieberdeckel; *q* Druckfedern; *r* Luftzuleitung; *u* Eintrittskanal für Gas und Luft; *v* Steuernocken des Gasventils *f*; *y* Zündgaszuleitung; c_1 Kamin der Zündflamme; e_1 Auspuffventilnocken; f_1 Regler; g_1 Reglerhebel; h_1 Hilfsnocken zum Aufheben der Kompression während des Andrehens

stalt erhalten; ihr ist der Arbeitszylinder frei „fliegend" angeflanscht, so daß er den Wärmedehnungen ungehindert folgen kann. Die Buchstabenhinweise *a* bis *n* entsprechen Bild 18; die zu diesem Bild erwähnten Federn *e* und *k* liegen in Bild 21 in ihren Ventilgehäusen. Der Zündschieber *o* ist zwischen dem am Zylinderkopf befestigten Schieberspiegel und dem Schieberdeckel *p* geführt. Vier nachstellbare zylindrische Schraubenfedern *q* drücken den Deckel und den Schieber so gegen den Spiegel, daß das Gas nicht durch Undichtigkeiten entweichen kann.

Bild 22 und das Schieberdiagramm Bild 23 erläutern, wie OTTO die schichtenförmige Lagerung des Gemisches erreichen wollte. In Bild 22 ist der Schieber im Schnitt in zwei verschiedenen Stellungen gezeichnet: rechts steht er so, daß die Gas- und die Luftzuleitung mit dem Arbeitszylinder verbunden ist, während im linken Teilbild der sich nach rechts bewegende Schieber die Zuleitung verschlossen hält und im Begriff ist, die Zündflamme vor die zentrale Bohrung des Zylinderdeckels zu schieben. Das obere Bild zeigt den Schieberspiegel mit den Steuerkanälen. Im Schieberdiagramm (Bild 23) ist der größere Kreis ein Abbild des Kurbelkreises und die Horizontale *I, III . . . II, IV* die verkleinerte Darstellung des Hin- und Rückweges des Arbeitskolbens. Der Innenkreis bildet den Weg des Zapfens der Stirnkurbel *b* (Bild 18 und 21) ab, die den Schieber bewegt; sein Weg liegt auf dem Durchmesser $\beta \ldots \delta$. (Von den Stangenprojektionen, die eine kleine Korrektur erfordern, ist hier abgesehen.) Die Totpunkte I bis IV und die Punkte α bis δ auf dem Schieberweg entsprechen vier kennzeichnenden Stellungen

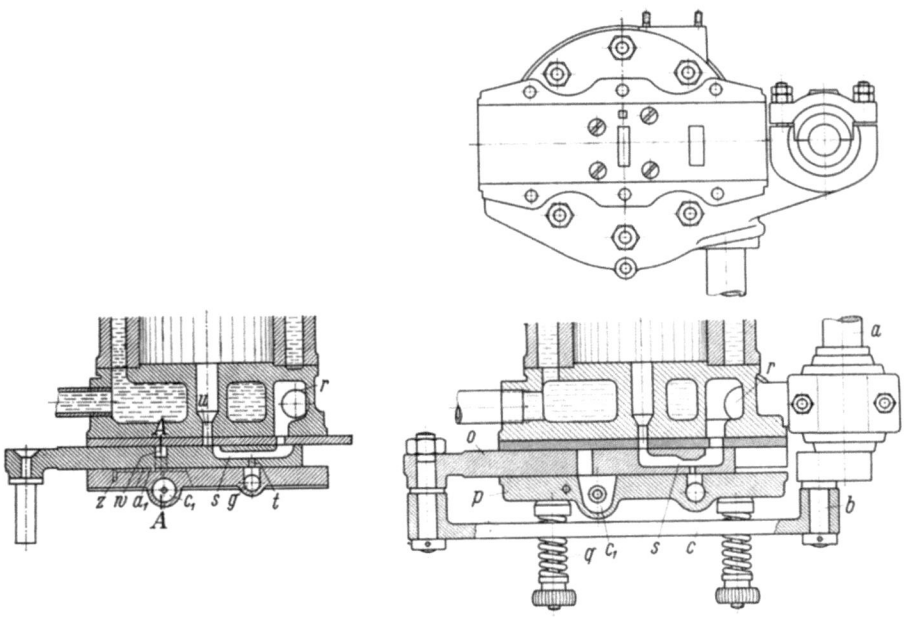

Bild 22. OTTOS Steuerung des Luft- und Gaszutritts beim Viertaktmotor (1876)

a Steuerwelle; b Stirnkurbel; c Antriebstange des Zündschiebers; g Gaszuleitung vom Gasventil (f in Bild 21); o Zündschieber; p Schieberdeckel; q Druckfedern; r Luftzuleitung; s Schieberhohlraum; t Bohrungen im Zündschieber für Gaszutritt; u Eintrittskanal für Gas und Luft; w Hohlraum im Zündschieber für Vermittlungsflamme; z Zündgaszufuhr; a_1 Zündgaskanal; c_1 Kamin

Da Werkzeichnungen von OTTOS erstem Viertaktmotor nicht mehr vorhanden sind, wurde das Bild aus mehreren alten Darstellungen zusammengesetzt. Die Teilbilder stimmen nicht genau überein. Die Schnittbezeichnung A—A bezieht sich auf den linken Teil von Bild 24

Bild 23. Schieberdiagramm des Viertaktmotors (1876)

I, III innere, II, IV äußere Totpunkte des Arbeitskolbens; Kreis 1, 2, 3, 4 Bahn des Kurbelzapfens b (Bild 21); Gerade β, α, γ, δ Bahnpunkte des Zündschiebers o

I—II Ansaugen von Luft und Gas: Zapfen b bewegt sich von 1 nach 2, Schieber von α nach β und von β nach α;
II—III Verdichten: Zapfen b bewegt sich von 2 nach 3, Schieber von α nach γ;
III—IV Verbrennen und Ausdehnen: Zapfen b bewegt sich von 3 nach 4, Schieber von γ nach δ und von δ nach γ;
IV—I Ausschieben: Zapfen b bewegt sich von 4 nach 1, Schieber von γ nach α

Man liest aus dem Diagramm ab, wie sich der Arbeitskolben und der Zündschieber relativ zueinander bewegen

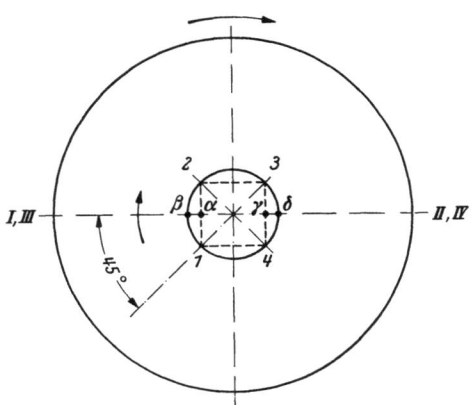

von Kolben und Schieber. Beim Viertaktmotor umfaßt ein Arbeitsspiel zwei Umdrehungen der Kurbel; der Kolben legt nacheinander die Wege I—II, II—III, III—IV und IV—I zurück. Sie entsprechen den vier Takten Ansaugen, Verdichten, Verbrennen, Ausschieben. Der Mittelpunkt des Kurbelzapfens b (Bild 18 und 22) durchläuft in derselben Zeit seinen Kreis nur einmal, da die Kurbel b ihren Antrieb von der mit der halben Drehzahl umlaufenden Steuerwelle a erhält (Kegelradgetriebe in Bild 18 und 21). Die Kurbel b ist so auf der Steuerwelle aufgekeilt, daß sie der Hauptkurbel um 45° nacheilt.

Zu Beginn des Saughubes (Arbeitskolben im linken Totpunkt I, links auch für die Kolbenstellung in Bild 21) steht die um 45° nacheilende Kurbel b im Punkt 1 (Bild 23); der Schieber hat die in Bild 22 links gezeichnete Stellung. Sein Hohlraum s steht mit der Luftzuleitung r und der Gaszuleitung g in Verbindung, mit dieser durch eine Anzahl übereinanderliegender Bohrungen t im Schieber. Während der Arbeitskolben den Saughub ausführt (Bewegung von I nach II in Bild 23), bewegt sich die Kurbel b von 1 nach 2, und der Schieber macht die kleine Bewegung von α nach β und zurück. Dadurch stellt er die Verbindung zwischen dem Hohlraum s im Schieber und dem im Zylinderdeckel liegenden Eintrittskanal u her, so daß der Kolben Gas und Luft zugleich ansaugen könnte. Er saugt indessen zuerst nur Luft an, denn der Gaszuleitung zum Arbeitszylinder ist ein von einem Nocken v gesteuertes Ventil f (v und f in Bild 21) vorgeschaltet, das den Gaszutritt erst freigibt, nachdem der Kolben auf einem ersten Teil seines Weges reine Luft angesaugt hat. So glaubte OTTO die schichtenförmige Lagerung zu erreichen, die er für so überaus wichtig hielt: zuerst saugte der Kolben reine Luft an, dann öffnete das Gasventil f allmählich und die Steuerung mischte der eintretenden Luft mehr und mehr Gas bei, bis das Gemisch den Gasgehalt erreicht hatte, der für die Zündung erforderlich war. Wenn der alsdann zurückgehende Kolben den Zylinderinhalt verdichtete, so befand sich an der Zündstelle unterhalb des Zylinderdeckels das am stärksten konzentrierte Gemisch, der Gasgehalt nahm in der Richtung zum Kolben ab, und unmittelbar über dem Kolben lag eine Schicht reiner Luft, nämlich jene Luft, die der Kolben zuerst angesaugt hatte.

Während des Verdichtungshubes legt der Kolben den Weg II—III, der Zapfen b den Bogen 2—3 zurück (Bild 23); der Schieber bewegt sich von α nach γ und hält dabei alle Kanäle geschlossen. Der Druck im Zylinder steigt, die Schichtenbildung bleibt erhalten.

Im Totpunkt oder kurz vorher soll die Ladung entzündet werden. OTTO hat auch hierfür alle konstruktiven Einzelheiten bis ins kleinste durchdacht. Die elektrische

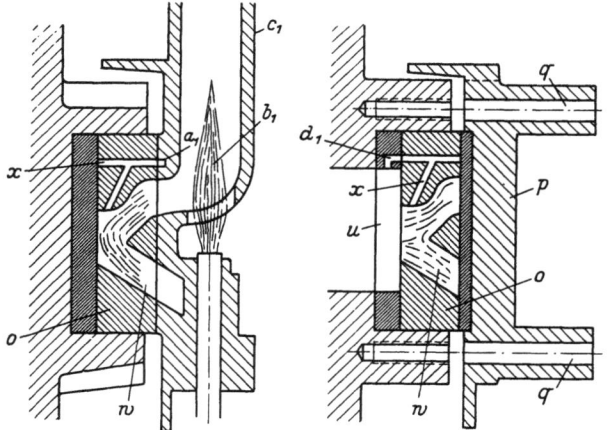

Bild 24. Schnitte durch die Schleusenkammer des Zündschiebers

Links: Schieberstellung bei Entzündung der Vermittlungsflamme; rechts: Schieberstellung bei Entzündung des Arbeitsgemisches

o Zündschieber; p Schieberdeckel; q Bohrungen für federnde Befestigung des Schieberdeckels; u Eintrittskanal des Zylinderdeckels für Gas-Luft-Gemisch; w Hohlraum im Zündschieber für Vermittlungsflamme; x Bohrungen im Zündschieber für Zündgaszutritt; a_1 Zündkanal; b_1 ständig brennende Flamme; c_1 Kamin; d_1 Druckausgleichkanal
Hierzu die Bemerkung zur Legende Bild 22

Zündung wollte OTTO nicht; er hatte am Lenoir-Motor die Erfahrung gemacht, daß die Elemente sich zu rasch erschöpften und häufig ausgewechselt werden mußten. So blieb nur die Flammenzündung übrig, die man bei den atmosphärischen Gasmaschinen benutzt hatte. Bei diesen hatte die Gasflammenzündung keine Schwierigkeiten gemacht, weil das zu entzündende Gemisch nicht unter Überdruck stand. Jetzt aber sollte eine brennende Flamme gegen einen Druck von 2 bis 3 at in den Zylinder geschleust werden. Bild 24 zeigt, wie geschickt OTTO diese schwierige Aufgabe gelöst hat.

In den Schieber o (Bild 21, 22, 24) ist ein Hohlraum w (Bild 24) eingearbeitet, der etwa die Gestalt eines liegenden V hat. In dessen unteres Ende kann während der Schieberbewegung Luft von außen eintreten, während von oben durch das Bohrungssystem x Zündgas zugeführt wird. Das Zündgas wird durch das von der Hauptgasleitung abzweigende enge Rohr y (nur in Bild 21 sichtbar) zugeleitet, das sich, wie aus der Stirnansicht in Bild 21 zu erkennen, in zwei Teile gabelt. Der linke Rohrstrang ist bei z (Bild 22) an den Schieberdeckel angeschlossen und speist den in den Schieberdeckel eingearbeiteten länglichen Kanal a_1 (Bild 22 und 24) dauernd mit Zündgas. Der Hohlraum w wird also stets von neuem mit einem Gemisch aus Gas und Luft gefüllt, das sich an der im Schieberdeckel ständig brennenden Flamme b_1 entzündet. Diese erhält ihr Gas, wie aus Bild 21 (Stirnansicht) ersichtlich, ebenfalls aus der Leitung y. Der Kamin c_1 (Bild 21, 22, 24) sichert der Zündflamme das ruhige Brennen.

Der Zündschieber bewegt sich mit der in seinem Hohlraum w brennenden Flamme während des Verdichtungshubes (II—III in Bild 23) nach rechts (Weg 2—3) und gelangt in die Stellung Bild 24 (rechte Bildhälfte). In dieser befindet sich die rechteckige Öffnung des Hohlraumes w gegenüber der Mündung des Kanales u (Bild 21, 22, 24), der in den Verdichtungsraum des Arbeitszylinders führt. Im Zylinder ist jetzt der Verdichtungsenddruck erreicht; der Hohlraum w des Zündschiebers dagegen steht noch unter Atmosphärendruck, denn bei diesem Druck wurde der Hohlraum mit dem Gas für die Vermittlungsflamme geladen. Damit nun nicht der Überdruck die Zündflamme zurückdrückt oder ausbläst, traf OTTO die sinnreiche Einrichtung, daß durch die Winkelbohrung d_1 im Schieberspiegel (Bild 24) zunächst der Druck im Raum w auf den Verdichtungsdruck erhöht wird; erst dann kommt die Vermittlungsflamme mit dem Zylinderinhalt in Berührung und entzündet diesen. Der Druck im Arbeitszylinder nimmt jetzt den aus dem Indikatordiagramm (Bild 19) ersichtlichen Verlauf.

Während des Verbrennungs- und Ausdehnungshubes des Arbeitskolbens (Weg III—IV in Bild 23) durchläuft die Kurbel b den Bogen 3—4; der Schieber macht eine kleine Leerbewegung γ—δ und kehrt in die Stellung γ zurück. Alle Kanäle im Zylinderdeckel sind verschlossen. Bevor der Kolben seinen äußeren Totpunkt erreicht hat, öffnet das Auspuffventil (h in Bild 21), das von dem auf der Steuerwelle befestigten Nocken e_1 durch den Winkelhebel i gesteuert wird. Der im Arbeitszylinder noch vorhandene Druck sinkt jetzt rasch auf den in der Auspuffleitung l herrschenden geringen Gegendruck, den der Widerstand der Auspuffleitung hervorruft. Während des vierten Hubes IV—I werden die Abgase durch l ausgeschoben.

Auf dem Rückgang des Schiebers (Strecke δ—β in Bild 23) trifft der Hohlraum w (beim Durchgang durch Punkt γ) von neuem mit dem Kanal u zusammen und wird jetzt mit brennendem Gas aufgefüllt. Bei der weiteren Bewegung des Schiebers (Weg γ—α) entlädt der Raum w seinen Inhalt in den Kamin c_1, was aber nur ein leichtes Zucken der Zündflamme verursacht.

Auch die Regelung des Motors ist OTTOs eigenes Werk. Da er die Gemischregelung mit ihrer wechselnden Zusammensetzung des Gas-Luft-Gemisches wegen der Gefahr der Zündversager für nicht anwendbar hielt, entschied er sich für eine Aussetzerregelung, bei der die Gaszufuhr abgestellt wird, wenn die Drehzahl der Maschine bei Entlastung zu stark ansteigt. Wie er die Regelung ausgeführt hat, zeigt die Seitenansicht (Bild 21). Die Muffe des Reglers f_1 hebt sich bei zunehmender Drehzahl und schiebt mittels des Winkelhebels g_1 den Steuernocken v des Gasventils nach links, so daß die Rolle des Gasventilhebels von dem Nocken abgleitet und das Gasventil nicht mehr geöffnet wird. Sobald die Drehzahl auf den normalen Betrag gesunken ist, schaltet der Regler die Steuerung des Gasventils wieder ein. Später hat OTTO die Aussetzerregelung durch eine Gemischregelung ersetzt, indem er dem Nocken ein über den Nockenhub veränderliches Profil gab, wodurch das Gasventil je nach der Belastung längere oder kürzere Zeit geöffnet wurde.

Bei den kleinen Maschinen, die man in der Gasmotoren-Fabrik zunächst gebaut hat, genügte das Andrehen von Hand, wobei man den Verdichtungsdruck zu überwinden hatte. Mit dem Anwachsen der Zylindergrößen gelang dies nicht mehr, daher sah OTTO eine „Dekompressions"-Einrichtung vor, wie man sie noch heute nennt und in ähnlicher Art ausführt. Auf dem Körper des Nockens e_1 (Bild 21), der das Auspuffventil steuert, ist ein zweiter kleinerer Nocken h_1 angebracht. Vor dem Andrehen wird der Nockenkörper durch einen Handhebel nach links verschoben, und solange er in dieser Stellung verharrt, arbeitet das Auspuffventil im Zweitakt. Die angesaugte Ladung wird dann vom Kolben durch das vom Hilfsnocken h_1 offengehaltene Auspuffventil wieder ausgeschoben, und das Andrehen gelingt leicht, weil die Verdichtung fehlt.

Ottos „Neuer Motor" wird fabriziert

In allen Einzelheiten hatte OTTO seinen Motor durchdacht, und sein Gehilfe FRANZ RINGS hatte OTTOS Gedanken konstruktiv gestaltet. Sogleich die ersten Versuche hatten vortreffliche Resultate ergeben; nach wenigen Monaten gründlicher Erprobung konnte die Fabrikleitung in einer Sitzung am 6. Juli beschließen:

Die neue Kurbelmaschine (Hochdruckmaschine von N. A. Otto) wird in 4 Größen & zwar die Cyl.Durchmesser gleich den früheren ¼, ½, 1 & 2 Pferd Maschinen (à 140, 170, 230 & 320 mmeter Dmtr.) ausgeführt & wird die von 170 mm Cyl.Dmtr. zuerst fertig werden & unsere bisherige 3 Pferd Maschine ersetzen. Es sollen deßhalb von letzterer Sorte vorerst nur noch 5 Maschinen in Arbeit gegeben werden.

WILHELM MAYBACH erhielt den Auftrag, die Werkzeichnungen für die vier neuen Maschinengrößen anzufertigen. Diese Aufgabe hat er mit seinem Konstruktionsbüro in der kurzen Zeit von zwei Monaten gelöst. In einer Sitzung, die am 6. September stattfand, berichtete die Direktion dem Aufsichtsrat:

... daß von den Kurbelmaschinen inzwischen in Arbeit genommen wurden
    4 Stück Cyl.Dmtr. 230 mm
   20   „   „   170 „
   20   „   „   140 „
   20   „   „   115 „
Es soll der Direction überlassen bleiben, in der ihr geeignet scheinenden Weise zu der neuen Construction vorzugehen.

Dem Aufsichtsrat der Gasmotoren-Fabrik gehörten damals GUSTAV und JAKOB LANGEN, EUGEN LANGENS Brüder, sowie EMIL und VALENTIN PFEIFER an, Partner der Brüder LANGEN an einer Zuckerfabrik. Die Direktion bestand aus EUGEN LANGEN, N. A. OTTO und GOTTLIEB DAIMLER. Während bis dahin der Aufsichtsrat alle technischen Handlungen der Direktion genau überwacht und in seinen Sitzungen die in

Angriff zu nehmenden Arbeiten vorgeschrieben hatte, läßt er jetzt — zum ersten Mal — der Direktion freie Hand zu entscheiden, wie sie „zu der neuen Construction vorzugehen" beabsichtigt.

Das DRP 532 vom 4. August 1877

Man mußte nunmehr darauf bedacht sein, OTTOS neuen Motor unter Patentschutz zu stellen. Das hatte seine Schwierigkeiten, denn es gab 1876 in Deutschland noch kein einheitliches Patentrecht. Während in England schon 1623 die Gewährung von Patenten durch eine Parlamentsakte zum erstenmal geregelt worden ist, hatten 1876 die deutschen Länder eigene Patentgesetze; in einigen Ländern, so in Mecklenburg und den Hansestädten, gab es überhaupt keine Patentgesetzgebung. Da die Gasmotoren-Fabrik in Preußen lag, hätte es nahegelegen, den neuen Motor zuerst in Preußen zum Patent anzumelden, aber Preußen hatte ein so strenges Vorprüfungsverfahren, daß nur wenige Patente erteilt wurden. So meldete man OTTOS Motor zuerst in Elsaß-Lothringen an, das damals als „freies Reichsland" zu Deutschland gehörte. Das Anmeldedatum ist der 5. Juni 1876. Erst am 25. Mai 1877 wurde in Deutschland ein einheitliches Patentgesetz erlassen, das die Überführung verliehener Landespatente in Reichspatente vorsah. So erklärt es sich, daß das Patent Nr. 532, das auf OTTOS Motor erteilt wurde, die Vermerke trägt „Patentirt im Deutschen Reiche vom 4. August 1877 ab" und „Längste Dauer: 5. Juni 1891". Die Gültigkeitsdauer der Patente war damals fünfzehn Jahre.

Es ist eine seltsame, fast ergreifende Lektüre, welche diese alte Patentschrift heute dem Rückschauenden bietet, hat doch die unglückliche Fassung der Beschreibung und der Ansprüche den Anlaß zu dem Streit gegeben, dessen Ausgang zu OTTOS frühem Ende beigetragen hat. OTTO war fasziniert von seinem ihn ganz beherrschenden Gedanken: das brennbare Gasgemisch muß so zusammengesetzt sein, daß der Gasgehalt, in Richtung der Zylinderachse zum Kolben hin fortschreitend, allmählich geringer wird; sonst gibt es gefährliche Explosionen. So sagt er in der Patentbeschreibung:

... Die brennbaren Gemischkörperchen sind um so dichter neben einander, je näher sich dieselben der Zuführungsstelle befinden ... eine in den Cylinder eingeleitete Flamme bewirkt die Entzündung der Gemischkörperchen, welche der Einführungsstelle zunächst liegen; diese Entzündung theilt sich den folgenden Gemischkörperchen mit und schreitet um so langsamer vor, je weiter diese Körperchen von einander entfernt sind, je mehr also die Verbrennung sich dem Kolben nähert ... Da diese Spannung die Folge ist von einer Reihenfolge einzelner Entzündungen der Gasgemischkörperchen, so tritt dieselbe allmählig ein; sie ist in ihrer Wirkung nicht gleich der Wirkung einer durch Explosion eines Gasgemisches erzeugten plötzlichen Spannung und deshalb auch nicht begleitet von den bei Explosionsmaschinen unvermeidlichen Stößen und Wärmeverlusten. Dieser so erzeugte dauernde und ruhige Druck auf den Kolben treibt denselben bis zu der durch den Kurbelhub begrenzten Stelle des Cylinders ...

In zwei der vier Abbildungen seiner Patentschrift hat OTTO durch schwarze Punkte angedeutet, wie die Gaskonzentration des Zylinderinhaltes von der Zündstelle zum Kolben hin abnehmen soll. Es ist das Bild des Schornsteinrauches, das er auf das Gasgemisch überträgt. Er ist überzeugt, daß man eine Explosionsmaschine gar nicht anders bauen kann als mit geschichteter Ladung. So läßt er sich in den Patentansprüchen 1 bis 3 nur die besondere Art der Gemischbildung schützen:

In einem geschlossenen Raume brennbare, heißt es im Anspruch 1, mit Luft gemischte Gase vor ihrer Verbrennung mit einer anderen Luftart in solcher Weise zusammenzubringen, daß die an einer Stelle eingeleitete Verbrennung von Gas- zu Gaskörperchen verlangsamend sich fortpflanzt, die Verbrennungsproducte sowohl als die sie umhüllende Luftart durch die erzeugte Wärme sich ausdehnen und so durch Expansion Betriebskraft abgeben.

Nur nebenbei wird das Viertaktverfahren in der Beschreibung erwähnt, aber nicht besonders hervorgehoben. In den Abbildungen der Patentschrift ist zwar das Kegelradgetriebe gezeichnet, das die Drehzahl der Steuerwelle auf die Hälfte herabsetzt, wie es der Viertakt erfordert, aber das ist für OTTO nebensächlich. Auch der zweite und dritte Patentanspruch unterscheiden nur zwischen „Gasarten, welche bis zur eintretenden Verbrennung atmosphärische Spannung haben" — das gilt für den Lenoir-Motor — und „Gasarten, welche vor der Verbrennung mehr als atmosphärische Spannung haben" — das sind die Maschinen mit Vorverdichtung im Zylinder. Erst der vierte Anspruch schützt das Viertaktverfahren:

Die Wirkungsweise des Kolbens im Cylinder eines Gasmotors mit Kurbelbewegung so einzurichten, daß bei zwei Umdrehungen der Kurbelwelle auf einer Seite des Kolbens die nachstehenden Wirkungen erfolgen:

a) Ansaugen der Gasarten in den Cylinder;
b) Compression derselben;
c) Verbrennung und Arbeit derselben;
d) Austritt derselben aus dem Cylinder.

Der Größe seiner Erfindung ist OTTO sich nicht bewußt geworden. Der Gedanke, das Mittel gefunden zu haben, das die gefährlichen Explosionen sicher vermied, beherrschte ihn so, daß ihm der Viertakt als unwichtig erschien. Erst die Nachwelt hat ihn als den Erfinder des Viertaktverfahrens bezeichnet, das vor ihm niemand verwirklicht hat.

Das DRP 2735 vom 4. August 1877

OTTOs erster Viertaktmotor hatte zwar sogleich bei den Erprobungen ausgezeichnete Resultate ergeben, aber man machte bald die Beobachtung, daß er bei kleinen Belastungen und im Leerlauf unregelmäßig arbeitete und die Zündungen aussetzten. Bei gasarmem Gemisch genügte die kleine „Vermittlungsflamme", die der Schieber vor die Mündung des Brennraums trug, nicht, um den Zylinderinhalt wirksam zu entflammen. OTTO sagte sich, daß eine in den Zylinder hineinfahrende Stichflamme das Mittel sei, um die Verbrennung an allen Stellen des Zylinders einzuleiten. Um die Stichflamme zu erzeugen, änderte OTTO die Form der Mündung des Kanals, durch den das Gemisch in den Zylinder gesaugt wurde, indem er verschieden gestaltete Mundstücke ankittete. Das von RINGS geführte Protokollbuch verzeichnet am 25. Juli 1876 den Vermerk „großer Aufsatz und eingekitteter Kanal". Die beste Wirkung hatte ein Kanal mit scharfkantiger Mündung in den Brennraum. Das vor der Zündung in den Kanal eingelagerte reiche Gemisch wurde durch die vom Schieber herangeführte Vermittlungsflamme entzündet; infolge der dadurch entstehenden Verdrängerwirkung trat eine Stichflamme aus dem Kanal, die das Gemisch im Zylinder sicher entzündete. Auf die Erfindung wurde das DRP 2735 vom 4. August 1877 erteilt, in dessen Beschreibung die Wirkungsweise geschildert wird:

... im Raum a [d. i. im Schußkanal] findet sich bei beendeter Füllung nur reines Explosionsgemenge vor. Dasselbe wird alsdann entzündet, und die durch die momentane Verbrennung desselben hervorgerufene Flamme fährt schußartig aus dem Raum a in den Cylinderraum und leitet auf ihrem Wege die Verbrennung des verdünnten Gemenges schnell und nach allen Seiten hin ein.

Die umfangreiche Patentschrift enthält neben der Beschreibung der Schußkanalwirkung eine Aufzählung verschiedener konstruktiver Verbesserungen gegenüber der Versuchsmaschine, so die neue Anordnung des Auspuffventils h (Bild 25), dessen Steuerung durch den Nocken e_1 mit dem „Dekompressionsnocken" h_1, der die Verdichtung während des Anwerfens des Motors aufhebt, und anderes. Die Steuerung der Gaszufuhr und der Zündung durch den Schieber ist unverändert geblieben.

Der Schußkanal brachte OTTO einen vollen Erfolg; die Zündungen traten jetzt auch bei kleinen Belastungen und im Leerlauf sicher ein. Der Gang war bei allen Belastungen

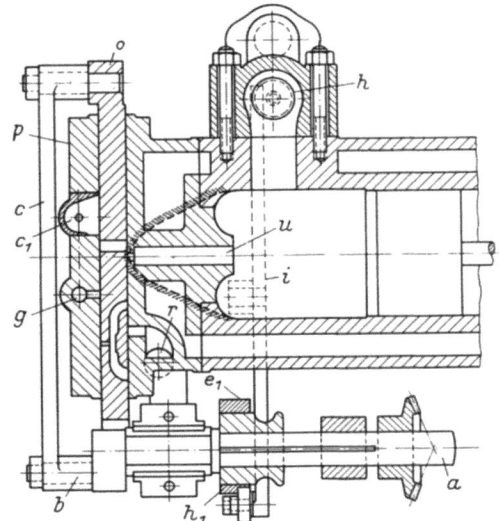

Bild 25. Der Schußkanal nach DRP 2735 vom 4. August 1877

a Steuerwelle; *b* Stirnkurbel; *c* Antriebstange des Zündschiebers; *g* Gaszuleitung; *h* Auspuffventil; *i* Ventilhebel für *h*; *o* Zündschieber; *p* Schieberdeckel; *r* Luftzuleitung; *u* Schußkanal; c_1 Kamin der Zündflamme; e_1 Auspuffventilnocken; h_1 Hilfsnocken zum Aufheben der Kompression während des Andrehens

Das Bild ist der Patentschrift entnommen; *u* ist der „Schußkanal". Die aus dem Kanal schießende Flamme soll den Zylinderinhalt auch bei kleinen Belastungen, d. h. bei gasarmem Gemisch, sicher entzünden. Der schraffierte Umriß deutet die Brennraumform an, wenn der Schußkanal fehlt. Dieser hat die von OTTO erwartete Wirkung gehabt; die Zündungen traten auch bei kleiner Belastung sicher ein

gleichmäßig ruhig. Im November 1876 konnte EUGEN LANGEN an JAKOB SCHLEICHER, seinen in Philadelphia lebenden Schwager, schreiben:

... Mit den anderen Größen wirds wohl viel schneller vorangehen. Gestern abend hat die 8 HP zum ersten Mal gelaufen und zwar so elegant und schön, daß es eine Engelsfreude gewesen sein muß, dabeizustehen ...

Leider meldete OTTO den Schußkanal sehr spät, erst am 1. Juni 1877, zum Patent an, als schon über hundert Maschinen mit dieser Vorrichtung verkauft worden waren. Das Patent wurde erteilt und erhielt die Nummer 2735, aber sein Anspruch 1, der den für das sichere Zünden so wichtigen Schußkanal schützte, wurde später wegen offenkundiger Vorbenutzung durch den Erfinder selbst vom Patentamt für nichtig erklärt.

Ottos Viertaktmotor auf dem Markt

OTTO hatte jetzt seinen Motor so weit verbessert, daß man ihn unbedenklich in großen Stückzahlen fabrizieren und verkaufen konnte. Natürlich gab es im Anfang auch Rückschläge; geklagt wurde über undichte Kolben, starken Verschleiß der Laufbuchsen, Fressen des Zündschiebers und andere Mängel. Es gelang aber bald, die Ursachen der Störungen zu beseitigen. In der Folgezeit stieg der Umsatz sprunghaft an; die Werkstätten mußten beträchtlich vergrößert werden. Wie rasch sich die Zahl der jährlich gebauten Maschinen vergrößerte, veranschaulicht Bild 26, das auf einer erhalten gebliebenen Statistik beruht. Mit dem atmosphärischen Motor, mit dem die Firma N. A. Otto & Cie. angefangen hat, geht es von 1872 an merklich rascher aufwärts: DAIMLERs und MAYBACHs Einfluß macht sich bemerkbar. Aber nachdem OTTOs „Neuer Motor" erschienen war, hatte die atmosphärische Gasmaschine keine Daseinsberechtigung mehr. Jäh fällt ihre Absatzlinie bis nahe auf Null, ein Zustand, der schon 1877/78 fast erreicht ist. In den folgenden Jahren werden nur noch wenige Stück verkauft; dann wird ihre Fabrikation eingestellt. Sie war in ihrer Zylinderleistung nicht über 3 PS hinausgekommen; jetzt gelang es in wenigen Jahren, die Leistung eines Viertakt-

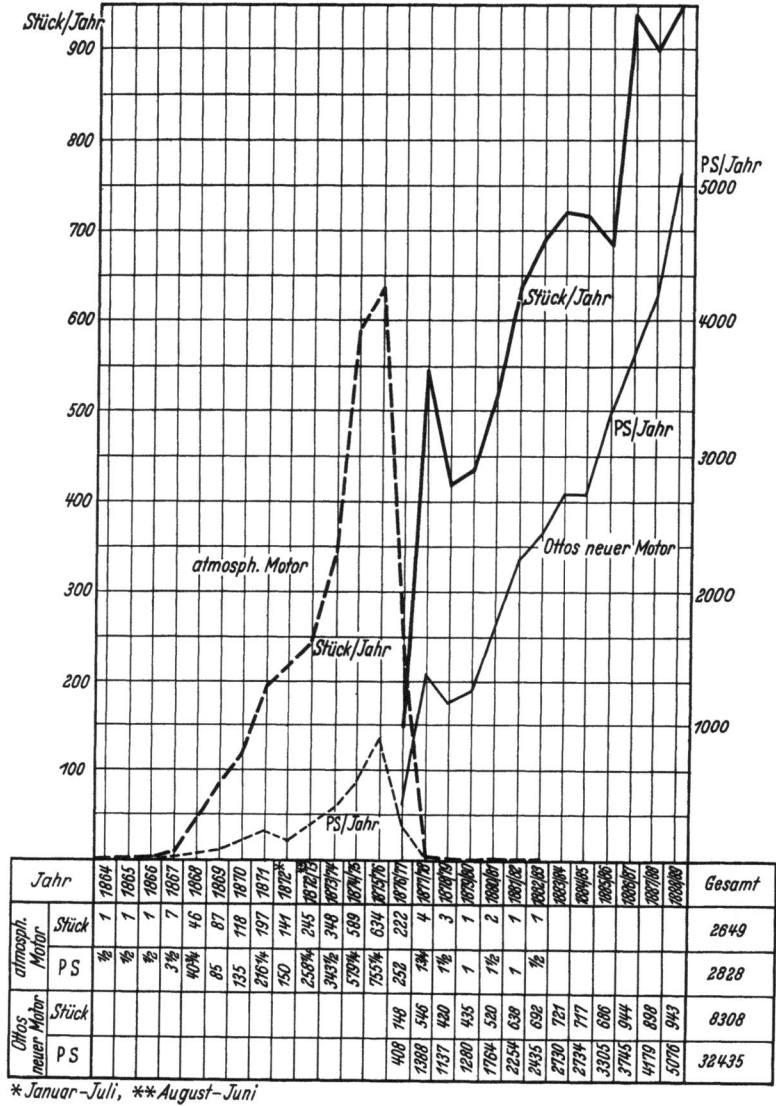

Bild 26. Umsatz der Gasmotoren-Fabrik Deutz in den Jahren 1864 bis 1889 nach fabrizierter Stückzahl/Jahr und gesamter PS-Leistung/Jahr

Atm. Motor { – – – – – – – 1 im Jahr fabrizierte Stückzahl
            { - - - - - - - - - 2 im Jahr erzeugte Gesamtleistung
Ottos   { ――――――― 3 im Jahr fabrizierte Stückzahl
Neuer Motor { ――――――― 4 im Jahr erzeugte Gesamtleistung

Sogleich nach Erscheinen des Viertaktmotors sinkt die Zahl der fabrizierten atmosphärischen Maschinen fast auf Null. Von 1876 bis Mitte 1889 hat die Gasmotoren-Fabrik Deutz 8308 Viertaktmotoren mit einer Gesamtleistung von 32 435 PS geliefert

zylinders auf 80 und 100 PS zu steigern bei einem spezifischen Gasverbrauch, der nicht größer war als der Verbrauch der atmosphärischen Maschine. Dazu lief der Viertaktmotor ohne das störende Geräusch seines Vorgängers. In England, wo die Firma Crossley Bros. Lizenz genommen hatte, gab man dem Motor den Namen „Otto's Silent". Auch in Frankreich, Österreich, Italien, Belgien und Dänemark wurden Lizenzen vergeben. Die Produktion des englischen Lizenznehmers CROSSLEY überstieg bald die des Lizenzgebers. Alle anderen Bauarten wurden zurückgedrängt, und auch der Lenoir-Motor, von dem OTTO vor fünfzehn Jahren ausgegangen war, mußte dem „Neuen Motor" den Platz räumen.

Waren Daimler und Maybach an Ottos Erfindung beteiligt?

P. SIEBERTZ versucht in seinem Buch[29], das GOTTLIEB DAIMLERs Leben beschreibt, den Nachweis zu führen, daß DAIMLER der Miterfinder des Viertaktverfahrens gewesen sei. Er sagt:

> An dieser endgültigen Gestaltung des Viertaktmotors aber hatte Gottlieb Daimler wesentlich mitgewirkt. Die „Dispositions-Zeichnung" für ¼ PS mit dem Signum „Verbesserter atmosphärischer Motor von 1866" ist, wie das im Preußischen Geheimen Staatsarchiv in Berlin liegende Original ausweist, unterschrieben:
>
> „Deutz, den 19. Mai 1876   G. Daimler"
>
> Schon aus dieser Feststellung allein ergäbe sich, daß Arnold Langens Behauptung, in seiner Otto-Biographie sei „ein Anteil Gottlieb Daimlers am Werden des Viertakt-Verfahrens zweifelsfrei als nicht vorhanden nachgewiesen" unhaltbar ist, wenn unter „Werden des Viertaktverfahrens" mehr verstanden sein soll als Ottos Idee oder Ottos Erfindungsgedanke.

Bei einiger Aufmerksamkeit hätte SIEBERTZ bemerken müssen[34], daß die im Preußischen Staatsarchiv aufbewahrte Zeichnung mit dem Datum des 19. Mai 1876 den *atmosphärischen* Motor betrifft, mit dem DAIMLER sich damals immer noch beschäftigte, obwohl OTTOs Viertaktmotor schon bewiesen hatte, daß er der atmosphärischen Maschine weit überlegen war (das Indikatordiagramm Bild 19, S. 44, trägt das Datum vom 18. Mai 1876). Welche Bewandtnis es mit DAIMLERs Namenszug auf Zeichnungen hatte, darüber hat WILHELM MAYBACH sich später geäußert:

> Obgleich G. Daimler mir in alle meine Versuche und Erfindungen in Deutz nichts dreinredete, war er andererseits sehr eifersüchtig darauf aus, unter jede meiner Zeichnungen seinen Namen zu setzen, gleichsam als Genehmigung zur Ausführung; im Ernste war es aber offenbar nur Ehrgeiz. Ich war dies aber so gewöhnt, daß ich mir gar nichts daraus machte; jetzt aber, nachdem ich erfahren muß, daß er sich den Seinigen gegenüber, wie es scheint, als der Alleserfinder ausgab, muß ich meine Zurückhaltung sehr bedauern.

Im Januar 1921, als die Gasmotoren-Fabrik Deutz das Jubiläum ihres fünfzigjährigen Bestehens vorbereitete, hat WILHELM MAYBACH in einem Brief an die Fabrikleitung geschrieben:

> Herr Daimler verfolgte während dieser Zeit [der Zeit der ersten Versuche am Viertaktmotor] die Idee, den atmosphärischen Explosionsmotor für Kurbelbetrieb einzurichten; ein engl. Patent aus dieser Zeit auf seinen Namen zeigt die Einrichtung. Von mir wollte er damals beraten sein über eine sonderbare Ladeweise, [ich] konnte aber diese unmögliche Lösung nicht finden...

Aus den Akten erfahren wir, daß „OTTO sich gegen DAIMLER eisern abschloß"; die beiden großen Gegner vermieden jede Begegnung, und es ist undenkbar, daß OTTO über seine Erfindung mit DAIMLER gesprochen hat, bevor sie verwirklicht war. OTTO und RINGS arbeiteten hinter verschlossenen Türen, und während RINGS in zwei Monaten die Konstruktionszeichnungen anfertigte, war DAIMLER, wie die Protokolle der Direktionssitzungen ausweisen. während der Hälfte dieser Zeit verreist. Die andere Hälfte war durch die Beschäftigung mit dem doppeltwirkenden atmosphärischen Motor in Anspruch genommen. Jeder Versuch, GOTTLIEB DAIMLER an der Erfindung des Viertaktmotors zu beteiligen, bleibt aussichtslos. WILHELM MAYBACH dagegen hat nie beansprucht, an der Erfindung des Viertakts mitgewirkt zu haben.

Die Geschichte hat inzwischen das richtige Urteil gefällt, das GUSTAVE RICHARD[21] in die Worte faßt:

Dans le domaine des applications: de Lebon à Otto (1801—1876) le moteur à gaz n'est qu'une curiosité coûteuse et bruyante, appliquable seulement aux petites forces. Personne ne croit à son avenir. Depuis Otto, les moteurs à gaz se répandent par milliers, dociles à tous les emplois, abordant toutes les forces, jusqu'à 200 chevaux.

Otto est donc bien l'inventeur du moteur à gaz moderne; l'histoire est faite sur ce point, c'est un titre que personne ne pourra lui dérober.

L'histoire est faite — die Geschichte ist abgeschlossen. Es kann keine Meinungsverschiedenheit darüber geben, daß OTTO allein der Erfinder des Viertaktmotors ist.

V. Die Priorität am Viertaktverfahren

Zwei im Rang sehr ungleichen geschichtlichen Personen hat man die Priorität am Viertaktverfahren zugesprochen: dem französischen Ingenieur ALPHONSE BEAU DE ROCHAS und dem „Hofuhrmacher" CHRISTIAN REITHMANN.

Beau de Rochas, Ingenieur in der Zentralverwaltung der französischen Südbahn, ist der Verfasser einer Schrift, die den Titel trägt: „Nouvelles recherches sur les conditions pratiques de l'utilisation de la chaleur et en général de la force motrice. Avec application au chemin de fer et à la navigation". Die Broschüre umfaßt 53 Seiten einer zierlichen Handschrift[35], die hektographisch vervielfältigt worden ist. Sie ist 1862 im Verlag von E. Lacroix, Paris, erschienen; die Auflage soll 300 Exemplare betragen haben.

Die Schrift beschäftigt sich in der Hauptsache mit Dampferzeugern und mit Fragen des Eisenbahnbetriebes und der Schiffahrt, Fragen, die dem Autor als Fachmann des Verkehrswesens am nächsten lagen. In den Abschnitten

6° Moteur mixte à vapeur et à gaz

und 7° Machines à gaz (petites forces)

geht der Verfasser auch auf den Gasmotor ein und entwickelt auf Grund theoretischer Überlegungen eine Reihe scharfsinniger Formulierungen, die noch heute unsere Bewunderung verdienen. Vier Bedingungen seien es, die für die beste Ausnutzung (du meilleur emploi) der elastischen Kraft der Gase erfüllt sein müßten:

1. ein möglichst großes Zylindervolumen von der Form einer möglichst kleinen Oberfläche,
2. eine möglichst weitgehende Entspannung,
3. eine möglichst große Kolbengeschwindigkeit,
4. ein möglichst hoher Druck zu Beginn der Entspannung.

Das sind ganz moderne Forderungen, nach denen wir uns, sie aufeinander abstimmend, noch heute richten.

Nachdem BEAU DE ROCHAS die vier Bedingungen erläutert hat, zieht er die Schlußfolgerung:

Alors, et pour un même côté du cylindre, on est naturellement conduit à exécuter les opérations suivantes, dans une période de quatre courses consécutives:
1° aspiration pendant une course entière;
2° compression pendant la course suivante;
3° inflammation au point mort et détente pendant la troisième course;
4° refoulement des gaz brulés hors du cylindre au quatrième et dernier retour.

Wenn man, fährt BEAU DE ROCHAS fort, dieselben Vorgänge in der gleichen Reihenfolge sich auf der anderen Kolbenseite vollziehen läßt, so würde man dadurch eine einfach wirkende Maschine, sozusagen eine „Maschine mit Halbwirkung" (gegenüber der Dampfmaschine), une machine à demi-effet, erhalten. Wir bezeichnen das heute als doppeltwirkenden Viertakt.

Es bleibt schwer erklärlich, daß die Lehre, die BEAU DE ROCHAS gegeben hat, bei seinen Zeitgenossen gänzlich unbeachtet geblieben ist. Die Auflage, in der die Handschrift vervielfältigt worden ist, war zwar nur klein, denn um 1860 interessierten sich nicht viele für Verbrennungsmotoren. Aber LENOIR wird die Schrift sicherlich gekannt haben; wir wissen von ihm, daß er mit BEAU DE ROCHAS befreundet war. Trotzdem hat LENOIR keinen Versuch mit dem Viertakt gemacht; er blieb bei seinem Zweitaktverfahren, mit dem er Erfolg gehabt hatte. Auch andere, z. B. der Fabrikant HUGON, der ebenfalls einen Zweitaktmotor gebaut hat, beachteten BEAU DE ROCHAS' Anregungen nicht. Dazu hat vielleicht die wenig glückliche Überschrift des Abschnitts beigetragen, in welchem BEAU DE ROCHAS seine klassische Formulierung des Viertaktes erwähnt: „Moteur mixte à vapeur et à gaz". Eine solche Kombination konnte nicht zu einem Versuch ermuntern. Man hatte mit jeder dieser beiden Maschinenarten Schwierigkeiten und konnte nicht wünschen, sie zu vermehren. Auch sagt BEAU DE ROCHAS nicht, wie er sich die Ausführung denkt. Er verdeckt die klare Beschreibung des Viertaktes mit so vielen undurchsichtigen Vorschlägen über die Mitwirkung des Dampfteiles, daß der Viertakt dabei fast als Nebensache erscheint. Und schließlich zweifelt der Erfinder selbst an der Wirtschaftlichkeit seines Dampf-Gasmotors: „Es wird sich vielleicht zeigen, daß die Einfachheit nur auf Kosten des Wirkungsgrades erzielt wird", schreibt er.

Einen Versuch, seine Erfindung auszuführen, scheint BEAU DE ROCHAS nicht gemacht zu haben. Er hat sie zum Patent angemeldet und ein französisches Patent erhalten. Die Patentschrift enthielt nur Text, keine Zeichnung. RICHARD berichtet[21], daß das Patent schon nach zweijähriger Laufzeit fallengelassen wurde und nicht in die Druckschriftensammlung des französischen Patentamtes aufgenommen worden ist.

OTTO hat die Schrift BEAU DE ROCHAS' nicht gekannt. Er hat den Viertakt unabhängig von BEAU DE ROCHAS gefunden, aber wann etwa dies gewesen sein könnte, ist aus den Akten nicht einwandfrei zu erkennen. Möglich ist, daß er schon bei seinen ersten tastenden Versuchen mit dem Lenoir-Motor an die einzelnen Phasen des Viertakts gedacht hat, aber er spricht nirgends davon, und sicher ist, daß sie ihm ganz nebensächlich erschienen sind. Das Grübeln darüber, was man machen müsse, um die „Explosionen" zu mildern, hat ihn anderthalb Jahrzehnte ganz in Anspruch genommen. Und als sein erster Motor 1876 ruhig lief, glaubte er, daß damit die Richtigkeit seiner Theorie der Schichtenbildung erbracht sei, und meldete die Theorie zum Patent an; dabei wird der Viertakt an letzter Stelle erwähnt. OTTO muß aber doch schon geraume Zeit vor seinem Erlebnis mit dem Schornsteinrauch das Bild des Viertaktverfahrens vor Augen gehabt haben, sonst hätte er nicht seinem Mitarbeiter RINGS so klare Anweisungen für die Ausführung geben können, daß dieser imstande war, die Werkzeichnungen des Viertaktmotors in zwei Monaten anzufertigen. Die Skizze Bild 11, S. 23, ist ein

Vierteljahrhundert nach OTTOs Versuchen mit dem Lenoir-Motor angefertigt worden. Zu jener späten Zeit mag OTTO selbst davon überzeugt gewesen sein, daß er von Anfang an den Viertakt habe verwirklichen wollen, aber beweisen kann die Skizze dies nicht.

So ist die Frage, ob OTTO oder BEAU DE ROCHAS die Priorität am Viertakt gebühre, nicht anders als so zu beantworten: BEAU DE ROCHAS hat das Prinzip des Viertakts 1861 klar ausgesprochen, aber die Bedeutung des Viertakts nicht erkannt; andernfalls hätte er das ihm erteilte Patent nicht zwei Jahre später verfallen lassen. OTTO hat 1876 den ersten Viertaktmotor der Welt gebaut, aber das Viertaktverfahren nicht als das wichtigste Kennzeichen seines Motors betrachtet; andernfalls hätte er in seiner Patentschrift das Viertaktverfahren nicht nebensächlich behandelt. OTTO muß an den Viertakt schon jahrelang gedacht haben, bevor er seinen ersten Motor baute, aber wann ihm der Gedanke zum erstenmal gekommen ist, wissen wir nicht. Schwerlich aber kann dies vor dem Erscheinen der Schrift BEAU DE ROCHAS' gewesen sein.

In Frankreich hat man die Schrift mehr als zwanzig Jahre nicht beachtet; in den anderen Ländern ist sie unbekannt geblieben. Erst 1885 kam sie anläßlich des Reichsgerichtsprozesses um das Viertaktpatent wieder zum Vorschein. Dann wurde es eine Zeitlang in Frankreich Mode, von BEAU DE ROCHAS als dem Erfinder des Viertakts zu sprechen. Dazu sagt AIMÉ WITZ in der Revue technique de l'Exposition universelle, Moteurs à gaz, 1889: ,,On tresse des couronnes à Beau de Rochas, en copiant plus ou moins servilement Otto''[21].

Reithmann. Unverdient ist der ,,Königlich bayerische Hofuhrmacher'' CHRISTIAN REITHMANN zu dem Ruhm gelangt, mehrere Jahre vor OTTO einen Viertaktmotor gebaut und in Betrieb gesetzt zu haben. Bis in die Gegenwart findet man in technikgeschichtlichen Darstellungen REITHMANN als Miterfinder des Viertaktmotors genannt, obwohl ARNOLD LANGEN (gestorben 1947) in seinem 1949 erschienenen Buch[22] Auszüge aus Gerichtsakten veröffentlicht hat, welche genügen müßten, um jene Legende zu widerlegen. Wir folgen hier nicht der Darstellung LANGENs, sondern den aus den Jahren 1882 bis 1886 vollständig erhaltenen Akten.

Reithmann in der Technikgeschichte

Die Veranlassung zu der Legendenbildung hat HUGO GÜLDNER gegeben, der 1899 als Oberingenieur bei der Allgemeinen Gesellschaft für Dieselmotoren in Augsburg tätig gewesen ist und nach seinem Ausscheiden aus dieser Gesellschaft am 31. Oktober 1899 sein umfangreiches Lehrbuch ,,Das Entwerfen und Berechnen der Verbrennungsmotoren''[13] geschrieben hat, das 1903 erschienen ist. GÜLDNER hat REITHMANN persönlich gekannt; er hat den 85jährigen REITHMANN, der in München eine Uhrmacherwerkstatt besaß, noch 1902 ,,emsig schaffend'' gesehen und sich von REITHMANNs Erfindung des Viertaktmotors erzählen lassen. Die Altersangabe ist richtig; REITHMANN ist am 9. Februar 1818 in Moosbach in Tirol geboren. Über REITHMANNs Erzählungen berichtet GÜLDNER:

Der erste betriebsfähige und fast 8 Jahre lang auch praktisch benutzte Viertaktmotor hat den Hofuhrmacher Christian Reithmann in München zum Schöpfer — und dennoch sucht man ein Wort der Würdigung dieses Mannes in den Handbüchern des Motorenbaues vergebens! Mit den einfachsten Mitteln brachte Reithmann in seiner bescheidenen Werkstatt, in welcher der Fünfundachtzigjährige noch heute emsig schafft, schon 1873 eine im Viertakt arbeitende Gasmaschine zustande, die nicht nur hierin, sondern in sämtlichen inneren Vorgängen mit dem Otto vier Jahre später patentierten Arbeitsverfahren übereinstimmte.[1] [Hier wird auf die unten folgende

Fußnote verwiesen]. Sie diente dem Hofuhrmacher lange Zeit zum regelmäßigen Betrieb seiner Bohr- und Fräsbänkchen, wobei ihr eigenartiger Aufbau und ruhiger Gang Geschäftsbesuchern auffiel. Diese waren es dann auch, welche nach Jahren das Dasein des Motors an die Öffentlichkeit brachten — sehr gegen den Willen des fortwährend nach neuen Verbesserungen grübelnden Erfinders — und letzterem schließlich seine Prioritätsrechte wahrten.

Güldners Fußnote lautet:

Die Gasmotoren-Fabrik Deutz ging 1883, nachdem sie von dem Viertaktmotor Reithmanns erfahren, gegen diesen wegen Verletzung des D.R.P. 532 gerichtlich vor; die Klage wurde jedoch durch Urteil des Kgl. Landgerichts München I vom 13. Dezember 1884 als unbegründet abgewiesen. In der mir vorliegenden Urteilsausfertigung (Pr. R. Nr. 41/84 IA) heißt es nach eingehender Würdigung der umfangreichen Zeugenaussagen und Sachverständigengutachten z. B. auf Seite 56: „Wenn sonach feststeht, daß schon im [Jahr] 1873 der Beklagte (Reithmann) einen Motor erbaut hat, bezw. seinem jetzigen Motor jene konstruktive Beschaffenheit gegeben hatte, wonach derselbe im Viertakte arbeitete und unter Mitverwertung der Verbrennungsrückstände seine Arbeitskraft erzeugte, so kommt die zweite Frage zu untersuchen..." und weiter auf Seite 67: „In der Tat ist aber auch nachgewiesen, daß der Motor des Beklagten in dem Zustande, in dem er sich vor Anmeldung des klägerischen Patentes befand, nicht nur in Betrieb gesetzt, sondern auch zu gewerblichen Verrichtungen, wenn auch nur in beschränktem Umfange, verwendet wurde..." Damit ist außer Zweifel festgestellt, daß Reithmann sowohl den Viertakt als die „Schichtung des Gemisches" durch Zurückhalten von Verbrennungsgasen und Voreinführung der Luft mehrere Jahre vor Otto erfunden und dieses Arbeitsverfahren in einer betriebsfähigen Maschine öffentlich ausgenutzt hat.

GÜLDNERs Bericht wird auch in der letzten, 1921 erschienenen Ausgabe seines Buches, die ein Neudruck der dritten Auflage von 1913 ist, etwas gekürzt wiederholt. Die Fußnote, die das Urteil des Landgerichts München I von 1884 enthält, wird 1921 unverändert abgedruckt. Daß das Urteil des Landgerichts von der Berufungsinstanz, dem Oberlandesgericht München, 1885 in vollem Umfang aufgehoben und die Aufhebung 1886 vom Reichsgericht bestätigt worden ist, hat GÜLDNER nie erfahren.

GÜLDNERs Buch ist weit verbreitet gewesen, und seine Darstellung der Priorität REITHMANNs ist von vielen gelesen worden. Da sie nicht widerrufen wurde, ist es erklärlich, daß REITHMANN immer wieder neben OTTO als Erfinder des Viertaktmotors genannt worden ist. So schreibt KARL BENZ in seiner 1924 verfaßten Selbstbiographie „Lebensfahrt eines deutschen Erfinders — Erinnerungen eines Achtzigjährigen":

Es waren ebenfalls zwei Deutsche, welche die hierzu für den Bau von Kraftwagenmotoren erforderliche Grundlage nicht nur theoretisch schufen, sondern praktisch durchbildeten: Nicolaus Otto und Christian Reithmann, die Schöpfer des Viertaktmotors.

Sehr nachdrücklich tritt G. CANESTRINI[6] (1945) für REITHMANNs Priorität ein (in Übersetzung):

Der unparteiische Geschichtsschreiber kann aber nicht... die Forderungen unbeachtet lassen, die ein deutscher Autor, Güldner, zu Gunsten Christian Reithmanns, eines deutschen Uhrmachers, erhoben hat.

Dieser ist Ottos Vorgänger nicht nur hinsichtlich der Verwirklichung des Viertaktmotors gewesen, sondern auch in bezug auf die Schichtenbildung des Gemisches. Schon 1873 hatte er seinen 1869 gebauten Motor mit Flugkolben in einen Viertaktmotor umgebaut; 1883 strengte die Gasmotoren-Fabrik Deutz gegen ihn einen Prozeß wegen Verletzung des Otto-Patentes Nr. 532 an, aber das Münchener Gericht wies die Klage der deutschen Firma ab und stellte in seinem Urteil fest, es sei erwiesen, daß Reithmann nicht nur das Viertaktverfahren, sondern auch die Schichtenbildung des Gemisches erfunden habe, und zwar einige Jahre vor Otto; auch habe er dieses Arbeitsverfahren in einem für industrielle Zwecke geeigneten Motor offenkundig vorbenutzt.

Dieser Motor des deutschen Uhrmachers hat tatsächlich während einer langen Zeit in seiner Werkstatt gearbeitet; seine Umdrehungszahl betrug 200 in der Minute.

Auch THEODOR HEUSS erwähnt in seinem 1946 erschienenen, ROBERT BOSCHs Leben und Leistung gewidmeten Buch die Namen OTTO und REITHMANN nebeneinander:

Die eigentümliche Duplizität wiederholt sich: so wie Otto in Köln und Reithmann in München nichts voneinander wußten, als sie in den siebziger Jahren den Viertaktmotor erarbeiteten, so experimentierten unabhängig voneinander und sich dabei schier benachbart Benz und Daimler.

Durch GÜLDNERs Darstellung, die er in gutem Glauben gegeben hat, ist der Uhrmacher REITHMANN zu einem Ruhm gelangt, der mehr als ein halbes Jahrhundert vorgehalten hat. Die vergilbten Akten aus jener Zeit haben zu lange geschwiegen. Läßt man sie sprechen, so bleibt von dem Ruhm nichts übrig.

Der Prozeß Deutz gegen Reithmann vor dem Landgericht München I

Der Name REITHMANN taucht zum erstenmal in einem Einspruchsverfahren auf, das die Gasmotoren-Fabrik Deutz gegen eine Patentanmeldung des in München lebenden Ingenieurs GERHARD ADAM eingeleitet hatte. ADAM beschäftigte sich mit der Konstruktion von Gasmotoren und ließ seine Maschinen von der Münchener Maschinenbau-Gesellschaft und der Firma Pauksch in Landsberg a. W. bauen. Das Patentamt gab dem Einspruch statt, jedoch legte ADAM Beschwerde ein. In der Beschwerdeschrift wird gesagt, der Uhrmacher REITHMANN in München besitze einen stehenden Motor, der ihm am 24. Oktober 1860 patentiert worden und in seiner Wirkungsweise dem der Gasmotoren-Fabrik Deutz unter DRP 532 patentierten ganz ähnlich sei. HERMANN SCHUMM, der 1876 als „Reiseingenieur" von Deutz angestellt worden war und seit 1882 dem Vorstand angehörte, fuhr Ende Dezember 1882 nach München, um die Behauptungen, die über REITHMANN gemacht wurden, nachzuprüfen. Er ermittelte, daß REITHMANN anfangs der 60er Jahre und nach 1872 mehrere Patente erteilt worden seien, die aber bald darauf gelöscht wurden. Das Patentamt gab der Beschwerde ADAMs statt und erteilte ihm unter Nr. 43549 ein Schutzrecht auf „Neuerungen an dem unter Nr. 532 patentierten Gasmotor". Da das erteilte Patent von OTTOs Viertaktpatent abhängig war, konnte es Deutz nicht stören. Der Fall REITHMANN schien damit zunächst erledigt zu sein.

Um diese Zeit hatte der verderbliche Streit um das Viertaktpatent 532 bereits begonnen (S. 162). Am 10. Dezember 1880 hatte OTTO in einem in schroffer Form gehaltenen Schreiben die Hannover'sche Maschinenbau-Gesellschaft darauf hingewiesen, daß die von ihr gebauten Gasmaschinen das DRP 532 verletzten. Die „Hannover'sche" baute Zweitaktmaschinen nach dem System WITTIG und HEES (S. 130), und da diese nach einem anderen Verfahren arbeiteten als OTTOs Viertaktmotor, kümmerte man sich in Hannover zunächst um die Deutzer Warnung nicht. Erst als Deutz mit dem Staatsanwalt drohte, erhob die Hannoversche am 22. März 1882 die Nichtigkeitsklage vor dem Patentamt. Sie wurde in zweiter Instanz am 18. Februar 1884 vom Reichsgericht zurückgewiesen; nur der Anspruch 1 des DRP 532 wurde etwas geändert (S. 164).

Durch das Deutzer Vorgehen gegen die Hannoversche fühlten sich auch die Gebr. Körting bedroht, die in Hannover ebenfalls Zweitaktmotoren bauten. Sie hatten von dem Reithmann-Motor gehört und beauftragten Professor MORITZ SCHRÖTER, der am Polytechnikum München Maschinenbau lehrte, mit der Erstattung eines Gutachtens über den Reithmann-Motor. Da das Gutachten für REITHMANN günstig ausfiel, ließen sie in einem Beweissicherungsverfahren den Uhrmacher REITHMANN als Zeugen vernehmen. REITHMANN sagte am 4. Juli 1883 aus:

Bereits im Jahre 1852 habe ich zum Zwecke des Betriebs meiner Arbeitsmaschinen für Uhrenfabrication eine Maschine erfunden und ausgeführt, in welcher ein Gemisch von comprimirter Luft mit Wasserstoffgas durch galvanischen Strom entzündet wurde, um durch die Explosion und nachherige Ausdehnung der Gase Triebkraft zu gewinnen. Diese so construirte Maschine habe ich bereits im Jahre 1855 wieder außer Benützung gelassen, weil mir das Wasserstoffgas zu umständlich und zu theuer kam. Im Jahre 1858 aber habe ich sie in dreifacher Formel umconstruirt und mit Leuchtgas für mich betrieben, bis ich auf einmal im Jahre 1860 in der Zeitung gelesen habe, daß in Paris eine derartige Maschine in Betrieb stehe, alsdann habe ich, den allgemein befundenen Werth meiner Maschine erkennend, um ein Patent hierfür in Bayern nachgesucht und solches auch laut der hier vorgezeigten Entschließung der k. Regierung von Ober-Bayern d. dato 5. October 1860 erhalten auf die Dauer von zwei Jahren; hierin wurde mir zugleich der Auftrag ertheilt, binnen Jahresfrist den Nachweis über die wirklich erfolgte Ausführung der patentirten Erfindung in Bayern zu erbringen, widrigenfalls das Privilegium wieder eingezogen würde.

Da ich indessen wegen Mangel an Kapitalunterstützung zur gewerbsmäßigen Ausübung meines Privilegiums nicht schreiten konnte, wurde mein Patent wieder hinfällig. Dessenungeachtet war ich in der Folge noch fortwährend bestrebt, meine Erfindung zu verbessern und habe ich ihr schließlich zu Anfang des Jahres 1870 diejenige Einrichtung gegeben, in welcher sie heute noch in meiner Werkstätte steht. Vermöge dieser Einrichtung werden nach dem durch die Explosion erfolgten Kolbenhube die Explosionsproducte beim Rückgang des Kolbens nicht vollständig aus dem Cylinder entfernt, weil dieser länger ist als der Kolbenhub; bei dem darauffolgenden Kolbenhub aber wird in den Cylinder Luft und Gas eingesaugt und dieses Gemisch beim Kolbenrückgang gemeinsam mit den Verbrennungsrückständen comprimirt, worauf es durch eine Zündflamme entzündet wird und durch die Ausdehnung in Folge der Explosion der Kolben wieder nach oben getrieben und hierdurch Betriebskraft gewonnen wird. Es erfolgt also eine Explosion im Cylinder bei jedem vierten Kolbenhub.

Die Maschine, welcher ich im Jahre 1870 die soeben beschriebene Einrichtung gegeben, habe ich in einer etwas abweichenden Construction bereits im Wintersemester 1868/69 bei einer Abendversammlung im polytechnischen Verein dahier [in München] im Betrieb vorgezeigt. Die Abweichung bestand darin, daß das Explosionsgemisch zwischen zwei Kolben, welche gegen einander gingen, comprimirt wurde, und die Aus- und Einströmungen nicht am Ende, sondern an der Seite des Cylinders erfolgten, und in demselben die Explosion bei jedem zweiten Hub erfolgte. Unter denjenigen Männern, welche sie damals im gedachten Verein angesehen haben, erinnere ich mich noch an den Maschinenfabrikanten Landes dahier.

Die im Jahre 1870 ausgeführte Maschine habe ich im polytechnischen Verein nicht ausgestellt. Jedoch habe ich sie fortwährend in meiner Werkstatt stehen und niemals hieraus ein Geheimniß gemacht und erinnere ich mich, daß sie dortselbst im Jahre 1874 der Civilingenieur Will damals hier besichtigt hat. Ich habe sie seit der im Jahre 1870 erfolgten Construction mit Unterbrechungen bis zum Jahre 1881 betrieben, seit letzterem Jahre aber den Betrieb aufgegeben, deßhalb, weil ich wiederum eine Abänderung hieran zu machen im Werke bin.

Soweit die Aussage REITHMANNS, die dieser am 4. Juli 1883 vor dem Amtsgericht München beschworen hat.

Die Vorgänge blieben der Gasmotoren-Fabrik Deutz nicht verborgen. Dort erkannte man die Gefahr, daß das DRP 532 wegen offenkundiger Vorbenutzung durch REITHMANN vernichtet werden könnte. So erhob Deutz am 21. Dezember 1883 gegen REITHMANN Klage wegen Patentverletzung. ,,Es war", so lesen wir in den Akten, ,,ihr [der Gasmotoren-Fabrik] durchaus nicht darum zu thun, daß REITHMANN verurtheilt werde, vielmehr war der einzige Zweck der Klage, Klarheit in die Angelegenheit zu bringen und Aufschluß über die Umänderungen an der Reithmannschen Maschine zu erhalten".

Die Verhandlungen vor dem Landgericht München I dauerten ein volles Jahr (1884). Die Gerichtsprotokolle und die Gutachten der Sachverständigen sind noch vorhanden. Am 6. Februar fand in Anwesenheit von vier Sachverständigen die erste Besichtigung durch das Gericht statt. REITHMANN wurde aufgegeben, den Motor so in Betrieb zu setzen, wie er nach seiner Angabe von 1872 bis 1881 gelaufen sei. Hierzu verlangte REITHMANN, Änderungen am Motor vornehmen zu dürfen, denn der z. Zt. eingebaute Kolben ergebe zu hohe Drücke, und der Zündschieber sei für ein einwandfreies Funktionieren zu undicht. Deutz erbot sich, die Kosten für die Instandsetzung des Schiebers zu übernehmen, allein REITHMANN blieb bei seiner Weigerung. Er drang darauf, daß der Motor mit einer elektrischen Zündung versehen werden müsse — obwohl nach seiner eidlichen Aussage vor dem Amtsgericht der Motor neun Jahre mit dem Zündschieber gelaufen sein sollte. Zum Beweis, daß er seinen Motor auch schon früher mit elektrischer Zündung betrieben habe, legte er eine aus Hartholz gefertigte Zündkerze vor, in welche zwei Kupferdrähte eingezogen waren. Aber am Zylinder des Motors war keine Bohrung vorhanden, in die man eine Zündkerze hätte einführen können; auch wäre eine Zündkerze aus Hartholz in kurzer Zeit durch die Flamme des Brennraumes verkohlt worden. Bei einer vierzehn Tage später durch das Gericht vorgenommenen Besichtigung war die Holzkerze durch einen Glasstopfen mit eingeschmolzenen Drähten ersetzt, und ein Loch, das vorher eine Befestigungsschraube des Deckels aufgenommen hatte, war für die Zündkerze aufgebohrt worden. Besonders auffallend war, daß die Zahnräder, die beim Viertakt die Drehzahl der Kurbelwelle auf die Hälfte herabsetzen, und das Auspuffventil neu angefertigt und offenbar noch nicht im Betrieb benutzt worden waren. Der Kolben der kleinen Maschine, die einen Zylinderdurchmesser von 98 mm und einen Hub von 111 mm hatte, war ursprünglich ohne Kolbenringe ausgeführt und im Durchmesser um 0,6 mm kleiner als die Zylinderbohrung; damit wäre kein Verdichtungsdruck zustande gekommen.

Das Landgericht München sah über alle Einwände, die von den Deutzer Vertretern vorgebracht wurden, hinweg. Es gestattete REITHMANN, seinen Kolben mit zwei gut dichtenden Ringen zu versehen; es erlaubte die elektrische Zündung mit der gläsernen Zündkerze, und es beanstandete nicht die Neuanfertigung der Teile für die Viertaktsteuerung. Mit den Änderungen gelang es REITHMANN, seine in einen Viertaktmotor umgebaute Maschine am 21. Februar 1884 mehrere Minuten dem Gericht im Leerlauf vorzuführen.

Im weiteren Verlauf der Verhandlung wurde eine Reihe von Zeugen vernommen, die REITHMANN aufgeboten hatte, damit sie aussagen sollten, daß sie seinen Motor schon vor 1876 als Viertaktmotor im Betrieb gesehen hätten. Die Protokolle über diese Zeugenaussagen sind so verworren, daß man kein klares Bild gewinnt. Die Zeugen sollten über einen Vorgang aussagen, der neun bis zehn Jahre und länger zurücklag, also in eine Zeit fiel, als man in Deutschland soeben erst angefangen hatte, atmosphärische Gasmaschinen zu bauen und es andere Gasmotoren nicht gab. So konnte keiner der Zeugen irgendwelche Sachkenntnis besitzen.

Nur Professor MORITZ SCHRÖTER sagte entschieden zugunsten REITHMANNs aus. SCHRÖTER hatte eine Zeichnung des Motors aufgenommen; sie wurde in der Verhandlung vorgelegt. Ein von Deutz benannter Gutachter namens SCHEDLBAUER, „k. Professor und Vorstand der mechanisch-technischen Abtheilung der kgl. Industrieschule München", wies SCHRÖTER darauf hin, daß seine Zeichnung nicht weniger als fünfzehn fehlerhafte Darstellungen von Einzelheiten enthalte, die im Gutachten Schedlbauers einzeln aufgeführt werden. SCHRÖTER erwiderte:

> Hierbei [bei der Anfertigung der Zeichnung] hielt ich mich jedoch nicht planisch an den vorgefundenen Bestand. — Denn wenn mir auch einerseits aus den Erklärungen des Herrn Reithmann klar wurde, daß derselbe mit vollem Bewußtsein ihr eine Einrichtung gegeben habe, die ihr einen mit dem Otto'schen Patent identischen Arbeitsprozeß verlieh, so sah ich doch alsbald, daß es sich um eine einfach umgeänderte Maschine handelte, die Reste ihrer früheren Gestaltung an sich trug; da ich es zunächst auf eine Veröffentlichung der Reithmann'schen Erfindung abgesehen hatte, machte ich zu diesem Behufe eine Zeichnung, welche diese Reste einer älteren Einrichtung als gegenstandslos bei Seite ließ.

GÜLDNER hat die Zeichnung als ganzseitiges Bild veröffentlicht und diesem die Unterschrift gegeben: ,,REITHMANN's Viertaktmotor. Erbaut 1872—1873 (älteste betriebsfähige, praktisch benutzte Viertakt-Gasmaschine)". Ein solcher Motor ist, wie die w. u. mitgeteilten Auszüge aus den Verhandlungen vor dem Oberlandesgericht München und dem Reichsgericht ergeben haben, niemals gebaut worden. SCHRÖTER hat seine Zeichnung angefertigt, nachdem REITHMANN den Motor für die gerichtlichen Verhandlungen umgebaut hatte; außerdem hat SCHRÖTER den Motor nicht so dargestellt, wie er nach dem Umbau aussah, sondern die Zeichnung nach Gutdünken geändert. GÜLDNER hat das offenbar nicht erfahren.

Das Landgericht hatte SCHRÖTER die Frage vorgelegt, ,,ob die in der Werkstätte des Herrn REITHMANN befindliche Maschine in derselben Weise Triebkraft gewinnt, wie es die Klägerin für ihre eigene Maschine in der Klageschrift des näheren ausführt". Darauf antwortete SCHRÖTER in seinem Gutachten:

... Die Untersuchung der Maschine ergab nun zur Evidenz, daß dieselbe, wenn im Betrieb befindlich, genau in derselben Weise Triebkraft gewinnt wie die der Klägerin patentierte Maschine ...

Dieser präzisen Aussage ist das Landgericht gefolgt; es wies am 13. Dezember 1884 die Klage der Gasmotoren-Fabrik Deutz gegen REITHMANN ab. Aus der Urteilsbegründung hat GÜLDNER 1903 den S. 59 wiedergegebenen Auszug veröffentlicht. Von da ab datiert die Legende von der Priorität REITHMANNs vor OTTO.

Vertrag der Gasmotoren-Fabrik mit Reithmann

Um sich REITHMANN gegenüber zu sichern, schloß die Gasmotoren-Fabrik schon wenige Tage nach der Urteilsfällung, am 18. Dezember 1884, mit REITHMANN einen Vertrag, in welchem es heißt, daß Deutz zwar gegen das Urteil des Landgerichts Berufung einzulegen beabsichtige, aber den Wunsch habe, REITHMANN zu verpflichten, daß er die ihm in der ersten Instanz zuerkannten Rechte nicht auf Dritte übertrage. Deutz zahlte an REITHMANN die für jene Zeit hohe Summe von 25 000 Mark und stellte ihm außerdem einen ½- oder 1 PS-Otto-Motor zur Verfügung. REITHMANN verpflichtete sich, alle Rechte, die ihm zustehen würden, falls er in dem Rechtsstreit endgültig siegen sollte, auf Deutz zu übertragen. Die Gasmotoren-Fabrik sicherte REITHMANN zu, daß sie ,,weder in einem Circular noch in anderen von ihr ausgehenden Publicationen den Herrn Reithmann irgendwie bloßstellt".

In einer Zusatzerklärung zum Vertrag gab REITHMANN zu Protokoll, daß

er mit Herrn Otto nie in Berührung kam, demselben auch keinerlei Mitteilungen über seinen Motor gemacht hat..., da er, Christian Reithmann, das Verfahren, welches er bei dem in der Streitsache Deutz gegen ihn wegen Patentverletzung in Frage stehenden Motor in Anwendung brachte, vor dem Jahre 1880 weder durch Zeichnung, Beschreibung oder sonstwie veröffentlichte, noch irgend einer Person je zeigte oder mitteilte, vielmehr absichtlich vor Jedermann geheim hielt.

Vor dem Gericht hatte REITHMANN unter Eid ausgesagt, daß er seinen Motor schon vor 1876 einem halben Dutzend Zeugen im Betrieb vorgeführt habe, und hatte die Zeugen vernehmen lassen. Diese hatten nur verworrene Auskünfte geben können, aber das Landgericht hat ihnen Glauben geschenkt.

Der Vertrag mit Deutz war für REITHMANN ein gutes Geschäft. Er brachte ihm außer einer ansehnlichen Summe einen neuen Otto-Motor ein, mit dem er experimentieren konnte, während die Schweigepflicht, die Deutz übernahm, ihn vor unangenehmen Weiterungen sicherte, die aus seinen vor Gericht abgegebenen eidlichen Aussagen ihm vielleicht entstehen konnten. Die Gasmotoren-Fabrik Deutz hat den Vertrag redlich eingehalten; sie hat Jahrzehnte geschwiegen, und erst als die Reithmann-Sage geschichtlichen Charakter angenommen hatte, hat ARNOLD LANGEN in seinem 1943 geschriebenen, 1949 erschienenen Buch[22] über die Prozesse berichtet, die dem Vertragsabschluß mit REITHMANN gefolgt sind.

Der Prozeß Deutz gegen Reithmann vor dem Oberlandesgericht München

Wenige Monate nach dem Abschluß des Vertrages zwischen Deutz und REITHMANN suchte EUGEN LANGEN REITHMANN in München auf, um ihm die Widersprüche vorzuhalten, die in der Verhandlung vor dem Landgericht zutage getreten waren. REITHMANN lenkte ein und gab zu, daß er sich bezüglich der Zeit, zu welcher er seine kleine Maschine in einen Viertaktmotor umgebaut haben wollte, auch irren könne; einen bestimmten Zeitpunkt wolle er nicht mehr behaupten. Die Gasmotoren-Fabrik hatte inzwischen von ihrem Recht, Berufung gegen die Entscheidung des Landgerichts einzulegen, Gebrauch gemacht, und REITHMANN wußte, daß ihm ein neues Verhör bevorstand. Er hat dann in der Verhandlung vor dem Oberlandesgericht München bestätigt, daß er sich bezüglich des Zeitpunktes des Umbaues vielleicht geirrt habe. So kam das Oberlandesgericht München in der Berufungsverhandlung zu einem völlig anderen Urteil als das Landgericht. In der Urteilsbegründung vom 21. November 1885 heißt es:

> Keinesfalls ist, wie die Berufungsklägerin [Deutz] beim Beschwerdepunkt lit. c. dieß gerügt hat, das Beweisergebnis für den Beklagten so günstig, daß mit dem Erstrichter der Nachweis des Prioritäts-Einwandes für erbracht erachtet werden kann. In dieser Hinsicht betonte die Berufungsklägerin verschiedene einflußreiche Umstände, nämlich, daß Beklagter die annähernd mögliche Zurückgestaltung seines Motors in den früheren maßgebenden Zustand verweigert, dadurch die Klarstellung des Sachverhalts vereitelt und die Folgen der Unklarheit zu tragen habe, ferner, daß Zeugen, welche das Wesen der Triebkraft des Reithmann'schen Motors bloß nach Äußerlichkeiten, ohne Besichtigung des Maschinen-Innern und des physikalischen Verfahrens beurteilt hätten, überhaupt keinen schlüssigen Beweis erbringen könnten ...
> Diese Bedenken haben ihre gute Berechtigung, namentlich trifft den größeren Theil der Zeugen der Vorwurf, daß ihren Wahrnehmungen keine Untersuchung des specifischen Verfahrens vorausging, wodurch oberflächliche Schilderungen und Schlußfolgerungen, die auch bei Nichtanwendung des Deutz'schen Verfahrens gezogen werden konnten, ermöglicht wurden ...

Nach genauem Eingehen auf alle Zeugenaussagen schließt die Urteilsbegründung mit den Worten:

> Wegen Mißlingens des nötigen Beweises war vielmehr die Prioritäts-Einrede des Beklagten [Reithmann] sofort zu verwerfen.

Das Urteil vom 21. November 1885 lautete:

> Dem Beklagten wird die Benützung des den Gegenstand der Augenscheinsnahme vom 21. Februar 1884 bildenden Gasmotors bei Meidung einer Strafe von 500 M — fünfhundert Mark — für jeden Fall der Zuwiderhandlung untersagt und hat der Beklagte alle Kosten des Streites zu tragen beziehungsweise der Klägerin die ihr erwachsenen zu erstatten.

Bestätigung durch das Reichsgericht

Dieses Urteil des Oberlandesgerichts München wurde rechtskräftig, da REITHMANN nicht wagte, Berufung beim Reichsgericht einzulegen. Das Reichsgericht ist aber unabhängig hiervon in seinem Urteil vom 30. Januar 1886, das die gleichzeitig laufende Nichtigkeitsklage der Gebr. Körting gegen das Viertaktpatent 532 beendete, auf den Fall REITHMANN noch einmal eingegangen. Es schloß sich dem Urteil des Oberlandesgerichts an und fügte ergänzend hinzu:

Die Erfindung des Gasmotors 532 B ist epochemachend gewesen, der Gasmotor ist, wenn auch mit Modifikationen, in vielen Exemplaren gebaut, hat eine bedeutende technische Verwertung gefunden, seine Herstellung ist jedenfalls finanziell ein sehr gutes Geschäft gewesen.

Alles dies hat Reithmann und denjenigen Personen, welche sich für seine Erfindung interessierten, nicht verborgen bleiben können. Sein Motor ist indessen außer dem unfertigen und vielfach umgeänderten Exemplare, welches er in seiner Stube — nach Professor Schedlbauers Angabe — verstaubt und mit anderen Gegenständen verstellt aufbewahrte, niemals gebaut. Nach seiner Zeugenaussage in der Verhandlung vom 4. Juni 1884 haben Ingenieure, welche die Absicht hatten, den Gasmotor in den Handel zu bringen, mit ihm wegen Vervielfältigung des Gasmotors verhandelt. Es ist nicht zu verstehen, weshalb es bei diesen resultatlosen Versuchen geblieben wäre, wenn Reithmann eine so leistungsfähige Maschine erfunden hätte wie Otto, weshalb er und seine Freunde nicht angereizt sind, denselben Weg zu verfolgen, wie Otto. Statt dessen machte Reithmann, welcher das Problem eines leistungsfähigen Gasmotors zu lösen seit Jahren versucht hatte, nicht einmal Anstalt, seine Erfinderehre, sein geistiges Eigentum, sei es im Prozeßwege, sei es auch nur literarisch gegen Otto zu vertreten und zu verfolgen, als ihm dessen Erfolge bekannt wurden. Soviel erhellt, ist er erst durch die Differenzen zwischen den Parteien aus seiner halben Vergessenheit hervorgezogen worden...

REITHMANN ist etwa 1906 gestorben, der viel jüngere GÜLDNER 1926. Beide haben nach 1886, dem Jahr des Reichsgerichtsurteils, zwanzig Jahre gleichzeitig gelebt, und GÜLDNER hat REITHMANN wiederholt besucht. Aber nie hat REITHMANN von dem Verlauf der Prozesse vor dem Oberlandesgericht München und dem Reichsgericht GÜLDNER etwas erzählt. Er ließ GÜLDNER in dem Glauben, das Landgericht habe ihm endgültig die Priorität am Viertaktverfahren zugesprochen, und so konnte GÜLDNER in seinem Buch die Darstellung veröffentlichen, die zu der Legendenbildung um REITHMANN geführt hat.

Reithmann als Erfinder

Außer den Prozeßakten liegen zwar nur wenige, aber ausreichende Zeugnisse aus jener alten Zeit vor, aus denen man ein Urteil über REITHMANNs Glaubwürdigkeit gewinnt. In einem vom 26. Juni 1885 datierten Brief der Firma Schur & Co., welche die Gasmotoren-Fabrik in München vertrat, heißt es über die Zusammenarbeit zwischen REITHMANN und dem S. 38 erwähnten AINMILLER:

daß Reithmann in seinem Wahne Alles, was Andere erfinden und verbessern, schon lange vorher erfunden und probirt haben will — von allen Vorschlägen des Herrn Ainmiller behauptete er später ganz dreist und schien es auch selbst zu glauben, daß die ursprüngliche Idee von ihm herrühre.

REITHMANNs Verhalten ist nur durch die Annahme zu erklären, daß er an Erfinderwahn gelitten hat. Dafür ist auch eine Notiz ein Beleg, die der „Civilingenieur" F. WILL in Uhlands Zeitschrift „Der Praktische Maschinen-Constructeur", Jahrgang 1874, veröffentlicht hat. WILL ist einer der Zeugen, die 1884 im Prozeß vor dem Landgericht München zugunsten REITHMANNs ausgesagt haben und dessen Zeugnis vom Oberlandesgericht verworfen wurde. Unter der Überschrift „Zur Geschichte der Gasmotoren" heißt es in der Einsendung:

Wie bei so vielen geistvollen Entdeckungen und Erfindungen, die, deutschen Ursprungs, erst im Auslande Geltung erlangten und dort ausgebeutet wurden, so verhält es sich auch bei der Construction von Gasmotoren, deren erste practische Verwertung bisher den Franzosen zugeschrieben wurde, während einem Deutschen, dem Uhrmacher Reithmann in München, entschieden die Priorität der Erfindung gebührt. Lenoir, der bekanntlich im Jahre 1860 in Paris mit der ersten Gaskraftmaschine hervortrat, hat höchst wahrscheinlich entweder mittelbar oder unmittelbar Mittheilung von der Reithmann'schen Idee erhalten, denn eine Person, die sich sehr für die Sache zu interessieren schien, bewog Reithmann, während derselbe im Jahre 1858 an seiner Maschine arbeitete, ihm das Princip des Motors mitzutheilen, unter dem Vorwande, er habe Bekannte in Paris, die jedenfalls die Mittel zur größeren Ausführung der Reithmann'schen Pläne bieten würden. Sie verschwand jedoch auf Nimmerwiedersehen und etwa 1 Jahr später trat Lenoir mit seiner Erfindung hervor...

DONKIN[8] hat diese Notiz in seinem „Text Book on Gas, Oil, and Air Engines" (1894) erwähnt, jedoch ohne ihr Glaubwürdigkeit beizumessen. Sie trägt so offenkundig den Stempel einer freien Erfindung REITHMANNs, daß sie nur als Beitrag zur Aufhellung dieser vom Erfinderwahn umnebelten Figur gewertet werden kann.

VI. In der Gasmotoren-Fabrik Deutz bis zum Ausscheiden Daimlers und Maybachs (1876—1882)

Von OTTOs neuem Motor durfte man erwarten, daß er die Geschäftsleitung von der schweren Sorge um die technische Entwicklung des Unternehmens befreien würde. Keine Konkurrenzfirma im In- und Ausland hatte etwas annähernd Gleichwertiges zu bieten, und die geschäftlichen Aussichten schienen sehr günstig zu sein. Aber man kam nicht recht zur Freude über das Erreichte; schwere Differenzen zwischen OTTO und EUGEN LANGEN traten auf, und als diese ausgeräumt waren, machte DAIMLERs Verhalten die Zusammenarbeit so unerträglich, daß es keinen anderen Ausweg als das Ausscheiden DAIMLERs gab.

Vorübergehende Entfremdung zwischen Otto und Langen

OTTO hatte sich in seinem 1872 geschlossenen Anstellungsvertrag verpflichtet, alle Erfindungen für die Dauer von zwölf Jahren unentgeltlich der Firma zu überlassen; auch hatte er, sich einem älteren Aufsichtsratsbeschluß fügend, darauf verzichtet, daß Patente auf seinen Namen angemeldet würden. Hieran erinnerte EUGEN LANGEN in einem an OTTO gerichteten Brief vom 14. Mai 1876, also wenige Monate nach der Inbetriebsetzung des ersten Viertaktmotors:

> Ich möchte Sie noch bitten, nicht zu beantragen, diese Patente unter Ihrem Namen zu nehmen, weil trotz aller Anerkennung, welche, wie Sie wissen, ich Ihnen persönlich zolle, doch in einem solchen Vorgehen eine Inconsequenz läge, deren ich mich auch meinem besten Freund zulieb nicht möchte schuldig machen. Ihr Name soll trotzdem bekannt genug werden, dafür lassen Sie mich sorgen ...

OTTO war schwer gekränkt. Er wußte, daß er für die Firma Großes geleistet hatte und daß DAIMLER dem nichts gleich Wertvolles entgegensetzen konnte. Dabei durfte DAIMLER seine Erfindungen im Ausland unter seinem Namen anmelden; ja, man hatte DAIMLER, der in seinen Forderungen weniger bescheiden war, einige Monate vorher eine Option auf Aktien der Firma zugestanden. OTTO fühlte sich DAIMLER gegenüber in demütigender Weise zurückgesetzt. Über ein halbes Jahr behielt er seinen Groll für sich; dann machte er seinem Herzen in einem Brief Luft, den er am 16. Januar 1877 an LANGEN schrieb. Mit der unfreundlichen Anrede „Herrn Eugen Langen, Köln" beginnend fährt er fort:

> Infolge des mir zugesandten Protocolls der 23ten Aufsichtsratssitzung vom 12. d. M. erlaube ich mir zu bemerken, daß in früheren Protocollen Beschlüsse nur dahin gefaßt wurden, Patente auf den Namen der Gasmotoren-Fabrik zu nehmen, nicht aber wurden Beschlüsse gefaßt, daß bei einer Veröffentlichung von neuen Erfindungen der Name des Erfinders verschwiegen bleiben solle ...
> Der jetzige neue Motor steht für sich selbständig da, er ist das Product langjährigen Nachdenkens und ist nicht entstanden durch irgend welche, mit dem Gelde der Gasmotoren-Fabrik angestellte Vorversuche.
> Wie weit meine Ansprüche gehen, für diese Erfindung von der Gasmotoren-Fabrik eine Vergütung zu verlangen, darauf will ich heute nicht eingehen ...
> Aber ich bitte, auch ein bischen nachzudenken darüber, wie heute unsere Actien stehen würden,

wenn ein Fremder meine Erfindung gemacht hätte und wir mit unseren Atm. Maschinen dagegen concurriren sollten.

Angenommen, die Gasmotoren-Fabrik sei juridisch nicht verpflichtet, mir für den Motor irgend welche Vergütung zukommen zu lassen, moralisch hat sie jedenfalls diese Verpflichtung, und die Wege, die ich dann zu gehen habe, sind mir klar vorgezeichnet...

Die letzte Wendung war eine unverhüllte Drohung mit OTTOs Ausscheiden aus der Firma. Aber EUGEN LANGEN ließ sich nicht einschüchtern. Sehr ausführlich antwortet er ihm am 22. Januar 1877:

... Es thut mir leid, daß in den 12 Jahren, in welchen ich mit Ihnen in Verkehr stehe, sich so viel Bitterkeit bei Ihnen gegen mich hat anhäufen können, wie in Ihrem Briefe Ausdruck findet. Ich will aber heute nichts weniger als sentimental werden, sondern möchte Sie nur ersuchen, daß Sie sich ganz ruhig vergegenwärtigen, wie Sie vor 12 Jahren zu mir kamen, welche Stellung Sie heute haben und in Zukunft haben würden, wenn Sie auf nüchterner Basis Ihres Vertrages still fortführen, ihre Pflicht zu erfüllen...

Sie verlangen als Erfüllung einer moralischen Pflicht Gleichbetheiligung mit mir an den Gewinne, welche die G.M.F. abwirft und greifen zur Begründung dieses Anspruchs zurück in die Zeiten, in welchen wir uns zuerst sahen. Haben Sie denn die 12 Jahre nicht gelebt oder die Wechselfälle vergessen, welche in diesem Zeitraum liegen? Habe ich denn mein in die G.M.F. gestecktes Vermögen verhältnismäßig stärker vermehrt als Sie das Ihrige oder haben Sie dies gethan? Habe ich an äußerer Lebensstellung à conto Gasmotoren gewonnen oder haben Sie das gethan? Ich war anfänglich nur Commanditist mit Tlr. 10000 und zu keiner Thätigkeit in dem Geschäfte verpflichtet. Wie hoch ist heute das Kapital, welches ich mit meinen Freunden aufgebracht und wie veranschlagen Sie denn die Wochen, Tage und Stunden, während welcher ich *neben* meinen übrigen *schweren* Pflichten für Sie mitgearbeitet habe?...

Nun komme ich zu dem, was die Veranlassung zu Ihrem Brief wurde, zu dem Protocoll der letzten Sitzung, durch dessen Fassung ich einerseits der G.M.F. das Recht wahren wollte, ihre Kinder selbst zu taufen, andrerseits der Hoffnung Ausdruck geben, daß dadurch, daß man die Maschine nach Ihnen benennt, und zwar in allerhervorragendster Weise nach Ihnen benennt, nicht das Verhältnis zwischen den Mitgliedern der Direction gestört, sondern gefestigt werde. Was Sie an äußerer Ehre nur wünschen konnten, ist Ihnen, e h e Sie es aussprachen erfüllt...

Ich war gar nicht damit einverstanden, daß Herrn Daimler eine Vergütung in Form von Actienüberlassung zutheil wurde, weil ich dessen Rechtsanspruch nicht anerkennen konnte, ich fügte mich und that mit, weil ich Frieden schaffen wollte. Und weil ich nur das letztere im Auge hatte, freute ich mich darüber, daß Daimler nicht Einspruch dagegen erhob, daß die neue Maschine „Ottos Neuer Motor" heißen sollte...

Es würde mich herzlich freuen, wenn dadurch der Stein sich aus dem Wege schieben ließe... Recht schmerzlich bedaure ich, daß in dem Augenblick, in welchem wir alle Ursache hätten, uns zu freuen, dieser grelle Mißton hinausschallt!

Zum Schlusse Ihres Briefes unterscheiden Sie juristische und moralische Verpflichtungen. Nach meiner Ansicht kann eine Verpflichtung immer nur eine juridische sein, jede Leistung, welche darüber hinausgeht, ist keine Verpflichtung und kann nicht von der anderen Seite gefordert, sondern in ihrer eventuellen Erfüllung nur mit Dank angenommen werden. Besteht so etwas, was Sie moralische Verpflichtung nennen, und darüber entscheide ich heute nicht, so warten Sie die Zeit der Reife ab...

Sie deuten an, daß unsere Wege sich jetzt scheiden könnten; sollte dies geschehen in der Weise, wie es den Anschein hat, dann, Herr Otto, thut mirs leid, daß wir uns jemals im Leben begegnet sind. Kommen Sie aber nach ruhiger, reiflicher Prüfung zu einer anderen Ansicht, dann sei der Zwischenfall begraben und Sie finden in mir nicht einen neuen, aber den alten Freund. Nur keinen faulen Frieden!
                     Bis dahin Ihr ergebener
                           Eugen Langen.

In seinem Antwortschreiben bedauert OTTO, „daß die Sache eine solch schroffe Wendung nehme und daß das rein Persönliche zur Hauptsache wird", und fährt fort: „Eine Beantwortung der einzelnen Punkte Ihres Briefes würde zu Weitläufigkeiten und Aufregungen führen, die wohl einen sofortigen Bruch veranlassen könnten." Dann schlägt er vor, die Angelegenheit nochmals in kleinerem Kreise zu besprechen, denn „Ihnen etwas abzutrotzen ist durchaus nicht meine Absicht". EUGEN LANGEN antwortet ihm am 26. Januar:

Wollen Sie die Angelegenheit als einen Anspruch förmlich und geschäftlich behandeln, dann ist's auch richtiger, Sie wählen den geschäftlichen Weg und wenden sich an den Aufsichtsrat mit dem Ersuchen, sich *jetzt* auszusprechen, ob er gewillt sei, Ihnen jetzt oder eventuell später eine Summe von M. . . . in Actien der Gasmotoren-Fabrik zum Pari-Kurse als Anerkennung für Ihre Leistung zu überlassen.

Der andere Weg ist der, daß Sie sich beruhigen und in dem Umstande, daß die Maschine nach Ihnen benannt ist, vorläufig genügend Anerkennung finden, daß Sie mit frohem Gemüt und freundschaftlicher Gesinnung für mich und Ihre übrigen Mitarbeiter der G.F. mit ganzer Hingebung angehören, eine Mittheilung, welche ich als Beweis Ihres Vertrauens mit Freuden entgegennähme.

LANGENS Brief verfehlte nicht seine Wirkung; am 30. Januar 1877 versicherte OTTO:

. . . solange ich in meiner jetzigen Stelle verbleibe, werde ich meinen Pflichten nachkommen, und ich will hoffen, daß meinerseits der freundschaftliche Geschäftsverkehr mit Ihnen und den anderen Mitarbeitern nicht gestört wird. . . .[36]

Damit war der Friede wiederhergestellt. LANGEN schreibt nur noch einmal am 5. Februar an OTTO:

. . . Auf Ihre werthen Zeilen vom 30. v. M. komme ich nur noch zurück, um Sie zu bitten, dem betreffenden Aufsichtsratsprotokoll diejenige Fassung zu geben, welche Sie anstandslos unterzeichnen können. Damit wäre, wie Sie dies wünschen, jeder Discussion der Angelegenheit vor dem Aufsichtsrate vorgebeugt.   Mit achtungsvollem Gruß!

Eugen Langen.

Die Eintragung in das Protokollbuch lautete:

Nach vorhergegangener Beratung des Herrn Eugen Langen mit den Mitgliedern des Aufsichtsrates wurde beschlossen, die neue Kurbelmaschine unter dem Namen „Ottos Neuer Motor" einzuführen.

Von einer Barzahlung oder der Überlassung von Aktien ist nicht die Rede. OTTO hat sie aber, als DAIMLER 1882 austrat, in dem verdienten reichen Maß erhalten.

Das DRP 532 lautet auf den Namen der Gasmotoren-Fabrik Deutz. In dem entsprechenden englischen Patent ist OTTO als Erfinder angegeben, ohne daß es hierüber in der Geschäftsleitung zu einer Diskussion kam.

Die Gasmotoren-Fabrik vergibt Lizenzen

Der Ruf von OTTOS neuem Motor verbreitete sich rasch, und viele Maschinenfabriken des In- und Auslandes bewarben sich um die Bauerlaubnis. In Westdeutschland vergab man auf EUGEN LANGENS Rat keine Lizenzen, da man selbst zu fabrizieren wünschte; nur für die deutschen Ostprovinzen Preußen, Schlesien und einige andere Bezirke erhielt die Berlin-Anhalt'sche Maschinenbau AG das Recht zum Bau der Deutzer Motoren. Dagegen wurde im Ausland eine größere Zahl von Lizenzen erteilt. Für Österreich-Ungarn übernahm die Firma Langen & Wolf in Wien die Rechte, für Belgien und Holland A. Fétu-Deliège in Lüttich, für Frankreich Ed. Sarazin, für Dänemark J. G. A. Eickhoff in Kopenhagen, für England Crossley Brothers in Manchester und für die Vereinigten Staaten die Firmen Schleicher, Schumm & Co. in Philadelphia und Sinker, Davis & Co. in Indianapolis.

Die bedeutendsten Lizenznehmer waren die Brüder FRANCIS WILLIAM und JOHN WILLIAM CROSSLEY, Söhne eines im Dienst der indischen Kolonialarmee stehenden Offiziers, die dieser fast mittellos zurückließ, als er früh verstarb. Die Söhne waren 1866 in eine Fabrik eingetreten, welche Maschinen zur Herstellung von Gummi baute, hatten diese im folgenden Jahr übernommen und 1869 mit dem Bau atmosphärischer Gasmaschinen als Lizenznehmer von Deutz begonnen. Als OTTOS „Neuer Motor" geschaffen war, sicherten sie sich sofort die Baurechte und brachten es durch ihre Tüchtigkeit bald dahin, daß sie den Lizenzgeber in der Zahl der gelieferten Maschinen überflügelt hatten. Schon am Schluß des ersten Quartals des Geschäftsjahres 1877/78 konnte Otto dem Aufsichtsrat mitteilen, daß „die Gebr. Crossley den höchsten bisher dagewesenen Quartalsabschluß von engl. Pfd. 959,— eingesandt haben".

Der Deutzer „A"-Motor

So nannte man die erste Serie von Viertaktmotoren, die in Deutz gebaut worden ist. Sie wurde von WILHELM MAYBACH und RINGS konstruiert; auch HERMANN SCHUMM, der 1876 eingetreten war, wurde anfangs im Konstruktionsbüro beschäftigt, jedoch ging er schon 1877 nach Philadelphia, um dort mit den Brüdern SCHLEICHER eine Deutzer Filiale zu gründen. Mitte 1878 konnte DAIMLER die Konstruktionen der $1/2$-, 2- und 4pferdigen Type als „vollkommen und vollendet" bezeichnen; die Motoren mit $1/6$ und 8 PS würden in wenigen Wochen fertiggestellt sein.

Der A-Motor entsprach in seiner Wirkungsweise völlig der von OTTO angegebenen Urform (Bild 18, S. 43); in seinem Äußeren lehnte er sich an das Vorbild an, das WILHELM MAYBACH geschaffen hat. Der Motor war liegend gebaut, der an die Grundplatte angegossene Zylinder freitragend; ein Kreuzkopf führte den Kolben mit Kolbenstange. Wie bei OTTOs erstem Motor steuerte ein Schieber den Gaseinlaß und die Zündung, ein Ventil den Auspuff. Die Aussetzerregelung arbeitete in der S. 50 geschilderten Weise. Die Drehzahlen waren niedrig, sie lagen bei den Zylinderleistungen von 1 bis 20 PS bei 200 bis 120 U/min. Aber die mittlere Kolbengeschwindigkeit war mit 3,2 m/sec schon wesentlich höher als bei OTTOs Versuchsmotor. Der Gasverbrauch betrug bei den kleinen Maschinen etwa 1 cbm/PSh, bei den größeren $3/4$ cbm/PSh.

Der Absatz erfüllte im Anfang nicht ganz die Erwartungen. Ob es die Zurückhaltung der Kundschaft vor der Neuerung war oder ob die mancherlei Störungen, die in den ersten Monaten unvermeidlich auftraten, die Käufer unsicher machten, jedenfalls gelang es zunächst nicht, die Stückzahlen gelieferter Motoren zu erreichen, die man in den letzten Jahren mit der atmosphärischen Maschine erzielt hatte. Die Störungen betrafen vor allem den Schieber, der den Einlaß und die Zündung steuerte; er wurde sehr heiß, fraß in seinen Gleitflächen und setzte sich fest. Der Verschleiß der Zylinder war groß, die Kolben gaben durch Undichtwerden häufig Anlaß zur Beschwerde, das Anlassen des Motors mißlang nicht selten. Man versuchte, die Schwierigkeiten, die der Schieber machte, durch Verwendung eines Sondergußeisens zu beseitigen; in der Direktionssitzung vom 14. März 1878 heißt es:

Prof. Winkel in Freiberg (Sachsen) soll vertraut sein mit den verschiedenen Metallegierungen, doch glaubt Herr Daimler, daß durch Anwendung einer Bronce von 24 lth. [Lot] Kupfer und 6 lth. Zinn die Schieberfrage beendet gelöst ist.

Nach vielen Versuchen gelang es, mit dem bronzenen Schieber und einem „Special-Motoren-Öl" die Störungen zu beseitigen, und auch der anderen Schwierigkeiten wurde man allmählich Herr. Das Vertrauen der Kundschaft in die Deutzer Motoren war wiederhergestellt.

Der A-Motor hat bis 1891/92, also während eines Zeitraumes von fünfzehn Jahren, an der Spitze der Deutzer Fabrikation gelegen. Jährlich wurden etwa 500 bis 600 Maschinen geliefert, im ganzen über 8300. Mit solchen Zahlen konnten die anderen deutschen Firmen nicht konkurrieren; auch erreichten sie mit ihren Zweitaktmotoren

— der Viertakt war ihnen durch das DRP 532 versperrt — nicht denselben niedrigen Gasverbrauch wie Ottos Motor.

Ottos Zwillingsmotor

Außer Ottos großer Erfindung sind keine bedeutenden technischen Neuerungen in den Jahren 1876 bis 1882 aus der Gasmotoren-Fabrik hervorgegangen. Erwähnenswert ist der Zwillingsmotor (Bild 27), mit dem man nicht nur die Forderung nach größerer Leistung erfüllen wollte, sondern auch einen gleichförmigeren Gang zu erreichen suchte, als dies beim Einzylindermotor möglich war. Es war die Zeit, als die Glühlampen-

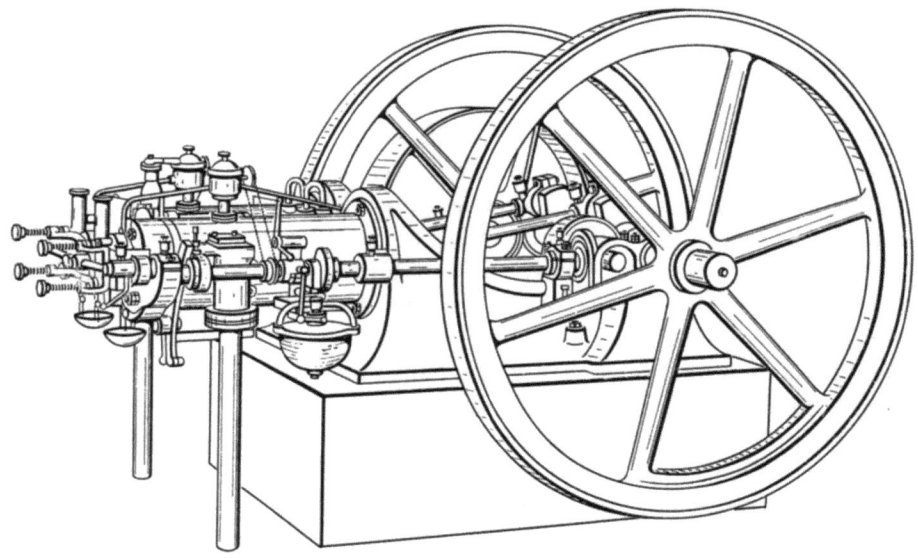

Bild 27. Ottos Zwillingsmotor (1879)
Um die Leistung zu verdoppeln, setzte man zwei Viertaktzylinder nebeneinander. Ihre Zündschieber wurden miteinander verbunden und von einer gemeinsamen Welle gesteuert
Da die Zwillingsmotoren gleichförmiger liefen als die Einzylindermaschinen, benutzte man sie gern zum Antrieb von Dynamomaschinen, die den Strom für die ersten kleinen Lichtzentralen lieferten

beleuchtung aufkam und die Gasmotoren mehr und mehr dazu benutzt wurden, mittels Riemens einen Gleichstromgenerator — „Dynamomaschine" sagte man damals — anzutreiben. Da durfte die Umfangsgeschwindigkeit der Riemenscheibe während einer Umdrehung nicht zu sehr schwanken, sonst flackerte das Licht der Glühbirnen. Die beiden liegenden Zylinder waren nebeneinander angeordnet, die Kurbeln gleichgerichtet und die Zündungen um 360° versetzt, so daß auf jede Umdrehung der Kurbelwelle ein Arbeitshub entfiel. Daß die Kurbelwelle an jedem Ende ein Schwungrad trug, verbesserte die Gleichförmigkeit des Ganges. Die beiden miteinander verbundenen Zündschieber brauchten für ihren Antrieb nur *eine* Steuerwelle, eine Vereinfachung, die in geschickter Weise dadurch ermöglicht wurde, daß man die Kanäle im Schieber und in den Zylinderdeckeln spiegelbildlich zueinander anordnete, so daß jeder der beiden mit der halben Taktzahl sich bewegenden Schieber die Steuerzeiten für seinen Zylinder so einstellte, wie es der Viertakt erforderte.

Die beiden ersten Deutzer Zwillingsmotoren wurden im Königlichen Schloß in

Berlin aufgestellt, und auch das Opernhaus erhielt eine Beleuchtungsanlage, die durch Deutzer Gasmotoren betrieben wurde. Bei dem glanzvollen Kölner Dombaufest am 15. Oktober 1880, das zur Feier der Vollendung des Kölner Doms in Gegenwart des alten Kaisers stattfand, wurde der Dom durch Scheinwerfer mit Bogenlampen angestrahlt, die ihren Strom von Deutzer Zwillingsmotoren erhielten. Weil eine Dynamo nur wenige Bogenlampen speisen konnte, brauchte man eine ganze Anzahl von Motoren, und da die Bogenlampen die Eigenschaft hatten, zuweilen zu verlöschen, stellte man Posten auf, die mit Hilfe einer Schnur die Lampe etwas schütteln mußten, wenn sie ausging; dann brannte sie weiter.

Der Zwillingsmotor brachte es aber nur auf eine verhältnismäßig kleine Stückzahl. Unter den mehr als 24000 Gasmotoren, die bis zur Jahrhundertwende von Deutz geliefert worden sind, befinden sich 1150 Zwillingsmaschinen. Motoren mit drei Zylindern und Schiebersteuerung hat man nicht gebaut, da der Schieberantrieb zu kompliziert geworden wäre.

Der Deutzer Verbundmotor

Den 1879 in Deutz gebauten Gasmotor mit zweifacher Expansion bezeichnet GÜLDNER[13] als „Otto's Verbund-Viertaktmotor"; es ist aber wahrscheinlich, daß DAIMLER die Anregung zum Bau gegeben hat, denn das englische Patent 3245/1879 trägt seinen Namen. GOTTLIEB DAIMLER hatte als junger Ingenieur zwei Jahre, von

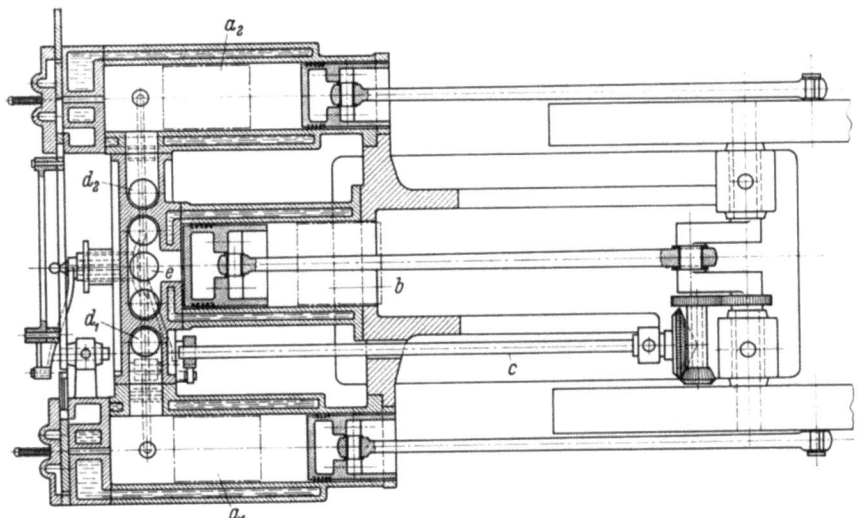

Bild 28. Der Deutzer Verbundmotor (1879)

a_1, a_2 Hochdruckzylinder; b Niederdruckzylinder; c Steuerwelle; d_1, d_2 Auslaßventile der Hochdruckzylinder; e Auslaßventile des Niederdruckzylinders

Die beiden äußeren Zylinder sind die Hochdruckzylinder; sie arbeiten im Viertakt. Der mittlere Zylinder als Niederdruckzylinder erhält die Abgase der Hochdruckzylinder und arbeitet im Zweitakt

1861 bis 1863, in englischen Maschinen- und Werkzeugmaschinenfabriken gearbeitet. In England hatte JOHN HORNBLOWER schon 1776 eine einfachwirkende Dampfmaschine gebaut, bei welcher der Dampf sich nacheinander in zwei Zylindern verschiedener Größe ausdehnte, und dreißig Jahre später hatte ARTHUR WOOLF der Zweifachexpansionsmaschine eine Form gegeben, die Jahrzehnte vorbildlich gewesen ist. Sicherlich wird

DAIMLER die WOOLFsche Maschine kennengelernt haben, und vermutlich hat er sich gesagt, daß das Prinzip, das beim Dampf sich als so vorteilhaft erwiesen hatte, auch auf den Gasmotor anwendbar sein müsse. In Deutschland lautet das Patent Nr. 10116 vom 15. August 1879 auf den Namen der Gasmotoren-Fabrik Deutz.

Die Bezeichnung „Verbund-Viertaktmotor" ist insofern nicht ganz zutreffend, als es sich um die Kombination von zwei Hochdruck-Viertaktzylindern mit einem Niederdruck-Zweitaktzylinder handelt, die liegend nebeneinander angeordnet sind und auf eine gemeinsame Kurbelwelle arbeiten (Bild 28). Die Pleuelstangen der außenliegenden Hochdruckzylinder greifen an fliegenden Zapfen der Kurbelwelle an (Bild 28 und 29), die Pleuelstange des Niederdruckzylinders an der Kurbelkröpfung. Die Kolben der beiden Hochdruckzylinder sind gleichlaufend, ihre Zündungen sind um 360° versetzt, so daß bei jeder Umdrehung der Welle eine Zündung eintritt. Die Kurbel des Niederdruckzylinders eilt den beiden anderen Kurbeln um 180° nach. Der Gaseinlaß wird durch Schieber der gewöhnlichen Bauart gesteuert; ihre Kanäle sind wie bei dem Zwillingsmotor (Bild 27) symmetrisch zur Mittelebene des Motors angeordnet, so daß sie gemeinsam von der Steuerwelle c bewegt werden können. Die Untersetzung der Drehzahl der Steuerwelle liegt in dem in Bild 28 sichtbaren Kegelradpaar. Aus den beiden Hochdruckzylindern strömen die noch nicht vollständig expandierten Verbrennungsgase durch die Auslaßventile d_1, d_2 in den Raum oberhalb des Kolbens des Niederdruckzylinders, der abwechselnd von dem einen und dem anderen Hochdruckzylinder mit Verbrennungsgasen beaufschlagt wird, also im Zweitakt arbeitet. Durch

Bild 29. Der Deutzer Verbundmotor war in der Zuckerfabrik von Pfeifer und Langen aufgestellt
Er wurde 1884 als unbrauchbar von Deutz zurückgenommen und ist 1925 verschrottet worden

das Auspuffventil e strömen die Abgase bei jedem Einwärtshub des Mittelkolbens ins Freie. Zu beiden Seiten des Ventils e ist je ein weiteres Ventil angeordnet, in der Patentschrift „Gegenventile" genannt, die den Zweck haben, „beim Übertritt der gespannten Gase aus dem einen Hochdruckcylinder den Durchgang nach dem andern Hochdruckcylinder abzusperren". Die Ventile werden vom Schiebergestänge gesteuert. Zum Erleichtern des Anlassens können die Verdichtungen in allen drei Zylindern durch „Dekompressions"-Vorrichtungen aufgehoben werden.

Der Anspruch 1 des DRP 10116 schützt allgemein „die Verbindung zweier der in der Patentschrift No. 532 dargestellten Hochdruckgasmaschinen mit gleichgehenden

Arbeitskolben, aber wechselweiser Kraftwirkung auf dieselben", d. h. das Versetzen der Zündungen um 360°, das man schon beim Zwillingsmotor ausgeführt hatte, eine selbstverständliche Maßnahme. Nur die Ansprüche 2 und 3 beziehen sich auf die Verbundwirkung.

Die Maschine ist ausgeführt worden. Man stellte sie vorsichtshalber in den Räumen einer befreundeten Firma auf, der Zuckerfabrik von Pfeifer und Langen in Elsdorf im Rheinland, deren Inhaber die Hauptaktionäre der Gasmotoren-Fabrik waren. So brauchte man nicht besorgt zu sein, daß jede Betriebsstörung sogleich an die Öffentlichkeit gelangte. Die Maschine soll mehrere Jahre in Betrieb gewesen sein, etwa 60 PSe geleistet und einen Gasverbrauch von ¾ cbm/PSh gehabt haben. An Störungen kann es nicht gefehlt haben, denn eine betriebssichere Verbrennungskraftmaschine mit Verbundwirkung zu bauen ist bis jetzt niemandem gelungen. Auch DIESEL hat sich vergeblich an dieser Aufgabe versucht. Die Temperatur der vom Hochdruck- zum Niederdruckteil strömenden Gase liegt über 1000° C, eine Temperatur, welche die in der Überströmleitung angeordneten Absperrorgane nur aushalten, wenn sie dauernd stark gekühlt werden. Dadurch geht der größte Teil der in den Gasen noch enthaltenen verwertbaren Energie verloren, und der Rest genügt kaum, um die Leerlaufleistung des Niederdruckzylinders zu decken. Die Verbundwirkung hat A. BÜCHI erst viel später und in anderer Form erfolgreich ausgeführt, indem er der Kolbenmaschine eine Abgasturbine nachschaltete und diese zum Antrieb eines Gebläses benutzte, das die Spül- und Ladeluft für den Kolbenmotor liefert.

Der Verbundmotor wurde 1884 von der Gasmotoren-Fabrik zurückgenommen und fand den ihm gebührenden Platz im Deutzer Museum. Leider ist er 1925 bei Errichtung des neuen Werkmuseums wegen Platzmangels verschrottet worden.

Das DRP 14254 vom 31. Dezember 1879

Bald nach Fertigstellung seines Viertakt-Versuchsmotors, noch im Jahr 1876, hatte OTTO Versuche mit einem Zweitaktmotor gemacht, bei welchem das Gas mit Luft gemischt durch eine Kolbenpumpe dem Arbeitszylinder zugeführt wurde. Die Versuche befriedigten OTTO nicht, und er brach sie ab, jedoch verriet ein Angestellter der Gasmotoren-Fabrik die Ergebnisse an die Firma Gebr. Lossen in Darmstadt. Die wichtigste Erkenntnis war, daß eine geschichtete Ladung, wie sie das Patent 532 schützte, nicht erforderlich ist, denn wenn man das Gas und die Luft durch eine Pumpe in den Arbeitszylinder drückte, konnte von einer Schichtenbildung nicht mehr die Rede sein. Das meldete die Firma Lossen in Bayern, Württemberg, Baden und anderen deutschen Ländern zum Patent an. Deutz erfuhr davon und ging gegen den ungetreuen Angestellten gerichtlich vor, der für seinen Verrat einige Monate Gefängnis erhielt. Die Darmstädter Firma zog es vor, sich mit der Gasmotoren-Fabrik zu einigen, und diese übernahm die Patentanmeldungen. Daraus entstand das DRP 14254.

Es ist eine eigentümliche Patentschrift, deren Text kaum mit dem Wortlaut des DRP 532 in Übereinstimmung zu bringen ist. In diesem wird der Schichtenbildung entscheidende Bedeutung beigelegt; das DRP 14254 hingegen spricht von einem „innigen Gemenge" von Gas und Luft. So heißt es in der Beschreibung:

Die Maschine besteht aus einem Arbeitscylinder und einer Luftpumpe, welche letztere Gas mit Luft ansaugt. Beim Rückgang wird dieses innige Gemenge verdichtet, dann in den Arbeitscylinder hineingepreßt und hier mit rückständigem verbranntem Gemenge der vorhergehenden Entzündung [beim Anlassen der Maschine mit der im Cylinder befindlichen Luft] gemischt.

Die hier in Klammern gesetzten Worte sind nur dann verständlich, wenn an die Stelle der (im Original nicht vorhandenen) Klammern Kommata gesetzt werden, die im Original fehlen. Das würde mit dem Patentanspruch 1 übereinstimmen, der von einer gleichmäßigen Mischung des Gemenges mit Rückständen „oder Luft" spricht:

> Die in dem verlängerten Raum des Arbeitscylinders einer Gaskraftmaschine von der vorhergehenden Arbeitsperiode verbleibenden Rückstände oder Luft gleichmäßig zu mischen mit einem verdichteten, stark brennbaren (explosiblen) Gemisch von Luft und Gas oder Dunst, um ein verdichtetes, gleichmäßig langsam verbrennendes Gemisch zu erhalten, welches nach der Entzündung sich ausdehnend, als stetig wirkende Betriebskraft verwendet werden kann.

Der Anspruch 1 schützt also, ebenso wie die ersten drei Ansprüche des DRP 532, nur ein Gemischbildungsverfahren; daß es sich um eine Zweitaktmaschine handelt, ist erst aus Anspruch 2 zu erkennen. Aber diese Gemischbildung steht im Widerspruch zu dem durch das DRP 532 geschützten Verfahren.

Man kann aus dieser seltsamen Patentschrift nicht erkennen, ob OTTO damals schon die Einsicht gehabt hat, daß seine Theorie der Schichtenbildung falsch ist, oder ob er der Meinung gewesen ist, daß die gleichmäßige Beimischung von Verbrennungsrückständen ein zweites brauchbares Verfahren zum Vermeiden der „Explosionsstöße" sei. Dem widerspricht aber, daß er auch die Luft als Mittel zur Beimischung nennt. Wenn er dem „innigen Gemenge" von Gas und Luft weitere Luft „gleichmäßig" beimischt, dann hatte er ein völlig homogenes Gemisch von Gas und Luft, und die Theorie der Schichtenbildung war nicht mehr haltbar.

Es war natürlich, daß in dem Prozeß, der einige Jahre später um das DRP 532 vor dem Reichsgericht geführt wurde, OTTOs Gegner den Widerspruch zwischen den Patenten 532 und 14 254 als Waffe gegen OTTO benutzten. Das hat vielleicht zu der unglücklichen Formulierung des Reichsgerichtsurteils (S. 165) beigetragen, das OTTOs letzte Lebensjahre so schwer verbittert hat.

Daimlers letzte Zeit in Deutz

Trotz des günstigen Geschäftsganges und obwohl man in der Lage war, Dividenden zu zahlen von einer Höhe, die man heute nicht mehr kennt, war man in der Leitung der Gasmotoren-Fabrik nicht zufrieden. In den Geschäftsjahren 1877/78 bis 1880/81 war der an der Stückzahl der verkauften Motoren gemessene Absatz geringer als in den letzten Jahren des atmosphärischen Motors. In Bild 26 (S. 54) kommt dies in der scharfen Senkung der stark ausgezogenen schwarzen Linie über jenen Jahren zum Ausdruck. Im April 1878 erteilt der Aufsichtsrat der Direktion den Auftrag, „in ernsthafte Erwägung zu ziehen, welche Mittel für Vermehrung der Aufträge von Wirkung sein würden. Insbesondere wird die Anstellung eines Reiseingenieurs empfohlen". Schon im Mai 1877 war in einer der regelmäßigen Sitzungen, an denen Aufsichtsrat und Vorstand teilzunehmen pflegten, darauf hingewiesen worden, daß eine Erweiterung der Fabrikationseinrichtungen notwendig sei, aber DAIMLER glaubte, mit Überstunden und durch Vergeben von Aufträgen an Unterlieferanten sich behelfen zu können. Etwas später beantragte er die Bewilligung von 21 000 Mark für neue Werkzeugmaschinen und Werkzeuge, eine Summe, welche der Aufsichtsrat auf 30 000 Mark erhöhte, offenbar um DAIMLER zu drängen, rascher zu handeln. Aber GOTTLIEB DAIMLER war überzeugt, daß die Schuld nicht an ihm lag. Am 23. April 1878 hatte er seinem Freund ADOLF GROSS, der später Generaldirektor der Maschinenfabrik Eßlingen wurde, geschrieben:

Unter Führung unseres Dilettanten wird der hiesige Karren immer mehr verfahren und ich bin nicht frech genug, demselben so, wie es sich gehört, entgegenzutreten. Ich muß erst von außen die Anstöße kommen lassen, wenn meine schriftlichen, den Herren mitgeteilten Anliegen nicht berücksichtigt werden. Es ist zum Kuckuck-holen, daß überall die Leute erst durch Schaden klug werden und der ruhig denkende Techniker durch den schwungvollen Kaufmann von seiner Bahn abgelenkt wird.

Mit dem „Dilettanten" wird er OTTO gemeint haben, mit dem „schwungvollen Kaufmann" EUGEN LANGEN. Er selbst war der ruhig denkende Techniker, und als solcher hielt er sich für berechtigt, sich um die Beschlüsse von Aufsichtsrat und Vorstand wenig zu kümmern. Mitte 1878 bittet ihn der Aufsichtsrat, „recht bald der Direction Zeichnungen und Vorschläge für eine kleine, billige Maschine zu unterbreiten". Aber DAIMLER interessierte sich mehr für den Verbundmotor, für den das Büro damals die Zeichnungen anfertigte. Im Mai 1879 wird DAIMLER erneut beauftragt, „kleinere Maschinen (OTTOs Neuer Motor) von $1/4$ und $1/8$ PS construiren zu lassen in möglichst einfacher und billiger Construction". Als wieder nichts geschah, kam es zu Auseinandersetzungen, die GUSTAV LANGEN, EUGEN LANGENs älterer Stiefbruder, zu schlichten versuchte. Aber auch GUSTAV LANGEN sah sich schließlich genötigt, DAIMLER schriftlich die Anweisung zu erteilen:

Herr Daimler wird die von Herrn Commerzienrat Langen empfohlenen und von der Direction und dem Aufsichtsrat beschlossenen Constructionen von billigeren sowohl als von kleineren Gasmotoren und von verschiedenen Specialanwendungen durch Herrn Rings zur Ausführung bringen lassen und darüber sowohl wie andere technische Fragen in beständigem Verkehr mit Commerzienrat Langen bleiben, indem er wöchentlich mindestens eine Privatconferenz mit demselben abhält. Wo und wann diese Privatconferenzen abzuhalten sind, bestimmt Herr Commerzienrat Langen.

Köln, d. 18. Dec. 1880

Zu den sachlichen Meinungsverschiedenheiten kam der tiefgehende Zwiespalt zwischen OTTO und DAIMLER. Dabei fehlte es im Grunde beiden Männern nicht am guten Willen. Als DAIMLER einmal erfuhr, daß OTTO sich durch eine Äußerung DAIMLERs, die in einer Aufsichtsratssitzung gefallen war, gekränkt fühle, bat er OTTO schriftlich um Entschuldigung, denn es sei sein Wunsch,

ein freundliches Verhältnis zwischen uns angebahnt zu sehen, Unangenehmes zwischen uns aus der Vergangenheit zu vergessen und in der Zukunft durch förderliches Zusammenwirken den Interessen der GFD zu dienen. Wenn dies auch Ihr Wunsch ist, so bin ich stets bereit, auch Ihnen entgegenzukommen.

OTTO antwortet zurückhaltend:

... Nur im Interesse der Sache selbst habe ich zu Ihren wiederholten persönlichen Auslassungen geschwiegen und Ihnen nicht entsprechende Antworten gegeben, die einen unmittelbaren Bruch herbeigeführt hätten ...

Ich glaube Ihnen stets offen entgegengekommen zu sein und es freut mich, daß Sie dies für die Folge auch wollen. Suchen Sie ferner nicht in jedem Schritt Persönliches gegen Sie, sprechen Sie sich lieber sofort direct gegen mich aus und Ungeheuerlichkeiten, von denen ich keine Ahnung habe, werden in ihr Nichts zerfallen ...

Sicherlich waren beide Teile bemüht, äußerlich Frieden miteinander zu halten, aber es gelang immer nur für kurze Zeit. Zwischen GOTTLIEB DAIMLERs aufbrausendem Temperament und OTTOs Empfindlichkeit gab es keinen Ausgleich. Hinzu kam, daß auch den Angestellten die fortwährenden Streitigkeiten zwischen den Chefs zuviel wurden. FRANZ RINGS schied aus dem Konstruktionsbüro aus und übernahm die Vertretung für den Kölner Bezirk. Ihm war „das Verhältnis zu dem ganzen Schwabennest zu ungemütlich geworden", wie EUGEN LANGEN an SCHUMM schrieb.

So mußte der Aufsichtsrat sich sehr gegen seinen Wunsch überlegen, wie man OTTO und DAIMLER trennen könne, ohne DAIMLERs wertvolle Mitarbeit zu verlieren.

Anfang Dezember 1880 machte GUSTAV LANGEN, der stets bemüht war, zwischen DAIMLER und den übrigen Mitgliedern der Geschäftsleitung zu vermitteln, DAIMLER den Vorschlag, an einem geeigneten Ort eine neue Filiale der Gasmotoren-Fabrik zu gründen. DAIMLER lehnte nicht ab: ,,So sehr ich mich auch gegen den Gedanken einer Trennung sträubte, . . . so lieh ich mein Ohr gerne einem Vorschlag, der eine friedliche Lösung in Aussicht stellte". Als im Mai des folgenden Jahres in einer Sitzung die Aussichten des Motorengeschäftes in Rußland erörtert wurden, erbot DAIMLER sich, ,,in etwa 5 Wochen eine Reise nach dort zu machen". Ende September trat er die Reise an, um festzustellen, ob die Gründung einer Fabrik in Petersburg Aussicht auf Erfolg habe.

Inzwischen waren die Verhältnisse immer unerquicklicher geworden, und der Aufsichtsrat sah sich genötigt, nach irgendeiner Richtung einen Entschluß zu fassen, da es so nicht weiterging. OTTO hatte am 22. November 1881 an LANGEN geschrieben:

Werther Herr Langen!
Bevor Sie in der Angelegenheit D[aimler] einen definitiven Entschluß fassen, halte ich es für meine Pflicht, Ihnen offen auszusprechen, wie ich mich für die Folge zur Gasmotoren-Fabrik stellen wollte. Es war mein fester Entschluß, im nächsten Jahre unsern Aufsichtsrat zu bitten, mich im Laufe des Jahres 1883 meiner Stellung als Director der G.F. zu entbinden. Durch die jetzt schwebenden Differenzen mit D[aimler] und in Anbetracht der wahrscheinlichen Folgen ist die Möglichkeit gegeben, daß ich diesen Entschluß fallen lasse.

Mit den ,,wahrscheinlichen Folgen" hat OTTO wohl das Ausscheiden DAIMLERs gemeint, das OTTO bestimmen würde, in Deutz zu bleiben. Nachdem OTTO sodann in der Fortsetzung seines Briefes seine frühere Forderung nach finanzieller Gleichstellung mit EUGEN LANGEN wiederholt hatte, fährt er fort:

Obgleich ich den möglichen Fall meines Austrittes wohl überlegt habe und mit voller Beruhigung der Zukunft entgegensehen darf, so will ich doch hier bemerken, daß es mein Herzenswunsch wäre, wenn wir auch ferner zusammenstehen könnten, wenn ich mit ganzer Seele für und nicht vielleicht gegen ein Werk sein müßte, dessen Größe mir nicht den kleinsten Teil verdankt.
Die Entscheidung liegt nun in Ihren und Ihrer Freunde Händen . . .

Unverzüglich antwortete EUGEN LANGEN ihm, ,,daß wir die Hoffnung haben, Ihre Wünsche in der Hauptsache erfüllt zu sehen".

Vermutlich ist es OTTOs Brief gewesen, der den Aufsichtsrat veranlaßt hat, den entscheidenden Schritt zu tun. Am 28. Dezember 1881 kündigt er den vor neun Jahren mit DAIMLER geschlossenen Vertrag zum 30. Juni 1882. Aber er macht noch einen letzten Versuch, die Verbindung mit DAIMLER in loserer Form aufrechtzuerhalten: er bietet DAIMLER die Leitung des in Petersburg zu gründenden Zweiggeschäftes an: ,,Es wird uns freuen, wenn Sie nach reiflicher Erwägung unseren Vorschlag annehmen, und wir dadurch dauernd im freundlichen Verkehr bleiben". DAIMLER zögerte, ob er annehmen solle. Erst am 8. März nannte er in einem Brief an EUGEN LANGEN seine Bedingungen: er und seine Erben sollten den ausschließlichen Vertrieb ,,für alle jetzigen und künftigen Patente und Constructionen im gesamten Russischen Reiche" haben, und der Vertrag dürfe nur von seiner Seite kündbar sein. Auf solche Bedingungen konnte sich der Aufsichtsrat nicht einlassen. GOTTLIEB DAIMLER schied am 30. Juni 1882 aus der Gasmotoren-Fabrik aus.

Auch Maybach verläßt Deutz

Man hatte in Deutz nicht beabsichtigt, auch WILHELM MAYBACH zu kündigen; im Gegenteil, man hätte ihn gern behalten, denn man schätzte seine Tüchtigkeit und seinen Fleiß. EUGEN LANGEN dachte daran, RINGS die Leitung des Konstruktionsbüros zu übertragen, während MAYBACH „eine gewisse Selbständigkeit" behalten sollte. Aber LANGEN sah voraus, daß „Daimler, wenn er in Gasmotoren bleibt, ohne Zweifel seinen ersten Adjutanten mitnehmen wird". DAIMLER hatte ja MAYBACH schon zweimal „mitgenommen", vom Bruderhaus zur Maschinenbau-Gesellschaft Karlsruhe und von dort zur Gasmotoren-Fabrik. So gab man sich in Deutz keine Mühe, MAYBACH zu halten. Darüber hat WILHELM MAYBACH sich 1913 in einem an CARL STEIN, der damals die Gasmotoren-Fabrik leitete, gerichteten Brief geäußert:

> Es hat mir sr.Z. sehr wehe gethan, daß die Herren Langen, Otto und Schumm, die mich doch alle sehr gut kannten, nach Verabschiedung des H.[errn] D.[aimler] mit mir keine Fühlung genommen haben, die mich hätte bestimmen können, in Deutz in meiner Stellung zu bleiben, denn ich kannte die Eigenschaften des H. D., die auch zu seiner Entfernung aus seiner dortigen Stellung führten, zu gut, ich selbst kam öfters mit ihm in Widerspruch. Aber Herr Schumm, mit dem ich vielleicht nur zu bekannt war, schenkte sein Vertrauen dem H. Bela Wolf u. so blieb mir kein anderer Ausweg als schließlich der Aufforderung Daimlers Folge zu leisten.

Über BELA WOLF hat sich aus den Akten nichts Näheres feststellen lassen. Es mußte MAYBACH kränken, daß man keinen Versuch machte, ihn zu halten. Vielleicht hat man in Deutz vermutet, daß MAYBACH sich schon geraume Zeit vor der „Verabschiedung des Herrn Daimler" diesem gegenüber fest verpflichtet hatte. Am 18. April 1882 hatten DAIMLER und MAYBACH einen „Anstellungsvertrag" geschlossen:

> Zwischen Herrn Gottlieb Daimler von Schorndorf in Württemberg einerseits und Herrn Wilhelm Maybach von Löwenstein in Württemberg andererseits, wurde heute folgender Vertrag abgeschloßen.
> § 1 Herr Maybach übernimmt bei Herrn Daimler in Cannstatt die Stelle als Ingenieur und Constructeur zur Ausarbeitung und praktischen Durchführung diverser Projecte und Probleme im maschinentechnischen Fache, welche ihm von Herrn Daimler aufgetragen werden; sowie eventuell auch andere technische oder kaufmännische Arbeiten für denselben.

Es folgen verschiedene Verpflichtungen, insbesondere auch die „Verschwiegenheit in Bezug auf obige Projecte gegenüber Andern zu bewahren, auch nach eventuellem Austritt während der darauf folgenden drei Jahre". Nach Festsetzung seines Gehalts von „Mark 3600— in monatlichen Raten" heißt es in § 4:

> Um die Interessen des Herrn Maybach mit denen des Herrn Daimler dauernd zu verbinden, setzt Herr Daimler eine Summe von Mark 30000—, in Worten Dreisigtausend[37] Mark aus zu dem besonderen Zweck der Betheiligung des Herrn Maybach an einem aus den obigen Problemen resultirenden Fabrikationsgeschäft in der Weise, daß Herr Maybach vorerst, während seiner ersten Dienstzeit jährlich 4% Zinsen aus obiger Summe von Mark 30000— = Mark 1200— erhält, bis die Betheiligung mit dieser Summe je nach der Entwicklung des zu errichtenden Geschäftes theilweise oder ganz ermöglicht ist.

Nachdem sodann genaue Bestimmungen für den Fall des Ablebens des einen oder anderen der beiden Partner getroffen worden sind, heißt es im letzten Paragraphen (10):

> Dieser Vertrag wurde in zwei gleichlautenden Exemplaren ausgefertigt, von beiden Contrahenten unterschrieben und hat jeder derselben ein Exemplar für sich zu Handen genomen.

Der Vertrag ist von GOTTLIEB DAIMLER persönlich niedergeschrieben worden, damit nicht andere davon erfuhren. Das Exemplar, das MAYBACH erhielt, wird im Maybach-Archiv aufbewahrt.

Als DAIMLER diesen Vertrag mit MAYBACH schloß, muß er genau gewußt haben, was er wollte, und er wußte auch, daß er sein Ziel nur mit WILHELM MAYBACHs Hilfe erreichen konnte. Den zunächst auf zwei Jahre geschlossenen Vertrag hat erst GOTTLIEB DAIMLERs Tod am 6. März 1900 gelöst. Aus der Zusammenarbeit der beiden Männer ist der heutige raschlaufende leichte Benzinmotor entstanden.

Wilhelm Maybachs letzte Arbeiten in Deutz

Die handschriftlich geführten Bücher, in denen MAYBACH sich in jenen Jahren Notizen über seine Arbeiten, Berechnungen und Überlegungen gemacht hat, sind erhalten geblieben. Die ersten Aufgaben, die sich auf den Otto-Motor beziehen, tragen das Datum des 18. Juli 1876. MAYBACH notiert sich, welche „Arbeiten im techn. Bureau während einiger fernerer Wochen" auszuführen sind: die Konstruktionszeichnungen des Motors 170 mm Zyl.-Dmr. sind fertigzustellen, die Kurbelwellen der Typen 240, 115 und 320 mm Dmr. zu zeichnen, verschiedene Einzelteile müssen noch konstruiert werden. Eine Notiz deutet darauf hin, daß ein Motor mit 140 mm Zyl.-Dmr. in liegender und alternativ in stehender Bauart geplant ist. Der erste stehende Deutzer Motor ist aber erst später (1883) gebaut worden.

Nicht weniger als vierzehn verschiedene Motorgrößen hat MAYBACH von 1876 bis zu seinem Abgang konstruiert; eine halbe Pferdestärke leistete die kleinste, 100 PS mit zwei Zylindern die größte. Eine lange Reihe von Arbeiten, die MAYBACH sich vorgenommen hat, wird aufgeführt: die Berechnung von Reglern, Schwungrädern, Riementrieben, Reibungskupplungen, Kreuzkopfzapfen und anderen Maschinenteilen. Daneben findet man theoretische Untersuchungen über die Möglichkeit, einen Teil der in den Auspuffgasen enthaltenen Wärme auszunutzen, über den Vorteil einer verlängerten Expansion, über den Gewinn, den eine Steigerung des Verdichtungsdruckes im Zylinder von 2,0 auf 2,5 atü bringen könnte, über den bei einer solchen Steigerung zu erwartenden Zünddruck und anderes.

Vom Konstruktionsbüro ging MAYBACH häufig in das Prüffeld und beobachtete die dort laufenden Motoren. Er hat damals schon gesehen, daß OTTOS Furcht vor den Explosionsstößen unbegründet war. Darüber sagt er in seinen Aufzeichnungen:

> Herr Langen, dem ich die Construction [einer vereinfachten Flammenzündung] gelegentlich zeigte, zweifelte am richtigen Funktionieren. Ich bestand darauf mit der Versicherung, daß es gehen werde und es ging auch tadellos, denn eine Explosion geht nicht, wie man vielfach annimmt, blitzartig vor sich, sondern nur mit einer Durchzündungsgeschwindigkeit von höchstens 4 m/sec.

Die Fortpflanzungsgeschwindigkeit der Flamme im Brennraum des Motors ist zwar, wie neuere Untersuchungen ergeben haben, größer, als MAYBACH meint, aber bei weitem nicht so groß, wie OTTO befürchtet hat. Daß MAYBACH dies aus seinen Beobachtungen ableitete, verdient unsere Bewunderung. Im Deutzer Archiv wird ein längerer handschriftlicher Aufsatz, „Betrachtungen über das Wesen der Ausströmung der Verbrennungsproducte bei Otto's neuem Motor und über die Ausnützung der denselben noch innewohnenden Kraft", aufbewahrt. Darin schlägt MAYBACH vor, den Verdichtungsraum mit Hilfe der Schwingungen der Abgassäule in der Auspuffleitung möglichst restlos auszuspülen. Er schreibt (ohne Angabe des Datums):

> ... so daß nach beendigtem Kolbenrückgang der Compressionsraum statt mit Verbrennungsproducten mit fast reiner atm. Luft gefüllt ist. Die Klärung dieser Luft kann noch fortgesetzt werden während dem Theil des Anhubs, in welchem nur Luft eingesaugt wird, indem das Ausblaseventil während dieser Zeit offen bleibt.

Das ist das Prinzip der Überschneidung der Öffnungszeiten von Einlaß- und Auspuffventil, das bei allen Verbrennungsmotoren, besonders den mit Aufladung arbeitenden, eine wichtige Rolle spielt. MAYBACH ist der erste gewesen, der den günstigen Einfluß dieser Ventilsteuerung erkannt hat.

Die zehn Jahre, die WILHELM MAYBACH in Deutz verbracht hat, sind für ihn eine unvergleichliche Lehrzeit gewesen. Sie hat ihn befähigt, mit GOTTLIEB DAIMLERs Hilfe sein großes Lebenswerk zu vollbringen.

VII. Daimler und Maybach im Gartenhaus der Villa Daimlers in Cannstatt (1882—1887)

In den zehn Jahren seiner Tätigkeit in Deutz hatte GOTTLIEB DAIMLER ein ansehnliches Vermögen erworben. Er konnte sich in der Taubenheimstraße in Cannstatt, wohin er Anfang Juli 1882 seinen Wohnsitz verlegte, eine geräumige Villa mit großem Garten und Gewächshaus kaufen. Am 26. September 1882 — dieses Datum vermerkt das Einwohnermeldeamt von Bad Cannstatt — ist auch WILHELM MAYBACH nach Cannstatt verzogen, wo er zunächst in der Ludwigsburger Straße, später in der Prager Straße eine Wohnung mietete. Diese wurde das Konstruktionsbüro des neuen Unternehmens; ein Schuppen, der an das Gewächshaus in DAIMLERs Garten gebaut wurde, diente als Werkstatt. Hier ist hinter verschlossenen Türen und verhängten Fenstern der erste schnellaufende Leichtmotor der Welt entstanden.

Wir wissen nicht, wann GOTTLIEB DAIMLER zum erstenmal der Gedanke gekommen ist, der Verbrennungsmotor, als Schnelläufer mit niedrigem Gewicht gebaut, müsse sich zum Antrieb von Fahrzeugen eignen. In den Deutzer Archiven ist nichts darüber zu finden; er wird auch nicht in Deutz darüber gesprochen haben, denn er allein wollte den Gedanken verwirklichen und ihn nicht vorzeitig einer Firma ausliefern. Seine Arbeit in der Gasmotoren-Fabrik kann ihm kaum seinen Plan eingegeben haben. Das Gewicht des Deutzer 10 PS-Motors betrug 4600 kg, das des 20 PS-Motors 6800 kg; solche Gewichte waren für ein Motorfahrzeug unmöglich.

Der Gedanke, ein Fahrzeug durch eine Kraftmaschine fortzubewegen, war an sich nicht neu. Schon 1769 hatte NICOLAS JOSEPH CUGNOT (1725—1804) mit einem von ihm angefertigten Dampfwagen in Gegenwart von Vertretern der französischen Behörden und der Armee eine Probefahrt gemacht. Im Jahr 1801 hatte RICHARD TREVITHIK einen Straßendampfwagen gebaut, dem die Fortbewegung freilich erst gelang, nachdem sein Erfinder ihn 1804 auf die damals in England schon ziemlich weit verbreiteten Schienenbahnen gesetzt hatte. RIVAZ hatte 1807 vorgeschlagen, einen mit Wasserstoffgas betriebenen atmosphärischen Motor in ein Fahrzeug einzubauen, und SIEGFRIED MARCUS[37a], der aus Mecklenburg stammte und 1852 nach Wien ausgewandert war, hatte 1864 einen mit Benzin betriebenen atmosphärischen Motor auf einen Wagen gesetzt, der „eine Strecke von gut 200 m" gefahren sein soll. In ihrer Patentanmeldung vom 2. Januar 1861 hatten die Brüder OTTO von ihrer neuen Maschine gesagt, daß sie „zur Fortbewegung von Gefährten auf Landstraßen x x leicht und nützlich verwendet werden" könne (S. 20). Diese und andere Erfinder werden in der Geschichte genannt, aber zur Entstehung des Kraftfahrzeugmotors haben sie nicht beigetragen. Es scheint nicht, daß DAIMLER von diesen Vorläufern etwas gewußt hat.

Aber was er wollte, als er nach Cannstatt übersiedelte und WILHELM MAYBACH mitnahm, wußte DAIMLER genau. Sein großer Gedanke ist gewesen, daß man einen Verbrennungsmotor mit ganz anderen, viel höheren Drehzahlen bauen könne, als man bis dahin angewandt hatte, und nur durch eine Steigerung der Drehzahl auf das Mehrfache des bis dahin für möglich Gehaltenen würde es gelingen, den Motor hinreichend leicht zu bauen. Daran hat vor DAIMLER niemand gedacht. Aus diesem Gedanken, den WILHELM MAYBACH verwirklicht hat, ist der heutige Kraftfahrzeugmotor entstanden.

Die Arbeit in Cannstatt beginnt

Es war klar, daß für den geplanten kleinen Schnelläufer nur das Viertaktverfahren in Frage kommen könne, denn wenn es auch schon langsamlaufende Zweitaktmotoren gab, so hatten doch DAIMLER und MAYBACH keine Erfahrungen, wie man mit den Schwierigkeiten des schnellaufenden Zweitakters, der gegenüber dem Viertakt verdoppelten Zahl der Zündungen und der Spülung des Zylinders in äußerst kurzer Zeit, fertig werden sollte. Das Viertaktverfahren aber war durch das DRP 532 geschützt. So blieb keine andere Möglichkeit als die Geheimhaltung — niemand durfte etwas erfahren. Die Patentfrage würde sich schon irgendwie lösen lassen.

Über den Anfang seiner Arbeiten in Cannstatt hat MAYBACH später (1913) berichtet:

> In der ersten Zeit handelte es sich darum, den schweren Ottoschen stationären Viertaktmotor in einer für Fahrzeuge geeigneten leichten Konstruktion auszuführen, was mir auch leicht gelang, da ich in Deutz schon des öfteren kleinere Modellmotoren ausführte.

Aber zunächst galt es, ein schwieriges Problem zu lösen: welches Zündverfahren sollte man wählen? Der Motor mußte natürlich für Betrieb mit Benzin gebaut werden; da er Fahrzeuge antreiben sollte, verbot sich das Leuchtgas von selbst, und andere Kraftstoffe als Gas oder Benzin hatte man nicht. OTTOS Zündschieber war nicht geeignet; er hatte sich bei den niedrigen Drehzahlen der schweren Deutzer Motoren bewährt, aber jetzt sollte die Drehzahl auf 600 bis 800 U/min gesteigert werden, und dazu war der Schieber zu schwer, wenn er sich auch entsprechend dem Viertakt nur mit der halben Taktzahl bewegte. Die ständig brennende offene Zündflamme vertrug sich auch schlecht mit Benzin als Treibstoff für ein mit Personen besetztes Fahrzeug. Es gab auch die Zündung durch den elektrischen Funken, die LENOIR verwendet hatte; MAYBACH hatte sie kennengelernt, als er 1872 mit dem in Deutz befindlichen Lenoir-Motor experimentierte. Das Ergebnis war nicht ermutigend gewesen; die Batterie erschöpfte sich zu rasch, und für einen auf der Landstraße liegenden motorangetriebenen Wagen eine neue Batterie besorgen zu müssen, könnte den Fahrer in eine unangenehme Lage bringen. Mit der elektrischen Zündung nach LENOIR war es auch nichts.

Die gesteuerte und die ungesteuerte Glührohrzündung

Zu Beginn der gemeinsamen Arbeit erhielt MAYBACH von DAIMLER den Auftrag, die Patentliteratur durchzuarbeiten. Man mußte wissen, was schon patentiert war, um nicht versehentlich die Rechte anderer zu verletzen. Die Zahl der Schutzrechte, die sich auf Verbrennungsmotoren bezogen, war damals schon recht ansehnlich. MAYBACH hat über diese Arbeiten Buch geführt; die Bücher sind erhalten geblieben. Von Anfang Oktober 1882 bis Mitte 1884 hat er mehrere tausend Patentschriften durchgesehen; von vierhundert ihm wichtig erscheinenden Dokumenten hat er Auszüge gemacht, viele von diesen auch mit Skizzen versehen. Es waren in der Hauptsache deutsche und englische Patentschriften, vereinzelt auch amerikanische. MAYBACH suchte besonders nach Schutzrechten, in welchen Zündverfahren beschrieben waren; aber auch Maschinen-

GOTTLIEB DAIMLER
1834–1900

teile und ganze Motoren fanden seine Beachtung. Wiederholt hat er auf der Beschreibung neuer Erfindungen von Motoren vermerkt: „Sehr komplizierte Umgehung Ottos."

In der Gruppe der Zündverfahren stieß er auf ein deutsches Patent, das auf den Namen LEO FUNCK in Aachen lautete; es trug die Nr. 7408 und das Datum des 22. März 1879. MAYBACH schrieb auf die Patentschrift „Erloschen"; der Patentinhaber hatte es wegen Mangels an Geldmitteln nicht aufrechterhalten können. Der Aachener Ingenieur LEO FUNCK war der Gasmotoren-Fabrik Deutz nicht unbekannt. Ende 1877 hatte FUNCK sich in Deutz um Anstellung beworben und sich EUGEN LANGEN vorgestellt; aber obwohl er LANGEN gefiel, kam es nicht zur Einigung. In den folgenden Jahren bot er seine Schutzrechte wiederholt der Gasmotoren-Fabrik an. Im Frühjahr 1881 besuchten LANGEN und DAIMLER ihn in Aachen, sie hielten seine Patente aber nicht für wertvoll genug, um sie zu erwerben. Auch die Brauchbarkeit des DRP 7408 haben sie nicht erkannt, obwohl sie daraus eine einfachere, bessere und billigere Zündvorrichtung hätten entwickeln können, als es der schwerfällige Zündschieber war, den die Gasmotoren-Fabrik bis 1884 benutzt hat.

Wie die Glührohrzündung FUNCKs arbeiten sollte, erläutert Bild 30. Durch den

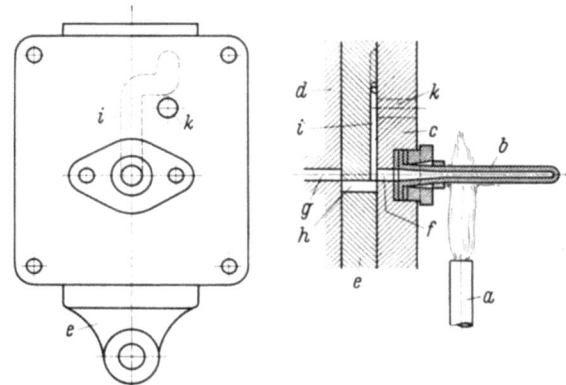

Bild 30. Gesteuerte Glührohrzündung von LEO FUNCK (nach der Patentschrift 7408 vom 22. März 1879)

a Bunsenbrenner; *b* Platinröhrchen; *c* Deckel des Schiebergehäuses; *d* Wand des Arbeitszylinders; *e* Steuerschieber; *f,g,h* Kanäle für Zündgas; *i,k* Verbindung zur Atmosphäre

Der Erfinder bot 1881 diese gegenüber OTTOs Zündschieber fortschrittliche Zündvorrichtung LANGEN und DAIMLER zum Erwerb an, jedoch erkannten beide den Wert der Neuerung nicht

Bunsenbrenner *a* wird das an seinem äußeren Ende geschlossene Platinröhrchen *b* ständig auf Rotglut gehalten. Das Röhrchen ist gegen den feststehenden Deckel *c* des Schiebergehäuses geschraubt. Zwischen *c* und der Wand *d* des Arbeitszylinders bewegt sich der Schieber *e*. *c*, *d* und *e* sind mit Kanälen *f*, *g*, *h* versehen; der Kanal *g* führt zum Brennraum. Wenn die drei Kanäle in gleicher Höhe liegen, ist die Verbindung zwischen dem mit brennbarem Gemisch gefüllten Brennraum des Arbeitszylinders und dem glühenden Platinröhrchen hergestellt; dieses füllt sich mit Gas, und die Zündung tritt ein. Wenn der Kolben seinen Arbeitshub beginnt, bewegt sich der Schieber *e* nach unten; der Brennraum ist abgeschlossen, und die im Röhrchen *b* vorhandenen Restgase entweichen durch den Kanal *i* und die Bohrung *k*, die sich bei der Tiefstellung des Schiebers überdecken, in die Atmosphäre.

Da die Verbindung zwischen Glührohr und Brennraum durch einen Steuerschieber erst dann hergestellt wird, wenn die Zündung eintreten soll, nannte man die Glührohrzündung „gesteuert".

MAYBACH suchte weiter und fand eine größere Zahl englischer Schutzrechte, die von WATSON in den Jahren 1881 und 1882 entnommen waren und die Zündung brennbarer Gemische durch ein Glührohr beschrieben. Er notierte die Nummern 1723,

2919, 4608 und 5487 aus 1881 und 687, 703, 2342, 5782 und 6214 aus 1882 in seinen handschriftlich geführten Büchern. Die Mehrzahl dieser Patentschriften bezieht sich auf die gesteuerte Glührohrzündung, denn es wird ein Schieber benutzt, der den Übertritt einer kleinen Menge Gas in das Zündrohr steuert. Zu der englischen Patentschrift 4608/1881 von WATSON vermerkt MAYBACH: „Die Zeichnung hat hier keinen Zündungsabschluß. Maschine auf jede Umdr. wirkend, Steuerzeug selbstthätig." Die Worte „keinen" und „abschluß" hat MAYBACH zweimal unterstrichen. Die ungesteuerte Glührohrzündung, bei welcher das Glührohr „offen" ist, d. h. in dauernder Verbindung mit dem Brennraum steht, hat er sogleich als die richtige Lösung erkannt; der Schieber, der das Zündrohr abwechselnd mit dem Brennraum verband und es wieder von ihm trennte, konnte nur die Wirkung haben, die Drehzahl des Motors nach oben zu begrenzen. Daß der zu erbauende Schnelläufer mit der ungesteuerten Glührohrzündung versehen wurde, ist MAYBACHs Verdienst.

In seinen im Maybach-Archiv aufbewahrten handschriftlichen Aufzeichnungen vom April 1918 sagt MAYBACH: „Die Glührohrzündung stammt von mir." Damit hat er nicht beanspruchen wollen, daß er die Glührohrzündung erfunden habe. Schon 1913 hat er in einer Zuschrift an die Württemberger Zeitung gesagt: „Zur Erzielung eines rascheren Ganges wandte ich anstelle der damaligen Flammenzündung die seit 1881 bekannte Watsonsche Zündung mittelst Glührohr an." Falsch ist es, die Erfindung der ungesteuerten Glührohrzündung GOTTLIEB DAIMLER zuzuschreiben, wie SIEBERTZ dies tut[38].

DAIMLER wollte das Glührohr zunächst nur während des Anfahrens benutzen, solange die Wände des Brennraums noch kalt waren. Es zeigte sich aber bald, daß das Glührohr auch während des Betriebes durch Außenbeheizung auf Rotglut gehalten werden mußte, weil die Verdichtungswärme zur Zündung nicht ausreiche. So ist das Zündverfahren entstanden, das DAIMLER und MAYBACH bei ihrem ersten schnelllaufenden Verbrennungsmotor angewendet haben.

Daimlers DRP 28022 vom 16. Dezember 1883

Die Patentschrift, als Faksimiledruck in der „Dokumentensammlung"[38] wiedergegeben, ist noch heute lesenswert, da die Beschreibung mit meisterhafter Geschicklichkeit dem Zusammenhang mit OTTOs Viertaktpatent 532 aus dem Weg geht und der Patentanspruch 2 die offene Glührohrzündung schützt, die schon zwei Jahre früher durch WATSON bekanntgeworden war.

OTTO war das Viertaktverfahren patentiert, aber nur als Unteranspruch im Zusammenhang mit der schichtenförmigen Ladung im Arbeitszylinder; folglich mußte DAIMLERs Motor nach einem grundsätzlich anderen Verfahren arbeiten, einem Verfahren, das sozusagen das Gegenteil des Otto-Verfahrens war. Während OTTO die „Explosion" vermeiden und eine sich in Richtung des Kolbens allmählich verlangsamende Druckwelle erzeugen will, beschreibt DAIMLER im Anspruch 1 seine Erfindung:

> Bei Gas- oder Oelmotoren das Verfahren, eine Ladung brennbaren Gemisches (Luft mit Gas oder Oel etc. gemischt) in einem geschlossenen heißen Raum rasch zu comprimiren, damit es sich erst im Augenblick der höchsten Spannung von selbst entzündet und Explosion oder rasche Verbrennung durch die ganze Masse erfolgt ...

Auch die Kompression soll „rasch" verlaufen, da die Erfahrung gezeigt habe, daß brennbare Gemische „bei rascher Compression wieder rasch verbrennen und sogar explodiren". DAIMLERS Motor arbeitet — so mußte es scheinen — nach einem Verfahren, das mit dem des Otto-Motors nichts gemein hat.

Das Gemisch soll in einem geschlossenen „heißen" Raum rasch komprimiert werden. Damit der Verdichtungsraum recht heiß wird, hat er nicht nur keinen Kühlmantel, wie andere Motoren, sondern er ist „mit schlechten Wärmeleitern (Lehm, Schlackenwolle etc.) umhüllt". In Fig. 1 der Patentschrift (Bild 31) ist auch der Zy-

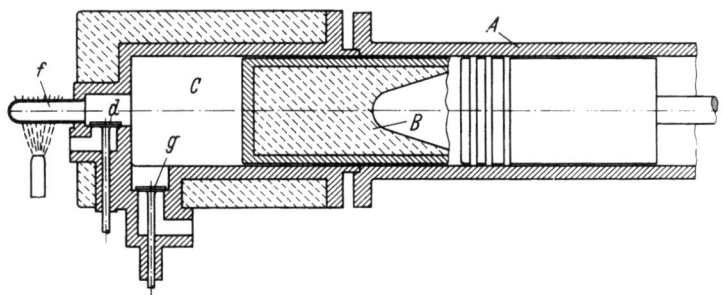

Bild 31. DAIMLERS ungekühlter Motor (nach der Patentschrift 28022 vom 16. Dezember 1883)
A unterer, nicht isolierter Teil des Zylinders; B Kolben, mit wärmeisolierender Masse gefüllt; C oberer, wärmeisolierter Teil des Zylinders; d Einsaugventil; f Glührohr; g Auspuffventil
Wichtig ist an diesem Patent nur der Anspruch 2, der das offene Glührohr f schützte, obwohl es in einem Patent des Engländers WATSON schon früher erwähnt wird. Die Wärmeisolation des Brennraums war natürlich unausführbar

linderdeckel wärmeisoliert, und der Hohlraum des Kolbens ist „mit schlechten Wärmeleitern belegt". Im Betrieb soll die Zündung dadurch bewirkt werden, daß das brennbare Gemisch beim Verdichtungshub „so zusammen- oder gegen die heißen Wände des Raumes gepreßt" wird, daß „am Ende des Kolbenhubes durch die Wirkung der Compression eine Selbstzündung, sozusagen pneumatische Zündung, und rasche Verbrennung durch die ganze Masse des Gemisches eintritt". Damit aber „am Anfang der Arbeit, wo die Wände des Verbrennungsraumes noch kalt sind, das Gemisch doch explodirt, wird ein metallener Zündhut f, dessen Inneres in fortwährend offener Verbindung mit dem Verbrennungsraum ist, mittelst Flammen von außen so erwärmt, daß die Zündung erst am Ende des Compressionshubes eintritt, so lange, bis die Selbstzündungen ohnedies stattfinden".

Die Worte, mit denen die Beschreibung der Erfindung schließt, „... so lange, bis die Selbstzündungen ohnedies stattfinden", fehlen im Anspruch 2:

Der mit dem brennbaren Gemisch in fortwährender offener Verbindung stehende Zündhut f, welcher so erwärmt wird, daß die Zündung erst am Ende des Compressionshubes eintritt.

So schützte das DRP 28022 auch das ungesteuerte „offene" Glührohr, was später manchem Patentverletzer zum Verhängnis wurde und GOTTLIEB DAIMLER hohe Lizenzgebühren einbrachte.

Durch die Wärmeisolation des Brennraums soll erreicht werden — so behauptet DAIMLER —, daß nicht, wie bei anderen Motoren, ein Teil der Verbrennungswärme nutzlos das Kühlwasser erwärmt, sondern diese möglichst vollständig in Arbeit umgewandelt wird. Als Fig. 5 der Patentschrift zeichnet DAIMLER — völlig nach Gutdünken — ein Indikatordiagramm nach seinem Verfahren, das beträchtlich größer ist als das Diagramm, wie man es bis dahin erreicht hatte. Damit erläutert er den Fortschritt, den das neue Verfahren bringt.

Natürlich ist diese seltsame Maschine nie gebaut worden. MAYBACH sagt nur kurz:

Die von Herrn Daimler zum Patent angemeldete Gasmaschine D.R.P. Nr. 28022 wurde, da praktisch nicht verwendbar, nicht ausgeführt.

MAYBACH hatte von vornherein beabsichtigt, das Glührohr dauernd von außen zu beheizen, während DAIMLER es nur während des Anfahrens benutzen wollte. MAYBACH behielt recht; der Erstlingsmotor funktionierte erst dann, als das Glührohr ständig beheizt wurde. Die Wärmeisolation von Zylinder und Kolben hat man natürlich nie versucht.

Das DRP 28022 ist später der Gegenstand erbitterter Patentprozesse geworden, die DAIMLER durch persönliches Vertreten seiner Sache vor dem Reichsgericht zu seinen Gunsten entschieden hat. Auch Deutz hatte im Frühjahr 1894 die Nichtigkeitsklage gegen das DRP 28022 angestrengt, nachdem die Forderung der Deutzer, das kostenlose Mitbenutzungsrecht zu erhalten, von DAIMLER abgelehnt worden war. Die von DAIMLER aufgesetzte, 24 Seiten Maschinenschrift umfassende Klageerwiderung[38], vom April 1894 datiert, weist mit meisterhafter Dialektik darauf hin, daß aus den Lehren der entgegengehaltenen englischen Patente, besonders des Patentes von WATSON, nicht der geringste technische Fortschritt hervorgegangen sei, während sein Verfahren der Technik größten Vorteil gebracht habe:

Es war ein langer Weg, sagt er in der Erwiderungsschrift, brauchte unendliche Versuche und die unablässige zielbewußte Arbeit des praktisch erfahrenen Ingenieurs, um trotz der anfänglich gänzlich abschreckenden Resultate bei diesen Versuchen mit der freien Zündung, bei den regelmäßigen gefährlichen Frühzündern, welche sich immer und immer wieder einstellten ... und so das Ziel der freien Selbstzündung als unmöglich erreichbar erscheinen ließen, nicht zu erlahmen, bis durch beharrliche Fortsetzung der Versuche, Abänderung der Formen und Dimensionen des Verbrennungsraumes, Aenderung der Gemischladung u.s.w. annehmbare und endlich gute, sich gleichbleibende Diagramme gewonnen wurden und damit die Gewißheit von der Durchführbarkeit meiner ungesteuerten Zündung festgestellt und das Ziel erreicht war.

Das Reichsgericht ist DAIMLERS Beredsamkeit gefolgt und hat die Nichtigkeitsklagen abgewiesen. Manche Konkurrenzfirmen hatten, als der Viertakt 1886 nach der Vernichtung des DRP 532 frei geworden war, den Bau von Viertaktmotoren aufgenommen und dabei die Glührohrzündung benutzt in dem Glauben, daß ein nach dem Deutzer Verfahren arbeitender Viertaktmotor nicht unter das DRP 28022 falle, dessen Anspruch 1 einen ganz anderen Motor schützte. Als dann der Anspruch 2, der die ungesteuerte Glührohrzündung unter Schutz stellte, vom Gericht als unabhängig vom Arbeitsverfahren des Motors erklärt wurde, hatten die Firmen wegen Verletzung des DRP 28022 an GOTTLIEB DAIMLER ansehnliche Beträge zu zahlen.

Trotz der technisch unmöglichen Darstellung, die DAIMLER in der Patentschrift 28022 gibt, und ungeachtet der Vorveröffentlichung der offenen Glührohrzündung durch WATSON kann man es nicht als ungerecht empfinden, daß DAIMLER ein Schutzrecht auf die Glührohrzündung gewährt wurde, denn ihm und MAYBACH gebührt das Verdienst, die Glührohrzündung zu einem praktisch brauchbaren Verfahren entwickelt zu haben. Sie hat damals die Technik des Motorenbaues stark gefördert; erst durch sie wurde es möglich, höhere Drehzahlen auszuführen. Gewiß hatte die Glührohrzündung auch Nachteile: das Glührohr entwickelte eine große Hitze, die besonders bei Fahrzeugmotoren unangenehm war, und die Nachbarschaft der brennenden Heizflamme und des Benzinbehälters bildete eine beständige Feuergefahr; zudem neigte das Glührohr dazu, kalt zu werden, wenn der Motor längere Zeit mit kleiner Belastung lief, so daß Zündungsaussetzer auftraten. KARL BENZ haben diese Nachteile veranlaßt, bei seinen

Wagenmotoren von vornherein die elektrische Zündung vorzusehen (S. 110). Aber die Glührohrzündung hat doch viele Jahre den Bedürfnissen der Praxis genügt; sie war einfach und billig, und die Ansprüche waren noch bescheiden. Die Daimler-Motoren-Gesellschaft hat die Glührohrzündung sogar bis 1898 benutzt, freilich nur, weil GOTTLIEB DAIMLER von der elektrischen Zündung nichts wissen wollte.

Daimlers und Maybachs erster schnellaufender Versuchsmotor

Weder der Motor selbst noch Zeichnungen sind erhalten geblieben. Aus Notizen MAYBACHS, die er 1884 gemacht hat, geht hervor, daß der Zylinderdurchmesser etwa 42, der Hub 72 mm betragen hat. Das Lichtbild des Motors (Bild 32) ist der „Dokumentensammlung"[38] entnommen.

In der bescheidenen Werkstatt, die DAIMLER in seinem Gartenhaus eingerichtet hatte, konnte man den Motor nicht herstellen; DAIMLER gab ihn daher der Glocken-

Bild 32
Der erste von DAIMLER und MAYBACH gebaute schnellaufende Verbrennungsmotor (August 1883)

Der Motor wurde 1903 bei einem Brand des Werkes in Cannstatt zerstört. Er hat etwa ¼ PS bei 600 U/min geleistet. Mit dem Deutzer Zündschieber hatte man nur etwa 200 U/min erreicht

gießerei und Feuerspritzenfabrik von HEINRICH KURTZ in Stuttgart in Auftrag, die den ersten Motor nach MAYBACHs Zeichnungen gebaut hat. Die Gießerei von KURTZ war ein altes angesehenes Unternehmen. SCHILLER, der sich 1782 in Stuttgart aufhielt, soll durch einen Besuch bei KURTZ zu seiner „Glocke" angeregt worden sein[30].

Der erste Motor, als „der kleine Modellmotor" in den Büchern der Glockengießerei bezeichnet, wurde Mitte August 1883 von KURTZ geliefert und in DAIMLERs Werkstatt aufgestellt. Der Zylinder war aus Bronze gegossen; das war das Material, das dem Glockengießer am besten bekannt war. Der Zylinder hatte keinen Kühlmantel, aber seine Wandstärke betrug 20 bis 22 mm; so konnte man den kleinen Motor eine längere Zeit in Betrieb halten, ehe sich die dicken Wände zu stark erwärmt hatten; dann stellte man ihn ab und wartete, bis er sich abgekühlt hatte. Offenbar kam es DAIMLER zuerst nur darauf an festzustellen, ob es möglich sei, mit der ungesteuerten Glührohrzündung höhere Drehzahlen zu erreichen. Aus demselben Grund betrieb man den Motor anfangs mit Gas, um die Versuche nicht durch Schwierigkeiten mit einem Benzinvergaser aufzuhalten. Es scheint nicht sogleich alles geglückt zu sein, denn erst am 5. Mai 1884 vermerkt MAYBACH in seinem Notizbuch, daß der Motor mit 600 Umdrehungen in der Minute gelaufen sei. Das war ein großer Fortschritt gegenüber den 120 bis 180 Umdrehungen der Deutzer Motoren.

Daimlers Kurvennutensteuerung

In Bild 32 ist die auf dem freien Ende der Kurbelwelle befestigte Steuerscheibe sichtbar, von welcher der Antrieb des Auspuffventils abgeleitet wurde. Die Steuerung ist DAIMLERs Erfindung, dem sie durch das DRP 28 243 vom 22. Dezember 1883 geschützt wurde. Bild 33, nach der Patentschrift, zeigt die Wirkungsweise. Der stehende Zylinder ist nach dem Vorbild der Patentschrift 28 022 (Bild 31) mit Wärmeisolation versehen, auch die Kolbenhöhlung ist mit Isoliermasse ausgefüllt; in der Ausführung fehlt beides. Einlaßventil a und Auspuffventil b sind neben dem Zylinder und übereinander angeordnet, so daß sie von *einer* Stange c betätigt werden können. Diese erhält eine Aufwärts- und Abwärtsbewegung dadurch, daß sie mit einem an ihrem unteren Ende befestigten Kulissenstein in die Nuten einer Kurvenscheibe d greift, die auf der Kurbelwelle sitzt. Die Scheibe ist, wie Teilbild *III* zeigt, gemäß der Patentschrift mit einer „zweimal um die Kurbelachse geführten, in sich zurücklaufenden" Nut e, f versehen, die so geformt ist, daß sie der Stange c auf dem Winkel α eine Bewegung nach unten, auf dem Winkel β eine Bewegung nach oben erteilt. Die Nuten verlaufen so, daß die Steuerzeiten der beiden Ventile dem Viertakt entsprechen. Bei der Schließbewegung der Ventile gibt die Steuerstange c die Ventilspindeln frei, und die Ventile werden durch die Kraft der Zugfedern g geschlossen. Die Schraffuren im Teilbild *III*, das die Kurvenscheibe von der Seite zeigt, deuten die Ventilerhebungen an; der Auspuffbogen ist erheblich größer als der Einlaßbogen im Kurbelkreis, d. h. das Auspuffventil steht viel länger offen als der Einlaß. Der Motor wird dadurch geregelt, daß an der Kreuzungsstelle der Nut eine Zunge h (Teilbild *IV*) drehbar angeordnet ist. Fliehgewichte (im Seitenriß angedeutet), die an der Kurvenscheibe befestigt sind, drehen bei Überschreitung der Drehzahl die Zunge so, daß das Gleitstück der Stange c aus den Arbeitsnuten e, f in die Leernuten i, k abgelenkt wird, die der Stange c keine Bewegung erteilen. Die Maschine arbeitet mit Aussetzerregelung.

Die Seitenansicht zeigt das ungesteuerte Glührohr l, das am Ventilgehäuse angebracht ist. Der untere Teil des Arbeitszylinders ist luftgekühlt, obwohl der obere Teil viel dringender einer Kühlung bedarf; allein es mußte der Schein der Übereinstimmung mit dem DRP 28 022 aufrechterhalten werden. Das Schwungrad ist bis zum Maschinenhausflur verkleidet und mit angegossenen Schaufeln m versehen, welche die Kühlluft durch den Kanal n dem mit Kühlrippen versehenen, ummantelten Arbeitszylinder zuführen.

Die Kurvennutensteuerung ist einige Jahre von DAIMLER und MAYBACH bei ihren Motoren angewendet worden, aber es wurde nur das Auspuffventil gesteuert. Das Einlaßventil arbeitete selbsttätig, es öffnete sich durch den Unterdruck, den der Kolben beim Saughub erzeugte, und schloß sich durch Federkraft, sobald der Unterdruck aufhörte. An dem ungesteuerten, selbsttätig arbeitenden Einlaßventil hat MAYBACH jahrelang zu seinem Nachteil festgehalten. Das hat verhindert, daß er höhere Drehzahlen als 800 bis 900 erreichte. Schon bei diesen Drehzahlen machte das ungesteuerte Einlaßventil viele Schwierigkeiten. Die auf Schließen wirkende Ventilfeder muß hinreichend stark sein, damit das Ventil sofort bei Beginn des Verdichtungshubes schließt und nicht ein Teil der Ladung in die Saugleitung zurückgeschoben wird; die Feder darf aber andererseits nur schwach sein, damit das Ventil sogleich zu Beginn des Saughubes

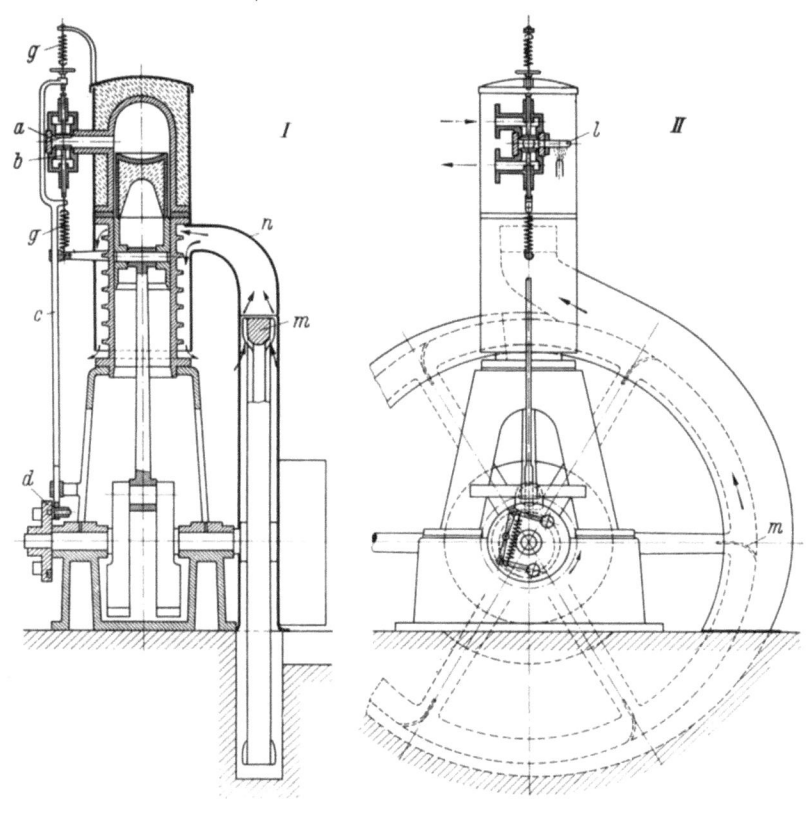

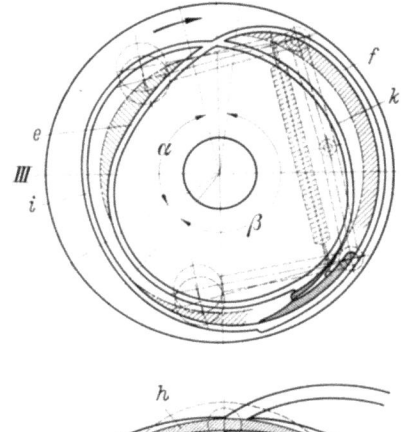

Bild 33
Der stehende Motor mit DAIMLERS Kurvennutensteuerung (nach der Patentschrift 28 243 vom 22. Dezember 1883)

a Einlaßventil; b Auspuffventil; c Ventilantriebstange; d Kurvenscheibe; e,f Steuernut; g Zugfedern; h drehbare Zunge für Aussetzerregelung; i, k Leernuten; l Glührohr; m Ventilatorschaufeln; n Kühlluftkanal; α Einlaßbogen; β Auspuffbogen

Zylinder und Kolben zeigen die (unmögliche) Wärmeisolation nach Bild 31; der untere, verrippte Teil des Zylinders ist luftgekühlt. Das mit Schaufeln versehene Schwungrad wirkt als Ventilator. Einlaß- und Auspuffventil werden durch eine Kurvenscheibe gesteuert. Diese von GOTTLIEB DAIMLER erfundene Steuerung ist während mehrerer Jahre ausgeführt worden, jedoch wurde nur das Auspuffventil mechanisch gesteuert

öffnet und das eintretende Gemisch möglichst wenig gedrosselt wird. Dieses Abstimmen der Federspannung hat MAYBACH viele Mühen bereitet. Er bemerkt in seinem Notizbuch, daß er zahlreiche verschiedene Ventilfedern erproben mußte, bis die Einlaßventile einigermaßen befriedigend arbeiteten. Die Glührohrzündung hätte höhere Drehzahlen als 800 bis 900/min zugelassen, das federbelastete ungesteuerte Einlaßventil hat sie verhindert. Erst um 1900 hat MAYBACH bei seinen Motoren die schon seit langem bekannte mechanische Steuerung des Einlaßventils angewendet. Damit und mit der Erfindung der Hochspannungsmagnetzündung (S. 160) wurden erst die hohen Drehzahlen möglich, die DAIMLER und MAYBACH zu verwirklichen sich zur Aufgabe gemacht hatten.

Gottlieb Daimler verhandelt mit Deutz

Im November 1884 bot DAIMLER seine Schutzrechte auf die Glührohrzündung und die Kurvennutensteuerung der Gasmotoren-Fabrik Deutz zu gemeinsamer Verwertung an. Darüber lesen wir bei SIEBERTZ[29]:

Es spricht ungemein für seine edle Menschlichkeit, die bereit war, über erlittene Unbill hinwegzusehen und alles persönliche Empfinden weit hinter die sachlichen Forderungen der Allgemeinheit zurückzustellen, daß er die Auswertung des Geschaffenen der Gasmotoren-Fabrik Deutz anbot. Anläßlich einer Generalversammlung dieser Aktiengesellschaft, im November 1884, besprach er mit Direktor Gustav Langen seine Patente Nr. 28022 und Nr. 28243 ... und machte der Gasmotoren-Fabrik in aller Form den Vorschlag, das patentierte Verfahren anzuwenden ... und die erforderlichen weiteren Versuche anzustellen; er selbst würde bereit sein, wieder in geschäftliche Verbindung mit der Gasmotoren-Fabrik Deutz zu treten.

Erheblich wahrscheinlicher ist, daß nüchterne geschäftliche Überlegungen DAIMLER zu seinem Angebot veranlaßt haben. Er hat in der Unterredung mit GUSTAV LANGEN nur von den beiden Patenten 28022 und 28243 gesprochen, und diese waren vom DRP 532, das Deutz besaß, abhängig. Im Patentanspruch 1 des Patentes 28243 heißt es ausdrücklich: „Abhängig vom Patent No. 532." Im DRP 28022 wird das Viertaktverfahren zwar nur in der Beschreibung erwähnt, aber DAIMLER mußte damit rechnen, daß ein Gericht das Patent ebenfalls für abhängig erklären würde. Nun war es erst im Frühjahr 1884 Deutz gelungen, das DRP 532 gegen eine Nichtigkeitsklage der Hannover'schen Maschinenbau-Gesellschaft erfolgreich zu verteidigen; das Reichsgericht hatte nur eine geringfügig scheinende Änderung des Anspruchs 1 des DRP 532 verfügt (S. 164). So konnten die Deutzer jederzeit DAIMLER an der Benutzung seiner eigenen Patente hindern.

In der Gasmotoren-Fabrik zeigte man für DAIMLERs edle Menschlichkeit kein Verständnis. Man hatte keine Neigung, mit dem „über alle Beschreibung dickköpfigen Daimler", wie LANGEN ihn einmal bezeichnet hatte, wieder in Verbindung zu treten, und lehnte ab.

Die „Standuhr"

Bei seinen Nachforschungen nach älteren Patentschriften, die MAYBACH 1882 und 1883 anstellte, hatte er das auf den Namen KONRAD ANGELE in Hannover lautende Patent Nr. 8186 vom 24. September 1878 gefunden. Der Anspruch 3 dieses Patentes lautet:

Die Wirkungsweise des Kolbens im Cylinder einer Gaskraftmaschine so einzurichten, daß bei jeder Kurbelumdrehung:

a) beim Hingang das *vor* dem Kolben befindliche brennbare Gasgemenge verdichtet, *hinter* dem Kolben das Gasgemenge für das folgende Spiel angesaugt wird,

b) beim Hergang das vorher verdichtete Gas verbrennt und Arbeit leistet, das zum nächsten Spiel angesaugte Gas zuerst verdichtet wird und gegen Ende des Herganges auf die andere Seite des Kolbens tritt und die Verbrennungsgase vor sich her aus dem Cylinder treibt.

Sehr klar beschreibt der Erfinder hier die Wirkungsweise eines Zweitakt-Glühkopfmotors mit Kurbelkastenspülung, einer Bauart, die bis in die zwanziger Jahre von vielen Firmen des In- und Auslandes ausgeführt worden ist (Bild 372). Auch heute wird bei Zweitakt-Dieselmotoren die untere Kolbenseite häufig dazu benutzt, zusätzlich Spülluft zu liefern. Die Patentschrift fiel MAYBACH auf; er notierte sich:

Patent N° 8186 Konrad Angele Hannover Arbeitscyl. hinten als Arbeits-, vornen als Compressionspumpe. Nach Öffnung des Ausströmventils tritt Comunication zwischen Pumpe und Arbeitsraum ein durch Ventile im Kolben, die am Ende des Hubs aufgestoßen werden u. nach der Umkehr sich wieder schließen.

(Bemerkung): Compressionsarbeit zum Theil verloren u. Verlust von Explosionsgemenge, weil keine Trennung zwischen diesen und dem auszustoßenden Gemenge.

Angeregt durch diese Patentschrift hat MAYBACH in seinem Berechnungsbuch, wenige Seiten nach den Notizen über das Angele-Patent, eine Skizze entworfen, die Bild 34 zeigt. Seine Skizze hat äußerlich kaum etwas mit der Abbildung der Patentschrift gemeinsam: statt des sperrigen Kurbeltriebes mit Kolbenstange, Kreuzkopf und Pleuelstange benutzt MAYBACH die Tauchkolbenkonstruktion in Verbindung mit einem Stufenkolben *a*; das Schwungrad hat er dadurch ersetzt, daß er die Kurbelwangen zu zwei massiven Scheiben *b* ausbildete, die zwischen sich den Platz für die schmale Pleuelstange *c* lassen und das Kurbelgehäuse mit nur kleinem Spiel ausfüllen, damit der Liefergrad der als Luftpumpe wirkenden Kolbenunterseite möglichst hoch wird. Das Kurbelgehäuse erhält dadurch eine zylindrische Form (Bild 36 und 38). Obwohl der Motor im Viertakt arbeiten soll, hat er zwei zusätzliche Pumpen: der Stufenkolben *a* saugt durch das Einlaßventil *d* das Gas- oder Benzin-Luft-Gemisch an und drückt es bei seinem Aufwärtsgang durch das Ventil *e* und den Überströmkanal *f* in

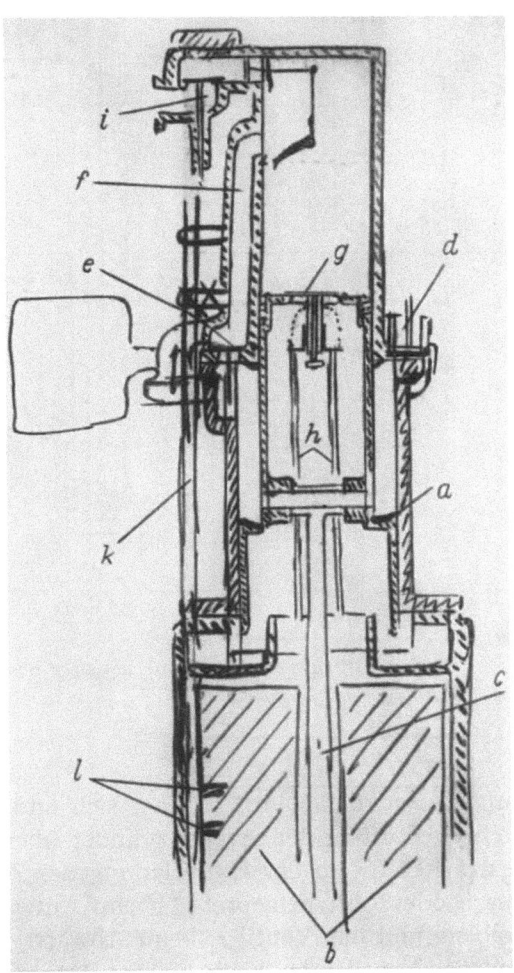

Bild 34. Von MAYBACH 1883 entworfene Skizze eines Viertaktmotors mit Kurbelkastenpumpe und Stufenkolben

a Stufenkolben; *b* zylindrische Kurbelwangen; *c* Pleuelstange; *d* Einlaßventil; *e* Druckventil für *a*; *f* Überströmkanal von *e* zum Zylinder; *g* Ventil im Kolbenboden; *h* Anschlag zum Öffnen des Ventils *g*; *i* Auspuffventil; *k* Antriebstange für das Auspuffventil; *l* Steuernuten

Das Bild hat dieselbe Größe wie das Original. Die Bezugsbuchstaben sind hier hinzugefügt. Aus dieser Skizze hat MAYBACH den Motor entwickelt, den man die „Standuhr" nannte (Bild 38)

den Arbeitszylinder. Beim Aufwärtsgang des Kolbens saugt dieser mit der unteren Stirnfläche des Stufenkolbens Frischluft in das Kurbelgehäuse; das hierzu erforderliche Saugventil ist in der Wand des Kurbelgehäuses angeordnet und in der Skizze nicht angedeutet. Beim Niedergang verdichtet die Kolbenunterseite die Luft im Kurbelgehäuse so lange, bis der Federteller des im Kolbenboden angeordneten Ventils g sich gegen die feststehenden Stützen h legt (die Anschläge h sind in Bild 35 und 36 zu erkennen). Dadurch wird die Spannung der den Ventilteller belastenden Feder (Bild 35)

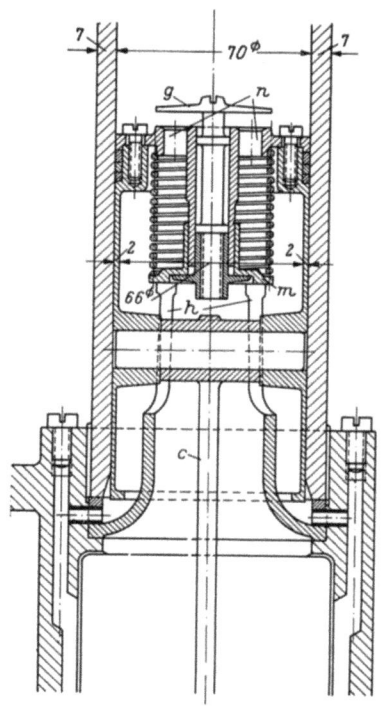

Bild 35
Schnitt durch einen Teil des Zylinders und den Kolben der „Standuhr" mit Kolbenventil und Vorrichtung zum Zusammendrücken der Ventilfeder

c Pleuelstange; g Ventilteller; h feststehender Anschlag; m Federteller; n Bohrungen im Ventilsitz
Mit einem Kolben dieser komplizierten Konstruktion sind die ersten in Fahrzeuge eingebauten Daimler-Maybach-Motoren versehen worden. Das in dem heißen Kolbenboden sitzende Ventil, das man nicht kühlen konnte, hatte nur eine kurze Lebensdauer

aufgehoben; das Ventil g öffnet sich und läßt die auf einen geringen Überdruck verdichtete Luft in den Arbeitszylinder übertreten. So wird, wie es in der Patentschrift 34 926 heißt, „zu der Hauptladung des Zylinders auf jeden Hub je eine Ladung Gemisch oder Luft beigepreßt", beim Aufwärtsgang durch die Ringfläche a des Stufenkolbens und das Ventil e, beim Abwärtsgang durch die Unterseite des Stufenkolbens und das Ventil g im Kolben. Die „Hauptladung" tritt durch ein in der Skizze unklar angegebenes, offenbar ungesteuertes liegendes Ventil ein und durch das Auspuffventil i am Ende des Arbeitshubes aus. Das Ventil i wird durch die Stange k und die Kurvennuten l gesteuert, entsprechend DAIMLERs Kurvennutensteuerung.

Der kleine, etwa 1 PS leistende Motor ist ausgeführt worden, jedoch ohne den Stufenkolben a und den Überströmkanal f der Maybach-Skizze. Einzelne Zeichnungen und Lichtbilder sind erhalten geblieben. In Bild 35, das einen Schnitt durch den ausgeführten Kolben mit dem Kolbenventil und der Vorrichtung zum Entlasten des Ventiltellers darstellt, ist der Kolben in seiner tiefsten Lage gezeichnet; der Teller m der Ventilfeder hat sich gegen die vier Stirnflächen des feststehenden Anschlages h (Bild 36) gelegt und die Ventilfeder zusammengedrückt. Der Teller ist jetzt nicht mehr belastet und kann sich unter dem Überdruck der im Kurbelgehäuse vorverdichteten Luft von seinem Sitz abheben. Die Luft tritt durch Bohrungen n im Ventilsitz (Bild 35) aus dem

Bild 36
Kurbelgehäuse der „Standuhr"
(1884)

Der Arbeitszylinder ist abgenommen; auf der kreisförmigen Konsole links oben, die für den Vergaser vorgesehen ist, steht der Kolben, auf dessen Stirnfläche das Ventil (g in Bild 35) sichtbar ist. Aus der Öffnung des Kurbelgehäuses ragen die vier Stützen des feststehenden Anschlages h hervor; zwischen ihnen sieht man das obere Auge der Pleuelstange c. Die Stange k steuert das Auspuffventil. Durch den Stutzen o saugt der Arbeitskolben beim Aufwärtsgang Luft in das Kurbelgehäuse, die beim Abwärtsgang verdichtet wird und in der Tiefstellung des Kolbens durch das Kolbenventil in den Zylinder tritt und diesen spült

Kurbelgehäuse in den Arbeitszylinder über und bewirkt abwechselnd bei jedem zweiten Aufwärtshub eine Reinigung von den Abgasen und eine Anreicherung der Zylinderladung mit Frischluft. Die von MAYBACH in seiner Skizze vorgesehene zusätzliche Ladung mit Gemisch ist fortgefallen; der Stufenkolben (a in Bild 34) wurde nicht ausgeführt.

DAIMLER meldete auf seinen Namen MAYBACHs Konstruktion zum Patent an; das Recht dazu hatte er sich vorbehalten. Ihm wurde das DRP 34926 erteilt, dessen Fig. 1 (in deutlicherer Darstellung) in Bild 37 wiedergegeben ist. Im wesentlichen ist der erste Leichtmotor, die „Standuhr" (Bild 38), so gebaut worden, jedoch wurde durch den Stutzen p (Bild 37) nicht Luft und Brennstoffdampf oder Gas, wie in der Patentschrift angegeben, sondern nur Luft angesaugt, die nach Vorverdichtung im Kurbelgehäuse, wechselnd nach je einer Umdrehung, den Arbeitszylinder ausspülte und die Ladung vermehrte. Das ist die schon von ANGELE im DRP 8186 vorgeschlagene Auflladung, verbunden mit einer zusätzlichen Ausspülung des Brennraums. Die Patentzeichnung zeigt einen Handgriff q zum Anwerfen des Motors; nach dem Anwerfen soll der Handgriff herausgezogen werden. Damit man den Motor nicht gegen den Verdichtungsdruck im Zylinder anzuwerfen braucht, ist eine Vorrichtung vorgesehen, durch die man während des Anwerfens die Kompression aufhebt: der Hebel r wird so umgelegt, daß seine obere Stirnfläche das Schließen des Auspuffventils verhindert. Die Spitzen der gezackten Form des unteren Kolbenrandes sollen beim Durchgang des Kolbens durch den unteren Totpunkt in ein Schmierölbad tauchen und die Zylinderwand mit Öl benetzen.

Zu dieser Patentschrift bemerkt der Daimler-Historiker SIEBERTZ[29]:

> An diese Verbesserung [die von Daimler erfundene Kurvennutensteuerung] schloß sich eine mit Reichspatent Nr. 34926 vom 3. April 1885 geschützte weitere, die in besonders drastischer Weise dartut, wie weit Gottlieb Daimler seiner Zeit voraus war; denn dieses Patent sicherte ihm eine Gas- beziehungsweise Petroleum-Kraftmaschine, die eine besonders hohe Drehzahl bei geringem Brennstoff-Verbrauch durch eine zusätzliche Ladung ermöglichte. In fast idealer Weise benützte er bei diesem Verfahren den Saughub des Kolbens, um die unter dem Kolben angesaugte Luft zu einer zusätzlichen Ladung zu verdichten, während am Ende des Arbeitshubes die komprimierte Luft den Motor durchspülte. Dem Grundsatze nach ist das nichts anderes als der heute zur Vollendung ausgebaute Kompressor [gemeint ist wohl der mit Auflladung arbeitende Kraftwagenmotor].

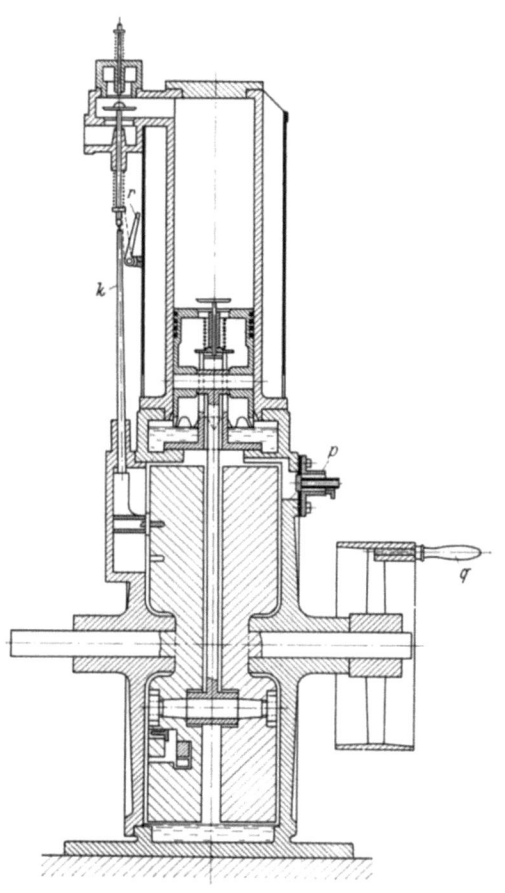

Bild 37. Längsschnitt durch die „Standuhr"
(nach der Patentschrift 34926 vom
3. April 1885)

k Steuerstange des Auspuffventils; *p* Saugventil für Luft und Gas; *q* Handgriff zum Anwerfen; *r* Dekompressionshebel

Nichts in dieser Darstellung stimmt mit dem historischen Geschehen überein. Der Gedanke, die Unterseite des Arbeitskolbens als Pumpenkolben zu benutzen, stammt weder von DAIMLER noch von MAYBACH, sondern von ANGELE. MAYBACH hat ihn aus der Vergessenheit hervorgezogen und in seiner kleinen Erstlingsmaschine zu verwirklichen versucht, wenn auch ohne schließlichen Erfolg, weil das im Kolben liegende Ventil dauernd der Flamme des Brennraums ausgesetzt war und verbrannte. Erst viel später, als man das Druckventil an einen geeigneteren Platz verlegt oder es durch einen vom Kolben gesteuerten Schlitz ersetzt hatte, erwies sich die doppelte Funktion des Kolbens als vorteilhaft. „Eine besonders hohe Drehzahl bei geringem Brennstoffverbrauch", wie SIEBERTZ angibt, ist durch das Verfahren nach DRP 34926 nicht erreicht worden; der harte Stoß, mit dem der Federteller *m* (Bild 35) sich auf den Anschlag *h* setzte, erlaubte keine hohen Drehzahlen. Und schließlich hat die Spülung des Zylinders durch das bei *p* (Bild 37) zusätzlich eintretende Gemisch den Brennstoffverbrauch erhöht, weil ein Teil des Gemisches bei der Spülung ungenutzt verlorenging.

Der große geschichtlich zu wertende Fortschritt, den die kleine Standuhr (Bild 38) verkörpert, liegt in der zierlichen Bauweise, die WILHELM MAYBACH in den Verbrennungsmotorenbau eingeführt hat. Überall ist auf das äußerste an Gewicht gespart, soweit es die Mittel der Herstellung, die man damals hatte, nur irgend erlaubten. Die Luftkühlung des Zylinders diente demselben Zweck. Man braucht die „Standuhr" nur mit dem etwas ungefügen Motor zu vergleichen, mit dem KARL BENZ den Bau seiner Kraftwagen begonnen hat (Bild 55, S. 116), oder mit den ersten schweren Deutzer

Motoren, um den Fortschritt ermessen zu können, der von WILHELM MAYBACHS Arbeiten in der Gartenwerkstatt in Cannstatt ausgegangen ist.

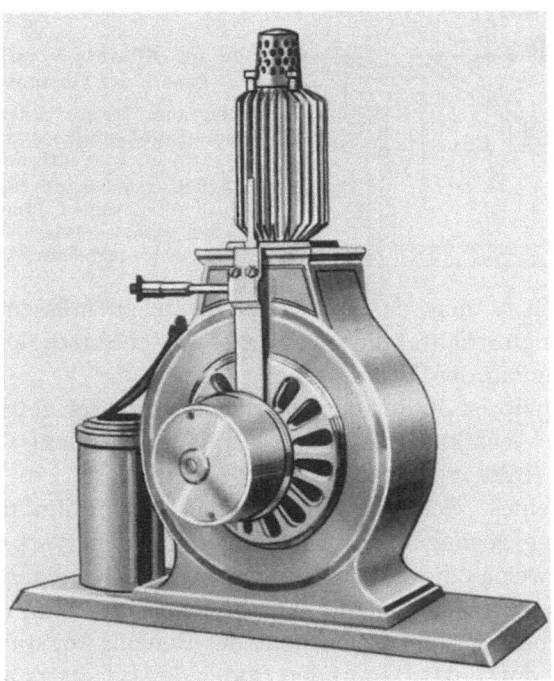

Bild 38. Die „Standuhr" (70 mm Zyl.-Dmr., 120 mm Hub) leistete etwa 1 PS bei 600 U/min (1884)
Sie wurde das Muster für die ersten in ein Zweirad und einen Wagen eingebauten Motoren

Maybachs Schwimmervergaser

Nur die ersten Versuchsmotoren, vielleicht auch noch die Standuhr, haben DAIMLER und MAYBACH mit Leuchtgas betrieben, um keine Zeit zu verlieren, aber man hat natürlich von vornherein an das Benzin als Kraftstoff gedacht, da ja der Motor ein Fahrzeug antreiben sollte. Dazu brauchte der Motor einen „Vergaser", wie wir noch heute das Gerät nennen, welches das leichtflüchtige Benzin in feinen Nebel auflöst, der sich leicht mit der für die Verbrennung erforderlichen Luft mischt. MAYBACH besaß darüber einige Erfahrungen; er hatte schon in Deutz die letzten atmosphärischen Gaskraftmaschinen, die man dort gebaut hat, für den Betrieb mit Benzin eingerichtet. Der älteste Benzinvergaser bestand aus einem Behälter, der durch eine waagerechte, mit Bohrungen versehene Wand unterteilt war. Aus dem oberen Teil tropfte das Benzin auf den Boden des unteren Raumes, wo es, sich auf der großen Fläche ausbreitend, verdunstete. Der Boden des unteren Teiles konnte durch die Auspuffgase beheizt werden, wodurch die Verdunstung gefördert wurde. Aus dem unteren Teil saugte der Motor das aus Luft und Benzindampf bestehende Gemisch an.

Man fand aber in Deutz bald — noch im Jahr 1876 —, daß es zweckmäßiger sei, die Luft durch das Benzin hindurchzusaugen. EUGEN LANGEN hat einen hierfür geeigneten Apparat in einem Brief skizziert (Bild 39); ob auch der Gedanke von ihm stammt, ist nicht sicher. Das mit Benzin gefüllte Gefäß bildete mit dem unten an den Deckel gesetzten Kragenrand einen Ringraum a, in den die Luft bei b eintrat. Unter der Saugwirkung der bei c angeschlossenen Leitung zum Motor wurde die Luft durch das Benzin gedrängt, wobei sie sich mit Benzindampf anreicherte. Der Benzinspiegel durfte natürlich nicht unter den unteren Kragenrand des Deckels sinken, sonst fand die Luft

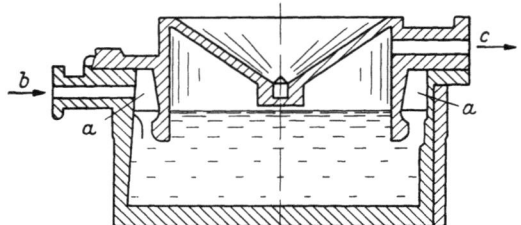

Bild 39. Älterer Vorschlag eines Benzinvergasers der Gasmotoren-Fabrik Deutz

a Ringraum; b Eintritt der Frischluft; c Austritt des Benzin-Luft-Gemisches und Leitung zum Einlaßventil des Motors

EUGEN LANGEN sandte diese Skizze am 28. September 1876 an seinen Freund SCHMIDT in Lüttich, welcher atmosphärische Gaskraftmaschinen als Lizenznehmer von Deutz baute

einen Weg von b nach c, ohne das Benzin passieren zu müssen. Der Deckel war so geformt, daß er als Eingußtrichter dienen konnte. In der Skizze fehlt die Verschraubung an der unteren Verengung des Trichters.

Nach diesem Prinzip ist später der Oberflächenvergaser gebaut worden, mit dem seit 1885 die Deutzer Viertakt-Benzinmotoren mit magnetelektrischer Abreißzündung geliefert worden sind (Bild 77, S. 156).

Beim Entwurf seines „Schwimmervergasers", wie er ihn nannte, ist WILHELM MAYBACH eigene Wege gegangen. Er wird schon in Deutz erkannt haben, daß die Benzinschicht, durch welche die Luft hindurchgesaugt wird, eine gleichbleibende Höhe haben muß, damit die Luft sich gleichmäßig anreichert. So schuf er einen Vergaser mit beweglichem Schwimmer, der die Schichthöhe des Benzins konstant hält (Bild 40). Der Benzinbehälter a wird durch das bis auf den Boden des Behälters reichende Standrohr b so weit mit Benzin gefüllt, daß der Schwimmer c, ein ringförmiger, aus Blech hergestellter Hohlkörper, frei beweglich bleibt. Der Schwimmer ist auf seinem inneren Teil nach oben trichterförmig erweitert. Innerhalb des Trichters und relativ zu diesem steht das Benzin stets in gleicher Höhe, unabhängig von der Höhenlage des Schwimmers im Gefäß, d. h. unabhängig von dem Benzinverbrauch. Mit dem Schwimmer sind das Prallblech d und das Rohr e verbunden; beide bewegen sich mit dem Schwimmer. Das Rohr e bildet mit dem feststehenden Rohr b ein Teleskoprohr, durch dessen Ringraum die vom Motor angesaugte Luft dem im Trichter des Schwimmers befindlichen Benzin zugeführt wird. Da der Benzinspiegel im Trichter immer in gleicher Höhe steht, muß die Luft, die aus dem unteren, gelochten Ende des Rohres e austritt, durch eine Benzinschicht von stets gleicher Höhe hindurchströmen.

Das gemischführende Rohr g ist an das Einlaßventil des Motors angeschlossen; im Innern des Vergasergehäuses herrscht daher während des Saughubes ein Unterdruck. Durch die Saugwirkung des Kolbens tritt atmosphärische Luft durch das Rohr h in den oberen Teil i des mit Filtergaze gefüllten Gehäuseaufsatzes, gelangt in den Raum oberhalb des Teleskoprohres e—f, strömt durch den Ringraum zwischen den Rohren e und b nach unten und perlt durch die Benzinschicht hindurch. Die mit Benzin angereicherte Luft stößt gegen das mit dem Schwimmer bewegliche Prallblech d und gegen ein zweites, feststehendes Prallblech k; an beiden scheiden sich die gröberen Benzintropfen ab, um in den Behälter zurückzufallen. Das Benzin-Luft-Gemisch durchströmt sodann eine Drahtgazeschicht l und gelangt durch die Rohre m und g zum Arbeitszylinder. Da ihr Gehalt an Benzin nach Verlassen des Vergasergehäuses zu hoch ist, wird durch ein Mischventil n dem zu fetten Gemisch so viel Luft zugesetzt, wie es Zündung und Verbrennung erfordern.

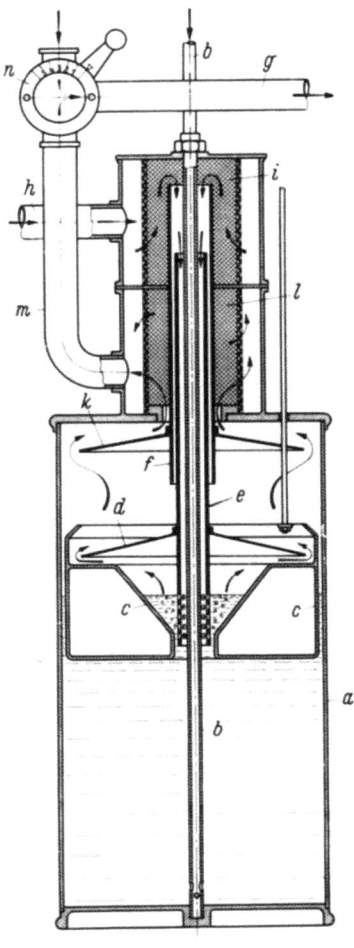

Bild 40
MAYBACHS Schwimmervergaser (1886)

a Benzinbehälter; b Füllrohr; c Schwimmer; d Prallblech, mit c beweglich; e Luftzuführungsrohr, mit c und d beweglich; f feststehendes Rohr; g Leitung zum Einlaßventil des Motors; h Eintritt der Frischluft; k festes Prallblech; i,l Drahtgaze zur Filterung und Flammensicherung; m Saugleitung zum Mischventil n. Die Pfeile geben den Weg an, den die bei h eintretende vorgewärmte Frischluft durch das Vergasergehäuse nimmt. Die Luft passiert die im Trichter des Schwimmers c befindliche Benzinschicht, deren Höhe unabhängig von der wechselnden Höhenlage des Schwimmers ist

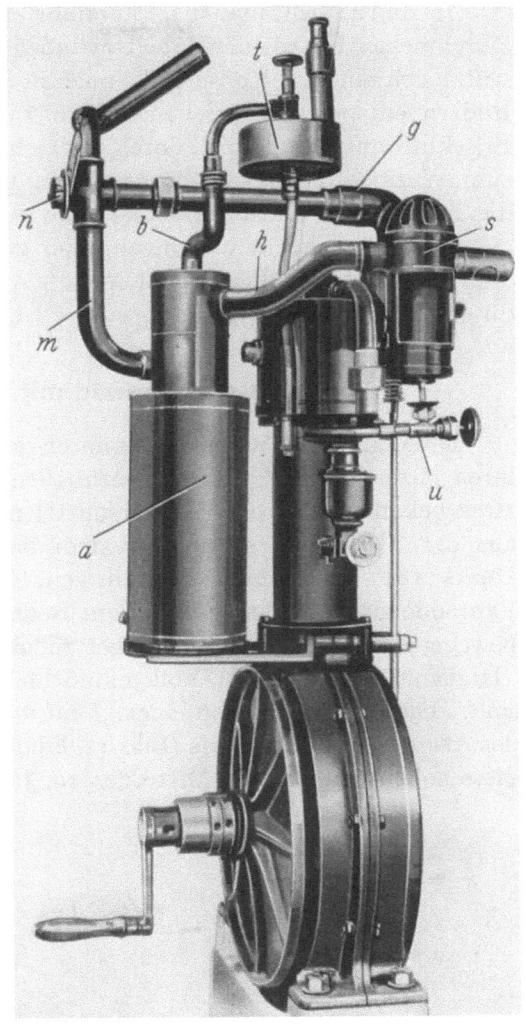

Bild 41. Der „Standuhr"-Motor mit Vergaser und Rohrleitungen (1885)

a MAYBACHS Schwimmervergaser; b Füllrohr; g Leitung zum Einlaßventil des Motors; Rohr h führt vorgewärmte Frischluft zum Vergaser; m Leitung vom Vergaser zum Mischventil n; s Gehäuse für Glührohr und Heizflamme; t Füllbehälter; u Benzinleitung zur Heizflamme

Der Schwimmervergaser ist größer als der Motorzylinder

Zwecks Vorwärmung der eintretenden Luft wird das Rohr h an eine Ummantelung des Auspuffrohres angeschlossen. Auch die Heizflamme des Glührohres wird, besonders beim Anfahren, solange die Auspuffleitung noch kalt ist, zum Erwärmen der Betriebsluft benutzt. Das Teleskoprohr e—f führt den Schwimmer c auch bei Schräglagen, wie sie im Fahrzeugbetrieb vorkommen können, so, daß seine Beweglichkeit gesichert bleibt.

In Bild 41 sieht man die „Standuhr" mit angebautem Vergaser *a*, der einen größeren Durchmesser hat als der Arbeitszylinder und ebenso hoch ist wie dieser. Der Vergaser stützt sich auf eine Konsole, die auch in Bild 36 sichtbar ist. Die Buchstaben in beiden Bildern entsprechen gleichen Teilen. Bild 41 zeigt, wie das Rohr *h*, durch das die Frischluft angesaugt wird, durch das Gehäuse *s* geführt ist, in welchem die Heizflamme zum Warmhalten des Glührohres brennt. Die Flamme erhält ihren Brennstoff durch das mit Absperrventil versehene Rohr *u*, das an den Füllbehälter *t* angeschlossen ist.

Mit diesem recht ungefügen, aber gut arbeitenden Vergaser haben DAIMLER und MAYBACH sich beholfen, bis MAYBACH Anfang 1893 die geniale Erfindung des Spritzdüsenvergasers (S. 193) gelang.

Erstes Motorrad mit Daimler-Maybach-Motor

DAIMLER und MAYBACH konnten jetzt den lange gehegten Plan verwirklichen, ihren Motor in ein Fahrzeug einzubauen. Sie wählten dazu das Zweirad, das damals zwar bekannt, aber als Verkehrsmittel noch wenig verbreitet war. Entstanden ist es aus der „Dräsine", einem von dem badischen Oberförster KARL FREIHERRN VON DRAIS 1817 erfundenen zweirädrigen Fahrgestell mit Sattelsitz, von dem aus der Fahrende sich mit den Füßen vom Boden abstieß, um sich dadurch schneller fortzubewegen, als es einem Fußgänger möglich war. Der Erfinder hatte sein Fahrzeug „Draisine" genannt; der Volksmund hielt das Wort für französisch und sagte „Dräsine". Die Rekonstruktion einer „Draisienne" befindet sich im Conservatoire National des Arts et Métiers in Paris (Bild 42, links). Die Draisine hatte noch keine Tretkurbeln; diese sollen erst um die Mitte des 19. Jahrhunderts von dem Schweinfurter PHILIPP

Bild 42. Draisine und Motorrad

Links die „Dräsine", der hölzerne Vorläufer des heutigen Fahrrades, noch ohne Tretkurbeln; rechts eine von MAYBACH gezeichnete Skizze des ersten Motorrades

FISCHER erfunden worden sein. Um dieselbe Zeit (1855) brachte der Franzose MICHAUX am Vorderrad einer Draisine Tretkurbeln an. Er zeigte sein Zweirad auf der Pariser Weltausstellung 1867.

WILHELM MAYBACH begann seine Arbeiten am motorgetriebenen Fahrzeug mit einem sorgfältigen Studium der vorhandenen Literatur. Dabei fand er im „Scientific American" vom 4. November 1882 die Beschreibung eines Dreirades, das von einem Dampfmotor angetrieben wurde. Über dieses Dreirad, „Perreaux's Steam Tricycle", hat MAYBACH sich ausführliche Notizen gemacht; auch eine Skizze des Dreirades findet

WILHELM MAYBACH
1846–1929

sich in seinen Büchern. Handschriftlich hat er vermerkt: „Mr. Perreaux experimentirte zuerst mit einem Zweirad." Der „motive mechanism" war unter dem Sitz angebracht; angetrieben wurde das Vorderrad.

Die Draisine hat WILHELM MAYBACH offenbar gekannt; die Ähnlichkeit der Rahmenkonstruktion beider Fahrzeuge ist auffallend (Bild 42). MAYBACH hat das Motorrad konstruiert (Bild 43); ausgeführt worden ist das Fahrgestell vermutlich von einem Handwerker, der sich auf den Bau von Draisinen verstand. Der äußerst zierlich

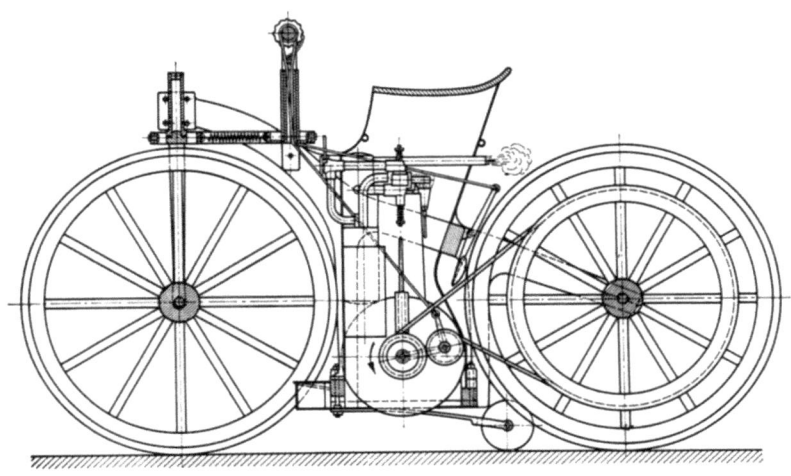

Bild 43. Das erste Benzin-Motorrad, gebaut 1885 von DAIMLER und MAYBACH in Cannstatt
(nach der Patentschrift 36 423 vom 29. August 1885)
Der unter dem Sitz des Fahrers angebrachte Motor ist die „Standuhr", hier von ½ PS Leistung
Das Motorrad wurde am 10. November 1885 zum erstenmal von WILHELM MAYBACH auf offener
Straße gefahren

gebaute Motor ist unter dem Sitz des Fahrers angebracht, wie bei PERREAUX' Dampfrad, dessen Bild MAYBACH in der amerikanischen Zeitschrift gefunden hatte. Die vor dem Fahrersitz waagerecht angeordnete Lenkstange greift an der Gabel des Vorderrades an; sie trägt ein senkrechtes Rohrstück, das einen Riemenzug in Griffhöhe des Fahrers führt. Durch Drehen einer kurzen Welle am Kopfende des Rohrstückes kann der Übertragungsriemen zwischen Motor und hinterem Treibrad gespannt oder gelockert werden; dadurch wird zugleich der Bremshebel des Hinterrades abgehoben oder gegen den Radumfang gedrückt: der Motor ist bei Fahrt eingeschaltet, bei Stillstand des Fahrrades läuft er leer.

Vom Motor dieses ersten Kraftrades besitzt das Maybach-Archiv in Friedrichshafen eine von WILHELM MAYBACH angefertigte Zeichnung, eine farbig angelegte Weißpause, von der Bild 44 die konstruktiven Einzelheiten genau wiedergibt. Sie trägt die Unterschrift „Cannstatt d. 3. Juni 85 G Daimler". WILHELM MAYBACH zeigt hier seine Meisterschaft im Konstruieren: er, der seine Lehrzeit im Schwermotorenbau der Gasmotoren-Fabrik Deutz durchgemacht hat, entwirft hier einen auf das zierlichste gestalteten Leichtmotor, der unsere höchste Bewunderung verdient. Niemand außer ihm war damals imstande, etwas Ähnliches zu vollbringen.

Auf das sorgsamste ist der Konstrukteur darauf bedacht, überall an Gewicht zu sparen. Der aus Bronze gegossene Arbeitszylinder hat eine Wandstärke von nur 4 mm, das Kurbelgehäuse, dessen Wände durch radiale Rippen versteift sind, sogar nur von 2,5 mm; Werkstoffanhäufungen sind überall vermieden. Ein Flügelrad *a*, mit der Nabe *b* auf der Kurbelwelle befestigt, ein Vorläufer des modernen Axialgebläses, drückt

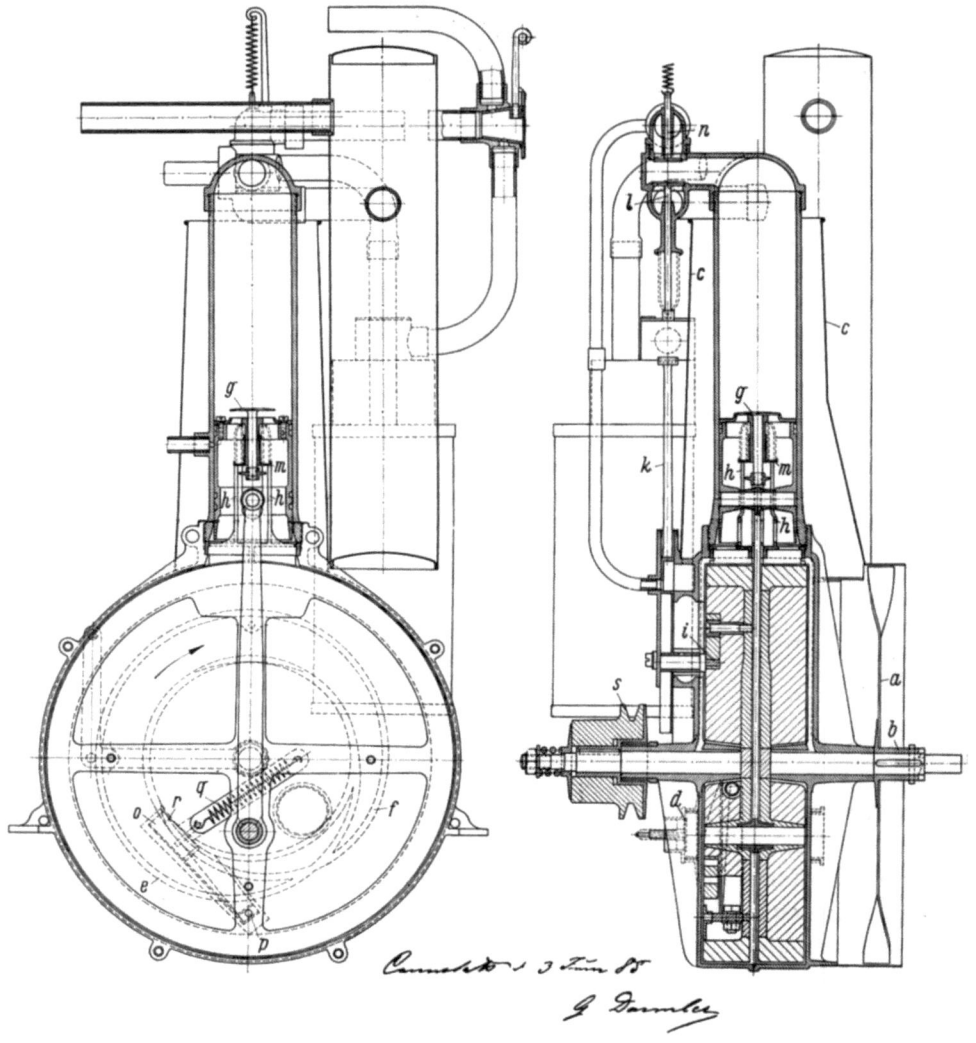

Bild 44. ½ PS-Motor des ersten Benzin-Motorrades (1885)

a Kühlluftgebläse; *b* Nabe des Gebläserades; *c* Blechzylinder zur Führung der Kühlluft; *d* Luftsaugventil am Kurbelgehäuse; *e,f* Steuernuten; *g* Ventil im Kolbenboden; *h* feststehender Anschlag; *i* Gleitstein der Kurvennutensteuerung; *k* Antriebstange des Auspuffventils *l*; *m* Federteller des Kolbenventils; *n* Gemischeinlaßventil des Arbeitszylinders; *o* Reglergewicht mit Drehzapfen *p*; *q* Reglerfeder; *r* Steuerzunge für den Gleitstein *i*; *s* Riemenscheibe für den Antriebriemen des Hinterrades

Das Bild ist eine genaue Wiedergabe der von WILHELM MAYBACH angefertigten Zeichnung. MAYBACH standen keine Hilfskräfte zur Verfügung; er hat alle Teile der ersten Motoren in seiner Wohnung allein gezeichnet

Kühlluft durch den vom Mantelblech *c* gebildeten, den Arbeitszylinder umgebenden Ringraum. Die als Scheiben ausgebildeten Kurbelwangen laufen mit sehr geringem Spiel im Kurbelgehäuse, denn die Unterseite des Kolbens wirkt wie bei der „Standuhr" als Spül- und Ladepumpe; daher muß der schädliche Raum möglichst klein sein. Der Kolben saugt bei jedem Aufwärtshub Luft durch das an der Seitenwand des Kurbelgehäuses befindliche selbsttätige Ventil d an und drückt sie am Ende des Abwärtsganges durch das Kolbenventil g in den Raum oberhalb des Kolbens, wenn der Federteller m sich gegen den feststehenden Anschlag h legt und die Ventilfeder zusammendrückt. In der Seitenansicht (Bild 44, links) sind gestrichelt die Nuten e, f gezeichnet, die den Kulissenstein i steuern, durch den die Antriebstange k ihre Bewegung zum Öffnen des Auspuffventils l erhält. Das Einlaßventil n ist ungesteuert; sein Teller ist durch eine schwache Zugfeder belastet, so daß sich das Ventil schon bei geringer Saugwirkung des Kolbens öffnet. In der Seitenansicht ist auch die Regelung durch das Fliehgewicht o dargestellt, das in der Kurbelwange um den Zapfen p drehbar angeordnet und durch eine Zugfeder q belastet ist. Bei Überschreiten der normalen Drehzahl bewegt o sich nach außen und verstellt die Zungenweiche r so, daß der Kulissenstein i in der inneren, konzentrischen Nut umläuft und keine Steuerbewegung der Stange k hervorruft. Es ist das durch das DRP 28243 geschützte Regelverfahren. Von der Keilriemenscheibe s wird die Leistung des Motors über eine Spannrolle auf das Hinterrad übertragen.

Der Zylinder dieses kleinsten von DAIMLER und MAYBACH gebauten Motors hatte einen Durchmesser von 52 mm; sein Kolbenhub betrug 100 mm, das Hubvolumen 212 ccm. Über die Drehzahl fehlen Angaben; sie kann nicht viel höher als 600 U/min gewesen sein, wobei der Motor etwa 0,5 PS leistete. Wesentlich höhere Drehzahlen erlaubten weder die Kurvennutensteuerung, deren Kulissenstein bei hohen Drehzahlen zum Entgleisen neigte, noch das ungesteuerte Einlaßventil des Arbeitszylinders, dessen schwache Feder das Ventil nicht schnell genug schloß, noch die Glührohrzündung, die den Eintritt der Zündung nicht genau genug steuerte. Erst die mechanische Steuerung des Einlaßventils und die elektrische Zündung haben später die hohen Drehzahlen ermöglicht, die ein Fahrzeugmotor braucht.

Dieses Motorrad, wohl das erste der Welt, ist Anfang November 1885 zum erstenmal gelaufen. Das genaue Datum ist nicht überliefert. Es sind offenbar nur wenige Fahrten gemacht worden; Fahrer war der damals 39jährige MAYBACH. Das Fahren auf dem hölzernen, mit eisenbeschlagenen Rädern versehenen, ungefederten Niederrad, wie man damals diese Zweiradform nannte, wird nicht gerade bequem gewesen sein, aber es gelang MAYBACH, die 3 km lange Strecke zwischen Stuttgart und Untertürkheim ohne Störung zurückzulegen. Das war ein großer Erfolg; die Versuche hatten bewiesen, daß der Motor für ein Fahrzeug brauchbar war.

GOTTLIEB DAIMLER meldete das Zweirad auf seinen Namen zum Patent an, das ihm unter der Nummer 36423 vom 29. August 1885 erteilt wurde. Der Titel lautet „Fahrzeug mit Gas- bezw. Petroleum-Kraftmaschine", aber der Gasbetrieb kam natürlich nicht in Frage, und „Petroleum" klang weniger feuergefährlich als „Benzin". Die Beschreibung zählt alle konstruktiven Einzelheiten auf, die in der Mehrzahl von WILHELM MAYBACH stammen. Die Schnittzeichnung des Motors (Bild 44) wird als Fig. 9, der Schwimmervergaser (Bild 40) als Fig. 11 in der Patentschrift abgebildet. An Hand der zahlreichen Skizzen, die in MAYBACHs Berechnungsbüchern enthalten sind, unterscheidet man leicht die Anteile, die auf DAIMLER und auf MAYBACH entfallen. Der Gedanke, daß der Motor auch auf einen Schlitten gesetzt werden könne, kann nur von GOTTLIEB DAIMLER herrühren, der möglichst jedes Beförderungsmittel „motorisieren" wollte. Der Motorschlitten, Fig. 5 bis 8 der Patentschrift, mit drei Schlittenkufen, gezahntem Treibrad und auf den Erdboden greifender Bremse, soll ausgeführt worden sein, doch ist über Versuche, die im Winter 1885/86 in Cannstatt gemacht wurden, nichts überliefert.

Am Ende der Patentbeschreibung heißt es: „An Stelle des Verdunstungsapparates kann auch eine Zerstäubungspumpe verwendet werden." Das war MAYBACHs Gedanke, den er schon 1884 durch eine Skizze (Bild 45) festgehalten hat. Er hat auch die Abmessungen der kleinen Benzinpumpe berechnet: für eine Zylinderleistung von 0,5 PS und einen Benzinverbrauch von 375 g/PSh bei 750 U/min ermittelt er die je Arbeitshub einzuspritzende Menge zu 22 cbmm. Der Pumpenstempel soll einen Durchmesser von 2 mm und einen Hub von 7 mm erhalten. Das Öffnen und Schließen der Saug- und der Druckleitung wird durch einen Flachschieber gesteuert, den eine Bügelfeder gegen den Schieberspiegel drückt. Hier wird zum erstenmal die Benzineinspritzung in die Saugleitung des Motors erwähnt. Ausgeführt hat man sie erst viel später; die Anforderung an Präzision, die der Bau einer so kleinen Pumpe stellt, konnte man damals nicht erfüllen.

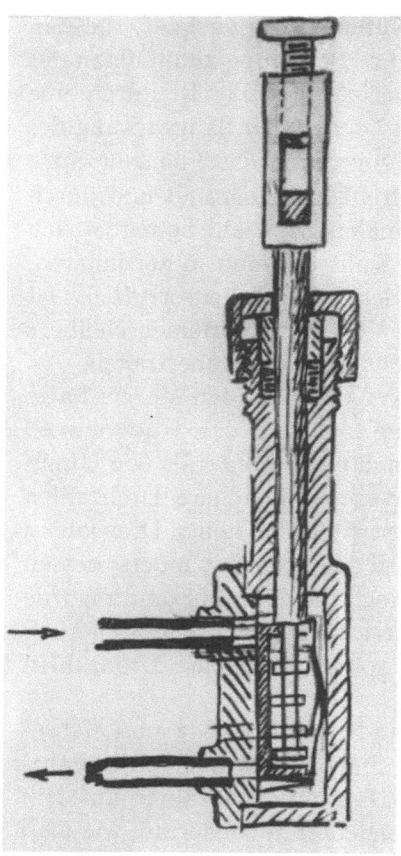

Bild 45. Von MAYBACH entworfene Skizze einer Benzinpumpe (1884)
Zum erstenmal ist hier daran gedacht, das Benzin durch eine Pumpe in die Saugleitung des Motors zu spritzen

Der erste vierrädrige Motorwagen

Warum DAIMLER und MAYBACH für ihre ersten Versuche das Zweirad gewählt haben, ist nicht überliefert. Die Wahl war nicht glücklich, denn das Zweirad, auch ohne Motor, bot manche Probleme, die während der Versuchsfahrten störend auftraten. Das wenig stabile Fahren und die Lenkung des Rades machten immer wieder Schwierigkeiten. So erfahren wir aus den Berichten nicht viel über gelungene Fahrten. Aber die Ergebnisse waren doch im ganzen so ermutigend, daß man mit der sicheren Aussicht auf Erfolg beschließen konnte, einen vierrädrigen Motorwagen zu bauen.

Im Frühjahr 1886 bestellte DAIMLER bei der Firma W. Wimpff & Sohn in Stuttgart den Wagen, ein „Americain", wie die Bezeichnung lautete. Das Wagengestell wurde in Hamburg angefertigt, der Wagen in Stuttgart zusammengebaut. Am 18. August wurde „Obiges Americain an Herrn Privatié Daimler von Cannstadt verkauft für die übereingekommene Summe von 775 Mark"; am 28. August wurde der Wagen geliefert (Bild 46). Die lange Lieferzeit läßt vermuten, daß es zahlreicher Besprechungen zwischen Besteller und Erbauer bedurft hat, um den Wagen für den Einbau herzurichten.

Der Motor dieses ersten Kraftwagens der Welt hatte eine Leistung von $1^{1}/_{2}$ PS; er war nach dem Vorbild der „Standuhr" gebaut. Als Mittel der Kraftübertragung zwischen Motor und Hinterrädern wählte DAIMLER den Riemen, dem er immer den

Vorzug vor Zahnrädern gegeben hat. Auf dem freien Ende der Kurbelwelle des Motors wurden zwei Riemenscheiben verschiedenen Durchmessers lose angebracht, die größere für schnelleres, die kleinere für langsameres Fahren. Durch einen Handhebel wurde die eine oder die andere Riemenscheibe eingerückt; auch konnten beide Scheiben bei

Bild 46. DAIMLERS und MAYBACHS erster Motorwagen (1886)
Zwischen den Sitzbänken ist der Motor angeordnet, dessen scheibenförmiges Kurbelgehäuse zwischen den Speichen des rechten Hinterrades sichtbar ist. Der im Durchmesser abgesetzte Zylinder a ist der Vergaser; rechts daneben steht, von der Verschalung b der Heizflamme des Glührohres halb verdeckt, der zierliche Motorzylinder c. Der schräg unterhalb des Rücksitzes angebrachte Rahmen d ist der (erst im folgenden Jahr eingebaute) Rückkühler für das Kühlwasser

laufendem Motor ausgerückt werden, dann stand der Wagen still, während der Motor leer lief. Die eingerückte Riemenscheibe übertrug die Motorleistung auf eine Zwischenwelle, die parallel zur Radachse unterhalb des Rücksitzes lag und an ihren beiden Enden kleine Zahnräder trug (in Bild 46 innerhalb des Hinterrades sichtbar), die mit je einem großen, an den Radspeichen befestigten Zahnkranz kämmten. Die doppelte Untersetzung durch Riemen- und Zahnradgetriebe ergab die erforderliche Vergrößerung des schwachen Drehmoments des kleinen Motors. Der in das „Americain" eingebaute Motor war anfangs luftgekühlt, doch scheint die Luftkühlung nicht befriedigt zu haben; der warme Abluftstrom wird die auf dem Rücksitz Mitfahrenden stark belästigt haben. Im Frühjahr 1887 wurde die Luftkühlung durch Wasserkühlung ersetzt. MAYBACH brauchte hierzu nur den Arbeitszylinder umzukonstruieren. Der Zylinder erhielt einen Kühlmantel, von dem MAYBACH die in Bild 47 wiedergegebene Skizze entwarf. Der Anguß (im Bild links) enthält den Sitz und die Spindelführung des Auspuffventils, das von der darunterliegenden Nutenscheibe gesteuert wird; die obere Öffnung wird durch das selbsttätig arbeitende Einlaßventil verschlossen. Der Brennraum hat zum erstenmal eine Bohrung zum Indizieren erhalten.

Zur Rückkühlung des umlaufenden Kühlwassers brauchte man einen Lamellenkühler, der nachträglich eingebaut wurde. In Bild 46 ist der Kühler unterhalb des Rücksitzes zu sehen.

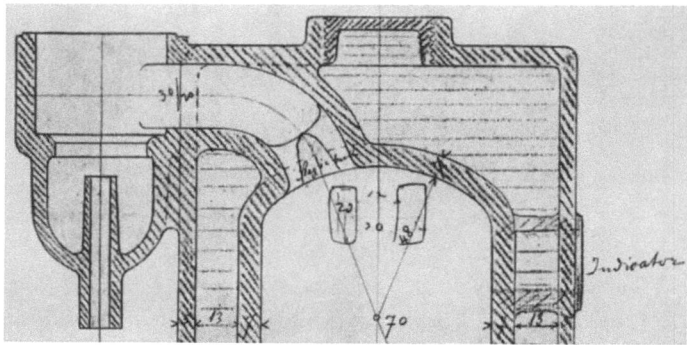

Bild 47. MAYBACHS Skizze eines Arbeitszylinders mit Kühlwassermantel (1886)
Zum erstenmal ist hier der Zylinder mit einer Bohrung zum Indizieren versehen

Ob es nun DAIMLERs Wagen gewesen ist, der frühestens im September 1886 zum erstenmal gefahren sein kann, oder das dreirädrige „Velociped", das KARL BENZ schon Anfang Juli 1886 zum erstenmal der Öffentlichkeit gezeigt hat (S. 119) — zu entscheiden, ob die ungeheure Entwicklung der Automobilindustrie von dem einen oder dem anderen Erfinder ihren Ausgang genommen hat, ist hier nicht der Ort. Das Erfinderpaar DAIMLER-MAYBACH hat nichts von KARL BENZ gewußt und dieser nichts von DAIMLER und MAYBACH, obwohl dies später behauptet worden ist. Es genügt der Hinweis, daß bei dem Abwägen der Verdienste der großen Pioniere der Name OTTO nicht vergessen werden darf, denn alle Erfolge, die man in der Frühzeit des Kraftwagenbaues in zäher Arbeit errungen hat, haben von OTTOs Erfindung des Viertaktmotors ihren Ausgang genommen.

Daimlers und Maybachs erstes Motorboot

Die gelungenen Probefahrten des Motorwagens erregten bei DAIMLER und MAYBACH mehr Freude als bei den Bürgern der Stadt. Diese, aus ihrer Beschaulichkeit aufgeschreckt, sahen in der durch ihre Straßen fahrenden „Motorkutsche" keineswegs den gewaltigen technischen Fortschritt, der sie war, sondern einen lärmenden, übelriechende Dünste und Staubwolken verursachenden Karren, der die öffentliche Sicherheit gefährdete. Aber GOTTLIEB DAIMLER war nicht der Mann, sich durch solche Widerstände abschrecken zu lassen. Wenn man ihm auf den Straßen Schwierigkeiten machte, so standen ja die Wasserwege offen. Ein Boot war zudem für den Einbau und die Erprobung des Motors geeigneter als ein Straßenfahrzeug; man durfte mit Gewicht und Raum freigebiger sein, und die Frage der Kühlung machte keine Schwierigkeiten; Wasser stand reichlich zur Verfügung, und man brauchte keinen Rückkühler. So ließ DAIMLER ein Boot bauen, das im Herbst 1886 fertiggestellt wurde.

Während DAIMLER den Motorwagen nicht zum Patent angemeldet hat, ließ er sich die Bootsmaschine durch das DRP 39367 vom 9. Oktober 1886 schützen. Das Patent trägt die Überschrift ,,Einrichtung zum Betriebe der Schraubenwelle eines Schiffes mittelst Gas- oder Petroleum-Kraftmaschine". Neu war die Umsteuervorrichtung. Bei Vorwärtsfahrt übertrug eine Reibungskupplung die Leistung des Motors unmittelbar auf die Schraubenwelle; der Propellerschub hielt die Kupplungshälften miteinander verbunden. Wenn umgesteuert werden sollte, wurde die Propellerwelle mit dem Propeller durch ein vom Sitz des Steuermanns aus zu bedienendes Gestänge etwas nach hinten verschoben. Dadurch löste sich die Vorwärtskupplung, und die Leistung wurde nunmehr durch die mit Friktionsrand versehene vordere Kupplungshälfte, zwei durch die Umsteuerbewegung gegen diesen Rand gedrückte seitliche Friktionsscheiben und eine auf der Propellerwelle befestigte dritte Friktionsscheibe auf den in entgegengesetzter Drehrichtung laufenden Propeller übertragen. Bei den kleinen Leistungen, um die es sich handelte, genügte die Übertragung durch die Reibscheiben.

Im Daimler-Archiv der Daimler-Benz AG wird das Bild des ersten Motorbootes der Welt aufbewahrt (Bild 48). Über Fahrversuche, die DAIMLER mit diesem Boot auf

Bild 48. DAIMLERS und MAYBACHS erstes Motorboot (1886)
Vor dem Steuermann GOTTLIEB DAIMLER und WILHELM MAYBACH, im Bug die Söhne (später Baurat) PAUL DAIMLER (links) und (Dr.-Ing. E. h.) KARL MAYBACH (rechts), unter dem Sonnensegel sechs Handwerker, die am Bootsbau beteiligt gewesen waren

dem Waldsee bei Baden-Baden unternahm, berichtete eine zeitgenössische Notiz aus der ,,Schwäbischen Chronik":

Baden-Baden, 14. Okt. [1886]. Gestern Nachmittag 3 Uhr hatte Maschineningenieur Daimler aus Cannstatt eine kleine Gesellschaft, bestehend aus der Stadtvertretung u. a. m., eingeladen, das von ihm konstruirte, durch einen Petroleummotor betriebene Schraubenboot auf dem in der Nähe der Stadt gelegenen Waldsee in Thätigkeit zu besichtigen. Wie wir vernehmen, hat der Erfinder bis jetzt 3 Boote nach seinem System bauen lassen, wovon das größere 10 Personen und das zweite 2 Personen faßt. Daimler hatte das mittlere, mit dem Namen ,,Rems" getauft, selbst vorgeführt, bediente selbst den Motor und leitete selbst das Steuer. Der erstere ist in der Mitte des Bootes angebracht und nimmt wenig Plaz in Anspruch, ebenso ist auch der Mechanismus im hinteren Teile praktisch angebracht, einfach konstruirt und setzt das Fahrzeug in rasche und sichere Bewegung. Der Motor arbeitet regelmäßig und ohne nennenswertes Geräusch, wobei der Verbrauch an Petroleum ein minimaler ist. Die Fahrgeschwindigkeit ist eine bedeutende, die Lenkbarkeit leicht und sicher. Trozdem der Waldsee kaum eine Fläche von 3600 □ Meter besitzt, schoß das Boot pfeilschnell gewandt und schön durch den See. Hrn. Daimler wurde für seine hübsche Erfindung die vollste Anerkennung zu Theil.

Aber zunächst hatte DAIMLER auch bei seinen Bootsfahrten den Widerstand des für seine Sicherheit fürchtenden Publikums zu überwinden. Der Kraftstoff, den er benutzte, war das als sehr feuergefährlich bekannte Benzin, und das konnte explodieren. Um dieses gewichtige Argument abzuschwächen, nannte DAIMLER seinen Brennstoff „Petrol"; das war das englische Wort für Benzin (petrol), das DAIMLER von seinem Aufenthalt in England kannte. „Petrol-Motor" klang weniger bedenklich, denn mit Petroleum verstand man umzugehen; man war es von den Lampen her gewöhnt. Aber DAIMLER konnte doch nicht verhindern, daß die Benzingefahr sich herumgesprochen hatte. Die Frankfurter Polizei verbot WILHELM MAYBACH, mit seinem Rennboot an einer Ruderregatta auf dem Main teilzunehmen, weil man damit rechnen müßte, daß „der mit Benzin vollgepumpte Kahn in die Luft fliegen würde". MAYBACH ließ sich indessen nicht davon abhalten, mit seinem kleinen Motorboot die Rennstrecke zu durchmessen, mit dem Erfolg, daß er alle Boote schlug, die Polizei ihn aber „arretierte". Und GOTTLIEB DAIMLER mußte bei seinen ersten Fahrten auf dem Neckar mit größter Heimlichkeit vorgehen und die List anwenden, durch Porzellanisolatoren und Kupferdrähte, die am Bordrand sichtbar verlegt wurden, den Schein vorzutäuschen, daß das Boot durch Elektrizität bewegt werde. Nur langsam schwand der Widerstand gegen die unheimliche Neuerung.

Die Werkstatt in Daimlers Garten wird zu eng

Der von DAIMLER und MAYBACH geschaffene schnellaufende Motor hatte seine ersten Proben bestanden. GOTTLIEB DAIMLER sah die weitere Entwicklung klar voraus. Es galt jetzt, den Motor zu fabrizieren, um ihn, wie DAIMLER dies von Anfang an gewollt hatte, in Fahrzeuge der verschiedensten Art einzubauen; auch mußte er zu größeren Leistungen entwickelt werden. Das war in der bescheidenen Werkstatt im Gartenhaus in der Taubenheimstraße nicht möglich. DAIMLER entschloß sich daher, eine größere Fabrik einzurichten. Am 5. Juli 1887 kaufte er die Anlagen einer Vernickelungsanstalt am Seelberg in Cannstatt. Die etwa 3000 qm umfassenden Räume schienen für die Bedürfnisse der nächsten Zeit viel zu groß zu sein, aber GOTTLIEB DAIMLER glaubte an eine gewaltige Produktionssteigerung seiner Motoren. Wir wissen, daß er sich nicht geirrt hat.

VIII. Karl Benz in Mannheim (1876—1890)

KARL BENZ, dem wir neben OTTO, DAIMLER und MAYBACH die Entstehung einer deutschen Verbrennungsmotoren- und Kraftwagenindustrie verdanken, hat am 26. November 1844 das Licht der Welt erblickt; Karlsruhe war sein Geburtsort. Das gleiche harte Geschick, das NICOLAUS AUGUST OTTO traf, nahm ihm in früher Jugend den Vater, der auf der 1843 eröffneten Eisenbahnstrecke Karlsruhe—Heidelberg als Lokomotivführer Dienst tat. Bei der schweren Arbeit der Bergung einer entgleisten Lokomotive zog er sich eine Lungenentzündung zu, die 1846 den noch jugendlichen Mann dahinraffte. Aber das Schicksal, das ihm den Vater nahm, hatte ihm eine tapfere und selbstlose Mutter gegeben, die es unter Entbehrungen ermöglichte, den Sohn auf das Gymnasium — „Lyzeum" nennt es KARL BENZ in seinen Lebenserinnerungen[39] — in Karlsruhe zu schicken. Dort hat er auch das Polytechnikum besucht, die Fridericiana; FERDINAND REDTENBACHER und FRANZ GRASHOF waren seine Lehrer. Während seiner ganzen Jugendzeit stand ihm, wie er sagt, jenes Fahrzeug vor Augen, das seinem Vater zum Verhängnis geworden war, die Lokomotive. Solche Maschinen wollte auch der Sohn bauen, aber es sollte kein schienengebundenes Fahrzeug sein, es sollte gleislos auf allen Straßen fahren können. Doch das waren vorerst nur Träume, zu deren Verwirklichung er keine Mittel besaß. So trat er 1864 in die Dienste der Maschinenbau-Gesellschaft Karlsruhe, derselben Fabrik, deren Leiter einige Jahre später GOTTLIEB DAIMLER wurde. Hier lernte er die harte Werkstattarbeit kennen, die von morgens 6 bis abends 7 Uhr mit einer Stunde Mittagspause dauerte. Nach dem zwölfstündigen Arbeitstag fand er in den Abendstunden noch die Energie, sich theoretisch weiterzubilden.

Nach zweieinhalbjähriger Tätigkeit in Karlsruhe siedelte er nach Mannheim über, wo er auf einem technischen Büro Kräne, Waagen, Zentrifugen und andere Geräte konstruierte. Da trat ein unbedeutend erscheinendes Ereignis ein, das seinem Leben die entscheidende Wendung geben sollte: ein Freund bot ihm sein „Zweirad" an, dessen jener nach kurzem Besitz überdrüssig geworden war. Es war ein schwerfälliges, aus Holz gebautes Rad mit eiserner Bereifung, ähnlich der Draisine (Bild 42), jedoch hatte das Vorderrad Tretkurbeln. „Bone-shaker" hatte man das unbeholfene Fahrzeug auf der Pariser Weltausstellung 1867 genannt. KARL BENZ kaufte das Zweirad seinem Freund ab, lernte das Radfahren und unternahm zur Belustigung der Einwohner seiner Stadt Fahrten auf dem schlechten Straßenpflaster und bald auch weitere Ausflüge über Land. Bei der schweren körperlichen Anstrengung des Fahrens auf der „Knochenmühle" ist ihm, wie er selbst berichtet, der Gedanke gekommen, das Fahrzeug müsse statt durch Muskelkraft durch einen Motor bewegt werden, und dazu müsse es drei, nicht zwei Räder erhalten.

Plötzlich, so schreibt der Achtzigjährige in seinen Erinnerungen[39], stand er vor uns, der Pfadfinder, der glückverheißend in die Zukunft wies. Und dieser Pfadfinder heißt Gasmotor. Es stand die Überzeugung in mir auf, daß der Gasmotor dazu berufen sei, als leistungsfähiger Konkurrent neben die Dampfmaschine zu treten und für den Antrieb von Arbeitsmaschinen und Fahrzeugen die allergrößte Rolle zu spielen.

Aber der „Pfadfinder" zeigte ihm zunächst nur das Ziel, nicht den Weg; diesen mußte er selbst suchen. So gründete er 1871 in Mannheim ein eigenes kleines technisches Geschäft, das ihm bescheidene Rücklagen zu machen erlaubte. Das Grübeln über den geeigneten Fahrzeugmotor verließ ihn nicht mehr, und so suchte er in Erfahrung zu bringen, was es in der ersten Hälfte der siebziger Jahre an Gasmotoren gab. Was er fand, war nicht dazu angetan, ihn zum Bau eines solchen Motors zu ermutigen. Darüber schreibt er:

Die Gasmotoren waren damals noch jung und litten an allerlei Kinderkrankheiten. Da war z. B. ein Gasmotor, erfunden von dem Franzosen Lenoir im Jahre 1860. Ein Erstling, der die löbliche Eigenschaft hatte, bei guter Laune zehn Minuten lang zu funktionieren und zu arbeiten, aber ein Ölschlemmer und Schmiermaterialverbraucher, daß man ihn scherzweise einen „rotierenden Ölklumpen" nannte.

So erschien ihm damals der Motor, dem man heute in einem Technik-Museum einen Ehrenplatz anweist. Derselbe Motor hatte auf NICOLAUS AUGUST OTTO so begeisternd gewirkt, daß er den Kaufmannsberuf aufgab und Ingenieur wurde. Auch KARL BENZ hat vom Lenoir-Motor gelernt; er übernahm von ihm die elektrische Zündung, die seinem Motor während mehrerer Jahre einen Vorsprung vor dem Motor DAIMLERs und MAYBACHs gegeben hat, deren ungesteuerte Glührohrzündung weniger genau arbeitete. Die atmosphärische Gaskraftmaschine war für KARL BENZ kein Vorbild, und das Viertaktverfahren durfte er nicht benutzen, da es unter Patentschutz stand. So blieb ihm, als er um die Wende 1876/77 den Entschluß faßte, einen dreirädrigen Wagen mit einem Verbrennungsmotor zu bauen, nur der Zweitakt.

Über die drei Jahre 1877, 78 und 79, die KARL BENZ gebraucht hat, um allein, ohne fremde Hilfe seinen ersten Zweitakt-Gasmotor zu bauen, wissen wir so gut wie nichts. Sicher ist nur, daß die kleine Maschine außer dem Arbeitszylinder einen Gaspumpen- und einen Luftpumpenzylinder gehabt hat, aber von den Abmessungen ist nichts bekannt. Bilder und Zeichnungen sind nicht mehr vorhanden. Von Leistung und Drehzahl kann nur vermutet werden, daß sie 1 PS und 200 bis 300 U/min betragen haben. Nur von der schweren Mühe und den vielen Enttäuschungen, die es in den drei Jahren zu überwinden galt, hat KARL BENZ erzählt. Und dann kam doch eines Tages der Erfolg; der Tag war der letzte des Jahres 1879. In seinen Erinnerungen beschreibt er, wie er und seine Lebensgefährtin ergriffen dem gleichmäßigen Geräusch lauschten, das der ruhig arbeitende Motor in der Stille der Neujahrsnacht hören ließ.

Gründung der „Gasmotoren-Fabrik in Mannheim" und Austritt

Inzwischen waren die finanziellen Sorgen immer drückender geworden. Die Ersparnisse, die das kleine Unternehmen ermöglicht hatte, waren aufgezehrt, und der Eifer, mit dem der Bau des neuen Motors betrieben worden war, hatte wenig Zeit gelassen, Aufträge für die „Eisengießerei und mechanische Werkstätte", wie KARL BENZ sein Unternehmen nannte, hereinzuholen. In dieser Not führte der Zufall ihm eines Tages den Photographen EMIL BÜHLER zu, der sich in anderen Werkstätten vergeblich bemüht hatte, hochglanzpolierte Stahlplatten zu erhalten, die er für seine Zwecke brauchte. KARL BENZ war der einzige, der ihm solche Platten zu seiner Zufriedenheit herstellen konnte. Das verschaffte ihm das Vertrauen seines Kunden, der auch anfing, sich für den von BENZ gebauten Motor zu interessieren. BÜHLER ist es dann gewesen, der zusammen mit dem Kaufmann OTTO SCHMUCK und einem Mannheimer Bankhaus KARL BENZ die nötigen Mittel beschaffte, so daß dieser seine Arbeiten fortsetzen konnte. Im April 1881 schloß BENZ mit seinen Geldgebern einen Vertrag, dem am 14. Oktober 1882 die Gründung der „Gasmotoren-Fabrik in Mannheim" folgte. Das Kapital betrug 100 000 Mark. Das kleine Geschäft blühte rasch auf; die Zahl der Arbeiter stieg von sechs, die KARL BENZ 1881 hatte beschäftigen können, auf 40, und man mußte den Betrieb in größere Werkstätten verlegen. Aber die neuen Geldgeber hatten für BENZ' Plan, einen motorbetriebenen Kraftwagen zu entwickeln, wenig Interesse; sie wollten nur ortfeste Motoren nach dem Muster des ersten von BENZ entwickelten bauen, um zunächst eine gesunde finanzielle Grundlage für weitere Versuche zu schaffen. So kam es bald zu Zerwürfnissen, die dazu führten, daß KARL BENZ am 6. Januar 1883 aus der mit so vielen Hoffnungen gegründeten Gesellschaft austrat. Er war nun wieder auf sich allein angewiesen.

Die „Gasmotoren-Fabrik in Mannheim" hat nach BENZ' Austritt noch während einer Reihe von Jahren seine Zweitaktmotoren gebaut. Da es ihm nicht gelungen war, auf sein Zweitaktverfahren ein deutsches Patent zu erhalten, konnte die Mannheimer Fabrik die Benz-Konstruktionen unbehindert ausführen. Aber der Konkurrenz, die

KARL BENZ alsbald der Gesellschaft bereitete, war diese auf die Dauer nicht gewachsen. Zehn Jahre später, am 28. Dezember 1893, beschloß die Generalversammlung die Auflösung der „Gasmotoren-Fabrik in Mannheim".

Benz & Co., Rheinische Gasmotoren-Fabrik in Mannheim

Das Vertrauen, das KARL BENZ sich durch seine Motoren erworben hatte, führte ihm aus seinem Bekanntenkreis zwei Männer zu, deren Weitblick die geschäftlichen Möglichkeiten sah, die der neue Motor bot. Es waren der Kaufmann MAX ROSE und der Techniker FRIEDRICH WILHELM ESSLINGER, mit denen BENZ am 1. Oktober 1883 die offene Handelsgesellschaft „Benz & Co., Rheinische Gasmotoren-Fabrik in Mannheim" gründete. Aber für den Plan, durch Motorkraft bewegte Wagen zu bauen, zeigten die neuen Teilhaber zunächst kein Verständnis. Die Ausführung würde die Beschaffung weiterer großer Geldmittel erfordern; der technische Erfolg war nicht sicher, während der stationäre Gasmotor sich günstig zu entwickeln versprach. So mußte KARL BENZ seinen Wunsch, einen Motorwagen zu bauen, einstweilen zurückstellen.

„Mit doppeltem Eifer", schreibt er in seinen Erinnerungen, „warf ich mich jetzt auf die Zweitaktmotoren", die das für die Entwicklung des Kraftwagens erforderliche Geld bringen sollten. Es gelang ihm, seinen ersten Zweitaktmotor wesentlich zu verbessern, indem er die Unterseite des Arbeitskolbens als Luftpumpe benutzte, während die Gaspumpe getrennt blieb. Der Gaszutritt wurde nicht mehr durch einen Schieber, sondern durch ein Ventil gesteuert. Besondere Sorgfalt verwendete er auf die Ausbildung der Zündvorrichtung.

Karl Benz' verbesserter Gasmotor von 1884

Bild 49 zeigt den Motor in Aufriß und Grundriß. Der mit vier Dichtungsringen versehene Kolben saugt während des Verdichtungshubes (Bewegung des Kolbens in Bild 49 nach links) mit seiner Unterseite Außenluft durch den vom Flachschieber a gesteuerten Kanal b an und drückt sie bei der Rechtsbewegung des Kolbens durch den Kanal c in den luftdicht geschlossenen Hohlraum d des Maschinenrahmens (in Bild 49 durch gestrichelte Linien angedeutet). Der Verdichtungsdruck beträgt 0,2 bis 0,3 atü. Der Flachschieber a wird durch die Exzenterstange e und das Exzenter f von der Kurbelwelle bewegt. An den Aufnehmerraum des Kurbelgehäuses ist das weite Rohr g angeschlossen, das die verdichtete Spülluft dem Einlaßventil h zuleitet. Dieses öffnet zunächst noch nicht; vorher, und zwar dann, wenn der Arbeitskolben sich auf seinem Verbrennungs- und Ausdehnungshub dem äußeren (rechten) Totpunkt nähert, wird das Auspuffventil i durch den Hebel k aufgestoßen, und die Abgase strömen durch das (nicht gezeichnete) Auspuffrohr ab. Der Hebel k hat sein Gelenk l am Zylinderrahmen; er erhält von einem Daumen m, der auf dem eine schwingende Bewegung ausführenden Zapfen n befestigt ist, bei jeder Umdrehung der Kurbelwelle eine kurze Schwenkbewegung, die das Auspuffventil i aufstößt. Dem Zapfen n wird seine Schwingbewegung durch die Zugstange o erteilt, die durch eine auf der Exzenterscheibe p fliegend angeordnete Kurbel bewegt wird. Der Hebel k kann das Lufteinlaßventil h erst dann öffnen, wenn das Auspuffventil i schon geöffnet und der Druck im Arbeitszylinder auf Atmosphärendruck gesunken ist. Dann strömt die Luft aus dem Aufnehmerraum durch das Rohr g in den Arbeitszylinder und spült diesen aus. Der oberhalb des Spülventils im Aufriß sichtbare Ablenker richtet den Spülstrom zunächst gegen den Kolbenboden, an welchem er umgelenkt wird, so daß er den ganzen Verbrennungsraum reinigt. Die Spülform erinnert an die moderne Umkehrspülung.

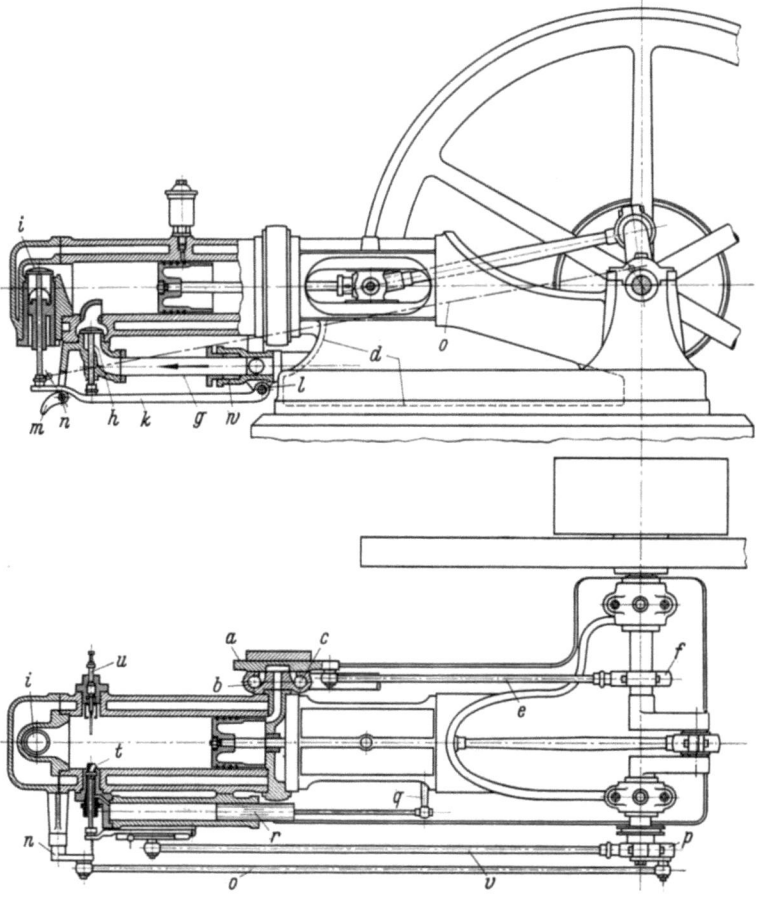

Bild 49. KARL BENZ' verbesserter Zweitaktgasmotor von 1884

a Schieber der Luftpumpe; b Saugkanal, c Druckkanal der Luftpumpe; d Luftaufnehmer im Fundamentrahmen; e Exzenterstange; f Exzenter; g Luftzuführung zum Arbeitszylinder; h Lufteinlaßventil; i Auspuffventil; k Steuerhebel mit Gelenk l; m Steuerdaumen auf Zapfen n; o Pleuelstange für Zapfen n; p Exzenter; q Antrieb des Kolbens r der Gaspumpe; t Gaseinlaßventil; u Zündkerze; v Exzenterstange zum Steuern des Gasventils; w Stopfbuchse für Rohr g zur Aufnahme der Längsbewegungen des Zylinders

Von dem Vorgänger dieses Motors, dem ersten von KARL BENZ gebauten Gasmotor, der in der Silvesternacht 1879/80 zum erstenmal regelmäßig lief, ist nichts mehr bekannt

Wenn der Arbeitskolben etwa die Hälfte seines nach links gerichteten Hubes zurückgelegt hat, schließt das Spülventil h; die im Zylinder eingeschlossene Luft wird jetzt verdichtet. Kurz vor dem Hubende drückt der von dem Ausleger q des Kreuzkopfes angetriebene Gaskolben r das Gas durch das Ventil t in den Arbeitszylinder, wo es sich mit der verdichteten Luft mischt. Im Totpunkt wird das Gemisch durch den an der Zündkerze u überspringenden Funken gezündet. Das Gasventil t wird durch die Exzenterstange v, eine Kurvenschiene und einen Hebel gesteuert.

Im Lichtbild des Motors (Bild 50) sieht man den Wattschen Regler, der von der Kurbelwelle durch Riemen und Kegelräder angetrieben wird. Wie der Regler auf die Gaszufuhr wirkt, zeigt Bild 51. In den von der Gaspumpe zum Arbeitszylinder führenden Kanalzug a-b-c ist ein Drosselventil geschaltet, dessen Ventilteller d durch eine querbewegliche Kupplung e mit der in der hohlen Reglerwelle geführten Spindel f verbunden ist. Die Reglerwelle ist axial unverschieblich gelagert, die Spindel f dagegen wird bei zunehmender Drehzahl und ausschlagenden Reglergewichten angehoben, so daß der Ventilteller die Gaszufuhr drosselt. Damit das Gas nicht völlig abgesperrt wird, was

Aussetzer zur Folge haben würde, sind die Räume a und c durch eine Bohrung g verbunden, welche immer so viel Gas durchtreten läßt, wie die Maschine im Leerlauf ver-

Bild 50. Der hier abgebildete Benz-Motor ist von der „Gasmotoren-Fabrik in Mannheim" nach KARL BENZ' Austritt aus der Gesellschaft (Januar 1883) gebaut worden; Baujahr etwa 1886

Die Bauart entspricht Bild 49. Der Motor steht heute im Werkmuseum der Klöckner-Humboldt-Deutz AG

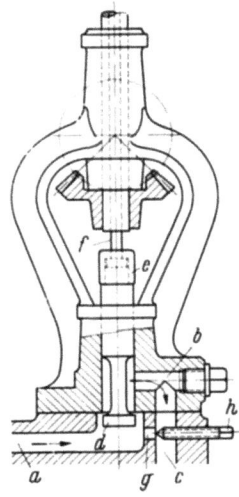

Bild 51
Drosselregelung des Benz-Motors mit Leerlaufvorrichtung
(nach der Patentschrift 22 256 vom 25. Oktober 1882)

a–b–c Weg des Gases von der Gaspumpe zum Arbeitszylinder; d Drosselventil; e Kupplung; f Reglerspindel; g Bohrung für Gaszufuhr bei Leerlauf; h Feineinstellung

Durch die Bohrung g wird unabhängig vom Eingriff des Reglers dem Motor immer so viel Gas zugeführt, wie er im Leerlauf verbraucht. Dadurch wird der stoßartige Leerlauf, den die Aussetzerregelung verursacht, vermieden

braucht. Durch Verstellen der Spitzschraube h kann der wirksame Querschnitt der Bohrung g nach Erfordernis eingestellt werden. Das war die erste Drosselregelung, die mit einer Einrichtung für den Leerlauf verbunden war und ohne Aussetzer arbeitete.

Benz entwickelt die Batteriezündung

Die Lösung der Frage, wie das Zündverfahren auszubilden sei, hat Karl Benz jahrelang große Schwierigkeiten bereitet. Darüber schreibt er in seinen Erinnerungen:

Ich selbst habe von 1878 an alle möglichen Versuche angestellt, bald mit kleinen Dynamos und Batteriezündung, bald mit Wasserstoff und Katalyse... Ich baute ein kleines Gleichstromdynamomaschinchen in meinen Wagen ein. Es sollte den zur Zündung nötigen Strom liefern. Allerdings mußte die Spannung dieses Gleichstroms noch 1000fach vergrößert werden, um zündfähige Funken zu bekommen. Ich schaltete deshalb zwischen die kleine Gleichstrommaschine und die isoliert in den Zylinderraum hineinragenden Platindrahtspitzen (die sich später zur auswechselbaren Zündkerze entwickelten) einen Spannungswandler ein, der die Spannung des erzeugten Gleichstromes stark erhöhen sollte. Die Hochspannungsseite dieses Spannungswandlers (Induktionsapparat) verband ich mit den Anschlüssen der Zündkerze. Nach vielen Geduldsproben und Versuchen zeigte sich, daß solche kleine Dynamomaschinchen der damaligen Zeit noch nicht reif waren, um jene Aufgabe zuverlässig zu erfüllen... So ging ich also von der magnet-elektrischen Zündung wieder über zur Batteriezündung, einer Zündungsart, die ebenfalls bis in unsere Tage hinein sich gehalten hat. Selbstverständlich war der niedrig gespannte Strom der Bunsenelemente auch nicht imstande, im Zylinder mit Erfolg zu „funken"... Genau wie es schon bei dem Zündstrom der Dynamomaschine der Fall war, suchte ich den Batteriestrom mit Hilfe eines Ruhmkorffschen[40] Funkeninduktors zu transformieren...

So schuf Karl Benz die erste betriebsbrauchbare Batteriezündung für Gasmotoren. Die Form, in der er sie ausgeführt hat, zeigt Bild 52. Der mit der Sekundärwicklung des

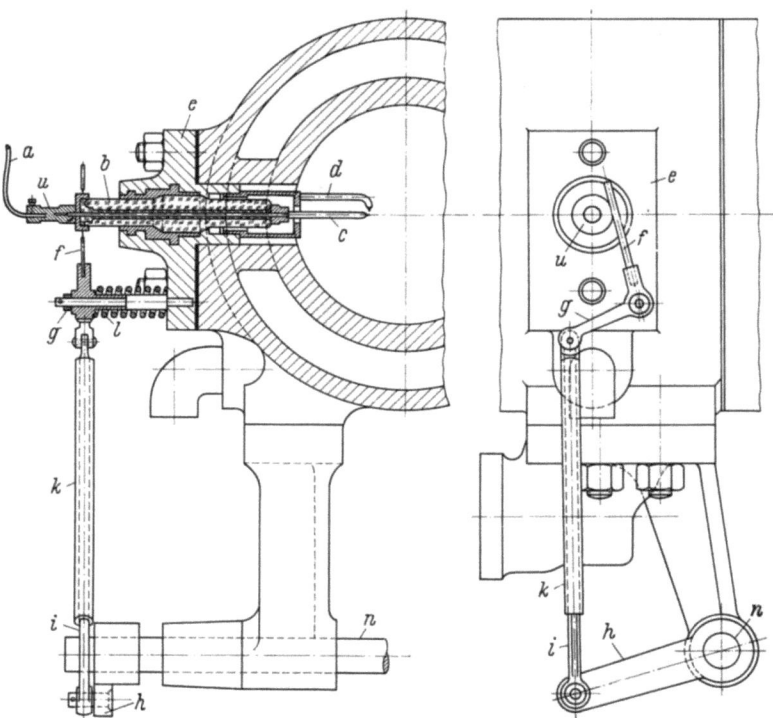

Bild 52. Steuerung der elektrischen Zündvorrichtung an den ersten von Benz gebauten stationären Gasmotoren (1882)

a Leitung von der Sekundärwicklung des Induktionsapparates; b Porzellanisolator; c und d Platinstifte; e Verschlußdeckel; f–g Winkelhebel; h–i–k Gestänge zum Bewegen des Winkelhebels f–g; l Drehfeder; n Steuerzapfen für Auspuffventil und Zündvorrichtung; u Messingkopf des Zündstiftes c

Der an den Sekundärteil eines Induktionsapparates angeschlossene Zündstift c ist geerdet, solange sich die Metallteile f und u berühren. Wird die Stange f abgehoben, so ist c nicht mehr geerdet, und zwischen c und d springen Funken über

Induktionsapparates verbundene Draht a ist an den Messingkopf u (auch in Bild 49) geklemmt und die Leitung von diesem durch den Porzellankörper b als Platinstift c in den Brennraum geführt. Der Spitze von c steht ein zweiter Platindraht d von der aus Bild 52 ersichtlichen Form gegenüber; zwischen beiden Drahtspitzen liegt die Funkenstrecke. Der Draht d ist mit dem Deckel e leitend verbunden und dadurch geerdet. Auch der Platinstift c ist während des größten Teiles einer Umdrehung der Kurbelwelle geerdet, denn er ist mit dem Messingkopf u leitend verbunden, und gegen diesen legt sich der Schenkel f des Winkelhebels g, der um einen in den Deckel e eingelassenen Stift schwenken kann. Unterhalb des Zylinders liegt der (auch in Bild 49 sichtbare) Zapfen n, der seine Schwenkbewegung von der Kurbelwelle erhält (Stange o in Bild 49) und dadurch das Auspuffventil steuert. Die schwingende Bewegung des Zapfens n wird durch das nachgiebige Gestänge h-i-k (Bild 52) auf den Winkelhebel f-g übertragen; die Verbindung ist nachgiebig, weil sich die Stange i in der hohlen Stange k verschieben kann, ohne daß k den Hebel f-g bewegt. Eine Drehfeder l legt den Schenkel f kraftschlüssig gegen die Hülse u und bringt dadurch u in leitende Verbindung mit der Erde, so daß beide Platinstifte, c und d, geerdet sind und kein Funke zwischen ihnen überspringt. Nur wenn der Hebel h die Stange i so weit angehoben hat, daß sie auf den Boden der Hohlbohrung in der Stange k stößt, macht der Winkelhebel f-g eine kleine Bewegung (in Bild 52 im Uhrzeigersinn), so daß die Stange f sich von der Hülse u abhebt. Das ist der Fall, wenn der Arbeitskolben durch den oberen Totpunkt geht. Dann ist der Platinstift c nicht mehr geerdet, zwischen c und d springen Funken über, und das Gemisch wird entzündet. Später hat KARL BENZ diese etwas umständliche Steuerung der Zündung erheblich vereinfacht (Bild 131, S. 264).

Benz' Arbeiten an seinem Motor

Aus den ersten Jahren des Bestehens der Firma Benz & Co. (die sich 1899 in Benz & Cie. umbenannt hat) ist ein von KARL BENZ geführtes Berechnungsbuch erhalten, das uns zeigt, wie genau er sich um alle Konstruktionseinzelheiten seiner Maschinen gekümmert hat. Die Erstausführung der Zweitaktmotoren, die in Größen von 1 bis 4 PS gebaut wurden, scheint BENZ nicht befriedigt zu haben, denn er vermerkt in seinem Berechnungsbuch (1883) unter der Überschrift „Diagram Berechnung (älterer Construction)":

Bei 120 Touren mit 8 kg Last & 4 Met. Weg gab die Maschine 64 kgM Arbeit, nach Diagr. sollte es sein $2 \times 72{,}5 = 145$ kgM. Folglich verbrauchte die Maschine für sich $145 - 64 = 81$ kgM.

Das entspricht einem mechanischen Wirkungsgrad von 44%: die zur Überwindung der Eigenwiderstände erforderliche Leistung war größer als die Nutzleistung. Dies war darauf zurückzuführen, daß diese Maschine noch eine Spülluftpumpe mit besonderem Antrieb hatte, die einen beträchtlichen Teil der Leistung verbrauchte. Aber schon einige Monate später gelingt es ihm, den mechanischen Wirkungsgrad auf 60% zu steigern, indem er die Unterseite des Kolbens als Luftpumpe benutzt (Bild 49). Auch studiert er schon Anfang 1884 die Wirkung einer Verlegung des Zündzeitpunktes, der bei seiner Steuerung (Bild 52) durch Ändern der Länge der Stange i verschoben werden kann: durch Einbau einer etwas längeren Stange i in das Hohlrohr k stößt i früher auf den Grund der Bohrung in k, der Hebel f hebt sich früher von der Hülse u ab, und die Erdung wird zu einem früheren Zeitpunkt aufgehoben. KARL BENZ findet, daß die

Zündung im oberen Totpunkt am günstigsten ist; läßt man die Zündung früher eintreten, so nimmt die Leistung ab.

Auch sonst liest man in dem alten Berechnungsbuch manches Interessante. So erfahren wir, daß KARL BENZ am 11. August 1883, also noch vor der Gründung der „Rheinischen Gasmotoren-Fabrik", neun Arbeiter beschäftigte, die täglich zehn Stunden arbeiteten. Sie erhielten einen Stundenlohn von 30 Pfennig. Nur einer, wohl der Vorarbeiter, verdiente 40 Pfennig.

Rasch werden die Zylinderleistungen vergrößert. Schon im Herbst 1883 läßt BENZ ein Prospektblatt drucken, in welchem Motoren mit 1, 2, 4, 6, 8 und 10 PS Leistung angeboten werden. Das Einheitsgewicht beträgt 650 kg/PS beim kleinsten und 450 kg/PS beim größten Motor, die Drehzahlen sind entsprechend 135 bis 120 U/min. Es sind sehr schwere Motoren, für den Einbau in ein Straßenfahrzeug nicht geeignet, aber ihr Verkauf wird die Mittel beschaffen, die man für die Entwicklung eines Motorwagens braucht. Mitte 1884 beschäftigt er sich mit der Berechnung eines 50 PS-Motors, der einen Zylinderdurchmesser von 390 mm und einen Hub von 700 mm erhalten und 120 Umdrehungen machen soll. So große Motoren hat er aber erst viel später gebaut.

Unablässig ist er bemüht, Verbesserungen an seinen stationären Motoren anzubringen. In seinem Berechnungsbuch notiert er 1883:

> Die Anwendung einer Schieberfläche, bei welcher durch keilförmigen Querschnitt der Durchgangsöffnung der Eintritt des Gases in die Glocke im Verhältniß zu seinem Verbrauch regulirt wird.

Das ist die Beschreibung eines Drosselschiebers mit allmählicher Vergrößerung des Querschnitts, wie er nach der Jahrhundertwende als Drehschieber bei zahllosen Gasmotoren angewendet worden ist.

Schwierigkeiten mit dem Patentamt

BENZ' ortfester Motor fand im Ausland eine günstige Aufnahme. Der englische Schriftsteller BR. DONKIN[8] sagte von ihm:

> One of the most important and best designed of German engines is the Benz, patented in 1884, and constructed by the Rheinische Gasmotoren-Fabrik in Mannheim. In it the problem is again treated, how to obtain a motor impulse for every revolution, without the additional complication of a second pump cylinder. The loss of power and want of regularity of four-cycle engines, giving an explosion only every two revolutions, is thus avoided. In the opinion of Professor Witz, the difficulty is more completely and satisfactorily solved in this than in any other engine.

Die geschickte Lösung, von den zwei Hilfspumpen, die ein Zweitakt-Gasmotor braucht, die getrennte Luftpumpe dadurch einzusparen, daß die Unterseite des Arbeitskolbens als Luftpumpe ausgebildet wird, hebt AIMÉ WITZ[16] als besonders „vollendet und befriedigend" hervor. R. SCHÖTTLER[10] bestätigte, daß der Gasverbrauch des Benz-Motors bei Vollast der niedrigste von allen auf einer Ausstellung für Kleingewerbe in Karlsruhe gezeigten Motoren gewesen sei; nur den hohen Gasverbrauch im Leerlauf habe der „Beurtheilungsausschuß" bemängelt. Alles in allem war der Motor vortrefflich gelungen. Ausländische Lizenznehmer der Rheinischen Gasmotoren-Fabrik haben den Bau der ersten Zweitakt-Benz-Motoren noch jahrelang fortgesetzt, nachdem das Stammhaus schon seit langem zum Viertakt übergegangen war.

Daß der Motor ein technischer Fortschritt war, erkannte man im Ausland auch dadurch an, daß die in Frankreich und den USA eingereichten Patente im März und Juni 1884 anstandslos erteilt wurden. In Deutschland hatte KARL BENZ eine Anmeldung

Karl Benz
1844–1929

eingereicht, deren einziger Anspruch sich auf einen Behälter bezog, „in welchem die für das Explosionsgemisch bestimmte Luft vorgepreßt wird, um in gegebenen Augenblicken in den Zylinderraum einzutreten..." Mit dem „Behälter" ist der Luftaufnehmer im Fundamentrahmen (d in Bild 49) gemeint. Einlaß- und Auspuffventil sollen für die Spülung gleichzeitig geöffnet und geschlossen werden.

Das deutsche Patentamt wies die Anmeldung zurück. Da die Patentakten nicht mehr vorhanden sind, kennen wir die Begründung der Ablehnung nicht.

Am 10. Oktober 1883 reichte BENZ eine neue Patentanmeldung mit einer umgearbeiteten Beschreibung seines Motors ein. Auch diese zweite Anmeldung lehnte das Patentamt ab, diesmal mit der auffallenden Begründung, daß das von BENZ beschriebene Zweitaktverfahren unter das Patent 532 der Gasmotoren-Fabrik Deutz falle, denn es benutze sowohl die Vorverdichtung des Gemisches wie auch die Ladung des Zylinders nach dem Prinzip der Schichtenbildung. Unmutig antwortet KARL BENZ am 5. Februar 1884 dem Patentamt:

> Der Patentanspruch 1, 532 bezieht sich auf die Art der Lagerung der indifferenten Gase und der explosiven Gemische. Es muß also eine solche Lagerung, wie sie in dem Anspruch ausgedrückt ist, nach menschlichem Ermessen vorausgesetzt werden können; denn die Anwendung des verlängerten Zylinderraumes und das Vorhandensein indifferenter Gase ohne bestimmte Lagerung, so daß eine sich verlangsamende Verbrennung nicht angenommen werden kann, war schon im Jahre 1874 bekannt und konnte 1876 nicht mehr patentiert werden. Es ist also eine auffallend unrichtige Auslegung des Anspruches des Patentes 532, wenn derselbe auf unsere Motoren Anwendung finden soll, wo weder indifferente Gase überhaupt vorhanden sind, noch beim besten Willen die besprochene Lagerung möglich ist.

Er schließt seine Eingabe mit der Bemerkung, daß er, wenn das Patentamt nicht bereit sei, den Anspruch 1 des DRP 532 anders auszulegen, die Nichtigkeitsklage gegen diesen Anspruch erheben werde. Dahin brauchte es aber nicht mehr zu kommen, denn am 30. Januar 1886 erklärte das Reichsgericht die Ansprüche 1 bis 4 des DRP 532 für nichtig (S. 165), wodurch der Streit um die Schichtenbildung beendet und zugleich das Viertaktverfahren für andere Firmen frei wurde. Ein Patent auf seinen Zweitaktmotor hat BENZ trotzdem nicht erhalten. Infolgedessen konnte die Gasmotoren-Fabrik Mannheim, aus welcher BENZ Anfang 1883 ausgetreten war, seine Zweitaktmotoren bis zur Auflösung der Gesellschaft (am 15. Januar 1894) lizenzfrei weiterbauen.

Karl Benz' erster Viertakt-Wagenmotor

Der Absatz der stationären Zweitakt-Gasmotoren hatte sich so günstig entwickelt, daß die Mitinhaber der Rheinischen Gasmotoren-Fabrik, ROSE und ESSLINGER, gegen die Versuchsausführung eines Motorwagens nichts mehr einwandten. Im Herbst 1884 konnte KARL BENZ mit der Ausführung seines lange gehegten Planes beginnen.

Zunächst hatte er sich zu entscheiden, ob er den Zweitakt oder den Viertakt ausführen sollte. Im Bau von Zweitaktmotoren hatte er genügend Erfahrungen, aber der Zweitaktmotor war zu schwer und beanspruchte zuviel Raum; der Viertakt eignete sich besser für einen Wagenmotor, aber das Patent 532 sperrte ihn. Darüber hat er später geschrieben:

> Wohl konnte nach dem Urteil der Fachwelt die Benzsche Zweitaktmaschine „als eine der besten Lösungen des an und für sich schwierigen Problems der Zweitaktmaschinen angesehen werden". Sie hatte auch für damalige Verhältnisse einen recht günstigen Verbrauch. Jedoch war sie erheblich komplizierter als der Viertakt und konnte daher nach meiner Ansicht im Gewicht niemals so leicht hergestellt werden wie ein Viertaktmotor. Aus diesem Grunde wählte ich den

Viertaktmotor zum Antrieb meines Wagens, trotzdem ich für stationäre Zwecke noch lange meinen Zweitaktmotor baute.

Vom Viertakt sagt er an anderer Stelle: „Es ist das jenes Prinzip, das auf dem Gebiet der ortsfesten Gasmotoren REITHMANN & OTTO als die Ersten praktisch und erfolgreich ausführten." BENZ hat GÜLDNERS 1903 erschienenes Buch natürlich gekannt; seine „Erinnerungen" hat er etwa 1923 niedergeschrieben, und da in den zwanzig Jahren seit Erscheinen des GÜLDNERschen Werkes niemand der Reithmann-Legende widersprochen hatte, mußte auch BENZ ebenso wie GÜLDNER glauben, daß REITHMANN der Mitschöpfer des Viertaktmotors sei.

Mit der Entscheidung für den Viertakt nahm BENZ das Risiko einer Patentverletzung auf sich. Diese Schwierigkeit löste sich dadurch auf, daß das DRP 532 für nichtig erklärt wurde. Als KARL BENZ im Juli 1886 mit seinem ersten Motorwagen an die Öffentlichkeit trat, war OTTOS Viertaktpatent schon ein halbes Jahr außer Kraft.

Für seinen Wagenmotor wählte BENZ eine Ausführungsform, die schon seit einer Reihe von Jahren auf dem Markt war. Es ist die Bauart mit stehendem Zylinder und obenliegender Kurbelwelle, die ALEXIS DE BISSCHOP 1871 angegeben hat (Bild 65, S. 135) und die in der Folgezeit von manchen deutschen Firmen, so von der Hannover'schen Maschinenbau-Gesellschaft und von Körting, übernommen worden ist. Sie hat den Vorteil, billig zu sein, denn der schwere Fundamentrahmen fällt weg; es genügt ein kleiner leichter Fuß unterhalb des Zylinders. Die Kurbelwelle kann von zwei seitlichen Verlängerungen des Zylindermantels getragen werden. Auch beansprucht der stehende Motor weniger Raum als der liegende, was für die Werkstätten des Kleingewerbes vorteilhaft war. Natürlich kam die Bauart nur für kleine Leistungen in Frage, aber auch bei dem Wagenmotor handelte es sich zunächst nur um Leistungen von wenigen Pferdestärken.

Den stehenden Motor hätte KARL BENZ in seinem dreirädrigen Motorwagen (Bild 57) nur schwer unterbringen können; so legte er ihn um, so daß die Kurbelwellenachse senkrecht stand und die Schwungradebene horizontal lag. In dieser etwas untechnisch wirkenden Anordnung (Bild 53) wurden die Motoren in die ersten Wagen eingebaut. BENZ fürchtete, daß bei senkrecht liegender Schwungradebene die Kreiselwirkung des Schwungradkranzes die Lenkbarkeit des Fahrzeuges in den Kurven beeinträchtigen würde, während bei waagerecht liegendem Schwungrad das Kreiselmoment die Stabilität des Fahrzeuges in der Kurvenfahrt erhöhe. So erwähnt er in seinem Patent 37435 vom 29. Januar 1886, daß „auch Sicherheit gegen ein Umfallen beim Fahren kleiner Curven oder bei Hindernissen auf den Fahrstraßen" erreicht werde. Er hat die Lage der Wirkungsebene eines Kreiselmomentes richtig erkannt: bei horizontaler Lage des Schwungradkranzes wirkt das Moment in einer Vertikalebene und vermindert die Kippneigung des Wagens; bei vertikaler Lage wirkt das Moment einer Auslenkung des Wagens aus der geraden Fahrtrichtung entgegen. Aber beide Wirkungen sind selbst bei modernen Kraftwagen mit ihren hohen Drehzahlen und bei großer Geschwindigkeit in der Kurve so klein, daß sie das Fahrzeug weder stabilisieren noch die Steuerfähigkeit beeinflussen können. KARL BENZ hat dann auch das Bedenken gegen die senkrechte Anordnung des Schwungrades einige Jahre später fallen lassen und den Motor liegend mit senkrechter Schwungradebene eingebaut (Bild 129, S. 261).

Werkzeichnungen des ersten Wagenmotors sind nicht mehr vorhanden, jedoch lassen die Bilder 53 bis 56 den Aufbau klar erkennen. Soweit die Buchstaben gleiche Teile bezeichnen, wiederholen sie sich in den einzelnen Abbildungen. Bild 53 ist eine

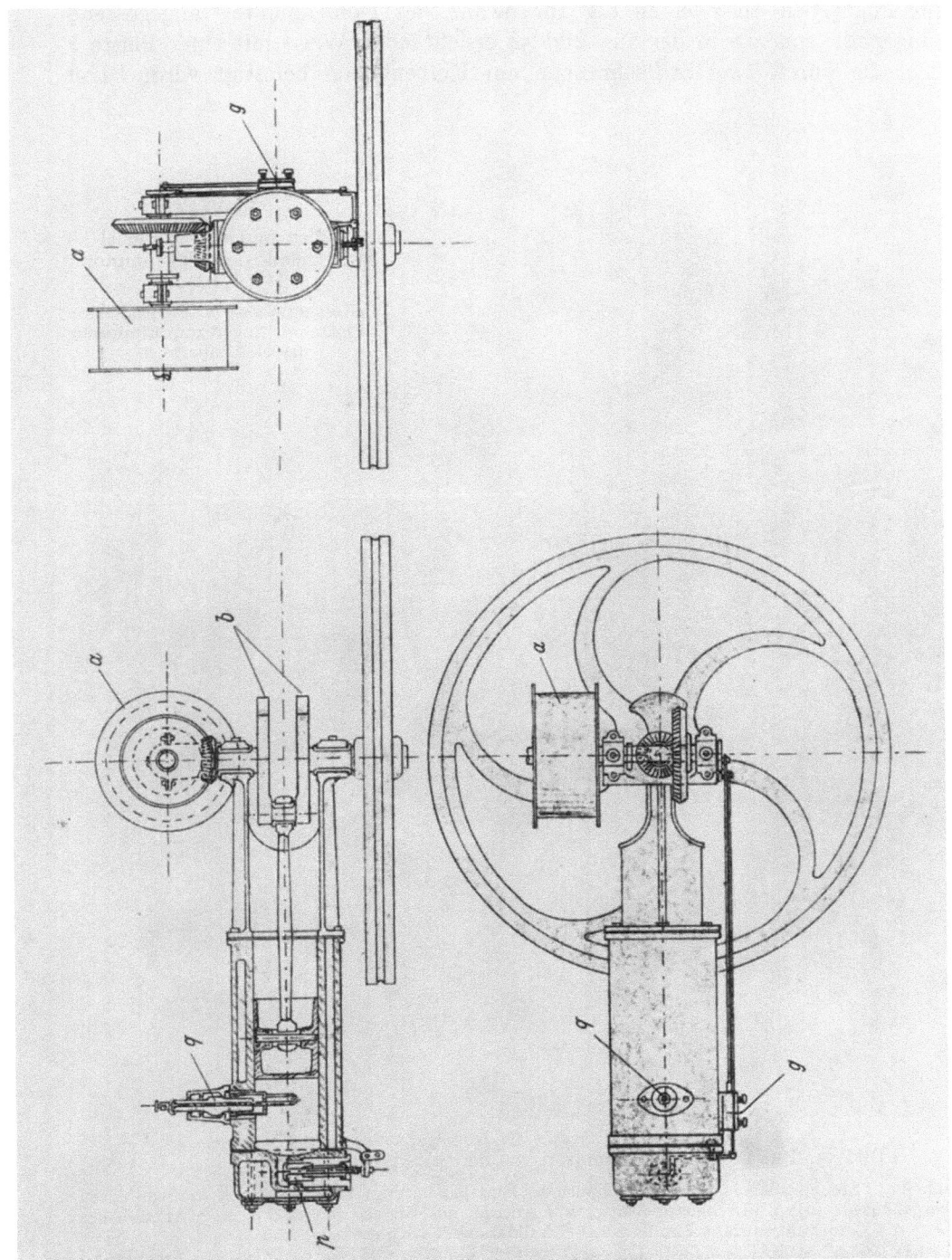

Bild 53. KARL BENZ' erster Viertakt-Wagenmotor (1884). Photographische Wiedergabe einer alten Zeichnung
a Riemenscheibe; *b* Gegengewichte zum Ausgleich der umlaufenden Massen; *g* Schiebergehäuse der Einlaßsteuerung; *p* Auspuffventil; *q* Zündkerze
Der erste Motor ist nicht genau nach dieser Zeichnung ausgeführt worden

Skizze, vielleicht von BENZ selbst gezeichnet, die der Ausführung nicht genau entspricht. Der Kolben (Bild 54) z. B. ist anders ausgeführt als skizziert. Der Kolbenbolzen *c*, an welchem das obere Ende der Pleuelstange *d* angreift, ist nicht, wie in der Zeichnung angegeben, in zwei an der Innenwand des Kolbenmantels angegossene Augen eingepaßt, sondern in der aus Bild 54 ersichtlichen Weise mit einer Platte *e* verbunden, die durch zwei Stiftschrauben am Kolbenboden befestigt wird. Diese

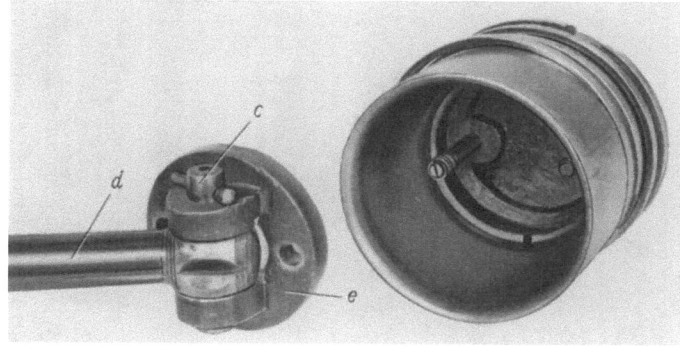

Bild 54
Kolben und oberes Pleuelstangenende des Wagenmotors
(1886)

c Kolbenbolzen; *d* Pleuelstange; *e* Platte mit Augen zum Einpassen des Kolbenbolzens

Bild 55. BENZ' erster Wagenmotor, von der Seite gesehen (1886)

a Riemenscheibe; *f* Steuerschieber; *g* Schiebergehäuse der Einlaßsteuerung; *h* zylindrische Schraubenfedern am Schiebergehäusedeckel; *i* Frischgaszuleitung; *k, l* Antrieb des Einlaßschiebers; *m, n, o* Antrieb des Auspuffventils; *q* Zündkerze; *r* Schalldämpfer; *s* Kühlwassergefäß

KARL BENZ hat seinen ersten Wagenmotor mit horizontal liegendem Schwungrad eingebaut, weil er fürchtete, daß das Kreiselmoment des senkrecht angeordneten Schwungrades die Kurvenfahrt behindern würde, während es bei waagerechtem Schwungrad stabilisierend wirken und ein Kippen des Wagens verhindern müsse. Das Moment war hierzu aber viel zu schwach

Konstruktion ermöglichte eine genaue Bearbeitung und hatte zudem den Vorteil, den BENZ wohl nicht gekannt hat, daß der Kolbenmantel sich in der Wärme weniger leicht unrund zieht.

In Bild 53 ist der Kolben in seiner oberen Totlage gezeichnet, in welcher der Verdichtungsraum seinen Kleinstwert hat. Dabei ist der Verdichtungsraum unverhältnismäßig groß entsprechend dem niedrigen Verdichtungsdruck von 3 bis 3,5 at. Höher zu verdichten wagte man damals wegen der Gefahr der Frühzündungen nicht; die Oktanzahl, das Maß für die Klopffestigkeit eines Kraftstoffs, war noch nicht bekannt. Die Zündkerze, deren Bau durch Bild 52 erläutert wurde, ragt tief in den Brennraum hinein.

Bild 56. BENZ' erster Wagenmotor, von der Kurbelseite gesehen

a Riemenscheibe; *b* Gegengewichte zum Ausgleich der umlaufenden Massen; *f* Steuerschieber; *g* Schiebergehäuse der Einlaßsteuerung; *h* zylindrische Schraubenfedern am Schiebergehäusedeckel; *i* Frischgaszuleitung; *k*, *l* Antrieb des Einlaßschiebers; *m*, *n*, *o* Antrieb des Auspuffventils; *r* Schalldämpfer; *s* Kühlwassergefäß

Kurbelwelle und Schwungrad hängen mit ihrem Gewicht an einem Bundlager; die obere Fläche des Bundes ist als Kegelrad ausgebildet, das mit einem zweiten Kegelrad vom doppelten Teilkreisdurchmesser kämmt. Dieses Zahnrad treibt die mit halber Drehzahl umlaufende waagerecht liegende Abtriebwelle an, die zugleich Steuerwelle ist. Auf der Abtriebwelle sitzt fliegend die Riemenscheibe a; sie ist breit gehalten, damit der über sie laufende Riemen von einer Fest- auf eine Losscheibe geschoben werden kann, wenn der Wagen angehalten werden soll. Die Kurbelwelle ist in einem Stück aus Stahl geschmiedet; die Kurbelwangen sind auf der dem Kurbelzapfen entgegengesetzten Seite zu Gegengewichten b verbreitert (Bild 56). Vielleicht hatte KARL BENZ diesen Ausgleich der umlaufenden Massen an Lokomotivrädern gesehen.

Der Kraftstoff war natürlich Benzin. Der Eintritt des Benzin-Luft-Gemisches in den Zylinder wird durch einen Schieber f (Bild 55 und 56) gesteuert, dessen Gehäuse g seitlich am Zylinder befestigt ist. Wie bei OTTOs Viertaktmotor von 1876, der in manchen Einzelheiten als Vorbild gedient hat, wird der Schieberdeckel durch vier zylindrische Schraubenfedern h gegen den Schieber und dieser gegen den Schieberspiegel gedrückt, wodurch die Abdichtung hergestellt wird. i ist die vom Vergaser kommende Zuleitung für das brennbare Gasgemisch. Der Schieber erhält seinen Antrieb durch die Stange k, die an einem kleinen Kurbelzapfen l angreift, der fliegend am freien Ende der mit halber Motordrehzahl umlaufenden Abtriebwelle befestigt ist. Er sitzt auf der unrunden Scheibe m (Bild 55), die durch den zweiarmigen Hebel n und die Stange o das Auspuffventil (p in Bild 53) steuert. Den äußeren Teil der Zündkerze sieht man in Bild 55, den als Schalldämpfer wirkenden Auspufftopf r in Bild 55 und 56.

Der Arbeitszylinder war mit einer einfachen Verdampfungskühlung versehen, wozu das als Vorrats- und Verdampfungsbehälter dienende, etwas ungefüge Gefäß s auf den Zylinder gesetzt war. Für die kleine Leistung von kaum 1 PS, die der Motor hatte, hat diese Kühlung genügt. Als die Leistungen größer wurden, ersetzte KARL BENZ den Verdampfer durch einen Röhrenkühler (Bild 129, S. 261).

Das Forschungsinstitut für Kraftfahrwesen der Technischen Hochschule Stuttgart hat 1940 diesen damals 55 Jahre alten Motor untersucht. Er hatte ursprünglich 90 mm Zylinderdurchmesser, der durch Ausbohren auf 91,4 mm vergrößert worden war, und 150 mm Hub; die Leistung betrug 0,88 PSe bei 400 U/min, der günstigste Benzinverbrauch lag mit 860 g/PSeh bei 315 U/min. Der hohe Verbrauch ist auf das kleine Verdichtungsverhältnis von 2,68 zurückzuführen. Der höchste Verbrennungsdruck wurde zu 10 kg/cm^2 festgestellt, der mittlere nutzbare Kolbendruck zu 2 kg/cm^2. Das Gewicht des Motors einschließlich Kühler, Kraftstoffbehälter mit Vergaser und elektrischer Zündeinrichtung war 108 kg. Das bedeutete einen erheblichen Fortschritt gegenüber dem stationären Motor gleicher Größe, dessen Gewicht 650 kg/PS betragen hatte. Das niedrige Gewicht der „Standuhr" MAYBACHs konnte BENZ freilich nicht erreichen, denn der Daimler-Maybach-Motor lief mit 600 U/min und mehr fast doppelt so schnell wie der Benz-Motor. Später gelang es BENZ, das Einheitsgewicht seiner Wagenmotoren erheblich zu senken.

Karl Benz' erster Motorwagen

Am 3. Juli 1886 führte KARL BENZ seinen Motorwagen zum erstenmal der Öffentlichkeit vor. Das „Morgenblatt der Neuen Badischen Landeszeitung" vom 3. Juli berichtete unter der Rubrik „Stadt und Land":

Ein mittels Ligroingas zu treibendes Velociped, welches in der Rheinischen Gasmotoren-Fabrik von Benz & Co. construirt wurde und worüber wir schon an dieser Stelle berichteten, wurde heute früh auf der Ringstraße probirt und soll die Probe zufriedenstellend ausgefallen sein.

Mit dem „Velociped" war der dreirädrige Wagen gemeint, in welchen BENZ seinen ersten Leichtmotor eingebaut hat. „Ligroin" war eine Bezeichnung für Leichtbenzin, die REULEAUX vorgeschlagen hatte.

Die Bauart des Wagens wird im DRP 37435 eingehend beschrieben. Merkwürdigerweise schützt das Patent jedoch nur ein „Fahrzeug mit Gasmotorenbetrieb", das mit zwei bestimmten Einrichtungen versehen ist: einer Vorrichtung zum Kontrollieren des Benzinstandes und zum „Erkennen des Functionirens" des Vergasers sowie einer

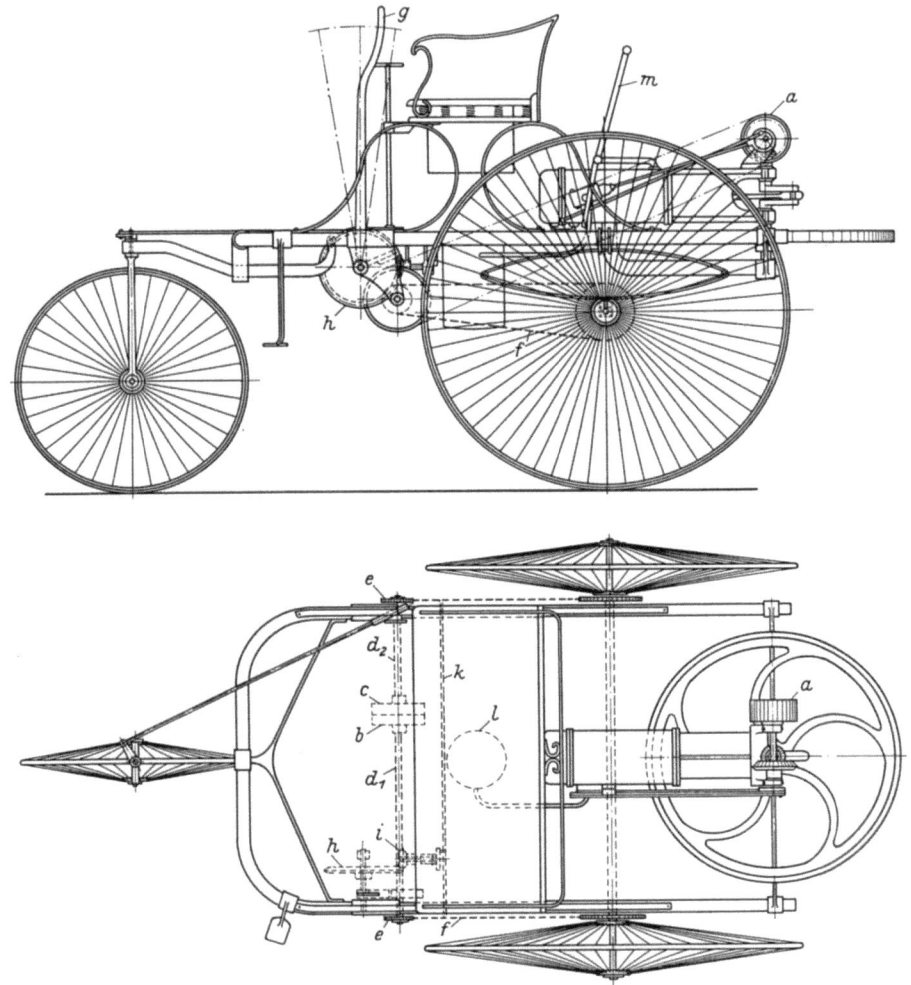

Bild 57. KARL BENZ' erster dreirädriger Motorwagen (nach der Patentschrift 37435 vom 29. Januar 1886)

a Riemenscheibe des Motors; b Festscheibe; c Losscheibe auf Vorgelegewellen d_1, d_2; e Kettenräder, f Ketten für Antrieb der Hinterräder; g Fahr- bzw. Bremshebel; h, i Kegelräder; k Stange zum Verschieben des Antriebriemens; l Benzinbehälter; m Röhrenkühler

Der Wagen hat am 3. Juli 1886 in Mannheim seine ersten Fahrten in der Öffentlichkeit gemacht

Vorrichtung, die so arbeitet, daß beim Anfahren des Wagens zuerst die Bremse gelöst wird, bevor der Motor in Gang gesetzt werden kann, und beim Stillsetzen zuerst der Motor abgeschaltet wird, bevor gebremst werden kann.

Man hat zwischen dem von KARL BENZ gebauten dreirädrigen Motorwagen und GOTTLIEB DAIMLERs und WILHELM MAYBACHs vierrädriger „Motorkutsche" gelegentlich den Unterschied gemacht, daß es KARL BENZ früher als seinen beiden großen Zeitgenossen — von deren Arbeiten er nichts gewußt hat — gelungen sei, den einheitlichen Kraftwagen zu schaffen. Das ist insoweit zutreffend, als es KARL BENZ von vornherein ebensosehr um den Wagen wie um den Motor zu tun war, während DAIMLER danach strebte, Motoren in möglichst großen Mengen herzustellen und ihren Einbau — nicht nur in Wagen — den Käufern zu überlassen. So hat KARL BENZ schon bei seinem ersten Wagen (Bild 57) das Differentialgetriebe vorgesehen, das bei Kurvenfahrten den Unterschied der Winkelgeschwindigkeiten der beiden Antriebräder ausgleicht. Andererseits erscheint der Einbau des stehenden „Standuhr"-Motors in DAIMLERs vierrädrigen Wagen geschickter als die liegende Anordnung des Motors in BENZ' Dreirad. Beide Wagen waren großartige Pionierleistungen; rückschauend eine Rangordnung aufzustellen gelingt nicht.

Für den schweren Motor erscheint das Fahrzeug fast zu zierlich. Das Gewicht des Motors wird ganz von der Hinterradachse getragen, gegen die der Motor abgefedert ist (Bild 57). Über die breite Riemenscheibe a, die in den voraufgegangenen Bildern ebenso bezeichnet ist, läuft der (im Aufriß Bild 57 gestrichelt gezeichnete) Riemen zur Festscheibe b bzw. zur Losscheibe c. In die Festscheibe ist das Differentialgetriebe eingebaut (in Bild 58 näher erläutert). Die Vorgelegewelle ist in die Achsen d_1 und d_2 unterteilt; die Teilfuge liegt zwischen der Fest- und der Losscheibe

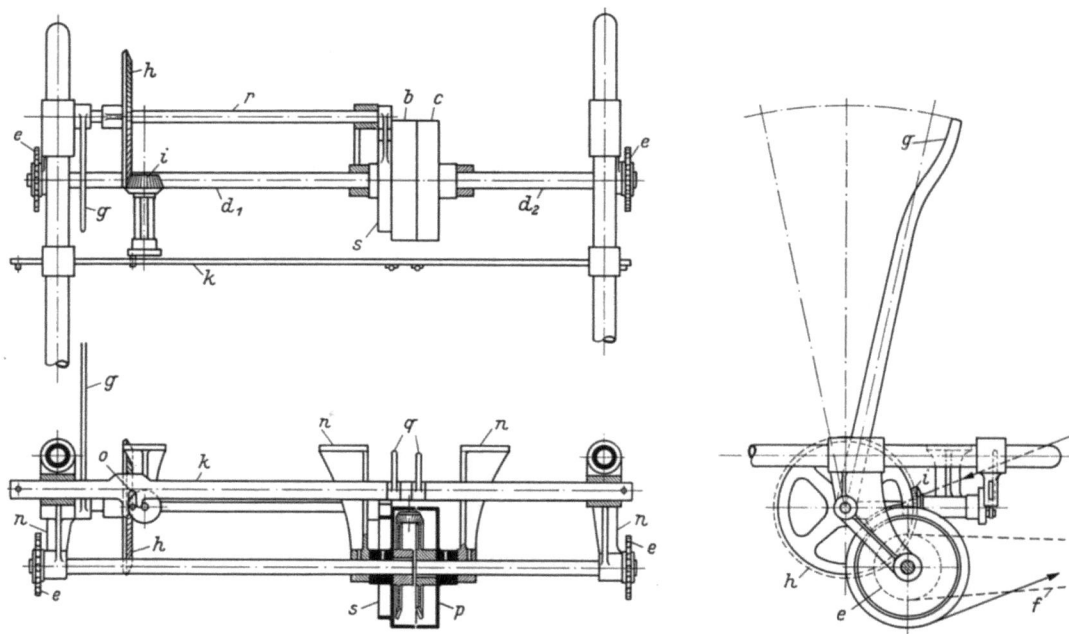

Bild 58. Vorgelegewellen und Vorrichtung zum Verschieben des Antriebriemens beim Benz-Wagen (1886)

b Festscheibe; c Losscheibe; d_1, d_2 Vorgelegewellen; e Kettenräder; g Fahrhebel; h, i Kegelräder; k Stange zum Verschieben des Antriebriemens; n Lagerböcke für Vorgelegewellen; o Kurbelschleife; p Differentialgetriebe; q Riemengabel; r Bremswelle; s Bremsscheibe

Die Vorrichtung ermöglichte nur das Anfahren, Stoppen und Bremsen, noch nicht die Rückwärtsfahrt des Wagens

(Bild 58). Jede Achse ist in zwei Böcken gelagert; jede trägt an ihrem äußeren Ende ein Kettenrad *e* mit Ketten *f* (Bild 57), die je ein Hinterrad antreiben. Die Durchmesser der Riemenscheiben und der Kettenräder sind so gewählt, daß die Drehzahl des Motors durch die Untersetzung erheblich erniedrigt wird. Durch den vom Fahrersitz aus zu bedienenden Hebel *g* kann mittels des Kegelradpaares *h*, *i* die Schiene *k* in ihrer Längsrichtung um so viel verschoben werden, wie der vom Motor kommende Antriebriemen braucht, um von der Fest- auf die Losscheibe zu gleiten. In Bild 57 ist *l* der unter dem Fahrersitz liegende Benzinbehälter mit dem Vergaser; *m* deutet ein schräg liegendes Röhrensystem an, das zum Rückkühlen des Zylinderkühlwassers dient.

In Bild 58 sind die Fest- und die Losscheibe *b*, *c* mit ihren Wellen d_1 und d_2 deutlicher zu erkennen. Die Wellen d_1, d_2 sind in Böcken *n* geführt, die am Wagengestell befestigt sind. Auf den freien Wellenenden sitzen die Kettenräder *e*. Der Fahrhebel *g* ist mit dem großen Kegelrad *h* fest verbunden. Die kleine Winkelbewegung, welche *h* beim Bewegen des Fahrhebels macht, wird durch die Übersetzung zwischen *h* und *i* so vergrößert, daß die Welle des Kegelrades *i* eine halbe Umdrehung ausführt, wenn der Hebel aus der einen in die andere Endstellung gelegt wird. Das freie (hintere) Ende dieser Welle trägt einen Zapfen, der in einen Schlitz der Schiene *k* greift und diese verschiebt, wenn *i* durch den Fahrhebel gedreht wird. Die Vorrichtung wirkt wie eine Kurbelschleife (*o* in Bild 58). In die Festscheibe *b* ist das Differential *p* eingebaut — hier zum erstenmal in ein Straßenfahrzeug —, das den beiden Hinterrädern ermöglicht, sich mit verschiedener Winkelgeschwindigkeit zu drehen, wenn der Wagen durch eine Kurve fährt. Die Mittellage des Fahrhebels *g* entspricht dem Stillstand des Wagens; der Antriebriemen liegt dann auf der Losscheibe *c*. Die Bewegung des Fahrhebels nach vorn verschiebt ihn durch die Riemengabel *q* auf die Festscheibe *b*: der Wagen nimmt die Vorwärtsfahrt auf. Wird der Hebel in die Mittellage zurückgelegt, so gleitet der Riemen auf die Losscheibe; auf dieser bleibt er liegen, auch wenn der Fahrhebel nach hinten gelegt wird. Durch diese Bewegung wird unter Vermittlung der Welle *r* (auf der das große Kegelrad *h* aufgekeilt ist und die zugleich die Achse des Fahrhebels ist) ein Bremsklotz gegen die Bremsscheibe *s* gedrückt, die mit der Festscheibe *b* verbunden ist. Der Wagen kommt dadurch zum Stillstand, während der Motor weiterläuft.

Rückwärtsfahren konnte dieser erste Dreiradwagen noch nicht. Später hat KARL BENZ dem Getriebe einen gekreuzten Riemen hinzugefügt, der auch die Rückwärtsfahrt ermöglichte.

Die Summerzündung von 1885

Den RÜHMKORFFschen Induktionsapparat zum Erzeugen der Zündfunken hat KARL BENZ bei seinem ersten Wagen beibehalten, den mechanischen Teil der Funkenauslösung jedoch geändert, da die bei den ortfesten Gasmotoren benutzte Steuerung (Bild 52) für die angestrebte höhere Drehzahl des Wagenmotors zu schwerfällig war. Bei der „Summerzündung", wie KARL BENZ seine Anordnung bezeichnete, wird die Sekundärwicklung durch eine unrunde Scheibe *a* (Bild 59), die auf der mit halber Drehzahl umlaufenden Nockenwelle *b* befestigt ist, abwechselnd geöffnet und geschlossen. Auf dem Umfang der unrunden Scheibe läuft die Rolle des Winkelhebels *c*, der auf seinem unteren, aus Hartgummi angefertigten Arm den Kontakt *d* trägt; in dessen Bohrung ist der Draht *e* des Sekundärstromkreises geklemmt. Die Blattfeder *f* steht in leitender Verbindung mit *d*. Läuft die Rolle des Hebels *c* über den ausgesparten Teil der Scheibe *a*, so berührt die Feder *f* die ihr gegenüberstehende geerdete Feder *g* nicht, und der Sekundärstrom geht zur Zündkerze *h*, an der die Funken über-

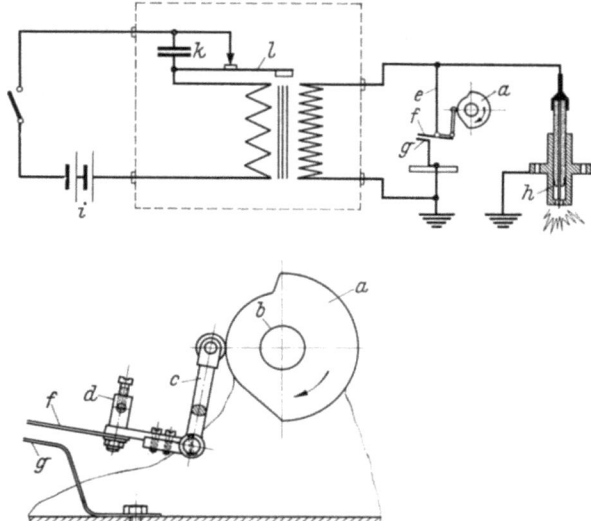

Bild 59. Die Summerzündung am Motor des Dreiradwagens (1885)

a Steuerscheibe; *b* Nockenwelle; *c* Winkelhebel mit Klemmkontakt *d*; *e* Sekundärstromkreis; *f,g* Blattfedern; *h* Zündkerze; *i* Batterie; *k* Kondensator; *l* Wagnerscher Hammer

Der Kondensator *k* und der Induktionsapparat mit dem Wagnerschen Hammer *l* waren in einem transportablen Kasten untergebracht (gestrichelte Umrahmung). Der Unterbrecher *f–g* lag im *Sekundär*kreis; die Batterie *i* war somit dauernd eingeschaltet, so daß sich die Elemente rasch abnutzten. Später hat KARL BENZ den Unterbrecher in den Primärkreis gelegt

springen. Wenn dagegen der nicht ausgesparte Teil der Steuerscheibe die Federn *f* und *g* zusammendrückt, ist der Sekundärstromkreis kurzgeschlossen, und die Funkenbildung hört auf. Da der ausgesparte Teil der Steuerscheibe sich über den halben Umfang erstreckt und die Scheibe mit der halben Motordrehzahl umläuft, dauert die Funkenbildung eine volle Umdrehung der Kurbelwelle, und zwar vom Ende des Verdichtungshubes bis zum Ende des Auspuffhubes, somit unnötig lange. BENZ hielt dies für die Sicherung der Zündung und Verbrennung für erforderlich. Der Primärstromkreis mit der Batterie *i*, dem Kondensator *k* und dem Wagnerschen Hammer *l* blieb dauernd eingeschaltet, was ein häufiges Auswechseln der Chromsäureelemente nötig machte. Diesen Übelstand hat BENZ später dadurch beseitigt, daß er die Unterbrechung in den Primärkreis verlegte und diesen nur während einer so kurzen Zeit schloß, wie es die Zündung erforderte (Bild 131, S. 264).

Karl Benz' Schwimmervergaser

Den ersten von ihm entworfenen Vergaser hat KARL BENZ sich durch dasselbe Patent (Nr. 37435) schützen lassen, das er auf sein „Fahrzeug mit Gasmotorenbetrieb" erhielt. Die darin beschriebene „Vorrichtung zum Erkennen des Functionirens und des Oelstandes im Gasbehälter" scheint ihm sogar die Hauptsache gewesen zu sein, denn sie wird unter dem Patentanspruch 1 angeführt, aber erst in Fig. 9 durch eine Zeichnung erläutert. Aus einem mit Benzin gefüllten Vorratsbehälter, der oberhalb des Verdampfergefäßes angebracht ist, soll durch ein dünnes Rohr, das mit einem von Hand einstellbaren Hahn versehen ist, stets so viel Benzin in den unteren Behälter nachtropfen, wie der Motor verbraucht, so daß der Benzinspiegel im Verdampfer die gleiche Höhe behält. Damit der Fahrer den Benzinstand erkennen kann, ist das vom

Vorratsbehälter kommende enge Rohr in ein weites Ölstandsglas eingeführt, das mit dem Innern des Verdampfergehäuses in Verbindung steht. Der Fahrer hätte somit dauernd den Verdampferbehälter beobachten müssen – aber in der Zeichnung der Patentschrift ist der Vergaser unterhalb des Fahrersitzes angeordnet, so daß ein Beobachten nicht möglich war. Dieser patentierte Vergaser ist wohl nicht ausgeführt

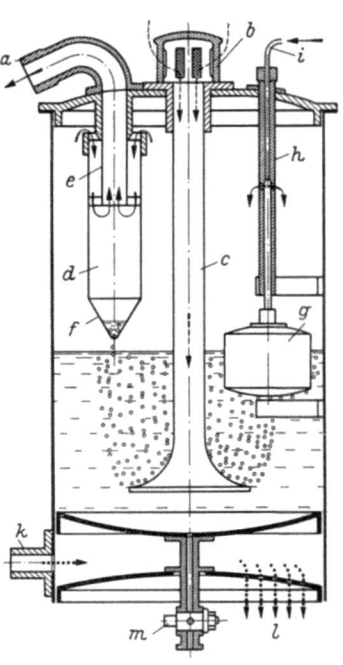

Bild 60
KARL BENZ' Schwimmervergaser (1886)

a Saugleitung des Motors; *b* Drahtsieb; *c* Luftzuführung; *d*, *e* Tropfenabscheider; *f* Trichter; *g* Schwimmer; *h* Führung der Schwimmerachse; *i* Benzinzufluß; *k* Heizgaseintritt; *l* Heizgasaustritt; *m* Entleerungshahn

Der Vergaser beruht auf demselben Prinzip wie WILHELM MAYBACHS Schwimmervergaser (Bild 40, S. 95) — Konstanthaltung der Höhe der von der Luft durchperlten Benzinschicht —, ist aber völlig unabhängig von MAYBACHS Arbeiten entstanden

worden; jedenfalls hat KARL BENZ noch in demselben Jahr, in welchem der Wagen zum erstenmal fuhr, einen anderen Vergaser konstruiert, bei welchem ein Schwimmer den Benzinspiegel selbsttätig auf gleicher Höhe hielt. Bei *a* (Bild 60) ist die Saugleitung des Motors angeschlossen. Der laufende Motor erzeugt im Gehäuse einen Unterdruck, so daß die durch das Drahtsieb *b* und das unten sich trompetenförmig erweiternde Rohr *c* eintretende Luft durch das Benzin hindurchgesaugt wird. Damit keine groben Benzintropfen in das Saugrohr gelangen, wird die mit Benzin angereicherte Luft an der Außenwand des Zylinders *d* in der Richtung zum Deckel geführt und durch das eingehängte Rohr *e* zur Richtungsumkehr gezwungen. Dabei fallen die schweren Benzintropfen in den Trichter *f*, der sie durch ein Loch an seiner Spitze in den Benzinbehälter zurücktreten läßt. Der Schwimmer *g*, durch eine Stange im Rohr *h* geführt, hebt und senkt sich mit dem Benzinspiegel. Hat dieser seinen Höchststand erreicht, so sperrt das obere, als Ventilkegel ausgebildete Ende der Stange den Zufluß des Benzins durch das Rohr *i* ab. Bei sinkendem Benzinspiegel gibt der Schwimmer die Zuflußöffnung frei. In Bild 60 ist der Weg des Benzins durch ausgezogene, der der Luft durch gestrichelte Pfeile angedeutet. Der Boden des Vergasergehäuses ist doppelwandig gebaut, er dient zum Vorwärmen des Benzins bei niedriger Außentemperatur. Hierzu wird ein Teil der Auspuffgase von der Auspuffleitung abgezweigt und bei *k* in den Bodenraum geführt. Bei *l* strömen die Heizgase durch Öffnungen im unteren Boden ab (punktierte Pfeile in Bild 60). Durch den Hahn *m* kann das Vergasergehäuse entleert werden.

Karl Benz hat die Konstruktion des Vergasers wiederholt abgeändert; im ganzen hat er mehrere tausend Schwimmervergaser gebaut. Später hat er auch neben anderen Bauarten den 1893 von Maybach erfundenen Spritzdüsenvergaser übernommen, der in Deutschland keinen Patentschutz hatte finden können. Bis 1911 hat die Firma Benz ihre Vergaser selbst hergestellt; dann gab sie den Bau von Vergasern auf und bezog sie von Firmen, die sich auf die Fabrikation dieser empfindlichen Apparate spezialisiert hatten.

Die Rheinische Gasmotoren-Fabrik bis 1890

Die schweren ortfesten Gasmotoren, deren Bau die Hauptbeschäftigung der Fabrik bildete, verkauften sich gut; die Nachfrage stieg bald so stark an, daß die kleine Werkstatt, in der man bis dahin gearbeitet hatte, nicht mehr ausreichte, um die sich mehrenden Aufträge auszuführen. Die Gesellschaft erwarb daher 1886 ein Grundstück von 4000 qm in der Waldhofstraße in Mannheim und verlegte den gesamten Betrieb dorthin.

Es war das Jahr, zu dessen Beginn Ottos Viertaktpatent für nichtig erklärt worden war. Benz konnte jetzt den Viertakt, den er schon bei dem Motor seines Versuchswagens benutzt hatte, auch bei den stationären Motoren anwenden; er stellte die Gasmotoren auf den Viertakt um und baute auch ortfeste Viertakt-Benzinmotoren. Die Einführung der Tauchkolbenbauart ergab eine zusätzliche Verbilligung. Die elektrische Zündung hat Karl Benz bei seinen Wagenmotoren immer beibehalten; bei den langsamer laufenden stationären Motoren hat er seit 1889 auch die Glührohrzündung benutzt, deren Brauchbarkeit Daimler und Maybach gezeigt hatten. Sie war billig und im Betrieb anspruchslos. Von Mitte 1889 an werden in den Prospekten der Rheinischen Gasmotoren-Fabrik wahlweise die elektrische Zündung und die Glührohrzündung angeboten. Man konnte nicht annehmen, daß der Anspruch 2 des Daimler-Patentes 28022 so weit ausgelegt werden würde, daß auch die nach einem ganz anderen Prinzip arbeitenden Benz-Motoren unter das Patent fielen. Als es Gottlieb Daimler später gelungen war, alle Angriffe auf sein Patent abzuwehren, wurde Karl Benz ihm lizenzpflichtig und mußte die für jene Zeit beträchtliche Summe von 37000 Mark an Daimler zahlen.

Eine weitere Neuerung war die Einführung der stehenden Bauart für ortfeste Kleinmotoren (Bild 61). Grundsätzlich war schon der erste von Benz gebaute Wagenmotor nichts anderes als ein auf die Seite gelegter Kleinmotor, von dessen liegender Anordnung im Wagen Karl Benz sich Vorteile versprochen hatte. Die stehende Bauart eignete sich nur für kleine Leistungen, weil der hochliegende Riemenzug die Befestigung des Motors auf dem Fundament ungünstig beanspruchte. Man baute zuerst einen 1 PS-Motor; dann wurden Leistungen von 2 bis 5 PS entwickelt, und 1891 wurde die Reihe durch einen $1/3$ PS-Motor nach unten und einen 10 PS-Motor nach oben erweitert. Alle stehenden Motoren waren Gasmotoren, die in den Prospekten „mit einfachster Glührohrzündung" angeboten wurden.

In Bild 61 sieht man rechts oben den Fliehkraftregler, dessen Spindel die Verlängerung der Kurbelwelle bildet. Links davon liegt die Verschalung des Zahnradgetriebes, das die Drehzahl der unterhalb der Kurbelwelle liegenden kurzen Steuerwelle auf die Hälfte herabsetzt. Auf der Steuerwelle ist je ein Nocken für das Gaseinlaß- und das Auspuffventil angeordnet. Der Regler öffnet das Gaseinlaßventil entsprechend der Leistung mehr oder weniger weit; bei zu hoch ansteigender Drehzahl schließt er die Gaszufuhr bis auf die für den Leerlauf erforderliche Öffnung g (Bild 51) ab.

Mit einer Zylinderleistung von 10 PS konnte man um 1890 zwar den Bedürfnissen der Kleinindustrie entsprechen, aber mit der mehr und mehr aufkommenden Verwendung der Elektrizität für Beleuchtungszwecke verlangte man Motoren mit stärkeren Leistungen. So wurden jetzt auch Zweizylindermotoren entwickelt, die sich wegen ihres gleichförmigeren Ganges für den Antrieb von Gleichstromdynamos gut eigneten. Bald konnte man liegende Zwillingsmaschinen mit 25 PS Leistung anbieten, und Anfang der 90er Jahre war man sogar erbötig, Gasmotoren mit 100 PS Leistung zu liefern, verlangte aber hierfür eine besondere Bestellung und längere Lieferzeit.

Eines der ältesten Geschäftsbücher der Rheinischen Gasmotoren-Fabrik, der heutigen Motoren-Werke Mannheim, in welchem über die in jenen Jahren verkauften Motoren Buch geführt wurde, ist erhalten geblieben. Es beginnt im Oktober 1887 mit der Motornummer 167; das wird die Zahl der seit der Gründung der Gesellschaft (Oktober 1883) verkauften Motoren gewesen sein. In den folgenden Jahren stieg der Absatz rasch an. Das Kleingewerbe war der Hauptabnehmer, besonders die Buchdruckereien und die Nahrungsmittelindustrie; sie brauchten Leistungen von 1, 2 und 4 PS. Die größeren Maschinen dienten der Stromerzeugung für die elektrische Beleuchtung. Die kleineren Leistungen wurden für Leuchtgas- oder Benzinbetrieb gebaut, die

Bild 61. Einer der ersten stehenden Benz-Motoren mit obenliegender Kurbelwelle (1889)

Motoren dieser Bauart mit Leistungen von 0,5 bis 10 PS genügten 1890 vielen Bedürfnissen des Gewerbes. Sie wurden für Betrieb mit Leuchtgas und mit Benzin gebaut

größeren nur für Leuchtgas. Auch Petroleummotoren wurden vorübergehend angeboten. Das Petroleum sollte in einem durch die Auspuffgase beheizten Gefäß in Dampf verwandelt und der Dampf dem Gasventil zugeführt werden. Das war indessen ein schwieriges Problem, dem man damals noch nicht gewachsen war, und der Bau dieser Motoren wurde bald wieder eingestellt.

Die von Benz & Co. gebauten Motoren bewährten sich gut; das Geschäft blühte auf. Mit Stolz durfte KARL BENZ in einem Prospekt aus dem Jahr 1891 sagen:

Als Beispiel für den großen Anklang, den unsere Motoren mit Glührohrzündung finden, dient, daß allein im letzten Jahre über 500 unserer Motoren in Betrieb gesetzt wurden.

Damit hatte er eine Produktion erreicht, die halb so groß war wie die der größten Motorenfabrik der damaligen Zeit, der Gasmotoren-Fabrik Deutz. Nunmehr war auch eine gesunde finanzielle Grundlage für die Fortsetzung der Versuche am Motorwagen vorhanden. Aber die Mitinhaber der Gesellschaft, die Kaufleute Rose und Esslinger, hätten das gutgehende Geschäft mit den stationären Motoren lieber gesehen als Karl Benz' kostspielige Versuche mit seinem Wagen, von dem nicht abzusehen war, ob er das viele hineingesteckte Geld jemals wieder einbringen würde. Karl Benz hingegen hatte nun einmal, wie er in seinen Erinnerungen sagt, „sein Herz nicht an den Motor, sondern an das selbstlaufende Fahrzeug gehängt". Die Kaufleute hielten ihm vor, daß bis 1890 trotz größter Anstrengungen nur wenige Exemplare des Wagens verkauft worden waren. Allmählich spitzten sich die Gegensätze zu, bis sie 1890 zum Ausscheiden Roses und Esslingers führten. „Lassen Sie die Finger vom Motorwagen", war ein letzter, gutgemeinter Rat, den Rose bei seinem Austritt Karl Benz für seine weiteren Arbeiten gab.

Von den neuen Männern, welche die Nachfolge der ausscheidenden Teilhaber übernahmen, sagt Benz in seinen Erinnerungen:

> Als neue Teilhaber traten um dieselbe Zeit Herr Friedrich von Fischer und Herr Julius Ganss in mein Unternehmen ein. Damit hatte ich das Glück, daß mir zwei Männer zur Seite traten, die — statt Mißtrauen — den fröhlichen starken Glauben an die Zukunftsmacht des Motorwagens mit sich brachten. Sie waren gleich mir Feuer und Flamme für die neue Produktionsidee und scheuten keine Geldopfer zwecks Fabrikation von Motorwagen. Beide waren Kaufleute, beide in ihrer Art verschieden, aber beide tatkräftig und tüchtig. Herr v. Fischer übernahm mit Umsicht die Organisation des inneren kaufmännischen Betriebs, während Herr Julius Ganss mit weitschauendem Blick in der Organisation des äußeren Verkaufs Hervorragendes leistete. Bald häuften sich die Aufträge in einem solchen Maße, daß trotz rascher Vergrößerung der Fabrikanlage und der Arbeiterzahl die technische Produktion fast nicht mehr Schritt halten konnte mit dem Tempo des Verkaufs.

IX. Auch in Hannover und Magdeburg beginnt man Gasmotoren zu bauen

Drei Firmen sind es gewesen, die im Raum Hannover—Magdeburg Ende der siebziger Jahre nacheinander den Bau von Gasmotoren aufgenommen haben: die „Hannover'sche Maschinenbau-Actiengesellschaft vorm. Georg Egestorff in Linden vor Hannover", heute unter dem Namen Hanomag Aktiengesellschaft bekannt, die Firma Buss, Sombart & Co. in Magdeburg und die Gebrüder Körting in Hannover. Von ihnen ist heute nur noch die Hanomag auf dem Gebiet des Verbrennungsmotorenbaues tätig, den sie seit 1877 (mit Einlage einer Pause von 1884 bis 1910) betrieben hat; Körting stellt Apparate für die Verfahrenstechnik her; die Firma Buss, Sombart & Co. ist vergessen. Wir berichten von ihr, weil sie am Anfang einer Entwicklung steht, die — wenn auch auf Umwegen — zur Großgasmaschine der Maschinenbau-Gesellschaft Nürnberg, des heutigen Werkes Nürnberg der MAN, geführt hat (s. die Zeittafel am Schluß des Buches).

Die Hannover'sche Maschinenbau-AG (1877—1882)

Die „Hannoversche", wie wir sie hier kurz bezeichnen, gehört zu den ältesten Maschinenbauanstalten Deutschlands. Sie wurde 1835 durch Georg Egestorff gegründet und von 1846 an zu einer der größten Lokomotivfabriken ausgebaut. 1871 wurde sie in eine Aktiengesellschaft mit dem für die damalige Zeit ansehnlichen Kapital von 3½ Millionen Mark umgewandelt.

Zu der Zeit der Umwandlung bestand die Firma bereits 35 Jahre. Sie hatte mit 20 Arbeitern begonnen; 1871 waren es über 2400. Es wurden hauptsächlich Lokomotiven gebaut, nach welchen damals mit der wachsenden Ausdehnung des Eisenbahnnetzes eine lebhafte Nachfrage bestand. Man fabrizierte im Geschäftsjahr 1871/72 nicht weniger als 201 Lokomotiven, für jene Zeiten eine große Zahl. Aber die günstige Konjunktur hielt nicht lange an; man hatte den Bedarf an Lokomotiven überschätzt, und die schlimmen Nachwirkungen der „Gründerjahre" mit ihren verfehlten Spekulationen machten sich bemerkbar. Die Bestellungen wurden von Jahr zu Jahr weniger und erreichten 1881 mit nur neun verkauften Lokomotiven einen Tiefstand. Die Geschäftsleitung hatte sich indessen rechtzeitig nach Arbeit auf anderen Gebieten des Maschinenbaues umgesehen. Es ist offenbar der zweite Direktor des Werkes, CONRAD KRAUSS, gewesen, der die Hannover'sche Maschinenbau-Gesellschaft veranlaßt hat, den Bau von Verbrennungsmotoren aufzunehmen. OTTOS „Neuer Motor" hatte 1876 beträchtliches Aufsehen erregt, und so stellte man im Mai 1877 einen Ingenieur LIECKFELD wieder ein, dem man die Leitung des Motorenbaues übertrug. GEORG LIECKFELD hatte schon früher als Lokomotivkonstrukteur in der Hanomag gearbeitet, war aber 1874 wegen des Absatzrückganges entlassen worden. Daß man ihn in einem Zeitpunkt zurückholte, als man wegen der anhaltenden Beschäftigungslosigkeit über 1000 Angestellte und Arbeiter hatte entlassen müssen, spricht für seine Fähigkeiten. LIECKFELD hat später bei Gebr. Körting Gasmotoren nach eigenen Konstruktionen entwickelt. Sein 1894 erschienenes Buch[41] über Petroleum- und Benzinmotoren hat historischen Wert.

Aufnahme des Gasmotorenbaues

Die Hannoversche erwarb das auf den Namen „Ferdinand Kindermann in Magdeburg" lautende DRP 831 vom 14. Juli 1877. Die Patentschrift verdient Beachtung, denn sie beschreibt einen „Zweicylindrigen Gasmotor", den wir heute als einzylindrigen Gegenkolbenmotor bezeichnen. Zum erstenmal wird hier das Gegenkolbenprinzip vorgeschlagen, wie es später durch V. OECHELHÄUSER bei der Gasmaschine und HUGO JUNKERS beim Dieselmotor verwirklicht worden ist. Gegenwärtig wird es in großem Maßstab von der Firma William Doxford & Sons in England ausgeführt. Bild 62 zeigt die wichtigsten Abbildungen der Patentschrift. In einem oben und unten offenen Zylinder arbeiten zwei gegenläufige Kolben; jeder Kolben wirkt über einen kurzen Lenker, einen zweiarmigen Schwinghebel und eine Pleuelstange auf einen Kurbelzapfen der zweifach gekröpften Welle, die auf halber Höhe des Zylinders liegt. Die Maschine soll nach der Patentschrift im Zweitakt arbeiten; bei auseinandergehenden Kolben soll auf dem ersten Teil des Hubes das Gasgemisch angesaugt und anschließend durch eine Flamme entzündet werden. „Durch das gleichzeitige Auseinanderschleudern beider Kolben", sagt der Erfinder in der Beschreibung, „bildet sich zwischen denselben ein Vacuum und drückt nun die äußere Atmosphäre die beiden Kolben in ihre Anfangsstellung zurück", wodurch die verbrannten Gase ausgeschoben werden. Das war die Wirkungsweise der atmosphärischen Gaskraftmaschine.

Das DRP 831 von KINDERMANN ist nicht nur bemerkenswert, weil es zum erstenmal die Gegenkolbenbauart erwähnt, sondern auch weil der Erfinder mit erstaunlicher Klarheit erkannt hat, daß die gegenläufigen Kolben für den Ausgleich der Wirkungen der hin- und hergehenden Massen günstig sind. Er sagt darüber in der Beschreibung:

> Ferner ist der Motor so construirt, daß das Gewicht der einzelnen Theile desselben dem Gang nicht hindernd entgegenwirkt, indem alle beweglichen Theile des Motors sich gegenseitig das Gleichgewicht halten.

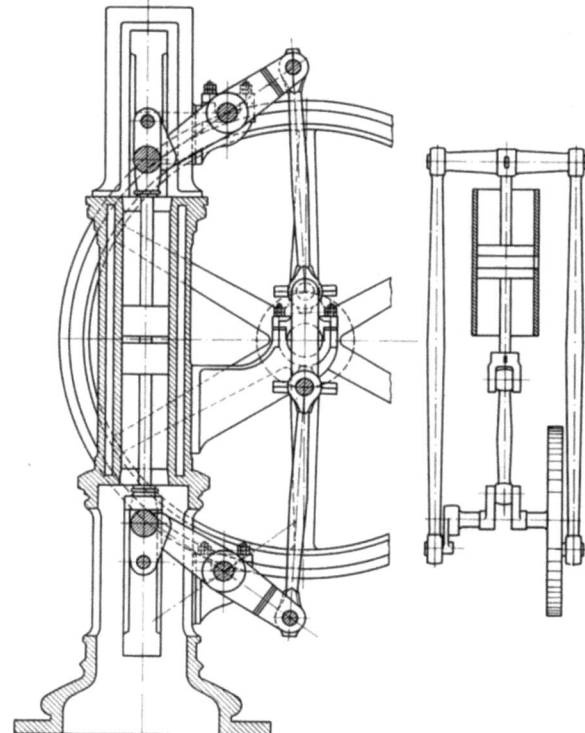

Bild 62

Ältester Vorschlag eines Gegenkolbenmotors (nach der Patentschrift 831 vom 14. Juli 1877 von F. KINDERMANN)

Die Skizze auf der rechten Bildseite entspricht dem Triebwerk einer modernen Gegenkolbenmaschine. Die Hannover'sche Maschinenbau-AG hat darnach einen 4pferdigen Versuchsmotor gebaut, der Anfang 1878 gelaufen ist. Näheres ist nicht bekannt. Der Bau der Gegenkolbenmaschinen wurde damals nicht fortgesetzt

Auch die Steuerung des Zündschiebers verdient Erwähnung: der Schieber soll durch eine auf der Kurbelwelle befestigte, mit einer Kurvennut versehene Scheibe bewegt werden. Fünf Jahre später gelang es GOTTLIEB DAIMLER, auf die nicht mehr neue Kurvennutensteuerung ein Patent zu erhalten (Bild 33, S. 87).

Schon Ende 1877 war ein Versuchsmotor fertiggestellt. Von den beiden gegenläufigen Kolben arbeitete der untere durch Kolben- und Pleuelstange auf die mittlere Kurbel der dreifach gekröpften Kurbelwelle, der obere durch ein Querhaupt und zwei seitliche Stangen auf die um 180° gegen die mittlere Kröpfung versetzten äußeren Kröpfungen (Bild 62, rechts). Die Anordnung entspricht dem Triebwerk einer modernen Gegenkolbenmaschine. Die Versuchsmaschine arbeitete nach dem Viertaktverfahren mit der Flammenzündung. Anfang 1878 wurde sie durch einen Professor RÜHLMANN untersucht, der eine Leistung von etwa 4 PS und einen Gasverbrauch von 0,88 cbm/PSh ermittelte.

Die Hannoversche versuchte, Patentschutz auf die Bauart des ganzen Motors zu erhalten, aber die Gasmotoren-Fabrik Deutz, die begreiflicherweise die aufkommende Konkurrenz nicht gerne sah, erhob Einspruch. So wurde der Hannoverschen nur ein Patent auf die besondere Bauart einer „Zündvorrichtung für Gasmaschinen" erteilt;

das Patent trägt die Nr. 7212 vom 8. Februar 1878. In England ist der Motor als Ganzes patentiert worden.

Es war besonders das Vorstandsmitglied C. KRAUSS der Hannoverschen, der die in dem DRP 831 enthaltenen Erfindungsgedanken praktisch zu verwerten suchte. Der in der Patentschrift gegebene Hinweis, daß der Motor auch liegend verwendet werden könne und wegen seines guten Massenausgleiches keines schweren Fundamentes bedürfe, brachte ihn, den Lokomotivbauer, auf den Gedanken, einen Gegenkolbenmotor als Unterflurmotor auf einer Lokomotive einzubauen, die den Treibstoff, Druckgas von 10 kg/cm², mit sich führen sollte. Er erhielt hierauf das DRP 6768 vom 8. Oktober 1878 und gehört damit zu den frühesten Befürwortern des motorisierten Schienenverkehrs. Aber die Zeit war hierfür noch nicht reif, und als C. KRAUSS im Juli 1879 in den Ruhestand trat, fehlte die treibende Kraft, die Versuche fortzusetzen. Die Erfindung geriet in Vergessenheit.

In der Hannoverschen war man auf die Gegnerschaft der Gasmotoren-Fabrik Deutz aufmerksam geworden. Die Deutzer beanspruchten eine Anordnung, bei welcher der Verbrennungsraum die gerade zylindrische Fortsetzung des Arbeitszylinders bildete, als ihnen patentiert, und so mußte man in der Hannoverschen nach Umgehungen suchen. Man meldete einen Gegenkolbenmotor zum Patent an, bei welchem der Verbrennungsraum nicht mehr *zwischen* den beiden Kolben lag, sondern seitlich neben dem Arbeitszylinder angeordnet war. Ein durch die Zylinderwand geführter Kanal verband den Verbrennungsraum mit dem Arbeitszylinder. Wiederum erhob DEUTZ Einspruch mit dem Ergebnis, daß der Hannoverschen zwar das Patent Nr. 8802 vom 1. Februar 1879 erteilt wurde, zugleich aber dieses Patent als „Verbesserungen an dem unter P. R. No. 532 patentirten Gasmotor" beschreibend von dem Deutzer Patent 532 für abhängig erklärt wurde.

Inzwischen hatte die Hannoversche sich mit zwei in Hannover wohnenden Ingenieuren, WILHELM WITTIG und WILHELM HEES, in Verbindung gesetzt, die ebenfalls bemüht waren, das Deutzer Patent zu umgehen. Sie hatten sich einen stehenden Zweitaktmotor mit obenliegender, zweifach gekröpfter Kurbelwelle patentieren lassen, der, ähnlich Bild 63, einen Arbeitszylinder und einen Pumpenzylinder besitzt. Der Arbeitskolben berührt in seiner unteren Totlage fast den unteren Zylinderboden, so daß in dieser Stellung kein Brennraum vorhanden ist. Die Kurbel des Arbeitskolbens eilt der Pumpenkurbel um etwa 60° voraus. Der aufwärtsgehende Pumpenkolben saugt das Gas-Luft-Gemisch an und verdichtet es bei dem darauffolgenden Abwärtshub so lange, bis der um 60° voreilende Arbeitskolben seinen unteren Totpunkt erreicht hat. Dann öffnet sich ein zwischen beiden Zylindern befindliches Überströmventil, und der weiter abwärtsgehende Pumpenkolben schiebt das Gemisch in den Arbeitszylinder, wo es nach Schluß des Überströmventils entzündet wird. Die Kurbel des Arbeitskolbens steht dann schon etwa 70° nach ihrem unteren Totpunkt. Bis zum Erreichen des oberen Totpunktes dauert die Ausdehnung des brennenden Gemisches. Bei der Umkehr des Arbeitskolbens öffnet sich das gesteuerte Auspuffventil, und die Abgase werden ausgeschoben. Das Ausschieben dauert an, bis der Arbeitskolben seinen unteren Totpunkt erreicht hat, in welchem er nur noch ein sehr kleines Spiel gegenüber dem Deckelboden hat, so daß die Abgase vollständig entfernt werden können. Im Arbeitszylinder ist also, wenn der Kolben im unteren Totpunkt steht und den Zylinderboden fast berührt, kein Verbrennungsraum vorhanden; dieser bildet sich erst, indem sich der Kolben nach oben bewegt, und die Zündung tritt erst ein, wenn die Kurbel schon etwa 70° vom

Totpunkt aus zurückgelegt hat. Damit glaubte man das Deutzer Patent umgangen zu haben.

WITTIG und HEES erhielten auf diese Konstruktion das DRP 6776 vom 13. Februar 1879. Diesmal hatten die Deutzer keinen Einspruch erhoben, sei es, daß sie das entgegenstehende Material für einen Einspruch nicht für ausreichend hielten, oder daß sie glaubten, ein Motor dieser Konstruktion würde ihnen kaum eine ernstliche Konkurrenz machen können. Durch den um 70° verzögerten Eintritt der Zündung ging ein wertvoller Teil des Verbrennungs- und Ausdehnungshubes verloren, und eine Maschine dieser Bauart mußte notwendigerweise einen hohen Gasverbrauch haben, so daß sie DEUTZ nicht gefährlich werden konnte.

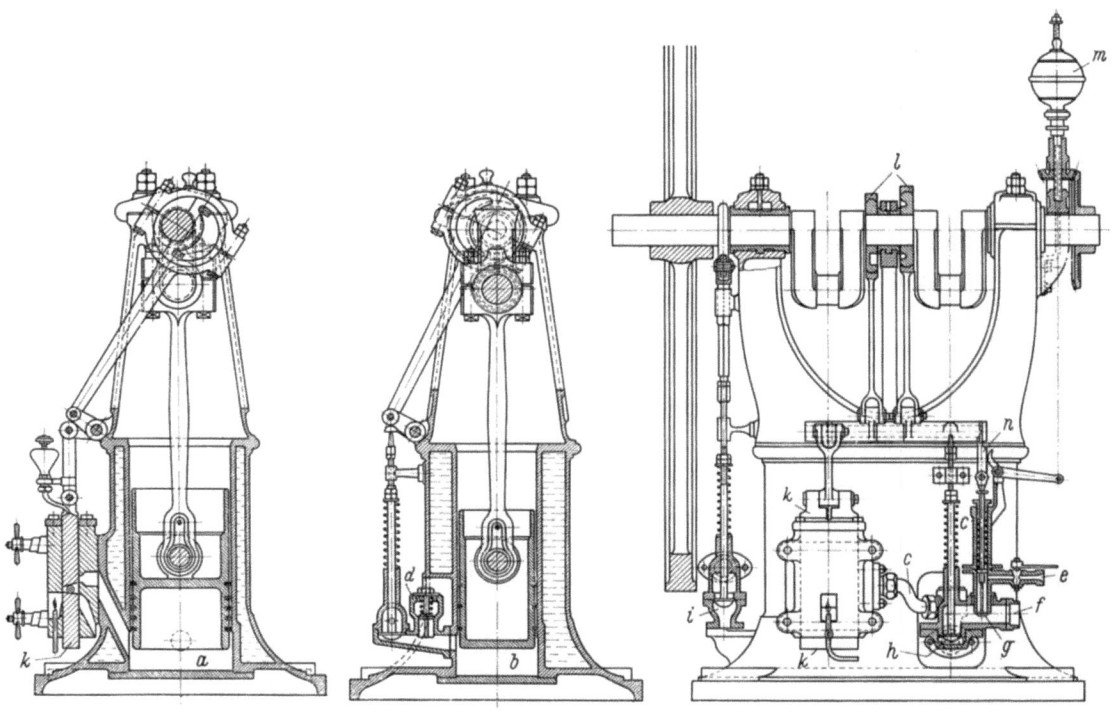

Bild 63. Zweitaktmotor von WITTIG und HEES (1879)

a Arbeitszylinder; *b* Pumpenzylinder; *c* Überströmleitung; *d* Rückschlagventil; *e* Gaseintritt; *f* Lufteintritt; *g* Gasventil; *h* Luftventil; *i* Auspuffventil; *k* Zündschieber; *l* Exzenter; *m* Regler; *n* Gelenk an der Ventilspindel *g*

Dieser von der Hannover'schen Maschinenbau-AG gebaute Motor war der erste deutsche Zweitaktmotor, der mit Vorverdichtung der Ladung arbeitete. Die Firma stellte 1884 den Bau ein, nachdem OTTO mit einer Klage wegen Verletzung der DRP 532 und 2735 gedroht hatte

Die Hannoversche erwarb das DRP 6776, weil es die Möglichkeit zu bieten schien, das Deutzer Patent 532 zu umgehen, und baute den in Bild 63 dargestellten Motor, den GÜLDNER „die älteste deutsche Zweitakt-Verpuffungsmaschine" nennt. Sie unterschied sich von dem Motor nach dem Patent 6776 außer in konstruktiven Einzelheiten insbesondere dadurch, daß die beiden Kurbeln nicht um 60° gegeneinander versetzt, sondern gleichgerichtet waren.

Der Arbeitszylinder *a* und der Gaszylinder *b* sind stehend nebeneinander angeordnet und bilden mit dem Kühlmantel, der Grundplatte und den Armen, welche die

Lager der obenliegenden Kurbelwelle tragen, ein einziges Gußstück. Die Zylinderdeckel sind durch ebene Platten ersetzt, die von unten gegen die Zylinder geschraubt werden; so kann das Gußstück gut bearbeitet werden. Die beiden Kurbeln stehen parallel. Das hat zur Folge, daß das Gas-Luft-Gemisch schon während des Niederganges des Arbeitskolbens in den Brennraum übergeschoben wird und die Zündung auf den unteren Totpunkt des Kolbens verlegt werden kann, während WITTIG und HEES sie erst 70° nach dem unteren Totpunkt eintreten lassen wollten. Die Ladung wird durch das die beiden Zylinder verbindende Rohr c übergeschoben, in das ein Rückschlagventil d eingebaut ist. Der Pumpenkolben saugt beim Aufwärtsgang das frische Gemisch an, und zwar bei e das Gas und bei f die Luft, die durch die Ventile g und h eintreten, und verdichtet es beim Abwärtsgang. Der gleichzeitig abwärtsgehende Arbeitskolben schiebt durch das gesteuerte Auspuffventil i die verbrannten Gase in die Abgasleitung, jedoch nur während der ersten 60% seines Abwärtsganges; dann schließt das Auspuffventil, und der Rest der Auspuffgase wird verdichtet. Da der Verdichtungsdruck im Pumpenzylinder überwiegt, öffnet sich das Überströmventil d, und das frische Gemisch wird in den Raum a übergeschoben, wo es sich mit den Abgasresten mischt. Wenn beide Kolben den unteren Totpunkt erreicht haben, steuert der Zündschieber k den Eintritt der Zündung. Die Gasflammenzündung unterschied sich nicht von der bei den Deutzer Maschinen benutzten. Das Ventil h und der Zündschieber k werden durch Exzenter l in der aus Bild 63 ersichtlichen Weise gesteuert, die Ventile g und i durch Nocken, die auf der Kurbelwelle befestigt sind. Bei zu hoher Drehzahl drückt der Regler m das Gelenk n beiseite, welches das obere Ende der Ventilspindel g bildet, so daß der Nocken die Spindel nicht berührt und das Ventil geschlossen bleibt.

Der Bau dieser Motoren wurde so beschleunigt, daß sie schon im Jahr 1879 verkauft werden konnten. Damit kam die Hannoversche KARL BENZ, der um dieselbe Zeit seinen Zweitaktmotor entwickelte, etwas zuvor. Es waren die ersten Zweitaktmotoren Deutschlands, die mit Vorverdichtung der Ladung arbeiteten.

Über Versuchsergebnisse dieser Motoren ist wenig überliefert worden. GÜLDNER erwähnt von SCHÖTTLER und BRAUER ausgeführte Versuche, nach denen an einem Motor von 1,78 PS bei 105 U/min ein Gasverbrauch von 1116 ltr/PSh gemessen worden ist. Über den Betrieb des Motors berichtet GÜLDNER:

> Die Maschine arbeitete recht ruhig, blieb jedoch wirtschaftlich hinter dem Otto-Motor zurück. Ihr Betrieb war infolge des verfehlten Ladeverfahrens immer unsicher und häufigen Störungen unterworfen. Da der Schluß des Überströmventils und die Entflammung des Gemisches zeitlich zusammenfielen, so verursachte die geringste Verzögerung in dem Aufsitzen des Ventils ein heftiges Rückzünden in die Ladepumpe, was gefährliche Schläge im Getriebe und gewöhnlich ein Versagen des Motors zur Folge hatte.

Sehr bald richtete die Hannoversche ihren Motor auch für Betrieb mit Benzin ein. Die Vorrichtung, durch die das Benzin zerstäubt wird (Bild 64), ähnelt fast dem dreizehn Jahre später von WILHELM MAYBACH erfundenen Spritzdüsenvergaser (Bild 93, S. 194). Der Eintritt der Luft durch das Ventil a und des Benzins durch das Ventil b wird durch den Hebel c gesteuert, der seine Bewegung durch die Exzenterstange d und das Exzenter e erhält. Der aufwärtsgehende Pumpenkolben (nur dieser ist in Bild 64 gezeichnet) saugt die Luft durch das sich öffnende Ventil a an; ihre Geschwindigkeit wird durch eine düsenförmige Öffnung in der Wand f stark erhöht. Der Luftstrahl trifft auf das durch eine feine Bohrung unterhalb des Ventils b eintretende Benzin und vernebelt dieses. Damit beim Stillstand des Motors kein Benzin zum Ventil b gelangen kann, ist der Benzinbehälter g unterhalb der Benzindüse angeordnet. Die Regelung ist dieselbe wie bei der Gasmaschine; bei zu hoher Drehzahl stößt der Regler h eine Klinke beiseite, die dem oberen Ende der Ventilspindel b angelenkt ist. Dann wird kein Benzin angesaugt, so daß die Drehzahl zurückgeht. Ein Benzinmotor dieser Bauart ist auf einer

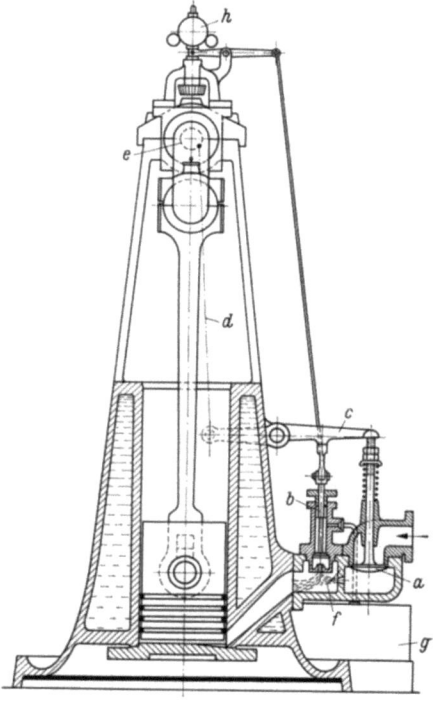

Bild 64
Zweitaktmotor der Hannover'schen Maschinenbau AG für Benzinbetrieb (1880)

a Lufteintrittsventil; b Benzineintrittsventil; c Ventilantrieb; d Exzenterstange; e Exzenter; f Wand mit Öffnung für Luftdurchtritt; g Benzinbehälter; h Regler
Das Benzin wird hier ohne Zuhilfenahme eines Schwimmervergasers fast wie bei dem Spritzdüsenvergaser zerstäubt, den WILHELM MAYBACH 13 Jahre später erfand

Straßenlokomotive eingebaut und in Betrieb genommen worden, doch liegen keine Aufzeichnungen darüber vor, wie lange diese in Gebrauch gewesen ist.

Otto droht mit Patentverletzungsklage

So glaubte die Hannover'sche Maschinenbau-AG die Voraussetzungen für die erfolgreiche Fabrikation von Verbrennungsmotoren geschaffen zu haben. Da wurde die Entwicklung jäh durch ein von OTTO unterzeichnetes Schreiben der Gasmotoren-Fabrik Deutz vom 10. Dezember 1880 gestört:

> Wir haben Veranlassung genommen, verschiedene von Ihnen gebaute Gaskraftmaschinen bei Industriellen dort und anderwärts in Betrieb zu besichtigen und dabei constatirt, daß diese Maschinen in unsere Patentrechte eingreifen, insbesondere den Anspruch 1 unseres Patentes No. 532 und 2735 verletzen.
>
> Wir ersuchen Sie deßhalb hiermit, diese Gaskraftmaschinen gefälligst unverzüglich zurückzuziehen, da wir uns andernfalls genötigt sehen würden, zur Wahrung unserer Rechte die Angelegenheit der Staatsanwaltschaft zu übergeben.

Es war OTTOs unglückselige Überzeugung, daß eine Verbrennung ohne „Explosionsstöße" nur bei geschichteter Ladung des Zylinderinhaltes möglich sei. Wenn somit ein Motor „ruhig" lief, so verletzte er den Anspruch 1 des DRP 532, gleichgültig, ob es ein Viertakt- oder ein Zweitaktmotor war.

Die Hannoversche durfte von ihrem Recht aufrichtig überzeugt sein. Sie antwortete am 13. Dezember:

Wir bestätigen Ihnen den Empfang Ihres gefälligen Schreibens vom 10. d. Mts. und theilen Ihnen darauf zunächst mit, daß wir bislang entschieden die Ansicht hatten und dieselbe auch heute noch haben, daß wir Ihren Patentrechten nicht zu nahe treten.

Wir werden die Angelegenheit nichtsdestoweniger einer wiederholten eingehenden Prüfung unterziehen und nachdem dieses geschehen, etwa in 8 bis 14 Tagen auf den Inhalt Ihres Briefes näher zurückkommen.

Vorläufig war man in Hannover nicht geneigt, sich durch die Drohung der Deutzer einschüchtern zu lassen. Die Hannoversche baute ihre Zweitaktmotoren weiter, zeigte sie 1881 auf einer Ausstellung in Frankfurt und verkaufte auch einen Motor nach Köln, der Domäne der Gasmotoren-Fabrik Deutz. Diese stellte daraufhin am 21. Juli 1881 bei der Staatsanwaltschaft in Köln den Antrag, den Motor zu beschlagnahmen, und verklagte die Hannover'sche Maschinenbau-AG.

Das Verfahren kam zunächst nicht zum Austrag, da die Hannoversche am 22. März 1882 beim Patentamt die Nichtigkeitsklage gegen das DRP 532 anstrengte. Daraufhin entschied das Patentamt am 22. Juni 1882, daß der Anspruch 1 wie folgt zu ändern sei:

In einem geschlossenen Raume brennbare mit Luft gemischte Gase vor ihrer Verbrennung behufs Erzielung einer Betriebskraft durch Expansion mit einer anderen Luftart in solcher Weise zusammenzubringen, daß während der Saugperiode zuerst frische Luft oder ein anderes indifferentes Gas eintritt, welches sich mit den Verbrennungsrückständen, die einen besonders zu diesem Zweck angebrachten Raum ausfüllen, vermischt und hiernach derartig explosible Gase angesaugt werden, daß durch letztere die Entzündung sicher ermöglicht wird.

Von der „verlangsamend sich fortpflanzenden" Verbrennung, wie es in der ursprünglichen Fassung des Anspruchs 1 heißt (S. 51), ist hier nicht mehr die Rede. Das Patentamt denkt sich jetzt die Schichtung so, daß nur noch zwei Schichten vorhanden sind: eine aus Abgasen und Luft bestehende, die sich vor den Kolben legt und diesen vor den Explosionsstößen schützt, und eine aus Gas und Luft bestehende entzündbare Schicht. Eine solche Schichtenbildung hatte in der Vorstellung mehr Wahrscheinlichkeit für sich als die von der Zündquelle zum Kolben hin allmählich an Konzentration abnehmende Anordnung der Gasteilchen, die eine sich verlangsamende Fortpflanzung der „Explosion" bewirken sollte.

Mit dieser Entscheidung des Nichtigkeitssenats waren beide Parteien nicht einverstanden und legten Berufung beim Reichsgericht ein. Bevor indessen diese zur Verhandlung kam, einigte sich EUGEN LANGEN im Dezember 1882 mit der Hannoverschen, die es für richtiger hielt nachzugeben, da das Patentamt der Kölner Staatsanwaltschaft ein für die Hannoversche ungünstiges Gutachten erstattet hatte. Die Hannover'sche Maschinenbau-AG verzichtete für die Dauer der Patente 532 und 2735, d. h. bis zum 1. Juni 1892, auf den Bau von Gasmotoren und zahlte für die bereits gelieferten Maschinen eine Lizenzgebühr von 10%. Zu dem Verzicht konnte sich die Hannoversche um so leichter entschließen, als das Lokomotivgeschäft sich inzwischen sehr erholt hatte und die Zahl der in Auftrag gegebenen Lokomotiven von neun im Jahr 1880 auf über 100 gestiegen war.

Die schwebende Berufung im Nichtigkeitsverfahren aber ging weiter und führte schließlich nach einer für Deutz zunächst günstigen Entscheidung zur Vernichtung des DRP 532 im Jahr 1886. Obwohl die Hannoversche jetzt den Bau von Gasmotoren wieder hätte aufnehmen können, hat sie darauf verzichtet, weil sie auf anderen Gebieten lohnendere Beschäftigung fand. Erst 1910, nach einer Pause von mehr als 25 Jahren, hat die Hanomag wieder Verbrennungsmotoren gebaut.

Buss, Sombart & Co. in Magdeburg (1879—1892)

Der Maschinenbau, den die kleine Magdeburger Firma während zwölf kurzer Jahre in weit zurückliegender Zeit betrieben hat, würde kaum zu erwähnen sein, wenn es nicht eines Hinweises wert wäre, daß es wiederum, wie im Leben Ottos, eine französische Maschine war, welche die erste Anregung zu einer bedeutenden Entwicklung gegeben hat. Diese hat sich freilich nicht in Magdeburg vollzogen; von der bescheidenen Maschine Alexis de Bisschops ist nichts übriggeblieben. Buss, Sombart & Co. gaben ihren Bau auf, als das DRP 532 fiel und der Viertakt frei wurde. Aber der Ingenieur, der seine Lehrzeit bei Buss-Sombart durchgemacht hat, Wilhelm Ebbs, nahm seine Erfahrungen zu Krupp-Gruson mit, als dieser 1892 den Motorenbau Buss-Sombart abkaufte, und zu der Maschinenbau-Gesellschaft Nürnberg, als sie den Bau von Krupp-Gruson übernahm. In Nürnberg hat Ebbs einige Jahre die Motorenabteilung geleitet, aus der später die Nürnberger Großgasmaschine hervorgegangen ist.

Von den Inhabern der Magdeburger Firma, Buss und Sombart, wissen wir nur, daß C. M. Sombart in Magdeburg-Friedrichstadt eine Fabrik für Meßgeräte und Instrumente besaß. Unter dem Eindruck des Aufsehens, das Ottos zwei Jahre vorher erschienener Viertaktmotor erregte, beschloß er 1878, ebenfalls Gasmotoren für das Kleingewerbe zu bauen, und gründete die Firma Buss, Sombart & Co.; Buss war vermutlich der Geldgeber. Da Lizenzen von der Deutzer Fabrik nicht zu erhalten waren, erwarb Sombart die Baurechte auf den Motor des Franzosen Alexis de Bisschop. Es war ein kleiner stehender Motor, der nach dem Verfahren Lenoirs arbeitete und sich, wie Schöttler[10] sagt, „in Frankreich scheinbar ziemlicher Verbreitung erfreute".

Bild 65 zeigt diesen Kleinmotor in mehreren Ansichten und Schnitten, Bild 66 im Lichtbild. Er arbeitete wie die Lenoir-Maschine ohne Vorverdichtung, war aber einfachwirkend und verwendete die Gasflammen-, nicht, wie Lenoir, die elektrische Zündung. Das geräuschvolle Zahnstangengetriebe, das Otto und Langen bei ihren atmosphärischen Motoren ausführten, ist hier durch einen stark geschränkten Kurbeltrieb ersetzt, bei welchem die Achse a-a der Kurbelwelle nicht in, sondern *vor* der Zylinderachse b-b liegt (Bild 65, *III*). Das hat zur Folge, daß die Kurbelstellungen, bei welchen der Kolben im oberen und unteren Totpunkt steht, im Kurbelkreis einander nicht gegenüberliegen (Bild 65, *VI*). Dadurch wird die Zeit für den Aufwärtsgang des Kolbens, das ist der Ansaug- und Verbrennungshub, länger als für den Abwärtsgang, bei welchem die Verbrennungsgase ausgeschoben werden; Winkel α ist größer als Winkel β. Thermodynamisch wäre die Umkehrung richtiger gewesen. Da der Motor aber nur den Bedürfnissen einer bescheidenen Hausindustrie zu genügen hatte und mit ganz kleinen Leistungen (bis herab zu 0,25 PS) gebaut worden ist, fielen diese Nachteile nicht ins Gewicht.

Die Kolbenstange c trägt den Kreuzkopf d, der in einer hohen Säule geführt ist, die mit dem oberen Zylinderdeckel aus einem Stück hergestellt ist. Durch den Schlitz e der Geradführung schlägt die Pleuelstange f, die an der fliegend angeordneten Kurbel angreift. Die Welle ist in einem seitlichen Anguß g des Zylinderdeckels gelagert; auf ihr ist neben dem Schwungrad das Exzenter h befestigt, das durch das Gestänge i-k-l den Steuerschieber m bewegt. In Bild 65, *II* ist die Anordnung des Schiebers am Zylinder dargestellt; Bild 65, *IV* zeigt den Schieber in größerem Maßstab. Durch das Rohr n tritt das Gas in das Schiebergehäuse ein, nachdem es ein Rückschlagventil o passiert hat. Dieses besteht aus einer Gummiplatte, die den mit ringförmig angeordneten

Bohrungen von 3 mm Dmr. versehenen Ventilsitz bedeckt. Ebenso gebaut ist das Ventil p, durch das die Luft eintritt. Im Schiebergehäuse mischen sich Gas und Luft; das Gemisch tritt durch den Kanal q in den Arbeitszylinder, wenn der Steuerschieber m sich so weit gesenkt hat, daß sein ringförmiger Hohlraum das Schiebergehäuse mit dem

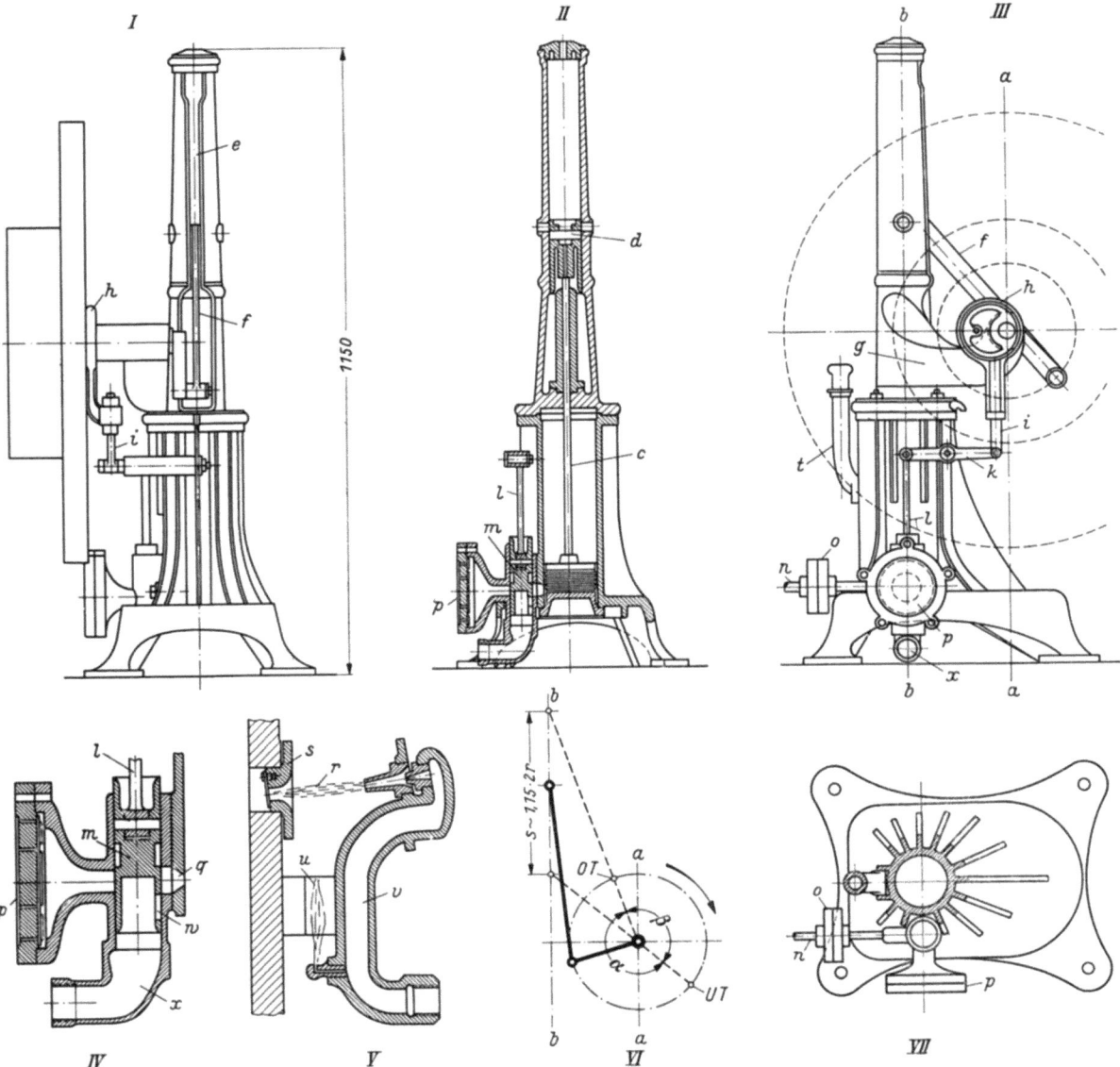

Bild 65. Bisschop-Motor (1871), von 1878 bis 1886 gebaut von Buss, Sombart & Co. in Magdeburg
Leistung bei 110 U/min ⅓ PS

a–a Senkrechte durch Kurbelwellenachse; b–b Zylinderachse; c Kolbenstange; d Kreuzkopf; e Kreuzkopfführung; f Pleuelstange; g Anguß für Lagerung der Kurbelwelle; h Exzenter; i–k–l Gestänge des Schiebers m; n Gaszuleitung; o Rückschlagventil für Gas; p Lufteintritt mit Rückschlagventil; q Kanal in der Zylinderwand; r Zündflamme; s Zünddüse; t Schornstein der Zündflamme; u Hilfsflamme; v Gaszuleitung für die Zündflammen; w Auspuffkanal im Steuerschieber m; x Auspuffleitung

Der Motor arbeitete nach demselben Prinzip wie der Lenoir-Motor (Bild 5, S. 11), jedoch mit Gasflammenzündung

Kanal *q* verbindet. In Bild 65, *IV* steht der Steuerschieber so, daß die untere steuernde Kante seines Hohlraumes mit der oberen steuernden Kante des Kanales *q* gerade abschneidet. Der Schieber ist in seiner Abwärtsbewegung begriffen; der Arbeitskolben steht in seinem unteren Totpunkt. Das in Drehung befindliche Schwungrad zieht den Arbeitskolben aufwärts; gleichzeitig schiebt das Exzenter *h* den Schieber *m* nach unten, und der Kolben saugt jetzt auf dem ersten Drittel seines Aufwärtshubes das Gemisch an. Wenn dieser Hubteil zurückgelegt ist, tritt die Zündung ein. Die hierzu dienende Anordnung zeigt Bild 65, *V*.

Die Zündvorrichtung, von DE BISSCHOP mehrfach abgeändert, arbeitet folgendermaßen. Die ständig brennende Zündflamme *r* ist auf das Mündungsstück *s* gerichtet, das in die Zylinderwand auf ein Drittel des Kolbenhubes (von unten) eingelassen ist. Seine Mündung ist durch ein federndes Stahlblech verschlossen, das sich durch den äußeren Luftdruck öffnet, wenn der sich aufwärts bewegende Kolben die Mündung passiert hat. Dann entzündet die Flamme *r* das im Zylinder befindliche Gemisch. Die Zündflamme brennt unter einem Schornstein *t* (Bild 65, *III*), der sie vor Luftzug schützen soll. Da die Flamme aber öfters beim Zuschlagen des Stahlblechventils unter dem Druck der Zündung erlosch, ordnete der Konstrukteur eine zweite Zündflamme *u* unterhalb der ersten an, die jene stets von neuem entzündete. In Bild 65, *V* ist *v* die Gaszuleitung für die beiden Zündflammen. Die Gas- und Luftdüsen für die Hauptflamme sind, wie das Bild zeigt, nach Art eines Injektors gebaut.

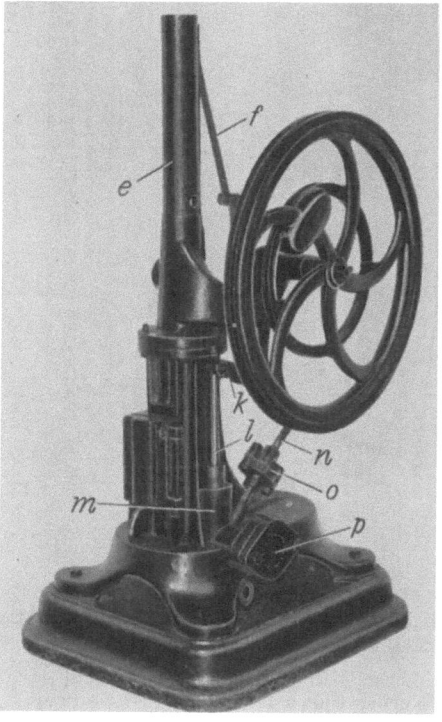

Bild 66
Dieser etwa 1880 von Buss, Sombart & Co. in Magdeburg gebaute Bisschop-Motor, 1,15 m hoch, leistete ⅓ PS bei 110 U/min

Damit genügte er den bescheidenen Ansprüchen des Kleingewerbes. Der Motor steht im Werkmuseum der Klöckner-Humboldt-Deutz AG

Die Buchstabenhinweise bezeichnen dieselben Teile wie in Bild 65

Nach Eintritt der Zündung wird der Kolben nach oben geschleudert; während dieser Bewegung wird Arbeit geleistet. Da die Maschine einfachwirkend ist, muß der Arbeitszylinder oben offen sein; hierzu ist der Flansch, der die Kreuzkopfführung trägt, mit mehreren Bohrungen versehen, die den Raum oberhalb des Kolbens mit der Atmosphäre verbinden. Wenn der Abwärtsgang des Kolbens beginnt, hat das Exzenter h den Steuerschieber m so nach oben gezogen, daß die Aussparung w den Kanal q freigibt und die Verbindung des Zylinderinnern mit der Abgasleitung x herstellt.

Die Maschine wurde zuerst in Paris von MIGNON und ROUART gebaut, derselben Firma, die auch den Lenoir-Motor herstellte. Man hatte sie dort bis zu ganz kleinen Leistungen herab entwickelt, die nach „mkg" beziffert wurden. Gemeint sind mkg/sec. Die kleinste Leistung war „3 mkg", also $^1/_{25}$ PS; die größte, die Buss, Sombart & Co. gebaut haben, leistete 1 PS. Die kleineren Typen hatten Luftkühlung, wozu der Arbeitszylinder mit Kühlrippen versehen war (Bild 65, *VII*). Die größeren hatten Wasserkühlung, wozu SOMBART eine besondere Kolbenpumpe verwendete, die das Kühlwasser umwälzte.

Bis 1886 haben Buss, Sombart & Co. fast nur Motoren nach dem französischen Vorbild gebaut. SOMBART, der technische Leiter des Unternehmens, erfand in den Jahren 1879 und 1880 manche Verbesserungen, die in den Patentschriften als „Neuerungen am Gasmotor", „Neuerungen am Bisschop-Gasmotor" bezeichnet werden. Eine bedeutsame Erfindung betraf die Leistungsregelung eines Gasmotors mit Hilfe eines Drosseldrehschiebers, der von einem Fliehkraftregler gesteuert wurde. Die in der Patentschrift 13 310 vom 14. August 1880 beschriebene Vorrichtung konnte an jedem beliebigen Gasmotor nachträglich angebracht werden. Es war einer der ersten Vorschläge einer Drosselregelung, bei der freilich nur das Gas, nicht auch die Luft gedrosselt wurden. Gegenüber der bis dahin benutzten Aussetzerregelung war dieses Verfahren eine wesentliche Verbesserung. Den entscheidenden Schritt, Gas und Luft gemeinsam zu drosseln, hat KARL BENZ zwei Jahre später getan.

Sombart baut Zweitaktmotoren eigenen Systems und geht 1886 zum Viertakt über

Der französische Lizenzgeber konnte die Werkzeichnungen nur für Leistungen bis zu $\frac{1}{3}$ PS liefern; die größeren Baumuster, bis zu 1 PS, hatte man in Magdeburg konstruieren müssen. Für Leistungen über 1 PS eignete sich DE BISSCHOPs System nicht, aber gerade solche Leistungen wurden mehr und mehr verlangt. So begann SOMBART im Jahr 1882 einen Zweitaktmotor eigener Bauart zu entwickeln. Den Zweitakt mußte er wählen, da der Viertakt noch durch das DRP 532 versperrt war. Bei seinem Entwurf nahm SOMBART sich den Motor von WITTIG und HEES (Bild 63) zum Vorbild. Sein Motor war ebenfalls stehend mit obenliegender Kurbelwelle gebaut, jedoch stand die Ladepumpe schräg vor dem Arbeitszylinder. Die Kurbelwelle brauchte daher nur *eine* Kröpfung zu erhalten, an deren Kurbelzapfen die Pleuelstange des Arbeitskolbens und die gegabelte Pleuelstange der Ladepumpe gemeinsam angriffen. Das ergab eine erheblich einfachere und billigere Form der Kurbelwelle, und der Raumbedarf des Motors wurde kleiner. Die Gaszufuhr wurde durch einen Schrägnocken gesteuert, der die Öffnungsdauer des Gasventils der jeweiligen Leistung anpaßte. Der Motor kam erst 1885 in Leistungsgrößen von 2 bis 5 PS auf den Markt. Es sind nur 15 Maschinen verkauft worden, denn schon im folgenden Jahr fiel das Viertaktpatent, und sogleich nahmen auch Buss, Sombart & Co. den Bau von Viertaktmotoren auf. Auch der Bau der Bisschop-Motoren wurde eingestellt; sie waren mit ihren kleinen Leistungen und dem großen Gasverbrauch gegenüber dem Viertakt nicht konkurrenzfähig.

Die neuen Motoren wurden in Leistungen von 1 bis 12 PS mit Zylinderdurchmessern von 115 bis 275 mm gebaut. Angaben über den Kolbenhub fehlen; auch Schnittzeichnungen sind nicht erhalten geblieben. Die einzige Darstellung, die aufgefunden

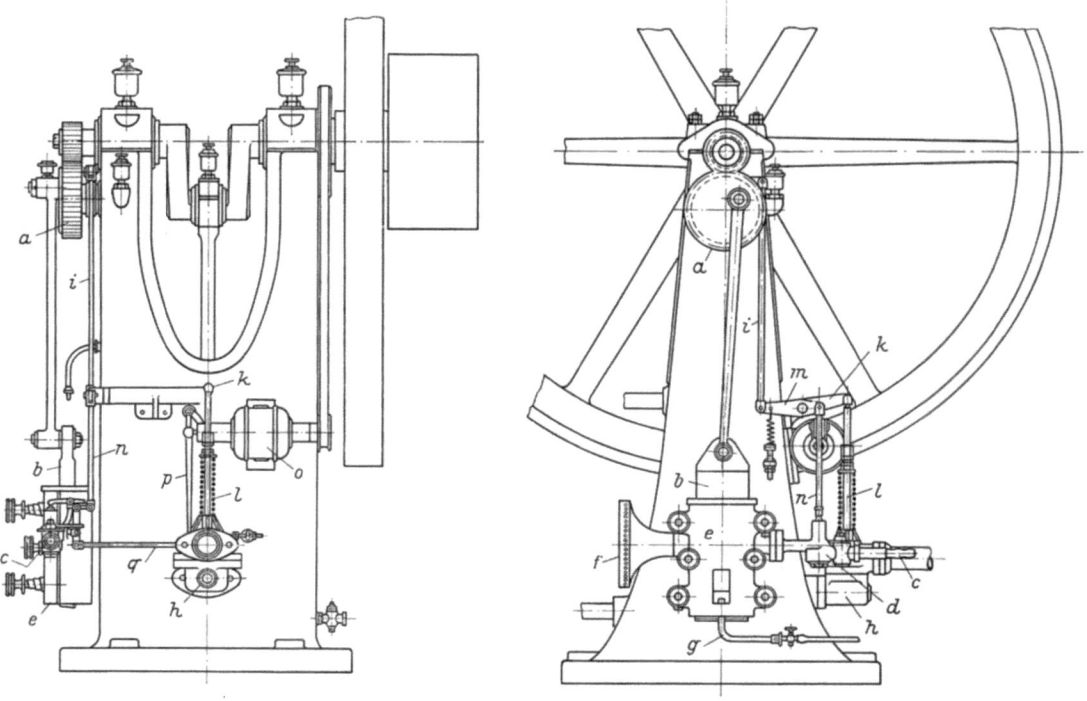

Bild 67. Viertaktmotor von Buss, Sombart & Co. (1886)

a Zahnraduntersetzung; *b* Gasschieber; *c* Treibgaszuleitung; *d* Gasventil; *e* Deckel des Schiebergehäuses; *f* Lufteintritt; *g* Zündgaszuleitung; *h* Auspuffventil; *i–k–l* Gestänge für die Steuerung von *h*; *i–m–n* Gestänge für die Steuerung von *d*; *o* Regler; *p–q* Regelgestänge

Sobald OTTOs Viertaktpatent 532 gefallen war, ging die Firma zum Bau von Viertaktmotoren über. Diesen hat sie 1892 an Krupp-Gruson in Magdeburg verkauft

werden konnte, zeigt den Motor nur in Ansicht (Bild 67). Die Zahnraduntersetzung *a* bewegt den Gasschieber *b* im halben Takt der Drehzahl, wie es der Viertakt erfordert. Das Gas wird durch die Leitung *c* und das Ventil *d* dem Schiebergehäuse zugeführt, dessen Deckel *e* durch Federn mit verstellbarer Spannung gegen den Schieber gedrückt wird, eine Konstruktion, die schon OTTO ausgeführt hat. Durch eine große Zahl kleiner Bohrungen am Umfang des trompetenförmigen Trichters *f* tritt die Luft ein. Dadurch soll das durch das Ansaugen entstehende Geräusch vollständig gedämpft worden sein.

Die Maschine arbeitete mit der Gasflammenzündung, die damals schon Gemeingut geworden war. Das Zündgas wurde dem Deckel des Schiebergehäuses durch das Rohr *g* zugeleitet; in einer Aussparung des Deckels brannte ständig eine Zündflamme, die vor jedem Verbrennungshub das in einer Kammer des Schiebers befindliche Gemisch entzündete, wenn der Schieber die Kammer an der Zündflamme vorbeiführte. Die Kammer wurde vom Verdichtungsraum des Arbeitszylinders aus stets von neuem mit brennbarem Gemisch aufgeladen. Die in der Schieberkammer brennende „Vermittlungsflamme" entzündete sodann das Gemisch im Arbeitszylinder, wenn sie mit dem zum Zylinder führenden Kanal in Verbindung stand. OTTOs Motor diente schon damals vielen Konstrukteuren als Vorbild.

Das Auspuffventil h wurde durch eine auf der Welle des großen Zahnrades a befestigte Nockenscheibe und das Gestänge i-k-l gesteuert. Auch die Aussetzerregelung war nicht mehr neu. Während des normalen Ganges wird das Gasventil d durch das Gestänge i-m-n gesteuert. Wächst die Drehzahl zu stark an, so verschiebt der durch Riemen von der Kurbelwelle angetriebene Regler o durch das Gestänge p-q ein Zwischenglied so, daß die Stange n das Gasventil nicht öffnet. SCHÖTTLER berichtet, daß diese Regelung gut gearbeitet habe; der Gang der Maschine sei ruhig und gleichmäßig gewesen.

Die neuen Viertaktmotoren wurden ein Erfolg; der Umsatz stieg mit ihrer Einführung auf durchschnittlich 140 Maschinen im Jahr, womit Buss, Sombart & Co. den gleichen Umsatz wie KARL BENZ erreicht hatten. SOMBART, die treibende Kraft des Unternehmens, war unablässig darauf bedacht, seine Maschinen zu verbessern. Er erhielt auf eine große Zahl von Verbesserungen Patentschutz, hat aber nicht alle ausgeführt. Sein bedeutendstes Patent ist das DRP 31 278 vom 19. Juni 1884, das die Grundbestandteile einer modernen Hochspannungs-Kerzenzündung schützt. Ein Gleichstrom, von einem kleinen Generator geliefert, wurde zerhackt und der Primärwicklung einer Induktionsspule zugeleitet. Dadurch wurde in der Sekundärwicklung der hochgespannte Zündstrom induziert, der an der Zündkerze den Funken erzeugte. Ein auf der Kurbelwelle sitzender Unterbrecher steuerte den Augenblick der Zündung. Die beiden Elektroden der Kerze sollten ein sägezahnförmiges Profil erhalten, damit die Funken an verschiedenen Stellen überspringen konnten. Zu einer Ausführung scheint es nicht gekommen zu sein. Das Patent geriet völlig in Vergessenheit.

Die von Buss, Sombart & Co. gebauten Motoren erwarben sich in den achtziger Jahren durch ihre sorgfältige Ausführung und ihre Betriebssicherheit einen guten Ruf. Im ganzen hat die Firma einschließlich der kleinen Bisschop-Motoren etwa 1200 Einheiten hergestellt. Warum sie 1892 den Motorenbau aufgegeben und an Krupp-Gruson verkauft hat (S. 288), ist nicht bekannt.

Gebrüder Körting in Hannover (1881—1887)

Die Brüder, auf welche die Firma ihren Namen zurückführt, waren ERNST und BERTHOLD KÖRTING. ERNST KÖRTING, der bedeutendere, war am 12. Februar 1842 in Hannover geboren, wo sein Vater „Administrator" der Städtischen Gaswerke war. Mit 17 Jahren bezog er das Polytechnikum, die spätere Technische Hochschule Hannover, an der er Ende 1864 das Staatsexamen in der Fachrichtung Eisenbahnwesen ablegte. Sein Beruf führte ihn bald in das Ausland; er arbeitete in Italien am Bau eines Gaswerkes, das eine Schweizer Firma in Pisa errichtete, ging Ende 1866 zur Nordostbahn nach Zürich und darauf zur Nordbahn nach Wien. Dort wurde er Mitarbeiter ALEXANDER FRIEDMANNs, der für den Vertrieb der von ihm gebauten Speisewasser-Injektoren Ingenieure suchte. Als Eisenbahningenieur eignete sich ERNST KÖRTING hierfür vortrefflich. Er hatte bei der Einführung dieser Apparate in England und Italien solche Erfolge, daß, als er Anfang 1871 seine Tätigkeit aufgeben wollte, FRIEDMANN ihm das für jene Zeit hohe Jahresgehalt von 20 000 Gulden bot. Aber ERNST KÖRTING wollte selbständig werden. Gemeinsam mit seinem Bruder BERTHOLD errichtete er 1871 in seiner Vaterstadt einen kleinen Betrieb und nahm die Fabrikation eines Lokomotiv-Injektors eigenen Systems auf. Im folgenden Jahr entwickelte er den ersten Exhaustor mit selbsttätiger Druckregelung, bald darauf auch einen Strahlkondensator und ein Wasserstrahl-Sauggerät für Luft. 1876 baute er den ersten Doppelinjektor. Damit war der Arbeitsbereich geschaffen, auf dem die Firma führend geworden ist. Erweitert wurde er 1884 durch die Aufnahme der Herstellung von Rippenrohren für Dampf- und Warmwasserheizungen. Es gelang ERNST KÖRTING, durch die Erfindung einer Formmaschine für Rippenrohre deren Fabrikation so zu vereinfachen, daß sein Werk bald die größte Heizrohrfabrik Deutschlands wurde.

Gebrüder Körting bauen Zweitakt-Gasmotoren

1881 nahmen die Gebrüder KÖRTING den Bau von Verbrennungsmotoren auf. Damals beschäftigten sie bereits 1300 Arbeiter, nachdem sie zehn Jahre vorher mit zwei Arbeitern angefangen hatten. Daß es einen Mann von der Tatkraft ERNST KÖRTINGs reizen mußte, sich an dem neuen Motor zu versuchen, ist verständlich. Er sah die großen Erfolge, welche die Deutzer mit ihren Maschinen hatten, und wollte von ihrem Bau ebenfalls profitieren. Aber er durfte ebensowenig wie die Hannover'sche Maschinenbau-AG und andere das Viertaktverfahren benutzen und fing daher mit dem weniger leicht zu beherrschenden Zweitakt an.

Am 1. Januar 1881 trat GEORG LIECKFELD (S. 127) von der Hannoverschen zu Körting über. LIECKFELD, der bei seiner ersten Firma den Motor von WITTIG und HEES (Bild 63) gebaut hatte, entwickelte bei Körting einen stehenden Zweitaktmotor ähnlicher Bauart. Im Gestell war nur der Arbeitszylinder a untergebracht (Bild 68); der Pumpenzylinder b war seitlich an den Mantel des Arbeitszylinders geflanscht, und auch der Rahmen c, der die Kurbelwellenlager trug, war als einzelnes Gußstück hergestellt. So konnten die Teile leichter gegossen und bearbeitet werden; sie wurden einfacher, weil nur der Arbeitszylinder einen Wassermantel zu erhalten brauchte, während WITTIG und HEES auch den Pumpenzylinder mit einem Wassermantel versehen hatten (Bild 63), was nicht nötig gewesen wäre, da er sich im Betrieb nur wenig erwärmt. Nach alten im Körting-Archiv vorhandenen Abbildungen dieser Maschine befand sich an der Stelle des Zahnrades d (Bild 68, I) das Exzenter e (II) zum Antrieb der Zündvorrichtung f. Wie diese zum Arbeitszylinder a und zum Pumpenzylinder b liegt, zeigt der Grundriß (Bild 68, III). Der Pumpenkolben saugt bei seinem Aufwärtsgang Gas und Luft durch das Mischventil g an und drückt das Gemisch beim Abwärtsgang durch die Leitung h und das Rückschlagventil i in das Gehäuse f der Zündvorrichtung und weiter durch den Kanal k in den Verdichtungsraum l des Arbeitszylinders. Die Zündung soll eintreten, wenn der abwärtsgehende Arbeitskolben seinen unteren Totpunkt erreicht. In diesem Augenblick muß die Zündflamme in das Gehäuse f und damit in den Kanal k eingeschleust werden. Bild 68 (II) und Bild 69 zeigen, mit welcher Sorgfalt man sich bemüht hat, diese Aufgabe zu lösen.

Die Zündvorrichtung wurde KÖRTING und LIECKFELD durch DRP 27 064 vom 18. November 1883 geschützt. Bild 69 stellt Einzelteile der Vorrichtung in größerem Maßstab dar (die Teilbilder in Bild 69 sind fortlaufend zu 68 bezeichnet). In Bild 69, V sieht man den mechanischen Antrieb der Zündvorrichtung von der Seite, in Übereinstimmung mit Bild 68, II. Das Exzenter e erteilt durch die Stange m dem Nockensegment n eine pendelnde Bewegung. Der längere Teil des Segmentumfanges hat Kreisform mit dem Drehpunkt des Segments als Mittelpunkt; der kürzere springt etwas gegen den längeren zurück. Die Rolle o (Bild 69, IV und V), am oberen Ende einer senkrecht geführten Stange p gelagert, wird durch zwei am Führungsstück befestigte, am Querhaupt u angreifende Zugfedern q ständig in kraftschlüssiger Verbindung mit dem

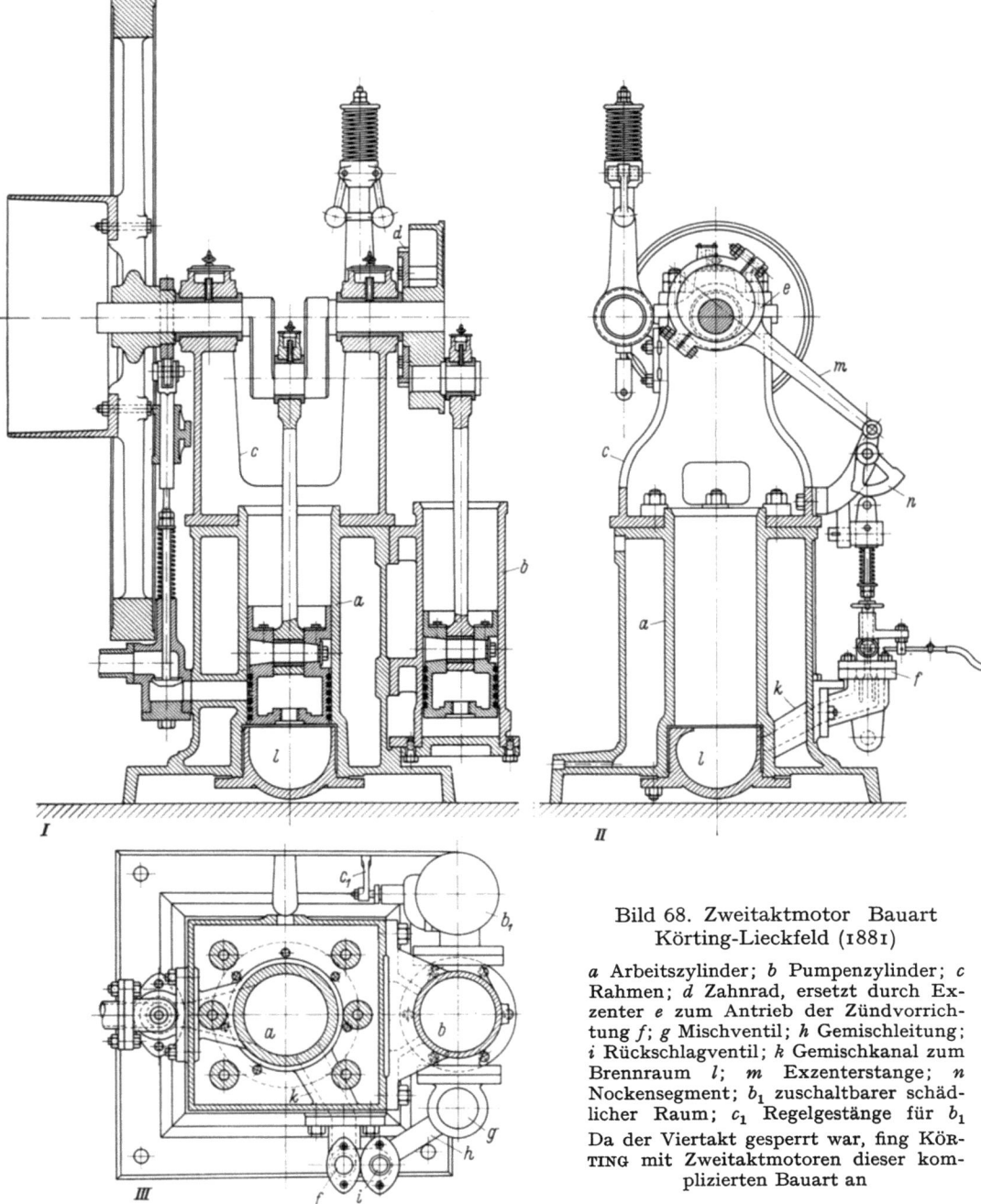

Bild 68. Zweitaktmotor Bauart Körting-Lieckfeld (1881)

a Arbeitszylinder; *b* Pumpenzylinder; *c* Rahmen; *d* Zahnrad, ersetzt durch Exzenter *e* zum Antrieb der Zündvorrichtung *f*; *g* Mischventil; *h* Gemischleitung; *i* Rückschlagventil; *k* Gemischkanal zum Brennraum *l*; *m* Exzenterstange; *n* Nockensegment; b_1 zuschaltbarer schädlicher Raum; c_1 Regelgestänge für b_1

Da der Viertakt gesperrt war, fing KÖRTING mit Zweitaktmotoren dieser komplizierten Bauart an

Nockensegment *n* gehalten. Die Stange *p* kann daher im Betrieb nur zwei verschiedene Höhenlagen einnehmen: schwingt der längere Bogen des Segmentes über der Rolle, so steht die Stange *p* in ihrer unteren Totlage; wenn dagegen der kürzere Bogen über der Rolle steht, kann die Stange sich um die Höhe der Stufe nach oben verschieben. Das untere Ende der Stange *p* ist in Bild 69, *IV* durch die strichpunktierte Linie *r-r* angedeutet. Hier wird die Stange durch die Druckfeder *s* kraftschlüssig gegen die obere

Stirnfläche des Stempels t (s. auch Bild 69, VI und VII) gedrückt. Gewinde und Doppelmuttern auf p ermöglichen, die Kraft der Feder s zu ändern.

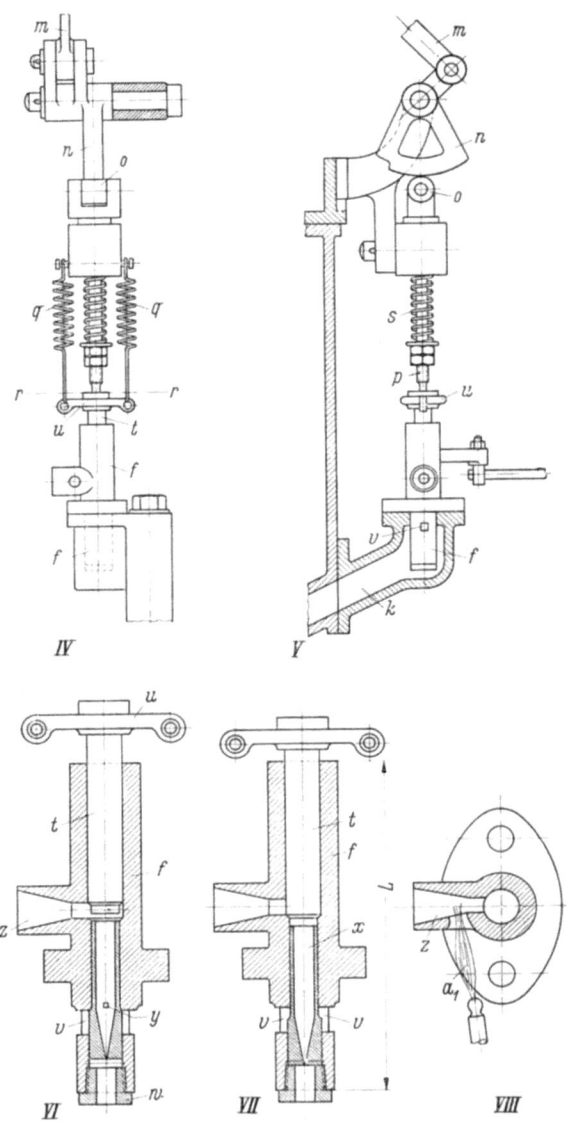

Bild 69
Einzelteile der Zündvorrichtung des Motors von KÖRTING-LIECKFELD

f Zündergehäuse; k Gemischkanal zum Brennraum; m Exzenterstange; n Nockensegment; o Rolle am oberen Ende der Stange p; q Zugfedern; r—r unteres Ende der Stange p; s Druckfeder; t Verschlußstempel der Zündvorrichtung mit Querhaupt u; v Fenster im Zündergehäuse f; w untere Hubbegrenzung für die Zündhülse x; y Queröffnungen in der Zündhülse; z Öffnung zur Atmosphäre; a_1 Zündflamme

Diese Flammenzündvorrichtung wurde damals von den Fachleuten gelobt, weil sie leichter instand zu halten und zu reparieren sei als OTTOS Steuerung mittels Zündschiebers

Die Vorrichtung bezweckt, den Stempel t während eines Arbeitsspieles abwechselnd in zwei Stellungen festzuhalten: die Zugfedern q ziehen t in seine obere Stellung (Bild 69, VI), wenn das Nockensegment n ganz in die rechte Endlage ausgeschwenkt ist und seine niedrige Stufe vor der Rolle o steht. Die am Querhaupt u des Stempels t angreifenden Zugfedern q ziehen den Stempel nach oben; er nimmt die in Bild 69, VI gezeichnete Stellung ein. Die Teilbilder VI und VII zeigen das Zündergehäuse f in größerem Maßstab. Es ruht auf dem oberen Flansch des Krümmers k und ragt mit seinem unteren Teil in den Hohlraum k hinein. Das Maß L (VII) deutet die Gesamtlänge des Zündergehäuses an, das an den einander gegenüberliegenden Stellen v mit je einem Fenster und unten mit einer durchbohrten Verschraubung w versehen ist.

Im Zündergehäuse kann sich die Hülse x um einen kleinen Betrag (2,5 mm) verschieben. Die Verschiebung wird nach unten durch w, nach oben durch einen Absatz begrenzt, den das verdickte untere Ende der Zündhülse bildet. Der Innenraum der Zündhülse läuft unten in einen schlanken Konus aus, der in einer feinen Bohrung endet. Der Zweck der Bohrungen y, die am Umfang des dünnwandigen Hülsenrohres verteilt sind, ist unten erläutert.

Wenn der Arbeitskolben beim Niedergang das Gas-Luft-Gemisch verdichtet, dringt dieses in den Raum k, gelangt an das Zündergehäuse f und schiebt, an der unteren Stirnfläche der Zündhülse x angreifend, diese nach oben in die in Bild 69, VI gezeichnete Lage. Die Bohrungen y sind dann durch die Wand des Gehäuses f verschlossen. Das verdichtete Gas dringt durch die feine im Boden der Zündhülse befindliche Bohrung in das Innere der Hülse und gelangt, da der Stempel t in seiner oberen Totlage steht, in die trichterförmig zur Atmosphäre sich erweiternde Öffnung z. In dieser wird das Gas durch die ständig brennende Flamme a_1 (Bild 69, VIII) entzündet. Die Zündung pflanzt sich in das Innere der Zündhülse fort. In diesem Augenblick stößt der Nocken des Segmentes n den Stempel t unter Überwindung der Kraft der Zugfedern q nach unten, so daß er in die Stellung VII gelangt, in welcher er durch sein unteres Ende die Zündhülse mit ihrem Flammeninhalt nach unten schiebt, so daß ihre untere Stirnfläche sich gegen die Verschraubung w legt. Der Stempel sperrt jetzt den zur Atmosphäre führenden Kanal z ab; die Bohrungen y liegen vor den Fenstern v, und da sich vor diesen das verdichtete Gas-Luft-Gemisch befindet (Bild 69, V), wird das in k und im Verdichtungsraum befindliche Gas entzündet.

Diese von LIECKFELD erdachte Flammenzündung war dem Verfahren mittels Zündschiebers entschieden überlegen. Die Zündhülse x, welche die Zündflamme in den Arbeitszylinder schleuste, konnte betriebssicher abgedichtet werden, während die Abdichtung des Zündschiebers, den OTTO eingeführt hatte, oft Schwierigkeiten machte. Sie ist jahrelang bei den Körting-Motoren ausgeführt worden, bis sie durch die elektrische Zündung ersetzt wurde. Aber man vergegenwärtige sich, welche Mühsal es dem Konstrukteur bereitet haben muß, eine so minutiöse Vorrichtung zu ersinnen, von deren sicherem Funktionieren der Betrieb der Maschine in erster Linie abhing.

Mit demselben Zündverfahren hat LIECKFELD einige Jahre später auch die Körtingschen Viertaktmotoren versehen, als der Patentschutz des Viertaktes gefallen war. Dabei hat er den mechanischen Antrieb des Verschlußstempels (t in Bild 69) konstruktiv vereinfacht.

Eigenartig war auch die Regelung der Körtingschen Zweitaktmotoren. Neben dem Pumpenzylinder (b in Bild 68) und mit diesem durch einen Kanal verbunden war ein zylindrisches Gefäß b_1 (Bild 68, III) angeordnet, dessen Hohlraum durch den Regler mittels eines drehbaren Flachschiebers an den schädlichen Raum des Pumpenzylinders angeschlossen oder von ihm getrennt werden konnte. Lief die Maschine zu schnell, so verband der am Hebel c_1 angreifende Regler den Hohlraum b_1 mit dem Pumpenzylinder, so daß dessen schädlicher Raum vergrößert wurde und die Pumpe weniger Gemisch ansaugte. Die Regelung soll gut gearbeitet haben. Nur das zwischen dem Pumpenzylinder b und der Zündvorrichtung f angeordnete Rückschlagventil i verhinderte nicht immer das Zurückschlagen der Flamme in den Pumpenzylinder, was ein unangenehmes Knallen zur Folge hatte.

Auch die Gebrüder Körting gehen zum Viertakt über

Nachdem Ottos Viertaktpatent gefallen war, stellten die Gebrüder KÖRTING sogleich ihren Motorenbau auf den Viertakt um. Schon in den im Jahr 1887 herausgegebenen Prospekten werden keine Zweitaktmotoren mehr angeboten. Erst um die Jahrhundertwende hat die Firma den Bau von Zweitaktmotoren in der Form der liegenden doppeltwirkenden Großgasmaschine (S. 311) wieder aufgenommen.

Den ersten stehenden Viertaktmotor KÖRTINGs hat LIECKFELD schon zwei Jahre vor der Vernichtung des Viertaktpatentes konstruiert. Die Umstellung vom Zweitakt auf den Viertakt war einfach; man brauchte nur die Gemischpumpe (*b* in Bild 68) wegzulassen und dem Motor eine mit halber Drehzahl laufende Nockenwelle zu geben, von welcher das Auspuffventil und die Zündvorrichtung gesteuert wurden. Das als Mischventil für Gas und Luft ausgebildete Einlaßventil arbeitete selbsttätig. Bild 70

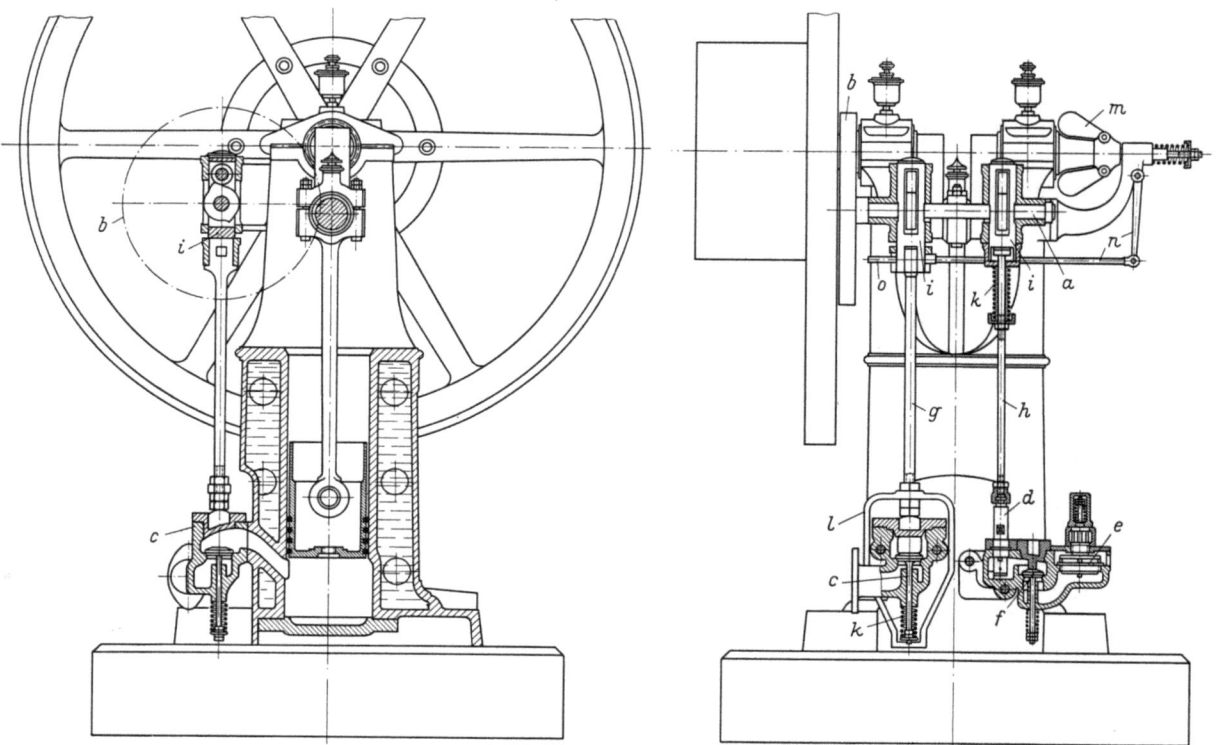

Bild 70. Viertaktmotor Bauart Körting-Lieckfeld (1884)

a Nockenwelle mit Antriebzahnrad *b*; *c* gesteuertes Auspuffventil; *d* Zündvorrichtung; *e* Mischventil; *f* Rückschlagventil; *g*, *h* Steuerungsgestänge für *c* und *d*; *i* Führungsrahmen der Steuerrollen; *k* Schraubenfedern; *l* Bügel zum Bewegen der Auspuffventilspindel; *m* Regler; *n* Regelgestänge; *o* Regelkeil

Warum LIECKFELD statt der normalen Untersetzung 2:1 eine Untersetzung 4:1 zwischen Kurbelwelle und Nockenwelle *a* gewählt hat, ist nicht bekannt. Das Zahnrad *b* auf der Nockenwelle wurde dadurch unnötig groß

zeigt den Viertaktmotor im Längs- und Querschnitt. Es fällt auf, daß LIECKFELD für die Nockenwelle *a* das Untersetzungsverhältnis 4:1 wählte, wodurch das auf *a* befestigte Zahnrad *b* einen unnötig großen Durchmesser erhielt; auch mußten die Steuerscheiben für das Auspuffventil *c* und die Zündvorrichtung *d* mit je zwei um 180° ver-

Ernst Körting
1842–1915

setzten gleichen Nocken versehen werden. Durch das Mischventil e (s. auch Bild 71) werden Gas und Luft vom Kolben im richtigen Mischungsverhältnis angesaugt. Das Gemisch passiert das Rückschlagventil f, das ein Zurückschlagen der Zündflamme in das Mischventil verhindern soll, gelangt in den den Zündkörper d umgebenden Raum, wird hier entzündet, und das brennende Gemisch tritt unter den Arbeitskolben. Die Zündvorrichtung ist dieselbe (Bild 69) wie beim Zweitaktmotor; SCHÖTTLER nennt sie „ein besonders hübsches einfaches Stück", das, wie die Patentschriften zeigten, vielfach nachgeahmt worden sei. Auch die Steuerung des Auspuffventils c und der Zündvorrichtung d zeigt bemerkenswerte Einzelheiten. LIECKFELD wollte vermeiden, daß die Stoßstangen g, h auf Knicken beansprucht wurden; er traf daher die Anordnung so, daß die beiden Stangen an je einem senkrecht geführten Rahmen i hingen, der sich mit einer Rolle auf seine Nockenscheibe stützte. Wenn ein Nocken unter der Rolle hindurchging, wurde die Stange angehoben. Die Federn k hielten den Kraftschluß zwischen Rollen und Nocken aufrecht. Die Stange g griff an der Spindel des Auspuffventils mittels eines das Ventil umfassenden Bügels l an. Wird g von einem der beiden Steuernocken nach oben gezogen, so öffnet das Auspuffventil, wobei der auf dem Federteller lastende Gasdruck die Stange g auf Zug beansprucht. Die Druckfeder k vermehrt die Zugspannung in g. Die Stange h ist in ihrem unteren Teil nicht beansprucht, da sie nur den Verschlußstempel der Zündvorrichtung (t in Bild 69) zu bewegen hat, was wenig Kraft erfordert.

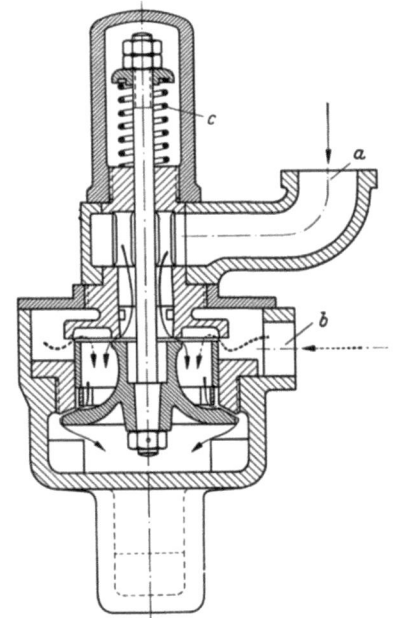

Bild 71
Mischventil des Viertaktmotors Bauart Körting-Lieckfeld

a Gaseintritt; b Lufteintritt; c Ventilfeder
⎯⎯⎯→ Ausgezogene Pfeile = Gasweg
------→ Gestrichelte Pfeile = Luftweg

Das Ventil war so gebaut, daß es bei jeder Stellung des Ventilkegels das gleiche Mischungsverhältnis von Gas und Luft ergab

Fast moderne Formen zeigt das Mischventil (e in Bild 70), das in Bild 71 in größerem Maßstab dargestellt ist. Bei a tritt das Gas, bei b die Luft ein. Verfolgt man die Pfeile, welche die Gas- und die Luftwege andeuten, so erkennt man, daß, wenn das Doppelsitzventil sich (nach unten) öffnet, dem Gas ein Ringspalt von nur kleinem Durchmesser zur Verfügung steht, während die Luft in den Raum, in welchem sich beide Gase mischen, durch einen großen Ringspalt eintreten kann. Durch den sich öffnenden unteren Ventilsitz gelangt das Gemisch zum Rückschlagventil (f in Bild 70) und weiter, die Zündvorrichtung d umspülend, zum Brennraum. Die Querschnitte sind so gewählt, daß sie im Verhältnis der Gemischanteile stehen, und da die Durchtrittsöffnungen für Gas und für Luft sich entsprechend dem Ventilhub im gleichen Verhältnis ändern, bleibt das Mischungsverhältnis bei jeder Ventilstellung erhalten. Da das Ventil nach unten öffnet, muß die Feder c (Bild 71) das Gewicht des Kegels und seiner Spindel tragen und noch einen auf Schließen wirkenden Überschuß liefern. Die Spannung der Feder wird so eingestellt, daß das Gemisch während des Saughubes möglichst wenig gedrosselt wird.

Auch für die Regelung hat LIECKFELD mehrere brauchbare Verfahren erdacht und unter Patentschutz stellen lassen. Bei der Maschine nach Bild 70 wird die Gemischzufuhr dadurch der Leistung angepaßt, daß bei abnehmender Belastung der schneller laufende Regler m durch das Gestänge n einen Keil o mehr oder weniger tief in die Verbindung zwischen der Stange g und der Führung i schiebt (g und i sind axial verschieblich gegeneinander), wodurch sich die Länge der Verbindung zwischen der Nockenrolle und der Ventilspindel c vergrößert. Dann kann das Auspuffventil nicht mehr ganz schließen, der Arbeitskolben saugt statt des frischen Gemisches Verbrennungsgase zurück, und das Mischventil bleibt geschlossen.

Die Viertaktmotoren wurden in acht Größen von 0,5 PS bis 8 PS gebaut. Auf der Antwerpener Weltausstellung 1885 stellten die Gebrüder KÖRTING fünf Größen der neuen Maschinen aus. Ein aus jener Zeit erhalten gebliebener, in französischer Sprache verfaßter neutraler Bericht über die ausgestellten Motoren lobt an den Körting-Motoren besonders die Zündvorrichtung (Bild 69), die viel einfacher sei als die an den anderen Ausstellungsobjekten verwendete Zündschiebersteuerung. Den Zünder der Körting-Motoren könne man im Fall einer Störung mit einfachen Mitteln in wenigen Minuten wieder in Ordnung bringen.

Die Motoren fanden sogleich nach ihrem Erscheinen einen guten Absatz. Ein Prospekt aus dem Frühjahr 1887 meldet in Fettdruck „1000 Stück im Betriebe" und fährt fort: „KÖRTING's Gasmotor ist nach dem seit dem Jahre 1860 allgemein bekannten Prinzipe des Viertaktes gebaut..." Die offenbar gegen die Deutzer Konkurrenz gerichtete Spitze bezieht sich auf die Schrift BEAU DE ROCHAS', deren Auffindung das DRP 532 zu Fall gebracht hatte. Der Viertakt war seit 1860 keineswegs „allgemein bekannt", das wurde er erst 1876 durch OTTO. Auch die im Prospekt angegebene Zahl 1000 nahm die Entwicklung vorweg, denn eine zwei Jahre später herausgegebene Preisliste spricht auch von nicht mehr als 1000 Motoren. Jedenfalls aber nahm der Absatz der Körting-Motoren schnell zu. Die Zylinderleistungen wurden bald auf 20 PS und mehr gesteigert.

LIECKFELD, der an der Entwicklung der Körting-Motoren einen erheblichen Anteil gehabt hat, trat 1886 aus der Firma aus und richtete in Hannover ein „Konstruktions-Bureau für Gas-, Benzin- und Petroleummotoren, verbunden mit Versuchswerkstatt" ein. Sein Buch „Die Petroleum- und Benzinmotoren, ihre Entwicklung, Konstruktion und Verwendung" hat dazu beigetragen, daß sein Name erhalten blieb.

X. Die Gasmotoren-Fabrik Deutz nach dem Ausscheiden Daimlers und Maybachs bis zum Tode Ottos (1882—1891). Der Reichsgerichtsprozeß um das DRP 532 (1886)

Nachfolger GOTTLIEB DAIMLERs im Vorstand der Gasmotoren-Fabrik wurde der tüchtige HERMANN SCHUMM (S. 60), der 1877 zusammen mit den Brüdern SCHLEICHER ein Zweigunternehmen in Philadelphia eingerichtet hatte, das die Deutzer Gasmotoren in den Vereinigten Staaten einführen sollte. Darauf war er mehrere Jahre in Paris für seine Firma tätig gewesen. Bis zu seinem Tod 1901 hat er dem Deutzer Vorstand angehört.

Man brauchte sich in Deutz wegen des Absatzes der Motoren keine Sorgen zu machen. Im Geschäftsjahr 1881/82 waren zum erstenmal mehr als 600 Motoren verkauft worden, eine Zahl, die mehrere Jahre gehalten werden konnte und 1889/90 wieder erreicht wurde, nachdem sie sich in den vorhergehenden Jahren etwas vermindert hatte. Es war die „A"-Type, an der WILHELM MAYBACH noch mitgearbeitet hat; man hatte sie bis zu einer Zylinderleistung von 50 PS entwickelt. „Die größte und neueste Anlage", schrieb die Kölnische Zeitung vom 22. September 1881 in einem Referat über die Internationale Elektrizitäts-Ausstellung in Paris, „ist diejenige im Theater in Frankfurt a. M., woselbst seit kurzer Zeit zwei gekuppelte Maschinen von je 50 Pferdekräften für Feuerlöschzwecke aufgestellt und geeignet sind, in wenigen Minuten nach dem betreffenden Signal die enorme Wassermenge von 5 cbm in der Minute in die bis über das Dach des Gebäudes führende Druckleitung zu pressen".

Die Hauptabnehmer der Gasmotoren waren die Buchdruckereien. Nach einer aus jener Zeit erhalten gebliebenen Statistik der fakturierten Motoren sind von 1876 bis Mitte 1882, also von OTTOs Erfindung bis zum Ausscheiden DAIMLERs, an Buchdruckereien 1396 Motoren, für Hebezeuge 333, für Maschinenbauwerkstätten 254, für Holzbearbeitungsmaschinen 211 und für Pumpen und Bewässerungsanlagen 307 Motoren geliefert worden.

Allmählich machte sich der von der Konkurrenz ausgeübte Preisdruck bemerkbar, besonders als das DRP 532 gefallen war und auch andere Firmen das Viertaktverfahren benutzen konnten. So entschloß man sich 1888, die A-Type als Tauchkolbenmaschine, ohne Kreuzkopf, auszuführen. Dadurch baute sich die liegende Maschine kürzer; das Einheitsgewicht des 10 PS-Motors konnte von 460 auf 320 kg/PS gesenkt werden — ein Wert, den man natürlich nicht mit unseren Maßstäben messen darf —, und die Herstellung verbilligte sich um 10%. Aber es ist der kreuzkopflosen Bauart nicht leicht geworden, sich durchzusetzen. Noch bis zum Ende des Geschäftsjahres 1892/93 war die Zahl der verkauften Kreuzkopfmotoren größer als die der Tauchkolbenbauart. Die Kundschaft hielt die Bauart mit Kreuzkopf, die man von der Dampfmaschine her gewohnt war, für solider als den Tauchkolben, gegen den auch GÜLDNER Stellung nahm. Man dürfe dem Kolben, der durch den Druck und die Temperatur der Verbrennungsgase ohnehin hoch beansprucht sei, nicht auch noch die Aufgabe übertragen, als Geradführung zu wirken; das sei Sache des Kreuzkopfes.

Der stehende Deutzer „C"-Motor

Bis in die neunziger Jahre hat der A-Motor den größten Teil des Deutzer Lieferprogramms bestritten; erst von etwa 1893 an begann sein Bau auszulaufen. Neben dem liegenden A-Motor mit Schiebersteuerung und Flammenzündung hat es zu Lebzeiten Ottos, bis 1891, nur ein stehender Kleinmotor, dem man die Bezeichnung „Type C" gab, zu Stückzahlen von mehreren tausend gebracht. Dieser Motor, den Bild 72 in Ansicht, Bild 73 im Schnitt zeigt, wurde für Leistungen von 0,5 bis 8 PS gebaut; er war für das Kleingewerbe und die Hausindustrie bestimmt. Da durfte er nicht viel kosten, und man wählte daher die stehende Bauart, die am billigsten wurde und am wenigsten Raum beanspruchte. Der kleinste Zylinder hatte einen Durchmesser von 65 mm und einen Hub von 100 mm; beim größten waren die entsprechenden Ab-

Bild 72. Stehender Deutzer Viertakt-Kleinmotor Type „C" (1885)
Leistung 0,5 bis 8 PS bei 240 bis 180 U/min

messungen 220 und 330 mm. Die mittlere Kolbengeschwindigkeit war mit 1,75 m/sec immer noch sehr niedrig; erst allmählich steigerte man sie vorsichtig auf 1,87 m/sec, Zahlen, die sich mit den Kenndaten heutiger Motoren natürlich nicht vergleichen lassen. Die Drehzahl nahm mit zunehmender Größe von 250 auf 160 U/min ab. So kam man auf ein Gewicht von 280 kg/PS.

Wie aus der Schnittzeichnung Bild 73 ersichtlich, besteht der Maschinenrahmen aus drei Hauptteilen: dem breit ausladenden Fuß, dessen obere waagerechte Wand zugleich den unteren Abschluß des Arbeitszylinders bildet, dem Zylinder mit Kühlmantel, Brennraum und angegossenen Arbeitsflächen für den Zündschieber und das Auspuffventil, und dem Rahmen, der die Lager für die Kurbelwelle und die Steuerwelle a trägt. Diese wird durch Stirnräder mit der halben Drehzahl der Kurbelwelle angetrieben; sie trägt an ihrem Ende fliegend die Steuerscheibe b und den Exzenterzapfen c, der mittels der Stange d den Zündschieber e bewegt. Das Gas wird dem Schiebergehäuse (in Bild 73 von der Rückseite) zugeführt, in den Brennraum geschleust und, wie früher beschrieben, durch eine im Kamin f ständig brennende Flamme ent-

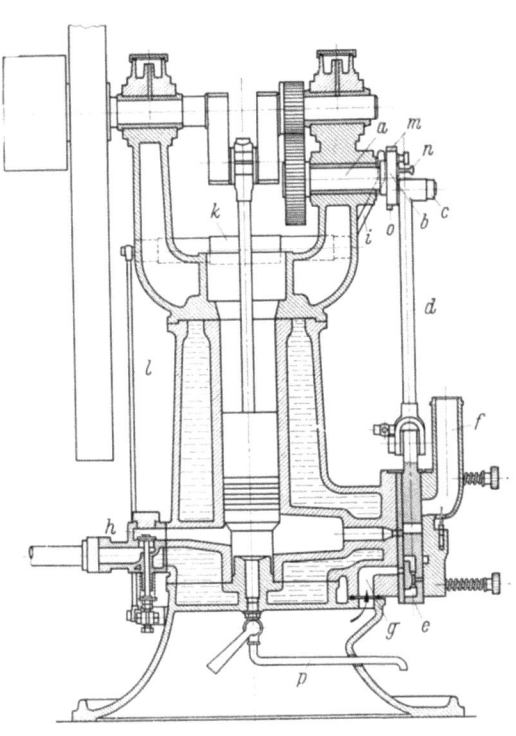

Bild 73
Längsschnitt durch den Motor Bild 72

a Steuerwelle; b Steuerscheibe; c Exzenterzapfen; d Steuerstange des Zündschiebers e; f Kamin der Zündflamme; g Lufteintritt; h Auspuffventil; i-k-l Steuergestänge; m Auspuffnocken auf b; n Stift zum Verschieben der Rolle auf den Dekompressionsnocken o; p Rohr zum Ausblasen von Schmierölrückständen

zündet. Die Luft wird durch die Fußplatte, die an einer Stelle mit einem perforierten Blech versehen ist, und den Kanal g angesaugt. Die Steuerscheibe b steuert durch das Gestänge i-k-l das Auspuffventil h. Eine am oberen Ende des Hebels i geführte Rolle läuft während des normalen Betriebes über den auf der Steuerscheibe b befestigten Auspuffnocken m, dessen Form die Öffnungs- und Schließzeiten des Auspuffventils bestimmt. Zum Anlassen verschiebt der Maschinist mittels des Stiftes n die Rolle so, daß sie über den Nocken o läuft, wodurch das Auspuffventil während des Verdichtungshubes offengehalten wird ("Dekompression"). Das erleichtert das Anwerfen von Hand. Durch das mit Hahn versehene Rohr p können Schmierölrückstände, die sich im Zylinder ansammeln, ausgeblasen werden. Während des Ausblasens wird der Gashahn kurzzeitig geschlossen, so daß ein oder zwei Verpuffungen ausfallen. Die Maschine arbeitet mit Aussetzerregelung.

Deutz baut Gaserzeugungsanlagen

Ein Nachteil der Gasmotoren war ihre Abhängigkeit von der Gasleitung, die es nur in den Städten und auch nicht in allen gab; auf dem Lande konnte man mit einem Gasmotor nichts anfangen, weil man kein Gas hatte. Lästig war auch, daß die Gasanstalten nicht bereit waren, das Gas, das zur Krafterzeugung benutzt wurde, zu einem niedrigeren Tarif als das Leuchtgas abzugeben. So beschloß man in Deutz,

Gaserzeugungsanlagen eigener Bauart herzustellen, deren Probeausführungen zwar befriedigten, aber zu teuer ausfielen. Erst als man eine Alleinlizenz von der Dowson Economic Gas and Power Co. in London erworben hatte, lohnte sich der Eigenbau. Das Dowson-Gas, wie es damals genannt wurde, war ein aus Anthrazit oder Koks gewonnenes Gas, das zwar keinen hohen Heizwert hatte, sich aber im Gasmotor gut verbrennen ließ; auch war es verhältnismäßig einfach herzustellen. Bild 74 zeigt die Gesamtanordnung eines Generators für Dowson-Gas.

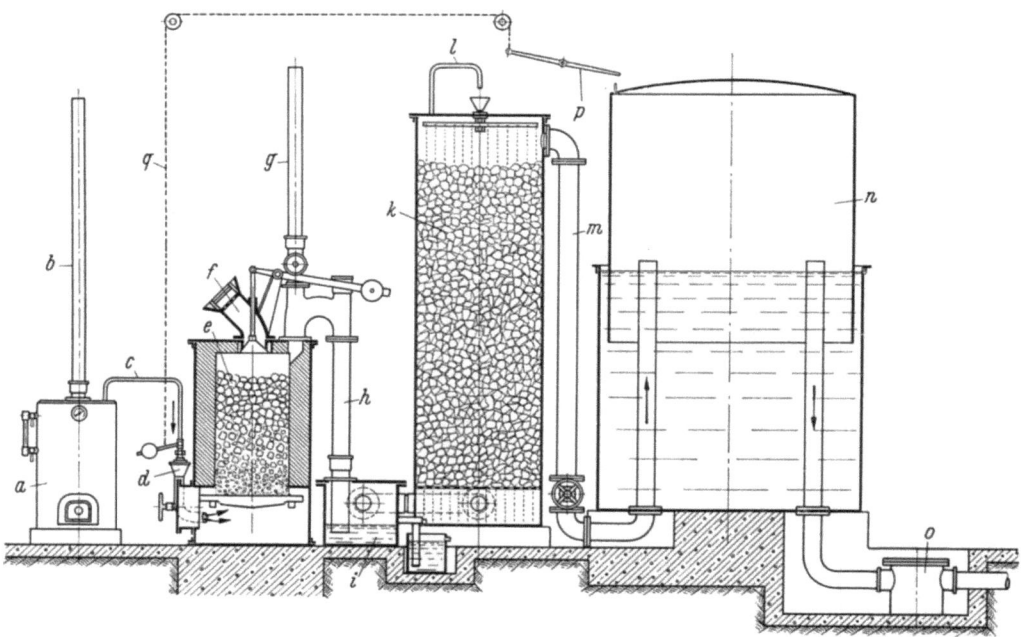

Bild 74. Gasgenerator zur Herstellung von Dowson-Gas (1887)

a Dampfkessel; *b* Schornstein; *c* Dampfleitung zum Injektor *d*; *e* Gaserzeuger; *f* Fülltrichter; *g* Rohr zur Atmosphäre; *h* Leitung vom Gaserzeuger zum Wasserverschluß *i*; *k* Reiniger; *l* Berieselung des Reinigers; *m* Leitung vom Reiniger zur Glocke *n*; *o* Wasserabscheider; *p* Hebel; *q* Seilzug zum Drosseln der Gaserzeugung

Die Gasmotoren-Fabrik Deutz besaß für Deutschland die Alleinlizenz für den Bau dieses englischen Gasgenerators

In einem kleinen Dampfkessel *a* mit Schornstein *b* wird Dampf erzeugt, der in einer im Kessel angeordneten Rohrspirale überhitzt wird. Der Heißdampf wird durch das Rohr *c* dem Injektor *d* zugeleitet, durch den der Dampfstrahl die Verbrennungsluft aus der Umgebung ansaugt. *e* ist der Gaserzeuger, der durch den Trichter *f* mit trockenem stückigem Anthrazit oder Koks gefüllt wird. Das unmittelbar nach dem Anblasen entwickelte Gas ist noch nicht brauchbar; man läßt es durch das Rohr *g* ins Freie entweichen. Erst wenn die Brennstoffschicht im Generator *e* glühend geworden ist, ist das Gas für den Motor verwendbar, was man an der Farbe der Flamme erkennt, die man an einem Probierhahn entzündet. Jetzt streicht ein mit Dampf gemischter Luftstrom, vom Injektor erzeugt, von unten durch den Rost des Gaserzeugers in die glühende Anthrazitschicht. Durch Oxydation des Kohlenstoffs entsteht Kohlendioxyd, das in der oberen heißesten Schicht der Füllung zu Kohlenoxyd reduziert wird; zugleich spaltet sich Wasserstoff aus dem Wasserdampf ab. Das aus dem Generator durch das Rohr *h* austretende Gemisch enthält etwa vierzig Raumteile brennbarer Gase; der Rest ist Stickstoff und Kohlendioxyd. Das Rohr *h* leitet das Gas in den Wasserverschluß *i*, aus dem es von unten durch ein Verteilersieb in den mit Koks gefüllten zylindrischen Behälter *k*, den Reiniger, tritt. Dieser wird von oben durch die Leitung *l* mit Wasser berieselt, das sich im unteren Teil des Reinigers sammelt, in den Wasserverschlußkasten *i* übertritt und aus diesem durch einen Nebenlauf abgeführt wird. Das gereinigte Gas wird durch das Rohr *m* der Schwimmerglocke *n* zugeführt und gelangt aus diesem durch einen Wasserabscheider *o* zum Motor.

Wenn die Glocke *n* ganz mit Gas gefüllt ist und sich in ihrer höchsten Stellung befindet, stößt sie gegen den Hebel *p*, der durch den Seilzug *q* ein Ventil am Aschenfall des Gaserzeugers *e* öffnet, so daß ein Teil der Gebläseluft aus dem Aschenfall entweicht und die Gaserzeugung nachläßt. Sinkt die Glocke, so schaltet sich der volle Luftstrom selbsttätig wieder ein, und es wird die normale Gasmenge hergestellt. Der zur Reinigung dienende Koks wird, wenn er zu schmutzig geworden ist, im Gaserzeuger verbrannt. Bis auf die Beschickung des Gaserzeugers mit Brennstoff und die Wartung des Dampfkessels arbeitet die Anlage selbsttätig.

Die ersten Anlagen dieser Art wurden aus England bezogen; später baute die Gasmotoren-Fabrik sie selbst. Sie machten zwar den Motor von der Gasanstalt unabhängig, aber die Anschaffungskosten waren recht hoch und die Bedienung nicht so einfach wie bei Betrieb mit Leuchtgas.

Man sucht in Deutz nach einem elektrischen Zündverfahren

Lange hat man in Deutz gezögert, den Viertakt-Gasmotor so umzubauen, daß er mit Benzin betrieben werden konnte. WILHELM MAYBACH hatte den Auftrag, die atmosphärische Gaskraftmaschine für Benzinbetrieb einzurichten, so weit gelöst, wie es mit den damaligen Mitteln möglich war, aber man hatte diese Arbeiten nicht fortgesetzt, weil OTTO wenige Monate später den ersten Viertaktmotor geschaffen hatte, dessen Entwicklung alle Kräfte in Anspruch nahm. Der rasch ansteigende Absatz des Viertakt-Gasmotors ließ die Versuche mit einem anderen Kraftstoff weniger dringlich erscheinen. Noch im August 1880 heißt es im Protokoll einer Direktionssitzung:

> Es wird beschlossen, diese Versuche [die Gasmotoren mit Petroleumdestillaten arbeiten zu lassen] jetzt nicht vorzunehmen und Hrn. Berghausen [einem Kölner Fabrikanten, der einen Apparat hierzu angeboten hatte] mitzutheilen, daß wir wegen der großen Feuergefährlichkeit & der in letzter Zeit vorgekommenen Unglücksfälle mit sogen. Gassparapparaten, wenigstens nicht in der nächsten Zeit unsere Motoren für Petroleumdestillate einzurichten beabsichtigen.

Aber schon nach wenigen Jahren mußte man diesen Beschluß revidieren. Auf die Dauer konnte man es nicht ablehnen, den Motor für Betrieb mit Benzin einzurichten. Daß die Aufgabe vorlag, hat OTTO sehr frühzeitig, schon wenige Monate, nachdem sein erster Viertakt-Gasmotor gelaufen war, erkannt, aber mit dem Zündschieber und der Gasflammenzündung war sie nicht zu lösen. Die Feuergefahr verbot die Verwendung einer offenen Flamme. Acht Jahre sollten vergehen, ehe es OTTO gelang, eine für den Benzinbetrieb brauchbare elektrische Zündvorrichtung zu schaffen.

EUGEN LANGEN war mit WERNER SIEMENS befreundet, und so lag es nahe, den Rat dieses Fachmannes einzuholen. OTTO veranlaßte LANGEN, SIEMENS aufzusuchen, um mit ihm das Problem der elektromagnetischen Zündung zu besprechen. Nach seiner Rückkehr berichtete LANGEN in der Direktionssitzung vom 26. April 1877: „Derselbe [WERNER SIEMENS] rät uns ab, Versuche anzustellen, dynamoelektrische Maschinen als Entzündungsapparat bei den Gasmotoren zu verwenden. Die Entzündung durch Gasflamme würde wohl das einfachste bleiben." Aber schon wenige Wochen später glaubt WERNER SIEMENS eine Lösung gefunden zu haben: in den Brennraum soll ein kleiner Apparat eingebaut werden, bestehend aus einer vom Motor angetriebenen Welle, die durch eine Stopfbuchse gegen den Brennraum abgedichtet ist und an ihrem inneren Ende ein Rädchen trägt, von dem ein Segment als Zahnrad ausgebildet ist. Mit den Zähnen des Segmentes kommt bei jeder Umdrehung eine isolierte Blattfeder in Berührung, die an den einen Pol eines kleinen raschlaufenden Wechselstromgenerators angeschlossen ist, der aus einem Siemens-T-Anker und sechs Hufeisenmagneten besteht. Der andere Pol ist mit der Welle leitend verbunden. Die Funken, die beim Gleiten der Blattfeder über die Zähne entstehen, entzünden das Gemisch im Brennraum.

Der Apparat, von dem keine Zeichnung erhalten geblieben ist, wurde im August 1877 an Deutz geliefert, aber alle Bemühnngen, regelmäßige Zündungen zu erhalten, blieben erfolglos. Die der Flamme des Brennraums ausgesetzte Blattfeder glühte in kurzer Zeit aus und verlor ihre Spannkraft, so daß der Kontakt mit den Zähnen des Zahnsegmentes aufhörte. Die dünne umlaufende Welle durch eine Stopfbuchse gegen den Brennraum abzudichten, erwies sich als unmöglich.

Der Mißerfolg mit dem Siemens-Apparat konnte OTTOs Bemühungen, das Problem der Funkenzündung zu lösen, nur verstärken. Das Protokoll der Direktionssitzung vom 31. Januar 1878 meldet:

Die Anwendung des electrischen Funkens statt Gasflamme wird besprochen & hebt Hr. Otto hervor daß mit Vorteil ein Funkeninductor mit galvan. Elementen benutzt werden könnte; da nur ein Funken zur Entzündung genügt, so müßte die Einrichtung so getroffen werden, daß das Element nur im gegebenen Moment arbeite & bei Anwendung der bekannten Batterien (von Meidinger oder Leclanché) würden letztere sehr selten nachzusehen sein.

Eine magnet-electrische Maschine, z. B. Siemens & Halske Inductor, anzuwenden, müßte in der Art geschehen, daß dieselbe nicht fortwährend, sondern nur im Moment rotirt, wenn die Entzündung erfolgen soll...

Hier wird zum erstenmal der Gedanke der magnetelektrischen Niederspannungszündung ausgesprochen, aber man hat in Deutz die Bedeutung dieser Erfindung OTTOs nicht voll erkannt. In der Niederschrift der Direktionssitzung vom 29. April 1878 heißt es zwar:

Es wird beschlossen, auf eine magnetelectrische Entzündungsmethode Patentgesuche einzureichen. Herrn Siemens ist nach Einreichung des DR.-Patentes mitzutheilen, daß seine Methode sich nicht bewährt habe...,

aber dann hat man in Deutschland die Anmeldung doch nicht weiterverfolgt.

In England reichte der Londoner Patentanwalt am 2. Mai 1878 eine „Provisional Specification" ein, „a communication from abroad by Nicolaus August Otto, of the Gasmotoren Fabrik-Deutz", in welcher ein Patentschutz auf die magnetelektrische Abreißzündung nachgesucht wurde. „Der Anker", so heißt es in der englischen Patentschrift, „kann so eingerichtet werden, daß er sich beständig dreht und die Stellungen seiner Spulen zu den Magneten so zur Drehung des Motors abgestimmt werden, daß der erzeugte Strom am stärksten ist, wenn die Gasladung sich im Zylinder befindet und man sie durch den Funken zu entzünden wünscht. Vorzuziehen ist aber, daß der Anker nur eine schnelle oszillierende Bewegung ausführt, die man ihm dann erteilt, wenn der Strom für den Funken erzeugt werden soll." Die englische Patentschrift, der keine Zeichnung beigefügt ist, beschreibt den Mechanismus des Ankerantriebes etwa so, wie OTTO ihn später ausgeführt hat.

An demselben Tag, der auf der englischen Patentschrift vermerkt ist, beschließt die Deutzer Direktion, „keine weiteren Patente nachzusuchen auf Entzündung des Gasgemisches durch den Eröffnungsfunken magnetelectrischer Maschinen". Nur das inzwischen eingereichte englische Patentgesuch soll weiterverfolgt werden. Der Anlaß zu diesem Beschluß scheint gewesen zu sein, daß OTTO inzwischen eine noch bessere Bauart der magnetelektrischen Zündung gefunden zu haben glaubte. Das in der englischen Patentschrift beschriebene Verfahren erforderte eine durch den Zylinderdeckel geführte Welle mit einem im Brennraum liegenden Finger, der einen von außen den Deckel durchdringenden isolierten Stift berührte; wenn sich der von außen gesteuerte Finger vom Stift abhob, sprang der Funke über. Die Steuerungsteile lagen also in der Flamme des Brennraums, und das hatte den Mißerfolg des Siemens-Apparates verursacht. Vermutlich hat OTTO sich hierdurch abhalten lassen, den ursprünglichen Gedanken der magnetelektrischen Zündung weiterzuverfolgen. In einer Sitzung vom 2. Mai heißt es laut Protokoll:

Herr Otto schlägt eine andere Art vor, durch magnetelectrische Apparate Funken zu erzeugen, und hat diese gegen die erste Methode den großen Vortheil, daß kein zu bewegender Mechanismus in den Cylinder zu verlegen ist. Die Direction ist hiermit einverstanden und beauftragt Herrn Otto, einen geeigneten Apparat zu construiren.

Wie dieser Apparat arbeiten sollte, ist nicht bekannt.

Otto erfindet die magnetelektrische Niederspannungszündung

Dann hören wir volle sechs Jahre, von 1878 bis 1884, nichts mehr von einem Fortschritt. Mögen sich auch OTTOs Gedanken oft mit dem Problem der elektrischen Zündung beschäftigt haben, er kann keinen brauchbaren Vorschlag machen. Da kommt ihm — es war im Jahr 1884 — ein merkwürdiger Zufall zu Hilfe. A. LANGEN[22] berichtet, daß 1941 der Leiter des Deutzer Archivs die Aussage eines damals noch lebenden Augenzeugen durch eine Niederschrift festgehalten habe, die wir hier auszugsweise wiedergeben:

... Bei seinen abendlichen Spaziergängen sah Otto eines Tages [1884] bei den Deutzer Pionieren, wie zwei Unteroffiziere an einem Holzkasten kurbelten. Bei der Frage, was sie damit bezweckten, erklärten sie ihm, daß in dem Holzkasten einige dünne Magnetstäbe eingebaut seien, wobei durch die auf der Ankerwelle angebrachte Handkurbel, beim Kurbeln, ein elektrischer Funken erzeugt würde, wodurch die frühere Minenzündung zum Sprengen mittels Zündschnur jetzt durch einen elektrischen Funken erfolge. Diese Mitteilung hat dann Otto auf den Gedanken gebracht, eine solche magnet-elektrische Zündung bei den neuen im Bau befindlichen Benzinmotoren zu verwenden.

Am andern Tage rief mich Herr Otto zu sich und nahm mich mit zur Pionierkaserne und bat sich dort von dem ihm persönlich bekannten Major den Holzkasten leihweise aus. Er wurde ihm mit der Bedingung überlassen, daß hieran in keiner Weise Änderungen vorgenommen werden dürften. Ich selber trug den Apparat zum Werk. Auf Anweisung von Herrn Otto bohrte ich in den Cylinderkopf ein Loch, in welches ein Messingstopfen mit einem Zündbolzen eingebaut wurde. Der Magnet wurde dann durch ein Kabel mit dem Zündbolzen verbunden. Nachdem der Kolben durch das Schwungrad der Maschine in Kompressionsstellung gebracht war, drehte Otto an der nach außen vorstehenden Handkurbel des Magneten, worauf die Zündung erfolgte. Hierdurch war der Beweis für die Anwendung der magnetelektrischen Zündung für Motoren erbracht...

OTTO ging unverzüglich an die Ausführung. Sein erster magnetelektrischer Apparat hatte Kastenform (Bild 75). Zwischen den Polschuhen der geraden Magnetstäbe ist der Doppel-T-Anker schwenkbar gelagert. Auf seiner Achse ist ein Winkelhebel befestigt, an dessen kürzerem Arm die am Magnetjoch aufgehängte Federwaage a angreift. Ihre Hülse (in Bild 75 in der Mitte aufgeschnitten) bildet das Widerlager für zwei einander entgegenwirkende Schraubenfedern, die durch die Stange b und einen an ihrem oberen Ende befestigten Federteller den Anker in seiner neutralen Mittellage zu halten

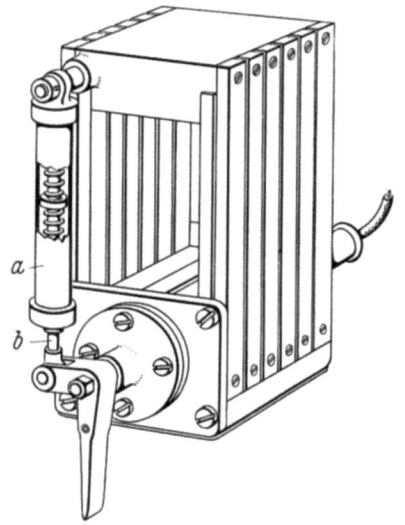

Bild 75
OTTOs erster magnetelektrischer Zündapparat (1884)

a Gehäuse der Federwaage;
b Stange des Federtellers

Das Größenverhältnis des Magnetapparates zum Zylinder des Motors ist aus Bild 76 und 79 ersichtlich

suchen. Sobald ein auf der Steuerwelle befestigter Nocken c (Bild 76) gegen den freien Hebelarm des Ankers schlägt, wird dieser kurzzeitig aus seiner Mittellage gelenkt, um sogleich zurückzuschnellen, wenn der Nocken den Hebel freigibt. Dadurch wird in den Windungen des Ankers ein kurzer Stromstoß erzeugt, der zu dem isoliert durch

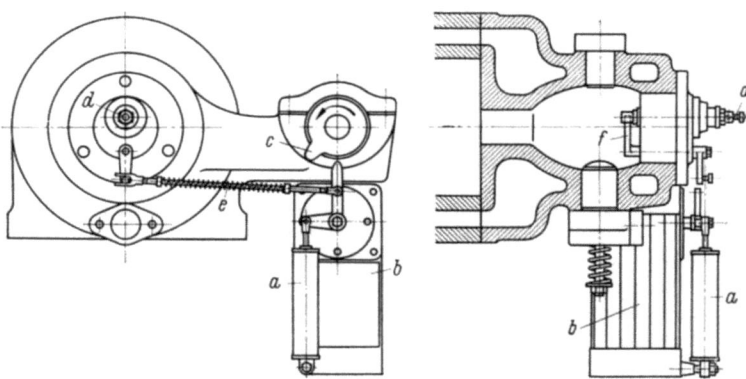

Bild 76. Anordnung der magnetelektrischen Abreißzündung am Deutzer Benzinmotor (1885)
a Federwaage; b Magnetapparat; c Mitnehmernase; d Zündstift; e Stoßstange; f Abreißhebel

den Zylinderdeckel geführten Zündstift d geleitet wird. Durch das Zurückschwingen des Ankers wird gleichzeitig mittels der Stoßstange e der Kontakt zwischen dem Abreißhebel f und dem Zündstift gelöst; zwischen beiden springt der Funke über und entzündet die Ladung.

OTTOs Niederspannungs-Abreißzündung konnte sich anfangs nur langsam einführen, denn die ersten Zündapparate waren recht schwer und teuer, was den Preis der

Motoren ungünstig beeinflußte. Aber sie arbeitete sehr präzise und betriebssicher, so daß sie um die Jahrhundertwende die führende Zündung im Verbrennungsmotorenbau wurde. Unbegreiflicherweise hatte Deutz die Patentierung in Deutschland nicht betrieben; auch die Provisional Specification von 1878, die man in England eingereicht hatte, war nicht weiterverfolgt worden und daher verfallen. Als man in der Deutzer Direktion den Wert der Abreißzündung erkannte, war es zu spät: die Provisional Specification, in welcher die Abreißzündung ihrem Wesen nach richtig beschrieben worden war, verhinderte als Vorveröffentlichung die Patentierung in Deutschland. So konnten die Konkurrenzfirmen die Abreißzündung benutzen, und sie machten davon ausgiebigen Gebrauch. Auch zu den Erfolgen, die WILHELM MAYBACH nach 1900 mit seinen Rennwagen erzielte, hat OTTOs Zündverfahren wesentlich beigetragen.

Ein in Deutz gebauter Magnetzünder ist es gewesen, der ROBERT BOSCH zu seinem Lebenswerk angeregt hat. Darüber erzählt er selbst:

> Damals, im Sommer des Jahres 1887, kam ein kleiner Maschinenbauer zu mir und fragte mich, ob ich ihm nicht einen Apparat bauen könnte, wie ihn die Gasmotoren-Fabrik Deutz in ihren Benzinmotoren verwende. Ein solcher Apparat sei in Schorndorf zu sehen. Ich fuhr dorthin und fand den niedergespannten Magnetapparat mit Abreißvorrichtung. Ich frug vorsichtshalber bei Deutz an, ob an dem Apparat etwas patentiert sei. Auf diese Frage erhielt ich keine Antwort. Auch sonst fand ich keine Anzeichen dafür, daß der Apparat patentiert sei, und ich baute somit den Apparat, den ich auch Gottlieb Daimler vorführte, der eben zu jener Zeit in Cannstatt den hochtourig genannten Explosionsmotor für ortsfeste Maschinen baute. Nachdem ich den Apparat abgeliefert hatte, baute ich gleich noch drei weitere; sie wurden zu Versuchszwecken von den damals bestehenden Gasmotorenfabriken abgenommen, die die Absicht hatten, Benzinmotoren zu bauen.

Aber der Umsatz, den ROBERT BOSCH anfänglich erzielte, war sehr bescheiden; es gelang ihm nicht, mehr als zwei bis drei Magnetzünder wöchentlich zu verkaufen[5]. Die Konkurrenz der Gasflammenzündung und mehr noch die der Glührohrzündung war noch jahrelang fühlbar. Auch in Deutz hat man erst kurz vor der Jahrhundertwende die Abreißzündung in großem Umfang verwendet, als man bei den inzwischen entwickelten Petroleummotoren zur elektrischen Zündung überging.

Der erste Deutzer Benzinmotor

Mit der magnetelektrischen Abreißzündung war die Hauptschwierigkeit beseitigt, die bis dahin dem Bau von Benzinmotoren entgegengestanden hatte. Die konstruktiven Änderungen, die man vorzunehmen hatte, um den A-Motor für den Betrieb mit Benzin einzurichten, waren nicht umfangreich. Man brauchte nur den Zündschieber, der bis dahin den Gemischeinlaß und die Zündung gesteuert hatte, durch ein sich selbsttätig öffnendes Einlaßventil zu ersetzen und die für die Abreißzündung erforderlichen Teile am Zylinderkopf anzubringen. Im übrigen wurde der Aufbau der liegenden A-Type beibehalten, insbesondere der Kreuzkopf und die Gleitbahn. Die so entstandene neue Type nannte man „AB". Erst später erhielten auch die Benzinmotoren den Tauchkolben.

Der Vergaser, auch als „Oberflächenvergaser" bezeichnet, obwohl die Luft nicht über die Oberfläche des Benzins hinwegstrich, sondern eine Benzinschicht durchperlen mußte, war einfacher gebaut als die von MAYBACH und BENZ ausgeführten Schwimmervergaser (Bild 40 und 60). Der Motor war durch die Leitung *a* an das Gehäuse des Vergasers *B* (Bild 77) angeschlossen, das zum Teil mit Benzin gefüllt war. Die Höhe des Benzinstandes las man an der Vorrichtung *b* ab. Unter der Saugwirkung des Motor-kolbens trat die Luft durch das Sieb c und einen Hahn zum Regeln der Luftmenge in den Verteiler d, aus dem sie durch die darüberliegende Benzinschicht aufstieg. Der Vergaser war nicht nur durch eine gemauerte Wand vom Motorraum A getrennt, sondern es sicherten auch ein Kiestopf e, das Rückschlagventil f und ein federbelastetes Sicherheits-

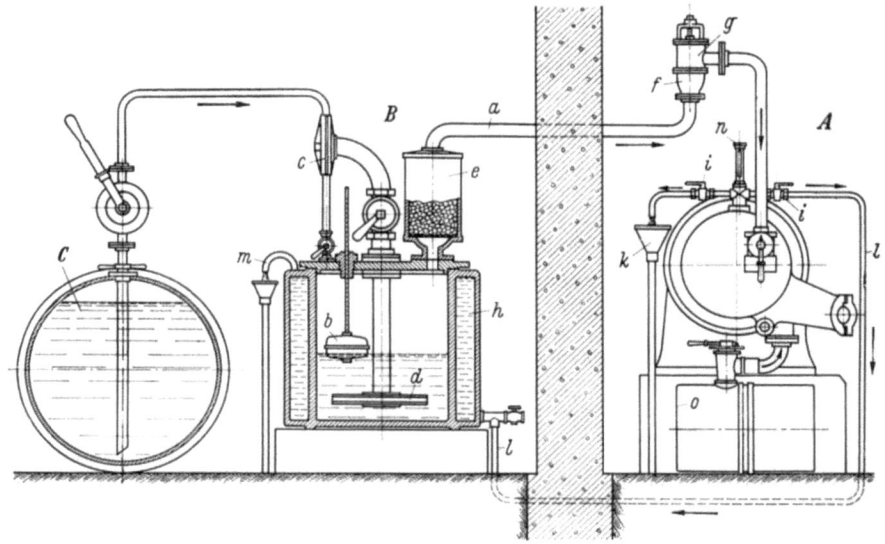

Bild 77. Oberflächenvergaser und Aufstellungsplan des Deutzer Benzinmotors „AB" (1885)

A Motorraum; B Vergaser; C Benzinvorratsbehälter

a Leitung vom Vergaser zum Motor; b Benzinstandzeiger; c Lufteintritt mit Sieb; d Luftverteiler; e Kiestopf; f Rückschlagventil; g Sicherheitsventil; h Warmwassermantel des Vergasers; i Kühlwasserhähne; k Ablauftrichter; l Warmwasserzuleitung zum Vergaser; m Warmwasserablauf; n Thermometer; o Saugtopf des Motors

Der Vergaser ist größer als der Arbeitszylinder des Motors

ventil g den Vergaser vor etwa vom Motor zurückschlagenden Flammen. Das Benzin wurde aus dem Vorratsbehälter C durch eine Handflügelpumpe nachgefüllt; der Behälter war im Keller oder unter der Erde gelagert. Bei niedriger Außentemperatur konnte das Vergasergehäuse durch den Warmwassermantel h vorgewärmt werden. Man stellte dann die beiden Hähne i am Motor so, daß das erwärmte Kühlwasser des Motors nicht durch den Trichter k ablief, sondern durch die Leitung l dem Wassermantel des Vergasers zugeführt wurde. Bei dieser Schaltung lief das Wasser durch den Krümmer m ab. Am Thermometer n konnte die Wassertemperatur abgelesen werden. Aus dem unterhalb des Motors angeordneten Topf o, der als Schalldämpfer und Sieb wirkte, saugte der Motor soviel frische Zusatzluft an, wie zum Einstellen des Benzingehaltes des Gemisches erforderlich war.

Diese alten Vergaser waren recht ungefüge Konstruktionen (Bild 78). Das massive Gehäuse stand in keinem Verhältnis zur Größe des Motorzylinders. In Bild 79 sieht man den Vergaser neben dem Motor: sein Durchmesser beträgt mehr als das Doppelte des Durchmessers des Motorzylinders. Auch der Magnetapparat des Abreißzünders, der am freien Motorende aufgehängt ist, erscheint unverhältnismäßig groß und schwer. Aber wir haben zu beachten, daß der hier abgebildete Motor einer der ältesten Verbrennungsmotoren ist, die mit einem flüssigen Kraftstoff betrieben worden sind.

Die ersten beiden Deutzer Benzinmotoren sind im Geschäftsjahr 1885/86 geliefert worden. In den folgenden Jahren stieg der Absatz nur langsam an. Im Jahr 1886/87 wurden nur 19 Benzinmotoren abgesetzt, und noch 1890/91 waren es wenig mehr als

Bild 78
Ein Deutzer Oberflächenvergaser aus dem Jahr 1885

Die Buchstaben bezeichnen dieselben Teile wie in Bild 77: *a* Leitung zum Motor; *c* Lufteintritt mit Sieb; *e* Kiestopf als Flammenrückschlagsicherung; *l* Vorwärmzu- und -ableitung. Hier wird das Vergasergehäuse durch die Auspuffgase des Motors angewärmt

Der Vergaser steht im Werkmuseum der Klöckner-Humboldt-Deutz AG

Bild 79. Der Deutzer Benzinmotor „AB" (1885)

B Oberflächenvergaser; *m* Magnetapparat des Abreißzünders

Die Buchstaben *a* bis *g* bezeichnen dieselben Teile wie in Bild 77, *l* wie in Bild 78. f_1 ist der WATTsche Regler wie in Bild 21 (s. auch Bild 20)

hundert. Gegenüber den jährlich verkauften Gasmotoren, deren Zahl sich in demselben Geschäftsjahr auf 1192 belief, war das nicht sehr bedeutend. Noch zwei Jahre vor der Jahrhundertwende wurden im Geschäftsjahr nur 200 Benzinmotoren gegenüber 1900 Gasmotoren verkauft. Nicht nur der höhere Preis des Benzinmotors, sondern auch die Furcht vor der Feuergefahr trugen dazu bei, daß die Zahl der Anlagen mit Benzinmotoren nur langsam zunahm. Hinzu kam, daß die Schieberflammenzündung, die uns heute so schwerfällig erscheinen möchte, sich als sehr betriebssicher erwiesen hatte. Im ganzen hat die Gasmotoren-Fabrik Deutz fast 10000 Motoren mit Zündschieber geliefert, und die von ausländischen Lizenznehmern hergestellte Zahl dürfte ebenso hoch, wenn nicht höher, gewesen sein.

Im Jahr 1885 beteiligte sich Deutz mit einer Anzahl von Motoren an der Weltausstellung in Antwerpen; auch der soeben erst fertig gewordene Benzinmotor wurde gezeigt, den die belgischen Lizenznehmer Fétu & Deliège gebaut hatten. Der Motor erregte beträchtliches Aufsehen, und die Preiskommission erkannte ihm die höchste Auszeichnung zu. Im Bericht über die Ausstellung heißt es: „Der Benzinmotor ist vielleicht dazu berufen, eine große Rolle besonders dort zu spielen, wo kein Gas zur Verfügung steht und man der Wohlthat eines Gasmotors beraubt ist."

Deutz benutzt auch die Glührohrzündung

Der Nachteil, den der Zündschieber hatte, haftete auch Ottos Abreißzündung an: beide Zündverfahren konnte man nur bei Drehzahlen bis kaum mehr als 200 U/min gebrauchen; für höhere Drehzahlen waren die bewegten Steuerungsteile zu schwer. Die Kleinmotoren für die Hausindustrie und das Kleingewerbe hatte man zwar anfangs auch mit niedrigen Drehzahlen gebaut, aber die allmählich entstehende Konkurrenz ließ das nicht mehr zu. Wenn man die Motoren zu erträglichen Preisen herstellen wollte, dann mußte man zu höheren Drehzahlen übergehen, um den Preis der Leistungseinheit zu senken. Das bedeutete den Zwang, nach einem billigeren Zündverfahren zu suchen. Hierfür kam nur die Glührohrzündung in Frage, die man in Deutz nicht nur aus Daimlers Patent 28022 kannte, sondern auch aus den Verhandlungen mit Leo Funck, dessen Angebot auf die gesteuerte Glührohrzündung Langen und Daimler wenige Jahre vorher abgelehnt hatten (S. 81).

So erwarb die Gasmotoren-Fabrik das DRP 41856 vom 17. Juni 1887, das auf den Namen Theodor Heese lautete und ein Zündverfahren schützte, bei welchem das Glührohr erst kurz vor dem beabsichtigten Zündzeitpunkt durch einen gesteuerten Schieber mit dem Brennraum verbunden wurde. Auch einige andere, von demselben Anmelder stammende Schutzrechte wurden erworben. Damit konnte man Daimlers DRP 28022 umgehen. Mit der Glührohrzündung nach Heese wurde die in Bild 80 dargestellte kleine Gasmaschine ausgerüstet, die den Namen „Deutzer Zwergmotor" erhielt. Sie ist noch zu Ottos Lebzeiten konstruiert worden. Schöttler[10] erwähnt 1890, daß „für die Hausindustrie und sonstigen ganz kleinen Arbeitsbedarf die Deutzer Firma seit kurzer Zeit eine kleine Maschine gebaut hat". Der Zylinderdurchmesser der kleinsten Type, die $1/8$ PS leistete, betrug 65 mm. Die Zündvorrichtung, im Maßstab des Bildes 80 nicht mehr darstellbar, ist in Bild 81 vergrößert gezeichnet.

Das Hauptglührohr b wird von der Hauptzündflamme c in der Achsenrichtung umspült. Damit die Flamme c nicht zu heiß wird und das Glührohr verzundert, erhält das die Flamme speisende, durch die Leitung d zugeführte Zündgas zunächst nur wenig

Luft, die durch die engen Bohrungen e eintritt. Das Gas-Luft-Gemisch umspült den zum Brennraum des Motors führenden Kanal f (die Umführung ist in Schnitt A—B

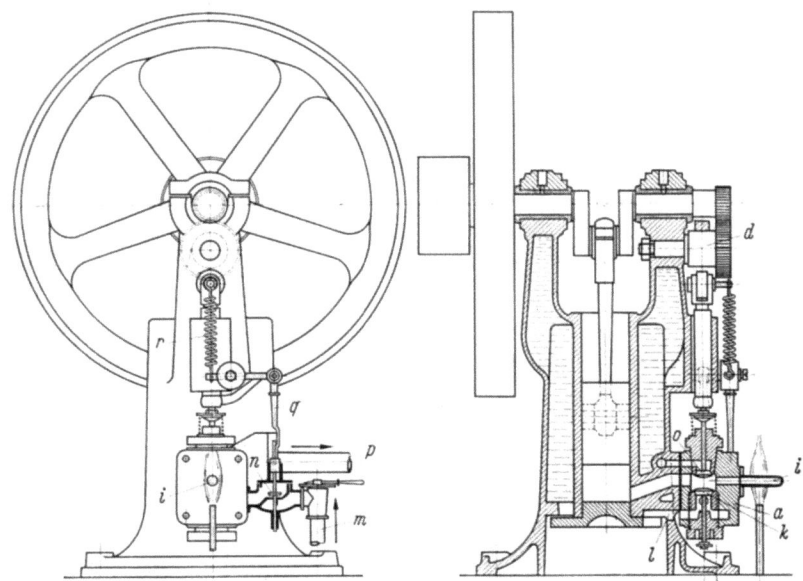

Bild 80. Ottos Zwergmotor (1889)

a Zündvorrichtung (s. Bild 81); d Steuerwelle; i Nebenglührohr; k Einlaßventil; l Luftkanal; m Gaszuleitung; n Gasregelventil; o Auspuffventil; p Abgasleitung; q Winkelhebel mit Gewicht; r Feder für Antrieb von q

Dieser kleine Gasmotor wurde mit Leistungen bis herab zu $\frac{1}{8}$ PS gebaut

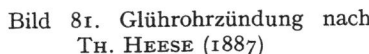

Bild 81. Glührohrzündung nach Th. Heese (1887)

b Hauptglührohr; c Heizflamme für b; d Zündgasleitung für c; e erste Luftzuführung zur Flamme c; f Zündkanal zum Brennraum; g zweite Luftzuführung zur Flamme c; h Schornstein; i Nebenglührohr

Die durch das DRP 41856 vom 17. Juni 1887 geschützte Zündung bezweckte eine Umgehung des Daimler-Patentes 28022 (Bild 31), wozu in der Patentschrift ein Schieber zwischen der Zündvorrichtung und dem Brennraum gezeichnet war. Deutz hat in der Ausführung den Schieber weggelassen

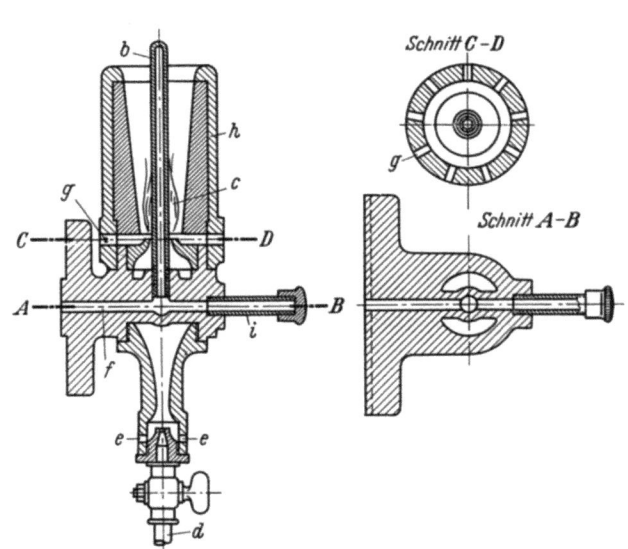

erkennbar) und erhält erst oberhalb von f durch die Bohrungen g (Schnitt C—D) den zur vollständigen Verbrennung erforderlichen Luftüberschuß. Dadurch, so war die Absicht, sollte die höchste Temperatur am Außenmantel der Flamme auftreten, ihr Kern kühler bleiben und das Glührohr geschützt werden. Der kurze Schornstein h war mit feuerfestem Stein gefüttert. Durch das zweite Glührohr *i*, das durch eine besondere Flamme erwärmt wurde (Bild 80), sollte die aus dem Hauptglührohr *b* bei der Zündung herausschlagende Flamme in Richtung des Zündkanales *f* zum Brennraum hin beschleunigt werden.

Dem selbsttätig arbeitenden Einlaßventil *k* (Bild 80) wird die Luft aus dem als Schalldämpfer wirkenden Maschinensockel durch den Kanal *l* zugeführt, das Gas durch die Leitung *m*, ein vom Regler gesteuertes Ventil *n* und einen Ringraum unmittelbar unterhalb des Ventilsitzes. Das Auspuffventil *o* wird durch einen Nocken auf der mit halber Drehzahl umlaufenden Steuerwelle *d* betätigt. Durch die Leitung *p* werden die Abgase abgeführt.

Der Pendelregler (Bild 80, Seitenansicht) war eine frühere Erfindung OTTOs, die durch das DRP 17906 vom 9. September 1881 geschützt war. Der Winkelhebel *q*, dessen waagerechter Arm ein Gewicht trug, wurde durch die Rollenführung des Auspuffventils und eine zwischengeschaltete Feder *r* so in schwingende Bewegung versetzt, daß sein senkrechter Arm für jeden Saughub das Gasventil *n* rechtzeitig öffnete. Lief die Maschine zu schnell, so wurde der Winkelhebel so weit ausgelenkt, daß sein senkrechter Arm die Spindel des Gasventils verfehlte, so daß dieses geschlossen blieb. Die einfache und billige Regelvorrichtung arbeitete so gut, daß sie später von mehreren Motorenfabriken übernommen wurde.

In der auf den Namen HEESE lautenden Patentschrift ist zwischen der Zündvorrichtung und dem Brennraum ein Schieber gezeichnet, offenbar zu dem Zweck, einen Unterschied gegenüber DAIMLERs Patent 28022, das die Zündung durch ein offenes Glührohr schützte, zu konstruieren. In der Deutzer Ausführung fehlt der Schieber (Bild 80); sie fiel somit unter DAIMLERs Patent. Man zögerte daher in Deutz mit dem Verkauf dieser Maschinen bis zum Geschäftsjahr 1892/93. Nach OTTOs Tod verständigte man sich mit dem Aufsichtsrat der Daimler-Motoren-Gesellschaft und erhielt das Mitbenutzungsrecht auf die Zündung durch ein offenes Glührohr, freilich gegen GOTTLIEB DAIMLERs heftigen Widerspruch (S. 252).

Anfänge der Hochspannungs-Magnetzündung

Während einer Reihe von Jahren sind in der Gasmotoren-Fabrik Deutz die drei Zündverfahren — die Gasflammen-, die Abreiß- und die Glührohrzündung — nebeneinander verwendet worden, bis sie sämtlich nach der Jahrhundertwende durch die Hochspannungs-Magnetzündung verdrängt wurden. Den Gedanken, der dieser Zündung zugrunde liegt, hat PAUL WINAND zuerst ausgesprochen.

PAUL WINAND, von Geburt Belgier, war Versuchsingenieur in der Gasmotoren-Fabrik Deutz. Im Jahr 1886 erhielt er den Auftrag, die Abreißzündung, die OTTO zwei Jahre vorher erfunden hatte, konstruktiv zu verbessern. In einer älteren Aktennotiz heißt es darüber:

1887 verbesserte und vereinfachte Paul Winand die Stromabnahmeeinrichtung und den Zünddeckel sowie den Abreißnocken. Hierdurch wurde eine einheitliche Konstruktion des Zündapparates und Zünddeckels für die Anwendung bei Gas- und Flüssigkeitsmotoren erzielt. Diese Ausführung wurde von Deutz bis 1903 gebaut.

Durch seine Arbeiten an der Abreißzündung ist WINAND zur Erfindung der Hochspannungszündung angeregt worden. In der Patentschrift 45161 vom 13. April 1887 beschreibt er das Verfahren mit großer Klarheit:

Robert Bosch
1861–1942

Der wesentlichste Theil dieser Erfindung ist ein mit zwei parallelen Drahtwickelungen bewickelter Eisenkern. Die erste Wickelung besteht aus dünnem Draht, die zweite aus dickerem. Zur Erzeugung des Funkens wird der magnetische Zustand des Eisenkernes, z. B. durch Bewegung in einem magnetischen Felde verändert. In der ersten Wickelung entsteht dadurch, wenn ihre beiden Enden nicht direct mit einander, sondern mit den Zündern verbunden sind, kein Strom. In der zweiten Wickelung, deren Enden in directer Verbindung stehen, entsteht dagegen ein starker Strom. Dieser Strom wird, wenn er sein Maximum erreicht, oder etwas früher, plötzlich unterbrochen.

Diese Unterbrechung erzeugt in der ersten Wickelung eine hohe elektromotorische Kraft, die mit derjenigen gleichgerichtet ist, welche durch die von der äußeren Ursache herrührende Änderung des Magnetismus des Eisenkernes hervorgerufen wird. Beide elektromotorischen Kräfte addiren sich also, um den Funken hervorzurufen. Die erstgenannte elektromotorische Kraft ist ganz momentan, die zweite dauert aber nach Aufhören der ersten während einer verhältnismäßig längeren Zeit fort.

Sind das Verhältniß der Wickelungen und der Zeitpunkt der Unterbrechung der zweiten derselben richtig gewählt, so entsteht also nicht ein blos momentaner Funke, sondern ein während einiger Zeit andauernder Lichtbogen als Fortsetzung des Funkens. Dadurch wird im Zünder eine größere Wärmemenge entwickelt als durch einen bloßen Funken, wie dieses z. B. bei den gebräuchlichen Inductionsapparaten der Fall ist, und es wird die Entzündung auch schwerer entzündbarer Stoffe ermöglicht.

Ebenso klar wie die hier im Auszug wiedergegebene Beschreibung ist der Patentanspruch abgefaßt:

Bei magneto- und dynamoelektrischen Zündapparaten die Anordnung einer zweiten secundären Wickelung auf der Armatur, auf dem Feldmagnet oder auf beiden, in welcher bei Unterbrechung des primären Stromes ein secundärer Strom von hoher Spannung, der Zündstrom, inducirt wird.

OTTO hat sich von der umfangreichen Patentschrift eigenhändig eine Abschrift angefertigt, die sich im Archiv der Klöckner-Humboldt-Deutz AG befindet. Wenn er somit auch wohl die Bedeutung dieser Erfindung erkannt hat, so hat er doch nichts unternommen, um sie zu verwirklichen, vielleicht weil er der Meinung war, daß eine Apparatur, wie die von WINAND vorgeschlagene, nur in einer Fabrik elektrotechnischer Geräte entwickelt werden könne. Jedenfalls war er nicht gewillt, noch mit einem vierten Zündverfahren zu experimentieren. So verfolgte man in Deutz WINANDs Erfindung nicht, und der Erfinder ließ sein Patent im Jahr 1890 verfallen.

WINAND ist bis zu seinem Lebensende (1912) für die Gasmotoren-Fabrik Deutz tätig geblieben. Er wurde in den neunziger Jahren zu den Deutzer Tochterunternehmungen nach Philadelphia, wo er Mitglied des „Board of Directors" wurde, sowie nach St. Petersburg entsandt. Wie sehr man seine Arbeit in Deutz zu schätzen wußte, geht daraus hervor, daß er nach seiner Rückkehr aus dem Ausland mit einem hohen Gehalt weiter für die Firma verpflichtet wurde, wie die mit ihm geschlossenen im Deutzer Archiv noch vorhandenen Verträge zeigen. Zuletzt hat er sich mit einem Verfahren zum Betrieb von Verbrennungskraftmaschinen für Unterseeboote und Torpedos beschäftigt und Patente auf zahlreiche Neuerungen erhalten.

Das DRP 45 161 ist nach seinem Erlöschen 1890 völlig in Vergessenheit geraten. Unabhängig von WINAND hat GOTTLOB HONOLD, ROBERT BOSCHs Mitarbeiter, die Hochspannungszündung zum brauchbaren Zündverfahren entwickelt, auf welches 1902 das DRP 156 117 erteilt wurde. Dieses bedeutende Schutzrecht wurde begreiflicherweise alsbald das Ziel der Angriffe der Konkurrenz, der es gelang, WINANDs Patentschrift aufzufinden. Da diese das DRP 156 117 völlig vorwegnahm, ließ ROBERT BOSCH das Honold-Patent fallen, ohne es auf eine Nichtigkeitsklage ankommen zu lassen. Die hochwertige Arbeit, die von Anfang an in ROBERT BOSCHs Fabrik geleistet wurde, sicherte ihm auch ohne Rechtsschutz den Vorsprung.

Der Reichsgerichtsprozeß um das DRP 532

Über den großen Prozeß, der 1886 zur Vernichtung des Viertaktpatentes Ottos führte, ist vieles geschrieben worden, und noch in jüngster Zeit, mehr als siebzig Jahre nach der Urteilsfällung, erscheint hier und da ein Aufsatz, der sich bemüht, einen Beitrag zu der Frage zu liefern, ob das Urteil richtig war oder ob man damit dem großen Erfinder und dem Menschen Otto Unrecht zugefügt hat. Liest man heute in den alten Darstellungen, so glaubt man noch die Erregung zu spüren, mit der das Urteil des Reichsgerichts erwartet wurde — mit Recht, denn von dem Urteil hing die Existenz der Firmen ab, die große Mühe und Kosten aufgewandt hatten, um einen bescheidenen Verbrennungsmotorenbau ins Leben zu rufen, und die sich jetzt in ihrer Existenz bedroht sahen.

Die Entstehung des Streites

Nicht die Firmen — zu ihnen gehörten die Hannover'sche Maschinenbau-Gesellschaft, Buss, Sombart & Co. und die Gebrüder Körting — haben Otto angegriffen, sondern sie sind von Otto angegriffen worden. Die Firmen haben den Anspruch 4 des DRP 532, der das Viertaktverfahren schützte, respektiert und haben Zweitaktmotoren gebaut, von denen sie annehmen mußten, daß sie nicht unter die Ansprüche 1 bis 3 des Patentes fielen. Wie konnten sie auch für möglich halten, daß das in den Zylinder eines Zweitaktmotors sich durch einen engen Ventilspalt hineinzwängende, mit der Geschwindigkeit eines kleinen Orkans eintretende Gemisch sich innerhalb des Zylinders in Schichten abnehmender Konzentration lagern würde? Otto hingegen hielt dies nicht nur für möglich, sondern er war überzeugt, daß dem so sei, sonst könnten die Zweitaktmotoren nicht ohne „Explosionsstöße" arbeiten. So richtete er am 10. Dezember 1880 an die Hannover'sche Maschinenbau-Gesellschaft das unselige Schreiben, das wir S. 132 im Wortlaut angeführt haben. Damit war der Kampf eröffnet. Der Streit mit der Hannoverschen endete vorläufig damit, daß die Angegriffene den Bau von Gasmotoren aufgab; aber die Nichtigkeitsklage, welche die Hannoversche gegen das DRP 532 eingeleitet hatte, lief weiter. Das war im Jahr 1882.

Im nächsten Jahr versandten die Rechtsanwälte Kyll und Burgers in Köln im Auftrag der Deutzer eine Aufforderung an die Kunden der Gebrüder Körting, die Benutzung ihrer von Körting gekauften Zweitaktmotoren einzustellen. Wiederholt erboten sich die Gebrüder Körting, Lizenzen für die Motoren an Deutz zu zahlen, jedoch Eugen Langen lehnte das Angebot ab. Damit wurde es klar, daß man in Deutz beabsichtigte, alle Firmen, welche Zweitaktmaschinen bauten, anzugreifen. Daß diese sich zur Wehr setzten, war ihr gutes Recht.

Die Lage war in der Tat für die Firmen unerträglich. Deutz besaß nicht nur das Patent 532, sondern auch das DRP 14254 vom 31. Dezember 1879, dessen Patentanspruch 1 mit den Worten begann (S. 74):

Die in dem verlängerten Raum des Arbeitscylinders einer Gaskraftmaschine von der vorhergehenden Arbeitsperiode verbleibenden Rückstände oder Luft gleichmäßig zu mischen...

Das Patent 532 schützte die schichtenförmige, also ungleichmäßige Ladung, das Patent 14254 die gleichmäßig gemischte Ladung und dazu eventuell, d. h. wenn das Gericht den Patentanspruch so auslegte, auch die zylindrische Fortsetzung des Arbeitszylinders, die den Verdichtungsraum einschloß, — und damit hatte die Gasmotoren-

Fabrik Deutz es in der Hand, jedermann den Bau von Verbrennungsmotoren zu verbieten, denn von einem jener Gemischbildungsverfahren mußte man Gebrauch machen, wenn man überhaupt Motoren bauen wollte. Man kann es den Firmen nicht verdenken, wenn sie gemeinsam nach Material suchten, um das DRP 532 zu Fall zu bringen.

Ein den Gebrüdern KÖRTING nahestehender Hannoverscher „Civil-Ingenieur", namens WIGAND, verfaßte eine Broschüre[42], in welcher er nachzuweisen versucht, daß alle Erkenntnisse, die man zum Bau eines Gasmotors brauche, bereits durch die Arbeiten von BUNSEN, LENOIR, HUGON, DE BISSCHOP, HOCK, GUSTAV SCHMIDT[43], HIRN und andere geschaffen worden seien. Nachdem er den Beweis erbracht zu haben glaubt, daß sich im Zylinder einer Deutzer Gasmaschine keine anderen Vorgänge abspielen könnten, als sie von den genannten Forschern und Erfindern beschrieben seien, fährt er fort:

> Die Unklarheit beseitigen zu helfen, welche darüber obwaltet, ob der Deutzer Gasmotorenfabrik ganz generell und unabhängig von der specifischen Konstruktion das Verfahren, bei einem Gasmotor ein unregelmäßiges Gemisch von explosiven und indifferenten Gasen zu verbrennen, geschützt ist, gehört wesentlich mit zum Zwecke dieser Arbeit. Die Unsicherheit darüber, was durch P.R. Nr. 532 geschützt und was nicht geschützt ist, liegt wie ein drückender Alp auf der jungen Gasmaschinen-Industrie und lähmt die Bestrebungen zu ihrer Entwicklung...

Am Schluß des nur 15 Druckseiten umfassenden Heftes fordert der Verfasser auf, ihm „einschlägiges Material" einzusenden, „damit alle interessirten Kreise recht bald des Segens theilhaftig würden, der unausbleiblich ist, wenn der Gasmaschine die freie Konkurrenz auf dem Markte wieder erschlossen ist".

Verlauf der ersten Nichtigkeitsklage

Obwohl die Gegner — Deutz und die Hannoversche — sich 1882 geeinigt hatten, lief die Nichtigkeitsklage der Hannoverschen gegen das DRP 532 weiter. Die Nichtigkeitsabteilung des Reichspatentamtes hatte den Anspruch 1 wie folgt geändert:

> In einem geschlossenen Raume brennbare mit Luft gemischte Gase vor ihrer Verbrennung behufs Erzielung einer Betriebskraft durch Expansion mit einer anderen Luftart in einer solchen Weise zusammenzubringen, daß während der Saugperiode zuerst frische Luft oder ein anderes indifferentes Gas eintritt, welches sich mit den Verbrennungsrückständen, die einen besonders zu diesem Zweck angebrachten Raum ausfüllen, vermischt und hiernach derartig explosible Gase angesaugt werden, daß durch letztere die Entzündung sicher ermöglicht wird.

Damit war das Wesen der Erfindung OTTOs nicht klarer als vorher beschrieben. Beide Parteien waren mit der Entscheidung des Patentamtes nicht zufrieden und legten Berufung bei der zweiten und letzten Instanz, dem Reichsgericht, ein. Dieses zog den Dresdener Professor LEWICKI als Sachverständigen zu, der in seinem im Oktober 1883 erstatteten Gutachten die Ansicht vertrat, daß die schichtenförmige Lagerung des Gemisches im Motor wirklich vorhanden und daß hierauf die stoßfreie Verbrennung zurückzuführen sei. „Deutz wäre also", so kommentiert A. LANGEN[22] die Verhandlungen, „widerspruchslos vor dem Reichsgericht mit seinem Antrag auf Wiederherstellung der alten Fassung durchgedrungen, wenn nicht in letzter Stunde ERNST KÖRTING seine Zulassung als Nebenintervenient durchgesetzt hätte." Daraus könnte der Leser schließen, daß ERNST KÖRTING sich nur aus Animosität gegen die Gasmotoren-Fabrik, etwa aus Neid auf die Erfolge der Deutzer, in einen Prozeß eingemischt hätte, der ihn eigentlich nichts anging. So ist es nicht gewesen; KÖRTING war kurze Zeit vorher von DEUTZ angegriffen worden, und wenn er nicht ein berechtigtes Interesse an dem Verlauf der Nichtigkeitsklage hätte nachweisen können, würde das Reichsgericht ihn nicht als Nebenintervenienten zugelassen haben.

Das Reichsgericht entschied am 18. Februar 1884, daß der Anspruch 1, der die schichtenförmige Lagerung schützte, bestehen bleibe, und änderte ihn nur geringfügig ab. Er erhielt nunmehr die Fassung:

In einem geschlossenen Raume brennbare, mit Luft gemischte Gase vor ihrer Verbrennung mit einer anderen Luftart *in einer der Beschreibung der Patentschrift entsprechenden Weise* so zusammenzubringen, daß die an einer Stelle eingeleitete Verbrennung von Gas- zu Gaskörperchen verlangsamend sich fortpflanzt, die Verbrennungsprodukte sowohl als die sie umhüllende Luftart durch die erzeugte Wärme sich ausdehnen und so durch Expansion Betriebskraft abgeben.

Gegenüber der ursprünglichen Fassung (S. 51) bestand die Änderung also nur darin, daß die hier kursiv gesetzten Worte an die Stelle der Worte „in solcher Weise" traten. ARNOLD LANGEN hält diese Änderung für recht bedeutsam, da sie „einen gelinden Zweifel an der Richtigkeit und Allgemeingültigkeit der OTToschen Verbrennungstheorie" andeute. Ein Zweifel ist indessen nicht erkennbar. Die neue Fassung entspricht dem, was OTTO als seine Erfindung ansah. So war der erste Angriff auf das DRP 532 abgewiesen.

Die zweite Nichtigkeitsklage

Noch bevor das Reichsgerichtsurteil in der ersten Nichtigkeitsklage ergangen war, hatten Buss, Sombart & Co. und Körting eine neue Nichtigkeitsklage beim Patentamt eingereicht. Den Nachforschungen KÖRTINGs war es gelungen, den Uhrmacher REITHMANN in München ausfindig zu machen, von dem es hieß, daß er schon vor OTTO einen Viertaktmotor gebaut und in Betrieb gesetzt habe. KÖRTING hatte in einem Beweissicherungsverfahren die eidliche Aussage des REITHMANN vor dem Amtsgericht München protokollieren lassen (S. 60); in der von Deutz gegen REITHMANN angestrengten Klage hatte das Landgericht München der Aussage REITHMANNs Glauben geschenkt, das Oberlandesgericht jedoch die Aussage als unglaubwürdig verworfen. Das Reichsgericht hat bei der Entscheidung über die zweite Nichtigkeitsklage BUSS—KÖRTING gegen Deutz die Vorgänge REITHMANN noch einmal geprüft und festgestellt, daß REITHMANNs angebliche öffentliche Vorbenutzung des Viertaktverfahrens nicht existiert hat. So ist der Anspruch 4 des DRP 532, der das Viertaktverfahren schützte, nicht durch REITHMANN zu Fall gebracht worden.

Wie es dann zur Auffindung der Schrift BEAU DE ROCHAS' (S. 56) kam, berichtet ein 25 Jahre später (am 16. Mai 1911) geschriebener Brief ERNST KÖRTINGs an seinen Bruder BERTHOLD:

Es ist genau so, wie D.[onneyly; Name im Original kaum leserlich] schreibt; d. h. vom Herrn Gehrke Hamburg erhielten wir die Beau de Rochas Schrift, durch die das Deutzer Patent fiel. Der Uhrmacher Reitmann[44] in München ward von Deutz eingewickelt und zog seinen Proceß zurück. Der Name Donneyly kam m. W. in dem Briefe Gehrke nicht vor.

Es ist ein Irrtum, wenn ich mich recht erinnere, daß B. d. R. uns gerettet, denn wir wurden auf Anspruch 1 des Deutzer Patentes angezapft, der durch uns selbst vernichtet wurde, nicht durch B. d. R. B. d. R. machte den 4 Tact fallen, befreite also alle Welt, bzw. setzte die 4 Tact Industrie frei...

Die Nichtigkeitskläger BUSS und KÖRTING reichten die Schrift BEAU DE ROCHAS' dem Patentamt ein, und dieses entschied im Juni 1884, daß auf Grund der Vorveröffentlichung durch jene Schrift der Anspruch 4 des DRP 532, der den Viertakt schützte, zu vernichten sei. Die Ansprüche 1 bis 3, die sich auf die Schichtenbildung bezogen, und der Anspruch 5, der die besondere Konstruktion des Otto-Motors schützte, bestünden zu Recht. Wieder waren beide Parteien mit dem Spruch der Nichtigkeitsabteilung nicht einverstanden und legten Berufung beim Reichsgericht ein.

Diesmal berief das Reichsgericht den Professor SCHÖTTLER von der Technischen Hochschule Braunschweig zum Sachverständigen. Da gegen die Vorveröffentlichung durch BEAU DE ROCHAS nach dem damals geltenden Patentrecht seitens Deutz nichts eingewandt werden konnte, mußte der Anspruch 4 fallen, und der Streit betraf nur noch die Ansprüche 1 bis 3 der Patentschrift, welche die schichtenförmige Lagerung des Gemisches schützten. SCHÖTTLER kam in seinem Gutachten zu dem Ergebnis, daß eine schichtenförmige Lagerung des Gemisches, wie das Patent sie beschreibe, im Motor nicht vorhanden sei.

Am 9. Januar 1886 fand ein mündlicher Termin vor dem Reichgericht statt. Der Sachverständige vertrat die Ansicht, daß die Patentbeschreibung unbedingt eine *stetige* Abnahme des Gehalts der Ladung an brennbaren Gasen, vom Ort der Zündung bis zum Kolben fortschreitend, verlange, denn nur bei stetiger Abnahme der Konzentration sei die vom Erfinder angestrebte Verlangsamung des Druckanstiegs, d. h. die Vermeidung der Explosionsstöße, erreichbar. Die Deutzer bestritten dies; die stetige Abnahme sei kein Kennzeichen der Erfindung, und es sei unbillig, derartiges aus der Beschreibung der Erfindung herauslesen zu wollen. Das Gericht folgte dem Sachverständigen; es erklärte, für keine der drei Behauptungen — die stetige Abnahme des Gehalts an explosiven Gasen, die sich von Gas- zu Gasteilchen verlangsamende Verbrennung und den hierdurch anders als in anderen Gasmotoren verlaufenden Druckanstieg — habe die Beklagte den Beweis erbringen können, wohl aber lägen Gegenargumente vor, die dafür sprächen, daß sich die Vorgänge nicht so abspielten, wie sie es darstelle. Wenn aber die Beklagte einen allgemeinen Patentschutz für ein Verfahren fordere, so müsse sie in der Lage sein zu beweisen, daß die Vorgänge so verliefen, wie sie es behaupte; andernfalls würde ihr ein Patentschutz gewährt, der über den Bereich der Erfindung hinausgehe.

Am 30. Januar 1886 erging das Urteil, das die Ansprüche 1 bis 4 des DRP 532 vernichtete. Nur der Anspruch 5, der die in der Patentschrift gekennzeichnete Ausführungsform des Viertaktmotors schützte, blieb bestehen. Wörtlich heißt es in der Urteilsbegründung:

Soll, wie es in dem Urteil des Reichsgerichts vom 18. Februar 1884 bezeichnet ist, nicht bloß die Methode, sondern das Mittel geschützt werden, so muß das Mittel eben Mittel sein. Sonst wird unter dem Vorwande, die Hypothese sei eine Thatsache, eine andere Gestaltung, welche denselben Effekt erzielt, als eine Patentverletzung bezeichnet und verfolgt, als liege hier nur eine andere Methode der Darstellung desselben Mittels vor, während das, was wirklich und nachweisbar ist, allein die verschiedenen Methoden sind, welche, soweit sie verschieden sind, eine selbständige Stellung neben der Methode der Beklagten verdienen, weil das Mittel, welches die Nichtigkeitsbeklagte gefunden zu haben glaubte, von ihr nicht gefunden ist. *Unter dem Scheine des Rechts wird Unrecht geübt; Verschleierungen und Verdunkelungen treten an die Stelle nachgewiesener Vorgänge...*

Sachlich waren diese Feststellungen richtig. Sie sollten sicherlich nicht mehr aussagen, als daß OTTOs Erklärung der stoßfreien Verbrennung nur als eine Hypothese gewertet werden könne, denn den Beweis, daß die Vorgänge sich wirklich so abspielten, habe OTTO nicht erbringen können. Ein solcher Beweis — fügen wir hier ein — kann nicht erbracht werden. Man hat seither wiederholt versucht, Aufschlüsse über den Verlauf der Verbrennung und damit der die Verbrennung bestimmenden Mischung dadurch zu erlangen, daß man den Zylinder des Motors in verschiedener Höhe über dem Kolben anbohrte und durch gesteuerte Ventile Gasproben dem Innern entnahm und analysierte. Die Versuche konnten keinen Erfolg haben, weil keine Gewähr besteht, daß die Probe der wirklichen Zusammensetzung des brennenden Gemisches, gemessen über den betreffenden Zylinderquerschnitt, entspricht. So muß es bei einer Hypothese bleiben, und — so fährt das Urteil fort — wenn diese Patentschutz erlangt und ein anderer Erfinder denselben Effekt, nämlich die stoßfreie Verbrennung, jedoch mit anderen Mitteln erreicht, dann könnte der Patentinhaber den zweiten Erfinder wegen Patentverletzung verfolgen, weil dieser denselben Zweck erreiche, obwohl er sich eines anderen Mittels bediene. Dadurch könnte „unter dem Scheine des Rechts Unrecht geübt werden; Verschleierungen und Verdunkelungen könnten an die Stelle nachgewiesener Vorgänge treten".

Es kann nicht in der Absicht des Verfassers des Urteilstextes gelegen haben, indem er statt des Irrealis die positive Aussageform wählte, OTTO einer vorsätzlichen Verschleierung oder Verdunkelung zu bezichtigen; er wollte wohl nur besonders nachdrücklich auf die Folgen hinweisen, welche entstehen können, wenn sich die Rechtsprechung auf nicht bewiesene und nicht beweisbare Hypothesen stützt. OTTO aber bezog diesen Satz auf sich persönlich und hat unter der vermeintlichen Verunglimpfung seines Rufes schwer gelitten.

Sehen wir von der Form der Urteilsbegründung ab, so müssen wir heute sagen, daß die Entscheidung des Reichsgerichts bezüglich der Ansprüche 1 bis 3 richtig gewesen ist. Im Verbrennungsmotor, gleichgültig ob Otto- oder Dieselmotor, ist jede Schichtenbildung — allgemein: jedes ungleichmäßige Mischen von Kraftstoff und Luft — nachteilig. Je exakter wir jedes Kraftstoffteilchen mit dem zur Verbrennung erforderlichen Sauerstoff zusammenbringen, um so sauberer ist die Verbrennung und um so mehr leistet die Maschine. Eine stoßfreie Verbrennung erzielen wir durch richtiges Abstimmen von Verdichtungsdruck und Augenblick des Einleitens der Zündung auf die Betriebsdaten der Maschine, wie Kraftstoffart, Drehzahl usw., aber nicht durch eine Schichtenbildung, mag diese aus einer stetigen oder einer unregelmäßigen Abnahme der Konzentration des Gemisches bestehen. Darin hat sich auch ADOLF SLABY geirrt, damals Privatdozent an der Königlichen Gewerbeakademie zu Berlin, der späteren Technischen Hochschule, der in einem Gutachten OTTOs Schichtentheorie als richtig dargestellt hat.

Daß auch der Anspruch 4 vernichtet wurde, der den Viertakt schützte, empfinden wir heute nicht als Recht. Nach der heutigen Rechtsprechung, die eine gedruckte Vorveröffentlichung fordert, würde die lithographisch vervielfältigte Schrift BEAU DE ROCHAS' nicht als neuheitsschädlich angesehen werden. In England, dem Land der größeren patentrechtlichen Erfahrung, wurde das Viertaktpatent von dem höchsten Gerichtshof als rechtsbeständig anerkannt. Die Vernichtung des Anspruchs 4 entsprach nicht der großen historischen Leistung OTTOs.

Ottos letzte Jahre

Die tiefe Demütigung, als welche OTTO den Wortlaut des Reichsgerichtsurteils empfand, hat er bis zu seinem Lebensende nicht verwunden. In der Niederschrift[24], die er 1889 anläßlich des 25jährigen Bestehens der Firma verfaßte, sagt er:

Ich habe über diesen Satz des Reichsgerichts vielfach mit hochangesehenen Ingenieuren, Professoren und Juristen gesprochen; keiner ist der Meinung, daß diese Auslassung speciell meiner Person gelte; einige wollen sogar eine versteckte Anspielung auf die Patent(gegner)[45] finden; alle aber sind sich darin einig, daß dadurch die Würde des obersten Gerichtshofes nicht gehoben wird.

Mir selbst ist es heute ganz gleichgültig, auf wen oder was sich diese Worte beziehen, denn ich weiß mich keiner Verschleierung noch Verdunkelung bewußt.

OTTO täuschte sich. Die schwere Kränkung seiner Person, die er aus jenem verunglückten Satz des Reichsgerichtsurteils herauslas, hat sein Leben bis zuletzt verbittert. Das konnten auch die mancherlei Ehrungen, die ihm schon zu seinen Lebzeiten zuteil geworden sind, nicht ändern. Der Dr. phil. honoris causa, den ihm die Universität Würzburg verlieh, konnte ihn nicht für die vermeintlich erlittene Unbill entschädigen. „Sie haben, soweit dieses mit Ihrer Mitwirkung zum Sturze von 532 Anspruch I zusammenhängt, und soweit die Bedeutung eines Urteils des Reichsgerichts reicht, mir die Ehre als Erfinder im wesentlichen abgeschnitten", schrieb er an SCHÖTTLER, als dieser seine Stellungnahme als Gutachter OTTO gegenüber zu begründen versuchte. Auch SLABY und REULEAUX stellten sich auf OTTOS Seite, aber das Reichsgerichtsurteil mit seiner schweren seelischen Belastung für OTTO war nicht zu ändern.

Wir sehen heute die Tragik des Schicksals OTTOS nicht darin, daß man versucht hat, ihm die Ehre abzuschneiden. Es ist *nicht* so gewesen, wie SCHÖTTLER[10] im Juli 1889 schrieb:

> Erst dem eifrigen Spüren solcher, die an dem Erfolge Ottos theilnehmen wollten und dazu der Erlaubnis der Benutzung seiner Erfindung bedurften, welche sie nur durch Vernichtung seiner Patente erlangen konnten, ist es gelungen, diese vergessenen Schriften[46] wieder an das Tageslicht zu fördern...

noch auch so, wie ARNOLD LANGEN noch kurz vor seinem Tod (1947) gesagt hat:

> Meisterpatente sind stets den Angriffen der Vielen ausgesetzt, die vom Genuß der Erfindung ausgeschlossen sind. Je mehr sich der Erfolg zeigt, um so mehr verstärkt sich der Widerstand der Gegner eines Schutzes...

Nichts deutet darauf hin, daß die Firmen, die schließlich das Patent zu Fall gebracht haben, die Absicht gehabt haben, OTTO anzugreifen. Sie sind ohne ihr Zutun von OTTO angegriffen worden, und sie waren ebenso ehrlich überzeugt, daß sie das Patent nicht verletzten, wie OTTO vom Gegenteil. Nach dem Angriff nahm der Kampf dann jene Schärfe an, die unvermeidlich eintritt, wenn es sich, wie es hier der Fall war, um Fragen der Existenz handelt. Es hat in OTTOS Hand gelegen, den Kampf nicht zu beginnen und damit alle schlimmen Folgen zu vermeiden. Daß er den Angriff wählte, hat das Unglück seiner letzten Jahre verursacht.

OTTO starb, 58 Jahre alt, am 26. Januar 1891. Unter denen, die seiner Witwe schrieben, war auch GOTTLIEB DAIMLER:

> ... Auch ich habe ihm viel zu danken, die ganze Vergangenheit steigt mir wieder vor der Seele auf, und mein späteres Lebensschicksal ist mit durch ihn bestimmt worden... Ach wie nichtig, ach wie flüchtig ist des Menschen Leben! Aber sein Gedenken bleibt in Segen und seine Werke folgen ihm nach.

XI. Daimler und Maybach auf dem Seelberg (1887). Gründung der Daimler-Motoren-Gesellschaft (1890)

Im Juli 1887 bezogen DAIMLER und MAYBACH die Fabrikräume am Seelberg in Cannstatt, die DAIMLER am 5. Juli gekauft hatte (S. 104). MAYBACHS Konstruktionsbüro, bis dahin in seiner Privatwohnung untergebracht, wurde nach dem Seelberg verlegt. Der zuverlässige und tüchtige KARL LINCK, der schon in der Taubenheimstraße DAIMLERS Sekretär gewesen war, übernahm die Buchhaltung und Korrespondenz. Man begann den Betrieb mit dreiundzwanzig von DAIMLER ausgesuchten Arbeitern, deren Leistungen er unermüdlich zu verbessern bemüht war und für die er, soviel er vermochte, persönlich sorgte, wohl wissend, daß er seine großen Pläne nur mit einem tüchtigen

Arbeiterstamm verwirklichen konnte. Die Arbeiterzahl war für den Versuchsbetrieb, der noch nichts einbrachte, viel zu hoch. Für die Versuche und in der Fürsorge für seine Leute hat Gottlieb Daimler einen großen Teil seines Privatvermögens geopfert, so daß er schon nach wenigen Jahren genötigt war, sein Unternehmen in eine Gesellschaft umzuwandeln. Aus dieser ist die heutige Daimler-Benz AG hervorgegangen.

Der 1 PS-Motor besteht seine ersten Erprobungen

Ein Einzylindermotor, der bei 600 U/min kaum mehr als 1 PS leistete, und ein kleinerer Zylinder von 0,5 PS — das war alles, was Daimler und Maybach an Konstruktionen besaßen, als Daimler beschloß, mit der Fabrikation zu beginnen. Der kleine Motor war in das Zweirad (Bild 43), der größere in den „Kutschwagen" (Bild 46) eingebaut worden, und die Ergebnisse waren ermutigend. Auch das Motorboot (Bild 48) versprach Erfolg. Aber die Versuchsfahrten mit dem Zweirad, dem Wagen und dem Boot waren bis jetzt nur auf Daimlers eigene Rechnung gemacht worden. Jetzt handelte es sich darum, Motoren zu bauen, zu verkaufen und sie damit der ungleich schärferen Erprobung im praktischen Betrieb zu unterwerfen.

Daimler zögerte nicht mit der Ausführung. Im Herbst 1887 wurden den Bahnverwaltungen auf den Eisenbahnstrecken Baden-Baden—Oos und Eßlingen—Kirchheim motorisierte Draisinen im Betrieb vorgeführt, und am 27. September eröffnete Daimler in Cannstatt eine kleine Straßenbahn, die auf einer Strecke von etwa 1 km Länge verkehrte. Eine Photographie des winzigen Gefährtes und eine Grundrißzeichnung der Gleisanlagen vor dem kleinen Holzhaus, das den Bahnhof andeutete, ist erhalten geblieben[38]. Die gelungenen Versuche veranlaßten die Stuttgarter Straßenbahn, einen Straßenbahnwagen zu bestellen, der am 7. Oktober 1888 abgeliefert wurde.

Für die Eisenbahn waren Anfang Juni 1888 bereits vier Triebwagen in Arbeit. Im gleichen Jahr bauten Daimler und Maybach eine fahrbare Motorfeuerspritze, bei der nur die Pumpe vom Motor angetrieben wurde; der Wagen wurde von Pferden gezogen. Die Spritze wurde im Sommer 1888 auf dem Deutschen Feuerwehrtag in Hannover vorgeführt und erregte wegen ihrer raschen Betriebsbereitschaft beträchtliches Aufsehen. Sogar in den Lenkballon eines Leipziger Buchhändlers, Dr. Karl Wölfert, baute Gottlieb Daimler seinen Einzylindermotor ein, und an einem windstillen Sonntag wurde vom Fabrikgelände auf dem Seelberg ein Flug nach dem 4 km entfernten Kornwestheim unternommen. Allein es blieb bei zwei Probeflügen, denn es zeigte sich, daß der Motor für die Luftschiffahrt zu schwer war. Erst zwölf Jahre später hat Wilhelm Maybach das Gewicht seiner Motoren so weit verringert, daß man an den Einbau in Luftschiffe denken konnte.

Der Zweizylinder-V-Motor

Trotz der unermüdlichen Bestrebungen Daimlers, dem Motor neue Absatzgebiete zu erschließen, wollte sich der erhoffte große Erfolg zunächst nicht einstellen. Nur die Bootsmotoren fanden verhältnismäßig rasch einen guten Absatz; sie bildeten für die Fabrik auf dem Seelberg während einiger Zeit das finanzielle Rückgrat. Für die meisten Verwendungszwecke war der 1 PS-Motor zu klein. Man mußte sich entschließen, einen stärkeren Motor zu bauen; das schien am einfachsten und schnellsten erreichbar durch eine Verdopplung der „Standuhr" (Bild 38, S. 93). Die von Daimler angegebene

Kurvennutensteuerung wurde beibehalten. Die beiden Zylinder standen unter 17° zueinander (Bild 82); die Pleuelstangen griffen an demselben Kurbelzapfen an. Der Motor wurde durch das Patent 50839 vom 9. Juni 1889 geschützt. Da man auf die einfache Maßnahme der Verdopplung des in seinen Einzelheiten bekannten Einzylindermotors keinen Patentschutz erhalten konnte, wurde der Ausweg gewählt, die den beiden Zylindern gemeinsame Kurbelkastenluftpumpe als Kennzeichen der Erfindung hinzustellen. Damit erhielt das Patent nur den einen Anspruch:

An zweicylindrigen Gas- und Petrolmotoren, bei welchen jeder Arbeitskolben auf zwei Umdrehungen je eine Arbeitswirkung abwechselnd abgibt, und bei welchen beide Kolben gleichzeitig sich einwärts bezw. gleichzeitig auswärts bewegen: eine gemeinschaftliche Beiladepumpe, gebildet aus den Rückseiten der beiden Arbeitskolben a und b und dem luftdicht abgeschlossenen Schwungrad- bezw. Kurbelgehäuse C sowie einem Einlaßventil f und je einem nur während der tiefsten Kolbenstellung sich selbstthätig öffnenden Druckventil g in jedem Kolben, vermittels welcher die durch die Rückseiten der beiden Arbeitskolben eingesaugte und comprimirte Luft während der tiefsten Kolbenstellung über beide Kolben gepreßt wird, als Beiladung in den einen Cylinder nach dem Saughub und zur gleichzeitigen Verdrängung der Verbrennungsproducte des vorausgegangenen Arbeitshubes im anderen Cylinder, zum Zweck verstärkter Ladung und dadurch erzielter größerer Arbeitsleistung und Ausnutzung der Gase.

Die beschriebene Arbeitsweise ist dieselbe wie die des Einzylindermotors. Die oberen Kolbenseiten, welche die Verbrennungsdrücke aufnehmen, arbeiten im Viertakt, die unteren, als Luftpumpenkolben wirkenden, im Zweitakt. Infolge der V-Form weicht der Zündabstand der beiden Zylinder abwechselnd von 360° um 17° voraus und zurück ab. Das Kurbelgehäuse C (in der Patentschrift so bezeichnet) ist durch die als Scheiben ausgebildeten Kurbelwangen fast ganz ausgefüllt, so daß der schädliche Raum klein wird. In die Stirnfläche der einen Kurbelwange ist die zweimal um die Welle geführte, in sich zurückkehrende Steuernut d eingearbeitet, in welcher die Zungen e gleiten, die mit je einer Steuerstange h zum Steuern der Auspuffventile i verbunden sind. Während der zwei Umdrehungen eines Viertaktes durchlaufen die Steuerzungen e abwechselnd die äußere und die innere Ringnut d und öffnen bzw. schließen dadurch das zugehörige Auspuffventil zu den vom Viertakt vorgeschriebenen Steuerzeiten; sie gleiten selbsttätig von dem äußeren in den inneren Nutenteil und zurück. Die ungesteuerten Einlaßventile k sind an den Schwimmervergaser angeschlossen. Zwischen beiden Ventilen sitzt das von einer ständig brennenden Flamme beheizte Glührohr l.

Infolge des V-Winkels bewegen sich die Arbeitskolben etwas phasenverschoben, was die Wirkung der Luftpumpe nicht beeinträchtigt. Bei ihrem Aufwärtsgang saugen die Kolben durch das am Kurbelgehäuse angebrachte Ventil f Luft in den Kurbelraum, die sie beim Abwärtsgang auf 0,2 bis 0,3 atü verdichten. Während die Kolben durch ihren unteren Totpunkt gehen, öffnen die Anschläge m die Kolbenventile g (Bild 34 und 35, S. 89). Zu diesem Zeitpunkt ist in dem einen Zylinder der Verbrennungshub, in dem anderen der Saughub beendet, und die aus dem Kurbelgehäuse durch die Ventile g in die Arbeitszylinder überströmende Luft unterstützt in dem einen Zylinder das Ausschieben der Verbrennungsgase, in dem anderen vermehrt sie die Ladung, so daß ein reicheres Gas-Luft-Gemisch verbrannt werden kann und die Leistung vergrößert wird. Es ist das Prinzip der Aufladung, das man heute, wenn auch mit anderen konstruktiven Mitteln, weitgehend anwendet.

Auch der V-Motor arbeitete mit Aussetzerregelung, jedoch war sie etwas anders ausgebildet als die des Einzylindermotors. Bei der älteren Ausführung lag das Reglergewicht mit seiner Feder in einer der beiden Kurbelscheiben; bei dem V-Motor wurde der Regler außerhalb des Kurbelgehäuses angeordnet und in die Riemenscheibe n

(Bild 82) verlegt. Bei zu hoch ansteigender Drehzahl verschoben die ausschlagenden Reglergewichte die Muffe o nach links, wodurch der Hebel p so in den Bereich der Winkelhebel q gerückt wurde, daß deren obere Hebelarme die Spindeln der Auspuff-

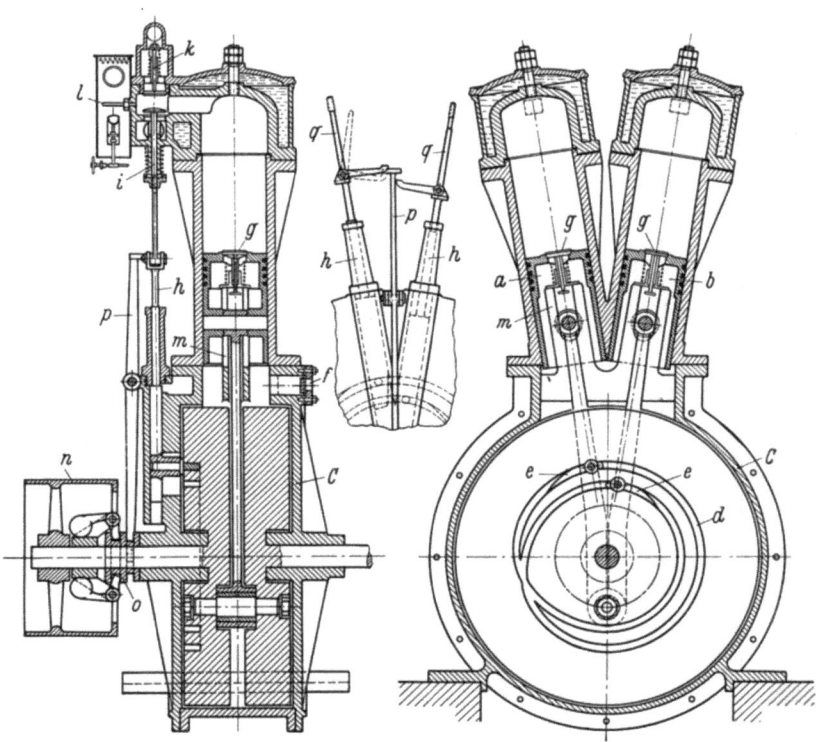

Bild 82. DAIMLERS und MAYBACHS V-Motor (nach der Patentschrift 50 839 vom 9. Juni 1889)
Die Buchstaben a, b, C, f und g entsprechen den Bezeichnungen in der Patentschrift
a, b Arbeitskolben; C Kurbelgehäuse; d Steuernut; e Steuerzungen; f Lufteinlaßventil am Kurbelgehäuse; g Ventile in den Kolbenböden; h Steuergestänge der Auspuffventile i; k Einlaßventile an den Verbrennungsräumen; l Glührohr; m feste Anschläge zum Öffnen der Kolbenventile g; n Riemenscheibe mit Regler; o Reglermuffe; p, q Regelgestänge
Zum erstenmal sind hier die Zylinder in der heute vielfach angewendeten V-Anordnung gezeichnet

ventile i verfehlten und diese geschlossen blieben. Dann konnte sich in den Arbeitszylindern beim Saughub der Kolben kein Unterdruck bilden, und es wurde kein Gemisch angesaugt. Bei sinkender Drehzahl schaltete sich das Gestänge selbsttätig ein. Konstruktiv war das gegenüber der älteren Regelung keine Vereinfachung, aber die Regelvorrichtung lag jetzt ganz außerhalb des Kurbelgehäuses und wurde dadurch für das Einstellen der Federn zugänglicher.

In der Patentschrift 50 839 ist ein Absatz bemerkenswert, in welchem es heißt: „... und braucht die Ladung nicht nothwendig durch den Kolben zu geschehen, sondern sie kann auch durch mit Rückschlagventil versehene Kanäle im Cylinder erfolgen, welche bei der Niederstellung der Kolben aufgedeckt werden". Mit der „Niederstellung" der Kolben ist ihr Durchgang durch den unteren Totpunkt gemeint. Abgesehen von dem Rückschlagventil, das entbehrlich ist, wird hier zum erstenmal die konstruktiv so einfache Steuerung der Spülung durch den als Luftpumpe wirkenden Kolben und Schlitze in der Zylinderwand beschrieben. Diese ist später bei den Zweitaktmotoren wegen ihrer baulichen Einfachheit zu großer Bedeutung gelangt. DAIM-

LER und MAYBACH haben diesen wertvollen Gedanken nicht verfolgt und seltsamerweise niemals einen Zweitaktmotor gebaut. Ein Jahr später hat der Engländer J. DAY den so außerordentlich einfachen Zweitaktmotor mit Kurbelkammerspülung und Schlitzsteuerung durch den Kolben geschaffen[47].

Bild 83. Der Zweizylinder-V-Motor, von der Reglerseite gesehen (1889)
Rechts auf der Konsole der Schwimmervergaser, darüber der Brennstoffbehälter für die Glührohrflammen. In der Mitte oberhalb der Zylinder die Verschalung der Glührohrzündung. Die beiden nach oben weisenden Rohrstücke sind die Auspuffleitungen
Der Motor leistete 2 PS bei 620 U/min.

Der erste V-Motor, den DAIMLER und MAYBACH gebaut haben, hatte eine Bohrung von 60 mm und einen Hub von 100 mm. Bei 600 U/min leistete er 1,5 PS. Mit diesen Abmessungen sind nur einige Motoren hergestellt worden. Die folgenden erhielten 72 mm Zylinderbohrung und 126 mm Hub; sie leisteten bei 620 U/min 2 PS. Die mittlere Kolbengeschwindigkeit war mit 2,6 m/sec noch sehr bescheiden. Bild 83 zeigt den 2 PS-Motor von der Steuerseite gesehen.

Die Zeichnung des ersten V-Motors, 1889 angefertigt, ist erhalten geblieben (Bild 84). Das Ventil im Kolbenboden, das den Übertritt der im Kurbelgehäuse verdichteten Luft

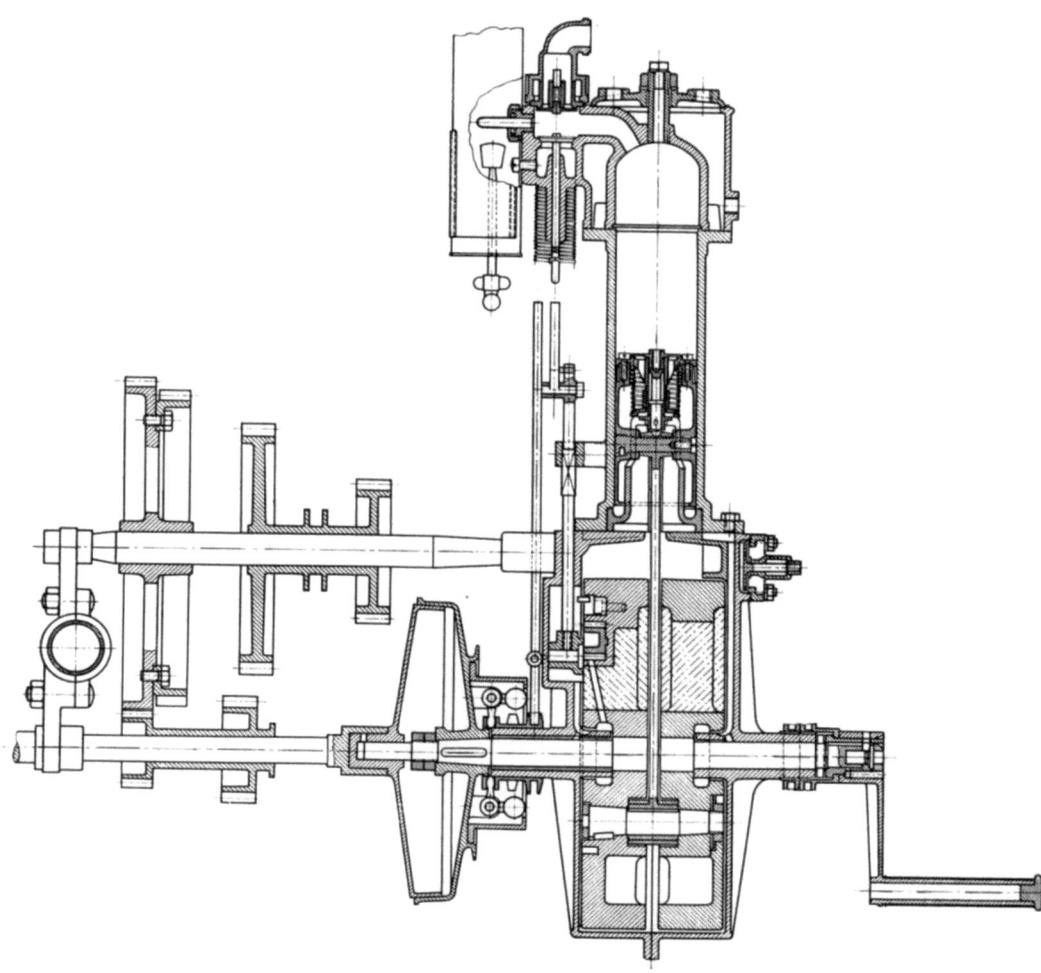

Bild 84. Schnitt durch einen der beiden Zylinder des 1½ PS-Motors für den „Stahlrad-Wagen"
(1889)
Der Zylinderdurchmesser betrug 60 mm, der Hub 100 mm. Links die Zahnräder für das Wechselgetriebe

in den Arbeitsraum des Zylinders vermittelt, ist noch dargestellt. Aber schon in einer aus dem folgenden Jahr stammenden Zeichnung fehlt das Kolbenventil, und von da ab scheint es nicht mehr verwendet worden zu sein. Die Erfahrungen mit diesem Ventil konnten nicht günstig sein; der Ventilteller und der Ventilsitz mußten in dem heißen Kolbenboden rasch verzundern. Auch war die durch die Aufladung erreichte Leistungszunahme kleiner als erwartet; das ungesteuerte Einlaßventil, das sich nur bei stärkerem Unterdruck im Arbeitszylinder öffnete, machte den durch die vermehrte Luftladung zu erreichenden Gewinn wieder zunichte. So verzichtete man bei den in der Folge gebauten Motoren auf das Kolbenventil und die Aufladung, was den Aufbau erheblich vereinfachte.

Maybachs Stahlrad-Wagen mit Zahnradwechselgetriebe

Das Hauptanwendungsgebiet des 2 PS-V-Motors waren anfangs die Boote, für die man bald immer größere Antriebleistungen wünschte. Der Einbau in das Heck des

Bootes war verhältnismäßig einfach. Aber GOTTLIEB DAIMLER wollte seinen Motor in Massen fabrizieren, und als Abnehmer hierfür schienen ihm die Fuhrwerke geeigneter als die Boote. Den Wagenbauern sollte indessen keine Konkurrenz gemacht werden; sie sollten wie bisher ihre Wagen bauen, und er wollte für jeden Wagen einen Motor liefern. MAYBACH war anderer Ansicht; er war überzeugt, daß Motor und Wagen ein einheitliches Ganzes bilden müßten; man dürfe den Motor nicht einfach auf einen Wagen setzen, sondern dieser müsse in einer dem Motor angepaßten Form gebaut werden. DAIMLER war dagegen, und auch von der Zahnradübertragung, die MAYBACH vorschlug, wollte DAIMLER nichts wissen. MAYBACH wiederum bezeichnete den Riementrieb, den DAIMLER schon bei dem „Kutschwagen" angewendet hatte, als „unmechanisch". Schließlich gab GOTTLIEB DAIMLER — ganz gegen seine Gewohnheit — nach, und der „Stahlrad-Wagen" mit Zahnradgetriebe wurde gebaut. Der Rahmen und die vier Räder waren nach dem Vorbild eines Fahrrades konstruiert. Diese Teile ließen DAIMLER und MAYBACH bei der „Strickmaschinenfabrik Neckarsulm, Abteilung Fahrradbau", ausführen.

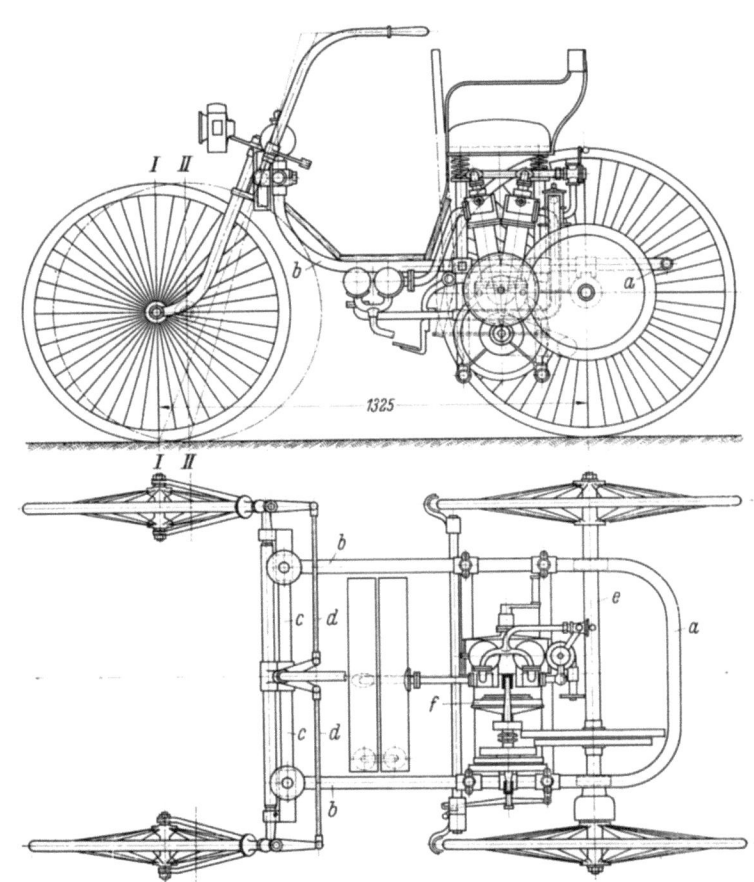

Bild 85
WILHELM MAYBACHS Stahlrad-Wagen (1889)

a,b,c Stahlrohrrahmen; *d* Lenkvorrichtung; *e* Hinterradachse; *f* Reibkupplung
Der Wagen wurde als „Quadricycle" auf der Pariser Weltausstellung 1889 gezeigt

Bild 85 gibt eine Vorstellung von dem zierlichen Wagen und zeigt den Einbau des unter dem Sitz des Fahrers angeordneten Motors. Es war der 1½ PS-Motor (Bild 84), da der 2 PS-Motor noch nicht fertig war, der Wagen aber auf der Pariser Weltausstellung 1889 gezeigt werden sollte. Das Gestell bildete ein Stahlrohrrahmen *a*, dessen vordere hochgebogene Schenkel *b* durch das Querrohr *c* verbunden waren. Rohr *c* diente zur Führung der beiden Gabeln, in denen die Vorderräder des Wagens nach Art der heutigen Fahrräder gelagert waren. Beide Vorderräder konnten durch eine Parallelogrammführung *d* vom Fahrersitz aus gleichzeitig aus ihrer Mittellage nach rechts oder links geschwenkt werden. Die Hinterradachse *e* war in Lagern geführt, die hängend am Rahmen befestigt waren. In gleicher Höhe mit der Hinterradachse lag die Mitte einer Vorgelegewelle und diese senkrecht über der Kurbelwelle des Motors. Wie die Leistung von der Kurbelwelle durch eine konische Reibungskupplung *f* über die Vorgelegewelle und durch doppelte Zahnraduntersetzung auf die Hinterradachse übertragen wurde, zeigt Bild 86 in größerem Maßstab. Auf der verlängerten Kurbelwelle waren die kleinen Stirnräder *h, i* mit ihrer gemeinsamen Nabe axial verschiebbar an-

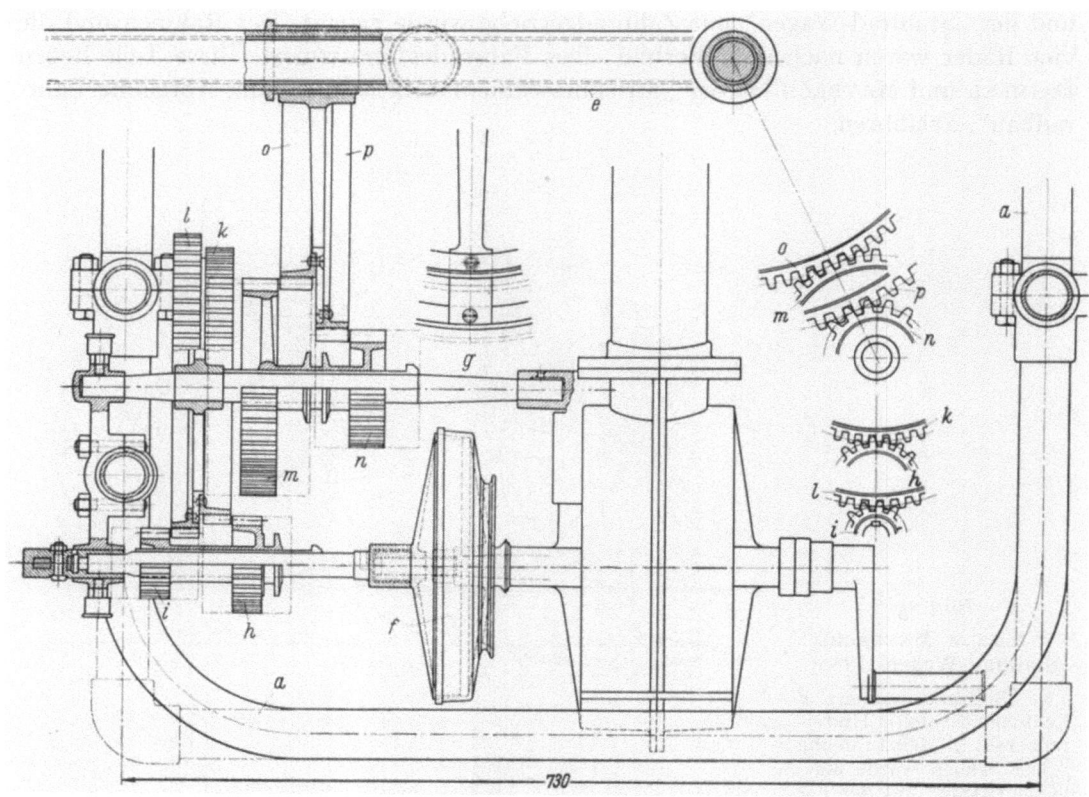

Bild 86. Das Zahnradwechselgetriebe des Stahlrad-Wagens

a Stahlrohrrahmen; *e* Hinterradachse; *f* Kupplung; *g* Vorgelegewelle; *h, i* verschiebbare Zahnräder auf der verlängerten Kurbelwelle; *k, l* feste Zahnräder auf der Vorgelegewelle; *m, n* verschiebbare Zahnräder auf der Vorgelegewelle; *o, p* feste Zahnräder auf der Hinterradachse

Mit dem Getriebe konnte man vier verschiedene Untersetzungen einstellen

geordnet. Sie konnten durch Verschieben der Nabe wahlweise mit den größeren, auf der Vorgelegewelle befestigten Stirnrädern *k, l* zum Eingriff gebracht werden, so daß entweder *h* mit *k* oder *i* mit *l* kämmte. Auf der Vorgelegewelle konnten die Zahnräder *m, n*, die mit ihrer Nabe aus einem Stück angefertigt waren, axial so verschoben werden, daß sie mit den zugehörigen auf der Hinterradachse befestigten Zahnrädern *o* oder *p* kämmten. Der Fahrer verschob die beiden Zahnradpaare von seinem Sitz aus; er brauchte hierzu zwei Verstellhebel. Damit konnte er vier verschiedene Untersetzungen herstellen und die Geschwindigkeit des Wagens zwischen 5 km/h im ersten und 16 km/h im vierten Gang ändern. Ein direkter Gang war nicht vorgesehen. Zum Anlassen des Motors wurde die Kupplung f ausgerückt und diese erst eingerückt, wenn die Glührohrzündung sicher arbeitete.

Maybachs Getriebe ist das Vorbild für alle Zahnradgetriebe des Kraftwagenbaues geworden. Wilhelm Maybach gebührt das Verdienst, das Zahnradwechselgetriebe in den Automobilbau eingeführt zu haben.

Der Stahlrad-Wagen erregte auf der Pariser Weltausstellung 1889 großes Aufsehen. Maybach selbst führte den Wagen den Interessenten vor und notierte sich deren Namen in seinem Notizbuch: „H. Vicont gefahren am 29. Okt. Av. de la Gr. Armee. — 29. Okt. H. Louis Rigonte [Name schwer leserlich] Ing. bei H. Peugeot. 25 km Nachmittags, ca. 15 km Vormittags. — Sonntag mit 2 Schiffen nach St. Cloud ..." Eine Tagesstrecke von 40 km war eine außerordentliche Leistung. Am lebhaftesten interessierten sich die Inhaber der Firma Panhard et Levassor für den Stahlrad-Wagen, worüber Maybach später schreibt:

Gleich nach den ersten Riemenwagen hatte ich ein Vierrad mit reinem Zahnräderantrieb gebaut, das aber nie eine Freude Daimlers war. Es gefiel Herrn Levassor in Paris besser als die Riemenwagen, und er behielt das von uns im Jahre 1889 erstmals in Paris vorgeführte Vierrad dort als Muster. Von diesem Wagen übernahm er den Stirnräderantrieb, mit den während des Ganges verschiebbaren Wechselrädern und setzte schließlich den Motor nach vorne. Diese Anordnung wurde dann auf Veranlassung des Herrn Jellinek-Mercedes von uns übernommen.

Panhard und Levassor erwarben die Lizenzrechte und bauten von 1890 ab nur noch die von Maybach entwickelten V-Motoren — diese ohne die Kolbenventile — in ihre Fahrzeuge ein. 1894 und 1895 gelang es ihnen, die ersten Automobilrennen der Welt überlegen zu gewinnen, die 1894 auf der Strecke Paris—Rouen und 1895 über die größere Strecke Paris—Bordeaux—Paris veranstaltet wurden. Maybachs Motoren galten jahrelang als die besten ihrer Zeit.

Rückschauend hat Wilhelm Maybach später (im April 1918) über die ersten Jahre seiner Zusammenarbeit mit Gottlieb Daimler berichtet:

... wir bauten aber kein zweites Zweirad [Bild 43, S. 97], sondern verlegten uns auf den Bau größerer Wagen. Zu diesem Zweck kaufte H.[err] D.[aimler] zunächst eine Pferdekutsche, wir änderten die Bespannungsvorrichtung um u. hängten einen etwas größeren Motor unter den hochgebogenen Sitz, trieben von diesem mittelst Riemen an ein Vorgelege, das an den Enden mit je einem Ritzel versehen war, die in Zahnkränze, welche an den Hinterrädern des Wagens angeschraubt waren, eingriffen [Bild 46, S. 101]. Mit dieser primitiven Kutsche machten wir, H. D. und ich lange Fahrten in mäßigem Tempo. Im weiteren Verlauf drängte ich auf eine bessere mechanische Ausführung in Form eines Vierrades mit Stahlgestell und Lenkung beider Vorderräder nach Art der Fahrräder u. Übertragung der Kraft vom Motor weg mittelst Zahnräder und mit Zahnrädern zum Wechseln der Geschwindigkeiten. Dieses Vierrad lief sehr gut u. wurde im Jahr 1889 gelegentlich der Weltausstellung in Paris dort der Firma Panhard & Levassor vorgeführt. Diese Firma erwarb die Patentrechte. Nach derselben Antriebsvorrichtung entstanden nacheinander: ein kleiner Schienenwagen mit Schmalspur (Königstraße Cannstatt), eine Eisenbahndraisine, ein Straßenbahn- und ein Eisenbahnwagen, die um das Jahr 1888 kürzere oder längere Zeit Probe liefen; ebenso eine Schmalspurlokomotive u. daneben wurden zu dieser Zeit stationäre u. Schiffsmotoren u. Motoren für Dr. Wölferts Luftschiff gebaut. — Herr D. wollte damit hauptsächlich zeigen, zu was allem der Motor verwendbar sei.

Maybachs erster Vierzylindermotor

Aus den wenigen Jahren, die Gottlieb Daimler und Wilhelm Maybach „auf dem Seelberg" zusammengearbeitet haben, ist noch über eine zweite bedeutende Leistung Maybachs zu berichten: das war der erste Vierzylinder-Viertaktmotor mit Anordnung der Zylinder in einer Reihe. Im Ausland hatte man schon früher Vierzylindermotoren zu bauen versucht; so erwähnt G. RICHARD[21] unter der Bezeichnung „Machines Siemens (1860) Types verticaux" einen englischen Vierzylinderreihenmotor, und auch in Frankreich soll FOREST einen Vierzylindermotor entwickelt haben. Einen Erfolg konnten diese der Entwicklung weit vorauseilenden Bemühungen nicht haben.

MAYBACHS erster Vierzylindermotor (Bild 87) nähert sich in seinem Äußeren schon mehr modernen Formen; nur der unförmige Schwimmervergaser, der auf einer das Reibradwendegetriebe überbrückenden Konsole ruht, paßt nicht in das Bild. Es ist ein Bootsmotor, der bei 620 U/min — das war die erprobte Drehzahl des V-Motors —

Bild 87. WILHELM MAYBACHS erster Vierzylindermotor (1890)

c Nockenwelle; e Verschalung der Zahnraduntersetzung; f Steuerstangen der Auspuffventile; h Querhaupt an einer Steuerstange; k, l Federn des Auspuffventils; m Auspuffkrümmer; o Auspuffsammelleitung; q Vergaser; r Leitung vom Vergaser zu den Einlaßventilen; s Drosselschieber; t Luftleitung zum Vergaser; v Kamin der Glührohrbeheizung; x Brennstoffbehälter für die Glührohrflammen; y Brennstoffleitung zu den Brennern; a_1 Reglergewicht; b_1 Reglerfeder; c_1 Reglermuffe; h_1 Hebel zum Einrücken der Reibkupplung; i_1 Kühlwasserzuleitung; k_1 Kühlwasserableitung; l_1 Tropföler für Kolbenschmierung

Der Bootsmotor leistete 5 PS bei 620 U/min. Der Propeller wurde durch das unterhalb des Vergasers (im Bild links) angeordnete Wendegetriebe umgesteuert, da der Motor selbst nicht umsteuerbar war

5 PS leistete. Die Zylinder hatten 80 mm Durchmesser, die Kolben einen Hub von 120 mm; der mittlere effektive Kolbendruck war 3 kg/cm². Der Motor wog 153 kg, hatte also ein Einheitsgewicht von 30 kg/PS, etwa ein Zehntel des Gewichtes des ersten Deutzer Benzinmotors (Bild 79, S. 157).

Von diesem Maybachmotor sind in natürlicher Größe angefertigte Zeichnungen erhalten geblieben. Bild 88 stellt den Querschnitt durch einen Arbeitszylinder des 5 PS-Motors, Bild 89 den Längsschnitt durch den hinteren Arbeitszylinder und eine Teilansicht von der Längsseite dar. Die Abbildungen zeigen sehr schön, wie MAYBACH allmählich moderne Konstruktionsvorbilder schafft, die in ihren Grundzügen heute noch Gültigkeit haben. Die Kurbelwelle hat bei den Erstausführungen nur zwei Kröpfungen a (Bild 89), die, um 180° versetzt, in einer Ebene liegen. An einem Kurbelzapfen greifen die Pleuelstangen b zweier benachbarter Zylinder an, deren Arbeitsspiele mit Rücksicht auf die Gleichförmigkeit des Drehmomentes um 360° versetzt sind. Diese Kurbelanordnung hat MAYBACH übrigens bald verlassen und sie durch eine Form ersetzt, bei welcher die Kurbeln der Zylinder 1 und 4 gleichgerichtet und gegen die ebenfalls gleichgerichteten Kurbeln 2 und 3 um 180° versetzt sind, eine Anordnung, die heute bei Vierzylinder-Viertaktmotoren die übliche ist. Die Kurbelwangen konnten jetzt nicht mehr wie bei der „Standuhr" (Bild 37, S. 92) als Scheiben ausgebildet werden; der Motor erhielt daher ein Schwungrad, dessen Rückseite die Reibscheibe für das Wendegetriebe bildete (Bild 87). Das Kurbelgehäuse dient nicht mehr als Spül- und Ladepumpe; das Ventil im Kolbenboden ist weggefallen. DAIMLERs Kurvennutensteuerung (Bild 33) ist durch die zweckmäßigere Nockenwelle (c in Bild 87 bis 89) ersetzt worden. Diese liegt außerhalb des Kurbelgehäuses und ist noch nicht verschalt; nur die am vorderen Motorende liegenden Untersetzungszahnräder d_1, d_2 (Bild 88 und 89) sind zum Schutz gegen Verletzungen des Personals eingekapselt (e in Bild 87). Das kleinere Zahnrad d_1 bei der 10 PS-Maschine ist auf den Kupplungsflansch geschrumpft, das größere d_2 nurch eine Paßfeder auf der Nockenwelle befestigt (Bild 89). Die Nockenwelle betätigt nur die vier Auspuffventile; die Einlaßventile sind immer noch ungesteuert (Bild 88), sie öffnen sich unter der Saugwirkung der Kolben. Die Steuerwirkung der Nocken wird durch Zugstangen auf die Auspuffventile übertragen; offenbar wollte MAYBACH nicht die verhältnismäßig langen und dünnen Stangen auf Knicken beanspruchen. Zu diesem Zweck versah er die unteren Enden der Stangen f mit je einer in Schienen geführten Gabel (Bild 89), die so geformt war, daß die zwischen ihren Zinken gelagerte Rolle g unterhalb der Nockenwelle lag. Der Nocken verschob somit, wenn er die Rolle verdrängte, die Stange f und damit auch das am oberen Ende von f befestigte Querhaupt h nach *unten*, wodurch das Auspuffventil i geöffnet wurde (Bild 88). Dessen Hub ist auf der Originalzeichnung zu 11 mm angegeben. Damit der Teller des Auspuffventils sich nach Beendigung des Ausschiebens der Abgase dichtend auf seinen Sitz setzen kann, ist zwischen der Ventilspindel und dem Querhaupt h ein Spiel von 1 mm vorgesehen. Von den beiden in den Bildern sichtbaren Ventilfedern k, l wirkt k auf Schließen des Auspuffventils, während die Feder l die Steuerstange f nach oben drückt und dadurch den Kraftschluß zwischen der Rolle g und ihrem Steuernocken aufrechterhält. Die Auspuffleitung m ist in Bild 88 an den Schalldämpfer n angeschlossen, während bei dem Bootsmotor Bild 87 die vier Auspuffkrümmer durch Gabelrohre zu der Leitung o vereinigt sind.

Den ungesteuerten Einlaßventilen p (Bild 88) wird das aus dem Vergaser q kommende Benzin-Luft-Gemisch durch das Rohr r zugeleitet. Durch von Hand einstellbare Drehschieber s, die jedem Arbeitszylinder vorgeschaltet sind, können die Zylinder auf gleiche Leistung einreguliert werden. Die in den Vergaser durch die Leitung t (Bild 88) eintretende, von den Kolben angesaugte Luft wird durch Röhrenvorwärmer u, die durch den oberen Teil der Glührohrkamine v geführt sind, vorgewärmt. Je zwei

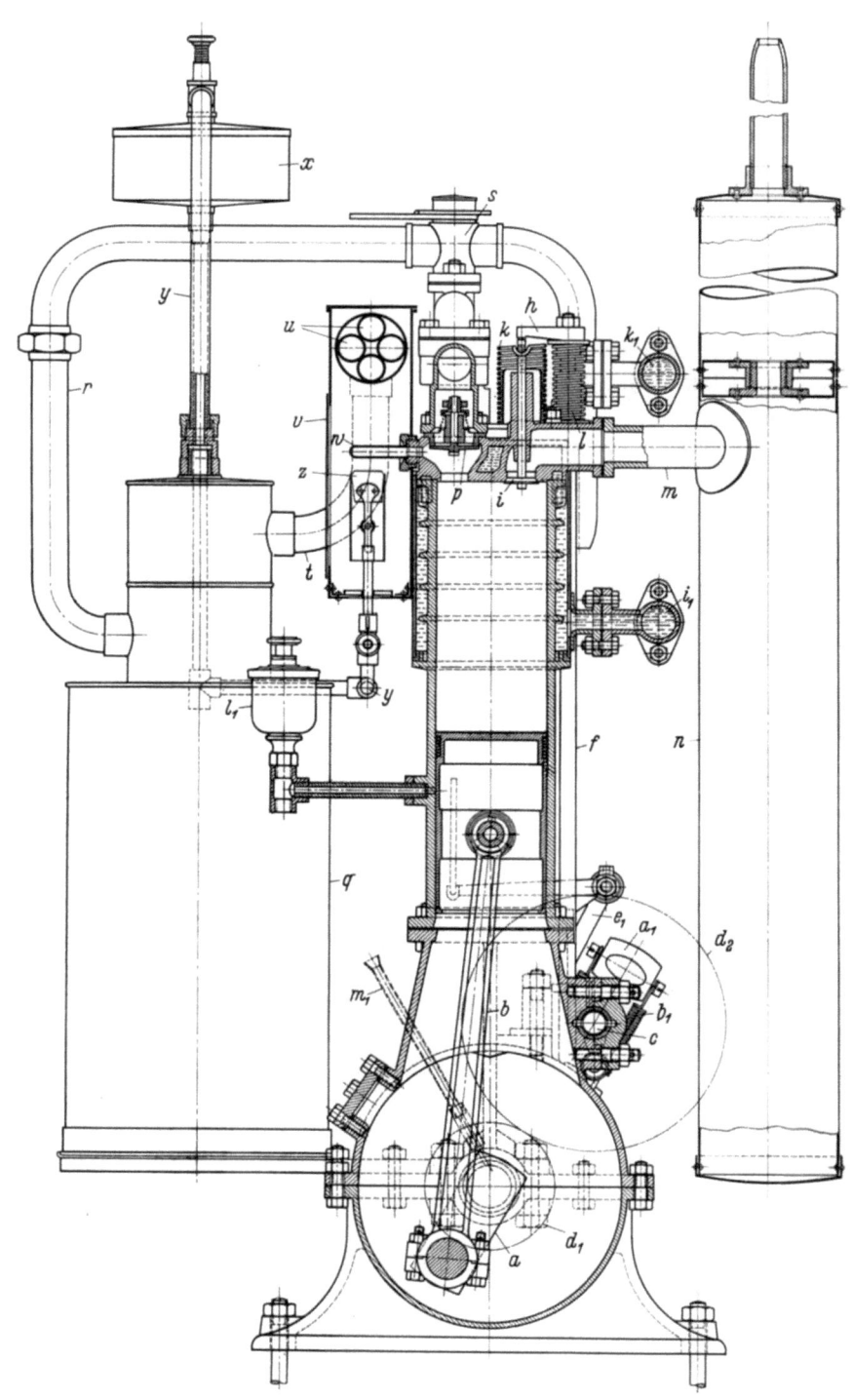

Bild 88. Querschnitt durch einen Arbeitszylinder des 5 PS-Vierzylindermotors (1890)

a Kurbelkröpfung; b Pleuelstange; c Nockenwelle; d_1, d_2 Zahnradantrieb der Nockenwelle; f Steuerstange des Auspuffventils; h Querhaupt an der Steuerstange; i Auspuffventil; k, l Federn des Auspuffventils; m Auspuffrohr; n Schalldämpfer; p Einlaßventil des Arbeitszylinders; q Vergaser; r Leitung vom Vergaser zu den Zylindern; s Drehschieber; t Luftleitung zum Vergaser; u Luftvorwärmer; v Kamin der Glührohrbeheizung; w Glührohr; x Brennstoffbehälter für die Glührohrflammen; y Brennstoffleitung zu den Brennern z; a_1 Reglergewicht; b_1 Reglerfeder; e_1 Regelgestänge; i_1 Kühlwasserzuleitung; k_1 Kühlwasserableitung; l_1 Tropföler für Kolbenschmierung; m_1 Rohr für Lagerschmierung

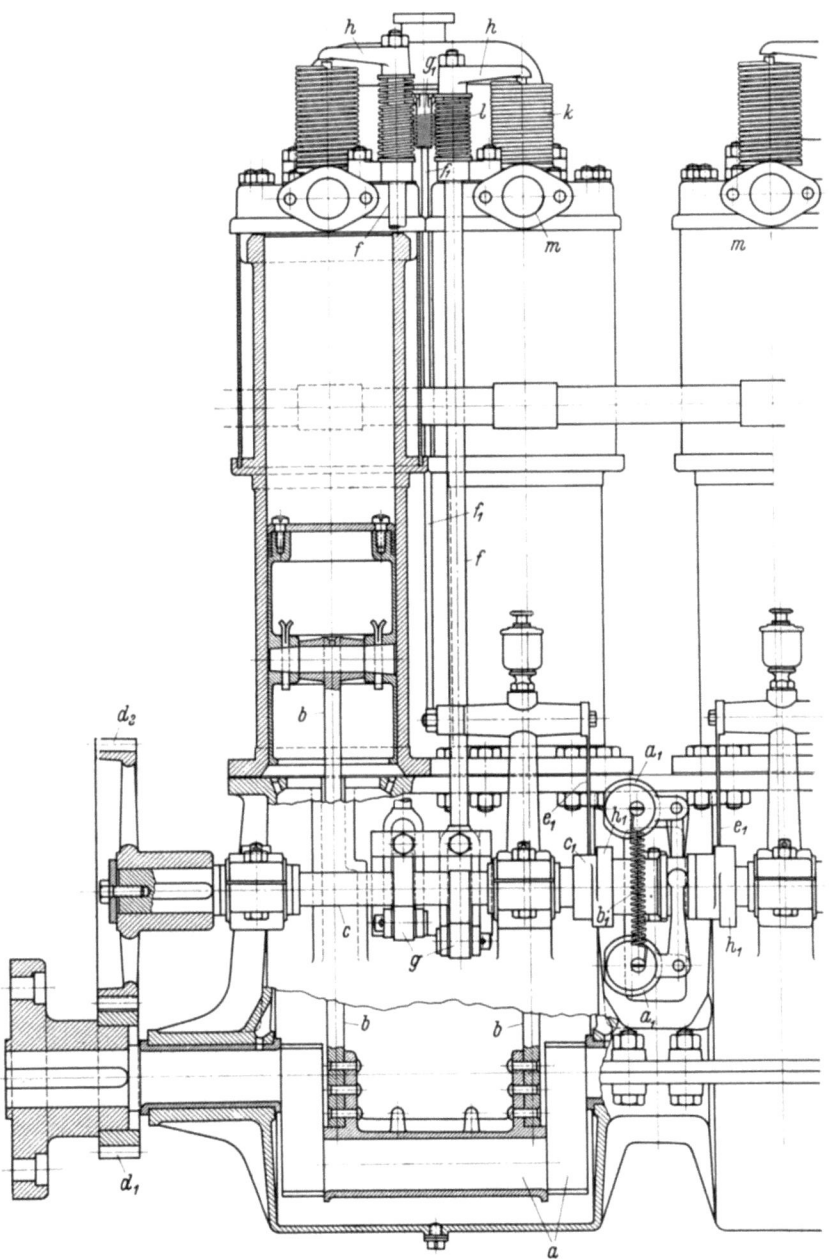

Bild 89. Längsschnitt durch einen Arbeitszylinder des 5 PS-Vierzylindermotors und Teil-Längsansicht (1890)

a Kurbelkröpfung für zwei benachbarte Zylinder; *b* Pleuelstangen; *c* Nockenwelle; d_1, d_2 Zahnradantrieb der Nockenwelle; *f* Steuerstangen der Auspuffventile; *g* Rollen; *h* Querhaupt an der Steuerstange; *k*, *l* Federn eines Auspuffventils; *m* Anschlüsse der Auspuffleitungen; a_1 Reglergewichte; b_1 Reglerfeder; c_1 Reglermuffe; e_1, f_1 Regelgestänge; g_1 Rückstellfeder des Regelgestänges; h_1 Nocken auf c_1

Die Kurbelwelle hatte nur zwei Kröpfungen, jede für zwei benachbarte Zylinder gemeinsam. Bald darauf hat WILHELM MAYBACH die heute gebräuchliche Bauart mit vier Kröpfungen eingeführt

Arbeitszylinder haben einen gemeinsamen Kamin, der einen rechteckigen, sich über die Breite der beiden Zylinder erstreckenden Kasten bildet, so daß die Vorwärmerrohre auf einer längeren Strecke beheizt werden.

w ist eines der offenen Glührohre, deren Mündungen dicht unterhalb ihrer Einlaßventile liegen. Der Brennstoff wird den Glührohrflammen aus dem Behälter x durch je ein Rohr y zugeführt, das an seinem im Kamin liegenden Ende zu einem Flachbrenner z ausgezogen ist, so daß sich die Form der Flamme der des Glührohres anpaßt.

Auf Längsmitte der Nockenwelle ist der Regler angebracht, dessen zwei Schwunggewichte a_1 durch Querfedern b_1 belastet sind. Wenn die Schwunggewichte bei zu hoher Drehzahl ausschlagen, verschieben sie die auf der Nockenwelle gleitende Reglermuffe c_1 so (in Bild 89 nach links), daß die mit der Muffe aus einem Stück hergestellten Nocken h_1 vor die Hebel e_1 gelangen und diese zur Seite schieben, wodurch die (zwei) Stangen f_1 angehoben werden. Wie hierdurch die Kraftzufuhr beeinflußt wird, kann man aus den Zeichnungen nicht erkennen; vermutlich werden Drosselschieber in den Zuleitungen zu den Einlaßventilen derstellt. Wenn die Drehzahl auf den normalen Betrag zurückgegangen ist, schiebt die Feder g_1 das Regelgestänge in seine Ausgangslage zurück.

Bei dem Bootsmotor (Bild 87) braucht der Regler nur das Überschreiten einer Höchstdrehzahl zu verhindern; bei eingerückter Wellenleitung hält der Propeller die Drehzahl selbsttätig konstant. Bei diesem Motor ist in der Leitung r, die vom Vergaser zu den Zylindern führt, nur ein Drehschieber s vorgesehen, der durch einen Handgriff verstellt werden kann. Dadurch regelt der Bootsführer die Geschwindigkeit des Fahrzeuges. Neben der Kurbel des Drehschiebers ist der Hebel h_1 zum Einrücken der Reibkupplung angeordnet. Beide Handgriffe liegen für den Bedienenden bequem nebeneinander.

MAYBACH hat auch die Kühlung der Arbeitszylinder sorgfältig durchgebildet. Zum erstenmal haben nicht nur die Zylinderköpfe, sondern auch die Kolbenlaufbahnen einen Wassermantel erhalten. Um die Schwierigkeit zu umgehen, welche die Herstellung eines einteiligen Gußstückes damals noch bereitete, wählte MAYBACH die Lösung, den Arbeitszylinder mit einem Gußrohr zu umgeben, das er am unteren Ende durch einen Gummiring abdichtete. Später ersetzte er die Gußrohre durch Blechrohre (Bild 89), wodurch an Gewicht gespart wurde. Die Kühlwasserzu- und -ableitungen (i_1 und k_1) sind in Bild 87 und 88 zu erkennen.

Für die Schmierung der Kolben waren Tropföler l_1 (Bild 87 und 88) vorgesehen; sie waren so angeordnet, daß die Schmierbohrung in der Zylinderwand ständig durch den Kolbenschaft abgedeckt blieb. Außerdem wurden die Kolbed durch das von den Kurbelwangen abspritzende Öl geschmiert. Die Kurbelwellenlager waren für Handschmierung (Rohre m_1) eingerichtet.

Mit diesem Motor hat MAYBACH die Grundform des heutigen raschlaufenden Viertaktmotors geschaffen. Manche konstruktive Einzelheit ist für die Zukunft richtungweisend geworden, so die im Zylinderkopf hängend angeordneten Ventile, die vierfach gekröpfte Kurbelwelle mit Kurbeln in einer Ebene, die Steuerung der Ventile durch eine Nockenwelle, wenn man auch heute keine Zugstangen ausführt. Den schwerfälligen Vergaser hat MAYBACH wenige Jahre später durch den einfacheren und viel kleineren Spritzvergaser ersetzt. Das Einlaßventil wurde später ebenfalls gesteuert und die Glührohrzündung 1902 durch die von GOTTLOB HONOLD geschaffene Hochspannungszündung ersetzt. Die Grundform des Vierzylindermotors von 1890 ist dieselbe wie 1960.

Maybachs erster Kühlwasserrückkühler

Der Gedanke, das Motorkühlwasser in doppelwandigen, vom Fahrtwind durchspülten Rohren rückzukühlen, ist ebenfalls zuerst von WILHELM MAYBACH ausgesprochen worden. In seinem Notizbuch finden wir die Eintragung (1890):

Ein Gestell aus Rohren so construirt, daß dieselben in der Hauptsache gerade und die Höhlung nicht unterbrochen und an den Enden offen sind zur Aufnahme eines inneren geraden Rohres durch welches die Außen Luft streicht zum Zweck der Kühlung des Kühlwassers auch von innen um mit einem Minimum von Wasser eine energische Kühlung bewirken zu können.

Die Anordnung einzelner oder mehrerer doppelwandiger (Mantel) Rohre in der Fahrrichtung des Fahrzeuges deren Mantelraum mit dem Kühlwasser des Motors gefüllt und deren Innenraum hinten u. vorne offen ist zwecks energischer Durchführung von Luft zur Kühlung des Motors durch künstl. oder natürl. Luftzug durchstrichen.

Im Prinzip wird dieses Kühlverfahren noch heute angewendet. MAYBACHS erster Kühler ist auf einer Zeichnung dargestellt, die den Vermerk „Kühlapparat zum Straßenbahnwagen von 600 mm Spurweite" trägt. Der im Dach des Wagens untergebrachte Kühler bestand aus einem 3,8 m langen Rohr von 94 mm Innendurchmesser, das von einem Kühlmantel von 7 mm lichter Weite umgeben war. An den Mantelraum waren die Zu- und Ableitungsrohre angeschlossen, die den Kühler mit dem Kühlwasserraum des Motors verbanden. Den Maßen der Werkzeichnung, die von MAYBACH selbst angefertigt worden ist und das Datum „Cannstatt, Juli 1890" trägt, entnimmt man, daß die luftberührte Kühlfläche 2,1 qm betrug. Der Maybach-Kühler hat in seiner verbesserten Form dazu beigetragen, daß es später gelang, die Leistung der Kraftwagenmotoren, die bis 1897 4 PS nicht wesentlich überstieg, erheblich zu vergrößern.

In den Jahren auf dem Seelberg hat WILHELM MAYBACH nicht nur die meisten Konstruktionszeichnungen selbst angefertigt, sondern er mußte sich auch, da DAIMLER viel auf Reisen war, um seinen Motor überall einzuführen, mehr und mehr um die Leitung der Werkstatt kümmern. Da man nicht genügend Werkzeugmaschinen besaß und nicht alle Einzelteile selbst herstellen konnte, mußte vieles von Unterlieferanten bezogen werden, was MAYBACHS Arbeitslast stark vermehrte. Daneben hatte er die Erprobung der fertiggestellten Motoren im Prüffeld und auf der Straße zu überwachen. In seinem Notizbuch vermerkt er, daß er mit einem Wagen „die 277 m lange Strecke zwischen Gittersteg und Eisenbahnbrücke von vorderer Spitze zu vorderer Spitze aufwärts in 2 Min 3 Sek., abwärts in 1 Min 27 Sek." zurückgelegt habe. Am 3. Februar 1890 schreibt er: „Temperatur 8° Réaumur. Gemisch 2 Theile Wasser, 1 Th. Glycerin; mit Kältemischung eine Temperatur von −18° erzielt, sank Temperatur des Glyceringemisches auf −11° u. fror dabei zu Salz." Zahlreiche andere ins einzelne gehende Notizen zeugen von der Vielseitigkeit seines Schaffens. In diesen Jahren, von 1882 bis 1890, hat GOTTLIEB DAIMLER für ihn finanziell so gesorgt, daß MAYBACH seine glänzende Begabung als Konstrukteur frei entfalten konnte.

Gründung der Daimler-Motoren-Gesellschaft

Allein je mehr man sich über die technischen Erfolge freuen durfte, um so größer wurden für GOTTLIEB DAIMLER die finanziellen Sorgen. Sein Vermögen war beträchtlich zusammengeschmolzen, und die Einnahmen blieben Jahr für Jahr hinter den Ausgaben zurück. Zwar war es ihm gelungen, in Frankreich den Lizenzvertrag mit PANHARD und LEVASSOR abzuschließen, aus dem ihm einige Mittel zuflossen, aber obwohl man sich in Frankreich dem neuen Motor gegenüber aufgeschlossener zeigte als in Deutschland, entwickelte sich auch das französische Geschäft anfangs nur langsam. In Deutschland waren die Verkaufserfolge noch weniger befriedigend. Nach dem ersten Lieferbuch DAIMLERS, das erhalten geblieben ist, wurden im Jahr 1888 sieben, in 1889 elf Motoren verkauft. Im Jahr 1890, dem letzten vor der Umwandlung des Unternehmens in eine Aktiengesellschaft, stieg zwar der Umsatz auf 48 Motoren, aber auch das genügte nicht, um das Defizit zu decken. Hinzu kam, daß DAIMLER in seinem Eifer, den neuen Motor überall einzuführen, die eine oder andere Anlage kostenlos lieferte. Dem Fürsten Bismarck schenkte er ein Motorboot[48], und manche Anlage wurde unter Selbstkosten abgegeben. So sah GOTTLIEB DAIMLER sich am Ende der achtziger Jahre ernsten finanziellen Schwierigkeiten gegenüber. Er mußte einen Geldgeber suchen, der es ihm ermöglichte, seinen Betrieb fortzuführen, und fand ihn in MAX DUTTENHOFER, dem Generaldirektor der Köln-Rottweiler Pulverfabriken, einem Finanzmann von Format, dessen Bekanntschaft er einige Jahre vorher gemacht hatte.

DUTTENHOFER erklärte sich bereit, das für die Umwandlung des Unternehmens in eine Aktiengesellschaft erforderliche Geld zu beschaffen. Am 14. März 1890 kam ein Vorvertrag zustande, an welchem außer DAIMLER und DUTTENHOFER ein Geschäftsfreund DUTTENHOFERS, WILHELM LORENZ, beteiligt war. Das Aktienkapital wurde auf 600 000 Mark festgesetzt, von denen DUTTENHOFER und LORENZ je 200 000 Mark übernahmen, während DAIMLER als Gegenwert für die Fabrik und die Schutzrechte 200 Aktien zu je 1000 Mark erhielt. Außerdem wurde DAIMLER ein Genußschein über 100 000 Mark gewährt, der aber zunächst für ihn keinen praktischen Wert hatte, da er nur an einer Überdividende beteiligt sein sollte. Im weiteren Verlauf der Verhandlungen hatte DAIMLER gefordert, daß seine Mitarbeiter MAYBACH und LINCK, dieser als kaufmännischer Leiter, Direktoren der neuen Gesellschaft würden. Damit waren DUTTENHOFER und LORENZ einverstanden. In der Gründungsversammlung der Gesellschaft, die am 28. November 1890 stattfand, wurden als Vorstandsmitglieder bestellt: „1. MAX GEORG SCHRÖDTER, Ingenieur von Düsseldorf, 2. WILHELM AUGUST MAYBACH, Ingenieur von Löwenstein, 3. KARL KONRAD JOHANN LINCK, Kaufmann von Stuttgart." Der an erster Stelle genannte Ingenieur SCHRÖDTER war in einer Patronenfabrik, der LORENZ vorstand, tätig gewesen. Erfahrungen im Motorenbau hatte er nicht.

Ende November 1890 war die „Daimler-Motoren-Gesellschaft AG" gegründet worden; am 2. März 1891 wurde sie unter diesem Namen in das Handelsregister eingetragen. Das hätte sogleich der Beginn eines sich günstig entwickelnden Unternehmens werden können, wenn nicht die neuen Männer es verstanden hätten, in Verhandlungen von wenigen Wochen Dauer WILHELM MAYBACH so zu verärgern, daß er es ablehnte, die Stellung als technischer Direktor der neuen Gesellschaft zu übernehmen.

Auf finanziellem Gebiet war GOTTLIEB DAIMLER seinen beiden Partnern nicht gewachsen. Er teilte ihnen erst nach der Gründungsversammlung der Daimler-Motoren-Gesellschaft mit, daß er auf Grund des Vertrages, den er am 18. April 1882 mit WILHELM MAYBACH abgeschlossen hatte, verpflichtet sei, diesen mit 30 000 Mark am Aktienkapital der neuen Gesellschaft zu beteiligen (S. 77). Hätte er dies seinen Partnern vor dem Abschluß des Gesellschaftsvertrages gesagt, so wäre es wohl möglich gewesen, auch MAYBACH am Aktienbesitz entsprechend zu beteiligen. So aber lehnten beide ab: DAIMLER habe jenen Vertrag mit MAYBACH geschlossen, nicht sie, und daher sei dies eine Angelegenheit, die nur ihn und MAYBACH beträfe. Aber obwohl DAIMLER nach dem Vertrag von 1882 zur Zahlung verpflichtet war, lehnte auch er ab, worüber MAYBACH notierte: „... auf Anfrage weigert sich D. 30 000 v. seinen Actien an mich abzugeben".

Maybach
tritt die Stelle als technischer Direktor der Daimler-Motoren-Gesellschaft nicht an

Die Verhandlungen zwischen den Aufsichtsratsvorsitzenden und WILHELM MAYBACH zogen sich einige Wochen hin. Man legte ihm einen „Dienstanstellungsvertrag" vor, der das Datum vom 27. Januar 1891 trägt und nicht unterschrieben worden ist. Darin sollte MAYBACH das Recht erhalten, „bei einer Vermehrung des Actienkapitals für M 30000.— Actien unter den gleichen Bedingungen zu erwerben, wie solche an die Herrn DUTTENHOFER, DAIMLER und LORENZ abgegeben werden". Das Konzept des Vertrages ist im Maybach-Archiv vorhanden. MAYBACH hat es mit manchen Ausrufungszeichen und Randbemerkungen versehen. Eine Verlängerung des Vertrages über den 1. April 1893 war vorgesehen, „falls nicht spätestens sechs Monate vor Ablauf des Jahres von dem einen oder dem anderen Kontrahenten der Vertrag erneuert, oder gekündigt worden ist". Dazu bemerkt MAYBACH: „Zum Auspressen der Citrone grade lange genug." Und so hat er bald seinen Entschluß gefaßt und schreibt am 11. Februar 1891 an den Aufsichtsrat:

... auf frühere Unterredungen beehre ich mich hinzuzufügen, daß ich die Stellung als stellvertretender Director der neuen Gesellschaft selbstverständlich in der Voraussetzung übernommen habe, daß die neue Gesellschaft in meinen mit H.[errn] D.[aimler] geschlossenen Vertrag eintreten werde und von G. D. hierzu auch angehalten werden könne. Der mir aber im Entwurf vorgelegte neue Dienstanstellungsvertrag schmälert meine Rechte gegenüber dem alten so vielfach ein, daß ich — nachdem meine Bemühungen, Zugeständnisse von der neuen Gesellschaft zu erhalten gescheitert sind — denselben zu acceptiren deffinitiv ablehne und werde ich mit Heutigem aus der Gesellschaft ausscheiden.

Wie er über die finanziellen Angebote des Aufsichtsrats dachte, entnehmen wir einer weiteren Notiz:

Wenn das Geschäft so angesehen wird als wäre es nur baar 200000 Mark werth samt den Erfahrungen und wenn meine Erfahrung für gar nichts gerechnet wird u. auch dafür Nichts bezahlt wird so sehe ich mich veranlaßt meine Erfahrungen anderwärts zu verwerthen.

Das war Mitte Februar 1891. MAYBACH schied aus der Stellung, die er kaum angetreten hatte, aus; GOTTLIEB DAIMLER blieb. Wie schwer der Fehler war, den der Aufsichtsrat begangen hatte, sollte sich bald zeigen. Nach kurzer Aufwärtsbewegung der Daimler-Motoren-Gesellschaft trat der Rückschlag ein, und es ging mehr und mehr abwärts. Im Herbst 1895 war es so weit, daß man MAYBACH bitten mußte, in das Geschäft wieder einzutreten.

XII. Wilhelm Maybach in der Königstraße und im Hotel Hermann (1891—1895)

Mit MAYBACH schied auch LINCK aus, der GOTTLIEB DAIMLERs kaufmännische Angelegenheiten besorgt hatte und kaufmännischer Direktor der neuen Gesellschaft hatte werden sollen. DAIMLER war in einer schwierigen Lage; er blieb zwar Mitglied des Aufsichtsrats, durfte sich aber nicht von MAYBACH trennen, ohne den er seine weitschauenden Pläne nicht verwirklichen konnte, und MAYBACH gehörte der neuen Gesellschaft nicht an. DUTTENHOFER und LORENZ hingegen zeigten für DAIMLERs Pläne wenig Interesse; sie wollten den Motor so, wie er war, fabrizieren und damit Geld verdienen. DAIMLER andererseits wußte, daß der Motor noch bei weitem nicht fertig war und daß noch eine lange Entwicklungsarbeit bevorstand. Und wenn der Aufsichtsrat das nicht einsehen wollte, dann würde GOTTLIEB DAIMLER seine Pläne ohne den Aufsichtsrat ausführen.

Maybach nimmt Wohnung in der Königstraße

Das durften freilich die beiden anderen Hauptaktionäre nicht wissen. DAIMLER konnte als Mitglied des Vorstands nicht gut ein Konkurrenzunternehmen neben der Gesellschaft eröffnen, die auf seine Veranlassung gegründet worden war und die seinen Namen trug. So fand er den Ausweg, MAYBACH in dessen Wohnung in Cannstatt arbeiten zu lassen, die inzwischen nach der Königstraße Nr. 44 verlegt worden war. Die Lage war dieselbe wie vor der Gründung der Daimler-Motoren-Gesellschaft, nur durfte das neue Privatunternehmen DAIMLERs nicht seinen Namen tragen. Nach einer Eintragung MAYBACHs in seinem Notizbuch war die Firmenbezeichnung „Motorenfahrzeugfabrik Maybach & Comp. Cannstatt" vorgesehen. Die Firma sollte, wie aus einem Brief DAIMLERs an LINCK vom 7. Juli 1893 hervorgeht, in das Handelsregister eingetragen werden, jedoch hat noch neuerdings die Registerabteilung des Amtsgerichts Stuttgart nicht feststellen können, daß jemals eine Firma dieses oder eines ähnlichen Namens eingetragen worden ist. In einem Brief, in welchem DAIMLER, im Begriff, eine Amerikareise anzutreten, LINCK mit allerlei Vollmachten ausstattete, ist von einem „Vorvertrag vom 2. Februar 1891" die Rede, den DAIMLER mit MAYBACH und vermutlich auch mit LINCK abgeschlossen hat. Dieser Vertrag konnte nicht gefunden werden. Aus dem Datum geht hervor, daß DAIMLER und MAYBACH sich über die Fortsetzung ihrer Arbeiten schon einig waren, bevor MAYBACH am 11. Februar 1891 seine Kündigung dem Aufsichtsrat der Daimler-Motoren-Gesellschaft zustellte.

Maybach verbessert den Riemenwagen

In seiner Wohnung in der Königstraße konnte MAYBACH sich nur mit konstruktiven Arbeiten beschäftigen; die Werkstatt am Seelberg gehörte jetzt der neuen Gesellschaft. DAIMLER, der das Zahnradwechselgetriebe (Bild 86, S. 174) des Stahlradwagens nach wie vor ablehnte, veranlaßte MAYBACH zu untersuchen, wie der Riemenantrieb des Wagens verbessert werden könnte. In seinem Notizbuch von 1891 hat MAYBACH manche seiner Überlegungen festgehalten, die zur Erteilung des DRP 70577 vom 13. September 1892 führten. Die Patentschrift trägt die Bezeichnung „Einrichtung zur Riem- oder Seilaus- und Einrückung mittelst Spannrollen". Es gelang MAYBACH, die Übertragung so auszubilden, daß vier Untersetzungen durch Schalten mit nur einem Hebel hergestellt werden konnten. Der verbesserte „Riemenwagen" ist in der Folge mehrfach ausgeführt worden, zuerst im Hotel Hermann (S. 186), dann nach MAYBACHs Wiedereintritt (1895) in die Daimler-Motoren-Gesellschaft in deren Werkstätten, zuletzt im Jahr 1897. Dann wurde das Riemengetriebe endgültig durch MAYBACHs Zahnradwechselgetriebe abgelöst.

Dasselbe Datum wie das DRP 70577 trägt ein zweites Patent, das eine „Federnde Lagerung der Antrieb-Vorrichtung von Motor-Fahrzeugen" schützt; es hat die Nummer 75069. Die federnde Lagerung des Motors auf dem Wagengestell war an sich nicht neu; auch KARL BENZ hatte sie 1886 bei seinem dreirädrigen Wagen verwendet (Bild 57,

S. 119). Das Neue der Konstruktion MAYBACHs bestand darin, daß die Vorgelegewelle in paralleler Lage zur Treibachse gehalten, zugleich aber federnd mit dem Wagengestell verbunden war. Zahlreiche Notizen MAYBACHs beweisen, wie sorgfältig er alle Probleme der Leistungsübertragung vom Motor auf den Wagen durchdacht hat.

Die Patente, die in den Jahren 1891 bis 1895, der Periode „Königstraße – Hotel Hermann", entnommen wurden, lauten auf WILHELM MAYBACHs Namen. Das erforderte die Tarnung gegenüber der Daimler-Motoren-Gesellschaft, die von GOTTLIEB DAIMLERs Beteiligung an MAYBACHs Arbeiten nichts erfahren durfte. Übrigens lagen die Arbeiten am Motorwagen, die er und MAYBACH betrieben, auf einem Gebiet, das der Aufsichtsrat der Daimler-Motoren-Gesellschaft zu bearbeiten abgelehnt hatte. DUTTENHOFER und LORENZ hielten weitere Entwicklungsarbeiten am Motor für überflüssig, für einen Unternehmer eine bedenkliche Einstellung. DAIMLER sah schärfer; er wußte, wieviel noch fehlte. Die Ereignisse sollten ihm bald recht geben.

Maybachs „Schwungradkühlung"

Ein wichtiges Problem, mit welchem MAYBACH sich in seiner Wohnung in der Königstraße beschäftigte, war die Rückkühlung des Kühlwassers. Solange man den Wagen nur auf kurzen Strecken fahren konnte, brauchte man wenig Kühlwasser mitzuführen, wodurch das Wagengewicht unwesentlich vergrößert wurde. Mit der zunehmenden Betriebssicherheit des Motors konnte man es wagen, auch längere Strecken zu fahren, aber dann verbrauchte die Verdampfungskühlung eine entsprechend größere Wassermenge. 1894 faßte der Benzinbehälter seines Wagens, wie MAYBACH notiert hat, schon 35 Liter, und für eine Fahrt nach dem etwa 85 km entfernten Freudenstadt, die er am 7. Juni machte, nahm er einen „Benzinvorrath ca. 23 kg" mit, der für 17 bis 18 Fahrstunden reichte. Die bis 1892 benutzte Verdampfungskühlung hätte eine Wassermenge von 250 Litern erfordert, die der Wagen nicht tragen konnte. Bei seinen Überlegungen, wie man Kühlwasser sparen könne, war MAYBACH im Frühjahr 1892 auf den Gedanken gekommen, die Innenseite des Schwungradkranzes als Rinne auszubilden, das aus dem Zylindermantel abfließende erwärmte Kühlwasser in die Rinne zu leiten und in dieser herumzuschleudern und so zu kühlen. Dann sollte es mittels einer „Düse" aufgefangen und in den Wasserbehälter zurückgeleitet werden. In sein Notizbuch schreibt er:

Durch den großen Centrifugaldruck der Flüssigkeit u. die damit verbundene gr. Reibung der Flüssigkeit nimmt dieselbe die Geschw. des Ringes an. Gegen die Bewegungsrichtung der Flüssigkeit wird die Düse B eingesetzt. Die Geschw. der Flüssigkeit, die einem gewissen Druck entspricht, drückt die Flüssigkeit je nach der Geschw. mehr oder weniger hoch.

Das Verfahren wurde durch das Patent 70260 vom 13. September 1892 bgeschützt. Der Hauptanspruch lautete:

Vorrichtung zur Kühlung der Kühlflüssigkeit für Kraftmaschinen und Compressoren, dadurch gekennzeichnet, daß die Flüssigkeit in einen umlaufenden Behälter, der gleichzeitig als Schwungrad dienen kann, geführt wird, um an dessen Umfang angeschleudert, durch die Umdrehung bezw. durch Abschälen der heißen Luft- und Dampfschicht abgekühlt und infolge der übertragenen Energie durch eine Auffangvorrichtung am Umfange des Behälters durch ein Umlaufrohr an die zu kühlenden Stellen zurückgeleitet zu werden.

Bild 90 zeigt das Verfahren im Schema. Das erwärmte Kühlwasser wird durch das Rohr a in den Innenkranz des Schwungrades b geleitet, von diesem mehrfach herumgeschleudert und darauf von der Schöpfdüse B (von MAYBACH in seiner Notiz so bezeichnet) aufgefangen und in die zu den Zylindern oder in einen Zwischenbehälter führende Leitung c gedrückt. Die Kühlwirkung wird mehr durch die intensive Berührung des warmen Wassers mit dem ständig durch die Außenluft gekühlten Schwungkranz zustande gekommen sein als durch „Abschälen der heißen Luft- und Dampfschicht", wie es in der Patentschrift etwas unklar heißt. Das Verfahren ist bei den von DAIMLER und MAYBACH gebauten Motoren, solange sie noch abseits von der Daimler-Motoren-Gesellschaft standen, und nach 1895 auch von der Gesellschaft ausgeführt worden. Ein Prospekt aus dem Jahr 1896 empfiehlt das Kühlverfahren „in besonderen Fällen, wo keine Wasserleitung vorhanden und die Beschaffung von Kühlwasser schwierig ist", und gibt den Kühlwasserverbrauch zu „etwa 2 bis 3 Liter pro

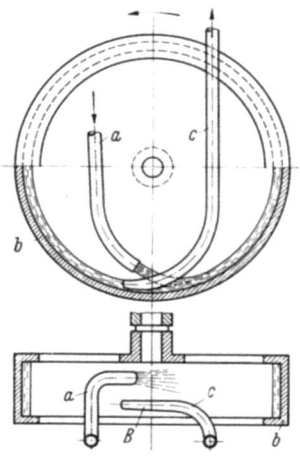

Bild 90
MAYBACHS Vorrichtung zum Rückkühlen des Kühlwassers (nach der Patentschrift 70260 vom 13. September 1892)

a Warmwasserleitung zum Schwungkranz b; B Schöpfdüse; c Leitung des rückgekühlten Wassers zu den Zylindern

Diese Erfindung MAYBACHS war weniger glücklich. Der Schwungradkranz konnte nur etwa so viel Kühlwasser aufnehmen, wie ein Motor von 3 bis 4 PS brauchte. So hemmte diese Kühlvorrichtung zeitweilig die Entwicklung größerer Zylinderleistungen

Stunde und Pferdekraft" an. Die Kühlung hatte den Nachteil, daß bei Fahrzeugmotoren, für die sie in erster Linie verwendet werden sollte, die Größe des Schwungrades und damit auch die rückkühlbare Wassermenge begrenzt war. Dadurch war auch der Leistung der Fahrzeugmotoren eine obere Grenze gezogen. Sie fiel erst, als MAYBACH im Jahr 1897 den mit künstlicher Ventilation arbeitenden Röhrenkühler geschaffen hatte (S. 233), der größere Kühlwassermengen, wie sie ein starker Wagenmotor brauchte, rückzukühlen ermöglichte.

Im Hotel Hermann

In seiner Wohnung in der Königstraße in Cannstatt hat MAYBACH seine sauberen Konstruktionszeichnungen angefertigt, aber Motoren konnte man in einem Privathaus nicht bauen. Die Werkstatt auf dem Seelberg stand nicht mehr zur Verfügung. So mietete DAIMLER, der allein die finanzielle Last des Unternehmens trug, ein leerstehendes Hotel in Cannstatt. Wie es dort aussah, nachdem DAIMLER und MAYBACH ihre Werkstätten eingerichtet hatten, ist durch die Schilderung eines Mannes namens GUSTAV BARTHOLOMÄI überliefert worden, der 1892 als jüngster Lehrling mit sechs Pfennig Stundenlohn bei MAYBACH eintrat und fünfzig Jahre später, nachdem er inzwischen „Betriebsdirektor a. D. und öffentlich angestellter und beeidigter Sachverständiger für Kraftfahrzeugreparaturen im Bezirk der Handelskammer zu Stuttgart" geworden war, aus seinen Erinnerungen (am 2. Mai 1942) berichtet:

> Die Werkstätte war in dem Restaurations- und Konzerthause des früher weltbekannten Hotel Hermann, inmitten eines herrlichen Gartens untergebracht ... In dem einstöckigen Gebäude war am linken ebenerdigen Seitenflügel das schöne ‚technische Büro' untergebracht, in der Mitte die mechanische Abteilung, die zu dieser Zeit noch mit einem liegenden Deutzer Gasmotor angetrieben wurde. Anschließend daran war die Schmiede. Im ersten Stock war im rechten Seitenflügel die Schlosserei, in der Mitte, dem früheren Konzertsaal, die Montage, auch wurde hie und da ein Wagen gefahren. Die frühere Orchester- und Theaterbühne diente als Lager für Roh- und Fertigteile. Als eigentliche Einfahrbahn diente der herrliche Garten, der allerdings keine Wege hatte; die mußte man sich denken, aber er war durch die Nadeln der Tannenbäume ganz gut befahrbar, wenn man auch nur richtig und rechtzeitig den etwas regellos umherstehenden Bäumen auswich.

So sah die Umgebung aus, in der WILHELM MAYBACH von Mitte 1892 bis November 1895 gewirkt hat, zusammen mit zwölf Arbeitern und fünf Lehrlingen, deren Namen er in sein Notizbuch schrieb. DAIMLER vermied es, das Hotel Hermann zu betreten, um Schwierigkeiten mit der Daimler-Motoren-Gesellschaft aus dem Weg zu gehen, mit der er ohnehin nicht auf freundschaftlichem Fuß stand. Aber er sorgte dafür, daß alle Rechnungen beglichen und die Löhne pünktlich gezahlt wurden. DAIMLER und MAYBACH trafen sich unauffällig in ihren Wohnungen, und MAYBACH unterrichtete DAIMLER über alle Vorgänge. Einen Einfluß auf MAYBACHs Konstruktionen dieser Zeit hat DAIMLER kaum ausgeübt; die beiden bedeutendsten Schöpfungen, der Phönix-Motor und der Spritzvergaser, die im Hotel Hermann entstanden, sind allein MAYBACHs Werk. Nur bei den Wagenmodellen, die aus dieser Zeit stammen, ist DAIMLERs Mitarbeit zu erkennen, jedoch war es MAYBACH, der die äußere Form der Wagen angegeben hat (Bild 94, S. 196).

Der Phönix-Motor

So hatte der französische Fabrikant LEVASSOR in seiner Begeisterung für MAYBACHs Schöpfungen den Zweizylindermotor genannt, der ganz im Hotel Hermann entstanden ist. Immer mehr nähern sich MAYBACHs Konstruktionen den heute modernen Formen. Die beiden Zylinder stehen nicht, wie beim V-Motor, unter einem Winkel zueinander, sondern sind mit parallelen Achsen in einem Block gegossen, wodurch der Mittenabstand der Zylinder kleiner und das Gewicht verringert wird. Das Mittellager zwischen den um 180° versetzten Kurbelkröpfungen fehlt. Das kugelförmig gestaltete Kurbelgehäuse umschließt mit wenig Spiel die Kurbelwelle, ist in der waagerechten Ebene geteilt und hat nur 5 mm Wandstärke; auf der Außenwand angegossene Rippen sorgen für Versteifung. Der Kühlwassermantel, mit den Zylindern aus einem Stück gegossen, war so tief heruntergezogen, daß er die ganze Zylinderlauffläche kühlte, soweit der Kolben sie in seiner tiefsten Stellung freigab. Auch die beiden Zylinderköpfe mit den Kühlwasserräumen und den Kanälen für das Einlaß- und das Auspuffventil bilden ein zusammenhängendes Gußstück. Die Auspuffventile *a* sind, entgegen der Ausführung beim Vierzylindermotor, wie bei der „Standuhr" und dem V-Motor (Bild 37 und 82) stehend angeordnet; ihre konischen Sitze sind unmittelbar in die Zylinderköpfe eingearbeitet. Der ebene Sitz der hängenden und wie früher ungesteuerten Einlaßventile *b* liegt in einem besonderen Gußstück *c*, das auf den Zylinderköpfen ruht und mit diesen durch Stiftschrauben verbunden ist.

Die wichtigste Neuerung ist die erstmalige Anwendung des Spritzdüsenvergasers (S. 193), der bedeutendsten Erfindung, die WILHELM MAYBACH in diesem Zeitabschnitt gemacht hat. Der Vergleich zwischen Bild 91, das oberhalb des Zylinderkopfes das zierliche Gehäuse *d–e* des Spritzdüsenvergasers zeigt, und Bild 41, auf dem noch der Schwimmervergaser sichtbar ist, läßt erkennen, wie groß der Fortschritt war, den der Spritzdüsenvergaser schon in räumlicher Hinsicht bedeutet.

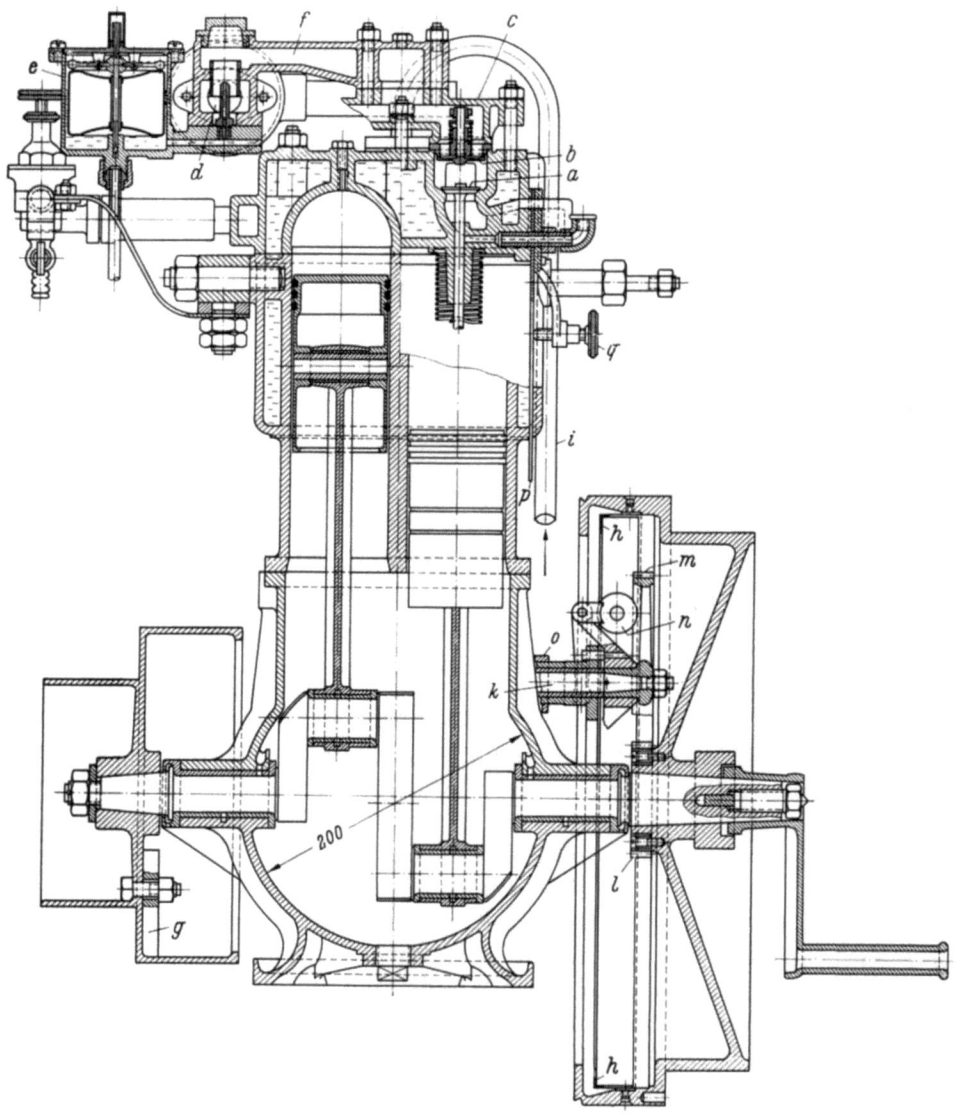

Bild 91. Der zweizylindrige Phönix-Motor im Längsschnitt (1892)
Leistung 2 PS bei 760 U/min
Zylinderdmr. 67 mm, Kolbenhub 108 mm

a Auspuffventil; *b* Einlaßventil; *c* Gehäuse der Einlaßventile; *d* Spritzdüsenvergaser mit Schwimmergehäuse *e*; *f* Gemischkanal vom Vergaser zu den Einlaßventilen; *g* Gewicht zum Auswuchten; *h* Schöpfrinne für das Kühlwasser; *i* Kühlwasserleitung zu den Zylinderköpfen; *k* Nockenwelle; *l*, *m* Zahnradantrieb der Nockenwelle; *n* Regler; *o* Reglermuffe; *p* Blattfeder für Muffenbelastung; *q* Mutter zum Verstellen der Spannung der Feder *p*

Bild 91 und 92 sind nach den Originalen angefertigt, die WILHELM MAYBACH 1892 in seiner Wohnung in der Königstraße in Cannstatt gezeichnet hat

Das Kurbelgehäuse wird beim Phönix-Motor nicht mehr als Luftpumpe zum Aufladen des Zylinders benutzt; die Ventile in den Kolbenböden, die sich nicht bewährt haben, werden nicht mehr ausgeführt. Das Kurbelgehäuse ist zwar ebenso wie früher nach außen ganz abgeschlossen, aber das erforderte die Staubdichtheit, da der Motor

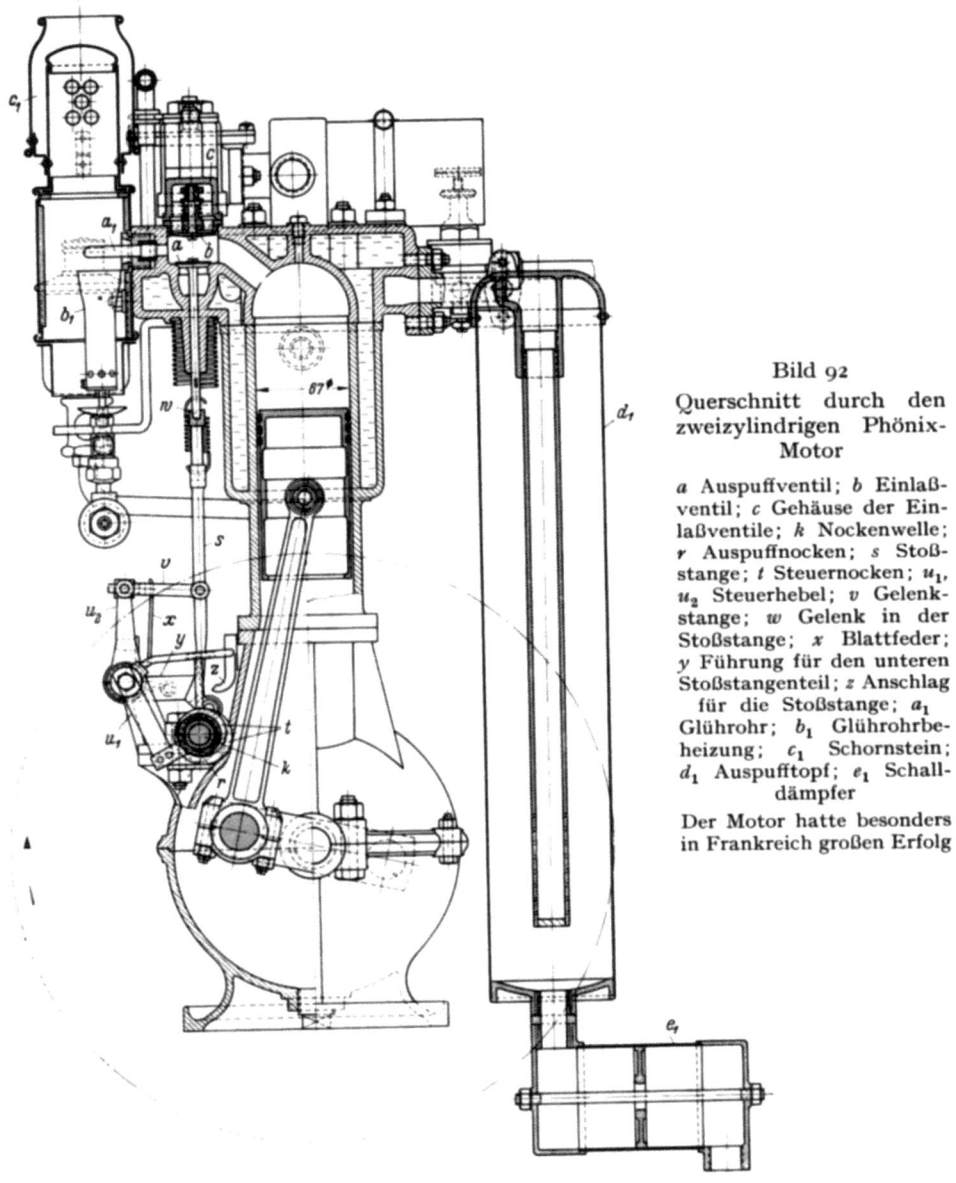

Bild 92
Querschnitt durch den zweizylindrigen Phönix-Motor

a Auspuffventil; b Einlaßventil; c Gehäuse der Einlaßventile; k Nockenwelle; r Auspuffnocken; s Stoßstange; t Steuernocken; u_1, u_2 Steuerhebel; v Gelenkstange; w Gelenk in der Stoßstange; x Blattfeder; y Führung für den unteren Stoßstangenteil; z Anschlag für die Stoßstange; a_1 Glührohr; b_1 Glührohrbeheizung; c_1 Schornstein; d_1 Auspufftopf; e_1 Schalldämpfer

Der Motor hatte besonders in Frankreich großen Erfolg

in erster Linie für den Antrieb von Wagen gebaut war. Wie Bild 91 zeigt, sind die beiden Kurbelzapfen um 180° versetzt; das war notwendig, weil bei gleichgerichteten Kurbeln und geschlossenem Kurbelgehäuse in fortwährendem Wechsel ein starker Über- und Unterdruck im Gehäuse entstanden wäre, was den Schmierölfilm in den Kurbelwellenlagern zerstört hätte. Diese werden nur durch das vom Triebwerk abspritzende Öl geschmiert, das von den in Bild 91 neben den beiden äußeren Kurbelwangen sichtbaren, an den oberen Teil des Kurbelgehäuses angegossenen Ölrinnen aufgefangen und an die Wellenzapfen geleitet wird. Schmierapparate für die Kolbenlaufbahnen fehlen in den alten Zeichnungen, nach denen die Bilder 91 und 92 angefertigt sind; offenbar hat die Schmierung der Kolben durch das Spritzöl genügt.

Die Kurbelwelle trägt an beiden Enden je zwei durch Konus und Mutter befestigte Riemenscheiben, die je aus einem Stück gegossen sind. Ihre Durchmesser sind verschieden, wodurch eine Abstufung der Fahrgeschwindigkeit ermöglicht wird. Die Riemenscheiben dienen zugleich als Schwungräder. Auch an das Auswuchten der Schwungmassen, das bei der nun schon auf 760 U/min gestiegenen Drehzahl nicht mehr vernachlässigt werden darf, hat MAYBACH gedacht, wie das in der kleineren Riemenscheibe untergebrachte Gewicht g beweist. Mit dem Innenumfang der größten Riemenscheibe ist die Blechrinne h vernietet, in die das erwärmte Kühlwasser geleitet wird, wie schematisch in Bild 90 angegeben. In Bild 91 sind die Abflußleitung vom Zylindermantel und die Schöpfrinne nicht gezeichnet; nur das Druckrohr i ist in der Originalzeichnung sichtbar, wo es den Vermerk „Vom Schwungrad" trägt. Das Kühlwasser durchströmt die Kühlräume somit von oben nach unten.

Wie beim Vierzylindermotor (Bild 89) so ist auch beim Phönix-Motor die Nockenwelle (k in Bild 91 und 92) außerhalb des Kurbelgehäuses angeordnet. Sie wird durch das innerhalb der großen Riemenscheibe liegende Zahnradpaar l, m mit halber Drehzahl angetrieben. An ihrem Ende ist durch Konus und Mutter der Regler n (Bild 91) befestigt, der bei ausschlagenden Schwunggewichten die Reglermuffe o auf der Nockenwelle verschiebt. Die Muffenbelastung, die bei einem Regler der Fliehkraft der Schwunggewichte das Gleichgewicht halten muß, wird durch eine starke, am Gußstück der Zylinderköpfe befestigte Blattfeder p hergestellt (in Bild 91 nach unten abgebrochen gezeichnet), deren unteres Ende, das sich gabelförmig über die Nockenwelle schiebt, die Reglermuffe nach rechts (Bild 91) zu drücken sucht. Steigt die Drehzahl über ein bestimmtes Maß, so erfährt die sich nach links verschiebende Muffe den Widerstand der Blattfeder, deren Spannung durch Verstellen der Rändelmutter q verändert werden kann. Diese Muffenbelastung beansprucht in der Längsrichtung keinen zusätzlichen Raum.

Auf der Nockenwelle sind die beiden Auspuffnocken befestigt; ein Nocken r ist in Bild 92 gestrichelt gezeichnet. Die darüberliegenden Auspuffventile a werden durch Stoßstangen s geöffnet und durch Federdruck geschlossen. Wie die Regelung wirkt, zeigt Bild 92. An jedem Zylinder wird durch eine auf der Nockenwelle verschiebbar angeordnete Scheibe t von in der Achsrichtung veränderlicher unrunder Form der Winkelhebel u_1, u_2 in schwingende Bewegung versetzt, wenn der Regler mit zunehmender Drehzahl den unrunden Teil unter den unteren Hammerkopf des Armes u_1 schiebt. Mit steigender Drehzahl nehmen die Winkelamplituden zu. Zunächst beeinflußt die Bewegung des Armes u_1 die Gelenkstange v nicht, weil das obere Ende des Armes u_2 in einem Kulissenstein auf dem linken Ende von v etwas hin- und hergleiten kann, ohne den Bund auf v zu berühren. Erst wenn die Drehzahl so hoch gestiegen ist, daß der am stärksten unrunde Teil des Nockens t unter den Hammerkopf gelangt ist, schlägt der Kulissenstein gegen den Bund auf der Stange v, und diese schiebt die Stoßstange s zur Seite, was durch das Pfannengelenk w ermöglicht wird. Der vom Auspuffnocken bewegte kurze untere Teil der Stoßstange verfehlt jetzt den oberen Teil, so daß das Auspuffventil nicht öffnet. Dann bildet sich kein Unterdruck im Arbeitszylinder, und das Einlaßventil öffnet nicht. Sobald mit sinkender Drehzahl der Regler den unrunden Muffenteil zurückgeschoben hat, gleitet der Hammerkopf von u_1 auf einen zylindrischen Teil, und der Hebel u_1, u_2 bleibt in Ruhe. Dann arbeitet das Auspuffventil wieder normal.

Die Wirkungsweise der in Bild 92 gezeichneten Steuerungsteile x, y und z ist aus den alten Zeichnungen nicht mit Sicherheit zu erkennen, ihr Zweck in der Legende nur angedeutet.

An den Raum zwischen Einlaß- und Auspuffventil ist das offene, aus Platin hergestellte Glührohr a_1 angeschlossen, das von dem Flachbrenner b_1 ständig beheizt wird. Glührohr und Heizflamme sind ummantelt; die erhitzte Luft zieht durch den Schornstein c_1 ab. An den Auspufftopf d_1, der von zwei ineinandergesteckten Rohren gebildet wird, ist ein weiterer Topf e_1 angeschlossen, dessen mit zentraler Öffnung versehene Zwischenwand die Schalldämpfung verbessert.

Gottlieb Daimler und der Phönix-Motor

Der Phönix-Motor ist MAYBACHs Schöpfung, nicht DAIMLERs, wenn man auch GOTTLIEB DAIMLER als den Konstrukteur des Phönix-Motors hinzustellen versucht hat[29]. Wir besitzen hierüber das Zeugnis des (S. 186 erwähnten) BARTHOLOMÄI. Wie dieser zu MAYBACH gekommen ist, hat er in Aufzeichnungen „Was ich von Herrn WILHELM MAYBACH weiß" erzählt:

Im Jahre 1892 suchte meine Mutter für mich, den immer an Maschinen bastelnden, eine Praktikanten- oder Lehrstelle. Mein Seelsorger erklärte meiner Mutter, daß ganz in seiner Nähe eine geheimnisvolle Werkstätte sei, die von einem tüchtigen, hochbegabten Ingenieur namens Maybach geleitet werde, vielmehr gehöre, der elektrische, oder Benzin betriebene Wagen fabriziere, und ein sehr guter Mensch sei.

Wie glücklich war ich, daß ich gleich beim ersten Besuche, wenn auch als Lehrling, angenommen wurde, und wie gut hatte ich es getroffen ...

Der junge Ingenieur-Anwärter hat seine Lehrzeit bei WILHELM MAYBACH offenbar gut ausgenutzt. Er sah sich, wie man den Aufzeichnungen entnimmt, die er ein halbes Jahrhundert später gemacht hat, nicht nur die im Bau befindlichen Motoren und Wagen genau an, sondern beobachtete auch die Menschen, die daran arbeiteten, von denen WILHELM MAYBACH ihm den stärksten Eindruck machte. Unter der Überschrift „Wie ich Herrn MAYBACH als Konstrukteur beobachtete" schreibt er:

Vorausschicken muß ich, daß er auch ein gottbegnadeter Freihandzeichner war, und alle seine Entwürfe zuerst als Freihandskizzen geschaffen hat. Zuerst kam ein härterer Bleistift an die Reihe, dem ein ganz weicher folgte, sodann kamen oft noch Blau- und Rotstifte, zum Schluß Feder mit Tinte.

Über dieses ganz unglaubliche Gewirr von Strichen und Kreisen spannte er nun ein Pauspapier (durchsichtiges Entwurf-Zeichenpapier) und nun entstand in einer ganz unglaublich kurzen Zeit eine tadellos reine Zeichnung, die noch mit Materialfarben schraffiert, und um die Deutlichkeit zu erhöhen, noch nach allen Regeln der Kunst schattiert wurde, sodaß oft ein gerade [zu] plastisch wirkendes Kunstwerk entstand.

Noch steht es mir klar vor den Augen, wie ich eines Tages, es war im September 1894, von Herrn Maybach den Auftrag erhielt, den Entwurf eines für damalige Zeit sehr großen Wagenmotors von 10 PS Zweizylinder — 130 Bohrung, 160 Hub — Herrn Gottlieb Daimler persönlich zu überbringen und auf Bescheid zu warten. Stolz marschierte ich mit diesem Kunstwerk, das ich vor wenigen Tagen entstehen sah, in die Villa Daimler. Lange schaute sie der alte Herr an, und nun folgte die größte Enttäuschung meines bisherigen Lebens. Herr Daimler fragte mich, den Lehrjungen, was dieses und jenes zu bedeuten habe, besonders die Schattierung des Motorgehäuses hatte es ihm angetan. Es war die Durchdringungskurve, die entsteht, wenn das kugelförmige Gehäuse durch einen schrägen pyramidenförmigen Körper (in der Pleuelstange läuft).[49]

Man kann sich die schwere Enttäuschung des jungen Menschen vorstellen: er, der Anfänger mit den bescheidenen Kenntnissen, als der er sich fühlte, mußte dem großen Ingenieur, dessen Name ihn bis dahin nur mit Ehrfurcht erfüllt hatte, selbstverständliche Einzelheiten einer Zeichnung erklären, weil jener sie nicht verstand! Daß GOTTLIEB DAIMLERs Größe auf einem ganz anderen Gebiet lag, konnte der Lehrling nicht wissen.

Bei den ersten Versuchen mit dem zweizylindrigen Phönix-Motor im Hotel Hermann gab es manche Schwierigkeiten. Solange es sich um Einzylindermotoren handelte, fiel das Problem der Lastverteilung fort; bei Zweizylindermotoren aber hatte man dafür zu sorgen, daß beide Zylinder sich gleichmäßig an der Belastung beteiligten. Die ersten Notizen, die MAYBACH sich darüber gemacht hat, stammen aus dem Januar 1893. Er schreibt: „Rechte Seite knallt u. stört dadurch den regelmäßigen Gang". Ein anderes Mal: „Am Anfang wenig Kraft, so lange noch nicht heiß genug." Dann wieder: „Knaller stören" und „Linker Cylinder zieht mehr bei schwächerer Rothgluht." „Knallen der rechten Seite hörte auf bei schwächerer Rothgluht." Diese Erscheinung konnte MAYBACH sich nicht erklären. Heute ist uns geläufig, daß die Berührung des Brennstoffs mit hellglühenden Metallteilen ihn vor der Zündung pyrogen zersetzt, d. h. in niedrigmolekulare schwer zündende Bestandteile zerlegt, die verspätet und heftig zünden.

Den Phönix-Motor hat MAYBACH während der kurzen im Hotel Hermann verbrachten Zeit in mehreren Größen konstruiert, was an den Vielbeschäftigten die größten Anforderungen gestellt haben muß. BARTHOLOMÄI schreibt darüber:

> Außer den 2pferdigen Wagen war auch noch ein 2 PS 1/zylindriger Benzinmotor in Arbeit. Er sollte den eben erwähnten liegenden Deuzer Gasmotor ersetzen, was er ein Jahr später auch anstandslos und mit größter Zuverlässigkeit tat. Man war endlich nicht mehr auf das unregelmäßig vorhandene Gas angewiesen.
>
> Der stehende Motor hatte eine Bohrung von 100 mm bei 160 mm Hub und leistete über 3½ PS. Er brauchte nicht den dritten Teil des Raumes wie der liegende Motor mit dem großen Schwungrad. Ferner wurde bereits an einem 4-sitzigen Wagen, der etwas größer als der erste war, konstruktiv gearbeitet. Er sollte einen Motor von 3 PS bekommen, und zwar mit 75 mm Bohrung und 120 mm Hub. Sämtliche Motoren wurden mit einer Andrehkurbel angeworfen.

Die Angaben BARTHOLOMÄIs über die im Hotel Hermann entwickelten Phönix-Motoren stimmen mit denen des Motorenlieferbuches der Daimler-Motoren-Gesellschaft aus der Mitte der neunziger Jahre überein. Der Motor mit den Hauptabmessungen 100 und 160 mm ist von 1896 ab, bald nach dem Wiedereintritt MAYBACHs in die Daimler-Motoren-Gesellschaft, in größeren Stückzahlen gebaut worden. Seine Leistung wird mit 2 bis 3,4 PS bei 600 U/min angegeben. Auch der Zweizylindermotor von 3 PS mit den Zylinderabmessungen 75 und 120 mm wird im Lieferbuch aufgeführt. Der zweizylindrige Wagenmotor von 10 PS Leistung (130 mm Dmr., 160 mm Hub) ist laut Lieferbuch 1897 verkauft worden. Das war der Motor, dessen Zeichnung BARTHOLOMÄI auf Anordnung MAYBACHs GOTTLIEB DAIMLER vorgelegt hatte.

Wie MAYBACHs Notizen angeben, ist im Hotel Hermann, also vor der Vereinigung mit der Daimler-Motoren-Gesellschaft, eine größere Zahl von Phönix-Motoren gebaut worden. Schon kaum ein Jahr nach der Eröffnung des Betriebes im Hotel Hermann befanden sich etwa 20 Motoren im Bau. Vor MAYBACHs Wiedereintritt in die Daimler-Motoren-Gesellschaft ist noch eine größere Zahl hinzugekommen. Die fertigen Motoren verließen die Werkstatt im Hotel Hermann nicht, ohne daß MAYBACH ihr Arbeiten geprüft und ihre Leistung sorgfältig gemessen hätte. Da es Wasserbremsen, Pendeldynamos und die anderen heute gebräuchlichen Mittel zum Abbremsen nicht gab, benutzte MAYBACH, wie BARTHOLOMÄI berichtet, ein einfaches Verfahren: an das eine Ende eines Seiles wurde ein Gewicht gebunden, das andere wurde um eine der Riemenscheiben geschlungen und in so vielen Windungen aufgelegt, daß das von der Reibung mitgenommene Gewicht gerade frei schwebte. Das Produkt aus dem Gewicht und dem Radius der Riemenscheibe lieferte das Drehmoment, und mit der Drehzahl ergab sich die Leistung.

Der Spritzdüsenvergaser

Mit dieser seiner wichtigsten Erfindung aus der Periode „Hotel Hermann" hat WILHELM MAYBACH das Problem der Kraftstoffaufbereitung des mit leichtflüchtigen Stoffen arbeitenden Verbrennungsmotors grundlegend gelöst. Auf der Vernebelung des Brennstoffs mit Hilfe einer Düse beruht noch heute das Prinzip fast aller Vergaserbauarten.

Der Gedanke, den Brennstoff dadurch mit Luft zu mischen, daß er ihn mittels einer feinen Düsenbohrung in den rasch vorbeistreichenden Luftstrom einführte, muß ihm um dieselbe Zeit, etwa im Februar 1891, gekommen sein, als er den Vertrag mit der Daimler-Motoren-Gesellschaft zurückwies, denn wir finden in seinem Notizbuch unmittelbar nach der Abschrift des Briefes, mit dem er der Daimler-Motoren-Gesellschaft gekündigt hat, die ersten Vermerke über die Idee der Zerstäubung durch den Luftstrom, der durch die Saugwirkung des Kolbens entsteht. Das Verfahren, das ihm vorschwebt, will er nach vielfachen Änderungen und Streichungen „Verfahren der Zuführung und Verdunstung von Petrol bei der Ladung von Petrolmotoren" nennen, doch gefällt ihm dieser Titel schließlich nicht, denn er notiert sich „kurz weg: Lade- und Mischverfahren für Petrolmotoren" (mit „Petrol" ist Benzin gemeint). In sein Notizbuch schreibt er den Patentanspruch:

> Das Verfahren der Ladung von Petrolmotoren mit Petrol direct aus einer unter gleichem oder wenig geringerem Druck als die zur Speisung dienende Luft stehender Ausflußdüse, durch welche das Petrol ohne Pumpe oder gesteuertes Ventil selbstthätig durch das Vacuum der Saugperiode des Motors mit der nöthigen Luft aus der Petrolleitung in das Vacuum eintritt zwecks Erzielung gleichmäßiger Mischung von Luft und Petrol zu Anfang wie während des Beharrungszustandes im Gange des Motors und zur Vereinfachung der Einrichtung.

Das war noch in der Königstraße. Dort, in seiner Privatwohnung, konnte er die neue Idee nicht erproben; das war erst im Hotel Hermann möglich, in das man Mitte 1892 umzog. So lesen wir erst wieder eine Eintragung von Mitte Januar 1893:

> 16. Jan. Zuströmung z. Apparat $^3/_{10}$ mm, Effect der Maschine groß, Zufluß aber zu klein.

Sorgfältig beobachtet er den Einfluß geringfügiger Änderungen des Düsendurchmessers. Rasch aufeinander folgen weitere Eintragungen über die Versuche, die er gemacht hat; sie bringen ihm insbesondere die Erkenntnis, daß der Benzinspiegel auf konstanter Höhe gehalten werden muß, wenn die Zuteilung des Kraftstoffs zum Motor gleichmäßig sein soll. MAYBACH notiert den Entwurf einer Patentanmeldung:

> Das Laden von Petrolmaschinen mit Explosionsgemisch durch directes Einsaugen von Petroleum und Luft.

Der erste Patentanspruch soll lauten:

> Bei Petrolmaschinen das Verfahren der Abmessung des für jeden Arbeitshub nöthigen Quantums Petroleum, gekennzeichnet durch directes Einsaugen desselben mit Luft aus justirter Luftdüse unter gleichem Vacuum aus normirtem Oelstand.

Der „normirte Oelstand" ist der auf gleichmäßiger Höhe gehaltene Benzinspiegel. Sehr bald erkennt MAYBACH auch, daß es zweckmäßig ist, den Unterdruck im Saugrohr durch eine Verengung zu vergrößern. Auch diesen Gedanken notiert er sich, jedoch will ihm die klare textliche Formulierung nicht recht gelingen. Nach sechsmaligem Ändern der Fassung lautet sie schließlich:

> Abmessung durch directes Einsaugen des Oeles aus justirtem Düsenquerschnitt und normirtem Oelstand unter Vacuum hergestellt durch eine Verengung der Luftsaug ...

Schließlich fügt er den Gedanken hinzu: der „normirte Oelstand" wird mit Hilfe eines Schwimmers hergestellt, ein konstruktives Mittel, das er schon bei seinem Schwimmervergaser (Bild 40, S. 95) angewandt hatte.

Die Notizbuchvermerke, die sich auf den Spritzdüsenvergaser beziehen, tragen Daten aus der Zeit zwischen dem 16. Januar und dem 29. Juli 1893. In dieser Zeit ist MAYBACHS Spritzdüsenvergaser entstanden.

Die deutsche Patentanmeldung des Spritzdüsenvergasers ist nicht erhalten geblieben. Sie ist, wie die Daten der ausländischen Patentanmeldungen vermuten lassen, wahrscheinlich Anfang August 1893 eingereicht worden. Ein deutsches Patent wurde auf diese geradezu umwälzende Erfindung unverständlicherweise nicht erteilt. MAYBACH schreibt einmal recht verärgert, daß für die deutschen Prüfer das neue System nicht neu genug gewesen sei.

In England und Frankreich sind Schutzrechte erteilt worden, die das Datum vom 17. bzw. 25. August 1893 tragen. Die den Patentschriften beigefügten Zeichnungen und der Text lassen klar erkennen, wie der Vergaser wirkt. Der im Arbeitszylinder *a*

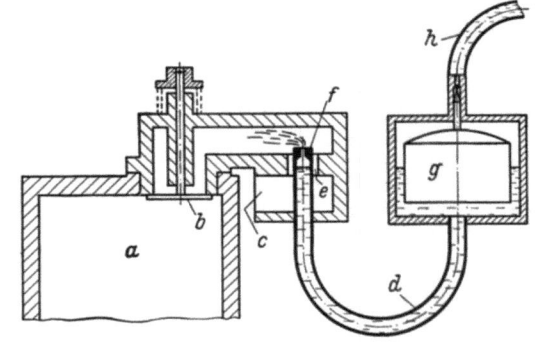

Bild 93. Schema des Maybachschen Spritzdüsenvergasers (nach dem französischen Patent vom 17. August 1893)

a Arbeitszylinder; *b* Einlaßventil; *c* Eintritt der Außenluft; *d* Benzinleitung vom Schwimmergehäuse zur Düse; *e* Drosselspalt; *f* Düse; *g* Schwimmer; *h* Benzinleitung vom Vorratsbehälter

In Deutschland ist auf diese bedeutsame Erfindung kein Patent erteilt worden

(Bild 93) niedergehende (nicht gezeichnete) Kolben saugt durch das sich nach unten öffnende selbsttätige Ventil *b* die bei *c* eintretende atmosphärische Luft an. In dem engen, das Benzinzuleitungsrohr *d* umgebenden Ringspalt *e* wird sie gedrosselt, so daß sich in dem Raum oberhalb *e* ein Unterdruck bildet. Das durch *d* zugeführte Benzin, das unter Atmosphärendruck steht, tritt infolge seines höheren Druckes fein zerstäubt aus der Düse *f* aus, wird von dem Luftstrom mitgenommen, mischt sich mit diesem und gelangt so gut vernebelt in den Arbeitszylinder. Der Schwimmer *g* trägt eine Nadel, die den Benzinzufluß vom Vorratsbehälter absperrt, wenn der Benzinspiegel eine bestimmte Höhe erreicht hat, und ihn öffnet, wenn der Spiegel gesunken ist. Die Schwimmernadel ist im schematischen Bild 93 fest mit dem Schwimmer verbunden, und der Abschluß der Zuleitung *h* liegt oberhalb des Schwimmerkörpers. Diese Anordnung hat MAYBACH sehr bald so abgeändert, wie Bild 91 zgiet: der Schwimmer bewegt die lose durch ihn hindurchgeführte Nadel durch ein Gelenksystem auf und nieder, und die Nadel dichtet den von unten kommenden Benzinzufluß ab. Mit diesem Vergaser, der den noch heute gebräuchlichen Ausführungsformen entspricht, sind die ersten Phönix-Motoren ausgerüstet worden, die nach MAYBACHs Wiedereintritt in die Daimler-Motoren-Gesellschaft gebaut worden sind. In kurzer Zeit übernahm auch die Mehrzahl der anderen deutschen und ausländischen Motorenfabriken diesen durch kein deutsches Patent geschützten Vergaser, der nach Wirksamkeit, Herstellungskosten und Raumbedarf den älteren Vergasern so außerordentlich überlegen war.

Neben den umfangreichen Arbeiten, die MAYBACH im Hotel Hermann ausgeführt hat, beschäftigte er sich mit manchen anderen Problemen, auf die ihn seine Arbeit führte. Da war zum Beispiel die Aussetzerregelung, die ihm nie recht gefallen hat. Sie konnte immer nur verhindern, daß der Motor eine bestimmte Höchstdrehzahl überschritt; unterhalb dieser Drehzahl mußte man durch Regeln von Hand nachhelfen. Der von dem Aussetzen der Zündung herrührende unruhige Gang war störend und beanspruchte zudem die Triebwerkteile. MAYBACH erkannte bald, daß es vorteilhafter sein würde, den Regler statt auf das Auspuffventil auf eine Drosselklappe in der Saugleitung wirken zu lassen; er schreibt in sein Notizbuch: „Saugöffnung für Luft vom Regulator enger machen". Das war der richtige Gedanke, aber mit seiner Ausführung sind WILHELM MAYBACH andere zuvorgekommen. MAX GEORG SCHROEDTER, den der Aufsichtsrat zum technischen Leiter der Daimler-Motoren-Gesellschaft bestellt hatte, versah schon 1892 die unter seiner Leitung gebauten Motoren mit einer Drosselregelung, die durch einen von Hand betätigten Hülsenschieber wirkte (S. 206). Auch KARL BENZ hat von 1893 ab bei seinen Wagenmotoren eine Drosselregelung eingebaut, die ebenso arbeitete wie die heute verwendete. Die Drosselklappe ordnete BENZ zwischen Motor und Vergaser an, so daß der Unterdruck an der Düse nicht so stark werden konnte, wie wenn die Drosselklappe sich vor dem Vergaser befunden hätte. Auch diese Anordnung hat sich bis heute erhalten.

Um ein zweites Problem hat MAYBACH sich vergeblich bemüht: einen „Vergaser" für das weniger feuergefährliche Petroleum zu bauen. Petroleum braucht zum Verdampfen höhere Temperaturen als das leichtflüchtige Benzin, daher muß der Apparat, in welchem die Verdampfung vor sich gehen soll, von außen beheizt werden. Es liegt nahe, die Auspuffgase hierfür zu verwenden. MAYBACH trägt in sein Notizbuch ein:

> Benutzung des bloßgelegten Auspuffkanals bei Gas bezw. Petrolmotoren zum Zwecke der Zündung bezw. Verdampfung von Petroleum.

Die Ausführung denkt er sich folgendermaßen:

> Zu diesem Zweck wird der Kanal zwischen dem Arbeitscylinder und dem Auspuffventil aus dem Kühlwasser herausgelegt und zum Zweck der Zündung verwendet im Innern mit Glühkörpern versehen oder der ganze Kanal als Glühkörper ausgebildet so zwar, daß . . .

Hier bricht die Notiz ab, der keine Skizze beigefügt ist, so daß man nicht erkennen kann, wie MAYBACH sich die Vorrichtung gedacht hat. In seinen Aufzeichnungen kommt er zunächst nicht darauf zurück. Vor ihm und nach ihm hat man sich wiederholt um dieses Problem bemüht, aber nie eine brauchbare Lösung zustande gebracht, weil der Aufwand an Wärme für das Verdampfen und an konstruktiven Mitteln, um die jeweils zu verdampfende Menge der veränderlichen Belastung anzupassen, jeden Nutzen aufhebt. Später hat MAYBACH noch einmal vergeblich einen Petroleumvergaser zu bauen versucht (Bild 109, S. 232).

Arbeiten am Wagengestell

Während der Jahre im Hotel Hermann hat MAYBACH sich neben den konstruktiven Arbeiten, die dem Motor galten, eingehend mit der Gestaltung des Wagens beschäftigt, in den der Motor eingebaut werden sollte. Zahlreiche aus dieser Zeit stam-

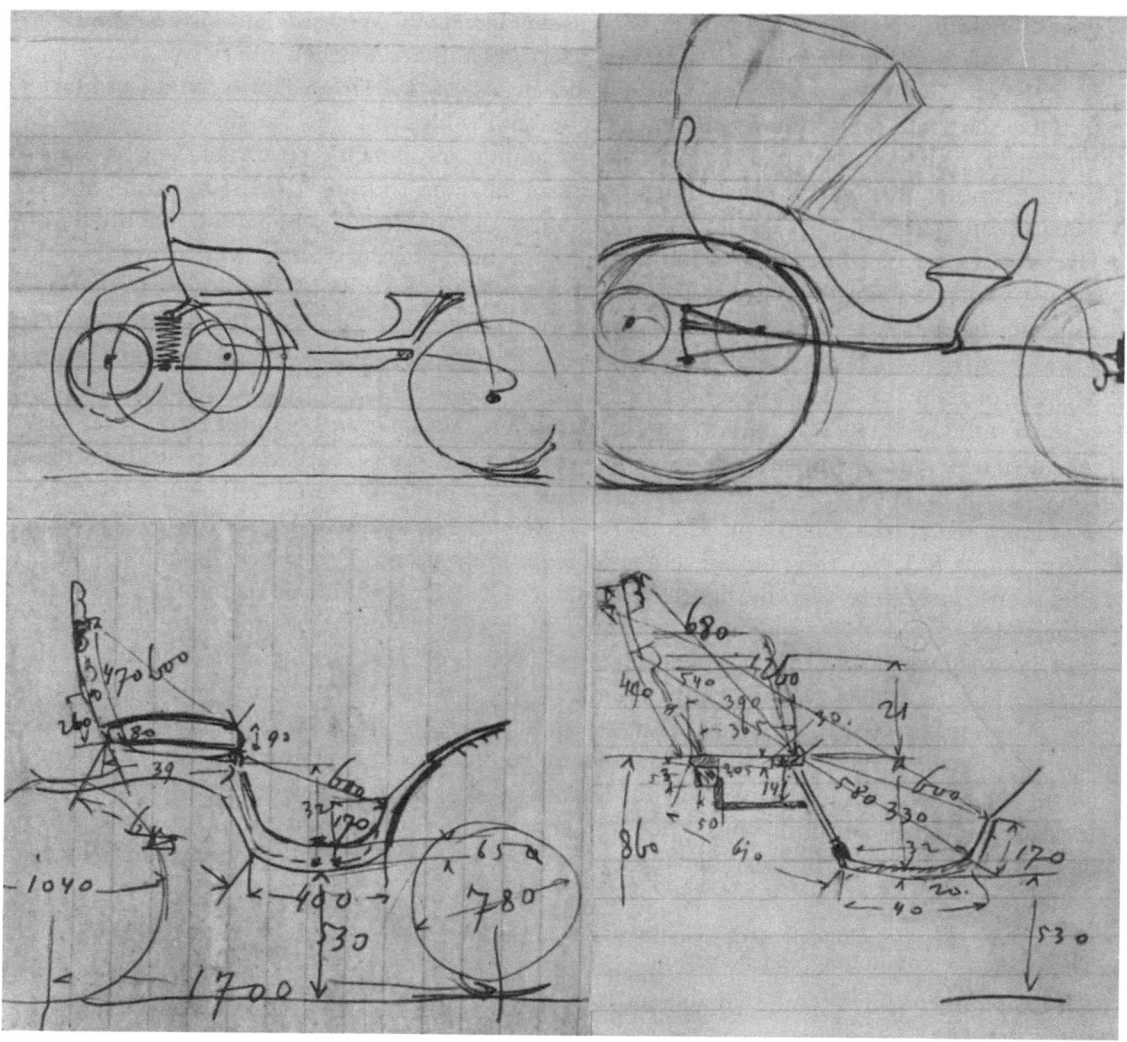

Bild 94. MAYBACHS Entwurfsskizzen von Wagen (1893)
Die Skizzen sind in natürlicher Größe wiedergegeben. Manche der ausgeführten Wagen zeigen genau dieselben Umrißformen

mende Notizen legen Zeugnis davon ab, wie lebhaft er über diese Aufgabe nachgedacht hat.

Der Entwurf eines neuen Wagens begann damit, daß MAYBACH die Gestalt, wie er sie sich dachte, mit flüchtigen und doch sicheren Strichen in seinem Notizbuch skizzierte (Bild 94). Zuweilen wurden die Skizzen auch mit Maßangaben versehen.

Leicht und elegant wirken die offensichtlich rasch hingeworfenen Bilder. An den Konturen ausgeführter Wagen erkennt man MAYBACHs Hand deutlich wieder. Der Motor ist stets unter dem Fahrersitz gedacht. Erst LEVASSOR, der den Stahlrad-Wagen gekauft hatte, hat den Motor über der Vorderachse angeordnet.

GOTTLIEB DAIMLER kann an diesen Entwürfen nur beratend, aber nicht ausführend beteiligt gewesen sein, denn er verstand sich nicht auf das Freihandzeichnen und Konstruieren. Anfänglich hatte er abgelehnt, Wagen zu bauen; die Wagenbauer sollten den Motor bei ihm kaufen. Nach MAYBACHs Aufzeichnungen sind aber im Hotel Hermann wenigstens zwölf Wagen gebaut worden; also scheint DAIMLERs Widerstand später nachgelassen zu haben. Nur auf dem Riemenantrieb bestand er; von MAYBACHs Zahnradwechselgetriebe hat er nichts wissen wollen. So haben alle im Hotel Hermann gebauten Wagen die Riemenübertragung, die in der Daimler-Motoren-Gesellschaft bis 1897 ausgeführt worden ist.

Außer mit Personenwagen beschäftigte man sich auch mit dem Plan, einen Lastkraftwagen zu bauen, der bei 27 Zentnern Eigengewicht eine Last von 70 Zentnern tragen, also ein „Dreieinhalbtonner" werden sollte. Für die Länge waren 4 m, für die größte Breite 1,80 m vorgesehen, Abmessungen, die modernen Bauarten schon näherkommen. Wir wissen aber nichts von einer Ausführung.

Ein Kraftwagen braucht allerlei Zubehörteile; auch das überlegt MAYBACH sich genau. Da beide Hände des Fahrers durch das Lenken des Wagens und die Bedienung der Schalthebel zum Wechseln der Riemenscheiben in Anspruch genommen sind, will er zum Signalgeben ein „Fußsignal" einbauen und notiert sich dazu „Gummiballon". Die Bremse, die man bis dahin den bei Pferdefuhrwerken gebräuchlichen Klotzbremsen mit Handbetätigung nachgebaut hatte, soll als eine „Fußbremse" ausgebildet werden. Es sind ganz moderne Überlegungen, die MAYBACH anstellt.

Handschriftlich notiert er alle Vorkommnisse, die er auf einer Probefahrt bemerkt, um ihnen planmäßig nachzugehen und sie gegebenenfalls abzustellen. So schreibt er über „Anstände bei Probefahrt II am 4. Oct. 92":

Beim Langsamgang mußte unverhältnißmäßig stark der Riemen angezogen werden.

Der Wagen lief mit Geschw. II die obere Pragsteige hinauf. Die Geschw. III konnte selten in Anwendung kommen. Bei unrichtiger Hahnstellung kamen Frühzündungen vor. Der Regulirhahn mußte bei voller Inanspruchnahme des Motors peinlich genau eingestellt werden, weil sonst Frühzündungen kamen und erschien es so, daß beim stärksten Gemisch die Frühzündungen eintraten und bei etwas Übersättigung dieselben unterblieben.

Bei Schnellfahrt hörte man den Gang des Motors nicht genügend u. kam es einigemal vor, daß beim Abstieg einer Steig der Motor beinahe aufhörte zu gehen, weil der Hahn nicht mehr gestellt werden konnte.

Während der vollen Leistung konnte die richtige Hahnstellung nur nach dem Gange des Wagens beurtheilt werden.

Auf der Enzbrücke bei Enzweihingen versagte der Langsamgang u. fuhren dann auf die Papierfabrik um nachzusehen. Es war die Vorgelegeachse auf Seite des Langsamganges lose, die eine Kugelhälfte hatte sich auf dem Ueberrohr gedreht.

Nach Reparatur gieng es wieder gut die Steigungen hinauf, meist mit dem 2ten Gang, doch oftmals auch mit dem Iten.

Der Lenkapparat war etwas zu elastisch und der Geradehalter nicht stark genug.

Der Schnellgangriemen fiel mangels Führung 2 Mal durch rasches Einrücken ab, überhaupt schien dieser Riemen Reibungen zu verursachen, denn nur mit dieser IIII Geschw. zeigte der Motor volle Leistung, während der III. Gang selten eingerückt werden konnte.

Aber auch von Unfällen berichten Maybachs Notizbücher:

... und gieng die Sache bis an die ersten Häuser, wo Pflaster anfing, gut. Auf stärkeres Bremsen dreht sich aber auf einmal der Wagen u. stellte sich quer u. kippte um wobei die Insaßen zum Glück ohne Schaden davon kamen. Dagegen wurde am Wagen die Achse krumm was ein Weiterfahren unmöglich machte . . .

Im Sommer 1893 wurde ein Wagen zur Weltausstellung nach Chikago geschickt. MAYBACH hat die Abmessungen der Kiste, in der der Wagen verpackt war, vermerkt; sie waren 2,24 m × 1,49 m × 1,42 m, das Gewicht betrug 655 kg. Es war ein Stahlrad-Wagen, der nach dem Modell 1889 gebaut war, jedoch keine Drahtspeichenräder, sondern Räder aus Hickoryholz hatte. Entgegen anders lautender Überlieferung ist dieser erste deutsche Kraftwagen, der nach Amerika geliefert worden ist, von MAYBACH im Hotel Hermann, nicht von der Daimler-Motoren-Gesellschaft gebaut worden.

Aus jener Zeit ist ein Angebot auf einen „viersitzigen Motor-Viktoriawagen" erhalten geblieben, das MAYBACH mit Datum vom 16. Januar 1895 „Herrn ARTHUR JUNGHANS in Schramberg . . . mit Hochachtung freundschaftlich" macht. Der mit einem 3,5 PS-Benzinmotor ausgestattete Wagen soll 4800 Mark kosten und in drei Monaten lieferbar sein. Das Zubehör wird genau aufgeführt; wenn es Mehrkosten verursacht, wird dies erwähnt. Eine „Reversirvorrichtung, also auch für Rückwärtsfahrt eingerichtet", kostet 120 Mark extra, eine „Heizvorrichtung zur Erwärmung des Wagenbodens, regulirbar", 80 Mark. Zum Schluß heißt es:

Ihrem Wunsche gemäß würde ich sowohl Ihren Diener, wie auch Sie selbst in Bezug auf die Manipulation beim Betrieb des Wagens und über die mechanische Einrichtung und Instandhaltung genau informiren und außerdem schriftliche Anleitung beigeben. — Die nöthigen Instructionen und das Anlernen zum Fahren hier am Platze durch meine Leute beziehungsweise mich würde für Sie und Ihren Diener kostenfrei verstanden sein.

Auf dieses Angebot hat A. JUNGHANS den Wagen erworben, worüber sich später noch einige Notizen in MAYBACHs Büchern finden.

Gottlieb Daimler in den Jahren Königstraße — Hotel Hermann

Über die Zusammenarbeit zwischen DAIMLER und MAYBACH vor MAYBACHs Wiedereintritt in die Daimler-Motoren-Gesellschaft (1895) ist manches geschrieben worden, was durch die Zeugnisse von Veteranen, die noch als junge Menschen unter WILHELM MAYBACHs Leitung im Hotel Hermann gearbeitet haben, widerlegt wird. So hatte ein Autor namens HEGELE in einer Broschüre „GOTTLIEB DAIMLER" gesagt:

Das technische Ziel der beiden Erfinder war zunächst, den Riemenantrieb und den Vergaser des Autos zu verbessern. Es gelang ihnen auch in den folgenden Jahren, ein neues Riemen- und Seilwechselgetriebe, eine Vorrichtung zum Bremsen und Geschwindigkeitsändern, eine Verbesserung der Saugwirkung bei Zwillingsmaschinen zu konstruieren und eine bessere Kühlung des Motors zu erreichen und patentieren zu lassen. Besonders bedeutsam war die in diese Zeit fallende Erfindung des Spritzdüsenvergasers mit Schwimmer durch Maybach, eine damals umwälzende Einrichtung an den Automobilmotoren, die im wesentlichen bis heute dieselbe geblieben ist. Es war ein freudiges und erfolgreiches Schaffen der beiden Freunde, so daß Daimler sich später äußerte, daß trotz der naturgemäß fortdauernden Spannung mit der Motoren-Gesellschaft diese Zeit eine der glücklichsten seines Lebens gewesen sei.

Dazu hat sich der S. 191 erwähnte G. BARTHOLOMÄI in einem Brief vom 26. Januar 1954 geäußert:

Herr Hegele irrt sich, wenn er behauptet, daß Gottlieb Daimler und Wilhelm Maybach im Hotel Hermann Hand in Hand zusammen arbeiteten. Mir ist nicht ein Fall — vom August 1892 an bekannt, wo ich als Lehrling beim Wilhelm Maybach eintrat, Gottlieb Daimler jemals im Hotel Hermann, der Versuchswerkstätte, gesehen zu haben. Daß diese meine Darstellung richtig ist, ergibt sich schon daraus, daß ich wiederholt mit Zeichnungen in die Villa Daimler gesandt worden bin, um diese Gottlieb Daimler zu überbringen, und ich um Dinge gefragt worden bin, die klar erkennen ließen, daß G. Daimler die Konstruktionen zum ersten Mal gesehen haben muß . . .

Ja selbst als Madame Levassor Wilhelm Maybach im Gartensaal des Hotels Hermann und ihn als den Grand Konstrukteur feierte, war Gottlieb Daimler nicht zugeen ...

Dies sind Tatsachen, die von niemand widerlegt werden können und die den Irrtum Hegeles ad absortum[50] führen ...

Ein anderer Veteran aus der Zeit des Hotel Hermann, ein Ingenieur GEORG SCHEERER, schreibt am 1. Februar 1954:

... daß ich mich nicht erinnere Herrn Gottlieb Daimler während meiner Tätigkeit in der Versuchswerkstätte beim Hotel Hermann in Cannstatt je einmal gesehen zu haben, geschweige denn, daß Herr Gottlieb Daimler dort mitgearbeitet hätte.

Ferner ist mir nicht bekannt, daß Herr Gottlieb Daimler gegen Ende des Jahres 1895, kurz vor oder erst nach der Wiedervereinigung, im Hotel Hermann gewesen wäre ...

SCHEERER war in den Jahren zwischen 1892 und 1895 im Konstruktionsbüro des Hotel Hermann angestellt, bevor er sein Studium auf der Königlichen Baugewerkschule in Stuttgart, der späteren Technischen Hochschule, begann. HEGELE ist nur bei der Daimler-Motoren-Gesellschaft, aber nicht im Hotel Hermann tätig gewesen und konnte daher über die Zusammenarbeit zwischen DAIMLER und MAYBACH im Hotel Hermann aus eigenem Erleben nichts aussagen.

Solange MAYBACH allein in seiner Wohnung in der Königstraße arbeitete, konnte DAIMLER den Kontakt mit ihm einigermaßen aufrechterhalten. Seine Besuche in der Wohnung MAYBACHs, mit dem ihn eine mehr als zwanzigjährige Freundschaft verband, brauchten nicht aufzufallen. Das mußte sich ändern, als DAIMLER für MAYBACH den Betrieb im Hotel Hermann eingerichtet hatte. Diesen wollte er mit Rücksicht auf seine Zugehörigkeit zur Daimler-Motoren-Gesellschaft nicht betreten; er hat das während der ganzen Zeit von Mitte 1892 bis Ende 1895 eingehalten. Botengänge, die der Lehrling BARTHOLOMÄI wiederholt ausgeführt hat, vermittelten den Verkehr zwischen DAIMLER und MAYBACH. Aber DAIMLER sah nur die fertigen Zeichnungen MAYBACHs; einen Einfluß auf ihre Entstehung hat er nicht genommen.

So läßt sich die Darstellung nicht aufrechterhalten, daß die technischen Schöpfungen jener Zeit, der Stahlrad-Wagen, das Zahnradwechselgetriebe, der Spritzdüsenvergaser, die Wagenformen, DAIMLERs eigenes Werk seien, oder auch nur, daß sie in enger Zusammenarbeit zwischen DAIMLER und MAYBACH entstanden seien. DAIMLER hat das Ziel gewiesen und hat MAYBACH ermöglicht, es zu erreichen. Das ist GOTTLIEB DAIMLERs großes historisches Verdienst, und dafür ist MAYBACH ihm immer dankbar gewesen.

XIII. Die Daimler-Motoren-Gesellschaft ohne Maybach (1891—1895)

Mit dem einen der beiden Geldgeber, mit denen DAIMLER sich in Verbindung gesetzt hatte, dem Geheimen Kommerzienrat MAX DUTTENHOFER, hatte er schon am 8. Juli 1886 einen Vorvertrag abgeschlossen, in welchem ein gemeinsames Vorgehen zur Entwicklung brauchbarer Kraftfahrzeuge und Motoren in Aussicht genommen worden war. In diesem Vertrag sei, so glaubte DAIMLER, eindeutig zum Ausdruck gekommen, daß in einer zu gründenden Gesellschaft er die maßgebende technische Leitung erhalten solle. Dieser Vorvertrag ist nicht in Kraft getreten, weil DAIMLER sich damals doch nicht entschließen konnte, seine Selbständigkeit aufzugeben, und es vorzog, das Unternehmen auf dem Seelberg aus eigenen Mitteln zu finanzieren.

Der Anfang der Daimler-Motoren-Gesellschaft

Als ihm schließlich die Mittel knapp wurden, hatte er sich zum Abschluß des Gesellschaftsvertrages vom 14. März 1890 bereit gefunden, nach welchem DUTTENHOFER und LORENZ je 200000 Mark einlegen sollten, während DAIMLER seine Liegenschaften mit Maschinen, Werkzeugen und Vorräten sowie seine Rechte einbrachte. DAIMLERs Einlagen wurden ebenfalls mit 200000 Mark bewertet. Davon, daß DAIMLER die entscheidende technische Leitung erhalten sollte, war in diesem Gesellschaftsvertrag nicht mehr die Rede. Da er nur ein Drittel des Aktienkapitals erhalten sollte, wäre sein Einfluß von vornherein beschränkt gewesen.

Warum DAIMLER unter so unvorteilhaften Bedingungen seine Unterschrift unter den Vertrag vom 14. März 1890 gesetzt hat, ist unverständlich. So ungünstig, daß ein Zwang für ihn vorlag, war seine Lage nicht. Den bescheidenen Verbindlichkeiten von etwa 10000 Mark, die er hatte, standen erhebliche Sachwerte gegenüber. Er schreibt dazu im Dezember 1890 an seine Mitgesellschafter DUTTENHOFER und LORENZ:

> Die Notwendigkeit lag nicht vor, trotz Meinung meiner sel. Frau, Theilhaber zu suchen, die mich retteten, sondern solche, die mich unterstützten; ich gab den Herren den Vorzug, wegen des Interesses, das sie für meine Sache kundgegeben haben und weil ich eine so ausdehnungsfähige Sache nicht auf meine Person allein stellen wollte.
> Der erste Gesellschaftsvertrag war ein übereiltes Hetzprodukt, wobei es hieß: bis 5 Uhr fertig oder wir reisen ab.

Inzwischen war es GOTTLIEB DAIMLER gelungen, den Abschluß eines zweiten, abgeänderten Gesellschaftsvertrages durchzusetzen, dessen notarielle Urkunde das Datum vom 8. August 1890 trägt. Als Gründer erscheinen jetzt neben DAIMLER, DUTTENHOFER und LORENZ ein „Baurat ADOLF GROSS, Direktor der Maschinenfabrik von Eßlingen", ferner MAX SCHRÖDTER, der neben DAIMLER technischer Direktor werden sollte, sowie WILHELM MAYBACH und KARL LINCK. In den Aufsichtsrat wurden DAIMLER, DUTTENHOFER, LORENZ, GROSS und Geheimer Kommerzienrat Dr. KILIAN STEINER, der Direktor der Württembergischen Vereinsbank, gewählt. Der Aktienbesitz wurde neu geregelt; nunmehr sollten DUTTENHOFER und LORENZ je 100000 Mark erhalten, für DAIMLER blieb es bei 200000, und auf die vier Gründer, GROSS, SCHRÖDTER, MAYBACH und LINCK, sollten je 50000 Mark entfallen. Da der Baurat GROSS mit GOTTLIEB DAIMLER befreundet war, durfte dieser damit rechnen, daß er mit GROSS, MAYBACH und LINCK über die Mehrheit verfügte. Aber seine Partner waren ihm überlegen. Sie hatten den Abschnitt V des Vertrages wie folgt formuliert:

> Der vom Aufsichtsrat noch zu wählende Vorstand wird von uns, den Gründern, ermächtigt, die bei dem Königl. Amtsgericht Cannstatt einzureichenden Anmeldungen, sowie die hiebei nötigen Erklärungen in unseren Namen abzugeben und zu unterzeichnen.

Es kam aber zunächst nicht zur Wahl eines Vorstandes, so daß niemand berechtigt war, das Gründungsprotokoll beim Gericht niederzulegen. Der Vertrag vom 8. August 1890 ist infolgedessen niemals in Kraft getreten. Soweit sich feststellen läßt, verhandelte man zunächst mit den Gründern über die Einzahlung der Beträge, auf welche die einzelnen Aktienpakete lauteten. SCHRÖDTER, MAYBACH und LINCK konnten oder wollten die Barzahlungen nicht leisten, und DUTTENHOFER, LORENZ und STEINER übernahmen deren Anteile. Hierüber enthält das Original des Gründungsprotokolls vom 8. August 1890 den nachträglich handschriftlich hinzugefügten Vermerk: „Hiefür [d. h. für SCHRÖDTER, MAYBACH und LINCK] definitiv andere eingetreten (STEINER etc)." Das Ergebnis war, daß LORENZ für 180000, DUTTENHOFER für 150000, GROSS für 20000, STEINER für 50000 und DAIMLER für 200000 Mark Aktien erhielten. Damit war GOTTLIEB DAIMLER in der Minderheit. Am 28. November 1890 fand abermals eine Gründungsversammlung statt. Die „Notarielle Urkunde über die Errichtung und den Inhalt des Gesellschaftsvertrags sowie über die constituirende Generalversammlung der Actiengesellschaft Daimlermotorengesellschaft [so im Original] mit dem Sitz in Cannstatt..." führt als Gründer nur noch DAIMLER, LORENZ, DUTTENHOFER, GROSS und STEINER an. Als Vorstandsmitglieder werden SCHRÖDTER, MAYBACH und LINCK genannt. DAIMLER hatte jetzt nicht mehr die entscheidende Stimme.

Gegensätze zwischen Daimler und dem Aufsichtsrat

MAYBACH und LINCK legten schon nach wenigen Wochen ihre Vorstandsämter nieder (S. 183). Damit sah DAIMLER sich allein einer Mehrheit gegenüber, die seinen Einfluß auf die Geschäftsführung zu schmälern suchte. Verdrossen richtet er am 30. März 1892 ein langes Schreiben an den Aufsichtsrat, worin es heißt:

Der Verlauf der bisher stattgehabten Aufsichtsratssitzungen der Daimler Motoren-Gesellschaft und der daraus hervorgegangenen Geschäftshandlung hat mir gezeigt, daß mir als Delegierten dieser Gesellschaft und Stellvertreter des Vorsitzenden vertragsmäßig und persönlich eingeräumten und zugesicherten Befugnisse und Kompetenzen von Ihrer Seite teils gar nicht gewahrt teils in einer, meine nutzbringende Thätigkeit geradezu hemmenden Weise beschränkt werden.

Anstatt daß meinem Wirken auf Grund meiner Geschäftserfahrung, welche ich als Schöpfer der Sache in diesem Fache doch unbestreitbar vor den übrigen Mitgliedern der Gesellschaft voraus habe — die nötige Freiheit gelassen wird, um nach eigener erprobter Einsicht meine Thätigkeit zum Nutzen des Ganzen, ohne hemmende Fesseln, entfalten zu können, sah ich mich schon von Anfang an und je länger je mehr von seiten der Majorität des Aufsichtsrats und des Vorsitzenden in nicht zu rechtfertigender Art zum Schaden des Geschäfts zurückgedrängt, jeder Initiative beraubt und selbst in meiner Ehre angegriffen.

Als ich mit den jetzigen Mitgliedern zur Gründung der Gesellschaft zusammentrat, war es eigentlich nicht mein pekuniäres Interesse, welches mich diesen Schritt thun ließ, sondern ich war noch von der Ansicht geleitet, daß durch die Mitwirkung der betreffenden Herren innerhalb gewisser Grenzen, vermöge ihrer allgemeinen geschäftlichen Routine und von mir vorausgesetzter sonstiger erforderlicher Verbindungen, eine weitere Grundlage zu rascher und gedeihlicher Weiterentwicklung des bereits mit den besten Aussichten eingeleiteten Geschäfts geschaffen sei, besonders aber durfte ich bei einer Verbindung mit diesen Herren auf Grund der mir durch dieselben schon früher gemachten persönlichen und schriftlichen Zusicherungen voraussetzen, daß ich im Rahmen der Gesellschaft nach meiner ganzen Vergangenheit — namentlich in der Entwicklungsperiode der Gesellschaft — im Geschäfte als maßgebender oberster Leiter ganz von selbst Geltung und Förderung finden würde — in Übereinstimmung mit den diesbezüglichen, schon am 8. Juli 1886 zwischen mir und Herrn Geheimrat Duttenhofer aufgestellten grundsätzlichen Bestimmungen, welche besagen, daß zur gedeihlichen Entwicklung des Geschäfts es unbedingt erforderlich sei, mich nach allen Richtungen hin in einer zu gründenden Gesellschaft entfalten und bewegen zu können; dies sei nur dann möglich, wenn ich von jeder Fessel los, meinen eigenen Erfahrungen folgen könne; dasselbe besagt auch mein Schreiben an Obengenannten vom 18. Oktober 1890.

Im Verlaufe der Zeit aber, nachdem die Gesellschaft seit Monat März 1890 aktiviert ist, mußte ich zu meiner Enttäuschung die Wahrnehmung machen, daß sich meine — an die Mitwirkung der hinzugetretenen Herren geknüpften Erwartungen für eine weitere gedeihliche Entwicklung des Geschäfts nicht erfüllt haben, daß vielmehr im Geschäftsbetrieb nach innen und außen nach und nach eine Stagnation eingetreten ist, welcher ich infolge der mir durch das Vorgreifen und die Bevormundung durch die anderen Herren genommenen freien Initiative nicht vorzubeugen in der Lage war, wobei ich Schädigungen der Gesellschaft fortgesetzt mit ansehen muß, ohne nach meiner Ansicht selbständig Abhilfe treffen zu können.

Von den gemachten Mißgriffen will ich hier nur die nachstehenden anführen:

1. Die Berufung und Aufoktroirung nicht fachkundiger Leute, für welche wir bei bedeutenden Gehältern und unter sonst lästigen Bedingungen auch noch das Lehrgeld bezahlen; ich nenne hier zunächst Weiß, Petersen, Bröckelmann x.; letzteren mit der freien Anschauung von „mein und dein". Diese Leute mußten dann wieder abgestoßen werden, verursachten uns pekuniäre Opfer,

ihr Lehrgeld bezahlten wir; Herr Weiß nahm dann, nachdem er unsere Sache bequem gesehen hatte, nachher Patente auf Petrolmotoren, die er uns dann zum Kaufe anbot.

Weiter rechne ich hieher die ganz ohne mein Vorwissen unternommene Anstellung des Herrn Angele, von welcher ich außer einem Aufsichtsratsbeschluß erst positive Kenntnis erhielt, als sich der Genannte mir als „Ober-Ingenieur der Daimler Motoren-Gesellschaft" am Tage seines Eintritts persönlich vorstellte. Welchen Eindruck solche Anstellung auch auf unsere alten Leute machen mußte, über deren Köpfe hinweg in jeder Beziehung besser gestellte Neulinge Bevorzugung fanden, läßt sich leicht denken.

2. Planlose und unpraktische bauliche Ausführungen in Cannstatt nach dem auch äußerlich sehr wüsten Blechkasten-System, das im Sommer heiß und im Winter kalt macht, wobei von mir ernstlich widerratene Bauordnungen, entgegen meiner Warnung, dennoch gemacht wurden und welche nachher unter großen Kosten nach meinen ersten Angaben wieder geändert werden mußten, sowie die damit in Verbindung stehenden Betriebsstörungen, vergrabenen Fundamente x.

3. Anschaffung von nicht entsprechenden Werkzeugmaschinen, wobei die Karlsruher Maschinenfabrik, vormals Gschwind & Co., fast ausschließlich berücksichtigt wurde, bei zu hohen Preisen und bei namentlich vielfach nicht für unsere Zwecke passender Ausführung.

4. Kostspielige Experimente durch Neulinge in verschiedenen, von mir längst verlassenen Richtungen und noch namentlich durch versuchte Umconstruction unserer für verschiedenen Sinn und Zweck bemessenen bewährten Motoren, unzweckmäßige Änderungen, ehe der Constructeur das Wesen unserer vorhandenen Motoren eingehender kennen gelernt hatte und Herstellung einer großen Anzahl solch neuer Maschinen, — an welchen nur die alten Anordnungen, soweit auf solche zurückgegriffen werden mußte, gut waren — anstatt daß vorher an einigen wenigen neuen Maschinen deren Brauchbarkeit festgestellt worden wäre; so daß jetzt eine große Anzahl derartiger neuer Motoren und geänderter sonstiger Objecte zunächst ohne Verwendung als totes Kapital daliegen.

5. Makulaturfabrikation auf dem Zeichenbureau durch die seit 2 Jahren unternommenen Entwürfe aller Art unter möglichster Abweichung von den bereits erprobten Constructionen; Aufstellung neuer Projecte und Veröffentlichung von Annoncen ohne Sachkenntnis und ohne den Delegierten zu fragen. Nachtheilige Veröffentlichungen von Constructionen gegenüber der Concurrenz und verkehrte Beschreibung meiner Erfindung.

Bei allen diesen Dingen wurde niemals der Geldbeutel in Betracht gezogen und will ich mich für heute auf diese kurzen Angaben beschränken, obschon das Register in jeder Richtung nicht zu erschöpfen ist.

Sodann geht DAIMLER auf eine Reihe persönlicher Kränkungen und Verletzungen ein, die ihm von seiten des Aufsichtsrats zuteil geworden seien, und fährt fort:

Wenn ich — wie ich es schon von Anbeginn des Gesellschaftsbetriebs versucht habe — zum Rechten zu sehen, fehlerhaftem Vorgehen zu steuern bemüht bin, und ich begegne theilweise passivem Widerstand, theilweise offener Mißachtung meiner Anordnungen, so muß jeder rechtlich Denkende gestehen, daß es keiner besonderen Empfindlichkeit von meiner Seite bedarf, um mir — von Ihnen gewollt oder nicht — die Lust und Liebe zur persönlichen Mitwirkung an der Entwicklung des Geschäftes zu entleiden.

Als schreiender Beweis, welchem Widerstand ich selbst von seiten des Herrn Vorsitzenden begegne, wenn ich Veranlassung nehme, mich gegenüber der Fabrikleitung pflichtgemäß über fehlerhafte Anordnungen auszusprechen, wie es mit meinem Brief vom 18. Februar l. J. an die Direction geschehen mußte, beziehe ich mich auf das Schreiben vom 25. Februar l. J., welches der Herr Vorsitzende an die Direction der Daimler Motoren-Gesellschaft gerichtet hat, und worin er sagt, er freue sich darüber, daß Director Schroedter seinen Standpunkt dem Delegierten Daimler gegenüber zu wahren verstanden habe.

Dies ist geschehen, ohne daß der Herr Vorsitzende es für billig und angezeigt gefunden hätte, vorher abzuwarten, was ich auf das belobte Schreiben des Director Schroedter zu erwidern habe.

Hierin ist vor allem eine ganz unstatthafte Partheinahme des Vorsitzenden für den Director Schroedter zu erblicken, von dem er eo ipso annimmt, daß er jetzt schon seine Sache besser verstehen müsse, als der von seiner Unfehlbarkeit eingenommene Delegierte, der aber die Resultate der Geschäftsgebahrung, wie sie nach und nach in Schwung gekommen ist, empfindlich am eigenen Beutel spürt; dieser soll den ihm Unterstellten gegenüber selbst unter solchen Umständen nur sanfte Worte gebrauchen und sich dazu noch durch das im hohen Tone gehaltene Schreiben des Herrn Schroedter auf den gebührenden Standpunkt verweisen lassen.

Ich kann mich hiemit in keinem Falle befreunden; es ist von mir offenbar zu viel verlangt, wenn ich als der fachkundige Ingenieur und Macher zu meinem Geldverluste hin gegenüber von Leuten, welche zum Schaden der Sache von mir nichts lernen wollen, auch noch jedes Wort auf die Wagschale legen soll . . .

Ich sehe nur Dilettantismus und Unerfahrenheit vor mir, welche mich schweres Geld kostet. Wenn der Herr Vorsitzende in einem seiner letzten Briefe an die Direction seiner Befriedigung darüber Ausdruck verleiht, daß ich mich jetzt um die Geschäfte nachdrücklicher annehme, so kann ich mich dieser Anerkennung in solch bedingter Form nicht erfreuen; ich habe darauf zu erwidern, daß ich seither meine ganze Zeit der Gesellschaft und zwar unentgeltlich gewidmet habe, aber nur mit der mich entmutigenden Wahrnehmung, daß man meine Vorschläge und meinen Rat meistentheils unbeachtet ließ und am liebsten nach eigenen Heften probirte; die hierdurch in geschäftlicher Beziehung erzielten negativen Resultate muß ich ganz Ihnen zuschreiben.

Ich kann es weder für passend noch zutreffend halten, wenn der Herr Vorsitzende mit Brief vom 2. Februar d. Js. an die Gesellschaft schreibt, es sei ein von mir beobachtetes System, immer alles, was gemacht ist, als falsch anzusehen, und nie vorher meine Meinung zu äußern. Es gibt mir diese Bemerkung Veranlassung, darauf hinzuweisen, daß alles, was gut und zweckmäßig in unserer Sache ist, ausnahmslos meiner Initiative und meinem Schaffen zu verdanken ist; daß es mir aber andererseits nur bedauerlich und lästig sein mußte, mich in Windmühlenkämpfe einzulassen und so häufig Veranlassung gehabt zu haben, vor Verkehrtheiten warnen zu müssen; Details stehen zu Diensten.

Äußerungen wie die obigen, mit welchen gegen den Delegierten offen Stellung genommen wird, müssen daher meine Thätigkeit innerhalb der Gesellschaft völlig lahm legen und die Direction in ihrem Widerstande gegen meine Anordnungen bestärken.

Statt daß in meinem Sinne und Geist gearbeitet würde hat man auf die geschilderte Weise dafür gesorgt, daß ich im eigenen Hause selbst ein Fremder geworden bin, in welchem ich mit zusammengewürfeltem Volk als Delegierter arbeiten soll . . .

Mit der energischen Formulierung „Nach 10jähriger erfolgreicher Arbeit bin ich in Deutz durch den Ehrgeiz anderer auf die Seite geschoben worden; nach weiterer unbezahlter Arbeit von 10 Jahren und großen pecuniären Opfern passiert mir in Cannstatt dasselbe nicht zum zweitenmale" schließt die temperamentvolle Epistel, die hier nur zum kleineren Teil wiedergegeben ist. Man glaubt, noch den lodernden Zorn des starrköpfigen Schwaben zu spüren, der mit ansehen zu müssen vermeint, wie sein Lebenswerk zugrunde gerichtet wird.

Dabei hatte der Aufsichtsrat anfangs in nicht kleinlicher Weise DAIMLERs Pläne einer Geschäftserweiterung unterstützt. Nach kaum einem halben Jahr hatte man durch Errichtung neuer Werkstätten und die Anschaffung von Werkzeugmaschinen und Werkzeugen die Kapazität auf das achtfache vergrößert. Während DAIMLER und MAYBACH es im letzten Jahr vor der Gründung der Daimler-Motoren-Gesellschaft auf 48 Motoren gebracht hatten, glaubte man jetzt, jährlich 400 Motoren fabrizieren und absetzen zu können. Das erforderte eine beträchtliche Vermehrung der Arbeiterzahl, die innerhalb eines Jahres (von Oktober 1890 bis Oktober 1891) von 22 auf 163 anstieg. Unter den Neueingestellten konnte natürlich kaum einer in der Herstellung von Motoren geschult sein, denn solche Arbeiter waren damals selten. Während DAIMLER, der erfahrene Werkstättenmann, stets darauf bedacht gewesen war, seine Arbeiter sorgfältig auszusuchen und zu unterweisen, stellte man jetzt ein, was sich anbot. Darunter mußte die Ausführung leiden. Bald wird dann auch in den Geschäftsberichten erwähnt, daß eine erhebliche Zahl von Motoren zurückgenommen werden mußte, weil die Kunden nicht zufrieden waren. Der Umfang der „Retourwaren" stieg im Geschäftsjahr 1893/94 auf nicht weniger als 16% des gesamten Umsatzes. Man suchte sich damit zu trösten, daß man die zurückgesandten Motoren nach Behebung der Mängel wieder verkaufen könne, aber dem Ruf der Daimler-Motoren schadeten solche Vorkommnisse sehr. So konnte der Umsatz, der bei der Größe der Werkstätten für eine gesunde Entwicklung der Gesellschaft erforderlich gewesen wäre, nicht entfernt erreicht werden. Statt der geschätzten 400 Motoren gelang es im Kalenderjahr 1891 nur 102 Motoren abzusetzen, und im Jahr 1892 kam man auf nicht mehr als 110 Motoren. Die Produktionsmöglichkeit der neuen Einrichtungen wurde nur zu einem Viertel ausgenutzt.

WILHELM MAYBACH, der in diesen Jahren im Hotel Hermann seinen Phönix-Motor baute, hat, wie die Aufzeichnungen in seinem Notizbuch überliefern, diese Entwicklung aufmerksam verfolgt. Es war ja nicht nur DAIMLERs, sondern auch sein Werk, dessen Niedergang er mit ansehen mußte. In dem damals noch kleinen Ort traf er seine alten Mitarbeiter aus der Seelberg-Werkstatt auf der Straße, und sie werden ihm von den Zuständen in dem neuen Unternehmen erzählt haben. Aber man liest kein Wort der Schadenfreude. Einfach notiert er am 1. Mai 1891:

Montag Vormittag fehlten auch Hertel und Kübler, waren geschäftlich in der Stadt so daß 150 Arbeiter herrenlos waren —

Das war kein gutes Zeichen für die Umsicht der Betriebsleitung.

Zu den persönlichen Differenzen kamen sachliche Meinungsverschiedenheiten. DAIMLER war überzeugt, daß es möglich sein müsse, alles, was man an leichten raschlaufenden Motoren fabrizieren könne, auf dem Markt unterzubringen, in erster Linie als Wagen- und Bootsmotoren, während DUTTENHOFER und LORENZ die Absatzmöglichkeiten solcher Motoren weit niedriger einschätzten und der Meinung waren, man müsse langsamlaufende stationäre Motoren bauen, für die viel mehr Abnehmer vorhanden seien, besonders wenn es gelänge, sie für den Betrieb mit Lampenpetroleum einzurichten. Ganz unrecht hatten die beiden Aufsichtsratmitglieder nicht; dafür war ein Beleg der Erfolg, den KARL BENZ in denselben Jahren, von 1892 bis 1896, hatte. BENZ stellte jährlich fast 700 ortfeste Motoren her, und es ist verständlich, daß DUTTENHOFER und LORENZ gern ein ähnlich gutes Geschäft für die Daimler-Motoren-Gesellschaft gesehen hätten. Aber GOTTLIEB DAIMLER blieb halsstarrig; für ihn gab es nur den raschlaufenden Motor. Die in Deutz und Mannheim gebauten Langsamläufer interessierten ihn nicht. Sein Schnelläufer würde alle anderen Bauarten verdrängen. So hielten DUTTENHOFER und LORENZ es für richtig, den Einfluß SCHRÖDTERs zu stärken, der sich um DAIMLERs Einwände nicht kümmerte und alsbald, statt sich an MAYBACHs bewährte Konstruktionen anzulehnen, selbständig neue Typen entwickelte.

Die von Schrödter gebauten Motoren

MAX SCHRÖDTER, 1842 in Düsseldorf geboren, war in der Patronenfabrik des LORENZ tätig gewesen und auf LORENZ' Empfehlung von DUTTENHOFER eingestellt worden, obwohl er keine Erfahrungen auf dem Gebiet des Verbrennungsmotorenbaues besaß. Ihm zur Seite stand als kaufmännischer Leiter des Unternehmens der um vier Jahre jüngere GUSTAV VISCHER.

SCHRÖDTER ist, nach seinen Konstruktionen zu urteilen, kein unfähiger Ingenieur gewesen; sein Fehler war nur, keinen Erfolg gehabt zu haben. Das hat nicht ausschließlich an ihm gelegen, denn er hat mehrere wertvolle Verbesserungen zuerst vorgeschlagen. Von ihm stammt das mechanisch gesteuerte, also nicht mehr selbsttätig arbeitende, hängend angeordnete Einlaßventil, das konstruktiv ein entschiedener Fortschritt war, und die Drosselregelung des angesaugten Gemisches durch den Regler und von Hand, die KARL BENZ erst zwei Jahre später bei seinen Wagenmotoren nur als Handregelung verwendet hat. Das waren wertvolle Beiträge zur Entwicklung der Verbrennungsmotoren. Falsch war es, daß er nicht auf dem von DAIMLER und MAYBACH Geschaffenen aufbauen wollte, sondern den Ehrgeiz hatte, Eigenes zu erfinden. Wenn das glücken sollte, hätte man ihm die Zeit lassen müssen, seine Neubauten gründlich zu erproben, aber dazu war der Aufsichtsrat nicht bereit. Die weitläufig gebauten Werkstätten verlangten Arbeit; sie lagen schon zu lange brach. So wurde in einer unverhältnismäßig kurzen Zeit eine größere Zahl neuer Typen entwickelt und auf den Markt geworfen, ohne daß sie betriebsreif waren.

Nach einer erhalten gebliebenen Tabelle lagen bei der Gründung der Daimler-Motoren-Gesellschaft im Februar 1891 sieben von MAYBACH konstruierte Baumuster vor. Es waren dies, nach steigenden Leistungen geordnet:

    ein Einzylindermotor   72 mm Dmr., 126 mm Hub, 1 PS
    ein Zweizylinder-V-Motor 62 mm Dmr., 106 mm Hub, 1 PS
    ein Zweizylinder-V-Motor 72 mm Dmr., 126 mm Hub, 2 PS
    ein Zweizylinder-V-Motor 87 mm Dmr., 160 mm Hub, 4 PS
    ein Vierzylindermotor   80 mm Dmr., 120 mm Hub, 5 PS
    ein Zweizylindermotor   110 mm Dmr., 160 mm Hub, 6 PS
    ein Vierzylindermotor   110 mm Dmr., 160 mm Hub, 10 PS

Von diesen Motoren ist der in der zweiten Zeile aufgeführte V-Motor nur in einem einzelnen Exemplar gebaut worden; in dem Verkaufsbuch erscheint er nicht. Der sechspferdige Zweizylindermotor (mit parallelen Zylindern) wurde erst später fertiggestellt; ein Bremsprotokoll dieses Motors ist erhalten geblieben. MAYBACH hatte somit eine genügende Anzahl guter Vorbilder hinterlassen, aber SCHRÖDTER wollte sie nicht benutzen. Er ersetzte die beiden V-Motoren von 2 und 4 PS Leistung durch je einen Zweizylindermotor mit parallel stehenden Zylindern, was nicht falsch war, aber eine längere Entwicklungszeit kostete. Auch MAYBACH ist, etwas später als SCHRÖDTER, mit seinem Phönix-Motor zur Bauart mit parallelen Zylindern übergegangen. Es gelang indessen SCHRÖDTER nicht, mit seinen Neukonstruktionen den V-Motor vom Markt zu verdrängen; der Maybach-Motor hatte sich schon zu gut eingeführt. So blieb der Daimler-Motoren-Gesellschaft nichts weiter übrig, als den V-Motor noch eine Reihe von Jahren weiter zu fabrizieren, auch nachdem SCHRÖDTER 1894 ausgeschieden war. Selbst als MAYBACH die technische Leitung wieder übernommen hatte, ist der V-Motor noch gebaut worden.

Wie ein Prospektblatt vom August 1892 aussagt, hatte sich die neue Geschäftsleitung ein recht umfangreiches Bauprogramm vorgenommen. Nicht weniger als 12 verschiedene Typen in den Leistungsgrenzen von 0,5 bis 10 PS werden angeboten, und zwar als „Stationäre Petrol-Motoren für industrielle und gewerbliche Zwecke". Man hatte DAIMLERs Rat, in erster Linie Wagen- und Bootsmotoren herzustellen, nicht beachtet. Die Leistungen von 2, 3, 4 und 6 PS waren als Ein- oder als Zweizylindermotoren zu haben, die größeren von 8 und 10 PS nur in der Zweizylinderbauart. Die Drehzahlen lagen zwischen 600 U/min bei der kleinsten und 440 bei der größten Type, waren also niedriger als bei den von DAIMLER und MAYBACH gebauten Motoren. Und während MAYBACH durch seine geschickten Konstruktionen ein Einheitsgewicht von 30 kg/PS erreicht hatte, schnellte das Gewicht nun wieder beträchtlich in die Höhe; es lag zwischen 180 kg/PS bei dem 1pferdigen und 60 kg/PS bei dem 10 PS-Motor. Das Prospektblatt sucht dies zu beschönigen: „Die Motoren fallen wegen ihrer hohen Tourenzahl verhältnismäßig klein aus, und daher auch klein an Gewicht."

Außer den zwölf im Prospekt aufgeführten Motoren plante man Leistungen von 16 und 20 PS in der Vierzylinderbauart. Für SCHRÖDTER bedeutete dieses große Programm eine umfangreiche Arbeit, und wenn es auch nicht gelang, in den vier Jahren, die er der Daimler-Motoren-Gesellschaft angehört hat, alles auszuführen, was man sich vorgenommen hatte, so hat dies doch offenbar nicht allein an SCHRÖDTER gelegen. Zuerst konstruierte er die Zweizylindermotoren; die Konstruktionszeichnungen für den

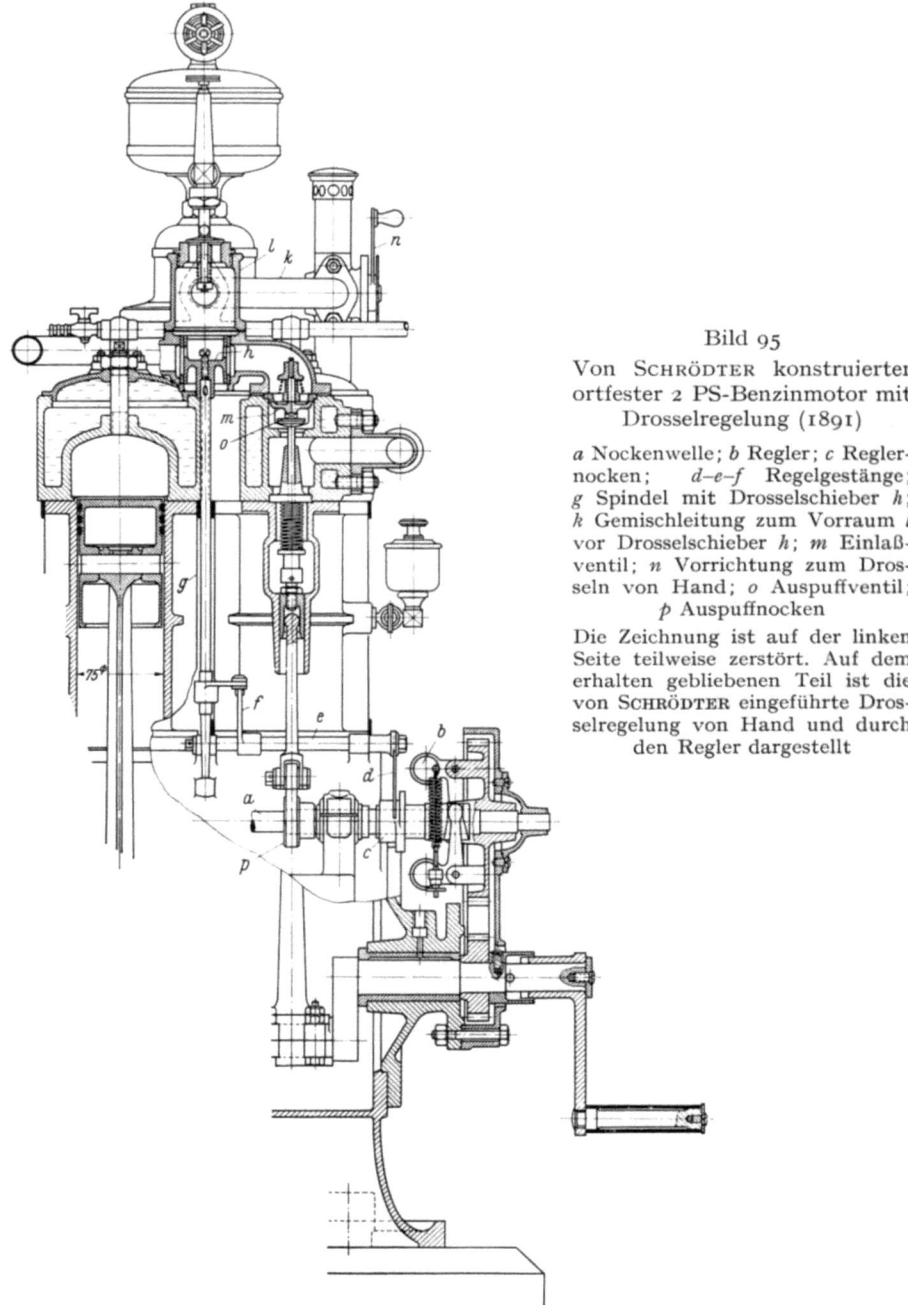

Bild 95
Von Schrödter konstruierter ortfester 2 PS-Benzinmotor mit Drosselregelung (1891)

a Nockenwelle; *b* Regler; *c* Reglernocken; *d–e–f* Regelgestänge; *g* Spindel mit Drosselschieber *h*; *k* Gemischleitung zum Vorraum *l* vor Drosselschieber *h*; *m* Einlaßventil; *n* Vorrichtung zum Drosseln von Hand; *o* Auspuffventil; *p* Auspuffnocken

Die Zeichnung ist auf der linken Seite teilweise zerstört. Auf dem erhalten gebliebenen Teil ist die von Schrödter eingeführte Drosselregelung von Hand und durch den Regler dargestellt

2 PS- und den 3 PS-Motor konnten schon im Juli 1891 in die Werkstatt gegeben werden. Ein halbes Jahr später wurden die ersten Motoren dieser Größe verkauft. Es folgten der 10 PS- und der 4 PS-Motor.

Von einer Schnittzeichnung des 2 PS-Motors (75 mm Zyl.-Dmr., 120 mm Hub) ist nur ein Teil erhalten geblieben (Bild 95); im Lichtbild ist der Motor (mit Abweichungen in Einzelheiten) in Bild 96 dargestellt. Schrödters Motor benutzt, abgehend von der bis dahin verwendeten Aussetzerregelung, ein Regelverfahren, bei welchem der auf der Nockenwelle a sitzende Regler b einen Nocken c verschiebt, wodurch mittels des Gestänges d-e-f eine senkrechte Spindel g verdreht wird. Diese trägt an ihrem oberen Ende den Kolbenschieber h, in dessen Mantel ein schräges Fenster so angebracht ist, daß es beim Verdrehen des Schiebers einen mehr oder weniger großen Querschnitt für das eintretende Gas-Luft-Gemisch freigibt. Die Arbeitskolben saugen die Luft durch den Schwimmervergaser i (Bild 96) an; das Gemisch strömt durch das Rohr k in den oberhalb des Drosselschiebers h angeordneten Zylinder l, um durch das Fenster des Drosselschiebers und das ungesteuerte Einlaßventil m in den Brennraum zu gelangen.

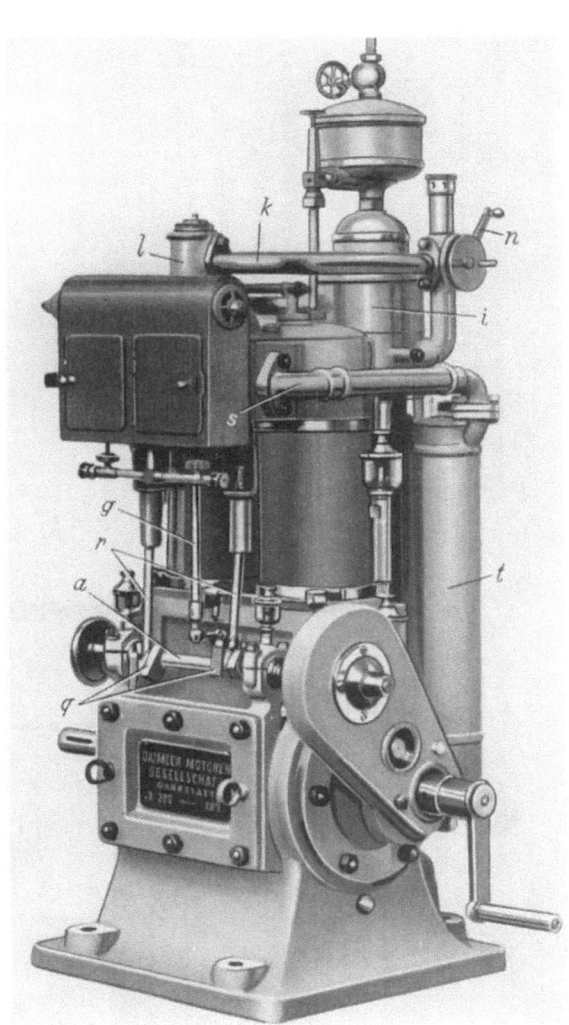

In der Saugleitung ist eine zweite, von Hand einstellbare Drosselvorrichtung n vorgesehen; die vom Regler betätigte Drosselvorrichtung h dient nur als Sicherung gegen Drehzahlüberschreitung.

Das Auspuffventil o wurde wie üblich mechanisch gesteuert, in Bild 95 durch den Auspuffnocken p, Rolle und Stoßstange. Bei einer anderen Ausführung (Bild 96) hatte SCHRÖDTER kleine Kurbelkröpfungen q in der Nockenwelle angebracht, an denen Pleuelstangen r angriffen. Das obere Ende der Pleuelstangen war in der Ventilachse geführt; es machte zum größeren Teil einen Leerhub und stieß die Ventilspindel erst dann auf, wenn die Kröpfung q sich ihrem oberen Totpunkt näherte. Der Stoß, den die Ventilspindel beim Öffnen erfuhr, wurde durch einen Gummipuffer gemildert, der am oberen Ende der Geradführung angebracht war. Diesen Kurbelantrieb der Auspuffventile hat SCHRÖDTER bald wieder verlassen, da der Nockenantrieb ruhiger arbeitete und ein genaueres Einstellen der Steuerzeiten ermöglichte.

Bild 96. Der Motor Bild 95 von der Seite der Nockenwelle gesehen

a Nockenwelle; g Spindel des Drosselschiebers; i Schwimmervergaser; k Gemischleitung vom Vergaser zum Vorraum l vor dem Drosselschieber; n Vorrichtung zum Drosseln von Hand; q Kurbelkröpfungen in der Nockenwelle zum Betätigen der Auspuffventile; r Pleuelstangen der Auspuffventile; s Auspuffleitung; t Schalldämpfer

Der gußeiserne Sockel, auf dem der Motor montiert ist, zeigt, daß man DAIMLERs Rat, Fahrzeugmotoren zu bauen, in der Daimler-Motoren-Gesellschaft anfänglich nicht gefolgt ist

Die Drosselregelung war konstruktiv geschickt ausgeführt. Durch die von Hand zu bedienende Drossel (Handhebel n in Bild 96), einen kegelförmigen Rohrschieber in der Saugleitung, konnte die Leistung zwischen Leerlauf und Vollast geändert werden, ein Regelverfahren, das man noch heute anwendet. Der Drosselschieber war sogar mit einem Zusatzschieber versehen, der das Einhalten einer bestimmten kleinsten Last sicherte. Aber die Drosselregelung konnte damals keinen Erfolg haben, weil sie sich mit der Glührohrzündung nicht vertrug. Diese folgte den durch Drosseln herbeigeführten Drehzahländerungen nicht schnell genug; das wäre nur bei elektrischer Zündung möglich gewesen. So mußte SCHRÖDTER nach kurzer Zeit zur Aussetzerregelung zurückkehren, die er bei den etwas später konstruierten Einzylindermaschinen verwendet hat.

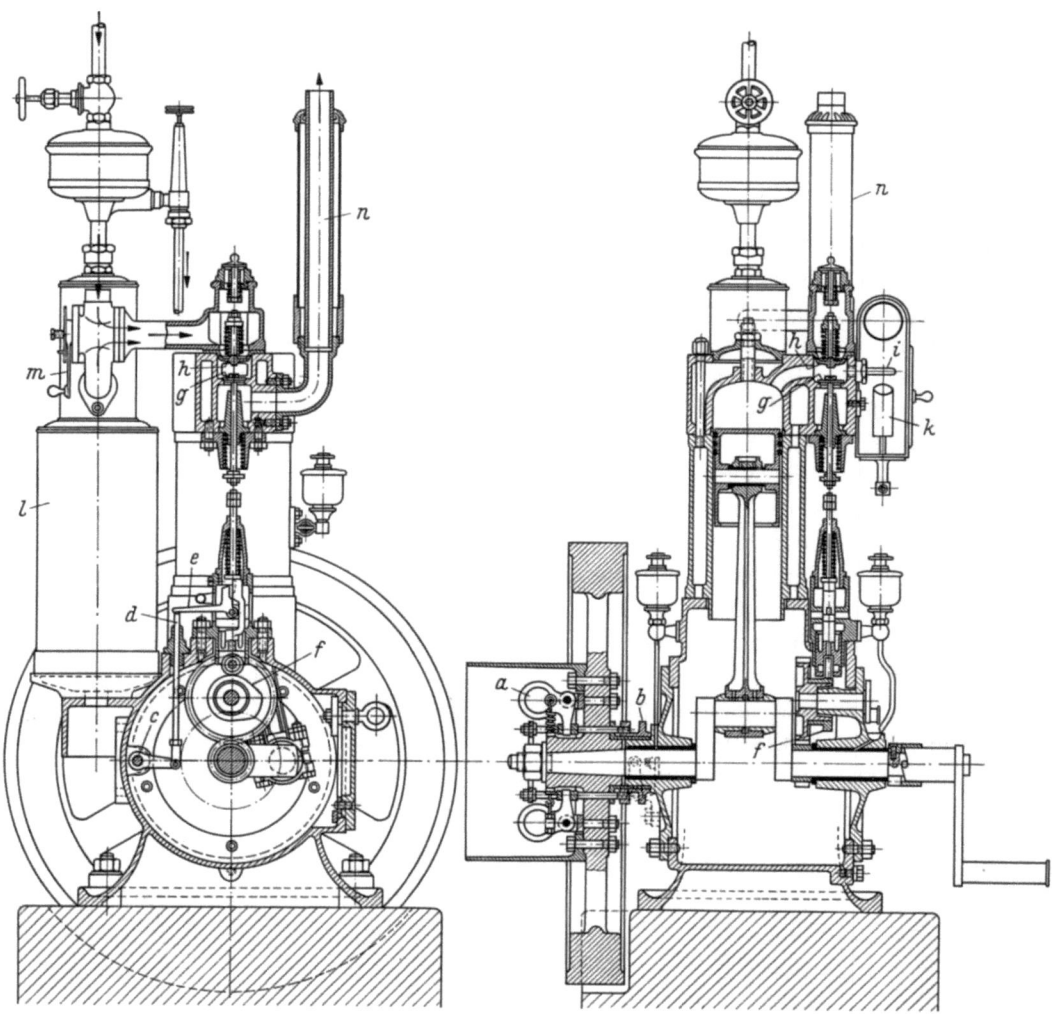

Bild 97. SCHRÖDTERs Einzylindermotor mit Aussetzerregelung (1892)

a Regler; *b* Reglermuffe; *c–d–e* Regelgestänge; *f* Auspuffnocken; *g* Auspuffventil; *h* Einlaßventil; *i* Glührohr; *k* Brenner zum Beheizen des Glührohres; *l* Schwimmervergaser; *m* Drosselregelung von Hand; *n* Auspuffleitung

Da das Glührohr erkaltete und die Zündungen aussetzten, wenn der Regler den Drosselschieber (*h* in Bild 95) betätigte, mußte man schon nach einem Jahr zur Aussetzerregelung zurückkehren

Ein von SCHRÖDTER gebauter Motor mit Aussetzerregelung ist in Bild 97 dargestellt. Der Regler a, hier auf der Kurbelwelle innerhalb der Riemenscheibe angeordnet, verschiebt beim Ausschlagen der Schwunggewichte die Muffe b, deren Bewegung durch eine im Kurbelgehäuse gelagerte Welle c auf das im Querschnitt sichtbare Gestänge d,e übertragen wird. Dadurch wird die Verbindung zwischen der Führung der Rolle des Auspuffnockens f und der Spindel des Auspuffventils g unterbrochen; das Auspuffventil öffnet nicht, und im Zylinder wird kein Unterdruck hergestellt, so daß kein frisches Gemisch durch das Einlaßventil h angesaugt werden kann. An den Raum zwischen den beiden Ventilen ist das Glührohr i angeschlossen, das durch den Flachbrenner k beheizt wird. Der Schwimmervergaser l steht auf einer an das Kurbelgehäuse angegossenen Konsole. Die Drosselregelung (m) von Hand wurde beibehalten. Das Auspuffrohr n ist von einem Schutzmantel umgeben.

Ein im Archiv der Daimler-Benz A.-G. aufbewahrtes Indikatordiagramm (Bild 98) eines von SCHRÖDTER gebauten Einzylindermotors zeigt, abgesehen von den niedrigen Drücken, die man damals anwandte, gute Formen. Die der Ausdehnungslinie über-

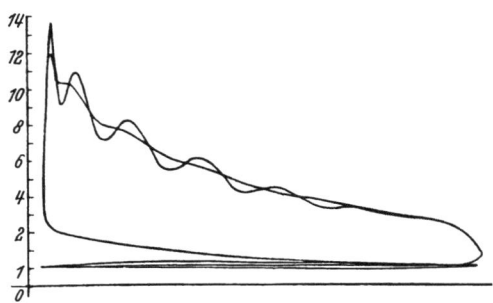

Bild 98
Indikatordiagramm eines von SCHRÖDTER gebauten Einzylinder-Viertaktmotors (1892)

Das Diagramm zeigt die niedrigen Verdichtungs- und Verbrennungsdrücke, mit denen man im Verbrennungsmotorenbau in den Jahrzehnten vor DIESEL gearbeitet hat

lagerten Wellen rühren von Schwingungen des Indikators her. Ein vom 12. August 1892 datiertes Protokoll über Bremsversuche an einem zweizylindrigen, mit Aussetzerregelung arbeitenden Motor von 8 PS Leistung (140 mm Zyl.-Dmr., 180 mm Hub) gibt als Höchstleistung 11,64 PS an; dabei wurde ein mittlerer indizierter Druck von 4,35 kg/cm² gemessen, ein für jene Zeit recht günstiger Wert.

Die Lage der Daimler-Motoren-Gesellschaft verschlechtert sich

Obwohl SCHRÖDTER nicht untüchtig war und es an Bemühungen nicht hat fehlen lassen, wollte sich ein finanzieller Erfolg nicht einstellen. In dem Bericht über das zweite, am 31. März 1892 abgelaufene Geschäftsjahr heißt es:

Wie aus nachfolgender Zusammenstellung ersichtlich, ist zwar eine weitere Zunahme in der Entwicklung zu constatiren, immerhin ist dieselbe aber nicht so groß gewesen, daß dadurch ein entsprechend günstiges rechnerisches Resultat hätte erzielt werden können.

An diesen Verhältnissen trägt außer den allgemein ungünstiger liegenden geschäftlichen Verhältnissen die seither entstandene große Concurrenz die Hauptschuld.

Dieselbe hat namentlich durch billige Preise fast das ganze Geschäft in stationären Motoren an sich gerissen und konnten wir auf diesem großen Gebiete umsoweniger mit Erfolg concuriren, weil uns der entsprechend billigere Eincylinder-Motor bisher gefehlt hat ...

Die Einzylinder-Serie ist bald darauf fertiggestellt worden, jedoch lautet der nächste, vom 27. Oktober 1893 datierte Geschäftsbericht nicht günstiger. Er erwähnt, daß „nach dem Daimler-Wagen eine große Nachfrage vorhanden" sei und auch mehrere Bestellungen vorlägen. Die Direktion habe daher „eine Serie von 12 Stück" in Arbeit genommen, aber dies habe sich als ein Fehlschlag erwiesen, „da die Maschine zu schwach war und auch, nachdem stärkere Cylinder daran angebracht waren, der Wagen immer noch nicht so fahrbar war, daß er ohne weiteres in den Verkehr gebracht werden konnte". Sodann wird über den spärlichen Eingang von Aufträgen auf Motoren geklagt, der dazu gezwungen habe, die Zahl der Arbeiter während des Berichtsjahres von 147 auf 95 zu vermindern. Auch mit einem Feuerspritzenwagen (Bild 99) hatte man keinen Erfolg.

Bild 99
Feuerlöschwagen der Daimler-Motoren-Gesellschaft (1893)

Links unter der Verschalung *a* der Motor; in der Mitte in der Verlängerung der Motorwelle die zweifach gekröpfte Welle *b* der Kolbenpumpe; darunter der Anschluß *c* für die Feuerlöschleitung mit Windkessel *d*

Der Wagen war für Pferdebespannung gebaut. Es wurden nur wenige Ausführungen verkauft

Man interessierte sich zwar für den Wagen, kaufte ihn aber nicht. Sehr bedenklich war ferner der unverhältnismäßig große Prozentsatz von der Kundschaft zurückgesandter Motoren, die nicht befriedigt hatten. Das kann nicht nur an der Konstruktion gelegen haben; Mängel in der Ausführung und unzureichende Erprobung vor dem Versand werden zu dem Mißerfolg beigetragen haben. Es fehlte der Geschäftsleitung an Einsicht in die besonderen Erfordernisse der Herstellung von Verbrennungsmotoren.

Auch der Bericht über das Geschäftsjahr 1893/94 zeigt keine Besserung. SCHRÖDTER führte dazu aus:

Die Gründe, welche einer Steigerung des Umsatzes so große Schwierigkeiten bereiten, haben wir schon bei unserem Berichte im vorigen Jahre angegeben; es sind heute noch dieselben: Furcht vor Benzin und Unbeliebtheit der schnellaufenden Motoren. Dazu kommt noch, daß die Concurrenz in jedem Jahre größer wird. Immer treten wieder neue Firmen auf und wenn deren Fabrikate manchmal auch noch recht zweifelhafter Qualität sind, so gelingt es ihnen infolge billiger Preise doch, da und dort Eingang zu finden ...

Da der Absatz der schnellaufenden Motoren nicht zunahm, bestimmten DUTTENHOFER und LORENZ, daß auch der Bau von Langsamläufern aufgenommen werden solle. Um der „Furcht vor Benzin" Rechnung zu tragen, hatte man schon seit einiger Zeit beabsichtigt, die Langsamläufer für den Betrieb mit Petroleum einzurichten. Der überlastete SCHRÖDTER konnte diese Arbeiten nicht übernehmen, auch besaß er keine Erfahrungen mit Petroleum; man hatte daher Verhandlungen mit zwei Brüdern, CARL und ADOLF SPIEL, angeknüpft. Ein Protokoll vom 3. Oktober 1892 berichtet hierüber:

Die Direction wird mit den beiden Herren Spiel einen Vertrags-Entwurf vereinbaren, nachdem sich dieselben bereit erklärt haben, an unseren Petroleum-Motoren einen Petroleum-Apparat anzubringen, der es ermöglicht, sie mit geringen Kosten durch gewöhnliches Lampen-Petroleum betreiben zu können.

Vor längerer Zeit schon wurde die Direction veranlaßt, einen Motor zu construiren, der durch gewöhnliches Petroleum getrieben werden kann. Bisher ist dies aber nicht gelungen, und da ein solcher, um mit der Concurrenz gleichen Schritt halten zu können, aber unbedingt notwendig ist, so sollen die Verhandlungen mit den Herren Spiel womöglich zum Abschluß gebracht werden.

Als Konkurrenzfirmen, die der Daimler-Motoren-Gesellschaft die Preise verdarben, nennen die Protokolle wiederholt die Leipziger Firmen Grob & Co. und Swidersky. Diese bauten einen von CAPITAINE konstruierten Motor, der für den Betrieb mit Petroleum eingerichtet war. EMIL CAPITAINE gehörte später zu DIESELs erbitterten Gegnern (S. 487). Unabhängig von ihm arbeiteten die Brüder SPIEL; sie glaubten, ein Verfahren zu besitzen, das es ermöglichte, den Verbrennungsmotor, für den man bis dahin nur Leuchtgas oder Benzin hatte verwenden können, mit dem weniger feuergefährlichen Petroleum zu betreiben. Mit CAPITAINE, der auf seiten der Konkurrenz stand, wollte die Daimler-Motoren-Gesellschaft nicht zusammenarbeiten. Man setzte sich mit den Brüdern SPIEL in Verbindung.

Der Petroleummotor der Brüder Spiel

CARL und ADOLF SPIEL werden in den Protokollen der Daimler-Motoren-Gesellschaft als „Gebrüder Spiel" bezeichnet. Die Patentliteratur berichtet von einem dritten Erfinder dieses Namens, JOHANNES SPIEL, dem in den 80er Jahren und später eine Reihe von Vorrichtungen zum Einspritzen flüssigen Brennstoffs patentiert wurde. Ob JOHANNES SPIEL mit den Brüdern SPIEL verwandt war, ist nicht bekannt. SCHÖTTLER[10] und LIECKFELD[41] verwechseln die Namen; GÜLDNER[13] nennt eine von der Halleschen Maschinenfabrik gebaute Maschine kurzerhand „Spiel-Motor". Dieser Motor ist, wie aus den Patentschriften hervorgeht, von JOHANNES SPIEL konstruiert worden; er war für den Betrieb mit Benzin gebaut. Offenbar ist dieser Motor eines der Konkurrenzfabrikate gewesen, die der Daimler-Motoren-Gesellschaft Anfang der 90er Jahre das Leben schwer gemacht haben. Der Motor von JOHANNES SPIEL wird weiter unten beschrieben (Bild 104).

Mit den Brüdern CARL und ADOLF SPIEL nahmen DUTTENHOFER und LORENZ im September 1892 Verhandlungen auf. Die Brüder gaben an, mit ihrem „Petroleum-Apparat" könne ein Benzinmotor für den Betrieb mit Petroleum eingerichtet werden; auch sei durch ihre „Innenzündung" die Feuergefahr ausgeschaltet. Nachdem SCHRÖDTER sich ihr Verfahren in Leipzig angesehen hatte, wurden die Brüder SPIEL im Juni 1893 als Mitarbeiter für die Daimler-Motoren-Gesellschaft verpflichtet.

Wie die Zündeinrichtung der Brüder SPIEL wirken sollte, erläutert die englische Patentschrift 16410, die sie am 31. August 1893, als sie schon in Cannstatt arbeiteten, eingereicht haben. Sie lautet auf die Namen CARL und ADOLF SPIEL. Eine entsprechende deutsche Patentschrift konnte nicht gefunden werden. Bild 100 gibt die Fig. 1 und 2 der englischen Patentschrift wieder. In einem zylindrischen Aufbau a auf dem (in der Patentschrift ungekühlt gezeichneten) Zylinderdeckel ist ein Bündel Nickelstäbe b untergebracht, die als Wärmespeicher dienen und durch Wärmeabgabe die Zündungen einleiten sollen. Für die Bildung eines zündfähigen Kraftstoff-Luft-Gemisches waren zwei selbsttätig arbeitende Einlaßventile vorgesehen: vor dem ersten, c, sollte sich ein überfettes Gemisch bilden, das an den heißen Nickelstäben b verdampfen, aber nicht zünden sollte; durch das zweite, d, das dem Auspuffventil e gegenüberlag, sollte nur reine Luft angesaugt werden, deren Beimengung zu dem überfetten Gemisch erst das zündfähige Gesamtgemisch ergab. Damit das durch den Krümmer f gegen die Verdampferstäbe b geleitete fette Gemisch sich nicht zu früh an diesen entzündete, konnte die durch Ventil c angesaugte Luft durch einen Ringschieber g gedrosselt werden, so daß das bei h zugeführte Petroleum zunächst nur durch eine unzureichende Luftmenge zerstäubt wurde. Man konnte damit den Grad der Überfettung einstellen. Erst wenn der aufwärtsgehende Arbeitskolben das überfette Gemisch mit der durch Ventil d angesaugten Luft vermengte, war der Zylinderinhalt zündfähig und zündete im oberen

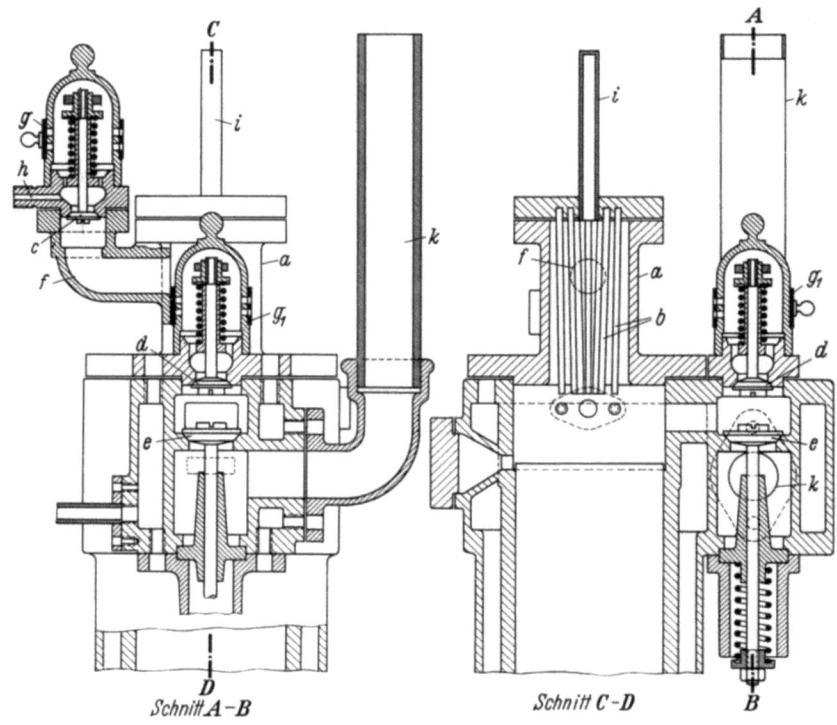

Bild 100. Einrichtung zur „Innenzündung" der Brüder SPIEL (nach der englischen Patentschrift 16410 vom 31. August 1893)

a Teil des Zylinderkopfes zur Aufnahme der Nickelstäbe b; c Einlaßventil für fettes Gemisch; d Einlaßventil für Luft; e Auspuffventil; f Kanal vom Ventil c zu den Verdampferstäben b; g, g_1 Drosselschieber; h Petroleumzuleitung; i Glührohr; k Auspuffleitung

Das bei h eintretende Petroleum sollte an den heißen Nickelstäben b verdampfen und mit der durch die Ventile c und d eintretenden Luft ein zündfähiges Gemisch bilden. Es gelang nicht, die Temperatur der Stäbe b so zu beherrschen, daß die Zündungen bei wechselnder Belastung sicher eintraten

Totpunkt infolge der doppelten Wärmezufuhr durch die Verdichtung und die heißen Nickelstäbe b. Zum Anfahren, solange die Nickelstäbe noch kalt waren, diente ein Glührohr i, das von außen beheizt wurde. Auch die durch Ventil d eintretende Luft konnte durch einen Ringschieber g_1 gedrosselt werden. Unterhalb des Auspuffventiltellers e war die Auspuffleitung k angeschlossen.

Man hatte große Hoffnungen auf diese Zündeinrichtung gesetzt, sollte sie doch nicht nur den Betrieb mit dem weniger feuergefährlichen Lampenpetroleum ermöglichen, sondern auch jede Gefahr dadurch ausschalten, daß die Zündeinrichtung nach innen verlegt war und ein Glührohr mit offener Heizflamme nur für die kurze Zeit des Anwärmens von außen beheizt werden mußte. Allein man stellte bald fest, daß die „Innenzündung" manche Schwierigkeiten verursachte. Sie arbeitete ebenso wie die Glührohrzündung nur bei gleichbleibender Drehzahl zuverlässig, aber die Zündungen traten nicht mehr sicher ein, wenn beim Eingreifen des Reglers die Wärmezufuhr auch nur vorübergehend ausfiel und die Nickelstäbe sich etwas abkühlten. Auch der kalte Gemischstrom, der durch das Ventil c (Bild 100) angesaugt und durch den Krümmer f gegen die im Gehäuse a untergebrachten Nickelstäbe geleitet wurde, kühlte diese unzulässig ab. Man half sich, indem man das Bündel der Nickelstäbe mit einem Schutzmantel (l in Bild 101 und 102) umgab, der die Stäbe vor Abkühlung schützen und auf dem der angesaugte Brennstoff verdampfen sollte. Auf den Schutzmantel wurde in Deutschland das DRP 88683 vom 1. August 1894 erteilt; als Patentinhaber ist „OTTO SCHMIDT in London" angegeben. Wie aus der amerikanischen Patentanmeldung Nr. 535837 vom 28. September 1894 hervorgeht, war OTTO SCHMIDT ein Deckname; als Erfinder ist in der amerikanischen Anmeldung WILHELM LORENZ angegeben. Selbst die Mitglieder des Aufsichtsrats, die keine Fachleute waren, machten Erfindungen, um die bedenklicher werdende Lage zum Besseren zu wenden.

Sogleich nach dem Eintritt der Brüder SPIEL (Juni 1893) begann man, die von SCHRÖDTER konstruierten Benzinmotoren für das neue Zündverfahren umzubauen. Den Anfang machte ein Einzylindermotor von 140 mm Zyl.-Dmr. und 190 mm Hub,

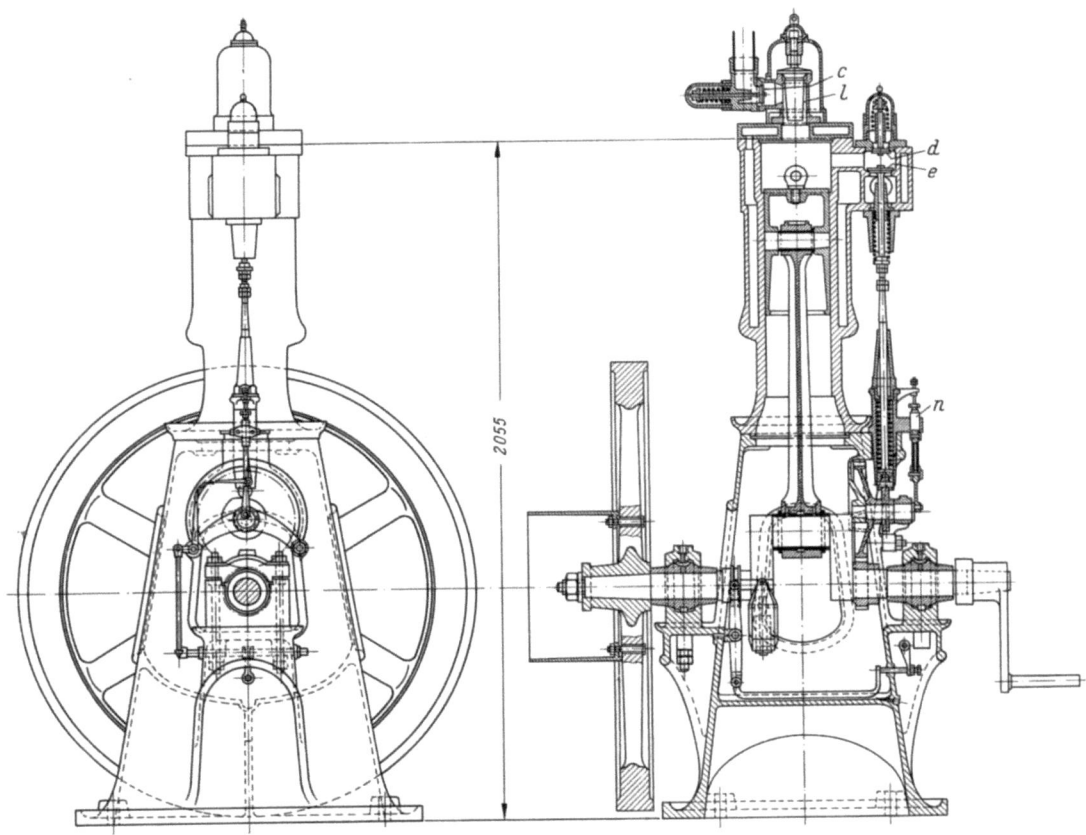

Bild 101. Von den Brüdern SPIEL in der Daimler-Motoren-Gesellschaft konstruierter Einzylinder-Petroleummotor mit „Innenzündung" (1893)
Zyl.-Dmr. 200 mm, Hub 320 mm, Leistung 6 PS bei 480 U/min

c Einlaßventil für fettes Gemisch; d Einlaßventil für Luft; e Auspuffventil; l Schutzmantel der Nickelstäbe; n Brennstoffpumpe

Nur 35 Motoren dieser Bauart konnten abgesetzt werden. 1895 gab man den Bau auf

der mit Glührohrzündung bei 450 U/min 5 PS leistete und 2 kg Benzin in der Stunde verbrauchte. Mit der Innenzündung ging die Leistung auf 4,6 PS zurück, während der Kraftstoffverbrauch auf 2,8 kg stieg. Das war für den Anfang nicht ermutigend. Besser verhielt sich ein 3 PS-Motor, der mit der Innenzündung wenigstens keine Verschlechterungen zeigte. So glaubte der Aufsichtsrat in seiner Sitzung vom 21. Oktober 1893 beschließen zu können:

> Die vorhandenen Motorwagen sollen, mit neuem Kopf für Innenzündung eingerichtet, versehen und sollen die Weingeistlampen angebracht werden.

Mit den „Weingeistlampen" waren Spirituslampen zum Anwärmen des Glührohres gemeint, das man zum Anfahren benötigte. Am 8. Dezember folgte ein weiteres Dekret:

> Es wird beschlossen, daß keine Motoren nach altem System mehr gebaut werden sollen, es sollen von jetzt ab nur noch Motore mit Innenzündung und Spirituslampen in der Fabrik hergestellt werden.

Diese Beschlüsse galten den Benzinmotoren. Daneben betrieb man eifrig den Bau von Petroleummotoren, von denen man sogleich nicht weniger als sieben verschiedene Größen, von 0,5 bis 16 PS, als Ein- und Zweizylindermotoren in Arbeit nahm. Das war im Jahr 1894. Mit dem Bau der letzten Type wurde noch Mitte Mai 1895 begonnen, als die Daimler-Motoren-Gesellschaft von einem finanziellen Zusammenbruch nicht mehr weit entfernt war.

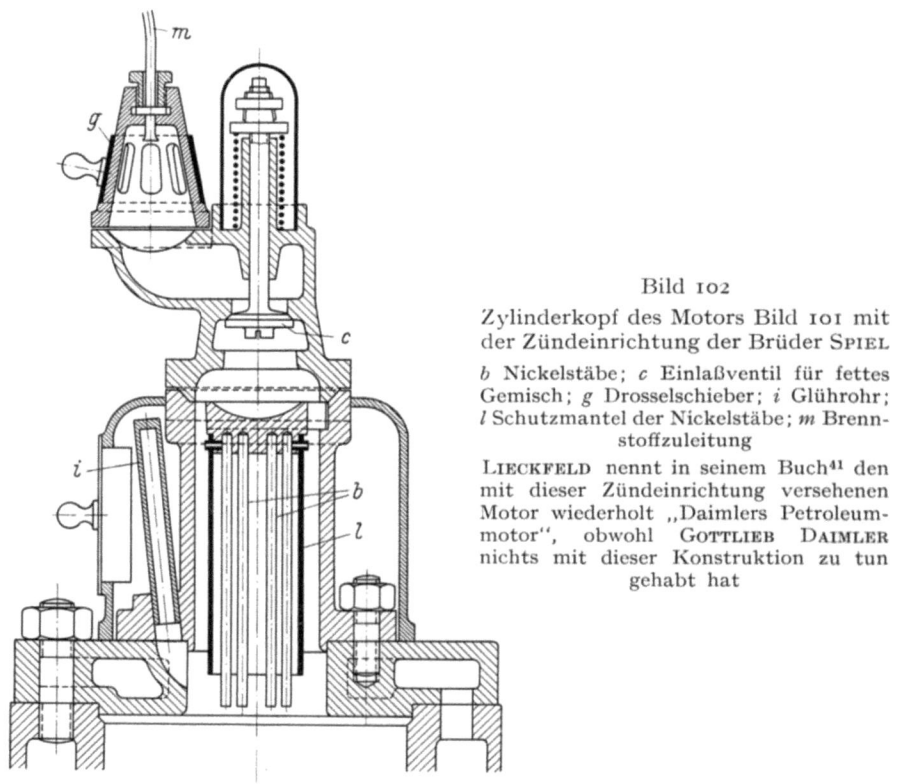

Bild 102

Zylinderkopf des Motors Bild 101 mit der Zündeinrichtung der Brüder SPIEL

b Nickelstäbe; c Einlaßventil für fettes Gemisch; g Drosselschieber; i Glührohr; l Schutzmantel der Nickelstäbe; m Brennstoffzuleitung

LIECKFELD nennt in seinem Buch[41] den mit dieser Zündeinrichtung versehenen Motor wiederholt „Daimlers Petroleummotor", obwohl GOTTLIEB DAIMLER nichts mit dieser Konstruktion zu tun gehabt hat

Bild 101 zeigt den 6 PS-Motor in Längsschnitt und Seitenansicht. Die Wirkungsweise der Ventile c, d und e wurde durch Bild 100 erläutert. Innerhalb des Schutzmantels l liegen die Nickelstäbe, die den Wärmespeicher für die Zündungen bilden. Die Einlaßventile c und d arbeiten selbsttätig unter der Saugwirkung des Kolbens. Gesteuert wird nur das Auspuffventil e, für dessen Bewegung die Brüder SPIEL eine Wälzhebelsteuerung benutzten, die dem Dampfmaschinenbau entlehnt war und keine Vorteile gegenüber der Nockensteuerung bot. Auch die Aussetzerregelung war konstruktiv gegenüber der bis dahin gebrauchten etwas geändert, aber nicht einfacher geworden.

Der Schnitt durch den Zylinderkopf (Bild 102) ist nach einer Werkzeichnung angefertigt worden, die das Datum „Karlsruhe d. 22. 12. 94" trägt; man hatte das Konstruktionsbüro der Daimler-Motoren-Gesellschaft aus Ersparnisgründen in die Fabrik des Direktors LORENZ nach Karlsruhe verlegt. Die Nickelstäbe b sollen durch den von LORENZ erfundenen Schutzmantel l vor Berührung mit dem hier von oben durch das Ventil c eintretenden kalten Gemisch geschützt werden. Der konische Schieber g drosselt die angesaugte Luft, denn das Gemisch muß so fett sein, daß es sich während des Eintritts nicht am heißen Mantel l entzündet. Das Glührohr i wird während des Anfahrens mittels einer Spiritusflamme beheizt. Das Petroleum wird dem Raum vor dem Saugventil c durch ein Rohr m zugeführt, in welches die Petroleumpumpe n (Bild 101 und 103) fördert. Da die Pumpe nicht gegen einen höheren Druck zu arbeiten braucht, genügt für die Steuerung ein durch Federkraft gegen das Pumpengehäuse gedrückter Flachschieber o (Bild 103), der gemeinsam mit dem Pumpenkolben durch das Gestänge p des Auspuffventils bewegt wird. Der Pumpenkolben wird durch eine Stopfbuchse abgedichtet; einen Pumpenstempel druckdicht einzuschleifen verstand man damals noch nicht. Wenn der Regler das Auspuffventil nicht öffnete, blieb auch der Pumpenkolben stehen.

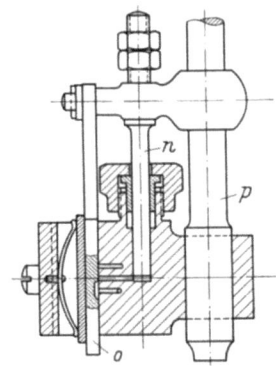

Bild 103. Petroleumpumpe des Motors

n Pumpenkolben; o Steuerschieber; p Gestänge des Auspuffventils

Eine Benzinpumpe fast derselben Bauart hat WILHELM MAYBACH schon 1884 skizziert (Bild 45)

So enthielten die von den Brüdern SPIEL entworfenen Petroleummotoren manche Neuerungen, die einer gründlichen Erprobung bedurft hätten, bevor man die Maschinen auf den Markt brachte. Wiederum wollten DUTTENHOFER und LORENZ die dafür erforderliche Zeit nicht bewilligen. Alsbald nach ihrer Fertigstellung im Mai 1894 sandte man die ersten Petroleummotoren auf eine Ausstellung nach Berlin. Wie sie dort beurteilt wurden, sagt das Protokoll einer Aufsichtsratsitzung vom Sommer 1894:

Ingenieur Angele berichtet über den Mißerfolg der Petroleum-Motoren in Berlin:

Daß unsere Motoren nicht zu den Dauerversuchen zugelassen wurden, dürfen folgende Gründe maßgebend gewesen sein.

1. die Innenzündung bewährt sich im jetzigen Zustand nicht weil dieselbe ihre Wirkungsweise mit der erhöhten Temperatur bei constanter Belastung des Motors ändert; es muß daher eine Vorrichtung gemacht werden, die Temperatur des Zünders mittelst Luftregulierung gleichmäßig zu erhalten.

2. Die Kühlung des Cylinders am Lokomobilmotor war ungenügend, ist inzwischen durch größeren Hub der Pumpe abgeholfen.

3. Die Tourenzahl des Motors muß während des Betriebs verändert werden können; (wird z. Zt. geändert.)

4. Der Kolben muß leicht aus dem Cylinder herauszunehmen sein, daß der Kolben durchgeht.

Die Beanstandungen 2 und 4 wurden beseitigt; die Schwierigkeiten 1 und 3 lagen im Wesen der „Innenzündung" und waren nicht zu überwinden. Man scheint im Aufsichtsrat noch eine Weile gehofft zu haben, der Erfolg werde sich noch einstellen, denn es wurde im August 1895, als man über die Mängel der von den Brüdern SPIEL gebauten

Motoren eigentlich nicht mehr im Zweifel sein konnte, ein Prospekt über den „Daimler-Petroleum-Motor mit Innenzündung. Neuestes Patent" herausgegeben, in welchem nicht weniger als 14 verschiedene Motorgrößen von 0,5 bis 10 PS Leistung in der Ein- und Zweizylinderbauart angeboten wurden. Nur sieben von diesen Maschinen sind ausgeführt worden, die übrigen blieben auf dem Papier stehen. Im ganzen wurden nur 35 Petroleummotoren verkauft. Diese minimalen Umsatzziffern hätten wohl das Ende der Daimler-Motoren-Gesellschaft bedeutet, wenn nicht im Herbst 1895 der Vertrag mit FREDERICK SIMMS (S. 229) zustande gekommen wäre. Er brachte für die Gesellschaft die Rettung; für die Motoren der Brüder SPIEL und für diese selbst bedeutete er das Ende. Sie schieden aus der Gesellschaft; von ihren Motoren wurden nur noch einige Bestellungen ausgeführt. SCHRÖDTER war schon vor den Brüdern SPIEL ausgetreten, um die Leitung der Maschinenbauanstalt Humboldt in Kalk bei Köln zu übernehmen.

Die Konkurrenz der Daimler-Motoren-Gesellschaft

Seinem Aufsichtsrat gegenüber hatte SCHRÖDTER sich wiederholt mit dem Hinweis auf die Preisunterbietung durch die Konkurrenz verteidigen müssen. In den Protokollen der Aufsichtsratsitzungen werden die Leipziger Firmen Grob & Co. und Swidersky genannt; auch der Name Capitaine kommt vor, dessen Träger später in Prioritätsstreitigkeiten mit RUDOLF DIESEL eine Rolle gespielt hat. CAPITAINE hat mit verschiedenen Firmen gearbeitet, außer mit Grob und Swidersky auch mit der Berliner Maschinenbau-AG vorm. Schwartzkopf. Zu den Konkurrenzfirmen gehörte ferner die Hallesche Maschinenfabrik und Eisengießerei, deren Motor in der älteren Literatur als „Spiel-Motor" bezeichnet wird. Die Konstruktion stammt von JOHANNES SPIEL; die bei der Daimler-Motoren-Gesellschaft angestellten Brüder CARL und ADOLF SPIEL sind an ihr nicht beteiligt gewesen. Über die genannten Motoren, die von 1884 bis Mitte der neunziger Jahre auf dem Markt gewesen sind, existieren keine Originalakten mehr; wir sind hier auf zerstreute alte Veröffentlichungen angewiesen. Während der ersten Jahre des Bestehens der Daimler-Motoren-Gesellschaft wurden sie vielfach den Daimler-Fabrikaten vorgezogen, nicht nur weil sie billiger waren, sondern auch weil die Firmen, die sie bauten, schon eine mehrjährige Erfahrung besaßen, während die Daimler-Motoren-Gesellschaft sie sich erst durch schwere Rückschläge erkaufen mußte.

Die wichtigsten Konkurrenten waren JOHANNES SPIEL und EMIL CAPITAINE, deren Motoren in diesem Zusammenhang hier ihren Platz finden sollen.

Der Motor von Johannes Spiel

GÜLDNER[13] bezeichnet ihn als „praktisch brauchbaren Benzinmotor", der außer von der Halleschen Maschinenfabrik auch mehrfach von anderen Firmen gebaut worden sei.

Das Benzin fließt aus dem Behälter a (Bild 104) dem Saugventil b der Brennstoffpumpe zu, deren Stempel c gemeinsam mit der Spindel des Einlaßventils d durch den von der Nockenwelle e gesteuerten Winkelhebel f bewegt wird. Beim Abwärtshub des Stempels c drückt dieser das beim Aufwärtsgang angesaugte Benzin durch das Druckventil g in den Raum oberhalb des Ventiltellers d, und zwar, da die kleine Spindel g mit einem konischen Kopf dichtet, in Form eines kegelförmigen Schleiers. Mit der

Abwärtsbewegung von c öffnet sich das Einlaßventil d, und der nach außen gehende Arbeitskolben saugt durch das Rohr h atmosphärische Luft an, die den Benzinschleier erfaßt und vernebelt in den Zylinder einführt. Damit das Gemisch nicht regellos in den

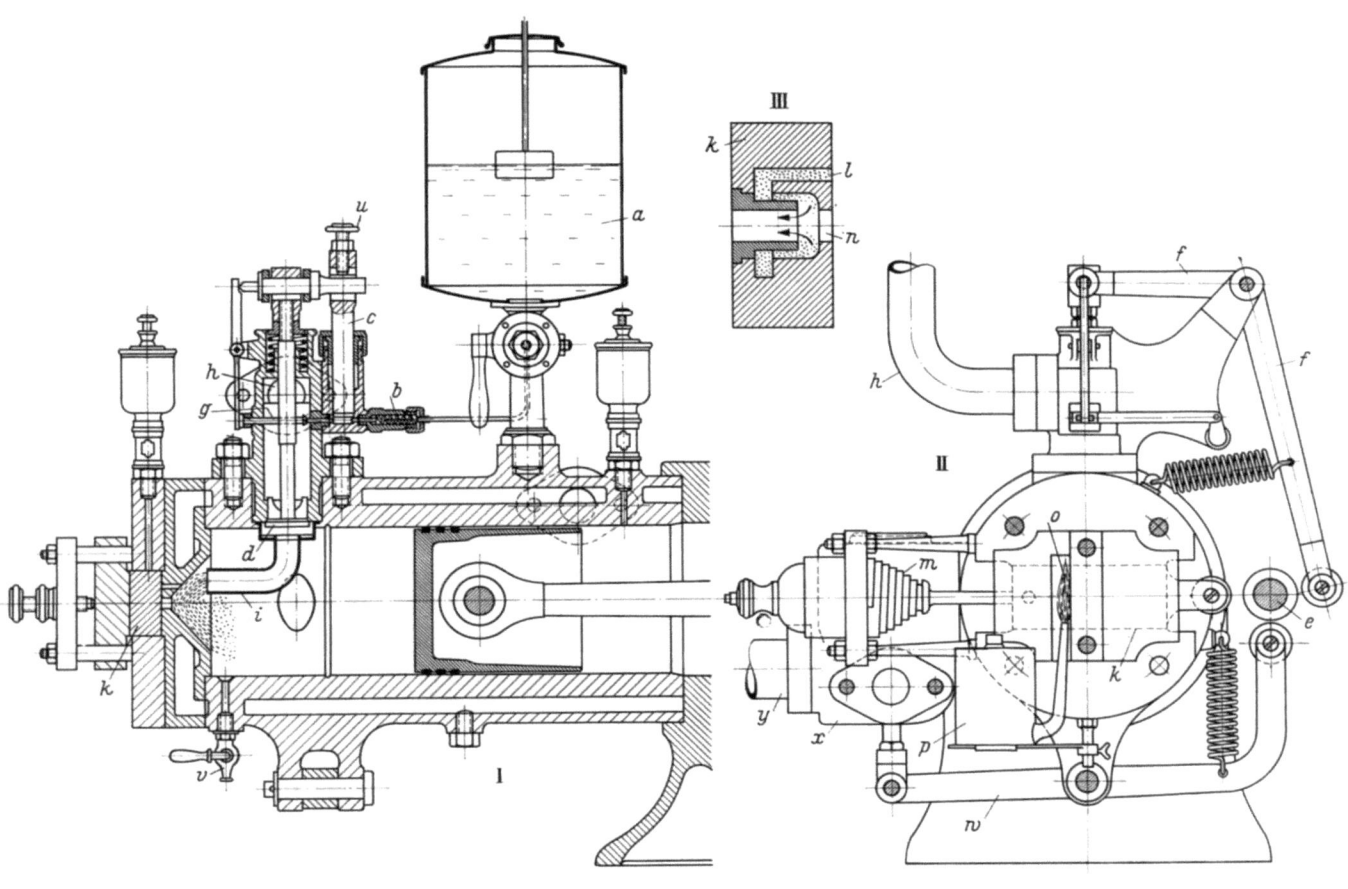

Bild 104. Benzinmotor von JOHANNES SPIEL (1884)

a Benzinbehälter; b Saugventil, c Stempel der Brennstoffpumpe; d Gemischeinlaßventil; e Nockenwelle; f Winkelhebel; g Druckventil der Brennstoffpumpe; h Luftzuleitung; i Krümmer für Gemischführung; k Zündschieber; l Hohlraum für die Vermittlungsflamme; m Feder zum Bewegen des Zündschiebers; n Zündöffnung im Schieber; o Zündflamme; p Spiritusbehälter; u Handschraube zum Vergrößern der Benzinförderung beim Anfahren; v Ablaßhahn; w Hebel zum Steuern des Auspuffventils x; y Auspuffleitung

Zum erstenmal wird hier auch das Einlaßventil (d) mechanisch gesteuert

Brennraum einströmt, sondern sogleich in die Nähe der Zündvorrichtung gelangt, wird es durch den Krümmer i gegen die Innenfläche des Zylinderdeckels geleitet. Der Krümmer bewirkt zugleich, daß die dort vom vorhergehenden Arbeitsprozeß lagernden Verbrennungsrückstände beiseite geschoben werden, so daß ein reines zündfähiges Gemisch vor der Zündvorrichtung liegt. Die Flammenzündung ist ähnlich wie bei OTTOs Motor ausgebildet: vor der Stirnseite des Arbeitszylinders bewegt sich der Zündschieber k, dessen Hohlraum l (Teilbild III) dann durch eine feine Bohrung im Zylinderdeckel (in Teilbild I sichtbar) mit frischem Gemisch geladen wird, wenn der Schieber in seiner linken Endstellung (Teilbild II) steht. Nach links wird der Schieber durch einen auf der Welle e befestigten Nocken bewegt; nach rechts wird er durch die starke Feder m geworfen. Durch diese Bewegung wird die Verbindung zwischen dem Kanal k und dem die frische Ladung enthaltenden Brennraum des Arbeitszylinders unterbrochen; die Öffnung n im Schieber wird rasch an der Zündflamme o vorbeigeführt, und im Hohlraum l bildet sich die „Vermittlungsflamme". Der Schieber bewegt sich noch etwas weiter nach rechts und bringt die Vermittlungsflamme vor die zentrale Bohrung im Zylinderdeckel, so daß die Ladung sich entzündet. Der Rechtshub des Schiebers wird dadurch begrenzt, daß die an seinem rechten Ende befindliche Rolle sich auf den niedrigen Teil des Nockens auf e setzt.

Bild 105. Der Motor von JOHANNES SPIEL
q Handpumpe zum Auffüllen des Benzinbehälters a
Der von der Halleschen Maschinenfabrik hergestellte Motor hat den von der Daimler-Motoren-Gesellschaft in den ersten Jahren ihres Bestehens gebauten Motoren starke Konkurrenz gemacht

Die Zündflamme o brennt an einem Docht und wird aus dem Spiritusbehälter p gespeist. Man wählte Spiritus, weil er weniger feuergefährlich war und weil die Flamme nicht rußte. Eine rußende Benzinflamme hätte die feinen Öffnungen im Schieber rasch verstopft. Um die Feuergefahr weiter zu verringern, sah SPIEL eine Handpumpe q (Bild 105) vor, die das Benzin aus dem im Keller gelagerten Vorratsfaß in den auf dem Motor angeordneten Behälter a förderte, ohne daß das Benzin mit der Außenluft in Berührung kam.

Die Ansicht des Motors (Bild 105) zeigt, daß JOHANNES SPIEL sich den Deutzer Motor zum Vorbild genommen hat. Der Aufbau seines Motors ähnelt ganz dem von OTTO 1876 geschaffenen Muster (Bild 20, S. 45); die Steuerung durch den Flammenschieber ist mit geringen Abweichungen dieselbe. Neu ist am Spiel-Motor nur die Regelung, die zwar eine Aussetzerregelung ist, aber mit Aussetzen der Brennstoffförderung arbeitet. Bild 106, eine Vergrößerung des entsprechenden Teiles in Bild 104, erläutert die Wirkungsweise. Wie in Bild 104 ist b das Saugventilgehäuse der Brennstoffpumpe, an das die Benzinzuleitung angeschlossen ist. Die kleinen Kegel g_1, g_2 des

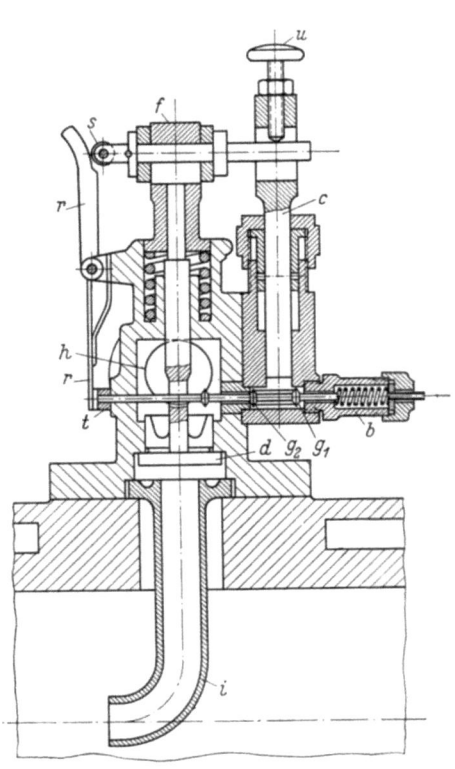

Bild 106
Regelvorrichtung des Motors von
JOHANNES SPIEL

b Saugventilgehäuse; c Stempel der Brennstoffpumpe; d Gemischeinlaßventil; f Winkelhebel; g_1 Saugventilkegel; g_2 Druckventilkegel der Brennstoffpumpe; h Luftzuleitung; i Krümmer für Gemischführung im Zylinder; r zweiarmiger Hebel zum Steuern der Pumpenventile; s Rolle am Bolzen des Hebels f; t Regelkeil

Zum erstenmal wird hier ein Verbrennungsmotor durch Offenhalten des Saugventils der Brennstoffpumpe geregelt

Saug- und des Druckventils stehen miteinander durch einen vierflügeligen Bolzen in Verbindung, und die (an einer Stelle geteilte) Spindel des Druckventilkegels g_2 ist nach links bis zum Hebel r verlängert; hierzu ist sie durch eine Aussparung der Spindel des Gemischeinlaßventils d geführt. Die im Gehäuse b des Saugventils liegende Schraubenfeder sucht die Spindel mit dem Saug- und dem Druckventilkegel ständig nach links, d. i. in die Saugstellung des Pumpenstempels zu drücken. Wenn aber dieser, vom Hebel f (auch in Bild 104) angetrieben, seinen Abwärtshub, d. h. den Druckhub ausführt, schiebt die am Bolzen des Hebels f angebrachte Rolle s den oberen Hebelarm r nach links, der untere bewegt sich nach rechts und verschiebt die Spindel der Pumpenventile so, daß sich das Saugventil auf seinen Sitz setzt und das Druckventil öffnet. Jetzt kann der Pumpenstempel den Kraftstoff in den Raum oberhalb des Gemischeinlaßventils fördern, aus welchem die vom Arbeitskolben angesaugte Luft ihn mitreißt. Dies entspricht dem normalen Betrieb. Steigt bei Entlastung die Drehzahl zu hoch, so verschiebt der Regler einen kleinen Keil t, der in einem Schlitz das linke Ende der Pumpenventilspindel umgreift (in Bild 106 senkrecht zur Bildebene auf den Beschauer zu), so daß die Ventilspindel der Kraftstoffpumpe in einem stärkeren Teil des Regelkeiles liegt, aus dem sie nicht mehr herausragt. Jetzt kann der untere Arm des Hebels r sich nicht mehr drehen, da sein unteres Ende sich gegen den Regelkeil t legt und die Ventilspindel der Pumpe nicht mehr berührt; diese bleibt während des ganzen Arbeitsspieles in der Saugstellung stehen. Der Pumpenstempel c fördert nicht, er schiebt nur den Kraftstoff in der Saugleitung hin und her. Wenn jetzt der Hebel f die Spindel des Ventils d nach unten drückt, schiebt zwar die Rolle s den oberen Arm des Hebels r beiseite, aber der untere Arm, der am Regelkeil t anliegt, biegt sich nur durch (wozu er als Blattfeder ausgebildet ist). Die Ventilspindel der Kraftstoffpumpe bleibt in ihrer Saugstellung liegen, und es gelangt kein Benzin in den Raum oberhalb des Einlaßventils d.

Da der Motor durch Drehen am Schwungrad angelassen wird, ist die Geschwindigkeit des angesaugten Luftstromes während des Anlaßvorganges klein und die Zerstäubung ungenügend. Die Brennraumwände sind noch kalt, und ein Teil des Benzins schlägt sich an der Wand nieder. Um dem zu begegnen, wird beim Anfahren die Benzinförderung von Hand vergrößert, damit — so begründet es die Anfahrvorschrift — die sich nicht niederschlagenden, leichtflüchtigen Bestandteile in für die Zündung ausreichender Menge in den Brennraum gelangen. Beim Anfahren wird die Rändelschraube u (Bild 104 und 106) nach unten geschraubt; dadurch wird der tote Gang des Hebelbolzens im geschlitzten Kopf des Pumpenstempels c verkleinert und der wirksame Hub des Stempels vergrößert. Das beim Anfahren im Zylinder kondensierende Benzin wird durch den Hahn v (Bild 104) abgelassen.

Der von JOHANNES SPIEL gebaute Motor ist der erste deutsche Verbrennungsmotor gewesen, der mit Benzineinspritzung gearbeitet und zum Regeln das Offenhalten des Saugventils der Kraftstoffpumpe benutzt hat, ein Verfahren, das heute bei Dieselmotoren, konstruktiv natürlich in anderer Form, viel benutzt wird. Neu war am Spiel-Motor ferner, daß nicht nur das Auspuffventil mechanisch gesteuert wurde (w und x in Bild 104), sondern auch das Einlaßventil d. Nachteilig waren der im Brennraum liegende Rohrkrümmer (i in Bild 104), der dauernd der Flamme ausgesetzt war und keine lange Lebensdauer gehabt haben kann, und die Flammenzündung, die für den Betrieb mit Benzin gefährlich war. Die Gasmotoren-Fabrik Deutz war vorsichtiger; sie brachte ihre Benzinmotoren erst auf den Markt, nachdem sie OTTOs Abreißzündung zur Brauchbarkeit entwickelt hatte. DAIMLER und MAYBACH haben bei ihren Benzinmotoren nie die Flammenzündung verwendet; sie blieben bei der Glührohrzündung, bis diese durch die elektrische Zündung verdrängt wurde.

Welche deutschen Fabriken außer der Halleschen Maschinenfabrik den von JOHANNES SPIEL konstruierten Motor hergestellt haben, konnte nicht ermittelt werden. Er ist mit Leistungen bis zu etwa 10 PS gebaut worden und eine Reihe von Jahren auf dem Markt gewesen.

Die Capitaine-Motoren

Von CAPITAINE sagt GÜLDNER[13]: „Emil Capitaine ist der älteste und einer der fruchtbarsten Konstrukteure des durch ihn erst zu einem gesonderten Fabrikationszweige gewordenen Petroleummotorenbaues. Wohl die meisten deutschen und nicht wenige ausländische Erdölmotoren sind in ihrem Ursprunge auf CAPITAINE zurückzuführen..." Dieses Urteil unterschreiben wir heute nicht mehr. CAPITAINE war ein geschickter Konstrukteur, aber OTTO, BENZ und MAYBACH haben auf die Entwicklung, aus der auch die Petroleummotoren ihren Nutzen zogen, einen ungleich größeren Einfluß gehabt. Die Petroleummotoren waren eine Zwischenlösung, die mit der Erfindung des Dieselmotors ihre Existenzberechtigung verlor. Immerhin aber haben sie, besonders in der von der Leipziger Firma Grob & Co. gebauten Form, den Daimler-Motoren in den neunziger Jahren schwere Konkurrenz gemacht.

Der älteste von CAPITAINE konstruierte Motor ist 1885 von der Berliner Maschinenbau-AG vorm. Schwartzkopff ausgeführt worden. GÜLDNER nennt ihn „betriebsfähig",

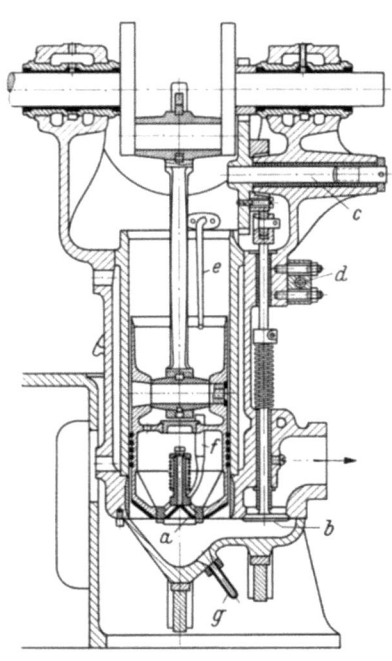

Bild 107
CAPITAINES erster Petroleummotor (1885)

a Einlaßventil im Kolbenboden; b Auspuffventil; c Nockenwelle; d Petroleumpumpe; e Brennstoffdüse; f Fangvorrichtung; g Glührohr
Mit dem im Kolbenboden angeordneten Einlaßventil konnte der Motor nicht betriebssicher sein

was er mit seinem Kolbenventil nicht gewesen ist. Es war ein stehender Petroleummotor mit obenliegender Kurbelwelle (Bild 107) und einem im Kolbenboden liegenden Einlaßventil a, ähnlich wie bei der „Standuhr" MAYBACHs, nur war das Kolbenventil CAPITAINEs ungesteuert. Das Auspuffventil b wird mechanisch von der mit halber Drehzahl umlaufenden Nockenwelle c bewegt. Bei d ist die Petroleumpumpe angedeutet, die den Brennstoff in das in den Hohlraum des Arbeitskolbens hineinragende feststehende Düsenrohr e fördert. Dieses soll den Brennstoff in die im Kolben befestigte Fangvorrichtung f spritzen, die das Petroleum an den Sitz des Einlaßventils a leitet. Während des aufwärts gerichteten Saughubes des Kolbens öffnet sich das Einlaßventil infolge seiner Massenträgheit nach unten, und die in den Zylinder einströmende, sich am heißen Kolbenboden erwärmende Luft nimmt das am Ventil lagernde Petroleum mit, wobei dieses zerstäubt wird. Die Mischung prallt gegen den ungekühlten Zylinderdeckel und verdampft. Bei der Umkehr der Bewegungsrichtung schlägt das Saugventil a zu, der Kolben verdichtet die Ladung, und diese entzündet sich im unteren Totpunkt am Glührohr g. Zum Anfahren muß die kalte Wand des Zylinderdeckels von außen auf etwa 200° erwärmt werden; auch das Glührohr wird durch eine Lötlampe erhitzt. Nach einiger Betriebszeit soll die im Zylinderdeckel sich speichernde Wärme genügen, um die Zündungen auch ohne Glührohrbeheizung einzuleiten.

Der Motor hatte 100 mm Zylinderdurchmesser und einen ebenso großen Hub. Bei 600 U/min soll er 1,5 PS geleistet haben. Irgendeine Bedeutung hat er nicht erlangt.

Ein anderer Capitaine-Motor, der von der Firma Grob in Größen bis zu 15 PS gebaut worden ist, hatte mehr Erfolg. Bild 108 zeigt den 10 PS-Motor in Seitenansicht und Längsschnitt. Sein Zylinderdurchmesser betrug 230 mm; mit einem so großen Hub war die mittlere Kolbengeschwindigkeit von 2,15 m/sec bei 280 U/min sehr bescheiden, wie bei allen damals gebauten Verbrennungsmotoren. Der dargestellte Motor

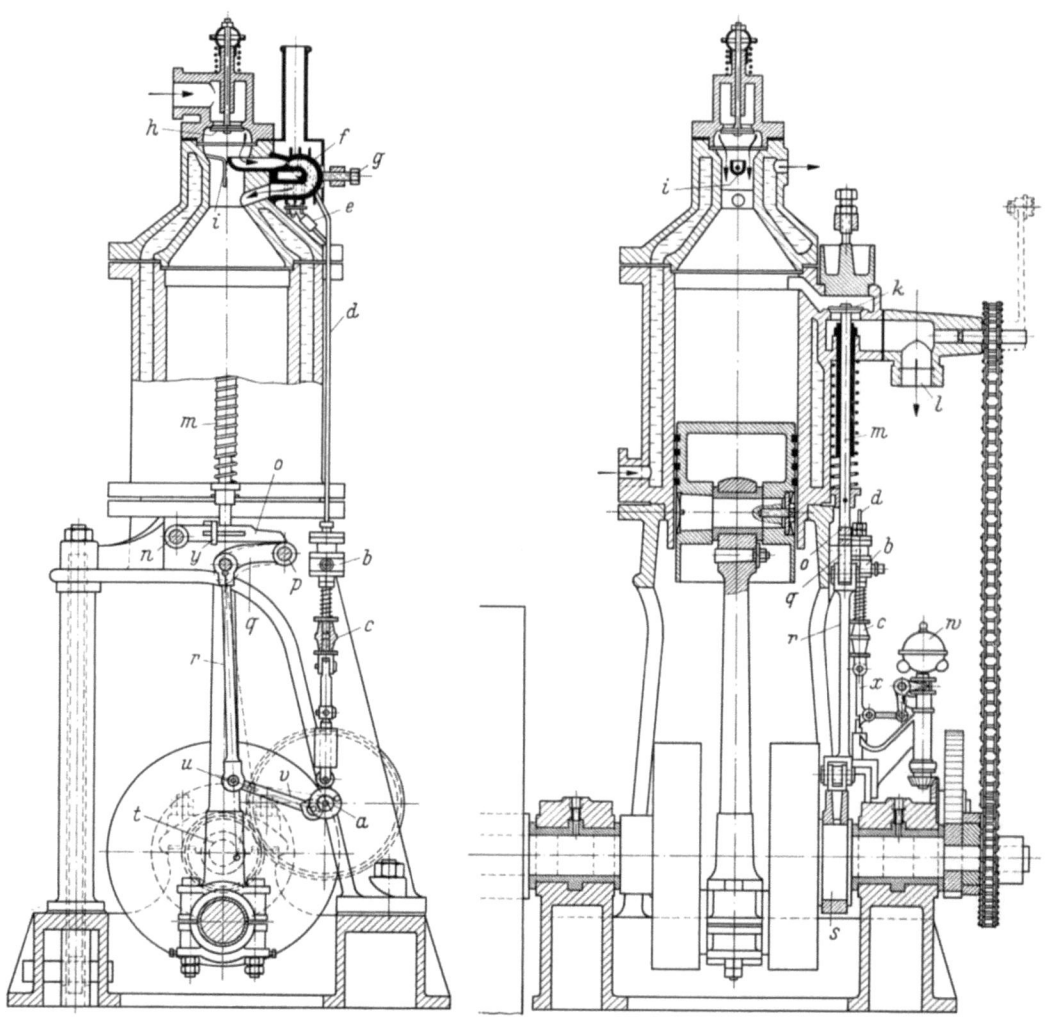

Bild 108. Von Grob & Co. gebauter Capitaine-Motor (1890)

a Nockenwelle; *b* Brennstoffpumpe; *c* Vorrichtung zum Ändern der Brennstoffmenge; *d* Brennstoffleitung zum Verdampfer; *e* Lötlampe zum Beheizen des Verdampfers *f*; *g* Befestigungsschraube; *h* Einlaßventil; *i* Leitblech; *k* Auspuffventil; *l* Anschluß der Auspuffleitung; *m* Spindel des Auspuffventils; *n* Drehpunkt des Hebels *o*; *p* Drehpunkt des Wälzhebels *q*; *r* Exzenterstange; *s* Exzenter; *t* Exzenterkreis; *u* Gelenk in der Exzenterstange; *v* Kurbelstange; *w* Regler; *x* Winkelhebel mit Stecher; *y* Gleitstück zum Aufheben der Verdichtung während des Andrehens

Dieser zehnpferdige Bootsmotor wurde damals von GÜLDNER[13] als vorbildlich bezeichnet. Die Steuerung des Auspuffventils ist kompliziert, hat aber gut gearbeitet

war für den Einbau in Boote bestimmt; der Konstrukteur hat sich offenbar die zu jener Zeit gebauten kleinen schnellaufenden Kolbendampfmaschinen als Vorbild genommen, bei denen man den Zylinder auf einen gußeisernen Ständer und gegenüberliegende aus Stahl geschmiedete Säulen setzte. Bemerkenswert an diesem Capitaine-Motor sind die Vorrichtung zum Verdampfen des Petroleums und die eigentümliche Viertaktsteuerung des Auspuffventils.

Von der mit halber Drehzahl umlaufenden Nockenwelle a (Bild 108) wird die Petroleumpumpe b durch ein Gestänge angetrieben, das die mit Rechts- und Linksgewinde versehene Mutter c enthält. Durch Drehen an c kann das Gestänge verlängert oder verkürzt und damit die geförderte Brennstoffmenge entsprechend der Belastung eingestellt werden. Noch bevor der Arbeitskolben den Saughub beginnt, gelangt der Brennstoff durch das Rohr d in den am Zylinderkopf angebrachten, durch eine Lötlampe e von außen beheizten Verdampfer f, ein mit Außenrippen versehenes Rohr von hufeisenförmigem Querschnitt, das während des Betriebes auf Dunkelrotglut gehalten werden soll. Der Verdampfer wird nur durch eine Kopfschraube g gegen den Zylinderkopf gedrückt und kann leicht ausgewechselt werden. Nach Einlagerung des Brennstoffs in f beginnt der Kolben den Abwärtshub und saugt Luft aus dem Außenraum durch das sich selbsttätig öffnende Ventil h an. Dabei wird ein Teil der eingesaugten Luft durch das in den oberen verengten Hals des Zylinderkopfes eingebaute Leitblech i gezwungen, den Verdampfer f zu durchströmen, wobei sie sich mit Petroleumdämpfen anreichert; der restliche Teil der Luft strömt an i vorbei und gelangt unmittelbar in den Zylinder. Die den Verdampfer durchströmende Luft nimmt so viel Petroleumdampf auf, daß das fette Gemisch nicht zündfähig ist; erst wenn es sich mit der übrigen Luft gemischt hat, wird die Ladung zündfähig und entzündet sich am Ende des Verdichtungshubes, unterstützt durch die Verdichtungswärme, an dem heißen Verdampfer. Am Ende des Ausdehnungshubes öffnet sich das mechanisch gesteuerte Auspuffventil k und läßt die Abgase durch das bei l angeschlossene Rohr austreten.

Man beobachtete, daß der Motor imstande war, auch längere Zeit ohne Beheizung des Verdampfers zu arbeiten. Allmählich aber kühlte sich der Verdampfer ab, und die Heizflamme mußte wieder angestellt werden. Man verstand noch nicht, die Größe und Masse des Verdampfers und den Eintritt der Zündungen so aufeinander abzustimmen, daß der Verdampfer auch bei abnehmender Belastung und im Leerlauf hinreichend warm blieb, um die Zündungen sicher einzuleiten. Das hat etwas später HERBERT AKROYD STUART gelehrt (S. 415), aus dessen Arbeiten der betriebsbrauchbare Glühkopfmotor hervorgegangen ist.

Eigentümlich ist die Steuerung des Auspuffventils (k in Bild 108), die CAPITAINE verwendete. Da er ohnehin eine mit halber Drehzahl laufende Nockenwelle brauchte, um die Brennstoffpumpe zu betreiben, hätte es nahegelegen, durch einen zweiten Nocken das Auspuffventil zu steuern, wie es OTTO und andere schon früher getan haben. Statt dessen wählte er das in Bild 108 dargestellte, umständliche Getriebe. Die lang geführte Spindel m des Auspuffventils ruht mit ihrem unteren Ende auf dem um den Festpunkt n schwenkbaren Hebel o; sie wird durch eine Schraubenfeder gegen o gedrückt. o stützt sich mit seiner unteren Fläche auf den um den Festpunkt p drehbaren Wälzhebel q, an dessen freiem Ende die Exzenterstange r angreift. Der untere Kopf der Stange r umgreift (in der Seitenansicht nur durch die strichpunktierte Verlängerung der Mittellinie von r angedeutet) das mit der Kurbelwelle aus einem Stück hergestellte Exzenter s, dessen Mittelpunkt den Kreis t beschreibt. Die Exzenterstange ist unterteilt; ihre beiden Teile hängen in dem Gelenk u zusammen. An diesem greift die Stange v an, deren rechtes Ende von einer kleinen am freien Ende der Nockenwelle a sitzenden Stirnkurbel im Kreis geführt wird. Bei jeder Umdrehung der Nockenwelle, d.h. bei jeder zweiten Umdrehung der Kurbelwelle, knickt die Stange v, das Gelenk u nach rechts ziehend (Bild 108, Seitenansicht), die Exzenterstange r einmal ein, so daß diese verkürzt wird und der Wälzhebel q den Hebel o verfehlt. Das Auspuffventil bleibt dann geschlossen; der Arbeitskolben macht zur gleichen Zeit seinen Verdichtungshub. Erst zu Beginn des Auspuffhubes streckt die Kurbelstange v die Exzenterstange, so daß das Exzenter s das Auspuffventil öffnen kann. So wird das Auspuffventil im Viertakt gesteuert. Mit dieser sonderbaren Einrichtung wollte CAPITAINE die Zähne des Untersetzungsgetriebes vom Öffnungsdruck des Auspuffventils entlasten und den Druck auf das Exzenter ableiten. Das Steuerungsgestänge wurde dadurch unnötig kompliziert.

Die Regelung des Capitaine-Motors arbeitet mit Aussetzern, aber sie wirkt nicht, wie damals bei den meisten anderen Motoren, auf das Auspuffventil, sondern auf die Brennstoffpumpe, deren Förderung durch den Regler w unterbrochen wird. Bei zu hoher Drehzahl bewegt die sich hebende Reglermuffe den Winkelhebel x so, daß der an x nahe dem Gelenk sitzende kleine Stecher aus der Bahn der Antriebstange der Brennstoffpumpe gezogen wird. Dann besteht keine Verbindung zwischen dem Pumpenstempel und seinem Antrieb, und es wird kein Brennstoff gefördert. Bei sinkender Drehzahl schaltet sich die Brennstofförderung selbsttätig wieder ein. Bei diesem Verfahren brauchte der Regler nur eine kleine Verstellkraft aufzubringen und konnte entsprechend klein gebaut werden (Bild 108, Längsschnitt), zumal da er durch Kegelräder mit starker Übersetzung angetrieben wurde.

Die Andrehvorrichtung durch Handkurbel, Kettenräder und Kette ist aus dem Längsschnitt zu erkennen. Das auf der Kurbelwelle angebrachte Kettenrad hat einen Freilauf, der die Kette ausschaltet, sobald die Zündungen einsetzen. Das Andrehen wird durch eine Dekompressionseinrichtung erleichtert, deren Wirkungsweise aus der Seitenansicht (Bild 108) ersichtlich ist. Der Hebel o, auf den sich die Spindel des Auspuffventils stützt, ist mit einem Schlitz versehen, in welchem ein Gleitstück y von Hand verschoben werden kann. Beim Anfahren wird x in die rechte Endlage geschoben; dann kann der Wälzhebel q auch bei eingeknickter Exzenterstange r das Auspuffventil anheben, so daß die Verdichtung ausfällt. Sobald der Motor gezündet hat, wird das Gleitstück nach links geschoben; dann öffnet sich das Auspuffventil nur bei jedem zweiten Hub.

Die Firma Grob & Co. hat den Capitaine-Motor in verschiedenen Ausführungen, stehend und liegend, in Größen bis 30 PS gebaut. LIECKFELD[41] berichtet, daß Anfang 1894 auch größere Leistungen in Angriff genommen worden seien, während GÜLDNER[13] angibt, daß der Bau der Capitaine-Motoren Ende 1892 von Grob an die Leipziger Motorenfabrik Swidersky abgegeben wurde.

Daimlers Stellung in der Gesellschaft von 1892 bis 1895

Die bittere Beschwerde, die GOTTLIEB DAIMLER in seinem Brief vom 30. März 1892 (S. 201) an den Aufsichtsrat gerichtet hatte, war nicht ohne Eindruck geblieben, denn der Aufsichtsrat mußte einsehen, daß vieles von dem, was DAIMLER vorbrachte, berechtigt war. Daß das Geschäft statt sich zu entwickeln mehr und mehr zurückging, bewiesen die Direktionsberichte nur zu deutlich. Angesichts der unerfreulichen finanziellen Lage überlegte man sich, ob es nicht zweckmäßig sei, DAIMLER wieder an der Leitung des Geschäftes zu beteiligen. In einem Protokoll vom 4. August 1892 heißt es:

... Hieraus geht hervor, daß die Creditoren sehr stark angewachsen sind und daß der Credit der Vereinsbank beinahe erschöpft ist.

Aus den Positionen geht weiter hervor, daß in Bälde Mittel geschaffen werden müssen.

Von einer Beschlußfassung wird vorerst abgesehen und soll eine solche stattfinden, sobald die Verhandlung, die Herr Daimler zur Beilegung der Differenzen gewünscht hat, stattgefunden hat.

Der Aufsichtsrat kann nicht umhin auch in dem Protokoll niederzulegen, daß sämtliche Mitglieder der Gesellschaft sehr gerne bereit sind die Hand zur Begleichung der mit Herrn Daimler schwebenden Differenzen zu bieten.

Das war von DUTTENHOFER und LORENZ gewiß aufrichtig gemeint, denn die alsbald mit DAIMLER aufgenommenen Verhandlungen führten zu einem am 26. Oktober 1892 abgeschlossenen „Nachtrag zum Syndikats-Vertrag vom 28. November 1890", in welchem der Aufsichtsrat DAIMLERS Befugnisse stark erweiterte. So heißt es in dem Nachtrag:

Herr Daimler übernimmt ferner die Stellung als sachverständiger Beirat des Aufsichtsrats und Vorstands und kommt ihm in dieser Eigenschaft gegenüber der Direction auch bezüglich des laufenden Betriebs die technische Oberleitung zu, so daß also Änderungen an den von ihm gebilligten Constructionen, neue Experimente, Bauten, Maschinen usw. ohne seine Zustimmung künftig ausgeschlossen sind. Dasselbe gilt für Veränderungen im Beamtenpersonal.

Auch in kaufmännischer Beziehung wird die Direction angewiesen, bei allen wichtigeren Fragen sich in erster Linie des Einvernehmens des Herrn Daimler zu versichern und steht Herrn Daimler jederzeit der volle Einblick in die gesamte Correspondenz frei.

Sämtliche Anträge der Direction an den Aufsichtsrat, und umgekehrt, gehen von Herrn Daimler aus oder durch dessen Hand, so daß er stets in der Lage ist, seine eigene Meinung für oder wider geltend zu machen.

Was die Repräsentation des Geschäfts nach außen betrifft, so steht solche in erster Linie Herrn Daimler zu und zwar so, daß er nicht erst zum Schluß durch die Direction herbeigerufen sondern von Anfang an zur Einleitung größerer Geschäfte beigezogen wird.

Herr Daimler würde hienach zwischen Direction und Aufsichtsrat, wenn auch nicht dem Namen, so doch der Sache nach, die Stellung eines Generaldirectors einnehmen ...

Weiter bot man DAIMLER den Erwerb von 102 Aktien an und stellte es ihm frei, die Aktien innerhalb Jahresfrist gegen Barzahlung zu beziehen. Damit hätte GOTTLIEB DAIMLER 302 Aktien, seine Partner 298 Aktien besessen, und DAIMLERS Stimme wäre ausschlaggebend gewesen. Aber DAIMLER machte von diesem Angebot keinen Gebrauch. Er wollte wohl in das Unternehmen, dessen finanzielle Lage nach nur zweijährigem Bestehen ihm bedenklich erscheinen mußte, nicht noch mehr Geld stecken.

Die Vollmachten, die der „Nachtrag zum Syndikatsvertrag" GOTTLIEB DAIMLER gab, kamen für das Werk zu spät. DAIMLERS allmählich sich verschlimmerndes Herzleiden begann, seine Tatkraft zu lähmen. Um DAIMLER zu entlasten, bot der Aufsichtsrat ihm an, ihm den (S. 200 erwähnten) Baurat GROSS beizugeben, mit dem er sich in die Leitung des Unternehmens teilen sollte. Aber DAIMLER lehnte ab. Hierüber und über die immer mißlicher werdende Lage berichtet das Protokoll einer Aufsichtsratsitzung, die am 28. März 1893 stattfand, also nur vier Monate nach Abschluß des Zusatzvertrages, der DAIMLER große Vollmachten gegeben hatte:

Von der Direction ist unter dem 24. März an den Vorsitzenden berichtet worden, daß ohne finanzielle Unterstützung die Fortführung des Geschäfts absolut unmöglich sei, da von allen Seiten Anschaffungen verlangt werden und die Eingänge kaum die laufenden Ausgaben decken. Die Vorschüsse der Vereinsbank, die über den Credit von 200000 M gegeben seien, betragen etwa 12000 M, diejenigen des Herrn Daimler 15000 M. An Rechnungen seien zu bezahlen circa 40000 M.

Herr Daimler erklärt, daß er weitere Vorschüsse nicht leisten wolle und erklären die Herren Lorenz u. Duttenhofer, daß sie nur dann bereit seien, weiteres Geld der Fabrik zur Verfügung zu stellen, wenn seitens des Herrn Daimler die von Herrn Baurat Gross gemachten Vorschläge für die gemeinsame Oberleitung von Herrn Daimler u. ihm — die in Übereinstimmung mit Herrn Lorenz und Duttenhofer vorgelegt seien — angenommen würden.

Nach eingehender Erörterung und nachdem seitens der Betheiligten die Bedenken des Herrn Daimler gegen die gemeinsame Oberleitung mit Herrn Gross gründlichst widerlegt wurden und nachdem Herr Krauss Herrn Daimler die Annahme der Vorschläge als im Interesse von ihm und der ganzen Gesellschaft liegend anempfohlen hatte, erklärte Herr Daimler, daß er sich nicht entschließen könne, mit Herrn Gross die Oberleitung zu theilen und er die unterbreiteten Vorschläge nicht annehmen könne, weil er sie als einen Schimpf für sich ansehen müsse ...

Weiter heißt es in dem Protokoll:

Der übereinstimmenden Ansicht wird Ausdruck gegeben, daß die in der Tagesordnung vorgesehene Liquidation der Gesellschaft, wenn irgend möglich, vermieden werden sollte, da die Auflösung des Geschäftes schwere pecuniäre Opfer den Betheiligten auferlege und außerdem die Daimler'sche Erfindung schädigen würde, wodurch eine sich aus der Liquidation allenfalls ergebende Weiterfabrikation der Daimlermotoren u. ein Ersatz für dieselben beinahe ausgeschlossen seien.

Man einigte sich dahin, daß die Fabrikation in Cannstatt „auf das Äußerste" beschränkt werden solle. Herr LORENZ solle in Ettlingen die Daimler-Motoren herstellen. Das Cannstatter Konstruktionsbüro solle nach Ettlingen übersiedeln, wohin auch die erforderlichen Werkzeugmaschinen geschafft werden sollten. Die Beschlüsse über die Vollmachten, die man DAIMLER gegeben hatte, wurden aufgehoben.

In einem in schroffem Ton gehaltenen Schreiben vom 11. April 1893 protestierte DAIMLER dagegen, daß man ihm die Vollmachten, die ihm durch den Nachtrag zum Syndikatsvertrag übertragen worden seien, wieder genommen habe. Daraufhin wurde eine neue Aufsichtsratsitzung berufen, die am 15. April 1893 statfand. Die Mitglieder des Aufsichtsrats gaben sich große Mühe, DAIMLER zum Einlenken zu bewegen, und DUTTENHOFER bat ihn unter Berufung auf ihre Freundschaft, doch „seinem unglücklichen Mißtrauen zu entsagen" und sich vertrauensvoll an der Weiterführung des Geschäftes zu beteiligen. DAIMLERs Antwort lautete, er unterwerfe sich der Majorität nicht; er müsse allein arbeiten können und lasse sich „nichts von anderen darein sprechen". Auch LORENZ versuchte ihn umzustimmen und schlug ihm vor, einmal ein halbes Jahr das Geschäft völlig allein zu führen. DAIMLER entgegnete, was in drei Jahren verfahren sei, könne er nicht in einem halben Jahr wiedergutmachen. Er wolle allein das Geschäft führen, und wenn er die Beteiligten brauche, so würde er sie einladen.

Das war in der Zeit, als GOTTLIEB DAIMLER seine zweite Ehe schloß und Mitte Juli 1893 auf vier Monate nach Amerika reiste. Nach seiner Rückkehr blieb er den Aufsichtsratsitzungen fern und beschränkte sich auf Proteste, in denen er sich auf Paragraphen des Handelsgesetzbuches berief oder mit anderen Begründungen die Beschlüsse des Aufsichtsrats angriff. Zu diesen gehörte auch die Zustimmung des Aufsichtsrats, der Gasmotoren-Fabrik Deutz die unentgeltliche Mitbenutzung des Glührohrpatentes 28022 (S. 82) zu gestatten. DEUTZ hatte im Februar 1894 die kostenlose Mitbenutzung unter der Androhung der Nichtigkeitsklage verlangt, ein Ansinnen, dem GOTTLIEB DAIMLER in schärfster Form widersprach. Unschlüssig, was zu tun sei, hatte der Aufsichtsrat ein Gutachten der Patentanwälte KUHNT und DEISSLER eingeholt, und diese antworteten am 30. April (lt. Aufsichtsratsprotokoll vom 18. Mai 1894), „daß die Erwiderung des Herrn DAIMLER auf die Klage der Deutzer Motorengesellschaft unter keiner Bedingung versandt werden dürfe, denn das Material, das bis jetzt nur DEUTZ kenne, würde dadurch Allgemeingut aller Fabrikanten. Eine derartige Streitschrift zu veröffentlichen, hätte jetzt auch wenig Zweck, weil ja die Klage von der Deutzer Fabrik zurückgezogen sei". Deutz erhielt das Recht der kostenlosen Mitbenutzung des Glührohrpatentes; GOTTLIEB DAIMLER legte das als Böswilligkeit aus, aber der Aufsichtsrat handelte richtig, wenn er die Verständigung wählte, denn es war durchaus nicht sicher, daß es gelingen würde, das DRP 28022 gegen die Angriffe zu halten. LEO FUNCK hatte in seiner Patentschrift 7408 vom 22. März 1879 deutlich gesagt (S. 82), daß der Steuerschieber vor dem Glührohr auch wegfallen könne — dann hatte man das offene Glührohr. Daß es GOTTLIEB DAIMLER vor dem Reichsgericht im November 1897 gelang, das Patent zu verteidigen, war ein dialektisches Meisterstück. Die Daimler-Motoren-Gesellschaft hat in der Folge aus nachträglichen Zahlungen der Patentverletzer erhebliche Vorteile gehabt.

Immer feindseliger wurde das Verhältnis DAIMLERs zu den Aufsichtsratsmitgliedern DUTTENHOFER und LORENZ. Diese rächten sich, indem sie DAIMLER als Aktionär ausschalteten. Die Kredite, welche die Bank gegeben hatte, waren inzwischen auf nahezu 400000 Mark angewachsen, und DUTTENHOFER und LORENZ hatten die selbstschuldnerische Bürgschaft übernommen. Jetzt verlangte die Bank die Zurückzahlung des gesamten Kredites; konnte sie nicht geleistet werden, so mußte das Liquidationsverfahren eingeleitet werden, das nach den vorhandenen Aktiven höchstens ein Drittel des eingezahlten Aktienkapitals ergeben würde. Damit hatten DUTTENHOFER und LORENZ es in der Hand, den Konkurs zu beantragen — wenn sie wollten. Aber sie wollten das nicht; sie wünschten nur, DAIMLER loszuwerden. DUTTENHOFER stellte ein Ultimatum: DAIMLER möge sich durch eine Zahlung von 66666 Mark für seinen gesamten Anteil am Vermögen der Gesellschaft und für die Rechte an seinen Erfindungen abgefunden erklären, andernfalls werde man den Konkurs über das Gesellschaftsvermögen beantragen. DAIMLER antwortete mit Zornesausbrüchen, er sehe sich gezwungen, jene armselige Abfindung anzunehmen, „wenn ich nicht meinen Namen schon in den nächsten Tagen in der Gant-Liste sehen will". Die „Gant" war der öffentliche gerichtliche Zwangsverkauf, der Name hervorgegangen aus dem Ruf des Versteigerers „in quantum?", wie hoch?, sie galt als schimpflich, etwa so wie wir heute einen betrügerischen Bankrott ansehen. Das kam für GOTTLIEB DAIMLER nicht in Frage. Am 10. Oktober 1894 unterschrieb er den erzwungenen Vertrag.

Die Einigungsverhandlungen

So hatte man in der Daimler-Motoren-Gesellschaft erreicht, was man wollte. Der Mann, der die Gesellschaft ins Leben gerufen hatte, die seinen Namen trug, stand nunmehr völlig abseits, besaß keine Aktien mehr und hatte keinen Einfluß auf den Gang der Geschäfte. Aber man wurde dessen nicht froh. Kein einziger technischer Erfolg war zu verzeichnen, und die Bilanzen verschlechterten sich mehr und mehr. Weder war es gelungen, einen brauchbaren langsamlaufenden Motor zu schaffen, noch die Wagen so zu vervollkommnen, daß sie mit den Fabrikaten anderer Hersteller konkurrieren konnten. Während KARL BENZ 1895 nicht weniger als 120 seiner Motorwagen verkauft hatte, betrug der Absatz der Daimler-Motoren-Gesellschaft nur sieben, und diese boten Anlaß zu häufigen Reklamationen. Da trat zur rechten Zeit ein Ereignis ein, das DUTTENHOFER und LORENZ zum Einlenken veranlaßte. Die Wagen von Panhard-Levassor und Peugeot hatten in den ersten, auf französischem Boden veranstalteten Straßenrennen der Welt glänzend gesiegt, und die Fahrzeuge beider Firmen waren mit „Daimler-Motoren" ausgerüstet. DAIMLERs Name wurde mit einem Schlage bekannt; der Konstrukteur der siegreichen Motoren hielt sich in seiner Bescheidenheit zurück. Da mußten in DUTTENHOFER und LORENZ Zweifel entstehen, ob es klug gewesen war, zuerst MAYBACH und dann DAIMLER auszuschalten. Es bestand ja die Möglichkeit, daß die beiden ihr im Hotel Hermann geführtes Privatunternehmen mit Hilfe anderer Geldgeber ausbauen und damit die Daimler-Motoren-Gesellschaft vollends lahmlegen würden. Mit DAIMLER konnte DUTTENHOFER nach dem Vorgefallenen nicht verhandeln, und so wandte er sich am 10. Oktober 1895 — gerade ein Jahr nach dem Ausscheiden DAIMLERs — an WILHELM MAYBACH. In der Besprechung, die an diesem Tage ohne DAIMLER stattfand, versuchte DUTTENHOFER, MAYBACH zum Wiedereintritt in die Gesellschaft zu bewegen, jedoch ohne DAIMLER. MAYBACH hat sich über diese denkwürdige Unterredung genaue Notizen gemacht. In seinen handschriftlichen Aufzeichnungen heißt es:

> D[uttenhofer] geht davon aus, daß er von Gross wiederholt dazu bestimmt wurde sich der Daimler'schen Sache anzunehmen u. daß er diesen Moment verwünsche in welchem er sich zum 2ten Mal habe dafür gewinnen lassen. Gross habe seinen Freund D[aimler] aus seiner Lage befreien wollen, Gross sei überhaupt mehrfach Ursache gewesen daß D[aimler] in seine innegehabten bedeutenden Stellen gekommen sei. Es sei ihm gleichgültig wenn D[aimler] Freunde gegen ihn bearbeite, diejenigen die ihn kennen wissen was sie davon zu halten haben.
>
> Wenn wir mit unserer Waare auf den Markt treten so werde er uns denselben schon verderben u. wir sollen nur recht tüchtig mit unseren Motor-Wagen in der Welt herumfahren, wir thun es ja alles zu Gunsten von ihrer Firma.
>
> Sie hätten bis jetzt noch keine deffinitive Construction davon, sie werden aber eine ausarbeiten, Lorenz sei eben noch daran u. bemerkte er außerdem noch daß er kein Patent scheue, daß er auch unsere Bauart wenn sie ihm gefalle nachmache, bis jetzt habe er immer nur gewartet bis wir herauskämen.
>
> Duttenh. könne mich versichern daß wir auf keinen grünen Zweig kommen werden, daß ich mit Daimler zu Grund gehen werde ich soll an sein Wort denken am 10. Okt. Zimmer No. 12 Hotel Victoria.
>
> Bezüglich ihrer eigenen Constr. seien sie jetzt so daran daß ihre Motoren gut seien wenn auch noch nicht vollkommen, die Deutzer Motoren seien immer noch besser, dann seien sie jetzt mit ihren Eisenbahnwagen dank seinen Beziehungen zu Balz weit gediehen so daß es hieran mal zu thun geben werde, wenn dazu noch der Straßenwagen fertig sei so hätten sie ein gutes Geschäft ...

Das war von der Seite DUTTENHOFERs ein Gemisch von Auftrumpfen und Drohen. Daß die von der Gesellschaft gebauten Motoren nicht befriedigten, wird MAYBACH gewußt haben, und die zukünftigen Geschäfte, von denen DUTTENHOFER redete, brauchten ihm nicht zu imponieren. Im Bewußtsein seiner technischen Überlegenheit ließ MAYBACH sich nicht einschüchtern. Aber er wird sich gesagt haben, daß DAIMLERs Leiden auch plötzlich das Ende herbeiführen könne, und DAIMLER war es gewesen, der seit ihrem Ausscheiden aus Deutz ihm finanziell großzügig geholfen hatte. Die Möglichkeit, daß er allein, ohne DAIMLER, wieder in die Gesellschaft eintreten könne, wies er entschieden zurück:

> Ich bin ein Zögling Daimlers wir stehen nicht so isoliert da wie Sie meinen. Ich möchte aber diese Gelegenheit nicht noch vorübergehen lassen um beide Theile wieder in gutes Einvernehmen zu bringen.
>
> In Deutz machen sie heute noch die complizierten Constr. u. Sie haben in der ganzen Zeit nichts nützliches fertig gebracht.

Das sind Bruchstücke der Antwort, die MAYBACH in jener Unterredung im Hotel Victoria in Cannstatt DUTTENHOFER gab. MAYBACH hat sie in der hier wiedergegebenen Form in seinem Notizbuch festgehalten. Sie legen ein schönes Zeugnis seiner geraden Gesinnung ab.

Es wäre wohl kaum eine Einigung zwischen den Parteien zustande gekommen, wenn nicht ein Ereignis hinzugetreten wäre, das fast wie eine Fügung anmutet. Man hatte im Ausland die Erfolge des von MAYBACH konstruierten Phönix-Motors mit Erstaunen wahrgenommen, und der Name des „Daimler-Motors" war in aller Munde.

Eine Gruppe englischer Industrieller unter Führung von FREDERICK R. SIMMS wünschte die Lizenz auf den Motor zu erwerben, und war bereit, dafür den hohen Betrag von 350000 Mark zu zahlen, jedoch nur unter der Bedingung, daß DAIMLER wieder in die Gesellschaft eintrete. Der Aufsichtsrat zeigte wenig Neigung, die Verbindung mit DAIMLER wiederaufzunehmen, aber der Druck der Verhältnisse war stärker. Wenn der Konkurs vermieden werden sollte, mußten beide Parteien dem großzügigen Angebot des Engländers zustimmen. So willigte auch DAIMLER am 1. November 1895 ein. Damit war die Daimler-Motoren-Gesellschaft gerettet.

Ein Stimmungsbild jener schicksalsreichen Tage gibt der Brief, den GEORG VISCHER, der kaufmännische Leiter der Daimler-Motoren-Gesellschaft, an WILHELM DEURER, den Inhaber der Firma Deurer & Kaufmann in Hamburg, am 5. November 1895 schrieb. DEURER war Vertreter der Daimler-Motoren-Gesellschaft; er hatte die ersten von DAIMLER und MAYBACH mustergültig gebauten Bootsmotoren für den Hamburger Hafen verkauft und sich sehr um ihre Einführung bemüht. Besorgt über den Niedergang der Gesellschaft hat DEURER, wie VISCHER schreibt, als erster die Anregung zur Wiedervereinigung mit DAIMLER und MAYBACH gegeben. Der Brief VISCHERs lautet:

Ihre freundlichen Zeilen vom 15. pto kamen jetzt in meinen Besitz & nahmen die damals von Ihnen neuerdings eingeleiteten Verhandlungen eine zeitlang ihren normalen Verlauf der mit einem Schlage dadurch in ein Schnellzugs-tempo kam daß Herr Simms von London aus vor etwa 14 Tagen in dieselben eingriff & gleich darauf hier selbst eintraf.

Die Verhandlungen überstürzten sich nunmehr & heute bin ich in der glücklichen Lage Ihnen mittheilen zu können daß jetzt alles in Ordnung ist. —

Die Vereinigung ist vollzogen & die Verträge wurden gestern von Herrn Lorenz als Letztem unterschrieben.

Die ganze Daimler-Maybach'sche Sache wird nun mit uns vereinigt, Daimler wird General Inspektor, Maybach erster techn. Director, Moeves Bureau-Chef der techn. Bureaus, Linck wird wohl in die kaufmännische Direction eintreten, was indessen noch nicht ganz fest bestimmt ist, & ich werde in den nächsten Tagen nach London reisen um die Formalitäten wegen Patent-Übertragung zu erledigen & das Geld dafür in Empfang zu nehmen.

In England wird keine Gesellschaft gebildet, sondern ein Consortium übernimmt die Patente um dann Lizenzen zu vergeben & bezahlt uns dafür baares Geld und zwar noch etwas mehr als wir von der s. Zt. in Aussicht genommenen Gesellschaft in baar & Actien zusammen bekommen hätten.

Das ist in kurzen Zügen das Resultat. — Können Sie Sich denken wie glücklich ich über diese Wendung der Dinge bin. —

Der Kampf & Streit ist beendet, wir stehen finanziell a 1 da. Hoffentlich sind wir auch in technischer Hinsicht bald wieder an der ersten Stelle — unter solchen Aussichten können nicht nur wir hier sondern auch alle unsere Freunde welche uns seither mit ihrer Mitwirkung unterstützt haben — & dazu gehören in erster Linie auch Sie & Ihre Freunde — mit neuem Vertrauen der Zukunft entgegensehen. —

Bei allen diesen Verhandlungen habe ich von Neuem den großen weiten Blick und die Geschäfts-Kenntniß von Herrn Geheimrath Duttenhofer kennen & schätzen gelernt, ohne welchen eine Vereinigung auf einer so gesunden Basis wie sie nun erfolgt ist überhaupt nicht möglich gewesen wäre. —

Deshalb möchte ich aber die Verdienste d. H. Simms nicht verkleinern; derselbe hat ganz entschieden viel dazu beigetragen & sich viele Mühe gegeben, namentlich um zu guter Letzt die Unterschrift des Herrn Daimler zu erhalten, was bekanntlich keine kleine Sache ist. —

Ebenso haben Sie Sich, mein lieber Herr Deurer — ein Verdienst erworben, daß Sie bei Ihrem Hiersein die Sache angeregt haben & kann ich nur Allen und Jeden welche mitgewirkt haben diese Vereinigung herbeizuführen, meinen persönlichsten Dank sagen. —

In den nächsten Wochen wird sich nun vieles zusammendrängen, hoffen wir daß diese Arbeiten die Weiter Entwicklung nicht hemmen & nun bald fertige Motorwagen ans Tageslicht kommen & die Geschäfte einen neuen Aufschwung nehmen.

Wohl durfte der Briefschreiber aufatmen: noch wenige Wochen vorher stand ein unrühmlicher Konkurs greifbar nahe bevor, und jetzt waren mit einem Schlage alle Schwierigkeiten beseitigt und die Zukunft schien gesichert. Es war keine Täuschung.

Von dem Tage an, da DAIMLER und MAYBACH zurückkehrten, ging es mit der Daimler-Motoren-Gesellschaft wieder aufwärts.

XIV. Maybach technischer Direktor der Daimler-Motoren-Gesellschaft (1895). Tod Daimlers (1900)

Der Vertrag, mit welchem MAYBACH zum technischen Direktor der Daimler-Motoren-Gesellschaft bestellt wurde, trägt das Datum vom 8. November 1895. Zwölf Jahre, bis zum April 1907, hat WILHELM MAYBACH diesen Posten bekleidet. Er hat die Firma aus dem Tiefstand, den sie Ende 1895 erreicht hatte, aufwärts geführt und durch seine Schöpfungen den Grund zu ihrer späteren Größe gelegt.

GOTTLIEB DAIMLER erhielt die Stellung eines sachverständigen Beirates und Generalinspektors der Gesellschaft. Als solcher war er dem Vorstand vorgesetzt. Die einzige Verpflichtung, die man ihm auferlegte, bestand darin, daß er seine Erfahrungen, Kenntnisse und Erfindungen auf dem Motorengebiet „zum Nutzen und Gedeihen der Gesellschaft" zur Verfügung zu stellen habe. Er wurde wieder Großaktionär und erhielt seinen Aktienanteil von 200 000 Mark und den Genußschein von 100 000 Mark zurück.

Da es an flüssigen Mitteln fehlte, wurde nach dem Abschluß des Abkommens mit SIMMS das Grundkapital der Daimler-Motoren-Gesellschaft in der außerordentlichen Generalversammlung vom 10. Dezember 1895 um 300 000 auf 900 000 Mark erhöht. DUTTENHOFER und LORENZ brachten je die Hälfte des neuen Kapitalbetrages ein. Die Werkstatt im Hotel Hermann wurde mit den Anlagen der Gesellschaft vereinigt. DAIMLER erhielt hierfür und für die Abtretung der Patente, die zum Teil auf MAYBACHs Namen lauteten, 200 000 Mark in bar. Auch MAYBACH gelangte jetzt in den Besitz der Aktien im Wert von 30 000 Mark, auf die er nach dem im Jahr 1882 mit DAIMLER geschlossenen Vertrag (S. 77) Anspruch hatte.

Maybachs erste Arbeiten in der Daimler-Motoren-Gesellschaft

Die Liquidation der technischen Erbschaft, die MAYBACHs Vorgänger ihm hinterlassen hatten, war für MAYBACH recht schwierig. Es war noch eine größere Zahl der Motoren vorhanden, die SCHRÖDTER und die Brüder SPIEL gebaut hatten und die man nicht einfach verschrotten wollte. Die Schrödter-Motoren konnten verhältnismäßig rasch verkauft werden; nur die Motoren, die für die zwölf in Arbeit genommenen Wagen bestimmt waren, blieben zunächst unverkäuflich. Sie wurden später in Bootsmotoren umgebaut, doch auch dadurch gelang es nicht, für alle einen Abnehmer zu finden. Mehr Schwierigkeiten machten die von den Gebrüdern SPIEL gebauten Petroleummotoren, von denen noch viele auf Lager waren. Die Innenzündung, auf die man so große Hoffnungen gesetzt hatte, daß ihretwegen die Brüder SPIEL angestellt worden waren, wollte nicht befriedigend funktionieren; man konnte die Temperatur der Metallstäbe, die im Innern des Brennraums unzugänglich waren, nicht beherrschen; die Stäbe wurden zu heiß, dann rauchte der Auspuff, oder zu kalt, dann setzten die Zündungen aus. MAYBACH notierte sich „Besseren Zünder am 4 HP Innenzünder ausprobieren", aber der Erfolg blieb aus. So lautet eine andere Notiz, „4 pf. Innenzündungsmotoren in Benzinmotoren umändern".

Die ersten Jahre nach der Übernahme der technischen Leitung der Daimler-Motoren-Gesellschaft sind für WILHELM MAYBACH eine schwere Zeit gewesen. Fünf Jahre bestand die Firma, aber was sie in diesem Zeitraum an Motoren fabriziert hatte, die unter dem Namen „Daimler-Motoren" in die Welt gingen, war nicht dazu angetan, den Ruf der Firma zu begründen. Resigniert schreibt MAYBACH seinem Freund und früheren Mitarbeiter KÜBLER nach New York am 25. Dezember 1896:

> In stationären Motoren sind wir leider noch nicht gut eingeführt, unsere früheren Schnelläufer haben unser ganzes Renomee verdorben. So gut diese Motoren für Boote u. Wagen waren, so unzweckmäßig waren dieselben für stationäre Zwecke.

Die Wiederherstellung des Rufes der Daimler-Motoren mußte MAYBACHs erste Sorge sein. Mit den Phönix-Motoren, die er im Hotel Hermann konstruiert hatte, würde das zu erreichen sein. So wurden wenige Wochen nach der Wiedervereinigung, am 7. Dezember 1895, nach dem erhalten gebliebenen Nummernverzeichnis folgende Phönix-Motoren aufgelegt:

       1   2 PS Einzylinder stationärer Gasmotor,
       6   2 PS Einzylinder stationäre Petroleummotoren,
       2   1 PS Einzylinder Petroleummotoren,
       1   4 PS Einzylinder Petroleummotor,
       9   2 PS Zweizylinder Wagenmotoren,
     14   3 PS Zweizylinder Wagenmotoren,
       2   4 PS Zweizylinder Wagenmotoren.

Unter diesen 35 Einheiten befanden sich 25 Wagenmotoren — es ist, als ob sich das Arbeitsgebiet der späteren Daimler-Benz AG hier schon abzeichnet. Aber kein Wagenmotor hatte eine größere Leistung als 4 PS, denn das bisher verwendete Verfahren der Rückkühlung des Kühlwassers verbot eine Vergrößerung der Motorleistung. Die Kühlwassermenge, die der Schwungradkranz aufnehmen konnte (Bild 90, S. 186), war begrenzt, und das Schwungrad konnte man nicht beliebig vergrößern. 1892 hatte MAYBACH dieses Kühlverfahren erfunden; noch 1896 waren 4 PS für Wagenmotoren die nicht überschreitbare obere Leistungsgrenze. Sie fiel erst, als es MAYBACH im Januar 1897 gelungen war, durch seinen künstlich belüfteten Röhrenkühler das Kühlproblem vorbildlich zu lösen.

Das Jahr 1896 ist ausgefüllt mit konstruktiven Verbesserungen des Phönix-Motors. Die Fliehkraft der dem Massenausgleich dienenden Gegengewichte an den Kurbelkröpfungen wird jetzt, ganz modern, durch einen Schwalbenschwanz mit Kopfschraube aufgenommen; früher hatte es die Kopfschraube allein tun müssen, und wenn eine brach, dann zerschlug das davonfliegende Gewicht das Kurbelgehäuse. Der Brenner für die Glührohrzündung bei Zweizylindermotoren wurde in geschickter Weise zu einem Doppelbrenner ausgestaltet, der nur eine einfache Zuleitung des Brennstoffs brauchte. Für die Reinigung des Schmieröles konstruierte MAYBACH ein Filter — „Seiher" nennt er es auf der 1896 angefertigten Zeichnung —, das aus einem mit „Metalltuch" umwickelten gelochten Messingrohr bestand. Daneben bemühte er sich, die Petroleummotoren in Ordnung zu bringen, nachdem die Innenzündung der Brüder SPIEL versagt hatte. MAYBACH konstruierte einen Petroleumvergaser (Bild 109), dessen Gehäuse mit seinem das Einlaßventil enthaltenden Teil *a* auf dem Zylinderkopf befestigt war. Der innere, mit Längsrippen *b* versehene Raum wird von unten nach oben von den durch das Auspuffventil austretenden Abgasen durchströmt, die durch das Rohr *c* zum Schalldämpfer gelangen. Bei *d* tritt das vom Motor angesaugte Petroleum-Luft-Gemisch ein und erwärmt sich am heißen Innenzylinder. Auf seinem Weg durch den Ringraum zwischen Außen- und Innenzylinder wird es durch die Querrippen lebhaft verwirbelt. Die Längsrippen b vergrößern die Wärmeabgabe der Auspuffgase an die Wand, die Querrippen steigern die Wärmeaufnahme des Gemisches. Das vorgewärmte Gemisch tritt in den Raum oberhalb des Saugventiltellers e, der ebene Sitz-

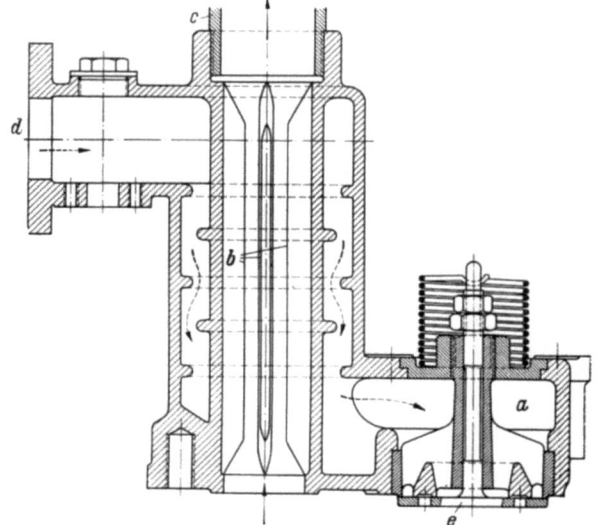

Bild 109
MAYBACHS Petroleumvergaser (1896)

a Einlaßventil des Motors; b Längsrippen zur Wärmeaufnahme; c Abgasleitung zum Schalldämpfer; d Eintritt des Petroleum-Luft-Gemisches; e Teller des Einlaßventils

Nach Übernahme der technischen Leitung der Daimler-Motoren-Gesellschaft versuchte MAYBACH, die von den Brüdern SPIEL gebauten, noch unverkauften Petroleummotoren mit diesem „Vergaser" betriebsfähig zu machen, jedoch ohne Erfolg

flächen hat. 18 Bohrungen von 9 mm Dmr. vergrößern den Durchtrittsquerschnitt des Einlaßventils, denn das in den Zylinder eintretende Gemisch soll möglichst wenig gedrosselt werden, damit das Gewicht der Ladung und die Leistung möglichst groß werden.

Aber gerade die Vorwärmung des Gemisches wirkte leistungsvermindernd, denn die wärmere Ladung war leichter als bei fehlender Vorwärmung, und wegen des kleineren Ladungsgewichtes fiel die Leistung um nicht weniger als 20% ab. Man war gezwungen, einen größeren Motor zu nehmen, wenn der Betrieb mit Petroleum verlangt wurde; das erschwerte den Verkauf. Ein weiterer Nachteil war, daß der Motor aus kaltem Zustand nicht mit Petroleum angefahren werden konnte, denn der Petroleumvergaser funktionierte erst, wenn der Auspuff das Vergasergehäuse genügend erwärmt hatte. So mußte man den Motor mit Benzin anfahren, was einen zweiten Vergaser erforderte. Wenn der Motor warm geworden war, schaltete man auf Petroleum um. Die zusätzliche Apparatur verteuerte den Motor, der an sich schon teurer als ein Benzinmotor war, und so gelang es nicht, einen größeren Umsatz in Petroleummotoren zu erzielen.

Außer mit den angeführten kleineren Typen beschäftigte MAYBACH sich 1896 mit einem 20 PS-Zweizylindermotor, der für Eisenbahnen und Schiffe Verwendung finden sollte. Für die Kühlung des Schiffsmotors stand reichlich Wasser zur Verfügung; für den Eisenbahnmotor glaubte MAYBACH das Problem ebenso lösen zu können wie für die erste kleine Straßenbahn (S. 168). Für solche Verwendungszwecke begrenzte das Kühlproblem die Leistung nicht. Ende Dezember wurde mit dem Bau des ersten 20 PS-Motors begonnen, im Juli 1897 wurde er geliefert.

Diese verhältnismäßig großen Motoren machten aber Schwierigkeiten beim Anlassen. Ein Verbrennungsmotor springt nicht von selbst an; sein Triebwerk muß von außen einen Impuls erhalten, damit die ersten Zündungen eintreten. Die kleineren

Motoren hatte man von Hand anwerfen können, besonders dann, wenn eine Vorrichtung zum Aufheben der Verdichtung während des Anwerfens vorgesehen war. Bei den größeren Maschinen wurde der Aufwand an Körperkraft zu groß. MAYBACH notierte sich „Anlaßvorrichtg für 20 HP". Auch das noch zu große Gewicht des Phönix-Motors macht ihm Sorge. Unter 34 kg/PS ist man noch nicht heruntergekommen; für einen Wagenmotor ist das zuviel. Er schreibt im Frühjahr 1896 in sein Notizbuch „Brochüre über Aluminium kommen lassen", will also versuchen, durch Verwendung von Leichtmetall das Motorgewicht zu verringern. Auch auf Verminderung des Betriebsgeräusches ist er bedacht; er läßt bei einem 12pferdigen Motor die Luft durch einen Schalldämpfer ansaugen, eine Trommel von 18 cm Durchmesser und 40 cm Länge, in welche die Luft durch ein an ihrem Ende geschlitztes Rohr eintritt. Die Breite der Schlitze kann durch Verdrehen einer Kappe verändert, die Luft dadurch mehr oder weniger gedrosselt und die hinsichtlich des Sauggeräusches günstigste Stellung gefunden werden. Mehrfache Richtungsänderung soll zum Verkleinern des Geräusches beitragen. Auf einem Blatt seines Notizbuches hat er vermerkt, daß er einen „4 Pf. 2 cyl. Motor ansehen" will „wegen Fiberräder" für das Zahnradvorgelege des Wagenmotors; Zahnräder aus Fiber laufen ruhiger als solche aus Stahl. Am 12. Februar 1896 notiert er: „Eine kleine Dynamo welche ununterbrochen einen Strom Elektricität durch versteckte Räume führt, in welchen ihre Leitungsdrähte behufs Funkenbildung unterbrochen sind". Die (etwas verstümmelte) Notiz zeigt, daß MAYBACH mit der Glührohrzündung wegen des häufigen Erlöschens der Zündflamme nicht zufrieden war. Aber erst 1898 konnte er zur elektrischen Zündung übergehen, nachdem DAIMLER endlich seine Einwilligung dazu gegeben hatte.

Maybach erfindet den Röhrenkühler

Das Motorwagen-Geschäft in Gang zu bringen wollte zunächst gar nicht gelingen. PANHARD und LEVASSOR in Paris hatten den Stahlrad-Wagen (Bild 85, S. 173) gekauft und sehr rasch den Vorteil des Zahnradwechselgetriebes erkannt. Die Riemenübertragung, auf der DAIMLER bestand, lehnten sie ab. Dann gingen sie noch einen Schritt weiter: sie verlegten den Motor auf die vordere Seite des Wagens. Damit erzielten sie einen großen Erfolg; ihre Wagen waren jetzt besser als die von DAIMLER und MAYBACH im Hotel Hermann gebauten Riemenwagen. Unmutig schreibt MAYBACH Weihnachten 1896 an seinen Freund KÜBLER:

Ich habe bei all dem Vorgehen Anderer in unserer Wagensache gefunden daß wenn wir mit unserer ersten 4 Rad-Construction weiter gemacht hätten, diese richtig ausgebildet u. von einem neuen Antrieb wie wir ihn heute haben vorerst Abstand genommen hätten, dann stünden wir auch anders. Der neue Antrieb hat zu viel Zeit u. Geld gekostet. Heute rühmt man den Antrieb von Panhard-Levassor als den besten u. was ist diess anders als unser erster Antrieb am 4 Rad. Herr Daimler konnte sich damit aber nicht befreunden u. suchte ich daher etwas anderes.

Wenige Wochen später entschloß MAYBACH sich, zum Zahnradwechselgetriebe zurückzukehren und zugleich, dem Vorbild der Franzosen folgend, den Motor über die Vorderachse des Wagens zu setzen. Die Skizze (Bild 110) zeigt, daß MAYBACH an eine Übertragung durch Kegelradpaare und Längswelle gedacht hat.

Trotz aller Bemühungen MAYBACHs wollte es jedoch nicht gelingen, den Absatz der Motorwagen zu steigern. Die Ursache war in erster Linie die zu geringe Leistung der Daimler-Wagen. Der 3 PS-Motor, der von 1895 ab eingebaut wurde, war für die schweren Wagen zu schwach; der 4 PS-Motor, den man vom Oktober 1896 an verwendete, genügte ebenfalls nicht. KARL BENZ hatte schon 1894 einen Wagen mit einem 9pferdigen Motor herausgebracht und verkaufte jährlich zehnmal mehr Wagen als die Daimler-Motoren-Gesellschaft. Der englische Geschäftsfreund SIMMS drängte auf die Entwicklung eines 10pferdigen Wagenmotors, aber eine so große Leistung ließ die

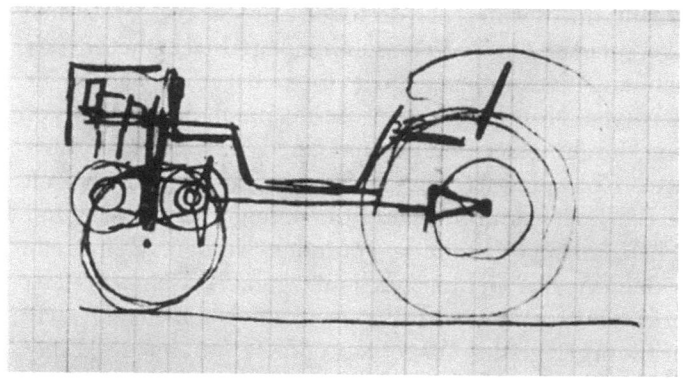

Bild 110. Skizze aus MAYBACHS Notizbuch: Wagen mit vorn liegendem Motor (April 1896)

Die Anregung, den Motor nach vorn zu verlegen, hat MAYBACH von der französischen Firma Panhard et Levassor erhalten

Schwungradkühlung nicht zu. Den Ausweg fand MAYBACH im Januar 1897, als es ihm gelang, das Kühlproblem durch die Erfindung des Röhrenkühlers grundlegend zu lösen.

Den Gedanken, den Fahrtwind für die Rückkühlung des Kühlwassers auszunutzen, hatte er schon 1890 ausgeführt. Damals hatte er ein 4 m langes doppelwandiges Rohr benutzt, das innen und außen vom Fahrtwind bestrichen wurde, wodurch das den schmalen Ringraum durchfließende erwärmte Wasser gekühlt wurde. Ein 4 m langes Rohr kann man ungeteilt auf dem Motorwagen nicht unterbringen, wohl aber ist dies möglich, wenn man das Rohr in viele kurze Abschnitte zerlegt und diese in einem

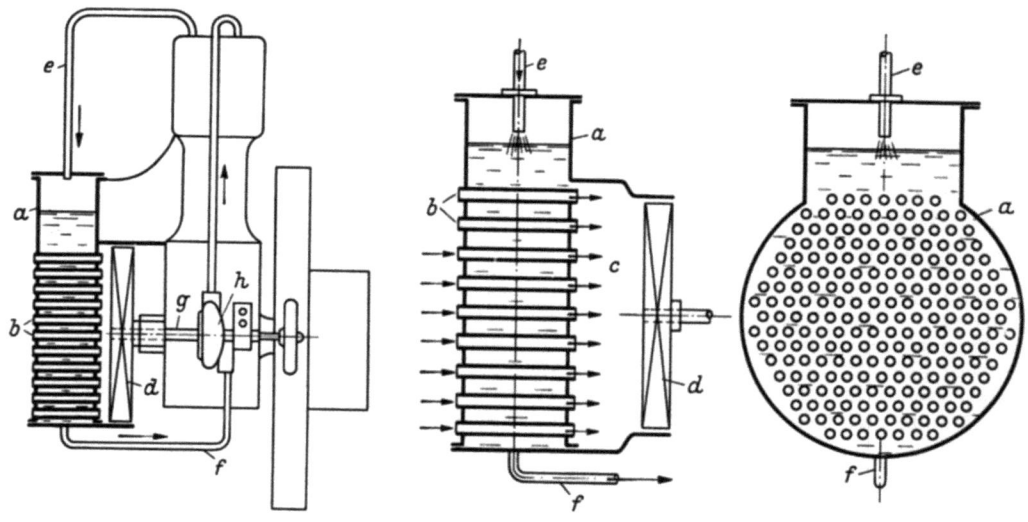

Bild 111. MAYBACHS Röhrenkühler (1897)
(nach dem deutschen Gebrauchsmuster 107 418)

a Kühlergefäß; b Kühlrohre; c geschlossener Raum hinter dem Kühler; d Ventilator; e Warmwasserleitung vom Motor; f Rückleitung zum Motor; g Motorwelle; h Umlaufpumpe
Auch diese bedeutende Erfindung MAYBACHS ist ebensowenig wie der Spritzdüsenvergaser (Bild 93) in Deutschland patentiert worden. Im Ausland wurden Patente erteilt

schmalen Gehäuse in Parallelschaltung so anordnet, daß der Fahrtwind hindurchstreichen kann. Das rückzukühlende Wasser berieselt das Röhrensystem, sammelt sich im unteren Teil des Gehäuses und fließt von dort einer Pumpe zu, die es von neuem in den Kreislauf drückt.

Auf diese bedeutende Erfindung MAYBACHs, die den Motorwagenbau der Daimler-Motoren-Gesellschaft lebensfähig gemacht hat, ist seltsamerweise kein deutsches Patent erteilt worden. Möglich ist, daß der Einrohr-Kühler von 1890 als Vorbenutzung entgegengehalten wurde. In Deutschland ist der Kühler nur als das Gebrauchsmuster Nr. 107418 eingetragen worden; es wurde erst am 24. Dezember 1897 eingereicht, obwohl MAYBACH seine Versuche schon im Mai abgeschlossen hatte. Am 22. Dezember 1898 wurde es unter dem Decknamen des Berliner Patentanwalts JULIUS MAEMECKE eingetragen. In Frankreich ist das Patent 276240 erteilt worden; dort lautet es auf DAIMLERs Namen, obwohl MAYBACH den Kühler erfunden hat.

Aufbau und Wirkungsweise des Röhrenkühlers sind in dem deutschen Gebrauchsmuster klar beschrieben (Bild 111). Die Neuerung besteht darin, daß, um „in möglichst kleinem Raume eine äußerst energische Kühlung zu erhalten, ... ein flaches Gefäß verwandt wird, welches von einer großen Anzahl von Röhren quer durchzogen wird". Das zurückzukühlende Wasser umströmt die Rohre; durch die Rohre wird „mittels eines Ventilators oder dergl. beständig ein kräftiger Luftstrom getrieben". Wichtig ist, daß das Gefäß „flach" ist, d. h. daß die Rohre kurz sind, damit die kühlende Luft sich im Rohrbündel nur wenig erwärmt. Bild 111, das die Buchstaben des handschriftlich geschriebenen Gebrauchsmusters benutzt, ist nach dem Original gezeichnet. In der Beschreibung wird gesagt, daß „das Windrad d direkt auf die Motorwelle g montiert werden kann".

MAYBACH hat sehr geschickt seinen Kühler so gebaut, daß er die drei Haupteinflußgrößen — die Kühlfläche, die Luft- und die Wassergeschwindigkeit — beliebig variieren konnte, ohne die Konstruktion grundlegend zu ändern. Eine obere Grenze für die Motorleistung infolge unzureichender Kühlung gibt es jetzt nicht mehr. Auch bei stillstehendem Fahrzeug, wenn der abgekuppelte Motor weiterläuft, arbeitet die Ventilation; die Kühlung ist vom Fahrtwind unabhängig. MAYBACH hielt die Neuerung für so wichtig, daß er sie sogleich DUTTENHOFER mitteilte, der ihm am 5. Februar 1897 antwortete:

Die Idee halte ich für sehr gut und hoffe ich, daß dadurch endlich die Wagenfrage gelöst wird.

In wenigen Wochen, von Ende Januar bis Anfang April 1897, fand MAYBACH durch Versuche mit verschiedenen Rohrdurchmessern eine Kühlerkonstruktion, die während einer Reihe von Jahren das Kennzeichen aller von der Daimler-Motoren-Gesellschaft gebauten Motorwagen war. Anfangs nahm er Kühlrohre von 100 mm Länge und 24 mm Innendurchmesser; darauf setzte er, um die kühlende Oberfläche zu vergrößern, in jedes der großen Rohre sechs kleine Rohrstücke, eine Lösung, die er zehn Tage später wieder verwarf, um nur noch kleine Rohre mit einem lichten Durchmesser von 7,5 mm und 0,25 mm Wandstärke zu verwenden. Bild 112 zeigt die Konstruktion, die in den 4pferdigen „Victoria"-Wagen von 1897 eingebaut wurde. In das ganz aus 1 mm-Messingblech angefertigte Kühlergehäuse a tritt das rückzukühlende Wasser von oben durch die Zuleitung b ein, umrieselt die zahlreichen, vom Wind durchströmten Kühlrohre und wird durch den Stutzen c abgesaugt. Die Rohrstutzen d dienen zur Halterung des Kühlers im Wagen und versteifen die flachen Gehäusewände. Durch die mit Deckel versehene Öffnung e kann Kühlwasser nachgefüllt werden; ein Sieb f verhindert, daß beim Nachfüllen Schmutz in den Kreislauf gelangt. Durch die Mitte des Kühlers, die hierfür ausgespart ist (in Bild 112 nicht gezeichnet), wird die Andrehkurbel

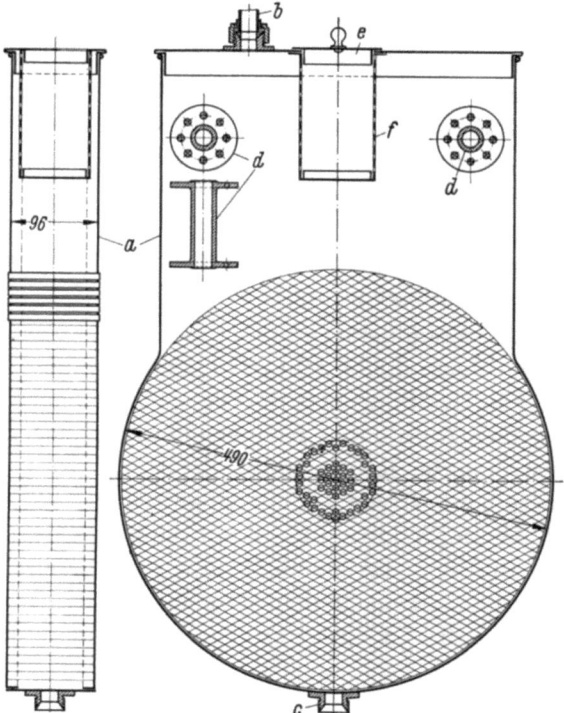

Bild 112
Von 1897 bis 1901 ausgeführter Röhrenkühler

a Kühlergehäuse; b Eintritt des warmen Kühlwassers; c Austritt des rückgekühlten Wassers; d Rohrstutzen; e Nachfüllöffnung; f Sieb

Die Kühlfläche des Röhrenkühlers konnte für Motoren beliebig großer Leistung ausreichend bemessen werden, was mit der Schwungradkühlung (Bild 90) nicht möglich gewesen war

geführt. Auch der hinter dem Kühler laufende Ventilator ist sorgfältig ausgeführt. Auf der Zeichnung eines Ventilators ist die Schaufelfläche entsprechend der von innen nach außen zunehmenden Umfangsgeschwindigkeit verwunden dargestellt.

Der Röhrenkühler ermöglicht den Bau größerer Wagenmotoren und Wagen

Das nach einer Zeichnung Maybachs angefertigte Bild 113 eines „Victoria"-Wagens läßt die Anordnung des Kühlergehäuses a, in welchem auch der Ventilator läuft, vor dem zweizylindrigen Motor erkennen. Durch die von den Zylinderdeckeln kommende Leitung b fließt das warme Wasser zum Kühler, bei dieser Anordnung in den Siebtopf. Von unten wird es durch eine Pumpe abgesaugt und dem Zylinder wieder zugeführt. Der vordere Zapfen der Kurbelwelle ragt durch den Kühler hindurch, so daß die Handkurbel c zum Anwerfen des Motors aufgesteckt werden kann. Die Längswelle d überträgt die Leistung auf das vor der Hinterradachse angeordnete Zahnradwechselgetriebe e, dessen Vorgelegewelle f durch Kettenräder und Ketten auf die Hinterräder arbeitet. Später wurde der Getriebekasten mit dem Kurbelgehäuse des Motors zusammengebaut.

Die Karosserie des Victoria-Wagens zeigt die charakteristischen, von Maybachs geschickter Hand gezeichneten Umrißlinien (vgl. Bild 94, S. 196). Der Wagen ist in allen Einzelheiten eine Schöpfung Maybachs, wurde aber als Daimler-Wagen bezeichnet. Ständig ist MAYBACH darauf bedacht, den Wagen durch Neuerungen zu verbessern; so notiert er die Stichwörter „Fußbremse", „Handlenkräder" (statt des Handhebels), „eine Accumulatorbatterie mit 5 Zellen für Wagenbeleuchtung B II in Holzkasten montirt Gewicht 25 kg Capacität 30 Ampere Stunde speißt 4 Stk. 5 Kerz. Lampen 8 Stund. lang". Auch um die Ausbildung der Monteure kümmert er sich; sie „müssen

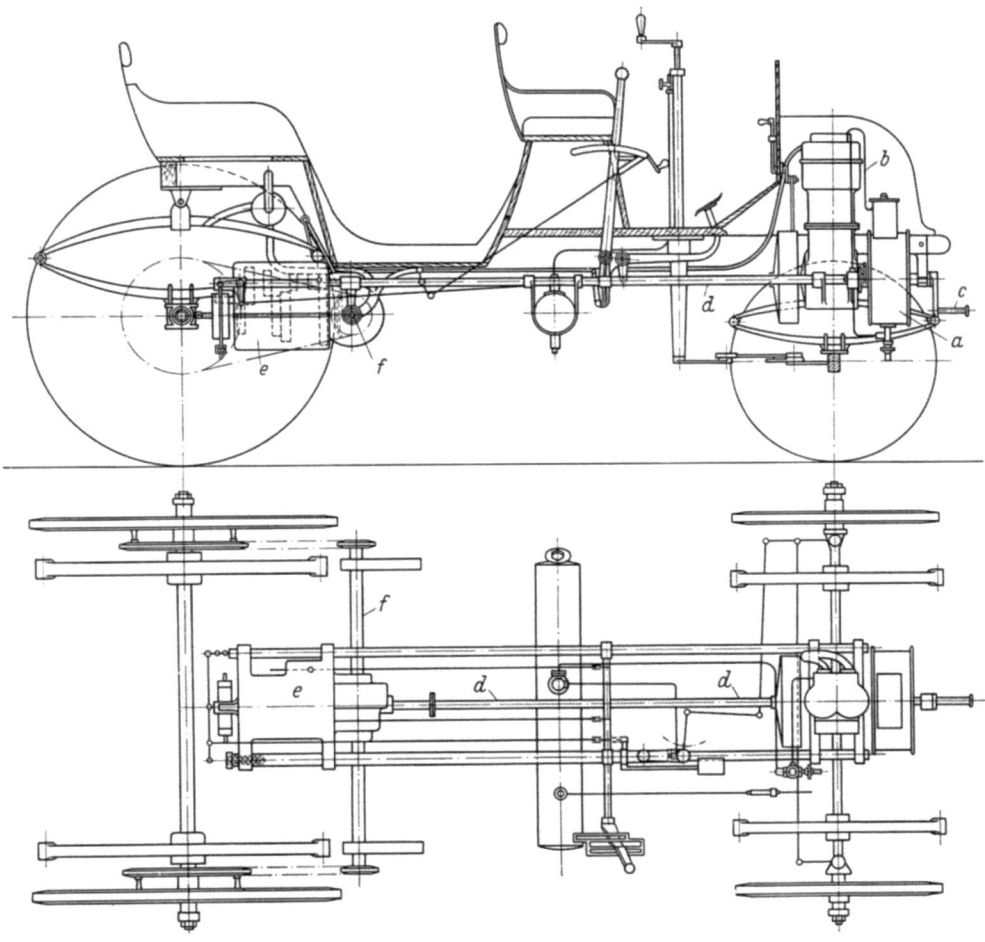

Bild 113. „Victoria"-Wagen mit 4 PS-Motor (1897)

a Kühlergehäuse; b Warmwasserleitung vom Zylinderdeckel zum Kühler; c Handkurbel zum Anwerfen des Motors; d Längswelle; e Zahnradwechselgetriebe; f Vorgelegewelle

Das Wagenprofil zeigt deutlich MAYBACHS Hand (Bild 94)

instruirt werden wie Touren gezählt werden und wie viel Touren der Motor zu machen hat. Monteure überhaupt über alles besser instruiren". Die Vertreter sollen sich gegenseitig verständigen, „damit auf Reflektanten aufmerksam gemacht werden kann"; sie sollen auch Verzeichnisse von Einzelteilen erhalten, nach denen Ersatzteile bestellt werden können, und „kleine Reservetheile sollten immer mitgeliefert werden als: 1 Brenner, div. Federn, Packungen & Zündhutnippel ohne Berechng.".

Die Erfindung der Rückkühlung durch den künstlich belüfteten Röhrenkühler ermöglicht den Bau größerer Wagenmotoren. Die Grenze der 4 PS, die man mit dem alten Kühlverfahren nicht hatte überschreiten können, bestand jetzt nicht mehr. Man konnte den Vorsprung, den KARL BENZ im Bau stärkerer Motoren hatte, bald einholen. In wenig mehr als zwölf Monaten entstanden unter MAYBACHs Leitung die Konstruktionszeichnungen von fünf neuen Vierzylinder-Motoren für einen Leistungsbereich von 6 bis 23 PS:

PS	Zyl.-Dmr. mm	Hub mm	U/min
6	75	120	900
10	90	130	800
12	100	140	660
16	120	160	660
23	160	150	620

Die letzten drei Motoren sind 1899 konstruiert worden. Sie waren nicht nur stärker als alles, was man früher gebaut hatte, sondern als Ergebnis der ständigen Bemühungen MAYBACHs, sie zu verbessern, auch erheblich leistungsfähiger im Verhältnis zu ihrem Hubvolumen und zum Gewicht. Der mittlere wirksame Kolbendruck konnte von 3,5 auf 4,2 kg/cm² gesteigert werden, und mit der mittleren Kolbengeschwindigkeit wagte man auf 4,5 m/sec zu gehen, nachdem man jahrelang 2,5 m/sec nicht überschritten hatte. So konnte die Literleistung von 2,8 auf 4,2 PS vergrößert werden. Das war mit

Bild 114. MAYBACHs Vierzylinder-Wagenmotor (1898)
Der Motor ist 1898/99 in fünf Größen von 6 bis 23 PS bei 900 bis 620 U/min gebaut worden

einer Verringerung des Leistungsgewichts auf 14 kg/PS verbunden, während man noch bei dem 2PS-Zweizylindermotor 34 kg/PS nicht hatte unterschreiten können. Bild 114 zeigt den Vierzylinder-Wagenmotor, von der Auspuffseite gesehen. Je zwei Zylinder sind zu einem Block zusammengegossen; die beiden Blöcke stehen auf dem gemeinsamen Kurbelgehäuse. Dessen Unterteil läßt noch die Halbkugelformen erkennen, die MAY-

BACH anfangs bevorzugt hat; sie hatten eine Einschnürung des mittleren Querschnitts zur Folge, wodurch die Festigkeit vermindert wurde. Später hat MAYBACH die Einschnürung weggelassen und das Kurbelgehäuse als Wanne gestaltet, wie es heute üblich ist.

Wie unermüdlich MAYBACH Verbesserungen nachsann, geht aus einer Notiz hervor, die er am 29. Juli 1898 eingetragen hat. Er versuchte, die Temperatur des austretenden Kühlwassers auf 100° zu steigern in der Hoffnung, die mitzuführende Kühlwassermenge dadurch verringern zu können. Die Kühlluft trat mit 20° in den Kühler ein und mit 52° aus. Es scheint, daß er die „Heißkühlung" nicht weiterverfolgt hat.

Übergang zur Abreißzündung

Mitte 1898 ist ein weiteres Hindernis für die Entwicklung der Wagenmotoren gefallen: es gelang, GOTTLIEB DAIMLERs Zustimmung zu erhalten, daß man von der Glührohrzündung abging und die elektrische Zündung einführte. Dem hatte sich DAIMLER bis dahin aus verständlichen Gründen widersetzt, denn solange sein Glüh-

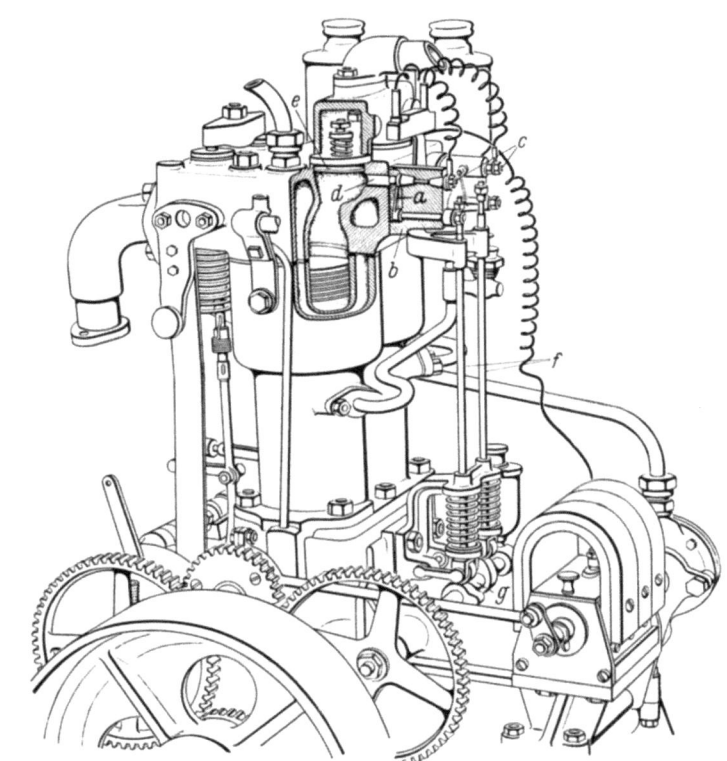

Bild 115
Anordnung der Bosch-Abreißzündung am 12 PS Zweizylinder-Phönix-Motor (1899)
(nach F. Schildberger, Bosch und die Zündung)

a Abreißhebel; *b* Gehäuse für Zündstifte *c* und Abreißhebel; *d* Zündbohrung; *e* Einlaßventil; *f* Abreißgestänge; *g* Nockenwelle für Steuerung der Zündung

Bis 1898 hat DAIMLER sich gegen die 1885 von OTTO erfundene magnetelektrische Abreißzündung gesträubt. Als man sie in der Daimler-Motoren-Gesellschaft erprobte, bewies sie sogleich ihre Überlegenheit gegenüber der Glührohrzündung

rohrprozeß (S. 84) nicht zu seinen Gunsten entschieden war, wäre es für die Prozeßführung mißlich gewesen, den Gegnern das Argument zu liefern, daß die Glührohrzündung offensichtlich der elektrischen Zündung unterlegen sei, weil ja auch die Daimler-Motoren-Gesellschaft die elektrische Zündung bevorzuge. Der Prozeß wurde am 13. Juni 1898 vor dem Reichsgericht gewonnen, und nun willigte DAIMLER ein, daß die elektrische Zündung erprobt wurde. Die mit der neuen Bosch-Abreißzündung im

Juli 1898 in den Alpen unternommenen Versuchsfahrten ergaben die Überlegenheit der elektrischen Zündung.

Bild 115 und 116 zeigen, wie die Abreißzündung am 12 PS-Phönix-Motor angebracht war und wie sie arbeitete. Der Abreißhebel *a* liegt in einem Hohlraum des

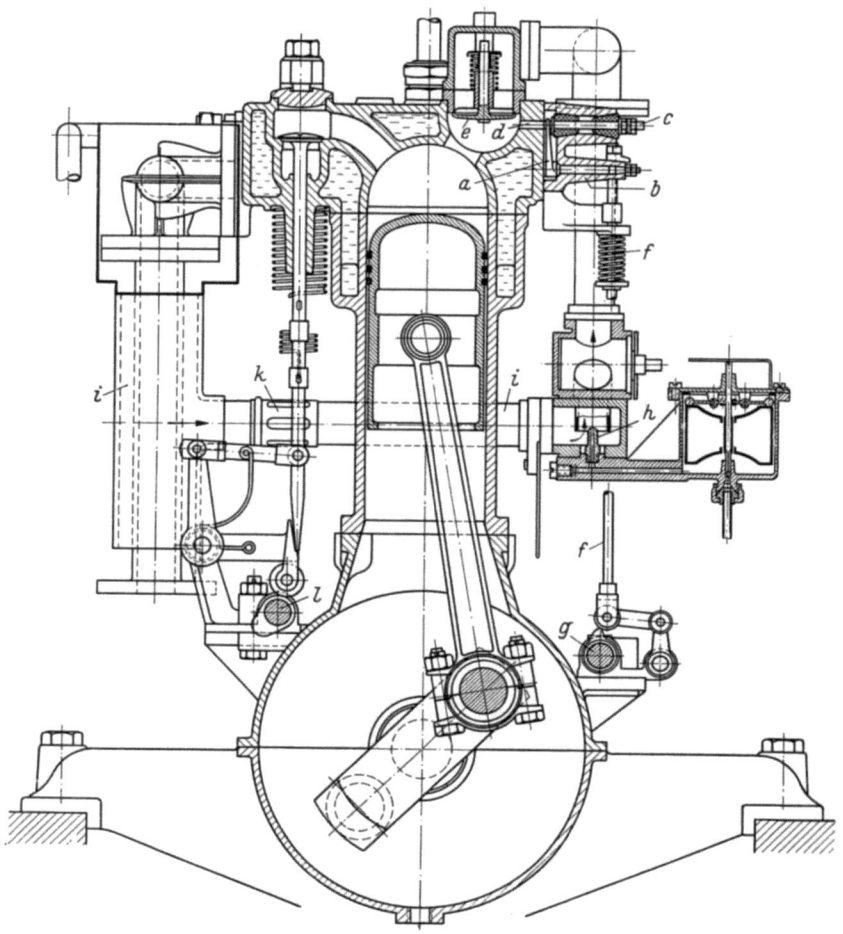

Bild 116. Schnitt durch einen Arbeitszylinder des Motors Bild 115 mit Abreißzündung

a Abreißhebel; *b* Gehäuse für Zündstifte *c* und Abreißhebel; *d* Zündbohrung; *e* Einlaßventil; *f* Abreißgestänge; *g* Nockenwelle für Steuerung der Zündung; *h* Spritzdüsenvergaser; *i* Vorwärmeinrichtung der angesaugten Luft; *k* Ringschieber für Beimischen kalter Luft; *l* Nockenwelle für Auspuffventil

Vorbaues *b*, der am Zylinderkopf befestigt und durch den der Zündstift *c* isoliert geführt ist. Der Hohlraum, in welchem *a* liegt, steht durch eine enge Bohrung *d* mit dem Raum unterhalb des Einlaßventils *e* in Verbindung. Während des Verdichtungshubes dringt zündfähiges Gemisch durch *d* in den Raum des Abreißhebels, und wenn im Totpunkt des Kolbens das Abreißgestänge *f*, das von einer besonderen Nockenwelle *g* gesteuert wird, den zugehörigen Abreißhebel von seinem Zündstift trennt, springt der Zündfunke über. Es ist die von OTTO 1885 angegebene magnetelektrische Abreißzündung.

In Bild 116 ist auf der rechten Seite MAYBACHs Spritzdüsenvergaser h zu sehen; die ihm zugeführte Luft kann durch die das Auspuffrohr umgebende Verschalung i vorgewärmt werden, doch kann man auch durch den Ringschieber k kalte Luft beimischen. Die Nockenwelle l betätigt das Auspuffventil durch ein Gestänge, das nach dem Prinzip der Aussetzerregelung gebaut ist.

Das Motorengeschäft dehnt sich aus

Man beschränkte sich in der Daimler-Motoren-Gesellschaft nicht auf die Entwicklung der Motoren für Personenwagen, sondern suchte, wie GOTTLIEB DAIMLER das immer gewollt hatte, dem Motor möglichst viele andere Absatzgebiete zu erschließen. Omnibusse und Lastwagen wurden gebaut; von den Lastwagen notiert MAYBACH im Januar 1898 mehrere „Aenderungen an den 100 Ctr. Wagen", die er vornehmen lassen will; man hatte damals also schon 5 to-Lastwagen im Bau. Auch der Bau von Eisenbahnwagen mit Motorantrieb wurde (1899) wieder aufgenommen, denn jetzt hatte man die stärkeren Motoren, die der Eisenbahnbetrieb erforderte. Bild 117 zeigt den Einbau eines Vierzylinder-10 PS-Motors, der über ein viergängiges Zahnradwechselgetriebe auf ein Kegelradgetriebe für Vor- und Rückwärtsgang mit nochmaliger Zahnrad-

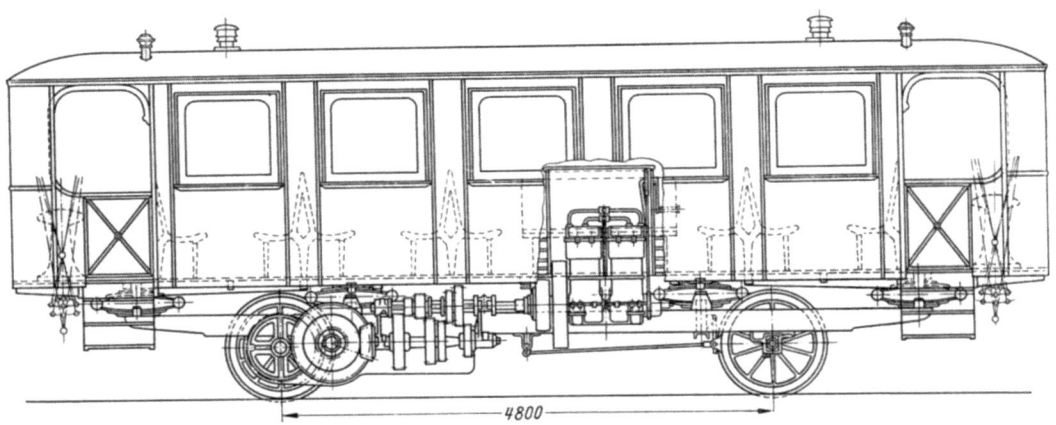

Bild 117. Eisenbahntriebwagen der Daimler-Motoren-Gesellschaft (1899)
In der Mitte der 10 PS-Motor
Der Wagen ist mit einem viergängigen Zahnradwechselgetriebe und für die Rückwärtsfahrt mit einem Kegelradwendegetriebe ausgerüstet

untersetzung arbeitete. Die Leistung wurde schon im nächsten Jahr auf 20 PS und ein weiteres Jahr darauf auf 30 PS gesteigert.

Für Motoren bietet der Bootsbau größere Absatzmöglichkeiten. Der Hamburger Generalvertreter empfiehlt Motoren für Fracht- und Passagierboote, für Segeljachten und Leichter; für flache Gewässer wird ein Boot mit Heckradantrieb vorgeschlagen. Ein „Daimler-Doppelschrauben-Motorboot, ausgestattet mit zwei Daimler-Benzinmotoren à 6 Pferdekräften" soll 150 bis 200 Personen fassen können. Da auch Motoren für Spiritusbetrieb gefragt werden, richtet man den Motor für diesen Brennstoff ein (Bild 118). Er muß dann, ebenso wie der Petroleummotor, zwei Vergaser erhalten, a für das Anfahren mit Benzin, b für den Betrieb mit Spiritus. Ist der Motor warm geworden, so wird durch Umlegen des Hahnes c von Benzin auf Spiritus umgeschaltet. Dem Vergaser a fließt das Benzin aus dem hochliegenden kleineren Behälter d zu; der größere Spiritusbehälter e liegt unten im Boot, er wird durch das an die Abgasleitung angeschlossene Rohr f unter schwachen Überdruck gesetzt, wodurch der Brennstoff

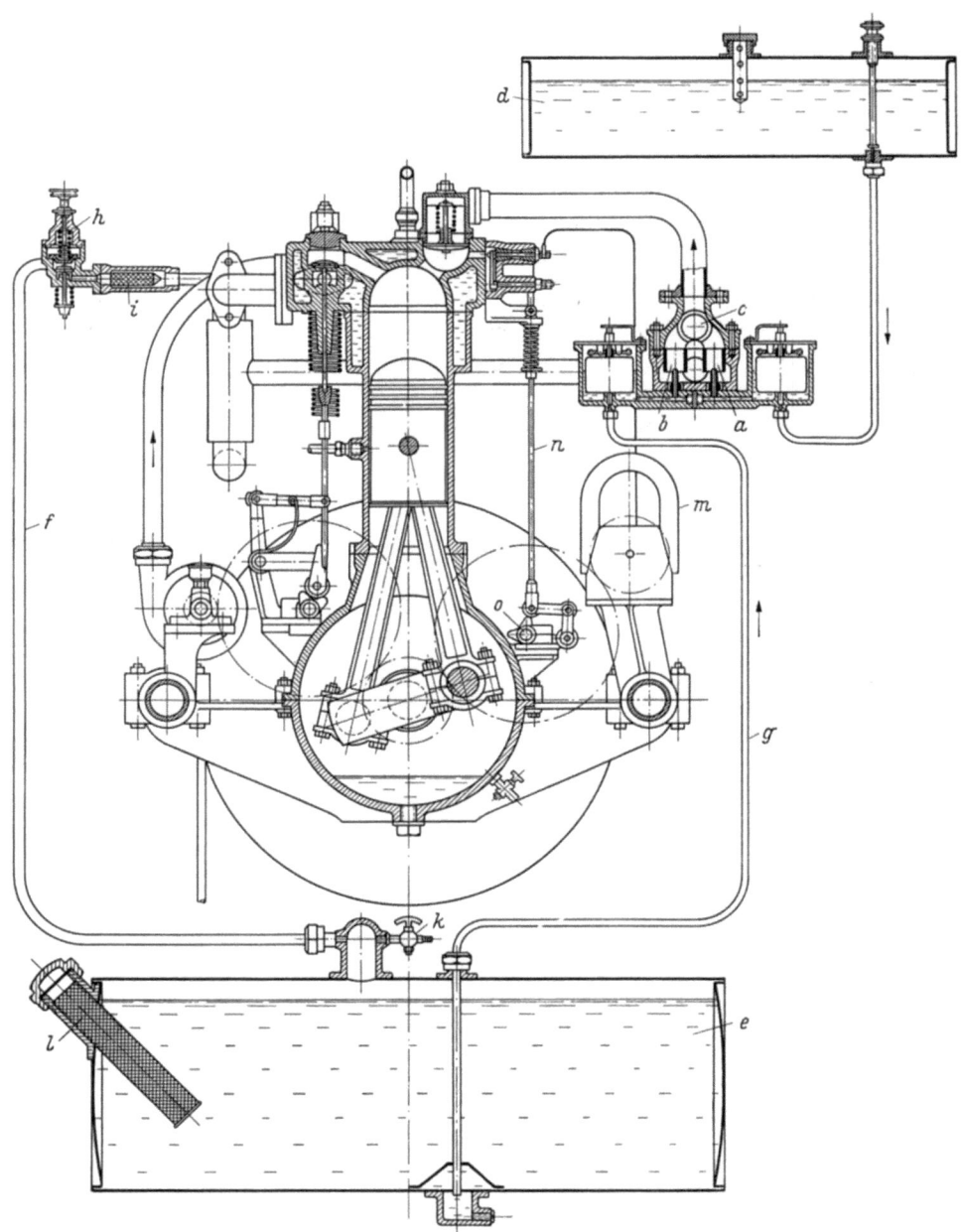

Bild 118. Bootsmotor mit Doppelvergaser für Spiritusbetrieb (1899)
a Benzinvergaser; b Spiritusvergaser; c Umschalthahn; d Benzinbehälter; e Spiritusbehälter; f Druckrohr von Abgasleitung zum Behälter e; g Saugrohr vom Behälter e zum Vergaser b; h Reduzierventil; i Sieb; k Belüftungshahn; l Füllöffnung; m Zündmagnet; n Abreißgestänge; o Nockenwelle für Steuerung der Zündung
Der Benzinvergaser dient hier nur zum Anfahren

durch Rohr *g* zum Schwimmergehäuse des Vergasers *b* hochgedrückt wird. Da der Überdruck im Behälter *e* nur gerade so groß sein soll, wie der Höhe der Spiritussäule zwischen *e* und *b* entspricht, ist in die Leitung *f* ein selbsttätiges Reduzierventil *h* mit einstellbarer Federspannung eingebaut; davor liegt ein Sieb *i*, das Unreinigkeiten abscheidet. Will man den Spiritusbehälter *e* nachfüllen, so muß zuvor durch Öffnen des Hahnes *k* der in *e* herrschende Überdruck weggenommen werden, erst dann darf durch die Öffnung *l* nachgefüllt werden.

In Bild 118 sieht man auch die Teile der Abreißzündung mit dem Hufeisenmagneten *m* und dem Abreißgestänge *n*. Die magnetelektrische Zündung, die jetzt auch alle Wagenmotoren erhalten, beansprucht mehr Raum in der Breite als die Glührohrzündung; sie ist auch teurer, da für die Steuerung des Abreißgestänges *n* eine zweite Nockenwelle *o* mit ihrem Zahnradantrieb vorgesehen werden muß. Aber der große Vorteil ist der Wegfall der Feuersgefahr; es gibt keine offene Flamme mehr. Die Feuersgefahr war das größte Hemmnis für die Steigerung des Absatzes der Daimler-Wagen gewesen, die jetzt erst den Vorsprung aufholen konnten, den KARL BENZ, der schon seit 1882 die elektrische Zündung verwendete (Bild 52, S. 110), bis dahin gehalten hatte. Obwohl diese Bootsmotoren mit zwei leichtentzündlichen Kraftstoffen arbeiteten, führten sie sich gut ein. Sie haben längere Zeit den Ansprüchen genügt, die man damals an einen Bootsmotor stellte.

Bild 119. Luftschraubenboot mit 12 PS-Vierzylinder-Maybachmotor für Versuchsfahrten des Grafen Zeppelin auf dem Bodensee (1899)

Aus der Zeit vor der Jahrhundertwende verdient eine Notiz WILHELM MAYBACHs vom September 1899 Erwähnung:

10 Stck. 4 HP II cyl. Motoren für Pflasterarbeit mit Kühlapparat neue Constr. u. Kühlpumpe.

Hier werden zum erstenmal Motoraggregate als Straßenbaumaschinen erwähnt.

Geschichtlich von besonderem Interesse ist Bild 119, das ein Luftschraubenboot darstellt, mit welchem GRAF ZEPPELIN 1899 Versuchsfahrten auf dem Bodensee unternommen hat. Wie Bild 120 zeigt, wird nur der Heckpropeller vom Motor angetrieben;

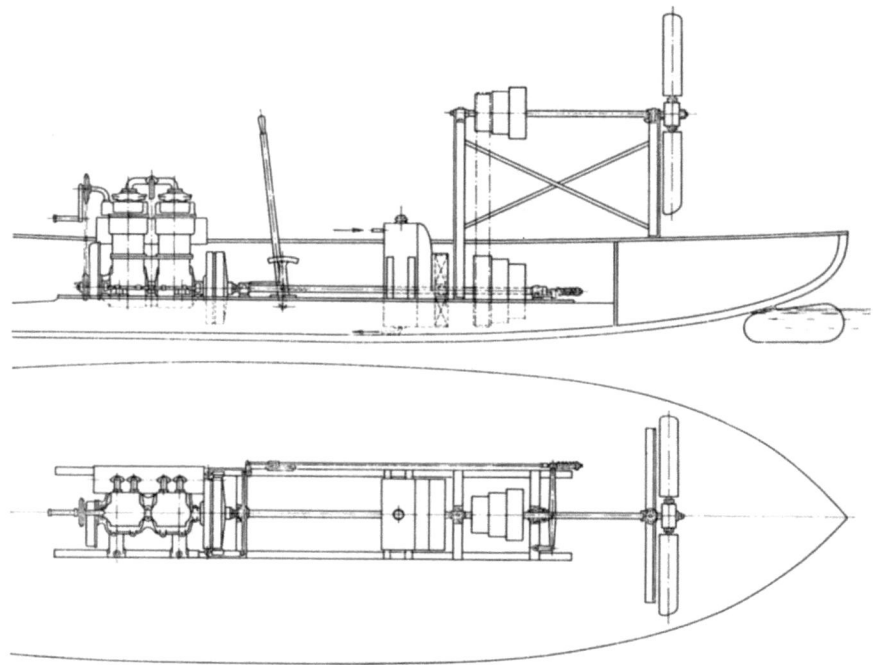

Bild 120. Das Heck des Bootes mit eingebautem Luftschraubenantrieb

die beiden anderen in Bild 119 sichtbaren Propeller haben vermutlich zu Meßzwecken gedient. Ein dreistufiges Riemengetriebe ermöglicht verschiedene Drehzahlen der Luftschraube. MAYBACH hat zu diesen Versuchen notiert: „12 HP Motor für Luftschiff Auspufftopf nach oben Auspuff nach unten". Mit dieser Anordnung sind 1900 die ersten beiden in ein Zeppelin-Luftschiff eingebauten 16 PS-Motoren geliefert worden. Der Motor, der ein Kurbelgehäuse aus Leichtmetall hatte, ist in Bild 121 von der Bedienungsseite dargestellt, auf der die Abreißzündung liegt. Man sieht rechts unten den Hufeisenmagneten mit den zu den Zündstiften führenden Kabeln sowie die Nockenwelle, die das Abreißgestänge betätigt. Mit diesem ersten Luftschiffmotor hat die historische Zusammenarbeit zwischen WILHELM MAYBACH und dem Zeppelin-Luftschiffbau begonnen.

Bild 121. Der erste Maybach-Luftschiffmotor (1900)
Zwei Motoren von je 16 PS Leistung wurden in das erste Luftschiff LZ 1 des Grafen Zeppelin eingebaut

Daimlers letzte Jahre

Durch die große Zahlung, die SIMMS Ende 1895 geleistet hatte, konnten die Finanzen der Gesellschaft in Ordnung gebracht und die Kredite zurückgezahlt werden. Die Wiedervereinigung mit DAIMLER und MAYBACH hatte man am 21. Dezember 1895 mit einem Versöhnungsmahl gefeiert, und der Friede schien wiederhergestellt. Die verfahrene technische Situation würde MAYBACH schon ins Reine bringen. So durfte man annehmen, daß GOTTLIEB DAIMLER, wenn es ihm auch, wie VISCHER schrieb, sehr schwergefallen war, seine Einwilligung zu dem neuen Vertrag zu geben, doch im großen und ganzen zufriedengestellt sei. Er hatte seinen vollen Aktienbesitz von 200000 Mark zurückerhalten, dazu einen ebenso hohen Betrag in bar als Entgelt für den Betrieb im Hotel Hermann sowie einen Genußschein über 100000 Mark; auch hatte man ihm die uneingeschränkte technische Oberleitung mit weitgehenden Rechten übertragen. Aber GOTTLIEB DAIMLER war nicht zufrieden. Statt sich an den technischen Arbeiten zu beteiligen, ließ er sich nur selten im Werk sehen, so daß die meisten Fragen schriftlich durch die Post zwischen ihm und der Fabrik geklärt werden mußten, und sein Interesse für MAYBACHs Arbeiten war nicht so lebhaft, wie MAYBACH sich wünschte. Ein Jahr nach der Wiedervereinigung schreibt MAYBACH in der Ruhe der Weihnachtsfeiertage, am 25. Dezember 1896, seinem Freund KÜBLER in New York einen langen Brief, in welchem er seinem Herzen Luft macht:

... Unsere ganze Hoffnung müssen wir nun auf H. v. Benecke setzen, daß er die Sache im Geiste seines Schwiegervaters[51] weiterführt u. auf H. Daimler, daß er endlich einmal wieder mit Freuden thätig eingreifen wird, statt wie bisher immer sucht Alles zurückzuhalten bis, wie er sagt, seine Angelegenheiten gegenüber Duttenhofer und Lorenz geordnet seien.

H. Daimler ist seit unserer letzten Generalversammlung Vorsitzender vom Aufsichtsrat, Duttenhofer stellvertretender Vorsitzender. H. Daimler nahm die Wahl an, will aber erst seine Funktionen übernehmen wenn er mit Duttenhofer & Lorenz im Reinen sei. Was er mit diesen beiden Herren ausfechten will ist mir nicht bekannt, vor Weihnachten sollte diese Angelegenheit in's Reine kommen, andernfalls Herr Daimler überhaupt nichts mehr von dem Geschäft wissen wolle u. seine eigenen Wege gehe.

Am 15. d. M. waren nun die HH. Daimler Duttenhofer u. Lorenz, ersterer unter Assistenz des H. Baudirektor resp. Präsident Leibbrand in Stuttgart zusammen; bei dieser Beratung muß aber nicht alles zur Zufriedenheit des H. Daimler ausgefallen sein, er ließ wieder einen neuen Vertrag von seinem Advokaten entwerfen u. nun schweben wieder die Verhandlungen auf's Neue. Dieser Zustand wirkt auf uns in der Direction sehr hemmend; wir dürfen uns über Nichts bestimmt entschließen, was eine unbequeme Anhäufung von schwebenden Fragen gibt die den geschäftlichen Horizont ganz verfinstert. Duttenhofer sagt: H. Daimler wisse nicht was er wolle u. uns in der Direction macht er verantwortlich für alle Verschleppung. Von der einen Seite werden wir also gebremst u. von der andern angetrieben; — dieß ist eine schlechte Fahrerei.

Man ist H. Daimler sehr entgegengekommen u. hielte ich es fürs Gerathenste wenn er endlich einmal nachgeben würde. Die Feiertage sind nun da und H. Daimler's Angelegenheit ist wieder nicht geregelt.

Mit mir bespricht H. Daimler nur das Nöthigste, ich muß seine Entschließungen aus ihm herauspressen. Für's Geschäft hat er immer keine Zeit, er kommt eben selten u. wenn er kommt so kommt er zur Zeit des Feierabend wenn man erschöpft ist. Hoffentlich wird sich dieser Zustand zu Beginn des neuen Jahres ändern, sonst können wir (Herr Vischer & ich) mit gutem Gewissen nicht mehr an der Spitze des Geschäfts stehen u. Verantwortung übernehmen. H. Daimler verbietet mir geradezu mit Neuerungen vorzugehen u. solche in Angriff zu nehmen. Dieß bringt mich auf die Vermuthung daß H. Daimler mit verschiedenen Neuerungen hervortreten will sobald die Herren Duttenhofer & Lorenz ihm nachgeben. H. Daimler war in letzter Zeit verschiedene Male in Paris u. London, hat alle bestehenden Wagenconstructionen gesehen u. hat sich dabei wahrscheinlich für eine endgültige Construction entschieden ...

Da ich die ewige Unzufriedenheit des H. Daimler nicht billige u. Verantwortung der Gesellschaft gegenüber übernommen habe halte ich mich möglichst neutral, aber immerhin freundschaftlich H. Daimler gegenüber.

Es liegt doch ein krankhafter Zug im Verhalten des H. Daimler, sonst könnte ich mir nicht erklären, warum er immer noch nicht zufrieden ist; wenn man glaubt einen Gegenstand aus dem Wege geräumt zu haben, so findet er wieder andere Hindernisse die ihn abhalten einzugreifen — es ist ein Jammer!

GOTTLIEB DAIMLER ist in seinen letzten Lebensjahren ein schwerkranker Mann gewesen. Die beiden anderen Mitglieder des Aufsichtsrats, DUTTENHOFER und LORENZ, waren bemüht, im guten mit ihm auszukommen, aber die kranke und reizbare Verfassung, von der er sich nicht befreien konnte, machte ihnen dies schließlich unmöglich. DAIMLER war seit langem so verbittert, daß er auch von seinen guten Freunden nicht mehr verstanden wurde. Der Baurat GROSS, der immer auf seiner Seite gestanden hatte, mußte schon im Frühjahr 1894 gegen ihn arbeiten, und sein Freund WILLIAM STEINWAY in New York, den er nach seiner zweiten Heirat 1893 besuchte, fand ihn so verändert, daß er an MAYBACH schrieb, DAIMLERs Ansichten seien ihm völlig unverständlich.

Noch einmal hat der Aufsichtsrat den Versuch gemacht, GOTTLIEB DAIMLER zufriedenzustellen. Nach der ergebnislosen Besprechung von Mitte Dezember 1896, über welche MAYBACH an KÜBLER geschrieben hatte, fand am 23. Januar 1897 eine Aufsichtsratsitzung statt, in welcher DAIMLER nach dem Protokoll die Erklärung abgab,

„daß er seit 15 Jahren bis jetzt umsonst mitgethan hätte, daß er aber jetzt nicht mehr umsonst weiter mitthun wolle, in der Weise wie es der Aufsichtsrat und die Direction wünsche, mit seinem ganzen technischen Wissen und Können.

> Ohne angemessene Bezahlung würde er nur weiter mitthun, wie es jeder andere Vorsitzende auch thut, der nicht als Fachmann im Geschäfte steht..."

Wiederum folgen langwierige Verhandlungen, bis am 15. März 1897 ein neuer Vertrag zustande kam. Er enthielt fast nur finanzielle Vereinbarungen; die wenigen Verpflichtungen, die GOTTLIEB DAIMLER übernommen hatte, wurden noch gemildert. Darüber heißt es: „Herr DAIMLER verpflichtet sich, solange als er von der Generalversammlung bezw. von dem Aufsichtsrat der Daimler Motoren-Gesellschaft zum Vorsitzenden des Aufsichtsrats gewählt wird, der Oberleitung des Geschäfts und der Leitung der Fabrikation seine tätige Mitwirkung zu widmen, indem es ihm übrigens überlassen bleibt, wie weit er dazu seine Zeit verwenden will." DAIMLER sollte in den Jahren 1898 bis 1900 jährlich 10000 Mark erhalten; DUTTENHOFER und LORENZ verpflichteten sich, bis zur Generalversammlung des Jahres 1900 je 50 Aktien aus ihrem Besitz an DAIMLER abzutreten, so daß jeder der drei Partner Aktien im Wert von 300000 Mark besitzen würde; außerdem sollte DAIMLER einen Betrag von 50000 Mark in dem Jahr erhalten, in welchem erstmalig aus dem Reingewinn eine Dividende von 5% verteilt werden könne. Damit wäre DAIMLER vielleicht zufrieden gewesen, aber nicht durch DAIMLERs Schuld kam es anders. Ein Paragraph des Vertrages bestimmte, daß „eine demnächst einzuberufende außerordentliche Generalversammlung" den Vertrag zu genehmigen hätte. Das Wort „demnächst" war nicht näher erläutert. Man ließ DAIMLER monatelang auf die Einberufung der Generalversammlung warten, und der schon schwer herzleidende Mann wurde immer verbitterter. Für eine ordnungsmäßige Generalversammlung, die am 29. Oktober 1897 stattfand, hatte DUTTENHOFER die Abstimmung über den Vertrag nicht auf die Tagesordnung gesetzt. Erst mehr als ein Jahr nach Abschluß des Vertrages wurde dieser auf einer außerordentlichen Generalversammlung vom 14. April 1898 ohne Aussprache genehmigt. So hatte DAIMLER nahezu zweieinhalb Jahre warten müssen, bis der Aufsichtsrat seinen Wünschen, die er bei der Wiedervereinigung ausgesprochen hatte, entgegenkam.

Der Vertrag vom April 1898 wurde DAIMLER gegenüber nicht loyal eingehalten. Schon das Ergebnis des Geschäftsjahres, das am 31. März 1899 endete, hätte eine Dividende von 5% ermöglicht, so daß man nach den Bestimmungen des Vertrages DAIMLER die 50000 Mark hätte auszahlen müssen. Der Aufsichtsrat ließ jedoch einige Posten der Bilanz buchmäßig herabsetzen, wodurch sich der Reingewinn um 24000 Mark ermäßigte, so daß die Ausschüttung einer Dividende von 5% nicht mehr möglich war. DAIMLERs Einspruch blieb erfolglos; die Generalversammlung genehmigte mit den Stimmen von DUTTENHOFER und LORENZ die geänderte Bilanz, und damit brauchte man die 50000 Mark nicht auszuzahlen. Für GOTTLIEB DAIMLER war dies um so kränkender, als der höhere Reingewinn zu einem erheblichen Teil aus den Lizenzgebühren für das Glührohrpatent stammte, nachdem DAIMLER die Nichtigkeitsklage vor dem Reichsgericht gewonnen hatte.

Die Aufregungen, denen GOTTLIEB DAIMLER in seiner letzten Lebenszeit keinen Widerstand mehr entgegensetzen konnte, verschlimmerten sein Leiden rasch. Am 6. März 1900 ist DAIMLER, 66 Jahre alt, gestorben. Das Protokoll der Generalversammlung vom 20. Oktober 1900 sagt hierzu nur kurz:

> Gegen Schluß des Geschäftsjahres am 6. März oo ist der Gründer unserer Firma,
> Herr Commerzienrat Gottlieb Daimler,
> Vorsitzender unseres Aufsichtsrats, nach längerem Leiden von seinem irdischen Arbeitsfeld abgerufen worden, nachdem derselbe infolge seiner Krankheit schon seit Mitte vorigen Jahres dem Geschäft seine Mitwirkung nicht mehr widmen konnte.

Das Andenken an ihn, als den Begründer des heutigen Automobilismus wird auch bei uns nie erlöschen.

Geschäftsmäßig fügt DUTTENHOFER als stellvertretender Vorsitzender des Aufsichtsrats hinzu: „Dem obigen Bericht, mit dem wir uns einverstanden erklären, haben wir nichts hinzuzufügen".

Gottlieb Daimler in der Geschichte

Das sind keine Worte, die der historischen Bedeutung DAIMLERs gerecht werden. Er, der während eines Jahrzehntes in Deutz nur im Schwermaschinenbau tätig gewesen war, der nur Gasmotoren kennengelernt hatte, Motoren, die 300 kg je Pferdestärke und mehr wogen und mit einem Kraftstoff betrieben wurden, der für ein Fahrzeug unbrauchbar war, der kaum irgendwelche Erfahrungen mit Benzinmotoren besaß, sah voraus, daß der Verbrennungsmotor ein Antriebsmittel für Verkehrsfahrzeuge werden könne, wenn man ihn leicht genug baute. Dieses Ziel gezeigt und mit unbeugsamer Zähigkeit verfolgt zu haben ist sein großes geschichtliches Verdienst, das er mit dem um zehn Jahre jüngeren KARL BENZ teilt. Daß er für die Ausführung seines genialen Gedankens auf MAYBACH, den „roi des constructeurs", angewiesen war, schmälert sein Verdienst nicht, sondern hebt WILHELM MAYBACH auf die gleiche Stufe mit ihm.

DAIMLER bedurfte seiner Starrköpfigkeit, um die schwere Aufgabe, die er sich gestellt hatte, zu lösen. Solche Männer sind für ihre Mitarbeiter nicht bequem, aber ihre Eigenschaften sind notwendig, wo Großes geleistet werden soll. Darum hat MAYBACH ihn ertragen, wenn es ihm auch oft schwer genug geworden ist. So schreibt er noch 1913 an CARL STEIN, der von 1901 bis 1919 Direktor der Gasmotoren-Fabrik Deutz war:

Mit dem alten H.[errn] Daimler hatte ich viel durchzumachen; er kam vom Hundertsten ins Tausendste; er wollte, wie er immer sagte, vor allem ‚das Feld belegen', er sah im Geiste schon die Eisenbahn u. die Großschiffahrt mit Daimlermotoren betrieben, und so waren die kleinen Fahrzeuge einige Jahre nicht so wichtig.

Daß DAIMLER alle Erfindungen, die MAYBACH machte, für sich in Anspruch nahm, entsprach nicht nur seiner Herrennatur, sondern ist auch aus den Gepflogenheiten jener Zeit zu verstehen. Erfindungen der Mitarbeiter gehörten dem Unternehmer; das war damals und noch Jahrzehnte später selbstverständlich. Man pflegte sie auch auf den Namen des Unternehmers oder der Firma anzumelden. Nur während der Periode Königstraße–Hotel Hermann war DAIMLER genötigt, hiervon abzuweichen, weil er seine Beteiligung an MAYBACHs Arbeiten nicht bekanntwerden lassen durfte. Aber DAIMLER hat wohl MAYBACHs vornehme Bescheidenheit gelegentlich zu sehr ausgenutzt, denn unmutig schreibt MAYBACH einmal:

... jetzt aber, wo ich sehe, daß er [Daimler] der Alleserfinder gewesen sein will, muß ich meine Zurückhaltung sehr bedauern.

Die einzige Erfindung, die GOTTLIEB DAIMLER gemacht hat, ist die Kurvennutensteuerung (Bild 33, S. 87). Alle anderen konstruktiven Einzelheiten, wenn sie auch auf DAIMLERs Namen angemeldet wurden, stammen von MAYBACH, sofern sie nicht, wie die Glührohrzündung, auf ältere Anregungen zurückzuführen gewesen sind.

Das alles aber ist nebensächlich. Was GOTTLIEB DAIMLER wirklich geleistet hat, darüber besitzen wir WILHELM MAYBACHs schönes Zeugnis, das er ihm, dreizehn Jahre nach DAIMLERs Tod, ausgestellt hat:

> Im felsenfesten Glauben an die zukünftige Verwendbarkeit des Motors für Fahrzeuge jeglicher Art ist Herr Daimler in den vielen Versuchsjahren 1882—1889 vor keinem auch noch so großen Opfer zurückgeschreckt. Er ist ebenso vertrauensvoll, wie zielbewußt auf dem beschrittenen Weg vorwärtsgedrungen, ungeachtet der mannigfachen Einwendungen und Zweifel seitens einiger seiner Freunde, die an eine praktische Durchführung seiner Ideen nicht glaubten.
>
> Vor allem hat Herr Daimler, Dank seiner großen Opferwilligkeit, mir ein ungestörtes und pekuniär sorgloses Arbeiten ermöglicht und dies selbst zu jener Zeit, als er wegen der Finanzierung keine geringen Sorgen und mancherlei Unannehmlichkeiten zu bekämpfen hatte. Dies sind unbestrittene Verdienste und sollen Herrn Daimler unvergessen bleiben.

XV. Der Motorenbau in Deutz nach Otto bis zur Jahrhundertwende (1891—1900)

Nach OTTOs Tod (26. Januar 1891) lag die technische Führung der Gasmotoren-Fabrik Deutz allein in den Händen HERMANN SCHUMMs. Unter der Leitung dieses fähigen Mannes dehnte sich das Geschäft aus; die Zylinderleistungen wurden vergrößert und konstruktive Verbesserungen eingeführt.

Konstruktive Entwicklung der Deutzer Motoren

Im Bauprogramm blieb der langsamlaufende schwere Motor liegender Bauart noch auf Jahre hinaus vorherrschend. In weit überwiegender Mehrzahl waren es Gasmotoren: von den rd. 24000 Motoren, die in Deutz von 1876 bis Mitte 1900 gebaut worden sind, waren 80% Gasmotoren; der Rest verteilte sich auf Benzin- und Petroleummotoren. Benzinmotoren (Bild 79) sind zum erstenmal im Geschäftsjahr 1885/86 geliefert worden; sie waren dem liegenden Gasmotorenmodell nachgebildet und arbeiteten mit Oberflächenvergaser und der von OTTO erfundenen Abreißzündung. Ihre Kreuzkopfführung wurde 1890 durch den Tauchkolben ersetzt. Zu Lebzeiten OTTOs überstieg die Zylinderleistung der Benzinmotoren nicht 10 PS; sie wurde bis 1900 allmählich auf 50 PS gesteigert; vereinzelt (1897) wird auch ein Benzinmotor mit einer Zylinderleistung von 125 PS gebaut. Petroleummotoren sind erst nach OTTOs Tod geliefert worden; ihre Zylinderleistung wächst in dem Jahrzehnt vor der Jahrhundertwende von 8 auf 50 PS. Benzin- und Petroleummotoren werden auch in Lokomotiven und Lokomobilen eingebaut. Die Lieferung von Bootsmotoren hat man in Deutz erst im Geschäftsjahr 1902/03 aufgenommen.

Die Zylindergrößen der in Deutz in den neunziger Jahren gebauten Motoren wuchsen stetig an. In einer Festschrift, welche die Fabrik „zur Feier des fünfundzwanzigjährigen Zusammenwirkens der Herren Geheimrat EUGEN LANGEN und Dr. N. A. OTTO" am 30. September 1889 herausgab, war als größte Maschine ein liegender „100pferdiger Motor" abgebildet, dessen vier Zylinder von je 25 PS einander paarweise gegenüberlagen; je zwei gegenüberliegende Zylinder griffen an einem Kurbelzapfen der zweifach gekröpften Welle an. Eine Leistung von 100 PS hatte schon der 1881 für das Theater in Frankfurt gebaute Motor gehabt (S. 147), jedoch waren dies zwei parallel angeordnete Einzylindermotoren von 50 PS gewesen, die nacheinander angelassen und mit der Antriebswelle der Feuerlöschpumpe gekuppelt wurden. Die größte Zylinderleistung, die zu OTTOs Lebzeiten hergestellt worden ist, betrug 60 PS. Aber schon in dem Jahr, das auf OTTOs Tod folgte, ging man auf 100 PS. Die damit verbundene Zunahme des Zylindergewichtes nötigte bei den größeren Motoren zu einer Abkehr von dem seit 1876 befolgten Baumuster des freitragend an die Grundplatte angeflanschten Zylinders (Bild 122, a). Man stützte den Zylinder auf einen Fuß, der auf der verlängerten Grundplatte gleitend ruhte (Bild 122, b); der Zylinder war an den Grundrahmen geflanscht. Etwas später vereinigte man bei den größten Ma-

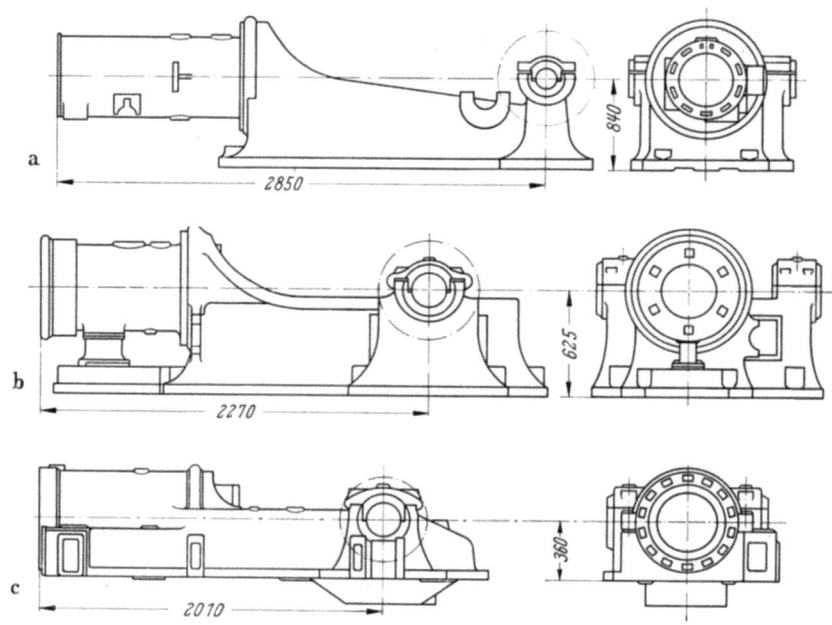

Bild 122. Entwicklung von Grundplatte und Zylinder der liegenden Deutzer Motoren
a Type A mit Kreuzkopf, seit 1876
  Type E mit Tauchkolben, seit 1889
b Type G Zylinder auf Fuß abgestützt, seit 1890
c Type G Zylinder in die Grundplatte eingelagert, seit 1891

		a	b	c
Hubvolumen	ltr	45,0	46,6	45,3
Zylinder-Leistung	PS	28	41	52
Mittlere Kolbengeschwindigkeit	m/sec	2,61	3,48	3,17
Verdichtungsdruck	kg/cm^2	3	9	12
Zünddruck	kg/cm^2	11	23	30
Größte Kolbenkraft	kg	9000	18 500	27 200
Gewicht (Rahmen + Zylinder)	kg	2700	3 100	1 900

schinen den Zylindermantel mit der Grundplatte zu einem einheitlichen Gußstück, dessen Form die immer größer werdenden Kräfte besser aufnahm (Bild 122, c). Die drei Teilbilder 122, maßstäblich gezeichnet und auf ein gleiches Hubvolumen von etwa 46 Liter bezogen, zeigen, wie man in Deutz die Leistung gesteigert und zugleich die Raumbeanspruchung und den Aufwand an Werkstoff verringert hat. Die mittlere Kolbengeschwindigkeit wurde nur sehr vorsichtig vergrößert, dagegen ging man mit dem Verdichtungsdruck und dem Zünddruck allmählich auf bedeutend höhere Werte, wodurch es innerhalb eines Jahrzehnts gelang, bei gleichen Zylinderabmessungen die Leistung zu verdoppeln. Dabei stieg die vom Kolben aufgenommene und auf den Zylinderrahmen wirkende Kraft auf den dreifachen Betrag (Zahlentafel zu Bild 122);

trotzdem konnte das Gewicht von Zylinder und Rahmen um ein Drittel verringert werden, weil die gedrungene Bauart des Rahmens (Bild 122, c) die vergrößerten Gaskräfte besser aufnahm.

Von 1894 ab wurde bei den Deutzer Motoren auch das Einlaßventil mechanisch gesteuert. Bis dahin war es ungesteuert ausgeführt worden; der vom Arbeitskolben zu Beginn des Saughubes erzeugte Unterdruck öffnete das von einer schwachen Feder belastete Ventil und ließ das Gemisch eintreten. Durch die Drosselung wurde die Gemischmenge verringert, was auch die Leistung verkleinerte. Mit der zunehmenden mittleren Kolbengeschwindigkeit machte sich dieser Nachteil stärker bemerkbar. Die mit dem gesteuerten Einlaßventil versehenen Motoren wurden ein großer technischer Erfolg. Die mit Kreuzkopf gebauten Motoren nannte man E3, die Tauchkolbenmotoren hießen K2. Von beiden Typen zusammen wurden im Geschäftsjahr 1894/95 168 Motoren hergestellt; im nächsten Jahr waren es schon 755, und von da ab hielt sich die Zahl der jährlich verkauften Motoren auf über 900. Der K2-Motor wurde mit Leistungen von 1 bis 16 PS, der E3-Motor mit Leistungen bis 30 PS gebaut. Die Bauart E3, die aus der 1876 in ihren Grundzügen von OTTO geschaffenen A-Type hervorgegangen ist, lief erst kurz vor dem ersten Weltkrieg aus.

Die Deutzer Glührohrzündung mit Anfahrsteuerung

Mit den allmählich ansteigenden Drehzahlen fing das Zündungsproblem an, mehr und mehr Schwierigkeiten zu bereiten. Solange sich die Gasmotoren nur gemächlich drehten, hatte die schiebergesteuerte Flammenzündung vollauf genügt. Sie war betriebssicher, und es bestand daher auf Jahre hinaus kein Bedürfnis, etwas Neues einzuführen. OTTO hat 1884 seine magnetelektrische Niederspannungszündung (S. 153) nicht aus dem Bedürfnis heraus erfunden, eine Zündvorrichtung zu schaffen, die sich für hohe Drehzahlen eignete, sondern weil er die offene Flamme vermeiden wollte, die bei Benzinbetrieb gefährlich war. Viel höhere Drehzahlen als die Schiebersteuerung erlaubte die Abreißzündung mit ihrem anfänglich recht schwer gebauten Antriebsgestänge auch nicht. Man suchte sich zunächst zu helfen, indem man den Einlaß des Gas-Luft-Gemisches nicht mehr durch den Zündschieber steuerte, sondern das Gemisch durch ein selbsttätig arbeitendes Ventil eintreten ließ; dann benötigte man nur noch einen kleinen Schieber für die Zündung. „Ein Schieber von verhältnismäßig geringen Dimensionen dient ausschließlich zur Zündung" heißt es in einem Prospektblatt aus dem Geschäftsjahr 1891/92.

Außer den zunehmenden Drehzahlen erschwerten auch die wachsenden Verdichtungsdrücke die Verwendung des Zündschiebers. Jahrelang war man nicht über einen Verdichtungsdruck von 3 kg/cm² hinausgegangen; gegen diesen Druck hatte der Schieber die „Vermittlungsflamme" noch ganz gut in den Brennraum des Arbeitszylinders hineinschleusen können. Als man aber den Verdichtungsdruck auf 6 at und mehr steigerte, um die Wärmeausnutzung zu verbessern, war das nicht mehr möglich. Bei solchen Drücken war nur die Abreißzündung brauchbar, und da diese bei höheren Drehzahlen Schwierigkeiten machte, mußte man sich entschließen, allgemein zur Glührohrzündung überzugehen. Diese aber war GOTTLIEB DAIMLER durch das DRP 28022 (Bild 31, S. 83) geschützt.

Jetzt zeigte es sich, daß man 1880 einen Fehler gemacht hatte, das Angebot LEO FUNCKs auf Erwerb der ihm geschützten Glührohrzündung (Bild 30) abzulehnen;

im Besitz seines Verfahrens wäre man DAIMLERs Patentanmeldung vom Dezember 1883 zuvorgekommen. Inzwischen hatten DAIMLER und MAYBACH gezeigt, daß man mit der Glührohrzündung auf hohe Drehzahlen gehen konnte. So erwarb Deutz die Glührohrzündung nach HEESE (Bild 81, S. 159), mit welcher OTTOs „Zwergmotor" (Bild 80) ausgerüstet wurde. Als dieser nach OTTOs Tod an Kunden geliefert wurde, mußte dies GOTTLIEB DAIMLERs Einspruch zur Folge haben, zumal da Deutz den Steuerschieber der Heese-Zündung weggelassen hatte (Bild 81), also die offene Glührohrzündung verwendete. Damit war HEESEs Patent 41856 von dem älteren Patent 28022 DAIMLERs abhängig. Auf GOTTLIEB DAIMLERs Vorhaltungen antwortete Deutz am 8. Februar 1894 mit einer Nichtigkeitsklage gegen DAIMLERs Patent. Das Eigentumsrecht an diesem Patent war mit der Gründung der Daimler-Motoren-Gesellschaft an diese übergegangen. Die beiden Mitglieder des Aufsichtsrats der Daimler-Motoren-Gesellschaft, DUTTENHOFER und LORENZ, zogen es daraufhin vor, sich mit Deutz gütlich zu einigen; Deutz zog die Nichtigkeitsklage zurück und erhielt das kostenlose Mitbenutzungsrecht. „Hiermit hat die Gesellschaft an einen mächtigen Konkurrenten große Werte einfach verschenkt", schrieb DAIMLER in zorniger Aufwallung an seinen Aufsichtsrat. Aber dieser hatte recht; er konnte nicht voraussehen, daß es DAIMLER vier Jahre später gelingen würde, sein Patent vor dem Reichsgericht gegen die von anderer Seite angestrengte Nichtigkeitsklage erfolgreich zu verteidigen, und wollte nicht das Risiko eines verlorenen Patentprozesses eingehen.

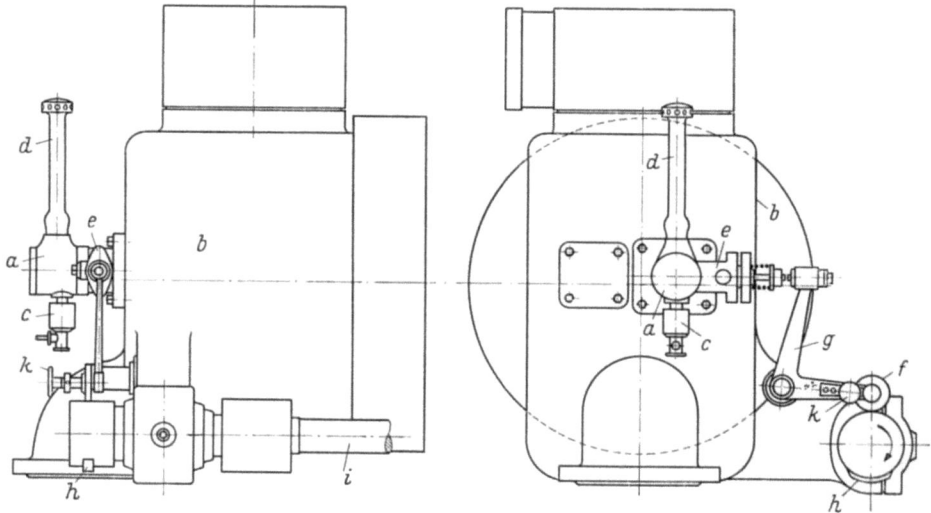

Bild 123. Vorrichtung zum Steuern der Glührohrzündung am Deutzer Gasmotor Modell „G" (1891)
a Glührohrgehäuse; b Zylinderkopf; c Glührohrbeheizung; d Kamin; e Schiebergehäuse; f Rolle; g Winkelhebel; h Steuernocken; i Steuerwelle; k Knopf zum Verschieben der Rolle f
Die Steuerung der Glührohrzündung sollte die Frühzündungen vermeiden, die während des Anfahrens des Motors auftraten. Wenn der Motor die volle Drehzahl erreicht hatte, wurde die Steuerung von Hand ausgerückt

Bei der Ausführung der Glührohrzündung machte man bald die Erfahrung, daß das Glührohr auch Nachteile hatte. Vor dem Anfahren des Motors mußte das Glührohr auf Rotglut erhitzt werden, und wenn der Motor darauf angelassen wurde, gab es Frühzündungen, solange er seine normale Drehzahl nicht erreicht hatte. Der Kolben stand noch zu weit vom äußeren Totpunkt entfernt, während das Glührohr die

Zündung schon einleitete. Bei der vollen Drehzahl hörten die Frühzündungen auf. Man suchte dem abzuhelfen, indem man vor das Glührohr ein Steuerorgan setzte, welches bewirkte, daß die Verbindung zwischen Zylinder und Glührohr erst dann hergestellt wurde, wenn der Kolben nahe dem Totpunkt stand. Bild 123 (nach einem alten Prospekt) zeigt den Anbau der Vorrichtung an der Stirnseite des liegenden Motors. Das Glührohr liegt im Gehäuse a, das an den Zylinderkopf b geflanscht ist; es wird durch den Brenner c mit Kamin d beheizt. Der Verbindungskanal zwischen Glührohr und Brennraum wird durch einen im Gehäuse e untergebrachten Schieber geöffnet, wenn die Rolle f des Winkelhebels g über den Nocken h läuft, der auf dem freien Ende der Nockenwelle i befestigt ist. Dies gilt für das Anfahren, solange die Zündungen noch nicht regelmäßig sind. Frühzündungen können nicht eintreten, weil der Schieber den Verbindungskanal erst freigibt, wenn der Arbeitskolben dicht vor seinem äußeren Totpunkt steht. Ist der normale Betriebszustand erreicht, so zieht der Maschinist die Rolle f, die auf ihrem Zapfen verschoben werden kann, am Knopf k aus dem Bereich des Nockens h heraus; der Schieber bleibt in der Öffnungsstellung stehen, und die Maschine arbeitet mit ungesteuerter Glührohrzündung.

Bis zum Jahr 1900 wurden etwa 500 Motoren dieser Bauart geliefert. Die Glührohrzündung verdrängte allmählich die Flammenzündung und ist, da sie sich bewährte, vereinzelt noch bis in die dreißiger Jahre ausgeführt worden, als man schon seit langem die Hochspannungszündung von Bosch-Honold besaß. Vermutlich sind es Liebhabereien alter Kunden gewesen, die sich von der ihnen vertraut gewordenen Glührohrzündung nicht trennen wollten.

Ottos Membransteuerung des Auspuffventils

In den neunziger Jahren hat die Gasmotoren-Fabrik ihre stehenden Kleinmotoren mit einer Steuerung versehen, die eine der letzten Erfindungen OTTOS gewesen ist. Er hat sie im März 1890 zum Patent angemeldet; die Patentschrift 53906 wurde am 9. Oktober ausgegeben, drei Monate vor seinem Tod — ein letztes Zeugnis seiner Schaffenskraft, wenn sie auch nach den Ereignissen der vorhergehenden Jahre nicht mehr die alte war. Die für das Kleingewerbe bestimmten Motoren, die nur wenige Pferdestärken leisten sollten, vertrugen keinen hohen Verkaufspreis; daher suchte OTTO den Motor möglichst einfach und billig zu bauen. Er wollte die Nockenwelle vermeiden und die Viertaktwirkung dadurch herbeiführen, daß eine Membransteuerung die Verbindung zwischen der Kurbelwelle und dem Auspuffventil abwechselnd herstellte und unterbrach. Der Anspruch 1 seines DRP 53906 beschreibt die Erfindung etwas umständlich mit den Worten:

Eine Viertakt-Gas- oder Petroleummaschine, welche sich kennzeichnet durch die Zusammenstellung einer Steuereinrichtung für das Ausblaseventil, welche (unter Wegfall der üblichen Steuerwelle mit Räderübersetzung) von der Schwungradwelle oder einem anderen Theil der Maschine zwangsläufig bewegt wird, mit einem Zwischengliede (Kolben, Membran etc.), welches durch die im Cylinder oder in den Gas- oder Luftkanälen vorkommenden Druckveränderungen bethätigt wird und die erste Einrichtung derart beeinflußt, daß dadurch das Ausblaseventil während der Ausblaseperiode geöffnet und während der Compressionsperiode geschlossen ist.

Die der Patentschrift beigefügten Zeichnungen sind undeutlich; Bild 124 ist nach einer Skizze A. LANGENS[22] gezeichnet. Das auf der Kurbelwelle aufgekeilte Exzenter a öffnet durch Exzenterstange und Geradführung das Auspuffventil b, wenn die der Membran c angelenkte Stelze d auf Mitte steht. Während des Saughubes des Arbeitskolbens herrscht im Zylinder und im Raum unterhalb des selbsttätig wirkenden Einlaßventils e ein Unterdruck, der sich durch das Rohr f auf die rechte Seite der Membran fortpflanzt. Gleichzeitig wirkt auf die linke Seite der Atmosphärendruck, der die

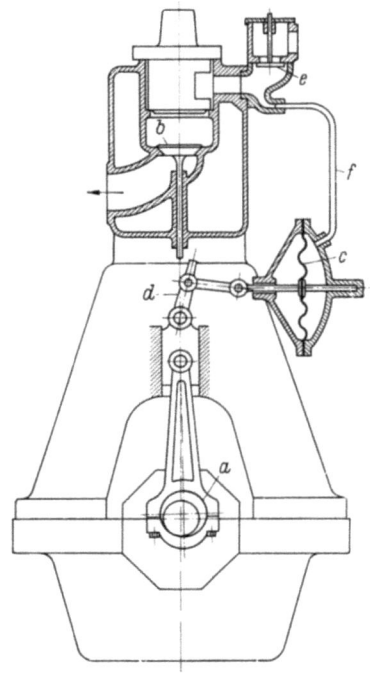

Bild 124
Deutzer Kleinmotor
mit Ottos Membransteuerung
des Auspuffventils (1892)

a Exzenter; b Auspuffventil; c Membran; d Stelze; e Einlaßventil; f Leitung vom Brennraum zum Membrangehäuse

Auf diese letzte Erfindung OTTOs wurde das DRP 53906 vom 18. März 1890 erteilt. Sie ist erst nach OTTOs Tod ausgeführt worden

Membran nach rechts durchbiegt und die Stelze d aus dem Bereich der Auspuffventilspindel zieht. Dies tritt bei jeder zweiten Umdrehung ein; während der dazwischen liegenden Umdrehung liegt die Stelze unter dem Auspuffventil, so daß das Exzenter das Auspuffventil öffnet.

Die Steuerung ist nach OTTOs Tod ausgeführt worden. Bild 125 zeigt einen mit der Membransteuerung versehenen Kleinmotor der Type DM, die für Leistungen von 0,5 bis 6 PS gebaut wurde. Bei diesem stehenden Motor liegt die Kurbelwelle oben, der Verbrennungsraum unten. Soweit die Buchstaben auch in Bild 124 vorkommen, bezeichnen sie dieselben Teile. Das Exzenter a versetzt den zweiarmigen Hebel g in eine schwingende Bewegung; das linke Hebelende drückt die Stelze d nach unten, wenn das Auspuffventil, das im Gehäuseteil b liegt, öffnen soll. Bei h ist die Stelze mit der Spindel des Auspuffventils gelenkig verbunden; bei i greift die Spindel der im Gehäuse c liegenden Membran an. Das selbsttätig arbeitende Einlaßventil liegt im Gehäuse e. An den Raum zwischen Einlaß- und Druckventil ist das Rohr f angeschlossen, das den in jenem Raum eintretenden Unterdruck auf die eine Membranseite (in Bild 124 ist es die rechte, in 125 die linke) überträgt. Für den Druckausgleich genügt ein dünnes Rohr, da nur eine schwache Strömung auftritt. Herrscht auf der linken Seite der Membran Unterdruck, so schiebt die Membran das obere Ende der Stelze d nach links, so daß der Hebel g die Stelze verfehlt und das Auspuffventil geschlossen bleibt. In Bild 125 ist k die Verschalung des Glührohres, l die der Heizflamme und m der Kamin. Bei n ist die Auspuffleitung angeschlossen.

Bild 125
Stehender Deutzer Kleinmotor
mit Membransteuerung

a Exzenter; b Gehäuse des Auspuffventils; c Membrangehäuse; d Stelze; e Gehäuse des Einlaßventils; f Leitung vom Brennraum zum Membrangehäuse c; g Hebel; h Gelenk der Stelze d; i Gelenk der Membranspindel; k Gehäuse des Glührohres; l Glührohrbeheizung; m Kamin der Heizflamme; n Auspuffleitung
In den Jahren 1892 bis 1896 wurden etwa 280 Kleinmotoren mit der Membransteuerung versehen

Die Membran war eine weiche Lederplatte. Durch Hinzufügen einer Ablenkvorrichtung, die so geformt war, daß die Stelze bei erhöhter Drehzahl das freie Ende des Hebels g verfehlte, konnte die Steuerung so eingerichtet werden, daß sie zugleich als Aussetzerregelung wirkte. Mehrere hundert stationäre Kleinmotoren sind mit dieser Steuerung gebaut worden; auch bei Bootsmaschinen, die mit Petroleum betrieben wurden, ist sie angewendet worden.

Die Deutzer Petroleummotoren

In der zweiten Hälfte der achtziger Jahre, noch zu OTTOs Lebzeiten, hat man in Deutz die Motoren auch für Betrieb mit Petroleum eingerichtet. Es lag nahe, es auf demselben Weg zu versuchen, der beim Benzin zum Erfolg geführt hatte, d. h. einen Vergaser zu benutzen, den man wegen der schwereren Verdampfbarkeit des Petroleums von außen beheizte. Über diese Versuche, die OTTO etwa 1886 begonnen hat, schreibt später CARL STEIN, der 1901 dem im gleichen Jahr verstorbenen HERMANN SCHUMM als technischer Direktor der Gasmotoren-Fabrik folgte:

Noch konnte man sich nicht von der Idee freimachen, daß das Petroleum erst verdampft werden müsse, um es in der Gasmaschine verbrennen zu können, bis der scharfen Beobachtungsgabe Dr. Otto's an einem kleinen Experiment der Nachweis gelang, daß Petroldampfwolken nur schlecht und mit rußender Flamme, fein zerstäubtes Petroleum dagegen mit blauer Flamme und vollständig verbrenne.

Diese Erkenntnis änderte mit einem Schlag die seither eingeschlagene Richtung.

Im Jahre 1889/90 wurde ein neuer Cyklus von Versuchen begonnen, bei denen das flüssige möglichst weit vorgewärmte Petroleum in einen Teil der Ansaugeluft in möglichst feiner Zerstäubung in den ungekühlten Kopf eingeführt und erst im Cylinder mit weiterer Verbrennungsluft gemischt und verbrannt wurde.

Mit der Erkenntnis, daß fein zerstäubtes flüssiges Petroleum leichter zündet als Petroleumdämpfe oder -gase, ist OTTO seiner Zeit weit vorausgeeilt. Noch in den zwanziger Jahren hat man immer wieder versucht, das Petroleum vor der Zündung im Motor zu verdampfen oder gar zu vergasen, immer ohne Erfolg. A. RIEDLER, der noch 1916 mit Nachdruck die Meinung vertrat, daß „kein Brennstoff, sondern nur das Vergaste" brennen könne, hat viel zu jener irrigen Ansicht beigetragen.

Der erste Motor, der mit Zerstäubung flüssigen Petroleums arbeitete, ist 1891/92 auf den Markt gekommen; OTTO hat ihn nicht mehr erlebt. Das Brennstoffgemisch wurde dadurch gebildet, daß während des Saughubes des Arbeitskolbens Petroleum aus einer Brause, die mit einem Fallbehälter verbunden war, in fein verteiltem Zustand von der angesaugten Luft mitgerissen wurde. Hinter der Brause durchströmte das Gemisch einen Kanal, dessen Wand beheizt wurde, was ein Kondensieren der Brennstofftröpfchen verhindern sollte; darauf gelangte es durch das Einlaßventil in den Zylinder. Gezündet wurde anfangs durch ein gesteuertes, später durch ein offenes Glührohr. Da man die kleine Brennstoffmenge, die zur Beheizung des Glührohres erforderlich war, nicht so zu zerstäuben verstand, wie rauchfreies Brennen es erfordert hätte, entwickelte man einen „Rohrzünder", dessen Prinzip THEODOR HEESE unter DRP 52943 geschützt war (Bild 126). Das aus einem Behälter durch das Rohr a zu-

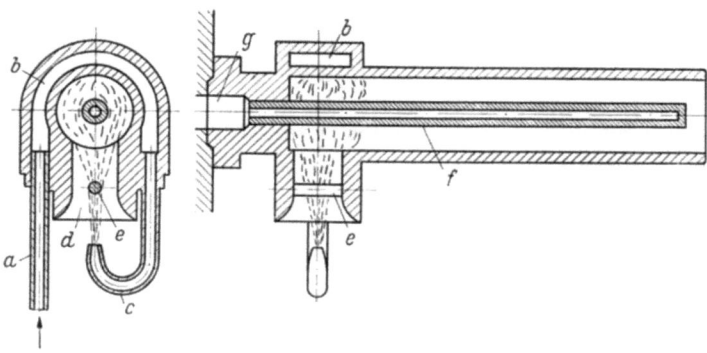

Bild 126
Glührohrbeheizung nach TH. HEESE (nach der Patentschrift 52943 vom 19. November 1889)
a Brennstoffzufluß; b Kanal zum Vorwärmen des Petroleums; c Düsenrohr; d Luftzuführung; e von der Flamme umspülter Stift; f Glührohr; g Öffnung zum Brennraum
Die Vorrichtung war besonders für Petroleummotoren bestimmt. Damit das Glührohr nicht mit Leuchtgas beheizt zu werden brauchte, von dem man unabhängig sein wollte, wurde die Heizflamme durch verdampftes Petroleum gespeist

fließende Petroleum wird durch den von innen beheizten halbringförmigen Raum b geführt, in welchem es vorgewärmt wird, und tritt am Ende des in eine Düse ausgezogenen Rohres c aus, wo es angezündet wird und dauernd brennt. Bei d kann die Luft zutreten. Nach Meinung des Erfinders tritt das Petroleum in Dampfform aus dem Düsenrohr c „in starkem Strahle" aus; an dem quer durch die Bohrung d geführten Stift e soll der Petroleumdampf „sich brechen und oberhalb des Stiftes eine Gebläseflamme bilden, welche das Röhrchen f [d.i. das Glührohr] eng umspült und zugleich den umgebenden Wänden des Verdampfungsraumes b die nöthige Wärme abgiebt".

Etwa zehn Jahre hat man in Deutz diese Glührohrzündung verwendet; über 1000 Petroleummotoren wurden bis zur Jahrhundertwende damit geliefert. Erst 1898 erhielten die Motoren, die mit Einspritzung des Petroleums durch eine Brause in die Saugleitung arbeiteten, die von OTTO 1884 erfundene Abreißzündung, die man schon 1885 bei den Benzinmotoren angewendet hatte. Daß man sich bei den Petroleummotoren so spät entschloß, zur Abreißzündung überzugehen, wird darauf zurückzuführen sein, daß sie erheblich teurer als die Glührohrzündung war, denn die Abreißzündung brauchte eine besondere Nockenwelle mit Gestänge zum Steuern der Abreiß-

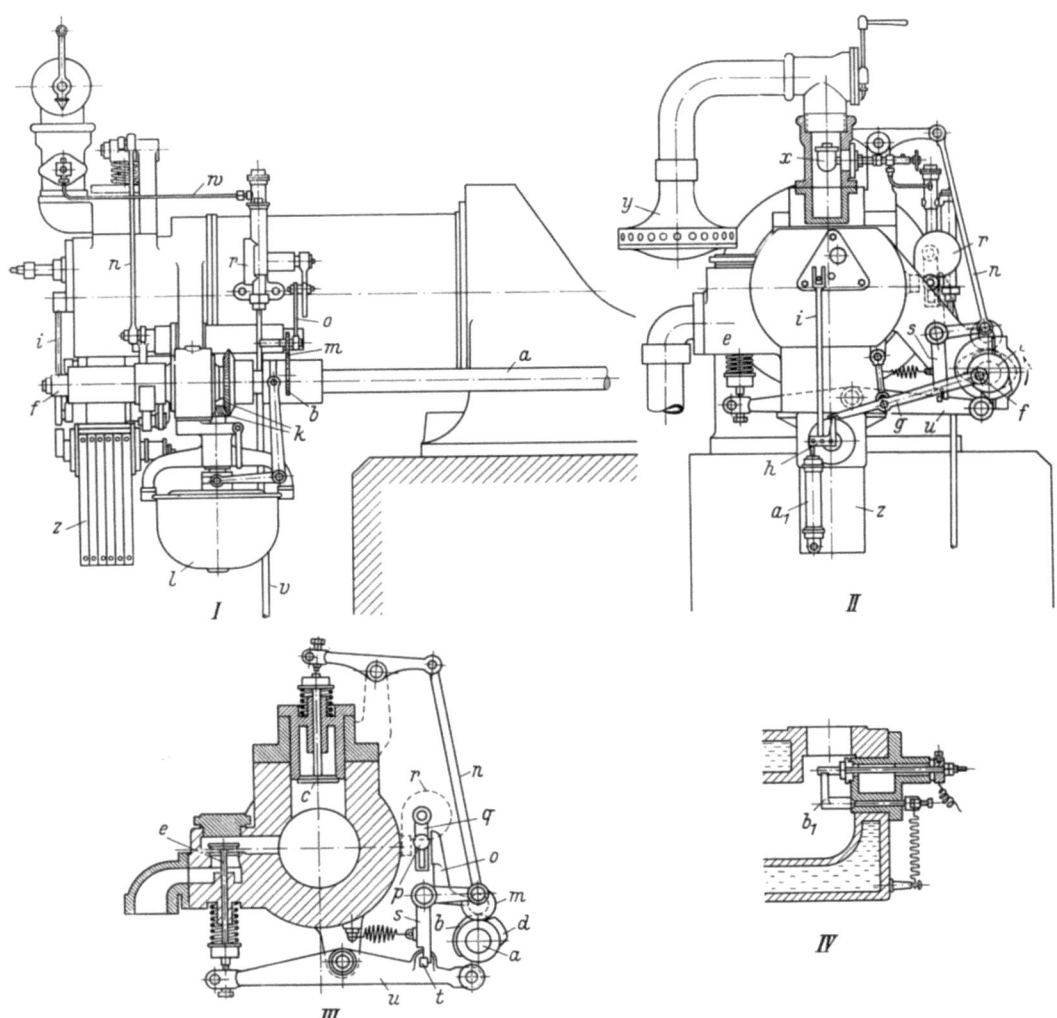

Bild 127. Der Deutzer Petroleummotor „E 4 P" mit gesteuertem Einlaß- und Auspuffventil und Abreißzündung (1898)

a Steuerwelle; b Steuernocken für Einlaßventil c; d Steuernocken für Auspuffventil e; f Stirnkurbel zum Antrieb des Gestänges g–h–i der Abreißzündung; k Kegelräder; l Regler; m Steuerrolle, n Stoßstange des Einlaßventils; o Hebel zum Antrieb der Brennstoffpumpe; p Rolle, q Hebel der Brennstoffpumpe r; s Fangarm; t Schneide am Auspuffventilhebel u; v Brennstoffsaugleitung; w Brennstoffdruckleitung; x Brause zum Zerstäuben des Brennstoffs; y Schalldämpfer; z Magnetapparat; a_1 Federwaage; b_1 Abreißhebel

vorrichtung. Der Vorteil der Abreißzündung war, nicht feuergefährlich und drehzahlempfindlich zu sein, wie es die Glührohrzündung war.

In der Form der liegenden Tauchkolbenbauart mit gesteuertem Einlaß- und Auspuffventil, Einspritzen des Petroleums durch eine Pumpe und Brause in die Saugleitung und mit Abreißzündung ist der „E4P"-Motor, wie er bezeichnet wurde, im Geschäftsjahr 1898/99 zum erstenmal geliefert worden. Er wurde in Leistungen von 1 bis 30 PS mit Drehzahlen von 250 bis 200 U/min gebaut. Sein Einheitsgewicht, das für die größeren Leistungen 170 kg/PS betrug, war immer noch hoch, aber gegenüber den älteren Bauarten doch beträchtlich verkleinert. Bild 127, nach einer alten „Anleitung zur Bedienung von Otto's Neuem Petroleum-Motor" angefertigt, zeigt die wesentlichen Teile der Steuerung und Regelung, Bild 128 eine Ansicht des Motors. In Teilbild *I* (Bild 127) sind die Steuerungsteile von der Seite, in Teilbild *II* von der

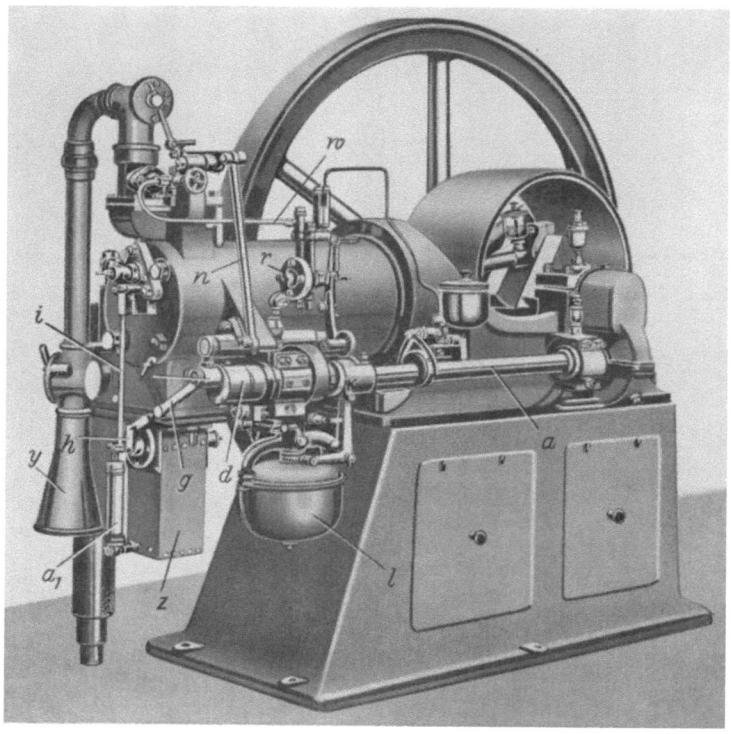

Bild 128
Liegender Deutzer Petroleum-Motor (1898)

a Steuerwelle; *d* Steuernocken für Auspuffventil; *f* Stirnkurbel; *g,h,i* Gestänge der Abreißzündung; *l* Regler; *n* Stoßstange des Einlaßventils; *r* Brennstoffpumpe; *w* Brennstoffdruckleitung; *y* Schalldämpfer; *z* Magnetapparat; a_1 Federwaage

Bis 1900 sind in der Gasmotoren-Fabrik Deutz etwa 1700 Petroleummotoren, liegend und stehend, gebaut worden

Stirnseite gesehen gezeichnet. Teilbild *III* ist ein schematischer Schnitt durch den Arbeitszylinder mit geschlossenem Einlaß- und geöffnetem Auspuffventil, das sind die Ventilstellungen, die der Regler einstellt, wenn er einen Zündungsaussetzer einschaltet. Teilbild *IV* zeigt die Anordnung der Abreißzündung am Zylinderkopf.

Die Steuerwelle *a* wird mit halber Drehzahl von der Kurbelwelle durch Schraubenräder angetrieben; ihre Verschalung ist in Bild 128 am rechten Ende der Steuerwelle sichtbar. Am linken Ende trägt die Steuerwelle die Nocken *b* für das Einlaßventil *c* und *d* für das Auspuffventil *e*, ferner die Stirnkurbel *f* zur Betätigung des Gestänges *g–h–i* der Abreißzündung und das Kegelradpaar *k*, das den Regler *l* antreibt. Der Auspuffnocken *d* ist auf der Steuerwelle fest aufgekeilt, der Einlaßnocken *b* auf einer Hülse, die bei zu hoher Drehzahl vom Regler nach links verschoben wird, so daß der

Nocken b seine Rolle m verfehlt und die Stoßstange n das Einlaßventil c nicht öffnet (Bild 127, III). Mit dem Hebelarm, dessen freies Ende die Rolle m trägt, ist der senkrecht stehende Arm o fest verbunden; dieser betätigt durch eine Rolle p den Pumpenhebel q der Brennstoffpumpe r, die aus einem einfachwirkenden Stempel mit Saug- und Druckventil besteht. Damit die Brennstoffmenge für die Vollast genau eingestellt werden kann, ist die Rolle p in einem Schlitz des Hebels q verschiebbar ausgeführt, so daß die wirksame Länge des Hebels q und damit der Stempelhub geändert werden kann. Da der Hebel o, von dem der Pumpenantrieb abgeleitet wird, mit dem Steuergestänge des Einlaßventils c fest verbunden ist, wird, wenn der Regler das Einlaßventil stillsetzt, auch die Brennstoffpumpe abgeschaltet. Dagegen soll, solange der Regelvorgang dauert, das Auspuffventil e offen bleiben, sonst würde sich während des Saughubes über dem Arbeitskolben ein Unterdruck bilden, der den Kolben bremst. Damit das Auspuffventil während des Regelvorganges geöffnet bleibt, ist mit dem Steuergestänge des Einlaßventils der (nach unten stehende) „Fangarm" s fest verbunden, der mit der Schneide t auf dem Auspuffventilhebel u zusammenarbeitet. Bei normalem Betrieb fällt der Fangarm s in die Schneide t, sobald der Auspuffnocken den Auspuffhebel u angehoben hat. Das ist zu Beginn des Auspuffhubes der Fall. Bevor dieser beendet ist, gelangt der Nocken b des Einlaßventils unter die Steuerrolle m, wodurch der Hebel s aus dem Bereich der Schneide t gezogen wird, so daß der Ventilhebel u das Schließen des Auspuffventils e freigibt. Wenn aber bei zu hoher Drehzahl der Regler die Hülse des Nockens b so weit verschoben hat, daß der Nocken das Einlaßventil c nicht öffnet, bleibt der Winkelhebel mit dem Fangarm s, der vorher in die Schneide t gefallen ist, in Ruhe, und der Hebel u gibt die Bewegung zum Schließen des Auspuffventils e nicht frei. Das Auspuffventil bleibt während der Regelperiode offen, der Arbeitskolben saugt statt frischer Luft Abgase aus der Auspuffleitung an, und die Zündung setzt aus. Es ist die in Bild 127, III gezeichnete Ventilstellung.

Der Brennstoffpumpe r fließt der Brennstoff aus dem erhöht aufgestellten Brennstoffgefäß durch die Leitung v zu; sie fördert ihn durch Rohr w in die Brause x, die ihn in der Saugleitung fein verteilt. Deren Öffnung zur Atmosphäre ist mit einem Trichter y versehen, der das Ansauggeräusch dämpft.

An der Stirnseite des Zylinderkopfes liegt das Gestänge g–h–i der Abreißzündung, die wie früher beschrieben (Bild 76, S. 154) arbeitet. z ist der Magnet, a_1 die Federwaage, b_1 der Abreißhebel. Soweit die Steuerungsteile in Bild 127 und 128 erscheinen, sind sie durch gleiche Buchstaben bezeichnet.

Die hier verwendete Aussetzerregelung wurde etwas später durch die ruhiger arbeitende Schrägnockenregelung ersetzt, die 1897 zum erstenmal in den Prospekten erwähnt wird. Seit 1892 wurden auch Lokomobilen mit Benzin- oder Petroleummotoren hergestellt, seit 1896 Lokomotiven für Feld- und Grubenbahnen. In demselben Jahr wurde die erste für Arbeit unter Tage bestimmte Motorlokomotive an eine Braunsteingrube in Hessen geliefert. In dem Zeitraum von 1891 bis zur Jahrhundertwende wurden fast 1700 Petroleummotoren abgesetzt, eine Zahl, die von keiner anderen Firma erreicht worden ist.

Deutzer Spiritusmotoren

Auch den Bau von Spiritusmotoren suchte man in Deutz zu fördern, nachdem die Daimler-Motoren-Gesellschaft mit einem Bootsmotor für Spiritusbetrieb den

Deutzern zuvorgekommen war (Bild 118, S. 242). Die deutsche Landwirtschaft suchte Absatz für ihren Spiritus, von dem sie damals mehr erzeugte, als verbraucht wurde; man wünschte daher den Kraftbedarf der Landwirtschaft so weit wie möglich durch Spiritusmotoren zu decken. Es gelang, durch Vergrößerung des Verdichtungsverhältnisses die Petroleummotoren auch für den Betrieb mit Spiritus einzurichten. Eine 1900 auf einer landwirtschaftlichen Ausstellung in Hamburg gezeigte Spirituslokomobile wurde mit dem ersten Preis ausgezeichnet. Im folgenden Jahr wurde ein eigens für den Betrieb mit Spiritus bestimmtes Modell entwickelt, das im Sommer 1902 den vom Kaiser ausgesetzten Preis erhielt. Als in der Folgezeit der Preis des Spiritus stark anstieg, verlor diese Sonderbauart ihre Bedeutung.

Das Hauptarbeitsgebiet der Deutzer Fabrik blieben noch auf lange Zeit die Gasmotoren. Da die rasch heranwachsende Industrie immer größere Leistungen verlangte, entschloß man sich 1898 in Deutz, einen Zylinder für eine Leistung von 250 PS zu entwickeln. Wenn man vier solcher Zylinder in Gegen-Zwillingsanordnung auf eine Welle arbeiten ließ, erhielt man eine Anlage von 1000 PS. Der erste Motor dieser Bauart und Größe, die erste Deutzer „Großgasmaschine", ist im Oktober 1900 an den Eisenhüttenverein Düdelingen geliefert worden (Bild 166, S. 319).

XVI. Die Rheinische Gasmotoren-Fabrik bis zu Karl Benz' Austritt (1890—1903)

Mit dem Eintritt der neuen Teilhaber FRIEDRICH VON FISCHER und JULIUS GANSS in die „Benz & Co., Rheinische Gasmotoren-Fabrik Mannheim" stiegen Produktion und Verkauf der stationären Gasmotoren rasch an. Während in den neun Jahren von 1883 bis 1891 nur 500 Motoren hatten verkauft werden können, betrug die Zahl der allein im Jahr 1892 abgesetzten Gasmotoren 500 und in den folgenden Jahren bis 1896 jährlich etwa 600. Dieser große Erfolg war neben KARL BENZ' hervorragender Arbeit der Tüchtigkeit des Verkaufsleiters GANSS zu verdanken, unter dessen Leitung die Rheinische Gasmotoren-Fabrik zur zweitgrößten Motorenfabrik Deutschlands wurde. Jetzt flossen auch dem Unternehmen so reichliche Mittel zu, daß BENZ sich in dem Umfang, wie er es sich wünschte, der Entwicklung seines Wagenmotors widmen konnte, ohne durch den Einspruch der Kaufleute beengt zu werden.

Benz' Arbeiten am Wagenmotor

Mit dem Dreiradwagen (Bild 57, S. 119), der am 3. Juli 1886 zum erstenmal in der Öffentlichkeit gezeigt worden war, hatte BENZ noch wenig Erfolg gehabt. Einige Wagen wurden nach dem Ausland verkauft; in Deutschland konnte kein Wagen abgesetzt werden. Eine Vorführung auf der Münchener Gewerbeausstellung 1888, während derer der Wagen täglich mehrere Stunden in den Straßen der Stadt umherfuhr, hatte zwar bewiesen, daß der Dreiradwagen betriebsfähig war, aber der Absatz hatte sich nicht gehoben. Auf seinen Fahrten hatte BENZ bemerkt, daß seine Befürchtung unbegründet gewesen war, die Steuerfähigkeit des Wagens könne unter der Kreiselwirkung des raschlaufenden Schwungrades leiden, wenn die Schwungradebene senkrecht angeordnet wurde. Dazu war, was BENZ nicht bekannt sein konnte, bei der verhältnismäßig niedrigen Drehzahl des Motors und der langsamen Kurvenfahrt der Kreiselrückdruck auf die Kurbelwellenlager zu klein. So baute BENZ von 1889 an den Motor so ein, daß die Schwungradebene senkrecht stand. Gegenüber der älteren Ausführung (Bild 55 und 56, S. 116) war die neue Anordnung ein wesentlicher Fortschritt. Bild 129 zeigt den Einbau des Motors von der Rückseite des Wagens. Die beiden Riemenscheiben a

Bild 129. BENZ' Wagenmotor von 1889 mit vertikalem Schwungrad
Leistung 3 PS bei 600 U/min

a Riemenscheiben; b Aufhängung des Arbeitszylinders am vorderen Rahmenbalken c; d Abstützung des Kurbelgehäuses auf hinterem Rahmenbalken e; f Vergaser; g Dampfsammler; h Kühlkästen; i Füllschraube; k Wasserstand
Nachdem KARL BENZ erkannt hatte, daß die gyroskopische Wirkung der umlaufenden Massen die Kurvenfahrt eines Kraftwagens nicht stört, baute er seinen Motor mit waagerechter Kurbelwelle ein

konnten jetzt unmittelbar auf die Kurbelwelle gesetzt werden; das die Leistung übertragende Kegelradgetriebe, in Bild 56 neben der Riemenscheibe sichtbar, fiel fort. Der Arbeitszylinder hing mit zwei angegossenen Flanschen b (Bild 129) am vorderen Querrahmen c; das verlängerte Kurbelgehäuse stützte sich mit zwei Füßen d auf den hinteren Rahmenteil e. Der Behälter f ist der Schwimmervergaser (Bild 60). Auch die Rückkühlanlage ist in Bild 129 zu sehen. Auf dem Kühlmantel des Arbeitszylinders war der Dampfsammler g angeordnet, der das verdampfte Kühlwasser aufnahm. Von ihm wurde der Dampf einem (in Bild 129 nicht sichtbaren) primitiven Kondensator zugeleitet, einem doppelwandigen Rohr, das innen durch den Fahrtwind gekühlt wurde, wodurch der vom Sammler g zum Mantelraum geleitete Dampf kondensiert wurde.

Das Kondensat floß sodann den beiden Rohrkästen h zu, die vom Fahrtwind bestrichen wurden. Da der Kühlmantel des Kondensators ständig entlüftet wurde, ging dauernd etwas Wasserdampf verloren, so daß der Kühlkreislauf öfters aufgefüllt werden mußte. Hierzu war an dem einen Rohrkasten die Füllschraube i vorgesehen, an dem anderen der Wasserstand k, an dem man ablas, wann man Wasser nachzufüllen hatte. Aus der Verbindungsleitung der beiden Rohrkästen trat das rückgekühlte Wasser von unten in den Kühlmantel des Arbeitszylinders ein.

Diese Kühlvorrichtung, die noch ohne Umwälzpumpe arbeitete, genügte für eine Zylinderleistung von 3 PS. Aber bei 3 PS wollte KARL BENZ nicht stehenbleiben; er ging bald nach dem Eintritt der neuen Teilhaber FISCHER und GANSS an den Bau eines Einzylindermotors von 5 PS, für jene Zeit ein nicht geringes Wagnis. DAIMLER und MAYBACH hatten noch ein Jahr vorher ihren 5 PS-Bootsmotor mit vier Zylindern gebaut. KARL BENZ' 5 PS-Zylinder hatte 150 mm Durchmesser, der Hub betrug 165 mm, die Drehzahl 700 U/min; die mittlere Kolbengeschwindigkeit erreichte somit den damals hohen Wert von fast 4 m/sec. Neu war an diesem Motor, daß Einlaß- und

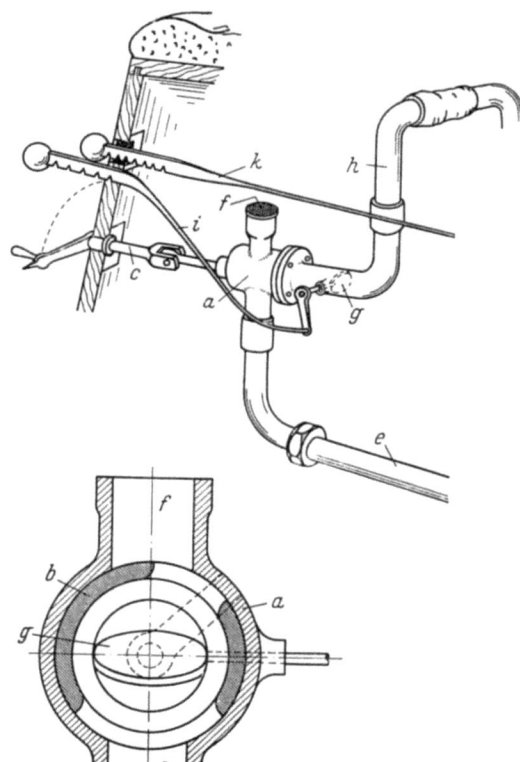

Bild 130
Die Regelung des Wagenmotors von 1893

a Gehäuse des Rohrschiebers b; c Gestänge zum Verstellen von b; d Anschluß der Leitung e vom Vergaser; f Eintritt der Zusatzluft; g Drosselklappe; h Gemischleitung zum Einlaßventil des Motors; i Gestänge zum Verstellen der Drosselklappe; k Gestänge zum Verstellen des Zündzeitpunktes (Bild 131)

Da in der vom Schwimmervergaser kommenden Leitung e ein überfettes, nicht brennbares Gemisch steht (das erst durch die bei f eintretende beigemischte Frischluft brennbar wird), kann eine durch die Leitung h vom Motor zurückschlagende Flamme den Vergaser nicht in Brand setzen. BENZ nannte daher seinen Vergaser „brandsicher"

Auspuffventil nicht mehr im Zylinderkopf untergebracht waren, sondern in einem getrennten Gehäuse, das seitlich am Zylindermantel angeflanscht war (v in Bild 132, S. 265). Das vereinfachte die Herstellung der Gußstücke. Die Ventile waren in ihrem Gehäuse übereinander angeordnet, das selbsttätig arbeitende Einlaßventil oben, das Auspuffventil unten. In dem Raum zwischen beiden lag die Zündkerze. Wesentlich verbessert war die Regelung, die in Bild 130 schematisch dargestellt ist; sie wurde zuerst bei den Wagenmotoren von 1893 ausgeführt. Es ist eine kombinierte Mischungs- und Drosselregelung. Im Mischgehäuse *a* liegt der Rohrschieber *b*, dessen Stellung durch den Fahrer mittels der Handkurbel *c* geändert werden kann. Bei *d* ist die vom Schwimmervergaser kommende Leitung *e* angeschlossen, die dem Mischgehäuse ein so fettes Benzin-Luft-Gemisch zuführt, daß das Gemisch nicht entzündbar ist. Dem fetten Gemisch wird erst im Gehäuse *a* durch den mit einem Sieb versehenen Stutzen *f* so viel frische Luft zugesetzt, daß das Gemisch brennbar wird; der Fahrer findet unschwer die günstigste Stellung des Schiebers. Hinter dem Mischgehäuse ist die Drosselklappe *g* in der zum Einlaßventil des Motors führenden Leitung *h* angeordnet; auch sie kann vom Sitz des Fahrers aus verstellt werden (Gestänge *i*). So erreichte BENZ, daß, wenn noch brennende Gasteile einer vorausgegangenen Verbrennung das eintretende Gemisch vorzeitig entzündeten, die Flamme sich nicht weiter als bis zum Mischgehäuse *a* rückwärts fortpflanzen konnte, denn das in der Leitung *e* stehende Gemisch war zu fett, als daß es sich hätte entzünden können. Sein Vergaser war „brandsicher". Der Gedanke wurde ihm durch das DRP 43638 vom 8. April 1887 geschützt.

Der 1891 konstruierte 5 PS-Motor wurde 1893 in einen Wagen eingebaut. Dabei zeigte sich, daß das einfache Kühlverfahren, das auf der Thermosyphonwirkung beruhte (Bild 129), für die größere Leistung nicht mehr genügte. Um die Dampfbildung zu verringern, baute BENZ eine Umwälzpumpe ein, die das Kühlwasser rascher umlaufen ließ. Das genügte für einige Jahre. Als aber 1896 die Motorleistung auf 9 PS gesteigert wurde, reichte auch die Verdampfungskühlung nicht mehr aus, und BENZ ersetzte den Kondensator durch einen vom Fahrtwind bestrichenen Rippenrohrkühler und später (1903) durch einen Lamellenkühler, der sich so gut bewährte, daß man ihn jahrelang beibehalten konnte.

Im Jahr 1893 gelang KARL BENZ die Lösung eines Problems, das ihn lange beschäftigt hatte: er erfand die Achsschenkellenkung, jene Vorrichtung, die es ermöglicht, bei Kurvenfahrten den beiden Vorderrädern solche Winkelstellungen zu geben, daß die Räder auf ihren ungleichen Drehkreisen geometrisch einwandfrei abrollen. Diese Lenkvorrichtung, die durch das DRP 73515 vom 28. Februar 1893 geschützt wurde, wird seitdem im Kraftwagenbau allgemein angewendet.

Benz verbessert die Summerzündung

Unablässig war BENZ bemüht, die Zündung, „das Problem der Probleme", wie er es nannte, zu verbessern. „Bleibt der Funken aus", so schreibt er später, „dann ist alles umsonst, dann helfen die geistreichsten Konstruktionen nichts. Heute, wo es Spezialfabriken für magnetelektrische Zündapparate gibt, kann man sich kaum eine Vorstellung machen, welch' ungeheure Schwierigkeiten zu überwinden waren, selbst dann noch, als ich für ortsfeste Zweitaktmotoren eine zuverlässige elektrische Zündung gefunden und ausprobiert hatte. Nicht umsonst hat DAIMLER von Anfang an Glührohrzündung angewandt". Zwar war die Glührohrzündung einfacher und billiger als die elektrische Zündung, aber BENZ ließ sich dadurch nicht verleiten, die Glührohrzündung zu verwenden, weil er früher als DAIMLER erkannte, daß sie sich nicht nur wegen der größeren Feuergefahr, sondern auch weil sie gegen Drehzahländerungen empfindlich war, für Fahrzeugmotoren weniger gut eignete als die elektrische Zündung. Die Überlegenheit, die BENZ mit seinen Motorwagen gegenüber den von DAIMLER und

MAYBACH gebauten Wagen längere Zeit behaupten konnte, beruhte nicht zum wenigsten auf der Überlegenheit der elektrischen Zündung.

Bis 1893 hat BENZ die in Bild 59 (S. 122) dargestellte Zündschaltung verwendet, bei welcher der Primärstromkreis dauernd eingeschaltet blieb, während der Sekundärstrom durch eine Kurzschließvorrichtung gesteuert wurde. Das hatte eine rasche Erschöpfung der Batterie zur Folge. Bei der neuen Zündung wurde nicht der Sekundärstrom unterbrochen und geschlossen, sondern der Primärstrom so gesteuert, daß die Funken an der Zündkerze nur am Ende des Verdichtungshubes und zu Beginn des Ausdehnungshubes übersprangen. Der Zündbereich erstreckte sich nicht mehr über einen vollen Kurbelkreis, sondern nur noch über etwa 70° Kurbelwinkel, wodurch die Batterie geschont wurde. Außerdem konnte man den Zündzeitpunkt in weiten Grenzen verlegen, was für das Anlassen des Motors und das Einstellen der Leistung wichtig war. Bild 131 zeigt das neue Schaltschema und die konstruktive Ausführung der Zündverstellung. Der Sekundärstromkreis, in welchem die Zündkerze h liegt, ist an seinem einen Ende geerdet; das andere Ende liegt an der Zündkerze. Gesteuert wird der von

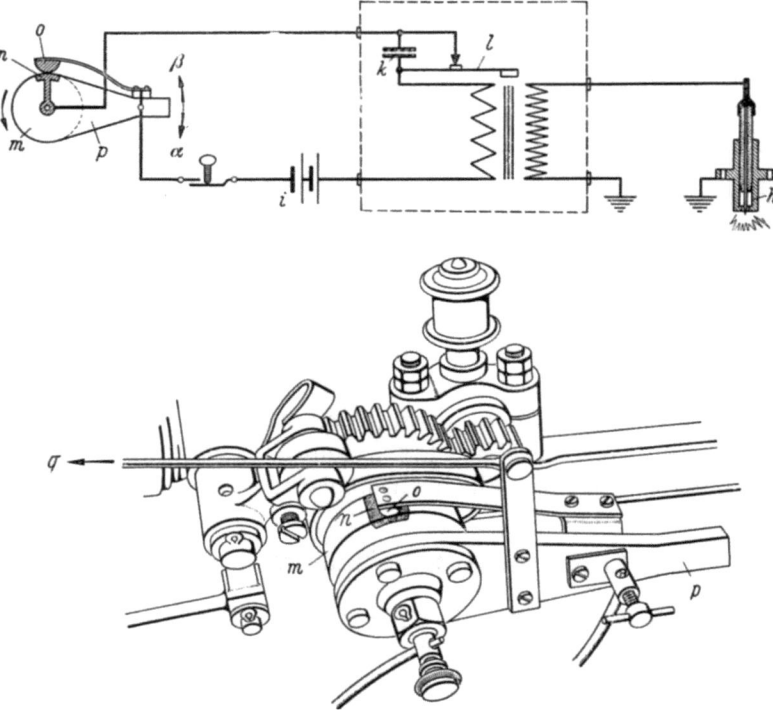

Bild 131. KARL BENZ' verbesserte Summerzündung mit Zündpunktverstellung (1893)

h Zündkerze; i Batterie; k Kondensator; l Wagnerscher Hammer; m Steuerscheibe auf der Nockenwelle; n Kontaktstück auf m; o Abnehmerkontakt; p schwenkbarer Halter; q Stange zum Fahrersitz
α früheres, β späteres Zünden

Der Unterbrecher liegt jetzt im *Primär*kreis, und die Kontaktzeiten sind gegenüber der früheren Ausführung (Bild 59) erheblich kürzer, so daß die Batterie sich weniger rasch erschöpft

der Batterie i gelieferte Primärstrom; er wird geschlossen, wenn das auf der umlaufenden Steuerscheibe m befestigte Kontaktstück n den Abnehmerkontakt o berührt. Dieser ist federnd am Halter p befestigt, der mittels der Stange q vom Sitz des Fahrers aus um die Achse der Steuerscheibe m geschwenkt werden kann. Bei dem durch einen

Pfeil angedeuteten Drehsinn der Steuerscheibe bewirkt ein Schwenken des Halters p in Richtung des Pfeiles α ein früheres, in Richtung β ein späteres Zünden.

Ob BENZ der erste gewesen ist, der die so wichtige Zündpunktverstellung bei den Kraftwagenmotoren eingeführt hat, konnte nicht ermittelt werden. Ein Schutzrecht auf seine Vorrichtung scheint ihm nicht erteilt worden zu sein.

Der „Velo"-Wagen mit 1½ PS-Motor

Da der Wagen mit dem schweren 5 PS-Motor zunächst nur wenig Absatz fand, entschloß BENZ sich 1893, einen besonders leichten und billigen Wagen für zwei Personen zu bauen, für den ein Motor von 1,5 PS Leistung genügte. Der Motor des neuen Kleinwagens, der Velociped oder „Velo" genannt wurde, hatte 110 mm Zylinderdurchmesser und einen ebenso großen Hub. Die Drehzahl betrug 700 U/min. Der Motor (Bild 132) ist mit der Vorrichtung zum Verstellen des Zündpunktes versehen.

Bild 132. Der „Velo"-Motor mit elektrischer Zündung und Zündpunktverstellung (1893)
Leistung 1,5 PS bei 700 U/min

b Flansch zum Aufhängen des Arbeitszylinders am vorderen Rahmenbalken des Wagens; d Abstützung des Kurbelgehäuses auf dem hinteren Rahmenbalken; g Dampfsammler des Kühlmantels; h Zündkerze; o Abnehmerkontakt; p schwenkbarer Kontakthalter; r Auspuffnocken; s Rolle, t Winkelhebel, u Stange für Steuerung des Auspuffventils; v angeflanschtes Ventilgehäuse; w Hebel mit Drehpunkt x; y Saugleitung vom Vergaser; z Auspuffleitung

Ein zweisitziger Vierradwagen mit diesem 1½ PS-Motor kostete 1893 2000 Mark. Schon im ersten Jahr konnten 125 Wagen verkauft werden, die Mehrzahl davon nach Frankreich

Man sieht im Vordergrund den schwenkbaren Arm p, der den Abnehmerkontakt o trägt (wie in Bild 131), dahinter die Zahnräder, welche die Drehzahl der kurzen Nockenwelle auf die Hälfte der Drehzahl der Kurbelwelle herabsetzen. Vor dem großen Zahnrad liegt die Nockenscheibe r, die durch die Rolle s, den Winkelhebel t und die Stange u das Auspuffventil steuert. Dieses ist, ebenso wie das darüberliegende Einlaßventil, in einem getrennt hergestellten Gehäuse v untergebracht, das seitlich dem Arbeitszylinder angeflanscht ist, eine Konstruktion, die das Gießen des Zylinders und des Zylinderkopfes erleichterte. Der in Bild 132 unterhalb des Zylinders sichtbare Hebel w mit seinem festen Drehpunkt x hat lediglich den Zweck, Querkräfte von der Spindel des Auspuffventils fernzuhalten. Sein linkes Ende liegt zwischen der Spindel und dem von der Stange u bewegten Wälzhebel, so daß dieser die Ventilspindel nicht unmittelbar berührt. In dem Raum zwischen Einlaß- und Auspuffventil ist die Zündkerze h angeordnet. Bei y ist die vom Vergaser kommende Saugleitung, bei z die Auspuffleitung angeschlossen. Der Flansch b, die Balken d und der Behälter g haben dieselbe Bedeutung wie die entsprechenden Teile in Bild 129.

Mit dem Vierradwagen gelang es der Rheinischen Gasmotoren-Fabrik endlich, einen größeren Umsatz in Motorwagen zu erzielen. Besonders das „Velo", das nur 2000 Mark kostete, wurde gern gekauft, zunächst fast ausschließlich vom Ausland, besonders von Frankreich, das sich der Neuerung gegenüber aufgeschlossener zeigte als Deutschland. Wie der erhalten gebliebene Teil eines Verkaufsbuches zeigt, wurden von Oktober 1894 bis Oktober 1895 schon 125 Wagen verkauft. Das hatte man noch wenige Jahre vorher nicht zu hoffen gewagt. Aber es war nur der Anfang; der Umsatz sollte bald erheblich stärker zunehmen.

Ortfeste Motoren

Auch auf dem Gebiet der stationären Motoren war man inzwischen nicht untätig geblieben; diese Motoren, mit Gas oder Benzin betrieben, waren es ja, die nach dem Wunsch der Teilhaber das Rückgrat des Geschäftes bilden sollten. Ein Prospekt aus dem Jahr 1895 bietet eine größere Zahl verschiedener Typen an: kleine stehende Gasmotoren von $\frac{1}{3}$ bis 10 PS, größere liegende mit Tauchkolben bis 30 PS, mit Kreuzkopf bis 40 PS in einem Zylinder. Als Zwillingsmotor konnte das Modell H „mit äußerst gleichmäßigem Gange zum Betriebe electrischer Beleuchtungs-Anlagen" mit bis zu 100 PS Leistung geliefert werden. Den Bau von Petroleummotoren lehnt die Rheinische Gasmotoren-Fabrik ab, während sich um dieselbe Zeit die Brüder SPIEL in der Daimler-Motoren-Gesellschaft mit dem Problem des Petroleumvergasers abmühten. In dem Mannheimer Prospekt heißt es:

Wir haben bei diesen Motoren unser Hauptaugenmerk darauf gerichtet, an Stelle der äußerst mangelhaften und unpraktischen Petroleum-Motoren eine wirklich zuverlässige Betriebskraft für alle solche Fälle und Orte zu bieten, wo kein Gas zur Verfügung steht.
Schon allein der lästige Geruch, der selbst den allerbesten Petroleum-Motoren als unvermeidlich anhaftet, macht sie zum Betriebe in geschlossenen Räumen und Werkstätten absolut unverwendbar. Sie schädigen die Gesundheit der Arbeiter und sollten schon aus diesem Grunde in allen geschlossenen Räumen keine Verwendung finden. Dazu tritt aber noch der weitere erhebliche Mißstand, daß die Ingangsetzung und das Functionieren aller Petroleum-Motoren umständlich und höchst unzuverlässig bleibt...
Bis jetzt sind schon über 1100 solcher von uns gelieferten Ligroin-Motoren zur größten Zufriedenheit der Besitzer in den verschiedenartigsten Gewerben im Betriebe.

Alle „Ligroin"-, d. h. Benzinmotoren waren nach dem Prospekt von 1895 „mit einfachster Glührohrzündung" versehen. KARL BENZ hatte also offenbar seinen Widerspruch gegen die Benutzung der Glührohrzündung aufgegeben, da es sich hier um ortfeste Motoren mit gleichbleibender Drehzahl handelte, bei denen eine Zündpunktverlegung nicht nötig war. Die Glührohrzündung war billiger als die Summerzündung mit dem Induktionsapparat. Bild 133 zeigt den „Neuen liegenden Ligroin-Motor Benz

Modell K". Von dem Vergaser *a* führt das (von der Zündvorrichtung fast verdeckte) Rohr *b* zum ungesteuerten Einlaßventil *c*. Das in der Mitte des Zylinderkopfes angeordnete Glührohr wird durch den Brenner *d* mit Kamin *e* beheizt. Das unter dem Einlaßventil liegende Auspuffventil wird von der neben der Kurbelwelle liegenden Nocken-

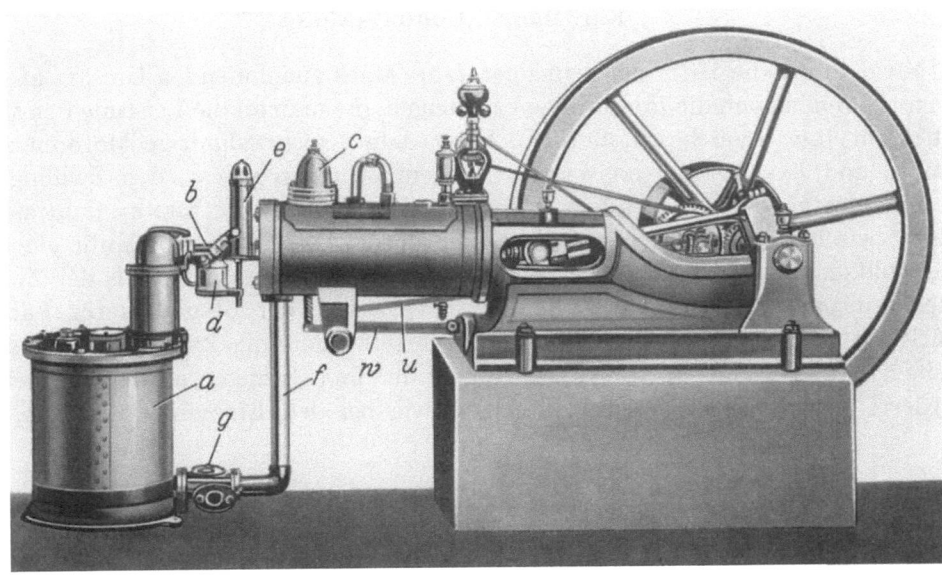

Bild 133. Liegender Benzinmotor der Rheinischen Gasmotoren-Fabrik mit Glührohrzündung (1895)
a Vergaser; *b* Leitung vom Vergaser zum Einlaßventil *c*; *d* Brenner für Glührohrbeheizung; *e* Kamin; *f* Auspuffleitung mit Rohrschieber *g*; *u*, *w* Steuerung des Auspuffventils
Mit der Benutzung der Glührohrzündung verletzte der Benz-Motor DAIMLERs DRP 28022 (Bild 31). Als DAIMLER sein Patent vor dem Reichsgericht erfolgreich verteidigt hatte, mußte die Rheinische Gasmotoren-Fabrik 37000 Mark Lizenzgebühren an die Daimler-Motoren-Gesellschaft zahlen

welle durch die Stange *u* mit Wälzhebel gesteuert; der Hebel *w* dient demselben Zweck wie in Bild 132. Die durch Rohr *f* abströmenden Auspuffgase können durch Umstellen des Rohrschiebers *g* bei kalter Witterung zum Vorwärmen des Vergasers benutzt werden.

Der Verkauf der stehenden und liegenden Benzinmotoren des Modells „95" begann mit einem großen Erfolg. Schon im darauffolgenden Jahr wurden über 600 stationäre Motoren verkauft. Allein man war unvorsichtig gewesen, als man sich entschied, das Modell 95 mit der Glührohrzündung zu versehen, denn diese war GOTTLIEB DAIMLER durch das DRP 28022 geschützt. Man hatte in Mannheim wohl gehofft, daß die Nichtigkeitsklage, welche die Gasmotoren-Fabrik Deutz im Februar 1894 gegen das Patent angestrengt hatte (S. 252), dessen Löschung zur Folge haben würde, aber die Deutzer hatten sich mit der Inhaberin des Patentes, der Daimler-Motoren-Gesellschaft, geeinigt, und in einer Verletzungsklage gegen die Leipziger Firma J. M. Grob bestätigte das Reichsgericht die Rechtsgültigkeit des DRP 28022. Dadurch wurde die Rheinische Gasmotoren-Fabrik der Daimler-Motoren-Gesellschaft lizenzpflichtig; sie mußte ihr 37188 Mark zahlen. Der Umsatz an ortfesten Motoren sank plötzlich von über 600 im Jahr 1896 auf weniger als 200 im folgenden Jahr. Es wäre wohl zu einer Katastrophe gekommen, wenn nicht der Motorwagenbau, der sich zu derselben Zeit sehr günstig entwickelt hatte, den Ausfall gedeckt hätte. Vom Mai 1896 bis zur gleichen Zeit 1897 wurden nicht weniger als 500 Wagen verkauft. So konnte die Firma die Einbuße auf der stationären Seite aus eigener Kraft überwinden. Nach Beseitigung der patentrechtlichen Schwierigkeiten erholte sich der stationäre Motorenbau bald, und im Jahr 1900 konnten schon wieder 500 Motoren abgesetzt werden.

Karl Benz' „Contra"-Motor

Mit dem um die Mitte der neunziger Jahre stark zunehmenden Umsatz an Motorwagen begannen auch die Forderungen zu steigen, die man an die Leistung der Motoren stellte. Im Jahr 1896 beschloß KARL BENZ daher, mehrzylindrige Motoren zu entwickeln, und zwar wählte er, was für Wagenmotoren neu war, den Zwillingsmotor mit einander gegenüberliegenden Zylindern, eine Bauart, die BENZ „Contra-Motor" nannte; wir bezeichnen sie heute als Boxer-Motor. Diese Bauart erlaubt einen zwar nicht vollkommenen, aber doch erheblich besseren Massenausgleich als der Zwillingsmotor mit parallelgerichteten Zylindern, ein Vorteil, der besonders für Fahrzeuge wichtig ist. Die Kurbeln waren um 180° versetzt und die Zylindermitten so weit gegeneinander verschoben, wie es der Angriff der Pleuelstangen an den Kurbelzapfen erforderte. Die Zylinder, ebenso aufgebaut wie bei den Einzylindermotoren, waren

Bild 134. BENZ' „Contra"-Motor (1896)

g Dampfsammler der Kühlmäntel; p schwenkbarer Kontakthalter; t Winkelhebel zum Steuern der Auspuffventile; v angeflanschte Ventilgehäuse; y Anschlüsse der Saugleitungen vom Vergaser

Mit seinen „Contra"-Motoren (bis 20 PS) erreichte KARL BENZ — wohl als erster — eine Drehzahl von 1100 U/min und eine mittlere Kolbengeschwindigkeit von 4,8 m/sec, Werte, die damals als sehr hoch galten

durch einen nach oben offenen gemeinsamen Rahmen verbunden (Bild 134), in welchem die Kurbelwelle gelagert war. Unterhalb der Kurbelwelle und parallel zu ihr war die Nockenwelle angeordnet. Im Bild sind mit den gleichen Buchstaben wie in Bild 132 die Dampfsammler g auf den Kühlmänteln der Arbeitszylinder bezeichnet, ferner der Kontakthalter p, der zum Verlegen des Zündpunktes um die Achse der

Nockenwelle geschwenkt werden kann, und die Winkelhebel *t* zum Steuern der Auspuffventile, die wie beim „Velo"-Motor in den an die Arbeitszylinder geflanschten Gehäusen *v* untergebracht sind. Bei *y* sind die vom Vergaser kommenden Leitungen angeschlossen.

Die „Contra"-Motoren wurden in drei Leistungsstufen, 5, 9 und 14 PS, hergestellt. Die Drehzahl sollte bei allen Typen bis zu 900 U/min betragen. Sie ergab für den kleinsten dieser drei Motoren, der 100 mm Zyl.-Dmr. und 110 mm Hub hatte, die mäßige mittlere Kolbengeschwindigkeit von 3,3 m/sec, aber bei dem 14 PS-Motor mit den Abmessungen 130/160 lag sie für die damalige Zeit mit 4,8 m/sec sehr hoch. Der Bau dieser Type ist bald wieder aufgegeben worden. Der stärkste „Contra"-Motor, der 1901 entwickelt wurde, leistete mit 135 mm Zyl.-Dmr. und 130 mm Hub bei 1100 U/min 20 PS. Mit dieser hohen Drehzahl war BENZ sogar den Wagenmotoren der Daimler-Motoren-Gesellschaft voraus. Das war zum Teil auf die von BENZ bei den Wagenmotoren konsequent verwendete elektrische Zündung zurückzuführen, die der Glührohrzündung überlegen war, zum Teil auf das günstige Verhältnis von Zylinderdurchmesser zur Bohrung, das BENZ folgerichtig immer mehr bis zum Wert 1,0 und darunter verkleinert hat, als die Daimler-Motoren-Gesellschaft einen kleineren Wert als 1,3 noch nicht für zulässig hielt.

Die Firma Benz & Co. ändert ihren Namen in „Benz & Cie."

Mit seinen zweckmäßigen und preiswerten Wagenkonstruktionen und den betriebssicheren Motoren hatte KARL BENZ erreicht, daß die seit dem 1. Oktober 1883 bestehende Firma „Benz & Co., Rheinische Gasmotoren-Fabrik" um die Mitte der 90er Jahre die größte Kraftwagenfabrik Deutschlands, vielleicht der Welt, geworden war. Der Umsatz, der 1896/97 auf 500 Wagen gestiegen war, hielt auch in den folgenden Jahren an und vergrößerte sich noch. Die Fabrikräume, die bis dahin nur 4000 qm Fläche eingenommen hatten, wurden zu eng, und man kaufte zunächst eine benachbarte kleinere Fabrik hinzu. Als dies nicht genügte, um den Raummangel zu beheben, entschloß man sich 1898, gegenüber der alten Fabrik ein neues Werk mit einer Bodenfläche von 30000 qm zu errichten, obwohl diese Erweiterung zeitlich mit der Absatzstockung im stationären Motorenbau zusammenfiel. Die Voraussicht war richtig; die Schwierigkeiten, die durch die Patentlage verursacht worden waren, konnten bald überwunden werden, und wenige Jahre später sollte sich auch das vergrößerte Werk als zu klein erweisen.

Ende 1898 hielten die Leiter des Unternehmens es für geboten, das Werk auf eine breitere finanzielle Basis zu stellen. Der kaufmännische Leiter, v. FISCHER, der aus gesundheitlichen Gründen sich zurückzuziehen wünschte, schlug die Umwandlung der Firma in eine Aktiengesellschaft vor. Diese wurde am 10. Mai 1899 unter dem Namen „Benz & Cie., Rheinische Gasmotoren-Fabrik AG" gegründet. Das Aktienkapital betrug 3 Millionen Mark, die von BENZ, GANSS und FISCHER zu gleichen Teilen eingebracht wurden. Da FISCHER ausschied, waren BENZ und GANSS die alleinigen Direktoren der neuen Gesellschaft. Mit den Bareinlagen der drei Gründer modernisierte man den gesamten Werkzeugmaschinenpark und kaufte, um die Möglichkeit einer weiteren Ausdehnung zu schaffen, in Mannheim-Waldhof ein Gelände von 311000 qm.

Wie der erste im Jahr nach der Umgründung herausgegebene Prospekt zeigt, hatte man bis dahin an den stationären Motoren keine größeren Konstruktionsänderungen vorgenommen. Man hatte nur die Langsamläufer aus dem Fabrikationsprogramm gestrichen, weil sie mit den schneller laufenden Maschinen im Preise nicht konkurrieren konnten, und die Zylinderleistung der Benzinmotoren auf 40 PS gesteigert. Bald aber zeigte sich, daß das Bauprogramm in diesem Umfang nicht genügte; der Absatz an Gasmotoren begann zurückzugehen. Der Gasmotor war auf die Nähe einer Gasanstalt angewiesen und hatte daher nur kleine örtliche Absatzgebiete, die durch die Lieferungen der inzwischen in größerer Zahl entstandenen Motorenfabriken allmählich gesättigt wurden. Auch war das von den Gasanstalten bezogene Leuchtgas ein teurer Betriebsstoff. Um das Geschäft zu beleben, entschloß KARL BENZ sich, den Bau von Gasgeneratoren aufzunehmen. Eine solche Anlage machte nicht nur den Motor von der Gasanstalt unabhängig, sondern sie erzeugte auch ein viel billigeres Gas.

Benz & Cie. stellen Gasgeneratoren her

Benz & Cie. war die erste Firma Deutschlands, welche die Fabrikation von Generatorgasanlagen eigener Bauart aufnahm. Die Gasmotoren-Fabrik Deutz blieb zunächst bei den Dowson-Gaserzeugern (Bild 74, S. 150) und hat erst etwas später als BENZ Gasgeneratoren eigener Bauart entwickelt. In Mannheim bemühte sich RICHARD BENZ,

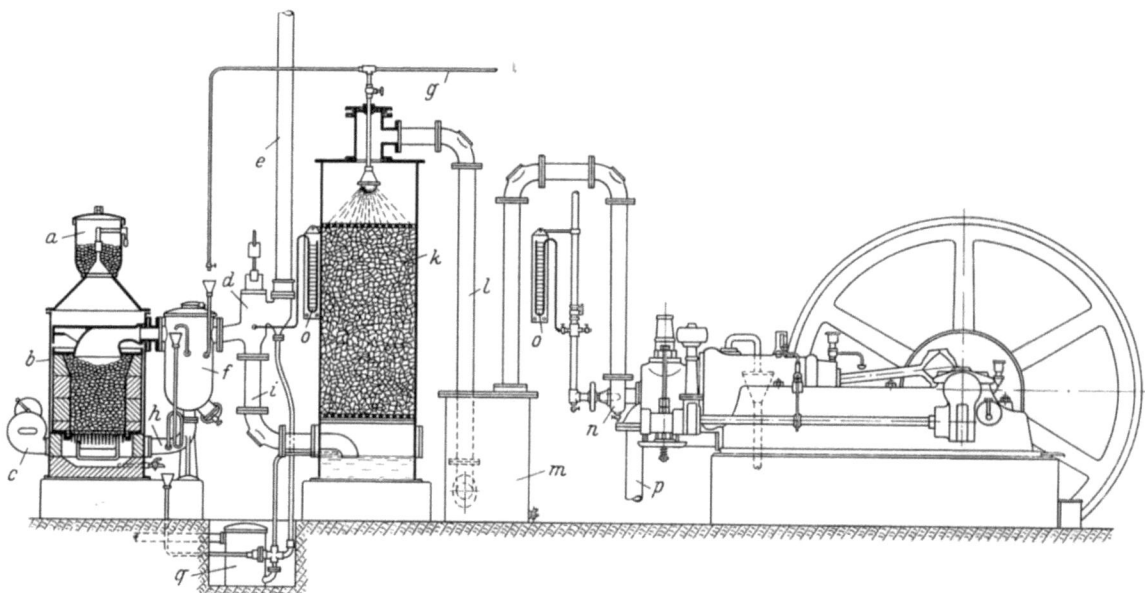

Bild 135. Sauggasanlage von Benz & Cie. (1899)

a Fülltrichter; b Generator; c Ventilator; d Umschaltventil; e Abzugrohr; f Verdampfer; g Wasserleitung für Verdampfer und Reiniger; h Leitung vom Verdampfer unter den Generatorrost; i Gasleitung vom Verdampfer zum Reiniger k; l Gasleitung vom Reiniger zum Gastopf m; n Absperrventil; o Wassersäulen; p Auspuffleitung; q Wassertopf

Von 1901 bis 1910 wurden jährlich durchschnittlich 100 solcher mit Anthrazitkohle arbeitenden Anlagen geliefert

KARL BENZ' ältester Sohn, dem die Entwicklung der Generatoren übertragen wurde, um ihre Einführung.

In den ersten auf die Jahrhundertwende folgenden Jahren wurden in Mannheim Sauggasanlagen nur für Anthrazitfeuerung gebaut. Bild 135 zeigt eine Anlage im Schema. Durch einen Fülltrichter a wird der Anthrazit in den mit feuerfesten Steinen ausgekleideten Generator b geschüttet, in welchem er über einem Planrost zum Glühen gebracht wird. Der Ventilator c dient nur während des Inbetriebsetzens der Anlage zum Anfachen des Feuers im Generator; solange er läuft, wird das erzeugte Gas, weil es noch nicht die richtige Zusammensetzung hat, durch das Umschaltventil d und den Schornstein e ins Freie geblasen. Erst wenn die unterste Anthrazitschicht in Glut geraten ist, wird das Ventil d in die Betriebsstellung gebracht. Nach dem Anlassen des Motors entsteht bei jedem Saughub des Arbeitskolbens in der Anlage ein Unterdruck, der zur Folge hat, daß in den neben dem Generator angeordneten Röhrenverdampfer f (gedrosselte) Außenluft eintritt. Dem Verdampfer wird durch die Leitung g so viel Wasser zugeführt, daß die Luft im Verdampfer sich mit Wasserdampf sättigt. Das Luft-Dampf-Gemisch gelangt sodann durch das Rohr h unter den Generatorrost und durchdringt die glühende Brennstoffschicht. Das sich entwickelnde Gas wird durch das Rohrsystem des Verdampfers geführt, erwärmt und wird durch das Rohr i in den Reiniger k geleitet, dessen unterer Teil mit Wasser gefüllt ist. Der Reiniger enthält über einem Rost eine hohe Koksschicht, die von oben aus der Leitung g mit Wasser berieselt wird. Das gereinigte Gas wird durch die Leitung l und den Gastopf m sowie durch die in Bild 135 sichtbaren Leitungen vom Motor angesaugt. Der Gastopf dient zum Ausgleich des schwankenden Gasdruckes. Unmittelbar am Zylinderkopf ist ein Absperrventil n angeordnet. Vor diesem und am Gehäuse des Umschaltventils d sind

Bild 136. Ansicht einer Sauggasanlage von Benz & Cie. (1901)

a Fülltrichter; b Generator; c Ventilator; d Umschaltventil; e Abzugrohr; f Verdampfer; h Leitung vom Verdampfer unter den Generatorrost; i Gasleitung vom Verdampfer zum Reiniger k; l Leitung zum Gastopf und Motor; o Wassersäule; q Wassertopf

Die Saugasggeneratoren wurden in zwei Größen gebaut. Die Höhe des zylindrischen Hauptteils des Generators b betrug 800 bzw. 950 mm; der Reiniger k war etwa doppelt so hoch

Wassersäulen o an die Gasleitung angeschlossen, die eine ständige Kontrolle des in der Anlage herrschenden Unterdruckes ermöglichen. p ist die Auspuffleitung des Motors, q ein Wassertopf, der so tief liegt, daß das überschüssige Wasser aus dem unter Unterdruck stehenden Reiniger und den Entwässerungsleitungen in die Atmosphäre abfließen kann.

Bild 136 ist die Außenansicht einer von BENZ gebauten Sauggasanlage. Soweit die in Bild 135 aufgeführten Teile im Lichtbild erscheinen, sind sie mit den gleichen Buchstaben bezeichnet. Die erste Sauggasanlage wurde gegen Ende 1900 geliefert, die zweite im März 1901. Einige Jahre später entwickelte man in Mannheim auch Generatoren für Braunkohle, die etwas einfacher aufgebaut waren, weil die Braunkohle gebundenes Wasser in genügender Menge enthält, so daß ein Verdampfer nicht benötigt wurde.

Als Verbrauch garantierte BENZ 0,45 kg Kohle/PSh. Mit der „Kohle" war Anthrazitkohle gemeint. Bei den damals für Anthrazit gültigen Preisen ergaben sich die Kosten einer Pferdekraftstunde zu weniger als 1 Pfennig. Damit konnte keine andere Kraftmaschine konkurrieren, denn die Dampfmaschine brauchte zu jener Zeit rund das Vierfache, der an eine Gasanstalt angeschlossene Motor das Sechsfache, der Elektromotor das Siebenfache und der Benzinmotor gar das Zehnfache an Kosten. So wurden die Gasgeneratoranlagen bald gern gekauft. Besonders beliebt waren kleine Anlagen für den Leistungsbereich von 10 bis 16 PS. Im Jahr 1903 verließen 218 Gaserzeugeranlagen das Werk, die kleinste für eine Motorleistung von 4 PS, die größte, in einer einzelnen Ausführung, für 250 PS. Insgesamt wurden von 1901 bis 1910 1017 Generatoranlagen geliefert. Sie brachten wenigstens teilweise einen Ausgleich in der schweren Krise, die 1902/03 infolge einer plötzlichen Stockung im Absatz von Motorwagen begann.

Bau größerer Gasmotoren

Gleichzeitig mit der Aufnahme der Herstellung von Gasgeneratoren wurden die Gasmotoren verbessert und zu größeren Zylinderleistungen entwickelt. Man behielt die liegende Bauart bei, änderte aber manche Einzelheiten der Konstruktion. Der an das Kurbelgehäuse angeflanschte Arbeitszylinder wurde bei den größeren Motoren zu schwer, als daß man ihn noch hätte freitragend ausführen können; so wurde er durch einen Fuß auf dem Fundament abgestützt (Bild 137), was die Gasmotoren-Fabrik Deutz schon früher ausgeführt hatte (Bild 122, b). Die Laufbuchse wurde als besonderes Gußstück in den Zylinderrahmen eingesetzt und gegen das Kurbelgehäuse durch eine Stopfbuchse a abgedichtet. Das Einlaßventil b und das Auspuffventil c wurden in den Zylinderkopf verlegt. Nach dem Vorbild anderer Firmen wurden jetzt beide Ventile mechanisch gesteuert, und zwar das höher belastete Auspuffventil, das gegen den Enddruck der Expansion zu öffnen hatte, durch eine Wälzhebelsteuerung (in der Stirnansicht gezeichnet). Durch das Rohr d wurde die Luft, durch e das Gas zugeführt; f ist die Auspuffleitung. Statt der Glührohrzündung wurde die Magnetabreißzündung gewählt (g Zündmagnet, h Abreißvorrichtung). Auch die Regelung durch Schrägnocken statt durch Aussetzer war für BENZ neu. Der Zylinderkopf erhielt durch die beiden großen Ventile, die unterzubringen waren, eine zerklüftete Form, die für die Aufnahme der Wärmespannungen nicht günstig war und offenbar Schwierigkeiten gemacht hat, denn wenig später verlegte man das Einlaß- und das Auspuffventil wieder in einen abgetrennten Ventilkasten, der seitlich an den Zylinderkopf gesetzt wurde, wie man dies schon beim „Velo"-Motor ausgeführt hatte. Auch daß die Lager der Steuerwelle

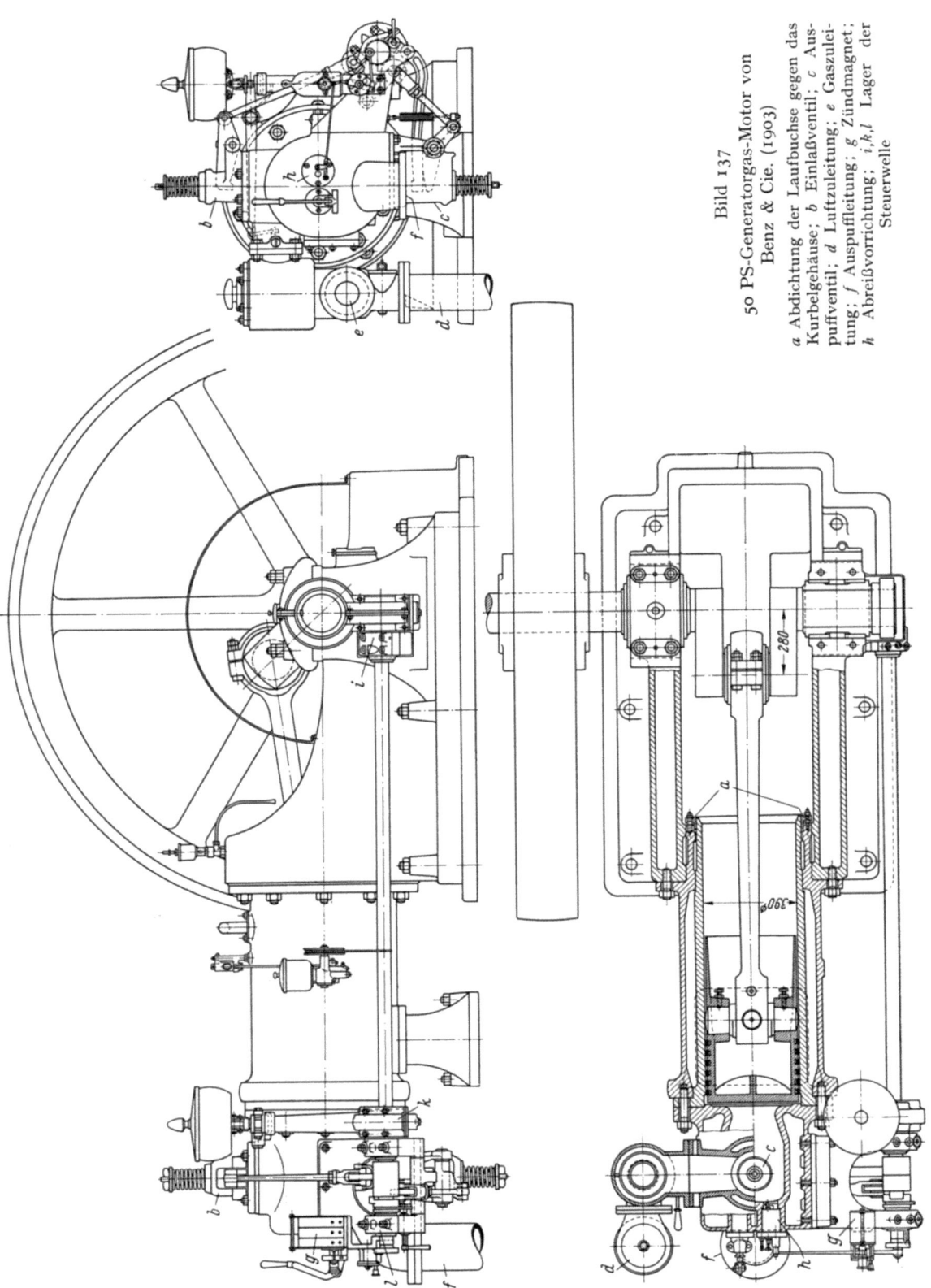

Bild 137
50 PS-Generatorgas-Motor von Benz & Cie. (1903)

a Abdichtung der Laufbuchse gegen das Kurbelgehäuse; *b* Einlaßventil; *c* Auspuffventil; *d* Luftzuleitung; *e* Gaszuleitung; *f* Auspuffleitung; *g* Zündmagnet; *h* Abreißvorrichtung; *i,k,l* Lager der Steuerwelle teils am Kurbelgehäuse (Lager i), teils am Zylinderkopf (Lager k und l) befestigt waren, bewährte sich nicht, da die genaue Ausrichtung bei warm gewordener Maschine nicht erhalten blieb. Daher flanschte man bald darauf die Steuerwellenlager nur an das Kurbelgehäuse und den Zylinderrahmen, was die Schwierigkeiten behob.

Auch diese für Betrieb mit Generatorgas gebauten Motoren führten sich gut ein und haben während einer Reihe von Jahren einen erheblichen Anteil am Gesamtumsatz ausgemacht.

Das Motorwagen-Geschäft verschlechtert sich

Weit ungünstiger entwickelte sich nach der Jahrhundertwende das Geschäft in Motorwagen, also gerade auf jenem Gebiet, das KARL BENZ am meisten am Herzen lag und auf dem er anfangs so große Erfolge gehabt hatte. Um 1898 war die Entwicklung seiner Wagenmotoren zur Hauptsache abgeschlossen, und es wurden nur noch einige Änderungen getroffen, für die offenbar die MAYBACHschen Konstruktionen das Vorbild gewesen sind. MAYBACH hatte schon 1884 bei der „Standuhr" (Bild 38, S. 93) das geschlossene Kurbelgehäuse eingeführt, das den Staub der Straße vom Triebwerk fernhielt, während BENZ bei der offenen Bauart geblieben war. Da diese zu Unzuträglichkeiten führte, entschloß BENZ sich, das Gehäuse durch zwei Halbschalen aus Leichtmetall abzudichten, was konstruktiv zwar nicht gefällig wirkte, aber seinen Zweck erfüllte. Der sperrige Schwimmervergaser wurde durch den Spritzdüsenvergaser ersetzt, auf den MAYBACH kein Patent erhalten hatte. Der Motor wurde in den vorderen Teil des Wagens eingebaut, wie die Daimler-Motoren-Gesellschaft dies nach dem Vorgang von PANHARD und LEVASSOR schon vorher getan hatte. Damit glaubte BENZ den Wünschen seiner Kundschaft entsprochen zu haben, und es hatte auch zunächst den Anschein, als sollte das gute Geschäft mit den Motorwagen anhalten.

Ganz unerwartet änderte sich jedoch die Lage, als die Daimler-Motoren-Gesellschaft 1901 den ersten Mercedes-Wagen auf den Markt brachte (S. 342). Dem hatten Benz & Cie. nichts Gleichwertiges entgegenzustellen. Die Leistungen und Fahreigenschaften des von MAYBACH konstruierten Wagens waren so überragend, daß er alles, was die anderen Kraftwagenfabriken damals bauten, in den Schatten stellte. Mit erschreckender Plötzlichkeit sank der Absatz der Benz-Wagen auf einen Bruchteil seines Betrages. Während die Daimler-Motoren-Gesellschaft bis 1900 nur etwa den zehnten Teil der Absatzzahlen von Benz erreicht hatte, kehrte sich das Zahlenverhältnis jetzt nahezu um. Im Jahr 1900 hatte BENZ 603 Wagen verkaufen können; 1903 waren es nur noch 173. Die Vormachtstellung, die BENZ im Bau von Motorwagen lange hatte behaupten können, ging an die Daimler-Motoren-Gesellschaft über. WILHELM MAYBACHs Überlegenheit wurde fühlbar.

KARL BENZ hat nichts unversucht gelassen, um die drohende Krise von seinem Werk abzuwenden. Zahlreiche aus jener Zeit erhalten gebliebene Entwürfe legen Zeugnis von seinen Bemühungen ab, etwas dem Maybach-Motor Ebenbürtiges zu schaffen. BENZ' Wagenmotoren waren zu schwer und ihre spezifischen Leistungen zu klein; so versuchte er, die Leistung der Einzylindermotoren dadurch zu steigern, daß er *zwei* selbsttätig wirkende Einlaßventile vorsah, die mit ihrem kleinen Widerstand die Füllung und damit die Leistung verbessern sollten. Bild 138 zeigt den Entwurf eines 10 PS-Wagenmotors, der die unverhältnismäßig großen Abmessungen 160 mm Zyl.-Dmr. und 160 mm Hub hatte. Die beiden ungesteuerten Einlaßventile a sind hängend nebeneinander in einer taschenförmigen Verlängerung des Brennraums angeordnet. b ist das mechanisch gesteuerte Auspuffventil. Aber die Hoffnung, daß die Vergrößerung des Einlaßquerschnitts eine bessere Füllung des Zylinders und damit eine größere

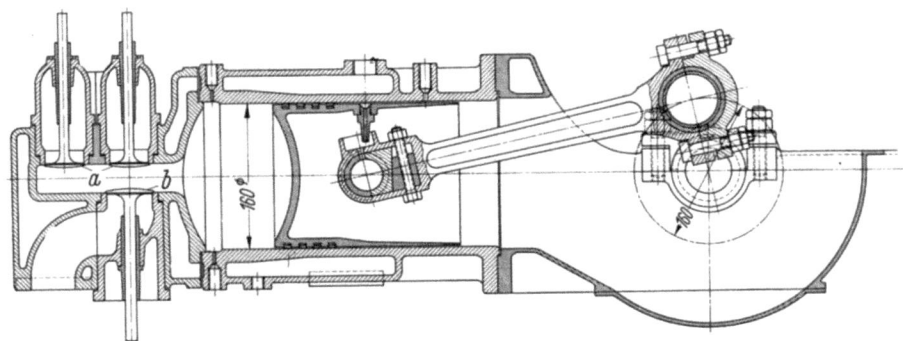

Bild 138. KARL BENZ' Entwurf eines 10 PS-Einzylinder-Wagenmotors mit zwei Einlaßventilen (1901)

a Einlaßventile; *b* Auspuffventil

Mit den zwei Einlaßventilen versuchte BENZ vergeblich, die Gemischladung und dadurch die Leistung seines Motors zu vergrößern, um mit MAYBACHS Motoren konkurrieren zu können

Leistung des Motors ergeben würde, erfüllte sich nicht; was durch den kleineren Widerstand der Einlaßventile gewonnen wurde, ging infolge der Zerklüftung des Brennraums wieder verloren. Um eine Leistung von 10 PS zu erreichen, brauchte dieser Einzylindermotor ein Hubvolumen von 3,2 Litern, während der Maybach-Motor bei gleicher Leistung 1,35 Liter hatte. Bessere Aussicht bot ein „Contra"-Motor, den BENZ entwarf; er sollte mit einem Hubvolumen von 1,73 Litern die angestrebte Leistung von 10 PS ergeben. Noch andere Entwürfe, die von KARL BENZ stammen, sind aus jener Zeit der hastigen Bemühungen um eine Besserung der Lage erhalten geblieben, so der eines 4 PS-Einzylindermotors und eines 16 PS Contra-Motors. Über die Drehzahlen, welche diese Motoren erhalten sollten, konnte nichts ermittelt werden. Zur Ausführung der Mehrzahl der Entwürfe ist es nicht mehr gekommen. Sie hätten das Geschick auch nicht wenden können, denn der Überlegenheit MAYBACHS war man in Mannheim nicht gewachsen.

Karl Benz tritt aus der Firma aus

Der Rheinischen Gasmotoren-Fabrik blieb nichts anderes übrig, als ihre Motoren und die Wagen von Grund aus umzugestalten, um mit den Fabrikaten der jetzt von MAYBACH geleiteten Daimler-Motoren-Gesellschaft konkurrieren zu können. BENZ' Teilhaber GANSS glaubte, dies erreichen zu können, indem er eine Gruppe französischer Konstrukteure unter Führung des Ingenieurs BARBAROU in das Mannheimer Werk rief, ein Maßnahme, mit der KARL BENZ sich nicht abfinden wollte. In Frankreich hatte man sich an das von MAYBACH mit seinem Stahlradwagen gegebene Vorbild gehalten und war damit weitergekommen als BENZ. So entstanden bald Meinungsverschiedenheiten zwischen BENZ und seinem kaufmännischen Kollegen GANSS, auf dessen Seite sich der Aufsichtsrat stellte. Da die finanzielle Lage es nicht mehr erlaubte, BENZ die Mittel zu kostspieligen Neuentwicklungen zur Verfügung zu stellen, legte er im April 1903 die technische Leitung seines Werkes nieder und schied aus der Firma aus, mit der er jedoch späterhin im Aufsichtsrat verbunden blieb. Er war bei seinem Austritt 59 Jahre alt.

Als das Jahr 1904 einen weiteren Verlust von mehr als 400000 Mark gebracht hatte, trat auch JULIUS GANSS aus, der bei aller Tüchtigkeit keine Besserung hatte herbeiführen können. Die alleinige Leitung des Werkes übernahm jetzt ein Mann namens HAMMESFAHR, der erst im Januar 1904 in die Firma eingetreten war. Diesem gelang es nach jahrelangen Schwierigkeiten, das Werk auf eine gesunde Basis zu stellen, indem er den richtigen Mann berief (S. 606).

Daimler-Maybach und Karl Benz

KARL BENZ (1844—1929) war um zehn Jahre jünger als GOTTLIEB DAIMLER (1834—1900); der Altersunterschied und die Gleichheit der Ziele, die sich beide Männer gesteckt hatten, sind vermutlich die Ursache der Legende gewesen, daß KARL BENZ von DAIMLER habe lernen müssen, um zu seinen großen Leistungen befähigt zu werden. Noch als Achtzigjähriger mußte KARL BENZ sich in seinen Erinnerungen[39] gegen die Darstellung wehren, er habe „jahrelang bei OTTO in der Deutzer Gasmotoren-Fabrik gearbeitet" und sei dort „DAIMLERS ehemaliger Arbeitsgenosse" gewesen. Aus einem Lexikon der Technik erwähnt KARL BENZ den merkwürdigen Satz: „Benz-Mannheim hat zwar um dieselbe Zeit auch angefangen, Automobile zu bauen, doch ist nicht bekannt, inwieweit dieser Erfinder unabhängig von DAIMLER arbeitete."

An solcher Darstellung ist nichts richtig. KARL BENZ ist nie in Deutz gewesen und hat GOTTLIEB DAIMLER persönlich nicht gekannt. Er kann auch von DAIMLERS Plänen und Arbeiten nichts gewußt haben, denn DAIMLER und MAYBACH arbeiteten damals, von 1882 bis 1887, in der Gartenwerkstatt der Villa DAIMLERS in Cannstatt und hielten ihre Arbeiten sorgfältig geheim. BENZ kann unmöglich früher als im November 1885 von DAIMLER etwas gehört haben, als DAIMLER und MAYBACH mit ihrem ersten Motor-Zweirad (Bild 43, S. 97) an die Öffentlichkeit traten. Damals war BENZ' Dreiradwagen (Bild 57, S. 119) im wesentlichen fertig, wenn auch der Wagen erst am 3. Juli 1886 seine erste öffentliche Fahrt gemacht hat. Auch BENZ hat über seine Arbeiten nicht vorzeitig gesprochen. So liegen die Zeitpunkte, zu denen jede der beiden Seiten, DAIMLER–MAYBACH und BENZ, von der Existenz der anderen erfuhr, eindeutig fest.

Ob nun DAIMLER oder BENZ zuerst geplant hat, ein Fahrzeug zu bauen, das durch einen Verbrennungsmotor fortbewegt wird, darüber Betrachtungen anzustellen ist müßig. Wann zuerst ihnen der Gedanke gekommen ist, wissen wir nicht, und es ist auch unwichtig, es zu wissen. Den Gedanken, ein Fahrzeug durch einen Motor, zunächst durch einen Dampfmotor, zu bewegen, haben auch andere und früher als BENZ oder DAIMLER gehabt. Entscheidend ist hier nicht der Gedanke, sondern die Tat, und diese haben DAIMLER, BENZ und MAYBACH zur gleichen Zeit vollbracht — mit Hilfe OTTOs, der das Viertaktverfahren gelehrt hatte.

Um die Mitte des Jahres 1886 mußte es beiden Seiten klargeworden sein, daß sie dasselbe Ziel verfolgten, daß sie Konkurrenten waren. Es begann der Wettbewerb, der für die Entwicklung der Grundlagen der Automobilindustrie so außerordentlich fruchtbar geworden ist. BENZ ist anfangs der Überlegene gewesen; bis zur Jahrhundertwende hat er seine Überlegenheit behaupten können. Dabei macht sein liegender Motor (Bild 129) einen weniger geschickten Eindruck als die zierlichen Konstruktionen

MAYBACHs, die sich den Bedürfnissen des Kraftwagenbaues besser anzupassen scheinen als die etwas schwerfällig wirkenden liegenden Bauarten, die BENZ bevorzugte. Aber der Benz-Motor hatte zwei bedeutende Vorzüge: er benutzte die elektrische Zündung, die „Summerzündung", die im Gegensatz zur Glührohrzündung nicht drehzahlemp-

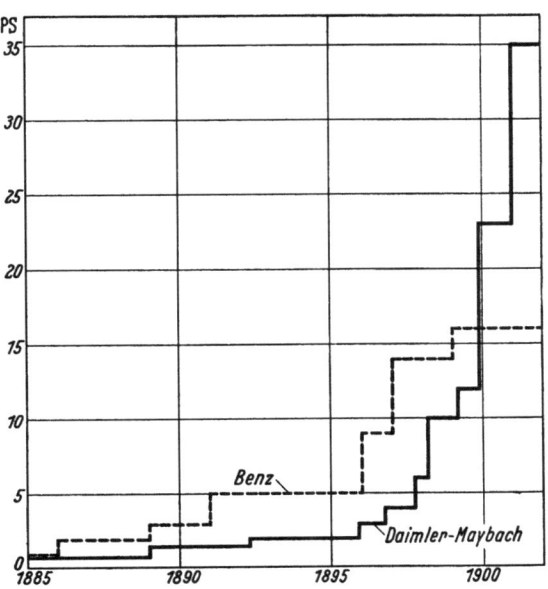

Bild 139
Zunahme der Antriebleistung der von Benz und Daimler-Maybach gebauten Motorwagen von 1885 bis 1902

Fünfzehn Jahre haben DAIMLER und MAYBACH gebraucht, um den Vorsprung einzuholen, den KARL BENZ hinsichtlich der Antriebleistung seiner Motoren hatte. Von 1900 an waren die von WILHELM MAYBACH konstruierten Motoren den Benz-Motoren so überlegen, daß KARL BENZ den Wettbewerb aufgab

findlich und nicht feuergefährlich war, und der Benz-Motor konnte mit seiner wenn auch primitiven Verdampfungskühlung mit größeren Leistungen gebaut werden als der Daimler-Maybach-Motor, dessen Entwicklung zu größeren Leistungen durch MAYBACHs wenig glückliche Schwungradkühlung (Bild 90) behindert war. Von 1885/86 bis 1899 waren die Benz-Motoren in der Leistung überlegen. Dem Bild 139 entnimmt man, wie schwer es DAIMLER und MAYBACH in den ersten anderthalb Jahrzehnten geworden ist, den Leistungsvorsprung, den BENZ hatte, einzuholen. Erst als MAYBACH 1897 seinen Röhrenkühler (Bild 111) erfunden hatte, geht es von Jahr zu Jahr mit der Leistung der Daimler-Maybach-Motoren aufwärts, aber auch KARL BENZ ließ es an Anstrengungen nicht fehlen, die Leistung seiner Motoren zu steigern, doch gelang es ihm nicht, auf mehr als 16 PS zu kommen. Als dann GOTTLIEB DAIMLER 1898 seinen Widerstand gegen die magnetelektrische Zündung aufgab und MAYBACH 1899 seinen Vierzylindermotor geschaffen hatte, der 23 PS leistete, dem 1901 der erste Mercedes-Motor (Bild 184) mit 35 PS folgte, dem Benz & Cie. nichts Gleichwertiges entgegenzusetzen hatten, da war es mit BENZ' Überlegenheit zu Ende. Seine Firma, die bis zum Jahr 1899 2000 Motorwagen geliefert und zuletzt jährlich 600 Wagen abgesetzt hatte, mußte den Rückgang erleben, der KARL BENZ bewog, aus seinem Werk auszuscheiden.

XVII. Nach dem Fall des DRP 532 liefert Körting Viertakt-Gasmaschinen (1887—1900)

Nach der Vernichtung des Viertaktpatentes (1886) konnte KÖRTING seinen Plan, zum Viertakt überzugehen, ungehindert ausführen. Das hatte er schon seit mehreren Jahren beabsichtigt, und GEORG LIECKFELD, der seit Anfang 1881 in KÖRTINGs Diensten stand (S. 140), hatte 1884 einen stehenden Viertakt-Kleinmotor konstruiert (Bild 70, S. 144), der deutlich erkennbar die Merkmale der von WITTIG und HEES eingeführten Zweitakt-Bauart (Bild 63, S. 130) trägt. LIECKFELD hatte sie bei der Hannover'schen Maschinenbau-Gesellschaft ausgeführt. Als LIECKFELD sich 1886 von KÖRTING getrennt hatte, entwickelte KÖRTING, LIECKFELDs Vorbild benutzend, einen stehenden Viertakt-Kleinmotor. In den Prospekten werden diese Motoren jetzt als „Körting-Motoren" bezeichnet.

Stehende Körting-Kleinmotoren

Das neue Modell (Bild 140) erschien 1888 auf dem Markt. Während LIECKFELD bei seinem Motor von 1884 noch die Gasflammenzündung eigener Konstruktion (Bild 69, S. 142) benutzt hatte, entschied KÖRTING sich für die Glührohrzündung; er wählte die gesteuerte Zündung, weil das offene Glührohr durch das DRP 28 022 vom Dezember 1883 DAIMLER geschützt war. LIECKFELDs unpraktische Untersetzung der Nockenwelle im Verhältnis 4 : 1 (Bild 70) wurde in 2 : 1 geändert. Die Regelung arbeitete wie früher mit Aussetzern durch Offenhalten des Auspuffventils; nur der mechanische Teil der Regelung wurde geändert (Bild 141).

Bei dem Körting-Motor „Modell 1888" wird das Gas durch die Leitung a (mit Hahn), die Luft zwecks Geräuschdämpfung durch Rohr b aus dem Maschinengestell angesaugt (Bild 140). Gas und Luft mischen sich in dem selbsttätig wirkenden Ventil c; das Gemisch öffnet unter der Saugwirkung des nach oben gehenden Arbeitskolbens das ebenfalls selbsttätig arbeitende Einlaßventil d. Das Auspuffventil e und das Zündventil f (Bild 142), das den Zutritt der Gasmischung zum Glührohr steuert, werden mechanisch von der Nockenwelle g bewegt. Auf deren freiem Ende sind der Nocken h und die unrunde Scheibe i befestigt, die beide nacheinander den Winkelhebel k bewegen. Läuft die am oberen Ende von k angebrachte Rolle über den Nocken h, so macht k eine Rechtsschwenkung und hebt die Steuerstangen l und m an. Das Anheben der Stange l entfernt deren unteres Ende von der Spindel des Zündventils f, so daß dieses geschlossen bleibt. Die Stange m, in Bild 140 im rechten Teilbild an ihrem unteren Ende abgebrochen gezeichnet, nach unten durch einen Bügel n (Bild 141) fortgesetzt, greift unter die Spindel des Auspuffventils und öffnet dieses. Es ist dieselbe etwas umständliche Konstruktion, die LIECKFELD bei seinem Viertaktmotor von 1884 (Bild 70) ausgeführt hatte, um zu vermeiden, daß die Stange beim Öffnen des Auspuffventils auf Knickung beansprucht wird. Wenn die Rolle am Hebel k vom Nocken h abgleitet, senkt sich die Stange m mit dem Bügel n, und das Auspuffventil schließt.

Nach einer halben Umdrehung der Nockenwelle, entsprechend einer vollen Umdrehung der Kurbelwelle, gerät die Aussparung i der Steuerscheibe unter die Rolle, und der Winkelhebel k macht eine weitere Linksschwenkung, welche die Stange l so weit senkt, daß das Zündventil f aufgedrückt wird. Dadurch wird die Verbindung mit dem Glührohr u (Bild 142) hergestellt, und die Zündung tritt ein. Mit der weiteren Linksschwenkung des Hebels *k* senkt sich auch das Gestänge *m–n* etwas mehr; diese Bewegung wird von der elastischen Verbindung zwischen dem Bügel *n* und der Spindel *e* (Bild 141) aufgenommen.

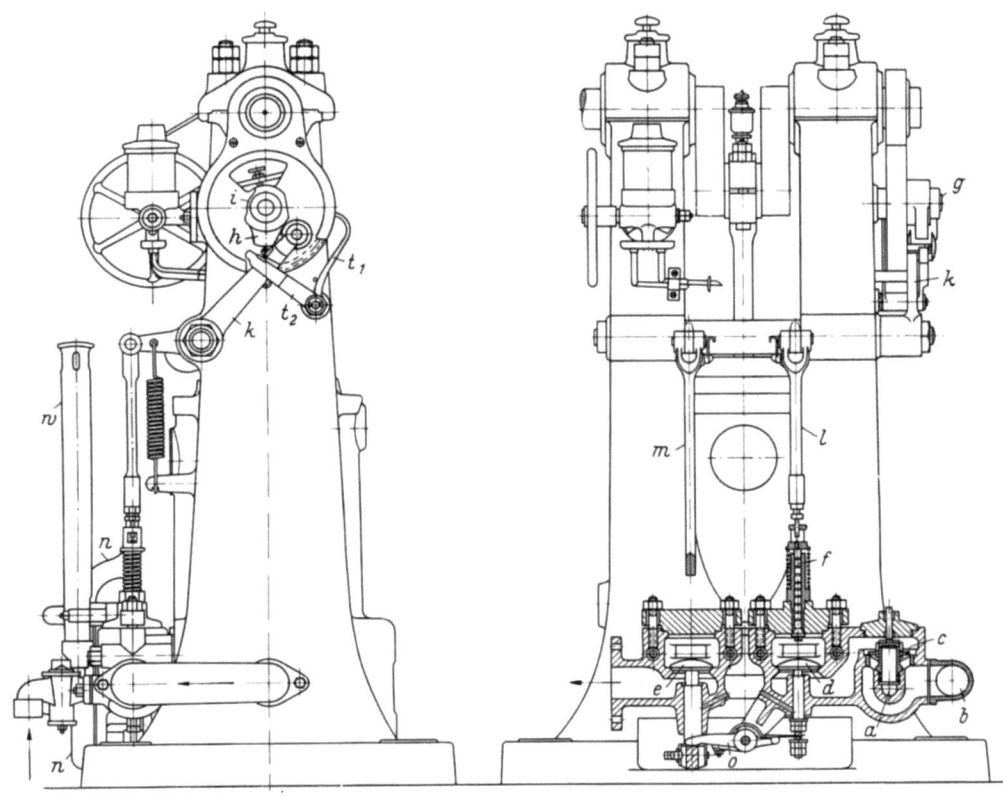

Bild 140. KÖRTINGS Viertakt-Kleinmotor „Modell 1888"

a Gasleitung; *b* Luftleitung; *c* Mischventil; *d* Einlaßventil; *e* Auspuffventil; *f* Zündventil; *g* Nockenwelle; *h* Steuernocken des Auspuffventils; *i* Steuerscheibe des Zündventils; *k* Winkelhebel; *l* Steuerstange des Zündventils; *m* Steuerstange des Auspuffventils; *n* Bügel an *m*; *o* Hebel mit Blattfeder; t_1–t_2 Klinkenhebel; *w* Kamin der Glührohrbeheizung

Bei dem Entwurf dieses Motors haben die Konstruktionen von WITTIG und HEES (Bild 63) und von LIECKFELD (Bild 70) als Vorbild gedient

Auf das untere Ende des Bügels *n* stützt sich das eine Ende des zweiarmigen Hebels *o* (Bild 140), der um einen festen Drehpunkt schwenkbar ist. Das andere Ende ist als Blattfeder ausgebildet, welche die Spindel des Einlaßventils *d* nach unten drückt. Der Druck darf nur schwach sein, solange das Auspuffventil geschlossen ist, denn das Einlaßventil soll sich unter der Saugwirkung des Arbeitskolbens leicht öffnen. Wenn aber das Auspuffventil geöffnet ist, darf sich das Ventil *d* nicht öffnen; dafür sorgt die sich jetzt mit stärkerem Druck auf die Einlaßventilspindel legende Blattfeder. Das ist besonders dann wichtig, wenn bei zu hoher Drehzahl der Regler das Auspuffventil längere Zeit geöffnet hält. Bild 141 erläutert das Regelverfahren.

Der Regler ist als Flachregler mit nur *einem* Fliehgewicht *p* gebaut, das um den Zapfen *q* schwenkt. Die Fliehkraft wird von der Schraubenfeder *r* aufgenommen, deren Spannung durch die Stellschraube *s* verändert werden kann. Die Teile sind im Zahnkranz des auf der Nockenwelle sitzenden großen Rades untergebracht. Bei zu hoher Drehzahl schlägt das Gewicht p aus, stößt gegen den Arm t_1 des Klinkenhebels t_1–t_2 und dreht diesen so, daß er mit einer auf t_2 befestigten Schneide hinter eine zweite, auf dem

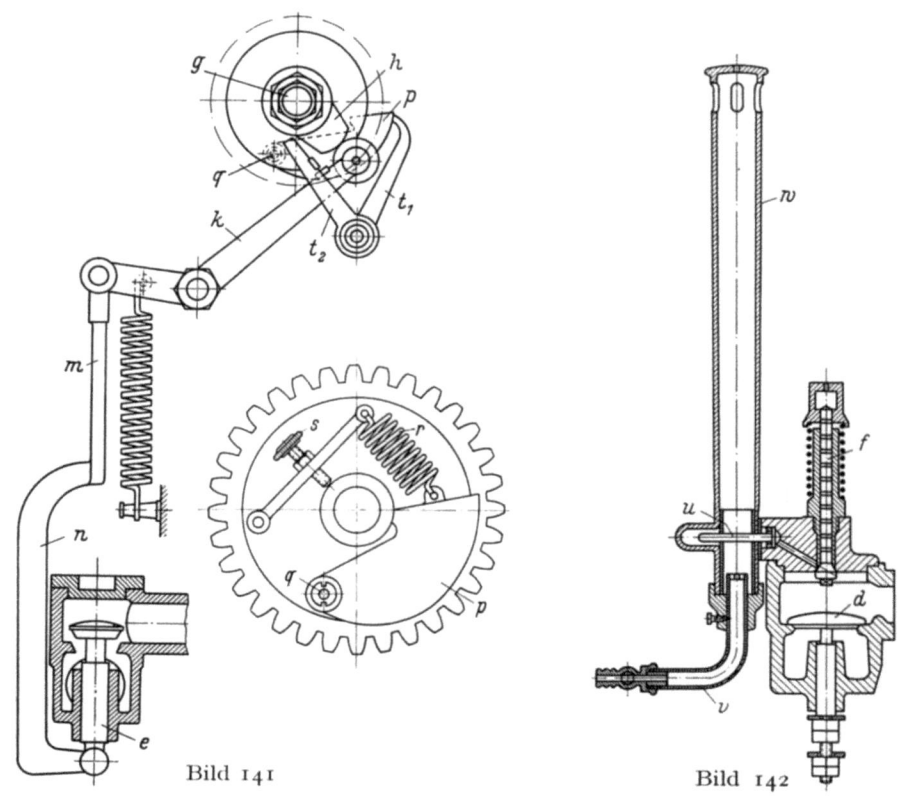

Bild 141. Regelung des Körting-Viertaktmotors Modell 1888
e Auspuffventil; g Nockenwelle; h Auspuffnocken; k Winkelhebel; m Steuerstange des Auspuffventils mit Bügel n; p Fliehgewicht mit Drehzapfen q; r Reglerfeder; s Stellschraube; t_1–t_2 Klinkenhebel

Bild 142. Gesteuertes Glührohr des Körting-Viertaktmotors Modell 1888
d Einlaßventil; f Zündventil; u Glührohr; v Gasleitung für Glührohrbeheizung; w Kamin
Mit der Steuerung der Zündung durch das Ventil f wollte man DAIMLERS DRP 28022 (Bild 31) umgehen

Hebel k sitzende Schneide hakt (k auch in Bild 140). Dadurch wird die Stange m mit dem Bügel n in der angehobenen Lage festgehalten; das Auspuffventil bleibt geöffnet; die Blattfeder des Hebels o drückt das Einlaßventil d (Bild 140) auf seinen Sitz, und der Motor saugt statt des Gas-Luft-Gemisches die Auspuffgase zurück. Wenn jetzt die Drehzahl sinkt und das Fliehgewicht p durch die Feder r in seine innere Lage gezogen wird, fällt der Klinkenhebel t_1–t_2 zurück und gibt den Hebel k und damit das Auspuffventil frei.

KÖRTING hat diese stehenden Viertaktmotoren nur für kleine Leistungen, von 0,5 bis 6 PS, gebaut. Sie wurden auch für den Betrieb mit Benzin und mit Petroleum eingerichtet; für Petroleummotoren wurde ein Verdampfer verwendet, der vor dem Gemischventil angebracht war, so daß der Motor ein Gemisch aus Luft und verdampftem Petroleum ansaugte. Die Erfahrungen, die man mit diesem Verdampfer gemacht hat, scheinen nicht ermutigend gewesen zu sein, denn von KÖRTINGs Petroleummotoren ist nichts überliefert worden.

Liegende Viertaktmotoren

Von 1889 ab hat KÖRTING für größere Leistungen als 6 PS nur noch die liegende Bauart ausgeführt. Dabei gelang ihm die Verwirklichung eines fortschrittlichen Gedankens: die Zylinderlaufbuchse wurde nicht mehr, wie es bis dahin allgemein üblich war, mit dem Kühlmantel als ein einziges Gußstück, sondern getrennt hergestellt und in den Kühlmantel eingesetzt (a in Bild 143). In einem Prospekt aus dem Jahr 1891 heißt es darüber:

> Der Zylinder ist als besonderer Gußteil in den am Rahmen angeschlossenen Kühlmantel eingesetzt.

Das vereinfachte die Herstellung des Zylinderrahmens und bot den Vorteil, daß die Laufbuchse, die von allen Maschinenteilen am stärksten dem Verschleiß ausgesetzt ist, leicht erneuert werden konnte. Auch wurde es möglich, das einfache Gußstück, das eine Laufbuchse darstellt, mit größerer Sicherheit fehlerfrei zu gießen. Soweit sich feststellen läßt, ist KÖRTING die erste deutsche Firma gewesen, welche diese heute allgemein übliche Bauart ausgeführt hat. Daß die Konstruktion einer ausländischen Firma KÖRTING als Vorbild gedient hat, ist möglich. EMIL CAPITAINE, ein Frankfurter, hat zwar bei seinem Petroleummotor von 1885 (Bild 107, S. 221) ebenfalls eine getrennt hergestellte Laufbuchse in den Zylindermantel eingesetzt, aber seine Konstruktion war nicht vorbildlich: die von oben in den Rahmen eingeschobene Buchse wäre nach kurzer Betriebszeit infolge des abwechselnden Erwärmens bei Inbetriebnahme und Erkaltens beim Stillsetzen undicht geworden. Da der Motor Bild 107 nicht betriebsreif geworden ist, blieb CAPITAINE diese Erfahrung erspart. Er hat sie aber wohl vorausgesehen, denn sein Motor von 1890 hat wieder die mit dem Kühlmantel in einem Stück hergestellte Laufbuchse (Bild 108).

Daß am äußeren Ende der Laufbuchse, wo die Flanschen von Zylinderkopf, Laufbuchse und Kühlmantel zusammenstoßen (Bild 143), große Massen angehäuft sind, die sich stark erwärmen und nur ungenügend kühlen lassen, hat man bald erkannt und durch Änderung der Konstruktion den Fehler beseitigt. Dieselbe Erfahrung haben auch andere Firmen gemacht, und durch den — nicht immer beabsichtigten — Austausch der Erfahrungen haben sich im Lauf der Jahre Richtlinien für die Konstruktion herausgebildet, die ihre Gültigkeit behalten. Irrwege, die von jeder Firma gelegentlich eingeschlagen worden sind, wenn sie den Mut hatte, etwas Neues in Angriff zu nehmen, haben die Entwicklung nicht gestört, sondern gefördert, da sie wertvolle Erfahrungen hinterlassen haben. Dazu gehören die in jener Zeit immer wieder auftauchenden Bemühungen, die Nockenwelle, welche die Ventile steuert, entbehrlich zu machen. Wenn man das Einlaßventil sich selbsttätig unter der Saugwirkung des Arbeitskolbens öffnen ließ und die keiner Steuerung bedürfende Glührohrzündung benutzte, dann brauchte man nur noch das Auspuffventil mechanisch zu steuern. Dafür — so war die Meinung — lohnte sich eine Nockenwelle mit der Zahnraduntersetzung nicht. Dieser Gedanke hatte OTTO noch in seinem letzten Lebensjahr veranlaßt, die Membransteuerung (Bild 124) zu ersinnen. Ähnlich waren EMIL CAPITAINEs Überlegungen, der die seltsame Steuerung des Auspuffventils mittels der einknickenden Exzenterstange (Bild 108) erfand, obwohl er eine Nockenwelle für den

Antrieb der Brennstoffpumpe brauchte. Alle diese vom Einfachen abweichenden Vorrichtungen sind nur kurze Zeit am Leben geblieben. Das gilt auch für eine Steuerung des Auspuffventils, die ERNST KÖRTING erdacht hat. Ein auf der Kurbelwelle befestigtes Exzenter bewegte eine Exzenterstange, die zweiteilig ausgeführt war. Der mit dem Exzenterbügel verbundene Teil der Stange war hohlgebohrt; er diente als Führung des anderen Teils der Stange, der das Auspuffventil betätigte. Die beiden Teile der Stange konnten sich ineinander verschieben; die Länge der Exzenterstange wurde dadurch geändert. In den unteren Teil der Stange war ein Schaltwerk eingebaut, bestehend aus einer mit vier Bohrungen versehenen Trommel, die bei jeder Umdrehung der Kurbelwelle um 45° weitergedreht wurde. Dadurch wurde erreicht, daß ein Mitnehmerbolzen, der auf die Antriebstange des Auspuffventils wirkte, abwechselnd auf die Trommel stieß — dann wurde das Auspuffventil geöffnet — und in eine Bohrung der Trommel — dann blieb es geschlossen. Alle diese gekünstelten Vorrichtungen wurden innerhalb weniger Jahre von der einfacheren und betriebssicheren Ventilsteuerung mittels Nockenwelle verdrängt.

Der Körting-Viertaktmotor Type „M"

Von 1895 an hat KÖRTING auch das Einlaßventil von der neben der Grundplatte liegenden Nockenwelle mechanisch gesteuert. Das mechanisch gesteuerte Einlaßventil ist in Deutschland zum erstenmal von JOHANNES SPIEL bei seinem Benzinmotor (Bild 104, S. 217) verwendet worden; es fand aber zunächst wenig Nachahmer, weil man glaubte, mit dem sich selbsttätig öffnenden Saugventil auszukommen. Als man allmählich höhere Drehzahlen und größere mittlere Kolbengeschwindigkeiten ausführte, zeigte sich die schädliche Drosselwirkung des selbsttätigen Ventils; sie verminderte die Leistung. KÖRTING hat das gesteuerte Einlaßventil erstmalig bei seinem liegenden Motor der Type M ausgeführt, die 1897 auf den Markt kam.

Bild 143 zeigt den größten M-Motor, den KÖRTING gebaut hat, im Grundriß, Längsschnitt und Stirnansicht mit Querschnitt durch den Zylinderkopf in der Ebene der Ventilmitten. Die Größe ist für einen Tauchkolbenmotor ungewöhnlich: der Zylinder hat einen Durchmesser von 665 mm, der Hub beträgt 800 mm. So große Maschinen baut man heute, wo freilich die spezifischen Belastungen höher sind, nicht mehr mit Tauchkolben. Der Zylinder leistet bei 140 U/min 160 PS, was einem mittleren wirksamen Kolbendruck von 3,7 kg/cm² entspricht, einem recht guten Wert, während die mittlere Kolbengeschwindigkeit mit 3,7 m/sec bescheiden ist. So konnte dieser große Zylinder noch ohne Kolbenkühlung gebaut werden. Im Längsschnitt sieht man die eingesetzte Laufbuchse a mit der unvorteilhaften, weil schlecht zu kühlenden Anhäufung von Werkstoff an der heißesten Stelle des Brennraums. Der Nocken b auf der Steuerwelle steuert durch das Gestänge c das Einlaßventil d und durch den zweiarmigen Hebel e das Auspuffventil f. Durch Rohr g wird das Gas, durch h die Luft zugeführt, die zwecks Geräuschdämpfung aus dem mit Schlitzen i versehenen Zylinderrahmen angesaugt wird. Gas und Luft mischen sich in dem selbsttätigen Mischventil k. Der Auspuffkrümmer l ist wassergekühlt, soweit er über dem Maschinenhausflur liegt. m ist die Kühlwasserzuleitung, die an den Zylinderkopf angeschlossen ist, n die Ableitung am entgegengesetzten Ende des Zylindermantels. An die Zuleitung ist ein dünnes Rohr o angeschlossen, das dem Auspuffventilkegel durch einen Schlauch und

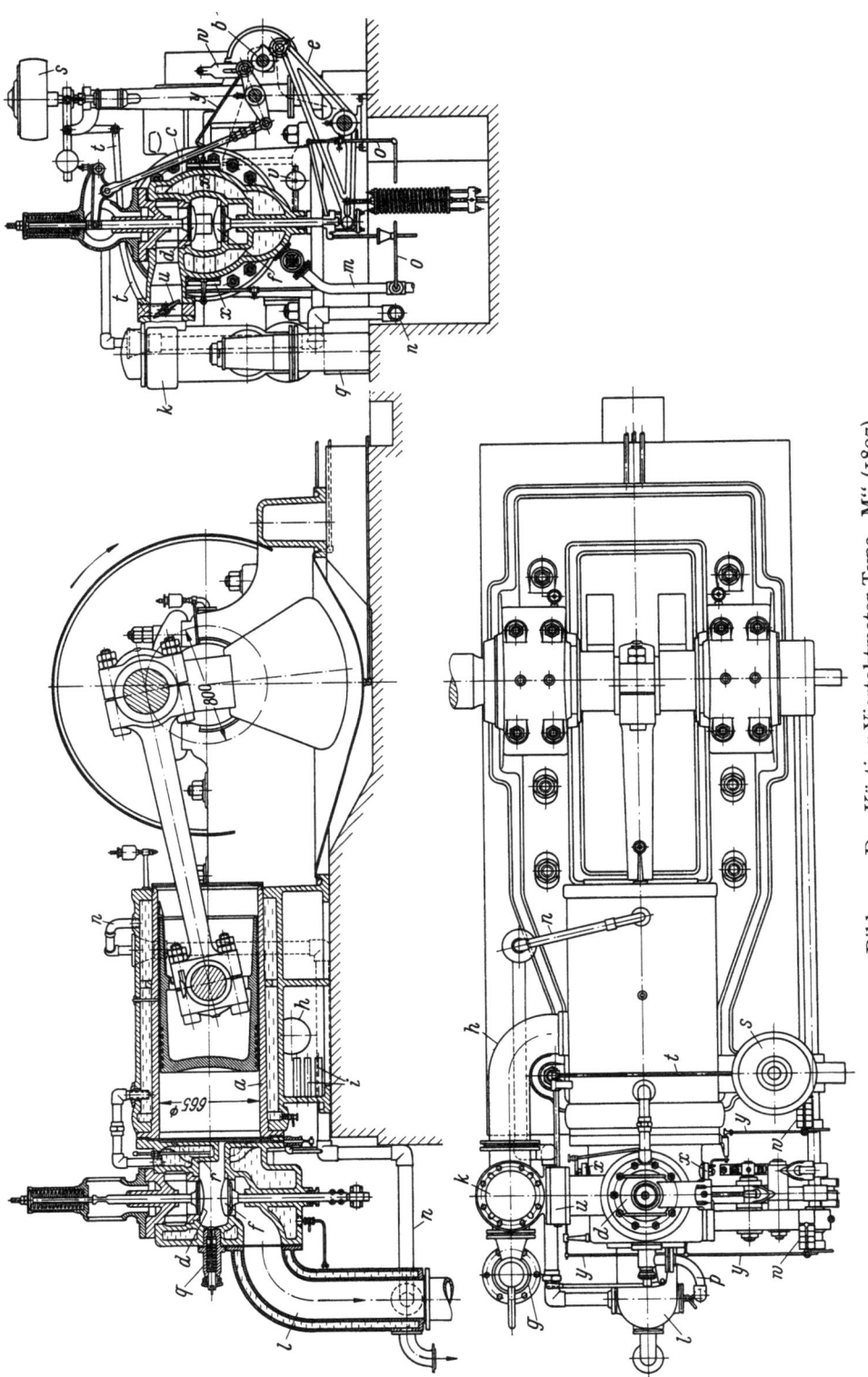

Bild 143. Der Körting-Viertaktmotor Type „M" (1897)

a Laufbuchse; b Steuernocken für Einlaß- und Auspuffventil; c Steuergestänge des Einlaßventils d; e Steuerhebel des Auspuffventils f; g Gaszuleitung; h Luftzuleitung; i Luftschlitze; k Mischventil; l Auspuffleitung; m Kühlwasserableitung; n Kühlwasserzufluß; o Kühlung des Auspuffventilkegels; p Anlaßluftleitung; q Anlaßventil; r Zusatzkühlfläche am Verdichtungsraum; s Regler; t Regelgestänge; u Drosselklappe; v Sicherheitsventil; w Magnetapparate; x Flanschen für Abreißhebel und Zündstift; y Gestänge der Abreißhebel

Der Motor leistete bei 140 U/min 160 PS

die hohle Spindel Kühlwasser zuführt, eine notwendige Maßnahme, weil man noch keine hitzebeständigen Werkstoffe hatte.

Der Motor wurde durch Druckluft (Zuleitung p) angelassen, das im Zylinderkopf sitzende Anlaßventil q jedoch nicht mechanisch, sondern von Hand gesteuert, was bei der niedrigen Drehzahl und dem schweren Schwungrad genügte. Gegenüber dem Anlaßventil, im Längsschnitt erkennbar, ragt in den Brennraum die gekühlte Tasche r, welche die Verbindung zwischen dem Verdichtungsraum und dem Zylinder zu einem schmalen Kanal verengt. Mit dieser eigentümlichen Konstruktion wollte KÖRTING die Kühlfläche des Verdichtungsraums vergrößern, um höhere Verdichtungsdrücke anwenden zu können, ohne daß Selbstzündung eintrat. Der Erfolg scheint den Erwartungen nicht entsprochen zu haben, denn die Maßnahme wurde später wieder aufgegeben.

Der Regler s wirkt durch den Hebel t auf die im Saugkanal zwischen Einlaßventil d und Mischventil k angeordnete Drosselklappe u. Die Drosselregelung ersetzte die bei

Bild 144. Der Körting-Motor Type „M"
w Magnetapparate; x Flansch für Abreißhebel und Zündstift; y Gestänge der Abreißhebel
KÖRTINGS M-Motor hat zu seinen am besten gelungenen Konstruktionen gehört. Der Motor hat während zweier Jahrzehnte den Hauptbestandteil der Motorlieferungen der Firma Körting ausgemacht. Das Bild zeigt den 160 PS-Motor

dem Modell 1888 noch verwendete umständliche Aussetzerregelung, die mit Offenhalten des Auspuffventils arbeitete. Das unterhalb des Zylinderkopfes auf einem Hebel verschiebbare Gewicht v belastet ein Sicherheitsventil, dessen Bohrung in den Brennraum führt.

Bild 144 zeigt den Motor im Lichtbild. Im Vordergrund vor dem Zylinderkopf sind die beiden Magnetapparate w für die Abreißzündung angeordnet. Wegen des großen Zylinderdurchmessers waren zwei Zündstellen vorgesehen, die im Brennraum einander gegenüberlagen; in Bild 144 ist nur die vordere Zündstelle *x* sichtbar. Die Stange *y*, an eine Stirnkurbel der Nockenwelle angeschlossen, steuert den Abreißvorgang an beiden Zündstellen. Nur die größeren Zylinder mit einer Leistung von 35 PS und mehr erhielten die Abreißzündung; für die kleineren Leistungen war sie zu teuer, und man blieb bei der gesteuerten Glührohrzündung. An den ersten Versuchen mit der elektrischen Zündung war ROBERT BOSCH beteiligt, der die Magnetapparate lieferte. Wie ERNST KÖRTING in seinen Erinnerungen schreibt, sind seine Motoren die ersten gewesen, welche die magnetelektrische Bosch-Zündung erhalten haben.

Die M-Motoren wurden die Standard-Bauart der liegenden KÖRTINGschen Viertaktmotoren. Sie sind bis 1914 mit wenigen Änderungen in großen Stückzahlen gebaut worden.

Liegender Körting-Kleinmotor Type „MA"

Für die kleinen Leistungen bis zu 6 PS entwickelte KÖRTING eine einfache Bauart (Bild 145), bei der nach Möglichkeit an Herstellungskosten gespart wurde. Laufbuchse und Zylinderkopf waren aus einem Stück gegossen; nur der untere Teil des

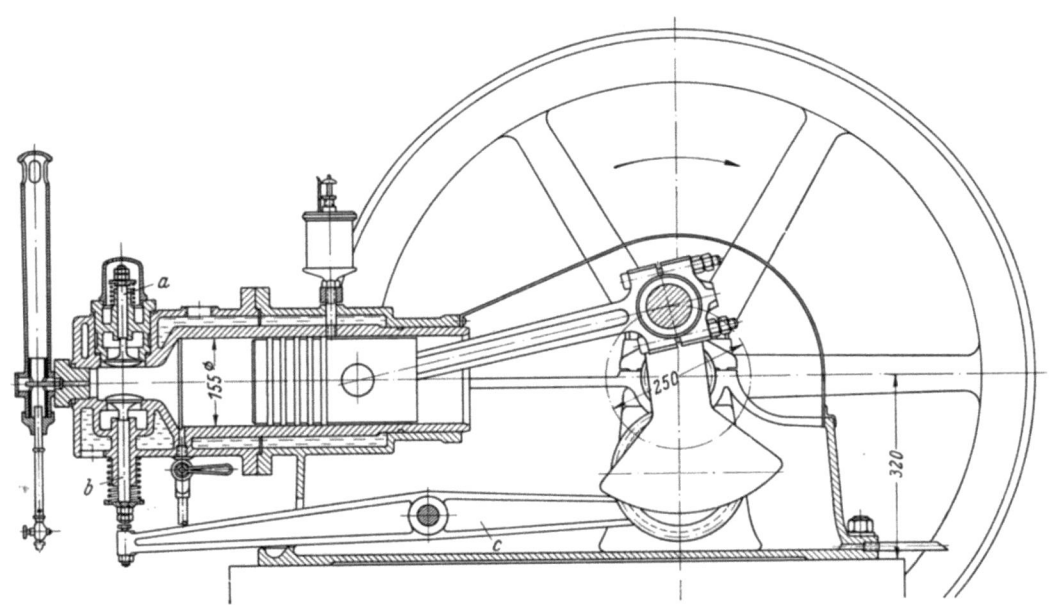

Bild 145. Liegender Körting-Kleinmotor Type „MA"
a Einlaßventil; *b* Auspuffventil; *c* Steuerhebel des Auspuffventils

Der für das Kleingewerbe bestimmte Motor wurde in Größen bis zu 6 PS gebaut. Da er billig sein mußte, erhielt er ein selbsttätiges Einlaßventil und die ungesteuerte Glührohrzündung. Um die teure Nockenwelle zu sparen, steuerte man das Auspuffventil durch den langen Hebel *c*. Auch dieser Motor fand einen guten Absatz

Kühlmantels war abgetrennt und an das Hauptgußstück geflanscht. Das billigste Zündverfahren, die ungesteuerte Glührohrzündung, mußte genügen. Das Einlaßventil war wieder ungesteuert; nur das Auspuffventil *b* wurde durch einen langen zweiarmigen Hebel *c* betätigt, der von einer unterhalb der Kurbelwelle gelagerten kurzen Nockenwelle aus bewegt wurde. Der Regler, seitlich an den Zylinderkopf gebaut (in Bild 145 auf der Rückseite liegend) wirkte wie bei der M-Type auf eine Drosselklappe in der Saugleitung. Auch diese Kleinmotoren sind lange Zeit und in großen Stückzahlen gebaut worden. Die Glührohrzündung wurde 1906 durch die elektrische Zündung ersetzt.

Liegende einfachwirkende Viertakt-Tandemmaschine

Sehr frühzeitig hat ERNST KÖRTING die Notwendigkeit erkannt, die Gasmaschine zu größeren Leistungen zu entwickeln, wie sie von der Industrie in zunehmendem Maß verlangt wurden. Eine Zylinderleistung von 60 PS, die er 1893 erreicht hatte, konnte auf längere Sicht nicht genügen, aber eine weitere Steigerung, so glaubte er damals, sei nicht ohne Kolbenkühlung möglich. Um diese zu vermeiden, hat er als einer der ersten die aus dem Dampfmaschinenbau bekannte Bauart der „Tandem"-Maschine auf den Verbrennungsmotorenbau angewendet. Bei der Tandembauart arbeiten zwei hintereinander angeordnete Zylinder auf eine Kurbelkröpfung (Bild 146). Man erhält somit die doppelte Leistung, ohne das Gestänge wesentlich verstärken zu müssen, da man die Zündungen der Viertaktzylinder um 360° versetzen kann, so daß sie nicht gleichzeitig eintreten. Bei dem vorderen, auf der Kurbelseite liegenden Zylinder und dem hinteren können manche Teile gleich ausgeführt werden, was die Herstellung verbilligt. Der Gang wird gleichmäßiger, da auf jede Umdrehung eine Zündung entfällt; das ist für den Antrieb von Dynamomaschinen vorteilhaft. Ordnet man zwei Tandemzylinder mit parallelen Achsen nebeneinander an, so erhält man gar die vierfache Leistung.

Die erste in Deutschland hergestellte Tandem-Gasmaschine ist 1893 gebaut worden (Bild 146). Der vordere, der Kurbelwelle zunächst liegende Kolben ist als Tauchkolben ausgebildet; er dient der Kolbenstange des hinteren Kolbens als Führung. Der Mantel des vorderen Zylinders ist aus einem Stück mit dem Kurbelgehäuse hergestellt; der hintere Zylinder ruht getrennt vom vorderen auf einem gußeisernen Sockel. Die durch Anker verbundenen Zylinder stehen auf einem gemeinsamen Betonfundament. Der Grundriß zeigt die Lage der Einlaßventile a und der Auspuffventile b, die von der Nockenwelle c gesteuert werden, während die Mischventile d selbsttätig arbeiten. In den Kanälen zwischen Einlaß- und Mischventil liegen Drosselklappen, die vom Regler e durch das Gestänge f verstellt werden. Der Regler wird von der Nockenwelle angetrieben. Das von Hand gesteuerte Anlaßventil g ist nur am vorderen Zylinder angebracht. Die Luft wird durch die mit Bohrungen h versehene Grundplatte des vorderen Zylinders angesaugt und den Mischventilen durch das Rohr i zugeleitet. Durch die Rohre k werden die Auspuffgase unter Flur abgeführt. Das Gußstück l (nur im hinteren Zylinderkopf) füllt den für die Stopfbuchse im vorderen Zylinderkopf benötigten Raum aus, so daß die Zylinderköpfe von demselben Modell abgegossen werden können. Gezündet wurde bei den ersten Ausführungen durch ein Glührohr, später durch das Abreißverfahren.

Heute, wo wir die von mehreren Generationen hinterlassenen Erfahrungen als wertvolles Erbe besitzen, erkennen wir leicht die bedenklichen Fehler, die beim Entwurf dieser ersten Tandem-Verbrennungskraftmaschine gemacht worden sind. Es fehlt die für beide Zylinder gemeinsame Grundplatte, die das genaue Fluchten der Zylindermitten sichert. Der Aufbau dieser Maschine muß für den Monteur eine schwierige Arbeit gewesen sein. Sodann hätte der vordere Kolben eine Kreuzkopfführung er-

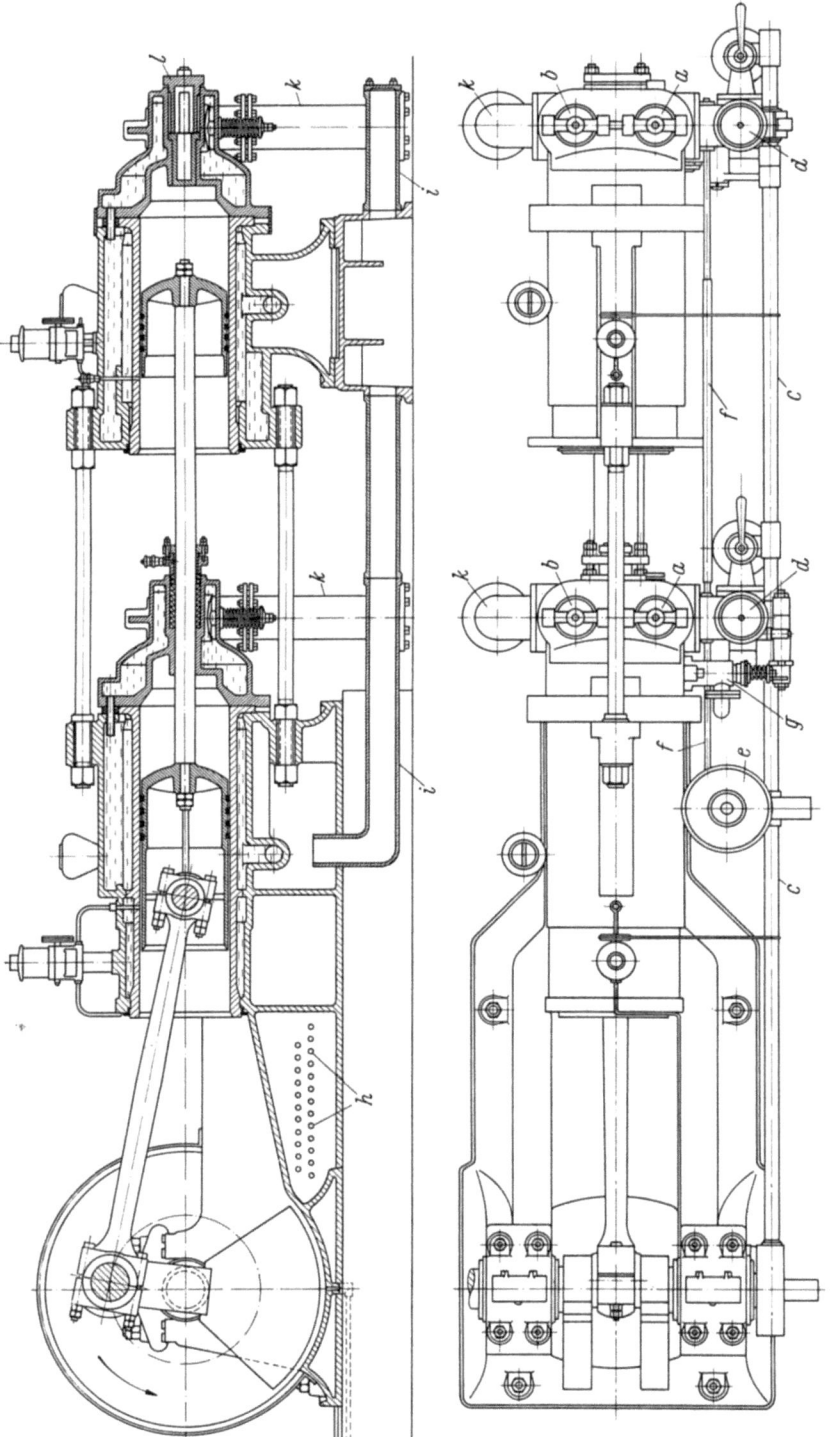

Bild 146. Körting-Gasmotor mit Zylindern in Tandemanordnung (1893)
Leistung 100 PS bei 160 U/min

a Einlaßventile; *b* Auspuffventile; *c* Nockenwelle; *d* Mischventile; *e* Regler; *f* Gestänge zu den Drosselklappen; *g* Anlaßventil; *h* Öffnungen für Luftzutritt; *i* Luftzuleitung zum hinteren Zylinder; *k* Auspuffleitungen; *l* Einsatzstück im hinteren Zylinderkopf

Die vom Dampfmaschinenbau bekannte Tandembauart ist von ERNST KÖRTING in den Gasmaschinenbau eingeführt worden. Der hier abgebildete erste deutsche Tandemmotor konnte noch keinen Erfolg haben, da dem Erbauer mehrere konstruktive Fehler unterlaufen sind

halten müssen; ein Tauchkolben, der wie jeder Kolben im Zylinder mit „Spiel" laufen muß, das von der unentbehrlichen Schmierschicht ausgefüllt wird, kann eine Kolbenstange nicht so führen, wie es der ruhige Lauf verlangt. Und drittens war der vordere Zylinderkopf, in welchem man neben dem Einlaß-, dem Auspuffventil und der Durchbrechung für die Kolbenstange auch noch das Anlaßventil untergebracht hatte, statt es in den hinteren Zylinder zu legen, ein sehr kompliziertes Gußstück geworden, das den hohen mechanischen und thermischen Beanspruchungen nicht lange standhielt. Die Folge waren zahlreiche Zylinderkopfrisse, die zu beseitigen nicht völlig gelang. Dazu kam der Nachteil, daß die verhältnismäßig kleine Gesamtleistung von 100 PS eine Grundfläche von 6,5 m Länge und 1,5 m Breite beanspruchte. So sind von dieser einfachwirkenden Viertakt-Tandemmaschine nur wenige Anlagen gebaut worden, freilich (1898) auch einzelne Zwillings-Tandemmaschinen mit vier Zylindern und 200 PS Gesamtleistung. ERNST KÖRTING hat den Bau dieser Maschinen eingestellt, als es ihm 1900 gelungen war, einen doppeltwirkenden Zweitaktmotor zu entwickeln, mit dem er weit größere Leistungen als mit der Viertakt-Tandembauart erreicht hat (S. 315).

XVIII. Krupp-Gruson übernimmt den Motorenbau von Buss, Sombart & Co. (1893)

Die Firma, an welche Buss, Sombart & Co. ihren Motorenbau verkauften (S. 139), hieß Mitte 1892 noch Gruson[52]. Sie ging Ende 1892 in den Besitz von KRUPP über und nannte sich von da ab Fried. Krupp Grusonwerk. In den in Magdeburg-Buckau gelegenen Werkstätten hatte man bis dahin vorwiegend Grauguß- und Stahlgußteile hergestellt. Jetzt wollte man dort auch Verbrennungsmotoren bauen, mit denen man sich noch nicht beschäftigt hatte.

Es war die Zeit, als die Maschinenfabrik Augsburg und KRUPP mit RUDOLF DIESEL wegen des Erwerbs einer Lizenz auf den Bau seines „rationellen Wärmemotors" verhandelten. KRUPP hatte die Absicht, Motoren, die nach DIESELs Verfahren arbeiteten, in Buckau herzustellen, falls aus der neuen Erfindung etwas werden sollte. Zu einem Dieselmotorenbau im Grusonwerk in größerem Umfang ist es nicht gekommen. Nachdem KRUPP seine ersten Dieselmotoren in Essen gebaut hatte, nahm man im Grusonwerk zwei 50 PS-Motoren in Arbeit, die so wenig befriedigten, daß man es vorzog, sie nicht zu verkaufen; sie wurden in den Magdeburger Werkstätten aufgestellt und erst 1907 an Kunden geliefert. Als der Ruf des Dieselmotors sich 1898 seinem Tiefpunkt näherte, gab KRUPP den Bau auf, um ihn erst 1904 auf der Kieler Germaniawerft wieder aufzunehmen. Auch der Gasmotorenbau in Buckau wurde eingestellt. Er hat nur sechs Jahre gedauert und würde kaum eine ausführlichere Beschreibung rechtfertigen, wenn nicht ein im Grusonwerk entstandener Motor (Bild 149) indirekt der Anlaß zur Entstehung der Nürnberger Großgasmaschine geworden wäre.

Ebbs führt den Gasmotorenbau bei Krupp-Gruson ein

Mit dem Motorenbau hatte Krupp-Gruson von Buss, Sombart & Co. einen begabten Konstrukteur übernommen. HERMANN EBBS, 1860 in Batavia geboren, hatte an den Technischen Hochschulen Charlottenburg und Dresden studiert, war Assistent

HERMANN EBBS
1860–1932

an der Technischen Hochschule Darmstadt gewesen und 1887 bei Buss, Sombart & Co. eingetreten. Anfang 1893 begann er seine Tätigkeit im Krupp Grusonwerk. Dort hat er in kurzer Zeit die Konstruktionszeichnungen mehrerer Kleingasmaschinen angefertigt, von denen schon im Sommer 1893 je ein liegender Motor von 8 und 16 PS und

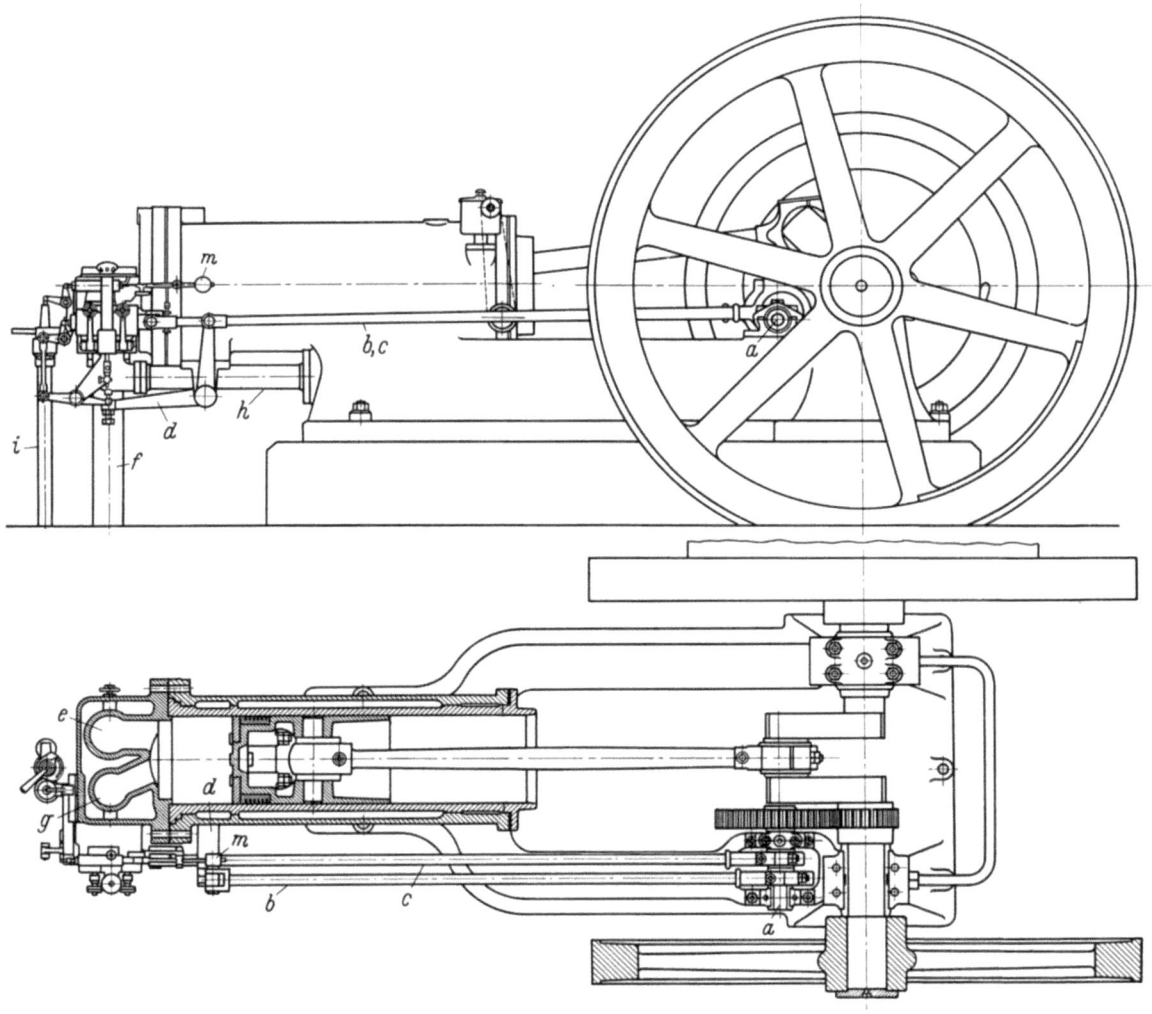

Bild 147. Liegender Viertaktmotor (8 und 12 PS), gebaut vom Fried. Krupp Grusonwerk (1893)
a Steuerwelle; *b,c* Exzenterstangen; *d* Auspuffventilhebel; *e* Auspuffventil; *f* Auspuffleitung; *g* Einlaßventil; *h* Saugleitung der Luft; *i* Gasleitung; *m* Gewicht des Pendelreglers
Während seiner kurzen Tätigkeit im Krupp Grusonwerk hat HERMANN EBBS 19 Typen von Gasmotoren konstruiert

ein stehender von 1 und 4 PS auf der Weltausstellung in Chikago gezeigt werden konnte. Der liegende Motor ist in Bild 147 dargestellt.

Auf der kurzen Steuerwelle *a*, die durch Stirnräder mit der halben Drehzahl der Kurbelwelle angetrieben wird, sind zwei Exzenter befestigt, die durch Stangen *b* und *c* die Steuerung betätigen. Die Stange *b* steuert durch den Winkelhebel *d* das Auspuffventil *e*, an das die Auspuffleitung *f* angeschlossen ist, die Stange *c* den Regler und den

Schieber des Glührohres. Das Einlaßventil g arbeitet bei den kleineren Motoren selbsttätig. Seinem Gehäuse wird die anzusaugende Luft durch die mit dem Hohlraum der Grundplatte verbundene Leitung h zugeführt. An das als Mischventil gebaute Einlaßventil ist die Gaszuleitung i angeschlossen. In diese ist außer einem Absperrhahn k

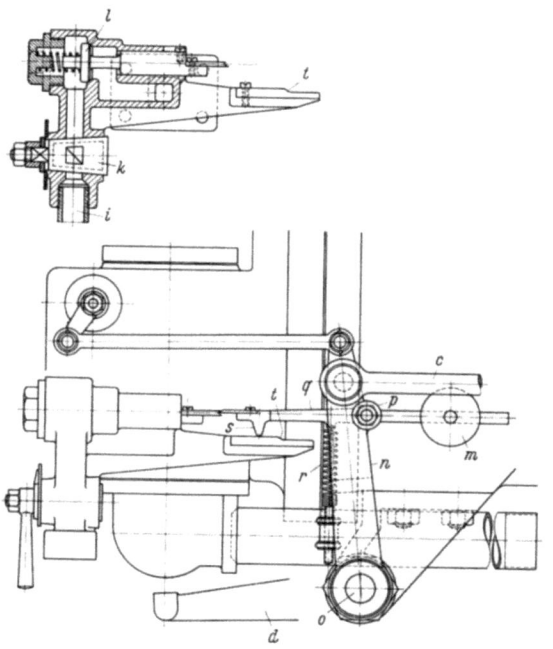

Bild 148
Pendelregler des Motors Bild 147

c Exzenterstange des Reglers; d Auspuffventilhebel; i Gaszuleitung; k Absperrhahn; l vom Regler beeinflußtes Gasventil; m Gewicht, n Hebel des Pendels; o Drehzapfen für die Hebel d und n; p Drehpunkt des Pendels q am Hebel n; r Reglerfeder; s Nase am Pendel q; t Stufenbahn für s

Das Prinzip dieser einfachen Aussetzerregelung ist jahrzehntelang bei den sogenannten Glühkopfmotoren angewendet worden, besonders bei Bootsmotoren für die Seefischerei

ein Ventil l eingeschaltet (k und l in Bild 148), das von dem Pendelregler m (Bild 147 und 148) geschlossen wird, wenn die Drehzahl zu hoch steigt.

Die Wirkungsweise des Reglers geht aus dem in größerem Maßstab gezeichneten Bild 148 hervor. Die Exzenterstange c (wie in Bild 147) setzt den Hebel n um seinen Zapfen o in schwingende Bewegung. (Der Auspuffventilhebel d, in Bild 148 abgebrochen gezeichnet, liegt hinter der Bildebene. Sein Drehzapfen fällt mit o zusammen; er wird unabhängig von n durch seine Exzenterstange angetrieben.) Um das Auge p am Hebel n ist das „Pendel" q schwenkbar, ein zweiarmiger Hebel, der auf seinem rechten Arm das verschiebbare Gewicht m trägt. Dieses wird durch die am linken Arm angreifende Zugfeder r so weit ausgeglichen, daß die am Ende von q angebrachte Nase s bei der pendelnden Bewegung des Hebels n mit leichtem Druck über die darunterliegende Bahn gleitet und trotz der Stufe t ständig mit ihr in Verbindung bleibt, solange eine bestimmte Drehzahl nicht überschritten wird. Das mit einem gehärteten Stecher versehene linke Ende des Pendels q trifft dann regelmäßig die an ihrer Stirnseite zu einer Kerbe ausgearbeitete Spindel des Gasventils l und öffnet dieses vor jedem Saughub des Arbeitskolbens. Wenn aber die Drehzahl unzulässig ansteigt, erfährt der linke Teil des Pendels beim Gleiten der Nase über die Stufe eine Aufwärtsbeschleunigung, so daß der Stecher die Spindel des Gasventils verfehlt und dieses geschlossen bleibt. Ist die Drehzahl auf ihren normalen Betrag gesunken, so hält die Zugfeder die Nase s wieder auf der Stufenbahn, und das Gasventil wird bei jeder zweiten Umdrehung geöffnet.

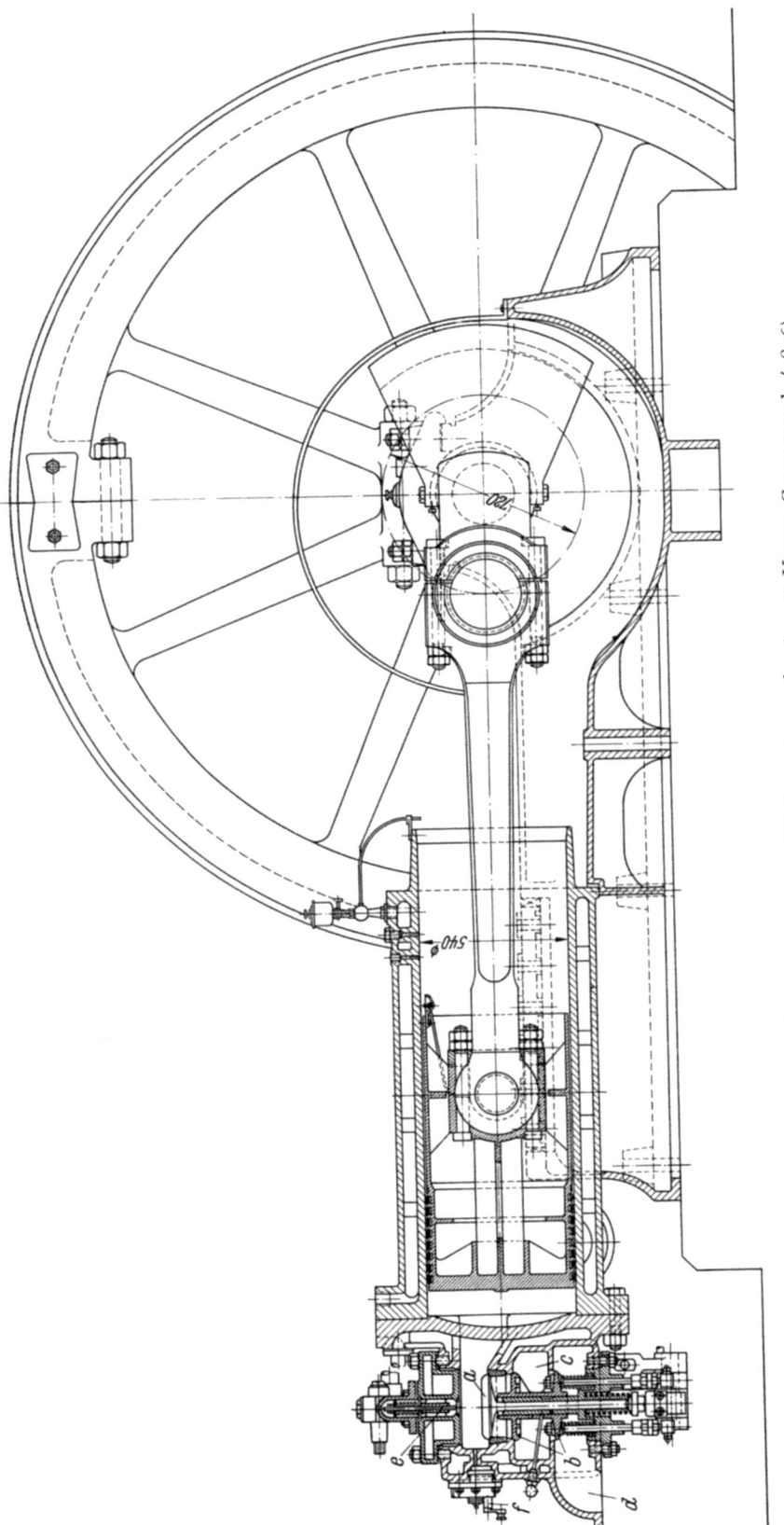

Bild 149. Von Ebbs konstruierter 125 PS-Gasmotor, gebaut vom Krupp Grusonwerk (1896)

a Einlaßventil; *b* Mischventil; *c* Gasraum; *d* Lufteintritt; *e* Anlaßventil; *f* Abreißzündung

Der Motor zeigte so gute betriebliche Eigenschaften, daß Anton Rieppel, der Leiter der Maschinenbau-Gesellschaft Nürnberg, den Motorenbau Ende 1898 dem Krupp Grusonwerk abkaufte

Eine ähnliche Aussetzerregelung hat OTTO schon 1881 erfunden; sie wurde bei seinem „Zwergmotor" angewendet (Bild 80, S. 159). OTTO benutzte das Beharrungsvermögen des Pendelgewichtes, um den das Gasventil öffnenden Stecher abzulenken, während bei der Regelung nach Bild 148 das schnellere Überfahren der Stufenbahn die Ablenkung auslöst. Ob dieses Regelverfahren von EBBS stammt, ist nicht bekannt.

Während der sechs Jahre, 1893 bis 1898, die EBBS im Grusonwerk der Firma Krupp tätig gewesen ist, hat er nicht weniger als neunzehn verschiedene Zylindergrößen konstruiert; die kleinste leistete $^2/_3$ PS, die größte 125 PS. Zwar wurden nach den Motorenverkaufsbüchern vorwiegend die kleinen Leistungen bis 6 PS gefragt, aber die Preise für die Kleinmaschinen scheinen nicht auskömmlich gewesen zu sein, denn die allmählich aufkommenden Konkurrenzfirmen boten billigere Maschinen an. Darüber klagte auch die Leitung der Daimler-Motoren-Gesellschaft (S. 209). Der Großmotorenbau schien mehr Aussichten zu bieten, da nur DEUTZ und KÖRTING sich mit dem Bau großer Gasmotoren befaßten. So hat auch EBBS sich bald nach seinem Übertritt zum Grusonwerk mit der Entwicklung eines Zylinders großer Leistung beschäftigt. Ende 1896 war ein Einzylindermotor fertig, der 125 PS bei 155 U/min leistete. Dieser Motor war so gut gelungen, daß er die Aufmerksamkeit der Maschinenbau-Gesellschaft Nürnberg erregte, die bald darauf den Motorenbau von Krupp-Gruson übernahm (S. 302).

Von dem Motor sind einige Zeichnungen erhalten geblieben, die nicht in allen Einzelheiten übereinstimmen. Nach der Schnittzeichnung Bild 149, die das Datum vom Februar 1897 trägt, ist das Einlaßventil *a* in das Mischventil *b* eingebaut; an den Raum *c* ist die Gaszuleitung angeschlossen, bei *d* tritt die Luft ein. Über dem Einlaßventil liegt das Anlaßventil *e*, an der Stirnseite die Abreißzündung *f*. Das nicht gezeichnete Auspuffventil war seitlich neben dem Einlaßventil angeordnet. Auf einer zu etwas späterer Zeit angefertigten Werkzeichnung des Zylinderkopfes liegt das Auspuffventil unten und das Einlaßventil darüber. Der Auspuffventilkegel war bei dieser thermisch schon verhältnismäßig hoch belasteten Maschine wassergekühlt. Gezündet wurde mittels des Abreißverfahrens. Der Zylinder ist mehrfach auch als Zwillingsmotor in Boxeranordnung für eine Leistung von 250 PS ausgeführt worden.

Ebbs versucht, Petroleummotoren zu bauen

Vom Beginn seiner Tätigkeit im Grusonwerk an und zu der Zeit, als er noch bei Buss, Sombart & Co. angestellt war, hat EBBS sich mit dem Problem der Petroleummaschine beschäftigt, eine Aufgabe, welche die Konstrukteure jener Zeit immer wieder gereizt hat. Solange sie versuchten, das Petroleum durch beheizte Flächen zu verdampfen, die Dämpfe mit Luft zu mischen und das Dampf-Luft-Gemisch, wie ein Gas-Luft-Gemisch in der Gasmaschine, zu zünden und zu verbrennen, konnten sie keinen Erfolg haben, weil das Petroleum sich an zu heißen Flächen zersetzt und Spaltgase bildet, welche schwerer zünden als das flüssige Petroleum. Am nächsten ist OTTO damals der Lösung gekommen; er erkannte, daß man das Petroleum nur fein zerstäubt der Verbrennungsluft beimischen dürfe, um es im Motor verbrennen zu können. Die vollkommene Lösung hat erst DIESEL gefunden, nachdem vor ihm HERBERT AKROYD STUART ein Verfahren angegeben hatte (S. 415), von dem die Technik neben dem Dieselmotor jahrzehntelang Gebrauch gemacht hat.

Auch EBBS wollte das Petroleum verdampfen und die Dämpfe der Verbrennungsluft beimischen. Er hatte Ende Dezember 1892 die Werkzeichnungen eines Zweitaktmotors fertiggestellt, der mit Petroleum betrieben werden sollte. Es war ein Zweitakt-Kreuzkopfmotor; die Unterseite des Arbeitskolbens war als Ladepumpe ausgebildet; sie sollte die Luft durch ein selbsttätiges Ventil ansaugen. Die Auspuffleitung war an ein im Zylinderkopf untergebrachtes gesteuertes Ventil angeschlossen. Durch den Verbrennungsraum war ein Rohr gezogen, in welchem das Petroleum verdampfen sollte. Aus den Akten geht nicht hervor, daß dieser Motor ausgeführt worden ist.

Im folgenden Jahr baute EBBS einen Viertaktmotor für Petroleumbetrieb mit Glührohrzündung. Zahlreiche von ihm angefertigte Entwürfe des Verdampfers zeugen von der Mühe, die er sich gab, das schwierige Problem zu lösen. Schrittweise wurde der Brennraum, der ursprünglich durch den eingebauten Verdampfer eine stark zerklüftete Form erhalten hatte, einfacher gestaltet; der Verdampfer wurde aus dem Brennraum nach außen verlegt; die Flamme, die das Glührohr auf Rotglut hielt, wurde zugleich zum Beheizen des Verdampferrohres benutzt. Das Petroleum wurde durch eine Pumpe mit Flachschiebersteuerung gefördert und gelangte mit Luft gemischt in die beheizte Verdampferschale.

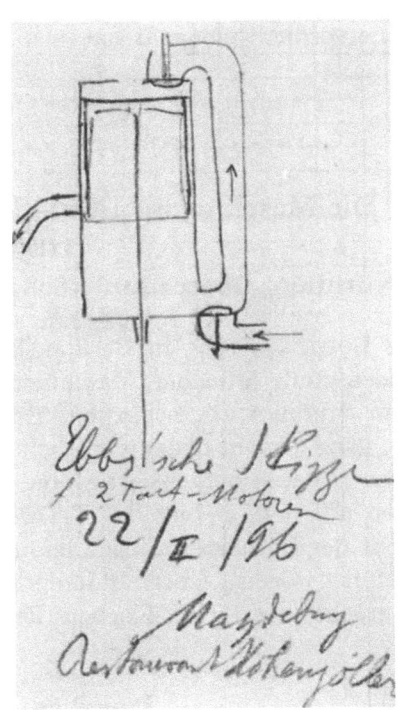

Bild 150
Die von HERMANN EBBS in Gegenwart DIESELS angefertigte Skizze soll einen einfachwirkenden Zweitakt-Kreuzkopfmotor darstellen, dessen Kolbenunterseite als Ladepumpe wirkt, eine heute vielfach angewendete Bauform großer Zweitakt-Schiffsmaschinen

DIESEL hat die Skizze mit den handschriftlichen Bemerkungen versehen

Sie befindet sich im Werk-Archiv der MAN Augsburg

Ende 1894 ist der Kruppsche Petroleummotor auf den Markt gekommen. In wievielen Ausführungen er gebaut worden ist, konnte nicht ermittelt werden; auch sind keinerlei Betriebsergebnisse erhalten geblieben.

Im Februar 1896 hat EBBS mit RUDOLF DIESEL über das Projekt seines Zweitaktmotors mit Ladepumpe gesprochen. Die Firmen Augsburg und Krupp waren seit 1893 DIESELs Lizenznehmer, und DIESEL hatte sich verpflichtet, sie zu beraten. So ist DIESEL auch nach Magdeburg gekommen, und dort hat er sich mit EBBS über dessen Arbeiten unterhalten. EBBS zeichnete die Skizze Bild 150, die DIESEL an sich genommen hat. Sie entspricht dem Projekt des Zweitaktmotors, das EBBS schon 1892 ausgearbeitet hatte, nur ist statt des Auspuffventils ein Auspuffschlitz vorgesehen. Mit DIESELs (in der Skizze nicht angedeutetem) Einspritzverfahren, das damals freilich noch unvollkommen war, stellt die Skizze den Grundgedanken einer modernen Zweitakt-Kreuzkopfmaschine mit Ausbildung der Kolbenunterseite als Zusatz-Spül- oder Ladepumpe dar, eine Konstruktion, die heute vielfach ausgeführt wird.

Gruson tritt den Motorenbau an die Maschinenbau-Gesellschaft Nürnberg ab

Von 1893 bis 1898 hat das Krupp Grusonwerk etwa 550 Gasmotoren hergestellt; den Dieselmotorenbau zu entwickeln gelang nicht. Wenn auch der Umsatz an Gasmotoren allmählich zunahm, so blieb doch der wirtschaftliche Erfolg aus. Nach einem Brand, der 1898 die Halle des Motorenbaues in Buckau vernichtete, hatte die Leitung der Krupp-Werke das Interesse an der Fortsetzung des Geschäftes verloren. Es wurde Ende 1898 an die Maschinenbau-Gesellschaft Nürnberg verkauft, und EBBS trat Anfang 1899 in die Dienste dieser Firma, bei der er sich um die Entwicklung der Großgasmaschine verdient gemacht hat.

XIX. Die Maschinenbau-Gesellschaft Nürnberg mit Boris Loutzky (1891—1897).
Nürnberg übernimmt 1898 den Motorenbau von Krupp-Gruson

BORIS LOUTZKY, 1865 in Berdjansk in Südrußland geboren, hatte an der Technischen Hochschule München Maschinenbau studiert und schon mit zweiundzwanzig Jahren sein Studium abgeschlossen. Ein bedeutendes väterliches Vermögen ermöglichte ihm, ganz seinem leidenschaftlichen Interesse für die Technik zu leben, und so besaß er schon bei seinem Abgang von der Hochschule eine Reihe von Patenten auf Erfindungen auf dem Gebiet des Verbrennungsmotorenbaues, durch die er die Aufmerksamkeit der Industrie auf sich lenkte. Manche von seinen Schutzrechten sind damals ausgeführt worden. Unter anderem hatte er einen kleineren Gasmotor konstruiert, dessen Baurechte die Firma Koebers Eisenwerk in Harburg erwarb.

Loutzkys „Hammertype"

Bei dem Motor „System Loutzky" (Bild 151) lag die Kurbelwelle im Gegensatz zur damals üblichen Bauart der stationären Motoren unten; wegen der äußeren Ähnlichkeit mit dem Gestell eines Dampfhammers, die der Motor dadurch erhielt, gab man ihm die Bezeichnung „Hammertype". Die Tieflage der Kurbelwelle und der schweren Schwungräder sowie ein breit ausladender Gestellfuß gaben dem Motor eine bessere Standfestigkeit als die Bauart mit obenliegender Welle. Vorteilhaft war, daß Arbeitszylinder und Kolben ihre offene Stirnseite nicht nach oben kehrten; so konnten Staub und vom Kolben abgeschleuderte Schmierölrückstände weniger leicht an die Lauffläche gelangen und diese beschädigen. Das schwere Gestell verteuerte

Bild 151. Stehender 3PS-Gasmotor von BORIS LOUTZKY (1888)

Die stehende Bauart mit untenliegender Kurbelwelle war damals ungewöhnlich. Wegen der Ähnlichkeit mit einem Dampfhammer nannte man sie die „Hammertype"
Der Motor ist von Koebers Eisenwerk in Harburg und anfangs auch von der Maschinenbau-Gesellschaft Nürnberg gebaut worden

zwar die Ausführung, aber man sagte den Loutzky-Motoren nach, daß sie einen kleineren Gasverbrauch als andere Motoren gleicher Größe hätten.

LOUTZKY verwendete bei diesen ersten vom Harburger Eisenwerk gebauten Motoren die Glührohrzündung, obwohl diese durch DAIMLERs DRP 28 022 geschützt war, und gehörte somit zu den Verletzern dieses Patentes, die später der Daimler-Motoren-Gesellschaft lizenzpflichtig wurden (S. 84).

Nach einem Prospekt des Harburger Eisenwerkes sind dort Loutzky-Motoren mit Leistungen von 1 bis 6 PS gebaut worden. Die Drehzahl betrug bei allen Größen 180 U/min. Die Motoren waren recht schwer; der 1 PS-Motor wog nicht weniger als 525 kg. Sie scheinen gut gearbeitet zu haben; auch erhielten sie auf allen Ausstellungen, auf denen sie gezeigt wurden, höchste Auszeichnungen.

Loutzky in Nürnberg

Die „Maschinenbau-Actien-Gesellschaft Nürnberg", die in den achtziger Jahren unter der Leitung ANTON RIEPPELs zur größten Maschinenfabrik Bayerns geworden war, hielt es Anfang 1890 für richtig, auch den Verbrennungsmotor in ihr Bauprogramm aufzunehmen. Da eine Lizenz von der Gasmotoren-Fabrik Deutz nicht zu erhalten war, beschloß man, einen eigenen Motorenbau zu entwickeln, und berief BORIS LOUTZKY, der sich den Ruf eines tüchtigen Konstrukteurs erworben hatte. Anfang Januar 1891 hat LOUTZKY seine Arbeiten in Nürnberg aufgenommen; am 30. April 1897 ist er aus der Firma ausgeschieden. Wenn es ihm nicht gelang, den Motorenbau in Nürnberg so zu fördern, daß er lebensfähig wurde, so werden doch manche von den Erfahrungen, die man in den sechs Jahren in Nürnberg gesammelt hat, später von Nutzen gewesen sein.

Die regelbare Glührohrzündung

Der erste Gasmotor, der in Nürnberg nach LOUTZKYs Konstruktionen gebaut worden ist, hatte eine Leistung von 2 PS und war mit Glührohrzündung versehen. LOUTZKY hatte erkannt, wie wichtig es ist, daß die Zündung im Motor zu einem genau bestimmten Zeitpunkt eintritt. Liegt dieser zu früh, so wird der Gang hart, der Motor „klopft"; wird zu spät gezündet, so nimmt der Gasverbrauch zu, und bei Motoren, die mit flüssigen Brennstoffen betrieben werden, beginnt der Auspuff zu rauchen. Besonders nachteilig verhält sich das Glührohr beim Anfahren des Motors: da die schweren Schwungmassen nur langsam beschleunigt werden können, erhält das zündfähige Gemisch, das mit dem Beginn des Verdichtungshubes in das Glührohr eindringt, zu viel Zeit, sich im Glührohr aufzuhalten, und zündet zu früh. Das hatte man auch in Deutz bemerkt

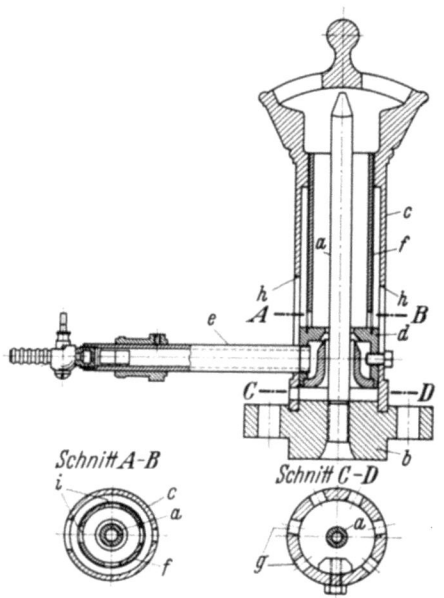

Bild 152
Glührohrzündung von BORIS LOUTZKY mit verschiebbarer Heizflamme (1891)

a Glührohr; b Glührohrhalter; c Rohrgehäuse; d Brennerkörper; e Heizgasleitung; f Flammrohr; g,i Lufteintritt; h Schlitze zum Verschieben von d

Wenn das Glührohr in höheren Lagen beheizt wurde, zündete das eindringende Gas-Luft-Gemisch etwas später. Sehr wirksam war die Vorrichtung freilich nicht

und dadurch Abhilfe zu schaffen gesucht, daß dem Glührohr ein Steuerschieber vorgeschaltet wurde, der die Verbindung zwischen Glührohr und Brennraum während der Dauer des Anfahrens erst kurz vor dem oberen Totpunkt herstellte. Das kostete ein eigenes Steuerungsgestänge für den Glührohrschieber (Bild 123, S. 252). LOUTZKY glaubte dieselbe Wirkung mit einfacheren Mitteln erreichen zu können. Er machte den Brenner, der das Glührohr beheizte, verschiebbar, so daß das (senkrecht stehende)

Glührohr in verschiedenen Höhen erwärmt werden konnte. In der unteren Stellung lag der erwärmte Teil dem Brennraum des Motors am nächsten; das entsprach dem normalen Betrieb. Vor dem Anfahren wurde der Brennerkörper von Hand nach oben verschoben; dadurch wurde die Entfernung zwischen Brennraum und beheizter Stelle des Glührohres größer, das in das Rohr eindringende Gas-Luft-Gemisch gelangte etwas später an die Zündstelle, und es gab keine Frühzündungen.

Sechs verschiedene Entwürfe einer regelbaren Glührohrzündung hat LOUTZKY ausgearbeitet; die in Bild 152 dargestellte Konstruktion ist bis 1895 bei den Nürnberger Gasmotoren verwendet worden. Das Glührohr *a*, ein ungewöhnlich langes Rohr von kleinem Durchmesser, war in den Flansch *b* geschraubt und konzentrisch zur Zylinderachse angeordnet. Mit *b* fest verbunden war das Gehäuse *c*, in welchem der Brennerkörper *d*, an den die (nachgiebige) Heizgaszuleitung *e* angeschlossen war, in senkrechter Richtung verschoben werden konnte. In den Brennerkörper war das innen mit Asbest ausgekleidete Rohr *f* eingelassen, das sich mit dem Brennerkörper verschob. Das Heizgas trat durch den das Glührohr umgebenden Ringschlitz ein, die Luft durch Bohrungen *g* und *i*. Die beiden Schlitze *h* ermöglichten ein Verschieben des Brennerkörpers mit dem Rohr *e* um 43 mm in senkrechter Richtung. Dadurch erreichte LOUTZKY, daß das Glührohr an verschieden hoch liegenden Stellen zum Glühen gebracht werden konnte. Die höchste Lage des Brennerkörpers war die Anfahrstellung; die niedrigeren konnte man dazu benutzen, den Motor auf weichen Gang einzuregeln.

LOUTZKYs Verfahren ist die einzige regelbare Glührohrzündung geblieben, von der die Geschichte des Verbrennungsmotorenbaues berichtet. Nach 1895 hat man sie in Nürnberg aufgegeben, weil der Vorteil, den sie gegenüber dem einfachen offenen Glührohr bot, nicht groß genug war.

Stehender Benzinmotor mit Saugluft-Zerstäubung

Von der Erfindungsgabe LOUTZKYs legen seine Bemühungen Zeugnis ab, die Nürnberger Motoren für den Betrieb mit Benzin einzurichten. Er wollte die Schwimmervergaser, deren Raumbedarf fast dem des Motors gleichkam (Bild 88, S. 178), vermeiden und kam dabei auf den Gedanken, die Geschwindigkeit der vom Arbeitskolben angesaugten Luft zum Zerstäuben des Benzins auszunutzen. Es ist dasselbe Prinzip, das dem Spritzdüsenvergaser (Bild 93, S. 194) zugrunde liegt, den WILHELM MAYBACH ein Jahr später (1893) erfunden hat. LOUTZKYs Verfahren kommt der genialen Erfindung MAYBACHs nahe.

Von dem oberhalb des Motors angeordneten Vorratsbehälter fließt das Benzin durch das Rohr *a* (Bild 153) in den mit Absperrhahn versehenen Stutzen *b* und verteilt sich in einer Rille *c*, die in den Körper *d* des Einlaßventilgehäuses gedreht ist. Durch eine Anzahl schräg aufwärts gerichteter feiner Bohrungen *e* (Nebenbild in größerem Maßstab) quillt das Benzin in den Raum vor dem Einlaßventilteller. Der Durchmesser der Bohrungen ist so bemessen, daß das Benzin nur unter der Saugwirkung des Arbeitskolbens austritt, nicht aber während des Verdichtungs-, Verbrennungs- und Auspuffhubes, wenn das Einlaßventil geschlossen ist. So verteilt sich das Benzin auf die aus der Leitung *h* angesaugte Luft zu einem feinen Gemisch, das sich beim Aufwärtsgang des Kolbens am Glührohr *f* entzündet. Auch die Glührohrregelung *g* nach Bild 152 ist vorgesehen. Die Benzinmenge kann durch ein in der Zuleitung angeordnetes Nadelventil eingestellt werden.

Das in Bild 153 sichtbare Rohr *i* (hinter der Bildebene liegend) führt das Kühlwasser dem Zylinderkopf zu. Man wählte damals häufig diese Kühlwasserschaltung, weil man die Deckelkühlung für wichtiger als die Mantelkühlung hielt.

Die aus jener Zeit vorliegenden Berichte über die ersten in Nürnberg gebauten Benzinmotoren lauten verhältnismäßig recht günstig. Ein 4 PS-Motor von 190 U/min

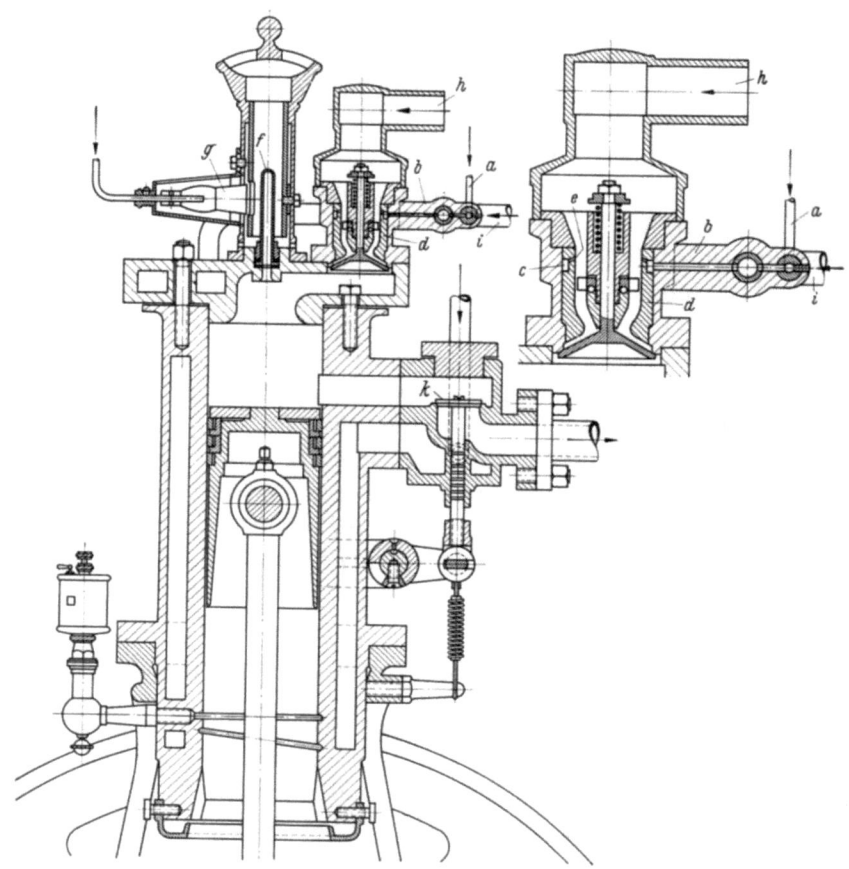

Bild 153. LOUTZKYS „Sicherheits"-Benzinmotor (1892)
a,b,c Benzinzuleitung; *d* Einlaßventil; *e* Bohrungen für Benzinzufuhr zur Luft; *f* Glührohr; *g* Glührohrbeheizung; *h* Luftzuleitung; *i* Kühlwasserzuleitung; *k* Auspuffventil
Das Benzin wird durch den vorbeistreichenden Luftstrom zerstäubt. Es ist dasselbe Prinzip, das dem Spritzdüsenvergaser zugrunde liegt, den WILHELM MAYBACH ein Jahr später erfand

leistete 6,2 PS und verbrauchte 400 g Benzin für die Pferdekraftstunde, eine für jene Zeit niedrige Zahl. Da außerhalb des Motors sich keine gemischführenden Leitungen befanden, gab es keine Brandgefahr, was die Bezeichnung „Nürnberger Sicherheitsmotor" rechtfertigte.

Stehender Gasmotor mit senkrechter Steuerwelle

In Nürnberg hat LOUTZKY noch einen zweiten Motor eingeführt, der auf eine gute konstruktive Begabung seines Erbauers schließen läßt. Es war ein stehender Gasmotor mit senkrecht angeordneter, von der Kurbelwelle durch Schraubenräder angetriebener

Steuerwelle (Bild 154). Der Motor ist vor seiner ersten Ausführung mehrfach umkonstruiert worden; an der Konstruktion scheint auch LIECKFELD (S. 146) beteiligt gewesen zu sein, den man vermutlich als beratenden Ingenieur zugezogen hat, denn die Mappe,

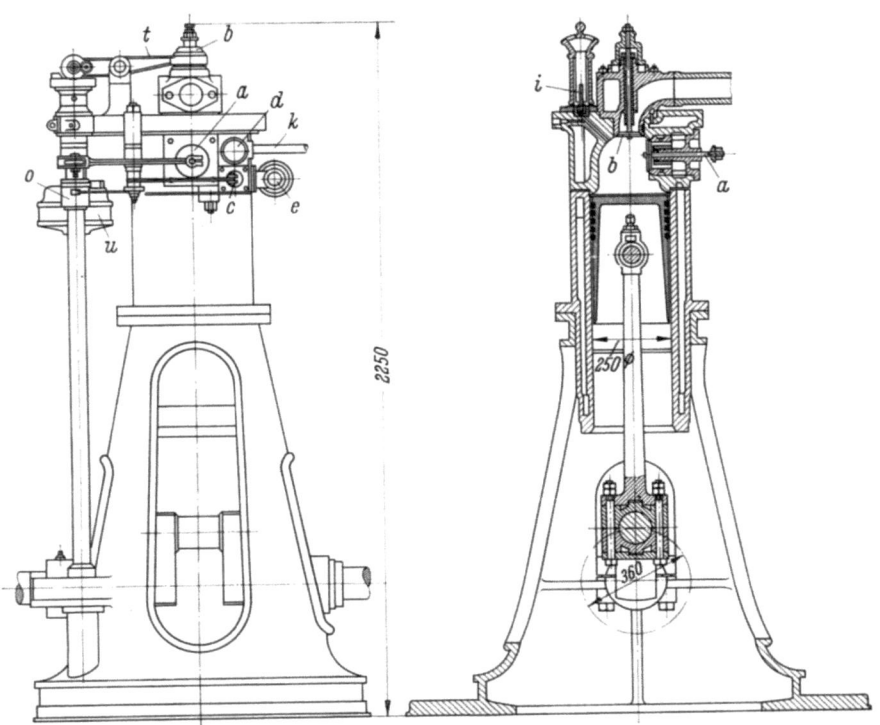

Bild 154. 12 PS-Loutzky-Motor, gebaut von der Maschinenbau-Gesellschaft Nürnberg (1896)
a Mischventil; *b* Auspuffventil; *c* Gaseinlaßventil; *d* Luftzuleitung; *e* Gaszuleitung; *i* Glührohr; *k* Kühlwasserzuleitung; *o* verschiebbare Buchse mit Gasnocken; *t* Hebel des Auspuffventils; *u* Regler
Der Motor war trotz seiner sorgfältigen fehlerfreien Konstruktion nicht konkurrenzfähig, vermutlich wegen seines zu hohen Preises

in der die Zeichnungen aufbewahrt worden sind, trägt die Aufschrift „G 10, Loutzky (Abänderung Lieckfeld)". So ist es zweifelhaft, wie weit die Konstruktion von LOUTZKY stammt. In der älteren Literatur wird der Motor, auf den sich die Bilder 154 bis 157 beziehen, „Loutzky-Motor" genannt.

Bei einem in Nürnberg gebauten Vorläufer dieses Motors lag die kurze Steuerwelle in Höhe des Zylinderkopfes; sie wurde von der Kurbelwelle über die senkrechte sogenannte Königswelle angetrieben, die an ihrem unteren Ende Schraubenräder, am oberen Kegelräder hatte. Die Königswelle ist nicht von LOUTZKY erfunden worden; man kannte sie schon vom Bau stehender Dampfmaschinen her. Auch RUDOLF DIESEL hat sie bei seinem 1896 in Augsburg umgebauten Versuchsmotor benutzt. Bei dem Motor Bild 154 ist die Königswelle zur Steuerwelle geworden; sie betätigt das waagerecht angeordnete Mischventil *a*, das stehende Auspuffventil *b* und das liegende Gaseinlaßventil *c*. Durch die im rechten Winkel zueinander liegenden Ventilteller *a* und *b* ergab sich ein etwa halbkugelförmiger Brennraum ohne tote Winkel und Ecken, der für die Verbrennung günstig war (Bild 155). Die Lage der Ventile *a* und *c* mit ihren Zuleitungen *d* und *e* ist deutlicher aus Bild 156 zu erkennen, einem vergrößerten Ausschnitt aus der Stirnansicht Bild 154. Gasventil c und Mischventil a sind durch einen Kanal verbunden, dessen Umriß in Bild 156 gestrichelt gezeichnet ist; seine Mittellinie ist f. Am Misch-

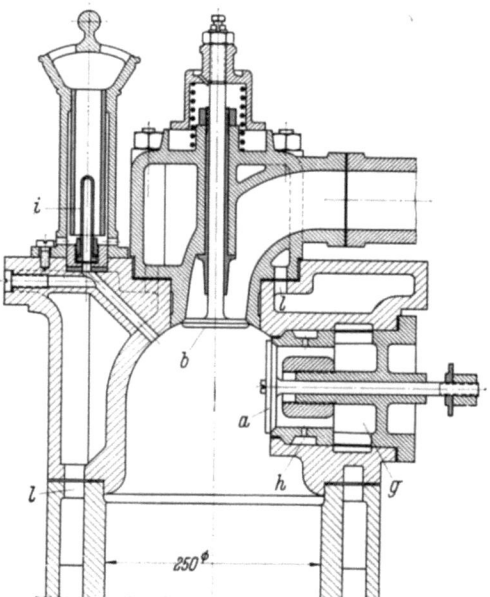

Bild 155
Brennraum und Ventilanordnung des Loutzky-Motors Bild 154

a Mischventil; b Auspuffventil; g Luftraum; h Gasraum; i Glührohr; l Kühlwasserdurchtritte

Durch die zueinander senkrechte Anordnung von Mischventil und Auspuffventil erhielt der Brennraum eine günstige geschlossene Form

ventil mündet dieser Kanal in den Ringraum h (Bild 155), aus dem das Gas durch eine Anzahl radialer Bohrungen in den Raum oberhalb des Ventiltellers a tritt. Die Luftzuleitung d (Bild 156) und das Mischventil a stehen durch einen zweiten Kanal (Mittellinie g in Bild 156) in Verbindung; dieser Kanal mündet in den Raum g (Bild 155). So wird, wenn die Steuerung das Ventil a öffnet, das Gas von der aus dem Raum g austretenden Luft mitgenommen; es mischt sich, aus den Radialbohrungen austretend, gleichmäßig mit der senkrecht auf das Gas treffenden Luft und entzündet sich am Ende des darauffolgenden Verdichtungshubes im Glührohr i (Bild 155). Das Glührohr hat wieder die normale kurze Form; die Heizflamme ist nicht mehr verschiebbar; LOUTZKY hatte wohl die Entbehrlichkeit der Glührohrregelung erkannt.

Auch für eine wirksame Kühlung hatte man gesorgt. Das durch das Rohr k (Bild 154 und 156) zugeführte Wasser kühlt zunächst den Brennraum und tritt durch die Durchbrechungen l in den Kühlmantel über. Auch das Gehäuse des Auspuffventils b erhält einen Teil des aus dem Zylinderkopf austretenden Kühlwassers.

Alle für die Betätigung der Ventile erforderlichen Bewegungen werden von der senkrechten Steuerwelle abgeleitet (Bild 156 und 157). Das Mischventil a wird durch den festen Nocken m und den um die Achse p schwingenden Hebel q (mit Rolle) gesteuert; sein Hub ist unveränderlich. Vom Regler beeinflußt wird nur der Hub des Gasventils c, das durch den Schrägnocken n, der auf der verschiebbaren Buchse o befestigt ist, gesteuert wird. Je nach der vom Regler eingestellten Höhenlage der Buchse o gelangt ein kürzerer oder längerer Bogen des Nockens n unter das abgerundete Ende des Hebels r (Bild 156, Grundriß des Hebels), und entsprechend ändert sich die Öffnungszeit des Gasventils c.

Das zentral im Zylinderkopf angeordnete Auspuffventil wird von einem Nocken s (Bild 157) gesteuert, der aus der oberen Stirnfläche der Steuerwelle herausgearbeitet ist. Der zugehörige Ventilhebel t ist in Bild 154 sichtbar.

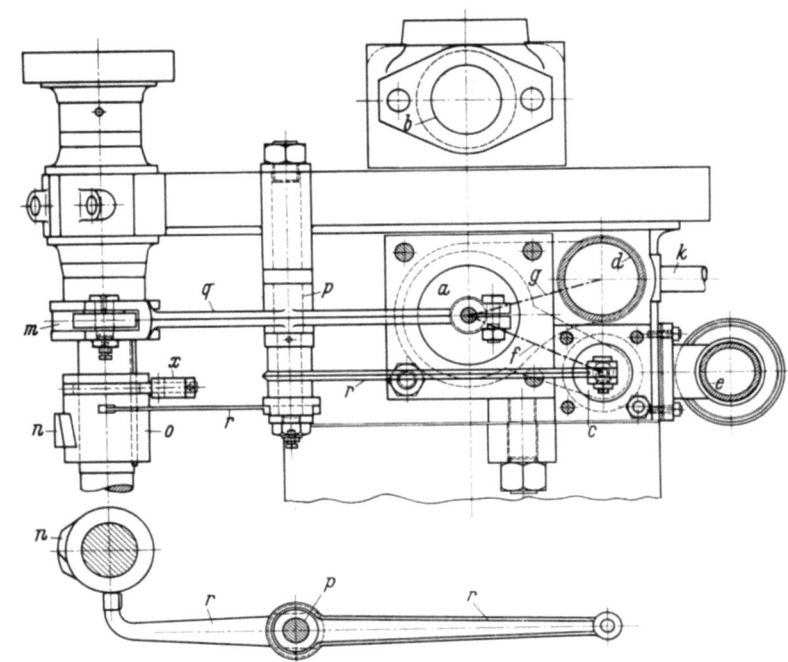

Bild 156
Zylinderkopf, oberer Teil der Steuerwelle und Anordnung der Ventilhebel des Motors Bild 154, von der Seite gesehen

a Mischventil; b Auspuffleitung; c Gaseinlaßventil; d Luftzuleitung; e Gaszuleitung; f Mittellinie des Gaskanales; g Mittellinie des Luftkanales; k Kühlwasserzuleitung; m Mischventilnocken; n Gasventilnocken; o verschiebbare Buchse; p Achse der Ventilhebel q und r; x Reglerangriff

Der Regler u (in der Stirnansicht Bild 154 hinter der Steuerwelle liegend) hängt an seiner Spindel, die sich durch ein Kugellager auf die am Zylinderkopf angegossene

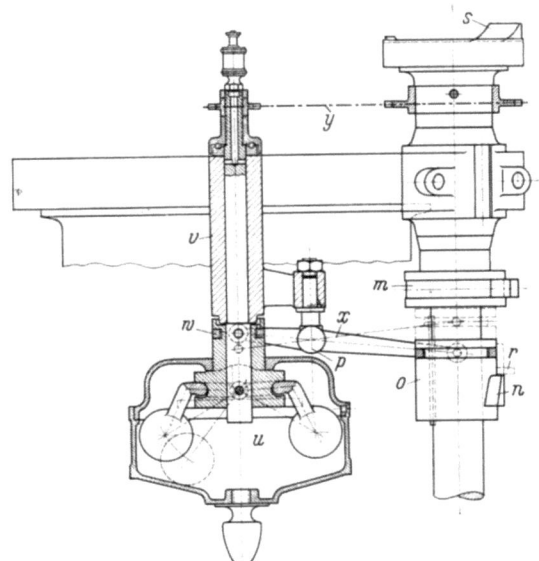

Bild 157
Regler und Gassteuernocken des Motors

m Mischventilnocken; n Gasventilnocken; o verschiebbare Buchse; r Gasventilhebel; s Stirnnocken des Auspuffventils; u Regler; v Tragsäule der Reglerspindel; w Reglermuffe; x Reglerhebel; y Kette für Reglerantrieb

Der Regler verschiebt den Gasnocken n und ändert dadurch das Mischungsverhältnis von Gas zu Luft

Säule v stützt (Bild 157). Der Regler und sein Gehäuse bilden die Muffenbelastung; es ist ein reiner Gewichtsregler ohne Federbelastung, wie man ihn früher gebaut hat. Bei steigender Drehzahl verschiebt der Regler durch den Hebel x die Buchse o mit dem

Gasnocken *n* so, daß ein kürzerer Nockenbogen unter den Gasventilhebel gleitet und das eintretende Gemisch ärmer wird.

Auf der Bayerischen Landesgewerbeausstellung, die 1896 in Nürnberg veranstaltet wurde, zeigte die Nürnberger Maschinenbau-Gesellschaft mehrere Loutzky-Motoren, von denen ein 12 PS-Motor durch unabhängige Fachleute untersucht wurde. Nach GÜLDNER soll dieser Motor bei 210 U/min 17,4 PS geleistet und dabei nur 466,3 ltr Gas/PSh verbraucht haben. Dieser niedrige Verbrauch, der erst nach Jahren von anderen Bauarten erreicht wurde, erscheint bei der günstigen Form des Brennraums möglich.

Loutzky verläßt Nürnberg

Nicht alle Konstruktionen gelangen LOUTZKY so gut wie der stehende 12 PS-Motor. GÜLDNER[13] berichtet über eine seltsame kleine Maschine, von der eine vom 29. Juni 1894 datierte Zeichnung erhalten ist. Sie gibt als Hauptdaten des als „Velociped-Maschine" bezeichneten Motors an: „Cylinderdurchmesser 84 mm, Kolbenhub 50 mm, Tourenzahl (max.) n = 1000, Leistung (max.) eff. 2 HP, Gewicht ca. 50 kg." GÜLDNER hingegen schreibt: „Ein 1894 bis 1895 von der Nürnberger Maschb.-Ges. erbauter Versuchsmotor wog 33 kg und leistete bei 1200 Umdr./min. 4,4 PSe. Der Gang soll außerordentlich ruhig und der Kühlwasserverbrauch sehr gering gewesen sein." Der Motor, auf den das Patent 81530 vom 31. Juli 1894 erteilt wurde, hatte zwei starr miteinander verbundene Kolben, in deren Hohlräumen die Verbrennung stattfand. Die Arbeit wurde durch einen konstruktiven Aufwand, der in keinem Verhältnis zu der kleinen Leistung stand, nach außen abgeleitet. Eine wirksame Schmierung der von innen beheizten Kolben wird kaum möglich gewesen sein. Von Versuchsergebnissen ist nichts in den Akten vorhanden. Der Motor ist nie an einen Kunden geliefert worden.

Unermüdlich ersann der erfindungsreiche LOUTZKY neue Konstruktionen, von denen manche patentiert worden sind und keine eine längere Lebensdauer erreicht hat. Das Versuchskonto der Nürnberger Gesellschaft wird durch LOUTZKYs Eifer stark belastet worden sein, und als es nicht gelang, den zweifellos brauchbaren stehenden Motor in größeren Mengen abzusetzen, verlor man in Nürnberg die Neigung, das Geschäft fortzusetzen. Von der stehenden Type konnten im Jahr 1896 nur 34, im darauffolgenden Jahr nur 19 Motoren verkauft werden. Da keine Besserung des Geschäftes abzusehen war, beschloß man, den Motorenbau aufzugeben. LOUTZKY, der später die Erlaubnis erhielt, den Namen BORIS VON LOUTZKOY zu führen, schied am 30. April 1897 in gutem Einvernehmen aus der Nürnberger Firma aus. Er gründete bald darauf in Berlin die „Gesellschaft für Automobilwagen System Loutzky", welche leichte Dreiräder mit zweizylindrigem Viertaktmotor baute; auch war er Gründungsmitglied des „Europäischen Motorwagenvereins". An der Konstruktion des 300pferdigen Schiffsmotors für die russische Marine (Bild 191, S. 348), der 1902 unter WILHELM MAYBACHs Leitung in der Daimler-Motorenbau-Gesellschaft gebaut wurde, ist LOUTZKY entgegen anderslautenden Mitteilungen nicht beteiligt gewesen. Er war nur der Verbindungsmann zwischen dem Auftraggeber und der Baufirma.

Nürnberg übernimmt den Motorenbau von Krupp-Gruson

Anderthalb Jahre nach dem Ausscheiden LOUTZKYs hat der Verbrennungsmotorenbau in Nürnberg geruht. Es scheint, daß man längere Zeit geschwankt hat, ob man den

Bau kleiner raschlaufender Motoren fortsetzen oder beim Schwermaschinenbau bleiben solle, auf den Nürnberg besser eingerichtet war. Im Frühjahr 1897 hatte man sich von der französischen Firma de Dion-Bouton einen Motor zu Studienzwecken beschafft und diesen mit allen Einzelheiten aufnehmen lassen. Die im März 1897 angefertigten Zeichnungen sind noch vorhanden. Der Motor war mit elektrischer Zündung versehen und erreichte Drehzahlen bis 1500 U/min. Daß man sich in Nürnberg dann doch für den schweren Langsamläufer entschied, ist auf HERMANN EBBS zurückzuführen.

Nach dem Brand, der den Motorenbau im Krupp Grusonwerk vernichtet hatte (S. 294), fragte EBBS bei ANTON RIEPPEL an, ob die Maschinenbau-Gesellschaft Nürnberg ein Interesse habe, den Motorenbau von Krupp-Gruson zu übernehmen. RIEPPEL ging auf die Anregung ein, und Ende November 1898 schlossen die beiden Firmen einen Vertrag, nach welchem Nürnberg alle Schutzrechte, Konstruktionen und Modelle gegen eine Zahlung von 50000 Mark erwarb. Zum Abschluß des Vertrages wird RIEPPEL auch dadurch bewogen worden sein, daß man in Magdeburg Zylinder mit Leistungen von 125 PS gebaut hatte (Bild 149, S. 291), während Nürnberg es nicht über 16 PS gebracht hatte. Auch wird wohl EBBS seine Pläne entwickelt haben, noch größere Gasmaschinen zu bauen, und solche paßten besser in das Nürnberger Bauprogramm als die Kleinmotoren.

Am 1. Januar 1899 trat EBBS in die Dienste der Maschinenbau-Gesellschaft Nürnberg. Während der dreieinhalb Jahre, die er dort blieb, hat er die Entwicklung der Großgasmaschine eingeleitet, die unter seinem Nachfolger RICHTER vollendet wurde (S. 330). Daneben hat er auch die kleineren Motoren verbessert und verbilligt. Die von LOUTZKY als „Hammertype" eingeführte stehende Bauart (Bild 151) wurde aufgegeben, da sie zu teuer war, die von LOUTZKY angegebene Halbkugelform des Brennraums wurde jedoch beibehalten. Statt der exakten Regelung durch Fliehkraftregler und Schrägnocken griff man wieder auf die einfachere und billigere, wenn auch weniger gleichmäßig arbeitende Aussetzerregelung zurück, die das Gasventil bei zu hoher Drehzahl vorübergehend schloß. Durch diese Maßnahmen gelang es, die Motoren so zu

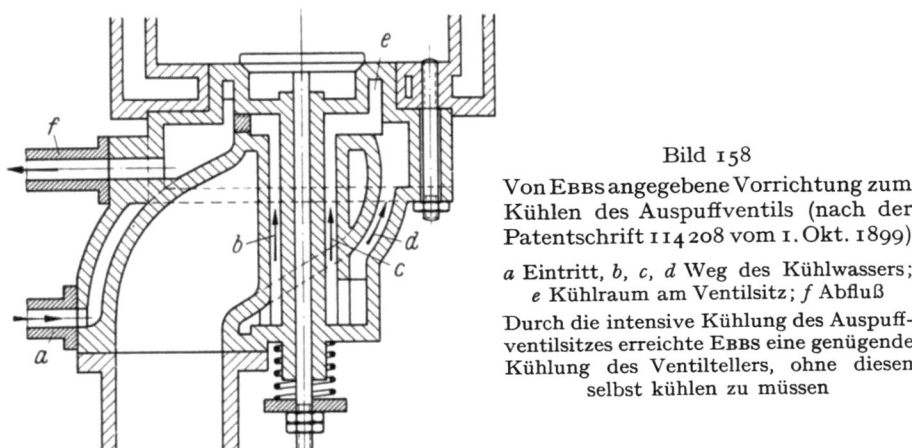

Bild 158
Von EBBS angegebene Vorrichtung zum Kühlen des Auspuffventils (nach der Patentschrift 114208 vom 1. Okt. 1899)

a Eintritt, b, c, d Weg des Kühlwassers; e Kühlraum am Ventilsitz; f Abfluß

Durch die intensive Kühlung des Auspuffventilsitzes erreichte EBBS eine genügende Kühlung des Ventiltellers, ohne diesen selbst kühlen zu müssen

verbilligen, daß ihr Absatz sich merklich hob. Die Fabrikation der Kleingasmaschinen bis 16 PS gab man auf; von mittelgroßen Motoren wurden nach einem erhalten gebliebenen Lieferverzeichnis in den Jahren 1900 bis 1909, also zum Teil noch zu EBBS' Zeiten, 215 Anlagen von zusammen 26350 PS geliefert.

Unter den von EBBS in Nürnberg angegebenen Konstruktionen verdient eine Vorrichtung zum Kühlen des Auspuffventils Erwähnung, die der Maschinenbau-Gesellschaft Nürnberg durch das DRP 114208 geschützt wurde (Bild 158). Sie war für Gasmotoren mittlerer Größe bestimmt, bei denen das Auspuffventilgehäuse einer Kühlung bedurfte, die Kühlung des Ventiltellers aber möglichst vermieden werden sollte. In die Hohlräume des doppelwandigen Ventilgehäuses tritt das Kühlwasser bei a ein, strömt in den Zweigen b, c und d aufwärts und gelangt in den Ringraum e, dessen obere Wand den Ventilsitz bildet. Dieser wird durch die rasche Strömung des Wassers wirksam gekühlt. Bei f tritt das Wasser aus. Durch den gekühlten Ventilsitz fließt aus dem Ventilteller so viel Wärme ab, daß er vor dem Verzundern geschützt ist. Diese Ventilbauart ist jahrelang benutzt worden und hat besonders bei Flugmotoren gute Dienste geleistet.

XX. Die Großgasmaschine vor und nach der Jahrhundertwende

Das Bedürfnis der Industrie nach immer größeren Energiemengen war der Anlaß zur Entwicklung der Großgasmaschine; die Aussicht, die im Hüttenbetrieb anfallenden bedeutenden Mengen von Hochofen- und Koksofengasen in Gasmaschinen großer Leistung nutzbringend verwerten zu können, ließ das Ziel als besonders erstrebenswert erscheinen. Daß es erreichbar sein müsse, schien die Dampfmaschine zu beweisen, die man in den 80er Jahren in Größen von mehreren tausend Pferdestärken zu bauen verstand, hatte doch der Amerikaner HENRY CORLISS schon 1876, in demselben Jahr, in welchem OTTO seinen ersten kleinen Viertaktgasmotor baute, auf einer Ausstellung in Philadelphia eine Dampfmaschine von 1400 PS Leistung vorgeführt. Nach dem konstruktiven Vorbild der Dampfmaschine und mit den Erfahrungen, die man seit OTTO im Bau von Gasmaschinen gesammelt hatte, wenn auch nur mit Zylindern von wenig mehr als 100 PS, schien das Ziel, einen Gaszylinder von 1000 PS zu bauen, erreichbar.

Von den Erfolgen, die man mit dem Großgasmaschinenbau in den ersten Jahren nach der Jahrhundertwende hatte, ist in der technischen Literatur jener Zeit manches zu lesen; von den enormen Schwierigkeiten, die zu überwinden waren, ist aus begreiflichen Gründen viel weniger die Rede. Keine der Firmen, die den Mut hatten, das Problem anzupacken, ist von schweren Rückschlägen verschont geblieben. Auf den Fabrikhöfen — davon wissen heute noch Augenzeugen zu berichten[53] — türmten sich die Schrotthaufen, die sich aus gerissenen Arbeitszylindern, Zylinderdeckeln, Kolbenkörpern und gebrochenen Triebwerkteilen zusammensetzten; sie belehrten die Konstrukteure eindringlich, daß die Verbrennungskraftmaschine mit ihren hohen Drücken und Temperaturen ungleich schärfere Anforderungen an die Konstruktion stellt als die geduldige Dampfmaschine. Länger als zehn Jahre hat es gedauert, bis man gelernt hatte, einen 1000pferdigen Gaszylinder betriebssicher zu bauen. Von den Mißerfolgen, die inzwischen immer wieder auftraten, kann hier nur einiges erwähnt werden.

Auf die Möglichkeit, die beim Verhütten der Eisenerze entstehenden Hochofengase in Gasmotoren zu verwerten, hat in Deutschland der Hütteningenieur F. W. LÜRMANN zuerst hingewiesen. In England soll die Anregung schon früher gegeben worden sein.

Hugo Junkers
1859–1935

In einem Vortrag[54], den LÜRMANN 1886 vor dem Verein Deutscher Ingenieure hielt, bemerkt er:

> Mit einer guten Gasmaschine müßte man auf Hochofenanlagen mit den Gichtgasen, welche die Hälfte der Koks unverbrannt als CO enthalten, alle Maschinenleistungen billiger als bisher erreichen können.

Der Verwirklichung dieses Gedankens stand jedoch die starke Verunreinigung der Hochofengase lange Zeit entgegen.

Erst 1895 griff der Hörder Bergwerks- und Hüttenverein, dessen Aufsichtsrat EUGEN LANGEN angehörte, die Vorschläge LÜRMANNs auf. Mitte 1895 fragte der Hörder Verein bei der Gasmotoren-Fabrik Deutz an, ob sie Motoren für den Betrieb mit Gichtgas zu entwickeln bereit sei. Man plante eine Kraftanlage von 3600 PS, die auf mehrere 300- und 500 PS-Motoren verteilt werden sollte. Das Projekt wurde ausgearbeitet, ist aber nicht ausgeführt worden. Man hielt es für richtiger, zunächst Betriebserfahrungen mit einem Versuchsmotor zu sammeln, und stellte im Herbst 1895 beim Hörder Verein eine von Deutz gebaute Versuchsmaschine auf, die bei 200 U/min 10,5 PS leistete. Das Gichtgas wurde durch einen Naßreiniger und einen Sägemehlreiniger, so gut man es vermochte, vom Staub befreit. Nach Überwindung der Anfangsschwierigkeiten hat dieser erste in Deutschland mit Hochofengas betriebene kleine Motor gut gearbeitet. Die Versuche zeigten, daß es möglich ist, Motoren mit gereinigtem Hochofengas zu betreiben. Die große Entwicklung, die aus den von ihm eifrig geförderten Versuchen hervorgegangen ist, hat EUGEN LANGEN nicht mehr erlebt; kurz vor dem Abschluß der Versuche in Hörde starb er am 2. Oktober 1895.

Die einfachwirkende Gegenkolben-Gasmaschine von Oechelhäuser und Junkers

Schon zwei Jahre vor den Hörder Versuchen, 1893, planten der Leiter der Berlin-Anhalt'schen Maschinenbau AG in Dessau, v. OECHELHÄUSER, und sein Mitarbeiter HUGO JUNKERS, eine für den Betrieb mit Gichtgas geeignete größere Maschine zu bauen. Sie wählten die von KINDERMANN 1877 angegebene Gegenkolbenbauart (Bild 62, S. 128), bei welcher der eine der beiden Arbeitskolben durch Schlitze in der Zylinderwand, wie sie schon DUGALD CLERK 1876 bei seiner Zweitaktmaschine benutzt hat, den Auspuff, der zweite Kolben die Luft- und Gaszufuhr steuert. Die erste Gegenkolben-Gasmaschine ist 1893 in Dessau gebaut worden; sie war für den Betrieb mit Gichtgas bestimmt, wurde aber zunächst mit Leuchtgas erprobt.

An der mittleren Kurbel der dreifach gekröpften Welle (Bild 159) greift der vordere Kolben a an, der als Tauchkolben gebaut ist und die Spülschlitze b steuert. Der hintere Kolben c öffnet und schließt die Auspuffschlitze d. Er trägt das Querhaupt e, mit dem er gelenkig verbunden ist, damit kleine Unterschiede in den Längen der Zugstangen f, g sich ausgleichen können. Die Zugstangen wirken auf die beiden seitlichen Kröpfungen der Kurbelwelle. Sie dienen zugleich als Kolbenstangen für die doppeltwirkende Luftpumpe h und für die einfachwirkende Gaspumpe i, die zweistufig ausgeführt ist, da sie während des Verdichtungshubes der Arbeitskolben ihren Inhalt in den Zylinder fördern und somit gegen einen höheren Druck arbeiten soll. Der Steuerschieber der Luftpumpe, dem Schieber einer Dampfmaschine nachgebildet, wird von der Kurbelwelle durch ein Exzenter und das Gestänge k bewegt. Die Luftpumpe fördert in den in der Grundplatte untergebrachten Spülluftaufnehmer l, aus dem sie in den Arbeitszylinder tritt, wenn der Kolben a die Spülschlitze b freigibt. Bevor dies geschieht, hat der hintere Kolben c die Auspuffschlitze geöffnet, die höher als die Spülschlitze ausgeführt sind, und der Zylinderinhalt hat sich in die nach unten geführte Auspuffleitung entspannt. Die Spülluft durchströmt den Arbeitszylinder in axialer Richtung; es ist

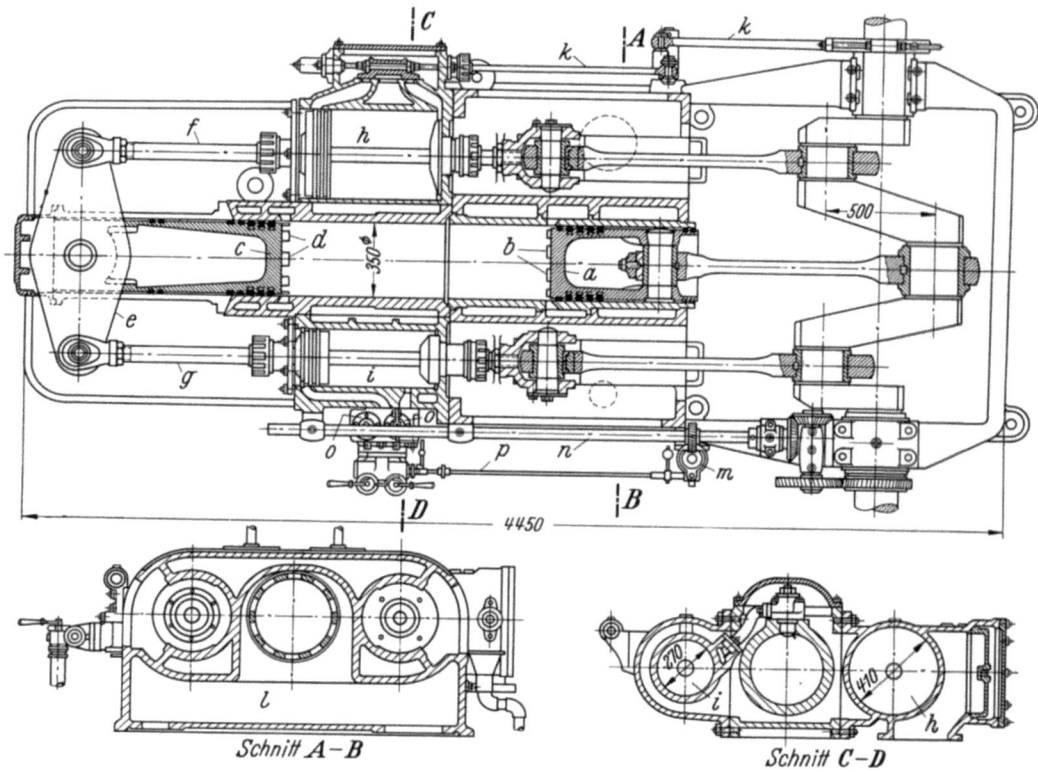

Bild 159. Erster von OECHELHÄUSER und JUNKERS gebauter Gegenkolben-Gasmotor (1893)
Leistung bei 140 U/min und Leuchtgasbetrieb 220 PS,
bei Gichtgasbetrieb 150 PS

a vorderer Kolben; b Spülschlitze; c hinterer Kolben; d Auspuffschlitze; e Querhaupt; f,g Zugstangen; h Luftpumpe; i Gaspumpe; k Antriebgestänge des Steuerschiebers der Luftpumpe; l Spülluftaufnehmer; m Regler; n Steuerwelle; o Ventile der Gaspumpe; p Regelgestänge

Bei Betrieb mit dem heizwertarmen Gichtgas ging die Leistung um ein volles Drittel zurück

die „Gleichstromspülung", die man wegen ihres guten Wirkungsgrades heute bei Dieselmaschinen in zunehmendem Umfang verwendet.

Die Gaspumpe i steht unter der Wirkung des Reglers m, der durch Stirn-, Kegel- und Schraubenräder von der Steuerwelle n angetrieben wird. Diese betätigt die Ventile o der zweistufigen Gaspumpe, vor denen Drosselschieber angebracht sind, die durch die Stange p vom Regler verstellt werden. Bei Belastungsänderungen vermindert der Regler den Gasgehalt der Ladung.

Die Maschine wurde mehrere Jahre lang in Dessau mit Leuchtgas in Betrieb gehalten und hat dabei nach zeitgenössischen Berichten gut gearbeitet. Anfang 1896 wurde sie beim Hörder Verein aufgestellt, um mit Gichtgas betrieben zu werden. Dabei ergab sich die Schwierigkeit, daß die Gaspumpe sich für das heizwertarme Gichtgas als zu klein erwies. Man änderte daher die Rohrleitungen so um, daß die Luftpumpe das Gas und die Gaspumpe die Spülluft förderten. Da man den Arbeitszylinder nicht umbauen wollte, wurde er nunmehr mit verdünntem Gichtgas gespült. Dabei ging natürlich ein großer Teil des Gases durch die Auspuffschlitze verloren. Auch manche anderen Schwierigkeiten sollen beim Gichtgasbetrieb aufgetreten sein.

Die Erfahrungen, die man mit diesem ersten einfachwirkenden Zweitakt-Gegenkolbenmotor gemacht hat, scheinen aber doch im ganzen ermutigend gewesen zu sein, denn im September 1896 bestellte der Hörder Verein zwei 600pferdige Motoren der Bauart Oechelhäuser-Junkers bei der Berlin-Anhalt'schen Maschinenbau AG in Dessau. Der erste Satz sollte am 1. Juli 1897 betriebsfertig sein, jedoch verzögerte sich die Inbetriebsetzung bis zum April 1898.

Die Gegenkolbenmaschinen der Bauart Oechelhäuser-Junkers sind von mehreren deutschen Fabriken in Lizenz hergestellt worden, so von der Aschersleber Maschinenbau AG vorm. W. Schmidt & Co. und von A. Borsig in Berlin-Tegel. Sie wurden für Gichtgasbetrieb mit Zylinderleistungen von 250 bis 1000 PS gebaut; die Zwillingsmaschine erreichte die ansehnliche Leistung von 2000 PS. Die Drehzahl betrug bei allen Größen 125 U/min. Die in Bild 159 dargestellte Anordnung, bei welcher die seitlichen Zugstangen die Kolben der Gaspumpe und der Luftpumpe trugen, wurde dahin geändert, daß beide Pumpen in einen Zylinder verlegt wurden, der in der Verlängerung der Zylinderachse angeordnet und dessen Kolbenstange mit dem Querhaupt des hinteren Zylinders verbunden war. Die eine Seite des Pumpenkolbens diente als Spülluftpumpe, die andere als Gemischpumpe. Bild 160 zeigt die 500pferdige Maschine von der Seite gesehen und im Grundriß. Der Zylinderdurchmesser beträgt 675 mm, der Kolbenhub 2×950 mm. Der vordere Kolben, der an der mittleren Kurbel angreift, steuert die Auspuffschlitze a, die gegen das Ende des Ausdehnungshubes hin zuerst geöffnet werden. Nach der Entspannung öffnet der hintere Arbeitskolben zunächst die Spülschlitze c, durch welche reine Luft in den Zylinder tritt, um ihn auszuspülen, und darauf die Schlitzreihe b, die das Gemisch eintreten läßt. Im Pumpenzylinder d dient die rechte Kolbenseite als Luftpumpe, die linke als Gemischpumpe. Die Luft, die auf Hüttenwerken staubhaltig ist und vor dem Eintritt in den Zylinder filtriert werden muß, wird von der rechten Kolbenseite der Pumpe durch die Leitung e angesaugt und gelangt durch das Rohr f in den Raum l vor den Spülschlitzen c. Durch h wird das gereinigte Gichtgas der Pumpe zugeführt, die es verdichtet und in die Leitung i drückt. Von der Druckleitung der Spülluft zweigt das Rohr k einen Teil ab, der in die Gemischleitung i geführt wird. Aus dem Raum g tritt das Gemisch durch die Schlitze b in den Arbeitszylinder.

Der Regler m beeinflußt sowohl die Zusammensetzung des Gemisches als auch seine Menge. Er wird durch Schrauben- und Stirnräder und durch die Wellen n_1, n_2 angetrieben; die Bewegungen seiner Muffe werden durch die Stange o auf das Gestänge p übertragen, das bei Belastungsänderungen eine Winkeldrehung macht. Diese wird durch die beiden (in Bild 160 durch ihre Mittellinien angedeuteten) Stangen q und r auf den Drosselschieber s und das Rücklaufventil t geleitet. Der Drosselschieber ist in der Gaszuleitung angeordnet; das Rücklaufventil verbindet die Gassaugleitung mit der Gasdruckleitung. Bei abnehmender Belastung beeinflußt der Regler zunächst den Drosselschieber s und erst bei stärkerer Entlastung öffnet er das Rücklaufventil t, so daß ein Teil der geförderten Gasmenge in die Saugleitung zurückströmt. Auf Mitte Arbeitszylinder sind zwei Abreißzünder angebracht. Die Nocken für die Abreißhebel sitzen auf den beiden seitlichen Zugstangen des hinteren Arbeitskolbens. Der Verdichtungsdruck betrug bei Gichtgasbetrieb 10 kg/cm², der Zünddruck 22 kg/cm². Auf dem

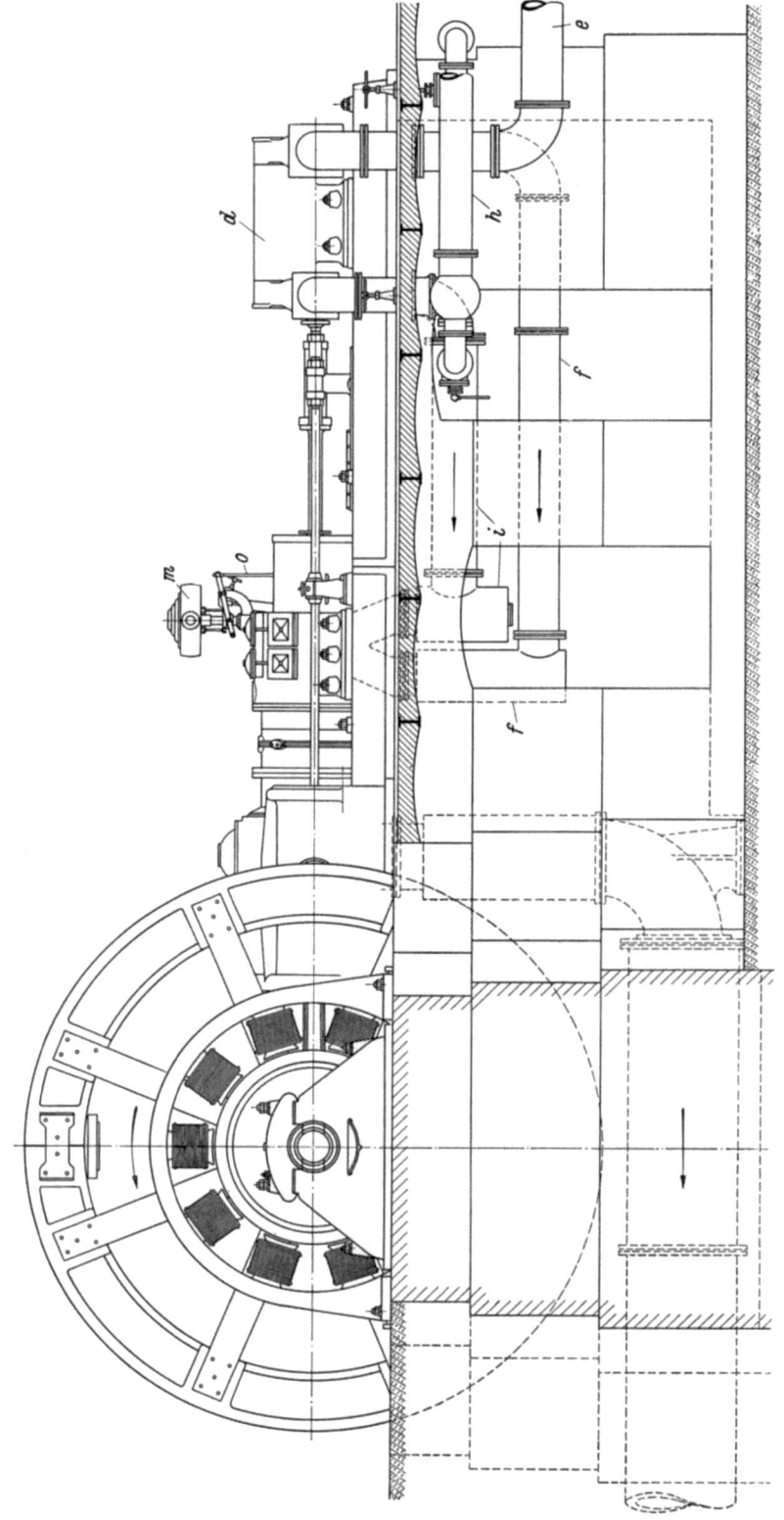

Bild 160. Gichtgas-Zweitaktmotor Bauart Oechelhäuser–Junkers, ausgeführt von der Aschersleber Maschinenbau AG (1896) Leistung 500 PS bei 125 U/min

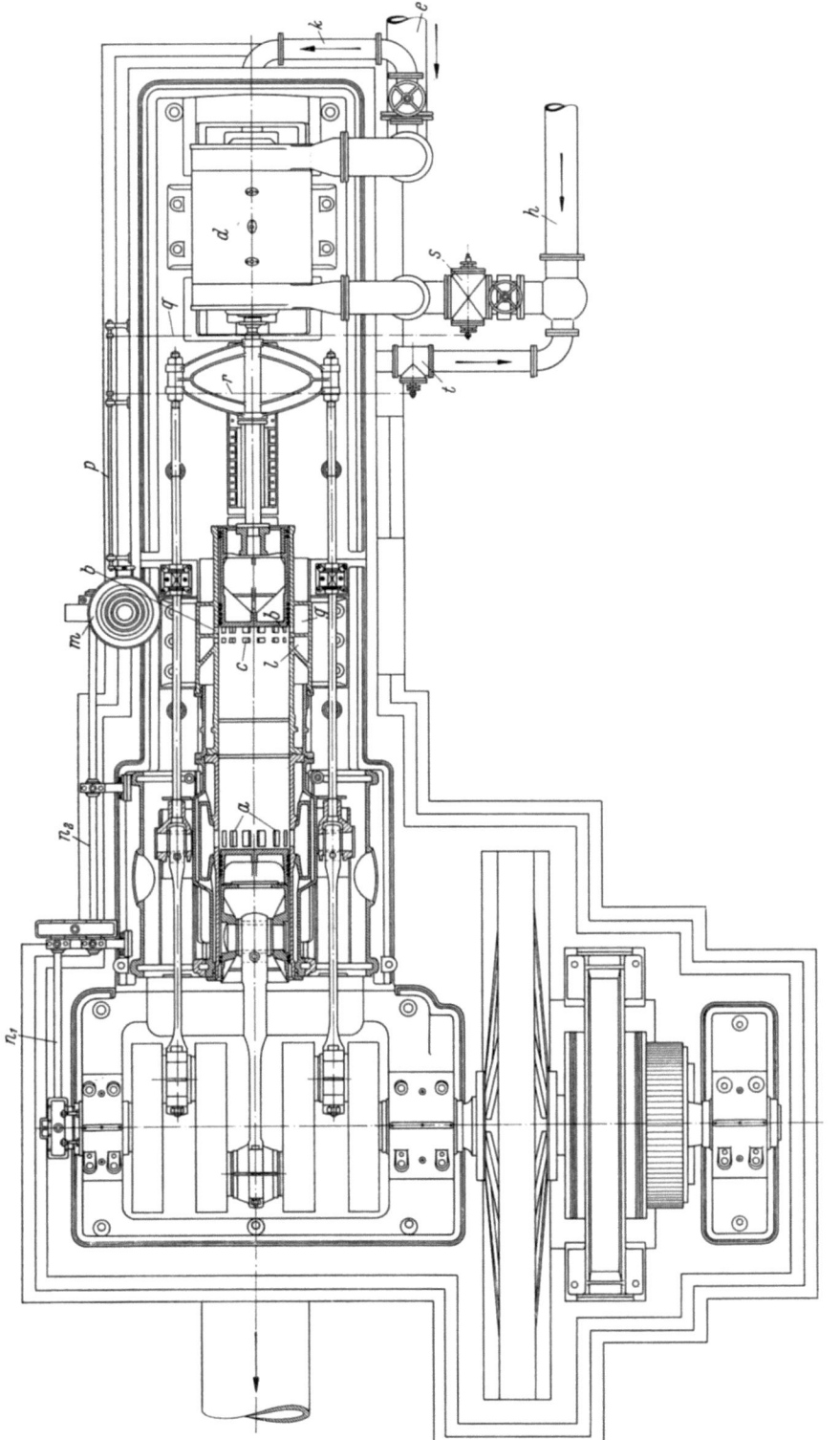

a Auspuffschlitze; *b* Gemischschlitze; *c* Spülschlitze; *d* Pumpenzylinder; *e* Saugleitung; *f* Druckleitung der Spülluft; *g* Gemischraum vor den Schlitzen *b*; *h* Gaszuleitung; *i* Gemischleitung; *k* Luftleitung nach *i*; *l* Luftraum vor den Schlitzen *c*; *m* Regler; n_1, n_2 Antriebwellen für *m*; *o, p, q, r* Regelgestänge; *s* Drosselschieber in der Gaszuleitung; *t* Rücklaufventil

Die Maschine ist in Deutschland noch von drei weiteren Firmen in Lizenz gebaut worden. In ihrer größten Ausführung leistete sie in Zwillingsbauart 2000 PS

Eisenhüttenwerk in Groß-Ilsede bei Peine waren sechs solcher Gegenkolbenmaschinen in Zwillingsbauart aufgestellt; sie leisteten zusammen 9000 PS.

In Deutschland ist die Gegenkolbenbauart als Gasmaschine außer von den schon genannten Firmen, der Aschersleber Maschinenbau AG und A. Borsig, auch von der Anhalt'schen Maschinenbau AG, Dessau, und der Kölner Maschinenbau AG, Köln-Bayenthal, in Lizenz ausgeführt worden. Das Gegenkolbenprinzip scheint sich für eine Verbrennungskraftmaschine besonders gut zu eignen; es ermöglicht ein großes, d. h. günstiges Verhältnis zwischen Kolbenweg und Zylinderdurchmesser, da sich die Hübe zweier Kolben addieren, und erlaubt damit eine weitgehende Expansion der brennenden Gase, die einen niedrigen Kraftstoffverbrauch zur Folge hat. Die Gegenkolbenmaschine besitzt keine Zylinderdeckel, und ihre Zylinder brauchen in der Dieselbauart nur je ein Brennstoff-, ein Anlaß- und ein Sicherheitsventil. Die Gegenkolbenmaschine ist nur als Zweitakt-, nie als Viertaktmotor gebaut worden, und die beim Zweitakt erforderlichen Auspuff- und Spülvorgänge werden durch die beiden Kolben in denkbar einfacher Weise gesteuert. Die Luft bzw. das Ladegemisch durchströmt den Zylinder geradlinig, ohne Richtungswechsel, und der Zylinder läßt sich daher gut spülen. Diese Vorteile werden indessen durch ein umständliches Triebwerk erkauft, da jeder Zylinder drei Kurbelkröpfungen und ein kompliziertes Gestänge benötigt. Die Vorteile und die Nachteile halten sich etwa die Waage, jedoch hat man in Deutschland, die Nachteile stärker empfindend, den Bau von Gegenkolben-Gasmaschinen nicht lange betrieben. Nur HUGO JUNKERS hielt zäh am Gegenkolbenprinzip fest; er hat als erster die Gegenkolbenmaschine als Dieselmotor gebaut. In seinem 1911 vor der Schiffbautechnischen Gesellschaft gehaltenen Vortrag[55] berichtet er von seinen Überlegungen und mehreren Versuchszylindern in der Einzylinder- und der Tandembauart. In dieser Bauart, also mit zwei hintereinanderliegenden Zylindern und insgesamt vier in einer Zylinderachse laufenden Kolben, sind im Jahr 1912 zwei Dieselmotoren von 800 PS mit je drei Zylindereinheiten für das Motorschiff „Primus" der Hamburg-Amerika Linie geliefert worden. Die Anlage wurde ein totaler Mißerfolg; die Gegenkolbenmotoren mußten ausgebaut werden und wurden durch einfachwirkende Maschinen normaler Bauart ersetzt. In England hingegen ist die nach 1918 von der Firma William Doxford & Sons, Sunderland, entwickelte Gegenkolben-Schiffsmaschine ein großer Erfolg geworden. Der von KARL O. KELLER konstruierte Doxford-Motor gehört heute zu den am weitesten verbreiteten Schiffsantriebsmaschinen.

Auf dem Gebiet des Flugmotorenbaues hatte HUGO JUNKERS hervorragende Erfolge. Die in großen Stückzahlen gebaute dreimotorige „Ju 52" galt in den Jahren nach 1918 als das zuverlässigste Flugzeug; es war zugleich das einzige Flugzeug, das mit Dieselmotoren ausgestattet war. Die Gegenkolben-Flugmotoren hatten freilich nicht das Gestänge der Schiffsmaschine und die je Zylinder dreifach gekröpfte Kurbelwelle, sondern eine unten- und eine obenliegende Kurbelwelle normaler Bauart, die durch Stirnräder gekuppelt waren; sie bestanden also gleichsam aus zwei mit dem Rücken zusammengelegten einfachen Motoren, deren Kolben in einem gemeinsamen Zylinder gegeneinander arbeiteten. Die sehr leicht gebauten Motoren zeichneten sich durch große Betriebssicherheit aus, nachdem es gelungen war, die zahlreichen Schwierigkeiten zu überwinden, welche besonders die Leichtmetallkolben anfänglich bereitet haben. Heute wird in Deutschland der Junkers-Gegenkolbenmotor von der Junkers Maschinen- und Metallbau GmbH in München als Kleinmotor und zum Antrieb von Freikolben-Dieselkompressoren gebaut.

Doppeltwirkende Zweitakt- und Viertaktmotoren der Gebr. Körting

Häufiger als andere Firmen in jener Zeit hat ERNST KÖRTING zwischen Viertakt und Zweitakt gewechselt. Angefangen hat er mit einem Zweitaktmotor (Bild 68, S. 141), nicht aus Vorliebe für den Zweitakt, sondern weil der Viertakt durch OTTOS Patent gesperrt war. Als dieses gefallen war, stellte KÖRTING sich sogleich auf den Viertakt um (Bild 140, S. 279), mit dem er nach einigen Jahren Entwicklungszeit so zufrieden war, daß er ihn auch für die Großgasmaschinen für das richtige Verfahren hielt. Seinem einfachwirkenden Viertakt-Tandemmotor (Bild 146) blieb indessen der Erfolg versagt. Abgesehen von den konstruktiven Fehlern, die man gemacht hatte, wurde die Maschine auch zu teuer. Die beiden unteren Kolbenseiten des Viertakt-Tandemmotors durfte man bei einer Großmaschine nicht unausgenutzt lassen, sagte ERNST KÖRTING sich; also mußte man sie als doppeltwirkenden Viertaktmotor bauen. 1898 hat er eine solche Maschine ausführen lassen. Von ihr ist außer der Kunde, daß es bis zu Versuchen auf dem Prüfstand gekommen ist, nichts erhalten geblieben. Sie hat offenbar völlig versagt, denn ERNST KÖRTING hat daraufhin den doppeltwirkenden Viertakt zunächst aufgegeben, um sich erst 1905 von neuem an ihm zu versuchen. Besser gelang ihm sein doppeltwirkender Zweitaktmotor, der in größeren Stückzahlen von Gebr. Körting und in Einzelausführungen von mehreren deutschen Lizenznehmern gebaut worden ist.

Aufbau und Wirkungsweise der Zweitaktmaschine ERNST KÖRTINGs gehen aus Bild 161 hervor, das die Steuerung von Gas und Luft schematisch zeigt. Der Einlaß wird durch Ventile, der Auslaß durch Schlitze gesteuert; damit verläuft die Spülung geradlinig im „Gleichstrom". An den beiden Zylinderenden sind die Einlaßventile a und a_1 für Gas und Luft angeordnet (Teilbilder I bis III); die Einlaßventile dienen als Mischventile. Das Gas und die Luft werden durch die Kolbenpumpen b und c den Einlaßventilen zugeführt; b ist die Gaspumpe, c die Luftpumpe. Beide Pumpen sind doppeltwirkend; sie werden durch die Pleuelstange d von einer Stirnkurbel e angetrieben, die der Hauptkurbel um 110° voreilt. Von der Stirnkurbel werden durch die Stange f auch die Kolbenschieber g und h bewegt, die den Zutritt von Gas und Luft zu den Einlaßventilen a, a_1 steuern. Die vier Schiebermuscheln der Kolbenschieber g, h sind durch die Gasleitungen i, i_1 und die Luftleitungen k, k_1 mit den Einlaßventilen so verbunden, daß die Luft, die vor dem Gas in den Arbeitszylinder eintreten soll, um ihn zu spülen, in den unteren Teil der Einlaßventilgehäuse gelangt, während das Gas dem oberen Teil zugeführt wird, aus dem es durch eine durchbrochene Trennwand in den unteren Raum übertreten kann, sobald die Gaspumpe ihre Förderung beginnt. Wenn ein Verbrennungshub beendet ist, öffnet die steuernde Kante des Arbeitskolbens die Auspuffschlitze l, und die Abgase strömen in die Auspuffleitung m. Der Arbeitskolben geht dabei durch seinen Totpunkt und bewegt sich nur langsam; der Gas- und der Luftkolben aber sind schon in voller Bewegung, weil ihre Kurbel um 110° voreilt. Etwa wenn der Arbeitskolben in seinem unteren Totpunkt steht, öffnet das Einlaßventil, läßt aber zunächst nur Luft in den Arbeitszylinder eintreten, weil der Steuerkolben g der Gaspumpe b die Leitung i zum Einlaßventil etwas später freigibt. Erst wenn die Luft den Arbeitszylinder ausgespült hat, tritt auch Gas in das Einlaßventil und mischt sich mit der weiter eintretenden Luft. Das Einlaßventil schließt, wenn der rückkehrende Arbeitskolben die Auspuffschlitze abgedeckt hat und der Verdichtungshub beginnt. Für die Entzündung der Ladung sind zwei Abreißzündungen auf jeder Zylinderseite vorgesehen.

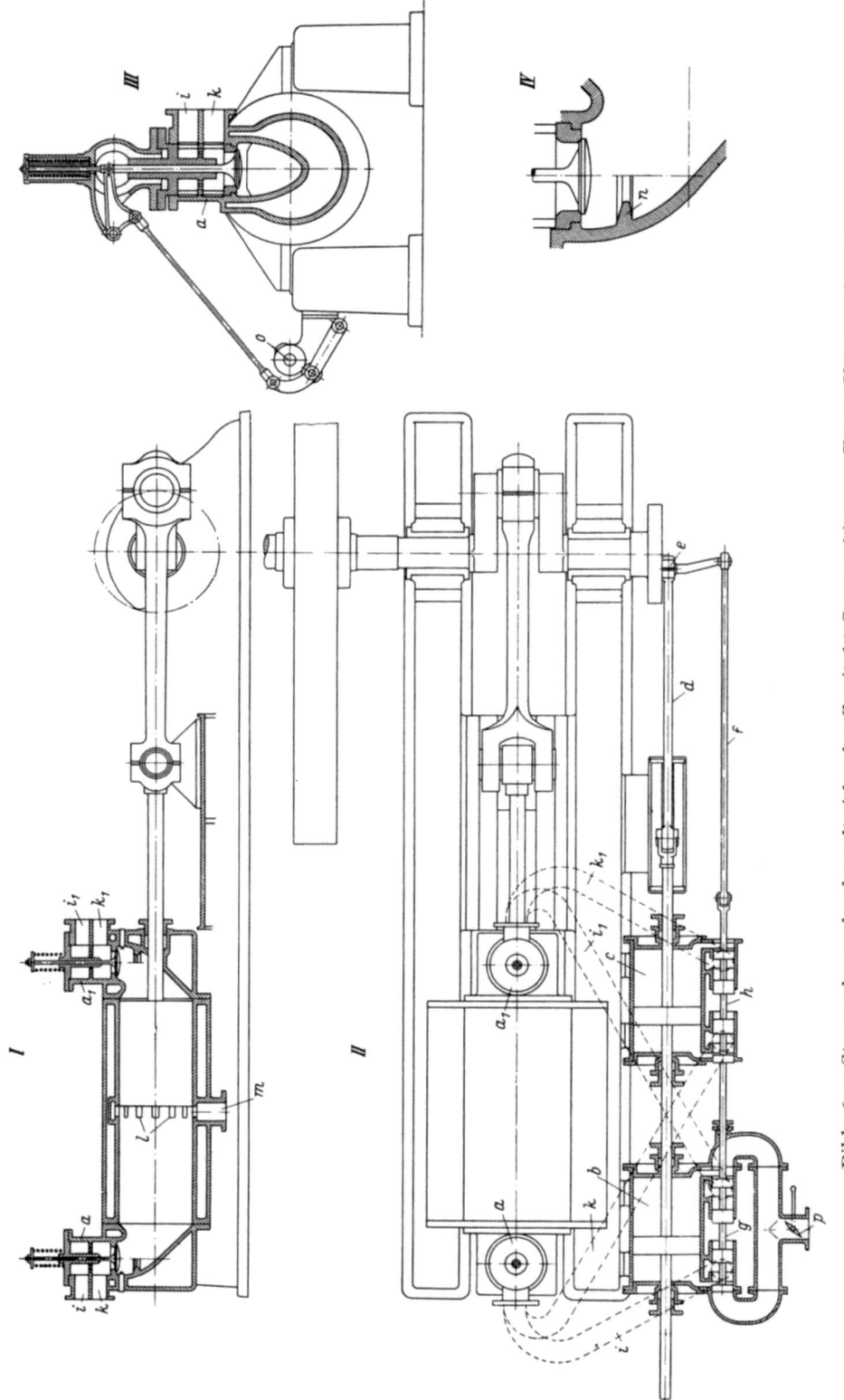

Bild 161. Steuerschema der doppeltwirkenden Zweitakt-Gasmaschine von Ernst Körting (1900) (nach der Patentschrift 138381 vom 31. März 1900)

a, a_1 Einlaßventile; b Gaspumpe; c Luftpumpe; d Pleuelstange; e Stirnkurbel der Gaspumpen; f Antriebstange der Kolbenschieber g und h; i, i_1 Gasleitungen, k, k_1 Luftleitungen zu den Einlaßventilen; l Auspuffschlitze; m Auspuffleitung; n Prallfläche für den eintretenden Spülluftstrom; o Nockenwelle; p Drosselklappe

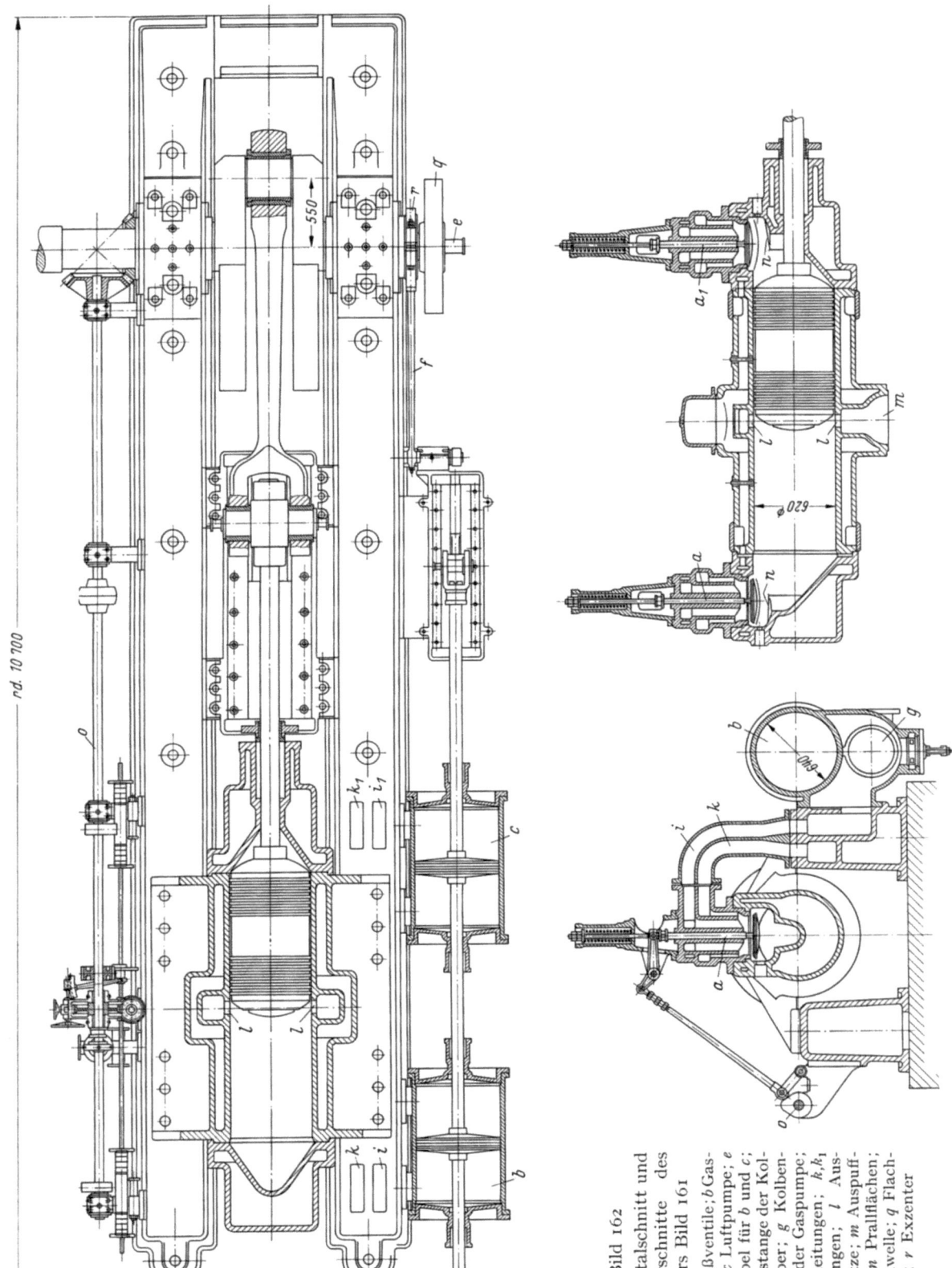

Bild 162
Horizontalschnitt und Zylinderschnitte des Motors Bild 161

a, a_1 Einlaßventile; b Gaspumpe; c Luftpumpe; e Stirnkurbel für b und c; f Antriebstange der Kolbenschieber der Gaspumpe; g Kolbenschieber der Gaspumpe; i, i_1 Gasleitungen; k, k_1 Luftleitungen; l Auspuffschlitze; m Auspuffleitung; n Prallflächen; o Nockenwelle; q Flachregler; r Exzenter

Unterhalb der Einlaßventile ist an der Zylinderkopfwand eine Leiste *n* (Teilbild *IV*) angebracht, deren Zweck in der Patentschrift 138 381 vom 31. März 1901 erklärt wird:

> Bei dieser Maschine wird nun diese Ladung beim Eintritt in den Cylinder in eine zur Cylinderachse mehr oder weniger rechtwinklig gerichtete, wirbelnde bezw. wälzende Bewegung versetzt, damit sich die Masse der Ladung möglichst zusammengeballt erhält und die Bildung von Strahlen als auch ein Vermischen der neuen Ladung mit den Rückständen vermieden wird.

Die von der Prallfläche *n* erzeugte Bewegung der Ladung sollte das wesentliche Merkmal der Erfindung sein. Der wirkliche Grund, weshalb man die Prallfläche *n* angebracht hatte, wird die Beobachtung gewesen sein, die man bei Spülversuchen an einem Glasmodell gemacht hatte, daß der eintretende Spülstrom beim Auftreffen auf die schräge Wand des Zylinderkopfes nach unten gelenkt und die Verbrennungsgase nach oben gedrängt wurden, so daß die Spülung unvollkommen war. Die Prallfläche verbesserte die Verteilung der Spülluft über den Zylinderquerschnitt. Die Wirbel, die dabei entstanden, konnten nicht „die Masse der Ladung zusammengeballt erhalten" und Schichten der Ladung voneinander isolieren, wie der Patentanspruch angibt.

Die beiden Einlaßventile werden durch die Nockenwelle *o* gesteuert, die in Bild 161 (Teilbild *III*) in der Stirnansicht, in Bild 162 auch im Grundriß sichtbar ist. Die Nockenwelle wird von der Kurbelwelle durch Kegelräder angetrieben, die neben dem Schwungrad, also an einer Stelle kleiner Drehschwingungen liegen. Bei den ersten Ausführungen betätigte der Regler nur eine Drosselklappe (*p* in Bild 161) in der Gaszuleitung. Da dies den Arbeitsaufwand für die Gaspumpe bei kleinen Belastungen erheblich vermehrte, verbesserte man die Regelung, indem man den Regler den Hub der Steuerschieber *g*, *h* (Bild 161) der Gaspumpen verändern ließ. Der auf der Kurbelwelle sitzende Flachregler *q* (Bild 162) verstellt bei ausschlagenden Reglergewichten einen Kulissenstein im Exzenter *r*, wodurch die Exzentrizität und der Hub der Antriebstange *f* der Kolbenschieber verkleinert werden. Es ist eine exakt wirkende Mengenregelung.

Der erste doppeltwirkende Zweitaktmotor, den KÖRTING 1900 gebaut hat, leistete 500 PS bei 100 U/min (Bild 163). Der Zylinderdurchmesser betrug 620 mm, der Hub

Bild 163. ERNST KÖRTINGS doppeltwirkender Zweitaktmotor (1900)
Leistung 500 PS bei 100 U/min

Der größte doppeltwirkende Zweitaktmotor, den Körting (seit 1904) gebaut hat, leistete mit 800 mm Zyl.-Dmr. und 1400 mm Hub bei 80 U/min 1000 PS. Der Motor ist von Körting und seinen Lizenznehmern in größeren Stückzahlen und auch als Zwilling mit 2000 PS ausgeführt worden

1100 mm. Die Pumpen hatten den gleichen Durchmesser von 640 mm und den gemeinsamen Hub von 900 mm. Die Zylinderdeckel des Arbeitszylinders boten dank ihrer einfachen Form bei weitem nicht die Schwierigkeiten wie die der Viertaktmotoren. Der Arbeitskolben wurde mit Wasser gekühlt, das dem Kolbenhohlraum vom Kreuzkopf aus durch die hohle Kolbenstange zugeführt wurde.

Ein zweiter, größerer doppeltwirkender Zweitaktmotor hatte 800 mm Zylinderdurchmesser und 1400 mm Hub; er leistete bei 80 U/min 1000 PS. Dieser Zylinder ist auch in der Zwillingsbauart mit 2000 PS Leistung ausgeführt worden. Der erste 2000-PS-Motor wurde 1904 aufgestellt. Die meisten in der Folgezeit gebauten Motoren dienten zum Antrieb von Hochofengebläsen, deren Kolbenstange mit der Kolbenstange des Motors direkt gekuppelt wurde; in solchen Fällen waren sie für Gichtgasbetrieb gebaut. Für den Antrieb elektrischer Generatoren erhielten sie eine Riemenscheibe.

Mehr als dreißig solcher Anlagen hat KÖRTING geliefert. Lizenzen wurden an die Siegener Maschinenbau AG, an die Maschinenbau AG vorm. Gebr. Klein in Dahlbruch und an die Gutehoffnungshütte, Oberhausen, vergeben.

Körtings doppeltwirkende Viertaktmotoren

Trotz der Erfolge, die ERNST KÖRTING mit seinen doppeltwirkenden Zweitaktmotoren hatte, hat er 1904 ein zweites Mal begonnen, sich mit dem doppeltwirkenden Viertakt zu beschäftigen, den er 1898 wegen der Schwierigkeiten, welche die Zylinderköpfe machten, aufgegeben hatte. Er sah, daß andere Firmen mit dem doppeltwirkenden Viertakt Erfolg hatten, und mußte befürchten, daß die Konkurrenz ihn mit ihrem niedrigeren Gasverbrauch unterbieten würde. So ließ er abermals einen doppeltwirkenden Viertaktmotor (Bild 164) bauen, wobei die Erfahrungen, die man mit den vorhergehenden Bauten gemacht hatte, verwertet wurden. Die Kolbenstangen mit Kolben werden jetzt von drei Kreuzköpfen getragen, so daß die Zylinderlaufflächen und die Stopfbuchsen von dem Gewicht der schweren bewegten Teile entlastet sind. Alle großen Teile, das Kurbelgehäuse, beide Zylinder und die drei Kreuzkopfführungen, sind gegeneinander zentriert, so daß ihre genaue Lage im Betrieb erhalten bleibt. Die Zylinder stützen sich nicht mit Füßen auf das Fundament, sondern werden von den Schildern der Kreuzkopfführungen getragen. Einlaß- und Auspuffventile sind in getrennten Gehäusen untergebracht (Bild 165), wodurch die Zylinderdeckel eine leichter herzustellende einfache Form erhalten, die der Gefahr der Spannungsrisse weniger ausgesetzt ist.

Die in ihrem oberen Teil wassergekühlten Auspuffleitungen *a* (Bild 164) führen zu den im Fundament angeordneten Schalldämpfern *b*, die untereinander verbunden sind und einen Abzug ins Freie haben. Zwischen den Auspuffleitungen liegen die Gasleitungen *c* und die Luftleitungen *d*, die zu den Mischventilen führen, die den Einlaßventilen vorgeschaltet sind. Die Kanäle von den Mischventilen zu den Einlaßventilen liegen hinter den rechteckigen Verschlußdeckeln *e*; aus diesen Kanälen tritt die Gas-Luft-Mischung durch den Flansch *f* (Bild 165) in das Gehäuse des Einlaßventils *g*.

Die gekühlten Kolben erhalten ihr Kühlwasser von der unter Flur verlegten Leitung *h* (Bild 164), die es dem Gelenkgehäuse *i* zuführt. Von diesem wird es durch zwei Gelenkpaare *k*, *l* (von denen das eine vor, das zweite hinter der Bildebene liegt) in die Hohlräume der Kolbenstangen geleitet; jedes Gelenkpaar versorgt eine Kolben-

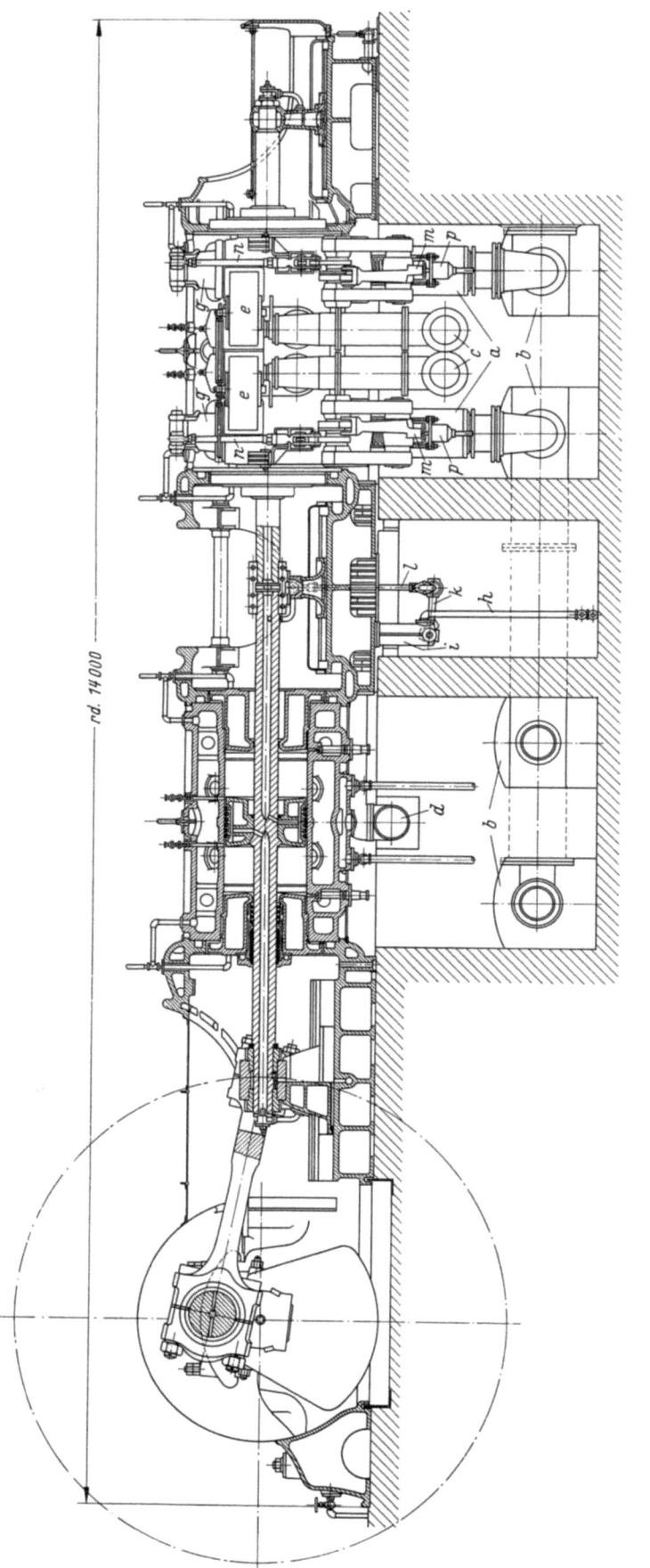

Bild 164. Körrings doppeltwirkender Viertaktmotor (1905)
Zylinderdurchmesser 765 mm, Hub 900 mm

a Auspuffleitungen; *b* Auspufftöpfe; *c* Gasleitungen; *d* Luftleitungen; *e* Kanäle zwischen Mischventil und Einlaßventil; *g* Einlaßventile; *h* Kolbenkühlwasserzuleitung; *i,k,l* Gelenkrohrsystem der Kolbenkühlung; *m* Steuerhebel der Auspuffventile; *n* Stoßstangen der Einlaßventile; *p* Abflußtrichter für das Kühlwasser der Auspuffventile

Der Motor ist nur in wenigen Ausführungen gebaut worden. Von den Erfahrungen mit ihm ist nichts überliefert. Die einteilig gegossenen Mittelstücke der Zylinder müssen dieselben Schwierigkeiten verursacht haben, die bei anderen Firmen aufgetreten sind

stange. Das Wasser durchströmt die Kolben und fließt durch die äußeren Kreuzköpfe und kurze Krümmer in Rinnen ab, die neben den Gleitbahnen liegen.

Von der Steuerung der Ventile sind in Bild 164 vor dem hinteren Zylinder die schweren Stahlgußhebel *m* zu sehen, deren Rollen auf breiteren Nocken laufen als die Rollen der Stoßstangen *n* der Einlaßventile, weil auf den Auspuffventiltellern im Augenblick des Öffnens der Druck der Verbrennungsgase steht, der noch mehrere Atmosphären beträgt. Bild 165, das einen senkrechten Schnitt durch den Ventilkasten darstellt, zeigt die Steuerung der Ventile, ihre Bauart und die Verschraubung des Ventilkastens mit dem Arbeitszylinder. Der untere Teil des Ventilkastens ist

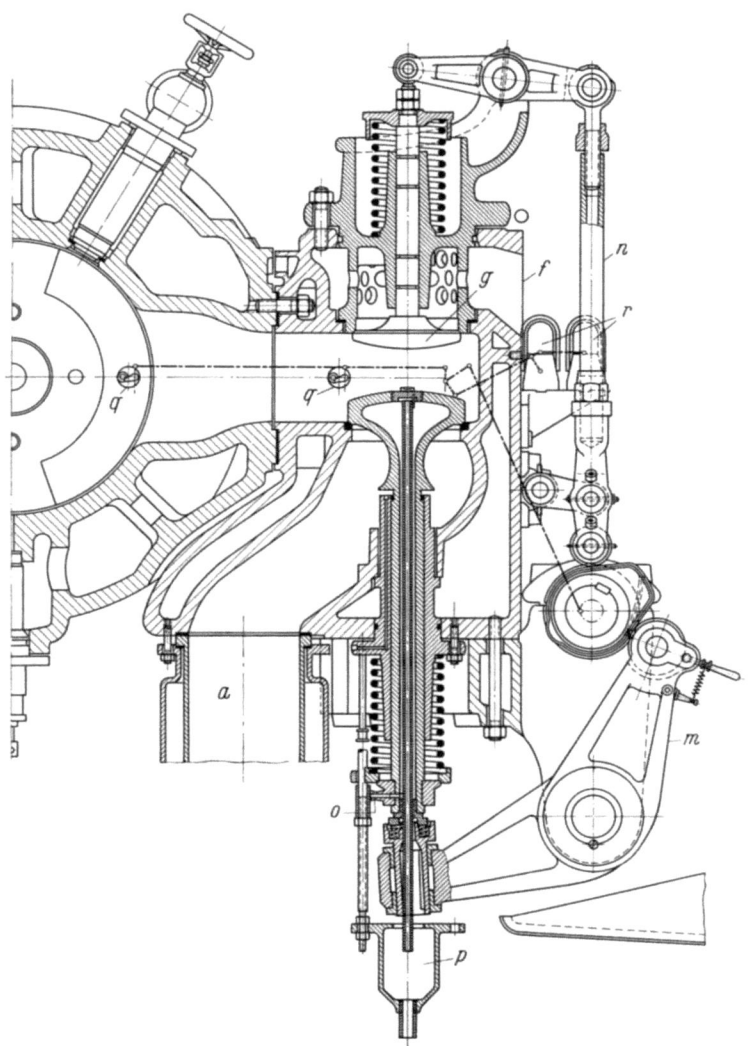

Bild 165. Einlaß- und Auspuffventil des doppeltwirkenden Körting-Viertaktmotors Bild 164
a Auspuffleitung; *f* Eintritt des Gas-Luft-Gemisches in das Einlaßventil *g*; *m* Steuerhebel des Auspuffventils; *n* Stoßstange des Einlaßventils; *o* Anschluß des Kühlwassers des Auspuffventils; *p* Abflußtrichter; *q* Abreißzünder; *r* Zündmagnete

Dadurch, daß ERNST KÖRTING die schweren Ventile (300 mm Tellerdmr.) in ein getrennt hergestelltes Gehäuse verlegte, erhielten die Zylinderköpfe eine einfachere, durch Gußspannungen weniger gefährdete Form

wassergekühlt, ebenso das anschließende Rohr a der Auspuffleitung. Der Kegel des Auspuffventils, dessen Sitzdurchmesser 300 mm beträgt, ist ebenfalls gekühlt. Das Wasser wird durch einen bei o angeschlossenen Schlauch der Ventilspindel zugeführt und gelangt durch den von der Bohrung der Ventilspindel und einem Einsteckrohr gebildeten Ringraum in den Hohlraum des Tellers, um durch das Einsteckrohr in einen Trichter p abzufließen. Die Trichter sind auch in Bild 164 eingetragen.

In Bild 165 bezeichnet q die Lage der Zündstifte und ihrer Abreißhebel; sie liegen in gleicher Höhe mit den Zündmagneten r. Zwei Zündstellen sind vorgesehen, die eine unterhalb des Einlaßventilkegels, die andere innerhalb des Arbeitszylinders. Beide werden durch ein gemeinsames Exzenter von der Nockenwelle betätigt. Der Regler beeinflußt Drosselklappen, die den Mischventilen vorgeschaltet sind.

Die in Bild 164 und 165 gezeichnete Konstruktion des Arbeitszylinders — Laufbuchse und Kühlmantel aus einem Stück — mußte zu denselben Rückschlägen führen, wie die anderen Firmen sie erlebt haben. Laufbuchse und Kühlmantel nehmen im Betrieb verschiedene Temperaturen an und müssen dabei ihren Wärmedehnungen frei folgen können. Wird hierfür nicht gesorgt, so hilft sich die Natur selbst, und das Gußstück reißt an den Stellen größter Spannungen. Das muß auch bei der Zylinderkonstruktion nach Bild 164 eingetreten sein, und die damit verbundenen unliebsamen Erfahrungen sind vermutlich die Ursache gewesen, daß KÖRTING nur wenige doppeltwirkende Viertaktmotoren gebaut hat. Von ihnen ist in den Akten kaum etwas überliefert worden.

Die Gebr. Körting mit ihren Lizenznehmern und die Firmen, welche die Maschinen nach Oechelhäuser-Junkers bauten, sind die einzigen deutschen Firmen gewesen, welche Zweitakt-Großgasmaschinen hergestellt haben. Alle anderen, von denen die wichtigsten im folgenden aufgeführt sind, haben sich für den Viertakt entschieden, der den Nachteil des Zweitaktes, den Gemischverlust beim Spülen, vermeidet. Der Vorteil des Viertaktes ist für die Gasmaschine so bedeutend, daß der Zweitakt heute aus dem Gasmaschinenbau völlig verschwunden ist. Das Gegenteil gilt für Dieselmaschinen; da der Zweitakt-Dieselmotor mit reiner Luft gespült wird, gibt es keine Gemischverluste. Dieselmaschinen größter Leistung werden heute nur als Zweitaktmotoren gebaut.

Die Großgasmaschinen der Gasmotoren-Fabrik Deutz

In der Gasmotoren-Fabrik Deutz hatte man bis zum Jahr 1898 keine größeren Zylinder als für eine Leistung von 125 PS gebaut. Jetzt bestellte der Eisenhüttenverein Düdelingen eine 1000pferdige Anlage, eine Größe, die nicht nur für Deutz ein Novum war, aber man lehnte den Auftrag nicht ab. Wenn die Leistung des vorhandenen größten Zylinders verdoppelt wurde, konnte man mit vier auf eine Welle arbeitenden Zylindern die geforderte Leistung erreichen. So ist die Maschine ausgeführt worden (Bild 166). Die vier Zylinder von je 250 PS, in Viertakt-Tauchkolbenbauart, waren paarweise einander gegenüberliegend angeordnet. Auf jede Umdrehung der Kurbelwelle entfielen zwei um 180° versetzte Zündungen, so daß der Gang ebenso gleichmäßig war wie der einer einzylindrigen Dampfmaschine.

Entwicklung der Zylinderkopfform. Wenn die Verdopplung der Leistung auf dem einfachen Weg einer Vergrößerung der Abmessungen erreicht werden könnte, hätte man mit der Entwicklung der Großgasmaschine erheblich weniger Schwierigkeiten gehabt. Daß man nicht so arbeiten darf, ist heute jedem Maschinenbauer geläufig, aber bevor man das erkannt hat, mußte viel Lehrgeld gezahlt werden. Den konstruktiven Änderungen, die der Zylinderkopf der größeren Deutzer Maschinen um die Jahr-

Bild 166. Erste große Mehrzylindermaschine der Gasmotoren-Fabrik Deutz (1898)
Die Maschine, die in vier Zylindern 1000 PS leistete, wurde im Oktober 1900 auf dem Werk des Eisenhüttenvereins Düdelingen aufgestellt

hundertwende durchgemacht hat (Bild 167), sieht man die Mühe an, die dieser empfindliche Zylinderteil dem Konstrukteur verursacht hat. Das Bild ist ein abgekürztes Beispiel dessen, was alle Firmen erlebt haben, die den Mut hatten, einen Beitrag zur Entwicklung des Verbrennungsmotors zu großen Leistungen zu liefern.

Um 1898 hatte der Zylinderkopf der größeren Deutzer Maschinen die in Bild 167, Teilbild *I*, im Senkrecht- und Waagerechtschnitt dargestellte Form. Für Einlaß und Auspuff waren je zwei Ventile vorhanden; das ergab einen Brennraum *a* von der Gestalt einer breiten niedrigen Schachtel, eine Form, die für die Verbrennung und die Fortpflanzung der Flamme ungünstig ist. Die Kerne *b* mit ihren stark wechselnden Querschnitten erschwerten das Einformen. Der schroffe Übergang von der Wanddicke *c* des Bodens zur Dicke *d* der Brennraumwand mußte starke Gußspannungen hervorrufen. An der Stelle *e*, wo der Konstrukteur die Flanschen von Zylinderkopf, Laufbuchse und Kühlmantel aufeinandergelegt hat, mußte sich die Wärme stauen, was die Spannungen vermehrte. Der Kühlwasseraustritt *f* lag ungünstig, weil verhältnismäßig weit von der Massenanhäufung *e* entfernt.

Aus alten Aufzeichnungen geht hervor, daß für 100 gelieferte Zylinderköpfe dieser Bauart 150 Ersatzköpfe zum Versand gebracht werden mußten. Ebenso viele Köpfe waren gerissen. 1901 hatte man die Form vereinfacht (Teilbilder *II*). Der Zylinderkopf enthält nur noch je ein Einlaß- und Auspuffventil, was einfachere Kerne ergibt. Die Umgrenzungslinie *g* des Brennraums ist klarer, der Brennraum noch zu flach (*h*). Die Brennraumwände gehen mit großen Abrundungen *i* in den ebenen Deckelboden über, der Unterschied in den Wanddicken ist weniger schroff. Die bauchige Form der eingegossenen Ventilgehäuse macht den unteren Teil des Zylinderkopfes gegen Verziehen in der Wärme etwas nachgiebiger. An den Stellen *e*, *f* ist noch nichts geändert.

Erst die Ausführungsform von 1907 (Teilbilder *III*) brachte Erfolg. Einlaßventil (oben) und Auspuffventil (darunter) liegen jetzt in einer Achse, was die Länge des

Brennraums in Richtung der Zylinderachse verkürzt, so daß der Brennraum k höher wird und eine für den Verbrennungsablauf bessere Form erhält; zugleich wird die Bearbeitung einfacher. Der Boden des Zylinderkopfes ist gewölbt und kann bei gleicher Festigkeit eine kleinere Wanddicke l erhalten. Die großen Unterschiede in den Wand-

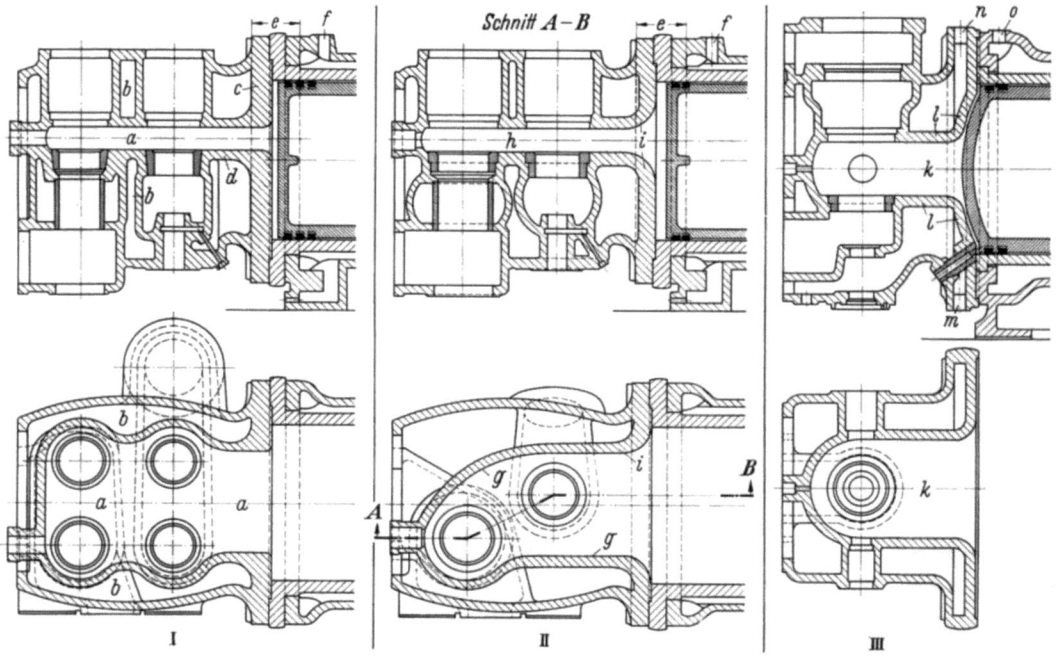

Bild 167. Einige Zylinderkopfbauarten der einfachwirkenden Deutzer Großmotoren (1898 bis 1907)
Teilbilder I (1898): a ungünstige Brennraumform; b schwer zu formende Kerne; c–d schroffer Übergang in den Wanddicken; e Werkstoffanhäufung; f ungünstige Lage des Kühlwasseraustritts;
Teilbilder II (1901): g bessere Grundrißform des Brennraumes, der noch zu niedrig (h); gute Abrundungen i;
Teilbilder III (1907): k gute Brennraumform; l gleichmäßige kleine Wanddicken; m–n getrennte Zylinderkopfkühlung; o Austritt des Mantelkühlwassers nahe an Flanschen
Es hat zehn Jahre gedauert, bis man die brauchbare Form III des Zylinderkopfes gefunden hatte

dicken sind verschwunden. Die Wölbung des Kolbens paßt sich der Bodenform an, so daß nur wenig Totraum bleibt. Die Kerne sind einfach und überall gut zugänglich.

Jetzt ist auch die Massenanhäufung an der Stelle e verschwunden. Sie ist dadurch beseitigt, daß der Flansch der Laufbuchse in den oberen Flansch des Mantelgehäuses eingesenkt ist, eine uns heute geläufige Konstruktion. Zwecks wirksamer Kühlung des Bodens wird ein Teil des Kühlwassers bei m in die Hohlräume des Zylinderkopfes geleitet und bei n abgeführt. Der Abfluß o des Mantelkühlwassers ist näher an die Flanschen gelegt, die jetzt besser gekühlt werden, und an der höchsten Stelle angebracht, so daß sich kein Luftsack bilden kann.

Zehn Jahre hat die mühsame Entwicklung gedauert, die mit dem Übergang zu großen Abmessungen verbunden war. Schließlich konnte E. STEIN, der seit 1901 die Abteilung Großmaschinenbau in Deutz leitete, darauf hinweisen, „daß dieses Modell den an dasselbe gestellten Erwartungen voll entsprochen hat. Von den ca. 550 Maschineneinheiten sind bis heute [1907] erst 12 Köpfe ausgewechselt worden".

Die Steuerung der Deutzer Großmotoren. Von 1902 an erhielten alle größeren Deutzer Motoren eine Steuerung, die durch das Patent 151 264 vom 8. Juli 1902 geschützt wurde. Der Regler veränderte den Hub des Einlaßventils dadurch, daß er den Unterstützungspunkt des zweiarmigen Kipphebels *a* (Bild 168) bei Änderung der Belastung verschob. Das Bild zeigt die Stellung des Gestänges für große Füllung. Bei Entlastung

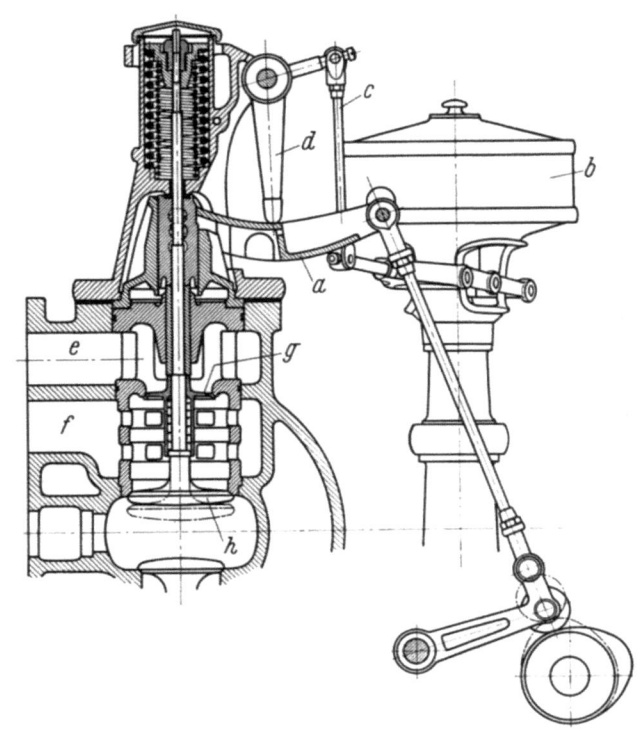

Bild 168
Steuerung der Deutzer Großmotoren (1902)

a Kipphebel; *b* Regler; *c* Regelgestänge; *d* Stütze für die Drehbewegung von *a*; *e* Gaseintritt; *f* Lufteintritt; *g* Gasventil; *h* Gemischventil
Die Regelung durch Verschieben des Ventilhebeldrehpunktes hat sich bei zahlreichen Ausführungen bewährt

zieht die sich nach oben bewegende Muffe des Reglers *b* die Stange *c* nach unten, und der Winkelhebel *d* macht eine kleine Drehbewegung im Uhrzeigersinn. Dadurch wird die Lage des Stützpunktes des Hebels *a* nach links verschoben. Im Leerlauf liegt der Stützpunkt ganz links nahe der Ventilspindel, und diese macht nur einen kleinen Hub. Das Gas tritt bei *e* ein, die Luft ohne besonderes Steuerorgan bei *f*. Die Menge des eintretenden Gases wird durch den Hub des Gasventils *g* bestimmt, den der Regler einstellt. Da das im Durchmesser kleinere Gasventil stets zum größeren Gemischventil *h* proportionale Öffnungen freigibt, bleibt das Mischungsverhältnis bei allen Belastungen gleich. Diese Regelung hat gut gearbeitet und wurde auch bei den größten Maschinen verwendet.

Die Deutzer Großgasmaschine. Mit dem 250 PS-Zylinder (Bild 166) war man in Deutz an die obere Leistungsgrenze des einfachwirkenden Viertaktes gelangt. Als die Konkurrenzfirmen noch größere Leistungen in der doppeltwirkenden Bauart anboten, konnte die Gasmotoren-Fabrik als älteste und größte Firma nicht zurückbleiben und nahm den doppeltwirkenden Viertakt in Angriff, obwohl ihre Werkstätten mit der Fabrikation kleiner und mittlerer Motoren reichlich beschäftigt waren. Daß man den Viertakt wählte und nicht wie OECHELHÄUSER-JUNKERS und KÖRTING den Zweitakt, entsprach der Tradition des Werkes. Die Entwicklung der Großgasmaschine hat die Richtigkeit der Wahl bestätigt.

Der Bau der ersten doppeltwirkenden Viertaktmaschinen hat auch der Gasmotoren-Fabrik Deutz zunächst manche unliebsame Überraschungen gebracht. Es waren weniger die Zylinderköpfe, die jetzt einfache Gußstücke bildeten, da man die Einlaß- und Auspuffventile in die Zylindermäntel verlegt hatte (Bild 169). Damit waren die Zylinder die am meisten gefährdeten Teile geworden. Es genügte nicht, daß man den mittleren

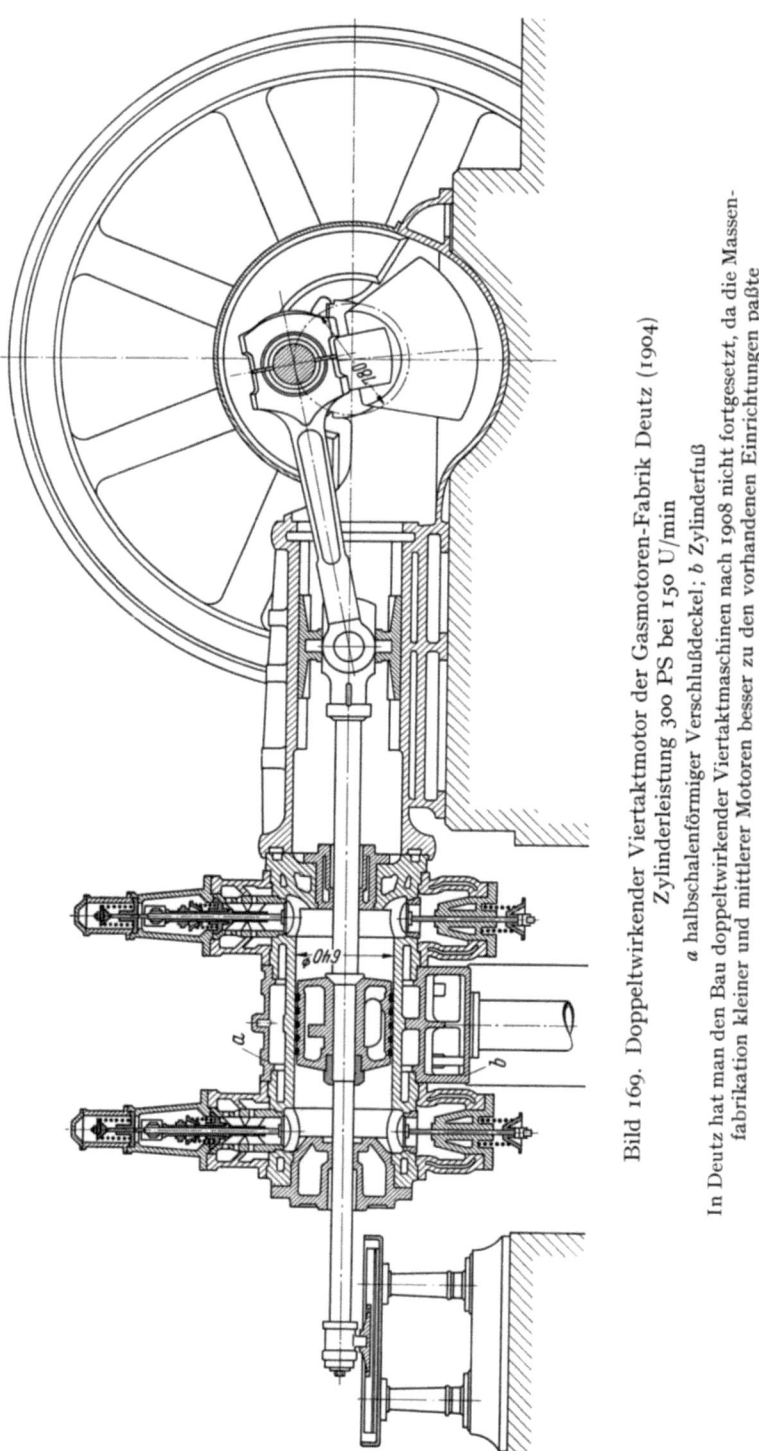

Bild 169. Doppeltwirkender Viertaktmotor der Gasmotoren-Fabrik Deutz (1904) Zylinderleistung 300 PS bei 150 U/min
a halbschalenförmiger Verschlußdeckel; b Zylinderfuß

In Deutz hat man den Bau doppeltwirkender Viertaktmaschinen nach 1908 nicht fortgesetzt, da die Massenfabrikation kleiner und mittlerer Motoren besser zu den vorhandenen Einrichtungen paßte

Teil des Kühlmantels abtrennte und durch eine Halbschale *a* und den halbschalenförmig gestalteten Fuß *b* ersetzte; man mußte auch die Laufbuchse vom Kühlmantel trennen, so daß sich beide frei gegeneinander ausdehnen konnten. Die Fugen zwischen den Ventilangüssen der Laufbuchse und dem Kühlmantel wurden durch nachstellbare Stopfbuchsen gedichtet. Diese Konstruktion hat den schweren Anforderungen des Betriebes noch nicht genügt.

Die Gasmotoren-Fabrik Deutz hat den doppeltwirkenden Viertaktzylinder mit einer größten Leistung von 500 PS gebaut. Sie wurde sowohl als Zwillingsmaschine mit je einem gleichgerichteten doppeltwirkenden Zylinder an zwei Kurbeln wie auch als Tandemmaschine mit zwei in einer Linie liegenden Zylindern an einer einzelnen Kurbel sowie in der Zwillings-Tandem-Bauart mit vier Zylindern an zwei Kurbeln geliefert. 1902 und 1905 wurde je ein vierzylindriger Motor mit einer Leistung von 2000 PS für Gichtgasbetrieb gebaut. Ihrer ganzen Entwicklung nach war aber die Gasmotoren-Fabrik für die Massenfabrikation kleiner und mittlerer Motoren besser geeignet; hierfür waren die Werkstätten eingerichtet, während man für eine Serienfabrikation von Großmotoren neue Einrichtungen hätte beschaffen müssen. So wurde der Großgasmaschinenbau in Deutz 1908 eingestellt. Die wertvollen Erfahrungen, die man gesammelt hatte, gingen auf die Lizenznehmer, die Witkowitzer Eisenwerke und Ehrhardt & Sehmer, Saarbrücken, über.

Die doppeltwirkenden Großgasmaschinen von Ehrhardt & Sehmer

Die Firma Ehrhardt & Sehmer, 1876 gegründet, hatte bis zur Jahrhundertwende Dampfmaschinen, Walzenzugmaschinen, Fördermaschinen, Kolbengebläse und andere Maschinen für den Bergbaubetrieb hergestellt. Als die Großgasmaschine ihre Eignung für die motorische Ausnützung der Hochofen- und Koksofengase bewiesen zu haben schien, wünschte man, auch solche Maschinen zu bauen. Um die hohen Kosten einer eigenen Entwicklung zu sparen, nahmen Ehrhardt & Sehmer 1902 eine Lizenz von der Gasmotoren-Fabrik Deutz. Das genaue Datum und der Inhalt des Lizenzvertrages sind nicht mehr bekannt.

Die erste Großgasmaschine, die Ehrhardt & Sehmer gebaut haben, war ein doppeltwirkender Viertaktmotor, der in Zwillingsanordnung, also mit zwei parallelgerichteten liegenden Zylindern 700 PS bei 150 U/min leistete. Die Zylinder hatten 660 mm Durchmesser, der Kolbenhub betrug 800 mm. Die Maschine wurde 1904 an die Halberger Hütte in Brebach geliefert.

Der Großgasmaschinenbau nahm bei Ehrhardt & Sehmer an Umfang rasch zu. Noch bevor die erste Maschine in Betrieb genommen worden war, gingen drei weitere Bestellungen auf Anlagen von fast der gleichen Größe ein; zwei davon waren für die Buderus'schen Eisenwerke in Wetzlar bestimmt. Diese Firma bestellte im März 1903 auch die erste Tandem-Maschine von 780 PS Leistung, die eine große Transmission antreiben sollte. 1904 wurde die erste mit einem Hochofengebläse gekuppelte Großgasmaschine an die Dillinger Hüttenwerke geliefert. Die Zylinderdurchmesser dieser Zwillingsmaschine waren auf 900 mm, der Hub war auf 1100 mm angewachsen. Eine Maschine mit zwei Zylindern in Tandem-Anordnung bestellte im gleichen Jahr die „Königliche Berginspektion VII" in Heinitz. Von dieser Maschine ist der vordere Zylinder in Bild 170 im Längsschnitt dargestellt; Bild 171 zeigt einen Querschnitt

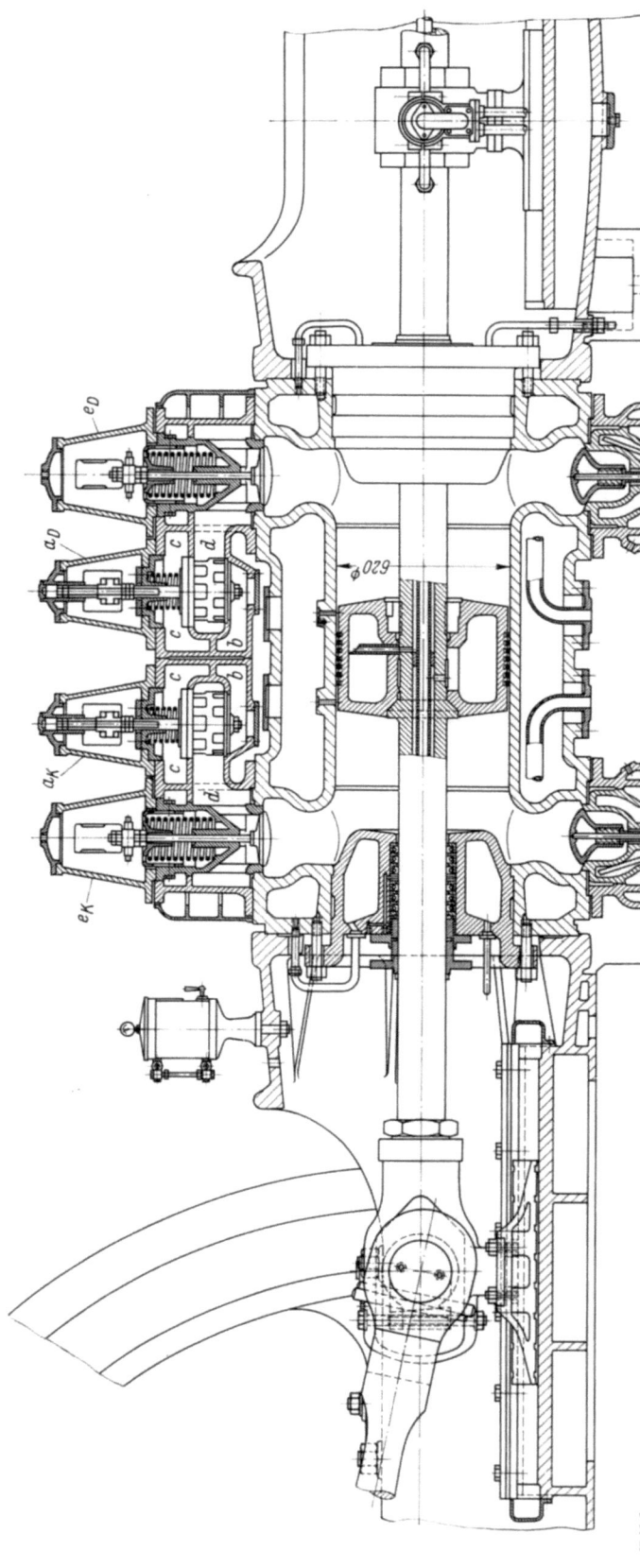

Bild 170. Doppeltwirkende Tandem-Viertaktgasmaschine von Ehrhardt & Sehmer, Saarbrücken (1905)

Das Bild zeigt nur den auf der Schwungradseite liegenden Zylinder im Längsschnitt. Rechts liegt ein zweiter Zylinder derselben Bauart. Beide Zylinder (620 mm Dmr., 750 mm Hub) leisteten zusammen 700 PS bei 150 U/min

a_K Mischventil Kurbelseite; a_D Mischventil Deckelseite; b,b Gasräume; c,c Lufträume; d,d Gemischräume; e_K Einlaßventil Kurbelseite, e_D Einlaßventil Deckelseite; o_K Auspuffventil Kurbelseite; o_D Auspuffventil Deckelseite. Buchstaben a, b, c, o entsprechend Bild 171

Der einteilig hergestellte Mittelteil konnte den im Betrieb auftretenden Beanspruchungen nicht lange widerstehen. Nach dem Einbau des geteilten Zylinders Bild 174 und mehrfachen Änderungen der Kolbenkonstruktion war die Maschine in Ordnung durch den Zylinder mit der Mischventilsteuerung. Mit abnehmender Belastung, also steigender Drehzahl und sich anhebender Reglermuffe, wird der Unterstützungspunkt *i* des Ventilhebels nach links verlegt und der Hub des Mischventils verkleinert. Da die Durchtrittsquerschnitte für Gas und Luft sich gleichmäßig ändern, bleibt das Mischungsverhältnis bei jeder Belastung dasselbe. Erforderlichenfalls kann die Gas-

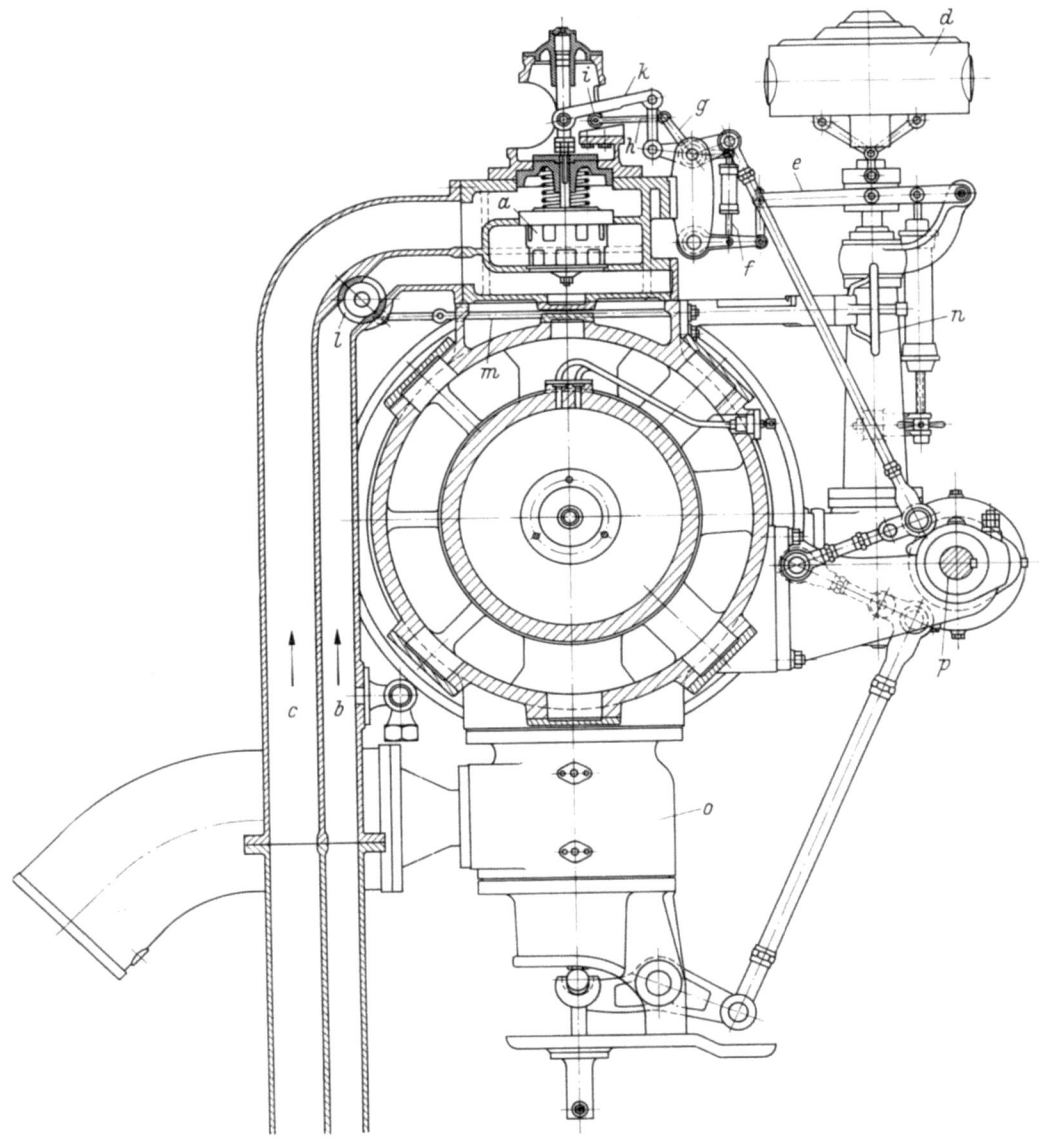

Bild 171. Querschnitt durch den Zylinder der Maschine Bild 170

Oben liegt das Mischventil *a*, dem das Gas durch Leitung *b*, die Luft durch Leitung *c* zugeführt wird. Der Regler *d* verschiebt mit abnehmender Belastung durch das Gestänge *e* bis *h* den Unterstützungspunkt *i* des Ventilhebels *k* nach links, so daß der Hub des Mischventils *a* kleiner wird. Durch den Hahn *l* kann die Gaszufuhr von Hand (Gestänge *m* und Handrad *n*) gedrosselt werden. Mischventil *a* und Auspuffventil *o* werden durch Nocken und Stoßstangen von der Steuerwelle *p* betätigt

Die Steuerung war der Gasmotoren-Fabrik Deutz patentiert (Bild 168). Sie wurde von Ehrhardt & Sehmer in Lizenz ausgeführt

zufuhr durch den in der Gaszuleitung angeordneten Hahn *l*, das Gestänge *m* und das Handrad *n* gedrosselt werden.

Das Geschäft entwickelte sich günstig. 1905 gingen 17 Bestellungen auf ähnlich große Anlagen ein, 1906 waren es 18. Das war in Anbetracht der wenigen Jahre, in denen man Erfahrungen hatte sammeln können, eine fast zu schnelle Entwicklung. So konnten Rückschläge nicht ausbleiben. Sie trafen natürlich die am höchsten beanspruchten und am schwierigsten herzustellenden Teile, die großen Gußstücke der Arbeitszylinder.

Bei den ersten Ausführungen, Bild 170 und 171, bildet der Arbeitszylinder ein ungeteiltes Gußstück. Die Laufbuchse und der sie umgebende Kühlmantel hängen außer durch die Stirnflächen, gegen welche die einfach gestalteten Zylinderdeckel geschraubt werden, durch die großen tulpenförmigen Stutzen, deren Stirnflächen die Einlaß- und Auspuffventile tragen, sowie durch mehrere Stutzen für das Anlaßventil und die Zündeinrichtungen zusammen. Während des Betriebes treten durch die Verbrennungsdrücke mechanische Beanspruchungen auf, deren Größe sich einigermaßen übersehen läßt. Schlimmer sind die thermischen Beanspruchungen, die eine Folge der ungleichmäßigen Erwärmung der einzelnen Teile des Gußstücks sind, denn die Laufbuchse erwärmt sich im Betrieb weit stärker als der Kühlmantel. Hinzukommen Spannungen in den Stirnflächen und ihrer Umgebung, die durch das Anziehen der Zylinderkopfschrauben entstehen. Da außerdem nicht zu vermeiden ist, daß in komplizierten Gußstücken solcher Größe unkontrollierbare Gußspannungen vorhanden sind, die durch ungleichmäßiges Erkalten nach dem Gießen zurückbleiben, so ist es begreiflich, daß man jahrelang hat suchen müssen, bis eine Konstruktion gefunden war, die den schweren Beanspruchungen standhielt.

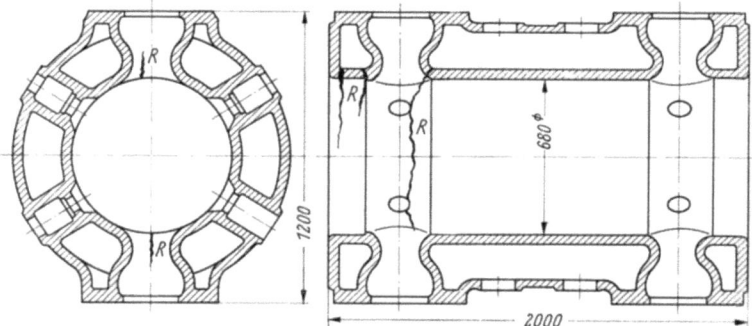

Bild 172. Einteiliger Arbeitszylinder einer doppeltwirkenden Viertakt-Großgasmaschine von Ehrhardt & Sehmer (1904)

An den Stellen *R* sind infolge von Gußspannungen, Wärmespannungen und mechanischer Beanspruchung durch die Verbrennungsdrücke Risse aufgetreten. Alle Firmen, soweit sie Großgasmaschinen bauten, haben anfangs ähnliche unliebsame Erfahrungen gemacht

Der ungeteilte Arbeitszylinder Bild 170 war ihnen nicht gewachsen. Nach kurzer Betriebszeit traten Risse auf (Bild 172), die ein Auswechseln des Zylinders und eine Änderung der Konstruktion erforderlich machten. Die stärksten Risse traten dort auf, wo die zylindrische Laufbuchse in den Brennraum übergeht, an einer Stelle, die den höchsten Drücken und Temperaturen ausgesetzt ist. So schien es richtig, der Natur zuvorzukommen und einen künstlichen Riß, eine Teilfuge, an jene Stelle zu legen. Den kleineren Rissen konnte man durch weichere Rundung und intensivere Kühlung vorbeugen. So entstand eine Ausführung (Bild 173), die in etwas anderer Form zuerst von der Gasmotoren-Fabrik Deutz, dem Lizenzgeber der Firma Ehrhardt & Sehmer, angegeben und von R. DRAWE[56] verbessert worden ist. Der Zylinder wird durch die

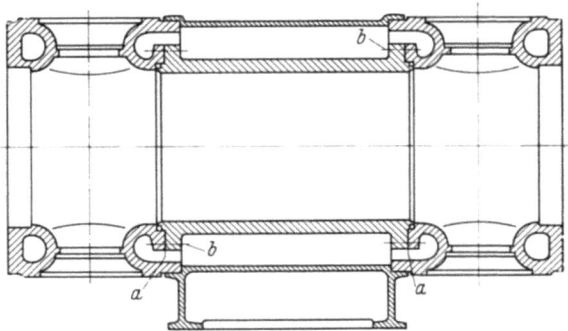

Bild 173. Zweite Ausführung des Großgasmaschinenzylinders (1906)

Die Teilfugen a zerlegen den Zylinder in drei Gußstücke, die durch Schrauben b verbunden werden. Diese müssen im Betrieb von Zeit zu Zeit nachgezogen werden, was sich als sehr umständlich erwies, da die auf der unteren Seite liegenden Schrauben schwer zugänglich waren

Teilfugen a in drei Gußstücke zerlegt; der starkwandige mittlere Teil bildet die Laufbuchse, die mit kleinerer Wandstärke gegossenen, die Durchführungen für die Einlaß- und Auspuffventile enthaltenden Kopfstücke werden mit den Flanschen der Laufbuchse durch die Schrauben b verbunden. Die erheblich kleineren Gußstücke lassen sich mit entsprechend kleineren Gußspannungen herstellen, und die Teilfugen verhindern, daß Wärmespannungen von der Laufbuchse in die Kopfstücke und in umgekehrter Richtung gelangen. Wächst die Laufbuchse in der Betriebswärme, so schiebt sie die Kopfstücke nach außen, ohne daß Biegespannungen auf die Wände der tulpenförmigen Vorräume der Ventile übertragen werden. Deren Wände sind überall mit größeren Radien ausgerundet. Die Dehnungen des zweiteiligen Kühlmantels können keine Beanspruchungen des Arbeitszylinders hervorrufen.

Diese Konstruktion brachte eine wesentliche Besserung, nur hatte man nicht beachtet, daß es ohne umständliche Demontagearbeiten nicht möglich war, die auf der unteren Seite liegenden Schrauben b nachzuziehen, was bei jeder hochbeanspruchten

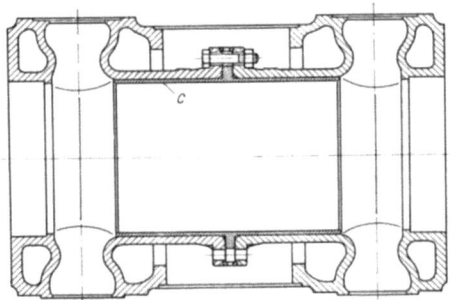

Bild 174. Mehrteiliger Großgasmaschinenzylinder von Ehrhardt & Sehmer, konstruiert von R. DRAWE (1907)

Der Zylinderkörper besteht nur noch aus zwei Teilen, deren auf Längsmitte liegende Flanschen nach Entfernen des leichten Kühlmantels gut zugänglich sind. Die eingeschrumpfte Laufbuchse c wird außer durch die Schrumpfpressung durch den zwischen den Zylinderhälften liegenden Flansch in ihrer Lage gesichert

Schraubenverbindung nach längerem Betrieb erforderlich werden kann. Dies gab den Anlaß, die Konstruktion abermals zu ändern und die von R. DRAWE angegebene Bauart Bild 174 auszuführen, die sich voll bewähren sollte. Der Zylinderkörper ist jetzt nur noch einmal, und zwar auf Längsmitte geteilt; die verbindenden Schraubenbolzen sind nach Abnehmen des leichten Kühlmantels an allen Stellen gut zugänglich. Der Zylinder hat eine eingeschrumpfte Laufbuchse c erhalten, die, wie aus Bild 174 ersichtlich, durch die Flanschschrauben in ihrer Lage gesichert wird. Der Laufbuchseneinsatz bedeckt die Teilfugen, deren Abdichtung bei der Konstruktion nach Bild 173 Schwierigkeiten bereitet hatte, und kann sich nach beiden Seiten frei ausdehnen. Auch die beiden Zylinderhälften können der Wärmedehnung frei folgen. Ist der Verschleiß zu groß geworden, so kann der Einsatz ausgewechselt werden, während die Zylindergußstücke erhalten bleiben. Die Konstruktion wurde durch das DRP 209986 vom 1. August 1907 geschützt. Sie hat sich in der Folgezeit bei zahlreichen von Ehrhardt & Sehmer gebauten Großgasmaschinen bewährt.

Auch die Kolben dieser großen Maschinen, die ebenso wie die Zylinder mechanisch und thermisch hoch beansprucht sind, haben, wie fast selbstverständlich, anfänglich zahlreiche Störungen verursacht, bis es gelungen war, eine Konstruktion zu finden, die allen Beanspruchungen standhielt.

Ein wichtiger Beitrag zur Entwicklung der Großgasmaschine war ferner die Einführung der Drosselklappenregelung, die ebenfalls von DRAWE vorgeschlagen worden ist. Die Steuerung arbeitete mit je einer Drosselklappe in der Luft- und in der Gasleitung, was die Anlage wesentlich vereinfachte, da die Mischventile und deren mechanische Steuerung wegfielen. Warum auf diese wichtige Neuerung nicht ein Patent erteilt wurde, ist nicht bekannt. So konnte sie von der Mehrzahl der Firmen, welche Großgasmaschinen herstellten, nachgebaut werden. Seit 1912 wurde diese Regelung bei allen von Ehrhardt & Sehmer gelieferten Gasmaschinen angewendet.

Auch mit dem wichtigen Problem der Aufladung der Großgasmaschine haben Ehrhardt & Sehmer sich frühzeitig beschäftigt. Das Spülen des Gaszylinders mit schwach verdichteter Luft statt mit Luft von atmosphärischer Spannung ist wohl zuerst von der Premier Gas Engine Co. in Nottingham angewendet worden. Man hielt

Bild 175. Koksofengasmaschinen Bauart Ehrhardt & Sehmer (1911)
Das Bild zeigt das Kraftwerk Heinitz der staatlichen Verwaltung der Saargruben. Die Gasmaschinen treiben Drehstromgeneratoren an. Ihre Gesamtleistung, gemessen an der Kupplung zwischen Gasmaschine und Generator, beträgt 20000 PS

hierzu das Einlaß- und das Auspuffventil gleichzeitig während mehrerer Kurbelgrade offen, so daß der unter niedrigem Überdruck stehende Luftstrom kurzzeitig den Brennraum durchströmte, wodurch die Auspuffgase gründlicher als sonst erreichbar entfernt wurden. Die verdichtete Luft erhöht das Ladegewicht und damit die Zylinderleistung; die durch den Spülstrom bewirkte Kühlung der Brennraumwand und des Auspuffventiltellers verhindert eine thermische Überlastung. Es ist dasselbe Verfahren, das man heute in zunehmendem Umfang bei Dieselmotoren anwendet.

In welchem Maß es schon damals gelang, durch Aufladung die Leistung zu steigern, ohne die Maschine zu überlasten, zeigt eine an die Dillinger Hüttenwerke gelieferte Zwillings-Tandemmaschine, die mit ihren vier Zylindern von 1050 mm Durchmesser und 1100 mm Hub bei 107 U/min normal 3500 PS, mit Aufladung 4800 PS leistete. Die Leistungszunahme durch die Aufladung betrug in diesem Fall 37%.

Der größte Zylinder, den Ehrhardt & Sehmer gebaut haben, hatte 1500 mm Durchmesser und 1700 mm Hub. Eine zweizylindrige Tandemmaschine von 1300 mm Zylinderdurchmesser und einem ebenso großen Hub leistete bei 95 U/min 2850 PS. Bis 1914 haben Ehrhardt & Sehmer 70 Anlagen ähnlicher Größe geliefert. Bild 175 zeigt das Beispiel einer Gasmaschinenzentrale jener Zeit.

Als die Großkraftwerke mehr und mehr ausgebaut wurden und den Strom durchweg billiger erzeugen konnten, als es mit einzelnen Gaszentralen möglich war, ging die Zahl der Bestellungen auf Großgasmaschinen auch bei Ehrhardt & Sehmer zurück. Im ersten Halbjahr 1911 wurden nur noch zwei Anlagen in Auftrag gegeben. Um Ersatz zu schaffen, vereinbarte man eine Interessengemeinschaft mit der Kruppschen Germaniawerft, Kiel, zwecks Herstellung von Dieselmotoren der Bauart Krupp. Von dem Inhalt dieses Vertrages ist nichts mehr bekannt. Es wurden nur stationäre Motoren hergestellt; die größte vierzylindrige Maschine soll eine Leistung von 480 PS gehabt haben. Die Stückzahl blieb bescheiden; bis 1914 wurden nur 26 Motoren geliefert.

Die Nürnberger Großgasmaschine

Im November 1898 hatte sich die Maschinenbau-Actien-Gesellschaft Nürnberg mit der Maschinenfabrik Augsburg zu einer Firma zusammengeschlossen, die den Namen „Vereinigte Maschinenfabrik Augsburg und Maschinenbaugesellschaft Nürnberg AG" annahm. Am 7. Dezember 1908 wurde durch Beschluß einer Generalversammlung der Firmenname in „Maschinenfabrik Augsburg-Nürnberg AG" geändert. Die Kurzbezeichnung „MAN", unter der die Firma weltbekannt geworden ist, kam schon in den Jahren 1903/04 auf. Wir gebrauchen sie hier gelegentlich auch für die vorhergehende Periode.

Im Monat des Zusammenschlusses — November 1898 — hatte Nürnberg den Motorenbau von Krupp-Gruson übernommen (S. 303) und mit ihm den Konstrukteur HERMANN EBBS. Das bedeutete den Entschluß, den Gasmotorenbau fortzusetzen, den man seit LOUTZKYs Ausscheiden im Frühjahr 1897 hatte ruhen lassen. Bis zu einer Leistung von 16 PS war man mit LOUTZKY gekommen; jetzt brachte EBBS den 125-PS-Zylinder, aber bei dieser Leistung wollte man nicht stehenbleiben. Entscheidend für den Entschluß, Gasmaschinen größter Leistung zu bauen, war der Vorsprung, den ausländische Firmen inzwischen erreicht hatten.

Man hatte EBBS 1900 nach Paris geschickt, wo er sich über die auf einer Ausstellung gezeigten Gas- und Petroleummotoren informieren sollte. Über seine Eindrücke hat er seinem Vorstand ausführlich berichtet. Als „Glanzpunkt der Gasmotorenausstellung" bezeichnet er eine von der Firma John Cockerill, Seraing, gebaute 600-pferdige Gebläsemaschine, deren Gaszylinder in seinen Abmessungen alles bis dahin Gebaute übertraf. EBBS spricht von ihrer „bisher unerreichten Größe" und erwähnt, daß sie mit einer Aussetzerregelung versehen gewesen sei. Auch eine von dem Franzosen LETOMBE konstruierte Maschine, eine Tandemmaschine, die einen doppeltwirkenden vorderen und einen einfachwirkenden hinteren Viertakt-Zylinder hatte, erregt sein Interesse. Als Ergebnis seiner Beobachtungen rät EBBS seiner Firma, sich für den doppeltwirkenden Viertakt-Tandemmotor zu entscheiden, da diese Bauart sowohl hinsichtlich der erreichbaren Leistung als auch wegen des erforderlichen Schwungradgewichtes besondere Vorteile biete. Sie sei den Zweitaktmotoren der Bauart Körting und Oechelhäuser durchaus ebenbürtig. Wörtlich schreibt er:

Vorteilhaft erscheint besonders die Beibehaltung des Viertaktes, der unter allen Umständen die größte Ökonomie sichert, hiermit verbunden der Fortfall jeglicher Gas- und Luftpumpen und die große Vereinfachung des Triebwerkes, bestehend aus zwei Kolben und einer Pleuelstange auf eine einfach gekröpfte Kurbelwelle arbeitend.

EBBS hat seinen Bericht im Dezember 1900 verfaßt. Der Leiter des Nürnberger Werkes, ANTON RIEPPEL, folgte EBBS' Rat, jedoch übertrug er nicht ihm, sondern HANS RICHTER, dem leitenden Konstrukteur der Großdampfmaschinen-Abteilung, die Aufgabe, die Großgasmaschinen zu entwerfen.

HANS RICHTER, ein gebürtiger Berliner, hatte an der Technischen Hochschule Charlottenburg Maschinenbau studiert und war von 1892 bis 1896 Assistent bei GUTERMUTH gewesen, der damals an der Technischen Hochschule Aachen lehrte. Im Juli 1896 trat er als Konstrukteur in die Dienste der Nürnberger Firma, bei der er bald zum Oberingenieur aufrückte. Im Juli 1902 übernahm er die Gasmaschinenabteilung; in den drei Jahren, während deren er sie leitete, hat er die Grundlagen für die Konstruktion der Nürnberger Großgasmaschine geschaffen. Im Juli 1905 ging er zu Thyssen & Co. nach Mülheim, um dort den Großgasmaschinenbau einzuführen. Am 1. August 1909 wurde er Maschinenbaudirektor der Fried. Krupp Germaniawerft in Kiel. Hier ist er schon im folgenden Jahr, erst zweiundvierzig Jahre alt, gestorben.

Die erste Großgasmaschine, die nach RICHTERs Entwürfen gebaut worden ist, war für die Burbacher Hütte bestimmt. Sie hatte zwei Zylinder in Tandem-Anordnung, einen Zylinderdurchmesser von 1000 mm, einen Hub von 1300 mm und sollte bei 90 U/min 1500 PS leisten. Auf dem Prüfstand wurden vorübergehend 1600 PS erreicht. Die Maschine war für den Antrieb einer Drahtstraße vorgesehen. Das Schwungrad, das als Seilscheibe ausgebildet war, hatte einen Durchmesser von etwa 7,8 m und wog 64 t. Die Maschine wurde im Herbst 1902 bestellt und sollte in elf Monaten geliefert werden. Sie kam aber erst im Mai 1904 in Betrieb, denn es stellten sich, wie bei der gewaltigen Steigerung der Leistung auf das Zehnfache des bis dahin Erreichten nicht anders zu erwarten war, während der Ausführung und der Erprobung zahlreiche Schwierigkeiten ein.

Der Aufbau (Bild 176) entsprach dem der damals gebräuchlichen großen Tandem-Dampfmaschinen. Die Kolben wurden von den Kolbenstangen und diese von drei Gleitschuhen getragen. Alle großen Teile waren, vom Triebwerkrahmen ausgehend, gegeneinander zentriert. Der Triebwerkrahmen (Bild 177) war unbeweglich gelagert;

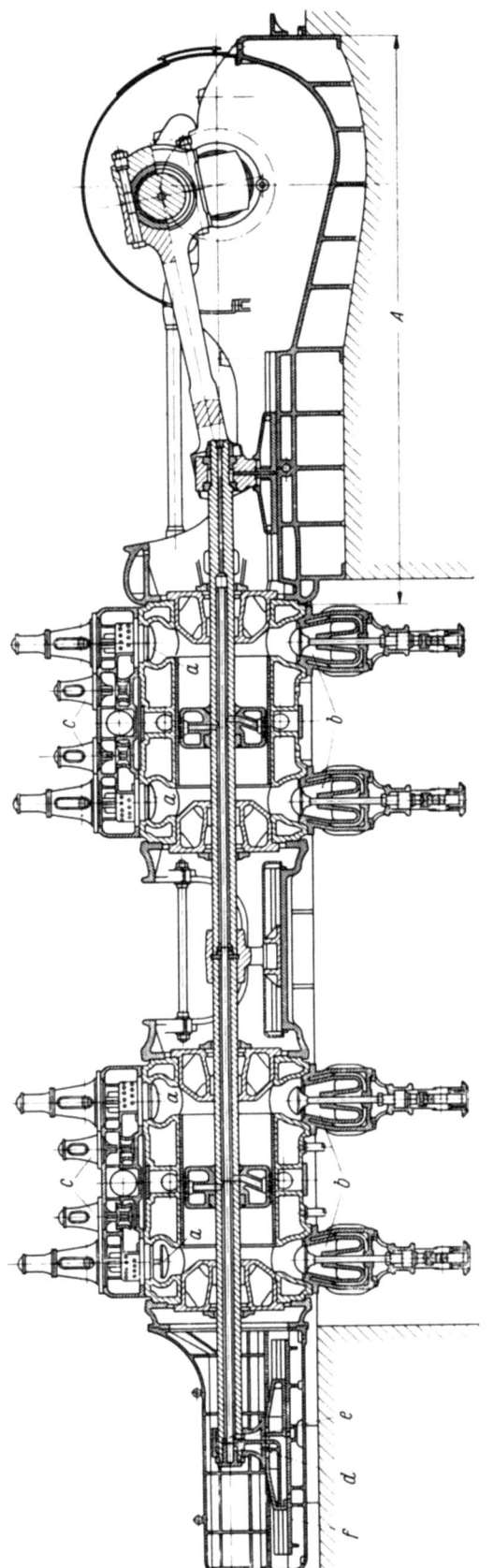

Bild 176. Die Nürnberger Großgasmaschine (1904)

a Gemischeinlaßventile; *b* Auspuffventile; *c* Gasventile; *d* Zuleitungs-, *e* Ableitungskammer des Kühlwassers im hinteren Führungsschuh; *f* hintere Gleitbahn

Maß *A* ist die Länge des Triebwerkrahmens Bild 177

Das Bild entspricht nicht in allen Teilen der ersten von HANS RICHTER angegebenen Ausführung, die mehrfach geändert worden ist. Die in die Arbeitszylinder eingeschrumpften Buchsen sind 1907 zum erstenmal angewendet worden

Bild 177. Triebwerkrahmen einer Nürnberger Großgasmaschine (1904)

Die Länge des Gußstücks ist in Bild 176 durch das Maß *A* bezeichnet

er war der Festpunkt, von dem aus die Zylinder mit ihren drei Gleitbahnen frei nach dem hinteren Ende den Wärmedehnungen nachgeben konnten. Besonderen Wert hatte RICHTER auf die gute Zugänglichkeit aller Teile gelegt, an der es bei früheren Bauarten zuweilen gefehlt hatte. Man hatte mit dem Auswechseln des einen oder anderen Teiles zu rechnen, und so war dafür gesorgt worden, daß Kolben, Kolbenstangen und Zylinderdeckel leicht nach den Stirnseiten ausgebaut werden konnten. Die Ventile waren ganz im Zylindermantel untergebracht, so daß die Zylinderköpfe einfache Gußstücke wurden, freilich auf Kosten der Zylinder, in denen dann auch oft genug Risse auftraten. Von den Ventilen waren die Gehäuse der Einlaßventile *a* (Bild 176) oben auf dem Kühlmantel angeordnet, die Auspuffventile *b* unten. Hierzu wurde auf den Vorteil hingewiesen, daß Rückstände, die sich aus verbranntem Schmieröl bildeten, mit dem Auspuff aus dem Zylinder geblasen würden. Auf der oberen Mantelfläche des Kühlmantels lagen die Gasventile *c* zwischen den Gemischventilen *a*. Alle Ventile wurden von der längsseits gelagerten Steuerwelle durch Exzenter und Wälzhebel gesteuert.

Die Zylinder, diese schwierigsten Teile jeder großen Verbrennungskraftmaschine, waren mit besonderer Sorgfalt konstruiert worden und mußten trotzdem manche Änderung erfahren, bevor sie den Anforderungen des Betriebes genügten. Bei der ersten Maschine versuchte man es mit Stahlguß, der nicht befriedigte, so daß man zum Gußeisen zurückkehrte. An den Übergängen von der zylindrischen Laufbuchse zu den tulpenförmigen Kammern der Einlaß- und Auspuffventile traten am häufigsten Risse auf (Bild 172). Das suchte RICHTER dadurch abzustellen, daß er den Abstand zwischen dem Kühlmantel und der Laufbuchse größer als üblich ausführte, womit er die Konstruktion gegen Wärmedehnungen nachgiebiger machen wollte. Wie weit diese Maßnahme Erfolg gehabt hat, ist unsicher; überliefert ist, daß sehr viele Zylinder der Nürnberger Großgasmaschine gerissen sind. Trotzdem hat das Nürnberger Werk länger als andere Firmen an der einteiligen Bauart festgehalten.

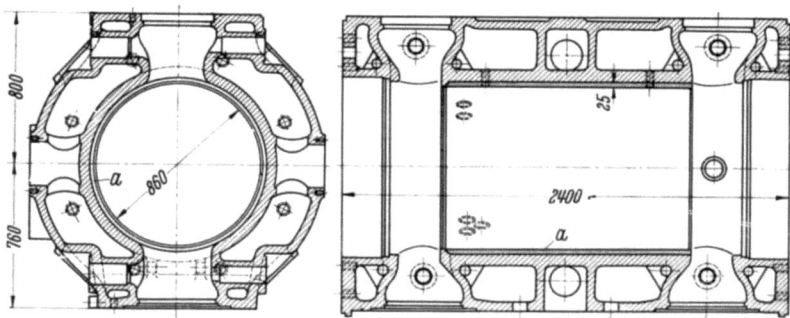

Bild 178. Zylinder der Nürnberger Großgasmaschine mit eingeschrumpfter Laufbuchse *a* (1907)
Die nur durch die Schrumpfpressung gehaltene, in axialer Richtung gegen Verschieben (nach rechts) nicht gesicherte Buchse mußte sich nach längerer Betriebszeit infolge des abwechselnden Erwärmens und Erkaltens beim Anstellen und Stillsetzen der Maschine lockern

Von 1907 ab, als RICHTER aus der MAN ausgeschieden war, wurden gußeiserne Laufbuchsen in die Zylinder geschrumpft (Bild 178); so konnte man für die Buchse und das Gehäuse verschiedene Gußeisenlegierungen wählen. Es folgten größere Änderungen der Zylinderkonstruktion, als man von der Gemischregelung zur Füllungsregelung überging. Jetzt war auf den Einlaßseiten nur je ein Ventil erforderlich

(Bild 179), da die Steuerorgane für das Gas und die Luft bei der Füllungsregelung proportionale Hübe machen und somit auf derselben Spindel angeordnet werden konnten. Die Ventilsitze wurden näher an den Innenmantel gerückt; die tulpenförmigen Räume (Bild 178) unterhalb der Ventilteller, die bis dahin einen Teil des Brennraums gebildet hatten und dadurch die Wärmespannungen vermehrten, fielen fort. Der Brennraum erhielt eine günstigere, weil weniger zerklüftete Form. Der Querschnitt (Bild 180) zeigt die Steuerung des Gemischeinlaßventils und des Auspuffventils durch Exzenter und Wälzhebel. Die Regelung arbeitet ähnlich wie die der Deutzer Maschine (Bild 168, S. 321): der Regler verschiebt mit abnehmender Belastung die Wälzschiene des Einlaßventils und verkleinert dadurch den Einlaßquerschnitt, wobei das Mischungsverhältnis unverändert bleibt.

Die Kolbenkühlung der Nürnberger Maschine hat ebenfalls manche Schwierigkeiten gemacht. Da man dem Kolben eines doppeltwirkenden Zylinders das Kühlwasser nur durch die hohlgebohrte Kolbenstange zuführen kann, muß eine bewegliche Verbindung zwischen der Stange und den festen Zu- und Ableitungen vorhanden sein. Bei der ersten Großgasmaschine waren im hinteren Führungsschuh zwei Kammern d,e (Bild 176) angeordnet, von denen d das zufließende, e das abfließende Kühlwasser aufnahm. Die Wasserzu- und -ableitungen waren an Kammern der feststehenden Gleitbahn f angeschlossen. Durch Schlitze in der Gleitbahn und im Gleitschuh, die sich während des Ganges der Maschine überdeckten, wurde die Verbindung zwischen den festen und den beweglichen kühlwasserführenden Teilen hergestellt. Aus der Kammer d des Kreuzkopfes gelangte das Wasser in das zentral in die Kolbenstange eingesetzte Rohr, das es durch beide Arbeitszylinder bis in die Nähe des vorderen Kreuzkopfes führte. Dort zur Umkehr gezwungen durchströmte das Wasser den von der Kolbenstangenbohrung und dem Rohr gebildeten Ringraum, bis es an eine Sperrscheibe gelangte, die es in den unteren Teil des vorderen Arbeitskolbens umlenkte. Das Wasser durchströmte den Kolben von unten nach oben, trat durch das obere Rohr aus und setzte seinen Weg durch den Ringraum in Richtung zum hinteren Stangenende fort, um den hinteren Kolben in der gleichen Weise zu durchströmen und schließlich durch die Kammer e der hinteren Stangenführung und die Schlitze in den Gleitflächen abzufließen. Durch eine der Nürnberger Firma patentierte besondere Bemessung der Schlitzlängen (DRP 148 133 vom 26. Februar 1903) glaubte man das Auftreten von Wasserschlägen in den Kolbenstangen verhindern zu können. Die Erwartung erfüllte sich nicht; auf einer späteren Zeichnung ist statt der Schlitze ein Gelenkrohrsystem für die Kühlwasserzu- und -ableitung dargestellt. Vermutlich hat das die hintere Gleitbahn ständig benetzende Wasser deren Schmierung zerstört. Die Gelenkrohre lagen zunächst am äußeren hinteren Ende der Kolbenstange. Das hatte bei der Führung des Wassers in der Stange den Nachteil, daß die Kolben ungleichmäßig gekühlt wurden, weil der hintere Kolben das durch den vorderen Kolben erwärmte Wasser erhielt; auch konnte man die Kühlung der beiden Kolben nicht unabhängig voneinander einstellen. Daher wurden später die Gelenkrohre zwischen die Zylinder gelegt und jeder Kolben durch einen besonderen Wasserstrom gekühlt.

Bei Großgasmaschinen mit nur einem doppeltwirkenden Zylinder ist auch die Kühlwasserzuführung mittels eines Posaunenrohres ausgeführt worden, so bei einer Reihe von Maschinen, die für die Aciéries de Micheville 1904 geliefert worden sind. Bei dieser Bauart schob sich das hintere Ende des Innenrohres der Kolbenstangenbohrung über ein waagerecht angeordnetes, mit einem Windkessel verbundenes fest-

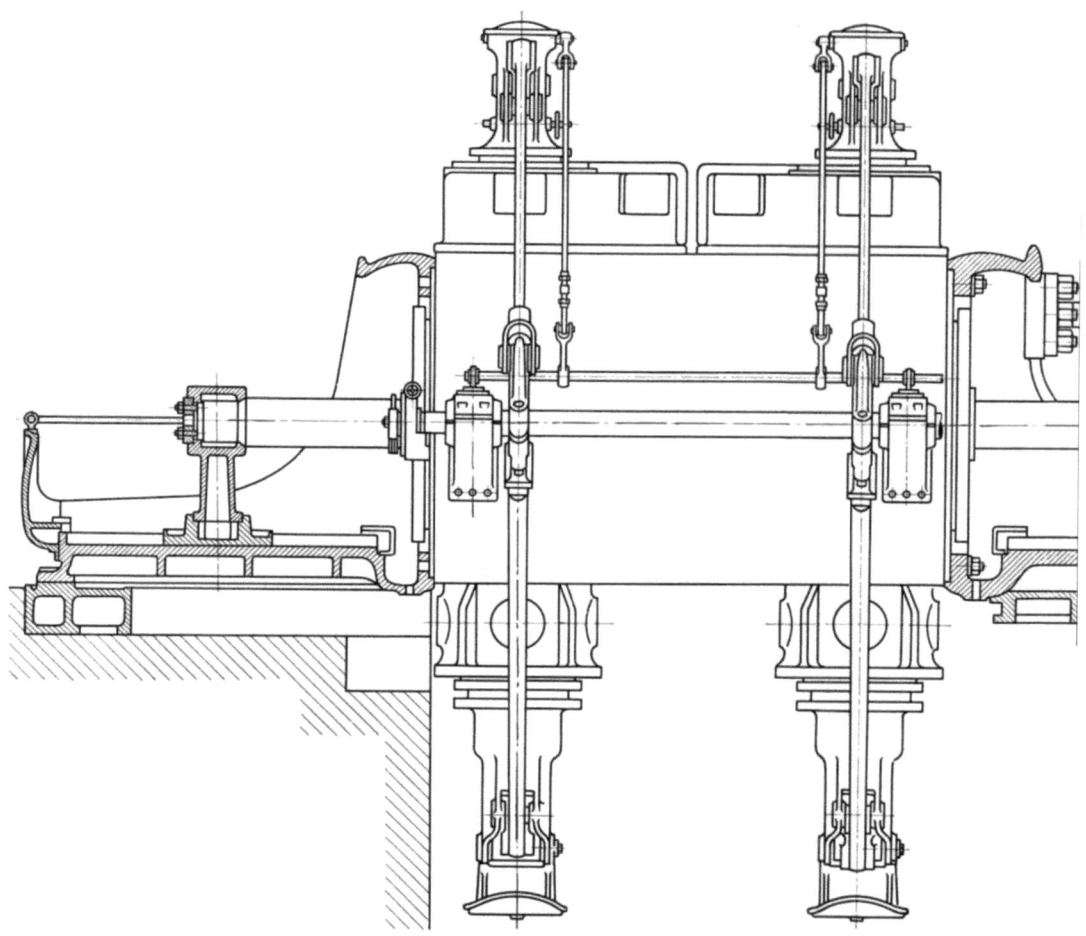

Bild 179. Die Nürnberger Großgasmaschine (1909)
Im Gegensatz zu der Erstausführung (Bild 176) sind hier Gasventil und Einlaßventil zu einem Gemischeinlaßventil zusammengefaßt, so daß jeder Zylinder nur vier große Ventile hat. Der Zylinder, der noch 1909 ungeteilt ausgeführt worden ist, mußte schließlich durch einen Zylinder mit Teilfugen ersetzt werden

stehendes Rohr hin und her. Das Kühlwasser trat in das Innenrohr, durchströmte den Kolben und floß durch den Ringraum zwischen Stange und Innenrohr sowie durch den Gleitschuh und die Gleitbahn ab. Auch dieses Verfahren wurde wieder aufgegeben, vermutlich weil der periodische Wechsel in der Länge der Wassersäule Wasserschläge hervorrief, und man kehrte zu der Gelenkrohrkühlung zurück.

So mußte die günstigste Form vieler konstruktiver Einzelheiten mühsam durch Überlegung, Versuch und Erfahrung erarbeitet werden. Auch die Stahlwerke, welche die Kurbelwellen lieferten, standen vor einer schwierigen Aufgabe. Mit den großen Zylinderdurchmessern und den hohen Verbrennungsdrücken nahmen die Durchmesser der Wellen- und Kurbelzapfen Abmessungen an, mit denen man noch nie zu tun gehabt hatte. Der Kurbelzapfen der 700 PS-Gichtgasmaschine, deren Zylinderdurchmesser 1320 mm betrug, maß 640 mm im Durchmesser. Eine Kurbelwelle von so großen Abmessungen konnte nicht mehr aus einem Stück geschmiedet werden; man mußte sie „bauen", d. h. in Teilen schmieden und die Teile durch Schrumpfen zu-

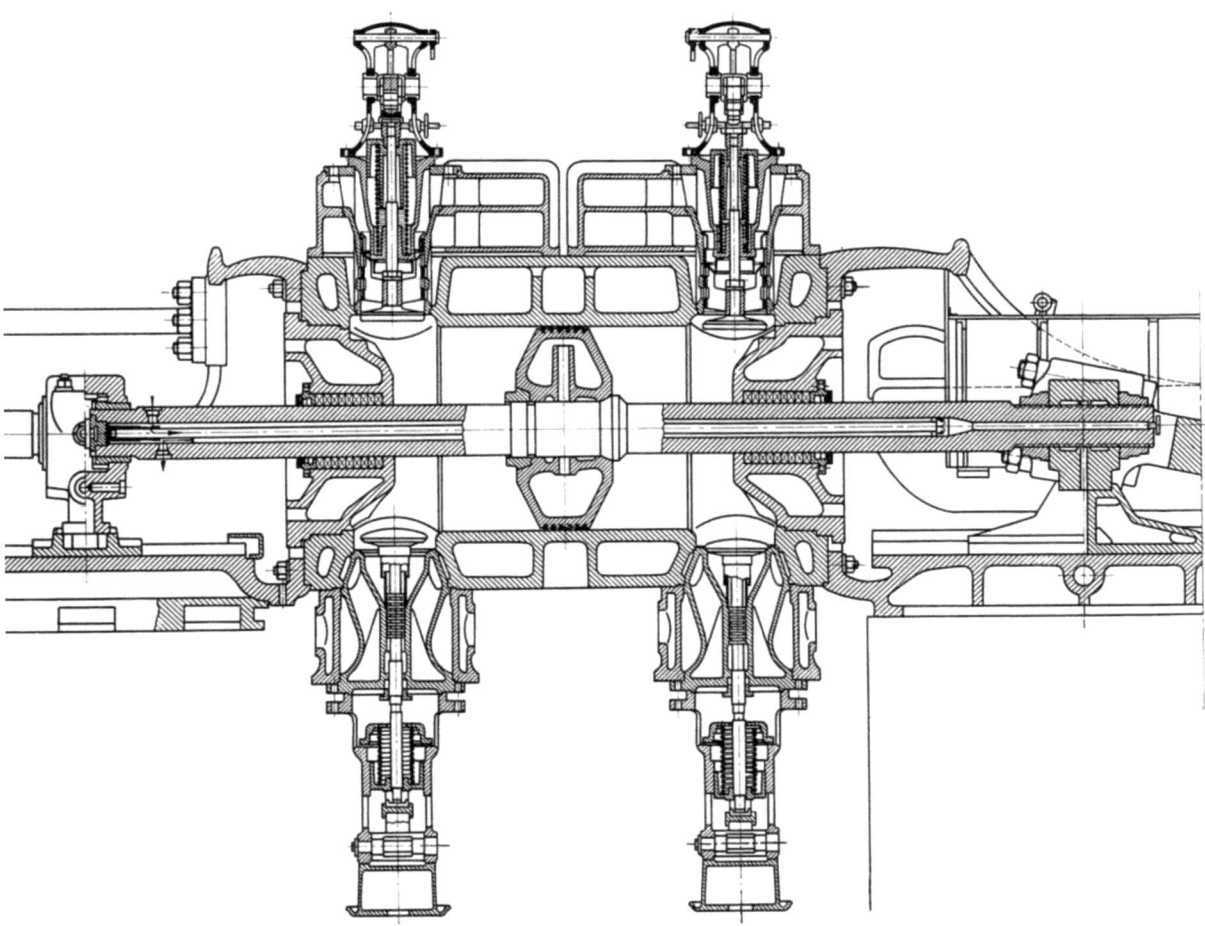

sammensetzen. Dabei waren erst Erfahrungen zu sammeln, mit welchen feinen Durchmesserunterschieden die zu schrumpfenden Zapfen und Bohrungen ausgeführt werden mußten, damit die Verbindung sich nicht unter der schweren Betriebsbeanspruchung lockerte. Die Forderung des Maschinenbauers nach fehlerlosen Schmiedestücken größter Abmessungen, ohne Haarrisse, Fehlstellen und Einschlüsse, unter minimaler Abweichung von den vorgeschriebenen Maßen hat damals dem Stahlwerker seine Arbeit nicht leicht gemacht.

Die **Friedrich-Wilhelms-Hütte** in Mülheim a. d. Ruhr hat während mehrerer Jahrzehnte die Nürnberger Großgasmaschine in Lizenz gebaut, die sie 1904 von Nürnberg erwarb. Außer einer aus dem Jahr 1924 stammenden Druckschrift sind kaum noch Unterlagen aus jener Zeit erhalten geblieben. Bild 182 ist ein Blick in die Maschinenhalle der Dortmunder Union, in welcher vier von der Friedrich-Wilhelms-Hütte gebaute doppeltwirkende Zwillings-Tandemmaschinen von je 4400 PS und zwei Einzelanlagen, ebenfalls in Tandembauart, aufgestellt waren. Später kam eine doppeltwirkende Zwillings-Tandemmaschine von 6000 PS Leistung hinzu. Soweit festgestellt werden konnte, hat die Friedrich-Wilhelms-Hütte insgesamt 56 Anlagen der Nürnberger Bauart geliefert. Auch die Firma Haniel & Lueg, Düsseldorf, gehörte zu den Nürnberger Lizenznehmern.

In der **Maschinenfabrik Thyssen & Co.**, die seither mit der Friedrich-Wilhelms-Hütte und der Märkischen Maschinenbauanstalt im DEMAG-Konzern aufgegangen ist, hielt man sich ebenfalls an das Nürnberger Vorbild, nahm jedoch keine Lizenz, sondern verpflichtete 1905 HANS RICHTER, den Konstrukteur der Nürnberger

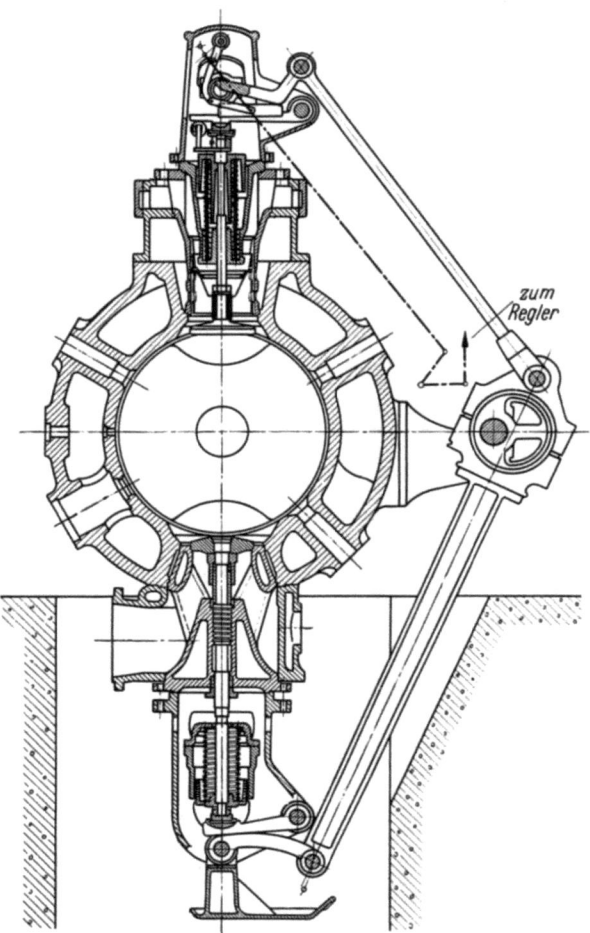

Bild 180. Querschnitt durch die Nürnberger Großgasmaschine (1909)

Beide Ventile, das Mischventil (oben) und das Auspuffventil (unten), werden durch Exzenter und Wälzhebel gesteuert. Der Regler verschiebt durch das (strichpunktiert angedeutete) Gestänge die Wälzschiene des Mischventilhebels so, daß der Hub des Mischventils mit abnehmender Belastung kleiner wird

Maschine. Sein Übertritt wurde für Thyssen ein Erfolg; die Zahl der Arbeiter, die mit dem Bau von Gasmaschinen beschäftigt waren, stieg innerhalb von zwei Jahren von 500 auf 3000. RICHTER ging nach nur dreijähriger Tätigkeit bei Thyssen zur Germaniawerft, jedoch hielt die gute Beschäftigung im Großgasmaschinenbau auch nach seinem Ausscheiden an. Die spezifische Leistung wurde verbessert, indem man sie durch Aufladen mittels Druckluft um bis zu 40% steigerte. Das Verfahren wurde durch das auf den Namen KARL SCHNEIDER lautende DRP 232423 vom 5. Februar 1910 geschützt.

Bis 1924 sind in der Maschinenfabrik Thyssen 263 Großgasmaschinen gebaut worden, eine Zahl, mit der Thyssen hinter dem Nürnberger Werk der MAN in Deutschland an zweiter Stelle stand. Wann die Fabrikation eingestellt worden ist, konnte nicht ermittelt werden.

Hans Richter
1868–1910

Die **Märkische Maschinenbauanstalt** Ludwig Stuckenholz in Wetter a. d. Ruhr erwarb 1900 eine Baulizenz von der Firma John Cockerill in Seraing, Belgien, die damals die längsten Erfahrungen auf dem Gebiet des Großgasmaschinenbaues be-

Bild 181. Die Nürnberger Großgasmaschine am Aufstellungsort (1910)

Bild 182. Gasmaschinen-Zentrale der Dortmunder Union mit doppeltwirkenden Großgasmaschinen der Friedrich-Wilhelms-Hütte
Gesamtleistung 22000 PS; Baujahr 1906

saß. In Zusammenarbeit mit dem französischen Ingenieur DELAMARE-DEBOUTTEVILLE hatte sie Hochofengasmaschinen entwickelt, von denen mehrere Ausführungen auf ihren eigenen Werken zufriedenstellend liefen. Im November 1899 war eine von Cockerill gebaute Viertaktmaschine für Hochofengas in Betrieb genommen worden, deren Zylinderabmessungen alles bis dahin Ausgeführte übertrafen und die in Fachkreisen großes Aufsehen erregte. Eine solche Maschine ist es gewesen, die EBBS veranlaßte, der Maschinenbau-Gesellschaft Nürnberg die Aufnahme der Fabrikation doppeltwirkender Viertaktmaschinen vorzuschlagen (S. 330). Die Maschine war im Frühjahr 1900 durch einen Lütticher Hochschullehrer namens HUBERT untersucht worden; das Ergebnis war so günstig, daß die Märkische Maschinenbauanstalt einen Lizenzvertrag mit Cockerill schloß. Gleichzeitig erwarb auch die Elsässische Maschinenbau-Gesellschaft, Mühlhausen, die Lizenz; die Interessengebiete wurden mit der Märkischen Maschinenbauanstalt geteilt.

Die erste von der „Märkischen" gebaute Großgasmaschine wurde Anfang 1902 an die Röchling'schen Stahlwerke in Völklingen geliefert. Es war eine einfachwirkende zweizylindrige Viertaktmaschine in Tandembauart, die bei 80 U/min 1200 PS leistete. Näheres über die Bauart dieser ersten Maschine, von der sechs Ausführungen geliefert worden sind, ist nicht bekannt. Alle waren direkt mit Stahlwerksgebläsen gekuppelt. 1904 wurde die erste doppeltwirkende Viertakt-Tandemmaschine in Betrieb gesetzt; mit Zylinderdurchmessern von 1050 mm und dem gemeinsamen Hub von 1200 mm leistete sie 1500 PS bei 80 U/min. Der Gebläsezylinder hatte den ansehnlichen Durchmesser von 2200 mm. Bild 183 zeigt die Maschine an ihrem Aufstellungsort, den Rhei-

Bild 183. Doppeltwirkende Viertaktgasmaschine der Märkischen Maschinenbauanstalt, Wetter a. d. Ruhr (1904)
Leistung 1500 PS bei 80 U/min
a durchlaufender Rahmen zur Versteifung der Anlage; *b* Nockenwelle; *c* Zwischenwelle; *d* Untersetzungsgetriebe zwischen *c* und *d*
Die zweizylindrige Maschine, Bauart Cockerill, treibt das im Hintergrund sichtbare Hochofengebläse an

nischen Stahlwerken in Duisburg-Meiderich. Das Bild läßt die typische Cockerill-Bauart erkennen: auf dem kräftigen durchlaufenden Rahmen *a* sind die Lager der Kurbelwelle, die Gaszylinder und das im Hintergrund sichtbare Kolbengebläse angeordnet. An der vorderen Längsseite des Rahmens ist die Steuerwelle *b* gelagert, die durch Nocken die obenliegenden Einlaßventile und die untenliegenden Auspuffventile betätigt. Die Steuerwelle wird von der Kurbelwelle durch die kurze Zwischenwelle *c* angetrieben, deren höhere Drehzahl durch das Getriebe *d* so herabgesetzt wird, daß die Welle *b*, wie für den Viertakt erforderlich, mit der halben Drehzahl der Kurbelwelle umläuft. Die Steuerwelle mußte tief gelagert werden, weil die Stoßstangen der Auspuffventile den durchlaufenden Rahmen *a* nicht durchbrechen durften.

Wie lange die Märkische Maschinenbauanstalt Großgasmaschinen gebaut hat und wie viele Anlagen sie geliefert hat, ist aus den wenigen noch vorhandenen Unterlagen nicht mehr festzustellen.

Großgasmaschinen sind in Deutschland noch von einer Reihe anderer Firmen gebaut worden, so von Schüchtermann und Kremer in Dortmund, der Maschinenbau AG Union in Essen und der Dinglerschen Maschinenfabrik AG in Zweibrücken. Im Jahr 1906 sollen es 29 Firmen gewesen sein, welche Großgasmaschinen herstellten. Unter ihnen war auch Fried. Krupp, Essen, jedoch hat Krupp nur zwei Großgasmaschinen gebaut, deren Aufstellungsort nicht mehr bekannt ist.

Heute werden in Deutschland nur von dem Nürnberger Werk der MAN und von Ehrhardt & Sehmer Großgasmaschinen angeboten. Die größte im Bauprogramm der MAN enthaltene Maschine hat bei 94 U/min eine Höchstleistung von 10 000 PS. Der Zylinderdurchmesser der vierzylindrigen Zwillings-Tandemmaschine beträgt 1500 mm.

XXI. Die Daimler-Motoren-Gesellschaft von 1900 bis zum Ausscheiden Maybachs 1907

Die Jahre nach GOTTLIEB DAIMLERs Tod (6. März 1900) haben WILHELM MAYBACH seine größten Erfolge, aber auch eine schwere Erkrankung und Mißhelligkeiten mit seinem Aufsichtsrat in solchem Ausmaß gebracht, daß er freiwillig aus der Gesellschaft schied, die ihm allein den technischen Aufstieg nach schweren Mißerfolgen verdankte. —

In den ersten Jahren unseres Jahrhunderts hat das Automobil die schwerfällige Gestalt der Pferdekutsche abgelegt und eine Grundform erhalten, die, wenn auch nach zahllosen Abwandlungen, im modernen Kraftwagen immer wieder erscheiut. In derselben Zeit, in wenigen Jahren, wurde die Antriebsleistung bis zu PS-Zahlen gesteigert, die man, weil nicht ausnutzbar, für den neuzeitlichen Personenkraftwagen kaum noch verlangt. Beides, die Formgebung des Wagens und die Leistungssteigerung, ist in erster Linie WILHELM MAYBACHs Werk.

Daß die Entwicklung zu großen Leistungen sich mit solcher Schnelligkeit vollzogen hat, ist zum erheblichen Teil das Verdienst eines Mannes, der eine bedeutende Rolle in der Frühgeschichte des Automobilismus gespielt hat: das war EMIL JELLINEK, österreichischer Großkaufmann und Generalkonsul in Nizza. Er, als Nicht-Techniker, erkannte die in der Zukunft liegende enorme Bedeutung des Kraftfahrzeuges. Was er bei seinen Bemühungen, den Kraftwagen einzuführen, in den Anfängen erlebt hat, berichtet er später der Allgemeinen Automobil-Zeitung, Wien (in einem Brief vom Februar 1915):

<small>Als dann Rollée seine dreiräderigen Benzin-Automobile herausbrachte [etwa 1894], war ich einer der ersten, der eines dieser Ungeheuer besaß. Im selben Jahr folgte auf diesen dreiräderigen Rollée-Wagen das erste ½pferdige Benzin-Dreirad von de Dion-Bouton. Selbstverständlich waren die Leiden, die ich durch den Gebrauch dieser sogenannten Automobile erlitt, derart groß, daß ich mich entschloß, einen Benz-Wagen mit Riemenantrieb zu kaufen. Da jedoch auch dieses Fahrzeug nicht betriebssicher war, kaufte ich in Paris einen vierpferdigen Zweizylinder-Wagen mit dem</small>

Daimler-Motor in V-Form, 2½ PS, für die Bagatelle von frs. 22 000.—. Bevor es jedoch zur Lieferung dieses Wagens kam, erfuhr ich, daß der Motor, den Panhard & Levassor verwendete, seinen Ursprung in Cannstatt hatte und von Maybach, dem Direktor der Daimler-Motoren-Gesellschaft, konstruiert worden war. Nachdem ich noch einen vertikalen Zweizylinder-Panhard & Levassor-Wagen gekauft hatte, der schon den Phönix-Motor hatte, setzte ich mich mit der Daimler-Motoren-Gesellschaft in Cannstatt in Verbindung.

Im Jahr 1897 hat JELLINEK in Cannstatt seine erste Begegnung mit WILHELM MAYBACH gehabt. In ihrem Verlauf bestellte er zwei Wagen mit Riemenantrieb, von denen der eine, damals der stärkste Wagen der Daimler-Motoren-Gesellschaft, einen 6 PS-Motor hatte. Er wurde am 14. Oktober 1897 an JELLINEK geliefert. Über diese Wagen schreibt JELLINEK an die Wiener Zeitschrift:

Diese beiden Ungetüme, die damals trotz ihrer Plumpheit bereits eine Geschwindigkeit von 40 km auf ebener Straße entwickelten und Steigungen von 12% nahmen, waren schon ein großer Fortschritt in Bezug auf Betriebssicherheit, denn wenn man sicher war, auf der Strecke jede Stunde 50 bis 60 Liter Wasser zu finden, so konnte man immer darauf rechnen, nach Hause zu kommen.

Die Verbindung zwischen JELLINEK und der Daimler-Motoren-Gesellschaft wurde bald sehr eng. JELLINEK wurde der Großabnehmer der Daimler-Wagen. 1898 wurden drei, 1899 zehn und 1900 sogar 28 Wagen von einer Gesamtproduktion von 89 an ihn geliefert. Von 1901 an hatte er den Vertrieb der Daimler-Wagen nahezu allein in der Hand.

Der erste Mercedes-Motor

JELLINEK, ein hervorragend gewandter Kaufmann, verstand es, den Daimler-Wagen in den Käuferschichten, welche die Mittel zur Anschaffung eines Wagens besaßen, rasch bekanntzumachen. Unerläßlich sei es hierzu, so erklärte er dem Vor-

Bild 184. MAYBACHS erster Mercedes-Motor (1901)
Leistung 35 PS bei 1000 U/min

b Zugstangen für Abreißhebel; *c* Nockenwelle für Antrieb der Einlaßventile; *d* Vergaser

MERCEDES war der Vorname der Tochter EMIL JELLINEKS, des österreichischen Generalkonsuls in Nizza, dessen geschickter Propaganda es rasch gelang, die Wagen der Daimler-Motoren-Gesellschaft im In- und Ausland bekanntzumachen stand der Daimler-Motoren-Gesellschaft, daß Rennwagen gebaut würden; siegreiche Rennen seien die wirksamste Propaganda. GOTTLIEB DAIMLER war gegen den Bau von Rennwagen; MAYBACH aber nahm die Anregung auf und begann noch zu Lebzeiten DAIMLERs mit der Konstruktion. JELLINEK hatte eine Leistung von 24 PS vorgeschlagen; MAYBACH erhöhte sie auf 30 PS, und bei der Erprobung des Motors zeigte sich, daß die Nennleistung auf 35 PS festgesetzt werden konnte. Es war der Motor, mit dem der erste „Mercedes"-Wagen das Rennen auf der Strecke Nizza–La Turbie im März 1901 gewann, wodurch mit einem Schlage die Namen Daimler-Motoren-Gesellschaft, MAYBACH und Mercedes weithin bekannt wurden.

Bild 184 zeigt den Motor in Seitenansicht. Er hatte vier Zylinder von 116 mm Durchmesser; der Kolbenhub war 140 mm, die Drehzahl 1000 U/min. Je zwei Zylinder waren zu einem Block zusammengegossen; sie waren aus Gußeisen angefertigt, während das in der Waagerechten geteilte Kurbelgehäuse aus dünnwandigem Aluminiumguß bestand. Derselbe Werkstoff wurde für das Gehäuse des Zahnradwechselgetriebes verwendet. Die Schnittzeichnungen durch einen Zylinderblock (Bild 185) zeigen die Kon-

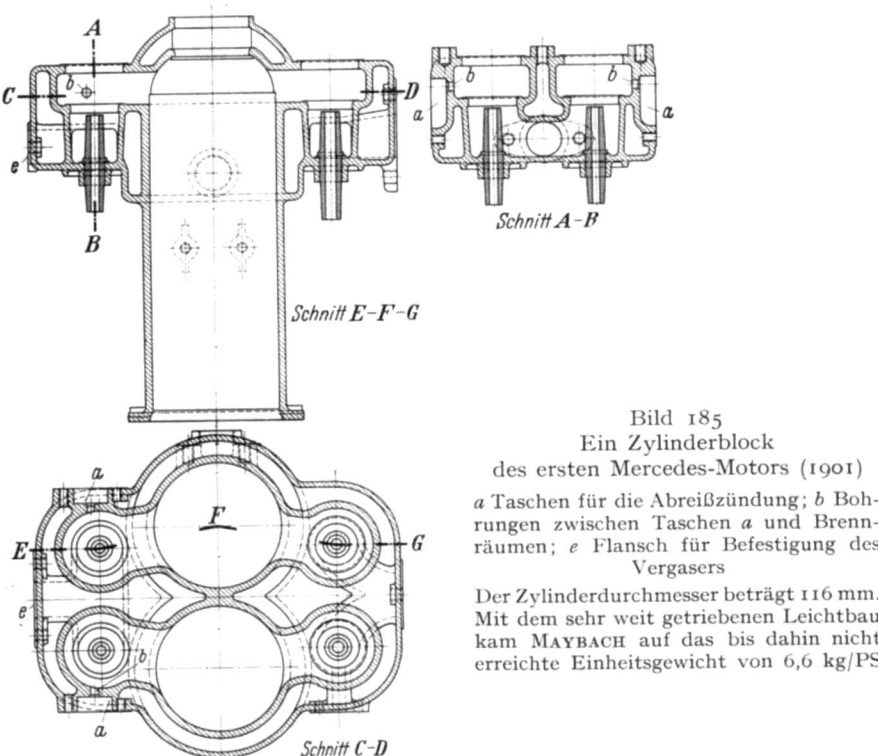

Bild 185
Ein Zylinderblock
des ersten Mercedes-Motors (1901)

a Taschen für die Abreißzündung; b Bohrungen zwischen Taschen a und Brennräumen; e Flansch für Befestigung des Vergasers

Der Zylinderdurchmesser beträgt 116 mm. Mit dem sehr weit getriebenen Leichtbau kam MAYBACH auf das bis dahin nicht erreichte Einheitsgewicht von 6,6 kg/PS

struktion. Zylinder und Zylinderkopf bilden ein geschlossenes Gußstück von kleinsten Wandstärken; die größte beträgt 7 mm im Bereich des Kühlwassermantels der Laufbuchse. Die Einlaßventile liegen auf einer Seite, die Auspuffventile gegenüber. Die Ventile werden von oben eingesetzt durch Öffnungen, die durch Deckel verschlossen werden. Nach Entfernen der Verschlußdeckel ist erforderlichenfalls ein Nachschleifen leicht möglich. In den neben den Einlaßventilen liegenden Taschen a ist je ein Abreißzünder untergebracht; der Raum des Zünders steht durch eine 8 mm weite Bohrung mit dem Hauptbrennraum in Verbindung. Die Abreißhebel werden durch Zugstangen b

(Bild 184) betätigt, die durch Vermittlung von Schlepphebeln von der Nockenwelle c gesteuert werden, von der auch die Einlaßventile ihre Bewegung erhalten. Durch Verschieben der Schlepphebel kann der Zündzeitpunkt vom Fahrersitz aus verstellt werden. Vor den Verschalungen der Zylinderköpfe liegt je ein Vergaser d, für dessen Befestigung der Flansch e (Bild 185) vorgesehen ist. Auf der gegenüberliegenden Motorseite ist die Nockenwelle für den Antrieb der Auspuffventile angeordnet. Von dieser werden der Ventilator, der Zündmagnet, die Kühlwasser- und eine Zahnradschmierölpumpe angetrieben.

Der Fortschritt, den MAYBACH mit diesem Motor erreichte, geht aus einem Vergleich mit seinem Vorgänger hervor, dem 23 PS-Motor aus den Jahren 1898/99. Der mittlere Kolbendruck war von 4,2 auf 5,64 kg/cm² gestiegen, also um 34%, die spezifische Literleistung von 4,2 auf 5,9 PS, d. h. um 40%, und das Leistungsgewicht war von 14 auf 6,6 kg/PS, auf weniger als die Hälfte, vermindert worden. Das war eine hervorragende Konstrukteurleistung MAYBACHs.

Am 22. Dezember wurde der erste Wagen an JELLINEK geliefert. Daß ein neues Wagenmodell kommen würde, war schon vorher in die Fachwelt durchgesickert. Was man davon in Frankreich erfahren hatte, dem Land, dem Levassor, de Dion-Bouton und andere einen Vorsprung im Kraftwagenbau verschafft hatten, mußte in der französischen Industrie Besorgnis erregen. In ihrer Nummer vom 24. Juni 1900 gibt die Wiener „Allgemeine Automobil-Zeitung" in deutscher Sprache den Warnruf eines französischen Fachmannes, des Chefredakteurs der „France Automobile", wieder:

... Es sind Projecte, die morgen schon greifbare Form gewinnen können. In den ersten Tagen des kommenden Winters werden wir diese neuen Daimler-Wagen sehen, die kaum mehr an die früheren erinnern werden und mit denselben nur die Geburtsstätte gemeinsam haben.

Die Cannstatter Automobil-Werke beschäftigen gegenwärtig 700 Arbeiter und werden um 20 Hektar vergrößert, um eine neue Werkstätte für die Montage und Fertigstellung der Wagen aufzunehmen. Das nöthige Betriebsmaterial liefert die Berliner Filiale.

Darum nochmals Achtung, französische Constructeure, seid rüstig bei der Arbeit, bevor die Daimler in Frankreich in Mode kommen!

Vor dem Rennen Nizza—La Turbie begab sich WILHELM MAYBACH persönlich nach Nizza, um den Wagen gründlich zu überholen. In einem an seine Firma gerichteten Schreiben vom 12. März 1901 zählt er 17 Beanstandungen am Wagen und am Motor auf, die schleunigst beseitigt werden müßten. Dann war der Wagen startbereit — und siegte überlegen in allen drei Rennen der „Großen Woche". Er siegte auch auf Langstreckenfahrten und erreichte auf der abgesteckten Meile eine Geschwindigkeit von 79,7 km/h. Bild 186 zeigt den Siegerwagen.

Von den technischen Neuerungen, die der Wagen aufwies, verdient der „Bienenwabenkühler" Erwähnung, den WILHELM MAYBACH 1900 angegeben hat. Die Rückkühlung des Kühlwassers hatte ihm seit Jahren Mühe bereitet; der Röhrenkühler von 1897 (Bild 112, S. 236) hatte zwar den Einbau stärkerer Motoren ermöglicht, wurde aber sehr schwer. So vermerkt MAYBACH im Januar 1898 in seinem Notizbuch:

„5 HP 4 cyl. Kühlapparat Gew. 39 kg. 18 Lit. Wasser, 2000 Rohre à 125 lg"

Das war ein Kühlergewicht von fast 6 kg für 1 PS — der Kühler war fast ebenso schwer wie der Motor. Da alle Löcher in den Stirnwänden von Hand gebohrt und die Rohre einzeln eingelötet werden mußten, wurde der Kühler sehr teuer. Auch die mitzuführende Kühlwassermenge war unbequem groß. Demgegenüber war der Bienenwabenkühler, den MAYBACH 1900 konstruiert hat, ein wesentlicher Fortschritt. Die Röhrchen hatten jetzt nicht mehr runden, sondern quadratischen Querschnitt von 6 mm Seitenlänge; die Wandstärke betrug 0,15 mm, die Länge 100 mm. Die Herstellung wurde dadurch vereinfacht, daß die Röhrchen in gespannte Netze rechtwinklig sich schneidender dünner Drähte geschoben und bündelweise mit diesen verlötet wurden. So

Bild 186. Der Mercedes-Rennwagen (35 PS)
Der Wagen siegte im März 1901 auf der schwierigen Bergfahrt Nizza—La Turbie

Bild 187
MAYBACHS Bienenwabenkühler
(1901)
Der Kühler war erheblich wirksamer und zudem leichter als der Röhrenkühler von 1897 (Bild 112)

konnten 8000 Vierkantrohre auf demselben Raum untergebracht werden wie früher 2000; dabei wurden die Durchtrittsquerschnitte für die Luft größer und die Spalte zwischen den Röhrchen enger, so daß das Kühlwasser die Spalte mit vermehrter Geschwindigkeit durchströmte, was die Kühlwirkung verbesserte. Dadurch erreichte

MAYBACH, daß die für den Rennwagen mitzuführende Kühlwassermenge nur noch 9 Liter, also 0,25 l/PS betrug. Der Kühler wurde unter Nr. 122766 vom 20. September 1900 patentiert. Er ist jahrelang ausgeführt worden.

Die großartigen technischen Leistungen brachten der Daimler-Motoren-Gesellschaft und dem Kaufmann JELLINEK entsprechende finanzielle Erfolge. Die Aufträge häuften sich so, daß nicht alle ausgeführt werden konnten. Der Umsatz der Firma verdreifachte sich in kurzer Zeit; er stieg auf 2½ Millionen Mark im Geschäftsjahr 1901/02. Solchen Erfolgen gegenüber hatte die Konkurrenz einen schweren Stand. Das mußte auch KARL BENZ spüren, dessen Absatz von 603 Wagen im Jahr 1900 auf 173 in 1903 zurückging (S. 274). Es wurde der Anlaß zu KARL BENZ' Ausscheiden aus dem von ihm gegründeten Werk.

Der Paul Daimler-Wagen

Noch bevor MAYBACH mit den Konstruktionsarbeiten am Mercedes-Motor begann, erhielt PAUL DAIMLER, GOTTLIEB DAIMLERs Sohn, den Auftrag, einen Kleinwagen für zwei Personen mit kleiner Antriebleistung zu entwerfen. Im Direktionsbericht der 12. Generalversammlung vom 26. Oktober 1901 heißt es:

... dagegen haben sich die Nachfragen nach einem solchen eher vermehrt, weil man von den verschiedenen leichten Voiturettes, welche bis jetzt am Markte sind, teilweise unbefriedigt ist.

Wann PAUL DAIMLER mit den Arbeiten an diesem Wagen begonnen hat, konnte nicht genau festgestellt werden, da weder vom Wagen noch vom Motor Zeichnungen vor-

Bild 188. Der Paul Daimler-Wagen (1901)
PAUL DAIMLER, Gottliebs ältester Sohn, versuchte sich an diesem Kleinwagen, der zwei Personen Platz bot. Der Wagen ist in Wiener Neustadt einige Jahre gebaut worden

handen sind. Es muß noch im Jahr 1899 gewesen sein, da GOTTLIEB DAIMLER seinem Sohn Ratschläge für die Gestaltung des Wagens gegeben hat. Da GOTTLIEB DAIMLER Kegelräder nicht wünschte, wurde der zweizylindrige 4 PS-Motor so auf das Fahrgestell gesetzt, daß seine Kurbelwelle quer und damit senkrecht zur Fahrtrichtung stand. So konnte die Motorleistung unter Vermeidung von Kegelrädern durch ein Stirn-

Bild 189. Der 4 PS-Motor des Paul Daimler-Wagens (1901)

raddifferential und durch Kettenräder und Ketten auf die beiden Hinterradachsen übertragen werden. In Bild 188 ist die eine der beiden Ketten zu sehen. Bild 189 zeigt den Motor von der Seite. Die Hauptabmessungen waren 88 mm Zylinderdurchmesser und 116 mm Hub; die Drehzahl betrug 800/min. Der Motor hatte, wie es 1899 noch die Regel war, hängende ungesteuerte Einlaßventile, während die stehenden Auspuffventile von der Nockenwelle gesteuert wurden. Wie beim Mercedes-Motor wirkte die Aussetzerregelung auf die Auslaßventile. Neu war, daß alle Schmierstellen, auch die beiden Grundlager, von einer Zahnradpumpe mit Öl versorgt wurden. Der Röhrenkühler hatte rechteckige Form. Ein Ventilator war nicht vorgesehen.

Die Erwartungen, die man in der Geschäftsleitung an den Kleinwagen geknüpft hatte, erfüllten sich nicht. In Cannstatt konnte kein Wagen verkauft werden. Die Fabrikation wurde 1902 nach Wiener Neustadt verlegt; PAUL DAIMLER übernahm die technische Leitung des Werkes. Es zeigte sich, daß man den Ventilator doch nicht entbehren konnte. Aber da die Kurbelwelle quer zur Fahrtrichtung lag, mußte man den Ventilator durch Schraubenräder antreiben, was den Aufbau nicht verbesserte. Die Fabrikation dieses Wagens wurde bald eingestellt.

P. SIEBERTZ gibt an[57], WILHELM MAYBACH habe für seinen Mercedes-Motor manche konstruktiven Einzelheiten vom Paul Daimler-Wagen übernommen. Davon ist nichts nachweisbar. Wenn auch PAUL DAIMLER einige Monate früher als MAYBACH mit seinen Konstruktionsarbeiten begonnen haben mag — die genauen Daten sind nicht mehr feststellbar —, so hat doch der gewandt und rasch arbeitende Konstrukteur MAYBACH seinen Mitbewerber bald überholt. So trägt die Zeichnung des Maybach'schen Zylinderblocks das Datum „Cannstatt, den 10. August 1900", während das entsprechende Datum der Daimlerschen Konstruktionszeichnung nach dem Zeichnungsbuch der 19. November desselben Jahres ist. Die Zeichnung des viereckigen Bienenwabenkühlers MAYBACHs ist vom 26. Juni 1900 datiert, die des ebenso gebauten Kühlers des Kleinwagens DAIMLERs vom 1. Mai 1901. Der erste Mercedes-Wagen wurde am 22. Dezember 1900 an JELLINEK geliefert; von dem Kleinwagen sagt der Direktionsbericht für die auf den 26. Oktober 1901 anberaumte Generalversammlung:

> Der kleine Daimler-Wagen ist auch im verflossenen Geschäftsjahre noch nicht fertig geworden. ... Inzwischen ist dieser Wagen nun fertiggestellt worden und kommen die ersten Exemplare davon in diesen Tagen zur Ablieferung.

Der Mercedes-Wagen war somit zehn Monate früher fertig als der Kleinwagen. Die Version, MAYBACH habe „eine ganze Anzahl von Verbesserungen und Einrichtungen" dem Kleinwagen PAUL DAIMLERs entlehnt, läßt sich nicht aufrechterhalten. Der ungleich gewandtere MAYBACH brauchte solche geistigen Anleihen nicht.

Der Simplex-Motor

Obwohl man mit den Erfolgen des Mercedes-Motors zufrieden sein durfte, begann MAYBACH schon 1901 mit den Arbeiten an einer neuen Motortype, die er „Simplex" nannte. Die Drehzahl wurde auf 1050 U/min erhöht; die Nennleistung des Motors war bei etwas vergrößerten Zylinderabmessungen (120 mm Durchmesser, 150 mm Hub) 40 PS. Durch konstruktive Verbesserungen konnte das Leistungsgewicht noch etwas weiter, auf 6,2 kg/PS, gesenkt werden. Bild 190, das den Simplex-Motor von der vorderen Stirnseite zeigt, läßt erkennen, daß die beiden Steuerwellen a jetzt nicht mehr freiliegen, wie beim Mercedes-Motor, sondern vom Kurbelgehäuse verschalt werden. Rechts oben liegt die Abreißvorrichtung b, die durch Stange c und Nocken d betätigt wird. Das an einem Lenker hängende untere Ende der Stange, das über den Nocken schleift, kann in tangentialer Richtung etwas verschoben und damit der Zündzeitpunkt verlegt werden, da die Lenkerwelle durch einen Zug am Hebel f etwas geschwenkt werden kann. Die Funkenstrecke ist nicht, wie in Bild 185, in einer Tasche neben dem Brennraum, sondern unmittelbar in diesem untergebracht. Für die vier Zylinder war ein gemeinsamer Vergaser g vorgesehen.

Im Jahr 1902 hat der unermüdlich schaffende MAYBACH noch vier weitere Typen von Vierzylindermotoren konstruiert für Leistungen von 18, 24, 35 und 60 PS, die für Gebrauchswagen bestimmt waren. Sie erhielten die Bezeichnung „Type 1903". Wieder bemerkt man Verbesserungen und Fortschritte, gelegentlich auch eine vereinzelte Fehlkonstruktion, die bald wieder verschwindet. Die Wagen mit den Simplex-Motoren gefielen so gut, daß die Zahl der eingehenden Bestellungen sich ständig mehrte. In der Generalversammlung vom 16. August 1902 konnte der Vorstand berichten, daß der Auftragsbestand mehr als zwölf Millionen Mark betrage.

Bild 190. MAYBACHS Simplex-Motor (1902), von der vorderen Stirnseite gesehen
a, a_1 Steuerwellen; b Abreißvorrichtung mit Gestänge c und Nocken d; e, f Vorrichtung zum Verstellen des Zündzeitpunktes; g Vergaser
Der Simplex-Motor war ein verbesserter Mercedes-Motor und mit 40 PS etwas stärker als der Mercedes

300 PS-Motor für die russische Marine

In demselben Jahr trat BORIS LOUTZKY (S. 294) an die Daimler-Motoren-Gesellschaft mit der Frage heran, ob man gewillt sei, für die russische Marine einen sechszylindrigen Schiffsmotor von 300 PS Leistung nach seinen Vorschlägen zu bauen. Das bedeutete eine Steigerung der Zylinderleistung auf das Fünffache, denn bis dahin hatte man keine stärkeren Zylinder als 10 PS gebaut. MAYBACH scheint nur sehr zögernd zugestimmt zu haben, willigte aber doch schließlich ein, den Motor zu bauen. Auch diese schwierige Aufgabe hat er in erstaunlich kurzer Zeit gelöst, denn schon im September 1902 konnte er in seinem Notizbuch vermerken, daß der Motor fertig zum Einlaufen sei.

Nicht LOUTZKY hat den Motor konstruiert, wie damals behauptet worden ist, sondern er ist, wie aus den Akten hervorgeht, von MAYBACH und seinem Oberingenieur PETRI konstruiert worden. LOUTZKYs Mitarbeit hat sich auf die Formgebung des Brennraums beschränkt, für den er, was richtig war, eine möglichst geschlossene Form

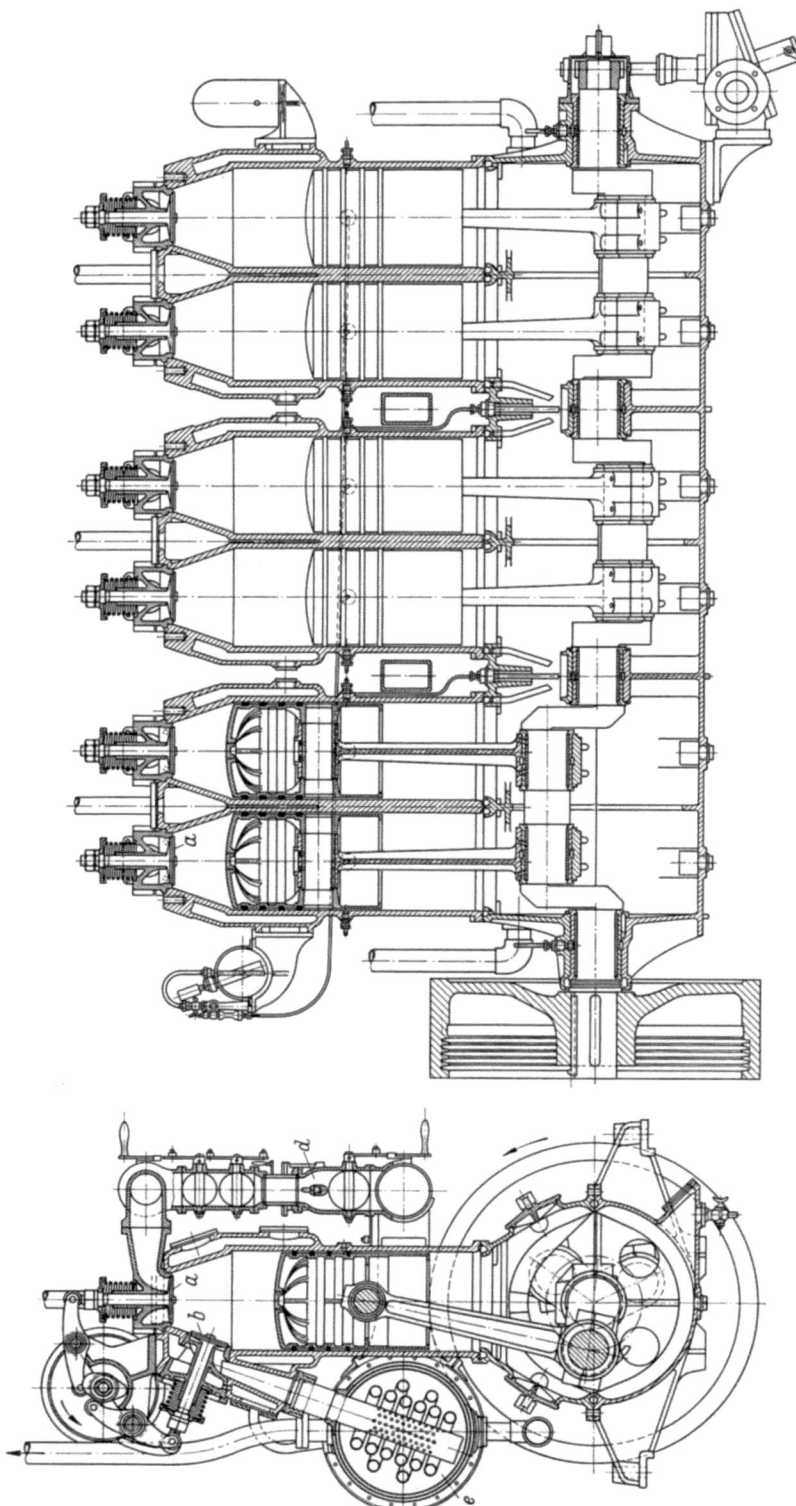

Bild 191. Längs- und Querschnitt durch den 300 PS-Schiffsmotor für die russische Marine (1902)
a Einlaßventil; *b* Auslaßventil; *d* Vergaser; *e* Auspufftopf
Die Kegelstumpfform des Brennraums hatte BORIS LOUTZKY, damals Verbindungsingenieur zwischen der russischen Marine und der Daimler-Motoren-Gesellschaft, vorgeschrieben

wünschte. Er hatte schon bei seinem „Sicherheits"-Benzinmotor von 1892 Einlaß- und Auspuffventil senkrecht zueinander angeordnet (Bild 155, S. 300) und dadurch eine günstige Brennraumform erhalten. Bei dem 300 PS-Motor hat der Brennraum die Form eines abgestumpften Kegels (Bild 191), dessen obere Fläche der Teller des Einlaßventils *a* bildet. Das Auspuffventil *b* liegt im Kegelmantel. Beide Ventile werden von einer gemeinsamen Nockenwelle gesteuert. Diese erhält ihren Antrieb von der Kurbelwelle durch Schraubenräder und eine senkrechte Zwischenwelle (Bild 192), die auch den Zündmagneten *c* antreibt. Der Motor wurde mit einer Hochspannungs-Kerzenzündung ausgerüstet, wohl einer der ersten dieser Art. Wie beim Mercedes-Motor waren die Zylinder paarweise zusammengegossen. Jeder Zylinderblock hatte seinen eigenen

Bild 192. Der 300 PS-Schiffsmotor Bild 191, von der vorderen Stirnseite gesehen
a Einlaßventil; *c* Zündmagnet; *d* Vergaser; *e* Auspufftopf
Über die Bewährung des Motors, nachdem er von der russischen Marine übernommen worden war, ist nichts bekannt

Vergaser (*d* in Bild 192), der als Doppelvergaser gebaut war, da der Motor auch mit Spiritus betrieben werden sollte. Die Auspuffgase wurden durch eine im Auspufftopf *e* liegende wasserdurchströmte Rohrschlange gekühlt.

Das Wagnis, das MAYBACH mit diesem Motor eingegangen war, scheint gelungen zu sein, denn aus den Akten geht hervor, daß der Motor am 2. Mai 1903 abgenommen und der russischen Marine übergeben wurde. Bei 550 U/min, für die er gebaut war, soll er eine Bremsleistung von 272 PS erreicht haben, so daß man, um auf 300 PS zu kommen, die Drehzahl etwas erhöhen mußte. Von dem weiteren Schicksal des Motors melden die Akten nichts.

Das Gordon Bennett-Rennen 1903

Gegen Ende der neunziger Jahre hatte der Amerikaner GORDON BENNETT, der Besitzer des New York Herald, einen Preis, bestehend aus einem Pokal, für den Sieger einer internationalen Wettfahrt gestiftet, um den damals erst eben aufkommenden Automobilsport zu fördern. Das Rennen sollte jährlich einmal stattfinden; die Rennstrecke sollte eine Länge von 350 bis 400 miles (zu je 1,6 km) haben; Wagen und Motor mußten vollständig in dem Land hergestellt sein, für das der Wagen fuhr. Das Rennen sollte nicht nur die Schnelligkeit, sondern auch die Zuverlässigkeit der Wagen erproben.

Auf den ersten Rennen 1900, 1901 und 1902 war Deutschland nicht vertreten gewesen; Sieger waren Franzosen und Engländer. Jetzt drängte JELLINEK, daß die Daimler-Motoren-Gesellschaft sich an dem vierten Rennen, das in Irland stattfinden sollte, beteiligen müsse. MAYBACH hatte hierzu schon im September 1902 mit den Konstruktionsarbeiten an einem 90 PS-Rennmotor begonnen, der bei 170 mm Zylinder-Durchmesser einen Kolbenhub von nur 140 mm hatte, also ein kurzhübiger Schnelläufer war. Im April 1903 waren die Wagen fertiggestellt, und es schien genügend Zeit vorhanden, um sie vor dem Rennen gründlich zu erproben. Da zerstörte am 10. Juni 1903 eine Feuersbrunst den größten Teil der Anlagen der Daimler-Gesellschaft in Cannstatt, darunter auch die für das Rennen bestimmten 90 PS-Wagen. Die Teilnahme am Rennen schien

Bild 193. Der 60 PS-Rennwagen, Sieger im Gordon Bennett-Rennen 1903

nicht mehr möglich zu sein, aber man zeigte sich in Cannstatt der Situation gewachsen. In aller Eile wurden mehrere 60 PS-Wagen, die man hatte retten können, für die Rennfahrt hergerichtet. Sie erreichten erst zwei Tage vor dem Beginn des Rennens, das auf den 2. Juli angesetzt war, den Startort, so daß die Fahrer kaum noch die Rennstrecke kennen lernen konnten. Trotz dieser Behinderungen siegte ein Daimler-Wagen mit MAYBACHs 60 PS-Simplex-Motor. Der Wagen (Bild 193) wurde von dem Belgier JENATZY gesteuert, da nach den Bestimmungen der Fahrer Mitglied eines Automobilklubs sein mußte. Die tüchtigen Fahrer, über welche die Daimler-Motoren-Gesellschaft verfügte, waren nicht zugelassen.

MAYBACH, dem an Äußerlichkeiten nichts lag, konnte nicht verhindern, daß sein Ruhm sich verbreitete. „Der geniale MAYBACH ist der Konstrukteur des Mercedes-Wagens. Ihm Preis und Ehr!" schrieb das Neue Wiener Tagblatt. Andere Blätter äußerten sich ähnlich. Aber für MAYBACH waren die letzten Jahre zu anstrengend gewesen. Der Brand der Cannstatter Fabrik hatte vieles von dem, was er geschaffen hatte, vernichtet. Der Tod des Aufsichtsratsvorsitzenden DUTTENHOFER (er starb im August 1903), an dem er trotz mancher Meinungsverschiedenheiten eine Stütze gehabt hatte, erschütterte ihn stark. MAYBACH erkrankte schwer und mußte monatelang seiner Arbeit fernbleiben. Diese Zeit benutzten seine Gegner, die er sich durch seine Leistungen geschaffen hatte, um auf sein Ausscheiden aus der Daimler-Motoren-Gesellschaft hinzuarbeiten. Im Frühjahr 1907 erreichten sie ihr Ziel.

Maybachs weitere Arbeiten in der Daimler-Motoren-Gesellschaft

MAYBACH, ganz in seiner Arbeit aufgehend und im Vertrauen darauf, daß man im Aufsichtsrat seine Verdienste zu würdigen wissen werde, hatte es versäumt, seinen Vertrag mit der Firma, der 1900 abgelaufen war, rechtzeitig zu erneuern. Er hatte daher keine rechtliche Handhabe, zu verhindern, daß der Aufsichtsrat während MAYBACHs Erkrankung neue Vorstandsmitglieder berief. Nicht einmal mitgeteilt wurde ihm dies; man stellte ihn einfach vor die vollendete Tatsache. MAYBACH blieb nur übrig, sich auf das Bitten zu verlegen. Er schreibt am 14. Juni 1904 an den Aufsichtsratsvorsitzenden LORENZ[58]:

... Wie Ihnen zweifellos bekannt ist, ist mein seitheriger Vertrag schon über 3 Jahre abgelaufen; er ist auch in seiner Fassung für die jetzigen Verhältnisse nicht mehr zutreffend. Schon im Jahre 1901 war dieserhalb von Herrn Geheimrat v. Duttenhofer eine Neuregelung meines Vertrages geplant, der mich namentlich pekuniär besser stellen sollte. Herr Geheimrat v. D. hat es mir gegenüber betont, daß meine außerordentlichen Leistungen für die D.M.G. eine Anerkennung in Form einer besonderen Belohnung finden werden. In den Jahren der Entwickelung, wo nichts verdient wurde, war ja an eine höhere Bezahlung nicht zu denken und ich habe mich in der sicheren Hoffnung auf bessere Zeiten bis vor 8 Jahren mit dem bescheidenen Gehalt von 400 M pro Monat begnügt.

Da nun aber endlich nach mühevoller Aussaat eine volle Ernte kam, die auch für die Zukunft die besten Chancen bietet, so hätte ich gedacht, daß mir z. B. aus einem Gewinn von nahezu 1,000000 M, den die letzte Bilanz ergab, eine erheblich höhere Tantième als nur 6000 M zufallen würde, denn unser verehrl. Aufsichtsrat wird gewiß nicht bestreiten, daß der Aufschwung unseres Geschäftes nicht zum geringsten Teile auch meiner Thätigkeit zuzuschreiben ist. Wie die Herren ja alle wissen, sind meine früheren und neueren Constructionen im gesamten Automobilbau vorbildlich geworden. Die von mir geleistete Arbeit war das Resultat eines 33jährigen angestrengten Wirkens im Motorenbau, das in den letzten 22 Jahren ausschließlich unserer Branche galt, der ich meine ganze Kraft und leider auch öfters meine Gesundheit geopfert habe ...

Man kann nicht ohne Beschämung von der Behandlung lesen, die dem zuteil wurde, der sich um die Firma die größten Verdienste erworben hatte.

WILHELM MAYBACH erreichte mit seinem Brief nichts. In seinem Antwortschreiben vom 23. Juni 1904 forderte LORENZ, daß MAYBACHs Tätigkeit sich auf das Erfinden beschränken solle; die Konstruktionen sollte er nicht mehr leiten, sondern nur überwachen. MAYBACH, dessen Gesundheit noch nicht wiederhergestellt war, blieb nichts übrig, als hierauf einzugehen. Man richtete ihm ein „Erfindungsbüro" ein, in das auch sein Sohn KARL eintrat. In diesem letzten Zeitabschnitt seiner Zugehörigkeit zur Daimler-Motoren-Gesellschaft hat WILHELM MAYBACH noch mehrere wertvolle Konstruktionen geschaffen.

Die erste war ein Rennwagenmotor von 110 PS Leistung, den MAYBACH im Sommer 1904 in Arbeit nahm; 1905 war er fertiggestellt. Er war eine Weiterentwicklung der 90 PS-Motoren des Jahres 1903, die beim Brand des Cannstatter Werkes zerstört worden waren. Der kurzhubig gebaute Motor hatte einen Zylinder-Durchmesser von

175 mm bei einem Hub von 146 mm und erreichte bei 1200 U/min eine Literleistung von 7,8 PS. Der Motor bewährte sich so gut, daß JELLINEK, dem man jede Neuausführung zuerst lieferte, den 110 PS-Wagen sogar dem späteren Modell 1906, das den 120 PS-Motor erhielt, vorzog.

Der sechszylindrige Rennwagenmotor 1906

Er war die letzte und bedeutendste Konstruktion, die MAYBACH in der Zeit nach seiner Erkrankung bis zu seinem Austritt aus der Daimler-Motoren-Gesellschaft geschaffen hat.

Bild 194. MAYBACHS 120 PS-Rennwagenmotor (1906)
Der Motor gehörte zu den ersten, die eine Hochspannungs-Kerzenzündung erhielten

Die Bauart dieses Motors lehnt sich an die des 300 PS-Motors an, den MAYBACH 1902 für die russische Marine entworfen hatte. Die sechs Zylinder sind einzeln auf dem aus Leichtmetall bestehenden Kurbelgehäuse angeordnet; die Blockkonstruktion wurde also hier nicht angewendet. Das war notwendig, weil die Laufbuchsen aus Stahl bestanden, einem Werkstoff, der sich für die Blockkonstruktion nicht eignete. Die Verwendung von Stahl für die Laufbuchsen hatte MAYBACH schon früher geplant; das Protokoll einer Aufsichtsratssitzung vom 28. März 1903 sagt hierüber:

> Herr Maybach legt eine Constructionszeichnung für einen von ihm projektierten Stahlcylinder vor, welcher in Bälde ausgeführt werden soll.

Die Stahlzylinder hat man jahrzehntelang bei Höchstleistungsmotoren angewendet.

Bei dem 120 PS-Motor wurde über die stählerne Laufbuchse ein Gußstück gestülpt, das den Kühlmantel und den Zylinderkopf bildete. In Bild 194 sind der Kühlmantel und der nach unten herausragende Teil der Stahlbuchse zu erkennen. Die Ein- und Auslaßventile waren hängend mit parallelen Achsen nebeneinander im Zylinderkopf angeordnet; sie wurden durch eine zwischen den Ventilen liegende Nockenwelle und Kipphebel gesteuert. Durch diese Ventilanordnung ergab sich ein geschlossener Verbrennungsraum, der günstiger war, als sich bei der Verwendung stehender Ventile erreichen ließ. Für die sechs Zylinder war ein gemeinsamer Vergaser vorgesehen. Wie bei dem für die russische Marine gelieferten 300pferdigen Motor wählte MAYBACH die Hochspannungs-Kerzenzündung, mit der er gute Erfahrungen gemacht hatte. Jeder Zylinder besaß zwei voneinander unabhängige Zündkerzen. Die Anker der beiden Zündmagnete wurden von der „Königswelle" gesteuert, welche die Drehung der Kurbelwelle auf die mit halber Drehzahl laufende Nockenwelle übertrug. Der Motor leistete mit 140 mm Zylinderdurchmesser und 120 mm Hub bei 1400 U/min 106 PS. Die Nennleistung von 120 PS erreichte er bei 1500 U/min.

Die Konstruktion dieses Motors ist für viele der folgenden Motorserien, insbesondere für die Mercedes-Flugmotoren, vorbildlich geworden. Die Form des Verbrennungsraumes hat man später durch Schrägstellung der Ein- und Auslaßventile weiter verbessert. Die hohe Drehzahl — die höchste, die man bis dahin im Motorenbau erreicht hatte — war dadurch ermöglicht worden, daß MAYBACH alle bei der Steuerung der Ventile zu beschleunigenden Massen besonders klein gehalten hatte. Manche Gedanken, denen MAYBACH in diesem Motor Gestalt gegeben hat, sind bis auf den heutigen Tag für den Konstrukteur von Hochleistungsmotoren Vorbild geblieben.

Maybachs Benzin-Dampfmotor

Weniger glücklich war MAYBACH bei der Ausführung eines anderen Vorhabens, das ihn seit längerer Zeit beschäftigt hatte. Im September 1902 hatte er eine „Vereinigte Explosionskraft- und Dampfmaschine" zum Patent angemeldet, die unter Nr. 157420 geschützt wurde. Der einzige Patentanspruch lautete:

Vereinigte Explosionskraft- und Dampfmaschine, dadurch gekennzeichnet, daß das Kühlwasser in einem besonderen Vorwärmer durch die Abgase der Explosionskraftmaschine vorgewärmt, sodann in dem den Explosionszylinder umgebenden Kühlmantel weiter beheizt wird und der entwickelte gespannte Dampf durch die heißesten Explosionsabgase in Kanälen von geringem Querschnitt überhitzt wird, welcher nach erfolgter Expansion in einem besonderen Zylinder, in einem Kondensator niedergeschlagen wird, um wieder in den Vorwärmer und den Mantel des Explosionszylinders zu gelangen.

Das Projekt ist ausgeführt worden; der „kombinierte Explosions-Dampfmotor" ist in Bild 195 dargestellt. Im Vordergrund stehen die beiden Motorzylinder a, hinter ihnen der Wärmeaustauscher b mit dem Überhitzer c, aus dem oben das Auspuffrohr d herausragt. Das Kühlwasser wird im Vorwärmer, in den Kühlmänteln und im Überhitzer in Dampf verwandelt, der durch das Rohr e dem Dampfzylinder f zugeleitet wird. Der entspannte Dampf gelangt nach der Arbeitsleistung durch das Rohr g in den Bienenwabenkühler, wo er kondensiert, um darauf den Kreislauf von neuem zu beginnen.

Die auf der Rückseite liegende Nockenwelle betätigt die Steuerorgane für die beiden Motorzylinder und den Dampfzylinder, der ebenfalls ventilgesteuert ist.

Der Benzin-Dampf-Motor wurde im Juni 1904 auf dem Prüfstand untersucht. Die beiden Motorzylinder allein, ohne den Dampfmotor, leisteten bei 540 U/min 12,8 PS, was der Erwartung entsprach. Sobald man aber den Dampfzylinder hinzuschaltete, fiel die Nutzleistung um 50% ab, obwohl ein Dampfdruck von 3 at erreicht wurde. Im Prüffeldbericht heißt es, daß der Motor sich beim Zuschalten des Dampfzylinders sehr stark zu erhitzen und zu klopfen begonnen habe. Offenbar erzeugte der Wärmeaustauscher einen zu hohen Gegendruck, so daß die Ausdehnung der Brenngase verschlechtert wurde, wodurch ein großer Teil der Leistung verlorenging. Auch das Vakuum im Kühler soll ungenügend gewesen sein, so daß die Eigenreibung der Dampfmaschine größer war als die von ihr abgegebene Nutzleistung.

Nach diesem Ergebnis wurden die Versuche nicht fortgesetzt. Das Problem der mechanischen Verwertung der Abgasenergie ist erst Jahrzehnte später durch die Abgasturbine gelöst worden, die A. Büchi schon 1905 vorgeschlagen hat.

Bild 195. Maybachs kombinierter Verbrennungs- und Dampfmotor (1904)
a Motorzylinder; *b* Wärmeaustauscher; *c* Überhitzer; *d* Auspuffrohr; *e* Frischdampfleitung; *f* Dampfzylinder; *g* Abdampfleitung

Maybach wollte die Kühlwasserwärme dadurch ausnutzen, daß er das Kühlwasser in einem Wärmeaustauscher, der durch die Auspuffgase beheizt wurde, in Dampf verwandelte und diesen in einem Dampfmotor expandieren ließ. Der Versuch mißlang, die Nutzleistung wurde nicht größer, sondern kleiner

Maybachs Benzinmotor mit Druckluftübertragung

Ebensowenig Erfolg hatte Maybach mit einer Erfindung, die er im Januar 1905 zum Patent eingereicht hatte. Er wollte einen Wagen bauen, der ohne Zahnradgetriebe, Differential, Kupplung und Bremsen fuhr und somit den Fahrer von der Mühe des Kuppelns und Schaltens entlastete. Das sollte dadurch erreicht werden, daß die Leistung des Motors durch Druckluft auf die Hinterräder des Wagens übertragen wurde. Der Verbrennungsmotor trieb einen Kolbenkompressor an, und dieser lieferte die Druckluft für zwei zweizylindrige Kolbenmotoren, die in Boxeranordnung im hinteren Wagenteil liegend untergebracht waren (Bild 196).

Die Übertragung durch Druckluft war damals nicht mehr neu, wie aus der Beschreibung des DRP 170200, das MAYBACH am 29. Januar 1905 erteilt wurde, hervorgeht. Neu war nur ein Entlastungsventil in der Leitung zwischen Kompressor und Druck-

Bild 196. MAYBACHs Versuchswagen mit Übertragung durch Druckluftmotor (1906)
Die Druckluftübertragung sollte den Fahrer vom Schalten und Kuppeln entlasten. Der schlechte Wirkungsgrad der Übertragung durch Druckluft hat den Erfolg solcher Versuche stets vereitelt

luftmotor, das vom Fahrer betätigt wurde. Beim Öffnen des Ventils wurde die Druckluft ins Freie abgeblasen, und die Reibung im Getriebe des Druckluftmotors brachte den Wagen alsbald zum Stillstand. Wenn der Fahrer das Ventil schloß, setzte sich der Wagen in Bewegung. Man konnte auch, wenn der Wagen stand, den Benzinmotor stillsetzen, denn bei geöffnetem Entlastungsventil konnte der Motor, weil unbelastet, leicht wieder angelassen werden. So sparte man auch die Kupplung.

Der Wagen mit dem Benzin-Druckluftmotor wurde gebaut; er steht heute im Museum der Daimler-Benz AG in Untertürkheim. Der Erfolg mußte ihm versagt bleiben, denn die zweimalige Umformung der vom Motor abgegebenen Arbeit — einmal in Druckluft, ein zweites Mal in mechanische Arbeit — ist mit viel zu großen Verlusten verbunden. Kaum mehr als ein Viertel der Leistung des Motors kann auf die Hinterradachse gelangt sein. Auch erforderte die Anlage einen Bauaufwand, der größer als bei der Zahnraduntersetzung war. Der richtige Gedanke MAYBACHs, daß man dem Fahrer das Schalten abnehmen müsse, hat erst viel später durch das Strömungsgetriebe HERMANN FÖTTINGERs seine konstruktive Gestaltung gefunden.

Maybach verläßt die Daimler-Motoren-Gesellschaft

MAYBACHs Gegner haben nicht den Benzin-Dampfmotor und den Wagen mit der Druckluftübertragung benutzt, um gegen ihn zu arbeiten, sondern den sechszylindrigen

120 PS-Motor. Offenbar kam es ihnen auf die Mittel nicht an; nur der Zweck, die Entfernung MAYBACHs, sollte erreicht werden.

Es begann damit, daß JELLINEK, der acht Rennwagen mit dem 120 PS-Motor bestellt hatte, die Kerzenzündung beanstandete, die MAYBACH verwendet hatte. JELLINEK hat sich geirrt; MAYBACH hat recht behalten. Er sah, daß die Abreißzündung für die Drehzahl von 1400 bis 1500 U/min, mit welcher der 120 PS-Motor laufen sollte, wegen der Trägheit der bewegten Teile nicht mehr geeignet sei. Seine Gegner glaubten es besser zu wissen. Sie schrieben am 6. November 1905 an JELLINEK, daß auch sie „erhebliche Bedenken" gegen die Kerzenzündung und andere Einzelheiten des von MAYBACH konstruierten Motors hätten; z. B. sei die oberhalb der Zylinder liegende Steuerwelle unzweckmäßig. Ein Umbau des Motors würde aber unvermeidlich ein Hinausschieben des Liefertermins zur Folge haben.

JELLINEK hat am 8. November geantwortet; dieser Brief konnte nicht gefunden werden. Dagegen ist ein an JELLINEK gerichtetes Schreiben MAYBACHs vom 14. November 1905 erhalten geblieben, in welchem MAYBACH sich bitter über eine Behandlung beschwert, die man ihm in einer Direktionssitzung hatte zuteil werden lassen:

... Kurz ausgedrückt, ich bekam von dieser Sitzung den Eindruck, daß die oben genannten H.H. nicht nur meine Verdienste um die Gesellschaft in der denkbar verletzendsten und geringschätzigsten Weise ignorieren, sondern auch daß dieselben mir am liebsten den Abschied geben möchten.

Welche Wirkung eine solche von groben Beleidigungen und ungerechten Kränkungen strotzende Unterhaltung bei mir an Geist und Körper hervorrief, glaube ich mir an dieser Stelle ersparen zu können ...

JELLINEK trat auf MAYBACHs Seite. In einem Brief, den er am 8. Januar 1906 an ein Vorstandsmitglied schrieb, drückt er sich sehr deutlich aus:

... Mit tiefem Bedauern lese ich in Ihrem Briefe, daß auch Sie gegen Maybach stellung nehmen. Maybach ist der größtlebende Konstrukteur von Benzin-Motoren. Daß ohne diesen Mann der Benzin-Motor noch nicht so weit sein würde, ist doch eine feststehende Tatsache. Leider ist Maybach wie alle Erfinder einseitig, das heißt, er muß dirigiert werden. Bis zum Vorjahre ist es mir immer gelungen von Maybach alles zu erzielen, was ich wollte, und hat derselbe — wenn ich mich so ausdrücken darf — auf Kommando erfunden ...

Dieses Jahr scheint jedoch eine Verschwörung sowohl gegen Maybach als auch gegen mich stattgefunden zu haben ... Ich bin der festen Überzeugung, daß diese Leute, nur um Maybach zu stürzen, ihn auf diese Fehler nicht aufmerksam gemacht haben. Es ist mir bekannt, daß die Ingenieure und Meister, als man sie frug, wie es möglich war die zweite Geschwindigkeit so groß zu machen, ganz einfach antworteten: „Das haben wir schon lange gewußt, daß die Übersetzung zu groß ist, aber es ist eben so von oben heruntergekommen!"

Nicht Maybach ist die Schuld an dem jetzigen Malheur, sondern die Eifersucht, der Haß, der zwischen Ihren Leuten besteht und sich vor allem gegen Maybach richtet. Maybach, gut dirigiert, ist das größte Glück für eine Automobilfabrik; Maybach angefeindet und sich selbst überlassen, ist ein Unglück. Das Genie dieses Menschen werden Sie gewiß nicht durch die Nullitäten, von denen es in Ihrer Fabrik wimmelt, ersetzen ...

Ich wiederhole, mit Ausnahme Paul Daimlers, der etwas kann, der aber eine so unselbständige Natur ist, daß auf denselben nicht voll gerechnet werden kann, haben Sie keinen Menschen in Ihrer Fabrik, der selbständig etwas Großes zu leisten vermag.

Wenn ich Ihnen diesen langen Brief schreibe, so geschieht dies nur, weil ich wirklich tief betrübt bin, zu sehen, daß in Ihrem Lande der Undank wohl als die größte Tugend betrachtet wird ...

Der Brief hatte keine Wirkung. Als man im März 1906 in einer Direktionssitzung beschlossen hatte, daß auch „die Versuchswerkstatt nach Ausführung der noch erforderlichen Abschluß-Arbeiten aufgelöst und die Arbeiter dem allgemeinen Betrieb überwiesen werden" sollten, sah MAYBACH, der schon während des Jahres 1906 mehrfach seinen Rücktritt angeboten hatte, keine Möglichkeit zu einem erfolgreichen Schaffen mehr und schied noch vor Ablauf seines Vertrages am 31. März 1907 aus der Daimler-

Motoren-Gesellschaft aus. Den Eintritt in den Aufsichtsrat lehnte er ab. Im folgenden Jahr legte auch JELLINEK sein Aufsichtsratsmandat nieder.

XXII. Die Daimler-Motoren-Gesellschaft nach dem Ausscheiden Maybachs (1907) bis 1914

WILHELM MAYBACHs Nachfolger in der technischen Leitung der Daimler-Motoren-Gesellschaft wurde PAUL DAIMLER, GOTTLIEB DAIMLERs ältester Sohn, der 1897 im Alter von 28 Jahren in die Firma eingetreten war. Nachdem er zwei Jahre in MAYBACHs Konstruktionsbüro gearbeitet hatte, wurde er 1899 auf Wunsch seines Vaters mit selbständigen Konstruktionsarbeiten betraut. Seine erste Arbeit war der 4 PS-Kleinwagen (Bild 188), der noch nicht andeutet, daß PAUL DAIMLER später ein tüchtiger Konstrukteur geworden ist. Im Jahr 1902 wurde ihm die Leitung der österreichischen Daimler-Motoren-Gesellschaft in Wiener Neustadt übertragen, wo neben dem Kleinwagen auch Lastwagen und geländegängige Armeewagen mit Vierradantrieb gebaut wurden. Diese fielen besser aus als der Kleinwagen; ihr Absatz nahm rasch zu, und die Belegschaft konnte in drei Jahren von 100 Arbeitern auf 400 vergrößert werden.

1905 rief man ihn nach Untertürkheim zurück. Der Vorwand war die Unzufriedenheit des Aufsichtsrats mit MAYBACHs 120 PS-Rennwagenmotor (Bild 194), dessen Wert der Aufsichtsrat nicht anzuerkennen wünschte. Leider hatte auch JELLINEK aus sachlichen Gründen die Hochspannungs-Kerzenzündung beanstandet; sie war ihm zu neu, und er traute ihr nicht. Da MAYBACH seinen Motor nicht ändern wollte, gab man PAUL DAIMLER den Auftrag, einen Rennwagenmotor gleicher Stärke nach den älteren Baumustern zu konstruieren. Er sollte in den für 1906 geplanten Rennen seine Leistung zeigen. Dazu ist es aber nicht gekommen. Der Motor steht heute im Museum der Daimler-Benz-Aktiengesellschaft.

Nach dem Ausscheiden MAYBACHs wurde PAUL DAIMLER Chefkonstrukteur des gesamten Werkes. Von seinen Leistungen im Bau von Motoren für Kraftwagen, Luftschiffe, Flugzeuge und Unterseeboote kann hier nur ein Überblick gegeben werden. Ende 1922 trat PAUL DAIMLER aus der Firma aus, um die technische Leitung der Horch-Werke in Zwickau zu übernehmen, denen er bis 1928 vorstand. In dieser Zeit wurde der bekannte Horch-V 8-Motor geschaffen. Aus Gesundheitsgründen gab PAUL DAIMLER die Stellung auf und lebte bis zu seinem Ende im Dezember 1945 als beratender Ingenieur in Berlin.

Die Kraftwagenmotoren der DMG von 1907 bis 1914

PAUL DAIMLER war klug genug, nicht den Versuch zu machen, etwas grundlegend Neues zu schaffen; er hielt sich an die Vorbilder, die sein genialer Vorgänger hinterlassen hatte, den Mercedes- und den Simplex-Motor. Beide Motoren hatten noch zwei seitlich liegende Steuerwellen; Ein- und Auslaßventil waren stehend angeordnet, der Verbrennungsraum T-förmig, also nicht besonders günstig. Daran änderte PAUL DAIMLER nichts, als er 1907 einen Sechszylindermotor für 75 PS Leistung konstruierte (Bild 197). Daß der Motor drei Zylinderblöcke hatte statt der zwei des Simplex-Motors, war eine belanglose Abweichung. Dagegen fällt auf, daß der Motor zwei Zündvorrichtungen hatte; er war mit Abreiß- und Kerzenzündung versehen. Offensichtlich sind PAUL DAIMLER Bedenken gekommen, ob WILHELM MAYBACH mit der Einführung der Hochspannungs-Kerzenzündung nicht doch recht gehabt haben könnte. In Bild 197 sieht

Bild 197. PAUL DAIMLERS erster Sechszylindermotor (1907)
Leistung mit 120 mm Zyl.-Dmr. und 150 mm Hub 75 PS bei 1270 U/min

a Verschalung der Nockenwelle; *b* Stoßstangen der Einlaßventile; *c* Welle des Gestänges *d* der Abreißzündung; *e* Zündmagnet; *f* Zündkabel; *g* Zündkerzen; *h* Schutzrohr der Zündkabel; *i* Vergaser; *k* Gehäuse des Drosselschiebers; *l* Gestänge zum Drosselschieber; *m* Kühlwasserzufluß zum Kühler; *n* Schwungrad
Der Motor hatte unnötigerweise zwei getrennte Zündsysteme, die Abreiß- und die Hochspannungs-Kerzenzündung. Die Kerzenzündung des 120 PS-Motors von 1906 (Bild 194) hatte der Aufsichtsrat WILHELM MAYBACH zum Vorwurf gemacht

man oberhalb der Verschalung *a* der einen Nockenwelle, die durch Stoßstangen *b* die Einlaßventile steuert, eine Längswelle *c*, die das Gestänge *d* der Abreißzündung steuert. *e* ist einer der beiden Zündmagnete, deren Strom durch Kabel *f* den Zündkerzen *g* zugeleitet wird. Das Rohr *h* schützt die Kabel vor Beschädigung. *i* ist der den sechs Zylindern gemeinsame Vergaser, dessen im Gehäuse *k* liegender Drosselschieber durch das Gestänge *l* vom Sitz des Fahrers aus verstellt werden kann. Das Rohr *m* führt das erwärmte Kühlwasser dem Bienenwabenkühler zu. Auf der linken Bildseite ist ein Teil des Schwungrades *n* sichtbar, dessen Speichen als Ventilatorflügel ausgebildet sind. Dieser Hilfsventilator soll die den Motor bedeckende Haube entlüften.

Der Motor war kein Verkaufserfolg; es wurden nur 33 Maschinen abgesetzt. Damals lag noch kein Bedarf nach der großen Leistung eines Sechszylindermotors vor. Eine Steigerung der Wagengeschwindigkeit wäre zwar erwünscht gewesen, aber der Zustand der Straßen erlaubte sie nicht. So blieben die Vierzylindermotoren vorherrschend. Die größte Stückzahl erreichte ein Vierzylindermotor, der mit 80 mm Zylinderdurchmesser und 130 mm Hub bei 1600 U/min 20 PS leistete. Der Motor hatte ein hängendes Einlaß- und ein stehendes Auspuffventil, die von nur einer Nockenwelle gesteuert wurden. Es war der erste Daimler-Motor, der nur mit der Hochspannungs-Kerzenzündung ausgerüstet war. Von diesem Modell wurden 1620 Einheiten geliefert.

Das war damals eine ansehnliche Zahl, die natürlich nicht mit heutigen Maßstäben gemessen werden darf.

Schiebermotoren. Eine Sonderentwicklung jener Jahre war der Bau von Schiebermotoren, die während eines Jahrzehnts im Bauprogramm der Daimler-Motoren-Gesellschaft vorherrschend gewesen sind.

Der Gedanke, den Einlaß des zündfähigen Gemisches und den Auslaß der Auspuffgase nicht durch Ventile, sondern durch Schieber zu steuern, stammt von dem Amerikaner CHARLES Y. KNIGHT, dessen Erfindung in Deutschland durch das DRP 214089 vom 19. Juli 1908 geschützt wurde. Der Hauptanspruch beschreibt die Wirkungsweise der vorgeschlagenen Steuerung und die Absicht, die der Erfinder damit verfolgte:

Steuerung für eine Viertaktverbrennungskraftmaschine, deren Kanäle durch die relative Bewegung teleskopisch ineinander geführter Teile geschlossen und geöffnet werden, dadurch gekennzeichnet, daß zwischen Zylinder und Kolben zwei zusammenwirkende Rohrschieber liegen, die an dem der Verbrennungskammer zunächst liegenden Ende Ein- und Auslaßschlitze enthalten, welche durch zwangläufige Bewegung der Rohrschieber zur Deckung kommen, wodurch die Ladung sehr schnell eingelassen und die Auspuffprodukte sehr schnell aus dem Zylinder abgeführt werden.

Da die Drehzahl immer mehr gesteigert wurde, war ein rasches Ein- und Auslassen besonders wichtig.

Bild 198. Der 45 PS-Knight-Schiebermotor, gebaut von der Daimler-Motoren-Gesellschaft (seit 1909)
Der Schiebermotor ist eine amerikanische Erfindung, die 1908 in Deutschland patentiert wurde

KNIGHT bot seine Erfindung der Daimler-Motoren-Gesellschaft an, die sie 1909 erwarb. PAUL DAIMLER hat danach einen Motor konstruiert (Bild 198), der sich äußerlich kaum von einem Ventilmotor unterscheidet, nur daß das Steuerungsgestänge der Ventile weggefallen ist. Der aufgeschnittene Zylinder (Bild 199) zeigt die Schiebersteuerung. Der Kolben *a* gleitet in dem Innenschieber *b* und dieser in dem äußeren Schieber *c*. Die Steuerung bringt die in die Schiebermäntel eingearbeiteten Schlitze zur Deckung, auf der rechten Zylinderseite, wenn das vom Vergaser *d* kommende Gemisch durch die Zuleitung e angesaugt werden soll, auf der linken, wenn die Verbrennungsprodukte durch die Leitung f ausgestoßen werden sollen. Der Brennraum g liegt ganz innerhalb des wassergekühlten Zylinderkopfes, nicht im Bereich des Innenschiebers, der nur indirekt gekühlt werden kann und somit temperaturempfindlich ist. Der obere Teil des Innenschiebers ist durch nach außen federnde Kolbenringe

Bild 199. Der Knight-Schiebermotor mit aufgeschnittenem Zylinder

a Kolben; b Innenschieber; c Außenschieber; d Vergaser; e Gemischzuleitung; f Auspuffleitung; g Brennraum; h Zündkerze; i Kabelanschlüsse; k Gehäuse des Drosselschiebers; l Entlüftungsstutzen

gegen den Raum, in welchen der obere Teil des Außenschiebers taucht, abgedichtet. Oben, in der Mitte des Zylinderkopfes, ist die Zündkerze h angebracht, unten links der Magnetapparat mit den vier Kabelanschlüssen i. k ist das Gehäuse des Drosselschiebers des Vergasers. Durch die Stutzen l entlüftet das Schwungrad, dessen Speichen als Ventilatorflügel ausgebildet sind, das Motorgehäuse.

Ein schwieriges Problem des Schiebermotors ist die Kühlung und Schmierung der ineinanderlaufenden Schieber; besonders der untere Teil des Innenschiebers ist der Kühlung recht unzugänglich. Er kann nur durch Schmieröl gekühlt werden. Hierzu sind auf den Mänteln der Schieber a und b (Bild 200) zahlreiche Schmiernuten angebracht, denen reichlich Schmieröl zugeführt wird. Rechts vom Kurbelgehäuse steht der Zylinderkopf c, der den Verbrennungsraum dem Beschauer zukehrt; man erkennt die Kolbenringe an seinem zylindrischen Teil. Vor dem Kurbelgehäuse liegt die Steuerwelle d mit aufgekeiltem Antriebzahnrad; von ihren acht Kröpfungen wird der An-

Paul Daimler
1869–1945

trieb der je vier Innen- und Außenschieber mittels kurzer Pleuelstangen abgeleitet. Die übrigen Teile — Kurbelgehäuseunterteil, Kurbelwelle, Pleuelstangen und Kolben — entsprechen der normalen Bauart.

Außer dem Vorteil des raschen Öffnens und Schließens der Ein- und Auslaßquerschnitte hatte der Schiebermotor den Vorzug des geräuscharmen Laufes. Die

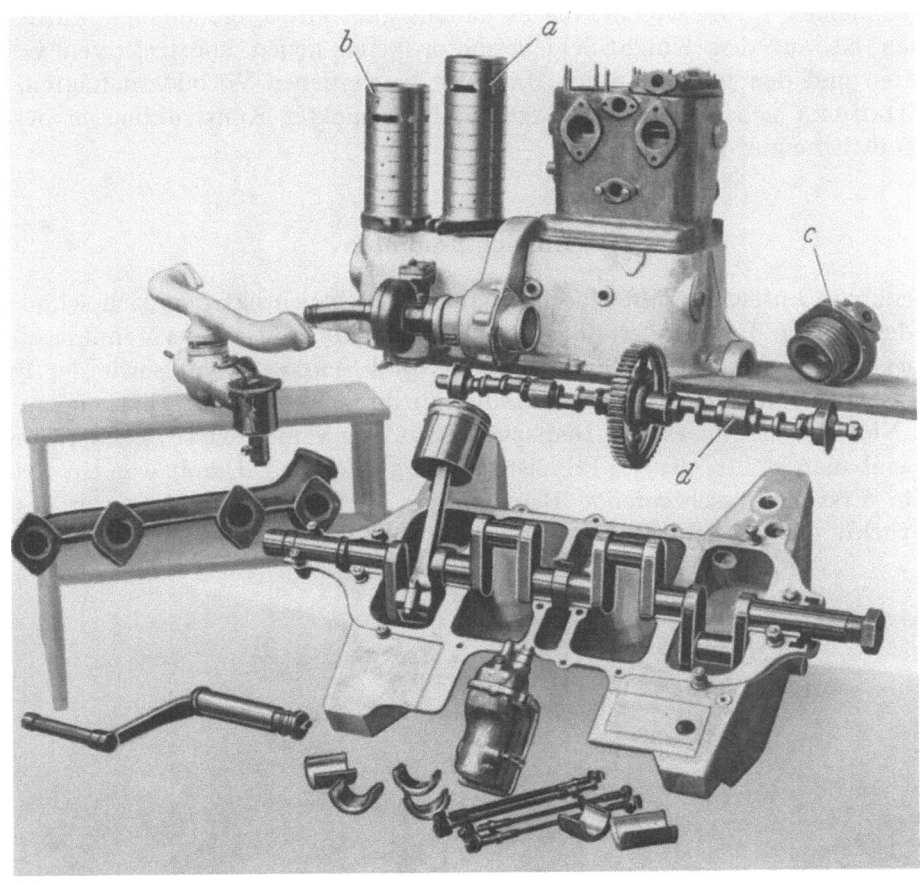

Bild 200. Einzelteile des Knight-Schiebermotors der Daimler-Motoren-Gesellschaft
a Innenschieber; *b* Außenschieber; *c* Zylinderkopf; *d* Antriebwelle der Steuerschieber

Schiebersteuerung erlaubte auch erheblich höhere Drehzahlen, als man damals mit der Ventilsteuerung erreichen konnte. Die Drehzahl des vierzylindrigen 45 PS-Motors durfte bei einem auf 100 mm verkleinerten Hub auf 2000 U/min gesteigert werden. Dabei war der Kraftstoffverbrauch mit 216 bis herab zu 200 g/PSh niedrig.

Der Schiebermotor setzte sich im Kundenkreis der Daimler-Motoren-Gesellschaft rasch durch. In dem der Erstausführung folgenden Jahrzehnt wurden über 5000 Motoren verkauft. Das war damals eine ungewöhnlich große Stückzahl.

Der letzte Motor, den PAUL DAIMLER bis 1914 konstruiert hat, leistete mit sechs Zylindern 100 PS bei 1400 U/min. Das Leistungsgewicht betrug nur 1,5 kg/PS, womit der Motor auch für Flugzeuge benutzt werden konnte. Die Zylinderbuchsen waren aus Stahl angefertigt; die Ventile wurden von einer oberhalb der Zylinderblöcke liegenden Nockenwelle betätigt. Der Motor hatte jetzt nur noch Kerzenzündung. Bis auf unbedeutende Unterschiede war es genau die Bauart, die WILHELM MAYBACH 1905 ausgeführt und die man zum Anlaß genommen hatte, gegen ihn zu arbeiten, um ihn aus dem Werk zu entfernen. MAYBACH war glänzend gerechtfertigt.

Von 1907 bis 1914 hat PAUL DAIMLER etwa 16 verschiedene Motortypen für Kraftwagen gebaut. Bis auf drei waren es Vierzylindermotoren, von denen die Mehrzahl von der kleinen Käuferschicht, die es damals gab, gut aufgenommen wurde. Wenn sie auch bis auf den Knight-Schiebermotor keine neuen konstruktiven Gedanken enthielten und den von WILHELM MAYBACH geschaffenen Vorbildern folgten, so hat PAUL DAIMLER sich doch als tüchtiger und geschickter Konstrukteur erwiesen und MAYBACHS Erbe gut verwaltet.

Luftschiffmotoren

Lenkbare Luftschiffe mit Maschinenantrieb zu bauen hat man sich schon um die Mitte des vorigen Jahrhunderts bemüht. Damals gab es keine Verbrennungsmotoren, und so versuchten es die Engländer HENSON und SPRINGFELLOW sowie der Franzose HENRI GIFFARD mit Dampfmaschinen, die mit ihren Kesseln natürlich viel zu schwer waren. Nicht besser ging es dem Deutschen PAUL HAENLEIN, der 1872 einen Leuchtgasmotor einbauen wollte, der 3,6 PS leistete und 570 kg wog. Damit war ein Erfolg unmöglich. Erst der raschlaufende Benzinmotor, den WILHELM MAYBACH geschaffen hatte, rückte die Möglichkeit näher. Im Jahr 1888 erwarb der Leipziger Buchhändler

Bild 201. Das Luftschiff „Lebaudy" mit dem 35 PS-Vierzylinder-Mercedes-Motor (1903)

Dr. WÖLFERT von DAIMLER einen Einzylindermotor und baute ihn in seinen primitiven Lenkballon ein. Im Herbst 1888 stieg dieses erste lenkbare Luftschiff auf dem Seelberg, wo DAIMLERS Werkstätte lag, auf und landete in dem 4 km entfernten Kornwestheim. Es zeigte sich, daß der Motor zu schwach war, und WÖLFERT kaufte daher 1890 einen der ersten von MAYBACH konstruierten Vierzylindermotoren, der 5 PS leistete (Bild 87, S. 176). Im Frühjahr 1891 machte WÖLFERT damit Versuche, die erfolglos verliefen.

Etwas besser ging es mit MAYBACHs zweizylindrigem Motor, der bei 535 U/min 7 PS leistete und dessen Leistungsgewicht nur noch 20 kg/PS betrug. Im August 1896 und im März 1897 gab es mehrere gelungene Probeflüge. Aber am 14. August 1897 stürzte das Luftschiff in Berlin ab und verbrannte. WÖLFERT und sein Mechaniker KNABE kamen dabei ums Leben.

Bild 202. Luftschiffmotor der Daimler-Motoren-Gesellschaft, eingebaut in die Luftschiffe LZ 4, Z I und Z II (1907)
Leistung 135 PS bei 1200 U/min

Erst mit dem Starrluftschiff des GRAFEN ZEPPELIN trat eine Wendung ein. MAYBACHs vierzylindriger Motor (Bild 114, S. 238), der bei 670 U/min 12 PS leistete, war schon auf dem Bodensee in einem durch Luftschrauben angetriebenen Boot (Bild 119) erprobt worden und hatte sich als zuverlässig erwiesen. Neu war damals an diesem Motor, daß er mit einer Magnetabreißzündung versehen war, so daß die Brandgefahr, die bei dem Glührohr wegen der offenen Flamme immer bestand, weitgehend verringert war. Dieser Motor ist in das erste Zeppelin-Luftschiff L Z 1 eingebaut worden. Der nächste Motor war schon etwas größer; er leistete mit vier Zylindern bei 700 U/min 16 PS. Mit diesen Motoren gelang der erste Aufstieg eines Zeppelin-Luftschiffes am 2. Juli 1900. Die Motoren — es waren zwei — hatten zwar noch ein Leistungsgewicht von 27 kg/PS, aber sie bewiesen, daß es möglich war, Motoren zu bauen, die den Forderungen des Luftschiffbaues entsprachen.

Der Luftschiffbau hat sich die Fortschritte des Motorenbaues rasch zunutze gemacht. In Frankreich wurde das Luftschiff „Lebaudy" (Bild 201) 1903 mit MAYBACHs 35pferdigem Mercedes-Motor ausgerüstet. Die Luftschiffe des deutschen Majors PARSEVAL, die 1908 ihre ersten Flüge ausführten, erhielten schon wesentlich stärkere Anlagen, nämlich zwei Motoren von je 105 PS Leistung, die ein Leistungsgewicht von 39 kg/PS hatten. Nach dieser Zeit hat PAUL DAIMLER den Bau der Luftschiffmotoren geleitet. Sie waren ebenso wie die Rennwagen konstruiert, von denen auch PAUL DAIMLER mehrere gebaut hat. Anfangs waren es Vierzylindermotoren mit zwei Nockenwellen, Abreißzündung und der Einrichtung zum Verstellen des Zündzeitpunktes (Bild 202). An allen Teilen ist am Gewicht möglichst gespart; auch die Zahnräder sind ungekapselt. Es gelang dadurch, das Gewicht auf 3 kg/PS zu senken.

In der Folgezeit hat PAUL DAIMLER mehrere gut gelungene Luftschiffmotoren konstruiert, darunter einen Vierzylindermotor, der bei 1400 U/min 135 PS leistete und ein Gewicht von 2,1 kg/PS hatte. Der Motor erhielt die Typenbezeichnung „J 4 L". Er war nur mit Hochspannungs-Kerzenzündung versehen. 1911 hat PAUL DAIMLER

Bild 203. PAUL DAIMLERS achtzylindriger Luftschiffmotor (1911)
Leistung 246 PS bei 1200 U/min

zwei dieser Motoren hintereinandergesetzt, so daß ein Achtzylinder-Reihenmotor entstand (Bild 203). Bei etwas herabgesetzter Drehzahl leistete er 246 PS. Er war für ein Schütte-Lanz-Luftschiff bestimmt.

Der letzte Luftschiffmotor, den PAUL DAIMLER gebaut hat, war ein Sechszylindermotor von 200 PS Leistung, der ebenfalls nur 2,1 kg/PS wog. Da inzwischen GRAF ZEPPELIN und MAYBACH die „Luftfahrzeug-Motorenbau G.m.b.H." in Bissingen a. d. Enz gegründet hatten (S. 370) und der „Luftschiffbau Zeppelin" seine Motoren nur von dieser Tochterfirma bezog, hat die Daimler-Motoren-Gesellschaft den Bau von Luftschiffmotoren seit 1913 nicht mehr verfolgt.

Flugmotoren

Die ungeheure Entwicklung, welche die Flugzeugantriebe genommen haben, kann hier nur in ihren Anfängen gestreift werden.

Einer der ersten deutschen Motoren, die in ein Flugzeug eingebaut worden sind, war WILHELM MAYBACHs 35 PS-Mercedes-Motor (Bild 184, S. 340), der sich im Kraftwagenbau so vorzüglich bewährt hatte. Ein Flugzeug mit Schwimmern, das der Österreicher WILHELM KRESS 1901 entwickelt hatte, wurde mit diesem Motor versehen, der trotz seines Gewichtes von fast 7 kg/PS der für Flugzeuge am besten geeignete Motor war, den es damals gab. Bei seinem ersten Startversuch auf dem Staubecken bei Tullnerbach im Wienerwald konnte das Flugzeug sich jedoch mit seiner mit Leinwandstoff bespannten Luftschraube nicht erheben und versank in den Fluten. Zwei Jahre später gelang den Brüdern ORVILLE und WILBUR WRIGHT ihr erster Flug; er dauerte 12 Sekunden. Der Motor ihres Flugzeuges leistete 12 PS und wog über 100 kg.

In den folgenden Jahren war Frankreich in der Entwicklung der Flugzeuge führend. Die Namen SANTOS DUMONT und FARMAN sind uns noch heute geläufig. Auf einer Automobilausstellung, die 1908 in Paris stattfand, stellten schon 15 Firmen Flugmotoren aus, die teils wasser-, teils luftgekühlt waren. Unter diesen ist der Gnôme-Umlaufmotor, der auf der Ausstellung zum erstenmal gezeigt wurde, am bekanntesten geworden. Mit einem dreizylindrigen Anzani-Motor, der 25 PS leistete und 3 kg/PS wog, überquerte BLÉRIOT am 29. Juli 1909 den Kanal zwischen England und Frankreich.

In Deutschland besaß man noch keine eigens für Flugzeuge gebauten Motoren. Als die Versuchsabteilung der Verkehrstruppen Flugzeuge beschaffen wollte, fehlte es an geeigneten deutschen Motoren, und es wurde ein französischer Motor angekauft, der im Dezember 1909 in Paris abgenommen wurde. Das gab den deutschen Motorfirmen den Anlaß, sich mit dem Bau von Flugzeugmotoren zu beschäftigen. Die Daimler-Motoren-Gesellschaft konnte auf ihre Luftschiffmotoren zurückgreifen, die zunächst nur wenig abgeändert zu werden brauchten. Der vierzylindrige 30 PS-Motor, der in ein Parseval-Luftschiff und in ein holländisches Luftschiff eingebaut worden war, wurde der erste deutsche Flugmotor. Er wurde an die Luftfahrzeug-Gesellschaft Bitterfeld geliefert.

Da die Nachfrage nach Flugmotoren rasch zunahm, die Entwicklung eines Flugmotors aber nicht mit der gewünschten Schnelligkeit folgen konnte, wurde auch der Luftschiffmotor J 4 L der Daimler-Motoren-Gesellschaft für Flugzeuge geliefert. Mit seinem niedrigen Gewicht von 2,1 kg/PS eignete er sich gut hierzu. Mit 135 PS war er der stärkste Flugmotor, den es damals (1909) gab. Er wurde auf der Pariser Ausstellung 1910 gezeigt. Aber die Leistung von 135 PS war — bezeichnend für die bescheidenen Ansprüche, die man damals an einen Flugmotor stellte — der Versuchsabteilung der Verkehrstruppen zu groß. So entwickelte PAUL DAIMLER zunächst kleinere Flugmotoren, darunter einen Vierzylindermotor von 60 PS mit hängenden Ventilen, die durch Stoßstangen und Kipphebel betätigt wurden (Bild 204). Das Leistungsgewicht konnte auf 1,85 kg/PS herabgesetzt werden. Mit diesem Motor gewann HELLMUTH HIRTH im Juni 1911 für seinen Flug von München nach Berlin den dafür ausgesetzten Preis. Der Motor wurde auch in umgestülpter Lage eingebaut, so daß die Kurbelwanne oben lag und die Zylinder nach unten hingen. Das sollte bei den einmotorigen Flugzeugen dem Flugzeugführer die Sicht erleichtern und die Schwerpunktlage des Flugzeuges verbessern. Das Schmieröl konnte sich aber jetzt nicht mehr in der Wanne des Kurbelgehäuses sammeln, und das Öl mußte mit umständlichen Mitteln abgesaugt und einem Tank zugeführt werden. Diese Einbauweise hat man daher bald wieder aufgegeben.

Die Zurückhaltung der militärischen Stellen bezüglich der Leistung der Flugmotoren dauerte nicht lange. Bald wurden größere Motoren verlangt, und die Daimler-Motoren-Gesellschaft unter PAUL DAIMLERs technischer Leitung hat allen Anforderungen in beachtlich kurzer Zeit entsprochen. Der letzte vor dem Krieg fertig gewordene Flugmotor, der „Mercedes D III" (Bild 205), für eine Nennleistung von 160 PS ge-

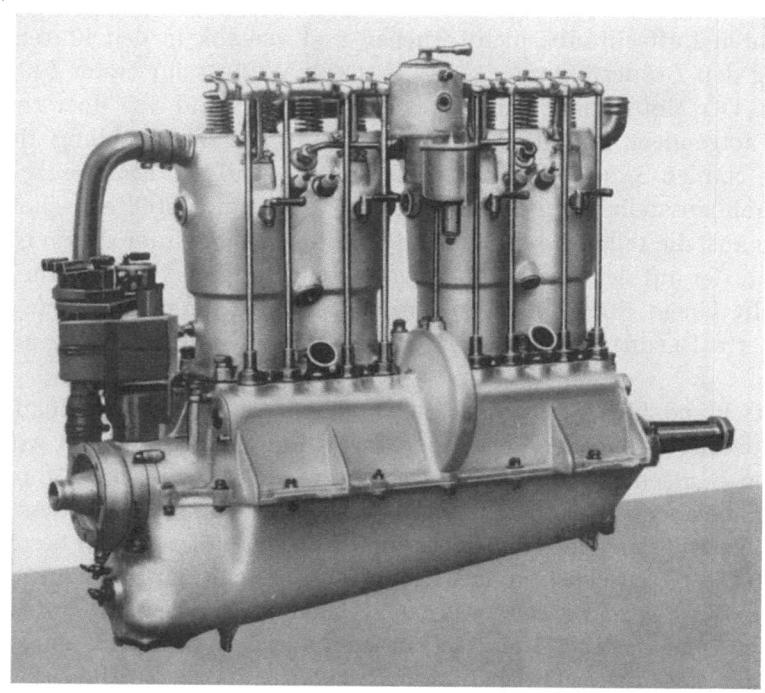

Bild 204. Vierzylindriger Flugmotor der Daimler-Motoren-Gesellschaft (1910)
Leistung 60 PS bei 1400 U/min

Da der Versuchsabteilung der Verkehrstruppen die Leistung des 135 PS-Motors, Bild 202, für ein Flugzeug zu groß war, baute PAUL DAIMLER den kleinen Flugmotor Bild 204

baut, erreichte mit sechs Zylindern von 140 mm Durchmesser und 160 mm Hub bei 1450 U/min eine Leistung von 170 PS. Das Leistungsgewicht betrug nur noch 1,6 kg/PS. Die Zylinder, deren Laufbuchsen aus Stahl angefertigt waren, stehen einzeln auf dem Leichtmetallkurbelgehäuse. Über den Zylindern liegt, im Bild erkennbar, die durch ein Stahlrohr geschützte Nockenwelle, welche die hängenden Ventile betätigt. Am linken Ende ist einer der beiden Zündmagnete angeordnet, von dem die Kabel zu den Zündkerzen führen; auf der anderen Seite wiederholt sich die Zündeinrichtung, was von der Leitung der Verkehrstruppen gefordert worden war. Trotz seines niedrigen Gewichtes hat sich der Motor als sehr betriebssicher erwiesen; man erreichte im Prüffeld eine Drehzahl von 2500 U/min, ohne daß Störungen auftraten. Mit 12 163 Einzelausführungen übertraf der Motor an Zahl alles, was damals in Deutschland an Flugmotoren gebaut worden ist.

Unter dem Druck der Ereignisse der Folgezeit stiegen die Motorleistungen schnell an; durch Aufladen mittels Turbogebläses wurde auch der Flug in größeren Höhen ermöglicht. Allen Anforderungen hat sich die Daimler-Motoren-Gesellschaft gewachsen

Bild 205. Der Flugmotor „Mercedes D III" der Daimler-Motoren-Gesellschaft (1914)
Leistung 170 PS bei 1450 U/min

Nach diesem Vorbild sind über 12000 Motoren gebaut worden. Mit geringfügigen Abweichungen ist es die Konstruktion, die WILHELM MAYBACH 1906 geschaffen hat (Bild 194) und die man damals benutzte, um gegen ihn zu arbeiten

gezeigt; sie hat von den 43500 Motoren, die während des ersten Krieges in Deutschland gebaut worden sind, fast genau 20000 oder rd. 46% geliefert. Diese große Leistung war zu einem erheblichen Teil PAUL DAIMLERs Verdienst.

Schiffsdieselmotoren

In den letzten Jahren vor dem Krieg 1914/18 hat die Daimler-Motoren-Gesellschaft in ihrem Zweigwerk Berlin-Marienfelde den Dieselmotorenbau aufgenommen. Man begann mit einem zweizylindrigen Versuchsmotor, der bei 450 U/min in jedem Zylinder 160 PS leisten sollte. Von diesem Motor ist nichts mehr bekannt. Offenbar ist man mit den Schwierigkeiten dieser Erstausführung nicht fertig geworden.

1911 begann man von neuem, diesmal mit kleineren Zylindern und besserem Erfolg. Der erste brauchbare Viertaktmotor, der in ein größeres Boot eingebaut wurde, hatte einen Zylinderdurchmesser von 160 mm bei 230 mm Hub; er leistete 60 PS bei 550 U/min. Da er nur vier Zylinder hatte, brauchte er für die Rückwärtsfahrt ein Zahnradwendegetriebe. Vom vorderen Ende der Kurbelwelle wurde von einem freiliegenden Kurbelzapfen der zweistufige Luftkompressor angetrieben, der die Druckluft zum Anlassen des Motors und die Einblaseluft für den Brennstoff lieferte, denn die Druckeinspritzung kam damals noch nicht in Frage. Diese ersten Motoren mit ihrem empfindlichen Kompressor waren komplizierte kleine Maschinen, die ihren Erbauern manche Sorgen bereitet haben.

Der letzte Motor, der vor dem Krieg 1914 in Marienfelde gebaut worden ist, leistete mit sechs Zylindern von 200 mm Durchmesser und 270 mm Hub 150 PS (Bild 206). Durch Verschieben der Nockenwelle mittels des im Bild rechts sichtbaren Handrades konnte der Motor umgesteuert werden. Je zwei Zylinder hatten eine Brennstoffpumpe

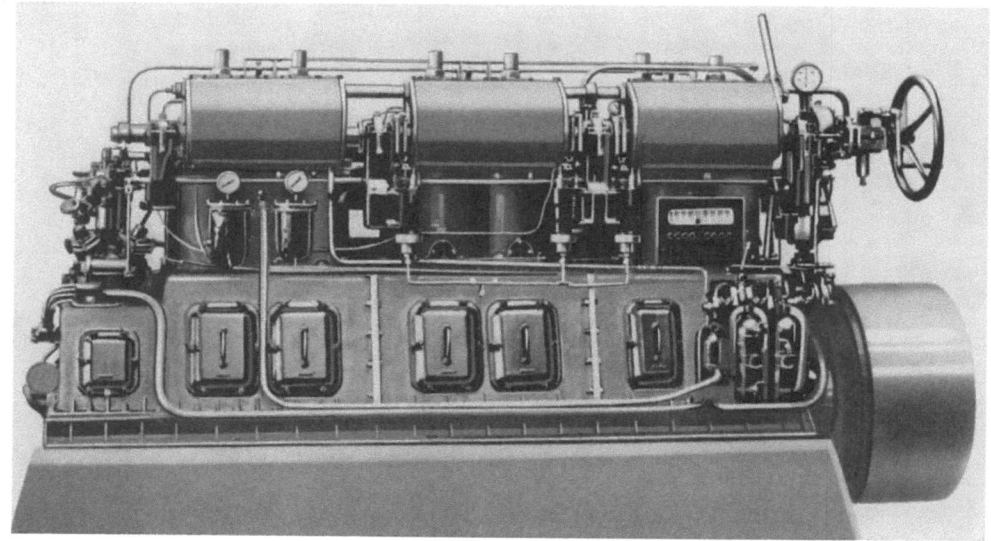

Bild 206. Ein U-Boot-Dieselmotor der Daimler-Motoren-Gesellschaft (1914)
Leistung mit 6 Zylindern 150 PS bei 500 U/min
Der Motor ist in dem Zweigwerk Berlin-Marienfelde gebaut worden

gemeinsam, deren Stempel durch ein Exzenter betätigt wurde. Die Leistung wurde durch früheres oder späteres Schließen der Saugventile der Brennstoffpumpen geregelt. Von dieser Type sind je zwei in eine Reihe von Unterseebooten eingebaut worden. Sie wurden auch, nicht umsteuerbar, in der Vier- und Sechszylinderbauart zum Antrieb von Generatoren geliefert.

Während des Krieges 1914/18 sind in dem Werk Marienfelde der Daimler-Motoren-Gesellschaft auch die sechszylindrigen U-Bootmotoren der MAN-Bauart hergestellt worden, die mit 530 mm Zylinderdurchmesser und 530 mm Hub bei 380 U/min 1700 PS leisteten. Zur Verwendung während des Krieges sind die in Marienfelde gebauten Motoren nicht mehr gelangt.

XXIII. Die ersten Jahre der Maybach-Motorenbau GmbH (1909—1918)

Als WILHELM MAYBACH am 31. März 1907 aus der Daimler-Motoren-Gesellschaft austrat, war es das zweitemal, daß er die Firma verließ. Schon 1891 war er vom Aufsichtsrat zum technischen Direktor bestellt worden, hatte aber seine Stellung gekündigt, als er sah, daß man nicht gewillt war, ihm ein Arbeitsfeld einzuräumen, wie er es brauchte. Damals hatte er GOTTLIEB DAIMLERs großzügige Unterstützung, die es ihm ermöglichte, seine Arbeiten in der Königstraße und im Hotel Hermann fortzusetzen. Jetzt stand er allein; DAIMLER weilte nicht mehr unter den Lebenden, und für MAYBACH kam erschwerend hinzu, daß er sich vertraglich verpflichtet hatte, während eines Zeitraumes von drei Jahren „nichts gegen die Interessen der Daimler-Motoren-Gesellschaft zu unternehmen". Es war die „Konkurrenzklausel", die damals noch den Firmen erlaubt war. Wer sie bei seinem Eintritt in eine Firma unterschrieben hatte, verpflichtete sich damit, während einer bestimmten Zeit nach seinem etwaigen Austritt nicht in die Dienste einer Konkurrenzfirma zu treten. So glaubte sich der Aufsichtsrat gegen WILHELM MAYBACHs Konkurrenz gesichert. Er hatte aber nicht mit WILHELM MAYBACHs Sohn KARL gerechnet.

Wilhelm Maybach nimmt die Verbindung mit dem Grafen Zeppelin auf

KARL MAYBACH, der während mehrerer Jahre Assistent seines Vaters in der Daimler-Motoren-Gesellschaft gewesen war, hatte die Firma schon vor seinem Vater, 1906, verlassen und sich in Paris einer Studiengesellschaft angeschlossen, die sich mit der Konstruktion von Automobilen und Motoren beschäftigte. KARL MAYBACH war durch keinerlei Verpflichtungen gegenüber der Daimler-Motoren-Gesellschaft gebunden und konnte die reichen Erfahrungen, die er in der unvergleichlichen Schule seines Vaters erworben hatte, frei verwerten. Anfang 1906 hatte man ihn in Cannstatt mit der Erprobung des ersten sechszylindrigen Rennwagenmotors betraut; so kannte er alle Forderungen, die der Kraftwagen an den Motor stellte. In Paris hatte KARL MAYBACH einen Motor entwickelt, der wertvolle Neuerungen, darunter einen „schwimmerlosen" Vergaser, aufwies. Mit seinem Vater stand er dauernd in brieflicher Verbindung. Der Briefwechsel ist uns erhalten geblieben.

Das Schicksal wollte, daß am 5. August 1908 das neueste Luftschiff des GRAFEN ZEPPELIN, der „LZ IV", bei Echterdingen durch eine Gewitterbö zerstört wurde. Das deutsche Volk veranstaltete spontan eine Sammlung für den Grafen, welche die für jene Zeit große Summe von über sechs Millionen Mark ergab. Damit konnte der Graf ein neues Luftschiff bauen, aber ein Erfolg stand nur in Aussicht, wenn es stärkere und zuverlässigere Motoren erhielt. So kam dem Grafen ein Brief sehr gelegen, den WILHELM MAYBACH wenige Wochen nach dem Unglück an ihn richtete:

... Im Interesse der nationalen Sache erachte ich es nun als meine Pflicht, Euer Exzellenz Aufmerksamkeit auf eine Neuheit in Motoren zu lenken, die geeignet ist, in dieser Richtung die denkbar größte Sicherheit zu bieten ...

Er meinte damit den von seinem Sohn in Paris konstruierten Motor:

Das jüngste Erzeugnis dieser Gesellschaft ist ein Motorwagen, der nach den neuesten Gesichtspunkten construirt und ausgeführt wurde und dessen Motor in allen Theilen so gut durchdacht und ausgeführt ist, daß er sich für Dauerleistung besonders eignet; namentlich der Schwingung der Kurbelachse und der Pleuelstangen ist die größte Aufmerksamkeit geschenkt. Die Anordnung und die Construction der Zylinder ermöglicht ein geringstes Gewicht bei sehr steifer Construction.

Die Kühlung ist derart durchgeführt, daß für einen Luftschiffmotor das Gewicht von Kühlapparaten und Kühlmitteln wesentlich verringert werden kann bei größter Sicherheit für Dauerbetrieb.

Was den Motor noch besonders geeignet für Luftschiffe machen würde, das ist die Anwendung eines neuen Vergasers ohne Schwimmer, dessen sicheres funktionieren durch Schräglage des Motors nicht beeinflußt werden kann.

Ein Motor nach diesen Prinzipien construirt, würde, meines Erachtens, die größte Sicherheit für die Motorluftschifffahrt gewährleisten.

Der Graf zögerte nicht, MAYBACHs Angebot anzunehmen. Er hatte WILHELM MAYBACH noch zu Lebzeiten GOTTLIEB DAIMLERs kennengelernt, mit dem er die ersten Verhandlungen über den Bau von Luftschiffmotoren geführt hatte, und Mitte 1900 hatte MAYBACH als technischer Direktor der Daimler-Motoren-Gesellschaft dem Grafen die ersten beiden Luftschiffmotoren von je 16 PS (Bild 121, S. 245) für das Luftschiff LZ I geliefert, das erste lenkbare Luftschiff der starren Bauart. Die Motoren waren zu schwach gewesen, und das Luftschiff hatte nur eine kurze Lebensdauer. Nicht besser war es den folgenden Bauten ergangen, welche 85 PS- und 105 PS-Vierzylindermotoren erhielten. Jetzt erbot sich KARL MAYBACH, einen Sechszylindermotor von 150 PS zu bauen, der den Vorzug hatte, als brandsicher gelten zu können. Das Vertrauen, das man dem Namen MAYBACH überall entgegenbrachte, führte die Verhandlungen rasch zum Abschluß. Am 23. März 1909 gründeten der Graf und KARL MAYBACH die „Luftfahrzeug-Motorenbau G.m.b.H." in Bissingen a. d. Enz als Tochtergesellschaft des „Luftschiffbau Zeppelin" in Friedrichshafen. Die technische Leitung übernahm KARL MAYBACH. 1912 wurde die Luftfahrzeug-Motorenbaugesellschaft nach Friedrichshafen verlegt. Heute heißt die Firma „Maybach-Motorenbau G.m.b.H.". KARL MAYBACH hat sie fünfzig Jahre, bis zu seinem Tod am 6. Februar 1960, erfolgreich geleitet.

Der erste Maybach-Luftschiffmotor

Sogleich nach der Gründung der Luftfahrzeug-Motorenbau GmbH begann KARL MAYBACH mit der Konstruktion des 150 PS-Motors. Da die neue Fabrik noch nicht eingerichtet war, arbeitete er in seiner Stuttgarter Wohnung; dort hat er, da ihm Hilfskräfte nicht zur Verfügung standen, alle Werkstattzeichnungen allein angefertigt. Im Oktober 1909 — nach nur einem halben Jahr — war der Motor in Bissingen fertig zur Erprobung. Der Zylinderdurchmesser betrug 160 mm, der Hub 170 mm. Die Nennleistung sollte bei 1200 U/min erreicht werden.

Für die Konstruktion des Motors war vorgeschrieben worden, daß der Bordmechaniker imstande sein müsse, während eines Fluges nicht nur die Einlaß- und Auspuffventile, sondern auch einen ganzen Zylinder mit Kolben auszuwechseln. Diese Forderung zu erfüllen wäre bei einer über den Zylindern liegenden Nockenwelle und hängenden Ventilen nicht möglich gewesen, weil das Auswechseln auch nur eines Ventils den Ausbau der Nockenwelle und des betreffenden Zylinders erfordert hätte. So konnte das Vorbild des 120 PS-Rennwagenmotors (Bild 194), an dem KARL MAYBACH mitgearbeitet hatte, nicht benutzt werden; der Motor mußte einzelne Zylinder mit stehenden Ventilen und der Brennraum den für die Verbrennung weniger günstigen T-förmigen Querschnitt erhalten. Ferner genügte bei dem verhältnismäßig großen Zylinderdurchmesser von 160 mm ein einzelnes Einlaß- und Auspuffventil je Zylinder nicht mehr; die Zahl der Ventile mußte verdoppelt werden, was, wie bei den älteren Motoren, zwei Nockenwellen erforderte. So entstand die in Bild 207 und 208 dargestellte Konstruktion.

Wie bei dem 120 PS-Rennmotor von 1906 sind die Zylinderlaufbuchsen aus Chromnickelstahl angefertigt und die gußeisernen Zylinderköpfe mit angegossenen Kühlmänteln aufgeschraubt. Der untere Teil des Kühlmantels ist jetzt nicht mehr mit dem Stahlzylinder fest verbunden, sondern gegen den Stahlzylinder durch einen Gummiring abgedichtet, so daß sich die Laufbuchse, die sich stärker als der Mantel erwärmt, frei nach unten ausdehnen kann. Das Kühlwasser tritt durch große seitliche Öffnungen in den Kühlmänteln aus einem Zylinder unmittelbar in den Kühlraum des benachbarten Zylinders; die Abdichtung besorgen mit Spannbändern angepreßte quadratische Gummiringe. Beide Konstruktionen haben sich gut bewährt. Neu ist auch die Befestigung der Zylinder auf dem Kurbelgehäuse. Sie werden nicht mehr durch Flanschen mit dem Kurbelgehäuse verschraubt, sondern durch Druckstücke auf das

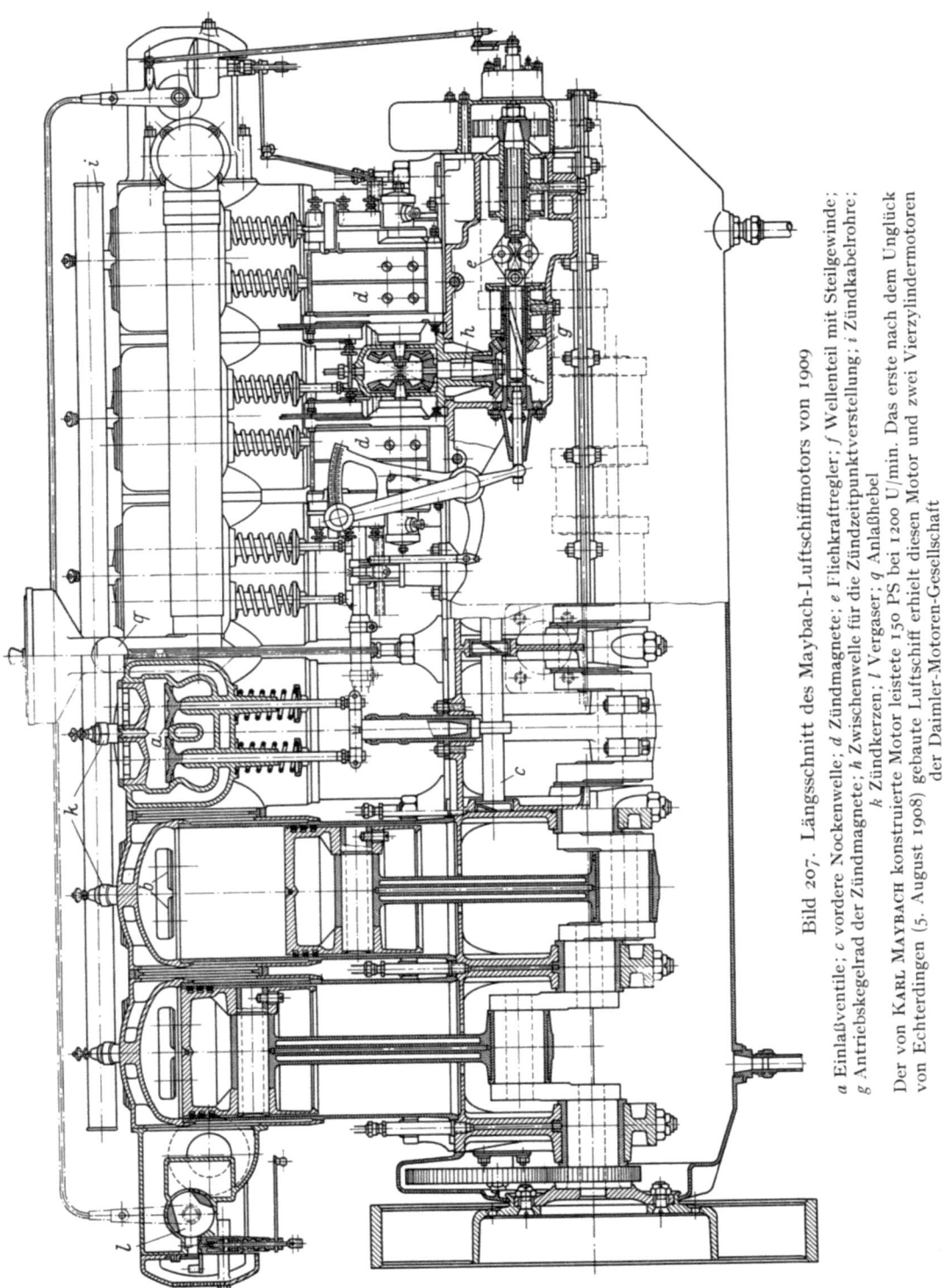

Bild 207. Längsschnitt des Maybach-Luftschiffmotors von 1909

a Einlaßventile; *c* vordere Nockenwelle; *d* Zündmagnete; *e* Fliehkraftregler; *f* Wellenteil mit Steilgewinde; *g* Antriebskegelrad der Zündmagnete; *h* Zwischenwelle für die Zündzeitpunktverstellung; *i* Zündkabelrohre; *k* Zündkerzen; *l* Vergaser; *q* Anlaßhebel

Der von Karl Maybach konstruierte Motor leistete 150 PS bei 1200 U/min. Das erste nach dem Unglück von Echterdingen (5. August 1908) gebaute Luftschiff erhielt diesen Motor und zwei Vierzylindermotoren der Daimler-Motoren-Gesellschaft

Gehäuse geklemmt und sind dadurch vor Spannungsanhäufungen, die sich in der Hohlkehle eines Flansches bilden können, geschützt.

Für die Zündung sind zwei unabhängig voneinander arbeitende Hochspannungsmagnete (d in Bild 207) vorgesehen. Ihre durch Stirnräder von der Kurbelwelle angetriebene gemeinsame Welle ist unterteilt; die Teile sind durch den Fliehkraftregler e verbunden. Mit steigender Drehzahl verschiebt der Regler den mit Steilgewinde versehenen Wellenteil f nach rechts (Bild 207; in Bild 211 nach links), wodurch das Kegelrad g um einen dem Steilgewinde entsprechenden Winkel gegenüber der Ausgangsstellung gedreht wird. Die Drehung überträgt sich auf das Kegelradpaar der kurzen senkrechten Zwischenwelle h und von dieser auf die Kegelräder der Wellen der Zündmagnete d, wie aus Bild 207 ersichtlich. Mit steigender Drehzahl wird der Zündzeitpunkt selbsttätig vorverlegt, während man ihn noch bei dem Simplex-Motor (Bild 190) von Hand hatte verstellen müssen. Die Zündkabel liegen in Fiberrohren i, die Zündkerzen k sind an den verbrennungstechnisch richtigen Stellen im Brennraum angebracht.

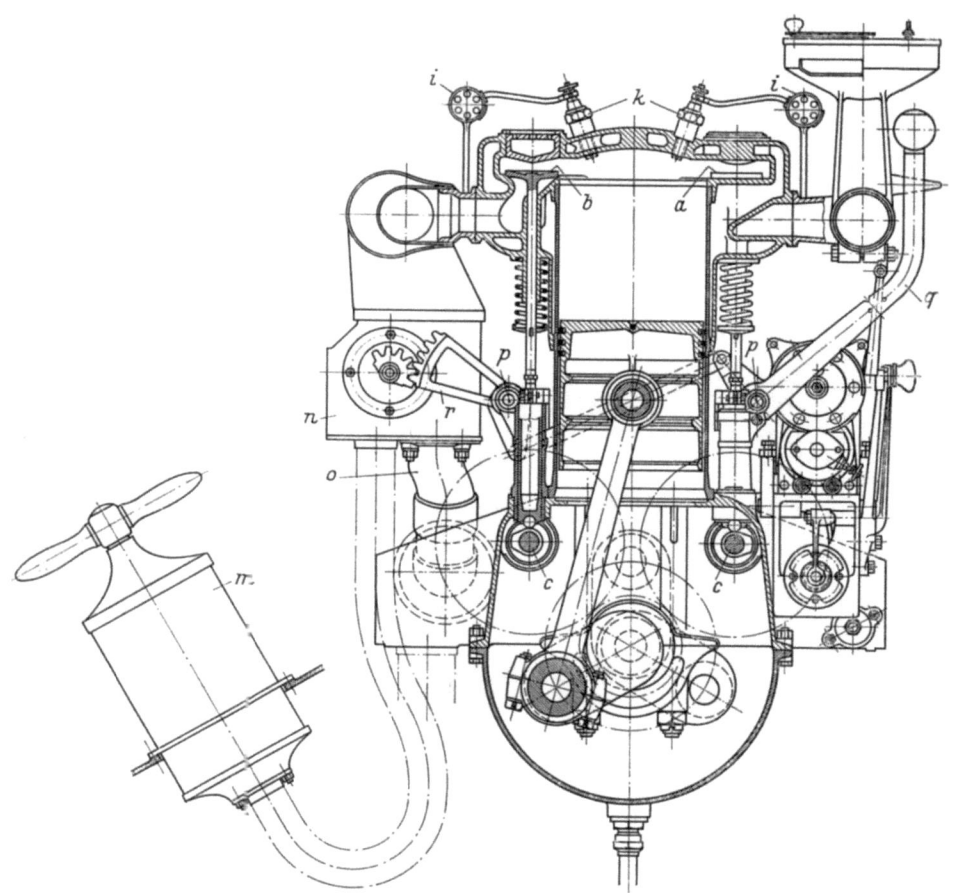

Bild 208. Querschnitt durch den Maybach-Luftschiffmotor von 1909 mit Anlaßvorrichtung
a Einlaßventile; b Auspuffventile; c Nockenwellen; i Zündkabelrohre; k Zündkerzen; m Handpumpe zum Füllen der Zylinder mit zündfähigem Gemisch vor dem Anlassen; n Auspuffbehälter mit Drehschieber; o Auspuffleitung; p Rohrwellen zum Anheben der Ventile beim Anlassen; q Anlaßhebel; r Zahnsegment

Der schwimmerlose Spritzvergaser war die wichtigste Neuerung an diesem Luftschiffmotor. Bei einem Luftschiff, das mit Wasserstoffgas gefüllt ist, muß jede Brandgefahr, soweit dies möglich ist, vermieden werden, und bei dem Spritzvergaser mit Schwimmer konnte es vorkommen, daß der Schwimmer mit der Nadel hängenblieb und das Benzin überfloß, das, wenn eine Zündung in die Saugleitung zurückschlug,

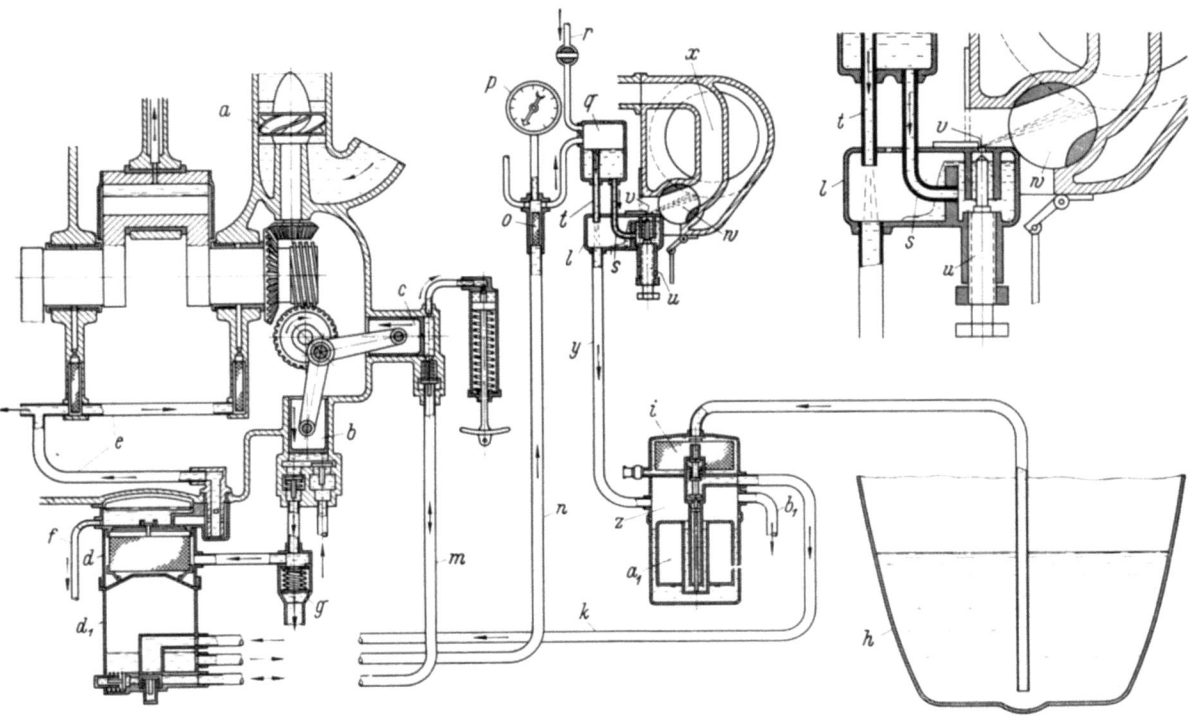

Bild 209. Schema der Benzin-, Schmieröl- und Kühlwasserförderung beim Maybach-Luftschiffmotor Bild 207

a Kühlwasserpumpe; b Schmierölpumpe; c Benzinpumpe; d Schmierölbehälter mit Filter; d_1 Benzinwindkessel; e Schmierölleitung; f Leitung zum Öldruckmanometer; g Überdruckventil für Schmieröl; h Benzinvorratsbehälter; i Benzinfilter; k Benzinsaugleitung; l Vergaser; m Benzinsaugleitung; n Benzindruckleitung; o Benzinfilter; p Benzinmanometer; q Ausgleichbehälter; r Leitung zum Auffüllen von q; s Benzinleitung zur Spritzdüse; t Überlaufrohr; u Düsennadel; v Benzindüse; w Drosselschieber; x Saugleitung des Motors; y Abflußrohr; z Rücklaufbehälter; a_1 Schwimmer; b_1 Überlauf

Der Vergaser (oberes Bild rechts) durfte als „brandsicher" bezeichnet werden, da das Benzin niemals aus der Düse v überlaufen konnte und aus der Leitung x etwa zurückschlagende Zündungen kein Benzin fanden, das sie hätten entzünden können

in Brand geraten konnte. KARL MAYBACH hatte daher schon in Paris eine Vergaserbauart entwickelt, bei welcher der Benzinspiegel unterhalb der Spritzdüse durch andere Mittel als durch einen Schwimmer stets auf gleicher Höhe gehalten wurde. In Bild 207 ist der Vergaser oberhalb des Schwungrades angeordnet. Sein Gehäuse ist an den Kühlmantel des zunächstliegenden Zylinders geflanscht, so daß der Vergaser vom Zylinderkühlwasser beheizt wird. Das sollte die Gemischbildung, insbesondere bei Flügen in größerer Höhe, verbessern.

In Bild 209 ist schematisch dargestellt, wie Kühlwasser, Schmieröl und Benzin bei diesem Motor gefördert werden. Der Vergaser ist im Bild rechts oben vergrößert wiederholt. Von dem freien Ende der Kurbelwelle wird die Kühlwasserpumpe a, eine

Schraubenpumpe, durch ein Kegelradpaar angetrieben, während die Schmierölpumpe b und die Benzinpumpe c, beides Kolbenpumpen, ihren Antrieb von einer Schnecke mit Schneckenrad erhalten. Im oberen Teil des Gefäßes d ist ein Schmierölfilter untergebracht; darüber liegt ein Windkessel, der die Druckschwankungen in der Schmierölleitung ausgleicht. Der untere, abgetrennte Teil d_1 ist der Windkessel für die Benzinpumpe. Aus dem Ölwindkessel führt die Leitung e zu den Schmierstellen des Motors und das Rohr f zu einem Öldruckmanometer. Durch das Überdruckventil g kann das von der Pumpe b zuviel geförderte Schmieröl in die Kurbelwanne des Motors zurückfließen.

Die Benzinpumpe c saugt, wenn ihr Kolben sich nach links (Bild 209) bewegt, aus dem Vorratsbehälter h durch ein Filter i und die Leitungen k und m und drückt bei der Bewegung nach rechts durch m und n zum Gehäuse des Vergasers l. In der Leitung n ist ein zweites Benzinfilter o vorgesehen, an n ein Manometer p angeschlossen. Das Benzin gelangt in den Ausgleichbehälter q, der durch das Fallrohr r aufgefüllt werden kann. Aus dem Ausgleichbehälter fließt das Benzin durch das Rohr s zur Spritzdüse; dabei steht es unter einem gleichbleibenden Druck, denn der Benzinspiegel in q wird durch das Überlaufrohr t dauernd auf derselben Höhe gehalten. Er kann nie unter die obere Mündung des Überlaufrohres t sinken, weil die Pumpe c ständig mehr Benzin fördert, als der Motor verbraucht. So fließt das Benzin in gleichbleibender Menge dem die Düsennadel u umgebenden, als Überfall ausgebildeten Raum zu, in welchem der Benzinspiegel unveränderlich in gleichem Abstand von der Benzindüse v steht. Aus der Düse saugt der Motor durch die mit Drosselschieber w versehene Leitung x das Brennstoffgemisch an. Das durch s zugeführte überschüssige Benzin mischt sich mit dem durch das Überlaufrohr t abfließenden und wird durch das Rohr y dem „Rücklaufgeschirr" z zugeführt. Dessen Gehäuse enthält zwar einen Schwimmer a_1, aber dieser hat nur die Aufgabe, bei gefülltem Gehäuse z die vom Behälter h kommende Leitung abzusperren und die Saugleitung k mit dem Benzininhalt des Gehäuses z zu verbinden, so daß sich der Brennstoff in z nicht stauen kann. Als weitere Sicherung ist ein Überlaufrohr b_1 vorgesehen, das zu einem tiefliegenden Sammelbehälter führt. Dieser Vergaser war also nicht ganz „schwimmerlos", aber der Schwimmer konnte so kräftig gebaut werden, daß er unempfindlich gegen Schräglagen war; auch konnte man ihn in solcher Entfernung vom Saugrohr des Motors anordnen, daß etwa zurückschlagende Zündungen keine Gefahr bedeuteten.

Eine Verbesserung der Wirkung dieses Vergasers ließ KARL MAYBACH sich durch das DRP 259170 schützen. Da aus jedem Vergaser, der den Brennstoff ja nur „vernebeln" kann, immer auch gröbere Benzintropfen in die Saugleitung mitgerissen werden, können diese sich an der Rohrwand niederschlagen und unerwünschte Brennstoffansammlungen bilden, die zu Unregelmäßigkeiten im Lauf des Motors führen können. KARL MAYBACH suchte dies dadurch zu vermeiden, daß er die vom Motor angesaugte Luft in einen bei a (Bild 210) eintretenden Hauptstrom und einen Nebenstrom b unterteilte. Der Hauptstrom soll in waagerechter, der Nebenstrom in senkrechter Richtung eintreten. In dem Winkel, den die beiden Eintrittsstutzen einschließen, liegt die Brennstoffdüse c. Der aus ihr tretende Brennstoffschleier d wird vom Hauptstrom der Luft in die Horizontale umgelenkt und dabei vom Nebenstrom so weit angehoben, daß er die Wandung des bei e sich (in Richtung senkrecht zur Bildebene) erweiternden Einströmkanales nicht berührt. f ist die Drosselklappe für das Gemisch; durch die schematisch angedeuteten Schieber g_1 und g_2 kann die Verteilung des Luftstromes auf die Zweige a und b eingestellt werden. Mittels der in Bild 210 schematisch angedeuteten Drosselvorrichtung h wird die aus c austretende Brennstoffmenge und damit die Leistung eingestellt. Der Vergaser bewährte sich gut und wurde bei allen von MAYBACH gebauten Luftschiff- und Flugmotoren verwendet.

Eine weitere Neuerung an MAYBACHs Luftschiffmotoren war ein Regelverfahren, das zugleich eine beträchtliche Kraftstoffersparnis bei Fahrten mit verringerter Lei-

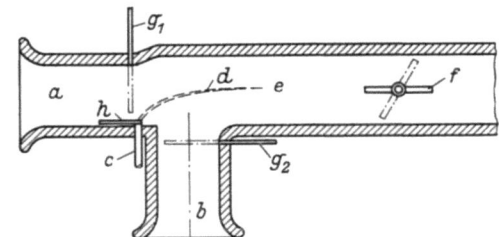

Bild 210. Schema des von Karl Maybach verbesserten Spritzvergasers (nach der Patentschrift 259170 vom 8. November 1911)

a Hauptluftstrom; b Nebenluftstrom; c Brennstoffdüse; d Brennstoffschleier; e erweiterter Teil des Saugkanales; f Drosselklappe; g_1, g_2 Drosselschieber

Durch die Unterteilung des angesaugten Luftstromes in die Zweige a,b erreichte KARL MAYBACH, daß das Benzin nicht mit der Wandung des Vergasergehäuses in Berührung kam und nicht an ihr kondensieren konnte

stung ermöglichte. Ein nach OTTOs Verfahren arbeitender Benzinmotor hat die Eigenschaft, bei einem Luftverhältnis von etwa 0,85 die höchste Leistung und das größte Anzugsmoment zu entwickeln; ein Kraftwagen hat dabei das beste Beschleunigungsvermögen. Ein Luftverhältnis von 0,85 bedeutet, daß an der theoretisch zur vollkommenen Verbrennung erforderlichen Luftmenge 15% fehlen und eine entsprechende Menge Brennstoff unausgenutzt mit dem Auspuff entweicht. Hat nun ein Luftfahrzeug die gewollte Höhe erreicht, so kommt es nicht mehr auf die Höchstleistung oder ein gutes Beschleunigungsvermögen an; die Brennstoffersparnis wird dann wichtiger. Jetzt muß das Mischungsverhältnis von Brennstoff zu Luft geändert werden. Das erreichte KARL MAYBACH durch ein Regelverfahren, das er am 5. Juli 1913 zum Patent anmeldete. Es wurde der Maybach-Motorenbau GmbH durch das DRP 310168 geschützt. Bild 211 ist nach der Patentschrift gezeichnet. Der Erfindungsgedanke ist im Hauptanspruch wie folgt ausgedrückt:

Regelungsverfahren für Explosionskraftmaschinen, dadurch gekennzeichnet, daß von der höchsten Belastung der Maschine ausgehend der Brennstoffgehalt der Ladung innerhalb seiner zündfähigen Grenzen verringert und erst im Anschluß daran die Ladung abgedrosselt wird, so daß auch bei verringerter Leistung die höchste Kompression stattfindet, derart, daß die Zündung um so früher erfolgt, je brennstoffärmer das Gemisch ist, zwecks möglichster Ausdehnung der zündfähigen Grenze.

Bild 211 zeigt, mit wie einfachen konstruktiven Mitteln KARL MAYBACH die im Patentanspruch beschriebene Aufgabe löste. Durch Bewegen des in drei Stellungen gezeichneten Hebels a werden mehrere Wirkungen hervorgerufen: beim Umlegen von a aus der Stellung 1, die der Höchstleistung entspricht, in die Stellung 2 wird gleichzeitig der Querschnitt der Brennstoffdüse durch Anheben der Düsennadel b verengt und der Zündzeitpunkt durch den mit Steilgewinde versehenen Wellenteil (f in Bild 207 und 211) vorverlegt. Der Hebel a wirkt auf die Regelvorrichtungen nicht direkt, sondern durch den mit a durch die Zugfeder c (Bild 211, Schnitt A–B) kraftschlüssig verbundenen Hebel d, der denselben Drehzapfen wie a hat. Beim Umlegen des Hebels a von 1 nach 2 nimmt die Feder c den Hebel d mit, jedoch nur bis in die Stellung 2; in dieser legt sich d gegen den Anschlag g, so daß ein Weiterbewegen des Hebels a von 2 nach 3 die Stellung des Hebels d nicht beeinflußt. Der durch die Nadel b eingestellte Düsenquerschnitt und die Lage des Zündzeitpunktes bleiben bei weiterer Verminderung der Leistung konstant. Der Düsenquerschnitt darf nicht weiter verkleinert werden, weil die untere Grenze der Zündfähigkeit erreicht ist. Von jetzt ab übernimmt die Drosselklappe *h* die Leistungsverminderung. Bisher hielt die am Hebel *i* angreifende Zugfeder *k* die Drosselklappe in der Öffnungsstellung, und beim Umlegen des Hebels *a* aus der Stellung *1* in die Stellung *2* blieb die Drosselklappe stehen, weil der am Hebel *a* befestigte Stift *l* in einem Langloch der Stange *m* gleiten konnte. Beim Umlegen von *2* nach *3* aber nimmt *l* die Stange *m* mit und dreht die Drosselklappe, die nunmehr den Saugquerschnitt verengt. Die Stellung *3* des Hebels *a* entspricht der kleinsten Leistung.

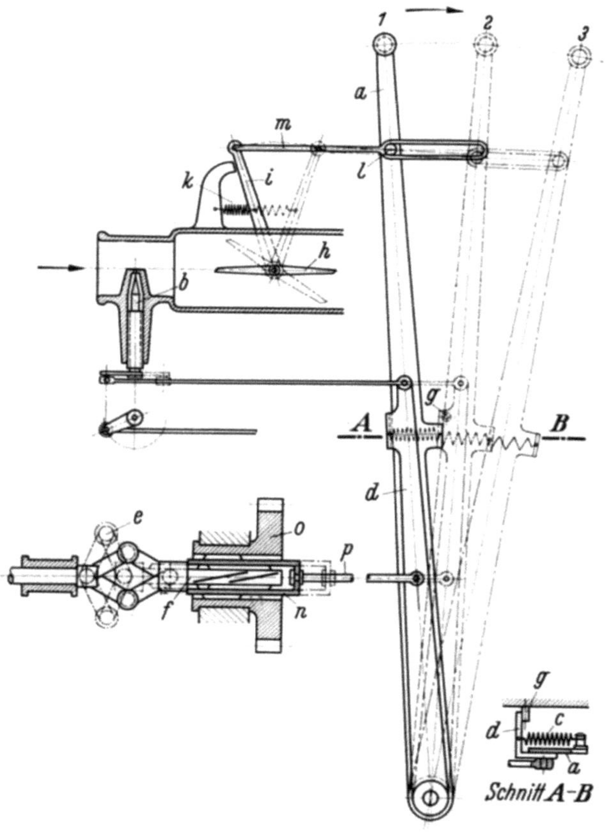

In Bild 211 ist die Vorrichtung zum selbsttätigen Verstellen des Zündzeitpunktes durch den Regler *e* in größerem Maßstab gezeichnet (s. auch Bild 207). Mit steigender Drehzahl ziehen die sich nach außen bewegenden Reglergewichte den mit Steilgewinde versehenen Wellenzapfen *f* nach links, wodurch die den Zapfen *f* umgebende Hülse *n*, die an ihrer Innenwand das gleiche Steilgewinde hat, in der Umfangsrichtung eine entsprechende Relativbewegung macht. Diese überträgt sich auf das den Zündapparat antreibende Zahnrad *o*. Bei der Verstellung durch den Regler wird die Hülse *n*, die sich mit der Reglerwelle dreht, in ihrer axialen Lage durch die dem Hebel *d* angelenkte Stange *p* gehalten. Beim Umlegen des Hebels *a* und damit des Hebels *d* zieht die Stange *p* die Hülse *n* nach rechts. Diese Bewegung ist möglich, weil *n* in der Bohrung des Zahnrades *o* gleiten kann (die drehende Bewegung von *n* wird auf *o* durch Paßfedern übertragen). Eine Bewegung der Hülse *n* nach *rechts* hat in bezug auf die Zündzeitpunktverlegung dieselbe Wirkung wie eine Bewegung der Spiralwelle *f* nach *links*; die Teile *n* und *f* erzeugen in beiden Fällen die gleiche Relativbewegung des Zahnrades *o* in der Umfangsrichtung. So ist erreicht, daß der Zündzeitpunkt durch den Hebel *a* unabhängig vom Regler *e* verstellt werden und andererseits der Regler unabhängig von der Stellung des Hebels *a* arbeiten kann. Der Regler *e* verlegt den Zündzeitpunkt vor, wenn die Zündung bei rascher laufendem Motor früher eintreten muß, der Hebel *a* verlegt ihn vor, weil die Fortpflanzungs-

Bild 211. KARL MAYBACHS Mischungs- und Drosselregelung mit Verlegung des Zündzeitpunktes (1913)

a Hand- oder Fußhebel; *b* Düsennadel; *c* Zugfeder zur kraftschlüssigen Verbindung der Hebel *a* und *d*; *e* Fliehkraftregler; *f* Wellenteil mit Steilgewinde; *g* fester Anschlag; *h* Drosselklappe in der Saugleitung; *i* Hebel der Drosselklappe; *k* Zugfeder; *l* Stift am Hebel *a*; *m* Stange mit Langloch; *n* Hülse mit Innensteilgewinde; *o* Antriebrad des Zündapparates; *p* Verbindung zwischen Hebel *b* und Hülse *n*

Durch Umlegen des Hebels *a* werden nacheinander die Höhenlage der Düsennadel *b*, die Lage des Zündzeitpunktes (durch *f*, *n*, *p*) und die Stellung der Drosselklappe *h* beeinflußt

Karl Maybach
1879–1960

geschwindigkeit der Flamme in einem ärmeren Gemisch kleiner ist als in einem reichen.

Dieses sinnreiche Regelverfahren ermöglichte es, bei Dauerfahrten, bei denen es nicht auf Höchstleistung oder großes Anzugsmoment ankam, durch Ändern des Mischungsverhältnisses den Benzinverbrauch erheblich herabzusetzen. Ein Motor, dessen Spitzenleistung 180 PS betrug, verbrauchte bei 140 PS und Drosselregelung 280 g/PSh, bei Anwendung der Regelung nach Bild 211 bei gleicher Leistung nur 210 g/PSh. Die Ersparnis betrug 25%.

Die Vorrichtung wurde bei allen Luftschiffmotoren eingebaut und bewährte sich sehr gut. Sie wurde auch dazu benutzt, den Brennstoffzufluß zur Düse der mit zunehmender Flughöhe abnehmenden Sauerstoffmenge, die der Motor ansaugte, anzupassen, ohne daß die Luftdrosselung verändert wurde.

Neu an diesem Luftschiffmotor war ferner die von KARL MAYBACH eingeführte Anlaßvorrichtung. Das Anlassen der Motoren wurde mit ihrer immer mehr zunehmenden Größe ständig schwieriger. Mit der Handkurbel konnte man die großen Motoren nicht mehr anwerfen. Bei Flugzeugmotoren warf man wohl den Motor durch Drehen an der Luftschraube an, aber bei Luftschiffen war dies nicht möglich, denn die Propeller lagen weit außerhalb der Gondeln. KARL MAYBACH überwand diese Schwierigkeit durch eine Anlaßvorrichtung, deren Wirkungsweise aus der Querschnittszeichnung (Bild 208) hervorgeht. Mittels einer Handpumpe *m*, die an den Auspuffbehälter *n* angeschlossen war, wurde durch den Vergaser ein zündfähiges Gemisch in die Zylinder gesaugt. Damit dies möglich war, mußten alle Einlaß- und Auspuffventile mechanisch angehoben und der Behälter *n* von der zur Atmosphäre führenden Auspuffleitung *o* abgesperrt werden. Die Ventile wurden durch je eine auf den Längsseiten der Zylinder an diesen entlanggeführte Rohrwelle *p* angehoben; in den Wellen *p* waren Schlitze eingearbeitet, deren Kanten unter die an den Stößeln der Ein- und Auslaßventile angebrachten Nasen griffen, wenn die Wellen *p* gedreht wurden. Die Drehung bewirkte der Handhebel *q*, der durch das in Bild 208 gezeichnete Gestänge beide Wellen *p* betätigte und zugleich durch Zahnsegment *r* und Zahnkranz einen im Auspuffbehälter *n* liegenden Drehschieber so verstellte, daß er die Auspuffleitung *o* abschloß. Gezündet wurde beim Anlassen durch einen von Hand bedienten Anlaßmagneten, der so gesteuert wurde, daß das Gemisch nur dann zündete, wenn der Kolben des betreffenden Zylinders nach dem Verdichtungshub den Totpunkt überschritten hatte. Nach Eintreten der Zündung wurde der Hebel *q* in die Fahrtstellung gelegt, so daß die Ventile arbeiten konnten und die Auspuffleitung geöffnet wurde. Das Verfahren, das uns heute etwas umständlich vorkommt, nachdem man uns daran gewöhnt hat, einen Motor durch Fingerdruck anzulassen, hat sich damals gut bewährt und zur Verminderung der Unfälle beigetragen, die beim Drehen an der Luftschraube vorgekommen waren.

Der erste Luftschiffmotor dieser Type ergab beim Abnahmelauf, an welchem DR. DÜRR, der älteste Mitarbeiter des GRAFEN ZEPPELIN, teilnahm, die berechnete Leistung von 150 PS bei 1200 U/min. Er wurde im Frühjahr 1910 in die vordere Gondel des Luftschiffes LZ 6 eingebaut. Die beiden hinteren Gondeln trugen je einen Vierzylindermotor der Daimler-Motoren-Gesellschaft. Bei den Probeflügen zeichnete sich der sechszylindrige Maybach-Motor mit seinem guten Massenausgleich durch seinen erschütterungsfreien Gang aus. Aber man hatte zugleich mit dem neuen Motor einen neuen Luftschraubenantrieb eingebaut, bei welchem ein Stahlband die Motorleistung auf den Propeller übertrug. Die Folge war ein Bruch der Kurbelwelle des

Maybach-Motors, der die Fortsetzung der Probeflüge für mehrere Monate verhinderte. Nach Auswechseln der Kurbelwelle und Einbau eines neuen Getriebes lief der Motor einwandfrei. Das nächste Luftschiff, die „Schwaben", erhielt drei Maybach-Motoren, die sich so gut bewährten, daß nunmehr auch die Luftschiffe anderer Bauarten (Groß, Parseval, Schütte-Lanz) mit Maybach-Motoren ausgerüstet wurden. Jetzt gingen auch aus dem Ausland, Italien und Japan, Bestellungen auf Maybach-Motoren ein.

Im Frühjahr 1912 wurde der Motorenbau von Bissingen in eine neu errichtete Fabrik nach Friedrichshafen verlegt. Hier begann man sogleich mit dem Bau eines stärkeren Luftschiffmotors, der mit einem Kolbenhub von 190 mm bei 1300 U/min 210 PS leistete. Trotz der Hubvergrößerung gelang es, das Gewicht des Motors von 425 auf 410 kg herabzusetzen, so daß das Leistungsgewicht nur noch 1,95 kg/PS betrug.

Der 250 PS-Maybach-Flugmotor

In seiner Fabrik in Friedrichshafen hat KARL MAYBACH vor dem ersten Krieg eine Reihe von Luftschiff- und Flugmotoren gebaut, von denen er selbst sich für den „überbemessenen" Flugmotor „Mb IVa" am meisten interessiert hat. Der Motor unterschied sich von dem damals gebräuchlichen Verfahren, einen Flugmotor auszulegen, in einem wichtigen Punkt. Bis dahin hatte man der Berechnung eines Flugmotors die Leistung in Bodennähe zugrunde gelegt und die Abnahme der Leistung mit zunehmender Flughöhe in Kauf genommen. In Höhen von einigen tausend Metern war der Motor dann nicht mehr voll ausgenutzt. KARL MAYBACH sah, daß es richtiger sein müßte, den Motor so zu bauen, daß er seine volle Leistung in einer größeren Flughöhe hergab und nicht in Bodennähe, in der das Flugzeug sich immer nur kurze Zeit befand. Dann war der Motor in der gewählten Flughöhe voll ausgenutzt, bei Flügen in geringerer Höhe freilich überlastet, aber dem konnte man durch Drosseln der Gasleitung begegnen. Einen so ausgelegten Motor bezeichnete man als „überbemessen".

KARL MAYBACH hat den ersten überbemessenen und überverdichtenden Höhenflugmotor aus seinen eigenen Mitteln gebaut. Die Beschaffungsbehörden standen seinem Vorhaben zweifelnd gegenüber; sie fürchteten Schwierigkeiten, die bei Flügen in niedriger Höhe durch Überlastung des Motors infolge falscher Bedienung entstehen könnten, und ließen sich nicht überreden, einen Bauauftrag zu geben. Aber KARL MAYBACH war seiner Sache sicher und nahm das Wagnis auf sich. So entstand der Motor Bild 212, dessen Normalleistung 245 PS in 1800 m Höhe betragen sollte. Bei 1450 U/min hat der Motor den Anforderungen voll entsprochen.

Mit besonderer Sorgfalt hat KARL MAYBACH den Arbeitszylinder dieses Motors konstruiert. Der Kühlmantel ist als dünnwandiges Stahlrohr ausgebildet, das, ebenso wie die Laufbuchse, mit Spezialgewinde auf den Zylinderkopf geschraubt ist. Damit die Laufbuchse und der Kühlmantel, die im Betrieb verschiedene Temperaturen annehmen, sich unabhängig voneinander ausdehnen können, trägt der untere Teil des Mantels eine Stopfbuchse mit Gummipackung a und Überwurfmutter b. Bei c tritt das Kühlwasser ein. Beachtlich sind die in Bild 213 eingetragenen kleinen Wandstärken der Laufbuchse und des Mantels. Auch der Kühlwasserraum ist so knapp wie möglich gehalten; sein Wasserinhalt beträgt nur $5/4$ ltr für einen Zylinder. Die Zylinder wurden wie bei den früheren Konstruktionen durch Klammern, die je zwei Zylinder faßten, auf dem Kurbelgehäuse befestigt. Neu war die Kühlung des in der Kurbelwanne sich sammelnden Schmieröles. Bis dahin war es üblich gewesen, die Verbrennungsluft durch das Kurbelgehäuse zu saugen; man erreichte mit der Vorwärmung der Luft eine bessere Gemischbildung und zugleich eine Entlüftung des Kurbelgehäuses. Durch die Vorwärmung wurde aber das angesaugte Luftgewicht und damit die Leistung verringert. Die Drosselung, welche die Luft beim Durchströmen des Kurbelgehäuses

Bild 212. Der Maybach-Motor „Mb IV a"
Erster deutscher überbemessener Höhenflugmotor (1916)
Leistung 245 PS in 1800 m Höhe
a, b Windhauben: *a* für Eintritt, *b* für Austritt des Fahrtwindes
Von diesem Typ sind während des Krieges 1914—1918 über 2000 Motoren gebaut worden

erfuhr, wirkte in demselben Sinn. So wählte KARL MAYBACH eine andere Art der Kühlung: er benutzte den Fahrtwind, der durch Windhauben *a* (Bild 212) in das Kurbelgehäuse geleitet wurde, um durch die Hauben *b* auszutreten. So wurde das Schmieröl ohne Beeinträchtigung der Motorleistung wirksam gekühlt.

Neu an diesem Motor war ferner eine Sicherung, die dafür sorgte, daß beim Durchgehen des Motors, etwa als Folge eines Propellerbruches oder bei Ausbleiben des Schmieröldruckes, kein Schaden entstehen konnte. Eine Klinke, welche bei normalem Lauf die Vergaserdrosselklappe in der Öffnungsstellung hielt, stand unter der Wirkung eines Öldruckkolbens. Fiel der Schmieröldruck unter das zulässige Maß, so löste der Öldruckkolben eine Bewegung der Klinke aus, die Drosselklappe wurde freigegeben und schloß unter Federdruck, so daß der Motor stehenblieb. Ein in das Steuergehäuse eingebauter Fliehkraftregler, dessen Muffe sich bei zu hoch ansteigender Drehzahl hob, war eine zweite Sicherung. Auch zum Stillsetzen des Motors wurde die Öldrucksteuerung benutzt; man stellte durch Drehen eines Handhebels den Öldruck ab, und der Druckkolben schloß die Gasdrossel.

Der Motor, der schon bei der ersten Erprobung ohne größere Störungen alle Anforderungen erfüllte, die man damals an einen Flugmotor stellte, fand nicht die Zustimmung der Behörden. Offenbar konnten sie den Überlegungen KARL MAYBACHs über die Erfordernisse des Höhenfluges nicht folgen; auch befürchteten sie Unfälle, die eintreten konnten, wenn das Personal bei Flügen in niedriger Höhe den Motor nicht richtig drosselte. So blieb MAYBACH nichts anderes übrig, als durch den Versuch den Beweis der Richtigkeit seines Vorgehens zu erbringen. Er wählte zu den Versuchsläufen den 1800 m hohen unweit Brannenburg a. Inn gelegenen Wendelstein, der sich für die Versuche gut eignete, weil eine Zahnradbahn hinaufführte. Die in dieser Höhe unternommenen Probeläufe bewiesen die Richtigkeit der Berechnungen MAYBACHs. Aber die Prüfungen auf dem Wendelstein, weitab von der Fabrik, die 1912 nach Friedrichshafen am Bodensee verlegt worden war, erwiesen sich bald als zu umständlich und zu zeitraubend, und man setzte sie daher in einer Unterdruckkammer fort, die sich auf dem Gelände des Luftschiffbau Zeppelin in Friedrichshafen befand. Die Resultate blieben gleich günstig. Im Februar 1917 wurde in je ein Rumpler-Flugzeug ein Maybach-Motor Mb IVa und ein nicht überbemessener gleich starker Mercedes-Motor von 260 PS Leistung eingebaut. Die wenige Wochen darauf ausgeführten Vergleichsflüge bewiesen die Überlegenheit des Maybach-Motors. Das Flugzeug mit dem Mercedes-Motor brauchte 42 Minuten, um eine Höhe von 5000 m zu erreichen; dem Maybach-Motor gelang es in 24,5 Minuten. Das Mercedes-Flugzeug hatte mit 5000m seine Gipfelhöhe erreicht, während das Maybach-Flugzeug auf 6000 m stieg.

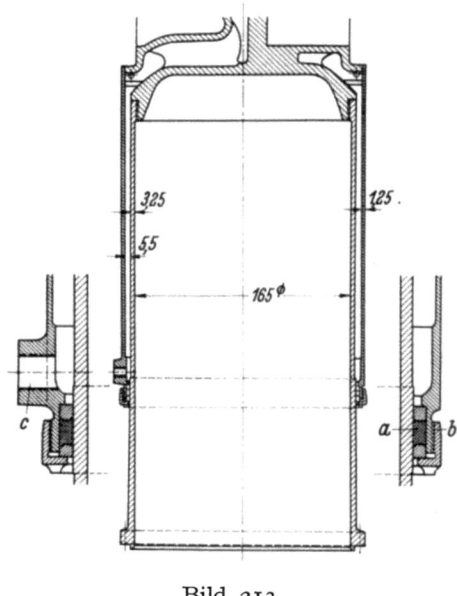

Bild 213
Arbeitszylinder des Höhenflugmotors Mb IVa
a Gummipackung; *b* Überwurfmutter; *c* Kühlwassereintritt
Mit seiner weit getriebenen Leichtbauweise übertraf der von KARL MAYBACH konstruierte Zylinder in bezug auf sein niedriges Gewicht alle früheren Ausführungen

Erst jetzt war der Widerstand der amtlichen Stellen überwunden. Hatte man vorher den Maybach-Motor abgelehnt, so konnten jetzt die Maybach-Werke nicht genug solcher Motoren bauen. Es mußte eine Reihe von Unterlieferanten zu Hilfe genommen werden. Die Fabrik in Friedrichshafen lieferte schließlich etwa 200 Motoren monatlich, insgesamt mehr als 2000. Ein Motor, der in englische Hände gelangte, fand eine anerkennende Besprechung in der Zeitschrift „Aeronautics" vom 28. August 1918.

Der von KARL MAYBACH angefertigte Entwurf eines 600pferdigen Flugmotors, der als V-Motor aus zwei Mb IVa-Motoren zusammengesetzt war, ist nicht mehr ausgeführt worden. Ende 1918 gaben die Maybach-Werke den Flugmotorenbau auf; sie haben ihn auch nicht wieder aufgenommen. Nur Luftschiffmotoren sind später vorübergehend noch gebaut worden.

Zweiter Teil

Dieselmotoren

XXIV. Rudolf Diesels Erfindung (1891—1893)

Unter den großen Ingenieuren, die in Deutschland den Verbrennungsmotor geschaffen haben, ist RUDOLF DIESEL die am stärksten faszinierende Persönlichkeit; zugleich ist er der am meisten umstrittene Erfinder gewesen. Seine Lebensarbeit hat ihm Reichtum und Ruhm eingetragen, wie ein Mensch es nur wünschen mag, aber nicht das Glück, das man gemeinhin mit dem Besitz von Geld und Ruhm verbunden wähnt. Sein Leben ist an seiner großen Schöpfung zerbrochen.

Geld und Ruhm rufen die Neider auf den Plan; nie war es anders. Erst schienen sie wohlmeinende Zweifler; dann, als nach unendlichen Mühen der Erfolg sich zeigte, überboten sie sich in Schmähungen, weil der fertige Motor nicht nach dem Verfahren arbeitete, das DIESEL in seinem Grundpatent als neu verkündet hatte. Die große Tragik ist, daß der, dem die Schmähungen galten, der wie wenige die Gabe der überzeugenden Rede besaß, es nicht nur nicht verstand, seine Gegner abzuwehren, sondern ihnen geradezu die Handhabe bot, ihn anzugreifen. Seit er in den Vorlesungen seines Lehrers LINDE von dem Carnotschen Kreisprozeß gehört hatte, war sein Ziel, diesen „Prozeß mit höchster Wärmeausnutzung" im Motor zu verwirklichen. Anfang 1892 glaubte er, das Verfahren gefunden zu haben, und meldete es zum Patent an. Damals sah DIESEL ebensowenig wie das Patentamt, daß die Anmeldung Unmögliches beschreibt, und das Patent wurde erteilt. Schon Mitte 1893 hat DIESEL seinen Irrtum erkannt und Ende 1893 ein zweites Patent angemeldet, das den Irrtum des ersten berichtigt, jedoch in so verschleierter Form, daß man die zweite Anmeldung für eine Fortsetzung des Grundpatentes halten kann, während sie in Wirklichkeit das Grundpatent aufhebt. Damals waren die Kenntnisse von den Vorgängen im Brennraum eines Motors erklärlicherweise noch dürftig — auch OTTO hat das zu seinem Leid erfahren müssen —, und so brauchen wir uns nicht zu wundern, daß weder das Patentamt noch die Industrie erkannt haben, was an den beiden wichtigsten Patenten DIESELs unausführbar ist. DIESEL hat es erkannt, wenn auch zunächst wohl nicht mit voller Klarheit, aber da er inzwischen mit Krupp und der MAN einen Lizenzvertrag zur Verwertung seines ersten Patentes geschlossen hatte, so hat er darüber geschwiegen. Das war sein Recht; er brauchte sich nicht selbst um die Frucht seiner Mühen zu bringen. So konnte er mit Hilfe der MAN den Motor schaffen, der heute in aller Welt seinen Namen trägt. Wir würden es nicht als billig empfinden, wenn DIESEL damals sein Grundpatent widerrufen und dadurch zahlreichen Firmen die Möglichkeit gegeben hätte, aus dem Gedanken, den er zuerst gehabt hat, großen Nutzen zu ziehen, während er leer ausgegangen wäre.

Im Februar 1897 lief der erste Dieselmotor; er erregte in der Fachwelt größtes Aufsehen. Im folgenden Jahr war die fünfjährige Frist verstrichen, innerhalb deren damals ein Patent angegriffen werden konnte. Die kurz vorher von EMIL CAPITAINE

(S. 220) angestrengte Nichtigkeitsklage war abgewiesen worden. Jetzt waren DIESELs Patente unangreifbar. In den folgenden Jahren hätte es DIESEL eigentlich ein leichtes sein müssen zuzugeben, daß sein Motor nach einem von dem ursprünglich angestrebten stark abweichenden Verfahren arbeitet, und dies sachlich zu begründen. Seinem wohlverdienten Ruhm hätte dies nicht geschadet, und kein Makel wäre für ihn damit verbunden gewesen; einzuräumen, daß man durch einen Irrtum zur Wahrheit gelangt ist, mindert die Ehre nicht. Aber DIESEL wollte nicht zugeben, daß die isothermische Ausdehnung, die der Carnot-Prozeß fordert, nicht im mindesten in seinem Motor verwirklicht worden ist. Noch in der Nachschrift[59] zu dem Vortrag, den er im November 1912 vor der Schiffbautechnischen Gesellschaft gehalten hat, sagt er:

> Habe ich nicht unzählige Male wiederholt, daß die wirkliche Maschine ein „Kompromiß" zwischen dem Ideal und dem Erreichbaren sei? Sollen wir lieber darüber trauern, daß die Isotherme nur für ganz kleine Leistungen erreicht und für große Leistungen durch andere Kurven ersetzt wurde, oder uns darüber freuen, daß überhaupt ein Fortschritt in der Wärmeverwertung erzielt wurde?

Die Isotherme des Carnot-Prozesses ist niemals auch nur annähernd erreicht worden, nicht für ganz kleine Leistungen und nicht für den Leerlauf. Selbst bei leerlaufendem Motor beträgt der Unterschied zwischen der Endtemperatur der Verdichtung und der höchsten während der Verbrennung auftretenden Temperatur mehr als 1000 Grad. So mußte die Zähigkeit DIESELs, mit der er an der vermeintlichen Isotherme festhielt, den Widerspruch streitsüchtiger Naturen hervorrufen. Es kam zu den üblen Angriffen RIEDLERs und NÄGELs in der Schiffbautechnischen Gesellschaft[59] und zu den von RIEDLER und LÜDERS verfaßten Schmähschriften (S. 424). DIESEL hat die Schriften nicht mehr gelesen; der Tod hat es ihm erspart.

DIESELs Leben ist von seinem Sohn und Biographen ausführlich beschrieben worden[60]. Wir bringen aus dem Buch nur einige Daten.

Als Sohn deutscher Eltern hat RUDOLF DIESEL am 18. März 1858 in Paris das Licht der Welt erblickt. Bei Ausbruch des deutsch-französischen Krieges 1870, als alle Deutschen Paris verlassen mußten, verlegten die Eltern ihren Wohnsitz nach London; den Sohn gaben sie nach Augsburg zu dem ihnen verwandten Professor BARNICKEL, welcher Mathematiklehrer an der Gewerbeschule in Augsburg war. Diese Schule besuchte RUDOLF DIESEL, um sodann zwei Jahre auf der Industrieschule in Augsburg zu lernen. 1875 bezog er das Polytechnikum München, die spätere Technische Hochschule, die er 1880 mit einem glänzenden Abgangszeugnis verließ. In München gehörte CARL LINDE zu seinen Lehrern, der die theoretische Maschinenlehre seit 1868 als außerordentlicher, seit 1872 als ordentlicher Professor vertrat. LINDEs Vorlesung hat DIESEL angeregt, sich mit dem Plan einer Wärmekraftmaschine zu beschäftigen, die einen höheren thermischen Wirkungsgrad erreichen sollte als alle bis dahin bekannten Maschinen. Er selbst schreibt darüber[61]:

> Als mein verehrter Lehrer, Professor Linde, am Polytechnikum in München 1878 seinen Zuhörern in der thermo-dynamischen Vorlesung erklärte, daß die Dampfmaschine nur 6—10% der disponiblen Wärme des Brennstoffes in effektive Arbeit umwandle, als er den Carnotschen Lehrsatz erläuterte und ausführte, daß bei der isothermischen Zustandsänderung eines Gases alle zugeführte Wärme in Arbeit verwandelt werde, da schrieb ich an den Rand meines Kollegienheftes: „Studieren, ob es nicht möglich ist, die Isotherme praktisch zu verwirklichen". Damals stellte ich mir die Aufgabe! Das war noch keine Erfindung, auch nicht die Idee dazu. Der Wunsch der Verwirklichung des Carnotschen Idealprozesses beherrschte fortan mein Dasein. Ich verließ die Schule, ging in die Praxis, mußte mir meine Stellung im Leben erobern. Der Gedanke verfolgte mich unausgesetzt.

Der Carnot-Prozeß

Im Jahr 1824 hatte der französische Genieoffizier LÉONARD SADI CARNOT (1796 — 1832) seine geistreichen „Réflexions sur la puissance motrice du feu et sur les machines propres a développer cette puissance"[62] veröffentlicht. Er war der erste, der gezeigt hat, daß die in einer Dampfmaschine geleistete Arbeit proportional dem Wärmegefälle zwischen Kessel und Kondensator ist. Mit erstaunlicher Klarheit hat CARNOT ausgesprochen, daß die Dampfmaschine — die einzige Wärmekraftmaschine, die es zu seiner Zeit gab — die Wärme infolge des kleinen Gefälles zwischen der Temperatur des Frischdampfes und der des Kondensats nur sehr unvollkommen ausnutzt. Richtig sei es, statt mit Wasserdampf, der nur in einem Kessel erzeugt werden könne, mit Luft zu arbeiten, die durch eine in ihr vorgenommene Verbrennung erhitzt werde. Die Luft müsse vor dem Erhitzen zusammengepreßt werden. Der Brennstoff müsse in kleinen Teilen eingeführt, der Zylinder hinreichend kühl gehalten werden, damit Kolben und Zylinder nicht zerstört würden. 1824 hat CARNOT diese geniale Vision gehabt. An den Versuch einer Ausführung war damals natürlich nicht zu denken.

CARNOT hat ferner gezeigt, daß ein bestimmter Kreisprozeß die günstigste Ausnutzung der Wärme in einer Wärmekraftmaschine ergibt. Als „Kreisprozeß" bezeichnen wir die Zusammenfassung der Zustandsänderungen, die das arbeitende Gas bzw. der Dampf im Zylinder einer Kraftmaschine während eines vollen Arbeitsspieles erfährt. Dabei handelt es sich nicht um einen eigentlichen Kreislauf; das Gas wird, wenn es seine Arbeit abgegeben hat, ausgestoßen und durch eine frische Ladung ersetzt, die darauf dieselbe Wandlung wie die vorhergehende durchmacht. Zwischen je zwei Arbeitsspielen findet ein Gaswechsel statt, der bei der theoretischen Betrachtung eines Kreisprozesses nicht beachtet zu werden braucht.

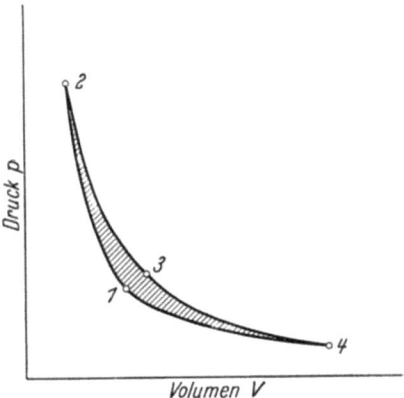

Bild 214. Schematische Darstellung des Carnot-Prozesses durch das Druck-Volumen-Diagramm

Die Abschnitte des Kreisprozesses sind mit denselben Ziffern bezeichnet, welche DIESEL in seinen Patentschriften 67207 (Bild 215) und 82168 (Bild 219) benutzt hat

Der sich von rechts nach links bewegende Kolben verdichtet die im Zylinder (Punkt 4) eingeschlossene Luft. Die Verdichtung soll zunächst isothermisch verlaufen (4--1), die Temperatur also nicht zunehmen. Von 1 bis 2 soll Wärme weder zu- noch abgeführt werden (adiabatischer Teil der Verdichtungslinie); dabei steigt die Temperatur hoch an. In Punkt 2 sind der höchste Verdichtungsdruck und die höchste Verdichtungstemperatur erreicht. Der Kolben kehrt seine Bewegungsrichtung um, und jetzt wird auf der Strecke 2—3 der Brennstoff zugeführt. Er entzündet sich in der hocherhitzten Luft, und dabei soll — das ist wichtig — die Temperatur nicht steigen, sondern unverändert bleiben (isothermische Ausdehnung). Hat der Kolben die dem Punkt 3 entsprechende Stellung erreicht, so ist aller Brennstoff verbrannt. Von da ab (Strecke 3—4) sollen sich die heißen Gase adiabatisch auf die Anfangstemperatur (Punkt 4) ausdehnen

Der Kreisprozeß, der CARNOTs Namen trägt, ist schematisch in Bild 214 dargestellt und erläutert. Es wäre sehr schön, wenn wir ihn in unseren Maschinen verwirklichen könnten. Wir würden einen Wirkungsgrad von 100% erreichen, wenn es gelänge, das arbeitende Gas auf den absoluten Nullpunkt der Temperatur, also auf —273°, expandieren zu lassen. Das geht natürlich nicht; wir dürften höchstens an die Umgebungstemperatur, 20° C, denken, aber auch das ist nicht möglich, denn es würde einen unausführbar großen Kolbenhub erfordern, und zudem darf der Taupunkt der Verbrennungsgase im Zylinder nicht unterschritten werden, sonst würde unser Zylinder in kurzer Zeit durch Korrosion zerstört werden. Die Auspufftemperatur muß mehrere hundert Grad über 0° C liegen, auch dann wäre noch mit dem Carnot-Prozeß ein Wärmewirkungsgrad erreichbar, der hoch über dem liegt, den die beste Dampfmaschine hat. Wir brauchen nur die Temperatur im Punkt 2 (Bild 214) recht hoch zu treiben, d. h. eine sehr hohe Verdichtung zu wählen, dann wird der Wirkungsgrad weit besser als alles mit anderen Maschinen Erreichbare. Das Triebwerk kann man so stark ausführen, daß es den hohen Druck verträgt.

Die Verbrennungs- und Ausdehnungslinie 2—3 soll isothermisch verlaufen, die Temperatur im Zylinder nicht zunehmen, obwohl während des entsprechenden Teiles des Kolbenhubes der Brennstoff eingeführt wird und verbrennt. DIESEL hatte bei LINDE gelernt, „daß bei der isothermischen Zustandsänderung eines Gases alle zugeführte Wärme in Arbeit umgewandelt wird", und hatte sich das wohl gemerkt. Es leuchtet ein: wenn man der im Zylinder eingeschlossenen hochverdichteten und erhitzten Luft Wärme zuführt, indem man Brennstoff, Kohlenstaub, Öl oder dergleichen im Zylinder verbrennt, und dafür sorgt, daß der den Ausdehnungshub beginnende Kolben sich so bewegt, daß die mit der Expansion verbundene Abkühlung die Erwärmung durch die Verbrennung gerade aufhebt, dann ist die zugeführte Wärme „verschwunden", und da sie nicht verlorengehen kann, muß sie sich ganz in Arbeit verwandelt haben. Das erscheint einfach und selbstverständlich.

CARNOTs Schrift war zehn Jahre vergessen; erst der namhafte französische Ingenieur EMILE CLAPEYRON (1799—1864), Lehrer an der Ecole Polytechnique, hat in seinem Mémoire sur la puissance motrice de la chaleur auf die Bedeutung der Gedankengänge CARNOTs hingewiesen, und CLAUSIUS (1822—1888) hat sie, auf CLAPEYRONs Veröffentlichung fußend, in seiner Arbeit „Über die bewegende Kraft der Wärme und die Gesetze, welche sich daraus für die Wärme selbst ableiten lassen" (erschienen in POGGENDORFFs Annalen 1850) und bei dem Ausbau seiner „Mechanischen Wärmetheorie" (1876) benutzt. CARL LINDE wird seinen Hörern aus CLAUSIUS' berühmtem Werk vorgetragen haben. So hat sein Schüler DIESEL gelernt, daß bei jeder Wärmekraftmaschine ein möglichst hohes Druck- und Temperaturgefälle anzustreben ist und daß die isothermische Zustandsänderung während der Verbrennung in Verbindung mit dem hohen Gefälle den besten Wärmewirkungsgrad ergibt.

Diesel macht Versuche mit Ammoniakdämpfen

Von der Hochschule ging DIESEL zu LINDE, der 1879 die Leitung einer von ihm in Wiesbaden gegründeten Gesellschaft für den Bau seiner Eismaschinen übernommen hatte. Er gab dem ihm von der Hochschule her bekannten jungen DIESEL eine Anstellung in der Pariser Filiale, welche die Gesellschaft für LINDEs Eismaschinen kurz vorher eingerichtet hatte. Schon nach einem Jahr übertrug LINDE ihm die Leitung der Pariser Niederlassung.

In dieser seiner ersten Stellung hatte DIESEL sich eingehend mit den Kreisprozessen der Kälte- und Wärmekraftmaschinen zu beschäftigen. Er konstruierte einen Ammoniakmotor, den er auf eigene Kosten bauen ließ. In seinen handschriftlichen Aufzeichnungen sagt er:

> Meine ursprüngliche Idee war, einen Kleinmotor zu machen, welcher stets marschbereit sei und nur durch ein kurzes Heizen nach je 10—12 st. Betrieb gleichsam wieder „aufgezogen" würde. Ich wählte deshalb flüssiges Ammoniak als motorisches Medium und wurde dadurch zur Untersuchung der Ammoniakdämpfe geführt. Ich that dies in praktischer und theoretischer Hinsicht, machte sehr eingehende Versuche mit Ammoniakdämpfen, Absorption derselben in verschiedenen Flüssigkeiten usw. und construirte auch einen wirklichen Ammoniakmotor.

Es gelang ihm, den Motor, der eine kleine mit Ammoniakdämpfen getriebene Dampfmaschine war, in Gang zu setzen, so daß er daran dachte, ihn auf der Pariser Weltausstellung 1889 zu zeigen. Diesen Plan gab er auf, als er Kunde von den ersten Erfolgen erhielt, welche die Dampfmaschinenfabriken mit der Verwendung von überhitztem Dampf erzielt hatten. Das war um die Jahreswende 1887/88. Auch die Maschinenfabrik Augsburg baute 1888 ihre erste mit Heißdampf arbeitende Anlage, die an die Spinnerei und Buntweberei Pfersee geliefert wurde. Daß die Überhitzung für die Wärmeausbeute der Dampfmaschine vorteilhaft sein müsse, war seit langem bekannt, es stimmte mit CARNOTs Lehrsatz überein; aber jetzt lagen zum erstenmal Beweise aus der Praxis vor. DIESEL, der das Aufkommen des Heißdampfes aufmerksam verfolgt hatte, kam auf die Idee, auch seinen Ammoniakmotor zu verbessern, indem er ihn mit überhitzten Ammoniakdämpfen betrieb, aber dem stand entgegen, daß es für die Drücke und Temperaturen, die er anwenden wollte, noch keine Dampftafeln gab. So machte er sich an die mühsame Arbeit, solche Tafeln „hypothetisch" zu berechnen:

> Es zeigte sich, daß das ganze wissenschaftliche Material, das wir über Dämpfe besitzen, nicht zur Verfolgung des Problems ausreiche. Ich berechnete die Regnault'schen Dampftabellen hypothetisch bis auf sehr hohe Temperaturen weiter ...
>
> Es ging demselben voraus ein vollständig neues Studium der überhitzten Dämpfe von Wasser und Ammoniak unter Ausrechnung vieler Hunderte von Zahlenbeispielen und unter Aufstellung einer großen Zahl neuer Tabellen; ferner eine Serie von Versuchen über Absorption von Ammoniak, welche die Anlage eines ganzen Laboratoriums und einen Aufwand von ca 3 Jahren erforderte, dann eine Theorie zu diesen Versuchen, dann die Ausführung eines wirklichen Ammoniakmotors unter Anwendung verschiedener Arten von Steuerungen. Dann eine Untersuchung gesättigter Dämpfe bei Drucken von mehreren 100 atm. und sehr hohen Temperaturen, dann eine Aufstellung der Verbrennungstheorie, endlich der zeitliche Entwurf des vorgeschlagenen Motors.

Die Überlegungen, die ihn zu seiner ersten Patentanmeldung geführt haben, hat DIESEL in handschriftlichen Aufzeichnungen niedergelegt. Sie tragen das Datum „Berlin, Anfang 1892" und umfassen 64 eng beschriebene Seiten; sie sind somit geschrieben worden, während er die Anmeldeschrift seines ersten Patentes ausarbeitete, die er am 27. Februar 1892 dem Patentamt eingereicht hat. Die Entwicklung seiner Gedankengänge ist klar zu erkennen: anfangs will er seinen Motor mit gesättigten Ammoniakdämpfen betreiben; die Verwendung von Ammoniak lag ihm nahe, er hatte ja als Leiter der Gesellschaft für LINDEs Eismaschinen in Paris täglich mit diesem Stoff zu tun. Dann erhält er Kenntnis von dem Fortschritt, den der Dampfmaschinenbau durch die Einführung des Heißdampfes gemacht hat, und auch er will nunmehr überhitzten Ammoniakdampf verwenden:

Theorie und Praxis hatten mich schon auf die Überhitzung der Dämpfe geführt; meine Erfahrungen mit dem gebauten kleinen Motor thaten mir in überraschender Weise die Vortheile der Überhitzung kund.

Ich stellte nun eine vollständige Theorie einer Dampfmaschine mit hochüberhitzten Ämm. Dpfen auf und fand rechnerisch nicht unbedeutende Vortheile vor den heutigen Dampfmaschinen heraus; dabei zeichneten sich diese Motoren durch außerordentliche Kleinheit, im Vergleich zu unseren jetzigen Dampfmaschinen, aus, was daran lag, daß zur vortheilhaftesten Durchführung des Processes nicht nur hohe Temperaturen, sondern auch sehr hohe Drucke angewendet werden mußten. — Um nicht irre zu gehen, berechnete ich auch Maschinen, welche hoch überhitzte Wasserdämpfe anwenden würden; auch hier zeigte sich die Nothwendigkeit, hohe Drucke zu gebrauchen, da nur durch große Druckdifferenz beim Expandiren ein großes Temperaturgefälle effectiv ausnutzbar wird ...

So rechnet und experimentiert er weiter, und dabei kommt ihm, was für ihn neu ist, die Erkenntnis, daß Gase eigentlich nur hochüberhitzte Dämpfe sind:

... und es stellte sich heraus, daß für unsere Verhältnisse der critische Punkt überschritten wurde, so daß man Flüssigkeits- u. Gaszustand nicht mehr unterscheiden konnte; dies brachte mich auf die Idee, die Dämpfe als Gase zu betrachten, nur um ihnen rechnerisch näherzukommen. Dabei entdeckte ich, daß praktisch kein Unterschied zwischen Dampf und Gas bestehe ...

Diesel glaubt, das richtige Verfahren gefunden zu haben

Wenn es keine scharfe Grenze zwischen Dämpfen und Gasen gibt, dann muß es, da es auf den Wärmeträger nicht ankommen kann, auch mit Luft gehen:

... daß ich also auch Gas, bzw. Luft verwenden könne; ich behielt aber dabei die von den vorhergehenden Untersuchungen stammenden hohen Drucke und hohe Temperaturen bei. —

Mit Luft zu arbeiten hatte schon CARNOT vorgeschlagen. Und DIESEL sieht jetzt klar: wenn hohe Drücke (DIESEL sagt „Drucke") und hohe Temperaturen erreicht werden sollen, dann ist das mit einer „gewöhnlichen Verbrennung" nicht zu schaffen. Die „gewöhnliche" Verbrennung war die von den Gasmaschinen her bekannte: das angesaugte Gemisch aus Gas und Luft darf nur auf einen mäßig hohen Druck verdichtet werden, damit keine Frühzündungen eintreten. Der niedrige Verdichtungsdruck widerspricht den Forderungen des Carnot-Processes, der hohe Verdichtungsdrücke verlangt. Die Verbrennung im Gasmotor verläuft auch nicht isothermisch, sondern mit starker Temperaturzunahme, also ebenfalls nicht so, wie es der Carnot-Prozeß vorschreibt:

Bei hohen Temperaturen war es aber nicht möglich, eine gewöhnliche Verbrennung vortheilhaft auszunutzen. — Deshalb kam ich auf den Gedanken, die Verbrennung in der hoch gespannten Luft selbst vorzunehmen. Die Verfolgung dieser Idee führte auf die im Vorstehenden mitgetheilte Verbrennungstheorie und auf den Vorschlag des Motors.

Was DIESEL mit dem Satz meint, „Bei hohen Temperaturen war es nicht möglich, eine gewöhnliche Verbrennung vorteilhaft auszunu†zen", wird verständlich, wenn man sich in seine ersten Gedankengänge versetzt. Im Feuerraum des Kessels herrscht eine „hohe" Temperatur, und doch nutzt die Dampfmaschine die zugeführte Wärme schlecht aus. Für den Zylinder der Gasmaschine gilt, wenn auch abgeschwächt, dasselbe; die Temperatur im Zylinder ist hoch und die Wärmeausbeute trotzdem nicht befriedigend. Der Grund liegt darin, sagte sich DIESEL, daß unter Bedingungen, wie sie im Kessel und im Zylinder des Gasmotors herrschen, der Prozeß nicht isothermisch verläuft, wie CARNOT rät. Man muß somit zwar hohe Drücke verwenden — DIESEL will die Luft auf 250 at verdichten und dabei wird die Endtemperatur der Verdichtung etwa 800° betragen —, aber bei der Ausdehnung muß die Temperatur der brennenden Gase konstant bleiben. Das ist zu erreichen, wenn man nur so viel Brennstoff einführt, daß die mit der Ausdehnung verbundene Abkühlung die durch die Verbrennung erzeugte Erwärmung gerade aufhebt. Das wird sich genau berechnen lassen.

Damit wäre die Ausdehnungslinie *2–3* des Carnot-Diagramms (Bild 214) berechenbar. Alles weitere ist einfach. Die Brennstoffmenge wird so bemessen, daß im Punkt *3* aller Brennstoff verbrannt ist. Das Gas steht noch unter vermindertem Druck und dehnt sich weiter aus; der Zylinder wird nicht gekühlt, dann wird auch keine Wärme abgeführt: die adiabatische Ausdehnungslinie *3–4* ist verwirklicht. Im Punkt 4 hat man sich den Gaswechsel vorzustellen; den bewirkt beim Viertaktverfahren der Ausschub- und Saughub des Kolbens; die geringe Energie, die dazu gehört, wird vom Schwungrad geliefert. Jetzt soll der Kolben die frisch angesaugte Luft verdichten, und die Verdichtung muß nach CARNOT isothermisch verlaufen. Das ist leicht zu erreichen, indem man so viel Wasser in den Zylinder spritzt, daß die Verdampfungswärme die Verdichtungswärme kompensiert. In *1* ist das Wasser verdampft; jetzt beginnt die Temperatur ohne Wärmezu- oder -abfuhr zu steigen: das Diagramm ist mit der Adiabate *1–2* geschlossen. In *2* beginnt das Arbeitsspiel von neuem. Der Carnot-Prozeß ist hergestellt.

DIESELs Überlegungen sind nicht falsch, nur sieht er nicht — noch nicht —, was an ihnen unausführbar ist.

Das DRP 67207 vom 28. Februar 1892

DIESELs erster Entwurf der Patentanmeldung, vom 26. Februar 1892 datiert, ist erhalten geblieben. Er hatte zwölf Ansprüche; sie wurden schließlich auf zwei beschränkt. Die beiden ersten Ansprüche lauten im Urtext:

1. Vermeidung der Mischung von Luft und Brennstoff, wie dies sowohl in den offenen und geschlossenen Feuerungen als in den Explosionsmotoren stattfindet.

2. Compression der Verbrennungsluft oder der zur Verbrennung dienenden Dampf- und Gasmischung auf Drucke weit über die bisher angewendeten und so, daß die Compressionstemperatur hoch über die Entzündungstemperatur des Brennmateriales steigt. Diese Compression kann rein adiabatisch oder, was als besonders wichtig hervorzuheben, erst isothermisch, dann adiabatisch erfolgen, welch letzteres Verfahren das vollkommenere darstellt.

Mit dem Anspruch 1 will DIESEL den Unterschied zwischen seinem Motor und der Dampf- und Gasmaschine kennzeichnen. In diesen mischen sich Luft und Brennstoff schon vor dem Beginn des Arbeitshubes, bei der Dampfmaschine indirekt in der Kesselfeuerung, beim Gasmotor im Zylinder. Diese vorzeitige Mischung will DIESEL vermeiden. Nachher müssen sich natürlich auch in DIESELs Motor Luft und Brennstoff mischen, aber erst dann, wenn der Kolben seinen Ausdehnungshub beginnt. So verlangt es der Carnot-Prozeß.

Der zweite Anspruch behandelt den Verdichtungshub; im Carnot-Diagramm ist es die Linie *4–1–2* (Bild 214). Der Zylinder enthält nur Luft oder auch ein Gemisch aus Dampf und Gas, nämlich dann, wenn mit Wassereinspritzung gearbeitet werden soll, damit der Anfang der Verdichtungslinie eine Isotherme wird; dann befindet sich im Zylinder ein Gemisch aus Dampf und Gas (Luft).

Die folgenden Ansprüche 3 und 4 sind besonders wichtig; sie geben an, wie DIESEL es erreichen will, daß der „Verbrennungsprozeß möglichst isothermisch ausfällt":

3. Wahl eines rechnerisch nach dem Heizwerth des Brennstoffes genau bestimmten Luftquantums pro Hub, um bei der Verbrennung eine vorher gewählte, aber fest bestimmte Höchsttemperatur nicht zu überschreiten.

4. Einführung einer genau berechneten geringen Brennstoffmenge einerlei welchen Aggregatzustandes, pro Hub in das comprimirte Luftquantum, und zwar successive, in mathematisch vorgeschriebener Weise, derart, daß der Verbrennungsproceß möglichst isothermisch ausfällt. Ohne diese Grundidee zu verlassen, kann dies auch so geschehen, daß von der Isotherme stärker abgewichen wird, nämlich dann, wenn die Abgase, welche dann wärmer abgehen, zu Heiz- oder anderen Zwecken Verwendung finden können.

Die genau zugemessene Brennstoffmenge ist das Mittel, den isothermischen Verbrennungsablauf zu erzielen. Die Brennstoffmenge darf nur „gering" sein; dann heben sich die Temperatursteigerung durch die Verbrennung und die Temperaturabnahme durch die Ausdehnung auf; die Zustandsänderung verläuft isothermisch. Wenn eine Abgasverwertung vorgesehen ist, kann von der Isotherme abgewichen werden; der Prozeß bleibt dann im ganzen praktisch immer noch eine Isotherme.

Der Anspruch 3 erscheint überflüssig. Das vom Kolben angesaugte Luftquantum richtet sich nach den gewählten Hauptabmessungen des Motors und ist unveränderlich, da man im Gegensatz zum Gasmotor keine Veranlassung hat, die Luftmenge vor ihrem Eintritt in den Zylinder durch Drosseln zu vermindern; im Gegenteil, man wünscht sich die Luftmenge möglichst groß, um möglichst viel Leistung aus dem Zylinder herauszuholen. Die eingeführte Brennstoffmenge hat sich nach der gegebenen Luftmenge zu richten, damit die Verbrennung isothermisch verläuft, nicht umgekehrt.

Die beiden nächsten Ansprüche beschreiben die adiabatische Ausdehnung; diese fordert, daß die Zylinderwände nicht gekühlt werden:

5. Auf die Verbrennung folgende, möglichst rein adiabatische [also ohne Kühlung verlaufende] Expansion der Gase.
6. Vollkommene Vermeidung der Kühlung der Cylinderwände, sowohl während der Verbrennung als während der Expansion — im Gegentheil, Schutz derselben gegen Ausstrahlung.

Es folgen sechs weitere, weniger wichtige Ansprüche, in denen auch die „Verwendung fester Brennmaterialien in Pulver- oder Staubform" erwähnt wird.

Das Patentamt antwortete am 15. März 1892, daß die Anmeldung lediglich Aufgaben stelle, ohne die Mittel zur Lösung anzugeben. Diesel arbeitete darauf eine neue Fassung seiner Anmeldung aus, die er am 6. April einreichte, die aber das Patentamt ebenfalls nicht zufriedenstellte. Nach weiterem mehrfachen Schriftwechsel und einer mündlichen Verhandlung am 16. Juni schlug das Patentamt in seinem Vorbescheid vom 7. Juli 1892 zwei Patentansprüche vor, die Diesel fast wörtlich übernommen hat. Der Anspruch 1 lautet in der endgültigen Fassung:

Arbeitsverfahren für Verbrennungskraftmaschinen, gekennzeichnet dadurch, daß in einem Cylinder vom Arbeitskolben reine Luft oder anderes indifferentes Gas (bezw. Dampf) mit reiner Luft so stark verdichtet wird, daß die hierdurch entstandene Temperatur weit über der Entzündungstemperatur des zu benutzenden Brennstoffes liegt (Curve *1-2* des Diagramms Fig. 2), worauf die Brennstoffzufuhr vom todten Punkte ab so allmälig stattfindet, daß die Verbrennung wegen des ausschiebenden Kolbens und der dadurch bewirkten Expansion der verdichteten Luft (bezw. des Gases) ohne wesentliche Druck- und Temperaturerhöhung erfolgt (Curve *2-3* des Diagramms Fig. 2), worauf nach Abschluß der Brennstoffzufuhr die weitere Expansion der im Arbeitscylinder befindlichen Gasmasse stattfindet (Curve *3-4* des Diagramms Fig. 2).

Der Anspruch 2 bezieht sich auf eine mehrstufige Verdichtung der Luft und mehrstufige Ausdehnung der Verbrennungsgase. Diesel hat anfänglich an Drücke von 250 at gedacht; so hohe Drücke hätte man mit einer einstufigen Verdichtung nicht herstellen können; sie hätten eine mehrstufige Verdichtung und Expansion erfordert. Dazu ist es nicht gekommen; die Ausführung des Motors erzwang eine Herabsetzung auf 30 bis 40 at; der Anspruch 2 des DRP 67 207 blieb bedeutungslos.

Die im Anspruch 1 der Patentschrift erwähnte Fig. 2 ist hier als Bild 215 wiedergegeben. Sie soll das Indikatordiagramm einer nach dem Carnot-Prinzip arbeitenden Verbrennungskraftmaschine darstellen. Der Prozeß beginnt im Punkt *4* (wie in Bild 214). Auf dem Kolbenweg *4–1* wird Wasser eingespritzt; es verdampft, und die

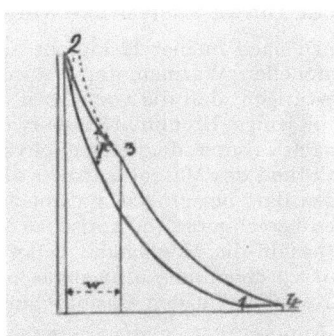

Bild 215

Figur 2 des DRP 67207 vom 28. Februar 1892

Das von DIESEL skizzierte Indikatordiagramm soll einen Carnot-Prozeß beschreiben:
Strecke *4—1* isothermische Verdichtung (mit Wassereinspritzung),
Strecke *1—2* adiabatische Verdichtung (ungekühlter Zylinder),
Beginn der Zuführung des Brennstoffs und Zündung in *2*,
Strecke *2—3* = *w* isothermische Ausdehnung,
Strecke *3—4* adiabatische Ausdehnung

Verdampfungswärme hebt die Verdichtungswärme auf. Auf diesem ersten Teilstück verläuft die Verdichtung isothermisch. In *1* ist das Wasser verdampft; die Verdichtung wird jetzt adiabatisch, da die Zylinderwand nicht gekühlt ist. In *2* sind der höchste Verdichtungsdruck und die zugehörige hohe Verdichtungstemperatur erreicht. Der Brennstoff wird eingeführt, entzündet sich in der hohen Temperatur, und der Kolben wird nach rechts geschoben. Die Temperatur steigt dabei nicht; Brennstoffmenge und Volumvergrößerung sind hierzu aufeinander abgestimmt. In *3* ist die Verbrennung beendet; jetzt beginnt die adiabatische Ausdehnung auf den Anfangsdruck und die Anfangstemperatur, Punkt *4*.

Die Selbstzündung des Brennstoffs, d. h. seine Entzündung in der hocherhitzten Luft ohne Zuhilfenahme einer fremden Zündquelle, wie der Abreißvorrichtung oder der Zündkerze, hat DIESEL immer als nebensächlich hingestellt. Sie ist es nicht, sondern sie bildet einen wichtigen Teil des Dieselverfahrens.

Diesel sucht Linde und Schröter für seine Erfindung zu interessieren

Am 11. Februar 1892, noch vierzehn Tage vor dem Einreichen der Patentanmeldung, übersendet DIESEL seine Handschrift, die den gekürzten Titel „Theorie und Construction eines rationellen Wärmemotors" trägt, seinem früheren Lehrer und nunmehrigen Vorgesetzten CARL LINDE. Wie zuversichtlich DIESEL seine Erfindung beurteilt, geht aus dem Begleitschreiben hervor:

... ich habe die große Freude, Ihnen mitzutheilen, daß ich einen Motor gefunden habe, welcher theoretisch nur cca den 10ten (zehnten) Theil der Kohle verzehrt, die unsere besten heutigen Dampfmaschinen aufbrauchen (für welche ich durchschnittl. 1 kg Kohle p. Pfk. und St. rechne).

Dieses Resultat ist nicht etwa eine Vermuthung oder eine Hoffnung; es läßt sich dasselbe mathematisch scharf nachweisen und zwar so, daß kein Zweifel darüber bestehen kann, daß es erreichbar ist.

Er bittet LINDE, einige Fabriken zu veranlassen, seine Vorschläge „auf ihre Rechnung auszuführen (z. B. M. F. Augsburg eine stat. Maschine, Krauss eine Locomotive)". Linde antwortet am 18. Februar, er sei bereit, über DIESELs Erfindung im Kaiserhof in Berlin mit ihm zu sprechen. Die Besprechung hat stattgefunden, doch wissen wir von ihrem Inhalt nichts. Ende Februar kommt es zu einem erneuten Zusammentreffen, zu welchem DIESEL den Entwurf eines Vertrages mit LINDE mitbringt. LINDE lehnt ab; er bedauert, wie DIESEL auf dem ersten Blatt des Vertragsentwurfes notiert hat, daß DIESEL sich mit „dieser Sache" befasse. Aber DIESELs Eröffnungen müssen doch auf LINDE Eindruck gemacht haben, denn in einem vom 20. März 1892 datierten Brief geht LINDE ausführlich auf DIESELs Erfindung ein:

> Gleich nach meiner Heimkehr aus Berlin hatte ich Ihre Schrift „Theorie und Construction eines rationellen Wärmemotors" durchgesehen und kann meine bereits mündliche Ansicht nur dahin bestätigen, daß die von Ihnen eingeschlagene Richtung scharf und richtig auf das Ziel lossteuert, diejenige Brennmaterialverwerthung zur Gewinnung mechanischer Arbeit zu erreichen, welche nach unserer derzeitigen physikalischen Erkenntniß und mit Rücksicht auf den gegenwärtigen Stand des Maschinenbaues als die vollkommenste zu betrachten ist, wobei ich aber nicht unterlassen darf beizufügen, daß nach meiner Ansicht im günstigsten Falle etwa ein Drittel des von Ihnen berechneten theoretischen Wirkungsgrades als effectiver erwartet werden darf. Hiermit wäre immerhin die Möglichkeit geboten, etwa 25% des Heizwerthes fast aller Brennmaterialien als Arbeit zu gewinnen, also etwas mehr, als jetzt nur mit speciellen und relativ kostspieligen Brennmaterialien (in den Gasmaschinen) erzielt wird.

LINDE hält DIESELs Plan nicht für aussichtslos, aber er glaubt, DIESELs hochgespannte Erwartungen erheblich beschneiden zu müssen. Statt des von DIESEL erhofften Wirkungsgrades von 75% hält LINDE nur ein Drittel davon für möglich. LINDEs Schätzung war richtig, denn der erste betriebsfähige Dieselmotor, der im Frühjahr 1897 gelaufen ist, hat einen Wirkungsgrad von 26% erreicht.

In seinem Brief mischt LINDE Zustimmung und Ablehnung:

> Indem ich ausspreche, daß ich die von Ihnen eingeschlagene Richtung als die allein richtige anerkenne und daß sich aus Ihren Darlegungen eine ganz correcte Erkenntniß des gesetzmäßigen Zusammenhanges in den behandelten Processen kundgiebt und indem ich weiterhin ausspreche, daß auch der constructive Theil Ihrer Arbeit mir im Wesentlichen einwandfrei erscheint, bin ich aber weit entfernt davon anzuerkennen, daß das von Ihnen angestrebte Ziel wirklich erreicht sei.

LINDE sieht voraus, daß der Bau eines Motors nach DIESELs Plänen sehr große Schwierigkeiten bieten müsse. Den „konstruktiven Teil" beurteilt er zu günstig. Er will DIESEL nicht abraten, sein Ziel zu verfolgen:

> Daß Sie besonders gut an diese Thätigkeit herantreten würden und daß das Ziel jeder Anstrengung werth ist, bezweifle ich nicht und so kann ich nicht abrathen sich der Sache zu widmen, vorausgesetzt daß Sie mit einer leistungsfähigen Maschinenfabrik oder anderen Personen ein Abkommen treffen können, welches Ihnen zur Durchführung des Versuchsstadiums persönlich und sachlich die Mittel bietet ...

Er läßt aber DIESEL nicht im Zweifel, daß die Gesellschaft für LINDEs Eismaschinen sich „nicht mit dieser Sache befassen" könne. Zum Schluß erbietet er sich, DIESELs Schrift MORITZ SCHRÖTER, Professor an der Technischen Hochschule München, zur Begutachtung zu senden.

DIESEL nahm das Anerbieten an und erhielt von SCHRÖTER sehr bald eine Antwort, die vom 29. März 1892 datiert ist:

> Ihre Arbeit habe ich mit großem Interesse gelesen; daß dieselbe auf theoretisch gesunder Basis stehen würde, war bei Ihnen von vornhinein zu erwarten, aber ich muß gestehen, daß ich zunächst Ihre sanguinischen Hoffnungen bezüglich Überwindung der praktischen Schwierigkeiten nicht zu theilen vermag. Die richtige Zündung, die Bewältigung der hohen Spannungen bei so hohen Temperaturen (um nur das Nächstliegende anzuführen) halte ich für sehr schwierige praktische Probleme, die freilich auch nur auf dem Weg mühevollen und kostspieligen Experimentierens gelöst werden können. Ich bin momentan so stark beschäftigt, daß ich im Detail auf die Sache nicht eingehen kann, dazu wäre auch ein gründlicheres Studium Ihrer Arbeit erforderlich, als es mir im Moment möglich wäre.

Das war kein sehr ermutigendes Urteil. Aber DIESEL läßt sich nicht abweisen; er antwortet Schröter am 13. April, es sei nicht seine Absicht,

RUDOLF DIESEL
1858–1913

in Praxi mit aller Strenge an dem Idealtypus festzuhalten; ich gebe zunächst gerne um 5% nach und stelle als Ziel einen thermischen Wirkungsgrad von theoretisch 67—68% fest. — Dadurch sinkt der Maximaldruck der Luftcompression auf 80—90 atmosphären, oder, wenn ich größere Cylinder zulasse (jedoch immer noch kleiner als die unserer Dampfmaschinen) auf 44—50 atmosphären. — Ich komme demnach in Verhältnisse, wie sie die heutigen Kohlensäurecompressoren ohne merkliche Schwierigkeiten und mit bedeutenden Nutzeffecten in hunderten von Ausführungen besitzen; desgl. arbeiten eine Menge anderer Gascompressoren, z. B. für Sauerstoff usw. unter ähnlichen Drucken; die Luftcompressoren der Torpedos erzeugen ebenfalls ganz geläufig Luftdrucke von 80—100 atm, welche noch Tage, Wochen und Monate lang in Gefäßen, die durch Ventile abgeschlossen sind, ohne merklichen Verlust erhalten ...

Auch bezüglich der hohen Temperaturen sucht DIESEL den zweifelnden SCHRÖTER zu beruhigen: die hohen Temperaturen träten nur momentan, „im letzten Moment der Compression", auf; weil der Kolben zurückgeht, nehme die Temperatur auch sofort wieder ab; ja, seine höchste Temperatur (etwa 800° C) sei weit geringer als in allen anderen Verbrennungsmotoren. DIESELs Entgegnung hat offenbar auf SCHRÖTER Eindruck gemacht; seine Antwort (vom 2. Mai 1892) an DIESEL klingt nicht mehr so ablehnend:

Ihre neuerlichen Ausführungen haben meine Bedenken, die ja wesentlich auf die Ausführung, nicht auf die Idee sich bezogen, in der That entkräftet und ich würde es auch für sehr richtig halten, wie Sie vorschlagen, sich dem Ideal allmählich zu nähern, indem Sie mit wesentlich niedrigeren Compressionsspannungen beginnen. Wie immer hat auch hier die Praxis das letzte Wort und handelt es sich vor allem um eine erste Versuchsmaschine, bei der ich namentlich auf das Diagramm begierig wäre. In Ihrer Zeichnung eines solchen liegen die Curven schon theoretisch so nahe beisammen, daß die geringste Abweichung (im wirklichen Diagramm) von dem theoretischen Verlauf den Flächeninhalt erheblich reduzieren muß.

Mit den Worten „In Ihrer Zeichnung eines solchen liegen die Curven schon theoretisch so nahe beisammen..." berührt SCHRÖTER die große Schwierigkeit, die der Verwirklichung des Carnot-Diagramms entgegensteht. DIESEL hat inzwischen ein theoretisches Carnot-Diagramm berechnet und gezeichnet und mag, als es sich zum erstenmal vor ihm auf dem Reißbrett entwickelte, von seiner Gestalt schwer betroffen gewesen sein. Bei einem Verdichtungsdruck von 250 at, den DIESEL anfangs angestrebt hat, nimmt das theoretische Druck-Volumen-Diagramm nach CARNOT die Form A (Bild 220, S. 411) an. Mit den Ziffern wie in Bild 214 und 215 ist *4-1* die isothermische, *1-2* die adiabatische Verdichtung, während die Ausdehnungslinie sich aus der Isotherme *2-3* mit dem Ende der Verbrennung in *3* und der Adiabate *3-4* zusammensetzt. Die Verdichtungslinie *4-1-2* und die Ausdehnungslinie *2-3-4* liegen so nahe zusammen, daß zwischen beiden kaum noch eine (schraffierte) Fläche bleibt. Die Diagrammfläche aber ist — das ist jedem Maschinenbauer geläufig — ein Maß für die von dem unter Druck stehenden Gas an den Kolben abgegebene Arbeit. Die Schlußfolgerung ist: beim Carnot-Prozeß wird nur sehr wenig Arbeit entwickelt. Der obere Diagrammteil entartet geradezu in eine Linie; sie entspricht einer nutzlosen zusätzlichen Druckspitze von 100 at, die keinen Beitrag zur Nutzarbeit liefert, aber die Beanspruchung des Triebwerks in sinnloser Weise vergrößert.

DIESEL mußte einsehen, daß SCHRÖTERs Bedenken berechtigt war. Von da an beherrscht ihn die Frage: wie kann man die Fläche des Carnot-Diagramms vergrößern? Den Carnot-Prozeß selbst will er beibehalten, denn er ist ja der „Prozeß mit höchster Wärmeausnutzung".

Diesels Druckschrift „Theorie und Konstruktion* eines rationellen Wärmemotors"

Um weitere Kreise für seine Erfindung zu interessieren, entschloß DIESEL sich, seine Handschrift, die er mit dem Datum „Anfang 1892" versehen hat, in Buchform herauszugeben. Er wartete jedoch, bis seine Patentanmeldung ausgelegt worden war, was am 3. September 1892 geschah. Für die Veröffentlichung schienen ihm Ergänzungen ratsam, denn ein Verdichtungsdruck von 250 at, mit dem er rechnete, würde vielleicht auf die Industrie einen ungünstigen Eindruck machen. So fügte DIESEL mehrere neue Abschnitte hinzu (es sind die Seiten 65 bis 88 der Druckschrift), in denen er vorwiegend „Abweichungen vom vollkommenen Prozeß" behandelt. Auf Seite 69/70 heißt es jetzt:

Es ist hier auch von Interesse anzuführen, daß die Maximaldrucke des Processes noch sehr reducirt werden können, wenn man die höchste Temperatur tiefer setzt; so erhält man beispielsweise:

für die höchste Temperatur von	600	700	800° C
den höchsten Druck rund	44	64	90 Atmosphären
und den therm. Wirkungsgrad rund ...	60	64	68 %

Die Reduktion des Druckes erheischt also wiederum ein Opfer an Wärme; indess erhält man immer noch ein bedeutendes Vielfaches der jetzigen Wärmeausnutzung, selbst wenn man auf 44 Atmosphären herunter geht, also auf Kompressionsverhältnisse, deren praktische Herstellung längst schon als ein überwundener Standpunkt gelten kann.

Damit waren die Höchstdrücke zwar in den Bereich des Beherrschbaren gerückt, aber der isothermische Verlauf der Verbrennungslinie war beibehalten.

DIESEL fragte am 2. Oktober 1892 beim Verlag Julius Springer an, ob er seine Schrift verlegen wolle; schon drei Tage nach der Einsendung des Manuskriptes kam eine zustimmende Antwort. Der Schriftwechsel mit dem Springer-Verlag, 22 Briefe umfassend, ist erhalten geblieben. Es wurde eine Auflage von 1000 Exemplaren vereinbart. Am 21. Dezember 1892 erhielt DIESEL die ersten drei Exemplare; am 10. Januar 1893 erschien das Buch im Buchhandel. Es enthielt 96 Seiten mit 13 Abbildungen und 3 Tafeln und kostete vier Mark. Während des ersten Jahres wurde die Hälfte der Auflage verkauft. Mitte November 1897 waren noch 200 Exemplare beim Verlag vorhanden. Von dem Rest hat DIESEL eine Anzahl vom Verlag zurückgekauft, nachdem er seinen Irrtum erkannt hatte. Im März 1898 war die Auflage vergriffen. Das Buch ist nicht wieder aufgelegt worden.

In den ersten Wochen der Jahres 1893 hat DIESEL sein Buch an zahlreiche Wissenschaftler und Industrielle versandt, von denen er ein Interesse für seinen Motor erhoffte. Unter den Hochschullehrern finden sich manche uns wohlbekannte Namen, wie GRASHOF, RADINGER, ZEUNER, REULEAUX, HELMHOLTZ, BACH; zu den Firmen, die ein Exemplar erhielten, gehörten die AEG, Siemens & Halske, Körting und Krupp. Auch die Großbanken als künftige Geldgeber wurden nicht vergessen. Jeder Sendung wurde ein Begleitschreiben beigefügt, in welchem dargelegt wird, daß „in einem praktisch leicht ausführbaren Motor 75 bis 80% der Verbrennungswärme beliebiger Brennstoffe in Arbeit umgewandelt werden kann ... Meine Bitte ... geht nun dahin, mir gütigst Ihre Ansicht über meine Vorschläge nennen zu wollen, da diese als zu den höchsten und maßgebendsten zu zählen ist". Die an Firmen gerichteten Briefe sind etwas ausführlicher gehalten; er zitiert darin LINDEs und SCHRÖTERs Urteile. Einen mehr persönlichen Ton schlägt er in den Briefen an Deutz und an KRUPP an, da ihm besonders viel daran liegt, diese Firmen zu gewinnen. In dem Brief an KRUPP sagt er:

---
* Die Druckschrift schreibt Konstruktion, DIESEL Construction.

Da es sich bei meinem Motor um bedeutende Druckwirkungen handelt, so ist für den Cylinder die Anwendung v. Stahl geboten; um andererseits große Geschwindigkeiten zu erzielen, sind leichte Triebwerke, also wiederum Stahl als Material nothwendig; mein ganzer Motor muß principiell aus Stahl gebaut werden und es dürfte derselbe auch in dieser Hinsicht vielleicht von Interesse für Sie sein.

Die Aufnahme der Druckschrift war nicht einheitlich. Einige Wissenschaftler äußerten Bedenken, so Prof. WEYRAUCH, Stuttgart, Prof. BRAUER, Karlsruhe, der „vielen Ansichten DIESELs nicht zustimmen kann", und Prof. FLIEGNER, Zürich, der sich eingehend mit DIESELs Arbeit befaßt hatte. FLIEGNER begründet seine ablehnende Einstellung:

Im allgemeinen muß ich noch hinzufügen, daß ich von Natur etwas pessimistisch angelegt bin. Wenn ich etwas Neues unter die Hände bekomme, so bin ich daher eher geneigt, die Schattenseiten davon aufzusuchen. Es ist möglich, daß ich so auch Ihren Motor zu ungünstig beurteile. Freuen wird es mich zu hören, daß Sie doch mit ihm Erfolg haben. Jedenfalls werden Sie noch viel herumprobieren müssen, bis er betriebsfähig dasteht, und dabei müssen Sie immerhin auf manche unliebsame Überraschung gefaßt sein.

Aber es gab auch enthusiastische Zustimmung, selbst von ersten Fachleuten:

Theoretisch stelle ich mich auf Ihre Seite, schreibt Zeuner aus Dresden, und freue mich außerordentlich über Ihre Anregung, ich habe lange nichts gelesen, was mich in unserem Fache so sehr interessiert hätte!

Ihre beiden Grundgedanken sind durchaus neu und richtig.

1. Vorerwärmung der Luft durch Compression auf die Verbrennungstemperatur.

Es entspricht dies vollständig meinem Vorschlage, bei Dampfmaschinen das Speisewasser nicht durch Erwärmung, sondern durch Compression von Dampf und Wasser auf die Kesseltemperatur zu bringen. Bei Ihrem Vorschlage ist allerdings zu beachten, daß Ihr Kohlenstaub beim Eintritt nicht auch schon die Verbrennungstemperatur mitbringt.

2. Anwendung großer Luftmengen, die Sie theoretisch richtig bestimmen.

Daß ZEUNER die „Anwendung großer Luftmengen" empfiehlt, zeigt, daß auch er die Unausführbarkeit des Carnot-Prozesses nicht erkannt hat. Freudig zustimmend äußert sich SCHRÖTER:

... hier [nämlich auf der praktischen Seite] liegt naturgemäß die Entscheidung und ich möchte wünschen, daß es Ihnen gelingt, ähnlich wie seinerzeit Professor Linde, mit einer in der Stille durchgearbeiteten, technisch fertigen Sache auf den Markt zu treten und am Ende des Jahrhunderts die Dampfmaschine zu entthronen, welche der Anfang desselben auf den Thron erhoben hat! So radikal und kühn ist noch keiner von denen, welche der Dampfmaschine den Untergang prophezeien, vorgegangen wie Sie und solchem Muth gebührt auch der Sieg.

Erheblich zurückhaltender war die Industrie. Von den Vorständen der großen Firmen, welche die Mittel zum Bau eines Versuchsmotors hätten geben können, war nicht zu verlangen, daß sie den Fehler erkannten, der in DIESELs Überlegungen steckte. Als Praktiker sahen sie nur die enormen Schwierigkeiten, die sich der Ausführung entgegenstellen würden. Zu WILHELM VON OECHELHÄUSER, dem Generaldirektor der Continental-Gasgesellschaft in Dessau, hatte DIESEL seinen Freund VENATOR geschickt, der OECHELHÄUSER für DIESELs Pläne gewinnen sollte. In dem Bericht über den Besuch heißt es:

Autoritäten auf dem Gebiete der Wärmemotoren erklärte er [Oechelhäuser] überhaupt nicht anzuerkennen und selbst seinen Freund Slaby nehme er nicht aus, denn auf keinem Gebiete spiele die Praxis der Theorie soviele Streiche wie auf dem der Wärmemotoren und der reine Theoretiker sei ihm deshalb auf diesem Gebiete achtenswerth aber im Uebrigen ohne Bedeutung. Erst eine durch die Praxis bestätigte Theorie habe Werth für ihn.

Ähnlich äußerte sich EUGEN LANGEN:

Der Gegenstand hat meine ganze Aufmerksamkeit gefunden, und ich bin mit meinen Collegen in der Direction der Gasmotorenfabrik Deutz vollständig einig darüber, daß, was Sie erstreben, ganz gewiß theoretisch richtig ist; Sie werden es mir aber nicht verargen, wenn ich als erfahrener Praktiker erhebliche Bedenken bezüglich der Ausführungs- und Durchführungs-Fähigkeit dieser Anschauungen habe. — Erfahrungen mit Maschinen, welche 300 Touren machen, über 200 Atmosphären Spannung beherbergen, dabei in kaum meßbar kurzer Zeit festes Brennmaterial aufnehmen und consumiren sollen, sind überhaupt noch nicht gemacht, und ich glaube nicht zu irren, wenn ich annehme, daß diese Erfahrungen mit einer ganz gewaltigen Enttäuschung verknüpft sein werden...

Nur Körting lehnte nicht von vornherein ab. Er bemängelte die unklare Fassung des Anspruchs 1 des Patentes 67 207, fügte jedoch hinzu (14. Januar 1893):

Wir werden jedenfalls, und zwar möglichst bald, Versuche anstellen über die Durchführung Ihrer ausgesprochenen Grundsätze und es sollte uns freuen, wenn die practischen Schwierigkeiten überwunden werden können.

Aber schon wenige Tage darauf zog Körting seine Zusage wieder zurück. So wäre es Diesel bei der ablehnenden Haltung der Firmen wohl kaum gelungen, schon im April 1893 mit zwei der größten Gesellschaften, mit Krupp und der Maschinenfabrik Augsburg, zum Abschluß von Verträgen zu gelangen, wenn nicht Schröter und Gutermuth ihm zu Hilfe gekommen wären. Schon am 4. Februar 1893 erschien in der Zeitschrift „Bayerisches Industrie- und Gewerbeblatt" ein von Schröter verfaßter Aufsatz „Ein neuer Wärmemotor", in welchem der Druckschrift Diesels ein uneingeschränktes Lob erteilt wird:

Bedenkt man, so heißt es nach einer längeren Einleitung, in welcher die mangelhafte Ausnutzung der Kohle in der Dampfmaschine und des Leuchtgases im Gasmotor dargelegt wird, wie mühsam Schritt für Schritt der heutige Zustand unserer besten Wärmemotoren erkämpft wurde und wie wenig Aussicht vorhanden ist, daß auf dem bisherigen Weg noch erheblich mehr erreicht werden kann, so scheint in der That der Schluß zwingend zu sein, daß dieser Weg verlassen werden muß und neue Bahnen einzuschlagen sind. Es ist gewiß kein Zufall, daß gerade jetzt, wo wir am Ende der bisher möglichen Verbesserungen stehen und nur von einer neuen Methode noch Fortschritte zu erwarten sind, in dem Werke [gemeint ist Diesels Druckschrift], welches die Anregung zu diesen Zeilen gegeben hat, mit ebenso viel Klarheit und Besonnenheit in der wissenschaftlichen Grundlage, wie Kühnheit und Originalität in der praktischen Durchführung der Weg vorgezeichnet ist, auf welchem wir hoffen dürfen, dem Ideal des Carnot'schen Prozesses ganz beträchtlich näher zu kommen, als es bisher möglich war.

Nachdem er die drei Wesensmerkmale des neuen Verfahrens
1. Herstellung der höchsten Temperatur des Prozesses lediglich durch mechanische Kompression von Luft,
2. Einführung des feinverteilten Brennstoffes so, daß durch den eigentlichen Verbrennungsprozeß keine Temperatursteigerung eintritt, wozu
3. die richtige Wahl des Luftgewichts im Verhältnis zum Heizwert des Brennstoffes gehört, durch die es möglich wird, ohne künstliche Kühlung der Zylinderwandungen auszukommen,

erläutert und gebilligt hat, fährt er fort:

Das überraschende an der hier gegebenen Lösung des Problems liegt in der kühnen Forderung an die heutige Technik, mit komprimierter Luft von 250 Atmosphären Spannung und 800° C Temperatur zu arbeiten...

Und da es klug ist, nicht zuviel auf einmal zu verlangen und sich allmählich dem Ideal zu nähern, so

ist es sehr ermutigend, wenn er [Diesel] nachweist, daß man durch Reduktion des Maximaldruckes auf 90 Atmosphären nur eine Einbuße (theoretisch) von 5% an Wirkungsgrad erleidet und den Prozeß auch noch so führen kann, daß man keines Kühlwassers bedarf; ja selbst eine Reduktion der höchsten Temperatur auf 600° und des Druckes auf 40 Atmosphären ergibt theoretisch immerhin erst eine Verminderung des Wirkungsgrades von 73 auf 60% und so ist der Weg klar vorgezeichnet, wie man in allmählicher Annäherung das Ziel unter steter Benützung der jeweilig zu machenden Erfahrungen erreichen kann.

Wir haben somit hier das erfreuliche Beispiel, daß die Theorie vorauseilt und mit aller Schärfe die zum Ziel führende Methode angibt; an unserer Maschinentechnik ist es nun, zu zeigen, was sie vermag und die theoretischen Ergebnisse zu verwirklichen; möchten wir bald von einschlägigen Versuchen berichten können!

Wenige Wochen später, am 11. März 1893, erschien in der Zeitschrift des Vereins Deutscher Ingenieure unter der Rubrik „Bücherschau" eine von GUTERMUTH verfaßte Besprechung der DIESELschen Druckschrift, die mit den Worten schließt:

Bei aller Zurückhaltung des Urteils über den technischen Wert des Dieselschen Motors, wegen der noch mangelnden praktischen Ausführung, muß doch jetzt schon zugegeben werden, daß er berufen ist. dem Motorenbau jene Richtung zu geben, welche zur technischen Vollkommenheit der Wärmekraftmaschinen führt. Außerdem eröffnet die zweckentsprechende Durchbildung des neuen Motors für die verschiedenen Anforderungen der Groß- und Kleinbetriebe sowie der Lokomotiven und Schiffe dem Ingenieur eine vielseitige fruchtbringende Thätigkeit. Die vollkommene Selbständigkeit des Motors, unabhängig von Dampf-, Druckluft-, Elektrizitäts- oder Gasleitungen, der Wegfall des Kessels und Schornsteines, der Feuerung und Rauchbelästigung, in Verbindung mit der weitgehendsten Brennstoffausnutzung werden notwendigerweise auch umgestaltenden Einfluß auf alle mit dem Maschinenbetrieb zusammenhängenden Industrie- und Verkehrsverhältnisse nehmen.

Die hohe wissenschaftliche, technische und wirtschaftliche Bedeutung des Dieselschen rationellen Wärmemotors wird seine praktische Entwicklung gewiß beschleunigen und der vom Erfinder veröffentlichten Broschüre von selbst eine außergewöhnliche Verbreitung sichern.

Solche Äußerungen erster Fachleute mußten DIESELs Selbstvertrauen stärken. Von der Richtigkeit seiner Theorie und der Ausführbarkeit des Motors völlig überzeugt darf er es wagen, auch im Ausland für seine Sache zu werben. Zuerst denkt er an seine zweite Heimat, an Paris. Dort lebte GUSTAVE RICHARD, der Verfasser der „Nouveaux moteurs à gaz et à pétrole"[21], eine Autorität auf dem Gebiet der Verbrennungsmotoren. Ihm sandte DIESEL am 19. Dezember 1892 eine französische Übersetzung seines Manuskriptes und bat ihn um Begutachtung. RICHARDs Antwortbrief, vom 5. Januar 1893 datiert, ist zwar noch vorhanden, aber unleserlich geworden; nur aus DIESELs Rückäußerung (vom 19. Januar 1893) können wir schließen, daß RICHARDs Kritik völlig ablehnend war. DIESEL antwortet:

Glauben Sie mir bitte, daß es nicht meine Absicht ist, eine unhaltbare Idee zu lancieren und aufrechtzuerhalten; die ehrliche wissenschaftliche Überzeugung steht mir höher als jede Beschäftigung zu materiellen Zwecken ... Was die Einzelheiten Ihrer Kritik betrifft, so möchte ich nur auf einen wesentlichen Punkt eingehen, nämlich darauf, daß mein Cylinder nicht durch Wasser gekühlt ist; im Gegentheil, er ist vollkommen isoliert, und mein Arbeitsverfahren kommt daher dem theoretischen Kreisprozeß näher als irgend eine gegenwärtig bekannte Maschine. Ferner kühlt die starke Entspannung die Gase bis nahe auf die Umgebungstemperatur herab. Ich vermeide daher die beiden bedeutenden Verluste, den die Verbrennungsmotoren zur Zeit haben: den Verlust im Kühlwasser und den Verlust in den Auspuffgasen. Bei diesen enormen Vortheilen ist die mehr oder weniger große Exaktheit des Verfahrens von secundärer Bedeutung.

Ich möchte noch hinzufügen, daß ich in meiner Brochüre die Ergebnisse meiner Studien nicht vom praktischen Gesichtspunkt aus mitgeteilt habe; ich habe das nur in der Absicht geschrieben, um zunächst einmal für die Öffentlichkeit die reine Theorie und das Princip festzulegen.

DIESEL glaubt noch, daß ein Verbrennungsmotor ohne Kühlung des Arbeitszylinders möglich sei und daß man die Gase im Zylinder bis auf die Umgebungstemperatur expandieren lassen könne.

In der Schweiz kam für DIESEL nur die Firma Gebr. Sulzer in Frage, bei welcher DIESEL als zwanzigjähriger Student der Münchener Hochschule ein halbes Jahr praktisch gearbeitet hatte. Sein Lehrer CARL LINDE, dessen Eismaschinen Sulzer baute, hatte ihm damals diese Stelle verschafft. Sulzer hatte als einer der ersten die DIESELsche Druckschrift erhalten, und es war natürlich, daß sie in Winterthur Aufsehen erregte. Die Firma entsandte ihren Oberingenieur ZÜBLIN am 2. Februar 1893 nach Berlin, wo DIESEL damals wohnte. ZÜBLIN erkannte, daß ein Motor nach DIESELs Theorie kaum eine Nutzarbeit abgeben könne; er schreibt:

... Da die Compressionsarbeit sehr bedeutend ist im Verhältnis zur Nutzarbeit, so kann unter Umständen der Verlust die Nutzarbeit aufheben.

Um ZÜBLINs Bedenken zu zerstreuen, wandte DIESEL sich telegraphisch an ZEUNER mit der Bitte, ihn mit ZÜBLIN in Dresden besuchen zu dürfen. Aber auch ZEUNER gelang es nicht, ZÜBLIN zu überzeugen.

In demselben Sinn wie ZÜBLIN hatte RIEDLER sich geäußert, wie aus einem Brief DIESELs vom 13. Februar 1893 an SCHRÖTER hervorgeht:

... Eine einzige Kritik habe ich für bedeutungsvoll gehalten, sie stammt von Prof. Riedler und den Ingenieuren von Gebr. Sulzer und lautet: Da die Compression der Verbrennungsluft, wie jede mechanische Arbeit, mit Verlusten verknüpft ist, und im neuen Motor die Compressionsarbeit sehr bedeutend ist im Verhältniß zur Nutzarbeit, so kann unter Umständen der Verlust die Nutzarbeit aufheben.

Seinem Brief an Schröter fügte er eine neue „Betrachtung über die zu erwartende Effectiv-Leistung des Diesel'schen Motors" bei, eine Handschrift von 12 Seiten Umfang, die das Datum vom 8. Februar 1893 trägt. Darin geht er auf die Einwände RIEDLERs und ZÜBLINs ein und prüft, welche Wärmeausnutzung in seinem Motor erreichbar sei, wenn er die Verluste möglichst ungünstig annimmt. Er findet, daß ein Mindestwert von 30,4 bis 31,6% „überhaupt denkbar" sei, also „das 2½fache der aller besten Tripel-Expansionsmaschinen und das 4—5fache der besten mittelgroßen Compoundmaschinen". Er fügt hinzu:

Dem Gang der Betrachtung nach ist in diesem Resultat für alle nur denkbaren Verluste der ungünstigste Werth eingestellt und es ist kaum zu erwarten, daß bei einiger Sorgfalt so niedrige Ziffern überhaupt auftreten werden. Dazu kommt der unschätzbare Vortheil des Wegfalls der Kessel mit Zubehör.

In der Handschrift vom 8. Februar 1893 stellt DIESEL zum erstenmal Betrachtungen über den Einfluß einer Änderung der „Admissionsperiode" an, d. i. jenes Kurventeils im Indikatordiagramm, auf dem der Brennstoff zugeführt wird. Flüchtig

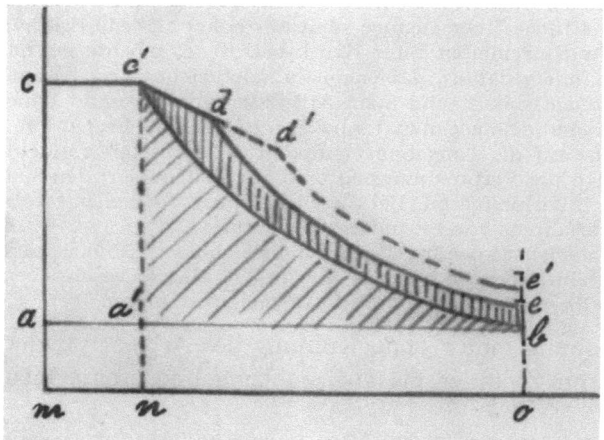

Bild 216. DIESELs theoretisches Indikatordiagramm mit „verlängerten Admissionsperioden" $c'd$ und $c'd'$. (Aus einer Handschrift DIESELs vom 8. Februar 1893, die er am 13. Februar an MORITZ SCHRÖTER gesandt hat)

DIESEL glaubt, durch „Verlängerung" der Isotherme $c'd'$ könne er die Diagrammfläche vergrößern, was einer größeren Nutzleistung des Motors entsprechen würde. Der steile Verlauf der Isotherme 2-3 im Carnot-Diagramm (Bild 220) zeigt, daß die Fläche des Diagramms sich durch eine Verlängerung der Isotherme 2-3 praktisch nicht ändert

zeichnet er das Diagramm Bild 216; dazu berechnet er die Wirkungsgrade, die sich bei der größeren „Brennstoffadmission" von 17%, entsprechend der Linie $c'd$, und 40%, entsprechend $c'd'$, ergeben. Mit einem etwas hoch angenommenen mechanischen Wirkungsgrad von 85% findet er eine Wärmeausnutzung von 40,6 bzw. 42,1%. Den

Fehler, den er dabei macht, sieht er noch nicht: er behält die isothermische Verbrennung bei. Seine Skizze täuscht ihn; die Linie $c'-d-d'$ ist keine Isotherme; diese würde vom Punkt c' steil abfallen. Das Diagramm bleibt zu schmal, der Motor kann keine Nutzleistung abgeben.

Otto Köhler

Von den Kritikern, die sich mit DIESELs Anfang 1893 erschienener Theorie seines „rationellen Wärmemotors" beschäftigten, hat OTTO KÖHLER am klarsten ausgesprochen, daß eine nach dem Carnot-Prozeß arbeitende Wärmekraftmaschine unmöglich ist. Unmißverständlich sagt er, daß die „Anfangspressungen bedeutend steigen, ohne daß p_i [der mittlere Kolbendruck] entsprechend zunimmt"; das Carnot-Diagramm A (Bild 220) zeigt, daß er recht hat. Die Diskussion mit KÖHLER hat sich bis in den Herbst 1893 hingezogen; DIESEL hat sie abgebrochen, nachdem er erkannt hatte, daß KÖHLER bezüglich des Carnot-Prozesses im Recht war. Mit seinen Andeutungen, wie ein ausführbarer Motor aussehen müsse — KÖHLER glaubt, auf die Selbstzündung müsse man verzichten —, hat auch KÖHLER geirrt. Später gab es noch eine gerichtliche Auseinandersetzung zwischen DIESEL und KÖHLER, die durch Vergleich beigelegt wurde. Im Gegensatz zu RIEDLER, NÄGEL, CAPITAINE, LÜDERS und anderen hat KÖHLER nie Schmähungen gegen DIESEL ausgesprochen.

OTTO KÖHLER war Lehrer an der Maschinenbauschule in Köln, ein Mann von gründlichen Kenntnissen auf seinem Fachgebiet. 1887 hatte er eine 50 Seiten um-

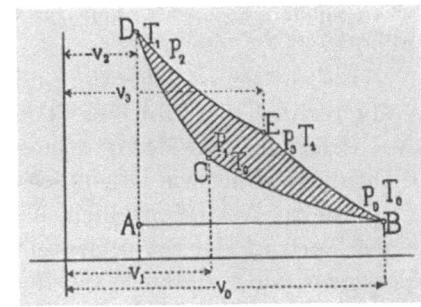

Bild 217. Das Bild ist eine photographische Wiedergabe der Figur 12 aus OTTO KÖHLERS 1887 verfaßter Schrift „Theorie der Gasmotoren". An Hand dieses — natürlich schematischen — Bildes hat KÖHLER nachgewiesen, daß der Carnot-Prozeß unausführbar ist

fassende Schrift „Theorie der Gasmotoren" veröffentlicht, von der heute nur noch wenige Exemplare vorhanden sind[63]. Mit den in Bild 217 eingetragenen Bezeichnungen für die Drücke p, die Volumina v und die absoluten Temperaturen T, die zu den einzelnen Phasen des Carnot-Prozesses gehören, beweist KÖHLER,

daß sich der vollkommene Kreisproceß, abgesehen von der Schwierigkeit, ihn genau durchzuführen, für die Praxis nicht eignet. Zwar ist ein hoher Nutzeffect erreichbar; dann steigen aber die Anfangspressungen so bedeutend und der mittlere wirksame Druck bleibt trotzdem so klein, daß die Dimensionen ungeheure werden würden und der Gewinn wieder durch die großen Reibungsverluste aufgezehrt würde.

Auf Seite 43 seiner Schrift berechnet KÖHLER
für einen Verdichtungsdruck von ...   6   10 und 20 at
einen mittleren indizierten Kolben-
druck von ....   0,493 0,484 und 0,721 at;

das ist so wenig, daß nicht einmal Leerlauf möglich ist. Zeichnet man das Carnot-Diagramm für einen Verdichtungsdruck von 250 at (Bild 220, A), den DIESEL anfangs seinen Berechnungen zugrunde gelegt hat, so findet man einen etwas höheren mittleren Druck, 1,61 at, der aber auch nicht genügt, um die Leerlaufsarbeit zu decken.

Köhler hatte einen Abschnitt in dem Werk Grashofs „Theoretische Maschinenlehre" verfaßt; daher wird Diesel schon frühzeitig seinen Namen gekannt haben. An Köhler hatte Diesel sich durch seinen Freund Venator gewandt, der Köhler von der gemeinsamen Studienzeit her kannte, und Köhler um eine Stellungnahme zu der Schrift vom „rationellen Wärmemotor" bitten lassen. Am 18. März antwortete Köhler, nach seiner Meinung hätte ein Motor, der den vollkommen Carnot-Prozeß oder auch nur eine der von Diesel vorgeschlagenen Abweichungen vom vollkommenen Prozeß verwirklichen wolle, keinerlei Aussicht auf Erfolg. Wörtlich schreibt Köhler:

> Meines Erachtens ist die Berechnung vorzüglich und elegant durchgeführt, so daß das Werk schon deshalb seinen Werth behalten wird.
>
> Was aber die Maschine zur Durchführung des vollkommenen Carnotschen Kreisprocesses anbetrifft, so muß ich bemerken, daß dieselbe bereits von mir vor 8 Jahren beschrieben worden ist. (Siehe Grashof Theoretische Maschinenlehre III Theil)
>
> Die in einer Abänderung angegebene stufenweise Expansion und Compression bietet nichts Neues, ebenso die Selbstzündung, da dieselbe bereits bei Gasmotoren angewendet ist. Auch die Anwendung von Kohlenstaub ist nicht neu. Vor ca 10 Jahren reichte ich ein Patentgesuch auf eine durch Kohlenstaub zu betreibende Kraftmaschine ein. Die Ertheilung des Patentes wurde aber verweigert, weil die Sache nicht mehr neu sei.
>
> Übrigens halte ich auch eine Wärmekraftmaschine, welche nach dem Carnot'schen Proceß *mit Luft* arbeitet, für unmöglich. Die riesigen Kolbendrucke lassen sich nicht umgehen und beanspruchen ein Getriebe von ganz gewaltigen Abmeßungen. Hierbei sehe ich von den Schwierigkeiten, den Proceß genau durchzuführen, ganz ab. Eine isothermische Compression giebt es bei so großen Geschwindigkeiten überhaupt nicht und ob die isothermische Expansion zu erreichen ist, halte ich für sehr fraglich. Ich bin der Meinung, daß die ganze indicirte Leistung der Dieselschen vollkommenen Maschine zur Überwindung der unbedingt auftretenden großen Reibungswiderstände verwandt wird ...

Bis auf seine Bemerkung über die Selbstzündung hatte Köhler mit seiner Kritik völlig recht. Es hat vor Diesel keinen Verbrennungsmotor mit Selbstzündung gegeben. Auch der Akroyd-Motor arbeitete nicht mit reiner Selbstzündung durch die Verdichtungswärme, wie Diesel es anstrebte.

Am 10. April 1893 hielt Köhler im Kölner Bezirksverein Deutscher Ingenieure einen Vortrag, der am 9. September unter dem Titel „Der rationelle Wärmemotor im Vergleich mit anderen Wärmemotoren" in der Vereinszeitschrift erschien. Darin geht Köhler sehr gründlich auf Diesels Druckschrift ein und kommt zu einem völlig verneinenden Urteil. Unter Bezugnahme auf die von ihm in seiner Schrift von 1887 durchgerechneten Beispiele sagt Köhler:

> Diese Beispiele führen zu dem Schluß, daß sich der vollkommene Kreisproceß (abgesehen von den Schwierigkeiten, ihn genau durchzuführen) mit Luft als vermittelnder Arbeitsflüssigkeit für die Praxis nicht eignet. Zwar ist ein hoher thermischer Wirkungsgrad erreichbar; dagegen steigen die Anfangspressungen so bedeutend, ohne daß p_i entsprechend zunimmt, daß die Abmessungen des Cylinders und des Kurbelgetriebes Mißverhältnisse ergeben, und außerdem der thermische Gewinn durch die auftretenden großen Reibungsverluste mehr als aufgezehrt wird.

Köhler führt an, daß, wenn bei einer Gasmaschine z. B. eine maximale Kolbenkraft von 10 000 kg aufträte, bei einer nach Diesels Vorschlägen gebauten Maschine mit einer größten Kraft von 750 000 kg gerechnet werden müsse:

> Bei derartigen gewaltigen Kräften ist die Annahme von 10 pCt Reibungsverlust viel zu gering; beträgt er jedoch nur wenig mehr, nämlich 15 pCt, so überwindet die indicirte Leistung gerade die Reibungswiderstände der Maschine, und zur Kraftabgabe bleibt überhaupt nichts übrig ... Stets sind die positiven und negativen Arbeitsaufwände gegenüber der gewonnenen Arbeit und daher die damit verbundenen Reibungsverluste zu groß, weshalb ein nennenswerther Arbeitsgewinn niemals erzielt werden kann.

Auf Grund seiner Untersuchungen zeigt KÖHLER sodann den Weg, der nach seiner Meinung zum Erfolg führen könnte:

Aus den bisherigen Betrachtungen geht hervor, daß man wirkliche Erfolge nur dann erzielen wird, wenn man, neben der Einschränkung der höchsten Temperatur auf Werte, die eine künstliche Kühlung während der Verbrennung unnötig machen, die Kreisprocesse mit praktisch zulässigen Spannungen bei genügendem mittlerem Druck durchführt, damit die Kurbelgetriebe ausführbar und mäßige Reibungsverluste gewährleistet werden. Auf eine Selbstzündung, welche hohe Compressionsspannungen verlangt, muß man dann allerdings verzichten, wie man sich ebenso mit einem geringeren thermischen Wirkungsgrad begnügen wird.

Hier mischt KÖHLER Richtiges mit Falschem. Er hält einen Verbrennungsprozeß bei so niedrigen Temperaturen für ausführbar, daß die Kühlung des Arbeitszylinders entbehrlich wird, und rät DIESEL, auf die Selbstzündung zu verzichten. DIESEL ist dem Rat glücklicherweise nicht gefolgt, sondern hat die weit bessere Lösung gefunden, die wir kennen.

Seine Untersuchungen schließt KÖHLER mit den Worten:

Die unter Berücksichtigung aller Verluste gefundenen Zahlen lassen erkennen, daß es Kreisprocesse mit Luft als Arbeitsflüssigkeit giebt, welche eine praktische Ausführung zulassen und den Brennstoff viel besser ausnutzen, als der Carnotsche Kreisproceß. Man kann daher den Folgerungen der Dieselschen Schrift nicht beistimmen, wonach jeder andere Kreisproceß als der vollkommene oder angenäherte als falsch bezeichnet werden muß (S. 79 und 80) ... Wenn das Ergebnis einer derartigen Untersuchung auch nur ein angenähertes ist, so könnte es doch insofern von Werth sein, als es gegebenenfalls vielleicht von langwierigen und kostspieligen Versuchen abhält, die keine Aussicht auf Erfolg haben.

Als KÖHLERs Vortrag Anfang September 1893 im Druck erschien, hatten die ersten Versuche in Augsburg stattgefunden, und DIESEL hatte beobachtet, daß bei Verdichtungsdrücken von 30 at Selbstzündung eintrat. Von der Vorstellung einer isothermischen Verbrennung hatte DIESEL sich befreit, aber in der Öffentlichkeit zuzugeben, daß KÖHLER mit seiner Kritik des Carnot-Prozesses recht hatte, konnte er sich nicht entschließen. So schreibt er am 29. September 1893 an ZEUNER:

Ich persönlich werde Köhlers Aufsatz nicht beantworten, da bei eröffneter Versuchsperiode Rechnungen und Prophezeiungen nicht mehr zeitgemäß sind und die gute Sache sich ganz von selbst Bahn brechen wird.

In seiner Antwort vom 30. September rät ZEUNER ihm, doch wenigstens „einige Zeilen in der Z. V. d. Ing. drucken zu lassen" und der Behauptung entgegenzutreten, daß KÖHLER schon vor ihm seine „Maschinenanordnung" angegeben habe. DIESEL hatte bereits eine Gegenschrift verfaßt, die etwa am 20. September fertiggestellt worden ist und 21 handschriftliche Seiten umfaßt. Sie war für KRUPP, die MAN und SULZER bestimmt, die inzwischen DIESELs Lizenznehmer geworden waren und sich durch KÖHLERs Aufsatz beunruhigt fühlen mußten. SULZER hatte am 14. September an DIESEL geschrieben, daß KÖHLER recht zu haben scheine. Am 26. September sandte DIESEL seine Schrift an KRUPP und bald darauf auch an die MAN und SULZER:

Es lag selbstverständlich kein Grund vor, schreibt er, in einer Brochüre, die blos Principien feststellen wollte, anders als andeutungsweise auf diese Fragen einzugehen, die den eigentlich praktischen Werth der Erfindung bedeuten; es wurden, im Gegentheil, derartige praktische Hinweise mögl. wenig betont, wie auch in constructiver Beziehung nur solche Beispiele gewählt wurden, welche lediglich principiell die Möglichkeit der Ausführung andeuten, während die für die Praxis vorbehaltenen Constructionen nicht veröffentlicht wurden. Hätte jedoch Köhler die angedeuteten Winke zur besseren Begründung seiner Critik berücksichtigt, d. h. *mit größeren Admissionen und unvollständiger Expansion gerechnet*, so wären ganz andere Resultate zum Vorschein gekommen (40% wirthschaftl. Wirkungsgrad).

DIESEL weicht hier aus. Er kann sich nicht auf eine öffentliche Diskussion mit KÖHLER über seine „Brochüre" einlassen, denn dadurch hätte er sein Patent 67 207 gefährdet, das den Carnot-Prozeß als ausführbar voraussetzt, und das Patent ist das einzige, das er bis jetzt besitzt. Das zweite Patent, das die Nummer 82168 erhalten hat, war noch nicht angemeldet. Er stellt nur fest:

> ... so ist in unseren Schlußfolgerungen keine Illusion enthalten, so überraschend sie sein mögen. Es geht aus denselben hervor, daß der Dieselmotor auch bei mäßigeren Geschwindigkeiten als 300 Touren in Bezug auf Cylindergrößen und Triebwerksdimensionen weit über dem Gasmotor steht, während er doppelte Wärmeausnutzung erwarten läßt.

Hier gebraucht DIESEL zum erstenmal die Bezeichnung „Dieselmotor".

Auch die Handschrift vom 20. September 1893, die sich gegen KÖHLER wendet, hat DIESEL nicht veröffentlicht. Er begründet dies in einem am 14. Dezember 1893 an die MAN gerichteten Brief:

> Was meine Antwort auf Köhlers Aufsatz i. d. Z. d. V. d. Ing. anbelangt, so hat die Redaction es für nöthig erachtet, dieselbe Herrn Köhler vorzulegen, worauf eine endlose Entgegnung desselben eintraf, welche die Frage verschob, und immer wieder die passiven Widerstände des Motors hervorhob; es wäre eine neue Entgegnung nöthig geworden und es war zu befürchten, daß eine Polemik entstehen würde, bei welcher es sich schließlich nicht um Thatsachen sondern um Prophezeiungen gehandelt hätte. In Anbetracht dieser Situation zog ich es vor, Köhlers Aufsatz mit Stillschweigen zu übergehen, es der Zukunft überlassend, auf etwaige spätere bestimmter gefaßte Prioritätsansprüche zu entgegnen. Ich konnte dies um so mehr thun, als die Herren Professoren Schröter und Zeuner versprochen haben, bei sich bietender Gelegenheit diese Frage klar zu stellen.

SCHRÖTER und ZEUNER haben sich nicht zu der Kontroverse DIESEL – KÖHLER geäußert. Nur KRUPPS Sachbearbeiter fand einen Rechenfehler in DIESELs Erwiderungsschrift, auf den er am 14. Oktober 1893 aufmerksam macht. Aber sonst liegt KRUPP nichts an einer Untersuchung, ob der ursprünglich angenommene oder einer der „abgeänderten" Prozesse, welche DIESEL in seiner Druckschrift vorschlägt, der richtige ist. KRUPP schreibt am 30. Oktober an DIESEL:

> Ich muß hervorheben, daß ein Vergleich zwischen der früher angenommenen und der jetzt von Ihnen vorgeschlagenen Prozeßführung mir weniger angelegen war ...

Es ist begreiflich, daß die Firmen sich nicht für eine Klärung der theoretischen Streitfragen zwischen DIESEL und KÖHLER interessierten, denen sie ohnehin kaum zu folgen vermochten. Sie wünschten einen ausführbaren Motor und nicht über Formeln der Thermodynamik zu diskutieren.

Diesel findet das brauchbare Arbeitsverfahren

DIESELs handschriftliche Aufzeichnungen, die im Deutschen Museum aufbewahrt werden, beweisen einwandfrei, daß DIESEL selbst es gewesen ist, der den geänderten Verbrennungsprozeß angegeben hat, der seinen Motor brauchbar machte. Das ist in der Zeit vom Mai bis September 1893 gewesen. Die Aufzeichnungen tragen die Überschrift:

> Nachträge zur Brochüre: „Theorie und Konstruktion* eines rationellen Wärmemotors", v. R. Diesel.
>
> Die Brochüre endet mit S. 96. Diese Nachträge sind von S. 97 beginnend laufend paginirt und bilden so die Fortsetzung oder Ergänzung der Brochüre. — Theilweise Auszüge aus den Nachträgen sind übrigens auch schon in der Brochüre enthalten.

Aus den Daten, die an mehreren Stellen in das handgeschriebene Inhaltsverzeichnis eingefügt sind, geht hervor, daß der wichtigste Teil, „Schlußfolgerungen über die definitiv f. d. Praxis zu wählende Arbeitsmethode des Motors", vor dem 16. Juni 1893,

---
* Vgl. Fußnote S. 394.

also vor Beginn der ersten Versuche in Augsburg verfaßt worden ist. Im September 1893 hat DIESEL „Bemerkungen zu O. KÖHLERs Aufsatz: der rationelle Wärmemotor im Vergleich mit anderen Wärmemotoren i. d. Zeitschr. d. V. D. Ing. v. 9. Sept. 1893" hinzugefügt. Mit einem Abschnitt „Nochmalige Betrachtungen über die bei dem Motor zu wählende Arbeitsweise", der im November 1893 geschrieben worden ist, schließt die Handschrift. Auch sie ist nie veröffentlicht worden.

Die Handschrift vom Mai bis November 1893 trägt die Überschrift „Wie arbeitet der Motor am Günstigsten"; das Datum des ersten Abschnitts ist der 19. Mai 1893. Die Einleitung lautet:

> Es wurde früher mehrfach erwähnt, daß gewisse Abweichungen vom vollk. Motor günstige Wirkungen haben müssen, trotzdem der Wirkungsgrad im thermischen Sinne dabei abnimmt. Es wurden aber aus den vielfachen Andeutungen noch keine Schlüsse gezogen, über die Art, wie nun definitiv die Motoren zu bauen seien. — Die folgenden Capitel sind dieser Frage gewidmet, die, wie man sehen wird, die weitgehendsten Untersuchungen nöthig machte.

Unvermittelt stellt er „folgende Sätze als feststehend" auf (die hier kursiv gedruckten Satzteile hat DIESEL im Original unterstrichen):

> 1°) Wir dürfen die Luft nicht combinirt isothermisch-adiabatisch comprimiren, *sondern nur rein adiabatisch.*
>
> 2°) Wir *dürfen die Expansion nicht bis auf atm. Druck gehen lassen*, da dadurch die Cylinderdimensionen sehr groß werden. Bei unvollständiger Expansion (also bis auf das ursprüngl. angesaugte Volumen) werden die Cylinder für gleiche Leistung ganz erheblich kleiner ...
>
> Ohne zu definitiven Resultaten zu gelangen, haben wir bereits bei Untersuch. der Arbeitswiderstände gesehen, daß
>
> 3°) Die Vergrößerung des Indicatordiagramms für ein und denselben Cylinder sehr wünschenswerth ist.

Die dritte Forderung begründet DIESEL wie folgt:

> Denn die passiven Widerstände desselben Cylinders (mit seinem Triebwerk) sind fast als constant zu betrachten; je größer also das Indicatordiagr. des Cylinders, je größer wird dessen effective Leistung und es ist nicht ausgeschlossen, daß selbst bei geringerem therm. Wirkg.grad, trotzdem ein größerer effectiver Wirks.grad zu erreichen ist, wenn das Diagramm größer ist. — Gerade auf diesen Punkt bezogen sich die größten und schärfsten Critiken meines Motors seitens der Praktiker und Männer der Wissenschaft, die sich eingehend damit beschäftigten.

Aber wie ist die nicht nur „sehr wünschenswerte", sondern vielmehr unbedingt erforderliche Vergrößerung des Indikatordiagramms zu erreichen? Das Carnot-Diagramm (Bild 220, A) ist jedenfalls viel zu schmal; es muß stark verbreitert werden. Was er darüber denkt, schreibt er Mitte 1893 nieder:

> Es tritt nun also — trotz früherer entgegengesetzter Äußerungen — doch noch einmal die Frage näher, ob man nicht mit anderen Verbrennungsprocessen als dem isothermischen, größere Diagrammflächen im gleichen Cylinder erzielt.
>
> Insbesondere zeigt sich a priori, daß bei gleicher Compression die Verbrenng. bei const. Druck erheblich größere Diagrammflächen giebt, als bei const. Temp. wo die Verbrennungscurve sofort stark sinkt. Allerdings entsteht bei const. Druck auch eine höhere Temperatur als die der Compression entsprechende. Wir sahen aber früher, daß unsere Cylinder thatsächlich viel höhere Temperaturen aushalten können, ohne die zulässigen Mitteltemperaturen zu überschreiten. Wir könnten nun diese höheren Temp. erreichen durch höhere Compression; dabei überschreiten wir aber die uns jetzt noch gesteckte Grenze v. 90—100 atm. — Arbeiten wir aber mit const. Druck, so überschreiten wir die Druckgrenze nicht, ja können sie noch reduziren und trotzdem weit größere Diagrammflächen erzielen.

Man muß also doch wohl mit einem anderen als dem isothermischen Verbrennungsprozeß, d. i. dem Carnot-Prozeß, arbeiten. Der Prozeß „mit konstantem Druck" ergibt weit größere Diagrammflächen; das erkennt man „a priori", wenn man im Carnot-Diagramm vom Punkt des höchsten Verdichtungsdruckes (2 in Bild 220, A) aus sich eine Waagerechte nach rechts gezogen denkt. Aber wie soll man den konstanten Druck herstellen? DIESEL entwirft eine flüchtige Skizze (Bild 218), in welcher die schraffierte Fläche das Carnot-Diagramm andeuten soll. Dessen isothermische Ausdehnungs-

Bild 218
Handskizze aus DIESELS Brief an KRUPP
vom 16. Oktober 1893.

DIESEL glaubt, durch *rascheres* Einspritzen des Brennstoffs die Verbrennungskurve *1-2* anheben und so die Diagrammfläche vergrößern zu können

linie *1-2* müsse man „anheben", damit sie in die Lagen *1-2'*, *1-2"* usw. komme, schreibt er am 16. Oktober 1893 an KRUPP:

Das Princip dieser veränderten Processführung liegt darin, unter Beibehaltung des Punktes *1* des Diagramms den Motor nicht dadurch zu reguliren, daß von der Verbrennungscurve *1—2* kürzere oder längere Stücke zur Ausführung kommen, sondern daß man durch rascheres Einspritzen des Brennstoffs die Verbrennungscurve nach *1—2'*, *1—2"* u.s.w. hebt und dadurch die Diagrammfläche vergrößert; da in meinem Patent [DRP 67 207] steht, daß die Verbrennung ohne wesentliche Druck- und Temperaturerhöhung erfolgt, so sind diese Verbrennungscurven bis zu constantem Druck mit darin enthalten; trotzdem ist ein besonderes Patent, welches sich auf die Ausführung dieser Regulirmethode bezieht, bereits angemeldet.

Das „besondere Patent", das später die Nummer 82 168 erhielt, hat DIESEL erst am 29. November 1893 dem Patentamt eingereicht.

Der Punkt *1* des Diagramms soll bei der veränderten Prozeßführung beibehalten werden; wie früher soll also der höchste Verdichtungsdruck zugleich der höchste überhaupt auftretende Druck sein. Die Ausdehnungslinie *1-2* (DIESEL wählt hier die Ziffern etwas anders) will er durch *rascheres* Einspritzen des Brennstoffs anheben. Wir können kaum glauben, daß auch nur vorübergehend seine Meinung gewesen ist, man könne durch das Tempo der Brennstoffzuführung die Fläche des Indikatordiagramms beeinflussen. Die Vergrößerung der Diagrammfläche hat mit dem mehr oder minder raschen Zuführen des Brennstoffs nichts zu tun; sie verlangt sehr einfach eine *größere* Brennstoffmenge. Ohne eine Vergrößerung der Brennstoffmenge gibt es keine Mehrarbeit und keine Vergrößerung der Diagrammfläche.

Zu dieser Einsicht muß DIESEL im September 1893 gekommen sein, als er Berechnungen zur Umkonstruktion seines ersten Augsburger Versuchsmotors anstellte. Ganz plötzlich verläßt er sich nicht mehr auf die Theorie, sondern denkt als Praktiker:

Gewöhnliche Petroleummotoren brauchen p. Pfd. u. Std. ca. 600 gr = 750 ccm Petroleum, also für 10 Pfd. 7500 ccm stündlich. Wir würden also bei unserem Motor im Maximum dieselbe Quantität anzunehmen haben und zwar in 150 × 60 = 9000 Einspritzungen pro Std. —

Das Maximum pro Einspritzung ist also $\frac{7500}{9000}$ = 0,83 ccm und das Minimum etwa die Hälfte = 0,4 ccm und darunter.

Die Schlußfolgerung liegt nahe: wenn erfahrungsgemäß ein 10pferdiger Petroleummotor — mag auch dieser nach dem „veralteten" Prozeß arbeiten — 0,83 ccm Brennstoff für jeden Arbeitshub braucht, dann kann ein 10pferdiger Motor nach DIESELs „rationellem" Verfahren unmöglich mit 0,087 ccm je Einspritzung auskommen. Das wäre eine Verringerung des Brennstoffverbrauchs auf ein Zehntel des bis dahin erreichten Wertes. Einen Verbrauch von 0,087 ccm je Einspritzung hatte aber die Berechnung nach Carnot ergeben. Zwischen CARNOTs Theorie und der Praxis besteht ein unüberbrückbarer Gegensatz.

Jetzt sieht DIESEL den Irrtum, in dem er sich bis dahin befunden hat: *er hat immer mit viel zu wenig Brennstoff gerechnet.* In seiner Handschrift von 1892 hat er berechnet, daß auf 100 Gewichtsteile verdichteter Luft im Brennraum höchstens ein Gewichtsteil Brennstoff kommen dürfe, wenn die Verbrennungskurve eine Isotherme werden soll, wie CARNOT es verlangt. Er schreibt:

Da nun unsere Theorie für eine rationelle Verbrennung — wir wollen das hier gleich vorausschicken — auf Werthe für G = 100 und mehr führt, so ist ersichtlich, daß man in diesen Fällen auf die Verbrennungsgase die Const. [Diesel meint die Gaskonstante R] der reinen Luft anwenden darf.

Auf Seite 2 der Druckschrift von 1893 ist dieser Satz fast wortgetreu wiederholt.

Ein so stark verdünntes Brennstoff-Luftgemisch kann keine nennenswerte Arbeit liefern; daher wird die Diagrammfläche des Carnot-Prozesses so schmal. Der Carnot-Motor würde, wenn man ihn ausführen wollte, wegen Brennstoffmangels nicht in Gang kommen; er würde sogleich beim ersten Versuch, sich zu drehen, am Überfluß der Luft ersticken. Der theoretische Luftbedarf für die Verbrennung von 1 kg des flüssigen Brennstoffs, den wir heute als Dieselkraftstoff bezeichnen, beträgt ungefähr 14,2 kg; der wirkliche Bedarf ist etwa 40% größer, beträgt also rund 20 kg, weil wir die Brennstofftropfen nicht so gleichmäßig in der verdichteten Luft verteilen können, daß der Sauerstoff der Luft voll ausgenutzt wird. DIESEL hatte, um einen isothermischen Verbrennungsablauf nach CARNOT herzustellen, mit 100 kg, also *dem siebenfachen der theoretischen Luftmenge* gerechnet. In seiner Patentanmeldung vom 27. Februar hatte er gesagt:

Diese Luftgewichte sind beträchtliche Vielfache des theoretischen Luftquantums.

Der isothermische Verbrennungsablauf nach CARNOT erfordert so wenig Brennstoff und so viel Luft auf einen Arbeitshub, daß das schwache Gemisch weder zündet noch brennt. Es ist nicht möglich, ihn zu verwirklichen.

DIESEL hat als einer der Ersten die Zusammenhänge erkannt. Keiner von denen, die seine Anfang 1893 erschienene Druckschrift kritisiert haben, konnte ihm sagen, was er machen müsse, um die Diagrammfläche zu vergrößern. Niemand hat ihm geraten: „Verzichten Sie auf die Isotherme und geben Sie mehr Brennstoff!" Er selbst hat das erkannt, es muß etwa im September 1893 gewesen sein, aber er konnte es in der Öffentlichkeit nicht aussprechen, sonst wäre sein Patent 67 207 hinfällig geworden. Erst nach Jahren, als DIESELs Motor mit Hilfe der MAN ein großer Erfolg geworden war, hatten alle es schon immer gewußt.

Diesel wählt den richtigen Verdichtungsdruck

Von einem Verdichtungsdruck von 250 at ist DIESEL ausgegangen (Bild 220, Diagramm *A*); einen Verdichtungsdruck von 30 at hatte der dritte Versuchsmotor von 1897 (Diagramm *D*), der heute als „Erster Dieselmotor" im Deutschen Museum in München steht. Der Druck von 30 at ist mehrere Jahrzehnte für Dieselmotoren aller Größen der normale Verdichtungsdruck geblieben. Heute wählt man ihn höher, weil ein höherer Verdichtungsdruck sich besser der Druckeinspritzung des Brennstoffs anpaßt. Für aufgeladene Motoren, die mit einem höheren Anfangsdruck der Luft als dem atmosphärischen arbeiten, wird der Verdichtungsdruck zwangläufig erheblich größer, da die zum raschen Zünden erforderliche Verdichtungstemperatur ein bestimmtes Verdichtungs*verhältnis* vorschreibt.

Es bleibt erstaunlich, daß DIESEL schon 1893 den Druck von 30 at als brauchbar bezeichnet hat:

> Wenn es aber durchaus darauf ankommt, mit niederen Drucken zu arbeiten, so kann man doch bis auf Compr. auf 500° herunter gehen (also etwa 30 atm)

schreibt er in seinen Aufzeichnungen. Bei der Überlegung, wie der Prozeß in seinem Motor verlaufen müsse, ist er nicht von den Drücken, sondern von den Temperaturen ausgegangen. Die Verbrennung soll bei einer bestimmten gleichbleibenden Temperatur vor sich gehen; die Endtemperatur der Verdichtung soll zugleich die Verbrennungstemperatur sein. Dementsprechend sagt er in der Beschreibung des DRP 67 207:

> Nach diesem Verfahren wird reine atmosphärische Luft in einem Cylinder so hoch comprimirt, daß durch diese Compression von vornherein vor dem Eintreten einer Verbrennung der höchste Druck des Diagramms und gleichzeitig damit die höchste Temperatur entsteht, also die Temperatur, bei welcher die später erfolgende Verbrennung stattfinden soll ...
>
> Soll z. B. die spätere Verbrennung bei 700° stattfinden, so ist der Druck 64 Atm., für 800° 90 Atm u. s. w.

Die Verbrennungstemperatur — so hat DIESEL anfänglich geglaubt — könne man beliebig wählen; man braucht nur den Verdichtungsdruck entsprechend auszuführen. Er kann innerhalb weiter Grenzen gewählt werden, denn

> die Entzündungstemperaturen der meisten Brennmaterialien liegen sehr niedrig, für Petroleum z. B. bei 70 bis 100° C ...

Das ist nicht ganz richtig; der Zündpunkt der für den Dieselmotor verwendbaren Brennstoffe liegt, wie man später gemessen hat, in der verdichteten Luft etwas über 200° C und höher. Aber das ist unwesentlich; DIESEL hat ganz richtig geschätzt, daß man „mit der Kompression auf etwa 30 at heruntergehen" kann. Das ist für den Bau der ersten Dieselmotoren, der zahlreiche Schwierigkeiten anderer Art bot, sehr wichtig gewesen.

Die Selbstzündung

Unter „Selbstzündung" versteht man im Verbrennungskraftmaschinenbau den Vorgang, daß der eingeführte Brennstoff ohne Zuhilfenahme einer besonderen Zündvorrichtung, einer Zündkerze, der Abreißzündung usw., nur durch die Verdichtungswärme der Luft zündet. Der Dieselmotor ist die einzige Wärmekraftmaschine, die mit Selbstzündung arbeitet; auch vor DIESEL hat es keine solche Maschine gegeben. Trotzdem hat DIESEL immer bestritten, daß die Selbstzündung eines der Kennzeichen seines Verfahrens sei. Noch 1913 sagt er in seinem Buch[61]:

> Es wird häufig von Laien, auch selbst in wissenschaftlichen Kreisen kurzerhand ausgesprochen, das Wesensmerkmal des Dieselverfahrens sei die Selbstzündung des Brennstoffes, der Zweck der hohen Verdichtung sei, daß der im Totpunkt eingespritzte Brennstoff sich von selbst entzündet, und die Höhe der Verdichtung sei bedingt durch die sichere Selbstzündung.
>
> Nichts ist unrichtiger, als diese oberflächliche Anschauung, die den Tatsachen und insbesondere der geschichtlichen Entstehung direkt zuwiderläuft.

Motoren mit Selbstzündung des Brennstoffes hat es schon früher gegeben; ich habe die Selbstzündung weder jemals in meinen Patenten beansprucht, noch in meinen Schriften als ein zu erreichendes Ziel angegeben. Ich suchte einen Prozeß mit höchster Wärmeausnutzung und dieser gestaltete sich so, daß die Selbstzündung ganz von selbst in ihm enthalten war.

Nicht immer hat DIESEL die Selbstzündung für einen nebensächlichen Bestandteil seines Verfahrens gehalten. Als am 10. August 1893 zum erstenmal die Brennstoffpumpe des von einer Transmission angetriebenen Versuchsmotors Brennstoff in den Zylinder spritzte und es einen kanonenschußartigen Knall gab, da war DIESEL — so schildert sein Sohn[60] den Eindruck —

gleichzeitig von Schrecken und Freude erfüllt. Fast in der ersten Sekunde des ersten Versuches hatte es sich gezeigt, daß sich der Brennstoff in der hochverdichteten Luft von selber entzündete. Der Motor hatte eine sehr heftige bejahende Antwort gegeben...,

und die Frage hat nur lauten können: ist Selbstzündung in verdichteter reiner Luft nutzbringend möglich? Die Frage hat man sich schon vor DIESEL vorgelegt, aber bis dahin hatten die gemischverdichtenden Otto-Motoren immer nur eine unfreundliche Antwort gegeben, so daß man der Selbstzündung sorgfältig aus dem Wege ging. OTTO KÖHLER hatte sogar empfohlen, auch beim Dieselmotor auf die Selbstzündung zu verzichten.

Ein halbes Jahr später, im Februar 1894, als DIESEL und sein Monteur LINDER sich bemühten, den umgebauten Versuchsmotor in Augsburg in Gang zu setzen, gab es eine zweite denkwürdige Begebenheit: der Monteur bemerkte einen Wechsel im Zug des von der Transmission zum Motor führenden Riemens. Zum erstenmal leistete der Motor eine wenn auch nur geringfügige Arbeit. Zum erstenmal waren mehrere aufeinanderfolgende Selbstzündungen gelungen.

DIESEL irrt sich, wenn er 1913 sagt[61]:

... ich habe die Selbstzündung weder jemals in meinen Patenten beansprucht, noch in meinen Schriften als ein zu erreichendes Ziel angegeben ...

Die Selbstzündung ist im Anspruch 1 des DRP 67207 als eines der Kennzeichen seines Verfahrens angegeben und war DIESEL somit geschützt.

Ich suchte einen Prozeß mit höchster Wärmeausnutzung und dieser gestaltete sich so, daß die Selbstzündung ganz von selbst in ihm enthalten war ...

DIESEL hat nicht irgendeinen beliebigen Prozeß mit höchster Wärmeausnutzung gesucht, sondern er wollte *den Carnot-Prozeß* ausführen, der von allen Prozessen den höchsten Wirkungsgrad in Aussicht stellt. Bei der Wahl des Verdichtungsdruckes ist DIESEL in verhältnismäßig kurzer Zeit von 250 auf 150, 90 und schließlich auf 30 at heruntergegangen; immer aber hat er dabei die Verdichtungstemperatur im Auge behalten und vermerkt, daß auch bei 30 at die Verdichtungstemperatur noch hoch genug über der Selbstzündungstemperatur des Brennstoffs liegt.

Streichen wir die Selbstzündung als Wesensmerkmal des Dieselverfahrens, so entsteht das Otto-Verfahren mit Fremdzündung. Die Anschauung, „das Wesensmerkmal des Dieselverfahrens sei die Selbstzündung", ist weder oberflächlich noch laienhaft. Das Wesen des Dieselverfahrens besteht in dem Ansaugen reiner Luft und ihrer Verdichtung auf einen so hohen Druck, daß die Verdichtungstemperatur die sichere Entzündung des eingeführten Brennstoffs unter hinreichender Abkürzung des Zündverzuges bewirkt. Den Begriff des Zündverzuges konnte DIESEL nicht kennen; der Zündverzug ist erst viel später beobachtet worden[64]. Man versteht darunter die Zeit, die zwischen dem Eintritt der ersten Brennstofftropfen in den Brennraum und dem Beginn der Flammenbildung verstreicht. Durch einen hohen Temperaturüberschuß über die Selbstzündungstemperatur hinaus wird der Zündverzug auf den erforderlichen sehr kleinen Betrag verkürzt.

Die hier gegebene Definition des Dieselverfahrens ist allein richtig. DIESEL hätte sie 1912 vor der Schiffbautechnischen Gesellschaft vertreten können, dann wäre er auch ohne den Zusatz, der den Zündverzug erwähnt, unangreifbar gewesen. Niemand hat vor ihm einen Motor gebaut, der reine Luft ansaugt und den Brennstoff ausschließlich durch die Verdichtungswärme entzündet.

Warum hat DIESEL mit dieser unbegreiflichen Zähigkeit an der These festgehalten, daß die Selbstzündung kein Merkmal seiner Erfindung sei? Man findet keine andere Erklärung als die: schon CARNOT hat in seinen „Réflexions" die Selbstzündung durch Verdichtung der Luft erwähnt, und BEAU DE ROCHAS sagt auf Seite 30 (der Originalschrift) seiner „Nouvelles recherches", wo er über die Höhe des Verdichtungsdruckes spricht:

Mais, pratiquement, on atteint bientôt une limite unfranchissable. C'est celle où l'élévation de température due à la compression préalable détermine l'inflammation spontanée.

Wenn auch BEAU DE ROCHAS die „spontane" Zündung als nicht überschreitbare Grenze für den Verdichtungsdruck bezeichnet, so mußte doch DIESEL befürchten, daß sein Patent 67207 eingeschränkt oder gar für nichtig erklärt werden würde, wenn er die Selbstzündung als neu beanspruchte. Durch die Wendung „Ich suchte einen Prozeß mit höchster Wärmeausnutzung" glaubte er, sich unangreifbar zu machen, denn niemand hatte vor ihm einen „Prozeß mit höchster Wärmeausnutzung" verwirklicht. Aber indem er den Prozeß höchster Wärmeausnutzung mit der isothermischen Verbrennung verband, bot er seinen Gegnern die Möglichkeit, ihn anzugreifen, und jene haben davon in einer Weise Gebrauch gemacht, die ihnen nicht zur Ehre gereicht.

Das DRP 82168 vom 30. November 1893

In der kurzen Zeit von anderthalb Jahren seit der Erteilung seines ersten Patentes hat DIESEL sich völlig von der Ansicht befreit, daß er sich streng an die einzelnen Phasen des Carnot-Verfahrens halten müsse. Über die Wandlung seiner Anschauungen hat er ständig Protokoll geführt. Den Verdichtungsdruck hat er auf „etwa 30 atm" herabgesetzt; die zugehörige Verdichtungstemperatur von 500° wird für die Selbstzündung ausreichen. Die kombiniert isothermisch-adiabatische Verdichtung, die CARNOT vorschreibt (Linie *4-1-2* in Bild 214) ist überflüssig; die isothermische Verdichtung bringt nichts ein, denn die Verdichtung soll ja eine hohe Temperatur erzeugen; also darf sie auch „rein adiabatisch" sein. Zur Herabsetzung des Verdichtungsdruckes auf 30 at notiert DIESEL:

Das Triebwerk wird wohl dadurch nicht sehr viel leichter, da der Cylinder größer ist, aber man hat es mit sehr mäßigen Drucken zu thun, die vielleicht Vortheile bieten.

Auch die Frage, ob der Arbeitszylinder der Kühlung bedarf oder nicht, kann er jetzt richtig beantworten. In einem Abschnitt „Meine Ansicht über die Vorgänge im Cylinder und die Wirkung der Cylinderwände" kommt er zu dem Ergebnis:

daß die Cylinderwände und die Kühlung eigentl. keine Wirkung auf den Verlauf des Processes haben.

Daraus folgert er als „unmittelbare und nothwendige Consequenz",

daß bei meinem Motor eine künstliche Kühlung nicht nachtheilig sein wird, da die Kühlung doch nur die Wärme entführt, welche so wie so entführt werden muß; meine Abgase werden dabei einfach kühler entweichen, und die Summe der Wärmeabfuhr im Wasser u. i. d. Abgasen wird wiederum nahe der Theorie entsprechen.

Das waren noch keine sehr erheblichen Abweichungen von dem ursprünglich geplanten Verfahren. Schwieriger war es, in der Anmeldung des Patentes, durch welches DIESEL sich die „veränderte Prozeßführung" schützen lassen wollte, den ganz andersartigen Verlauf der Verbrennungskurve, die „Verbrennung bei konstantem Druck", zu begründen, ohne sein DRP 67 207 zu gefährden. Wie er sich die Begründung dachte, hat er schon am 16. Oktober 1893, sechs Wochen vor dem Einreichen der Anmeldung an KRUPP geschrieben: durch *rascheres* Einspritzen des Brennstoffs will er die Verbrennungskurve „anheben", und da im Patent 67 207 gesagt ist,

daß die Verbrennung ohne wesentliche Druck- und Temperaturerhöhung erfolgt, so sind diese Verbrennungscurven bis zu constantem Druck mit darin enthalten.

Es handelte sich aber bei der veränderten Prozeßführung nicht um ein rascheres Einspritzen, sondern um das Einspritzen einer *mehrfach größeren* Brennstoffmenge, und die Temperaturerhöhung war durchaus nicht unwesentlich, sondern die Temperatur steigt bei dem neuen Verfahren von 500° auf etwa 1650°; der Prozeß verläuft also keineswegs isothermisch. Im Indikatordiagramm eines Dieselmotors kommt das nicht zum Ausdruck; das Indikatordiagramm zeigt nur den Druckverlauf über dem Kolbenweg an. So hat das Patentamt nicht bemerkt, daß es sich bei DIESELs zweiter Patentanmeldung nicht um eine „Verbrennungskraftmaschine der im Patent Nr. 67 207 gekennzeichneten Art" handelte, sondern um einen Motor, der nach einem völlig anderen Verfahren arbeitet.

Die Urschrift der Anmeldung ist nicht erhalten geblieben, so daß nicht bekannt ist, welche Änderungen das Patentamt veranlaßt hat. Wir wissen jedoch, daß die ursprüngliche Anmeldung fünf Ansprüche hatte und daß DIESEL am 22. Dezember 1893 einen sechsten Anspruch und eine Ergänzung der Beschreibung eingereicht hat. Aus dem Briefwechsel zwischen DIESEL und dem Patentamt ist ein Schreiben des Patentamts vom 2. Mai 1894 erhalten geblieben:

... betreffend Neuerungen an Verbrennungskraftmaschinen wird Ihnen eröffnet, daß die angemeldete Regulirvorrichtung nur an der durch Patent 67 207 geschützten Maschine anwendbar erscheint und daß demgemäß dieser Umstand in Beschreibung und Anspruch deutlich zum Ausdruck gebracht werden muß.

Auch die nach diesem Bescheid geänderte Fassung der Anmeldung ist verlorengegangen. In der Bekanntmachungsverfügung vom 13. Juni 1894 erscheint die Anmeldung unter dem Titel, den das Patent später erhalten hat; die Ansprüche waren auf zwei beschränkt worden. Am 13. Dezember 1894 wurde die Anmeldung ausgelegt, und nachdem ein am 24. Dezember 1894 von JULIUS SÖHNLEIN, Wiesbaden, eingelegter Einspruch zurückgewiesen worden war, wurde das Patent am 12. Juli 1895 erteilt. Es erhielt die Nummer 82 168 und die Bezeichnung „Verbrennungskraftmaschine mit veränderlicher Dauer der unter wechselndem Überdruck stattfindenden Brennstoffeinführung". Die beiden Ansprüche lauten:

1. Verbrennungskraftmaschinen der im Patent Nr. 67 207 gekennzeichneten Art, bei welchen die Veränderung der Leistung durch Veränderung der Gestalt der Verbrennungscurve, und zwar durch Einblasen eines einfachen oder gemischten Brennstoffstrahles in den Verdichtungsraum der Maschine bei wechselndem Ueberdruck und veränderlicher Dauer der Brennstoffeinführung herbeigeführt wird.

2. Eine Verbrennungskraftmaschine nach Anspruch 1., bei welcher die zum Einblasen dienende Druckluft durch den Arbeitskolben selbst erzeugt wird, und zwar bei normalem Betriebe ohne Abstellung des Arbeitsprocesses während eines Theiles des Compressionshubes, wobei der nöthige

Ueberdruck dadurch entsteht, daß die Brennstoffzuführung mehr oder weniger lange nach Beginn des Kolbenhubes erst eingeleitet wird.

Es ist eine seltsame Patentschrift, entstanden aus dem Zwiespalt, in welchem DIESEL sich befand: er hatte erkannt, daß das in seinem Patent 67 207 beschriebene Verfahren unausführbar ist, durfte es aber mit Rücksicht auf seine Lizenznehmer, die MAN und KRUPP, zu denen am 16. Mai 1893 die Gebrüder SULZER hinzugetreten waren, nicht zugeben. So wird in der Patentschrift 82 168 das Neuartige so dargestellt, als handele es sich um ein Verfahren zur Regelung der Leistung von solchen Verbrennungskraftmaschinen, die im Prinzip nach dem DRP 67 207 arbeiten. Die Skizze (Bild 218), die er im Oktober 1893 an KRUPP geschickt hatte, erscheint als Fig. 6 der Patentschrift 82 168 (Bild 219), nur ist jetzt die Bezifferung wie in der älteren Patentschrift.

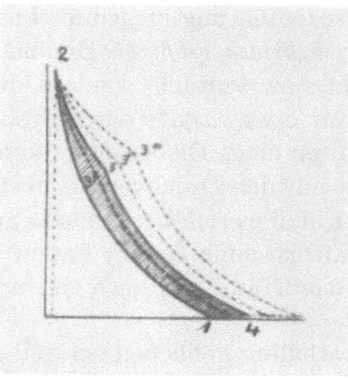

Bild 219
Fig. 6 der zweiten Patentschrift DIESELS, Nr. 82 168
vom 30. November 1893

In dem Anspruch 1 seines zweiten Patentes 82 168 spricht DIESEL nicht mehr vom „rascheren" Einspritzen, sondern von „veränderlicher Dauer der Brennstoffeinführung"

DIESEL hat erkannt, daß er *mehr* Brennstoff einspritzen muß, und gibt damit notwendig die isothermische Verbrennung auf

An KRUPP hatte er geschrieben, er wolle durch rascheres Einspritzen des Brennstoffs die Kurve *2-3* „anheben", um an Diagrammfläche zu gewinnen; jetzt, im Anspruch 1, wird dagegen von einer „veränderlichen Dauer" der Einspritzung gesprochen. Die veränderliche Dauer aber sollte nicht ein rascheres Einspritzen, sondern nur ein Mehr-Einspritzen bedeuten, denn ohne daß mehr Brennstoff eingespritzt wird, nimmt die Diagrammfläche nicht zu.

Von einer Vergrößerung der Brennstoffmenge darf aber in der Patentschrift 82 168 nicht gesprochen werden, denn DIESEL selbst hat ja in seiner Druckschrift vom „rationellen" Wärmemotor das Verhältnis vom Brennstoff- zum Luftgewicht zu höchstens 1 : 100 angegeben und das zahlreichen Fachleuten mitgeteilt. Wird mehr Brennstoff als ein Hundertstel des Luftgewichtes eingeführt, dann ist der isothermische Verlauf der Verbrennung unmöglich; man hätte wieder die „gewöhnliche" Verbrennung des Gasmotors mit starker Temperaturzunahme, und diese soll ja gerade vermieden werden; das ist das Wesen des rationellen Motors, dessen Arbeitsverfahren durch das DRP 67 207 geschützt ist. So ist in der Patentschrift 82 168 nur von der Zufuhr*zeit* die Rede:

Die Fig. 6 zeigt deutlich, daß zur Verwirklichung dieser Regelungsart zwei Bedingungen erfüllt sein müssen: es muß die Größe der Zufuhrzeit von Brennstoff veränderlich sein, wodurch die Länge der Verbrennungscurven *2–3, 2—3'* u.s.w. bestimmt wird, und es muß der Ueberdruck, mit welchem der Brennstoff eingespritzt wird, veränderlich sein, wodurch die jeweilige Lage der Verbrennungscurven bezw. deren Gestalt bestimmt wird.

Die Figur 6 der Patentschrift (Bild 219) zeigt eine Reihe willkürlich gezeichneter Ausdehnungslinien *2-3, 2-3'* usw., die nichts von einer Veränderlichkeit der Größe der Zufuhr*zeit* des Brennstoffs oder von der Forderung einer Veränderlichkeit des Einspritzdruckes erkennen lassen. Das Indikatordiagramm eines Dieselmotors (Bild 220, D) darf solche Ausdehnungslinien nicht zeigen. Die Ausführungen der Patentbeschreibung zur Figur 6 lenken davon ab, daß es sich um eine Regelung der Brennstoff*menge* han-

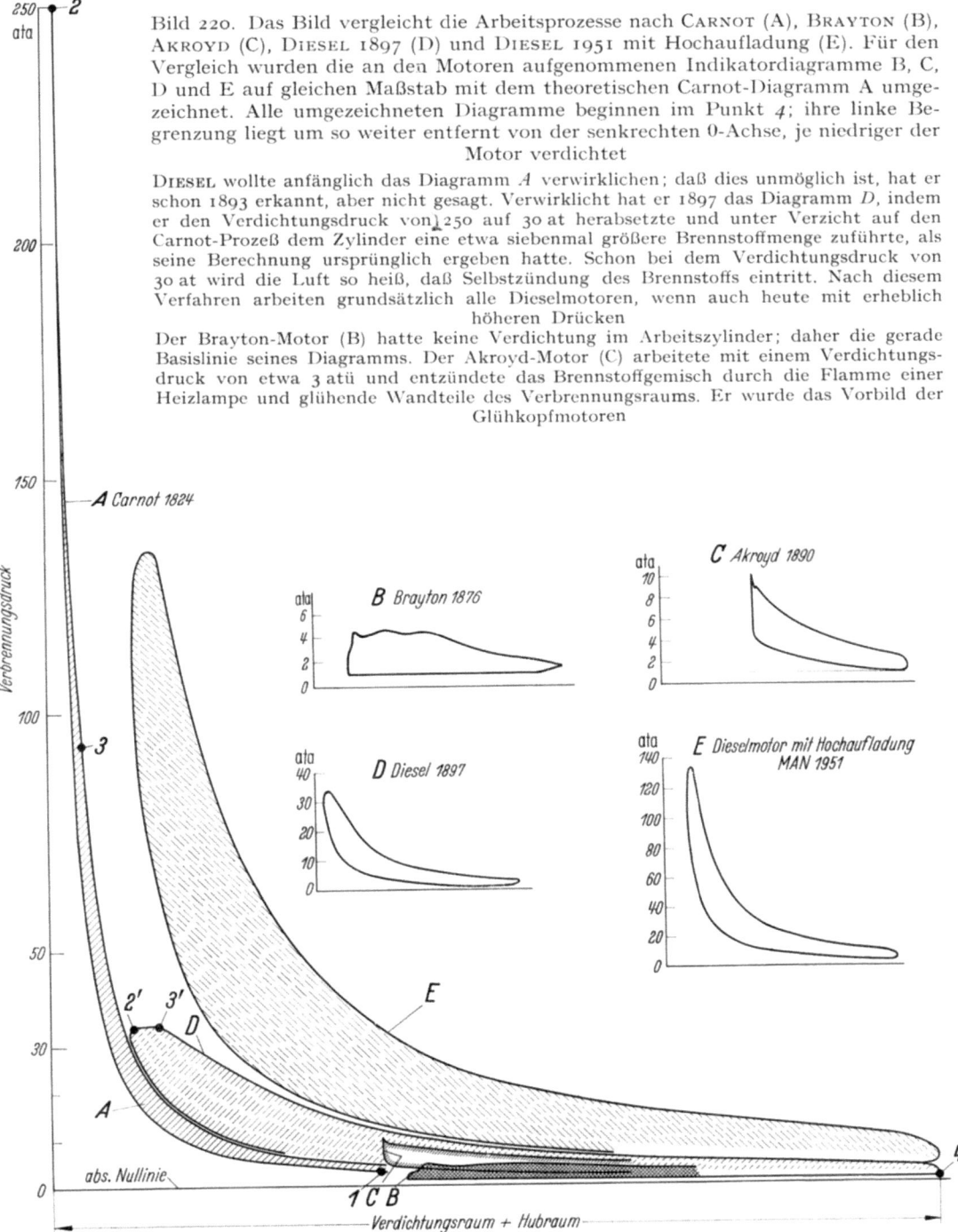

Bild 220. Das Bild vergleicht die Arbeitsprozesse nach CARNOT (A), BRAYTON (B), AKROYD (C), DIESEL 1897 (D) und DIESEL 1951 mit Hochaufladung (E). Für den Vergleich wurden die an den Motoren aufgenommenen Indikatordiagramme B, C, D und E auf gleichen Maßstab mit dem theoretischen Carnot-Diagramm A umgezeichnet. Alle umgezeichneten Diagramme beginnen im Punkt 4; ihre linke Begrenzung liegt um so weiter entfernt von der senkrechten 0-Achse, je niedriger der Motor verdichtet

DIESEL wollte anfänglich das Diagramm A verwirklichen; daß dies unmöglich ist, hat er schon 1893 erkannt, aber nicht gesagt. Verwirklicht hat er 1897 das Diagramm D, indem er den Verdichtungsdruck von 250 auf 30 at herabsetzte und unter Verzicht auf den Carnot-Prozeß dem Zylinder eine etwa siebenmal größere Brennstoffmenge zuführte, als seine Berechnung ursprünglich ergeben hatte. Schon bei dem Verdichtungsdruck von 30 at wird die Luft so heiß, daß Selbstzündung des Brennstoffs eintritt. Nach diesem Verfahren arbeiten grundsätzlich alle Dieselmotoren, wenn auch heute mit erheblich höheren Drücken

Der Brayton-Motor (B) hatte keine Verdichtung im Arbeitszylinder; daher die gerade Basislinie seines Diagramms. Der Akroyd-Motor (C) arbeitete mit einem Verdichtungsdruck von etwa 3 atü und entzündete das Brennstoffgemisch durch die Flamme einer Heizlampe und glühende Wandteile des Verbrennungsraums. Er wurde das Vorbild der Glühkopfmotoren

delt. So hat Diesel erreicht, daß ihm nicht nur eine Verbrennung bei konstanter Temperatur (Linie *2–3* im Diagramm A, Bild 220) durch das DRP 67 207, sondern auch eine Verbrennung bei konstantem Druck (Linie *2'–3'* im Diagramm D) durch das DRP 82 168 geschützt wurde. Verwirklicht hat er mit Hilfe der MAN in zäher Versuchsarbeit den mit konstantem Druck arbeitenden Motor, wobei freilich die Konstanz des Druckes nicht buchstäblich genommen werden darf; immer liegt der höchste Verbrennungsdruck beträchtlich über dem Verdichtungsdruck, während Diesel in den Skizzen seiner beiden Patentschriften den Verdichtungsdruck nicht überschreiten will.

Diesel hat als Erster einen Motor angegeben, der nach einem Verfahren arbeitet, das wir als „Dieselverfahren" definieren. Das war eine Leistung von größter Bedeutung für die Verbrennungsmotorenindustrie. Nach seinem Verdienst war es gerechtfertigt, daß ihm der Patentschutz erteilt wurde. Daß seine beiden Patentschriften so viele angreifbare Einzelheiten beschreiben, ist darauf zurückzuführen, daß Diesel sich erst in der Zeit zwischen den beiden Anmeldungen Klarheit über die wirklichen Vorgänge im Motor verschafft hat. Das beweisen die handschriftlichen Aufzeichnungen, die im Deutschen Museum aufbewahrt werden. Nachdem er aber sein erstes Patent mit dem unausführbaren Vorschlag des Carnot-Prozesses erhalten hatte und drei erste Firmen als Lizenznehmer gewonnen waren, konnte er nicht mehr zurück und blieb bei einer Darstellung, die um so leichter angreifbar wurde, je genauer andere die wirklichen Zusammenhänge erkannten, bis es zu den unschönen Angriffen von Riedler, Nägel und Lüders kam.

Hatte Diesel Vorläufer?

Diesel selbst hat die Frage beantwortet; er hat den Motor des Amerikaners Brayton und den Akroyd-Motor als „seine wichtigsten Antecedentien" bezeichnet. Riedler[65] nennt an Vorgängern u. a. Söhnlein und Capitaine; den bedeutendsten Vorgänger, Herbert Akroyd Stuart, erwähnt Riedler nicht. Auch Nicolaus August Otto muß zu den Vorgängern Diesels gezählt werden, denn Diesel hat bei seinen Versuchen das Viertaktverfahren benutzt, das Otto geschaffen hat.

Alle Vorläufer Diesels unterscheiden sich von ihm dadurch, daß sie die Verdichtung in ihren Motoren nicht bis zur Selbstzündung getrieben haben. Nimmt man dem Dieselverfahren das Kennzeichen der Selbstzündung durch die Verdichtungswärme, dann bleibt kein qualitativer Unterschied mehr; der Unterschied besteht dann nur noch in einem Zahlenverhältnis.

Von Julius Söhnlein berichtet Güldner[13]: „Die Söhnlein-Motoren, die in den Patentschriften in sehr verschiedenen Ausführungen vorkommen, sind anscheinend im Versuchszustande steckengeblieben; Zivil-Ingenieur Lieckfeld (S. 146) in Hannover hat sich einige Zeit mit ihrer praktischen Entwicklung befaßt, ohne sie jedoch bis zur Werkfähigkeit bringen zu können." Söhnlein soll in den Jahren 1883/85 einen Versuchsmotor gebaut haben, der mit 8 bis 10 at Verdichtungsdruck und Einspritzen des Brennstoffs mittels Druckluft arbeitete. Auf Grund seiner Schutzrechte griff Söhnlein die Patente Diesels an, doch ist dieser Prozeß nicht zu Ende geführt worden. Söhnlein hat seine Prioritätsansprüche nicht weiterverfolgt.

Zwei der von Capitaine konstruierten Motoren sind S. 220 beschrieben worden. Bild 107 (S. 221) ist ein Petroleummotor mit Glührohrzündung, der keine Bedeutung erlangt hat. Der von Grob & Co. und seit 1892 von Swidersky in Leipzig gebaute

Petroleummotor (Bild 108) ist eher ein Vorläufer der Glühkopfmotoren gewesen; er arbeitete mit einem beheizten Verdampfer, der als Zündquelle diente. Bei beiden Capitaine-Motoren fehlte die Selbstzündung, aber CAPITAINE hat doch schon Verdichtungsdrücke bis 16 at verwendet. Auch CAPITAINE hat die Diesel-Patente angegriffen, ist aber von den Diesel-Interessenten abgefunden worden. SÖHNLEIN und CAPITAINE haben erstmalig Verdichtungsdrücke ausgeführt, die beträchtlich höher als die damals gebräuchlichen niedrigen Drücke waren; nur insofern kann man sie als Vorläufer DIESELs bezeichnen. Nach dem Verfahren, das wir heute nach DIESEL benennen, haben jene Motoren nicht gearbeitet.

Der **Brayton-Motor** wurde von seinem Erfinder 1872 in den USA zum Patent an-

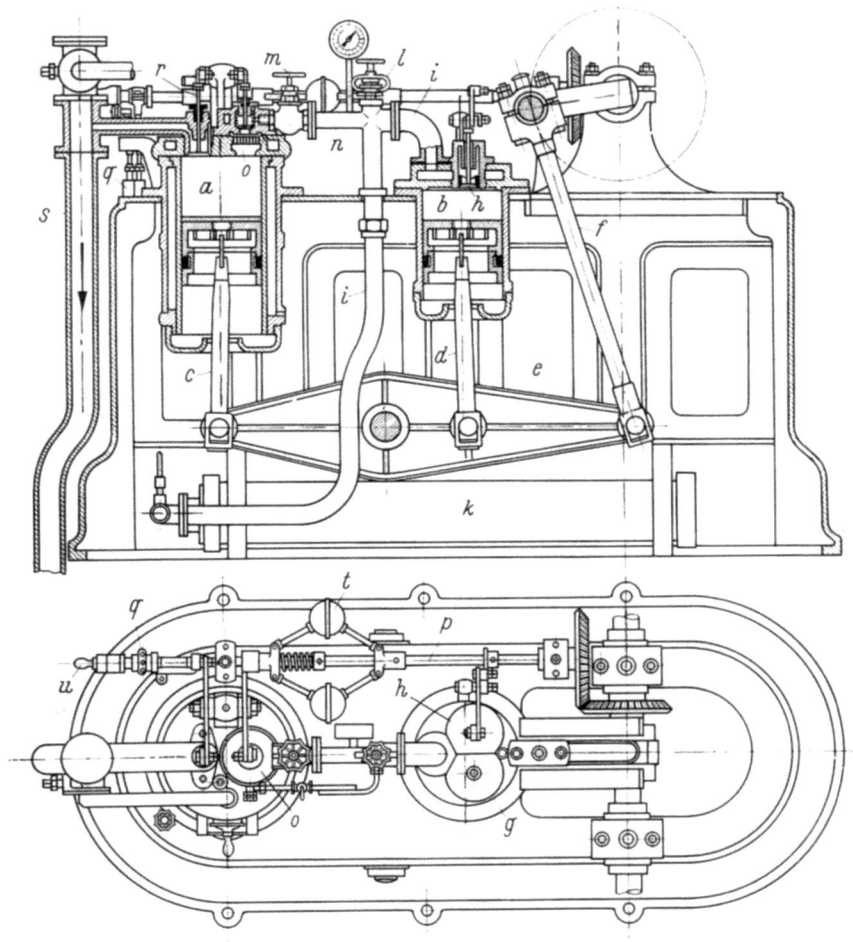

Bild 221. Der Brayton-Motor (1872)

a Arbeitszylinder; *b* Pumpenzylinder; *c* Pleuelstange für *a*; *d* Pleuelstange für *b*; *e* Schwinghebel; *f* Pleuelstange der Arbeitskurbelwelle; *g* Saugventil, *h* Druckventil des Pumpenzylinders; *i* Druckluftleitung; *k* Aufnehmer; *l* Sicherheitsventil; *m* Absperrventil; *n* Druckluftleitung zum Einlaßventil *o* des Arbeitszylinders; *p* Steuerwelle; *q* Brennstoffpumpe; *r* Auspuffventil; *s* Auspuffleitung; *t* Regler; *u* Handkurbel der Brennstoffpumpe

Zu diesem Motor gehört das Indikatordiagramm *B* (Bild 220). Insbesondere das umgezeichnete (durch Kreuzschraffur hervorgehobene) Diagramm *B* zeigt, daß keine Ähnlichkeit zwischen dem Verfahren von BRAYTON und dem Dieselverfahren besteht

gemeldet; 1876 erschien er auf dem Markt, 1878 wurde er auf einer Ausstellung in Paris gezeigt. Zum erstenmal in der Geschichte des Verbrennungsmotorenbaues wird hier Preßluft zum Einspritzen und Zerstäuben des flüssigen Brennstoffs benutzt. Der Motor wird in RICHARDs 1892 erschienenem Buch[21] beschrieben, und da DIESEL mit GUSTAVE RICHARD um die Jahreswende 1892/93 korrespondiert hat, wird DIESEL das Buch gekannt haben. So ist es wahrscheinlich, daß DIESEL die Anregung, den Brennstoff durch Druckluft in den Zylinder einzuführen, durch das Studium des Brayton-Motors erhalten hat. DIESEL sagt darüber im Januar 1894 nur undeutlich: „... es taucht die Idee der Einblasung des Brennstoffes durch Druckluft auf"[61]. Zwischen dem Verfahren von BRAYTON und dem Dieselverfahren bestehen aber doch erhebliche Unterschiede.

Der Brayton-Motor (Bild 221) verdichtet die Luft nicht im Arbeitszylinder a, sondern in einem abgetrennten Pumpenzylinder b. Die Kolben der beiden Zylinder werden durch die Pleuelstangen c und d, die dem zweiarmigen Schwinghebel e angelenkt sind, gegensinnig bewegt. Am rechten Ende des Hebels e greift die Pleuelstange f der Arbeitskurbelwelle an. Wenn der Arbeitskolben sich während der Verbrennung und Ausdehnung abwärts bewegt, geht der Pumpenkolben aufwärts, verdichtet die bei seinem Abwärtshub durch das selbsttätig wirkende Ventil g angesaugte Luft und schiebt diese durch das Druckventil h und die Leitung i in den Aufnehmer k, der im Maschinengestell untergebracht ist. Wenn der Arbeitskolben seinen oberen Totpunkt erreicht hat, strömt Preßluft aus dem Behälter k durch das mit Sicherheitsventil l und Absperrventil m versehene Rohr n zum Einlaßventil o des Arbeitszylinders, das in diesem Augenblick von der Steuerwelle p durch Nocken und Hebel geöffnet wird. In dem Raum unterhalb des Einlaßventiltellers ist zwischen gelochten Blechen eine

Bild 222
Ansicht des Brayton-Motors
a Arbeitszylinder; b Pumpenzylinder; c Pleuelstange für a; d Pleuelstange für b; e Schwinghebel; f Pleuelstange der Arbeitskurbelwelle; i Druckluftleitung; l Sicherheitsventil; m Absperrventil; p Steuerwelle; q Brennstoffpumpe; t Regler; u Handkurbel der Brennstoffpumpe

Das Schwungrad ist abgenommen. Bei diesem Motor ist zum erstenmal Druckluft zum Einführen des Brennstoffs in den Brennraum benutzt worden. Der Motor steht heute im Werkmuseum der Klöckner-Humboldt-Deutz AG

Filzschicht angeordnet, in welche die vom Ende der Steuerwelle angetriebene Brennstoffpumpe q eine abgemessene Menge Benzin drückt. Eine unterhalb der Filzschicht ständig brennende Flamme entzündet das Brennstoff-Luftgemisch, das der rasch durch die Filzschicht streichende Luftstrom entstehen läßt. Noch bevor der abwärtsgehende Arbeitskolben die Mitte seines Hubes erreicht hat, schließt das mechanisch gesteuerte Einlaßventil, und nunmehr dehnt sich die Ladung nahezu bis auf Atmosphärendruck aus. Der aufwärtsgehende Kolben drückt die Abgase durch das Auspuffventil *r* und die Auspuffleitung *s* ins Freie.

Der auf der Nockenwelle sitzende Regler *t* verschiebt einen im Antriebsgestänge der Brennstoffpumpe sitzenden Querkeil und verändert dadurch den wirksamen Hub der Pumpe. Zum Anfahren wird diese durch die Handkurbel *u* betätigt, damit der aus dem Behälter *k* kommende Luftstrom Brennstoff vorfindet.

GÜLDNER[13] teilt einige von CLERK gefundene Meßergebnisse eines 5 PS-Brayton-Motors mit. Während der Höchstdruck in der Luftpumpe 4,6 und im Aufnehmer 4,2 kg/cm² betrug, wurden im Arbeitszylinder nur 3,4 kg/cm² erreicht. In Bild 220 ist ein von GÜLDNER wiedergegebenes Indikatordiagramm (B) über dem im gleichen Maßstab gezeichneten Diagramm (D) eines Dieselmotors aus dem Jahr 1897 dargestellt. Die Diagramme, die ja Abbilder des vom Motor benutzten Verfahrens sind, zeigen nicht die geringste Ähnlichkeit. Nur insofern, als beide Motoren Druckluft zum Zerstäuben des Brennstoffs benutzen, ist BRAYTON ein Vorläufer DIESELs gewesen. Aber DIESEL hat mit einem Zerstäubungsdruck von 65 at, BRAYTON mit 4 bis 5 at gearbeitet.

Herbert Akroyd Stuart

Am 8. Mai 1890 meldete HERBERT AKROYD STUART in London die Erfindung eines Verbrennungsmotors zum Patent an, dessen Kennzeichen in der Anwendung eines Verdampfers für flüssige Brennstoffe bestand. „Der Verdampfer steht in direkter Verbindung mit dem Arbeitszylinder; er wird auf der erforderlichen Temperatur gehalten durch die Verbrennung des Brennstoffgemisches in seinem Innern, wobei der Verdampfer dazu dient, die Brennstoffladung zu entzünden." Das britische Patent erhielt die Nummer 7146/1890. Der darin beschriebene Motor ist das Vorbild aller Verbrennungsmotoren geworden, die unter der Bezeichnung „Glühkopfmotor", „hotbulb engine", „Semi-Diesel engine", eine weite Verbreitung gefunden haben.

Der Akroyd-Motor ist in kurzer Zeit von seinem Erfinder und der Firma Hornsby & Sons in Grantham zur Marktreife entwickelt worden. In Deutschland wurde er seit 1894 von der Firma Gebr. Pfeiffer in Kaiserslautern gebaut. In Bild 223, das den Motor in Seitenansicht und im Grundriß zeigt, ist der Kolben des im Viertakt arbeitenden Motors in seiner oberen Totpunktstellung gezeichnet. Oberhalb der Kolbenfläche liegt der verhältnismäßig große Verdichtungsraum zu einem Teil im Arbeitszylinder, zum anderen in dem ungekühlten Glühkopf *a*, dessen Innenwand mit Rippen versehen ist, die das Verdampfen des Brennstoffs unterstützen sollen. Wenn der Arbeitskolben sich nach rechts bewegt, saugt er durch das Einlaßventil *b* atmosphärische Luft an; zugleich drückt die vom Einlaßventilhebel betätigte Brennstoffpumpe *c* den Brennstoff durch die Leitung *d* zum Einspritzventil *e*, das den Brennstoff in den Glühkopf *a* hineinzerstäubt. Dieser wird vor dem Anlassen durch eine Heizlampe (*s* in Bild 224) erwärmt; während des Betriebes erhält er sich durch die Zündungen auf schwacher Rotglut, wozu er von einer mit Asbest gefütterten Haube (*t* in Bild 224) bedeckt ist. Im Glühkopf verdampft das eingespritzte Öl; die Zündung tritt jedoch erst ein, wenn der zurücklaufende Kolben die auf etwa 3 atü (Bild 220, Diagramm C) verdichtete Luft durch den engen Hals zwischen Arbeitszylinder und Glühkopf zum Teil in diesen übergeschoben hat. Der Eintritt der Zündung ist somit ungesteuert. Die Verbrennung bewirkt eine Drucksteigerung im Glühkopf; sie treibt die Verbrennungsgase durch den Hals in den Arbeitszylinder, womit der Arbeitshub beginnt. Der wieder zurückgehende Kolben schiebt die Abgase durch das Ventil *f* in die Auspuffleitung *g*.

Da der Hals zwischen Glühkopf und Arbeitszylinder eng ist (nach GÜLDNER beträgt sein Querschnitt etwa $1/_{20}$ der Kolbenfläche), können die Abgase aus dem Glüh-

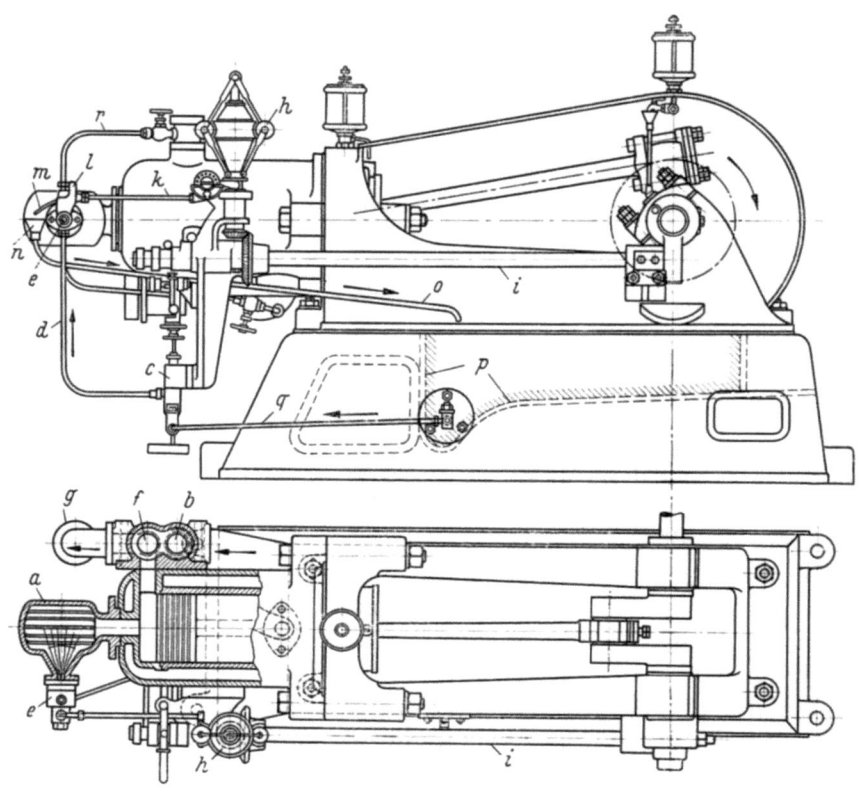

Bild 223. Der Akroyd-Motor (1890)

a Glühkopf; *b* Einlaßventil; *c* Brennstoffpumpe; *d* Brennstoffdruckleitung; *e* Einspritzventil; *f* Auspuffventil; *g* Auspuffleitung; *h* Regler; *i* Steuerwelle; *k* Regelgestänge; *l* Überlaufventil; *m,n,o* Brennstoffrückleitung; *p* Brennstoffbehälter; *q* Brennstoffsaugleitung; *r* Kühlwasserabfluß

Das an einem Akroyd-Motor aufgenommene Indikatordiagramm ist in Bild 220,C wiedergegeben und außerdem auf gleichen Maßstab mit dem Carnot-Diagramm umgezeichnet (schraffiertes Diagramm C)

kopf nur unvollkommen entfernt werden. Das beeinträchtigt die Sicherheit des Zündens nicht, da beim Verdichtungshub genügend Frischluft in den Glühkopf gelangt; nur der Brennstoffverbrauch, der 430 g/PSh betragen haben soll, wird hierdurch und infolge des niedrigen Verdichtungsdruckes beträchtlich höher, als ihn DIESEL einige Jahre später erreicht hat.

Der Regler *h*, der von der mit halber Drehzahl umlaufenden Steuerwelle *i* angetrieben wird, beeinflußt die je Arbeitshub geförderte Brennstoffmenge. Bei abnehmender Belastung und steigender Drehzahl öffnet die Reglermuffe durch das Gestänge *k* ein im Gehäuse des Einspritzventils *e* untergebrachtes Überlaufventil *l*, und ein Teil des geförderten Brennstoffs fließt durch das Röhrchen *m*, den Trichter *n* und das Rohr *o* in den in der Grundplatte untergebrachten Brennstoffbehälter *p* (in Bild 223 durch Schraffur hervorgehoben) ab. Da der Brennstoff während des Saughubes in den Verdampfer *a* eingelagert wird, arbeitet die Brennstoffpumpe ohne Gegendruck, so daß der zuviel geförderte Brennstoff ohne Überdruck in den Trichter *n* tropft. Aus dem Behälter *p* saugt die Pumpe *c* durch die Leitung *q* den Brennstoff für das nächste Arbeitsspiel an. *r* ist die Kühlwasserabflußleitung.

Der Akroyd-Motor ist der erste Ölmotor gewesen, der, mit der dritten Fraktionsstufe des Erdöls, dem Gasöl arbeitend, sich als lebensfähig erwiesen hat. Er ist das Urbild aller Glühkopf- und Mitteldruckmotoren geworden, deren Kennzeichen darin besteht, daß sie nicht mit reiner Verdichtungszündung arbeiten. Im weiteren Sinn ist er ein Vorläufer der heutigen Vorkammer- und Wirbelkammermotoren, da auch bei diesen in einem vom Arbeitszylinder abgeschnürten Raum eine Vorverbrennung unter Drucksteigerung stattfindet, welche das Übertreten der brennenden Gase in den Arbeitszylinder bewirkt.

Was den Akroyd-Motor vom Dieselmotor unterscheidet, entnimmt man, wie bei dem Vergleich Brayton-Diesel, den Indikatordiagrammen der beiden Motoren. In Bild 220 sind es die durch Schraffur hervorgehobenen Diagramme *C* und *D*; sie zeigen keine Ähnlichkeit. Entsprechend dem niedrigen Verdichtungsdruck des Akroyd-Motors liegt die linke Begrenzungslinie des Diagramms in großem Abstand von der Ordinatenachse des Nullpunkts; der Abstand veranschaulicht den großen Verdichtungsraum des Akroyd-Motors. Bei der niedrigen Verdichtung kann der Akroyd-Motor nicht mit Selbstzündung arbeiten. Der mit Druckluftzerstäubung arbeitende Dieselmotor von 1897 verdichtet die Luft auf 30 at und bedarf keiner Fremdzündung. Der Verbrennungsdruck liegt bei dem klassischen Dieselmotor bei 35 bis 36 at (Bild 220, *D*). Man kann den modernen mit Hochaufladung arbeitenden Dieselmotor (Diagramm *E*) als aus dem Dieselmotor von 1897 hervorgegangen bezeichnen, aber nicht aus einem Motor mit dem Diagramm *C*.

Herbert Akroyd hat zwei Grundpatente besessen, die britischen Patente 7146, angemeldet am 8. Mai 1890, und 15994, angemeldet am 8. Oktober 1890. Die beiden Patente unterscheiden sich durch den Zeitpunkt, in welchem der Brennstoff — flüssige Kohlenwasserstoffe oder Gas — in den Verdampfer (*a* in Bild 223) eingeführt werden soll. In dem ersten dieser beiden Patente heißt es:

... at the desired part of this compression stroke, the supply of liquid hydrocarbon is forced, in a spray form, on to the heated vaporiser, which almost instantly changes it into a gas ...

Die Patentschrift gibt den Zeitpunkt der Einspritzung nicht genau an. Der Brennstoff soll zwar während des Verdichtungshubes — also nicht schon während des Saughubes — in den Verdampfer eingeführt werden; dies könnte also auch, falls gewünscht (desired), erst am Ende des Verdichtungshubes geschehen.

Die um fünf Monate jüngere Patentschrift 15994 sagt dagegen:

The chief object of our present invention is to provide means, whereby the necessary quantities of combustible vapour or gas and of air may be drawn in during the suction or outstroke of the piston, notwithstanding that a permanent igniter is employed ...

Die ständig wirkende Zündvorrichtung (permanent igniter) ist die ungekühlte Wand des Verdampfers. Sie ist ein wesentlicher Bestandteil beider Patente. Alternativ ist eine elektrische Zündvorrichtung vorgesehen.

Die Akroyd-Motoren sind, wenigstens in den ersten Jahren, nach dem jüngeren Patent ausgeführt worden, d. h. mit Einspritzung des Brennstoffs in die Verdampferkammer während des Saughubes des Kolbens. Das frühzeitige Einspritzen des Brennstoffs begrenzt den Verdichtungsdruck auf einen niedrigen Betrag. Wird dieser überschritten, so treten Frühzündungen auf, die den Betrieb stören würden. So ist der Akroyd-Motor jahrelang bei einem Verdichtungsdruck von 3 kg/cm² Überdruck stehengeblieben. Hierzu erwähnt E. DIESEL[66]:

<small>Als ein Obermonteur bei Hornsby, T. H. Barton, in den Jahren 1891/92 in Grantham Versuche machte, den Kompressionsdruck einer Akroydmaschine zu erhöhen, verbot ihm der Chefingenieur Robert Edwards weitere Experimente.</small>

Noch 1898 hat GÜLDNER[13] an zwei Akroyd-Motoren, die zum Antrieb von Pumpen auf einem Bahnhof im Saargebiet dienten, bei den Abnahmeversuchen einen Verdichtungsdruck von 3 at gemessen.

Über Versuche, die im Jahr 1891 an einer der ersten Akroyd-Maschinen durch W. ROBINSON vorgenommen sind, berichtet die englische Zeitschrift „Oil Engine" vom Februar 1940. Die Maschine leistete bei 9¼" = 235 mm Zylinderdurchmesser und 16" = 406 mm Hub 7,6 PS. Der Verdichtungsdruck lag zwischen 30 und 35 lb./sq.in. oder 2,1 bis 2,5 kg/cm² Üb. und war damit noch etwas niedriger als im Diagramm C (Bild 220) gezeichnet. Der Brennstoffverbrauch wird zu 0,9 pint/b.h.p.hr. angegeben, das sind 510 cm³/PSh oder bei einem spezifischen Gewicht des Brennstoffs von 0,9 rund 460 g/PSh, was mit GÜLDNERs Angabe (430 g/PSh) gut übereinstimmt.

Von dem Brennstoff, den AKROYD bei seiner von ROBINSON untersuchten Maschine verwendet hat, wird gesagt, daß er ein Rückstandöl (residue) gewesen sei, das bei der Herstellung von Terpentin anfiel. Da solcher Treibstoff nicht in ausreichender Menge zur Verfügung stand, benutzte man bei den Probeläufen „suitable petroleum oils", die leichter zu beschaffen waren. Diese Brennstoffe werden sich nicht sehr von denen unterschieden haben, die RUDOLF DIESEL etwas später für seine Versuche verwendete.

Die ersten Versuche an AKROYDs Motor sind im Frühjahr 1891 gemacht worden; RUDOLF DIESELs Motor hat seine erste erfolgreiche Prüffelderprobung im Februar 1897 bestanden. Aus dem zeitlichen Vorsprung des englischen Motors hat sich in Kreisen der englischen Motorenindustrie das Bestreben entwickelt, die Bezeichnung „Diesel-Motor" durch „Akroyd-Motor" zu ersetzen.

Dieselmotor und Akroydmotor

Wann man für den Akroyd-Motor zum erstenmal die Bezeichnung hot-bulb engine, Glühkopfmotor, gebraucht hat, ist unsicher. Als der Name DIESEL zu einem feststehenden Begriff für den mit reiner Selbstzündung arbeitenden Motor geworden war, nannte man den Akroyd-Motor auch „a Semi-Diesel", einen „Halbdiesel". An die Erörterungen, die über diese Benennung in den Jahren 1919 und 1922 in der englischen Fachwelt geführt worden sind, hat die Zeitschrift „Gas and Oil Power" in ihrem Jubiläumsheft vom Mai 1955 erinnert.

Im Frühjahr 1919 hatte die Diesel Engine Users Association die folgenden Begriffsbestimmungen einer Dieselmaschine und einer Semi-Dieselmaschine aufgestellt. Wir geben sie in deutscher Übersetzung wieder.

<small>Definition einer „Diesel"-Maschine: Eine Dieselmaschine ist eine Kraftmaschine, die durch die Gase betrieben wird, die durch die Verbrennung eines flüssigen Brennstoffs oder eines Brennstoffs in Pulverform entstehen, der in fein verteiltem Zustand in den Arbeitszylinder am Ende des Verdichtungshubes oder ungefähr an seinem Ende eingeführt wird. *Die Wärme, die durch die Verdichtung der im Zylinder befindlichen Luft auf eine hohe Temperatur erzeugt wird, ist das einzige Mittel zum Entzünden der Ladung.* Die Verbrennung verläuft bei oder nahezu bei konstantem Druck.</small>

Definition einer „Semi-Diesel"-Maschine: „Eine Semi-Dieselmaschine ist eine Kraftmaschine, die durch die Gase betrieben wird, die durch die Verbrennung eines Kohlenwasserstofföles entstehen. Eine Ölladung wird in Form eines Strahles in einen nach dem Arbeitszylinder offenen Verbrennungsraum in oder nahe dem Augenblick gespritzt, in welchem im Zylinder der höchste Verdichtungsdruck auftritt. *Die Wärme, die einem ungekühlten Teil der Brennkammer entnommen wird, zusammen mit der Wärme, die durch die Verdichtung der Luft auf eine mäßige Temperatur erzeugt wird, entzündet die Ladung.* Die Verbrennung findet bei oder nahezu bei konstantem Volumen statt.

Die Kennzeichen, durch welche die beiden Verfahren sich unterscheiden (nur hier zur Unterscheidung durch Kursivdruck hervorgehoben), sind eindeutig. Der Dieselmotor arbeitet nach einem anderen Verfahren als der Akroyd-Motor. Der Hauptunterschied liegt in der Zündung: beim Akroyd-Motor genügt die Verdichtungswärme nicht, um die Zündung zu bewirken; er muß eine „fremde" Zündquelle hinzunehmen. Als solche dient ein ungekühlter Teil der Brennraumwandung. Der Dieselmotor zündet nur durch die Verdichtungswärme. Beim Dieselmotor muß die Brennraumwand allseitig gekühlt sein. Ein ungekühlter Teil würde beim Dieselmotor infolge der höheren mittleren Temperatur, mit welcher der Dieselmotor arbeitet, in Weißglut geraten. Abgesehen von der Materialzerstörung würde der Ablauf der Verbrennung dadurch völlig gestört werden.

Den in den beiden britischen Definitionen angeführten Merkmalen „Verbrennung bei konstantem Druck" bzw. „Verbrennung bei konstantem Volumen" legen wir heute einen geringeren Wert bei. Es sind gedachte Verfahren, die man beim Aufzeichnen theoretischer Indikatordiagramme benutzt, weil man ohne vereinfachende Annahmen die Formeln der Thermodynamik hier nicht anwenden kann. Die theoretischen Diagramme stimmen mit den an einem Motor aufgenommenen Diagrammen nur sehr angenähert überein. Bei beiden Verfahren ist weder der Druck noch das Volumen während der Verbrennung konstant. Aus den Definitionen „Verbrennung bei konstantem Druck" bzw. „bei konstantem Volumen" kann man den Unterschied zwischen dem Akroyd-Motor und dem Dieselmotor nicht einwandfrei ableiten.

Der Erfinder des Akroyd-Motors, der inzwischen seinen Wohnsitz nach Claremont in Westaustralien verlegt hatte, war mit den von der Diesel Engine Users Association aufgestellten Definitionen nicht zufrieden. In einem vom 9. Juni 1919 datierten, an die Schriftleitung der „Gas and Oil Power" gerichteten Brief (den die Zeitschrift in ihrem Jubiläumsheft 1955 abdruckt) beschwert er sich darüber, daß sein Name bei der Definition der Semi-Diesel Engine nicht genannt worden sei. Er nimmt für sich in Anspruch, daß „das Verfahren, nach welchem alle Hochdruck-Rohöl-Maschinen mit selbsttätiger Zündung heutzutage arbeiten, auf ihn als Ursprung zurückzuführen (originated), von ihm erfunden und in der ganzen Welt, einschließlich Deutschland, unter seinem Namen patentiert" seien. Dabei verweist er auf seine beiden Grundpatente 7146 und 15994, beide aus 1890. Nur mit Hilfe einer kräftigen Reklame (by dint of booming) für die Namen „Diesel" und „Semi-Diesel" sei sein eigener Name zugunsten DIESELs und der deutschen Nation unterdrückt worden. Man solle den Namen DIESEL den Deutschen zurückgeben und AKROYD an seine Stelle setzen.

Die Erörterungen wurden 1922 in einem Ausschuß fortgeführt, der von der Institution of Mechanical Engineers unter Hinzuziehung von Vertretern der Diesel Engine Users Association und der britischen Motorenindustrie eingesetzt worden war. Der Ausschuß kam zu dem Ergebnis, daß nach seiner Ansicht die moderne Ölmaschine nach Richtlinien entwickelt worden sei, die AKROYD angegeben habe, dessen Maschine älter sei als die von DIESEL und der Maschinenfabrik Augsburg geschaffene. HERBERT AKROYD STUARTs Pionierleistung sei durch die bisherige Bezeichnungsweise wahrheitswidrig verschleiert worden (adversely cloaked by nomenclature). „Und noch immer sprechen wir von ‚Diesel'-Maschinen..."

Die Zeitschrift „Gas and Oil Power" (Mai 1955) bringt ferner eine Diskussion in Erinnerung, die sich einem Vortrag anschloß, den C. J. HAWKES 1920 vor der North-East Coast Institution of Engineers and Shipbuilders gehalten hatte. In der Erörterung stellte ALAN E. L. CHORLTON, ein bekannter britischer Fachmann, die These auf, die englische Hochdruckölmaschine sei etwas anderes als die Dieselmaschine; sie sei ein Kind — richtiger ein Enkelkind — des von AKROYD STUART geschaffenen Urtyps, dem Glühkopf mit verengtem Hals (the hot bulb with contracted neck). Sie, die englische Hochdruckmaschine, habe sich im Lauf der Jahre schrittweise entwickelt, mit allmählich gesteigertem Verdichtungsdruck und verkleinerter ungekühlter Oberfläche (des Brennraums), bis sie bei der ganz gekühlten Bauart angelangt sei, für die der Ruston-Motor als Beispiel dienen könne.

So weit der Bericht der englischen Zeitschrift über diese nunmehr schon vier Jahrzehnte zurückliegenden Erörterungen. Der Bericht schließt mit dem vernünftigen Vorschlag, man möge nicht die Frage DIESEL *oder* AKROYD STUART stellen, sondern lieber von DIESEL *und* AKROYD sprechen, denn beide Männer hätten Lebenswichtiges zur Entwicklung der Verbrennungskraftmaschine beigetragen.

Der Vorschlag der Zeitschrift „Gas and Oil Power" (1955) ist nicht von allen Fachleuten in Großbritannien angenommen worden. So benennt zwar der British Diesel Engine Catalogue die von der englischen Industrie gebauten mit Verdichtungszündung arbeitenden Motoren nach DIESEL, jedoch hält er es für erforderlich hervorzuheben, daß damit die Bezeichnung „Diesel" nicht etwa wissenschaftlich oder technisch gutgeheißen werden solle. Sie werde nur deshalb gebraucht, weil der mit Verdichtungszündung arbeitende Motor durch den allgemeinen Sprachgebrauch in der ganzen Welt als der „Diesel"-Motor bekannt geworden sei und weil das Wort „Diesel" heutzutage allgemein eine Maschine bedeute, die mit Verdichtungszündung arbeitet. Weiter sagt der Katalog:

Die in diesem Buch beschriebenen Motoren sind wie alle anderen Verdichtungszündungs- oder „Diesel"-Maschinen die geradlinigen Abkömmlinge des Vaters aller solcher Maschinen. Der Vorfahr der modernen mit Verdichtungszündung arbeitenden Maschine ist in Großbritannien im Jahr 1890 zur Welt gekommen, als das britische Patent Nr. 7146 Herbert Akroyd Stuart erteilt wurde, der eine Maschine erfand und innerhalb von zwei Jahren ausführte und auf den Markt brachte, welche alle grundlegenden Merkmale der Verdichtungszündungs- oder „Diesel"-Maschine enthält, nämlich:

1. Ansaugen atmosphärischer Luft während des Saughubes;

2. Gesteuertes Einspritzen des Brennstoffs in den Arbeitszylinder (oder in die Brennkammer) in entzündbarer Form nach Verdichtung der Luftladung;

3. Druckeinspritzung des Brennstoffs und die Benutzung flüssiger Kohlenwasserstoffe als Brennstoff;

4. Verdichtungszündung an Stelle der Funkenzündung.

Die modernen Nachfolger dieses Urbildes der Verdichtungszündungs-Maschine vereinigen in sich die riesigen technischen Fortschritte, welche die Erfahrungen der inzwischen vergangenen 63 Jahre ermöglicht haben. Diese Fortschritte erstrecken sich auf alle Entwicklungsphasen der Konstruktion und des Betriebes, den thermischen Wirkungsgrad eingeschlossen, zu welchem Dr. Rudolf Diesel in der Frühzeit der Verdichtungszündungs-Maschine einen so beachtlichen Beitrag geliefert hat, daß sein Name jetzt fast allgemein, wenn auch irrtümlich, mit dem Motor verbunden ist.

So kann indessen der Beweis, daß der Dieselmotor aus dem Akroyd-Motor hervorgegangen sei, nicht geführt werden. Die These 4, der Akroyd-Motor habe bereits die Verdichtungszündung an Stelle der Funkenzündung angewendet, ist nicht haltbar. In AKROYDs Patentschriften wird der Verdampfer (vaporizer) immer wieder erwähnt. Er bildet einen Teil des Brennraums; seine Außenwand darf nicht gekühlt werden, damit sie auf Dunkelrotglut bleibt, denn seine Innenwand soll als permanent igniter dienen, an dem sich die Brennstoffdämpfe entzünden, wenn sie vom Kolben in dem Verdampfer unter leichten Überdruck (3 at) gesetzt werden. Das ist ein typisches Merkmal der Fremdzündung, die beim Akroyd-Motor aber auch, wie die Patentschrift sagt, durch einen „continuous electric spark", also eine andere Art der Fremdzündung, bewirkt werden kann. Von einer Zündung nur durch die Verdichtungswärme spricht AKROYD nicht. Er kann sie nicht beabsichtigt haben, denn bei den niedrigen Verdichtungsdrücken, die AKROYD angewendet hat, ist eine Verdichtungszündung nicht möglich. So fehlt dem Akroyd-Motor das wesentliche Kennzeichen des Dieselmotors, die Zündung ausschließlich durch die Verdichtungswärme. Bei Betrachtung der übereinandergezeichneten Diagramme in Bild 220 kann man sich vorstellen, daß das Dieseldiagramm D durch Senken des Carnotschen Verdichtungsdruckes entstanden ist, aber

Bild 224. Im Deutschen Museum stehender Akroyd-Motor
Leistung 4 PS bei 250 U/min (Der Motor ist teilweise aufgeschnitten)
a Glühkopf; b Einlaßventil mit Saugleitung b_1; f Auspuffventil; g Auspuffleitung; h Regler; r Kühlwasserableitung; s Heizlampe; t Schutzhaube
Die Buchstabenhinweise bezeichnen dieselben Teile wie in Bild 223

es ist schwer zu glauben, daß die Diagramme D oder gar E aus dem Akroyd-Diagramm C hervorgegangen sind.

In seinem an die Zeitschrift „Gas and Oil Power" gerichteten Brief vom Juni 1919 stellt AKROYD die Frage:

> Without the Akroyd cycles of 1890, what has the British nation to its credit of pioneership in this branch of engineering science, the crude oil automatic ignition engine?

Als AKROYD dies in der Abgeschiedenheit seines australischen Aufenthaltsortes schrieb, hat er vermutlich nicht das britische Patent Nr. 27579 und jedenfalls nicht die Bedeutung der in diesem Patent beschriebenen Hochdruckeinspritzung des Brennstoffs gekannt. Im Jahr 1910 hat JAMES MCKECHNIE, der technische Direktor der Firma Vickers, vorgeschlagen, den Brennstoff mit Drücken von 2000 bis 6000 lb./sq.in., das sind 140 bis 420 at, einzuspritzen und durch den hohen Druck den Brennstoff zu zerstäuben. DIESEL hatte sich schon an dieser Aufgabe versucht, sie aber mit den Mitteln, welche die Technik damals bot, erklärlicherweise nicht lösen können. Die Hochdruckeinspritzung, die heute bei allen Dieselmotoren angewendet wird, soweit sie nicht nach dem Vorkammer- oder dem von H. RICARDO angegebenen Wirbelkammerverfahren arbeiten, ist bis jetzt die größte Erfindung, die nach DIESEL auf dem Gebiet des Verbrennungsmotorenbaues gemacht worden ist. Sie geht völlig „to the credit of the British Nation".

Deutschlands Ingenieure haben HERBERT AKROYD STUART dadurch geehrt, daß sie seinem Motor einen Platz im Deutschen Museum gegeben haben (Bild 224).

Die Kritik Riedlers

A. RIEDLER, um acht Jahre älter als DIESEL, lehrte von 1880 bis 1888 an den Technischen Hochschulen in München und Aachen und seit 1888 an der Technischen Hochschule Charlottenburg. Sowohl durch seine technischen Leistungen wie auch durch seine tatkräftigen Bemühungen, das Ansehen des Ingenieurstandes zu heben, hatte er sich einen Namen gemacht. Als Fachmann auf dem Gebiet der Verbrennungsmotoren hatte er das Entstehen des Dieselmotors genau verfolgt, zumal da DIESEL auch ihm seine „Brochüre" über den rationellen Wärmemotor zugeschickt hatte. Da er die Maschinenfabrik Augsburg öfters besuchte, wußte er von den zahlreichen Schwierigkeiten, die den Erfolg immer wieder in die Ferne zu rücken schienen. Als dank der zähen Bemühungen der MAN nach Jahren der Erfolg erreicht war, war es nicht schwierig festzustellen, daß von dem, was DIESEL durch seine Patente geschützt war, außer dem weit über die Selbstzündung getriebenen Verdichtungsdruck praktisch nichts übriggeblieben war. So kam es, daß DIESEL zu den Leuten zählte, die RIEDLER nicht „paßten"[67]. Als DIESEL im November 1912 vor der Schiffbautechnischen Gesellschaft seinen Vortrag[59] über die Entstehung des Dieselmotors hielt und auch bei dieser letzten Gelegenheit nichts von dem erwähnte, was er schon im Lauf des Jahres 1893 erkannt hatte, als er es zudem unterließ, den großen Anteil zu erwähnen, den die MAN an der Schaffung des Motors gehabt hat, da war für RIEDLER die Gelegenheit gekommen, seiner Neigung, die Leistungen anderer herabzusetzen, freien Lauf zu lassen. In der Diskussion griff er DIESEL in einer Weise an, die das Mißfallen der großen Mehrheit der Zuhörer erregen mußte, zumal da er die Geschmacklosigkeit hatte, sehr deutlich auf die materiellen Erfolge DIESELs anzuspielen, wo nur technische Fragen zu erörtern waren. A. NÄGEL, Professor an der Technischen Hochschule Dresden, hielt es für angebracht, RIEDLERS Angriffe noch zu unterstreichen.

Wohl um sich zu rechtfertigen hat RIEDLER zwei Jahre später seine Kritik zu einem Buch[65] erweitert, das nicht weniger als 274 Seiten, wenn auch kleinen Formates und von vielen Leerseiten durchschossen, umfaßt. In endlosen Varianten immer desselben Themas beweist er die Richtigkeit seiner Behauptung:

Im schließlichen gangbaren Motor ist kein „Diesel-Verfahren" verwirklicht worden, im ursprünglichen Sinne, wie es Diesel (unter Weglassung des Unwesentlichen) gekennzeichnet hat:
1. Herstellen der Höchsttemperatur nicht durch Verbrennen des Brennstoffs, sondern durch Verdichten der Verbrennungsluft,
2. allmähliches Einführen feinverteilten Brennstoffs in diese Luft und Verbrennung ohne Temperatursteigerung,
3. praktischer Gang der Maschine ohne äußere Kühlung.
Nichts davon ist verwirklicht worden.

Hier ist RIEDLER nahezu im Recht — fast nichts von dem, was in den Patentschriften steht, ist verwirklicht worden, mit Ausnahme der Verdichtungszündung. DIESEL hat das auch gewußt und schon im Herbst 1893 gesehen, daß er seinen Motor ganz anders bauen müsse, als in den Patentschriften steht. Wir können nur immer wieder bedauern, daß er es nicht über sich gewonnen hat, freimütig zuzugeben, daß er seine Anschauungen über die wirklichen Vorgänge im Motor sehr gründlich habe revidieren müssen. Ein solches Eingeständnis zur rechten Zeit hätte vielleicht auch zu Kontroversen geführt, aber nicht zu so demütigenden Diskussionen, wie sie sich in der Schiffbautechnischen Gesellschaft abgespielt haben, und nicht zu Buchausgaben, die der deutschen technischen Literatur nicht zur Ehre gereichen.

Wenn RIEDLER weiter sagt, daß der „neue Weg", den DIESEL gegangen sei, nachdem er die isothermische Verbrennung als unausführbar erkannt habe, gekennzeichnet sei durch „den vollständigen Rückzug auf die Bestrebungen der Vorgänger", so folgen wir ihm nicht. DIESEL ist von dem Verdichtungsdruck von 250 at, an den Carnot gedacht hat, auf 150, 90 und zuletzt 30 bis 40 at heruntergegangen, d. h. auf einen Druck, den wir noch heute verwenden. DIESELs Vorgänger dagegen haben, von ganz niedrigen Verdichtungsdrücken ausgehend, den Druck gesteigert, aber sämtlich nicht annähernd den für die Selbstzündung erforderlichen Druck erreicht und ohne eine fremde Zündquelle nicht arbeiten können.

DIESEL hat sich nicht „auf die Bestrebungen seiner Vorgänger zurückgezogen", sondern er hat frühzeitig erkannt, daß es unmöglich ist, den Carnot-Prozeß auszuführen und hat schon 1893 sich selbst darüber Rechenschaft abgelegt, was an die Stelle des Carnot-Prozesses gesetzt werden müsse. Nur hat er darüber beharrlich geschwiegen, auch als es besser gewesen wäre, offen zu reden.

Und dann hat RIEDLER doch wieder DIESELs große Leistung anerkannt:

Gleichwohl liegt in der reinen Kompressions-Selbstzündung ohne örtliche Glühstellen die wesentliche Eigenart des Dieselmotors, das Neue in der Verwirklichung und zugleich das Wesentliche hinsichtlich der motorischen Verbrennung von Schwerölen, somit auch eine entscheidende wirtschaftliche Bedeutung.

Daß DIESEL den wahren Zusammenhang nie hat wahrhaben wollen, gehört zu dem, was wir nur bedauern, nicht begreifen können.

Lüders' „Dieselmythus"

J. LÜDERS, Professor an der Technischen Hochschule Aachen, hatte in „Glasers Annalen" vom 15. August 1893 zu DIESELs Schrift über den rationellen Wärmemotor Stellung genommen. Seine Kritik, damals sachlich gehalten, ist durchweg zustimmend. Er hat nichts gegen eine isothermische Verbrennung bei 800° C und sagt dazu nur, daß der Wärmeaustausch zwischen der Zylinderwand und dem Gas bei der Verdichtung und der Expansion den Verlauf der Linien im Indikatordiagramm beeinflussen könne. Daß der Motor mit dem siebenfachen des theoretisch erforderlichen Luftgewichts arbeiten soll, stört ihn nicht, aber er weist doch darauf hin, daß die Nutzarbeit sich als Differenz zweier sehr großer Arbeiten, der während der Expansion geleisteten und während der Kompression aufzubringenden, ergebe und daß infolgedessen die Diagrammfläche, d. h. das Maß für die geleistete Arbeit, durch kleine Verschiebungen der Zustandskurven „ungemein beeinflußt" werden könne. Die von DIESEL in seiner Druckschrift erwähnte zweifache Kompression und Expansion erklärt er „wohl für die bestmögliche Anordnung". Das Ausfüttern des Arbeitszylinders und die Ummantelung des Kolbens mit Porzellan, woran DIESEL für den Fall gedacht hat, daß der Stahl die Temperaturen nicht aushalten sollte, bezeichnet er als „vielleicht ausführbar"; der ausgefütterte Zylinder und der ummantelte Kolben „wären äußerlich genau zu bearbeiten, was sich durch Schleifen erzielen läßt, und es wäre kaum unerreichbar, den äußeren Stahlzylinder auf den inneren Porzellanzylinder so aufzuziehen, daß dieser dem inneren Drucke widerstehen könnte".

Als diese Stellungnahme in Glasers Annalen erschien, hatte DIESEL schon erkannt, daß er unter Preisgabe der isothermischen Verbrennung ein Vielfaches an Brennstoff aufwenden müsse, um eine Nutzleistung zu erzielen. LÜDERS hat nichts davon erkannt.

Zwanzig Jahre später, 1913, sieht für LÜDERS alles ganz anders aus. Jetzt ist er derjenige, der alles besser gewußt hat und daher berechtigt ist, DIESELs Schrift über seinen rationellen Wärmemotor in Grund und Boden zu kritisieren. Das geschieht mit einem Aufwand an Gehässigkeit, der in der technischen Literatur selten ist. Wenn schon RIEDLER, der gewiß nicht zurückhaltend war, von LÜDERS' Buch schreibt:

> So hat denn ein Kritiker, der es ein Menschenalter hindurch als seine Aufgabe betrachtet hat, Fachleute anzufallen, die wissenschaftlich tätig waren, anscheinend nicht mit Tinte, sondern mit Scheidewasser seine Kritik Diesels geschrieben, voll gehässiger persönlicher Urteile —

dann kann sich der Leser eine Vorstellung von dem Niveau eines Buches machen, durch das der Autor seinen eigenen Namen vernichtet hat.

XXV. Diesel schließt Lizenzverträge mit Augsburg, Krupp und Sulzer. Bau der ersten drei Versuchsmotoren in Augsburg (1892—1897)

Am 27. Februar 1892 hatte DIESEL dem Patentamt seine erste Anmeldung eingereicht, auf die später das DRP 67207 erteilt wurde. Jetzt galt es, eine Firma zu finden, die imstande war, seine kühnen Pläne auszuführen. Dafür kam nur ein Unternehmen ersten Ranges in Betracht, denn er wollte einen Motor bauen, der mit Drücken arbeiten sollte, die man geradezu als unerhört ansehen mußte, wobei obendrein mit hohen Temperaturen zu rechnen war. CARL LINDE hatte bereits abgelehnt. Nunmehr kamen die Maschinenfabrik Augsburg, Krupp, die Gebrüder Sulzer, die Gasmotoren-Fabrik Deutz in Frage. Vor allem war ihm daran gelegen, die bedeutendste Maschinenfabrik in Augsburg, der Stadt, in der er seine Schülerjahre verlebt hatte, für seine Pläne zu gewinnen.

Verhandlungen und Vertragsabschluß mit der MAN

Wenige Tage nach der Anmeldung seines Patentes, am 7. März 1892, schreibt DIESEL von Berlin aus an die Maschinenfabrik Augsburg:

> Mit gleicher Post beehre ich mich, unter besonderem Umschlag meine Schrift: (Manuskript) „Theorie und Construction eines rationellen Wärmemotors" zu übersenden.
> In derselben ist jede gewünschte Auskunft über den mit Herrn Commerzienrath Buz besprochenen Motor zu finden. Da die Theorie bereits als richtig anerkannt ist, so können Sie das Durcharbeiten derselben ersparen, und Ihr Augenmerk mehr auf die Construction und die praktische Seite des Problems richten (etwa von Seite 38 an bis zum Ende) ...

Nachdem er sodann einige Angaben über die zunächst vorzunehmenden Versuche gemacht und Ratschläge für konstruktive Einzelheiten gegeben hat, fährt er fort:

> ... der Versuchscylinder würde einfach atm. Luft ansaugen und ohne Wassereinspritzung comprimiren. Die gewünschte Temperatur von cca 800° C wird dabei schon bei 150 atm erreicht ...
> Die ganze Sache gestaltet sich demnach ganz besonders einfach und müßten weitere Vorschläge über die Ausführung der Versuche nunmehr von Ihnen gemacht werden, da Sie allein übersehen, in welcher Weise und mit welchen Mitteln sich dieselben am Billigsten gestalten.

Es fällt auf, daß DIESEL schon in diesem seinem ersten Brief einen Verdichtungsdruck von 150 at angibt, während er in seiner ein Jahr später erschienenen Druckschrift mit 250 at rechnet. Offenbar fürchtete er, daß der höhere Druck den Empfänger des Briefes abschrecken würde.

Am 2. April antwortete die Maschinenfabrik Augsburg:

> Wir ... bedauern Ihnen mittheilen zu müssen, daß wir auf Ausführung fragl. Motors nicht reflectiren; wir haben die Sache reiflich nach allen Richtungen überlegt und erachten die Schwierigkeiten der Ausführung derart groß, daß wir uns an die Sache nicht wagen können.

Die Absage wird DIESEL schwer enttäuscht haben, aber er gibt nicht auf. Während er sich noch überlegt, wie man die MAN umstimmen könne, sucht er die Verbindung mit der in zweiter Linie in Betracht kommenden Firma aufzunehmen, der Gasmotoren-Fabrik Deutz. Da er dort niemanden persönlich kennt, wendet er sich an GUSTAVE RICHARD in Paris, der sich durch seine Veröffentlichungen über Gasmotoren in Deutschland einen Namen gemacht hatte, und bittet ihn um Vermittlung. Von den beiden Briefen, die DIESEL am 9. und 10. April an RICHARD geschrieben hat, ist der zweite im Lauf der Jahre unleserlich geworden; auch die Antwort RICHARDs ist nicht mehr zu entziffern, nur den Namen „Langen" kann man noch lesen. RICHARD scheint DIESELs Wunsch entsprochen zu haben; jedenfalls beruft DIESEL sich in einem am 13. April 1892 an Eugen Langen gerichteten Brief auf RICHARD und fragt, ob man in Deutz Interesse für seine Erfindung habe. LANGEN antwortet am 19. April, er zweifle zwar die Richtigkeit der theoretischen Ausführungen DIESELs nicht an, aber diese seien doch „als physikalische Betrachtungen bekannt" und sogar „in verschiedenen Constructionen" vorveröffentlicht. DIESELs ausländische Patente, sofern sie ohne Vorprüfung erteilt seien, hätten daher nur einen beschränkten Wert, und ob er ein deutsches Patent erhalten werde, erscheine ihm zweifelhaft. Wenn ihm dies doch gelingen sollte, sei er bereit, von neuem mit DIESEL zu verhandeln. DIESEL sucht sofort LANGENs Ansicht zu widerlegen, aber LANGEN hat darauf nicht mehr geantwortet.

Die Maschinenfabrik Augsburg hatte DIESEL eine so eindeutige Absage erteilt, daß er kaum noch auf das Zustandekommen eines Vertrages mit ihr rechnen konnte. Somit wendet DIESEL sich jetzt von neuem an LINDE mit der Bitte, ihm bei der Bildung eines „Consortiums" behilflich zu sein, welches seine Vorschläge „für beachtenswerth genug erachtet, um ihrer Durchführung ein Capital zu opfern". An demselben Tag, dem 6. April, schreibt er abermals an Augsburg, um die Bedenken, die man dort haben könnte, zu zerstreuen. Noch hat die Maschinenfabrik Augsburg ihm nicht gesagt, welcher Art ihre Bedenken sind; er vermutet, daß es die hohen Drücke sind, die abschreckend wirken, und deutet daher an, daß, wenn man sich mit kleineren thermischen Wirkungsgraden als 70 bis 75% zufriedengebe, man „zu Druckverhältnissen gelange, wie sie heute schon ganz geläufig in den pneumatischen Accumulatoren beherrscht werden". Sofern bei der Verwendung von Kohlenstaub Besorgnisse wegen der Verbrennungsrückstände bestünden, könne man ja „die Versuche auf gasförmige und flüssige Brennstoffe beschränken". Gerade „in den Abweichungen von den allerhöchsten Ansprüchen" liege die Möglichkeit, Motoren zu bauen, die von den bekannten Ausführungen nicht wesentlich abweichen. Drei Tage später, am 9. April, schreibt er wiederum an BUZ. Jetzt sagt er, nachdem er noch wenige Wochen vorher einen Druck von 150 at als erforderlich bezeichnet hatte, daß man auch mit einem Verdichtungshöchstdruck von 44 at auskomme, wenn man einen entsprechend kleineren thermischen Wirkungsgrad zulasse. Sein Brief schließt mit dem Appell:

Noch möchte ich betonen, daß es sich hier nicht etwa darum handelt, ein neues System von Gas- oder Petroleummotoren zu bauen; in diesem Falle wäre ja Ihre Weigerung, sich der Sache anzunehmen, vollkommen erklärlich. — Es handelt sich vielmehr um Ersatz der jetzt gebauten Dampfmaschinen nebst Dampfkesseln durch etwas viel einfacheres und vollkommeneres; von diesem Standpunkte aus betrachtet scheint mir die Angelegenheit gerade für eine Firma von Ihrem Weltrufe von hervorragendem — auch geschäftlichen, oder besonders geschäftlichem — Interesse.

Die Antwort aus Augsburg ließ zunächst auf sich warten. Da unter diesen Umständen ein dritter Brief nicht mehr schicklich gewesen wäre, wählt DIESEL den Ausweg, sich an SCHRÖTER zu wenden und BUZ eine Abschrift des Briefes zu schicken. In dem vom 13. April 1892 datierten Schreiben sucht er vor allem die Bedenken zu widerlegen, die man bezüglich der Ausführung haben könnte:

Zunächst sollte meine Schrift [gemeint ist das noch nicht gedruckte Manuskript vom „rationellen Wärmemotor"] nur den Zweck haben, den theoretisch vollkommensten Motor durchzuführen, eine Art Idealtypus aufzustellen, der als stets anzustrebendes Endziel im Auge zu behalten ist, weil er den höchsten thermischen Wirkungsgrad — 73% für die gewählten Verhältnisse — ergiebt. — Im Texte meines Aufsatzes sind andere Lösungen mehrfach erwähnt, aber nicht durchgeführt.

Nun ist es nicht meine Absicht, in Praxis mit aller Strenge an dem Idealtypus festzuhalten; ich gebe zunächst gerne um 5% nach und stelle als Ziel einen thermischen Wirkungsgrad von theoretisch 67—68% fest. — Dadurch sinkt der Maximaldruck der Luftcompression auf 80—90 atmosphären, oder, wenn ich größere Cylinder zulasse (jedoch immer noch kleinere als die unserer Dampfmaschinen) auf 44—50 atmosphären. — Ich komme demnach in Verhältnisse, wie sie die heutigen Kohlensäurecompressoren ohne merkliche Schwierigkeiten und mit bedeutenden Nutzeffecten in hunderten von Ausführungen besitzen; desgl. arbeiten eine Menge anderer Gascompressoren z. B. für Sauerstoff u.s.w. unter ähnlichen Drucken; die Luftcompressoren der Torpedos erzeugen ebenfalls ganz geläufig Luftdrucke von 80—100 atm, welche sich Tage, Wochen und Monate lang in Gefäßen, die durch Ventile abgeschlossen sind, ohne merklichen Verlust erhalten ... Ferner existiren eine Menge von Hafenanlagen mit hydraul. Drucken von 60 und mehr atm., welche in einem Rohrnetz von vielen km Länge verzweigt werden und welche mit solchen Drucken Motoren aller Art antreiben; meines Erachtens sind die Schwierigkeiten einer Anlage dieser Art, welche Tag und Nacht betrieben wird, weit größere als die, welche bei meinen Vorschlägen zu überwinden sind.

Da SCHRÖTER ihn auf die Zündschwierigkeiten hingewiesen hatte, die bei der Verwendung von Kohlenstaub auftreten könnten, gibt er sogleich ein Gegenmittel an: man könnte zur Einleitung der Zündung „ein winziges Tröpfchen von Rohpetroleum vorschalten". Für „backende, theerende und andere Kohlensorten, welche Unannehmlichkeiten im Gefolge haben könnten", empfiehlt DIESEL,

> einen kleinen Gaserzeuger der Maschine beizugeben; derselbe fällt viel einfacher aus als die Leuchtgasapparate oder Wassergasapparate. — Er besteht aus einem verticalen Cylinder (eventuell conisch nach unten erweitert) der mit glühender Kohle gefüllt ist, durch die Kohlenschicht hindurch wird pro Hub gerade das Luftquantum angesaugt, um Kohlenoxyd zu bilden; letzteres wird comprimirt und im richtigen Moment in die comprimirte Luft des Cylinders behufs Verbrennung eingeführt . . .

So hat DIESEL für jeden Zweifel an der Ausführbarkeit seines Motors die Antwort bereit und läßt das auf dem Umweg über SCHRÖTER den Kommerzienrat BUZ wissen. Es gelingt ihm, HEINRICH BUZ umzustimmen. Das historische Dokument, mit welchem die Zusammenarbeit der MAN mit DIESEL begonnen hat, ist vom 20. April 1892 datiert und lautet:

> Ihre 3 Werthen vom 6., 9. u. 13. ds. an Unterzeichneten können wir erst heute beantworten, weil derselbe längere Zeit verreist war.
> Nach Ihren neuen Darlegungen wollen wir uns bereit erklären unter Umständen die Ausführung einer Versuchs-Maschine zu übernehmen, welche aber von solcher Construction sein müßte, daß alle Ausführungs-Schwierigkeiten möglichst vermieden bleiben. Es soll zuerst nur der erste Schritt gemacht werden, um zu erheben, ob das System überhaupt praktisch ausführbar ist, ohne vorläufig auf eine bedeutende Erhöhung des Nutz-Erfolges gegenüber anderen Motoren zu sehen. Sind alsdann die ersten Schwierigkeiten, welche sich immerhin noch ergeben, überwunden, dann kann stufenweise, aber nur in kleinen Absätzen vorwärts gegangen werden.
> Wir stellen Ihnen nun anheim uns zunächst Constructions-Zeichnung einer solchen Maschine vorzulegen und würden Sie alsdann eventuell zu weiterer persönlicher Verhandlung einladen.

Unterschrieben ist der Brief „H. Buz Director". Er sollte der Anfang einer großartigen Entwicklung werden. DIESEL hätte glücklich sein dürfen, daß es ihm gelungen war, die Maschinenfabrik Augsburg zu einer Zusage zu bewegen. Aber DIESEL war keineswegs zufrieden; die Zustimmung der MAN war zu vorsichtig abgefaßt und enthielt zuviel Einschränkungen. Wenn er auch sogleich nach Erhalt des Briefes eine Zeichnung seines Motors mit einer ausführlichen Beschreibung nach Augsburg sandte, so schrieb er doch an demselben Tag an LINDE, daß er zwar von der MAN eine Zusage erhalten habe, daß diese aber mit so vielen „Reserven" versehen sei, daß „eine möglichst rasche Erledigung der Angelegenheit dadurch nicht gesichert erscheint". Es bleibe die Frage bestehen, ob es nicht doch zweckmäßig sei, das schon früher angeregte „Consortium" zu gründen, „welches seine eigenen Interessen mit möglichster Energie verfolgt und welches namentlich mir die Mittel an die Hand geben würde, mich der Sache ganz zu widmen". LINDE hat daraufhin versucht, eine Arbeitsgemeinschaft zustande zu bringen, jedoch vergeblich. Am 30. Juni 1892 teilt LINDE das negative Ergebnis seiner Bemühungen DIESEL mit:

> Ich kann mich gar keiner Zeit erinnern, in welcher eine solche Abneigung gegen jedes neue industrielle Unternehmen und ein solches Bestreben bestanden hätte, seine Mittel aus industriellen Werken herauszuziehen und dieselben in „sicheren" Werthen anzulegen.

Zum Abschluß eines Vertrages zwischen DIESEL und der Maschinenfabrik Augsburg ist es erst im Februar 1893 gekommen, denn es fehlte noch die Grundlage für einen Vertrag, der Patentschutz. Erst am 23. Dezember 1892 erhielt DIESEL vom Patentamt die Mitteilung, daß ihm ein Patent erteilt werden würde. Einsprüche hatten nicht vorgelegen. Sogleich benachrichtigt DIESEL das Werk Augsburg, worauf er schon am

27. Dezember einen Vertragsentwurf erhält. Mit diesem ist er wieder nicht zufrieden; er schreibt am 31. Dezember nach Augsburg:

> ... der einzige Vortheil, den mir der Vertrag bietet, besteht in der Garantie Ihrerseits, daß der Motor auch wirklich innerhalb einer gegebenen Zeit ausgeführt wird, und daß nicht Gründe wie Mangel an Zeit oder andere die Fertigstellung hinausschieben. Im übrigen sind alle Vortheile nur auf Ihrer Seite ...

Der Briefwechsel zwischen DIESEL und der MAN zog sich mehrere Wochen hin, bevor der Vertrag am 21. Februar 1893 abgeschlossen werden konnte. Die Maschinenfabrik Augsburg verpflichtete sich, innerhalb von sechs Monaten nach Erhalt der von DIESEL anzufertigenden Zeichnungen einen Versuchsmotor von 4 PS zu bauen und von jedem verkauften Motor eine Lizenzgebühr von 25% an DIESEL zu zahlen. DIESEL brachte sein Patent 67207 ein — das einzige, das ihm bis dahin erteilt worden war — und verpflichtete sich, von weiteren Vertragspartnern eine Lizenzgebühr von $37\frac{1}{2}\%$ zu fordern. Der Vertrag war auf die Länder Bayern, Württemberg und Baden beschränkt; er sollte bis zum Ablauf des DRP 67207 in Kraft bleiben.

Der Vertrag mit Fried. Krupp

Der Abschluß des Vertrages mit der MAN war ein erster großer Erfolg für DIESEL. Er durfte nunmehr damit rechnen, daß innerhalb der vorgesehenen Zeit ein Versuchsmotor gebaut werden würde; auch hatte sich die Maschinenfabrik Augsburg verpflichtet, nach Fertigstellung des Motors „die Versuche sofort vorzunehmen". Aber DIESEL ist wieder nicht zufrieden. LINDE hatte ihm erklärt, daß er aus seiner Gesellschaft ausscheiden müsse, wenn er seinen Motor entwickeln wolle; aber um als freier Ingenieur zu leben, fehlten DIESEL die Mittel. So setzte er die Verhandlungen mit der Firma Krupp fort, der er am 19. Januar seine Schrift über den rationellen Wärmemotor gesandt hatte. Man lud ihn nach Essen ein, wo am 31. Januar eine Besprechung mit dem Krupp-Direktorium stattfand. Über den Inhalt dieser Besprechung berichtete das Direktorium am 4. Februar ausführlich an FRIEDRICH ALFRED KRUPP, der nach ALFRED KRUPPS Tod (1887) der Alleininhaber der Firma war:

> Nach Ansicht der Herren Asthöwer und Albert Schmitz [Mitglieder des Direktoriums] sind die theoretischen Grundlagen des Projekts richtig, und ist als nicht unwahrscheinlich anzusehen, daß die praktische Ausführung gelingt und daß so ein Motor von epochemachender Bedeutung, welcher die Dampfmaschine überflügelt, geschaffen wird ...

Darauf werden DIESELs Forderungen aufgezählt:

> 1. Ausführung aller Arbeiten, um in kürzester Frist seinen Motor zu einer praktisch verwerthbaren Maschine zu machen.
> 2. Zahlung einer jährlichen Summe von 30000 Mark während des Versuchsstadiums.
> 3. Nach Fertigstellung der Maschine in brauchbarer Gestalt Zahlung von 500000 Mark, wovon übrigens die bereits erfolgten Jahreszahlungen abgehen sollen.
> 4. Abgabe von 25% des Nettoverkaufswerths von jeder Maschine ...

Dazu bemerken die Berichterstatter:

> Die Forderungen des Herrn Diesel sind hiernach recht hoch. Auf der anderen Seite ist aber die Möglichkeit gegeben, daß, wenn wirklich das erhoffte Resultat zu erreichen ist, ein sehr bedeutender Gewinn zu erzielen ist ... Die Concurrenz von Augsburg, das in einem Theile von Deutschland das Monopol und für den übrigen günstigere Bedingungen hat, vermindert den Werth der Sache nicht unerheblich; es bleibt aber immer noch soviel übrig, daß für uns die Sache doch sehr der Überlegung werth ist ...

Die Versuchskosten werden in dem Bericht auf 150 000 Mark geschätzt. Aber man hat natürlich auch erhebliche Bedenken:

> Gegen die Übernahme der Sache spricht, daß es sich um einen vollständig neuen Geschäftszweig handelt — auch im Grusonwerk sind für den Motorenbau in Form von Gasmotoren bis jetzt nur kleine Anfänge gemacht —. Sodann kommt in Betracht, daß trotz der günstigen Beurtheilung unserer Herren Techniker, der allerdings die gleich günstige Beurtheilung verschiedener Theoretiker von Ruf und die von der Maschinenfabrik Augsburg an den Tag gelegte gute Meinung von der Sache zur Seite steht, die Wahrscheinlichkeit eines Erfolges noch nicht zu übersehen ist, und die Sache doch mehr oder weniger einen Sprung ins Dunkle darstellt ...

Sorgfältig wird in diesem Bericht, der von den Mitgliedern des Krupp-Direktoriums GILLHAUSEN und KLÜPFEL unterschrieben ist, das Für und Wider gegeneinander abgewogen. Man glaubt zu ahnen, daß eine bedeutende Erfindung vorliegt, die „epochemachend" werden kann, aber man kann sich auch irren. Die Versuche werden sehr viel Geld kosten, und man weiß nicht, wieviel davon wieder hereinkommen wird. Auf jeden Fall sollte man die halbe Million dem Herrn DIESEL erst dann zahlen, wenn ein „wirklich befriedigendes Resultat" vorliegt ... GILLHAUSEN setzt noch handschriftlich dazu:

> Herr Asthöwer ist nach den mündlichen Mittheilungen des Herrn A. Schmitz nicht für Erwerbung des Patentes wegen des darin liegenden Risicos, er sieht die Sache mehr als Speculation an.

So weiß FRIEDRICH ALFRED KRUPP nicht recht, wie er entscheiden soll. Er setzt auf den Bericht den Vermerk:

> Auch ich bin gegen jede Speculation. Ich würde mich nur für die Frage interessiren, wenn sie absolut nicht in das Gebiet der Speculation fällt und wenn sie für Magdeburg von Interesse wäre.

Aber KRUPP kann doch nicht daran vorbeigehen, daß DIESEL mit der Maschinenfabrik Augsburg in offenbar aussichtsreichen Unterhandlungen steht. So fahren die Krupp-Direktoren SCHMITZ und KLÜPFEL am 14. Februar 1893 nach Augsburg, um von BUZ zu hören, wie er über die Sache denkt. Es scheint, daß in dieser Besprechung auf seiten KRUPPs die Entscheidung zugunsten DIESELs gefallen ist. BUZ hatte an jenem Tag den Vertrag mit DIESEL noch nicht unterschrieben — das geschah erst eine Woche später —, aber er wird doch wohl haben durchblicken lassen, daß er mit DIESEL abschließen werde.

DIESEL setzt inzwischen seine Bemühungen, KRUPP zu gewinnen, eifrig fort. In einem Brief vom 15. Februar macht er auf einen Aufsatz SCHRÖTERs aufmerksam, der im Bayerischen Industrie- und Gewerbeblatt erschienen war und der sich sehr günstig über DIESELs Erfindung ausspricht. KRUPP wünscht den Bericht zu sehen und erhält ihn mit DIESELs Brief vom 18. Februar. DIESEL arbeitet schnell und gründlich. Er legt SCHRÖTERs Aufsatz eine handschriftliche Kopie seiner Patentschrift bei; „die gedruckte Schrift ist leider noch nicht zu haben", aber dafür schickt er „die officielle Urkunde über die Patentertheilung", die er zurückerbittet. Der Vertrag mit der Maschinenfabrik Augsburg sei „mittlerweile perfect geworden [der Vertrag wurde erst am 21. Februar 1893 unterschrieben], und Geheimrath LANGEN von Cöln-Deutz hat sich zur eventuellen Ausführung meines Motors, speciell für Gas als Heizmaterial, bereit erklärt ..." Ausführlich geht DIESEL in dem drei Seiten langen Schreiben auf die Bedenken ein, die man gegen seinen Motor erhoben hat:

> ... muß ich aber betonen, daß weder der Betrieb meines Motors noch mein Patent von der Verwendung des Kohlenstaubes abhängt, daß man also ohne Weiteres dem Motor einen Gasapparat beigeben kann, in welchem Falle derselbe wesentl. einfacher und betriebssicherer wird als die heutigen Gasmotoren, wobei jedoch die enorme Kohlenersparniß bestehen bleibt ...

Auch den Einwand, daß sein Indikatordiagramm „so schmal sei, daß es großentheils von den Arbeitswiderständen des Motors aufgezehrt werden könnte", widerlegt er durch Übersendung seiner Schrift „Betrachtung über die zu erwartende Effectivleistung des Diesel'schen Motors". Zwei Tage später, am 20. Februar, schreibt er abermals an KRUPP:

> ... erlaube ich mir noch Ihre Aufmerksamkeit darauf zu lenken, daß für die praktischen Ausführungen der in meiner Brochüre beschriebene „vollkommene Motor" überhaupt nicht in Betracht kommt, sondern lediglich der Motor, welchen ich den „abweichenden Motor" genannt habe...

Dieser arbeite mit Drücken von 44 at und Temperaturen von 600 bis 800° C und liege also bezüglich der Temperaturen viel günstiger als die Gasmotoren, welche Temperaturen von 1600 bis 2000° und mehr erreichten. Wenn in Veröffentlichungen anderer von 300 at gesprochen werde, so seien diese nur als Idealfall für den vollkommenen Motor aufzufassen.

Unablässig bearbeitet DIESEL den zu gewinnenden Vertragspartner weiter. Drei Tage später schickt er ein Gutachten REULEAUX' an KRUPP, in welchem REULEAUX sich sehr günstig über DIESELs Motor ausspricht. Das veranlaßt KRUPP endlich, DIESEL zu einer Besprechung im Grusonwerk in Magdeburg aufzufordern, und hier einigt man sich am 25. Februar über die Bereitschaft zum Abschluß eines Vertrages. Damit KRUPPs Interesse nicht erlahmt, schickt DIESEL ihm am 7. März das Manuskript einer für die VDI-Zeitschrift bestimmten Veröffentlichung GUTERMUTHs über den Motor sowie das Schreiben eines Danziger Reeders, der einen Dieselmotor für eines seiner Schiffe zu erhalten wünscht.

Inzwischen verhandelten KRUPP und die Maschinenfabrik Augsburg über die Möglichkeit einer Zusammenarbeit. Wenn sie gemeinsam die Entwicklung des Dieselschen Motors betrieben, konnte das Risiko halbiert werden. Am 15. März einigten sich beide Firmen auf einen Vorvertrag, und damit glaubte KRUPP das Wagnis eines Abschlusses mit DIESEL eingehen zu können. Am 10. April 1893 wurde der Vertrag von DIESEL und den Direktoren ASTHÖWER und KLÜPFEL in Essen unterschrieben. Über den Bau eines Versuchsmotors sagt der Text:

> Die Firma Fried. Krupp verpflichtet sich, ohne Verzug in die Versuchsarbeiten einzutreten, sobald ihr die von Herrn Diesel anzufertigenden Constructionszeichnungen geliefert sind, und ihr Möglichstes zu thun, um die Versuchsarbeiten durchzuführen und einen brauchbaren und den von Herrn Diesel in Aussicht gestellten Vortheilen entsprechenden Motor herzustellen.

Eine zeitliche Verpflichtung hatte KRUPP im Gegensatz zur MAN nicht übernommen. Der Vertrag galt für alle Teile Deutschlands, soweit sie nicht der Maschinenfabrik Augsburg vorbehalten waren. Die großen geldlichen Forderungen DIESELs hatte KRUPP ihm mit einigen Abänderungen bewilligt, sich jedoch das Recht vorbehalten, während der Versuchsperiode unter Verzicht auf die bereits bezahlten Beträge von dem Vertrag zurückzutreten. So blieb das finanzielle Risiko für KRUPP in erträglichen Grenzen.

Für DIESEL war der Abschluß der beiden Verträge ein enormer Erfolg. Er hatte zwei erste Firmen Deutschlands verpflichtet, seinen Motor auf ihre Kosten zu entwickeln, hatte sich die eigene Mitarbeit an seiner Erfindung gesichert, und man hatte ihm ein hohes Jahreseinkommen garantiert, so daß er sorgenfrei arbeiten konnte. Wenn der Erfolg erreicht sein würde, woran er nicht zweifelte, standen noch bedeutend höhere Einnahmen in Aussicht. DIESEL war damals 35 Jahre alt.

Der Gemeinschaftsvertrag Augsburg-Krupp

Zwei Wochen nach dem Inkrafttreten des Vertrages DIESEL-KRUPP schlossen die Maschinenfabrik Augsburg und KRUPP ihren Gemeinschaftsvertrag vom 25. April 1893. Sie verpflichteten sich, das DRP 67207 gemeinsam zu verwerten, „um eine der gesunden Entwicklung des betreffenden Geschäfts nachtheilige Concurrenz fernzuhalten". Der § 1 lautet:

> Beide Firmen gehen bezüglich der Versuche zur Herstellung einer brauchbaren Maschine Hand in Hand, theilen sich ihre Erfahrungen und Resultate gegenseitig mit und gestatten gegenseitig die unentgeltliche Benutzung der von einem Theile etwa genommenen oder erworbenen Deutschen Reichspatente auf Constructionsdetails und Verbesserungen aller Art, welche die patentirte Maschine betreffen.

Der Gewinn aus dem Dieselgeschäft sollte zwischen den beiden Vertragschließenden geteilt werden; die Versuchskosten wollten sie gemeinsam tragen. Nur hierzu — zum gemeinsamen Tragen der Versuchskosten — ist es in der Folgezeit gekommen; einen Gewinn hat der Bau der Dieselmotoren nicht abgeworfen, solange das „Consortium Augsburg-Krupp" bestand. Im Jahr 1899 stellte KRUPP den Dieselmotorenbau ein, weil er keine Zukunft zu haben schien; er hat ihn erst 1906 wieder aufgenommen, als der Erfolg gesichert war.

Der Vertrag mit Gebrüder Sulzer

Am 16. Mai 1893 wurde zwischen DIESEL und SULZER ein Vertrag geschlossen, in welchem SULZER das Recht erhielt, das Patent Nr. 5321, welches DIESEL in der Schweiz erhalten hatte, zu verwerten; auch verpflichtete DIESEL sich, SULZER über alle Versuchsergebnisse und Verbesserungen zu unterrichten, die während der Patentdauer von KRUPP und der Maschinenfabrik Augsburg erarbeitet würden. Der Vertrag war sehr vorsichtig gehalten; SULZER verpflichtete sich nicht, einen Versuchsmotor zu bauen oder sich an den Versuchen zu beteiligen; auch konnte SULZER bis zum Beginn der Fabrikation jederzeit vom Vertrag zurücktreten. Eine Verpflichtung, die Fabrikation aufzunehmen, bestand für SULZER nicht. Ein endgültiger Vertrag sollte folgen, sobald der technische und wirtschaftliche Erfolg gesichert erscheinen würde.

Die Vorsicht SULZERs erwies sich als sehr begründet. Zwar wurde 1897 in Winterthur ein Versuchsmotor gebaut, der mit 260 mm Zylinderdurchmesser und 410 mm Hub 20 PS bei 160 U/min leistete, aber dann hielt man es für richtig, den Verlauf der Krisis abzuwarten, die bald nach 1897 begann und bis über die Jahrhundertwende andauerte. Erst 1903, zehn Jahre nach Abschluß des ersten Vertrages, wurde zwischen DIESEL und SULZER ein endgültiger Vertrag geschlossen, den die Firma heute als einen der wichtigsten Verträge bezeichnet, den sie jemals abgeschlossen hat[69]. Von da ab hat sich der Dieselmotorenbau auch bei SULZER ständig aufwärts entwickelt.

Der erste in Augsburg gebaute Versuchsmotor

Am 20. April 1892 hatte die Maschinenfabrik Augsburg sich bereit erklärt, „unter Umständen die Ausführung einer Versuchs-Maschine zu übernehmen" und es DIESEL anheimgestellt, „zunächst die Constructions-Zeichnung einer solchen Maschine" vorzulegen. In seinem ungestümen Drang, seine Erfindung auszuführen, hatte DIESEL die Zeichnung schon fertig vorbereitet und dazu eine vier handschriftliche Seiten füllende

Beschreibung ausgearbeitet. Er schlug einen Zweizylindermotor mit gleichgerichteten Kurbeln und um 360° versetzten Zündungen vor, damit „pro Tour ein Arbeitsgang stattfindet". Der Motor sollte 50 indizierte PS leisten, die Zylinder 225 mm Durchmesser erhalten. Die angesaugte Luft sollte „in einem Schub auf 64 bis 90 atm. je nach Wahl der Maximaltemperatur zwischen 700—800° C getrieben werden". Der Carnot-Prozeß beherrscht noch DIESELs Vorstellungen. Der Motor sollte mit flüssigen Brennstoffen betrieben werden.

Die Maschinenfabrik Augsburg wünschte jedoch nur einen einzylindrigen Motor „für höchstens 20—25 HP" zu bauen. Sie schreibt am 25. April an DIESEL:

... jedoch müßten bitten, die für dieses Maschinen-System in Frage kommenden Cylinder- & Steuerungs-Details selbst zu projektieren, da wir in dieser Hinsicht doch nicht genügend informiert sind.

Erst Anfang Juli 1892 konnte DIESEL dem Wunsch der MAN entsprechen, denn auch er hatte keine Erfahrungen und mußte in mühsamer Arbeit den neuen Motor zu gestalten versuchen. Am 4. Juli war die Arbeit fertig: drei Zeichnungen, von denen zwei erhalten geblieben sind, und eine 24 Seiten umfassende Beschreibung. Bild 225 ist die photographische Wiedergabe eines Teiles der Zeichnung des Zylinderkopfes. In der Zylinderachse liegt das Brennstoffventil mit der federbelasteten Nadel a, die — ganz der modernen Bauart entsprechend — an ihrem unteren Ende dicht vor dem Brennraum die Düsenbohrungen abdeckt; seitlich davon ist das Einlaßventil b angeordnet, das zugleich als Auspuffventil dienen soll, auf der anderen Seite das Anlaßventil c. Die drei Ventile sind mechanisch gesteuert; der Antrieb durch die Steuerwelle mit Nockenscheiben ist auf der anderen noch erhaltenen Zeichnung dargestellt. Der ganze Motor ist ungekühlt. Den Zweck des den unteren Teil des Brennstoffventils umgebenden Ringraumes P erläutert DIESEL:

Bei P, Fig. 1 Bl. 2 ist noch eine Luftkammer sichtbar, welche mit dem Inneren des Cylinders in freier Verbindung steht; diese Kammer enthält also im Beginn der Petroleumzufuhr Luft von demselben hohen Drucke wie der Cylinder; beim Rückgang des Kolbens während der Verbrennung stürzt nun diese Luft aus der Kammer P in den Cylinder zurück und bewirkt einerseits eine Zertheilung und Zerstäubung des Petroleums, andererseits bewirkt dieselbe wirbelnde Bewegungen der Luftmasse und hierdurch Vertheilung der Wärme auf das gesamte Luftvolumen.

Das ist das Prinzip des Luftspeicherverfahrens, das später Bedeutung erlangt hat: Nachspeisen des noch brennenden Kraftstoffstrahles durch die aus dem Luftspeicher expandierende Luft, die durch Verwirbelung des Zylinderinhaltes die Mischung von Luft und Brennstoff verbessert. Infolge der zusätzlichen Verwirbelung kann der Luftspeichermotor mit niedrigerem Einspritzdruck arbeiten. Bei Dieselmotoren bringt der Luftspeicher, dessen Raum nur unvollkommen gespült werden kann, keine Vorteile.

DIESEL, der in Berlin wohnte, sah bald, daß es seine Kräfte übersteigen würde, wenn er und sein Zeichner alle Konstruktionszeichnungen hätten ausarbeiten sollen, wozu DIESEL nach den Abmachungen mit Augsburg verpflichtet war. So vereinbarte er mit seinem Studienfreund LUCIAN VOGEL, einem der Oberingenieure der Maschinenfabrik Augsburg, daß Augsburg sich an der Anfertigung der Zeichnungen beteiligen solle, und bittet ihn in einem Brief vom 4. Juli 1893 um Unterstützung:

Nunmehr liegt es hauptsächlich an Ihnen, die Sache zu fördern; ich bitte Sie nicht nur in meinem Namen, sondern im höheren Interesse der Wissenschaft und Industrie, sich derselben freundlichst anzunehmen und dieselbe *rasch* zum Ziele zu führen; *rasch* muß die Losung sein, denn Ihnen und Ihrer Fabrik soll doch die Erfindung in erster Linie zu statten kommen, und es handelt sich darum, die Zeit auszunutzen; ich glaube, daß Sie durch Förderung der Sache sich auch um die Maschinenfabrik hohe Verdienste erwerben, denn, wenn sie gelingt, ist dieselbe gleichzeitig eine *unvergleichliche commerzielle Operation* . . .

VOGEL hat mit großem Eifer an den Konstruktionszeichnungen mitgearbeitet und alle wichtigen Teile selbst berechnet. Die Kurbelwelle machte bei dem hohen Druck von 100 at, den DIESEL zugrunde gelegt wissen wollte, einige Schwierigkeiten; um die Kräfte zu verkleinern, setzte VOGEL den Zylinderdurchmesser auf 200 mm herab und vergrößerte den Hub auf 540 mm, um die erwartete Leistung von 12,5 PS einzuhalten. Aber die Belastungen der Kurbelwellenlager und des Pleuelzapfens waren

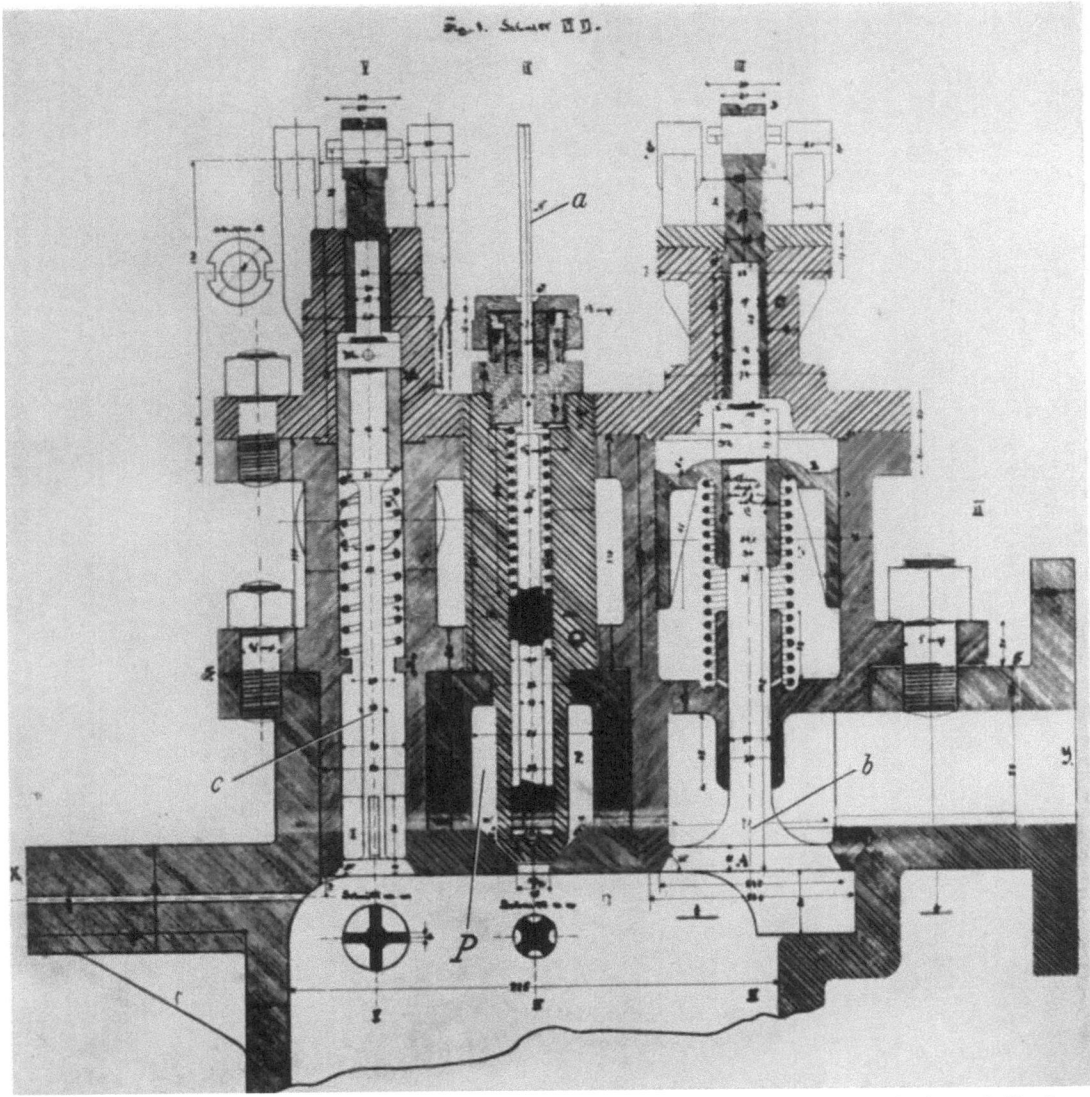

Bild 225. Teil einer der ältesten von DIESEL angefertigten Zeichnungen, die er Anfang Juli 1892 an die Maschinenfabrik Augsburg sandte. Den Vertrag mit der MAN hat er erst im Februar 1893 abgeschlossen

P Luftspeicher; a Brennstoffnadel; b gemeinsames Einlaß- und Auspuffventil; c Anlaßventil

Den Buchstaben P hat DIESEL eingetragen, um die das Brennstoffventilgehäuse umgebende „Luftkammer" hervorzuheben. Der Zylinderkopf ist nicht ausgeführt worden

noch zu hoch; so wurden die Hauptabmessungen im Oktober noch einmal verkleinert und endgültig zu 150 mm Zylinderdurchmesser und 400 mm Hub festgelegt. Das erforderte eine völlige Umkonstruktion, die in Augsburg ausgeführt worden ist. DIESEL hat sich daran durch eine rege Korrespondenz beteiligt, wie der noch erhaltene Briefwechsel mit Augsburg beweist.

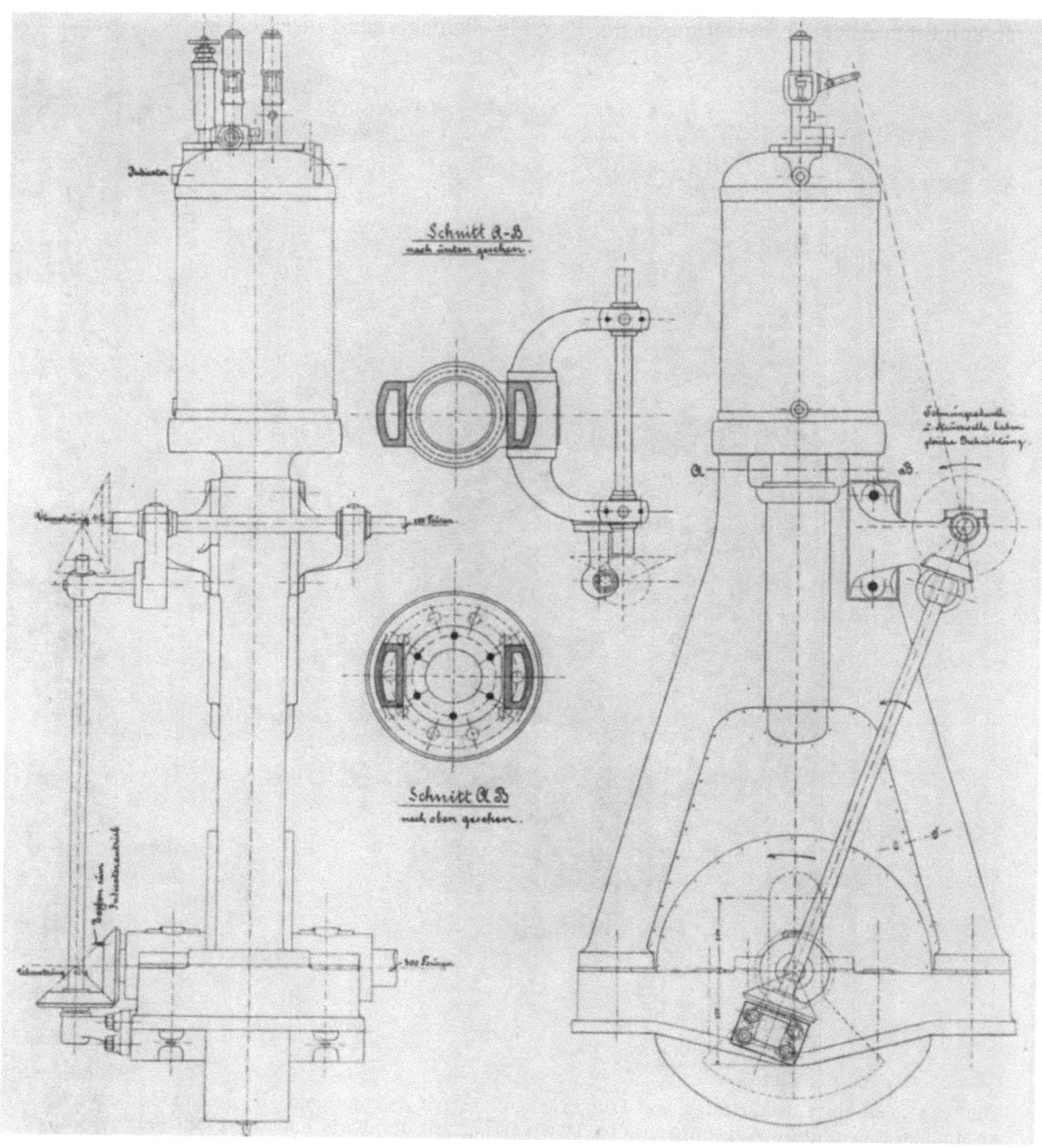

Bild 226. Photographische Wiedergabe der Zusammenstellungszeichnung des ersten Versuchsmotors
Die Zeichnung ist im Februar 1893 von DIESEL und seinem Mitarbeiter NADROWSKI in Berlin angefertigt worden

Ende November 1892 erhielt DIESEL 18 Blatt Konstruktionszeichnungen des umgearbeiteten Entwurfes. Manches davon gefiel DIESEL nicht, insbesondere nicht die fliegend angeordnete, also nur auf einer Seite gelagerte Kurbelkröpfung, die für die Aufnahme der großen Kolbenkräfte ungeeignet schien. So fertigte DIESEL sechs neue Zeichnungen an, die sich heute im MAN-Archiv befinden. Die Kurbelwelle ist jetzt zweiseitig gelagert, die axiale Länge des Pleuellagers stark verkürzt, so daß eine gedrungene, biegungssteife Bauart entstanden ist. Unter den Änderungen, welche DIESEL vornahm, fällt der Wegfall des Luftspeichers (P in Bild 225) im Zylinderkopf auf; es scheint, daß DIESEL die Wirksamkeit des von ihm selbst vorgeschlagenen Speichers nachträglich bezweifelt hat. Bild 226 zeigt den Entwurf, der mit einigen von Augsburg vorgenommenen Abänderungen als Unterlage für den Bau des ersten Versuchsmotors gedient hat.

Am 6. Februar 1893 sandte er die Zeichnungen an die Maschinenfabrik Augsburg; am 27. Februar ließ er eine Schrift von 50 Seiten Umfang folgen, die zahlreiche einzelne Berechnungen enthielt und Richtlinien für den Bau gab. Die Brennstoffpumpe, für deren Stempel er ein halbes Jahr vorher den Durchmesser zu 20 mm geschätzt hatte, berechnet er jetzt zu 4 mm Stempeldurchmesser und 8 mm Hub. Damit hätte die Pumpe eine Brennstoffmenge je Arbeitshub gefördert, die der isothermischen Verbrennung nach CARNOT entsprochen hätte, denn noch ist DIESEL in jener Vorstellung befangen. Er glaubt aber selbst nicht an die Ausführbarkeit dieser winzigen Pumpe und schlägt vor, anstelle der Pumpe ein unter Druck gehaltenes Brennstoffgefäß zu verwenden und zum Bemessen der benötigten Brennstoffmenge ein Nadelventil zu benutzen. Bei den ersten Versuchen war der Motor mit einem solchen Gefäß versehen, das mittels einer Handpumpe auf dem gewünschten Einspritzdruck gehalten wurde. DIESEL scheint anfangs mit einem Einspritzdruck von 50 bis 60 at gerechnet zu haben, also mit nur einem geringen Überdruck über dem Verdichtungsdruck von 44 at, den er ausführen wollte, nachdem er den Gedanken an die 150 at aufgegeben hatte.

Die Maschinenfabrik Augsburg hat an DIESELs Konstruktionszeichnungen nicht viel geändert. Nur die axiale Länge des von DIESEL zu schmal gezeichneten Kurbelzapfens wurde von 50 auf 80 mm vergrößert. In den anderen wichtigen Teilen ist DIESELs Entwurf unverändert geblieben. Am 27. März waren die Zeichnungen fertig, und man begann mit dem Bau des Versuchsmotors. Am 12. Juli teilte die Maschinenfabrik Augsburg DIESEL mit, daß der Versuchsmotor fertiggestellt sei und die Versuche am 17. Juli beginnen könnten. An demselben Tag fand DIESEL sich in Augsburg ein. Er hat dort den ersten nach seinen Vorschlägen gebauten Motor so gesehen, wie ihn Bild 227 zeigt. Die Kurbelwelle ist, wie er das gewünscht hatte, zu beiden Seiten der Kröpfung gelagert. Über der Kurbel sieht man den unteren Pleuelkopf mit den viereckigen Lagerschalen, die durch Herausnehmen oder Beilegen von Blechen senkrecht verschoben werden konnten, wodurch sich der Verdichtungsdruck ändern ließ. Über der Grundplatte steht der A-förmige Ständer, dessen Grundform lange unverändert geblieben ist. Der Arbeitszylinder und der Zylinderkopf sind völlig ungekühlt. In halber Höhe liegt die Nockenwelle, die von der Kurbelwelle durch die schräg hinter dem A-Ständer hervorkommende Welle und zwei Paar Kegelräder mit halber Drehzahl angetrieben wird. Die von der Nockenwelle bewegten Stoßstangen steuern die Brennstoffnadel, das Anlaßventil und ein Ventil, das zugleich den Einlaß und den Auslaß betätigt. Der Motor war als Viertaktmotor gebaut.

Bild 227
Der erste in der Maschinenfabrik Augsburg gebaute Versuchsmotor DIESELS (1893). Links im Hintergrund das Anfahrluftgefäß

Der Motor ist niemals selbständig gelaufen. Von ihm sind nur Zeichnungen und dieses Bild erhalten. Die Maschine selbst ist nicht mehr vorhanden

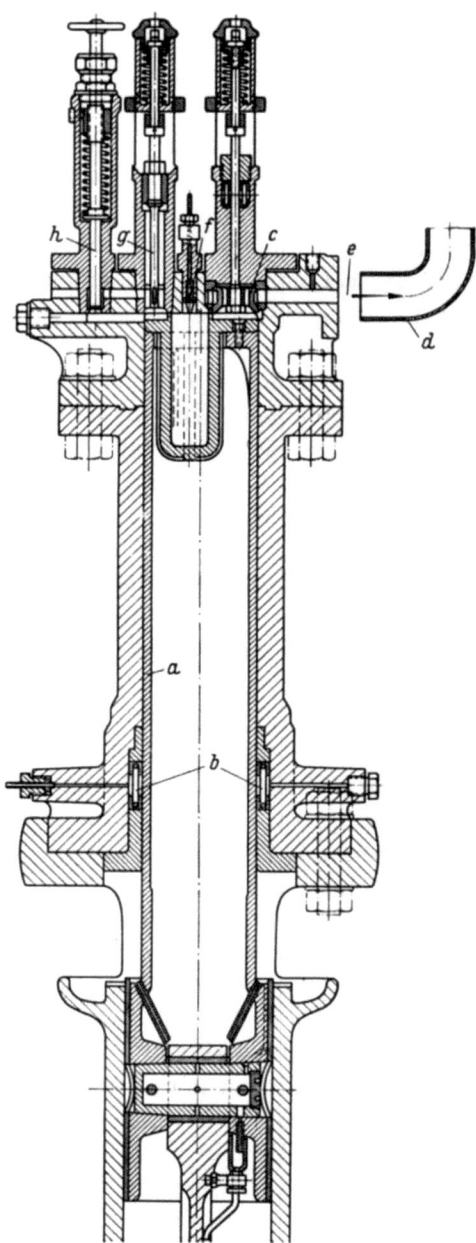

Bild 228
Schnitt durch den Arbeitszylinder des ersten Versuchsmotors

a Tauchkolben; *b* Stopfbuchse; *c* kombiniertes Ein- und Auslaßventil (Doppelsitzventil); *d* Auspuffleitung; *e* Schlitz für Lufteintritt; *f* Brennstoffdüse; *g* Anlaßventil; *h* Sicherheitsventil

Zylindermantel und Zylinderkopf sind völlig ungekühlt. Damit war der Motor natürlich nicht betriebsfähig

Bild 228, das den Arbeitszylinder im Schnitt zeigt, ist DIESELs Buch[61] entnommen. Das Bild stimmt mit den alten Konstruktionszeichnungen, die nicht mehr reproduktionsfähig sind, überein. Der lange Tauchkolben a, von DIESEL „Plungerkolben" genannt, ist nur an seinem unteren Ende durch einen im oberen Teil des Ständers geführten Kreuzkopf mit zylindrischen Gleitflächen gehalten und im Zylinder durch eine Stopfbuchse b mit Bronzestulpen und Drucköl gedichtet. Der Brennraum soll ganz in dem topfartigen Einsatz im Kolben liegen. Im Bild ist c das Doppelsitzventil, das zugleich das Ansaugen der Frischluft und den Auspuff steuert. Wenn der aufwärtsgehende Kolben die Verbrennungsgase in die Auspuffleitung d geschoben hat, soll das Ventil c geöffnet bleiben und der abwärtsgehende Kolben Luft durch den Schlitz e ansaugen. Der Brennstoff wird durch eine „Körtingsche Streudüse" f zugeführt. g ist das Anlaß-, h das Sicherheitsventil.

Erste Versuchsreihe Juli—August 1893

Man begann damit, daß man das Triebwerk durch eine Transmission sich einlaufen ließ. Bei 200 U/min fraß nach wenigen Minuten der aus Stahlguß angefertigte Kolben im Zylinderkopf, der ebenfalls aus Stahlguß bestand. Nach wenigen Tagen wiederholt sich das Fressen. DIESEL notiert dazu:

... da Stahl auf Stahl nie gut läuft, so giebt es dort Spähne, welche ihrerseits dann den ganzen Cylinder und Kolben riffeln.

In Wirklichkeit wird das Fressen am zu kleinen Spiel zwischen Kolben und Zylinderwand und an dem gänzlichen Fehlen einer Schmierung des oberen Kolbenteils gelegen haben. Der Kolben wird geändert; er erhält fünf Kolbenringe. Damit läuft er besser, so daß DIESEL am 27. Juli feststellen kann:

Es scheint, daß diese Form des Kolbens (gewöhnl. Kolben mit Gußringen) constructiv die einzig richtige und einzig durchführbare ist; es wird sich nur noch darum handeln, dieselbe auszuprobieren, damit er für hohe Drucke und hohe Temperaturen brauchbar wird. Von der Plungerconstruction ist gänzlich abzusehen.

Die größte Schwierigkeit aber verursachen die zahlreichen Undichtigkeiten an Ventilen, Leitungen und Hähnen. Das Doppelsitzventil (c in Bild 228) muß ganz umgebaut werden. Erst am 18. Versuchstag ist man so weit, daß mit den Versuchen zum Feststellen des Verdichtungsdruckes begonnen werden kann. Die erste Messung ist enttäuschend; statt der berechneten 44 at steigt der Druck nur auf 18 at:

Die Compression geht bis auf 18 atm. Die Expansionscurve verläuft stark unter der Compr. curve ... Zeichen bedeutender Luftverluste; diese Verluste rühren hauptsächl. v. undichtem Kolben des Anlaßventiles her ...

Man beseitigt die Undichtigkeit und verlängert die Pleuelstange, um den Verdichtungsraum zu verkleinern, um 6 mm und dann noch einmal um 5 mm und erhält schließlich, nachdem der Brennraum durch ein Einsatzstück weiter verkleinert worden ist, bei einem Verdichtungsverhältnis, das DIESEL zu 18,38 berechnet, einen Druck von 33 at:

Hiebei sollte die Compr. 60 atm. übersteigen u. nahezu 700° C erreichen. In Wirklichk. erreichen wir blos 33—34 atm. — Die Differenz rührt v. den Kolbenundichtigkeiten her, da die Ventile u. Stopfbüchsen jetzt zieml. dicht sind.

Den Verdichtungsdruck von 33 at hält DIESEL für ausreichend, so daß er glaubt, mit den Versuchen, Brennstoff einzuspritzen, beginnen zu können. Er wählt Benzin, nicht, wie anfangs vorgesehen war, Petroleum, wohl weil er glaubt, daß Benzin in der Verdichtungswärme leichter zündet — was nicht der Fall ist. Über diesen ersten Versuch, den eingespritzten Brennstoff durch die Verdichtungswärme zu entzünden, trägt er in das Protokoll ein:

> 10. Aug. Um 4ʰ 55 Nm. wurde die erste *Benzineinspritzg. vorgenommen*; **dieselbe zündete sofort***. Ein Diagr. (Nr. 23) ergab Explosionspressungen auf 60 ja sogar 80 atm. aber alle schon bei cca 20 atm. Druck und lange vor Todtpunkt, so daß heftige Stöße und Contrearbeit entstehen; der Cylinder fängt an zu knurren, zum Kolben u. Ringen tritt ganz rußiges Oel aus und wir müssen abstellen.

Eine Wiederholung der Versuche am 12. August ergibt etwas bessere Resultate:

> Beim Einspritzen von Benzin findet die Zündung regelmäßig bei jedem Compr.Hube statt, trotzdem die Maschine ganz kalt ist. —
> *Die Zündung ist also (wenigstens für Benzin) bei Compressionen bis cca 30 atm schon vollkommen gesichert auch bei kalter Maschine; eine Zündvorrichtung zum Anlassen ist also ganz überflüssig...*

Hier bezeichnet DIESEL zum erstenmal 30 at als für das sichere Eintreten der Zündung ausreichend. Es ist der Verdichtungsdruck, den man später bei dem klassischen, mit Druckluftzerstäubung arbeitenden Dieselmotor lange Zeit als normal ausgeführt hat.

Der 22. August war der letzte Versuchstag. Man versucht noch, den Motor von der Transmission mit 300 U/min anzutreiben, um zu sehen, wie sich die Steuerungsteile dabei verhalten, und kommt auf 288 U/min. DIESEL schreibt darüber:

> Die Steuerung geht bei dieser Geschw. sehr gut und ruhig; der ganze Motor steht fest und vibrirt nicht einmal. Der Cylinder wird noch zieml. warm, wenn auch noch nicht bis zu 100°. Der Kurbelzapfen ist nach 10 Min. so heiß, daß m. abstellen muß (lief übrigens auch bei langsamem Gang gut warm); die Geradführung wird auch etwas warm.

Über alle Vorkommnisse dieser ersten Versuchsreihe hat DIESEL sorgfältig Protokoll geführt, aus allen seine Schlüsse gezogen für die Verbesserungen, die er bei dem erforderlich gewordenen Umbau ausführen lassen wollte. Große Sorge machen die Un-

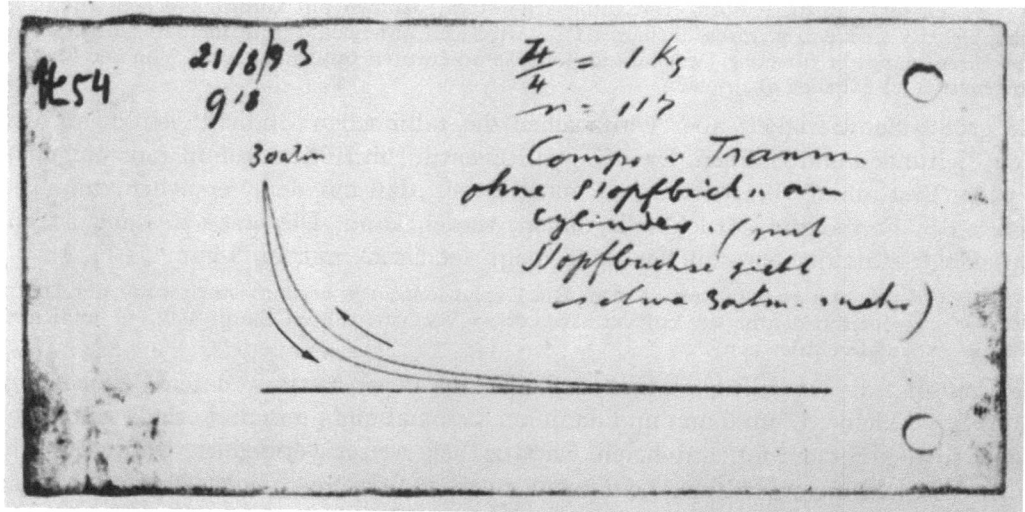

Bild 229. Verdichtungsdiagramm, am 21. August 1893 am ersten Versuchsmotor aufgenommen
Die (hier hinzugefügten) Pfeile zeigen durch ihren Richtungssinn an, daß während eines Verdichtungs- und Ausdehnungshubes (ohne Zündung) Arbeit aufgewendet werden muß, was nur bei undichtem Kolben der Fall ist

---
* Von Diesel im Original doppelt unterstrichen.

dichtigkeiten, die am Kolben und an der Ventilsteuerung immer wieder auftreten. Besonders der Arbeitskolben muß sehr undicht gewesen sein; das zeigt das Indikatordiagramm Bild 229, das am vorletzten Versuchstag aufgenommen wurde. In der photographischen Wiedergabe des Originales sind zwei Pfeile hinzugefügt, die darauf hinweisen, daß das Diagramm nicht, wie gewöhnlich, im Uhrzeigersinn zu lesen ist, sondern in der entgegengesetzten Richtung, da es nicht eine geleistete, sondern eine von der Transmission aufgewandte Arbeit darstellt. Die obere Linie ist die Verdichtungslinie; die untere, die Ausdehnungslinie, müßte sich mit der Verdichtungslinie (praktisch) decken, wenn keine Luft durch Undichtigkeiten verlorenginge. Das ist aber durchaus nicht der Fall:

> Bei der Undichtheit des schnell zusammen gemachten Kolbens ist überhaupt keine Wirkung zu erwarten.

schreibt DIESEL unmutig.

Es wird ein „Protocoll über die erste Versuchsreihe mit dem Versuchswärmemotor 150/400" aufgesetzt, das vom 23. August 1893 datiert und von H. BUZ unterschrieben ist. Am Ende des Protokolls heißt es:

> Ein positiver Erfolg mit diesem ersten Versuchsmotor scheiterte demnach der Hauptsache nach nur an der Undichtheit des Kolbens, welcher nicht sachgemäßer hergestellt werden konnte, da der vorhandene Plunger dazu benutzt wurde, um wenigstens über die ersten Erfahrungen hinweg zu kommen.
> Die Durchführbarkeit des Processes an sich ist selbst mit dieser unvollkommenen Maschine als erwiesen zu betrachten.
> Die Versuche wurden unterbrochen um an dem Versuchs-Motor folgende Aenderungen durchzuführen:
> 1. Herstellung eines neuen Kolbens
> 2. Trennung von Ein- & Auslaßventil
> 3. Verbesserung der Einspritzvorrichtung

Die Zuversicht, daß die „Durchführbarkeit des Prozesses an sich erwiesen" sei, war wohl nicht ganz aufrichtig, denn 20 Jahre später sagt DIESEL[61]:

> Trotzdem war der Versuch ein Mißerfolg, da diese erste Maschine niemals selbständig laufen konnte. — Sehr deprimiert kehrte ich nach Berlin, meinem damaligen Wohnsitz, zurück und machte dort die Zeichnungen zu einem völligen Umbau dieser Maschine, dessen Ausführung fünf Monate dauerte.

Erster Umbau des Versuchsmotors

Daß der Kolben und seine Abdichtung im Zylinder (b in Bild 228) nicht genügte, hat DIESEL schon bald nach Beginn der ersten Versuchsreihe erkannt, denn am 27. Juli 1893 trägt er in das Versuchsjournal ein:

> Von der Plungerconstruction ist gänzlich abzusehen.

Er wendet sich am 25. August brieflich an KRUPP und an SULZER:

> Wir sind mit der Construction eines leistungsfähigen Kolbens beschäftigt; vielleicht haben Sie die Güte, uns auch Ihrerseits Vorschläge und Ideen in dieser Richtung zukommen zu lassen ...

Merkwürdig ist, daß beide Firmen rieten, die bisherige Bauart beizubehalten. KRUPP antwortete:

> ... und theile Ihnen auf Ihre Anfrage über die Herstellung eines geeigneten Motor-Kolbens mit, daß meiner Ansicht nach ein Plungerkolben mit langer Stopfbüchse, bestehend aus Metallstulpen und Oelkammer unter Druck, und mit langem Kreuzkopf sich bewähren müßte.

SULZER schrieb am 14. September:

> Trotz Ihrer Erfahrungen während der ersten Versuchsreihe scheint uns also doch der verwendete Kolben prinzipiell richtig construirt gewesen zu sein; das nachträgliche Einsetzen schwacher Ringe war allerdings zwecklos, wie denn mit Dichtungsringen überhaupt nicht viel zu erreichen sein wird ...

DIESEL folgt jedoch diesen Ratschlägen nicht, sondern entwirft einen Kolben mit Dichtungsringen, die durch innenliegende Spreizringe gegen die Zylinderwand gedrückt wurden (Bild 230). Der Brennraum liegt jetzt im Gegensatz zur ersten Ausführung (Bild 228) *in* der Kolbenachse. Um den Verdichtungsdruck ändern zu können, hatte DIESEL mehrere Brennraumeinsätze (*h* in Bild 230) mit verschieden dickem Boden vorbereitet. Am unteren Ende des Kolbens war ein Ölmitnehmerring *b* angebracht,

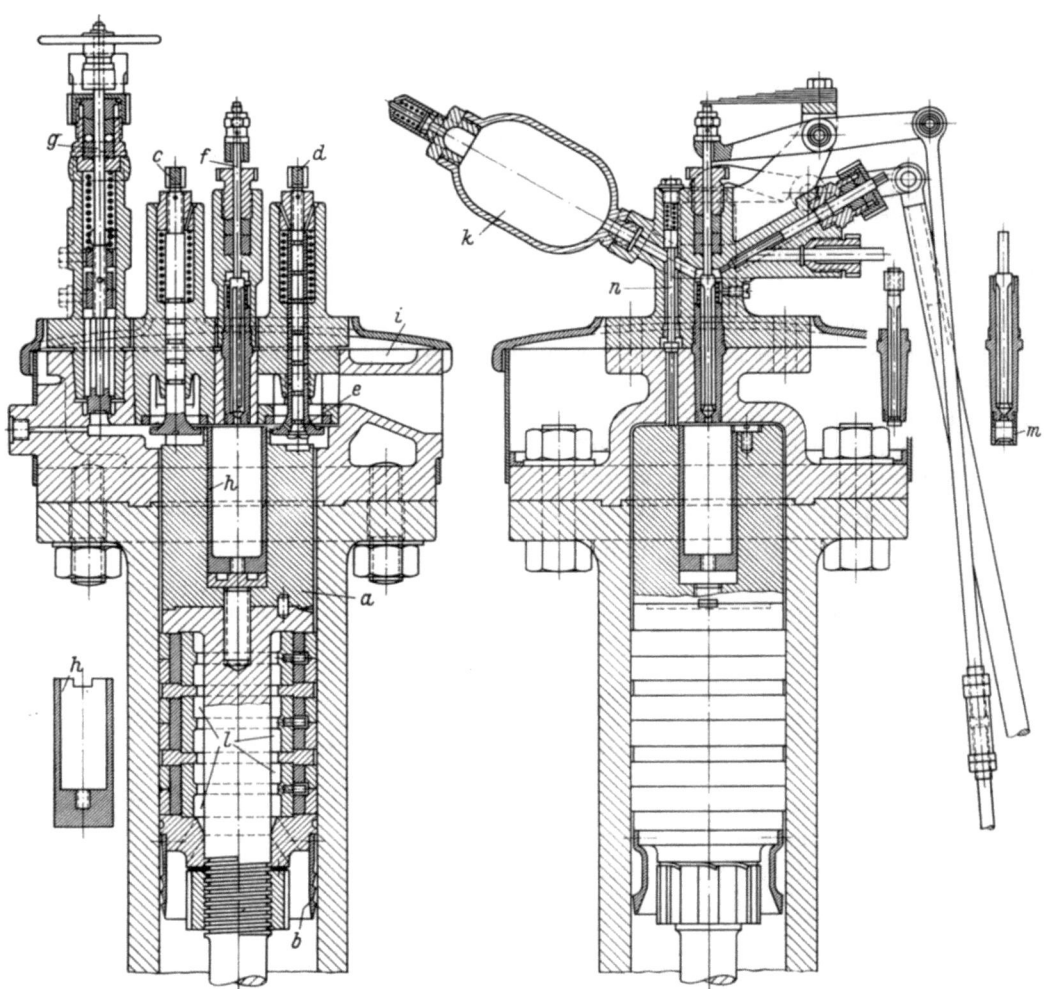

Bild 230. Arbeitszylinder des ersten Versuchsmotors nach dem ersten Umbau

a Kolben mit Dichtungsringen; *b* Schmierölverteilring; *c* Einlaßventil; *d* Auspuffventil mit Vorhubventil *e*; *f* Brennstoffventil; *g* Anlaß- und Sicherheitsventil; *h* Kolbeneinsatz mit verschieden starken Böden zum Verändern des Verdichtungsdruckes; *i* Kühlwasserraum; *k* Druckakkumulator für das Einblasen; *l* Hohlräume hinter den Kolbenringen als Ursache der Undichtigkeit; *m* Korb mit Eisendraht; *n* Ventil zum Laden des Luftspeichers

Die Zeichnung hat DIESEL im September 1893 angefertigt

der beim Durchgang des Kolbens durch den unteren Totpunkt in ein ringförmiges Schmierölgefäß tauchte und beim Aufwärtsgang das Schmieröl an der Zylinderwand verteilte.

Der zweite Punkt des Umbauprogramms, Trennung von Einlaß- und Auspuffventil, wurde ebenfalls ausgeführt. Jetzt sind ein Einlaßventil c und ein Auspuffventil d vorhanden. Zunächst zeichnet DIESEL zwei Doppelsitzventile (wie c in Bild 228), obwohl diese bei der ersten Ausführung versagt hatten; dann verwirft er sie wieder und führt zwei Tellerventile aus, diese mit flachem Dichtungssitz, obwohl er in seinem Entwurf vom Juli 1892 schon den zweckmäßigeren konischen Sitz vorgesehen hatte, wie man ihn heute allgemein verwendet. Da das Auspuffventil gegen den im Zylinder noch vorhandenen Druck öffnen muß, baut DIESEL in die hohle Spindel des Auspuffventils ein Vorhubventil e (Bild 230) ein, das etwas früher als das Hauptventil öffnet und den Druck auf beiden Seiten des Hauptventiltellers ausgleicht, so daß das Ventil sich leichter öffnen läßt.

Die größte Schwierigkeit bei diesem ersten Umbau bot die Einspritzvorrichtung von der die Gemischbildung und damit die Verbrennung in erster Linie abhängt. In den 23 Blatt Berechnungen vom September 1893, die er seinen fünf Entwurfszeichnungen beifügte, beschäftigt er sich besonders ausführlich mit der Einspritzdüse und der Ermittlung ihrer Querschnitte. Die konstruktive Lösung, die er findet, bringt keinen Erfolg. Aber es ist der bedeutsame Moment, in welchem er erkennt, daß die isothermische Verbrennung des Carnot-Prozesses nicht verwirklicht werden kann. Der Carnot-Prozeß erfordert theoretisch einen so hohen Luftüberschuß, daß das Gemisch kaum noch entzündbar und so verdünnt ist, daß der Motor keine Nutzleistung mehr abgeben kann. Instinktmäßig gibt DIESEL die theoretischen Grübeleien auf und besinnt sich darauf, daß es Petroleummotoren gibt, die imstande sind, Nutzleistung abzugeben und dabei einen bestimmten Brennstoffverbrauch haben, der vielleicht 600 g/PSh beträgt. Für eine soviel größere Menge berechnet er jetzt die Abmessungen der Einspritzpumpe für den umgebauten Motor. Die Brennstoffpumpe förderte nun auf einmal ein Vielfaches der für den Carnot-Prozeß erforderlichen Menge.

Für den umzubauenden Motor zeichnet DIESEL nicht nur die vergrößerte Brennstoffpumpe, sondern auch einen Druckakkumulator k, den der Querschnitt durch den umgebauten Versuchszylinder zeigt (Bild 230). Auf einer der Umbauzeichnungen ist in Zeichenschrift angegeben:

Das Einspritzen des Petroleums soll auf 3 Arten durchgeführt werden.

1. Durch die Pumpe: Dabei kann oben in der Düse entweder das selbstthätige Rückschlagventil (Einsatz III) oder das gesteuerte Düsenventil (Einsatz II) sitzen. Die Pumpe selbst kann mit oder ohne ihr Druckventil arbeiten. Das Petroleum fließt der Saugleitung der Pumpe mit keinem oder ganz geringen Druck zu.

2. Durch direktes Einspritzen: Dabei wird lediglich Saug- und Druckventil der Pumpe entfernt, (event. auch der Kolben) in der Düse sitzt dann ausschließlich das gesteuerte Ventil nach Einsatz II. Das Petroleum fließt unter höchstem Accumulatorendruck zu.

3. Durch Einblasen: Dabei arbeitet die Düse mit Einsatz I. Auf das Düsengehäuse ist das Luftgefäß aufzuschrauben und im Cylinderdeckel das kleine Luftventil einzusetzen.

Etwas später, als DIESEL auf den unglücklichen Gedanken der „Vergasungsversuche" gekommen war, hat er diesem kalligraphisch geschriebenen Versuchsprogramm handschriftlich hinzugefügt:

4. Durch Vergasung und zwar } besondere
   a) mit innerem Vergasapparat } Zeichnungen
   b) mit äußerem Vergaserkessel

Am 7. Oktober 1893 sandte DIESEL seine Vorschläge für den ersten Umbau des Versuchsmotors mit 25 Blatt Berechnungen an die Maschinenfabrik Augsburg. Am 27. Oktober erhielt er die in Augsburg ausgearbeiteten Zeichnungen zurück mit der Aufforderung, „die Zeichnungen genau durchzusehen, damit der Motor Ihren Wünschen entspricht". Am 1. November schickte DIESEL die Zeichnungen zurück und fügte mehrere Seiten „Bemerkungen" hinzu. In diesen fällt auf, daß er zum erstenmal eine Wasserkühlung fordert:

> Es ist nicht nur der Deckel, sondern auch der Mantel zu kühlen, und zwar jeweils gesondert, zu Versuchszwecken.

Er hatte inzwischen die Verbrennung „bei konstantem Druck" als richtiges Verfahren erkannt und hierzu die Brennstoffmenge je Einspritzung vervielfacht. Dabei konnte es keine isothermische Verbrennung mehr geben; die Verbrennungstemperatur mußte erheblich über die Verdichtungstemperatur steigen. DIESEL rechnet jetzt mit 1600 bis 1800° C. Solche Temperaturen kann man natürlich ohne Wasserkühlung nicht beherrschen. Da keine Zeit vorhanden ist, einen neuen Zylinder zu gießen, wird der Zylinder provisorisch mit einem Kühlmantel aus Blech umgeben. Merkwürdig ist, daß die Versuchsprotokolle, in denen sonst jedes kleine Vorkommnis gewissenhaft verzeichnet wurde, keine Eintragung enthalten, wann der Kühlmantel angebracht worden ist. DIESEL bemerkt nur einmal in seinen Protokollen der (späteren) vierten Versuchsreihe:

> Der frühere Blechmantel verursachte bei jeder Demontage und Montage ungemein lange Zeitverluste.

Erst im Januar 1895 wurde ein neuer Arbeitszylinder mit angegossenem Kühlmantel für die Versuche benutzt. Etwa ein Jahr lang hat man sich mit dem Blechmantel notdürftig geholfen.

Zweite Versuchsreihe Januar—April 1894

Versuche mit direktem Einspritzen des Brennstoffs

Am 18. Januar 1894 begannen die Versuche der zweiten Versuchsreihe. DIESEL hatte erkannt, daß eine feine Zerstäubung des Brennstoffs von überragender Wichtigkeit ist, und machte daher zunächst eine Reihe von Versuchen, bei welchen der Zylinderkopf abgebaut und auf Säulen gesetzt war, so daß man bei arbeitender Brennstoffpumpe die Zerstäubung beobachten konnte. Die Pumpe spritzte somit in die Atmosphäre. In die Einspritzdüse war ein Rückschlagventil eingesetzt, über dessen kegelige Sitzfläche hinweg der Brennstoff sich in feine Tropfen auflösen sollte. Das bewährte sich nicht, und bald darauf (am 30. Januar) wurde das Kegelventil durch eine mechanisch gesteuerte Düsennadel ersetzt, wie DIESEL sie schon in seinem ältesten Entwurf (Bild 225) vorgesehen hatte und wie man sie später jahrzehntelang im Dieselmaschinenbau verwendet hat. In Bild 231, einem von DIESEL angefertigten Entwurf, ist die nach außen öffnende lange Düsennadel a sichtbar. Die Zeichnung trägt das Datum vom 18. März 1894. Über das Ergebnis notiert DIESEL:

> Einspritzung mit Pumpe und gesteuertem Düsenventil (Einsatz IV), also mit der Nadel. Hier ist die [unleserliches Wort] Einspritzg sehr präcise ohne jedes Nachtropfen; bei atm. Druck auf der Saugleitung versagt sie jedoch, bei geringstem Überdruck dagegen (0,2 atm) geht sie gut.

Zweite Versuchsreihe Januar—April 1894

Etwas später faßt er das Ergebnis der Versuche mit dem gesteuerten Nadelventil zusammen:

Die Düsenventile (Nadeln) bewähren sich vorzügl. unter folg. Bedingungen
1) Deren Dimensionen müssen sehr kräftig sein
2) Die Stopfbüchse muß nicht nachziehbar sein, sondern automat. wirken (Stulpe)
3) Der Hub muß sehr gering sein (1—2 mm)
4) Die Feder muß so kräftig sein, daß sie unter allen Umständen ein Offenbleiben des Ventils verhindert. Entspr. kräftig muß der äußere Mechan. sein ...

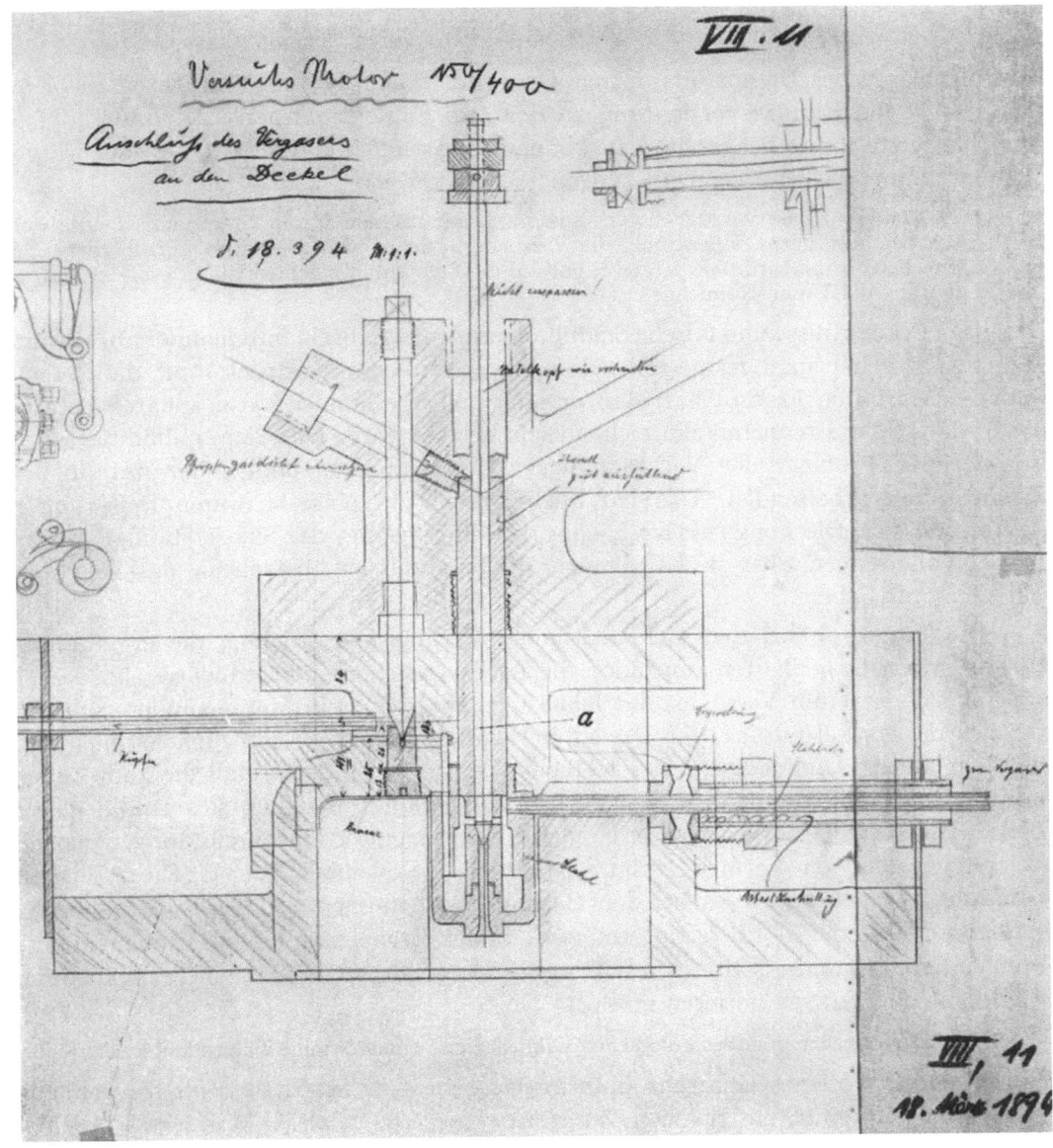

Bild 231. Zeichnung DIESELS vom März 1894: Zylinderkopf mit Düsennadel

Die mechanisch gesteuerte Düsennadel (*a*) wurde Ende Januar 1894 in den Versuchsmotor eingebaut, wenn auch die Zeichnung ein etwas späteres Datum trägt. Sie ist bei dem „klassischen" (mit Druckluftzerstäubung arbeitenden) Dieselmotor jahrzehntelang verwendet worden

Daß der Nadelhub sehr klein sein muß, hat DIESEL richtig erkannt. Heute begrenzen wir den Nadelhub selbst bei großen Zylindern auf Beträge von etwa 1 mm.

Aber wenn das Nadelventil auch gut arbeitete, so muß DIESEL an seine Notizen nachträglich doch die Randbemerkung setzen:

> Das directe Einspritzen hat einen theoret. Fehler, der es eigentl. undurchführbar macht: die eingespritzte Menge hängt näml. von der Zeitdauer der Düsenöffnung ab. Dieselbe Steuerung wird also bei langsamerem Gang des Motors viel mehr einspritzen als bei rascherem. — Die Steuerung wäre nur für eine einzige Tourenzahl richtig.

Außerdem arbeitete die Brennstoffpumpe unbefriedigend:

> ... es scheint unmögl. für diese geringen Quantitäten eine richtig saugende u. drückende Pumpe herzustellen.

Das Einblasen des Brennstoffs mittels Druckluft schien bessere Aussichten zu bieten. Man baute die Einblasevorrichtung an dem auf Säulen montierten Zylinderkopf an, um die Zerstäubung beobachten zu können. Das Ergebnis des ersten Versuches vom 3. Februar 1894 scheint sehr gut zu sein:

> Die Zerstäubung ist vorzüglich; der aus der Düse tretende Strom ist wie eine Dnmpfwolke auch noch bei blos 2 atm. Überdruck, die Versuche variirten von 4—2 atm. Luftüberdruck und 5—10 atm. Petroleumüberdruck; letzterer hat auf die Zerstäubung keinen Einfluß sondern nur auf die Regulirung der Brennstoffmenge...

Richtige Erkenntnisse und falsche Schlußfolgerungen wechseln miteinander ab. Zwanzig Jahre später hat man festgestellt, daß der „Petroleumüberdruck" auf die Zerstäubung den größten Einfluß hat, daß er aber mehrere hundert Atmosphären betragen muß, damit der Brennstoff hinreichend fein zerteilt wird. Die Gemischbildung ist das schwierigste Problem der Verbrennungskraftmaschine, besonders der mit flüssigen Brennstoffen arbeitenden. Das hat auch DIESEL zu seiner schweren Belastung erfahren müssen. Die konstruktive Lösung, die ihm gelang, der Siebzerstäuber (S. 477), war unvollkommen, aber sie hat genügt, die Fachwelt zu überzeugen, daß sein Motor eine Zukunft habe.

Die Frage, ob bei den viel niedrigeren Verdichtungsdrücken, die er gegenüber den ursprünglich geplanten anwandte, die Zündung sicher eintreten würde, hat DIESEL während der zweiten Versuchsreihe lebhaft beschäftigt. Sein Motor zündete schlecht; das war der erste Eindruck, den DIESEL im Prüffeld erhielt. Er sah zunächst nicht, daß dies nur an der Undichtigkeit des Kolbens lag; sie verhinderte, daß die zum Zünden erforderliche hohe Temperatur erreicht wurde. So glaubt er schon, daß wohl doch eine fremde Zündquelle nötig sein werde, und skizziert eine Glührohrzündung. Auf einer Zeichnung, die den Vermerk trägt „Erhalten 7. November von H. Diesel" ist ein Glührohr angegeben, wie es bei den Gasmotoren benutzt wurde. Das Glührohr war seitlich am Zylinderkopf befestigt und ragte in den Brennraum hinein. Eine im Inneren brennende Gasflamme sollte es auf Rotglut halten. Aber die Flamme erlosch immer wieder, so daß DIESEL notieren mußte:

> Die Zündvorrichtung mit geschlossenem Glührohr und Innenflamme ist also nicht zu brauchen.

Ein beiderseits offenes Glührohr funktionierte ebensowenig. Etwas später versuchte DIESEL es mit einer elektrischen Zusatzzündung, die auch keinen Erfolg brachte. Es hat längere Zeit gedauert, bis DIESEL erkannte, daß das gute Anliegen der Kolbenringe an der Zylinderwand nicht genügte, wenn die Luft während des Verdichtungshubes hinter die Ringe gelangen und auf einem Nebenweg (durch die Hohlräume l in Bild 230) entweichen konnte. Nach mehrfachem Umbau des Kolbens fand DIESEL die Lösung, indem er der Luft den Nebenweg durch eine auf die Kolbenstange aufgezogene, außen leicht konisch gehaltene Buchse (*b* in Bild 232) versperrte. Der Skizze, nach welcher der Kolben umkonstruiert wurde, hat DIESEL den Vermerk hinzugefügt:

Der Kolben wird nach nebenst. Constr. umgebaut; b warm aufgezogene Schmiedeisenbüchse, conisch gedreht. Die Distanzringe werden massiv gemacht und längs c d conisch aufgeschliffen. — Auf diese Weise ist das Entweichen der Luft durch das Innere des Kolbens verhindert. Die Arbeit wird cca 4 Tage dauern.

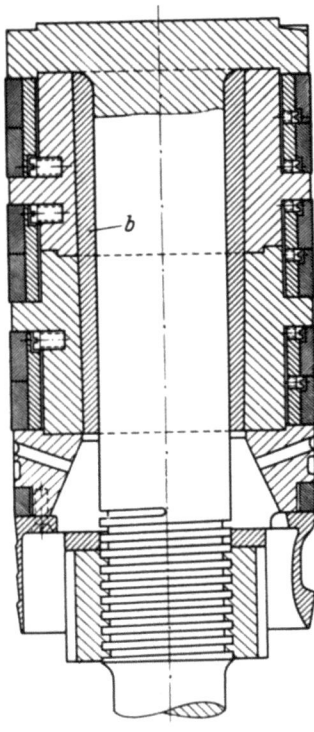
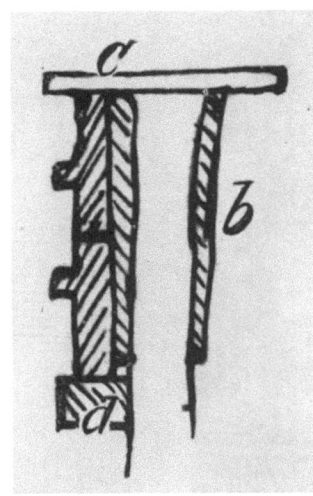

Bild 232. Erster dichthaltender Arbeitskolben des umgebauten Versuchsmotors (Anfang 1894)

Rechts: Originalskizze DIESELS, nach welcher die Maschinenfabrik Augsburg die Konstruktionszeichnung anfertigte.

Die auf die Kolbenstange aufgezogene, konisch dichtende Stahlbuchse *b* verhinderte, daß die verdichtete Luft zwischen Kolbenstange und Kolbenringträgern entwich. Dies war die Ursache für das schlechte Zünden gewesen

Mit diesem Kolben konnte zum erstenmal ein hoher Verdichtungsdruck und damit die für das Zünden erforderliche Verdichtungstemperatur erreicht werden.

Versuche mit Verdampfen des Brennstoffs

Irrwege, die ärgerlichen Zeitverlust verursachen und mit völligem Mißerfolg enden, bleiben DIESEL nicht erspart. Der Verbrennungsmotorenbau war vom Gasmotor ausgegangen; später war der Benzinmotor hinzugekommen. Beide arbeiteten mit einem gasförmigen oder dampfförmigen Brennstoff-Luftgemisch. So ist es begreiflich, daß man der Meinung war, der Brennstoff müsse vergast oder doch wenigstens verdampft werden, bevor er zünden und verbrennen könne. DIESEL besann sich auf diese Lehre; er konstruierte einen „Petroleum-Vergaser mit besonderer Heizvorrichtung". Das seltsame Gerät (Bild 233) bestand aus einer Rohrschlange *a*, die durch „6 Bunsenbrenner oder Gaskranz" *b* beheizt wurde. Durch die Verschraubung *c* trat der vom „Petroleumaccumulator" kommende Brennstoff in den unteren Teil des Gehäuses *d*, aus dem er durch die Verschraubung *e* in die Heizspirale *a* gelangte. In dieser wurde der Brennstoff — so dachte DIESEL — in Gas verwandelt, das durch *f* den oberen Teil des Gehäuses *d* füllen würde. In *d* würde somit bis etwa zu mittlerer Höhe flüssiger, darüber gasförmiger Brennstoff stehen. Das Gas sollte durch die Verschraubung *g* (Schnitt *A-B*) dem Einspritzventil zuströmen; die Verschraubung *h* war für ein

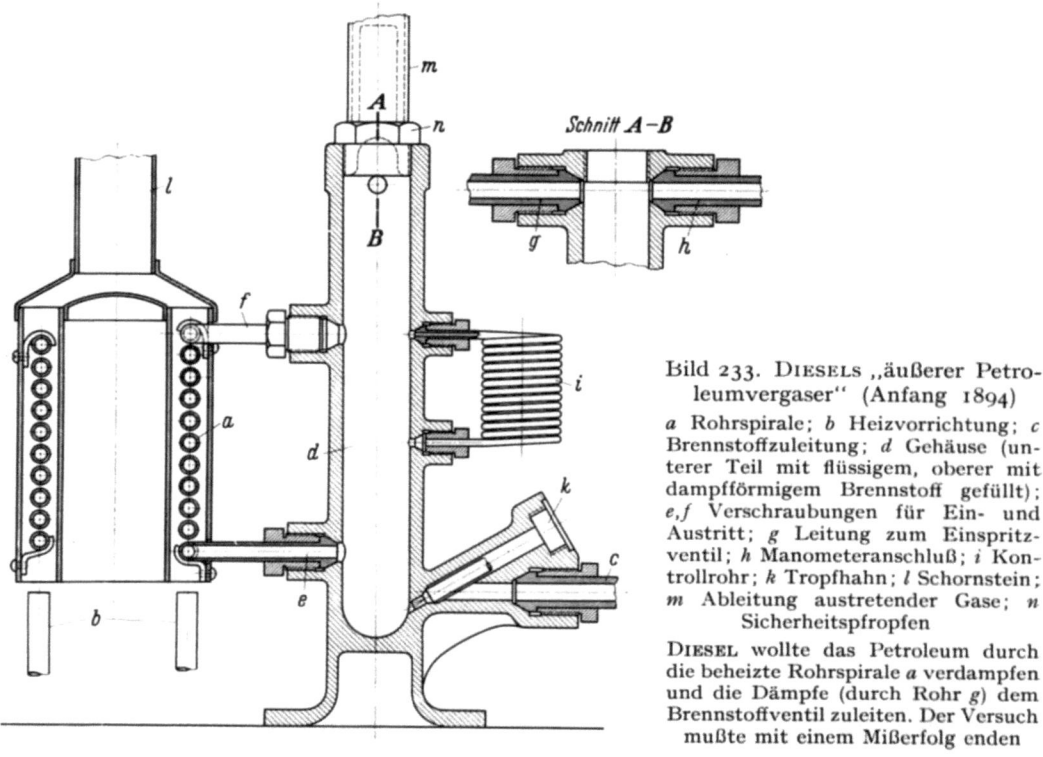

Bild 233. DIESELS „äußerer Petroleumvergaser" (Anfang 1894)

a Rohrspirale; *b* Heizvorrichtung; *c* Brennstoffzuleitung; *d* Gehäuse (unterer Teil mit flüssigem, oberer mit dampfförmigem Brennstoff gefüllt); *e*, *f* Verschraubungen für Ein- und Austritt; *g* Leitung zum Einspritzventil; *h* Manometeranschluß; *i* Kontrollrohr; *k* Tropfhahn; *l* Schornstein; *m* Ableitung austretender Gase; *n* Sicherheitspfropfen

DIESEL wollte das Petroleum durch die beheizte Rohrspirale *a* verdampfen und die Dämpfe (durch Rohr *g*) dem Brennstoffventil zuleiten. Der Versuch mußte mit einem Mißerfolg enden

Manometer vorgesehen. Die in halber Höhe des Gehäuses angeschlossene Spirale *i* sollte zur Kontrolle des Flüssigkeitsniveaus in *d* dienen: bei Befühlen des Rohres *i* müßte sich zeigen, daß der obere, Gas enthaltende Teil wärmer wurde als der untere, der die Flüssigkeit enthielt. Bei *k* sollte ein „Tropfhahn (zur Kesselspeisung)" eingeschraubt werden, wie es auf der Zeichnung heißt; was damit bezweckt war, ist unklar. *l* ist der Schornstein der Heizvorrichtung, *m* nach der Zeichnung ein „lose aufgesetztes Rohr zur Ableitung der etwa austretenden Gase" und *n* ein „Pfropfen u. Sicherheitsventil vom Windkessel der Einblasevorrichtung".

Zu der damals herrschenden Meinung, daß der flüssige Brennstoff vor der Zündung vergast werden müsse, hat RIEDLER viel beigetragen, und DIESEL glaubte sie nicht unbeachtet lassen zu dürfen. Die Vorlage, nach welcher Bild 233 gezeichnet worden ist, hat DIESEL im November 1893 an die Maschinenfabrik Augsburg gesandt; am 10. Februar 1894 wurde der Vergaser an den Versuchsmotor angeschlossen. Es zeigte sich, daß die Beheizung durch die Bunsenbrenner nicht genügte; DIESEL ließ daher den ganzen Apparat mit Asbest verkleiden. Aber auch das half nicht; beim Öffnen der Einspritzdüse trat nur Flüssigkeit aus. DIESEL notiert am 12. Februar:

Neue Heizprobe mit Petr. Es entsteht wiederum kein Druck. Desgl. mit Benzin. — Es entsteht nach 25 min. 11 atm. Druck, mehr ist nicht zu erzielen. Beim Öffnen der Düse entströmt dieser nur Flüssigk. Es wird also schwer sein, selbst wenn der Vergaser entspr. verändert wird, der Düse wirkl. Dampf zuzuführen, da die Condensverluste zu bedeutend sind.

Versuche mit Einblasen des Brennstoffs durch Druckluft

Nach diesem Mißerfolg wurden die Versuche mit dem Vergaser zurückgestellt. Was sollte man jetzt probieren? Die Versuche mit direktem Einspritzen des Brennstoffs waren mißlungen, das Verdampfen des Brennstoffs vor der Einführung in den Brennraum ebenfalls — da tritt „eine entscheidende Wendung" ein, wie DIESEL es nennt:

> ... es taucht die Idee der Einblasung des Brennstoffes durch Luft auf, die übrigens schon im November 1893 zum Patent angemeldet worden war (Nr. 82168).

Im Anspruch 2 dieses Patentes (vom 30. November 1893) ist aber nicht das Einblasen des Brennstoffs durch Druckluft allgemein geschützt, sondern nur die besondere Art der Erzeugung der Einblaseluft durch den Arbeitskolben mittels eines Luftspeichers (k in Bild 230). Durch das am Ende eines jeden Verdichtungshubes nach außen öffnende federbelastete Ventil n wird der Luftspeicher mit Druckluft geladen. Wenn die Steuerung die Brennstoffnadel anhebt, strömt Druckluft aus dem Speicher in den die Nadel umgebenden Raum und nimmt den dort vorgelagerten Brennstoff mit. Die Vorrichtung ist der Vorläufer der Druckluftzerstäubung, die man im Dieselmotorenbau bis zur Einführung der Hochdruckeinspritzung allgemein benutzt hat.

Die „entscheidende Wendung" in DIESELs Gedankengängen ist offenbar durch das Studium des Brayton-Motors herbeigeführt worden. Im Deutschen Museum wird eine Handschrift DIESELs aufbewahrt, welche die Überschrift trägt:

> Auszug aus: G. Richard. Les moteurs à pétrole depuis 1889. (Bulletin de la Soc. d'Encouragement 1892. S. 651 Heft v. October u. Nov. 92).

Auf die erste Seite hat DIESEL den Vermerk gesetzt:

> dieser Aufsatz enthält die allerneuesten Constructionen, kann *daher bei meinen Arbeiten ständig* zu *Rath gezogen werden.*

Vom Brayton-Motor sagt DIESEL auf Seite 4 seiner Handschrift:

> Hat wiederum genau dieselbe Einführung wie ich, dieses Mal sogar unter Zuhülfenahme eines besonderen Reservoirs mit compr. Luft, zum Einblasen. Er hat auch einen Düsenansatz als Metallkorb mit Drahtgeflechtfüllung, zur schnelleren Verdampfung. Er hat aber noch einen ständig brennenden Zünder ...

Und auf Seite 5 heißt es:

> *Akroyd und Brayton sind für mich überhaupt die wichtigsten Präzedenzien* ... Mein Augsb. Motor ist eigentl. die Combination der Akroyd'schen Verdampfgskammer mit der Brayton'schen Einblasevorrichtg. Ich betone jedoch, daß ich diese Constructionen erst im Nov. 93 kennen lernte, nachdem der Augsburger Versuchsmotor längst in Arbeit war.

Das Datum der Handschrift fehlt, doch genügt hier der Vermerk DIESELs, daß er die Konstruktion des Brayton-Motors im November 1893 kennen gelernt hat. Um diese Zeit wurde sein Versuchsmotor für die Versuche mit der Brennstoffeinblasung eingerichtet.

Am 17. Februar 1894 begannen die Versuche mit Einblasen des Benzins durch Druckluft. Solange das Benzin in der oberen Totpunktstellung des Kolbens eingeblasen wurde, traten heftige Zündungen auf, wobei das auf 48 at eingestellte Sicherheitsventil ansprach. Nachdem die Einspritzung auf einige Kurbelgrade nach dem Totpunkt verschoben worden war, lief der Motor, der immer noch von der Transmission angetrieben wurde, wesentlich ruhiger. Es war der denkwürdige Augenblick, als zum erstenmal der Leerlauf des Motors gelang. Das Versuchsjournal sagt darüber:

2ter Versuch. Um die starke Expl. an der Spitze zu vermeiden gaben wir $^1/_5$ % Nacheilung Abschnappen $2^1/_3$ % unter O. T. P. Nadel hat 2 mm Hub. Kleinste Nase kürzester Brennstoffnocken. — Wir erreichen einen wesentl. ruhigeren Gang ganz ohne Abblasen des Sich.ventils, konnten aber leider kein Diagr. nehmen, da eben das Papier ausgegangen ist; bei dieser Regulirung erreichen wir endlich den ersten *Leerlauf mit 88 Touren pro Minute* cca 1 Minute lang, müssen aber gleich abstellen, da plötzlich das Auspuffventil stecken bleibt.

In seinem Buch[61] hat DIESEL den erregenden Augenblick geschildert:

... Monteur Linder, der auf der hölzernen Galerie das Petroleumtropfventil bediente, bemerkte plötzlich, daß der Riemen ruckweise vom Motor angezogen wurde, statt den Motor anzutreiben, und daran erkannte er die erste selbständige Kraftäußerung der Maschine. In diesem Moment zog er schweigend die Mütze, und erst dadurch wurde ich auf die Wichtigkeit des Augenblicks aufmerksam. In stummer Freude drückte ich ihm die Hand. Wir waren dabei ganz allein.

Damals glaubte ich am Ziele zu sein und ahnte nicht, daß mich noch jahrelange schwere Arbeit davon trennte.

Bei diesem ersten Leerlauf standen der Luftakkumulator unter 34 at, der Benzinbehälter unter 40 at Druck.

Die Fortsetzung der Versuche mit direkter Einspritzung aus einem Akkumuliergefäß brachte keinen Erfolg. Es traten so heftige Zündungen auf, daß Diagramme nicht genommen werden konnten. DIESEL vermerkt dazu im Protokoll vom 21. Februar:

Es scheint sonach directes Einspritzen unmöglich, denn sowohl mit als ohne Überdruck findet heftige Explosion im ersten Moment statt und dadurch Verhinderung weiterer Brennstoffzufuhr.

Seit dieser Notiz hat DIESEL fast nur noch Versuche mit Drucklufteinblasung gemacht. Es wurde ein einstufiger Linde-Kompressor aufgestellt, der die Einblaseluft lieferte.

Am 4. März 1894 wurde zum erstenmal Petroleum als Brennstoff benutzt. Bei direkter Einspritzung sprang der Motor ebenso gut an wie mit Benzin, und DIESEL notierte dazu, daß die Verbrennung sogar ruhiger sei. Auch der Leerlauf befriedigte. Um die Zerstäubung zu verbessern, setzte DIESEL vor die Düsennadel einen kleinen Korb (*m* in Bild 230), den er mit Eisendrahtstücken füllte. DIESEL nannte das einen „mechanischen Zerstäuber". Die Indikatordiagramme wurden etwas breiter, aber es gab immer noch heftige Frühzündungen. Sie waren offenbar darauf zurückzuführen, daß die Einblaseluft infolge der einstufigen Verdichtung sehr heiß wurde. Erst als um 1900 die zweistufige Verdichtung der Einblaseluft mit zweimaliger Rückkühlung eingeführt wurde, waren diese Schwierigkeiten endgültig beseitigt.

Das Ergebnis der zweiten Versuchsreihe faßt DIESEL zusammen:

Die Construct. der Maschine ist zufriedenstellend; der Kolben erfüllt seinen Zweck, es muß aber noch der hohe Aufsatz mit Verbrennungskammer wegfallen und es müssen die vielen verlorenen Räume hinter den Kolben- und Spannringen reducirt werden. Die Ventile sind vorzüglich. —

Die Zündung und Verbrennung geht ohne jede künstliche Hilfe und ohne Versagen. Irgend eine Hilfszündvorrichtung, selbst zum Anlassen der ganz kalten Maschine, ist überflüssig. — Dies gilt sowohl für Benzin als für gewöhnliches Lampenpetroleum.

Die Temperatur der Wände hat keinen nachweisbaren Einfluß auf den Verlauf der Curven; ebensowenig die Wasserkühlung.

Zu dem wichtigen Vorgang der Brennstoffeinspritzung sagt er:

Das Einspritzen v. Brennstoff mittels Pumpe scheint fast unmöglich, da die Constr. einer Pumpe für so geringe Förderungen in solch kurzen Zeiten bei sehr hohen Drucken fast unüberwindl. Schwierigkeiten bietet.

Das directe Einspritzen v. flüssigem Brennstoff aus einem Gefäß unter Druck erzeugt stets gleich im ersten Moment heftige Explosionen, welche den weiteren Zutritt von Brennstoff abschneiden und eine gleichmäßige Zufuhr verhindern. — Zudem ist es mit Gefahr verbunden, da bei einem Versagen des Düsenventils (Nadel) sehr große Mengen Brennstoff plötzlich i. d. Cylinder übertreten.

Dritte Versuchsreihe Juni—September 1894

Das Einblasen, sowohl mit selbsterzeugter als mit Luftpumpe erzeugter compr. Luft ist eine brauchbare Methode; es müßten aber noch Mittel gefunden werden, die Brennstoffmenge in dem einblasenden Luftstrom gleichmäßig zu vertheilen. Die probirten Einrichtungen geben stets zu viel am Anfang und zu wenig nach der ersten Explosion.

Bei der Selbsteinblasung fand die Verbrennung größtentheils außerhalb des Cyl. statt, will man dieselbe durchführen, so muß die compr. heiße Luft erst in einer Schlange gekühlt werden, ehe sie in der Düse mit dem Brennstoff in Berührung kommt.

Unvermittelt aber nehmen seine Eintragungen eine bedenkliche Wendung: die Meinung, der Brennstoff müsse zunächst verdampft werden, verdrängt die richtigen Überlegungen. Er schreibt:

Sämmtliche Methoden, den Brennstoff in flüssiger Form einzuführen haben den gemeinsamen Nachtheil, zu viel Zeit zur Verdampfung des Brennstoffs zu erfordern, so daß die hohe Spitze des Diagramms verloren geht u. die Zündung erst nach erfolgter Verdampfung viel zu spät erfolgt; das Resultat ist eine viel zu tief verlaufende Verbrennung und ungenügende Entwickelung des Diagramms. — Dieser Nachtheil wird stets stärker, wenn man mehr Brennstoff einspritzen will um das Diagramm größer zu machen. Je mehr Brennstoff man einspritzt, je mehr bekommt man Vorexplosion und Contre-Drucke, wahrscheinl. infolge nicht verbrannter Brennstofftheile, die an den Wänden haften, langsam verdampfen und bei der Compr. vor der Zeit explodiren. Außerdem haben alle Einfuhrmethoden, sobald man mehr Brennstoff einführen wollte, rußige Verbrennung ergeben, wahrscheinl. auch durch zu starke Kühlung der Flamme bei der Verdampfung.

Sämmtliche Nachtheile werden voraussichtl. vermieden, wenn man den Brennstoff ~~gasförmig~~ dampfförmig einführt.

Das Wort „gasförmig" hat DIESEL im Original geschrieben und dann durchstrichen. Vielleicht hat er dabei richtig empfunden, daß zum Vergasen des Brennstoffs, d. h. zum Umwandeln der flüssigen Kohlenwasserstoffe in gasförmige, ein viel zu großer Wärmeaufwand gehört. Aber zum klaren Erkennen kommt es nicht; bei der nächsten Versuchsreihe, die vollständig mißlingt, spricht er doch wieder von „Vergasung".

Dritte Versuchsreihe Juni-September 1894

DIESEL nennt diese Versuchsreihe „die schwierigste; sie könnte als diejenige der Vergasungsversuche bezeichnet werden".

Versuche mit „innerem" Vergaser und Zündvorrichtung

Bei der zweiten Versuchsreihe hatte DIESEL einen „äußeren" Vergaser benutzt (Bild 233); der Vergaser stand neben dem Motor, der Brennstoff sollte außerhalb

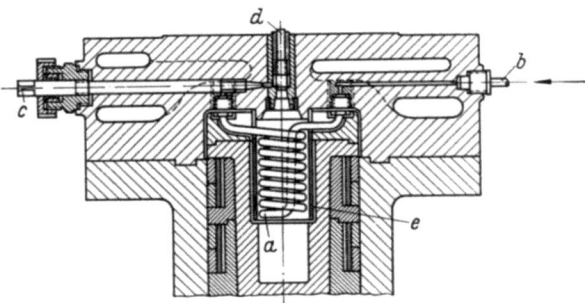

Bild 234. DIESELS „Innenvergaser" (März 1894)

a Rohrspirale; *b* Anschluß vom Brennstoffakkumulator; *c* Nadelventil zum Regeln von Hand; *d* nach unten öffnendes Brennstoffventil; *e* um die Spirale gelegte Schutzhülse

Die am Zylinderkopf hängende Rohrspirale *a* taucht in den im Kolben liegenden Brennraum, während der Kolben durch den oberen Totpunkt geht. Der Versuch verlief völlig ergebnislos

des Brennraums vergast werden. Da der Versuch gänzlich erfolglos war, konstruierte DIESEL im März 1894 einen Vergaser, bei welchem er die vom Brennstoff durchflossene Rohrspirale in den Brennraum verlegte. Bild 234, DIESELs Buch entnommen, entspricht der im Werkarchiv der MAN aufbewahrten Originalskizze DIESELs. Die Verdampferspirale *a* hängt an dem — hier zum erstenmal mit Kühlräumen ausgeführten — Zylinderdeckel; sie taucht während des Durchganges des Kolbens durch den oberen Totpunkt in den im Kolben liegenden Brennraum ein. Bei *b* wird der vom Druckakkumulator kommende flüssige Brennstoff der Spirale zugeleitet. In dieser soll er nach DIESELs Vorstellung durch die Verdichtungswärme verdampfen oder vergasen. DIESEL gebrauchte beide Worte nebeneinander, meist ohne sie zu unterscheiden. Aus der Spirale tritt der Brennstoffdampf vor den Sitz der Nadel *c*, deren Hub von Hand verstellt werden kann. Wenn die äußere Steuerung das Brennstoffventil *d* niederdrückte, konnte der Brennstoffdampf in den Brennraum eintreten und sich durch die Verdichtungswärme entzünden.

Am 28. Juni wurde der Motor mit dem inneren Vergaser zum erstenmal in Betrieb gesetzt. Das Ergebnis war „hie und da" eine Zündung, stets begleitet von heftigen Explosionen. Bei Betrieb mit Benzin waren sie besonders heftig. Wahrscheinlich — so glaubte DIESEL — werde der größere Teil des Petroleums nur verdampft, ohne zu zünden. Auch bei einer Steigerung des Verdichtungsdruckes auf 38 at verschwinden die Aussetzer nicht. So scheint es DIESEL, daß eine fremde Zündquelle doch unentbehrlich ist, um das Eintreten der Zündungen zu sichern. Sein „Résumé" lautet:

> Die Einspritzvorrichtung arbeitet jetzt präcise und läßt bestimmte, regulirbare Mengen in bestimmten, regulirbaren Admissionsperioden einspritzen.
>
> Dagegen ist der Einfluß der Einspritzg. auf die compr. Luft so bedeutend, daß wohl vollkommene Verdampfg. des Brennstoffes, nicht aber Zündung eintritt, und daß sich infolge dessen kein Diagramm entwickelt. — Es ist nothwendig, die Zündung durch Funken oder Flamme zu sichern.
>
> Bei dem vorhandenen Stahldeckel sind jedoch die Räume derartig beengt, daß man nicht einmal Drahtspitzen zum Überspringen des Funkens anbringen kann; es ist deshalb nothwendig einen neuen Deckel (Gußeisen) mit den zur Zündung nöthigen Räumen und Vorrichtungen herzustellen.

Die Anfertigung des neuen Zylinderkopfes dauerte fast drei Monate. In der Zwischenzeit bemühte sich DIESEL, eine Zündeinrichtung zu beschaffen. KRUPP, den er um Rat gefragt hatte, empfahl die Verwendung eines magnetelektrischen Apparates und den Einbau von zwei gegenüberliegenden Spitzen aus Platin oder Platin-Iridium. DIESEL fügte dieser Anordnung einen seltsamen Apparat hinzu: ein Docht aus Asbest sollte durch ein Tropfventil dauernd mit Petroleum angefeuchtet werden. Der Docht sollte dauernd brennen oder glimmen und die Hauptzündquelle bilden; der Magnetapparat sollte die Zündung nur unterstützen und den Docht neu anzünden, wenn er erlosch. Am 25. September wurde die Einrichtung probiert mit dem Ergebnis:

> Die probirte Dochtzündung geht nicht, weil der Inhalt des Dochtes schon durch die Compression ausbrennt, Vorexplosion erzeugt und deshalb eine continuirliche Flamme in dieser Art nicht zu erhalten ist.

Der Apparat wurde wieder abgebaut. DIESEL fuhr nach Stuttgart zu ROBERT BOSCH, den Krupp-Gruson empfohlen hatte. Bosch baute damals nur die Niederspannungs-Abreißzündung, bei welcher der im Brennraum angeordnete Kontakt im Augenblick der Zündung unterbrochen wurde. Aber für die Abreißzündung war kein Platz im Brennraum vorhanden. Um keine Zeit zu verlieren, ließ DIESEL eine Kontaktvorrichtung (Bild 235) anfertigen, die in den Brennraum paßte und an den Magnetapparat angeschlossen wurde. Am 29. September machte man mit dieser Einrichtung die ersten Versuche, während die Ventile ausgebaut waren — also ohne Verdichtung — und der Motor von der Transmission angetrieben wurde. Darüber heißt es im Protokoll:

> Mit Benzin geht die Zündung gut, wenn auch noch mit vielen Versagern, aber der Hauptsache nach bleibt der einmal entzündete Docht überhaupt am Brennen. Dasselbe ist der Fall mit Petroleum, jedoch findet hier die Zündung d. d. Funken nicht statt.

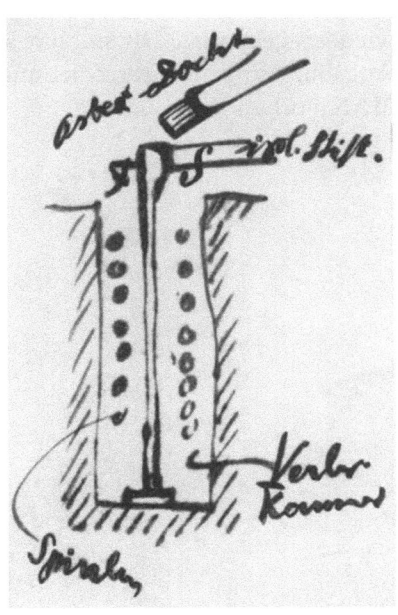

Bild 235
DIESELS Skizze einer Funkenzündung
(September 1894)

Der federnde Stift F (der Buchstabe ist schlecht leserlich) ist auf dem Boden des durch Schraffur angedeuteten Kolbenhohlraums befestigt und bewegt sich mit dem Kolben. Die Verdampferspirale sitzt fest am Zylinderkopf. Beim Aufwärtsgang des Kolbens kurz vor Erreichen des oberen Totpunktes berührt der Stift F den isolierten Stift S und „schleift den Funken möglichst in den Asbestdocht hinein". So dachte sich DIESEL die Wirkungsweise.
Die Anordnung brachte keinen Fortschritt

Im laufenden Motor versagte die Anlage völlig; das Anschließen des Boschapparates an die Lichtleitung brachte ebenfalls keine Besserung. Am 3. Oktober 1894 gibt DIESEL die Versuche auf:

> Die electr. Zündung, sowohl mit momentanen als continuirlichen Funken scheint nicht die Kraft zu besitzen, die durch das Verdampfen der kalt eingespritzten Flüssigkeit bewirkte Abkühlung aufzuheben; dieselbe zündet nicht die eingespritzte Flüssigkeit.
> Das in der Verbrennungskammer untergebrachte Schlangenrohr durch welches der Brennstoff vor der Einspritzung geleitet wird scheint eher nachteilig zu wirken, und zur Kühlung beizutragen, ebenso die um die Spirale gelegte Schutzhülse [e in Bild 234], denn wir erhalten nicht einmal mehr Diagramme wie früher beim directen Einspritzen v. Benzin i. d. compr. Luft.

Das waren stark entmutigende Ergebnisse. Außer gelegentlichen kurzen Leerläufen, die aber immer wieder bald abgebrochen werden mußten, war nichts erreicht, und man experimentierte jetzt schon länger als ein Jahr. Weder das direkte Einspritzen mit Hilfe eines Akkumuliergefäßes noch das Einblasen des Brennstoffs mittels Druckluft, sei es daß diese dem Arbeitszylinder entnommen oder durch einen Hilfskompressor erzeugt wurde, hatte einen Fortschritt gebracht. Auch die Versuche, das Eintreten der Zündungen durch eine fremde Zündquelle zu sichern, waren ergebnislos geblieben. Man hatte eine Reihe von Erkenntnissen gewonnen, aber leider nur solche negativer Art. Die irrige Meinung, daß der Brennstoff vor der Zündung verdampft oder vergast werden müsse, hat DIESEL bei seinen Arbeiten schwer behindert. Ihr ist auch später mancher Erfinder zum Opfer gefallen.

Vierte Versuchsreihe Oktober—November 1894

Neuer „äußerer" Vergaser

DIESEL setzte jetzt seine ganze Hoffnung auf eine neue Anordnung, die wieder ein „äußerer" Vergaser war. In seinem Buch[61] sagt er von dem Apparat: „... da er aus vorhandenen Teilen zusammengesetzt wurde, existiert davon keine Werkstattzeichnung, wohl aber eine Handskizze", die in seinem Buch als Fig. 12, hier als Bild 236, wiedergegeben ist. DIESEL hat sich geirrt; die im Oktober 1894 in der Maschinenfabrik Augsburg angefertigte Zeichnung ist unter der Nummer VIII.29 im Werkarchiv der MAN vorhanden (Bild 237).

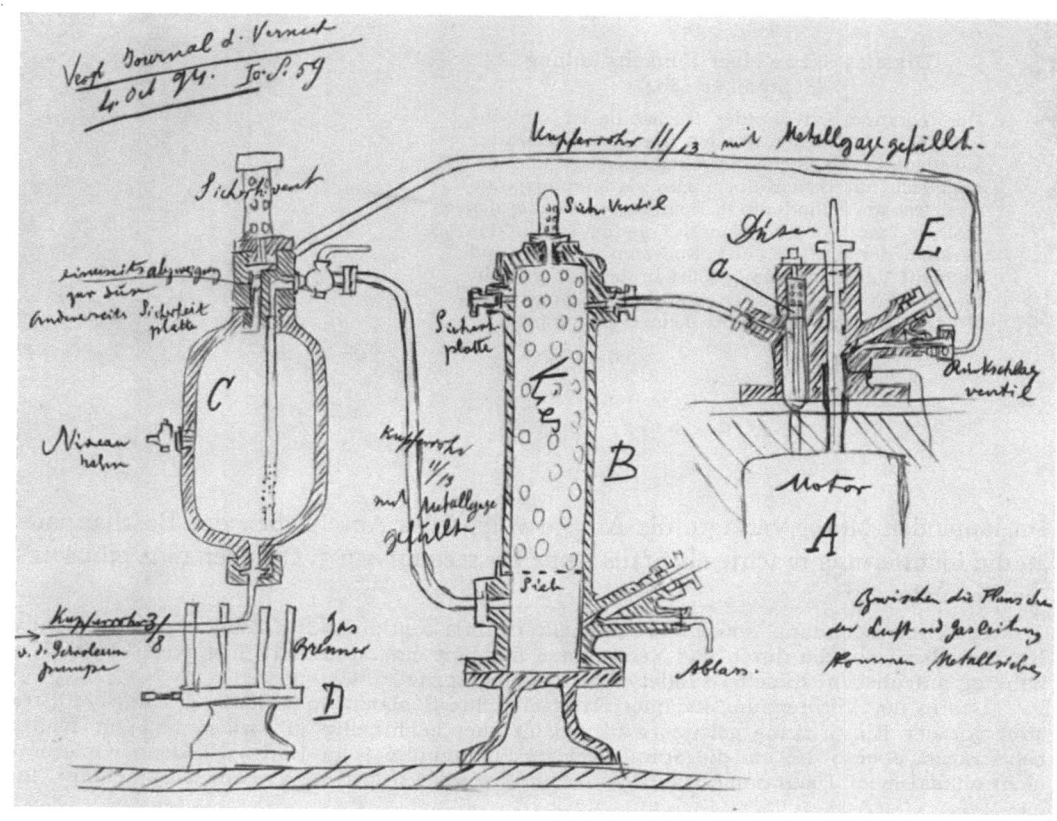

Bild 236. DIESELs Skizze eines neuen „äußeren" Petroleumvergasers (Oktober 1894)
A Motor; B Kiestopf; C Vergaser; D Bunsenbrenner; E Ventil zum Regeln der Petroleumdampfmenge
Die Druckluft soll nach dem „Prinzip der Selbsteinblasung" erzeugt werden. Der hier hinzugefügte Buchstabe a bezeichnet ein gesteuertes Ventil zur Entnahme der Druckluft aus dem Zylinder. Die Anlage ist von der MAN nach Bild 237 ausgeführt worden

Nach DIESELs Darstellung soll der neue Vergaser „nach dem Prinzip der Selbsteinblasung" arbeiten; hierzu hatte DIESEL in seiner Skizze (Bild 236) ein gesteuertes Luftentnahmeventil a am Kopf des Zylinders A vorgesehen. Die durch a entnommene heiße Druckluft wird durch den mit Kies gefüllten Behälter B, der als Sicherheitsvorrichtung dient, der Vergaserbombe C zugeleitet, die durch mehrere Gasbrenner D erhitzt wird. Eine Pumpe drückt das Petroleum durch ein unten angeschlossenes Rohr in die Bombe. Der Petroleumdampf tritt oben aus und wird durch ein von Hand einstellbares Regelventil E dem Brennstoffventil im Zylinderkopf zugeleitet. So dachte sich DIESEL die Wirkungsweise.

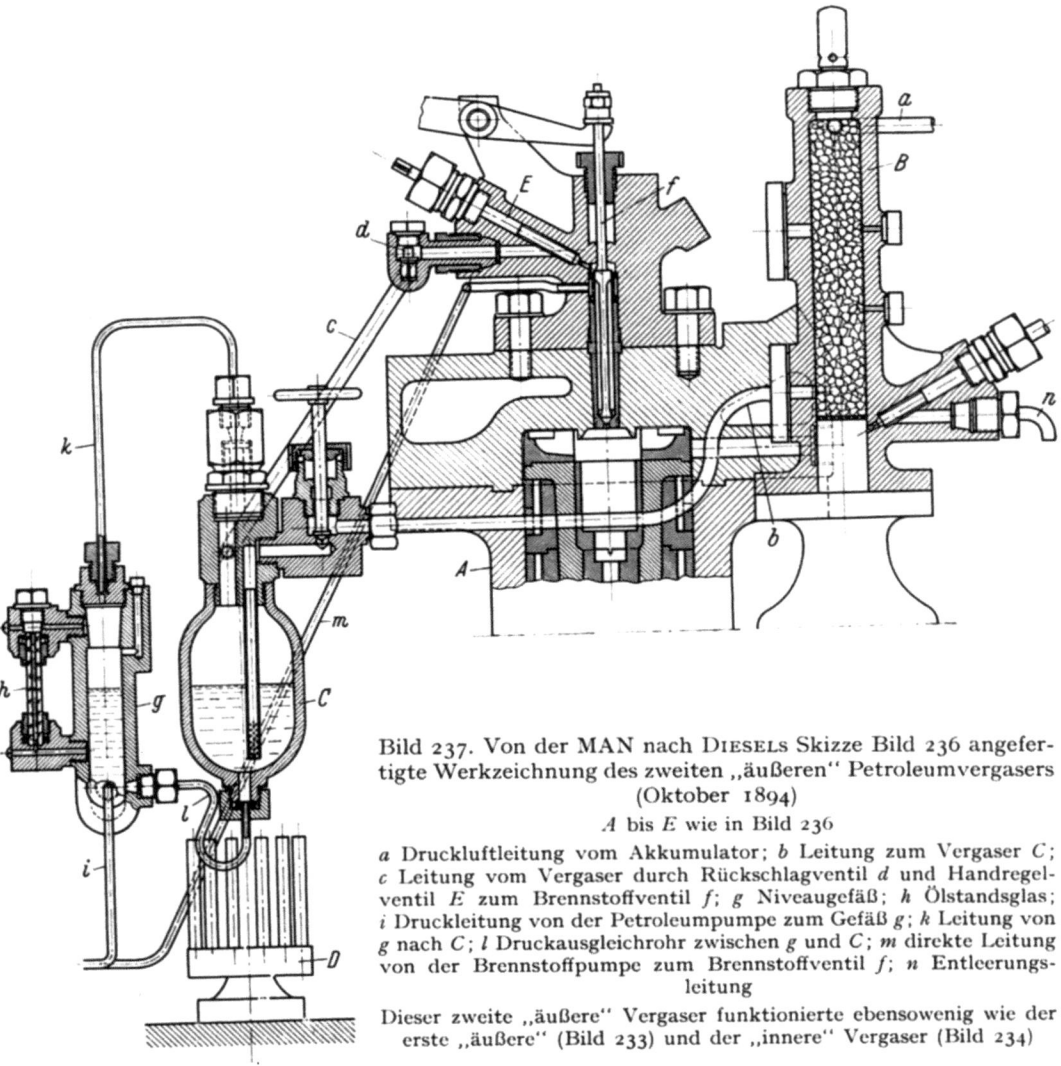

Bild 237. Von der MAN nach DIESELs Skizze Bild 236 angefertigte Werkzeichnung des zweiten „äußeren" Petroleumvergasers (Oktober 1894)

A bis E wie in Bild 236

a Druckluftleitung vom Akkumulator; b Leitung zum Vergaser C; c Leitung vom Vergaser durch Rückschlagventil d und Handregelventil E zum Brennstoffventil f; g Niveaugefäß; h Ölstandsglas; i Druckleitung von der Petroleumpumpe zum Gefäß g; k Leitung von g nach C; l Druckausgleichrohr zwischen g und C; m direkte Leitung von der Brennstoffpumpe zum Brennstoffventil f; n Entleerungsleitung

Dieser zweite „äußere" Vergaser funktionierte ebensowenig wie der erste „äußere" (Bild 233) und der „innere" Vergaser (Bild 234)

Die Maschinenfabrik Augsburg hat die Anlage etwas anders ausgeführt (Bild 237). Das Luftentnahmeventil fehlt; die Luft wird von einem Akkumulator durch das Rohr a dem Kiestopf B zugeleitet und gelangt aus diesem durch die Leitung b und ein Ventil in den Vergaser C, der von den Brennern D beheizt wird. In der Bombe mischt die Luft sich mit dem verdampfenden Petroleum; das Dampf-Luft-Gemisch wird durch Rohr c, ein Rückschlagventil d und das von Hand einstellbare Regelventil E dem Raum vor der mechanisch gesteuerten Brennstoffnadel f zugeleitet. Das Petroleum sollte nach DIESELs Skizze von unten in die Vergaserbombe C nachgespeist werden, die mit einem „Niveauhahn" versehen war (Bild 236). Als bei den ersten Versuchen das Petroleum in der Bombe, ohne daß man es bemerkt hatte, verdampft war und eine Explosion die als Sicherung an C angebrachte Sprengscheibe zerriß, ordnete man neben der Bombe das Niveaugefäß g mit Ölstandsglas h an, das den Stand des Petroleumspiegels in der Bombe zu kontrollieren ermöglichte. Das Petroleum wurde jetzt von der Pumpe durch das Rohr i in den Behälter g gespeist und gelangte aus diesem durch die Leitung k in die Bombe. Das Rohr l stellte den Druckausgleich zwischen den Behältern g und C her. Die Petroleumpumpe konnte durch die Leitung m auch direkt zum Brennstoffventil f geführt werden; dann war der Vergaser ausgeschaltet. Der Krümmer n diente zum Entleeren der Abscheidungen aus dem Kiestopf. Um den Eintritt der Zündungen zu sichern, hatte DIESEL eine elektrische Zündvorrichtung vorgesehen.

Dieser zweite „äußere" Vergaser, der im Oktober 1894 angefertigt worden ist, unterschied sich im Grunde nicht von seinem Vorgänger (Bild 233), mit dem man Ende 1893 ergebnislose Versuche gemacht hatte. Man versteht nicht, warum DIESEL hoffte, mit dieser Einrichtung bessere Erfolge zu erzielen als mit der älteren. DIESEL selbst hat es nach den ersten Versuchen mit dem zweiten Vergaser, die am 11. Oktober 1894 begannen, offenbar geglaubt, denn er notiert:

> Dieses Mal entstehen Diagramme mit noch vielen Versagern aber doch guter Entwicklung, nur noch sehr unruhige Verbrenng. — Die Diagr. entstehen eben sowohl mit electr. Zündung (Inductionsapparat) als ohne.

Am folgenden Tag werden die Versuche in Gegenwart der Mitglieder des Krupp-Direktoriums SCHMITZ und GILLHAUSEN sowie des Oberingenieurs EBBS (S. 288) vom Krupp-Grusonwerk fortgesetzt. Auch HEINRICH BUZ war anwesend. Das Ergebnis war nicht besser; man erhielt zwar Diagramme von einiger Flächenentwicklung, aber immer wieder setzten die Zündungen aus. Da man auf dem richtigen Weg zu sein glaubte, beschloß man, mit den Versuchen fortzufahren; auch sollte probiert werden, ob die Zündung durch Anbringen eines Porzellanglührohres, wie man es für Gasmaschinen verwendete, verbessert werden könnte.

Versuche mit Leuchtgas

In Essen interessierte man sich besonders für die Benutzung von Leuchtgas als Kraftquelle; daher wurde beschlossen, daß jetzt auch Versuche mit Leuchtgas gemacht werden sollten, die man ursprünglich dem in Essen zu bauenden Versuchsmotor vorbehalten hatte. Wie GILLHAUSEN am 17. Oktober berichtete, war DIESEL über diesen Beschluß nicht sehr erfreut, denn er mußte damit rechnen, daß ein günstiges Ergebnis solcher Versuche mehr dem Gasmotorenbauer zugute kommen würde als seinem Motor. Um das Gas auf den erforderlichen Einspritzdruck zu verdichten, wollte man einen zweizylindrigen doppeltwirkenden Kompressor benutzen; drei Kolbenseiten sollten das Gas auf 3 at verdichten, die vierte als zweite Stufe wirken und einen Enddruck von 30 bis 36 at erzeugen. Auch war in Aussicht genommen, mit dem Kompressor „später die Versuche durch Einblasen in besserer Weise als bisher durchzuführen".

Am 6. November 1894 fand der erste Versuch mit angeschlossenem Kompressor statt. Als Brennstoff wurde Benzin benutzt, das unmittelbar dem Benzinakkumulator entnommen wurde; der Vergaser war ausgeschaltet. Von den Indikatordiagrammen, die man erhielt, hat DIESEL in seinem Tagebuch notiert, daß sie „nichts Neues lehrten". In seinem zwanzig Jahre später erschienenen Buch dagegen sagt er:

> Jetzt endlich tritt die richtige Erklärung auf, daß nicht die Verlegung der Vergasung außerhalb des Kompressionsraumes der maßgebende Faktor bei der Diagrammbildung ist, sondern die Mischung des Brennstoffes mit Luft während seiner Einströmung, also die Einblasung mit Luft.

Die Daten haben sich in DIESELs Erinnerung verschoben. Die Versuche mit dem Kompressor haben noch nicht „die richtige Erklärung" gebracht, denn DIESEL gibt die unklare Deutung:

1) Ein langsam austretender Gasstrom zündet noch unter denselben Bedingungen, wo ein heftig ausblasender Gasstrom nicht zündet.

2) Auf glühendes Eisen auftreffendes Leuchtgas zündet erst bei fast Weißgluth des Eisens; bei Rothgluth zündet der Gasstrom nicht, gleichgiltig ob er stark oder schwach ist; vielmehr ist dessen Kühlwirkung so stark, daß die Stelle des Eisens, wo der Gasstrom hintrifft, schwarz wird.

Die Geschwindigkeit des Gasstroms ist von sekundärer Bedeutung. Wichtig ist nur, daß sich an der Zündquelle ein zündfähiges Gemisch bildet, und zündfähig ist ein Gas-Luft-Gemisch nur in begrenzten Volumenanteilen. Die Wahrscheinlichkeit, daß diese Anteile sich zusammenfinden, ist bei dem „heftig ausblasenden" Gasstrom kleiner. Das läßt sich heute leichter feststellen als 1894.

Die Versuche mit Leuchtgas wurden fortgesetzt. Die Funkenstrecke wurde so verlegt, daß sie im Gasstrom lag, denn DIESEL glaubte beobachtet zu haben, daß die Zündung versagte, wenn die Funken auch nur in wenigen Millimetern Entfernung vom Gasstrom übersprangen. Die Verlegung brachte keine Besserung. Man bat ROBERT BOSCH um seinen Besuch; er kam, konnte aber nur feststellen, daß der Induktionsapparat nicht in Ordnung war. DIESEL mischte dem Gasstrom etwas Benzin bei, und jetzt konnte er am 13. November 1894 in das Protokoll eintragen:

Sowie *Benzin beigemischt wird hört jede Fehlzündung auf* und man bekommt constant dieselben Diagramme mit cca 2 kg. mittl. Druck, u. zwar gleichgiltig, ob das Düsenventil stark oder schwach geöffnet wird, Zeichen, daß das Düsenloch allein (1 mm) für die Einströmung maßgebend ist.

Eine Vergrößerung des Düsenloches in der Platte, die, vom Brennraum gesehen, unmittelbar vor dem Sitz der Ventilnadel lag, auf 2 mm scheint eine geringe Verbreiterung der Diagrammspitze, d. h. eine Vergrößerung der Arbeitsleistung zu erbringen. Ein weiteres Vergrößern der Bohrung hat nur ein stärkeres Verrußen des Motors zur Folge. DIESEL schreibt in das Journal:

Die Diagr. 75 u. 76 vom 12/X/94 sind principiell viel richtiger; bei diesen wurde Luft u. Benzindampf *gemischt* eingeblasen. Es scheint, daß das directe Einblasen keine genügende Mischg. v. Brennstoff u. Luft erzeugt.

Ein anderes Mittel scheint einen Erfolg zu bringen: er setzt an die Einspritzdüse ein mit Bohrungen versehenes Stahlrohr (Bild 238), das nach unten bis auf den Boden der Verbrennungskammer reicht und den gasförmigen Brennstoff gleichmäßig auf die Luft verteilen soll. Zunächst hatte das Rohr 30 Löcher von 1 mm Durchmesser. Das Ergebnis ist (Notiz vom 16. November):

Mit diesem Mundstück, ebenfalls 3 mm. Düsenloch und unveränderter Steuerung erreichen wir endlich principiell richtige Diagramme; der obere Theil der Diagr. wird breit und dehnt sich horizontal aus, allerdings mit Spätzündung und deutl. Nachbrennen (dicker Untertheil des Diagr.).

Es geht daraus hervor, daß das bisherige Hinderniß zur Entwickelg. der Diagr.spitze im Strahl selbst bestand, der die Luft vor sich her trieb, statt sich mit ihr zu mischen.

Außerdem stellt DIESEL fest, daß der Brennraum des Versuchsmotors noch zu viele tote Räume hat:

Ein zweites wichtiges Hinderniß ist Mangel an Luft, da rechnungsmäßig cca. die Hälfte der compr. Luft in den Aussparungen des Kolbenaufsatzes sich befindet, und nur die andere Hälfte i. d. Verbrennungskammer. Die Untersuch. der Masch. zeigt deutlich, daß in all den Aussparungen keine Verbrenn. stattfindet; vielmehr wird durch die Flamme geradezu ein Zurückdrängen der Luft in die verlorenen Räume veranlaßt. Dieses 2te Hinderniß kann leider ohne Umconstruction der Masch. nicht beseitigt werden.

Am 17. November 1894 vergrößert DIESEL die Zahl der Bohrungen im Düsenmundstück auf 60. Jetzt kann er schreiben:

Die größere Anzahl Löcher im Mischmundstück läßt auch mit Gas allein die Zündung ohne Versager erreichen.

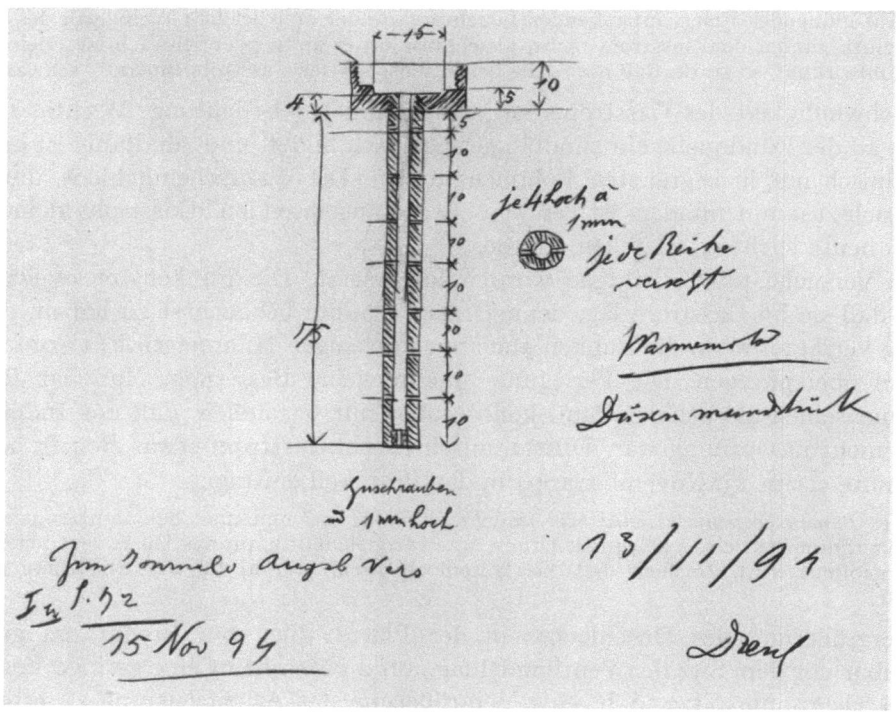

Bild 238. Düsenmundstück zur Verbesserung der Gemischbildung
(Skizze DIESELS vom 13. November 1894)

Das „Mundstück" wurde bei den Versuchen mit Leuchtgas benutzt; es sollte das Gas gleichmäßig im Brennraum verteilen. Wenn auch Diesel schreibt, daß es „endlich principiell richtige Diagramme" ergeben habe, so wurde doch nicht mehr als Leerlauf erreicht

Aber mehr als der Leerlauf gelingt auch jetzt nicht. Man versucht es noch mit einem von BOSCH angefertigten verstärkten Induktionsapparat, ohne dadurch etwas zu bessern. Der Motor muß abermals umgebaut werden, damit die toten Räume verschwinden und die verdichtete Luft völlig ausgenutzt werden kann. Am 23. November 1894 wird die vierte Versuchsreihe abgeschlossen.

Als Ergebnis dieser Versuche bezeichnet DIESEL (1913) die „endgültige Festlegung zweier der wichtigsten Gesetze des Dieselmotorbaues", nämlich

1. Das Gesetz der Selbstisolierung der Flamme und der Notwendigkeit der Einblasung des Brennstoffs mit Luft zur Sicherung der Vergasung;
2. Das Gesetz von der Notwendigkeit der Heranziehung der gesamten Luft des Kompressionsraumes zur Verbrennung.

Ein Gesetz der Selbstisolierung der Flamme gibt es im Verbrennungsmotorenbau nicht. Die Flamme hat nicht die Tendenz, sich selbst zu isolieren; solange sie Brennstoff und Luft in der richtigen Mischung vorfindet, brennt sie weiter. Die Versager, welche DIESEL beobachtete, rührten von der Ungleichmäßigkeit des Gemisches her, das an einzelnen Stellen zu reich, an anderen zu arm war; in beiden Fällen wird das

Eintreten der Zündung unsicher. Die Vergasung braucht nicht „gesichert" zu werden, denn sie spielt keine Rolle. Man hat nur dafür zu sorgen, daß das Gemisch überall die richtige Zusammensetzung hat.

DIESELs zweites Gesetz, daß die im Brennraum enthaltene Luft möglichst restlos zur Verbrennung herangezogen werden soll, scheint Selbstverständliches auszusagen, aber das Selbstverständliche mußte erst erkannt werden. DIESEL spricht es hier aus, wenn auch nicht als Erster. Kurz und klar sagt er an einer anderen Stelle seiner Protokolle:

... ist die volle Aufmerksamkeit darauf zu richten
1) die ganze verfügbare Luft zu concentriren
2) Luft und Brennstoff innig zu mischen.

Das ist das wichtigste Gesetz jeder Verbrennungskraftmaschine.

Zweiter Umbau des Versuchsmotors

Mit dem zweiten Umbau des Versuchsmotors begann man im November 1894. Grundplatte, Kurbelwelle und Gestell wurden übernommen, Zylinder, Zylinderkopf und Arbeitskolben neu angefertigt. Der Hub war mit 400 mm derselbe wie früher; der Zylinderdurchmesser wurde von 150 auf 220 mm vergrößert, so daß das Hubvolumen sich mehr als verdoppelte. Bild 239, das einen Schnitt durch den umgebauten Zylinder darstellt, ist nach DIESELs Buch[61] angefertigt worden; die Originalzeichnung mit weiteren zahlreichen Einzelheiten wird im Werkarchiv der MAN unter der Nummer „Serie XI 9" aufbewahrt. Der Brennraum a, der früher im Kolben untergebracht war, liegt jetzt ganz im Zylinderkopf; seine Höhe ist kleiner, sein Durchmesser größer geworden, so daß sich das Verhältnis von Volumen zu Oberfläche verbessert. Die „verlorenen" Räume betragen nach DIESELs Rechnung jetzt nur noch 10% des Brennraumvolumens gegenüber 60% bei der ersten Maschine vor deren Umbau. In den unteren Teil des Brennraums ragt die Zündkerze b; DIESEL hat sie vorgesehen, weil er auch Versuche mit elektrischer Zündung machen will. Der Arbeitszylinder ist mit angegossenem Kühlmantel versehen; auch der Zylinderkopf ist wassergekühlt. DIESEL bedauert, daß er das Einlaß- und das Auspuffventil (c in Bild 239) wieder in einem einzigen Gehäuse unterbringen muß; es läßt sich nicht vermeiden, weil der Aufsatz d, in welchem die Brennstoffnadel geführt ist, zuviel Platz beansprucht. Jetzt sind aber wenigstens die beiden Kanäle für die angesaugte Luft und den Auspuff getrennt; ein Rundschieber im Ventilgehäuse sorgt dafür, daß die beiden Gasströme sich nicht mischen können. Auch die äußere Steuerung ist geändert worden; die Nockenwelle liegt jetzt in Höhe des Zylinderkopfes, so daß die lange Zugstange, die bei der früheren Ausführung das Brennstoffventil betätigt hatte, und die beiden Druckstangen des Einlaß- und des Auspuffventils (Bild 230) wegfallen.

Der nach unten offene Arbeitskolben erhält drei Paar Kolbenringe mit dahinterliegenden Spannringen. Die obere Kolbenfläche ist eben; sie enthält keine Aussparung für den Teller des Einlaß-Auspuffventils, denn DIESEL will alle Nebenräume sorgfältig vermeiden. Beim Saughub des Kolbens darf das Ventil daher erst im oberen Totpunkt beginnen zu öffnen, damit der Ventilteller nicht gegen den Kolben stößt. Für die Kolbenschmierung ist wie früher ein Schmierölverteilring e vorgesehen.

DIESEL ist noch sehr unsicher, wie er den Brennstoff, ob flüssig oder gasförmig, im Brennraum verteilen soll; aber er weiß, daß es darauf ankommt, „Luft und Brennstoff innig zu mischen". Für die Konstruktion des Brenners haben die Versuche nach anderthalb Jahren noch keinen sicheren Anhalt ergeben. So sieht er möglichst viele verschiedene Varianten vor. Die mechanisch gesteuerte Düsennadel (*f* in Bild 239) ist beibehalten; das Gehäuse *d*, in welchem sie geführt ist, dient als Deckel für den Brenn-

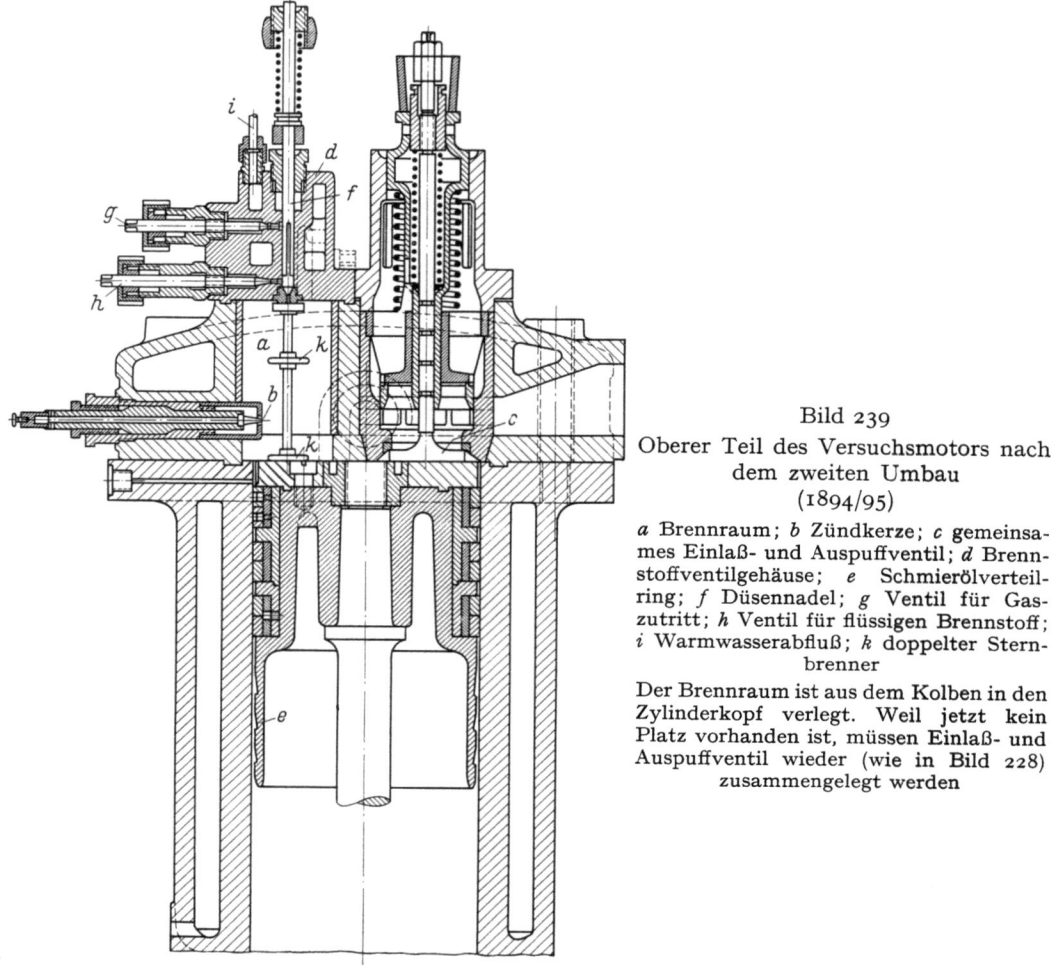

Bild 239
Oberer Teil des Versuchsmotors nach dem zweiten Umbau
(1894/95)

a Brennraum; *b* Zündkerze; *c* gemeinsames Einlaß- und Auspuffventil; *d* Brennstoffventilgehäuse; *e* Schmierölverteilring; *f* Düsennadel; *g* Ventil für Gaszutritt; *h* Ventil für flüssigen Brennstoff; *i* Warmwasserabfluß; *k* doppelter Sternbrenner

Der Brennraum ist aus dem Kolben in den Zylinderkopf verlegt. Weil jetzt kein Platz vorhanden ist, müssen Einlaß- und Auspuffventil wieder (wie in Bild 228) zusammengelegt werden

raum *a*. Von den seitlich am Gehäuse angeordneten Nadelventilen *g* und *h*, die beide von Hand eingestellt werden, regelt das obere die Zufuhr von gasförmigem, das untere die Zufuhr von flüssigem Brennstoff. Damit der Brennstoff erforderlichenfalls vorgewärmt werden kann, ist das Ventilgehäuse *d* an eine Warmwasserleitung angeschlossen; *i* ist der Abfluß des Vorwärmwassers.

Der in Bild 239 sichtbare, in der Achse des Brennraums liegende Einsatz *k* ist der „doppelte Sternbrenner", wie DIESEL ihn nennt. Er hängt am Sitz der Düsennadel *f* und berührt mit seiner unteren Fläche den Kolben nicht, wenn dieser im oberen Totpunkt steht. Bild 240 ist eine Wiedergabe der Originalzeichnung, die das Datum vom 29. Januar 1895 trägt. Die beiden mit Gewinde aufgesetzten Scheiben von 40 mm Durchmesser haben je 12 radial gerichtete Bohrungen von 0,75 mm Durchmesser, so daß von jeder ein Flammenstern ausgeht, durch welchen die im Brennraum einge-

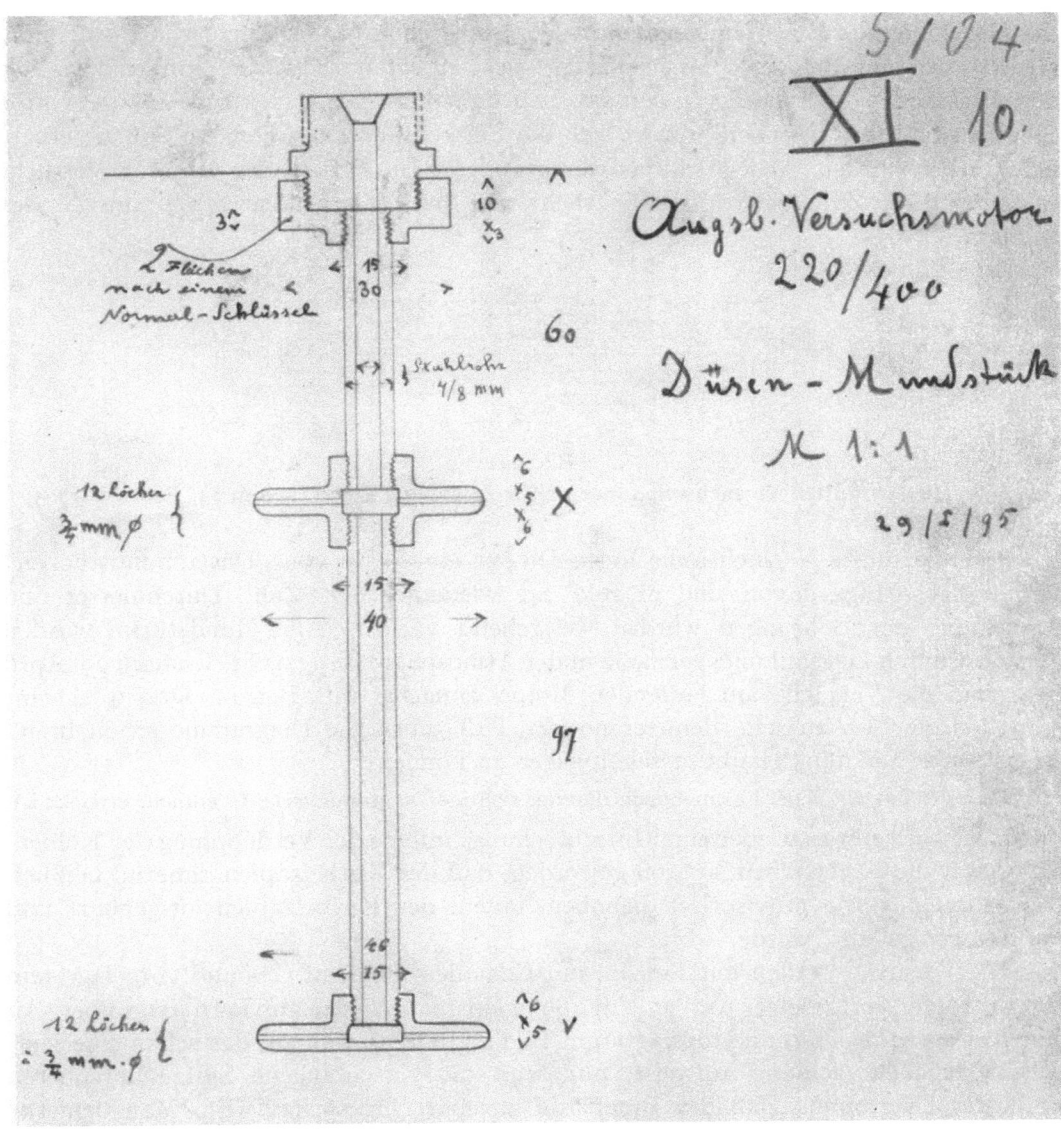

Bild 240. DIESELS „doppelter Sternbrenner" (Januar 1895)

schlossene verdichtete Luft expandiert. Mit diesem Brenner wurde später (am 22. Juni 1895) bei Betrieb mit Petroleum ein mittlerer indizierter Druck von 7,65 kg/cm² erreicht, ein sehr gutes Ergebnis, das auf eine gute Gemischbildung schließen läßt.

Fünfte Versuchsreihe März 1895 bis September 1896

Die Versuche begannen am 26. März 1895. Wie üblich, wurden zuerst mit den vorbereiteten verschiedenen Düsenmundstücken Zerstäubungs- und Zündversuche im Freien unternommen. Der Sternbrenner schien zu befriedigen; die Entzündung des Brennstoffnebels mit der Zündkerze gelang jedoch nicht. DIESEL hat die Zeichnung der Kerze (Bild 241) laut einer Notiz auf dem Original am 14. Februar 1895 an die Maschinenfabrik Augsburg gesandt. Wahrscheinlich ist die Kerze von BOSCH konstruiert worden. Bei dem Versuch zeigte sich, daß nur schwache Funken zwischen den Elektroden übersprangen; DIESEL ließ daher die Gegenelektrode als gezackten Stern ausbilden, auf dessen Spitzen sich die Funken konzentrierten, so daß sie erheblich stärker wurden. Aber auch das genügte nicht. Im Verlauf der weiteren Versuche erwies sich die Zündkerze als entbehrlich, weil die Verdichtungswärme zum Zünden genügte.

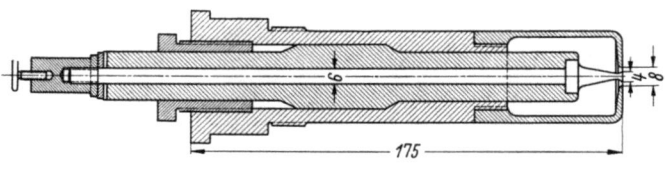

Bild 241
Zündkerze der fünften Versuchsreihe (nach einer Zeichnung DIESELS vom 14. Februar 1895)

Für die fünfte Versuchsreihe hatte DIESEL eine Serie von „Düsenmundstücken" vorbereitet; einige davon sind in Bild 242 wiedergegeben. Zahl, Durchmesser und Anordnung der Bohrungen wurden weitgehend variiert. Alle Mundstücke wurden zunächst durch Zerstäubungsversuche in der Atmosphäre untersucht. Erst am 29. April begannen die Versuche am laufenden Motor, zunächst mit Benzin. DIESEL scheint zufrieden gewesen zu sein, denn er notiert, daß „oben die Diagramme schön breit" seien. Am 1. Mai 1895 glaubt er schon sagen zu können:

> Es ist so gut als sicher anzunehmen, daß der richtige Diagrammverlauf nunmehr erreicht ist.

Zunächst aber gibt es wieder eine Unterbrechung: infolge der Verdopplung der Kolbenfläche war die Kolbenkraft so groß geworden, daß der Kurbelzapfen dauernd heißlief. Die Störung wurde provisorisch behoben, indem der Kurbelzapfen ausgebohrt und mit Wasser gekühlt wurde.

Die Versuche werden mit Benzin, mit Gas allein und mit Gas und vorgelagertem Benzintropfen fortgesetzt. Am 30. Mai 1895 geht man wieder auf Petroleum über. An diesem Tag wird das Indikatordiagramm Bild 243 aufgenommen, das schon eine leidliche Flächenentwicklung aufweist, nur zeigt die verschlungene Spitze am oberen Ende des Diagramms, daß der Brennstoff zu spät eingespritzt wird. Man bemerkt zum erstenmal, daß der Motor sich durch Verändern der Brennstoff*menge*, nicht der Einspritz*dauer*, regeln läßt.

Die Versuche werden fortgesetzt mit dem Ergebnis, daß alle Brenner in der Flamme rasch verzundern und unbrauchbar werden, weil sie durch die kleinen Brennstoffmengen nur unzureichend gekühlt werden.

Am 26. Juni 1895, zwei Jahre nach Beginn der Versuche, wurde zum erstenmal ein Bremsversuch gemacht. Eingebaut war der doppelte Sternbrenner (Bild 240); gebremst wurde mit dem Pronyschen Zaum. Der mechanische Wirkungsgrad, das Verhältnis der Leistung an der Bremse zur indizierten Leistung, betrug nur 54%. Dabei war noch nicht berücksichtigt, daß die Einblaseluft nicht vom Motor, sondern von dem getrennt angetriebenen Linde-Kompressor geliefert wurde, der einen erheblichen Teil der Nutzleistung verbrauchte. Durch Auswechseln der Kolbenringe gegen solche kleinerer Spannung gelang es, den Wirkungsgrad auf 64% zu steigern, und als man die Höhe der Kolbenringe von 10 auf 6,5 mm vermindert hatte, sogar auf 67,3%. Der

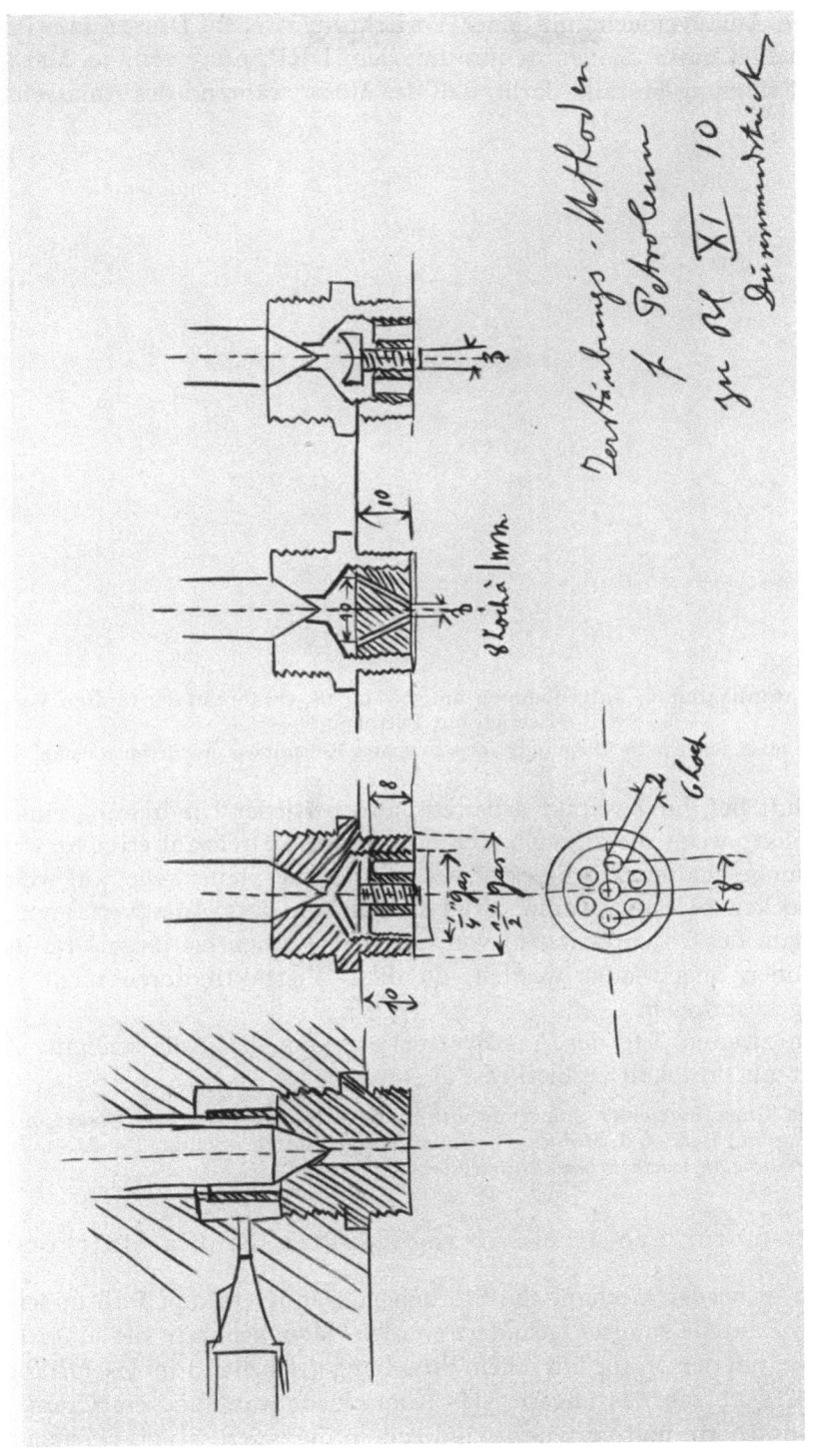

Bild 242. DIESELS Skizzen verschiedener „Düsenmundstücke" vom 29. Januar 1895

Petroleumverbrauch ging von 382 auf 327 g/PSh herunter; damit war er nur etwa halb so groß wie der Verbrauch der damals gebauten niedrigverdichtenden Petroleummotoren. DIESEL unterrichtete sogleich die Firma Krupp von dem günstigen Ergebnis.

Es folgten Anlaßversuche mit einer Vorrichtung, welche DIESEL inzwischen zum Patent angemeldet hatte. Sie wurde ihm mit dem DRP 86633 vom 30. März 1895 geschützt. Die Erfindung bestand darin, daß der Motor während des Anlassens, solange

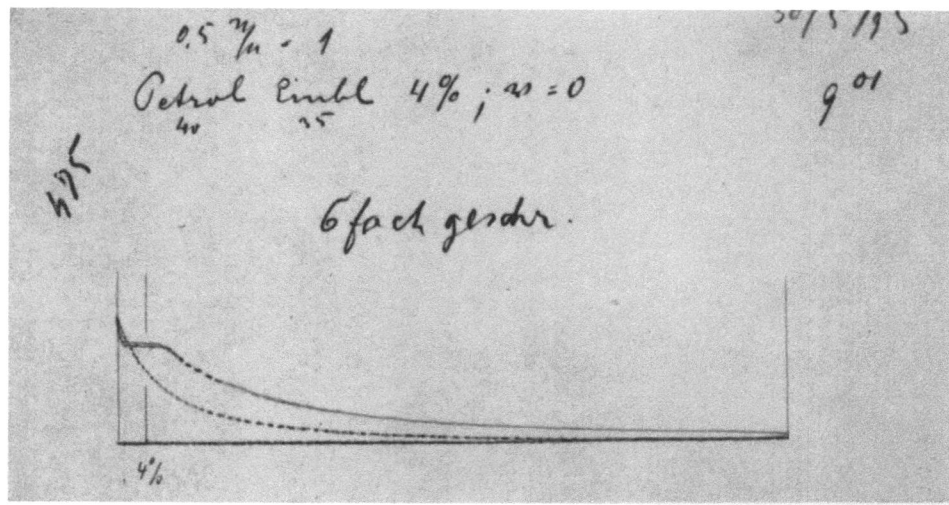

Bild 243. Indikatordiagramm, aufgenommen am 30. Mai 1895 während der fünften Versuchsreihe
Betrieb mit Petroleum
Die obere Schleife im Diagramm zeigt zu spätes Einspritzen des Brennstoffs an

er mit Druckluft lief, im Zweitakt arbeitete, also bei jeder Umdrehung einen Druckluftimpuls erhielt; wenn die zum Zünden erforderliche Drehzahl erreicht war, wurde auf Viertakt umgeschaltet. Zu diesem Zweck wurde die Steuerwelle, auf welcher entsprechende Nocken befestigt waren, axial verschoben. Das Anlaßverfahren ist noch nach dem Ablauf des Patentes (1910) von manchen Firmen bei ihren Drei- und Vierzylindermaschinen angewendet worden, da diese Viertaktmotoren nicht aus jeder Kurbelstellung anspringen.

Schon am zweiten Tag der Anlaßversuche gelang das Anlassen gut. Zufrieden konnte DIESEL im Protokoll vermerken:

Sofort beim Umspringen der Steuerung auf Betriebsstellung folgt, wie Diagr. zeigt, augenblicklich Zündung und Betrieb d. Motors. Die Anlaßfrage ist damit erledigt. *Der Motor ist demnach ohne jede Vorbereitung in jedem Moment betriebsbereit.*

Der Versuchsmotor erhält einen angehängten Einblaseluftkompressor

Dann gab es wieder mechanische Störungen. Der Kreuzkopf fraß in seiner Führung; einzelne Bauteile mußten geändert werden. Man benutzte die am 18. Juli beginnende Pause, um den Motor mit einem direkt angetriebenen Einblaseluftkompressor zu versehen. DIESEL sah das ungern; der Kompressor war ihm „ein Gram", weil er den Motor komplizierte und verteuerte und zudem die Nutzleistung verringerte. Aber man konnte ihn nicht entbehren, denn das Einblasen des Brennstoffs mittels Druckluft hatte sich bisher als das einzig brauchbare Verfahren erwiesen.

Der einstufige Kompressor (Bild 244) hängt an einer am Kühlmantel des Motors angegossenen Arbeitsfläche und ist mit Wasserkühlung versehen. Der lange Tauchkolben a wird durch die Pleuelstange b und den Schwinghebel c vom Kreuzkopf des Motors angetrieben. Der Hebel c schwingt um die Längsachse eines Kulissensteines, dessen Zapfen im Bock d gelagert sind; dieser kann auf der Platte e in waagerechter Richtung verschoben werden, wobei der Kulissenstein im Schlitz f gleitet. Dadurch konnte man den Hub des Kompressorkolbens in weiten Grenzen verändern: ein Verlegen des Zapfenmittels näher an die Motorachse verkleinerte den Hub, die umgekehrte Bewegung vergrößerte ihn. So konnte DIESEL die angesaugte Einblaseluftmenge in ziemlich weitem Umfang variieren; das war nötig, denn niemand wußte, wieviel Druckluft der Motor brauchen würde. Um den Kompressorkolben in seiner Höhenlage möglichst genau einstellen und den schädlichen Raum oberhalb des Kolbens klein halten zu können, hatte DIESEL in der geteilten Pleuelstange b das Spannschloß g mit Rechts- und Linksgewinde vorgesehen. Die Einblaseluftmenge wurde durch eine Gasuhr angesaugt, so daß man den Verbrauch während des Betriebes kontrollieren konnte. Auch die Kühlwassermenge wurde gemessen, die Luft-, Wasser- und Auspufftemperaturen wurden notiert.

Am 18. September 1895 konnten die Versuche wieder beginnen. Aus den Diagrammen stellte DIESEL einen volumetrischen Wirkungsgrad des Kompressors von 71% und einen indizierten Leistungsbedarf von 1,4 PS fest. Die Reibung des Kompressorkolbens in seinem Zylinder und die Triebwerkreibung werden den Leistungsbedarf noch vergrößert haben.

Wieder werden die verschiedensten Brenner ausprobiert, darunter ein „Nonius-Brenner", bei welchem durch Verdrehen der beiden sich deckenden Brennerscheiben in der Umfangsrichtung der Austrittsquerschnitt der feinen Bohrungen verändert werden konnte; die Noniusteilung diente zum Ablesen des verbleibenden Querschnitts. Natürlich wurde der feine Mechanismus in der Flamme rasch zerstört. Andere Brenner hatten kein besseres Ergebnis; der mittlere indizierte Druck, das Maß für

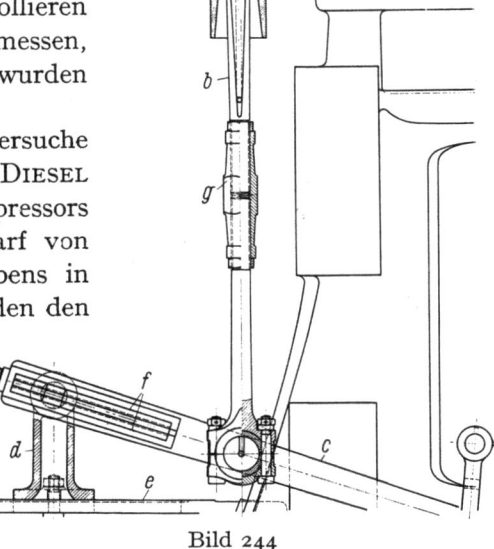

Bild 244
Erster angehängter Einblaseluftkompressor
(Juli 1895)

a Kolben; b Pleuelstange; c Schwinghebel; d Lagerbock; e Führungsplatte für d; f Schlitz in c; g Spannschloß mit Rechts- und Linksgewinde
Bis Mitte 1895 hatte DIESEL sich mit einem getrennt angetriebenen Kompressor beholfen

die Leistung, wollte nicht zunehmen. Es gab keine nennenswerten Fortschritte. Der Brennstoffverbrauch hatte sich sogar etwas verschlechtert, was auf den Einblaseluftkompressor zurückzuführen war, der jetzt vom Motor angetrieben wurde. Der „doppelte Sternbrenner" (Bild 240) war immer noch der beste.

DIESEL notiert sorgfältig jede Beobachtung. Er ist jetzt nicht mehr allein; seit einiger Zeit hilft ihm FRITZ REICHENBACH, HEINRICH BUZ' junger Schwager, der nach dem Besuch der Technischen Hochschule Stuttgart am 1. November 1894 von der

Maschinenfabrik Augsburg eingestellt worden war und DIESEL bei den Arbeiten der fünften Versuchsreihe unterstützte. DIESEL hatte auch seinen Berliner Assistenten NADROWSKI nach Augsburg kommen lassen. Die Maschinenfabrik stellte ihm tüchtige Monteure zur Verfügung; es waren nacheinander die Monteure LINDER, SCHMUCKER und später SCHÖFFEL. Jetzt konnte DIESEL dem Prüffeldpersonal das Ablesen der Meßinstrumente überlassen, deren Zahl allmählich wuchs; DIESEL selbst führte die Protokolle. Sie sind sämtlich erhalten geblieben, jedoch im Lauf der Zeit schwer lesbar geworden.

Über das Ergebnis dieser Wochen sagt das Protokoll:

Es *stehen damit folgende Regeln absolut* fest

Auf die *Diagrammgröße* hat *gar keinen* Einfluß die Admissionsperiode
einen ganz *minimalen* Einfluß die Stellung der Steuerung (Vor od. Nacheilung); indeß ist immer besser eine geringe Voreilung oder Voreilg. o als Nacheilung.
einen ganz bedeutenden Einfluß der Einblasedruck.
je größer derselbe, je größer das Diagr.
den *ausschlaggebenden Einfluß* aber die Form und Lage des Brenners
bezw. die Vertheilg. des Brennstoffs auf die Luftmenge. Nicht zu viel Brennst. im oberen Theil der Kammer, mehr nach unten ist v. Vortheil

Bei jeder Brennerform ist eine Grenze vorhanden, bei welcher vermehrter Brennstoffzufluß das Diagr. nicht mehr vergrößert, sondern lediglich. den Auspuff rußig macht.

Nach vielen Zwischenversuchen wurde mit dem doppelten Sternbrenner endlich wieder ein ansehnlicher mittlerer indizierter Druck, 7,25 kg/cm², erreicht. DIESEL ist jetzt wieder sehr optimistisch; er schreibt am 14. Oktober 1895 an Krupp, teilt die neuesten Erkenntnisse mit und sagt sehr zuversichtlich:

Es dürfen demnach alle bisherigen Petroleummotorsysteme als vollkommen geschlagen und mit dem Dieselmotor weder im Brennstoffconsum noch im Herstellungspreis als concurrenzfähig bezeichnet werden ...

Die jetzt erreichte Entwicklungsstufe ist demnach nur als der erste Anfang zu betrachten, erlaubt aber dennoch schon jetzt, den Kampf mit den anderen Systemen mit der vollen Zuversicht des Gelingens aufzunehmen.

Krupp will vom Vertrag zurücktreten

„Im Einverständniß mit der Maschinenfabrik Augsburg" lädt DIESEL sodann das Krupp-Direktorium zur Besichtigung des Motors ein.

Am 25. Oktober erschienen SCHMITZ und GILLHAUSEN in Augsburg, aber nicht, um sich anerkennend über den Motor zu äußern, sondern um kurz und bündig zu erklären, daß die Firma Krupp beabsichtige, von dem im Vertrag mit DIESEL vereinbarten Rücktrittsrecht Gebrauch zu machen. Auf eine solche Eröffnung war niemand in Augsburg vorbereitet, und DIESEL war durch sie um so stärker betroffen, als er ja wirkliche Erfolge vorzuweisen hatte. Er hatte Lob erwartet und sollte diese schwere Enttäuschung hinnehmen. Sofort bringt er alle Gründe zu Papier, weshalb die Firma Krupp nicht zurücktreten kann: nicht nur er selbst wird dadurch geschädigt, sondern der Rücktritt Krupps würde nach dem zwischen Augsburg und Krupp bestehenden Vertrag auch eine schwere Benachteiligung Augsburgs bedeuten, da nach § 7 des Vertrages zwischen

Augsb. & Krupp die Versuchskosten nicht *getheilt* werden, sondern erst vom *Gewinn* vor dessen Theilung abgezogen, so daß Augsburg bei einem vorzeitigen Rücktritt Krupps sehr im Nachtheil wäre, da es ja bisher alle Versuchskosten trug ...

Und noch andere Argumente machen nach DIESELs Meinung den Rücktritt Krupps juristisch unmöglich.

Über die Gründe, die KRUPP zu der völlig unerwarteten Kündigung veranlaßt haben, enthalten die Akten vereinzelte Aufzeichnungen. LUCIAN VOGEL, DIESELs Freund und Mitarbeiter, der an der Besprechung mit den Krupp-Vertretern teilgenommen hat, schreibt darüber unter anderem:

Schmitz meint, am wichtigsten sei der Gasmotor. Sobald das Petroleum im Großen zu Motoren verwendet werde, sei zu fürchten, daß der Staat den Zoll erhöhen werde, um die Kohlen-Industrie zu schützen.

KRUPP hatte schon zu Beginn der Gemeinschaftsarbeit betont, daß seine Interessen auf dem Gebiet des Gasmotorenbaues lägen. Es war die Zeit, da man sich überlegte, wie man die großen Gichtgasmengen, die beim Hochofenprozeß anfielen, verwerten könne. DIESEL kannte KRUPPs Interessen und hat sich schon bei der dritten Versuchsreihe bemüht, seinen Motor auch für den Betrieb mit Gas einzurichten. Ein befriedigender Betrieb nur mit Gas war ihm nicht gelungen; dem Gas mußte stets eine kleine Benzinmenge als Zündmittel vorgelagert werden. Das allein wäre wohl für KRUPP kein Anlaß gewesen, den Rücktritt zu erwägen. Inzwischen hatte man aber auf den Hüttenwerken mit den Versuchen begonnen, Gasmotoren mit Hochofengas zu betreiben. Im Juli 1895 hatte der Hörder Bergwerksverein die Entwicklung von Gasmotoren für Gichtgasbetrieb bei der Gasmotoren-Fabrik Deutz angeregt (S. 305), und am 12. Oktober, vierzehn Tage vor dem Besuch der Krupp-Herren in Augsburg, wurde ein Deutzer 12 PS-Motor auf einer Grube des Hörder Vereins in Betrieb genommen. Wenn dieser Versuch Erfolg hatte, wollte der Hörder Verein zwei Motoren von je 300 PS bestellen und nach deren Erprobung die Anlage um sechs Motoren von je 500 PS Leistung erweitern. Diese Vorgänge werden dem Krupp-Direktorium nicht unbekannt gewesen sein. Daß solche Leistungen jemals mit DIESELs Wärmemotor möglich sein würden, hielten die Krupp-Vertreter für unwahrscheinlich. Für die 15 PS, welche der Dieselmotor bis dahin mühsam erreicht hatte, interessierten sie sich nicht.

Aus der Besprechung vom 25. Oktober erwähnt LUCIAN VOGEL:

Diesel meint, wenn Kr. vom Vertrag zurück trete, verkaufe er sofort sein Patent an Jeden der zahlt. Dies könnte uns bes. für die erste Zeit nach dem Aufhören des Patentes nicht angenehm sein.

Schließlich gelang es, die Krupp-Vertreter umzustimmen. Man einigte sich dahin, daß die Versuche in Augsburg fortgesetzt werden sollten. KRUPP verpflichtete sich zunächst mündlich, von dem Vertrag mit DIESEL nicht zurückzutreten, „bis Versuche mit dem Compound-Motor gemacht" seien. Diese etwas unsichere zeitliche Begrenzung änderte KRUPP in einem an die Maschinenfabrik Augsburg gerichteten Brief vom 5. November dahin ab, daß er sich verpflichtete, nicht vor Ablauf eines Jahres von seinem Vertrag mit DIESEL zurückzutreten. Auch erklärte KRUPP sich bereit, die Hälfte der Herstellungskosten des Compound-Motors zu übernehmen.

KRUPP hat nach Ablauf des Jahres von seinem 1895 erneut ausbedungenen Rücktrittsrecht keinen Gebrauch gemacht. Im Dezember 1896 erkundigte sich EBBS, der damals im Krupp Grusonwerk in Magdeburg tätig war (S. 288), eingehend nach dem Stand der Versuchsarbeiten; da DIESEL ihm den Abschluß der Arbeiten in nahe Aussicht stellen konnte, war für KRUPP kein Anlaß zu einem Rücktritt gegeben, weil der Vertrag mit DIESEL nach Fertigstellung des Versuchsmotors ohnehin auslief. Als dann MORITZ SCHRÖTER im Februar 1897 seine berühmt gewordenen Versuche gemacht hatte, die eine Ausnutzung des Brennstoffs von 26% ergaben, wurden die Verträge zwischen DIESEL, KRUPP und Augsburg unter weitgehender Abänderung erneuert.

Meßfahrten und Abgasanalysen

DIESEL hatte wieder eine Atempause gewonnen. Um die Betriebssicherheit des Motors zu erproben, beschloß man, Dauerlaufversuche zu machen, die zwischen dem 8. November und 20. Dezember 1895 stattfanden. Der Motor ist in dieser Zeit an 16 Betriebstagen im ganzen 111 Stunden gelaufen. Am 18. November wurde ein Brennstoffverbrauch von 351 g/PSh erreicht, am 20. Dezember ein mittlerer indizierter Druck von 7,6 kg/cm² gemessen. Das waren sehr gute Resultate. Während dieser Periode machte DIESEL den Versuch, das Anlaßgefäß, das man bis dahin mit Gasen aufgefüllt hatte, die dem Arbeitszylinder entnommen wurden, durch die Überschußluft des Einblaseluftkompressors aufzuladen. Dieses Verfahren hat man jahrzehntelang benutzt, bis die kompressorlose Bauart den mit Luftzerstäubung arbeitenden Motor verdrängte.

Um die Güte der Verbrennung zu kontrollieren, wollte DIESEL die Auspuffgase analysieren. Er suchte hierfür einen Chemiker, jedoch fand sich in Augsburg und München niemand, der mit Abgasanalysen Bescheid wußte. Schließlich wandte DIESEL sich an KRUPP, der ihm seinen Chemiker HARTENSTEIN auslieh. Dieser hat die ersten Abgasanalysen ausgeführt, wozu die Hempelsche Bürette benutzt wurde. Er stellte 12,8% CO_2, 0,5% O_2 und 0,1% CO fest. DIESEL notiert an demselben Tag:

Wir haben demnach reine Verbrennung zu CO_2 und fast vollkomme Ausnutzg. der vorhandenen Luft; keine Bildung von CO. — *Eine Verbesserung des Verbrennungsprocesses an sich ist demnach nicht denkbar*; wenn wir größere Diagr. erzielen wollen, so kann das nur geschehen, indem wir mehr Luft einsaugen, was wahrscheinl. durch Trennung von Ein- und Auslaßventil erreichbar ist, da jetzt aus früher angeg. Gründen sicherl. Auspuffgase zurückgesaugt werden.

Bei den folgenden Versuchen, bei denen auch die Leistung an der Riemenscheibe mit dem Pronyschen Zaum gemessen wurde, beobachtete DIESEL, daß der Brennstoffverbrauch zwischen Vollast und Halblast sich kaum änderte. Verwundert notiert er:

Diese Versuche zeigen ein von allen bisherigen Verbrennungsmotoren total abweichendes Verhalten; während bei allen anderen Petr.mot. bei halber Belastung der Brennstoffconsum enorm steigt (40 bis 60, ja 70% mehr gegenüber voller Belastung), bleibt derselbe beim Diesel-Proceß fast constant ... Der erreichte *thermische Wirkungsgrad* (in indizirte Arbeit verwandelte Wärme) betrug 28—29%, Zahlen welche heutzutage noch mit keinem System v. Wärmemotoren (auch Gasmotoren) nicht annähernd erreicht wird.

Die Erklärung des nahezu constanten Brennstoffconsums bei halber Belastung liegt in dem Anwachsen des thermischen Wirkungsgrades, wodurch die Verminderung am mechan. Wirkungsgrad größtentheils aufgehoben werden.

Neue Besprechungen mit Krupp

Am 23. Januar 1896 sandte die Maschinenfabrik Augsburg einen ausführlichen Bericht über die letzten Ergebnisse an KRUPP. Der Brief ist von H. BUZ unterschrieben. Darin heißt es, daß die Versuche „sich außerordentlich günstig ergeben" haben:

Nachdem nun konstatirt ist, daß der Dieselmotor jedem anderen bestehenden Petroleummotor ganz bedeutend überlegen ist, wird es an der Zeit sein, die praktische Verwertung energisch aufzunehmen. Das kann am schnellsten und besten von Firmen geschehen, welche den Bau von Gas- und Petroleum-Motoren betreiben; wir selbst sind für dieses Jahr vollauf mit Aufträgen unserer Geschäftszweige versehen und unsere Werkstätten sind für die nächsten Jahre überhaupt nicht geeignet, den Bau des neuen Motors in größerem Umfange aufzunehmen.

Die Nachfrage nach dem Diesel-Motor wird voraussichtlich sehr groß sein, so daß wir neben unseren laufenden Geschäften derselben nicht Genüge leisten können; gegenwärtig ist es uns nur möglich, eine sehr beschränkte Anzahl von Wärmemotoren pro Jahr fertig zu stellen ...

Die Frage einer Aufnahme der Fabrikation scheint jetzt akut zu werden. Aber BUZ will den Dieselmotor nicht in seinen Werkstätten fabrizieren, er schlägt KRUPP vor, ihn im Magdeburger Grusonwerk bauen zu lassen; auch regt er an, die Gasmotoren-Fabrik Deutz als Lizenznehmer zu gewinnen. Das Geschäft mit dem Dieselmotor, der sich offenbar nur für kleine Leistungen eignet, erscheint BUZ wenig aussichtsreich.

Der dritte Versuchsmotor

In einer Zusammenkunft in Essen am 20. Februar 1896 werden BUZ' Vorschläge besprochen. Mit der Fabrikation jetzt schon zu beginnen erscheint nicht richtig. Erst soll ein größerer Versuchsmotor von 250 mm Zylinderdurchmesser und 400 mm Hub gebaut und geprüft werden. Die Zeichnungen des „Compound-Motors", der einen Hochdruck- und einen Niederdruckzylinder erhalten wird, sind schnellstens fertigzustellen.

In Magdeburg wird die Besprechung am 22. Februar in kleinerem Kreis fortgesetzt; DIESEL, LUCIAN VOGEL und EBBS nahmen daran teil. Man diskutiert die Frage, wie der neue Versuchsmotor aussehen soll. EBBS entwirft die Skizze, Bild 150 (S. 293) die einen Motor zeigt, dessen Kolbenunterseite als Spülpumpe dient. Da der Auspuff vom Kolben durch Schlitze gesteuert werden soll, kann sich die Skizze nur auf einen Zweitaktmotor beziehen.

Der dritte Versuchsmotor soll mit Aufladung gebaut werden

Diese Skizze hat DIESEL angeregt, bei dem dritten Versuchsmotor die Kolbenunterseite als Ladeluftpumpe auszubilden. DIESEL hatte erkannt, daß die erreichbare Leistung nicht nur von der zugeführten Brennstoffmenge, sondern auch von der im Zylinder eingeschlossenen Luftmenge abhängt; wenn man dem Motor mehr Luft zuführt, kann man mehr Brennstoff geben und erhält eine entsprechend größere Leistung. Sofort meldet DIESEL den Gedanken zum Patent an. Am 5. März 1896 reicht er eine Patentanmeldung unter der Bezeichnung „Verfahren zur Erhöhung der Leistung von Explosions- bzw. Verbrennungskraftmaschinen" ein. In der ursprünglichen Fassung hatte die Anmeldung zwei Ansprüche, deren erster lautete:

Verfahren zur Vermehrung der Leistung von Verbrennungskraftmaschinen unter Beibehaltung des Viertaktbetriebes, dadurch gekennzeichnet, daß die zur Verbrennung dienende Luft mit oder ohne Brennstoff aus einem Gefäß angesaugt wird, in welchem dieselbe bereits vorcomprimirt ist.

Im Prinzip ist das die Aufladung, die WILHELM MAYBACH schon zwölf Jahre vor DIESEL bei seiner „Standuhr" (Bild 34, S. 89) angewendet hat. Der Gedanke geht auf KONRAD ANGELE zurück (S. 88), dem er durch das DRP 8186 vom 24. September 1878 geschützt worden war.

Gegen DIESELs Anmeldung erhob die Gasmotoren-Fabrik Deutz Einspruch, und das Patent wurde in der ersten Instanz versagt. Trotzdem gelang es DIESEL, ein Patent zu erhalten, da er im Beschwerdeverfahren den Antrag stellte, das Patent als Zusatz zum Hauptpatent 67 207 zu bezeichnen. Dies wurde bewilligt und das Patent am 29. Oktober 1897 unter der Nummer 95 680 erteilt. Der einzige Anspruch lautet:

Eine Ausführungsart des im Patent Nr. 67 207 gekennzeichneten Verfahrens, bei welcher zwecks mehrstufiger Compression an den Verbrennungsraum der Eincylindermotoren eine Vorcompressionspumpe mit Zwischenbehälter angeschlossen wird, wobei die Leistung durch Veränderung des Druckes in dem Zwischengefäß geregelt werden kann.

Am 26. März 1896 beschloß man auf einer Besprechung in Augsburg, den neuen Versuchsmotor mit der Kolbenunterseite als Ladeluftpumpe zu bauen. DIESEL notiert darüber am 28. März:

> Ebenso werden die Modelle des Cylinders und der Gestelltheile für den Eincylindermotor fertig gestellt, jedoch nicht abgegossen, weil mittlerweile beschlossen wurde, diesen Eincylindermotor so umzubauen, daß er mit der unteren Kolbenseite Luft ansaugt; dieser Beschluß, welcher am 26. III. 96 in Gegenwart v. Herrn Ebbs (welcher uns an diesem Tage besuchte) gefaßt wurde zwingt uns zur Herstellung *völlig neuer* Zeichnungen für den Eincylindermotor und zum Liegenlassen der Arbeiten am Compoundmotor. Die Werkzeichnung für den Eincylindermotor 250/400 mit Vorcompression kommt am 30. April in die Werkstatt . . .

Zum Ausarbeiten der Werkzeichnungen, die sämtlich neu angefertigt werden müssen, stellt die Maschinenfabrik Augsburg Herrn DIESEL einen jungen Ingenieur namens LAUSTER zur Verfügung, der am 2. Januar 1896 seinen Dienst in Augsburg angetreten hatte.

Imanuel Lauster, am 28. Januar 1873 in Münster am Neckar geboren, hatte nach einer harten, entbehrungsreichen Jugend eine vierjährige Lehrzeit bei der Firma G. Kuhn, Maschinen- und Kesselfabrik in Stuttgart-Berg, durchgemacht. Da zur Zeit seines Eintritts bei Kuhn am 1. April 1888 alle Lehrplätze in der Werkstatt besetzt waren, wurde ihm, was als besonderer Vorzug galt, erlaubt, das erste Lehrjahr im technischen Büro zuzubringen. Im Zeichensaal der Firma Kuhn hat LAUSTER die Anfänge des Konstruierens gelernt, was für ihn von großem Nutzen werden sollte. Es folgte eine Ausbildung als Maschinenschlosser in der Werkstatt, in der Montage und auf dem Dampfmaschinenprüfstand. Im letzten Lehrjahr wurde er in die neu gegründete Abteilung für Petroleummotoren versetzt. Hier bemühte man sich, einen 6 PS- und einen 8 PS-Motor nach Zeichnungen zu bauen, die man von einem Magdeburger Ingenieur namens LANGENSIEPEN in Lizenz erworben hatte. Es waren niedrigverdichtende Motoren, bei denen der Brennstoff durch eine Pumpe zerstäubt in die vom Arbeitskolben angesaugte Luft geblasen wurde. Für die Zündung waren ein Verdampfer vorgesehen, der durch eine Heizlampe erwärmt wurde, und ein Glührohr, das von derselben Heizlampe auf Rotglut gehalten wurde. Klopfte der Motor, was auf Frühzündungen deutete, so verschob man nach dem Gehör die Heizlampe so, daß ein kleineres Stück des Glührohres erwärmt wurde und umgekehrt. Mit diesem primitiven Verfahren, das schon LOUTZKY (S. 296) angewendet hatte, war ein dauernder Erfolg natürlich nicht zu erzielen, und es blieb schließlich nichts weiter übrig, als die Nennleistung herabzusetzen, weil beide Motoren bei größerer Belastung einen unerträglichen Auspuffgeruch verbreiteten. Trotzdem wagte man, sie auf der Frankfurter Ausstellung 1891 zu zeigen, wo sie sich neben den mächtigen 600pferdigen Dampfmaschinen seltsam genug ausgenommen haben mögen. LAUSTER hatte die Aufgabe, die Wirkungsweise der Motoren, soweit sie das Interesse der Besucher erregten, diesen zu erklären und dafür zu sorgen, daß die Motoren sich von ihrer besten Seite zeigten. Das gelang ihm auch, doch konnte er nicht verhindern, daß der „penetrante üble Geruch als sehr unangenehm auffiel", zumal wenn dieser bei ungünstiger Windrichtung sich über das ganze Ausstellungsgelände verbreitete.

Die Ersparnisse, die LAUSTER während seiner Lehrzeit gemacht hatte, ermöglichten ihm, die „Königliche Baugewerkschule" in Stuttgart zu besuchen, die heutige Höhere Maschinenbauschule Eßlingen. Am Ende eines jeden der fünf Semester wurden seine Leistungen durch einen ersten Preis ausgezeichnet. Seine Lehrer empfahlen ihn dem Professor LINDNER, Ordinarius an der Technischen Hochschule Karlsruhe, der einen Assistenten suchte. Mit 22 Jahren übernahm LAUSTER dieses Amt, das ihm Zeit ließ, nebenbei einzelne Vorlesungen zu besuchen. So hörte er ENGLER, der sich durch sein Werk über das Erdöl einen Namen gemacht hat, und ARNOLD, dessen Lehrbücher der Elektrotechnik weit verbreitet wurden. In Karlsruhe war es, wo ihn Anfang Dezember 1895 auf Veranlassung seines älteren Studienfreundes EBERLE, später einer der Oberingenieure der MAN, die Aufforderung erreichte, sich um eine Anstellung in der Dieselmotorenabteilung der Maschinenfabrik Augsburg zu bewerben. LAUSTER zögerte, denn die Erfahrung mit den beiden von LANGENSIEPEN konstruierten Motoren hatte nicht seine Neigung verstärkt, sich mit Petroleummotoren zu befassen. Aber schließlich reichte er doch seine Bewerbung ein und erhielt schon wenige Tage später die Mitteilung, daß er am 2. Januar 1896 seine Stellung antreten könne. Das wurde zur Entscheidung für sein ganzes Leben.

Die Konstruktion des dritten Versuchsmotors

In den ersten vier Monaten seiner Tätigkeit bei der MAN hat LAUSTER nach DIESELs Anweisungen die Konstruktionszeichnungen des dritten Versuchsmotors angefertigt. Möglich ist, daß DIESELs Assistent NADROWSKI ihm dabei geholfen hat; in der Hauptsache aber war er allein. Davon erzählt er in seinen Erinnerungen[3]:

Nach und nach erfuhr ich weiter, daß ganz allgemein in der Fabrik der Dieselsache wenig Vertrauen entgegengebracht wurde. Dies mag der Grund sein, weshalb sich für die neue Stellung als Mitarbeiter von Diesel von den vorhandenen Beamten der Maschinenfabrik Augsburg keiner interessiert hatte; keiner wollte seine sichere Stellung gegen die unsichere Dieselsache aufgeben.

Den Zeichnungen, von denen hier nur die wichtigsten wiedergegeben sind (Bild 245, 246, 247) merkt man den geschickten Konstrukteur an; sie entsprechen mehr dem konstruktiven Gefühl des Maschinenbauers als die Zeichnungen des Motors vom September 1893 (Bild 230). Der Brennraum liegt jetzt nicht mehr im Kolben, wie in Bild 230, oder im Zylinderkopf, wie in Bild 239, sondern zwischen Zylinderkopf und Stirnfläche des Kolbens (Bild 245). Nebenräume sind nach Möglichkeit vermieden. Da die untere Zylinderseite nach DIESELs Wunsch als Ladeluftpumpe dienen soll, sind im unteren Zylinderkopf ein Saugventil a und ein Druckventil b für die Ladeluft untergebracht; beide Ventile werden von der Nockenwelle mechanisch gesteuert. Ventil a öffnet nach innen, b nach außen in den Kanal, der zum Zwischengefäß c führt. Aus diesem tritt die vorverdichtete Luft durch das Einlaßventil d in den Arbeitszylinder, wenn der Kolben den Saughub ausführt. e ist das Auspuffventil, f ein Sicherheitsventil. Bei g fließt das Kühlwasser aus den Kühlräumen des oberen Zylinderdeckels ab; durch h können diese Räume entlüftet werden. Die Hülse i nimmt ein Thermometer zum Messen der Auspufftemperatur auf.

Da der Arbeitszylinder auf seiner unteren Seite jetzt nicht mehr offen ist, glaubt DIESEL, den Arbeitskolben kühlen zu müssen. Das Kolbenkühlwasser wird, ähnlich wie man es heute ausführt, vom Kreuzkopf durch die Bohrung der Kolbenstange dem Kolben zugeleitet und fließt von einem höchsten Punkt des Kolbenhohlraumes durch ein in die Bohrung gestecktes Rohr ab. k ist ein Segment des Schmierölmitnehmers, dessen beide Teile in Bild 246 sichtbar sind. Die bogenförmigen Segmente tauchen in die im unteren Zylinderdeckel angeordneten Vertiefungen l (Bild 246) und verteilen das Öl über die Zylinderwand. Diese Art der Zylinderschmierung bewährte sich nicht und wurde bald darauf durch mehrere Schmierölanschlüsse ersetzt, die von einer

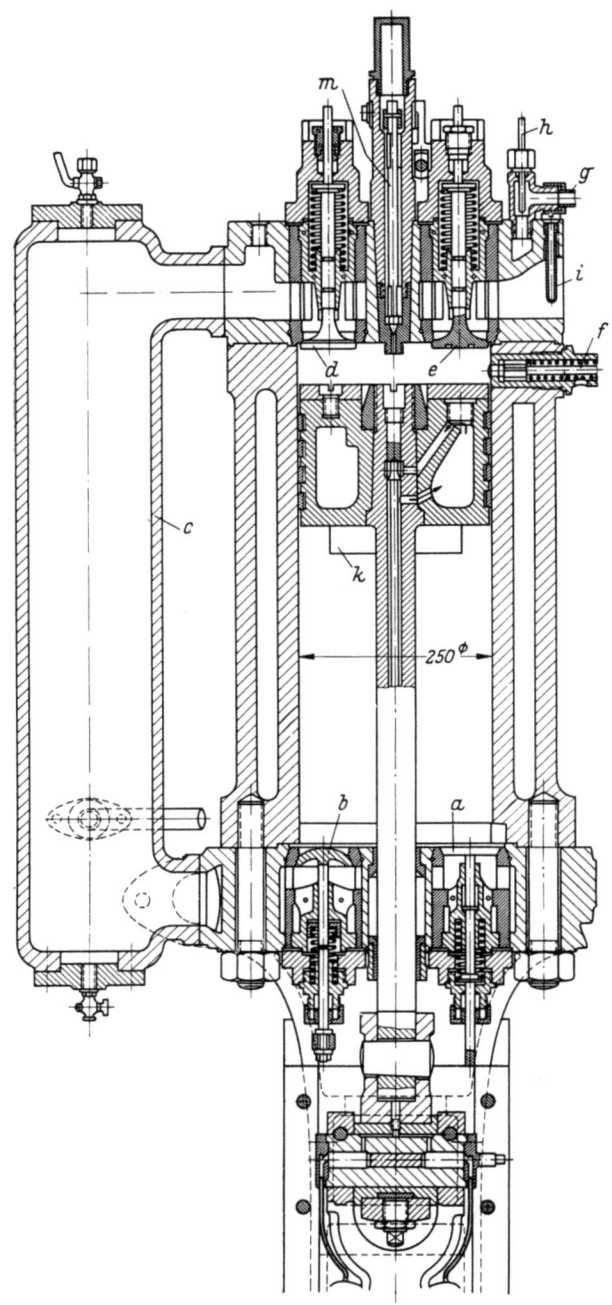

Bild 245
Längsschnitt durch den Arbeitszylinder des dritten Versuchsmotors (1896)

a Saugventil, *b* Druckventil der Ladepumpe; *c* Aufnehmer für die Ladeluft; *d* Einlaßventil; *e* Auspuffventil; *f* Sicherheitsventil; *g* Kühlwasseraustritt; *h* Entlüftung der Kühlräume; *i* Thermometerhülse; *k* Schmierölverteiler; *m* Brennstoffventilnadel

Die untere Kolbenseite wirkt als Ladeluftpumpe mit Saugventil *a*, Druckventil *b* und Aufnehmer *c*. EBBS' Skizze (Bild 150, S. 293) hat DIESEL zu dieser Konstruktion angeregt. Bevor MORITZ SCHRÖTER seine berühmten Versuche vom Februar 1897 an diesem Motor ausführte, wurde die Aufladevorrichtung entfernt, weil DIESEL sie für schädlich hielt

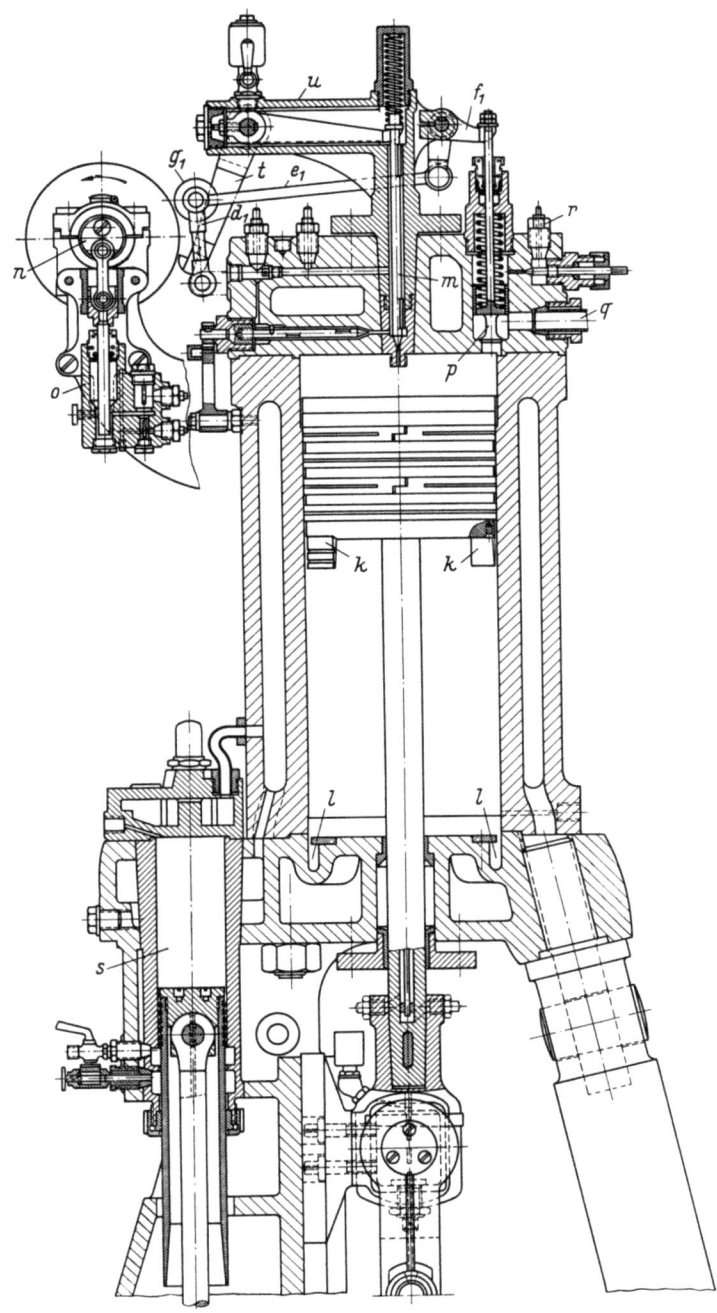

Bild 246
Querschnitt durch den Arbeitszylinder des dritten Versuchsmotors (1896)

k Schmierölverteiler; l Schmierölsümpfe; m Brennstoffventilnadel; n Nockenwelle; o Brennstoffpumpe; p Anlaßventil; q Anlaßluftleitung; r Schmierung des Anlaßventils; s Einblaseluftkompressor; t Brennstoffventilhebel; u Lagerarm für t; d_1, e_1, f_1 Anlaßventilgestänge; g_1 Rolle des Anlaßventilhebels

Schmierpresse gespeist werden. In Bild 252 ist die Schmierpresse, von der auch die Lagerstellen geschmiert werden, in halber Höhe des Motors sichtbar.

Der Antrieb der Ventilnadel m ist in Bild 246 und in größerem Maßstab in Bild 247 dargestellt. Die Nockenwelle n ist in zwei Böcken in Höhe des oberen Zylinderdeckels gelagert; sie wird durch Schraubenräder und eine senkrechte Zwischenwelle von der Kurbelwelle mit halber Drehzahl angetrieben. Von der einen Stirnseite der Nockenwelle wird der Stempel der Brennstoffpumpe o durch eine kleine Kurbel bewegt. In Bild 246 ist p das Anlaßventil, dem die Druckluft durch die von dem Anlaßluftgefäß kommende Leitung q zugeführt wird. Die schlimmen Explosionen, die man im Prüffeld erlebt hatte, von denen manche auf zu reichliches Schmieren zurückzuführen waren, hatten gelehrt, daß man den im Zylinderkopf sitzenden Ventilen Schmieröl nur vorsichtig und in kleinen Mengen zuführen darf, da Schmieröl in der erhitzten verdichteten Luft wie ein Zusatz zum Brennstoff wirken kann. So sind die bewegten Teile des Anlaßventils zwar an eine Schmierölleitung r angeschlossen, aber die Schmierölmenge wird durch ein Nadelventil vorsichtig eingestellt.

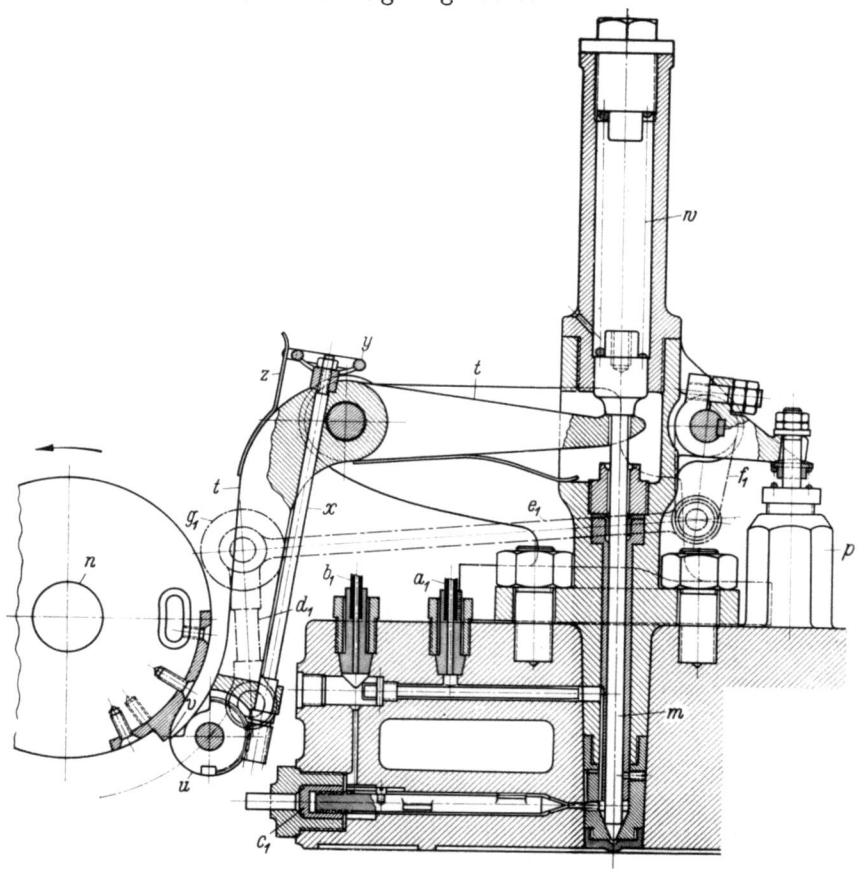

Bild 247. Steuerung der Brennstoffventilnadel und des Anlaßventils

m Brennstoffventilnadel; n Nockenwelle; p Anlaßventil; t Ventilhebel; u Stufenscheibe; v Brennstoffnocken; w Ventilfeder; x,y Vorrichtung zum Verstellen des Einspritzzeitpunktes; z Sicherung für x,y; a_1 Leitung von der Einblaseflasche; b_1 Brennstoffdruckleitung; c_1 Verschraubung zum Einstellen des Durchtrittsquerschnitts; d_1,e_1,f_1 Anlaßventilgestänge; g_1 Rolle des Anlaßventilhebels

Zum erstenmal ist die Steuerung mit einer Vorrichtung zum Verstellen des Einspritzzeitpunktes versehen. Die Vorrichtung kann auch während des Betriebes betätigt werden

Besonders sorgfältig ist die Steuerung der Brennstoffventilnadel (Bild 247) ausgebildet, denn die Erfahrungen mit den ersten beiden Versuchsmotoren hatten gelehrt, wie sehr es auf ein zeitlich richtiges Einspritzen des Brennstoffs ankommt. Der Ventilhebel t ist mit seinem Drehpunkt in einem Ausleger (u in Bild 246) des Nadelgehäuses gelagert. Der untere Arm des Hebels t trägt eine Scheibe u, die nicht, wie es nach der Zeichnung scheinen könnte, eine um ihren Zapfen drehbare Rolle ist, sondern mit dem Arm des Hebels t fest verbunden bleibt, nachdem man sie in ihrer Umfangsrichtung so eingestellt hat, wie der Einspritzzeitpunkt es verlangt. Die Bewegung des Hebels t (entgegen dem Uhrzeigersinn), die ein Anheben der Ventilnadel m zur Folge hat, wird dadurch ausgelöst, daß der Brennstoffnocken v bei der Drehung der Nockenwelle unter die scharfe Kante der in die Scheibe u eingearbeiteten Stufe gelangt und den Hebel t zur Seite drückt. Ist die Schneide über den oberen Kamm des Nockens geglitten, so gibt der steil abfallende Nocken den Hebel t plötzlich frei, und die Ventilfeder w kann die Brennstoffnadel rasch schließen, wodurch ein Nachtropfen verhindert wird. Die Lage der Stufe an der Scheibe u kann in ihrer Umfangsrichtung durch Schnecke und Schneckenrad, Spindel x und Handrad y verschoben werden, wozu das Schneckenrad in den Rücken der Scheibe u eingearbeitet ist. Man kann den Einspritzzeitpunkt auch während des Betriebes verstellen, denn das Handrad y macht mit dem Hebel t nur kleine Bewegungen, und die Drehzahl (170 U/min) ist nicht hoch. Eine Blattfeder z verhindert, daß das Handrad sich während des Betriebes unbeabsichtigt dreht.

Die Sorgfalt, mit der die beschriebene Vorrichtung konstruiert ist, zeigt, wie klar Diesel sich über die Bedeutung des Einspritzzeitpunktes war. Schon kleine Vorverlegungen ergeben starke Steigerungen des Verbrennungsdruckes und unnötige Beanspruchung des Triebwerks; zu spätes Einspritzen vermindert zwar den Verbrennungsdruck, verschlechtert aber die Verbrennung und erhöht den Brennstoffverbrauch. Konstruktiv führen wir die Vorrichtung zum Verstellen des Einspritzzeitpunktes heute einfacher aus, aber die Erscheinungen sind heute dieselben wie damals.

Das Brennstoffventil muß so gebaut sein, daß die Einblaseluft den Brennstoff restlos mitreißt und ihn fein zerstäubt in den Brennraum einführt. Der Brennstoff muß vor dem Nadelsitz gelagert werden, die Einblaseluft, von oben kommend, ihn in den Brennraum treiben. Die in der Einblaseflasche gespeicherte Preßluft wird durch das Rohr a_1 (Bild 247) in den oberen der beiden im Zylinderdeckel liegenden waagerechten Kanäle geführt. Der in der Bohrung liegende zylindrische Stift verschließt mit seinem Bund die Bohrung gegen den links von ihr liegenden Raum, der mit Brennstoff gefüllt ist; zugleich drosselt der Stift den freien Querschnitt der Bohrung, damit nicht zuviel Einblaseluft an die Ventilnadel m gelangt. Die Brennstoffpumpe fördert den Brennstoff in einen Akkumulator, der auf konstantem Druck gehalten wird. Von dort gelangt der Brennstoff durch das Rohr b_1 und den unteren waagerechten Kanal im Zylinderkopf an den Nadelsitz. Die in dem Kanal liegende Nadel wird durch die Verschraubung c_1 so in ihrer Achsenrichtung festgelegt, daß nur ein enger Querschnitt für den durchtretenden Brennstoff bleibt.

Das Gestänge d_1, e_1, f_1 (Bild 246 und 247) betätigt das Anlaßventil p. Zum Anlassen wird es durch Verschieben der Nockenwelle eingerückt, so daß die Rolle g_1 in den Bereich des Anlaßnockens kommt. Angelassen wurde im Zweitakt nach Diesels Patent 86633 (S. 462).

LAUSTER hat die ihm bei seinem Eintritt gestellte Aufgabe, die Zeichnungen bis zum 30. April 1896 fertigzustellen, pünktlich erfüllt. Eine Ausfertigung ging in die Werkstatt, eine zweite wurde an das Krupp Grusonwerk nach Magdeburg-Buckau gesandt. Der Bau des Motors nahm mehr Zeit in Anspruch als erwartet; immer wieder wurde die Fertigstellung dadurch verzögert, daß Gußstücke bei der Wasserdruckprobe Undichtigkeiten zeigten. Am 6. August vermerkt DIESEL, daß nun schon der fünfte Zylinderdeckel abgedrückt worden sei.

Sechste Versuchsreihe Oktober 1896 bis Anfang 1897

Endlich, am 6. Oktober 1896, war die Montage beendet. Am 16. Oktober konnte der Motor zum erstenmal von der Transmission aus gedreht werden. Zunächst gab es wieder manche Schwierigkeiten. DIESEL schreibt am 21. Dezember an EBBS nach Magdeburg:

1) Undichtheiten im Guß der 3 Hauptstücke: Motordeckel, Luftpumpendeckel, Kolben; infolgedessen schwierige Flickereien und theilweise vollst. Ersatz der Theile.
2) Bösartige Verschmutzung der ganzen inneren Maschine durch das beim Rohrbiegen verwendete Harz; hierdurch nötige Neuanfertigung der meißten Rohre.
3) Warmlaufen der mit bronzenen Schalen versehenen Hauptlager; Ersatz der Schalen durch solche aus Weißmetall.
4) Mehrfache Umconstruction der Steuerung der unteren oder Vorcompressionsventile.
5) Vollständig neue Studien und Versuche zur Kolbenschmierung, da die früher bei der einf.wirk. Maschine ausgezeichnet arbeitende Tauchschmierung für die doppeltwirkende Maschine nicht zu brauchen ist.
6) Vollständige Beseitigung des Petroleumtopfs und directes Einpumpen d. Petr. in die Düse durch die Pumpe selbst; infolgedessen Abänderung, bzw. große Vereinfachung der ganzen Regulirung ...

Übrigens ist die Maschine schon wiederholt gelaufen, liefert wundervolle Diagramme, die so groß sind, daß sie leider im Eincylindermotor nicht genügend ausnutzbar sind und die uns zwingen die eingesaugte Luftmenge sehr zu reduciren ...

Summa Summarum werden wir gegen Ende Januar einen vollständig reifen, schönen und oeconomischen Motor haben, mit welchem sicherlich der Sieg unser ist.

Diesmal gelingt es rascher, den Motor in Ordnung zu bringen. Am 12. Dezember wird ein „Streubrenner" (Bild 248) ausprobiert, der gute Resultate gibt. Seine unter

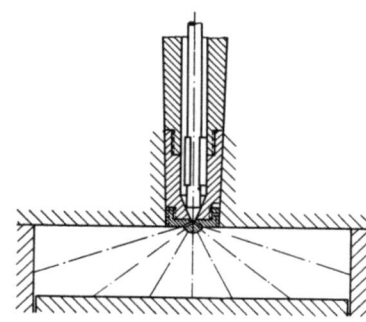

Bild 248. DIESELS „Streubrenner" (Dezember 1896)
Die Anordnung der Brennstoffstrahlen im Brennraum entspricht schon nahezu modernen Konstruktionsregeln

verschiedenen Kegelwinkeln angeordneten Bohrungen verteilen die Brennstoffstrahlen ziemlich gleichmäßig in dem zylindrischen Brennraum. Der Brenner ähnelt ganz den heute gebräuchlichen Düsenplatten. Mit diesem Brenner wird das Diagramm

Bild 249 aufgenommen, das die Nummer 1165 erhält. DIESEL hat von Anfang der ersten Versuche an jedes Diagramm mit einer Nummer versehen. In seinem Buch[61] sagt DIESEL: „Das Diagramm gibt 9,5 kg ohne Rußbildung"; in dem Originaldiagramm Bild 249 ist das p_m sogar noch etwas höher angegeben.

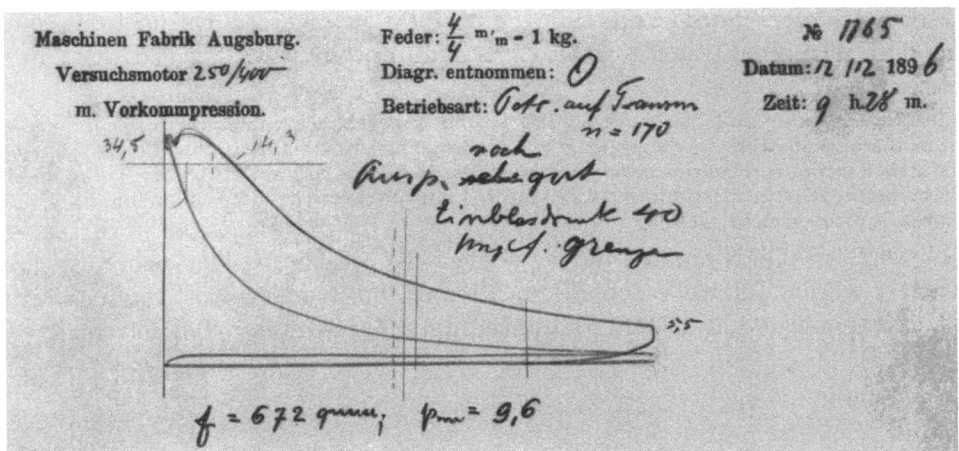

Bild 249. Indikatordiagramm mit Vorverdichtung, aufgenommen am 12. Dezember 1896
Das Diagramm trägt den Vermerk „m. Vorkommpression". Der mittlere indizierte Druck ist mit 9,6 kg/cm² zwar hoch, aber die Leistung an der Bremse unbefriedigend. DIESEL führt das auf den großen Leistungsbedarf der als Ladepumpe wirkenden unteren Kolbenseite zurück und läßt die Ladevorrichtung wieder abbauen

Das Jahr 1896 ging zu Ende und damit das erste Jahr der Tätigkeit LAUSTERs bei der Maschinenfabrik Augsburg. Diese pflegte in den letzten Dezembertagen ihren Angestellten, soweit sie länger als ein Jahr bei ihr tätig gewesen waren, eine Gratifikation auszuzahlen, auf die LAUSTER noch keinen Anspruch hatte. Kurz vor Neujahr — so schreibt LAUSTER in seinen Erinnerungen — ließ der Oberingenieur VOGEL ihn rufen, wie LAUSTER glaubte, um ihm irgendwelche Vorhaltungen zu machen, vielleicht weil es ihm nicht möglich gewesen sei, den Motor auf der Nürnberger Ausstellung 1896 zu zeigen, wie es beabsichtigt gewesen war. Aber es gab keinen Tadel, sondern VOGEL überreichte ihm eine Prämie von 3000 Mark, eine ungewöhnlich hohe Summe, und DIESEL erwirkte ihm überdies eine Gehaltserhöhung, zu der er bemerkte: „Das haben Sie verdient. Sie werden einmal Chef der Dieselabteilung." Rückschauend sagt LAUSTER dazu, daß diese Anerkennung seiner Leistungen ihn zwar sehr gefreut, daß er sie aber zunächst nicht verstanden habe. Erst 16 Jahre später sei dies der Fall gewesen, als es ihm durch DIESELs 1913 erschienenes Buch zum erstenmal möglich geworden sei, die Konstruktionen des ersten und zweiten Versuchsmotors mit den von ihm ausgearbeiteten Zeichnungen und die Versuchsergebnisse der drei Motoren zu vergleichen. Die Zeichnungen der ersten beiden Motoren waren LAUSTER nicht zugänglich gewesen, und auch in DIESELs Versuchsprotokolle hatte niemand außer LUCIAN VOGEL Einsicht erhalten.

Während des Januar 1897 führte man am Motor noch mehrere Änderungen aus. Am 12. Januar wurde die Leistung mit voller Vorkompression der Luft abgebremst, aber der Versuch befriedigte nicht: trotz des hohen mittleren indizierten Druckes von 9,2 kg/cm² wurden nur wenig mehr als 15 PS an der Bremse gemessen. Das schlechte

Ergebnis führte DIESEL auf den großen Leistungsbedarf der als Luftpumpe wirkenden unteren Kolbenseite zurück, und jetzt verurteilt DIESEL die Vorkompression: „sie ist ungemein schädlich und wird daher von jetzt ab verlassen werden". Nachdem der untere Zylinderdeckel mit den Ventilen entfernt worden war, zeigte der Motor bessere Eigenschaften; der Brennstoffverbrauch wurde niedriger, und die Zündungen traten sogleich nach der ersten Umdrehung ein. Jetzt war es die Regulierung, die nicht befriedigte. Von einer neuen Regelung, die darauf probiert wird, sagt DIESEL in seinem Protokoll:

> Die Regulirung muß derart sein, daß bei einer gegebenen Stellung der Regulirorgane eine constante Menge Petroleum eingespritzt wird, gleichgültig, ob die Maschine langsam oder schnell geht. Man kann also reguliren durch verstellbaren Hub der Pumpe oder durch völligen Abschluß des Überlaufventils an bestimmter aber variabel einstellbarer Stelle des Pumpenhubes. Letzteres ist durch XV/61 erreicht.

XV/61 ist die Nummer, unter welcher die Zeichnung der neuen Regulierung registriert wurde. Im Nebenschluß zur Brennstoffdruckleitung ist ein Überlaufventil mit konischem Nadelsitz *a* (Bild 250) angeordnet, durch das ein Teil der von der Brenn-

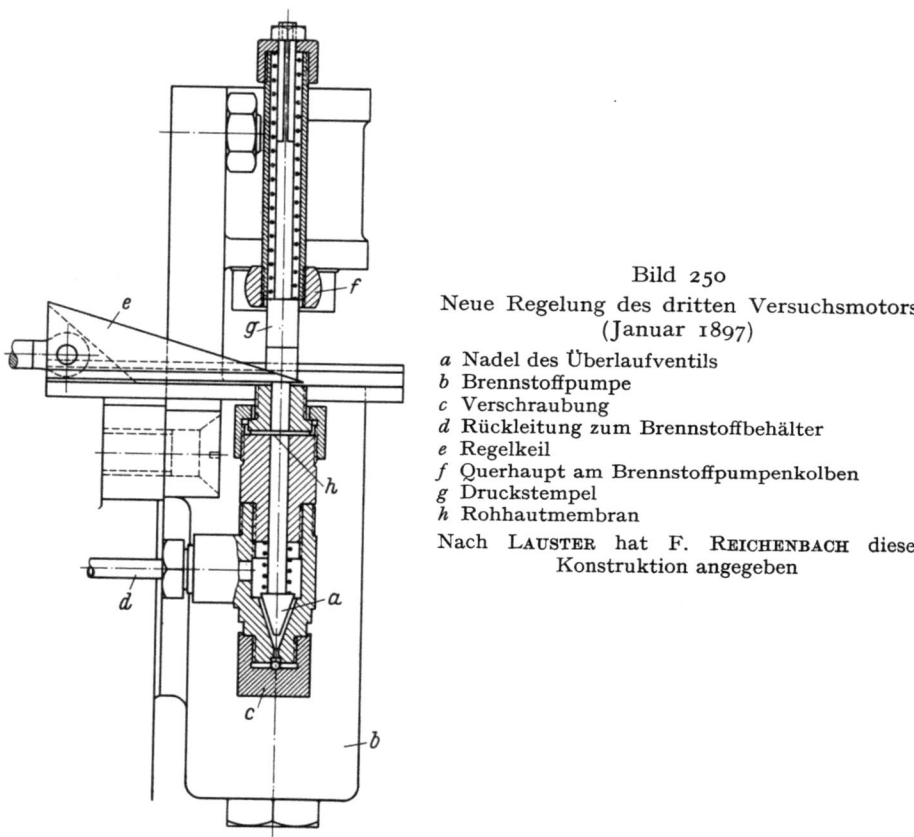

Bild 250
Neue Regelung des dritten Versuchsmotors
(Januar 1897)

a Nadel des Überlaufventils
b Brennstoffpumpe
c Verschraubung
d Rückleitung zum Brennstoffbehälter
e Regelkeil
f Querhaupt am Brennstoffpumpenkolben
g Druckstempel
h Rohhautmembran

Nach LAUSTER hat F. REICHENBACH diese Konstruktion angegeben

stoffpumpe *b* geförderten Menge je nach der Stellung des Reglers in den Brennstoffbehälter zurückfließen kann. Der Brennstoff tritt durch eine (senkrecht zur Bildebene gerichtete) Bohrung in der Verschraubung *c* unter den Nadelsitz; ein Teil kann bei angehobener Nadel durch das Rohr *d* zurückfließen. Das Maß des Öffnens und Schließens des Überlaufventils wird durch den in seitlichen Schienen geführten Keil *e* bestimmt, der in waagerechter Richtung vom Regler verschoben werden kann. Der Halter *f* gehört zu einem am Kolben der Brennstoffpumpe befestigten Arm und bewegt sich mit dem Pumpenkolben auf und ab. Mit ihm durch Federkraft verbunden ist der Stempel *g*, der durch den Keil *e*, einen zweiten, kurzen zylindrischen Stempel und eine Rohhautmembran *h* von 1 mm Dicke auf die Spindel *a* drückt. Bei mehr nach rechts verschobenem Keil wird das Überlaufventil früher geschlossen; diese Stellung entspricht der größeren Belastung. Die Regelung, bei welcher der Förderbeginn und die Förderdauer beeinflußt wurden, bewährte sich gut.

Nach LAUSTER ist diese Regelung von REICHENBACH, HEINRICH BUZ' Schwager, angegeben worden. REICHENBACH habe auf Grund eines Studiums der Patentliteratur einen Nebenschluß zur Brennstoffdruckleitung angeordnet und für das Schließen und Öffnen des Überlaufventils den Keil als Regelorgan vorgeschlagen. Dieser sehr gute Gedanke sei unbegreiflicherweise nicht patentiert worden; DIESEL habe behauptet, er sei nicht neu.

Der Januar 1897 brachte endlich auch die Konstruktion eines Zerstäubers, der Erfolg zu versprechen schien. Seine Wirkung beruhte darauf, daß die Einblaseluft den vorgelagerten Brennstoff durch eine gewickelte Rolle feiner Messinggaze drückte. Bild 251 zeigt den „Siebzerstäuber" und seinen Einbau in das Brennstoffventilgehäuse.

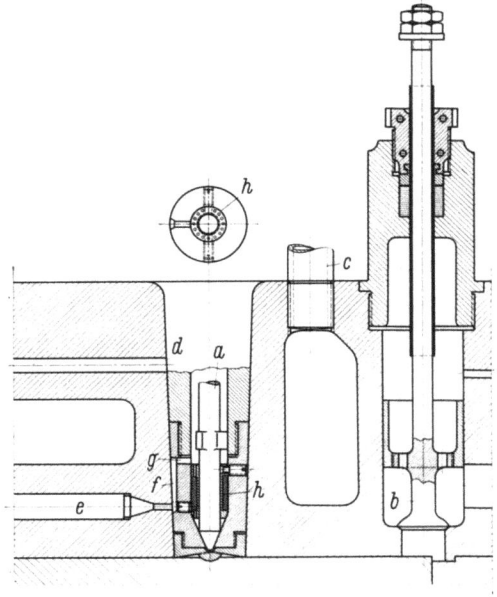

Bild 251
Zerstäuber mit Metallgewebe, sogenannter Siebzerstäuber
(Ende Januar 1897)

a Brennstoffventilnadel
b Anlaßventil
c Kühlwasserabfluß
d Bohrung für Einblaseluft
e Bohrung, *f*, *g* Kanäle für Brennstoff
h Zerstäuber mit Messinggaze

Mit diesem Zerstäuber wurde zum erstenmal ein unsichtbarer Auspuff bei einem mittleren indizierten Druck von 8 kg/cm² ohne Auflading erreicht

a ist die Brennstoffventilnadel, *b* das Anlaßventil, *c* der Kühlwasserabfluß. Wie in Bild 247 wird die Einblaseluft durch den Kanal *d*, der Brennstoff durch die von einer verstellbaren Nadel teilweise ausgefüllte Bohrung *e* zugeführt. Der Brennstoff kann jetzt aber nicht mehr direkt an den Nadelsitz gelangen, sondern er muß seinen Weg durch die Aussparungen *f*, *g* nehmen, die in das Stück, das den Nadelsitz bildet, eingearbeitet sind. Damit befindet er sich oberhalb eines zylindrischen Körpers *h*, dessen oberer und unterer Kragen mit einer Anzahl feiner axialer Bohrungen versehen sind, die dem Brennstoff den Durchtritt ermöglichen. Der zylindrische Ringraum zwischen den beiden Kragen ist mit 2 cm breiter Messinggaze ausgefüllt, die um den Körper *h* gewickelt ist. In Bild 251 ist die Gaze durch Kreuzschraffur angedeutet. So durfte eine gute Verteilung des Brennstoffs über den Einblaseluftstrom erwartet werden. In der Tat ergab ein Versuch mit diesem Zerstäuber am 27. Januar 1897 einen mittleren indizierten Druck von 8 kg/cm² ohne Aufladung und einen Brennstoffverbrauch von 258 g/PSh. Der Auspuff war so rein, wie man ihn noch nicht beobachtet hatte. Erfreut teilt DIESEL das Ergebnis am 29. Januar KRUPP mit und fügt, nachdem er die erreichten Werte zusammengestellt hat, hinzu:

> Die Versuche mit Anwendung des unteren Cyl.theiles zur Vorcompression der Verbrennungsluft sind noch nicht genügend durchgeführt. Indeß lassen die bis jetzt erhaltenen Diagramme und sonstigen Verhältnisse mit Bestimmtheit darauf schließen, daß die richtige Durchführung d. Vorcompression, also insbesondere im Compound-Motor, ganz bedeutende Verbesserung obiger Leistungs- und Consumziffern ergeben wird.

Bezüglich der „Vorcompression", womit er das Aufladen des Zylinders durch die als Luftpumpe wirkende untere Kolbenseite meint, ist DIESEL unsicher geworden. Der schlechte mechanische Wirkungsgrad des aufgeladenen Motors hatte ihn veranlaßt, die Vorkompression als „ungemein schädlich" zu bezeichnen; aber auf der anderen Seite zeigten die mit der Vorkompression aufgenommenen Indikatordiagramme einen hohen Enddruck der Ausdehnungslinie — 5,5 kg/cm² in Bild 249 —, den man doch nicht unausgenutzt lassen durfte. So kommt er auf den Gedanken, den er KRUPP mitteilt: die „richtig durchgeführte" Vorkompression im „Compound-Motor" werde eine weitere bedeutende Verbesserung bringen. Der Verbundmotor kam in der zweiten Hälfte des Jahres 1897 zur Erprobung; sie endete mit einem völligen Mißerfolg (S. 495).

Noch eine weitere Änderung wurde eingeführt, bevor man im Februar 1897 begann, den Motor einem größeren Kreis von Interessenten zu zeigen. Bei den Anlaßversuchen hatte sich gezeigt, daß die Einblaseluft auch dem Anlaßgefäß entnommen werden konnte und somit *ein* Druckluftbehälter genügte. Der Einblasedruck betrug 40 kg/cm², war also nicht viel höher als der Verbrennungsdruck. Beim Anlassen sank der Druck von 40 auf 36 kg/cm², stieg aber bald wieder auf den Anfangsbetrag. Für die Vorführungen war das ein Vorteil, weil die Anlage einfacher erschien. Später hat man die Einblaseluftflasche wieder eingeführt, weil man den Einblasedruck allmählich auf 60 bis 65 kg/cm² steigern mußte, ein Druck, der für das Anlassen unnötig hoch war. Erst die um 1920 aufkommende Druckzerstäubung des Brennstoffs hat die Einblaseluftflasche entbehrlich gemacht.

Der Motor wird Interessenten gezeigt

Die Versuche am dritten Motor, der heute als „Erster Dieselmotor" im Deutschen Museum steht (Bild 252), durften jetzt als abgeschlossen angesehen werden. Dankerfüllt schreibt DIESEL an BUZ:

> Hochverehrter Herr Commerzienrath!
>
> Obgleich ich weit entfernt von der Anschauung bin, daß ich mit meinem Motor schon jetzt an dem mir vorschwebenden Ziele angelangt bin, so darf ich doch aussprechen, daß dessen Resultate weit über das bisher Erreichte hinaus gehen und daß die von mir vertretenen Principien eine neue Ära im Motorenbau bedeuten. —
>
> Es ist mir voll und ganz bewußt, daß ich soweit nur durch Ihre wohlwollende, sachgemäße und generöse Unterstützung kommen konnte; ebenso weiß ich, daß Sie in mich und meine Sache ein sehr großes Vertrauen haben mußten, um dieselbe so zu fördern, wie Sie es gethan haben; um niemals, auch in dunklen Momenten, wo kein rechter Fortschritt zu bemerken war, die Geduld zu verlieren, sondern immer mit überlegener Weisheit und Erfahrung dem Ziele zuzusteuern.

Ihnen für alles dies zu danken, ist Zweck dieser Zeilen und ich denke, daß Sie von der Tiefe und Aufrichtigkeit meiner Gefühle in dieser Hinsicht überzeugt sind. — Es bleibt mir nur noch den Wunsch daran zu knüpfen, daß die neue Sache unter Ihrer glänzenden Leitung Ihrer Firma einen recht großen Nutzen bringen möge ...

Am 1. Februar begann man mit den Vorführungsversuchen. Als erster kam FRÉDÉRIC DYCKHOFF, der in Bar-le-Duc eine Maschinenfabrik besaß und schon 1894

Bild 252. DIESELS dritter Versuchsmotor (1897), der heute als „Erster Dieselmotor" im Deutschen Museum in München steht

einen Vertrag mit DIESEL abgeschlossen hatte. In seiner Gegenwart wurde eine Leistung von 18,3 PS bei 158 U/min und ein Brennstoffverbrauch von 250 g/PSh entsprechend einer Wärmeausnutzung von 25% gemessen. Ein zweiter Versuch ergab noch bessere Werte: 234 g/PSh und 26,6%. Das waren Zahlen, die noch keine Wärmekraftmaschine erreicht hatte. Sie mußten das größte Interesse der Fachleute erregen.

Wenige Tage darauf, am 4. Februar, fanden sich Direktor GILLHAUSEN von Krupp und Vertreter der Gasmotoren-Fabrik Deutz ein. Über ihren Besuch hat DIESEL vermerkt:

> Was in dem Protokoll nicht steht ist, daß die Deutzer Herren den Motor in alle möglichen ungünstigen Situationen brachten, bei welchen andere Motoren gewöhnl. d. Dienst versagen, daß derselbe jedoch alle Proben siegreich bestand.
> So wurde d. Bremslast *plötzlich* von voller Leistg. auf 0 entlastet und wieder auf voll, ohne daß m. nur eine Aenderg. der Geschw. d. Motors bemerken konnte. Insbesondere wurde ein Leistungs- u. Bremsversuch mit ganz kalter Maschine gemacht, also in ganz abnormalen Verhältnissen. Das Anlassen wurde bei ganz kalter u. warmer Maschine probirt. Man arbeitete mit Austrittstemp. des Kühlwassers bis auf 17° C. herunter. Gleich nach dem Anlassen wurde sofort im Leerlauf längere Zeit weiter gearbeitet. Die Brennstoffzufuhr wurde oft mitten im Betrieb plötzl. abgesperrt, dann wieder geöffnet. Nichts konnte den ruhigen gleichmäßigen Gang d. Motors beeinflussen und zuletzt wurde anerkannt, daß d. Motor nicht nur als vollkommen constructiv entwickelt anzusehen sei, sondern daß er gegenüber d. Explosionsmotor, selbst mit Gasantrieb einen Fortschritt von cca 50% an Brennstoffconsum u. Cyl.dimensionen bedeute; ferner wurde der ungeheure Vortheil des in seiner Fläche regulirbaren Diagramms anerkannt u.s.w.

Am 12. Februar ließen sich die Inhaber der Firma Gebr. Sulzer, JAKOB SULZER-IMHOOF, SULZER-SCHMIDT und E. BROWN, den Motor vorführen. Das Ergebnis war gleich gut wie an den Vortagen.

Schröters Versuche und die Hauptversammlung des VDI 1897

Am 17. Februar 1897 fanden die Hauptversuche statt, die MORITZ SCHRÖTER, Professor an der Technischen Hochschule München, mit seinem Assistenten Dr. MUNKERT überwachte. Es wurden eine Leistung von 17,8 PS bei 154 U/min und ein Brennstoffverbrauch von 238 g/PSh festgestellt, entsprechend einer Wärmeausnutzung von 26,2%. Ein Indikatordiagramm, das an diesem denkwürdigen Tag aufgenommen wurde, ist in Bild 253 dem Diagramm eines 1957 gebauten MAN-Motors der Type

Bild 253. Indikatordiagramme des Dieselmotors von 1897 und 1957

1897	1957
Erster Dieselmotor	MAN-Motor GV 52/74
Zyl.-Lstg. 17,8 PS bei 154 U/min	Zyl.-Lstg. 250 PS bei 250 U/min

Das Dieselverfahren von 1957 ist dasselbe wie das von 1897. Daß man heute den Brennstoff unter hohem Druck einspritzt und höhere Verdichtungs- und Verbrennungsdrücke zuläßt als damals, besonders bei aufgeladenen Motoren, berührt das Wesen des Dieselverfahrens nicht

G 10 V 52/74 gegenübergestellt. Die Diagramme zeigen, daß das Dieselverfahren als solches sich in sechzig Jahren nicht geändert hat.

In dem Gutachten, das SCHRÖTER erstattet hat und das „München, Mai 1897" datiert ist, heißt es unter anderem:

> Nach dem Gesamtergebnis der Versuche und nach den beim Betriebe des Motors gemachten Wahrnehmungen kann ich das Urteil über denselben dahin zusammenfassen, daß derselbe schon in seiner derzeitigen noch nicht alle Vorteile realisierenden Ausführung als einzylindriger Viertaktmotor an der Spitze aller Wärmemotoren steht, insoferne er bei einer Effektivleistung von 18—20 P.S. pro effektive Pferdestärke und Stunde bei normaler Tourenzahl rund 0,24 kg Petroleum verbraucht entsprechend einer Umsetzung von 26,2% des Heizwertes in effektive Arbeit,

Heinrich von Buz
1833–1918

während bei halber Belastung mit 9—10 P.S. die betreffenden Zahlen 0,277 kg bezw. 22,5% erreichen. Der mechanische Wirkungsgrad reduziert sich dabei von 75% bei voller auf rund 59% bei halber Belastung, aber — und hierin liegt eine ganz charakteristische und praktisch bedeutsame Eigentümlichkeit des Diesel'schen Motors — der Prozentsatz der in *indizierte* Arbeit verwandelten Wärme im Verhältnis zur disponiblen *nimmt zu* von 34,2 im Mittel auf 38,4 bei halber Belastung! Infolgedessen zeigt der Motor die sonst von keinem Wärmemotor nachgewiesene Eigentümlichkeit, daß bei halber Belastung der Verbrauch pro effektive P.S. nur um 0,277—0,24 = 0,037 kg oder um 15% zunimmt, eine Eigenschaft, welche für wechselnde Beanspruchung, wie sie in der Praxis die Regel ist, ungemein wertvoll erscheint. Die ungemein einfache Lösung der Frage der Regulierung gestattet dabei eine Veränderung der Belastung in beliebigen Grenzen mit ähnlich kleinen Abstufungen, wie sie die Dampfmaschine aufweist, deren so schätzenswerte Elastizität in der Beanspruchung der Motor in vollem Maße besitzt. Daß derselbe schon in der vorliegenden Gestalt eine durchaus marktfähige Maschine darstellt, beweist der ganze Habitus und Gang des Motors, an dem die erstaunliche Leichtigkeit des Anlassens aus ganz kaltem Zustande, dann die Abwesenheit irgend einer Zündvorrichtung, Vergaser oder dgl. noch besonders hervorzuheben sind. Als eine hervorragend glückliche Lösung einer sehr schwierigen Frage muß die Art und Weise der Brennstoffzufuhr mittels Einblasen unter Luftdruck bezeichnet werden, wie denn überhaupt die Ausbildung der Details von ebenso großer Sachkenntnis wie Sorgfalt und konstruktivem Geschick zeugt. Den, bei dem hohen mittleren Druck sehr klein ausfallenden Cylinderdimensionen bei gleicher Leistung verdankt der Motor, schon in seiner vorliegenden Gestalt, die Eigentümlichkeit, daß das Gestänge, die Welle, etc. in durchaus mäßigen Dimensionen gehalten werden können und das Gesamtgewicht nicht höher wird als für gleichstarke Petroleummotoren anderer Konstruktion.

Auf der Hauptversammlung des Vereins Deutscher Ingenieure, die am 16. Juni 1897 in Kassel stattfand, berichtete DIESEL über seinen Motor und SCHRÖTER über die von ihm ausgeführten Versuche. Seinen Vortrag schloß SCHRÖTER mit den Worten[70]:

Mit berechtigtem Stolz dürfen Herr Diesel und die Maschinenfabrik Augsburg, die den ersten Motor ausgeführt hat, den Beifall entgegennehmen, den die erste technische Vereinigung des Deutschen Reiches soeben ihrer Leistung gezollt hat; als Vertreter der technischen Wissenschaft schließe ich mich diesem Beifall auf das freudigste an und gebe der Hoffnung Ausdruck, daß dieser Motor sich als Ausgangspunkt einer der Industrie zum Segen gereichenden Entwicklung bewähren möge.

Niemand konnte ahnen, daß noch ein langer beschwerlicher Weg zurückzulegen sein würde, bevor SCHRÖTERs prophetische Worte in Erfüllung gingen.

XXVI. Der Dieselmotor in seiner schwierigsten Zeit (1898—1900)

Bei dem neuen Wärmemotor, den der durch die Kasseler Tagung plötzlich bekannt gewordene Ingenieur DIESEL erfunden hatte, handelte es sich offenbar um eine fertige, marktreife Maschine, bei der man mit keinerlei unangenehmen Überraschungen zu rechnen brauchte. Die in Kassel versammelten Ingenieure hatten dem Erfinder reichen Beifall gespendet; von einer Autorität wie MORITZ SCHRÖTER hatten sie gehört, er sei der Überzeugung, „daß wir es hier mit einer durchaus marktfähigen, in allen Einzelheiten vollkommen durchgearbeiteten Maschine zu tun haben". Erste Wissenschaftler, wie GUTERMUTH und ZEUNER, hatten die Richtigkeit der Theorie DIESELs bestätigt. Am schwersten wog aber wohl die Tatsache, daß Firmen von Rang, wie die Maschinenfabrik Augsburg, Krupp und Sulzer, sich Lizenzen gesichert hatten. Wer noch zweifelte, mochte nach Augsburg fahren und sich den Motor ansehen, wie er Tag für Tag ruhig und störungsfrei voll belastet lief. Man zeigte den Motor gern den Interessenten, wenn sie die merkwürdige Maschine zu sehen wünschten, die eine doppelt so hohe Wärmeausbeute ergab wie die beste Heißdampfmaschine. Wenn auch der Motor in Augsburg sicherlich von zuverlässigen Monteuren betreut wurde, so durfte man doch annehmen, daß er nach Einarbeiten des Bedienungspersonals auch an anderen Orten anstandslos laufen werde.

Das war auch die Überzeugung der leitenden Männer der Firmen Augsburg und Krupp. Als DIESEL ihnen die Ergebnisse der Versuche SCHRÖTERs vom Februar 1897 vorlegte, schlossen sie am 11. März 1897 mit DIESEL einen neuen Vertrag, dessen erster Paragraph lautete:

> Nachdem durch die bisherigen von der Maschinenfabrik Augsburg in Verbindung mit Herrn Rudolf Diesel und der Firma Fried. Krupp ausgeführten Versuche ein verkaufsfähiger Motor des Dieselschen Systems construirt und erprobt worden ist, soll nunmehr thunlichst rasch mit der fabrikationsmäßigen Herstellung des Diesel-Motors begonnen werden.

Die Vertragsbestimmungen wurden dahin geändert, daß die überhöhte Lizenzgebühr von 37½%, die nie bezahlt worden ist, auf 5% gesenkt wurde. KRUPP und die Maschinenfabrik Augsburg garantierten DIESEL für die Dauer von fünf Jahren eine Mindesteinnahme aus den Patentprämien von 30000 Mark jährlich. Die bei Abschluß von Lizenzverträgen anfallenden Barzahlungen sollten zwischen den Vertragspartnern gleichmäßig geteilt werden. Die hierdurch KRUPP und Augsburg zufließenden Beträge haben schon in zwei Jahren die gesamten ihnen bis dahin entstandenen Versuchskosten abgedeckt.

Abschluß zahlreicher Lizenzverträge

In der zweiten Hälfte des Jahres 1897 und im Jahr 1898 bis zur Gründung der „Allgemeinen Gesellschaft für Dieselmotoren" (S. 492) bewarben sich zahlreiche Firmen um die Erlaubnis, Motoren nach dem Muster der Augsburger Versuchsmaschine zu bauen. Soweit DIESEL das Recht zur Vergebung von Lizenzen auf die Maschinenfabrik Augsburg und KRUPP übertragen hatte, haben diese beiden Firmen gemeinsam mit den einzelnen Partnern verhandelt; mit anderen, besonders den ausländischen, hat DIESEL persönlich abgeschlossen.

Der wichtigste deutsche Lizenznehmer, der schon Mitte 1897 gewonnen wurde, war die Gasmotoren-Fabrik Deutz. Deutz war nicht nur die älteste, sondern damals auch die bedeutendste und bekannteste Motorenfabrik der Welt. Wenn es gelang, sie für den Dieselmotor zu interessieren, so durfte davon ein mächtiger Impuls für die Dieselsache erwartet werden. So hatte Buz schon im Januar 1896 an KRUPP geschrieben, daß es unbedingt erforderlich sei, an Deutz heranzutreten, da die Maschinenfabrik Augsburg in den nächsten Jahren wegen Vollbeschäftigung ihrer Werkstätten nicht in der Lage sein würde, die Fabrikation des Dieselmotors in größerem Umfang zu betreiben. Aber erst im Februar 1897 kam es zu einem Besuch der Deutzer Vertreter in Augsburg, bei welchem der Motor sich von seiner besten Seite zeigte (S. 480). Trotzdem zögerte man in Deutz mit dem Vertragsabschluß. Man hatte inzwischen die Dieselpatente eingehend studiert und glaubte, daß sie keinen ausreichenden Schutz gewährten. So arbeitete Deutz, unterstützt von OTTO KÖHLER, den Entwurf einer Nichtigkeitsklage gegen das Patent 67207 aus und sandte den Entwurf mit der Broschüre KÖHLERs an die Maschinenfabrik Augsburg. Aber Buz ließ sich nicht einschüchtern; er antwortete am 22. Februar 1897 telegraphisch:

> Dieselpatent erachten unanfechtbar, auf Grundlage von Anfechtbarkeit können wir nicht verhandeln.

So zog Deutz es vor, auf die Nichtigkeitsklage zu verzichten und Lizenzverhandlungen mit Augsburg und Krupp aufzunehmen. Die entscheidende Besprechung fand während der Kasseler Tagung statt; sie führte zum Abschluß des Vertrages am 15. Juli 1897.

Die finanziellen Bedingungen waren hart: außer einer hohen Anzahlung wurde eine Lizenzgebühr von 30% für Motoren über 16 PS und von 20% für Leistungen bis zu 16 PS gefordert. Das schloß von vornherein eine Konkurrenzfähigkeit gegenüber den Lizenzgebern, Augsburg und KRUPP, aus, denn diese brauchten nur 5% an DIESEL zu zahlen. Vom 1. Juli 1900 ab sollte eine jährliche Mindestlizenz von 20000 Mark entrichtet werden. Das Lieferrecht nach einzelnen Ländern wurde stark eingeschränkt, so daß es Deutz nicht gelang, das Lieferrecht nach Rußland zu erhalten, woran ihm besonders gelegen war. Zwar sicherte man Deutz eine weitgehende technische Unterstützung zu, die auch den Erfahrungsaustausch mit den anderen Lizenznehmern einschließen sollte, aber es zeigte sich bald, daß man nicht imstande war, wirksame Hilfe zu geben, weil es an eigenen Erfahrungen fehlte.

Fast zu derselben Zeit wie die Gasmotoren-Fabrik Deutz schloß die „Maschinenbau-Actien-Gesellschaft Nürnberg" einen Lizenzvertrag mit Augsburg, KRUPP und DIESEL. Der Direktor der Gesellschaft, ANTON RIEPPEL, stand zu den Augsburgern in einem Freundschaftsverhältnis, das im Dezember 1898 zum Zusammenschluß der Maschinenfabrik Augsburg mit der Maschinenbaugesellschaft Nürnberg zur „Vereinigten Maschinenfabrik Augsburg und Maschinenbaugesellschaft Nürnberg" führte. So hatte er frühzeitig von den Arbeiten an DIESELs Motor gehört. Als er am 5. März den Motor zum erstenmal in Augsburg sah, war er so beeindruckt, daß er sogleich Lizenzverhandlungen mit Augsburg und KRUPP begann. Sie führten zum Abschluß am 22. Juli 1897, nur acht Tage nach dem Abschluß mit Deutz.

Vom November 1897 bis zur Mitte 1898 haben Augsburg und Krupp als Lizenzgeber noch drei weitere Lizenzverträge mit deutschen Firmen abgeschlossen. Es waren dies die H. Paucksch AG in Landsberg a. W. am 29. November 1897, die Maschinen- und Broncewaarenfabrik von L. A. Riedinger in Augsburg am 2. März 1898 und Feodor Beer in Liegnitz am 1. Juni 1898. Dieser erhielt das Recht, Dieselmotoren durch die Breslauer Aktiengesellschaft für Eisenbahnwagenbau und durch die Maschinenbauanstalt Breslau GmbH herstellen zu lassen. Die Firmen mußten erhebliche Anzahlungen leisten und die hohen Lizenzgebühren von 20 bzw. 30% entrichten.

Bis zur Gründung der Allgemeinen Gesellschaft für Dieselmotoren (S. 492), die im September 1898 errichtet wurde, haben die Maschinenfabrik Augsburg und Krupp als Lizenzgeber acht Verträge abgeschlossen; dann übernahm die Allgemeine Gesellschaft die Lizenzverhandlungen. Die Abschlüsse mit ausländischen Lizenzinteressenten hatte DIESEL sich zunächst vorbehalten. An ausländischen Verträgen bestanden aus früherer Zeit Vereinbarungen mit Gebr. Sulzer (16. Mai 1893), mit F. Dyckhoff Fils in Bar-le-Duc (18. April 1894) und mit Carels Frères in Gent (30. April 1894). Mit der Mirrlees Watson Yaryan Co. in Glasgow schloß DIESEL im März 1897 einen Lizenzvertrag ab. Die A.S. Burmeister og Wain's Maskin- og Skibsbyggeri, Kopenhagen, Dänemarks führende Schiffswerft, entsandte ihren Ingenieur WINSLÖW am 20. Oktober 1897 nach Augsburg; am 28. Januar 1898 wurde der Vertrag zwischen DIESEL und der dänischen Firma abgeschlossen. Anfang Januar 1898 besichtigte der schwedische Bankier WALLENBERG, Direktor der Stockholms Enskilda Bank, den Versuchsmotor in Augsburg, von dem er einen so günstigen Eindruck erhielt, daß er schon zwei Wochen darauf mit DIESEL abschloß. Der Vertrag sah die Gründung einer schwedischen Gesellschaft, der A. B. Diesels Motorer, mit einem Kapital von 300000 Kronen vor. DIESEL erhielt für seine schwedischen Patente 50000 Kronen in bar und einen gleich hohen Anteil an Aktien. Die Gesellschaft wurde am 2. April 1898 eingetragen. Die größte Einnahme brachte DIESEL der Vertrag mit dem Deutsch-Amerikaner ADOLPHUS BUSCH, St. Louis, mit dem er am 6. September 1897 in Baden-Baden einen Vorvertrag geschlossen hatte, dem am 9. Oktober 1897 der endgültige Vertrag folgte. BUSCH zahlte an DIESEL eine Million Mark bar.

In dem Zeitraum zwischen der Kasseler Tagung Mitte 1897 und der Gründung der Allgemeinen Gesellschaft für Dieselmotoren im September 1898, also innerhalb wenig mehr als eines Jahres, hat DIESEL allein, ohne Augsburg und KRUPP, vierzehn Lizenzverträge abgeschlossen. Das Tempo, in welchem die Abschlüsse einander folgten, muß für ihn schließlich beängstigend geworden sein, denn der Abschluß eines Lizenzvertrages bedeutet nicht nur, daß der Lizenznehmer gegen Zahlung der vereinbarten Summe das Recht erwirbt, die Schutzrechte des Lizenzgebers zu verwerten, sondern er belastet auch den Lizenzgeber mit der Verpflichtung, dafür zu sorgen, daß der Vertragspartner den geschützten Gegenstand fabrizieren kann, ohne damit rechnen zu müssen, vor wesentlichen Schwierigkeiten zu stehen. Das dauernd gute Funktionieren des Augsburger Versuchsmotors schien diese Annahme zu rechtfertigen, aber sie sollte sich bald als verhängnisvoller Irrtum herausstellen. Mit der unglücklichen Gründung der „Diesel Motoren-Fabrik" begann ein beispielloser Niedergang, aus dem nur das zähe Durchhalten der Maschinenfabrik Augsburg den Dieselmotor gerettet hat.

Die „Diesel Motoren-Fabrik A. G." in Augsburg

Der Ruf des Dieselmotors, den die Kasseler Tagung verbreitet hatte, veranlaßte zwei Augsburger Bankhäuser, P. C. Bonnet und August Gerstle, sich im Herbst 1897 mit DIESEL in Verbindung zu setzen und ihm die Gründung einer Spezialfabrik für seine Motoren vorzuschlagen. Der Plan war an sich nicht verfehlt, denn die Maschinenfabrik Augsburg hatte erklärt, daß sie wegen ihrer starken Beschäftigung Dieselmotoren nur in beschränktem Umfang werde liefern können. Mit einer zweiten Augsburger Fabrik, der Firma L. A. Riedinger, schwebten zwar seit Mai 1897 Lizenzverhandlungen, die aber erst im März 1898 zum Abschluß führten, und zudem lagen die Verhältnisse bei Riedinger ähnlich wie bei der Maschinenfabrik Augsburg; sie würde sich nur zu einem kleinen Teil ihrer Kapazität mit dem Bau von Dieselmotoren beschäftigen können. So durfte DIESEL damit rechnen, daß eine Fabrik, die ausschließlich seinen Motor baute, die Entwicklung stärker fördern würde, als es in Werken möglich war, welche die Arbeit am Dieselmotor nur als Nebenbeschäftigung betrieben. Die Inhaber der beiden Bankfirmen glaubten annehmen zu dürfen, daß DIESEL der berufene technische Leiter des neuen Unternehmens sein werde. Sie überredeten DIESEL, der anfänglich wenig geneigt war, auf den Vorschlag einzugehen, sich an der Gründung der neuen Fabrik zu beteiligen.

Die Maschinenfabrik Augsburg und ihr Leiter HEINRICH BUZ haben der Gründung keine Schwierigkeiten bereitet, sie hielten sich aber von dem neuen Unternehmen fern. Die Maschinenfabrik Augsburg hätte, wenn sie den Wettbewerb der neuen Fabrik fürchtete, deren Gründung leicht verhindern können, denn ohne die Zustimmung des Konsortiums Augsburg-Krupp, das die Rechte für Deutschland besaß, war eine Lizenzerteilung an die neue Fabrik nicht möglich. Aber die Gründer erhielten ohne lange

Verhandlungen die bindende Zusicherung einer Lizenz. Von dem Aktienkapital von 1 200 000 Mark wurden 550 000 Mark durch das Bankhaus Bonnet auf den Markt gebracht; den Rest übernahmen die Gründer. RUDOLF DIESEL, AUGUST GERSTLE und CARL SCHWARZ bildeten den Aufsichtsrat. Die Gesellschaft wurde am 1. Februar 1898 eingetragen; als Vorstandsmitglieder wurden MAX BEHRISCH und EMIL KRÜGER bestellt. Diese unterzeichneten am 15. April 1898 den Lizenzvertrag mit der Maschinenfabrik Augsburg, dem KRUPP am 22. April beitrat. Man kaufte die stillgelegte Fabrik einer Augsburger Mühlenbaugesellschaft und begann mit der Fabrikation.

An Aufträgen fehlte es zunächst nicht, zumal da die Münchener Ausstellung (S. 488), die im Sommer 1898 stattfand, die Brauchbarkeit des Dieselmotors zu bestätigen schien. In einem an die Maschinenfabrik Augsburg gerichteten Schreiben vom 6. Oktober 1898 berichtet die Diesel Motoren-Fabrik von sieben Verkaufsabschlüssen. Am 3. Januar 1899 teilte der Aufsichtsratvorsitzende SCHWARZ HEINRICH BUZ mit, daß der erste Motor, ein Zwillingsmotor von 40 PS, sich auf dem Prüfstand befinde. Er war nicht nach Zeichnungen der Maschinenfabrik Augsburg gebaut worden, sondern man hatte ihn auf Anraten DIESELs neu konstruiert. Besteller war die Brauerei der Gebr. Glaubitz in Seelow. Obwohl der Motor auf dem Probestand einwandfrei gelaufen war, versagte er im Betrieb des Kunden völlig, so daß die Fabrik ihn zurücknehmen mußte. Ebenso ging es mit den anderen von der Diesel Motoren-Fabrik gebauten Motoren. „Einer nach dem anderen", so berichtet PAUL MEYER/Delft, „wurde von den Empfängern für unbrauchbar erklärt und zur Verfügung gestellt." Es waren in der Hauptsache immer wieder der schlecht arbeitende und rasch verschmutzende Siebzerstäuber und die einstufige Einblasepumpe, welche die Störungen verursachten.

Das Ansehen der Diesel Motoren-Fabrik sank unter diesen Mißerfolgen rapide. Hatte man sich bei der Ausgabe der Aktien noch um die Papiere gerissen, so bewegte sich der Kurs jetzt gegen den Nullpunkt. Die Direktion der „Vereinigten Maschinenfabrik Augsburg und Maschinenbaugesellschaft Nürnberg", wie der neue Firmenname lautete, hielt es für richtig, in einem an die Frankfurter Zeitung gerichteten Brief, der am 27. Mai 1900 auch in der Augsburger Abendzeitung erschien, sich von dem katastrophalen Versagen der Diesel Motoren-Fabrik zu distanzieren. Es seien, so hieß es in der Veröffentlichung, nicht die Kinderkrankheiten, an denen die Diesel Motoren-Fabrik verblute, und die MAN sei nicht zur Hilfeleistung verpflichtet, da sie niemals engere Beziehungen zur Diesel Motoren-Fabrik unterhalten habe. Weder die Maschinenfabrik Augsburg noch ihr Leiter hätten jemals auch nur eine einzige Aktie der Fabrik besessen. Die Kinderkrankheiten des Motors seien längst [man schrieb das Jahr 1900] überwunden, was dadurch bewiesen werde, daß alle von der Maschinenfabrik Augsburg bis dahin gelieferten Motoren, 17 an der Zahl, anstandslos und zur vollen Zufriedenheit ihrer Besitzer arbeiteten, der älteste schon seit mehr als zwei Jahren. Über die zuerst gelieferten acht Motoren lägen glänzende Anerkennungsschreiben vor.

BUZ war über die zahlreichen Mißerfolge der Diesel Motoren-Fabrik sehr aufgebracht. Am 14. Dezember 1900 sandte er an DIESEL ein Schreiben, das er ihm persönlich übergeben ließ. Darin heißt es:

... Solange solch' erbärmlich ausgeführte Motoren wie in Breslau, Pensa u. Arad etc. etc. nicht aus der Welt geschafft sind, werden dieselben für die ganze Diesel-Sache ein stetiger Hemmschuh bleiben und es ist sehr zu beklagen, daß hierdurch insbesondere der Concurrenz, Mittel in den Händen belassen werden, die Diesel-Sache mit Erfolg anzufechten.

Ich bitte mir nicht zu verübeln, wenn ich mir die Bemerkung erlaube, daß ich an Ihrer Stelle alle diese Motoren auf eigene Kosten umtauschen würde; der Schaden ist doch ausschließlich durch die Diesel Motoren Fabrik Act.-Ges. entstanden und meines Wissens dürfte Ihr Verlust zum großen Theil durch das seinerzeit erzielte Agio gedeckt sein; aber auch außerdem sind Ihre Einnahmen aus der Diesel-Sache gegenüber unseren immer noch riesigen Verlusten derart, daß ein solches Opfer nicht gescheut werden dürfte; dasselbe ist übrigens nur momentan und wird sich mit der Zeit in Gewinn umkehren.

Diesel antwortete:

... Maßnahmen zur endgültigen Beseitigung der schlechten Motoren ... sind im Gange und ich hoffe, daß demnächst eine allseitig befriedigende Erledigung dieser Angelegenheit stattfinden wird.

DIESEL scheint BUZ' Rat nicht befolgt zu haben. Es änderte sich auch dann nichts, als die beiden Vorstandsmitglieder BEHRISCH und KRÜGER am 1. Juli 1900 ausschieden und durch andere ersetzt wurden. Auch diese konnten aus dem Trümmerhaufen nichts retten. Der Bau von Dieselmotoren wurde eingestellt; die Firma trat 1906 in Liquidation und wurde 1911 gelöscht. Ihre Gründung brachte DIESEL schwere finanzielle Verluste und hat zu dem körperlichen Zusammenbruch beigetragen, den DIESEL im Herbst 1898 erlitt.

Köhler und Capitaine greifen Diesel an

Die Kasseler Tagung brachte DIESEL nicht nur großen Erfolg, sondern sie rief auch seine alten Gegner, OTTO KÖHLER und EMIL CAPITAINE, auf den Plan, die den Zeitpunkt für gekommen hielten, DIESELs Grundpatent anzugreifen. Damals galt die Bestimmung, daß die Nichtigkeitsklage gegen ein bestehendes Patent nur innerhalb einer Frist von fünf Jahren nach der Ausgabe der gedruckten Patentschrift eingereicht werden konnte; nach Ablauf dieser Zeit war das Patent unangreifbar. DIESELs Hauptpatent Nr. 67207 ist am 16. Januar 1893 bekanntgemacht worden; somit konnte eine Nichtigkeitsklage nur bis Mitte Januar 1898 angestrengt werden.

OTTO KÖHLER hatte schon 1893 DIESELs Schrift vom „rationellen Wärmemotor" sachlich und im allgemeinen richtig kritisiert; insbesondere hatte er auf die Unausführbarkeit des Carnot-Prozesses hingewiesen (S. 399). DIESEL hatte damals nicht auf KÖHLERs Zuschrift geantwortet, weil er zu jener Zeit den Gedanken der isothermischen Verbrennung aufgegeben hatte, dies aber nicht öffentlich zugeben wollte, um sein Patent nicht zu gefährden. Im Februar 1897 hatte die Gasmotoren-Fabrik Deutz, um ihren Lizenzverhandlungen mit dem „Konsortium Augsburg-Krupp" Nachdruck zu verleihen, die von KÖHLER ausgearbeitete „Begründung einer Nichtigkeitsklage gegen das Dieselsche Hauptpatent" an die MAN gesandt, aber BUZ, dem der Brief vorgelegt wurde, war nicht darauf eingegangen (S. 482), und die Nichtigkeitsklage wurde nicht eingereicht. Bald nach der Kasseler Tagung schrieb KÖHLER von neuem an DIESEL, er beabsichtige, gegen DIESELs Hauptpatent auf Nichtigkeit zu klagen. Wer ihn dazu veranlaßt hat, ist nicht aufgeklärt worden. KÖHLER selbst konnte kaum ein Interesse an einer Nichtigkeitsklage haben, da er, der inzwischen Professor an den Vereinigten Maschinenbauschulen Elberfeld-Barmen geworden war, weder selbst Maschinen baute noch Schutzrechte besaß, die durch das Dieselpatent hätten gestört werden können. Nach der von PAUL MEYER/Delft gegebenen Darstellung hat KRUPP Ende Juli 1897 an KÖHLER geschrieben, er möge statt zu klagen mit dem Dieselkonsortium zusammenarbeiten, soweit sein Hauptamt ihm hierzu Zeit lasse, wofür ihm eine jährliche Vergütung von 3000 Mark zugesichert wurde. KÖHLER nahm das Anerbieten an und hat es loyal eingehalten.

Ein weit gefährlicherer Gegner war EMIL CAPITAINE. Dieser, ein geschickter Konstrukteur, hatte Anfang der 90er Jahre einen Petroleummotor (Bild 108, S. 222) konstruiert, der von der Firma Grob & Co. und später von der Motorenfabrik Swidersky, beide in Leipzig, in Größen bis zu 30 PS gebaut worden ist. Im Vorstand der Daimler-Motoren-Gesellschaft, dem WILHELM MAYBACH damals nicht angehörte, beklagte man sich bitter über die Konkurrenz der Capitaine-Motoren, auf die man das Sinken des Umsatzes an Daimler-Motoren zurückführte.

CAPITAINE hatte vor DIESEL zwei Patente Nr. 60801 und 60977 angemeldet, von denen das erste eine Pumpe beschreibt, welche die für die Zerstäubung flüssigen Brennstoffs erforderliche Luft liefert und dabei so auf die Zufuhr des Brennstoffs wirkt, daß Luft und Brennstoff gleichzeitig und unter gleichbleibendem Druckverhältnis zum Zerstäuber gelangen, während das zweite Patent eine Vorrichtung zum Zerstäuben des Brennstoffs betraf. Nach diesen Patenten hatte die Maschinenfabrik Swidersky eine Versuchsmaschine gebaut. Auf Grund dieser beiden Patente und der 1891 ausgeführten Maschine reichte CAPITAINE am 31. Juli 1897 die Nichtigkeitsklage gegen DIESELs Patent 67207 ein. Der Kläger behauptete, seine Maschine arbeite in genau derselben Weise, wie es in dem angegriffenen Patentanspruch angegeben sei; auch eine wesentliche Druckerhöhung trete bei ihm, CAPITAINE, nicht ein. Wenn er nicht eine ebenso hohe Verdichtung wie DIESEL verwende, so wären doch bei seiner Maschine grundsätzlich höchste Verdichtungsgrade möglich.

Das Patentamt wies im April 1898 die Klage mit der Begründung ab, daß die Neuheit des Dieselpatentes in zwei Maßnahmen bestehe: der hochgradigen Verdichtung und der allmählichen Einführung des Brennstoffs, wobei nicht nur der Brennstoff sich sofort entzünde und verbrenne, sondern auch keine wesentliche Steigerung des Druckes und der Temperatur eintrete, weil die durch die Verbrennung freiwerdende Wärme sich sofort in Bewegung des Maschinenkolbens umsetze. Der Nichtigkeitssenat des Patentamtes nahm also an, daß der Carnot-Prozeß mit seiner isothermischen Verbrennung in DIESELs Motor verwirklicht worden sei.

Am 20. April 1898, einen Tag vor der Verhandlung vor der Nichtigkeitsabteilung des Patentamts, hielt CAPITAINE im Bezirksverein Deutscher Ingenieure in Frankfurt a. M. einen Vortrag „Kritik des Dieselmotors", den er wenig später als Drucksache veröffentlicht hat. Darin zeigt er, daß die Kennzeichen des ausgeführten Motors in vollem Gegensatz zu den in DIESELs Grundpatent angegebenen stehen. Er erhebt gegen DIESEL den Vorwurf, daß er nicht offen bekannt hätte, sich anfänglich geirrt zu haben:

In der Geschichte der Erfindungen — sagt Capitaine — finden wir zahllose Fälle, wo der grübelnde Geist von irrigen Voraussetzungen ausging, auf irrigen Voraussetzungen aufbaute, um ein bestimmtes Ziel zu erreichen, wo aber schließlich das Ergebnis seiner schöpferischen Tätigkeit auf einem ganz anderen Punkte anlangte als dem, den er sich vorgezeichnet hatte. Und wenn ein Erfinder dies offen eingesteht, so erleidet seine Ehre und sein wirkliches Verdienst darum keine Einbuße. Bedenklich aber muß es erscheinen, wenn der Erfinder ganz unbestreitbaren Tatsachen gegenüber fälschlich behauptet, er habe genau das verwirklicht, was er damals als das Ergebnis seiner Überlegungen als das Richtige erkannt habe, wie Diesel es tut ... Keine einzige der in der Dieselschen Broschüre aufgestellten Forderungen ist in der von Diesel ausgeführten Petroleummaschine verwirklicht ...

DIESELs Antwort bestand darin, daß er das am folgenden Tag in dem Nichtigkeitsverfahren zu seinen Gunsten gefällte Urteil in vollem Umfang veröffentlichen ließ. Zu den sachlichen Vorhaltungen CAPITAINEs hat er geschwiegen, wohl weil er CAPITAINE in manchen Punkten recht geben mußte. Später hat DIESEL seinen „Nachträgen", in denen er frühere Überlegungen berichtigte, die Bemerkung hinzugefügt:

> Diese Untersuchungen wurden niemals veröffentlicht, da kein Interesse bestand der Außenwelt zu verraten, auf welchem Wege die rein theoretischen Untersuchungen meiner Brochüre in die Wirklichkeit umgesetzt wurden.

Dadurch rettete DIESEL seine Patente, aber er nahm es damit auf sich, daß er bis an sein Lebensende Angriffen ausgesetzt blieb von Gegnern, die sich nicht damit abfinden wollten, daß DIESEL bis zuletzt daran festgehalten hat, den Carnot-Prozeß, wenn auch nur für „ganz kleine Leistungen", verwirklicht zu haben.

Zu einer Fortsetzung der Nichtigkeitsklage vor dem Reichsgericht ist es nicht gekommen. CAPITAINE erhielt eine Geldentschädigung, verzichtete auf die Berufung und erklärte, hinfort nichts gegen die Dieselpatente unternehmen zu wollen. Seine persönlichen Angriffe gegen DIESEL hat er bis zu seinem Tode 1907 fortgesetzt. Im Deutschen Museum wird seiner technischen Verdienste um die Entwicklung des Verbrennungsmotors ehrend gedacht.

Die Münchener Ausstellung 1898

Noch einmal vor seiner schweren Erkrankung durfte DIESEL einen Erfolg erleben: als er auf der „Zweiten Kraft- und Arbeitsmaschinen-Ausstellung", die im Sommer 1898 in München stattfand, vier nach seiner Erfindung arbeitende Motoren der Öffentlichkeit im Betrieb vorführen konnte. Um den Motor in weiteren Kreisen bekanntzumachen, hatte DIESEL angeregt, die Ausstellung mit den von seinen ersten Lizenznehmern gebauten Motoren zu beschicken. Auf der Kohleninsel, auf der heute das Deutsche Museum steht, wurden in einem Holzpavillon (Bild 254) vier Einzylindermotoren aufgestellt, die von der Maschinenfabrik Augsburg, der Gasmotoren-Fabrik Deutz, von Krupp und der Maschinenbaugesellschaft Nürnberg hergestellt worden waren. Der Krupp-Motor hatte 30 PS, die übrigen 20 PS Leistung. Die Gesamtanordnung hatte PAUL MEYER, der später Professor an der Technischen Hochschule Delft wurde, entworfen, der im Januar 1898 bei DIESEL eingetreten war. Wie er in seinen Erinnerungen schreibt, wurde er bei der Überwachung der Motoren von LUDWIG NOÉ, der später die Danziger Werft geleitet hat, tatkräftig unterstützt.

Es war in Deutschland das erste Mal, daß Dieselmotoren öffentlich gezeigt wurden, und das Aufsehen, das die „Kollektiv-Ausstellung" erregte, war groß. Natürlich fehlte es anfänglich auch hier nicht an Schwierigkeiten. Besonders störend war das starke Knallen beim Anlassen, das die Besucher so erschreckte, daß sie davonliefen. Man fand den Ausweg, daß man die Motoren in der Morgenfrühe anließ, bevor die Ausstellung geöffnet wurde, und sie zunächst wieder abstellte. Wenn die Motoren warm waren, konnte man sie in Gegenwart der Besucher anlassen, ohne befürchten zu müssen, daß „Knaller" auftraten. Durch einen Zufall — so berichtet LAUSTER — entdeckte man die Ursache des Knallens: entgegen der Vorschrift, daß vor dem Anlassen nur zwei Pumpenhübe von Hand in die Brennstoffdüse eingespritzt werden sollten, wandte der Maschinist PFAFFENZELLER von der Maschinenfabrik Augsburg einmal drei Hübe an, und sofort blieben die Knaller aus. Man hatte nicht zuviel, sondern zuwenig Brennstoff zum Anfahren eingespritzt. Nachdem man dies erkannt hatte, liefen die vier Motoren während der Dauer der Ausstellung anstandslos.

Bild 254. Die „Kollektiv-Ausstellung von Dieselmotoren" in München 1898

Die Maschinenfabrik Augsburg, die Maschinenbaugesellschaft Nürnberg und die Gasmotoren-Fabrik Deutz hatten je einen 20pferdigen Motor ausgestellt, während der von Krupp gebaute Motor (im Vordergrund) 30 PS leistete. Die Motoren durften aus kaltem Zustand nicht in Gegenwart der Besucher angelassen werden, weil sie dabei furchterregend knallten. Man ließ sie in der Frühe vor dem täglichen Eröffnen der Ausstellung an und stellte sie, wenn sie warm waren, zunächst ab. Im warmen Zustand knallten sie beim Anlassen nicht

Die Lizenznehmer sind vom Dieselmotor schwer enttäuscht

Wenig später als im Sommer 1898 wäre die öffentliche Vorführung nicht mehr möglich gewesen, denn kaum war die Ausstellung geschlossen, als von allen Seiten Hiobsposten über das Versagen der ersten bei Kunden aufgestellten Motoren eintrafen. Der Irrtum, dem alle unterlegen waren, rächte sich jetzt: man hatte geglaubt, daß der Augsburger Versuchsmotor eine fertig entwickelte Maschine sei, die man nur nachzubauen brauche, um gewinnbringend fabrizieren zu können. Das gute Funktionieren des Augsburger Motors, der, sorgfältig gepflegt, Tag für Tag anstandslos lief, hatte die Lizenznehmer in ihrer Zuversicht bestärken müssen. Die Münchener Ausstellung hatte ebenfalls einen guten Eindruck von der Dieselsache hinterlassen. Als dann aber die ersten von den Lizenznehmern gebauten Motoren in Betrieben aufgestellt wurden, wo man sie weniger gut behandelte und auf die begrenzte Belastbarkeit des Dieselmotors keine Rücksicht nahm, wie man das bei der viel weniger empfindlichen

Dampfmaschine gewohnt war, änderte sich das Bild völlig. Undichte Kolben ließen die Verbrennungsgase durchschlagen und hüllten den Maschinenraum in erstickenden Qualm; die Nadeln der Brennstoffventile blieben hängen, so daß zuviel Einblaseluft in den Zylinder strömte, was harte, von lautem Knallen begleitete Zündungen verursachte; Kolben fraßen in der Laufbuchse; das Anlassen gelang oft nicht sogleich, so daß der Vorrat an Druckluft im Anlaßgefäß verbraucht war, bevor die Maschine angesprungen war; Ölleitungen rissen, Luftpumpenventile brachen — es war ein langes Verzeichnis von Betriebsstörungen, die sich bei allen Besitzern von Dieselmotoren wiederholten. Besonders gefürchtet waren die nicht selten auftretenden Explosionen der Einblaseluftpumpe, welche die zum Zerstäuben des Brennstoffs erforderliche Druckluft in *einer* Stufe auf 50 bis 60 at verdichtete. Dabei wurde die Luft so heiß, daß ständig mit einer Entzündung des im Luftpumpenzylinder vorhandenen Schmieröles gerechnet werden mußte. Durch eine solche Explosion verlor der junge Neffe des Colonel E. D. MEIER, des Leiters der neu gegründeten Diesel Motor Co. of America, sein Leben.

Häufige Schwierigkeiten verursachte der Siebzerstäuber (Bild 251, S. 477), mit dem der Augsburger Versuchsmotor gut lief. Die Augsburger Monteure verstanden sich darauf, den Zerstäuber richtig zu behandeln; sie bauten regelmäßig das Brennstoffventil in einer Betriebspause aus, reinigten die Messinggaze und wickelten sie neu. Wenn die Arbeit gut gemacht wurde und die Siebwindungen nicht zu fest und nicht zu lose aufeinander lagen, arbeitete der Zerstäuber einwandfrei. War das nicht der Fall, dann rauchte der Auspuff, und die Leistung der Maschine fiel ab.

Keine der vielen Störungen hat mit dem Dieselverfahren etwas zu tun gehabt; alle beruhten letztlich nur auf dem Mangel an Erfahrung. Man hatte sich von dem guten Arbeiten des ersten Augsburger Motors täuschen lassen und geglaubt, man brauche diesen nur zu kopieren, um Erfolg zu haben. Der Irrtum hat sich schwer gerächt und DIESELs große Erfindung dem Untergang nahegebracht. Nur das zähe Durchhalten der Maschinenfabrik Augsburg hat sie gerettet.

Zu den ersten, die ihre bitteren Erfahrungen machen mußten, gehörte ANTON RIEPPEL. Sogleich nach Abschluß des Lizenzvertrages mit Augsburg-Krupp (S. 483) begann er mit dem Bau eines 20 PS-Motors nach dem Augsburger Muster. Natürlich gab es bei der Erprobung im Nürnberger Prüffeld zunächst mancherlei Unterbrechungen, aber es gelang doch ziemlich bald, den Motor so weit in Ordnung zu bringen, daß man es wagen durfte, ihn an die Diesel Motor Co. nach New York zu schicken, die ihn bestellt hatte. Dort wurde er vom Augsburger Monteur BÖTTCHER montiert und vom 5. Mai bis zum 5. Juni 1898 auf der Electro-Ausstellung im Madison Square Garden gezeigt. Während der ganzen Dauer der Ausstellung lief der Motor — der erste Dieselmotor Amerikas — einwandfrei. So glaubten die Leiter der Diesel Motor Co., für den Dieselmotor in der Neuen Welt eine umfangreiche Propaganda entfalten zu dürfen, die zur Folge hatte, daß sich nicht weniger als 54 amerikanische Firmen um eine Lizenz bewarben[71]. Dann trat dasselbe ein wie im alten Europa: bei den ersten in den Staaten gebauten Motoren gab es so viele Störungen, daß ein Lizenzbewerber nach dem andern sich zurückzog. Erst nach der Jahrhundertwende ist es mit dem Dieselmotorenbau in den Vereinigten Staaten aufwärts gegangen.

Der zweite in Nürnberg gebaute Motor, der ebenfalls 20 PS leistete, war der auf der Münchener Ausstellung gezeigte. Er machte der Werkstatt so viele unerwartete Schwierigkeiten, daß er erst nach der Eröffnung der Ausstellung aufgestellt werden konnte. Mit einem Zwillingsmotor von 2 × 20 PS ging es noch schlechter; er konnte in München nicht mehr gezeigt werden. Inzwischen hatte RIEPPEL eine Serie von zehn Motoren zu je 20 PS in Arbeit genommen, deren Bau er einstellen ließ, als die für München in Aussicht genommenen Motoren aus den Schwierigkeiten nicht herauskamen. DIESEL, der damals in London weilte, beschwor RIEPPEL in einem vier Seiten langen handschriftlichen Brief, nicht den Mut zu verlieren:

> Langsam geht ja eine solche Evolution vor sich, aber *sie geht vor sich*. Die Frage des Ersatzes der Dampfmaschine ist eröffnet und bleibt eröffnet bis zu ihrer Lösung. Daß mein motorisches Verfahren eines derjenigen ist, welche dazu in erster Linie beitragen werden, ist und bleibt meine Überzeugung, *mein Glaubensbekenntniß*.

Es gelang ihm, RIEPPEL zu bewegen, die Arbeit am Dieselmotor noch einige Zeit fortzusetzen. Mehrere Motoren wurden an Kunden geliefert, so an die Lokomotivfabrik Krauss in München, an die Universität Göttingen, an die Aktie-Bolag Diesels Motorer in Stockholm und andere, aber nach einem im Archiv der MAN-Nürnberg aufbewahrten Verzeichnis mußte die Mehrzahl zurückgenommen und durch Augsburger Motoren ersetzt werden. Die neu gegründete A.B. Diesels Motorer, die noch keine eigene Fabrikationsstätte besaß, ließ bei den Atlaswerken in Stockholm einen zwanzigpferdigen Motor nach dem Augsburger Vorbild bauen; im März 1899 war der Motor fertiggestellt. LUDWIG NOÉ, damals Angestellter der „Allgemeinen Gesellschaft für Dieselmotoren", später Generaldirektor der Danziger Werft, wurde nach Stockholm geschickt, um den Motor in Betrieb zu setzen, was ihm nach mehrmonatiger Arbeit gelang. Die Gesellschaft hat später in ihren eigenen Werkstätten in Sickla den Bau fortgesetzt und nach 1900 keine wesentlichen Schwierigkeiten mehr gehabt.

RIEPPEL hatte inzwischen die Geduld verloren. Von den wenigen in Nürnberg gebauten Erstlingsmotoren waren nur die beiden an die Diesel Motor Co. und die A.B. Diesels Motorer gelieferten nicht geradezu Mißerfolge; die anderen mußten zurückgenommen werden und wurden verschrottet. Als sich Ende 1898 Augsburg und Nürnberg zusammengeschlossen hatten, übernahm die Augsburger Fabrik die Abwicklung der Bestellungen, und Nürnberg gab den Dieselmotorenbau auf. Erst 1904 ist er in Nürnberg wieder aufgenommen worden (S. 538).

Im Dezember 1898 wurde der erste von Burmeister & Wain in Kopenhagen nach Augsburger Zeichnungen gebaute Motor in Betrieb gesetzt. Nach manchen Bemühungen erreichte er eine Leistung von 20,56 PS bei einem Brennstoffverbrauch von 232 g/PSh. Das war ein sehr gutes Resultat. Dann begannen auch in Kopenhagen die Schwierigkeiten. Man erkannte bald, daß es in erster Linie der Siebzerstäuber war, der zwar gut arbeitete, wenn das Sieb richtig gewickelt war, aber versagte, wenn es nach einem Auseinanderbau nicht gelang, die ursprüngliche Wicklung wiederherzustellen. Nach langen Bemühungen fand man eine Zerstäuberbauart (Bild 266, S. 514), die von den Nachteilen des Siebzerstäubers frei war. Der „Lochzerstäuber" bewährte sich einigermaßen und ist längere Zeit bei dänischen und schwedischen Dieselmotoren verwendet worden. Damit war ein Teil der Schwierigkeiten beseitigt; die Erfahrungen waren im ganzen aber doch so wenig ermutigend, daß Burmeister & Wain in den Jahren 1901/02 erwogen, ihre Rechte an eine andere dänische Firma zu verkaufen. Da sich kein Interessent fand, blieben sie die Inhaber der Dieselpatente in Dänemark und setzten ihre Arbeiten fort, die später bekanntlich sehr erfolgreich geworden sind.

In Glasgow, wo die Mirrlees Watson Co. die Lizenz besaß, hatte man im Juli 1898 den ersten Motor fertiggestellt; der Augsburger Monteur BÖTTCHER war bei dem

Zusammenbau behilflich gewesen. Noch bevor der Motor anlief, wurde BÖTTCHER nach New York geschickt, wo er die von der Diesel Motor Co. bestellte zwanzigpferdige Maschine aufstellen sollte. So versuchte man in Glasgow, den dort gebauten Motor ohne eigene Erfahrungen und ohne fremde Hilfe in Gang zu setzen. Es gelang zwar, ihn zum Laufen zu bringen, und zuweilen lief er sogar leidlich gut, aber dann traten der Reihe nach alle Kinderkrankheiten auf, unter denen die andernorts gebauten Motoren litten. Das Interesse an einer Fortsetzung der Versuche war auch in England dem Erlöschen nahe.

Von den deutschen Lizenznehmern, die in der Mehrzahl den Dieselmotorenbau aufgaben, war es nur die Firma Riedinger in Augsburg, die sich nicht entmutigen ließ. Ein an das bekannte Hotel „Drei Mohren" gelieferter dreißigpferdiger Motor konnte, wenn auch erst nach vielen Bemühungen, zu einem einigermaßen befriedigenden Laufen gebracht werden. Von einem zweiten, ebenfalls dreißigpferdigen Motor, der im Hotel „Oberpollinger" in München aufgestellt wurde, berichtet die Jubiläumsschrift der Firma Riedinger aus dem Jahr 1928, daß dies der erste Motor gewesen sei, der mit einer zweistufigen Einblaseluftpumpe versehen war. LAUSTER erzählt in seinen Erinnerungen, daß es der Oberingenieur RIEGELMANN von der Firma Riedinger gewesen sei, der die zweistufige Luftpumpe eingeführt habe. Sie sei mit so großer Sorgfalt entworfen und ausgeführt worden, daß sie sich sogleich als betriebssicher erwiesen habe. Die Schmierölexplosionen, die bei der einstufigen Kompression infolge der hohen Verdichtungstemperaturen eine ständige Gefahr bildeten, seien verschwunden, und die zweistufige Pumpe RIEGELMANNs sei das Vorbild für alle Einblaseluftpumpen geworden, bis die Druckeinspritzung die Einblasepumpe entbehrlich machte.

Die „Allgemeine Gesellschaft für Dieselmotoren"

Die schwere körperliche und seelische Beanspruchung DIESELs hatte seine Widerstandskraft erschöpft. Wie sein Sohn erzählt[60], war DIESEL um jene Zeit — Mitte 1898 — in Gefahr, in geistige Umnachtung zu fallen. Von dem Entschluß, den er damals faßte, eine Gesellschaft zu gründen, die ihm den größten Teil seiner Geschäfte abnehmen und seine Arbeitslast vermindern sollte, erhoffte er eine Befreiung von der ihm unerträglich gewordenen Belastung.

Am 8. Juli 1898 schreibt er an den Finanzmann BERTHOLD BING in Nürnberg, der die Bekanntschaft mit ADOLPHUS BUSCH vermittelt hatte und stets eifrig bemüht war, die Dieselsache zu fördern:

> Seit lange schon werde ich von verschiedenen Finanzkreisen aufgefordert, meine Motorunternehmungen in eine Gesellschaft umzuwandeln; in neuerer Zeit haben sich diese Ansichten von verschiedenen sehr ernst zu nehmenden Seiten gehäuft, ich habe aber stets mich ablehnend verhalten, weil mir jede Finanzoperation an sich unsympathisch ist. —
>
> Durch die enorme Zunahme meiner Geschäfte, welche augenblicklich soweit gediehen sind, daß ich derselben nicht mehr Herr werden kann & darin umzukommen drohe, besonders aber durch meine jüngste nervöse Erkrankung, welche zu den schlimmsten Befürchtungen Anlaß gab & noch gibt, ist mir aber der Gedanke doch eindringlich zum Bewußtsein gekommen, daß es notwendig ist, mein schönes, im vollsten Aufblühen begriffenes Unternehmen auf eine sichere & breitere Basis zu stellen & von meiner Person unabhängig zu machen; ich halte das geradezu augenblicklich als eine unabweisbare Pflicht, meinen sämtlichen geehrten Firmen gegenüber ...
>
> ... so habe ich daran gedacht, mein ganzes Unternehmen in die Hände derjenigen zurückzugeben, welche es bisher mit mir in's Leben gerufen, welche es gestützt, gefördert & auf seine Höhe gebracht haben. —

Wenn die bisherigen Besitzer meiner Patente und Licenzen unter sich eine Gesellschaft bilden, so fließen ihre ganzen Auslagen an Patentprämien u.s.w. in ihre eigenen Taschen zurück & es darf fast ausgesprochen werden, daß dadurch die einzelnen Firmen prämienlos meine Motore bauen können, da meine Ansprüche zur Ablösung meiner Rechte sehr mäßig sind & lediglich den augenblicklichen wirklich schon erreichten Stand der Geschäfte berücksichtigen ...

Da DIESEL nicht mehr imstande war, die mit der Gründung der neuen Gesellschaft verbundene Arbeit zu leisten, bat er seinen Freund BING, die Verhandlungen für ihn zu führen. Die Maschinenfabrik Augsburg stimmte zu; auch BUZ übernahm persönlich einen Teil der Aktien. KRUPP lehnte zunächst ab, weil er die Gründung eines neuen Unternehmens nicht für nötig hielt, hat sich dann aber doch beteiligt. Mehrere Bankhäuser und private Geldgeber schlossen sich an. Am 17. September 1898 wurde die „Allgemeine Gesellschaft für Dieselmotoren A.-G." gegründet; zu ihrem Vorstand wurde ALBERT JOHANNING bestellt; Aufsichtsratvorsitzender wurde HEINRICH BUZ. Der Kaufpreis, mit welchem die neue Gesellschaft alle Rechte von DIESEL erwarb, betrug 3½ Millionen Mark bar, die ihm teils sofort, teils, wie ein Bankauszug zeigt, im September/Oktober ausgezahlt wurden. Da DIESEL von dem Wert des neuen Unternehmens überzeugt war, erwarb er am 11. und 13. Oktober von dem Aktienbestand 2¼ Millionen Mark für sich. Das sollte sich bald als ein schwerer Fehlschlag herausstellen, denn die Einnahmen der neuen Gesellschaft blieben weit hinter den Erwartungen zurück; die Aktien sanken im Wert, und Dividenden blieben so gut wie ganz aus. Mit der Gründung der „Allgemeinen Gesellschaft" und der unseligen Diesel Motoren-Fabrik, die beide 1898 ins Leben gerufen wurden, begann die Zerrüttung des großen Vermögens, das DIESEL sich durch seine Arbeit erworben hatte.

Das Recht, Lizenzverträge zu schließen, ging von DIESEL auf die „Allgemeine Gesellschaft" über. Sie hat noch etwa zwanzig weitere Verträge geschlossen, die Mehrzahl mit ausländischen Lizenznehmern. Aber noch bis 1906 wurden von allen so wenige Motoren gebaut, daß die eingehenden Lizenzprämien nicht genügten, die Verluste zu decken. Das Aktienkapital mußte halbiert werden; DIESEL trug den Verlust. Durch Beschluß der Generalversammlung vom 27. November 1911 wurde die Gesellschaft aufgelöst. Soweit noch Rechte und Verpflichtungen bestanden, wurden sie von der MAN und KRUPP übernommen.

Eigene Versuche Diesels in den Jahren 1896 bis 1900

In der kritischen Zeitspanne, die mit der Fertigstellung des ersten gangbaren Motors begann und mit der Überwindung der ein Jahr später einsetzenden schweren Krise durch die Maschinenfabrik Augsburg endete, ist DIESEL unablässig bemüht gewesen, seinen Motor zu verbessern, die Wärmeausbeute zu steigern, die Vorrichtung zum Zerstäuben des Brennstoffs zu vereinfachen, den Motor für den Betrieb mit den verschiedensten Brennstoffen einzurichten, um seinen Anwendungsbereich zu vergrößern. Seine Bemühungen mußten entweder an der Unausführbarkeit des Problems scheitern, wie der Verbundmotor und der Kohlenstaubmotor, oder sie sind erst Jahrzehnte später durch eine wesentlich vervollkommnete Technik verwirklicht worden. Das gilt für den Diesel-Gasmotor und die Druckzerstäubung. Mit dem Motor von 1897 hatte DIESEL seine Schöpferkraft verausgabt. Ein schwerer Zusammenbruch des Nervensystems war die Folge seiner Überanstrengung, zu der widrige Patentstreitigkeiten und schwere technische Rückschläge beitrugen. Ein halbes Jahr, vom Herbst

1898 bis zum Frühjahr 1899, mußte er sich auf ärztliches Gebot von allen Geschäften fernhalten. Als man ihm erlaubte, die Arbeit wieder aufzunehmen, hatte die Entwicklung ihren Weg ohne ihn genommen. „DIESELS große technisch-heroische Zeit war vorbei."[60]

Diesels Compound-Motor. Zweimal hat man in der Geschichte des deutschen Verbrennungsmotors vergeblich versucht, die Spannung der Verbrennungsgase in zwei hintereinandergeschalteten Zylindern einer Kolbenmaschine auszunutzen. Das erste Mal war das Ergebnis der Deutzer Verbundmotor (Bild 28, S. 71); beim zweitenmal war es DIESEL, der erfahren mußte, daß das Problem unlösbar ist. Das Vorbild war in beiden Fällen die Zweifachexpansions-Dampfmaschine, die JONATHAN HORNBLOWER 1790 erfunden und ARTHUR WOOLF 1804 verbessert hat[7]. Die verlängerte Dampfdehnung hatte eine enorme Dampfersparnis gebracht; so lag die Vermutung nahe, daß auch der Verbrennungsmotor eine bessere Wärmeausnutzung ergeben müsse, wenn man dem Gas Gelegenheit gab, seine Expansion in einem zweiten Zylinder fortzusetzen. DIESEL hat daran von vornherein gedacht; er hatte dazu mehr Veranlassung als OTTO und DAIMLER in Deutz, denn DIESEL strebte einen viel höheren Druck an; er wollte ursprünglich bis auf 250 at gehen, und einen so enormen Druck in einer einzigen Expansionsstufe auf den Atmosphärendruck herabzusetzen erschien kaum ausführbar; es hätte einen unmöglich großen Kolbenhub und einen entsprechend langen Zylinder erfordert. So hat er sich schon im Anspruch 2 seines ersten Patentes 67 207 die zweifache Expansion — er nennt sie „Nachexpansion" — schützen lassen:

> Eine Ausführungsart des unter 1. gekennzeichneten Verfahrens, bei welcher zwecks mehrstufiger Compression und Expansion an dem Verbrennungscylinder eine Vorcompressionspumpe mit Zwischenbehälter und ein Nachexpansionscylinder angeschlossen wird, oder bei welcher mehrere Verbrennungscylinder unter sich oder mit den genannten Cylindern für Vorcompression und Nachexpansion gekuppelt werden.

Diese „Ausführungsart" hielt DIESEL für die richtige, als er Ende 1891 seine erste Patentanmeldung ausarbeitete. Noch 1897 sagt er in seinem Kasseler Vortrag:

> Ihre volle, umfassende Bedeutung erhält jedoch die neue Maschine erst, wenn sie imstande sein wird, gewöhnliche Steinkohlen zu verwerten, und wenn sie immerhin in Einheiten von 100 oder mehr Pferdestärken hergestellt werden kann. Versuche nach beiden Richtungen sind ebenfalls von der Maschinenfabrik Augsburg vorbereitet; ein großer rd. 150pferdiger Verbundmotor ist in Aufstellung begriffen und ein Kraftgasgenerator dazu ist schon montiert...

In der Maschinenfabrik Augsburg begann man Anfang 1896 mit der Anfertigung der Zeichnungen des Verbundmotors; im August waren sie fertiggestellt. Mit dem Bau ging es nur langsam vorwärts, offenbar, wie aus Bemerkungen in DIESELS sorgfältig geführtem Journal hervorgeht, weil man sich in der Maschinenfabrik Augsburg für den Verbundmotor nicht sonderlich interessierte. Am 20. Juli 1897 war der Motor auf dem Prüfstand fertig montiert (Bild 255).

Auf einer gemeinsamen Grundplatte stehen die drei Zylinder, in der Mitte der Niederdruckzylinder, rechts und links je ein Hochdruckzylinder. Die beiden Hochdruckzylinder arbeiten im Viertakt mit gleichzeitig eintretenden, also nicht um 360° versetzten Zündungen; sie sind einfachwirkend. Der Niederdruckzylinder arbeitet im Zweitakt; die obere Kolbenseite erhält die aus den Hochdruckzylindern eintretenden Abgase, die untere wirkt als Ladepumpe. Der gemeinsame Hub der drei Kolben betrug 400 mm; der Niederdruckzylinder hatte 510 mm Durchmesser, die beiden Hochdruckzylinder nach den erhalten gebliebenen Werkzeichnungen 220 mm, während DIESEL in seinem Buch[61] 200 mm angibt. Die Drehzahl sollte 150 U/min betragen.

Nach vielen Mühen gelangen am 24. September die ersten Zündungen, am 3. November ein zweieinhalbstündiger Lauf. Dabei konnte man genauere Messungen machen; sie ergaben, daß die Leistung des Motors weit hinter den Erwartungen zurückblieb

Bild 255. DIESELS Verbundmotor 1897
In der Mitte steht der Niederdruckzylinder, rechts und links je ein Hochdruckzylinder. Der Motor leistete nicht entfernt die erhofften 150 PS, und sein Brennstoffverbrauch war mehr als doppelt so hoch wie der des Einzylindermotors

und der Brennstoffverbrauch mit 524 g/PSh enttäuschend hoch war. Als Ursache erkannte DIESEL, was man in Deutz schon 18 Jahre vor ihm erfahren hatte, die großen Wärmeverluste, die mit dem Überströmen der halb expandierten Gase aus dem Hochdruck- in den Niederdruckzylinder verbunden waren. Der „Compound-Motor" hatte sich ein zweites Mal als unausführbar erwiesen. Ende 1897 lief der Motor zum letztenmal. DIESEL vermerkte im Journal, daß man ihn noch zum Erproben konstruktiver Einzelheiten verwenden könne, aber dazu ist es nicht mehr gekommen. Der Motor wurde bald darauf verschrottet. „Ich mußte daher meine großen Hoffnungen, die Wärmeausnutzung des Einzylindermotors noch wesentlich zu übertreffen, schmerzerfüllt zu Grabe tragen", sagt DIESEL später.

Versuche mit verschiedenen Brennstoffen. Bis zu den Versuchen SCHRÖTERs im Februar 1897 hatte DIESEL anfangs Benzin und später russisches und amerikanisches Lampenpetroleum benutzt. Während der Entstehungszeit des Motors ist er bei diesen Brennstoffen geblieben. Aber deren Preis war hoch; das Lampenpetroleum kostete damals 18 Mark je 100 kg, und dabei war ein wirtschaftlicher Wettbewerb mit der Dampfmaschine kaum möglich. So war DIESEL frühzeitig darauf bedacht, den Nachweis zu erbringen, daß sein Motor auch mit billigeren Brennstoffen betrieben werden könne.

Von Mitte 1897 bis Ende 1899 ließ DIESEL eine große Zahl verschiedener flüssiger Brennstoffe ausprobieren. Man richtete die Brennstoffleitungen im Prüffeld so ein, daß der Motor mit dem bisher stets gebrauchten Lampenpetroleum angefahren und während des Betriebes auf den Versuchsbrennstoff umgeschaltet werden konnte. Da DIESEL durch Besucher, die den Motor sehen wollten, durch seine Lizenzverhandlungen und die lange Krankheit sich kaum noch an den Arbeiten im Prüffeld beteiligen konnte, überließ er die Ausführung der Versuche seinen Mitarbeitern, die eine Reihe von „Versuchs-Journalen" führen mußten; diese waren unterteilt nach der Art des Brennstoffs: Spiritus, Benzin, Solaröl, Rohöl und Rückstände, Benzol und Benzolgemische sowie Gas und Kohlenstaub. Man fand nicht mehr, als daß manche Öle brauchbar, andere unbrauchbar waren. Den Grund für das verschiedene Verhalten der Brennstoffe im Motor konnte man nicht erkennen, weil man nicht über die physikalischen und chemischen Untersuchungsverfahren verfügte, mit denen wir heute die Brauchbarkeit eines Brennstoffs mit guter Sicherheit im voraus bestimmen. So haben die mit großer Sorgfalt ausgeführten Versuche die Entwicklung des Dieselmotors nicht gefördert. Man begnügte sich damit, in den Prospekten, in denen der Motor angekündigt wurde, ein recht langes Verzeichnis der verschiedenen Öle aufzuführen, mit denen der Motor betrieben werden konnte.

Sehr frühzeitig — schon im November 1894 — hat DIESEL versucht, seinen Motor mit Leuchtgas aus dem Augsburger Stadtgasnetz zu betreiben. Im Juli 1896 wurden die Versuche wiederholt; das Ergebnis schien DIESEL so günstig, daß er am 23. Juli 1896 in das Journal eintrug:

> Es ist hiermit der Beweis geliefert, daß der Motor ebensogut für Leuchtgas wie Petrol. zu gebrauchen ist, und zwar ohne irgend eine Aenderung ...

Diese Feststellung war verfrüht. Als nach längerer Unterbrechung die Versuche mit Leuchtgas im September 1897 wieder aufgenommen wurden, konnte derselbe günstige Zustand nicht wieder hergestellt werden. Bei der neuen Versuchsanordnung verdichtete ein zweistufiger Linde-Kompressor das Gas auf 40 at und drückte es in das Einblasegefäß, von dem es zum Einblaseventil gelangte. Im Brennraum wurde das Gas durch einen Streubrenner verteilt. Mit dieser Anordnung lief der Motor zunächst gut, jedoch bald verstopften sich die Löcher des Brenners und die Leistung fiel ab. Andere Zerstäuber hatten kein besseres Ergebnis. Als man den Zerstäuber ganz entfernte, zeigte es sich, daß der Motor ebenso gut oder schlecht lief, daß aber ein Dauerbetrieb nicht möglich war. Am 22. September 1897 notierte DIESEL, daß ein Betrieb ohne Petroleum unmöglich sei.

Nach längerer Pause begann man im März 1898 mit einer neuen Versuchsreihe. Man mischte jetzt dem Gas etwas Petroleum als Zündbrennstoff bei und erzielte ein einwandfreies Arbeiten des Motors. Aber dieser Zustand hielt nicht lange an. Zuweilen lief der Motor ganz ohne Zündöl anstandslos; dann wieder wurde der Gang unruhig.

Schließlich fand man die Ursache: das Augsburger Stadtgas war so ungleichmäßig zusammengesetzt, sein Gehalt an schweren Kohlenwasserstoffen schwankte so stark, daß ein regelmäßiger Betrieb nicht möglich war. Als man dann auch noch feststellen mußte, daß ein nach dem Otto-Verfahren arbeitender Gasmotor 450 Liter Gas je Pferdekraft und Stunde verbrauchte, während der niedrigste Verbrauch, den man mit dem Dieselgasmotor erzielt hatte, 485 Liter betrug, wurden die Versuche im April 1899 eingestellt.

Leuchtgasversuche nach dem Otto-Verfahren (Zündstrahlverfahren). DIESEL gab trotz dieser Mißerfolge die Hoffnung nicht auf, seinen Motor für den Betrieb mit Leuchtgas einrichten zu können. Wenn das Einführen des Gasstrahles unter Überdruck in die verdichtete reine Luft im Arbeitszylinder nicht möglich war, so konnte doch vielleicht das von OTTO angewandte Verfahren — Ansaugen und Verdichten von Gas und Luft gemeinsam — zum Erfolg führen, wenn man es so änderte, daß das Gemisch im Totpunkt nicht durch den elektrischen Funken oder ein Glührohr, sondern durch einen Flüssigkeitsstrahl entzündet wurde, dessen Zündpunkt niedriger als der des Gemisches lag. Auf ein solches Verfahren hat DIESEL im Januar 1899 eine Patentanmeldung eingereicht. Der einzige Anspruch des Patentes, das die Nr. 109 186 vom 27. Januar 1899 erhielt, lautet:

> Zünd- und Verbrennungsverfahren für Verbrennungskraftmaschinen, dadurch gekennzeichnet, daß die Verdichtungstemperatur des arbeitenden Gemisches seine eigene Entzündungstemperatur noch nicht erreicht, jedoch die Entzündungstemperatur eines zweiten, leichter entzündlichen Brennstoffes oder Gemisches erreicht oder überschreitet, so daß eine Einspritzung des letzteren die Verbrennung des Gemisches einleitet, worauf der Verlauf der Verbrennung von der Art und Dauer der Einspritzung des Zündbrennstoffes, d. h. von der Steuerung der Maschine bestimmt wird.

Das Patent ist auf die Firmen Krupp und die Vereinigte Maschinenfabrik Augsburg und Maschinenbaugesellschaft Nürnberg als die Träger der „Allgemeinen Gesellschaft für Dieselmotoren" eingetragen; die Erfindung hat DIESEL gemacht. Die Versuche dauerten vom April bis zum Juni 1899. Es gelang zwar, den Motor zu einem befriedigenden Lauf zu bringen, aber nur, wenn der Zündbrennstoff einen unerwünscht hohen Anteil — bis zu 50% — am gesamten Verbrauch hatte. Das Urteil der Augsburger Fabrik lautete:

> Der Gemischgasmotor mit Flüssigkeitszündung ist zum Arbeiten mit hoher Compression, ungefähr 28 Atm, gezwungen; hierin liegt seine Stärke: Hoher thermischer Wirkungsgrad, und Schwäche: geringe indicirte Leistung, da nur mit ganz schwachen Mischungen gearbeitet werden kann, sehr schlechter mechanischer Wirkungsgrad, minimale effective Leistung.

Ein Verdichtungsdruck von 28 at entspricht der niedrigsten Verdichtungstemperatur, bei welcher Gasöl in der erforderlichen kurzen Zeit noch zündet. Wenn aber ein Gas-Luft-Gemisch auf 28 at verdichtet werden soll, ohne daß Selbstzündung eintritt, dann darf das Gemisch nur sehr arm sein. Weiter sagt der Bericht:

> Dem Motor fehlen sämtliche Eigenschaften, die dazu gehören, um mit bestehenden besten Explosionsmotoren [gemeint sind die Otto-Motoren] in Wettbewerb treten zu können. Diese sind: Einfachheit, Billigkeit, Betriebssicherheit und die Fähigkeit, große Mengen Gas — Generator- oder Hochofengas — zu verarbeiten.

Auf diesen Bericht hin entschied BUZ, daß die Versuche einzustellen seien, obwohl man bereits eine Gasgeneratoranlage aus Frankreich bezogen und in Augsburg aufgestellt hatte. DIESEL erhob heftigen Widerspruch; er schrieb am 26. Juli 1899 an BUZ einen langen Brief, in welchem es heißt:

... Das hieße, hochverehrter Herr Commerzienrath, unser Werk, das doch so recht eigentlich auch Ihr Werk ist, im letzten Augenblick im Stiche lassen, u. zw. ohne, daß dafür eine überzeugende Begründung gegeben werden konnte ... Hochverehrter Herr Commerzienrath, ich bitte Sie, ich beschwöre Sie, lassen Sie Ihr großes Werk nicht gerade jetzt im entscheidenden Momente fallen, führen Sie es durch bis zu Ende, länger als bis Schluß dieses Jahres dauert es ja doch nicht mehr ...

Buz ließ sich nicht beeinflussen. Er sah klarer als Diesel, daß es zunächst viel wichtiger war, den mit flüssigem Brennstoff arbeitenden Motor betriebssicher zu machen, woran es damals noch sehr fehlte. Später konnte man das Problem des Zündstrahlmotors wieder aufgreifen. Das ist geschehen, aber erst nach 40 Jahren. Erst dann gelang es, das Zündstrahlverfahren so zu verbessern, daß man nicht mehr 50, sondern 5% der gesamten Brennstoffmenge für den Zündstrahl benötigt. Zündstrahlmotoren werden auch heute gebaut; insofern hat Diesel recht behalten. Aber an Bedeutung gegenüber dem mit flüssigem Brennstoff arbeitenden Motor steht der Zündstrahlmotor zurück.

Versuche mit Kohlenstaub. Den Kohlenstaub als Brennstoff hat schon Carnot 1824 erwähnt, und Diesel hat ihm ursprünglich den Vorzug gegeben. In seiner 1893 erschienenen Druckschrift nennt er den Kohlenstaub in erster Linie, vor „Petroleum oder Gas". Das Verfahren, den Kohlenstaub in den Brennraum einzuführen, hat er sich sehr einfach vorgestellt: im Zylinderdeckel, oberhalb des Brennraums, sollte eine mit waagerechter Achse angeordnete Hohlwalze mit halber Maschinendrehzahl rotieren. Die halbe Drehzahl erforderte der Viertakt. Die Walze sollte in ihrem Mantel eine Öffnung erhalten; wenn diese nach oben stand, sollte ein abgemessenes Quantum Kohlenstaub eingefüllt werden, das sich nach einer halben Umdrehung nach unten in den Brennraum entleerte. Zur Ausführung ist diese primitive Vorrichtung nicht gelangt, da der Kohlenstaub mit so unzulänglichen Mitteln nicht in die verdichtete Luft eingeschleust werden kann. Diesel wird sich wohl auch über die Schwierigkeiten klargeworden sein; er hat die Kohlenstaubversuche fünf Jahre zurückgestellt und sie nach

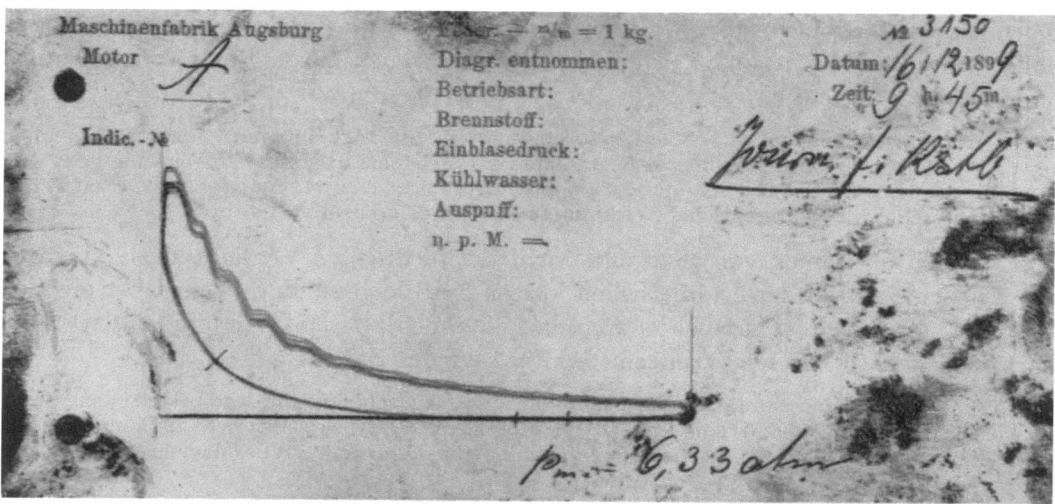

Bild 256. Indikatordiagramm des Versuchsmotors bei Betrieb mit Petroleum und Kohlenstaub, aufgenommen am 16. Dezember 1899

Mit Kohlenstaub und einem Petroleum-Zündstrahl konnte der 20 PS-Dieselmotor kaum länger als fünf Minuten laufen; dann waren Zylinder und Kolben so verschmutzt, daß man auf Petroleumbetrieb zurückschalten mußte

seinem „Journal für Kohlenstaub" erst am 12. Dezember 1899 aufgenommen. Nur unter Aufwendung seiner ganzen Beredsamkeit, sagte DIESEL, sei es ihm gelungen, die Zustimmung der Maschinenfabrik Augsburg zu einigen kurzen Versuchen zu erhalten. Der angelieferte Kohlenstaub, vier Sorten Braunkohlen und eine Sorte Steinkohlen, war stark grobkörnig. Es gelang, durch Einblasen des Staubes mittels Preßluft und Hinzufügen von Petroleum als Zündstoff den Motor sieben Minuten in Betrieb zu halten; ein dabei aufgenommenes Indikatordiagramm gibt Bild 256 wieder. Nach etwa fünf Minuten begannen die Zündungen durch den Kolben durchzuschlagen, berichtet PAUL MEYER, der das Journal für Kohlenstaub führte, so daß der Kreuzkopf und die Pleuelstange sich mit einer dicken Schicht von Kohlenstaub und Öl bedeckten. Stellte man die Staubzufuhr ab, so hörte das Durchschlagen auf, fing aber bei Einschalten der Staubzufuhr nach wenigen Umdrehungen wieder an. Beim Ausbau zeigte sich der Kolben mit seinen Ringen stark verschmiert. PAUL MEYER teilte das Ergebnis dem abwesenden DIESEL brieflich mit. DIESEL antwortete:

> Daß die Versuche mit der jetzigen Kolbenconstruction des Motors nicht gelingen würden, wußte ich schon von vornherein.

Davon hatte DIESEL, wie PAUL MEYER sagt, vorher nicht gesprochen. DIESEL, der am 20. Dezember bei einer Wiederholung des Versuches anwesend war, habe sich nicht im geringsten entmutigt gezeigt; er habe geäußert, es handle sich „nur noch um einen Kolben oder auch eine Motorkonstruktion", mit der das Verfahren ausführbar sei. In der Maschinenfabrik Augsburg aber erkannte man die Aussichtslosigkeit des Kohlenstaubmotors:

> In einem Motor jetziger Konstruktion ist das Verfahren ganz undurchführbar. Es müssen Mittel gesucht werden, den Kohlenstaub und auch die Rückstände von den geschmierten Zylinderflächen möglichst fern zu halten. Auf keinen Fall dürfen dieselben zwischen Zylinder und Kolben geraten können

vermerkt PAUL MEYER im Dezember 1899 in dem von ihm geführten Journal. Das war das Ende der Kohlenstaubversuche DIESELs.

Später hat sich RUDOLF PAWLIKOWSKI jahrelang um den Kohlenstaubmotor bemüht und ihm sein ganzes Vermögen geopfert. Die Anregung, sich mit dem Kohlenstaubmotor zu beschäftigen, hat er von DIESEL erhalten, dessen Mitarbeiter (nach LAUSTER von Mitte 1897 bis Anfang 1898) er gewesen ist und von dem er sich nach den ergebnislosen Versuchen mit dem Compound-Motor trennte. Es gelang PAWLIKOWSKI in den dreißiger Jahren, mit den von ihm gebauten Kohlenstaubmotoren längere Versuchsfahrten zu machen. Das Hauptproblem, die Vermischung der harten Ascheteilchen mit dem Schmieröl zu verhindern, hat auch er nicht lösen können. Das gleiche Schicksal hatten die Versuche bei der F. Schichau A.G. in Elbing, über die WAHL berichtet hat. Sie wurden um 1940 endgültig eingestellt. Das Problem des Kohlenstaubmotors, als Kolbenmaschine gebaut, ist bis heute nicht gelöst worden.

Andere Versuche Diesels. Mit zäher Ausdauer hat DIESEL vielerlei Versuche unternommen mit dem Ziel, seinen Motor zu verbessern. Wiederholt waren Anfangserfolge zu verzeichnen, die sich in „prachtvollen" Indikatordiagrammen und sehr guten Brennstoffverbrauchszahlen darstellten, aber immer dauerte die Freude nur kurze Zeit; dann verschlechterte sich die Diagrammform, der Auspuff fing an zu rauchen und der Brennstoffverbrauch nahm zu. Das galt vor allem für die Versuche mit verschiedenen Zerstäubern. Nur wenn es mit einer Zerstäuberkonstruktion zufällig gelang, den Brennstoff zugleich in feinste Tropfen zu zerlegen und diese im Brennraum einigermaßen gleichmäßig zu verteilen, ergaben sich saubere Verbrennung und niedriger Brennstoffverbrauch. Mit seinem Anfang 1897 entwickelten Siebzerstäuber, der mit zahlreichen Varianten von Düsenplatten mit Bohrungen verschiedener Zahl und verschiedenen Durchmessers probiert wurde, kombiniert mit Prallvorrichtungen, die den Brennstoff im Brennraum verteilen sollten, hat DIESEL zuweilen Einzelerfolge gehabt. So wurde im Oktober 1897 bei Bremsversuchen, die in Gegenwart von Vertretern der Firmen Vickers Sons & Maxim, London, und Burmeister & Wain, Kopenhagen, stattfanden, ein Brennstoffverbrauch von 211 g/PSh gemessen, der niedrigste, den man bis dahin erreicht hatte. Aber trotz aller Bemühungen ließen sich dieselben guten Verhältnisse nicht wieder herstellen, wenn man das Zerstäubersieb, das nach kürzerem oder längerem Betrieb regelmäßig verschmutzte, zwecks Reinigung ausgebaut hatte und wieder neu wickelte. Dann wurde auf einmal alles wieder schlechter. Auch der erste von der Maschinenfabrik Augsburg gelieferte Motor, der berühmt gewordene „Kemptener Motor" (S. 505), war anfangs mit einem Siebzerstäuber ausgerüstet, der große Schwierigkeiten gemacht hat, weil das Sieb immer wieder neu gewickelt werden mußte, wodurch sich die Betriebseigenschaften stets änderten. Erst der Plattenzerstäuber (S. 516) hat die Wendung zum Besseren herbeigeführt.

Vergeblich hat DIESEL sich bemüht, den Einblaseluftkompressor, der ihm äußerst unsympathisch war, entbehrlich zu machen. Der *„Selbsteinblasung"*, wie DIESEL das von ihm erdachte Verfahren nannte, lag der Gedanke zugrunde, den Verdichtungsdruck im Arbeitszylinder des Motors um 12 bis 15 at über den damals üblichen Druck von 30 bis 32 at zu erhöhen, die höher verdichtete Preßluft in einem Gefäß zu speichern und sie zum Einblasen des Brennstoffs zu benutzen. Dazu war ein bestimmter kleinster Überdruck über dem Verdichtungsdruck erforderlich. Die Steuerung mußte so eingerichtet werden, daß das Brennstoffventil erst dann öffnete, wenn der Druck im Arbeitszylinder infolge der Raumvergrößerung durch den abwärtsgehenden Kolben um etwa 15 at gesunken war. Man arbeitete mit „Späteinspritzung", die den Brennstoffverbrauch verschlechtern mußte, denn sie verkürzte den Kolbenweg, auf dem die Verbrennungsgase ihre Arbeit abzugeben hatten. Der Brennstoffverbrauch stieg mit der Späteinspritzung auf 284, bei einem anderen Versuch auf 305 g/PSh. Man brach die Versuche im September 1898 ab, als DIESEL erkrankte, und versuchte es im Juli 1899 von neuem. Aber alle Änderungen der Versuchsanordnung brachten keinen Erfolg. Bremsversuche ergaben zudem, daß auch der mechanische Wirkungsgrad durch den Fortfall des Einblasekompressors nicht besser wurde. Es gab keine saubere Verbrennung, und der Siebzerstäuber verstopfte sich nach kurzem Betrieb. Im August 1899 gab DIESEL die Versuche endgültig auf. KRUPP, der um dieselbe Zeit Versuche mit der Selbsteinblasung machte, hatte ebensowenig Erfolg.

Aus der Zeit nach 1900 ist nur von einer einzigen Erfindung DIESELs zu berichten, die bedeutend gewesen ist, zu deren Ausführung DIESEL aber nichts unternommen hat. Es betraf die *Druckeinspritzung* des Brennstoffs, mit der er sich schon während der ersten Versuche mit seinem Motor beschäftigt und die er damals für unausführbar gehalten hatte. Am 14. Januar 1905 reichte er unter dem Decknamen „Oscar Lintz in Berlin" eine Patentanmeldung ein, die das Verfahren beschreibt, das wir heute anwenden. In der Anmeldung heißt es:

Bei den Dieselmotoren ist bekanntlich der Kompressionsdruck ein sehr hoher; er beträgt 30—35 Atm. Um daher die erwähnte Zerstäuberwirkung durch Stoß der Flüssigkeitsstrahlen gegen die komprimierte Luftmasse zu erreichen, muß der Druck der einspritzenden Flüssigkeit ein Vielfaches hiervon sein und unter Umständen bis zu mehreren Hundert Atmosphären betragen.

Die mit der Hand geschriebene Anmeldung hat zwei Patentansprüche:

1.) Verfahren zum direkten Einspritzen flüssiger Brennstoffe in Verbrennungsmotoren, dadurch gekennzeichnet, daß ein mit Luft oder Sauerstoff unter sehr hohem Druck gesättigter eventuell auch künstlich erhitzter Strahl von flüssigem Brennstoff unter diesem Druck direkt in den Kompressionsraum des Motors durch seine Oeffnungen eingespritzt wird.

2.) Ausführungsform des sub 1.) gekennzeichneten Verfahrens, bei welcher der hohe Einspritzdruck durch Luft- oder Gasakkumulatoren erzeugt wird.

Von der dem Einspritzen vorhergehenden Sättigung des flüssigen Brennstoffs mit Luft unter sehr hohem Druck sagt die Beschreibung, es sei „bekannt, daß derartige luft- oder gasgetränkte Flüssigkeiten beim Ausströmen durch das bei der Druckentlastung erfolgende Entweichen des Gases eine starke mechanische Trennung erfahren, durch welche die Strahlen zerstäubt und in Schaum verwandelt werden". Die Sättigung des Brennstoffs mit Luft unter hohem Druck ist überflüssig, denn der unter einem Druck von mehreren hundert Atmosphären aus einer feinen Bohrung ausströmende Brennstoff zerfällt auch ohne beigemischte Luft in zahlreiche sehr feine Tropfen. Das konnte DIESEL nicht wissen. Sonst aber hat er mit klarem Blick die Möglichkeit erkannt, den Motor mit reiner Druckeinspritzung zu betreiben. In einer primitiven Skizze (Bild 257), die als Fig. 1 der Anmeldung beigefügt ist, beschreibt er das Prinzip einer Kombination von Brennstoffpumpe und Einspritzdüse, die ein halbes Jahrhundert später von L'ORANGE, dem Sohn des Erfinders der Vorkammereinspritzung, entwickelt worden

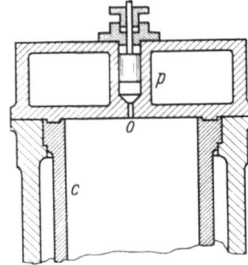

Bild 257. Figur 1 der Patentanmeldung L 20510 I/46a vom 14. Januar 1905

c Verdichtungsraum; o Düse; p Hochdruckpumpe zum Erzeugen des Einspritzdruckes von mehreren hundert at

Die Patentanmeldung, unter einem Decknamen eingereicht, beschreibt schematisch eine Erfindung DIESELS, bei welcher die Brennstoffpumpe unmittelbar über der Einspritzdüse angeordnet ist, so daß die Druckleitung zwischen Pumpe und Düse entfällt. Heute werden solche Aggregate erfolgreich benutzt. Die Anmeldung ist Ende August 1905 im Reichsanzeiger veröffentlicht worden. Ein Patent wurde nicht erteilt

ist und unter dem Namen „Pumpe-Düse" vielfach verwendet wird. Der enge Zusammenbau der Brennstoffpumpe mit der Einspritzdüse macht die mehr oder weniger langen Druckleitungen zwischen Pumpe und Düse entbehrlich, so daß die störenden Druckwellen, die in längeren Leitungen auftreten können, vermieden werden.

DIESEL hat seine Anmeldung, wie auf dem Original vermerkt ist, am 26. Januar 1905 bei einer Aufsichtsratsitzung der „Allgemeinen Gesellschaft" BUZ übergeben. Von dem weiteren Schicksal der Anmeldung wissen wir nur, daß sie am 19. August 1905 ausgelegt und im „Reichsanzeiger" vom 31. August 1905 veröffentlicht wurde. Weitere Aufzeichnungen konnten nicht gefunden werden. Ein Patent ist nicht erteilt worden.

Fünf Jahre später hat JAMES MCKECHNIE, der technische Leiter der Firma Vickers, den Gegenstand seines englischen Patents Nr. 27579 vom 26. November 1910 in Deutschland angemeldet. Das deutsche Patent wurde versagt, weil DIESELs im Reichsanzeiger bekanntgegebene Erfindung als Vorveröffentlichung angesehen wurde. DIESEL hat in seiner Anmeldung von einem Einspritzdruck von „mehreren Hundert Atmosphären" gesprochen; MCKECHNIE nennt Einspritzdrücke von 2000 bis 6000 lb./sq.in., also 140 bis 420 at. Die unnötige Sättigung des Brennstoffs mit Luft vor dem

Einspritzen fehlt bei MCKECHNIE. Somit hätte DIESEL ein halbes Jahrzehnt vor MCKECHNIE die Druckeinspritzung erfunden. Wenn aber gilt, was E. DIESEL gesagt hat[73]:

„Nach einer sehr verbreiteten, naiv-volkstümlichen Auffassung wäre die Idee die wichtigste Ursache der Erfindung. Aber einzig und allein die Durchführung der Idee besitzt das Recht auf den Ehrennamen der Erfindung...",

dann hat nicht RUDOLF DIESEL, sondern Sir JAMES MCKECHNIE die Hochdruckeinspritzung erfunden, denn er hat nicht nur unabhängig von DIESEL den Gedanken gehabt, sondern er hat ihn auch verwirklicht und zum Erfolg geführt.

Auflösung der Augsburger Versuchsstation

Keiner der Versuche, welche DIESEL in der Zeit zwischen der Kasseler Tagung und der Jahrhundertwende gemacht hat, brachte irgendeinen Erfolg. Entweder scheiterten sie an der Unausführbarkeit des Problems, wie die Maschine mit zweifacher Expansion und der Kohlenstaubmotor, oder sie eilten der Entwicklung weit voraus. Was man brauchte, waren Betriebserfahrungen mit dem Motor von 1897. Solche Erfahrungen konnten nicht auf dem Prüfstand gesammelt werden, wo der Motor von Ingenieuren und Monteuren auf das sorgfältigste betreut wurde; dazu war es nötig, ihn zu fabrizieren und an Kunden zu liefern. Als das Unkostenkonto der Versuche immer mehr anstieg, ohne daß Ergebnisse sichtbar wurden, löste BUZ kurzerhand den Versuchsstand Ende 1899 auf. Nur die Versuche mit dem inzwischen von HUGO GÜLDNER entwickelten Zweitaktmotor wurden fortgesetzt, bis auch sie, da die Ergebnisse nicht befriedigten, eingestellt wurden.

Güldners Zweitaktmotor

Bis Ende 1898 hat man sich in der Maschinenfabrik Augsburg nur mit dem Viertakt-Dieselmotor beschäftigt; das Zweitakt-Verfahren auf DIESELs Erfindung anzuwenden lag vorerst keine Veranlassung vor. Wichtiger war es, den Viertaktmotor in Ordnung zu bringen. Nicht DIESEL ist es gewesen, der in Augsburg angeregt hat, es mit dem Zweitakt zu versuchen; „die Durchführung des Arbeitsverfahrens im Zweitakt lag nicht im Ideenkreis Diesels" sagt LAUSTER in seinen Erinnerungen. Offenbar war es HUGO GÜLDNER, der zuerst vorgeschlagen hat, einen Versuchs-Zweitaktmotor zu bauen. GÜLDNER war Anfang Januar 1899 bei der Allgemeinen Gesellschaft für Dieselmotoren eingetreten und hatte dort die Leitung des Konstruktionsbüros übernommen. Seit 1893 hatte er sich mit Zweitakt-Ottomotoren beschäftigt, wie aus einer Patentanmeldung GÜLDNERs aus jener Zeit hervorgeht. GÜLDNER war der Meinung, daß der Dieselmotor, weil er mit reiner Luft gespült werden kann, sich besonders gut für den Zweitakt eigne, was für den gemischansaugenden Ottomotor nicht gilt. Die Entwicklung hat GÜLDNER insofern recht gegeben, als heute alle Dieselmotoren großer Leistung als Zweitaktmaschinen gebaut werden, während der Zweitakt aus dem Gasmaschinenbau verschwunden ist.

Es gelang GÜLDNER, die MAN, KRUPP und DIESEL zu veranlassen, dem Bau eines Versuchs-Zweitaktmotors zuzustimmen. Die Kosten, die mit 30 000 Mark veranschlagt wurden, sollten von den beiden Firmen und DIESEL zu je einem Drittel getragen werden.

GÜLDNER entwarf einen liegenden Motor (Bild 258), der zwei hintereinander angeordnete Zylinder hatte. Der außen liegende Arbeitszylinder *a* hatte 175 mm Dmr.; der Kolben des Spülpumpenzylinders *b* von 185 mm Dmr. diente zugleich als Kreuzkopfführung. Der gemeinsame Hub betrug 210 mm; man erwartete eine Leistung von 12 PS bei 250 U/min.

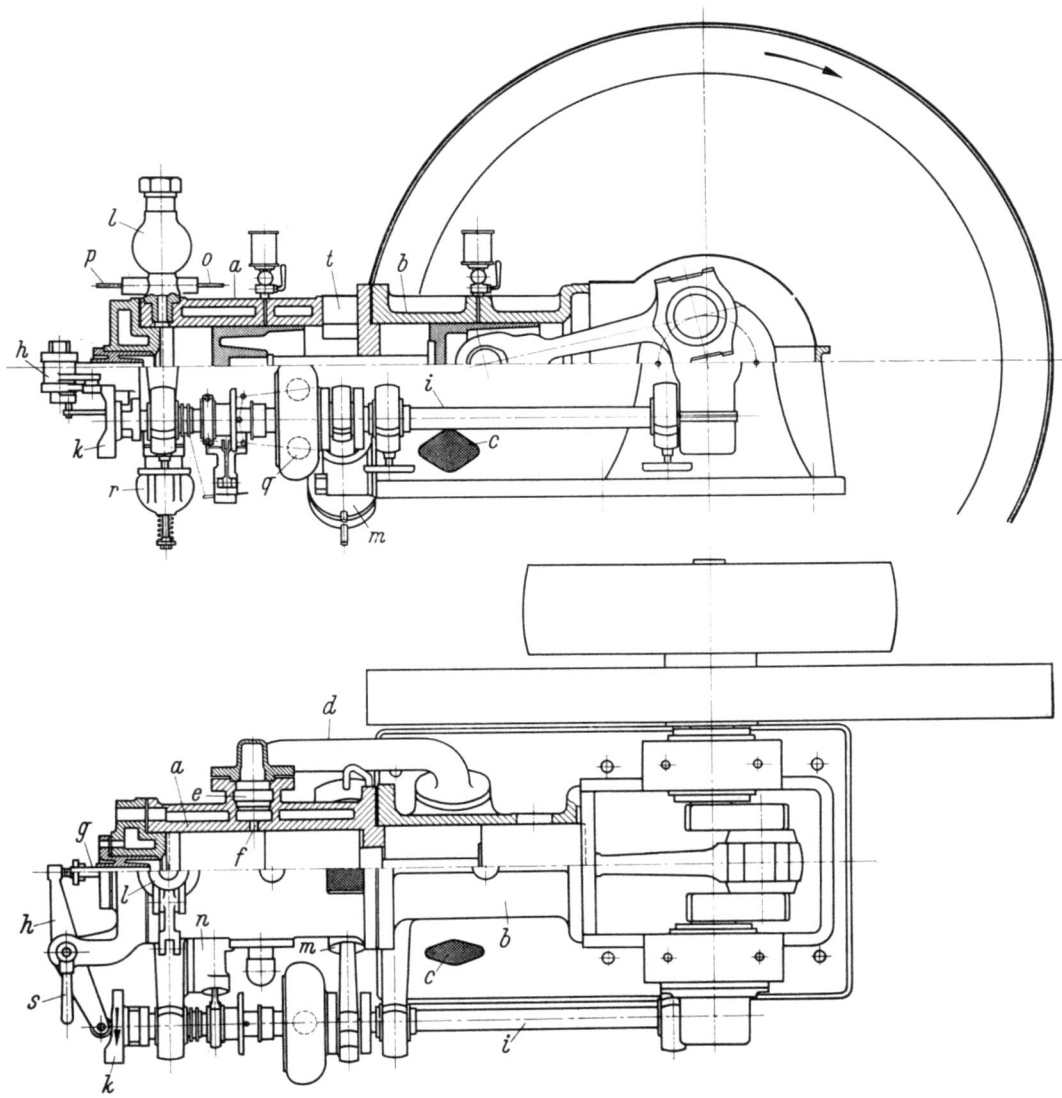

Bild 258. Der erste Zweitakt-Dieselmotor, 1899 von HUGO GÜLDNER bei der Allgemeinen Gesellschaft für Dieselmotoren konstruiert

a Arbeitszylinder; *b* Spülpumpenzylinder; *c* durch Siebe verschlossene Saugöffnungen der Luft; *d* Überströmrohr; *e* Lufteinlaßventil; *f* Spülschlitze; *g* Auspuffventil; *h* Auspuffventilhebel; *i* Steuerwelle; *k* Nockenscheibe; *l* Brennstoffventil; *m* Kompressor für Einblaseluft; *n* Brennstoffpumpe; *o* Brennstoffdruckleitung; *p* Einblaseluftleitung; *q* Regler; *r* Anlaßventil; *s* Handhebel zum Einschalten von *r*

Die Kreuzkopfführung diente als Spülpumpenzylinder. Die Spülluftmenge war zu klein, so daß der Motor seine Nennleistung von 12 PS nicht erreichte und einen unverhältnismäßig hohen Brennstoffverbrauch hatte. Nach diesem Mißerfolg gab man in Augsburg den Bau von Zweitaktmotoren für längere Zeit auf

Der Spülpumpenkolben saugte die Luft aus dem Maschinenraum durch Siebe c an und drückte sie durch ein Überströmrohr d in den Raum e, in welchem ein selbsttätig wirkendes Lufteinlaßventil untergebracht war, das vor den Spülschlitzen f lag. Das Auspuffventil g lag waagerecht zentral im Zylinderdeckel; der Spülstrom durchstrich somit den Zylinder in seiner Längsrichtung: man hatte die „Gleichstromspülung", die in neuerer Zeit bei Zweitakt-Dieselmotoren modern geworden ist. Das Auspuffventil erhielt seinen Antrieb durch den Hebel h, der durch die auf der Stirnseite der Steuerwelle i sitzende Nockenscheibe k bewegt wurde. Das Brennstoffventil l war oben auf dem Zylindermantel angeordnet; man erkennt aus seiner Lage, daß der Brennstoff seitlich in den flachen Brennraum eingeblasen wurde. Unterhalb des Arbeitszylinders lag der Einblasekompressor m, der von einer Kurbel auf der Steuerwelle i angetrieben wurde; er erhielt aus dem Spülpumpenzylinder vorverdichtete Luft von etwa 3 atü. Der Brennstoff wurde durch die Pumpe n und das Rohr o gefördert; angetrieben wurde die Pumpe durch ein Exzenter auf der Steuerwelle i. Durch die Leitung p strömte die Einblaseluft vom Kompressor m dem Brennstoffventil l zu. Der Regler q beeinflußte durch einen Stellkeil (ähnlich Bild 250, S. 476) die je Hub geförderte Brennstoffmenge. Das Anlaßventil r lag unterhalb des Arbeitszylinders; sein Antrieb von der Steuerwelle wurde durch den Handhebel s eingeschaltet.

Den Motor hat GÜLDNER allein konstruiert; DIESEL, der von seiner Krankheit noch nicht wiederhergestellt war, ist nicht daran beteiligt gewesen. GÜLDNER meldete mehrere seiner Konstruktionen zum Patent an; um deren Herkunft nicht bekanntzugeben, wurden die Decknamen „Heinrich Eckhardt" und „Heinrich Homberger" benutzt. Die Patente 109562, 111302, 124148 und 121009, sämtlich aus dem Jahr 1899, betrafen teils Steuerungen von Verbrennungskraftmaschinen, teils das Zweitaktverfahren. Bedeutung haben sie nicht erlangt.

Mitte Dezember 1899 wurde der Zweitaktmotor durch Riemen von einer Transmission angedreht, aber erst am 11. Januar 1900 gelang es, ihn zum Zünden zu bringen. Der Arbeitskolben, der beim Zweitakt heißer wird als beim Viertakt, machte von Anfang an Schwierigkeiten, so daß er abgedreht und mit einem neuen Mantel versehen werden mußte. Am 17. Februar konnte die Leistung zum erstenmal gemessen werden; sie betrug bei 251 U/min statt der erwarteten 12 nur 6,95 PS; der Brennstoffverbrauch war mit 380 g/PSh enttäuschend hoch. Da man Spülluftmangel als Ursache vermutete, wurde ein Linde-Kompressor aufgestellt, der zusätzliche Spülluft lieferte. Die Leistung des Motors stieg, aber die Zunahme der Leistung war kleiner als der Leistungsverbrauch des Kompressors. An dem schlechten Ergebnis konnte auch das seitliche Einspritzen des Brennstoffs schuld sein, denn das Brennstoffventil (l in Bild 258) war so angeordnet, daß die Brennstoffstrahlen von der Seite in den schmalen scheibenförmigen Brennraum eindringen mußten. Man suchte dem dadurch abzuhelfen, daß man die Einspritzdüse durch ein Rohr verlängerte, das fast bis zur Mitte des Brennraums reichte; es brachte keinen Erfolg. Darauf wurde versucht, die Spülrichtung umzukehren: die Spülluft strömte durch das Auspuffventil in den Zylinder; die Spülschlitze dienten als Auspuffschlitze. Auch diese Maßnahme ergab keine Besserung. Erst als man einen doppeltwirkenden Linde-Kompressor zur Lieferung zusätzlicher Spülluft angeschlossen hatte, gelang es, auf eine Leistung von etwa 12 PS zu kommen, aber damit wäre die Maschine unverkäuflich geworden. Verschiedene Siebzerstäuber, mechanische Zerstäuber und Düsenplatten änderten nichts. Man suchte die Leistung durch Steigerung der Drehzahl zu erhöhen, kam aber nicht über 260 U/min, weil die selbsttätigen Ventile der Spülpumpe bei höheren Drehzahlen versagten. Endlich entschloß man sich, den Durchmesser des Spülpumpenzylinders von 185 auf 195 mm zu vergrößern, so daß das Hubvolumen der Spülpumpe das 1,24fache des Arbeitszylinders betrug. Der Umbau dauerte fünf Monate. Erst im Januar 1901 konnte man den Motor wieder messen und kam wenigstens auf 9,5 PS bei 244 U/min. Aber auch das war gegenüber dem, was der stehende Einzylinder-Viertaktmotor schon 1897 geleistet hatte, zu schlecht. Am 16. März 1901 wurde beschlossen, die Versuche mit dem Zweitaktmotor einzustellen.

Wenige Wochen darauf, so berichtet LAUSTER, kam aus England die Nachricht, daß ein in Manchester nach Zeichnungen GÜLDNERs gebauter, auf einer Londoner Ausstellung vorgeführter Zweitaktmotor von etwas größerer Leistung einen Brennstoffverbrauch von nur 230 bis 240 g/PSh erreicht habe, was in Augsburg besonders bei dem Oberingenieur VOGT große Erregung auslöste. Aber die Meldung stellte sich sehr bald als Irrtum heraus. In Augsburg ist man beim Viertakt geblieben, bis man Jahre später das Spülproblem soweit gelöst hatte, daß der Zweitakt dem Viertakt gleichwertig und bei großen Zylindern ihm überlegen wurde.

HUGO GÜLDNER schied am 31. Oktober 1901 aus den Diensten der „Allgemeinen Gesellschaft" aus. In der Folgezeit hat er sein umfangreiches Werk „Das Entwerfen und Berechnen der Verbrennungsmotoren" geschrieben, das 1903 im Springer-Verlag erschien und jahrelang das einzige zusammenfassende Lehrbuch auf diesem Gebiet gewesen ist.

Der Kemptener Motor

Nach dem Erfolg der Kasseler Tagung trug man in der Maschinenfabrik Augsburg keine Bedenken, Dieselmotoren an Kunden zu liefern. Auch BUZ hielt den Motor für marktreif.

Damals war KARL BUZ, HEINRICH BUZ' Bruder, Generaldirektor der Vereinigten Zündholzfabriken A.G. In dem Werk Kempten der Firma plante man die Aufstellung einer neuen Dampfanlage, wovon HEINRICH BUZ durch seinen Bruder hörte. Er empfahl diesem, statt der Dampfmaschine einen Dieselmotor zu wählen, und KARL BUZ willigte ein. Die Maschinenfabrik Augsburg mußte sich, was nicht bekanntgegeben wurde, verpflichten, im Fall des Mißlingens den Dieselmotor gegen eine Dampfmaschine mit Kesselanlage kostenlos auszuwechseln. Die Bestellung erregte, wie LAUSTER erzählt, in der Fachwelt beträchtliches Aufsehen, denn Petroleummotoren mit größerer Leistung als 10 PS hatte noch niemand gebaut; dieser aber sollte 2 × 30 PS leisten. Das war ein großes Wagnis.

Bild 259 zeigt den zweizylindrigen Motor an seinem Aufstellungsort. Die beiden Zylinder von 300 mm Durchmesser waren auf je einem A-Ständer und gemeinsamer Grundplatte montiert. Die Zylinderlaufbuchse war mit dem Kühlmantel aus einem Stück gegossen (Bild 260). Der Kolben war durch Kolbenstange und Kreuzkopf geführt; im Bild sind fünf Kolbenringe gezeichnet, bei der Erstausführung hatte der Kolben vier Ringe. Das Triebwerk wurde durch Tropföler geschmiert. Die Kurbelwelle war hohl gebohrt für den Fall, daß sie durch Wasser gekühlt werden mußte. Die auf der Rückseite des Arbeitszylinders angeordnete Einblaseluftpumpe a (Bild 261) wird durch einen Schwinghebel vom oberen Teil der Pleuelstange angetrieben. Der Zylinderkopf und der Mantel der Einblasepumpe sind wassergekühlt. Im Bild sieht man links die senkrechte Übertragungswelle b, die durch Schraubenräder (im Bild verschalt) die Steuerwelle c mit den Nocken für Einlaß-, Auspuff-, Brennstoff- und Anlaßventil antreibt. Das rechte

Ende der Nockenwelle trägt eine Stirnkurbel, von der die Brennstoffpumpe d betätigt wird. Durch das Gestänge e beeinflußt der Regler f die Förderung der Brennstoffpumpe.

Beim Anfahren des Motors arbeitete das Anlaßventil im Zweitakt; das Brennstoffventil war während des Anfahrens ausgeschaltet. Nach wenigen Umdrehungen konnte

Bild 259. Der erste von der Maschinenfabrik Augsburg im März 1898 an Kunden gelieferte Dieselmotor, der unter der Bezeichnung „Der Kemptener Motor" historische Bedeutung erlangt hat. Er trug die Fabrik-Nr. „4". Die Nennleistung war 2 × 30 PS bei 180 U/min. Die Schwungräder hatten einen Durchmesser von 2,6 m

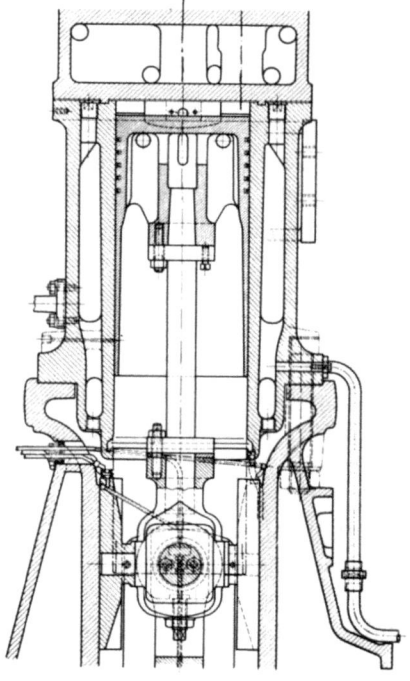

Bild 260
Schnitt durch den Arbeitszylinder des Kemptener Motors (1898)
Der Zylinderdurchmesser betrug 300 mm

man auf Betrieb umschalten; dazu verschob eine starke Feder die Steuerwelle in axialer Richtung, so daß die Viertaktsteuernocken unter die Rollen der Ventilhebel gelangten. Eine automatisch wirkende Sperrklinke sorgte dafür, daß das Umschalten nur in einem bestimmten Augenblick vor sich gehen konnte.

Anfang September 1897 wurde der Motor im Prüffeld der Maschinenfabrik Augsburg aufgestellt. Bald nach dem ersten Anlassen zeigten sich manche Schwierigkeiten. Die Kolben wurden sehr heiß und dampften stark, was man zunächst darauf zurückführte, daß sie noch nicht eingelaufen seien. Man setzte dem Zylinderschmieröl Staubschmirgel zu, wie man das bei Dampfmaschinen zu tun pflegte, erreichte aber nur, daß die Kolben noch undichter wurden. Schließlich mußten die Zylinder ausgebohrt und neue Kolben angefertigt werden. Erst als man die Kolben mit dem besten erhältlichen Heißdampfzylinderöl schmierte, trat eine Wendung ein. Als endlich ein Dauerbetrieb von zwei Wochen ohne allzuviel Anstände gelungen war, glaubte man, den Motor zum Versand nach Kempten freigeben zu können.

Bild 261. Der Kemptener Motor von der Steuerwellenseite gesehen
a Einblasepumpe; *b* Antriebwelle der Steuerwelle *c*; *d* Brennstoffpumpe; *e* Regelgestänge; *f* Regler

Über die Leidenszeit, die der Motor in Kempten durchgemacht hat, liegen LAUSTERs ausführliche Berichte vor. Alle Anstände, die auftraten, waren nicht auf das Dieselverfahren, sondern auf äußere Ursachen zurückzuführen, insbesondere auf die Art der Belastung durch den Fabrikationsbetrieb. Wenn die Sägegatter der Zündholzfabrik arbeiteten, gab es starke Belastungsstöße auf die Transmission und den Motor. Eine Dampfmaschine mit ihrer großen Überlastbarkeit wäre dem ohne weiteres gewachsen gewesen, aber ein Verbrennungsmotor verhält sich anders; er verträgt keine große Überlast, weil ihm die Luft fehlt, um ein Mehr an zugeführtem Brennstoff zu verarbeiten. Solche Erfahrungen konnte man nicht auf dem Prüfstand machen; der praktische Betrieb erst konnte sie lehren. Hinzu kamen der unsicher arbeitende Siebzerstäuber und die Gefahr von Schmierölexplosionen, denn die einstufig arbeitende Einblasepumpe verdichtete auf 40 at, und dabei wurde die Luft so heiß, daß ihre Temperatur dem Zündpunkt der Schmieröldämpfe gefährlich nahe kam. Die Arbeitskolben waren beständig sehr warm und konnten jeden Augenblick „fressen". Die beiden Monteure der Maschinenfabrik Augsburg, SCHMUCKER und KLINKERT, mußten sich Tag und Nacht ablösen. Tagsüber durfte der Motor keinen Augenblick allein gelassen werden; nachts mußten die erforderlichen Arbeiten gemacht werden. Durch die in das Kurbelgehäuse durchschlagenden Zündungen wurde die Luft in dem kleinen, durch einen Glasverschlag abgetrennten Maschinenraum unerträglich verschlechtert. Aus den Berichten, die Monteur SCHMUCKER nach Augsburg sandte, erkannte man dort, daß es so nicht gelingen würde, einen anstandslosen Betrieb herzustellen. BUZ schickte daher LAUSTER nach Kempten mit der Anweisung, dort so lange zu bleiben, wie er — LAUSTER — es für nötig halte.

„Schmucker sah abgearbeitet aus", schreibt LAUSTER, „die Tag- und Nachtarbeit ging an diesem sonst so kräftigen, gesunden Mann nicht spurlos vorüber". LAUSTER änderte zunächst die Saugleitung des Motors; die Luft wurde jetzt aus dem Maschinenraum angesaugt, und damit verschwanden „die unerträglichen Schmieröl- und Brennstoffdämpfe". Das auftretende starke Ansauggeräusch wurde durch einen primitiven Schalldämpfer, bestehend aus aufeinandergeschichteten Blechen mit zwischengelegten Distanzstücken, wirksam gemindert. Das Heißdampfzylinderöl, mit dem man anfangs bei der Schmierung der Kolben gute Erfahrungen gemacht hatte, erwies sich schließlich als unbrauchbar, weil es von den Kolben abtropfte, sich mit dem Triebwerkschmieröl mischte und in der Kurbelwanne einen dickflüssigen Brei bildete, wodurch das ganze Triebwerk gefährdet wurde. Ein russisches Schmieröl, das die Bezeichnung Oleonaphta führte, besserte zwar die Verhältnisse, aber ein störungsfreier Betrieb war auch damit nicht möglich. LAUSTER sah bald, daß die vielen auftretenden Störungen, besonders das häufige Fressen der Kolben, zur Hauptsache durch die immer wiederkehrenden Überlastungen verursacht wurden. So griff er zu einem Gewaltmittel: er versah die Reglermuffe, von deren Stellung die Fördermenge der Brennstoffmenge abhing, mit einem Anschlag, der nur etwa drei Viertel der Vollast einzustellen erlaubte. Die volle Leistung, für die der Motor verkauft worden war, konnte er dann nicht mehr abgeben. Das war der Fabrikleitung natürlich nicht recht, aber LAUSTER hatte das Glück, bei dem Direktor SCHNETZER der Zündholzfabrik Verständnis für sein Vorgehen zu finden, zumal da man glaubte, daß die Störungen nur vorübergehend sein würden. Nachdem auch die Belegschaft der Fabrik sich daran gewöhnt hatte, beim Zu- und Abschalten der Arbeitsmaschinen Rücksicht auf den Motor zu nehmen, konnte man den Motor tagsüber einigermaßen in Betrieb halten. Die Nächte standen für Überholungsarbeiten zur Verfügung, denn „es verging kein Tag, an dem nicht neue Mängel entdeckt wurden". Vor allem war es der Siebzerstäuber, der jeden Abend ausgebaut und gereinigt werden mußte, denn immer wieder sammelten sich im Sieb Ölreste an, die den Zerstäuber verschmutzten und den Durchflußquerschnitt so verringerten, daß der Auspuff zu rußen begann. Aber SCHMUCKER verstand sich auf die schwierige Kunst, das Sieb des Zerstäubers zu wickeln. Nur das Triebwerk scheint wenig Anstände verursacht zu haben. Die Wasserkühlung der Kurbelwelle, die man vorgesehen hatte, brauchte nicht benutzt zu werden.

So konnte LAUSTER schließlich, „wenn auch immer noch sorgenvoll", nach Augsburg zurückkehren. Die Sorgen waren nur zu berechtigt, denn während des ganzen Sommers 1898 wollen die Klagen in den Monteurberichten über vorgekommene Störungen nicht verstummen. Es sind meist nur unbedeutende Anlässe: Ventilfedern der Einblaseluftpumpe brechen; die Anlaßventile halten im Betrieb nicht dicht, so daß ihre Gehäuse rotglühend werden und die Spannung der Ventilfedern nachläßt; es müssen Holzkeile unter die Ventilhebel geschlagen werden, damit die Ventilteller dicht werden; Rohrverschraubungen reißen und Flanschen werden undicht; die Lederstulpen der Brennstoffpumpenkolben haben sich abgenutzt, und vieles andere. Besonders große Schwierigkeiten machten die Überlaufventile der beiden Brennstoffpumpen; sie wurden vom Regler geöffnet, wenn der Pumpenstempel die durch die Belastung vorgeschriebene Brennstoffmenge gefördert hatte. Wenn aber ein Überlaufventil undicht

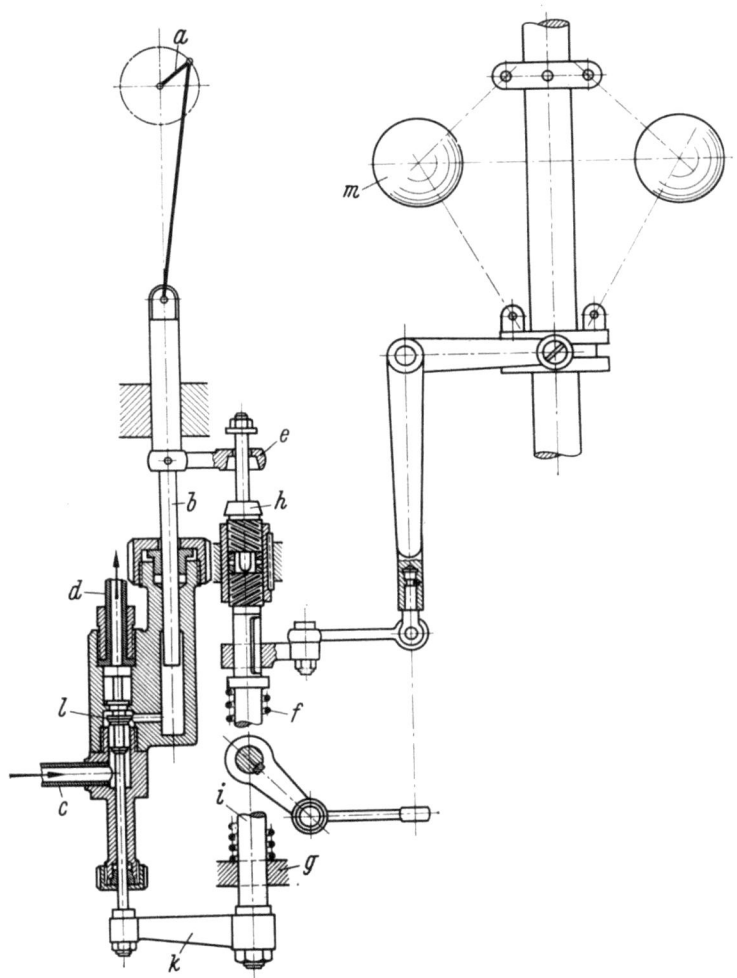

Bild 262. LAUSTERS Vorrichtung zum Regeln der Brennstoffmenge (1898)
a Stirnkurbel auf der Steuerwelle; b Brennstoffpumpenstempel; c Saugleitung; d Druckleitung; e Querhaupt an b; f Druckfeder, auf g abgestützt; h, i Regelgestänge mit Rechts- und Linksgewinde; k Querhaupt an i; l Saugventil; m Regler

wurde, was häufiger vorkam, dann vergrößerte der Regler sogleich die Förderung der intakt gebliebenen anderen Brennstoffpumpe mit dem Ergebnis, daß der zugehörige Zylinder zuviel Brennstoff erhielt und der Auspuff stark zu rauchen begann.

Diese Störung ist der Anlaß zur Schaffung der im Prinzip noch heute modernen Regelung der Brennstoffmenge durch späteres oder früheres Schließen bzw. Öffnen des Saugventils der Brennstoffpumpe geworden. Die Wirkungsweise dieser Regelung beschreibt DIESEL in seiner „Entstehung des Dieselmotors" durch eine Abbildung, die hier als Bild 262 wiederholt ist. Der von der Stirnkurbel a oder einem Exzenter angetriebene Pumpenstempel b vollführt bei Abwärtsbewegung seinen Druckhub und fördert dabei den beim Aufwärtsgang durch das Rohr c angesaugten Brennstoff durch die Leitung d zum Einspritzventil. An der Stempelführung ist das Querhaupt e befestigt, das die Bewegungen des Stempels mitmacht. Während des ersten Teiles der Abwärtsbewegung des Stempels drückt die Feder f, die sich auf das Widerlager g stützt, das Gestänge h, i nach oben und hält durch das Querhaupt k das Saugventil l offen, so daß der vom Pumpenstempel b verdrängte Brennstoff statt in die Druckleitung d in die Saugleitung c zurückfließt. Wenn b einen Teil seines Abwärtshubes zurückgelegt hat, kommt e mit h, i in Berührung, und das Saugventil l wird geschlossen. Von da ab fördert der Stempel b in die Druckleitung d. Der Zeitpunkt des Schließens und damit die geförderte Brennstoffmenge wird durch den Regler m beeinflußt, der durch Verdrehen des Stangenteils i die Länge des mit Rechts- und Linksgewinde versehenen Gestänges h, i ändert. Bei Entlastung der Maschine, d. h. bei ausschlagenden Schwunggewichten, wird das Gestänge kürzer, der Abstand e–h wächst, und das Saugventil l schließt später, so daß weniger Brennstoff gefördert wird. Grundsätzlich verwendet man dieses Regelverfahren noch heute, nur wird meist der erste, nicht der zweite Teil des Stempelhubes als Förderhub benutzt und die Fördermenge durch den Zeitpunkt des Öffnens des Saugventils bestimmt.

In seinem Buch[61] sagt DIESEL, dieses Regelverfahren stamme „von dem Konstrukteur der M.F.A., Herrn FRITZ OESTERLEN"; als Zeit wird der Dezember 1898 genannt. DIESEL war damals krank und konnte sich erst im April 1899 den Geschäften wieder etwas widmen. Das erklärt die irrtümliche Angabe, OESTERLEN habe die Regelung durch Beeinflussung des Öffnens und Schließens des Saugventils der Brennstoffpumpe erfunden. LAUSTER bemerkt hierzu in seinen Erinnerungen, daß er, nicht OESTERLEN, der Erfinder dieses Regelverfahrens sei. Er erinnere sich genau, daß ihm während einer Eisenbahnfahrt zwischen Ulm und Cannstatt der Gedanke gekommen sei, das Saugventil der Brennstoffpumpe als Regelorgan zu verwenden. OESTERLEN sei damals noch nicht Angestellter der Maschinenfabrik Augsburg gewesen. Das von ihm, LAUSTER, (im Frühjahr 1898) angegebene Regelverfahren sei sofort am 20 PS-Motor ausprobiert worden, und da es sich während einer längeren Versuchszeit bewährt habe, sei es auch am Kemptener Motor angebaut worden. Einige Monate später habe VOGT das Rechts- und Linksgewinde durch ein Exzenter ersetzt, das bei Belastungsänderungen vom Regler verdreht wurde. Dadurch, daß das Exzenter im Gegensatz zum Rechts- und Linksgewinde keinen Rückdruck auf den Regler ergebe, sei „die Betriebssicherheit der Pumpe auf vollkommen einwandfreie Basis gestellt" worden. Das Regelverfahren wird in dieser Form heute angewendet.

Im Oktober 1898 entschloß man sich zu einem gründlichen Umbau des Motors. Er wurde bis auf die Grundplatte abmontiert, und alle Teile wurden nach Augsburg geschickt, wo LAUSTER den Umbau zu überwachen hatte. Die Vorrichtung zum Anfahren im Zweitakt wurde beseitigt; sie war immer mit Unbequemlichkeiten verbunden gewesen, weil sie das umständliche Verschieben der Steuerwelle während des Ganges der Maschine erforderte. Man hatte inzwischen die Erfahrung gemacht, daß der Motor sich im Viertakt leichter und geräuschloser anfahren ließ. Die Zylinderkühlung, die von Anfang an unzureichend gewesen war, wurde durch Verlängern des Kühlmantels so verbessert, daß das Verdampfen des Schmieröls und damit das Qualmen des Motors aufhörte und die volle Leistung erreicht wurde. Jede kleinste aufgetretene Störung wurde sorgfältig notiert; allmählich fand man das Mittel, sie abzustellen. Nach mehrwöchiger Pause konnte der Motor wieder in Betrieb gesetzt werden. LAUSTER schreibt dazu:

> Der Unterschied des Betriebes gegen vorher war in die Augen springend, vor allem waren die Kolben fast vollkommen dicht, die verbesserte Kühlung der Zylinder hatte mehr gewirkt, als bisher festgestellt war, das Dampfen war praktisch vorbei, die Einsaugeluft konnte wieder aus dem Freien entnommen werden und damit verschwand das lästige vibrierende Geräusch in dem kleinen Maschinenraum, dessen Glaswände mit einemmal nicht mehr so stark zitterten.
> Dabei war das wichtigste die höhere eff. Leistung des Motors, was sich trotz noch nicht eingelaufener Maschine an der Leistungsfähigkeit der Arbeitsmaschine zeigte. Der Motor nahm die schwankenden vollen Gatterbelastungen leichter auf ohne die früher vorhandene stark absinkende Tourenzahl...; dabei war der Auspuff vollständig rein... Die Regulierung der neuen Pumpe war einwandfrei, die ständige frühere Gefahr des Durchgehens oder des plötzlichen Stillstandes war vorbei...

So hatten die zahllosen Mühen sich schließlich gelohnt. „Zehn Jahre meines Lebens hat mich der Dieselmotor gekostet", sagte der technische Leiter der Zündholzfabrik Kempten, SCHNETZER. Seiner verständnisvollen Geduld ist es zu verdanken gewesen, daß man der Maschinenfabrik die Zeit ließ, die eine große Erfindung braucht, um auszureifen.

Der 50 PS-Zwillingsmotor für Rugendas & Co.

Der zweite von der Maschinenfabrik Augsburg gebaute, für Kunden bestimmte Motor war von der Papierhülsenfabrik Rugendas in Augsburg bestellt worden. Da er etwas später als der Kemptener Motor fertig wurde, konnte man einige Erfahrungen, die man in Kempten gemacht hatte, an dem zweiten Motor verwerten. Er hatte unter viel günstigeren Betriebsbedingungen zu arbeiten als sein Vorgänger; die Belastung war gleichmäßig und so niedrig, daß die volle Leistung nicht ausgenutzt zu werden brauchte. Man hatte freilich noch nicht alle Verbesserungen anbringen können; so wurde der Motor noch im Zweitakt angelassen, und die neuen Brennstoffpumpen mit der Regelung durch das Saugventil waren nicht rechtzeitig fertig geworden.

Der zweite Motor hat im Augsburger Prüffeld schon weniger Schwierigkeiten gemacht als der Kemptener, aber ohne mancherlei Nacharbeiten ging es doch nicht ab. Mängel, die man längst beseitigt zu haben glaubte, traten wieder auf. Ventile verschmutzten und blieben hängen, Druckrohre wurden glühend, Federn brachen und einzelne Teile des Triebwerks liefen heiß. Der Ablieferungstermin war schon seit mehreren Wochen überschritten, als es gelang, einen einwandfreien Vollastbetrieb im Prüffeld zu erreichen. Aber während des Laufes begannen die Kolben plötzlich zu klopfen, und bald darauf stand der Motor mit festgefahrenen Kolben still. Unmutig äußerte der Oberingenieur VOGT zu LAUSTER: „Die Sache sieht sehr betrüblich und ernst aus, jedesmal kommen neue Arten von Störungen, schauen Sie zu, wie Sie fertig werden, momentan sehe ich sehr ernst, die Empfindlichkeit der Kolben ist mir unverständlich." Man hatte noch nicht beobachtet, daß die Kolben sich in der Betriebswärme verziehen und daß man diesem Umstand bei der Formgebung des kalten Kolbens Rechnung zu tragen hat.

Schließlich konnte man den Motor an den Kunden abliefern. Es traf sich günstig, daß der Aufstellungsort in der Nachbarschaft der Maschinenfabrik Augsburg lag; so war der Motor beim Eintritt einer Störung leicht zu erreichen. LAUSTER und seine Monteure haben auch diesen Motor auf das gewissenhafteste gewartet und sich bemüht, jede mögliche Ursache einer Störung auszuschalten. Es ging jetzt, wo man die in Kempten gemachten Erfahrungen berücksichtigen konnte, besser als mit dem ersten Motor, zumal da der Motor bei Rugendas nicht voll belastet war. Aber als man ein Jahr später die neue Brennstoffpumpenregelung (Bild 262) angebaut hatte, traten beim Anlassen so „heftige kanonenschußartige Knaller" auf, daß der Monteur sich nicht mehr getraute, die Maschine anzufahren. Er meinte ernsthaft: „Mein Leben ist mir wichtiger." Nach dem Auswechseln der Brennstoffpumpe fand LAUSTER die Ursache: die Feder des Saugventils war so stramm eingepaßt, daß das Ventil bald schloß, bald hängenblieb, so daß zu große Brennstoffmengen in den Zylinder gelangten, wodurch zusammen mit der reichlich zugeführten Anlaßluft die starken Zündungen entstanden.

Seinen Bericht über den Rugendas-Motor schließt LAUSTER mit den Worten:

Von jetzt ab lief der Motor ohne Störungen viele Jahrzehnte zur vollen Zufriedenheit aller Beteiligten. Er fand das Interesse vieler Besucher des In- und Auslandes, denen daran gelegen war, die vielen sich widersprechenden Angaben über die Dieselmotoren selbst festzustellen. Leider konnte damit die allgemeine Atmosphäre des Mißtrauens nicht viel verbessert werden; die meisten glaubten der anderen Seite, die nicht bestritt, daß der Motor anfangs gut gehe; ein Beweis für die Dauerhaftigkeit des Motors sei das aber nicht und könne es nicht sein, weil das Material erst nach längerer Betriebszeit unbrauchbar werde.

Ein großer Teil der Schwierigkeiten konnte Mitte 1899 als überwunden angesehen werden. Aber erst zwei weitere wichtige Verbesserungen haben den Dieselmotor betriebssicher gemacht: das waren der Plattenzerstäuber und die Einführung der zweistufigen Verdichtung.

Die Entwicklung des Plattenzerstäubers

Die beiden in Kempten und bei der Firma Rugendas aufgestellten Zwillingsmotoren waren mit dem Siebzerstäuber (Bild 251, S. 477) geliefert worden, der primitiven Vorrichtung, die selten ganz zufriedenstellend arbeitete, die sich aber von allen Zerstäubervorrichtungen, die bis dahin probiert worden waren, noch am besten bewährt hatte. Auf die Dauer war ein solcher Zustand natürlich nicht erträglich.

Mehr als zwei Jahre vergingen, ehe man eine brauchbare Konstruktion fand. Im Archiv des Werkes Augsburg der MAN werden zahlreiche Skizzen von „sieblosen" Zerstäubern aufbewahrt, die alle am 20 PS-Motor versuchsweise eingebaut wurden und von denen keiner befriedigt hat. Es konnte kaum mehr als ein ziemlich planloses Probieren sein, denn niemand war imstande zu sagen, wie man systematisch hätte vorgehen sollen. Die Aufgabe war gestellt: die hochgespannte Einblaseluft sollte den am Nadelsitz lagernden Brennstoff in feine Tropfen zerreißen und ihn im Brennraum gleichmäßig verteilen. So versuchte man es durch verschiedene Kombinationen von Labyrinthführung und Prallwirkung. Bild 263 zeigt einen der ersten Versuchszerstäuber. Die weißen Flächen a im Bild bedeuten radiale Einschnitte in die Zerstäuberplatte, die auf ihrer oberen Seite einen mit ihr aus einem Stück gefertigten, mit Spitze und scharf ausgezogener kreisförmiger Kante versehenen Körper trägt, der das Brennstoff-Luft-Gemisch heftig durchwirbeln soll. Die radialen Kanäle a leiten das so erzeugte Gemisch der trichterförmigen Öffnung der Düsenplatte b zu. Die Überwurfmutter c hält die Teile zusammen. Das Ergebnis entsprach nicht den Erwartungen; die Versuche am Motor, Anfang September 1898 angestellt, wurden bald wieder abgebrochen. Mit einem anderen Zerstäuber (Bild 264), dessen Zeichnung ebenfalls vom Juli 1898 datiert ist, wollte man die Mischung des Brennstoffs mit der Einblaseluft durch mehrere einzeln hergestellte Einsätze mit scharfen Ringkanten und plötzlichen Umlenkungen erreichen. Die beiden seitlichen Rohre führen die Einblaseluft und den Brennstoff zu. Der außen konisch gestaltete Körper *a*, auf den sich die Labyrinthteile stützen, ist mit acht Längsnuten versehen, die man etwas später bei den Plattenzerstäubern beibehalten hat. Auch dieser Zerstäuber brachte keine Besserung.

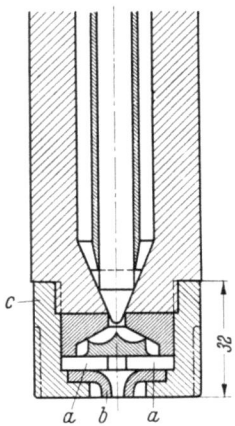

Bild 263
„Siebloser" Zerstäuber (Juli 1898)
a radiale Einschnitte in die Zerstäuberplatte, unter dieser die Düsenplatte *b* mit 3 mm Loch; *c* Überwurfmutter. Der Zerstäuber brachte nicht den gewünschten Erfolg

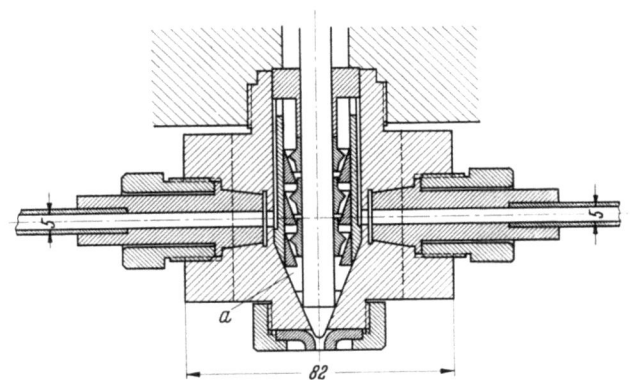

Bild 264. Labyrinth-Zerstäuber (Juli 1898)
a Konuskörper mit acht radialen Einschnitten
Die von dieser Bauart erhoffte Wirkung wurde nicht erzielt

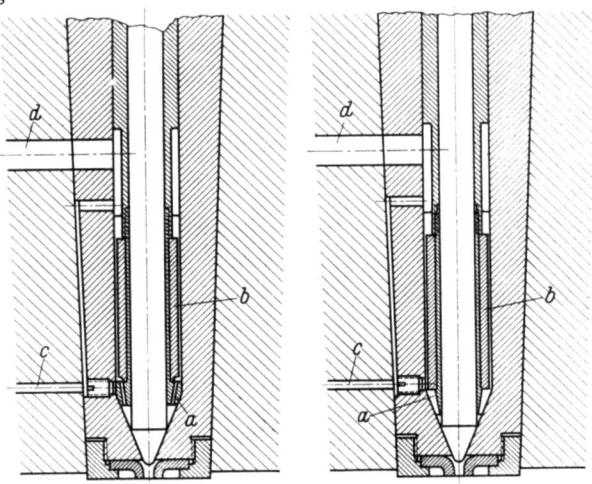

Bild 265. „Sieblose" Zerstäuber (Dezember 1898)
a Konuskörper, links mit Bohrungen, rechts mit Nuten; *b* Füllstücke; *c* Brennstoff; *d* Einblaseluft
Das Sieb (Bild 251) war durch Füllstücke *b* ersetzt, mit denen der Monteur BÖTTCHER in Amerika Erfolg gehabt zu haben glaubte. Bei den Versuchen in Augsburg versagten beide Zerstäuber

Im November 1898 berichtete der Monteur BÖTTCHER aus Amerika, er habe bei einem 60 PS-Zweizylindermotor versuchsweise das Sieb aus einem der Zerstäuber weggelassen und der Zylinder habe damit so gut gearbeitet, daß er auch den zweiten Zerstäuber ausgebaut habe. Der Motor, von dem er dies meldete, war der erste in Amerika gebaute Dieselmotor. Herstellerin war die Iron & Machine Co. in St. Louis; die Zeichnungen waren in Augsburg angefertigt worden. BÖTTCHER hielt sich vom August 1898 bis zum Mai 1899 in den Vereinigten Staaten auf, um dort die Erstlingsmaschinen zu warten. Mit dem Ausbauen der Zerstäubersiebe hatte er keinen Erfolg; sie wurden im Januar 1899 wieder eingebaut. Näheres ist nicht überliefert worden.

In Augsburg versuchte man es, durch die Mitteilung BÖTTCHERs angeregt, mit einem Zerstäuber, bei dem man die Siebe weggelassen und durch Füllstücke b ersetzt hatte (Bild 265). Die beiden Zerstäuber unterscheiden sich nur durch die Ausführung der Konuskörper a: im linken Bild hat der Körper 20 feine Bohrungen, im rechten 16 Einschnitte. Der Brennstoff wird bei c, die Einblaseluft bei d zugeführt. Ein schmaler Ringspalt von 0,5 bzw. 0,25 mm radialer Breite zwischen Füllstück b und Ventilgehäuse gibt dem Brennstoff den Durchtritt zum Konuskörper frei. Da der Ringspalt den Brennstoff zusammenführte statt ihn zu zerteilen, brachten beide Zerstäuber keinen Erfolg.

Im Frühjahr 1899 hatten Burmeister & Wain in Kopenhagen ihren ersten 20 PS-Motor fertiggestellt. Da das Sieb ihnen wie allen anderen Lizenznehmern große Schwierigkeiten gemacht hatte, ließen sie es weg und ersetzten es durch einen mit feinen Bohrungen versehenen Zerstäuberkonus, von dem sie eine Skizze (Bild 266) nach Augs-

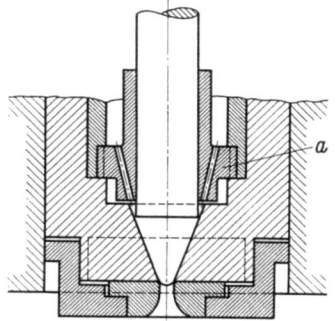

Bild 266
Lochzerstäuber von Burmeister & Wain
(April 1899)

Der Zerstäuberkonus a ist mit feinen Bohrungen versehen; das Sieb ist weggelassen und nicht durch ein Füllstück ersetzt

Burmeister & Wain sandten im Mai 1899 eine Skizze dieses Zerstäubers an die Allgemeine Gesellschaft für Dieselmotoren, die den Erfahrungsaustausch unter den Lizenznehmern zu unterhalten bemüht war

burg sandten. Der Burmeister & Wain-Zerstäuber ähnelt dem im Bild 265 (linke Seite) dargestellten, jedoch fehlt das störende Füllstück. Dieser Zerstäuber soll sich leidlich bewährt haben und ist längere Zeit, auch von der A.B. Diesels Motorer, Stockholm, ausgeführt worden. Burmeister & Wain hatten von der Augsburger Konstruktion (Bild 265) keine Kenntnis. Von 1904 ab verwendeten Burmeister & Wain ebenfalls den Plattenzerstäuber.

Von den Zerstäuberkonstruktionen, die man in Augsburg erprobt und wieder verworfen hat, sei nur noch die in Bild 267 wiedergegebene angeführt. Hier soll die Zerstäubung durch vier übereinanderliegende, an ihrem halben Umfang gezahnte „Schlitzstücke" erreicht werden. Damit eine Labyrinthwirkung zustande kommt, sind die gezahnten Halbumfänge abwechselnd um 180° gegeneinander versetzt. Um zu erreichen, daß der Zerstäuber nach einer Reinigung richtig zusammengebaut wurde, hatte man die Schlitzstücke und die Distanzringe an je einer Stirnseite schief abgeschnitten („4 schiefe Ringe" in Bild 267); so mußten beim Zusammenbau die Schlitzstücke immer wieder in die ursprüngliche Lage kommen. Auch dieser Zerstäuber brachte keinen Erfolg; er ist nur einmal im Mai 1899 ausgeführt worden.

Im Herbst 1899 fand man endlich die Lösung: den sogenannten Plattenzerstäuber. An seiner Konstruktion hat IMANUEL LAUSTER wahrscheinlich den größten Anteil gehabt. Natürlich beherrschte die Frage, wie man den Zerstäuber bauen müsse, die

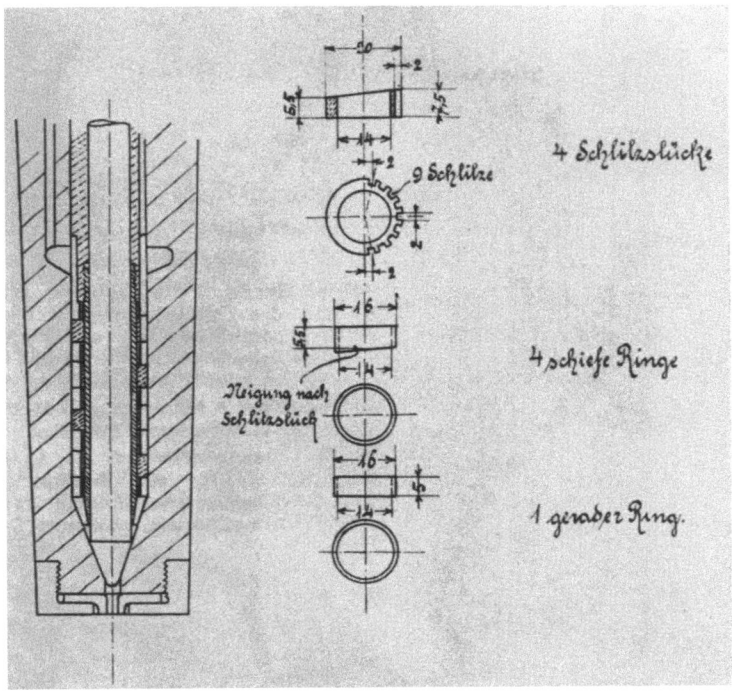

Bild 267. Vorgänger des Plattenzerstäubers (Mai 1899)
Photographische Wiedergabe einer am 12. Mai 1899 in Augsburg angefertigten Zeichnung

Gespräche zwischen LAUSTER und seinen Monteuren, denn wenn es nicht gelang, einen brauchbaren Zerstäuber zu finden, sah die Zukunft des Dieselmotors trübe aus. So ist der Plattenzerstäuber offenbar aus Rede und Gegenrede zwischen LAUSTER und seinen Leuten entstanden. LAUSTER selbst schreibt dazu:

Statt des Siebzerstäubers dachte ich an übereinandergelegte Metallscheiben von etwa 28 mm Durchmesser und 16 mm Bohrung, die über die Nadelhülse geschoben wurden mit etwa 2 mm Abstand voneinander und etwa 2 mm großen Löchern im Umkreis der Scheiben. Die Löcher waren gegeneinander versetzt, so daß beim Durchströmen von Brennstoff und Luft Durchwirbelung und Mischung entstehen sollte. Dabei sollte der Vorteil entstehen, daß nicht mehr so leicht Verschmutzungen eintreten und daß ein Zurückschlagen der Flamme den Zerstäuber nicht mehr so rasch verbrennen konnte.

Diese Versuche ergaben ein sehr günstiges Resultat, die Verbrennung war zuerst nicht ganz so gut wie mit dem Siebzerstäuber, aber im Betrieb sicherer.

Bild 268 zeigt das erste mit einem Plattenzerstäuber und einer Einlochdüse versehene Brennstoffventil. Die Originalzeichnung ist am 16. September 1899 in das Zeichnungsbuch eingetragen worden. Der Name des Konstrukteurs ist nicht angegeben.

Den Plattenzerstäuber hat man jahrzehntelang ähnlich gebaut, wie in Bild 268 dargestellt. Die Ventilnadel *a*, in der langen Hülse *b* geführt, dichtet an ihrem unteren Ende mit konischem Sitz. Unterhalb des Sitzes liegt die Einlochdüsenplatte *c*, die durch eine Überwurfmutter gegen die untere Stirnfläche des Ventilgehäuses gedrückt wird. Auf das untere Ende der Hülse b ist der Zerstäuberkonus d geschraubt, in den mehrere schmale Kanäle e von Rechteckquerschnitt gefräst sind. Darüber bauen sich vier Zerstäuberplatten f, f₁ auf, die im Abstand von 3 mm gehalten werden. Die Löcher

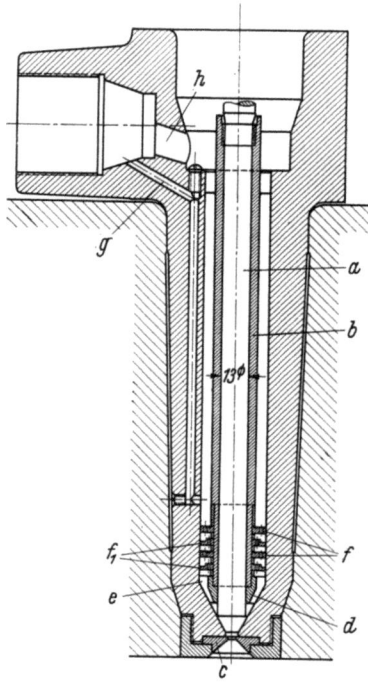

Bild 268
Erstes Brennstoffventil mit Plattenzerstäuber (September 1899)

a Ventilnadel; b Nadelführung, zugleich Halter des Zerstäuberkonus d und der Zerstäuberplatten f, f₁; c Düsenplatte; e Zerstäuberkanäle; g Brennstoffzuführung; h Eintritt der Einblaseluft

Die Platten f haben 22, die Platten f₁ 20 Löcher von 2 mm Dmr.

Diese Zerstäuberbauart ist in ihren Grundzügen bis zur Einführung der Hochdruckeinspritzung Anfang der zwanziger Jahre allgemein verwendet worden

(2 mm Dmr.) in den Platten sind sowohl in der Umfangs- wie in der Radialrichtung gegeneinander versetzt, was die Mischung des Brennstoffs mit der Einblaseluft verbessern soll. Der Brennstoff wird durch die Bohrung g, die Einblaseluft durch h zugeführt.

Der Plattenzerstäuber wurde an einem 30pferdigen Einzylindermotor im Prüffeld der Maschinenfabrik Augsburg ausprobiert. Er bewährte sich sogleich gut, so daß bald alle anderen Motoren — es waren noch nicht viele — mit ihm versehen wurden. Ein etwas empfindliches Organ ist der Plattenzerstäuber freilich immer geblieben, was jedem älteren Dieselmotorenbauer in Erinnerung ist. Oft hat man die Zahl der Zerstäuberplatten sowie die Zahl und den Durchmesser der Bohrungen in den Platten in mühsamer Arbeit auf dem Prüfstand variieren müssen, ehe die Verbrennung sauber wurde. In einem Fall war dies nur dadurch zu erreichen, daß man alle Zerstäuberplatten entfernte — erst dann arbeitete der Motor zufriedenstellend. Im allgemeinen aber war der Plattenzerstäuber ein großer Fortschritt, der die Ursache zahlreicher Klagen über schlechten Gang und rauchenden Auspuff beseitigt hat.

Die zweistufige Verdichtung der Einblaseluft

Die zweite wichtige Verbesserung, deren Einführung um die Jahrhundertwende den Dieselmotor marktfähig gemacht hat, war die zweistufige Verdichtung der Einblaseluft. Da im Arbeitszylinder am Ende des Verdichtungshubes ein Druck von 30 bis 32 at herrschte, mußte die Einblaseluft auf wenigstens 40 at verdichtet werden, damit sie den Brennstoff durch das Zerstäuberventil in den Brennraum befördern konnte. Bei einer so hohen einstufigen Verdichtung nimmt die Luft eine Temperatur an, welche die Selbstzündungstemperatur des Schmieröles erreicht, und wenn sich an einzelnen Stellen ein zündfähiges Gemisch aus Schmieröldämpfen und Luft bildete, dann war eine Schmierölexplosion die Folge. Solche üblen Störungen, die nicht selten eintraten, drohten den Ruf des Dieselmotors zu vernichten. Von der Einführung der zweistufigen Verdichtung, die alle Schwierigkeiten beseitigt hat, heißt es in einer alten Gedenkschrift der Firma L. A. Riedinger, daß „man bereits beim zweiten Dieselmotor die einstufige Luftpumpe unter Anwendung eines Tandemstufenkolbens zu einer zweistufigen Pumpe ausgebildet und mit dieser Ausführung befriedigende Erfolge erzielt hatte". LAUSTER schreibt diese wesentliche Verbesserung dem Oberingenieur RIEGELMANN zu.

Wenig später ging auch die MAN zur zweistufigen Verdichtung über, jedoch unter Benutzung des Arbeitszylinders als erster Druckstufe. Ein Teil der vom Arbeitskolben verdichteten Luft wurde, kurz bevor der Kolben seinen oberen Totpunkt erreichte, durch ein gesteuertes Ventil dem Arbeitszylinder entnommen und in einen Zwischenbehälter geleitet. Aus diesem wurde sie dem angehängten einstufigen Kompressor zugeführt, der sie als zweite Stufe auf den erforderlichen Einblasedruck verdichtete. Die Neuerung wurde der „Vereinigten Maschinenfabrik Augsburg und Maschinenbaugesellschaft Nürnberg" durch das DRP 127159 vom 13. September 1900 geschützt, dessen einziger Anspruch lautete:

Verfahren zur Erzeugung von Druckluft zum Einblasen des Verbrennungsstoffes bei Verbrennungskraftmaschinen unter Anwendung der im Arbeitscylinder bereits vorverdichteten Luft, dadurch gekennzeichnet, daß diese vorverdichtete, aus dem Verbrennungscylinder entnommene Luft durch eine außerhalb des Arbeitscylinders befindliche Pumpe auf den erforderlichen Einblaseüberdruck gebracht wird.

Die Maschinenfabrik Augsburg teilte der Firma Riedinger ihr neues Verfahren mit, nachdem sie die Patentanmeldung eingereicht hatte. Riedinger aber blieb bei seiner vom Arbeitszylinder unabhängigen zweistufigen Einblasepumpe, die sich gut bewährte. Die MAN hat ihr Verfahren bis Mitte 1904 ausgeführt; erst von da ab erhielten alle neuen Motoren die unabhängige zweistufige Luftpumpe. Mit dieser und mit dem Plattenzerstäuber war der Dieselmotor marktreif geworden.

Diesel, Buz und Lauster

Die Namen dieser drei Männer werden mit der Geschichte der Entstehung des Dieselmotors für immer verbunden bleiben. Man hat versucht, die Anteile ihrer Verdienste um den Dieselmotor gegeneinander abzuwägen — vergeblich, denn sie sind nicht vergleichbar. Der große Erfinder, der tüchtige Konstrukteur und Ingenieur, der allen Schwächen der Erstlingserfindung DIESELs nachging, bis sie beseitigt waren, und der Schutzherr, der beide stützte, bis der marktfähige Motor dastand — die drei haben sich die Hand gereicht, um den Dieselmotor zu schaffen.

Der „erste" Dieselmotor, der Motor von 1897, ist *allein Diesels Leistung* gewesen. DIESEL war durchaus berechtigt, später, im Mai 1911, an NÄGEL zu schreiben, daß er „bis zum Jahre 1897 das meiste allein gemacht habe"[60]. Natürlich hat er damit nicht sagen wollen, daß er seine drei Versuchsmotoren eigenhändig konstruiert und gebaut habe; eine solche Aussage wäre sinnlos. Ihm stand für die Ausführung eine der besten Maschinenfabriken zur Verfügung, die es damals gab; aber er war es, der sie gewählt hat. Gewiß auch hatte er das Glück, in LAUSTER einen tüchtigen jungen Konstrukteur zu finden, der ihm die Werkzeichnungen seines dritten Versuchsmotors, des „Ersten" Dieselmotors, angefertigt hat. Aber alle Erfinderarbeit, die geleistet werden mußte, von der Konzeption des ersten Gedankens bis zum Motor von 1897, ist nahezu ausschließlich von DIESEL geleistet worden. Die Anregung zu seiner Erfindung hat er von CARNOT erhalten, aber er hat sehr bald erkannt, daß der Carnot-Prozeß unausführbar ist, und hat ihn durch seinen eigenen Prozeß ersetzt, den wir heute als Dieselverfahren bezeichnen. Was geschehen mußte, um dieses Verfahren in einer Maschine zu verwirklichen, das hat DIESEL allein angegeben, anfangs unsicher tastend, allmählich mit zunehmendem Umfang der Erkenntnisse zielsicherer, wenn auch manche seiner Pläne sich als Irrwege herausstellten, und schließlich mit dem großen Erfolg, über den er und MORITZ SCHRÖTER der VDI-Hauptversammlung in Kassel berichten konnten. Der Motor von 1897, der in seiner Arbeitsweise das Vorbild aller später gebauten Dieselmotoren werden sollte, ist DIESELs ureigenes Werk. Von einem „Dieselmythus" zu sprechen ist Geschichtsfälschung.

DIESELs große Leistung war nicht der „Triumph einer Theorie"[73]. Das könnte man dann sagen, wenn es DIESEL gelungen wäre, die Theorie, die er von Anfang an verkündet und an der er, wenn auch mit Einschränkung, bis zuletzt festgehalten hat[75], zu verwirklichen. Diese Theorie war CARNOTs Lehre, welche forderte, daß die Endtemperatur der Verdichtung während der Verbrennung dadurch beibehalten werden solle, daß die mit der Ausdehnung der brennenden Gase verbundene Abkühlung die Temperaturzunahme infolge der Verbrennung gerade aufhebt. Ein solcher Prozeß ist im Motor unmöglich; die Temperatur der brennenden Gase steigt trotz der Zunahme ihres Volumens auf rund den dreifachen Betrag der Verdichtungstemperatur, im nicht aufgeladenen Motor von etwa 550° auf 1650°. Der Zusammenhang wird auch dadurch nicht anders, daß DIESEL später betont hat: „Ich suchte einen Prozeß mit höchster Wärmeausnutzung"[76]. Einen solchen Prozeß hat DIESEL verwirklicht, aber Suchen ist eine Aufgabe, nicht eine Theorie. Mit Recht dagegen kann man sagen, daß die Erfindung RUDOLF DIESELs der Triumph eines Genies ist, zugleich der Triumph einer unerhörten Zähigkeit und Beharrlichkeit, mit welcher DIESEL etwas Anderes, Brauchbareres gefunden hat als ihm ursprünglich als „Theorie" vorgeschwebt hat.

Daß DIESEL nie hat zugeben wollen, daß in seinem Motor keine der vier Phasen des Carnot-Prozesses auftritt, auch nicht „für ganz kleine Leistungen"[74], können wir nur bedauern, denn das war eines der Hauptargumente, auf welche seine Gegner sich stützten. Er hätte die späten Angriffe abwehren können, welche kommen mußten, als alle klüger geworden waren, als sie im Anfang gewesen sind. Er hätte sich dann nicht von RIEDLER sagen zu lassen brauchen, daß sein Festhalten an CARNOTs Theorie eine „arge Zumutung an die Fachleute" sei. Daß er schwieg, auch als seine Patente nicht mehr zu Fall gebracht werden konnten, hat dazu beigetragen, daß es zu seinem „entsetzlichen Kampf mit Menschen" gekommen ist.

Eine weit geringere Bedeutung legen wir dem zweiten Irrtum bei, den man DIESEL immer wieder vorgehalten hat: der Motor von 1897 sei eine verkaufsreife Maschine gewesen. Diesem Irrtum sind damals alle verfallen, auch RIEDLER. Wer den Motor Tag für Tag gleichmäßig und störungsfrei laufen sah, konnte nicht anders als annehmen, daß es sich um eine zur Vollendung entwickelte Maschine handele. Erfahrungen kann man nicht vorwegnehmen, man muß sie erleben. Das war nur dadurch möglich, daß man den Motor in die Hand des Kunden gab. Daß damit schwere Rückschläge einsetzen würden, war nicht vorauszusehen.

Diese Rückschläge sind es, welche RIEDLER mit der ihm eigenen breiten Beredsamkeit, die schon längst Gesagtes ständig wiederholt, in der Schiffbautechnischen Gesellschaft (1912) und ausführlicher in seinem Buch[65] (1914) neben DIESELs Festhalten an CARNOTs Theorie DIESEL zum Vorwurf macht. Wieder hätte es DIESEL verhindern können, daß es zu solchen Vorwürfen kam. Sein Vortrag von 1912 ist betitelt „Die Entstehung des Dieselmotors", und den gleichen Titel trägt sein 1913 erschienenes Buch, das eine Erweiterung des Vortrages ist. Mit der „Entstehung" hat DIESEL, wie er nachträglich gesagt hat, die Zeit bis Mitte 1897 gemeint. Bis dahin durfte er sich mit gutem Recht als den alleinigen Erfinder seines Motors ansehen. Aber sein Vortrag wurde 1912 gehalten, zu einer Zeit, als es den Fachkreisen bekannt war, daß dieser Motor nach seiner „Entstehung" noch eine lange Leidenszeit durchmachen sollte, ehe er brauchbar war. DIESELs Kritiker bezogen die „Entstehung" auf den von der Maschinenfabrik Augsburg lebensfähig gemachten Motor, und das schien ihnen das Recht zu geben, DIESEL vorzuwerfen, er habe Wichtigstes verschwiegen. Wenn DIESEL von vornherein — nicht nachträglich — in seinem Vortrag erklärt hätte, er werde nur die Erfindungsgeschichte bis 1897 beschreiben und die Schilderung der besonderen Verdienste der MAN einer späteren Veröffentlichung vorbehalten, so wäre er unangreifbar gewesen. So aber hat er RIEDLER die Möglichkeit gegeben, seine spitzfindigen Definitionen von der „gangbaren", der „brauchbaren" und der „betriebsfähigen" Maschine aufzustellen, dem Fachmann eine schwer erträgliche Lektüre. Eine Maschine ist entweder betriebsfähig oder sie ist es nicht; Zwischenstufen gibt es nicht. DIESELs Motor von 1897 war nicht betriebsfähig, aber auch im Zustand von 1897 verdient er nicht die posthume Kritik eines RIEDLER, NÄGEL und LÜDERS, sondern höchste Bewunderung als die Leistung eines Genies.

Der Name *Heinrich Buz*, seit 1907 Heinrich von Buz, dessen Träger von 1833 bis 1918 gelebt hat, wird, wenn man das Werden des Dieselmotors beschreibt, immer genannt werden müssen.

Er, der bei seinen Zeitgenossen der „Bismarck der deutschen Maschinenindustrie" hieß, hat von 1864 an die von seinem Vater mitgegründete Maschinenfabrik Augsburg geleitet und war bis zu seinem Rücktritt 1913 der Vorsitzende des Vorstandes der MAN. Ohne ihn, der die Bedeutung der Erfindung DIESELs nach kurzem Zögern klar erkannt hat, hätte DIESEL den Motor von 1897 nicht schaffen können. Seine volle Größe zeigte er in den Jahren des Tiefstandes: durch keinen Mißerfolg, keinen Rückschlag ließ er sich entmutigen; nie wurde er in der Überzeugung wankend, daß es gelingen werde, den Erfolg zu erzwingen. „Ich verliere die Geduld nicht, bald wird auch diese Schwierigkeit überwunden sein, lassen Sie sich nur Zeit", hat er zu LAUSTER gesagt[3]. BUZ' Denkmal steht heute vor dem Augsburger Verwaltungsgebäude der Maschinenfabrik Augsburg-Nürnberg.

Imanuel Lauster müssen wir das größte Verdienst um die Überwindung der technischen Schwierigkeiten zuerkennen, an denen der Dieselmotor vor der Jahrhundertwende zu scheitern drohte. In den schmucklosen, mehrere hundert Seiten umfassenden Aufzeichnungen[3], die er hinterlassen hat, beschreibt er sachlich die zahllosen Störungen, die immer wieder auftraten und die zu überwinden erst nach langem Mühen gelang. EUGEN DIESEL[60] erkennt dies in der Beschreibung des Lebens seines Vaters an:

Lauster ... gab sich alle erdenkliche Mühe, scheute keine Anstrengung, sofort helfend einzugreifen, wenn sich eine Störung ereignete. Er ging ganz im stillen jeden Morgen zu einem der ersten Motore, der in einer Fabrik [es war die Fabrik von Rugendas] arbeitete, und ließ die Maschine selbst an, weil der Maschinenmeister wegen des schrecklichen Knallens des Motors hierzu den Mut nicht aufbrachte. Lauster suchte alle großen und kleinen Fehler zu ergründen, und durch viele kleine und große Verbesserungen führte er allmählich die Betriebssicherheit des Dieselmotors herbei. Er bewies, daß es trotz allem ging, und verhinderte damit ein Abschwenken Buzens vom Dieselmotor, als alles weglief und abschwamm. Die Dampfmaschinenleute wollten Lauster zu den Dampfmaschinen hinüberziehen. Der aber sagte: Ich halte fest am Dieselmotor.

In demselben Sinn schreibt Paul MEYER/Delft[2]:

Trotz großer Schwierigkeiten, die zu überwinden waren und die nur durch das zähe, unermüdliche Durchhalten von Buz und Lauster überwunden wurden, hat die Motorenfabrikation der Maschinenfabrik Augsburg niemals eine Unterbrechung erlitten, auch hat die Fabrik niemals einen Motor zurücknehmen müssen.

RUDOLF DIESEL hat LAUSTERs Tüchtigkeit bald nach dessen Eintritt in die Maschinenfabrik Augsburg erkannt und ihm prophezeit, daß er noch einmal der Chef der Dieselmotorenabteilung werden würde, aber zu einem freundschaftlichen Verhältnis zwischen beiden Männern ist es nicht gekommen. Der Feuerkopf DIESEL, der es nie abwarten konnte, bis seine sich überstürzenden Gedanken zur Ausführung gelangten, vertrug sich nicht mit dem zähen, alles gründlich überlegenden LAUSTER, der auch wohl nicht immer ein bequemer Mitarbeiter gewesen ist. LAUSTER meint, DIESEL habe ihm besonders verargt, daß er gegen die Gasversuche gestimmt habe, auf welche DIESEL große Hoffnungen gesetzt hatte.

In DIESELs Nachlaß haben sich Notizen über sein Verhältnis zu LAUSTER gefunden, die er mit der Bemerkung versehen hat: „Zu historischen Notizen oder dergleichen ablegen". Sie tragen kein Datum; wahrscheinlich stammen sie aus der letzten Zeit DIESELs. Darin heißt es:

Was Herrn Lauster betrifft, so bin ich der erste, seine großen Fähigkeiten als Constructeur und Maschinenbauer und seine hervorragende Leistung bei der Entwicklung des Dieselmotors anzuerkennen.
Nach der Fertigstellung der ersten betriebssicheren Maschine im Sommer 1897 war aber Herr Lauster noch ein junger Anfänger und Herr Vogt, der damalige Oberingenieur der M.A.N., wurde Abteilungschef für Dieselmotoren.
Dieser hat die ersten schweren Jahre der Einführung der Motoren in die Praxis, des Kampfes mit all den unvermeidlichen Zwischenfällen der nach auswärts gelieferten Motoren in der allmählichen Durchbildung des Motors für alle Bedürfnisse der Praxis und die constructive Durchführung und Zeichnungen des ersten Motortyps bis zu schon ganz ansehnlichen Dimensionen durchgeführt.
Diesem gebührt das Verdienst, diese schwere Übergangszeit und die Rückschläge, die damit verbunden waren, siegreich und zielbewußt überwunden zu haben. Erst nach dessen Tode kam Lauster an die Reihe, und dieser fand große schon gethane Arbeit.
Man hat mir oft zum Vorwurf gemacht, daß ich Herrn Lauster nicht genügend öffentlich anerkenne. Hätte ich aber öffentlich über ihn gesprochen, so hätte ich obige Tatsachen nicht verschweigen können und *das wollte ich nicht*; deshalb schwieg ich lieber.

DIESEL hat dies offenbar in der seelischen Depression seiner letzten Lebenszeit niedergeschrieben, in welcher sich seine — unbegründete — Animosität gegen LAUSTER bis zur intensiven Abneigung gesteigert haben mag. Dazu sagt EUGEN DIESEL:

Diesel gab sich zudem einem von anderen vielleicht absichtlich genährten Irrtum hin. Er glaubte, daß auch Lauster seiner Sache im Wege stand, der im Gegenteil alles tat, um dem Dieselmotor den Weg zu bereiten.

Was DIESEL nachträglich von den Leistungen VOGTs und LAUSTERs gesagt hat, hält der Nachprüfung nicht stand. VOGT war Dampfmaschinenbauer; daß er den Dieselmotor nicht in sein Herz geschlossen hatte, geht aus Äußerungen hervor, die er LAUSTER gegenüber getan und die dieser mitgeteilt hat: „Sie ruinieren noch die ganze Fabrik

Imanuel Lauster
1873–1948

mit Ihrem Dieselmotor", oder: „Ich möchte nur wissen, wo Sie den Mut hernehmen zu immer neuen Offerten von Motoren". Als bei dem an die Firma Rugendas zu liefernden Motor immer wieder Kolbenfresser auftraten, sagte VOGT, so berichtet LAUSTER: „Die Sache sieht sehr betrüblich und ernst aus; jedesmal kommen neue Arten von Störungen, schauen Sie zu, wie Sie fertig werden, momentan sehe ich sehr ernst, die Empfindlichkeit der Kolben ist unverständlich". Wir haben keine Veranlassung, daran zu zweifeln, daß die Äußerungen ihrem Sinn nach getreu überliefert worden sind. Sie lassen nicht die siegreiche und zielbewußte Haltung VOGTs erkennen, von der DIESEL in seinen Aufzeichnungen spricht.

DIESEL hat sich gelegentlich auch anders über LAUSTERs Mitarbeit geäußert. In einem „München, den 27. 7. 1900" datierten Brief heißt es:

Sehr geehrter Herr Lauster!

Daß wir in Paris den Grand Prix erhielten, hat mich, wie Sie wissen, sehr erfreut und ich habe Herrn Commerzienrath Buz schon meine Ansicht dabei ausgesprochen, daß die von der Maschinenfabrik Augsburg gelieferte Maschine für diesen Beschluß der Jury maßgebend war.

Ich weiß sehr wohl zu schätzen, in welch' hohem Grade Ihre Mitarbeiterschaft zu diesem Erfolg beigetragen hat und ich möchte mir erlauben, Ihnen anliegend als Gratifikation Mark 500.— zu überreichen . . .
               Mit freundlicher Begrüßung
               Diesel

Seine mehrere hundert Seiten umfassenden Aufzeichnungen schließt LAUSTER mit der Mitteilung eines Ausspruches HEINRICH VON BUZ', die dieser tat, als er anläßlich einer Tagung der Vertreter von Lizenznehmern des In- und Auslandes als „Retter der Dieselsache" gefeiert wurde:

Ich muß bitten, wenn zukünftig mein Name im Zusammenhang mit dem Dieselmotor genannt werden sollte, dies nur unter gleichzeitiger Nennung des Namens meines anwesenden Freundes und Mitarbeiters Lauster zu tun und umgekehrt; ich gehöre jedenfalls nicht zu denen, die sich mit fremden Federn schmücken. Mein Hauptziel war von jeher, den richtigen Mann an den richtigen Platz zu stellen.

IMANUEL LAUSTER ist der richtige Mann auf dem richtigen Platz gewesen. Am 3. März 1899 wurde ihm die Nachfolge VOGTs übertragen, der den ausscheidenden Oberingenieur KRUMPER ersetzte. 1902 ernannte BUZ ihn zum Oberingenieur und gab ihm die Prokura; LAUSTER war damals 29 Jahre alt. 1904 starb VOGT, und LAUSTER übernahm die Dieselmotorenabteilung. Im Jahr 1913 wurde LAUSTER in den Vorstand berufen, dessen Vorsitzender er 1932 wurde. Am 15. März 1948 ist IMANUEL LAUSTER gestorben.

XXVII. Der Dieselmotorenbau in Augsburg und Nürnberg nach der Jahrhundertwende

Zwar hatten der Plattenzerstäuber und die zweistufige Verdichtung der Einblaseluft den Dieselmotor von zahllosen Störungen befreit, aber die Belebung des Geschäftes, die man jetzt erwarten zu dürfen meinte, wollte sich zunächst durchaus nicht einstellen. Zu tief war das Ansehen des Dieselmotors gesunken. Niemand glaubte, daß aus der Maschine noch etwas werden würde. Alle Lizenznehmer hatten, entmutigt von den ständigen Mißerfolgen, den Bau zurückgestellt, und mancher von ihnen hat sich damals für immer vom Dieselmotorenbau zurückgezogen. Der Zusammenbruch der „Diesel Motoren-Fabrik", DIESELs eigener Schöpfung, war ein gar zu deutliches Warnzeichen für die Vorsichtigen. Die Gegner der Dieselsache verfehlten nicht, ihre abfällige Kritik fortzusetzen. DIESEL selbst, noch unter den Nachwirkungen seiner schweren Erkrankung stehend, war nicht imstande, die Lage zu bessern.

Nur in der MAN ließ man den Mut nicht sinken. Die Maschinenfabrik Augsburg war bis 1901 bei der Kreuzkopfbauart geblieben und hatte fünf Zylinder von 225 bis 325 mm Durchmesser mit Hüben von 360 bis 500 mm entwickelt; der größte Zylinder leistete 35 PS. Einer dieser Motoren, ein Zwillingsmotor von 60 PS, wurde auf einer Feuerwehrausstellung gezeigt, die im Frühjahr 1900 in Berlin veranstaltet wurde. RIEDLER, damals an der Technischen Hochschule Charlottenburg lehrend, gehörte zu den ersten Besuchern. Er schlug LAUSTER, der den Motor auf der Ausstellung betreute, vor, man möge ihm die Maschine während einer Woche zu Versuchen überlassen. LAUSTER willigte ein unter der Bedingung, daß die Vorführung auf der Ausstellung dadurch nicht beeinträchtigt werden dürfe. Damals hat RIEDLER seine Meinung, die er anfangs vom Dieselmotor gehabt hat, geändert. EUGEN MEYER, der das Fach Mechanik an der Technischen Hochschule Charlottenburg vertrat und neben RIEDLER als Autorität auf dem Gebiet des Verbrennungsmotorenbaues galt, sah sich den ausgestellten Motor genau an. Er gab zu, daß er „theoretisch" die beste Wärmekraftmaschine sei; trotzdem aber glaube er nicht an die Möglichkeit einer Verwertung in der Praxis, besonders nicht in Deutschland, wo es kein billiges Öl gäbe. Außerdem würde der Motor zu teuer.

Mit dieser Bemerkung hatte EUGEN MEYER freilich recht. Der Kreuzkopfmotor war zu teuer; er war auch zu schwer, und der Treibstoff stand hoch im Preis. Eine Ausnahme bildete Rußland, wo es guten und billigen Brennstoff gab. Die MAN hatte mehrere Kreuzkopfmotoren nach Rußland geliefert, und es war gelungen, sie in störungsfreiem Betrieb zu halten. Das hob das Ansehen des Dieselmotors ein wenig, aber die deutschen Lizenznehmer blieben zurückhaltend. Auch KRUPP hatte den Bau aufgegeben, nachdem er nur zwei Motoren fertiggestellt hatte, die in der eigenen Fabrik zur Krafterzeugung benutzt wurden.

Auf der Pariser Weltausstellung, die im Sommer 1900 stattfand, hatte LAUSTER einen Motor von DONAT BANKI gesehen, der von Ganz & Co., Budapest, gebaut worden war. Es war ein Gasmotor, der mit höherer Gemischverdichtung, als damals üblich war, und mit Wassereinspritzung arbeitete und der durch seine Größe auffiel. Noch auffallender war, daß dieser große Einzylindermotor ohne Kreuzkopf, als Tauchkolbenmotor, ausgeführt war. Der unweit des Bánki-Motors stehende MAN-Motor, der in zwei Zylindern 60 PS leistete, arbeitete zwar auch gut, aber sein Preis war doppelt so hoch wie der eines gleich starken Gasmotors. Der Kostenvergleich, der sich LAUSTER auf der Pariser Weltausstellung aufdrängte, überzeugte ihn, daß der Dieselmotor nur konkurrenzfähig sein würde, wenn man ihn wie die Gasmotoren gleicher Größe ohne Kreuzkopf baute.

Augsburg führt die Tauchkolbenbauart ein

Der Gedanke, daß die Tauchkolbenbauart das Richtige sei, verließ LAUSTER nicht mehr. Noch in Paris begann er — so berichtet er selbst — die Entwurfszeichnungen eines 60 PS-Einzylindermotors in der kreuzkopflosen Bauart. Mit einem Zweizylindermotor würde man eine Leistung von 120 PS erreichen können. Der Vergleich mit der Kreuzkopfbauart fiel so sehr zugunsten des Tauchkolbens aus, daß LAUSTER einen schriftlichen Antrag ausarbeitete, den er Buz einreichte, um diesen für die Tauchkolbenbauart günstig zu stimmen. Buz sah sogleich, daß Lausters Vorschlag verfolgt werden müsse, und beauftragte ihn, unverzüglich mit der Konstruktion zu beginnen, mit dem Hinzufügen, daß zwei Motoren gebaut werden sollten.

Vogt, der zu dieser Zeit die Oberleitung hatte, äußerte Bedenken. Er halte es für falsch, „den Kreuzkopf in den Arbeitszylinder zu verlegen". Wenn ein solcher Versuch gemacht werden solle, dann möge man mit einem Zylinder kleinen Durchmessers anfangen. Auch Güldner wurde bei Buz vorstellig: die kreuzkopflose Bauart würde ein Mißerfolg werden. Der Normaldruck auf die Zylinderlauffläche würde eine so starke Abnützung ergeben, daß ein Dauerbetrieb unmöglich sei. Auch Diesel sei der Meinung Güldners; er befürchte, daß die kreuzkopflose Bauart den Motor von neuem diskreditieren werde. Buz teilte dies Lauster mit und wünschte, seine Meinung zu hören. Als Lauster erwiderte, daß an dem Erfolg nicht zu zweifeln sei, ordnete Buz an, daß nicht zwei, sondern sechs Motoren von je 60 PS Leistung gebaut werden sollten. Lauster war auch hierzu bereit, aber es blieb dann doch zunächst bei zwei Motoren.

In den Lebenserinnerungen, die der Oberingenieur Krumper viele Jahre später niedergeschrieben hat, sagt dieser, daß Josef Vogt zuerst den kreuzkopflosen Motor vorgeschlagen habe. Krumper war etwa zwei Jahre vorher in den Ruhestand versetzt worden und ist nicht Zeuge bei der Einführung der Tauchkolbenbauart gewesen. Nicht Vogt hat den Tauchkolben in den Dieselmotorenbau eingeführt, sondern Lauster. Erfunden hat auch Lauster den Tauchkolben nicht; dieser wurde schon seit langem im Gasmaschinenbau bei viel größeren Zylinderleistungen verwendet. Aber Lauster hat zuerst erkannt, daß der Tauchkolben sich auch für den Dieselmotor eignet.

Die Dieselsache wird Ihnen doch allmählich über den Kopf wachsen, sagte Vogt zu Lauster, je größer die Motoren werden, desto größer scheinen die Schwierigkeiten zu sein. Lauster erwiderte: Soeben komme ich vom Rugendas-Motor, der nach wie vor sehr gut arbeitet, trotzdem er anfänglich nicht gehen wollte. Einen gleich günstigen Eindruck bekam ich von einigen größeren Anlagen, die ich auf der letzten Rundreise besichtigte. Darauf Vogt: Glauben Sie denn wirklich an den kreuzkopflosen Motor?

Lauster teilt uns die Antwort mit, die er Vogt gegeben hat:

Ja, im Gegenteil, ich bekomme immer mehr Hoffnung, daß es keine unüberwindlichen Schwierigkeiten sein werden, die hier zu meistern sind, auch wegen des Kolbens habe ich keine Befürchtungen. Fast alle größeren Gasmotoren in Paris arbeiteten mit Tauchkolben und zeigten weder Dampfen noch sonstige Nachteile, dabei ist der Unterschied zwischen Gas- und Dieselmotor gar nicht groß, wenn man von den Verbrennungsdrücken und deren Temperaturen ausgeht.

Aber Vogt blieb skeptisch und wiederholte seine früher gemachte Bemerkung: „Ich möchte nur wissen, wo Sie den Mut hernehmen." Er könne sich nicht denken, daß der Tauchkolben mit über einem Meter Länge besser sein solle als der kurze Kolben mit Kreuzkopf. Das sei nun einmal seine Ansicht; im übrigen würde der Erfolg ja zeigen, wer recht habe.

Der „DM"-Dieselmotor

Den ersten kreuzkopflosen Motor nannte man „DM 70". DM bedeutete Diesel-Motor, die Zahl die Leistung in PS. Es war ein Einzylindermotor, der die Zylindernummer 78 trug; 77 Zylinder der Kreuzkopfbauart hatte die MAN bis 1901 geliefert. Lauster hat den Motor DM 70 zusammen mit seinem Studienfreund Wilhelm Eberle konstruiert, den Buz von den Dampfmaschinen zu den Dieselmotoren versetzt hatte, um LAUSTER eine Hilfe zu geben. Nach LAUSTERs Zeugnis hat WILHELM EBERLE ihn bei allen Arbeiten, theoretischen und konstruktiven, vortrefflich unterstützt. LAUSTER nennt auch anerkennend seine anderen Mitarbeiter, unter denen sich der Ingenieur FLASCHE, DIESELs Schwager, befand.

Bild 269. Der erste MAN-Dieselmotor mit Tauchkolben (Anfang 1901)

Zyl.-Dmr. 400 mm, Hub 600 mm; Leistung 70 PS bei 160 U/min

a–a Ständer und Zylindermantel aus einem Stück, Grundplatte b getrennt; c senkrechte Antriebwelle der Steuerwelle d; e Regler; f Einblaseluftpumpe mit Antriebstange g

Nach diesem Muster hat die MAN in den Jahren nach 1900 Motoren mit mehreren Hunderttausend PS Gesamtleistung geliefert

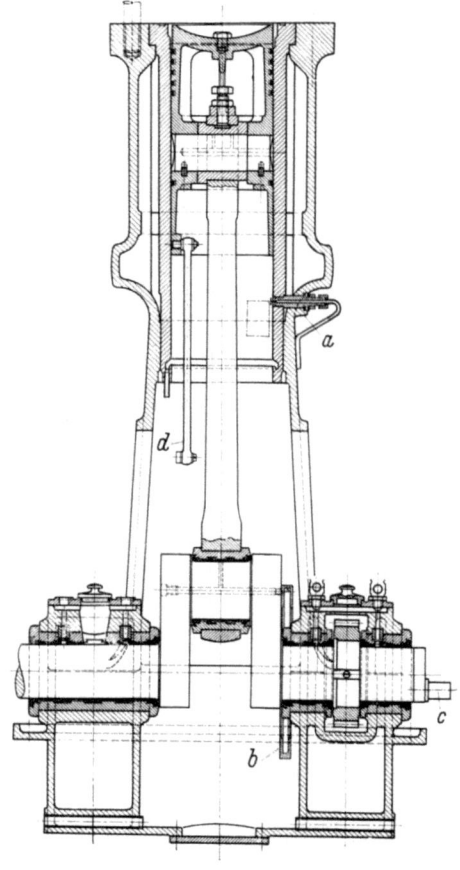

Bild 270
Längsschnitt durch Arbeitszylinder und Triebwerk des MAN-Tauchkolbenmotors DM 8 (1901)

Zyl.-Dmr. 165 mm, Hub 270 mm; Leistung 8 PS bei 270 U/min

a Schmierstutzen
b Schmierring für den Kurbelzapfen
c Antrieb der Einblaseluftpumpe
d Indiziergestänge

Der erste mit Tauchkolben versehene Dieselmotor (Bild 269) wurde sogleich ein Erfolg. Das Wagnis war nicht gering, denn wenn sich auch der Tauchkolben in der Gasmaschine bewährt hatte, so war doch nicht sicher, daß er sich auch für das Dieselverfahren mit seinen größeren Normaldrücken auf die Zylinderlauffläche eignen würde. Dabei war der Kolben ungekühlt, während LAUSTER bei den kleineren Kreuzkopfmaschinen die Kolbenkühlung noch für erforderlich gehalten hatte. Aber der Versuch gelang, da man die Vorsicht gehabt hatte, die mittlere Kolbengeschwindigkeit mit 3,6 m/sec niedrigzuhalten. Nach diesem ersten Muster hat die Maschinenfabrik Augs-

Der DM-Dieselmotor

burg-Nürnberg unter stetiger Vervollkommnung aller Einzelheiten viele tausend Zylinder mit Hunderttausenden PS geliefert. Der Erfolg des DM-Motors veranlaßte die älteren Lizenznehmer, insbesondere die Firmen Burmeister & Wain und Sulzer, den Bau von Dieselmotoren wieder aufzunehmen.

Der Aufbau des DM-Motors ist aus Bild 269 für die größere Type (70 PS) und Bild 270 ersichtlich, das für einen 8 PS-Motor gilt. Zylindermantel und Ständer a (Bild 269) sind in beiden Fällen als ein zusammenhängendes Stück gegossen; bei dem größeren Motor ist die Grundplatte b getrennt hergestellt und mit dem Ständer verschraubt, während bei dem DM 8 Zylindermantel, Ständer und Grundplatte ein einziges Gußstück bilden. Zwei Schraubenräderpaare und die senkrechte Welle c (Bild 269) treiben die Steuerwelle d mit halber Drehzahl an. Der Regler e ist auf dem oberen Ende der Welle c befestigt. Seitlich an den Arbeitszylinder ist die Einblaseluftpumpe f geflanscht, deren Kolben durch Stange g und Schwinghebel angetrieben wird. Die Einblaseluftpumpe entnimmt die vorverdichtete Luft dem Arbeitszylinder und verdichtet sie auf den zum Einblasen des Brennstoffs erforderlichen Druck. Erst einige Jahre später ging man dazu über, die Einblaseluft aus dem Maschinenraum anzusaugen und die Luftpumpe zweistufig zu bauen, eine Anordnung, bei der die Einblaseluft nicht mehr durch Schmieröldämpfe des Zylinders verunreinigt werden konnte. Später, als der Schnellauf einen höheren Einblasedruck erforderte, wurde die Einblasepumpe dreistufig gebaut.

Die Zylinderlaufbuchse ist getrennt hergestellt und in den Zylindermantel eingesetzt, in welchem sie sich in der Wärme frei nach unten ausdehnen kann. Eine Abdichtung zwischen Kühlwasserraum und Kurbelgehäuse fehlt (Bild 270). Das Kolbenbolzenlager kann bei Abnutzung nachgestellt werden. Der Kolbenbolzen wird durch mehrere an eine Schmierölpumpe (t in Bild 272) angeschlossene Stutzen a geschmiert, aus welchen das Schmieröl durch eine Nut im Kolbenmantel und durch Bohrungen im Kolbenbolzen (Bild 271) an die zu schmierenden Flächen gelangt. Das untere Pleuellager wird durch Öl geschmiert, das die Schmierölpumpe in einen gegen die Kurbelwange geschraubten Hohlring b fördert; das Öl wird unter der Wirkung der Fliehkraft durch Bohrungen im Kurbelzapfen an das untere Pleuellager gefördert. Die Grundlager, die man den damaligen Anschauungen entsprechend unnötig lang baute, werden von Hand geschmiert. Bei dieser kleinen Type ist die Einblasepumpe liegend an einer Stirnseite des Motors angeordnet; sie wird von dem fliegenden Zapfen c (Bild 270) angetrieben. Die Stange d bewegt die Indiziervorrichtung. Die kleineren Maschinen hatten im Zylinderdeckel je ein Einlaß- und Auspuffventil, die größeren je zwei.

Der Arbeitskolben, dieser empfindliche Teil einer Tauchkolbenmaschine, hat im Lauf der Jahre zahlreiche, äußerlich wenig auffallende Änderungen erfahren, die seine Betriebssicherheit stetig verbessert haben. Bild 271 gibt ein Beispiel; es zeigt die (im Durchmesser fast gleich großen) Kolben des 35pferdigen Zylinders von 1902 und 1910. Der ältere Kolben hat noch den ebenen Boden, der von 1910 zeigt die für die Festigkeit günstigere Muldenform. Bei dem älteren Kolben liegt der oberste Kolbenring in größerer Nähe des Brennraums, so daß er leicht festbrennt; bei der neueren Ausführung sind die Kolbenringe tiefer gelegt und näher zusammengerückt; ihr Abstand voneinander beträgt nur 12 mm gegenüber 18 bei der älteren Ausführung. Der Kolben von 1910 ist auf seinem Mantel mit einer Anzahl Schmierrillen a versehen, in denen sich das Schmieröl in der Umfangsrichtung verteilt, so daß die Zylinderlauffläche gleichmäßig bestrichen wird. Bei dem älteren Kolben fehlt diese Verbesserung. Die umständlich einzuarbeitenden Flachkeile b (1902), die den Kolbenbolzen in seiner Achsenrichtung festhalten, sind in konische Stifte c (1910) geändert worden; später hat man den Kolben durch einen einzelnen Stift gesichert. Das Schmieröl wird dem Kolbenbolzenlager auch 1910

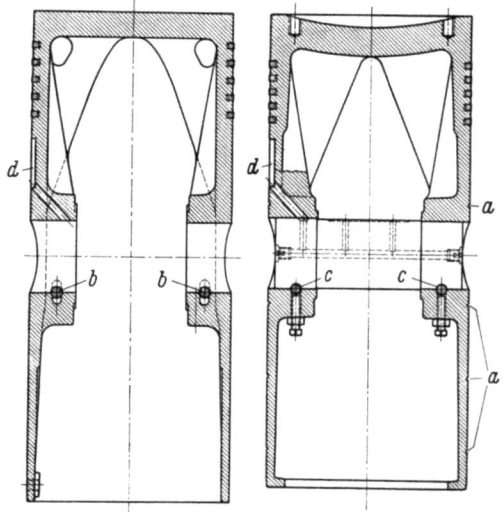

Bild 271
Tauchkolben des 35 PS-MAN-Motors
links 1902
rechts 1910
a Schmierrillen zum Verteilen des Schmieröls in der Umfangsrichtung;
b Flachkeile; c konische Stifte; d Schmierölraum
Der Kolben von 1910 zeigt gegenüber dem älteren Kolben wesentliche Verbesserungen

noch durch Schmierstutzen, die den Kühlwasserraum und die Laufbuchsenwand durchdringen, zugeführt. Eine Schmierölpumpe (t in Bild 272) fördert es in die in den Kolbenmantel gefräste Nut d (Bild 271), von der es durch Bohrungen an das Kolbenbolzenlager gelangt. Der Schmierölraum d liegt in solcher Höhe, daß er sich über der Mündung des Schmierstutzens bewegt, während der Kolben durch seine untere Totlage geht, so daß das Öl Zeit hat, sich in d zu sammeln. Später, als man dem Kolbenbolzen immer höhere Belastungen zumuten mußte, wurde die heute gebräuchliche Form der Schmierung durch die hohlgebohrte Pleuelstange eingeführt und der Kolbenbolzen an die Druckumlaufschmierung angeschlossen.

Die ersten DM-Motoren bewährten sich so gut, daß 1902 die gesamte Fabrikation auf diese Type umgestellt wurde. Bis 1904 hatte die MAN 15 verschiedene Zylindergrößen mit Leistungen zwischen 8 und 125 PS entwickelt; im Lauf der folgenden Jahre wurden es 17 Typen mit 33 Leistungsstufen. Die meisten Motoren hatten einen oder zwei Zylinder; die größeren Zylinder wurden auch zu Drei- und Vierzylindermotoren zusammengestellt. Der größte Zylinder, der 200 PS leistete, ist nur als Zwei-, Drei- und Vierzylindermotor geliefert worden. Man war um 1910 auf einer Motorenleistung von 800 PS angelangt.

Die DM-Motoren sind nur als ortfeste Motoren verwendet worden. Für den Antrieb von Schiffen oder Landfahrzeugen waren sie zu schwer; ihr Einheitsgewicht lag über 200 kg/PS. Sie wurden mit allem für den Betrieb erforderlichen Zubehör geliefert (Bild 272). An der Wand des Maschinenhauses des 70 PS-Motors sind zwei Anlaßluftflaschen a und eine Einblaseluftflasche b aufgestellt, die von dem angehängten Luftkompressor c durch die Leitung d und den Wechselventilkasten e aufgeladen werden. Der Kompressor ist in Bild 272 noch einstufig. Er entnimmt einen Teil der vom Arbeitskolben verdichteten Luft durch ein gesteuertes Ventil f; dabei hat die entnommene Luft nach Versuchen Eugen Meyers, die von Güldner mitgeteilt werden, einen Druck von 8 bis 10 at. Diesen erhöht der Kompressor c auf den Einblasedruck von 45 bis 50 at.

Von den Flaschen führen die Leitungen g und h zum Motor; die stärkere Leitung g verbindet die Anlaßluftflaschen a mit dem Ventil f, das während des Anfahrens als Anlaßventil dient; die schwächere Leitung h führt die Einblaseluft zum Brennstoffventil i. Der Kompressor ist so bemessen, daß er nicht nur die ständig verbrauchte Einblaseluft ersetzen, sondern auch nach dem Anfahren die Anlaßluftflaschen auf den für das nächste Anfahren erforderlichen Druck auffüllen kann. Zum Anfahren wird der

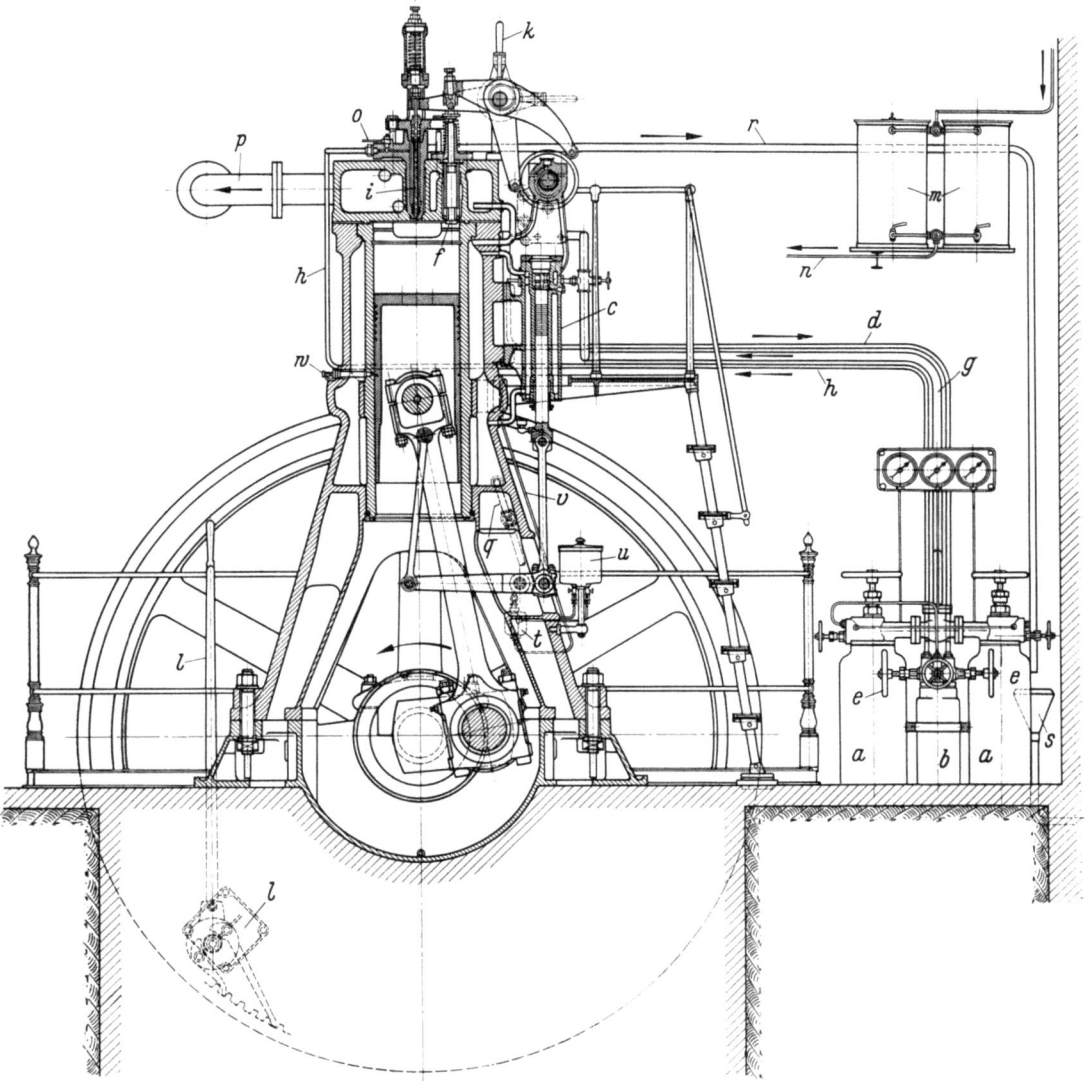

Bild 272. Aufstellungsplan des ortfesten MAN-Motors „DM 70" (1902)

a Anlaßluftflaschen; b Einblaseluftflasche; c Kompressor; d Ladeluftleitung zu den Flaschen a, b; e Wechselventile; f Steuerventil für Entnahme der Einblaseluft, zugleich Anlaßventil; g Anlaßluftleitung; h Einblaseluftleitung; i Brennstoffventil; k Manövrierhebel; l Vorrichtung zum Drehen der Kurbelwelle in die Anfahrstellung; m Filter; n Leitung zur Brennstoffpumpe; o Brennstoffdruckleitung; p Auspuffleitung; q Kühlwasserleitung zum Zylinder; r Kühlwasserabfluß mit Trichter s; t Schmierölpumpe, u Schmierölbehälter, v Schmierölleitung, w Schmierstutzen für das Kolbenbolzenlager

Der DM-Motor und sein Aufstellungsplan sind viele Jahre für alle ortfesten Dieselmotoren vorbildlich gewesen

Hebel k in die horizontale Lage gebracht; dann ist das Anlaßventil ein- und das Brennstoffventil ausgeschaltet. Durch Umlegen des Hebels k in die senkrechte Stellung wird das Brennstoffventil ein- und die Steuerung des Anlaßventils ausgeschaltet; dann arbeitet das Ventil f als Steuerventil für den Kompressor c. Diese etwas verwickelte Vorrichtung entfiel, als man 1904 zur zweistufigen Bauart des Kompressors überging.

Der Motor wurde im Viertakt angelassen; das umständliche Anfahren im Zweitakt hatte man schon beim Kemptener Motor aufgegeben. Da ein Viertaktmotor nur, wenn die Zylinderzahl wenigstens sechs beträgt, aus jeder beliebigen Stellung der Kurbelwelle anspringt, hatte man die Innenseite des Schwungradkranzes mit einer angegossenen Verzahnung versehen, in welche eine von Hand zu betätigende Schaltvorrichtung l eingriff, mit der man die Kurbelwelle so drehen konnte, daß einer der Kolben in der Anfahrstellung stand. Schwungrad und Riemenscheibe waren mit einem Schutzgeländer umgeben, das man, dem Geschmack der Zeit entsprechend, mit Verzierungen reichlich versehen hatte.

Der Brennstoff, russisches oder amerikanisches Lampenpetroleum, fließt von dem hochgelegten Vorratsbehälter durch das umschaltbare Doppelfilter m und die Leitung n zur Brennstoffpumpe (in Bild 272 nicht gezeichnet) und von dieser durch das Rohr o zum Einspritzventil i. Die Auspuffleitung p führt zu einem Schalldämpfer. Einlaß- und Auspuffventil liegen auf Mitte Zylinderdeckel vor und hinter der Bildebene. Die Kühlwasserleitung q zum Zylindermantel ist in Bild 272 nur angedeutet. Das Kühlwasser durchströmt den Kühlmantel des Zylinders von unten nach oben, tritt zum Zylinderdeckel über und fließt durch Leitung r in den Trichter s sichtbar ab. Für die Schmierung des Kolbenbolzens ist eine kleine vom Schwinghebel des Einblasekompressors angetriebene Kolbenpumpe t vorgesehen, die das aus dem Behälter u zufließende Schmieröl durch die Leitung v zu den Schmierstutzen w drückt, von denen es auf dem in Bild 271 gezeichneten Weg an das Kolbenbolzenlager gelangt. Alle anderen Schmierstellen des Motors werden von Hand geschmiert.

Der DM-Motor mit seinem Aufstellungsplan Bild 272 ist lange Jahre das Vorbild des ortfesten Viertaktmotors gewesen. Als er auf dem Markt erschien, wurde er zunächst mit Mißtrauen betrachtet, denn die furchtbaren Rückschläge, die der Dieselmotor erfahren hatte, waren noch in zu lebhafter Erinnerung. Daß die MAN es wagte, den DM-Motor sogar nach dem Ausland zu liefern, hielt man für kaum verantwortlich. Als sie 1903 eine Anlage mit einer Gesamtleistung von 1600 PS von einem Besteller in Kiew in Auftrag nahm, weigerte sich die Firma, die den Bau der Gleichstromgeneratoren übernommen hatte, diese direkt an den russischen Auftraggeber zu liefern, weil sie kein Vertrauen zu den Dieselmotoren hatte. Die MAN kaufte die Generatoren für eigene Rechnung und übernahm die alleinige Verantwortung für die Gesamtanlage. Der Besteller verlangte einen fünfjährigen Stromliefervertrag, in welchem die MAN sich verpflichtete, die alte Dampfzentrale in Kiew in Betrieb zu halten, wenn es nicht gelingen sollte, mit den Dieselmotoren den Strom zum Preis von etwa zwei Kopeken je Kilowattstunde zu erzeugen. Der Vertrag wurde anstandslos eingehalten.

Steinkohlenteeröl als Treibstoff

Wenn auch das Mißtrauen gegen den Dieselmotor allmählich schwand, so blieb doch der Mangel an geeignetem und billigem Treibstoff ein Hemmnis für den Absatz. Das galt besonders für Deutschland, das keine nennenswerte eigene Erdölförderung hatte. Auf ausländischem Treiböl lag ein hoher Zoll, der 1905 noch 7,20 Mark für 100 kg betrug. Auf Betreiben der MAN wurde er 1906 auf die Hälfte, 1912 auf 1,80 Mark ermäßigt. Eine damals von der MAN organisierte „Treiböl-Verkaufs-Gesellschaft" sollte den Besitzern von Dieselmotoren den Bezug ihres Kraftstoffs erleichtern.

In Deutschland war das bei der Destillation des Steinkohlenteers anfallende Steinkohlenteeröl verhältnismäßig reichlich vorhanden und zu niedrigem Preis zu haben, da man wenig Verwendung dafür hatte. So hat die MAN schon um die Jahreswende 1907/08 als erste Firma mit Versuchen begonnen, den Dieselmotor für den Betrieb mit Steinkohlenteeröl einzurichten. Da die Bestandteile eines Moleküls des Teeröls fester miteinander verbunden sind als beim Gasöl, zündet das Teeröl schwerer. Man umging die Schwierigkeit, indem man dem Teeröl eine kleine Menge leichter zündenden Brennstoffs vorlagerte, einen aus Petroleum oder Gasöl bestehenden „Zündöltropfen", der beim Einblasen zuerst in den Brennraum gelangte, sich entzündete und durch die dabei entwickelte Wärme das Teeröl zur Entzündung brachte. Das erforderte zwar eine zweite Brennstoffpumpe für das Zündöl, aber diese konnte einfach gebaut sein, da die Zündölmenge bei allen Belastungen gleich blieb; die zweite Pumpe bedurfte daher keiner Regelvorrichtung. Der Plattenzerstäuber eignete sich für den Zündölbetrieb nicht, da er die erforderliche Schichtung der beiden Brennstoffe nicht sicherstellen konnte. So entwickelte die MAN den „Hülsenzerstäuber", der sich gut bewährt hat. Die Versuche mit Teeröl begannen 1908, jedoch hat es längere Zeit gedauert, bevor

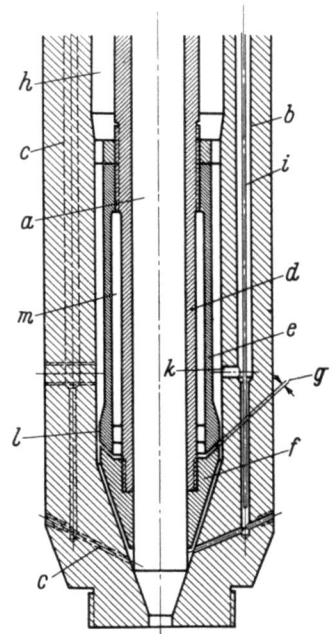

Bild 273
Der „Hülsenzerstäuber" für Teerölbetrieb (1912)

a Ventilnadel; b Bohrung für Teeröl, c für Zündöl; d Führungsbuchse für a; e Hülse; f Zerstäuberkonus; g Ringspalt 0.18 mm breit; h Zutritt der Einblaseluft; i Reguliernadel; k Querbohrung für Teeröl; l Ringspalt 0,15 mm breit; m Windkessel
Der Hülsenzerstäuber löste das Problem, den Dieselmotor mit dem schwer zündenden Steinkohlenteeröl zu betreiben. Er war so gebaut, daß er vor dem Teeröl eine kleine Menge leicht zündenden Gasöls in den Brennraum einführte

man eine brauchbare Zerstäuberkonstruktion fand (Bild 273). Beide Brennstoffe werden durch Bohrungen im Gehäuse bis dicht an den Sitz der Ventilnadel a geführt, durch Bohrung b das Teeröl, durch c das Zündöl. Die Ventilnadel ist in der Buchse d geführt, über welche von unten die lange Hülse e und der mit zahlreichen Einschnitten versehene Zerstäuberkonus f geschraubt sind. Diese beiden Teile bilden miteinander den nur 0,18 mm breiten konischen Ringspalt g. Die Zuleitung der Einblaseluft ist an den Ringraum h angeschlossen. Beide Treibstoffe werden von ihren Pumpen in das Gehäuse gedrückt, bevor die Ventilnadel angehoben wird. Das Zündöl lagert sich in dem Raum unmittelbar oberhalb des Nadelsitzes, das Teeröl nur zu einem Teil, denn der Querschnitt des unteren Teiles der Bohrung b, der ohnehin kleiner ist als der obere, wird durch die in senkrechter Richtung verschiebbare „Reguliernadel" i zusätzlich verengt. So muß der größere Teil der auf einen Arbeitshub entfallenden Teerölmenge den Weg durch die Querbohrung k nehmen; er lagert sich oberhalb des engen Spaltes l, den das verdickte untere Ende der Hülse e mit der Bohrung des Gehäuses bildet. Wird die Nadel a durch die Steuerung angehoben, so drückt die Einblaseluft das Zündöl zuerst in den Brennraum; die oberhalb l lagernde Hauptmenge des Teeröls folgt, und aus dem oben geschlossenen Ringraum m, der sich mit Druckluft füllt, expandiert diese durch den Spalt g, wodurch die erforderliche Durchwirbelung des Teeröls mit der Einblaseluft erzeugt wird.

Der Teerölbetrieb war umständlicher als der Betrieb mit Gasöl, da er nicht nur zwei Brennstoffpumpen benötigte, sondern auch die Brennstoffbehälter, Filter und Leitungen doppelt ausgeführt werden mußten. Aber das Steinkohlenteeröl kostete nur etwa vier Mark je 100 kg, und der Betrieb lohnte sich in Ländern, in denen das Gasöl erheblich teurer war. In Sonderfällen werden noch heute Dieselmotoren mit Steinkohlenteeröl betrieben.

Ortfeste Motoren der Bauarten AV und BV

Als im Jahr 1908 DIESELs Grundpatente abgelaufen waren, nahmen viele Firmen den Bau von Dieselmotoren auf, denn inzwischen hatte sich das Mißtrauen, das man allerorts der Dieselsache entgegengebracht hatte, in das Gegenteil verwandelt. Die Erfolge, welche die MAN mit ihren DM-Motoren hatte, bewiesen, daß man es mit einem ernst zu nehmenden Konkurrenten der Dampfmaschine zu tun hatte. Das Augsburger Werk der MAN gab 1908 den Dampfmaschinenbau auf, der noch zehn Jahre vorher das Hauptarbeitsgebiet gewesen war, und baute nur noch Dieselmotoren. Jetzt folgten andere Firmen des In- und Auslandes dem Beispiel. In Deutschland waren es besonders Benz & Cie. in Mannheim, Güldner in Aschaffenburg und Körting in Hannover, denen es bald ohne größere Schwierigkeiten gelang, brauchbare Dieselmotoren herzustellen. Auch die Gasmotoren-Fabrik Deutz nahm den Bau von Dieselmotoren wieder auf.

Eine Preiskonvention, mit der man das gegenseitige Unterbieten zu verhindern suchte, hat nicht lange bestanden. Ihr gehörten außer der MAN die Firmen Sulzer, Krupp, Körting und mehrere kleinere deutsche Unternehmen an. Am 30. Juni 1910 wurde sie aufgelöst. Jetzt waren alle Firmen gezwungen, sich nur durch die Güte ihrer Fabrikate zu behaupten.

Die MAN hat in der Folgezeit ihre DM-Type stetig vervollkommnet; die neuen Muster erhielten die Bezeichnung „AV" und „BV". Sie wiesen manche Verbesserungen auf; so wurde die Stopfbuchspackung am Stempel der Brennstoffpumpe aufgegeben und der Stempel in seine Buchse eingeschliffen, wie es noch heute geschieht. Man ging allmählich zu höheren Drehzahlen und Kolbengeschwindigkeiten über, die man aus Vorsicht bis dahin in bescheidenen Grenzen gehalten hatte. So konnte der Motor bei nur wenig veränderten äußeren Abmessungen für größere Leistungen verkauft werden. Das Gewicht wurde erheblich verkleinert. Während der DM-Motor noch ein Einheitsgewicht von 276 kg/PS als Einzylinder- und 234 kg als Zweizylindermotor gehabt hatte, wogen die neuen Motoren nur noch etwa 160 kg/PS. Sie wurden mit bis zu sechs Zylindern ausgeführt (Bild 274) und sind noch bis zum Jahr 1926 gebaut worden. Die größten Maschinen dieser Gattung leisteten mit sechs Zylindern 1500 PS.

Bild 274. Sechszylinder-Tauchkolbenmotor der MAN, Type „BV"
Leistung 750 PS; Baujahr etwa 1924
Bis zum Jahr 1926 hat die MAN den bewährten DM-Motor (Bild 269) in der verbesserten Form der „AV"- und „BV"-Type als Mehrzylindermotoren mit Leistungen bis zu 1500 PS ausgeführt

Die ersten Dieselmotoren für Schiffsantrieb

Als es der MAN gelungen war, den Dieselmotor zunächst für kleine ortfeste Anlagen zu einer brauchbaren Kraftmaschine zu machen, lag es nahe, ihn auch zum Antrieb von Schiffen zu verwenden. Der Gedanke war nicht neu; DIESEL hat ihn schon 1893 in seiner „Theorie und Konstruktion eines rationellen Wärmemotors" ausgesprochen. Colonel E. D. MEIER, den ADOLPHUS BUSCH 1897 zu DIESEL entsandt hatte, berichtete: „Ich finde keinen Grund dafür, Commerzienrath Buz' Voraussage als übertrieben oder unwahrscheinlich anzusehen, wonach in nicht allzuvielen Jahren auch mächtige Kriegsschiffe durch Dieselmotoren vorwärtsbewegt werden". DIESELs Freund FRÉDÉRIC DYCKHOFF in Bar-le-Duc schlug in einem an DIESEL gerichteten Brief vom 3. Januar 1899 eine Lösung des Umsteuerproblems vor, die um ihrer Originalität willen erwähnt zu werden verdient. Sie ist im Schema in Bild 275 dargestellt, das die Fig. 2 des Patentes 107395 vom 25. April 1899 wiedergibt. Das Patent lautet auf den Namen DYCKHOFF und die Firmen KRUPP und MAN. Für den Vorwärts- und den Rückwärtsgang ist je eine Nockenwelle a bzw. b vorgesehen, die in dem um die Welle c schwenkbaren Rahmen d gelagert sind. Die Welle c wird von der Kurbelwelle angetrieben und treibt durch Zahnräder *e*, *f* die Nockenwellen *a* und *b* an. Durch den mit einer Rast versehenen Handhebel *g* wird die Vorwärts- oder die Rückwärts-Nockenwelle unter die Rollen der Ventilhebel gebracht. Auch das Verschieben der Nockenbündel auf ihren Wellen, das die Patentschrift als bekannt voraussetzt, wird erwähnt.

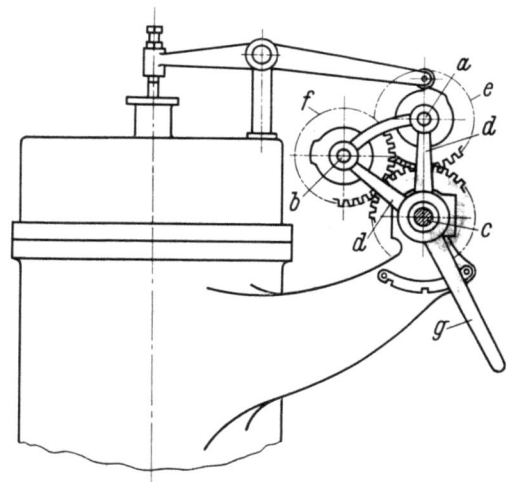

Bild 275. Vorschlag von DYCKHOFF 1899: Vorrichtung zum Umsteuern eines Schiffsdieselmotors
(Figur 2 des DRP 107 395 vom 25. April 1899)
a Vorwärts-, *b* Rückwärtsnockenwelle; *c* Antriebwelle; *d* um *c* schwenkbarer Rahmen; *e, f* Zahnräder auf den Nockenwellen; *g* Handhebel
Einer der ältesten Vorschläge, die Steuerung des Dieselmotors für Vor- und Rückwärtsfahrt einzurichten. Es gelang nicht, den 15 PS-Motor, der mit dieser Umsteuerung versehen wurde, zum störungsfreien Betrieb zu bringen

DYCKHOFF, der unternehmende Besitzer einer Maschinenfabrik, baute nach diesem Patent einen dreizylindrigen Schiffsmotor von 130 mm Zylinderdurchmesser und 130 mm Hub, der bei 600 U/min 15 PS leisten sollte. Sein Motor zeigt manchen fortschrittlichen Gedanken, z. B. die Tauchkolbenbauart, der man damals im Dieselmotorenbau noch nicht traute, und die Zusammenfassung der drei Brennstoffpumpen zu einem Block. Aber die Schwierigkeiten waren doch so groß, daß es DYCKHOFF nicht gelang, einen störungsfreien Betrieb zu erreichen.

Ein zweiter Versuch, den der französische Lizenznehmer DIESELs, die Firma Sautter, Harlé & Cie. in Paris, unternahm, hatte ebenfalls keinen Erfolg. Man setzte einen 25pferdigen Motor, der mit Gegenkolben versehen war und schon umsteuerbar gewesen sein soll, in ein Boot, das für den Verkehr auf dem Rhein-Marne-Kanal bestimmt war. Aber die Ergebnisse ermutigten nicht zu einer Fortsetzung der Versuche.

Im Jahr 1903 baute die Genossenschaft Gebr. Nobel in St. Petersburg drei dreizylindrige, von der A. B. Diesels Motorer in Stockholm hergestellte Motoren von je 120 PS Leistung bei 240 U/min in ihr Naphtha-Transportschiff „Vandal" ein, das den Verkehr zwischen dem Ladoga-See und St. Petersburg versehen sollte. Jeder Motor trieb unabhängig von dem anderen einen Propeller an. Hinter jedem Dieselmotor waren nach dem Vorschlag DEL PROPOSTOs ein Gleichstromgenerator, eine ausrückbare Kupplung und ein Elektromotor angeordnet. Bei Vorwärtsfahrt arbeitete der Dieselmotor unmittelbar auf die Schraubenwelle; die Rotoren der elektrischen Maschine liefen leer mit. Zum Manövrieren oder Rückwärtsfahren wurde die Kupplung gelöst und mit elektrischer Energieübertragung gefahren. Die Anlage bewährte sich so gut, daß noch ein zweites Schiff, „Sarmat", in Auftrag gegeben wurde, das zwei vierzylindrige Motoren von je 180 PS erhielt. Soweit sich heute feststellen läßt, sind diese beiden Binnenschiffe die ersten Wasserfahrzeuge gewesen, bei denen der Dieselmotor sich als Antrieb bewährt hat.

Im Frühjahr 1902 hatte DIESEL sich in Paris bemüht, die französischen Marinebehörden für seinen Motor zu interessieren. Hierüber schrieb er im April 1902 an Buz und bat ihn um seine Zustimmung zu einem Besuch von Delegierten des französischen Marineministeriums in Augsburg. Er hoffe, „daß aus diesem Besuch die für die Dieselsache so wichtige Marinemaschine endgültig und schon bald in brauchbarer Form hervorgehen werde", und fügte hinzu:

... wenn man in Frankreich erst einmal so weit sein wird, so wird dann hoffentlich auch bei den Behörden unseres Vaterlandes die Einsicht über die Wichtigkeit unseres Motors an Terrain gewinnen.

Die Vertreter der französischen Marine besuchten im Mai 1902 das Augsburger Werk, aber zu einem Auftrag an die MAN kam es nicht. Man zog in Paris vor, den französischen Lizenznehmer Sautter, Harlé & Cie. zu unterstützen.

Bild 276. Erster vierzylindriger Schiffsmotor der MAN (1903)
Leistung 140 PS bei 400 U/min

Der Motor ist noch nicht umsteuerbar. Die MAN hatte ihn für eigene Rechnung gebaut, um der deutschen Marine zu zeigen, daß der Dieselmotor für den Antrieb von Schiffen brauchbar sei

Die deutschen Marinestellen zeigten ebenfalls kein großes Interesse für den Dieselmotor. Die MAN hatte einem Angebot ein Motorgewicht von 75 kg/PS zugrunde gelegt; damit waren die Motoren der deutschen Marine zu schwer. Ende 1902 entschloß sich die MAN, auf eigene Kosten einen Schiffsmotor zu bauen. Der erste Schiffsmotor der MAN (Bild 276) hatte vier Zylinder von 280 mm Durchmesser und 300 mm Hub; er sollte bei 400 U/min 140 PS leisten. Um dem Motor, der jetzt nicht mehr wie die ortfesten Motoren auf dem schweren Betonfundament, sondern auf einem leichten Fundament im Schiff stehen sollte, die nötige Längssteifigkeit zu geben, hatte man, wie Bild 276 zeigt, die unteren Teile der A-Gestelle der einzelnen Zylinder von ihren oberen Teilen abgetrennt und zu einem kastenförmigen Gestell zusammengezogen; auf diesem wurden die einzelnen Zylinder verschraubt. Jeder Zylinder hatte seine eigene Einblaseluftpumpe, die wie früher durch Schwinghebel von der Pleuelstange angetrieben wurde. Die Luftpumpen waren noch einstufig. Der Antrieb der Nockenwelle war unverändert geblieben. Die Brennstoffpumpen, in Bild 276 unterhalb der gußeisernen Stützen der Nockenwelle erkennbar, wurden durch Exzenter von dieser angetrieben.

Nach längeren Verhandlungen erklärte sich das Reichsmarineamt bereit, den Motor zu übernehmen. Er wurde im Oktober 1904 an die Werft Kiel geliefert. Über sein weiteres Schicksal konnte nichts ermittelt werden.

Die Entwicklung von Unterseebootmotoren

Um dieselbe Zeit hatte die Kruppsche Germaniawerft in Kiel den Bau von Unterseebooten aufgenommen. Im Januar 1904 fragte sie in Augsburg an, ob man für den Antrieb dieser Boote Dieselmotoren liefern könne. Da die MAN keine Zusage geben wollte, wandte sich die Germaniawerft an Gebr. Körting, die sich seit längerem mit dem Bau von Petroleummotoren beschäftigt hatten. Die Gebr. Körting gingen auf die Anregung der Germaniawerft ein; sie wurden die erste deutsche Firma, welche Unterseebootmotoren für die deutsche Marine geliefert hat (S. 631).

In Augsburg wollte man hinter Körting nicht zurückbleiben. Anfang 1904 beschlossen die MAN und KRUPP, die Entwicklung des U-Bootmotors gemeinsam zu betreiben. Die Germaniawerft sandte den Leiter ihrer Dieselmotorenabteilung, den Ingenieur WORSOE, nach Augsburg, wo er vom März bis zum September 1904 gemeinsam mit LAUSTER und EBERLE an den Entwurfszeichnungen eines 200pferdigen vierzylindrigen U-Bootmotors (Bild 297, S. 562) gearbeitet hat. Aber 200 PS genügten der deutschen Marineleitung nicht, und der Motor wurde nicht ausgeführt. Anfang 1905 nahm die MAN einen größeren Vierzylindermotor in Arbeit, der mit 330 mm Zylinderdurchmesser und 360 mm Hub 300 PS bei 400 U/min leisten sollte. Bild 277 zeigt diesen Motor, an dessen Entwurf KRUPP nicht mehr beteiligt gewesen ist. Der Motor hatte ein geschlossenes Kastengestell, mit dem die vier Zylinder einzeln verschraubt waren. Das gab der Maschine die erforderliche Längssteifigkeit. Die Seitenwände des Gestells waren nicht mehr wellenförmig, wie bei dem Motor nach Bild 276, sondern eben, was die Herstellung vereinfachte. Als Werkstoff ist hier zum erstenmal Stahlguß verwendet worden. Der Kompressor, jetzt natürlich zweistufig, war am vorderen Ende angeordnet; er lieferte die Einblaseluft für alle Zylinder. Die Kolben der Arbeitszylinder waren ölgekühlt; das Kühlöl wurde durch Gelenke zugeführt. Die Kurbelwellenlager hatten Wasserkühlung.

Im Oktober 1905 erkundigte sich die deutsche Marineleitung bei der MAN nach dem Stand der Arbeiten an diesem Motor. Die MAN antwortete ausführlich und erwähnte, daß die französische Marine eine Bestellung auf vier dieser Motoren in Aussicht gestellt habe. Die Bestellung folgte auch am 10. Januar 1906. Im August und September 1907 wurden die vier Motoren abgeliefert; sie sind in die französischen Unterseeboote „Circé" und „Calypso" eingebaut worden. Ihr Gewicht betrug nur 33 kg/PS, eine konstruktive Leistung, die um so hervorragender war, als die ortfesten

DM-Motoren noch ein Einheitsgewicht von über 150 kg/PS hatten. Die Motoren haben noch 1917 ihren Dienst in der französischen Kriegsmarine versehen.

Jetzt zeigte auch die deutsche Marineleitung Interesse an den MAN-Motoren. Im Hinblick auf den Erfolg der nach Frankreich gelieferten Motoren glaubte man die größere Leistung von 850 PS bei der höheren Drehzahl von 450 U/min fordern zu kön-

Bild 277. Erster Unterseebootmotor der MAN (1905) Leistung 300 PS bei 400 U/min
Je zwei dieser Motoren wurden 1907 in die französischen Unterseeboote „Circé" und „Calypso" eingebaut.
Sie waren noch während des Kriegsjahres 1917 im Dienst

nen. Das Einheitsgewicht durfte nicht mehr als 26 kg/PS betragen. Eine weitere Forderung war, daß der Motor umsteuerbar sein sollte, während man sich bei den an Frankreich gelieferten Motoren noch mit einem Wendegetriebe in der senkrechten Übertragungswelle zwischen Kurbel- und Steuerwelle geholfen hatte. Bild 278 zeigt den ersten von der MAN an die deutsche Marine gelieferten Unterseebootmotor. Er gleicht im Aufbau seinem Vorgänger, hat aber sechs Zylinder von 400 mm Durchmesser und 400 mm Hub sowie zwei zweistufige Einblaseluftpumpen am vorderen Ende. Auf der Steuerwelle ist für jedes mechanisch betätigte Ventil je ein Nocken für den Vorwärts- und den Rückwärtslauf vorgesehen. Zum Umsteuern wird die Nockenwelle durch das in Bild 278 im Vordergrund sichtbare Handrad mittels Schnecke und Schneckenrades axial verschoben; während des Verschiebens sind die Ventilhebel durch exzentrische Buchsen und Stangen von ihren Nocken abgehoben, nach dem Verschieben werden sie auf die Nocken der Gegenfahrt aufgesetzt. Es ist das noch heute bei Handelsschiffsmotoren vielfach gebrauchte Umsteuerverfahren.

Die Marineleitung hatte den Probemotor im Dezember 1908 bestellt, aber erst im April 1910 kam er zum Probelauf im Werk. Die Herstellung der verhältnismäßig großen Teile, Grundplatte und Kastengestell, in Stahlguß machte größere Schwierigkeiten, als man erwartet hatte. Im Mai 1910 erreichte der Motor eine Leistung von 900 PS. Das Gewicht, das die MAN mit 20000 kg bei 10% Toleranz garantiert hatte,

Bild 278. Erster von der MAN an die deutsche Marine gelieferter Unterseebootmotor, gebaut 1909
Leistung 850 PS bei 450 U/min
Der Motor wird erstmalig durch Verschieben der mit Vorwärts- und Rückwärtsnocken versehenen Steuerwelle umgesteuert. Je zwei dieser Motoren wurden 1912/13 in die Unterseeboote U 19 bis U 22 eingebaut

Bild 279. Letzter und größter von der MAN gebauter Unterseebootmotor (1917)
Leistung 3000 PS bei 390 U/min
Von dieser Type sind 46 Motoren gebaut worden. Keines der Unterseeboote, für die sie bestimmt waren, wurde vor Kriegsende fertiggestellt

betrug 20100 kg, der Brennstoffverbrauch 192 g/PSh, womit er niedriger als der zugesicherte von 200 g/PSh mit 10% war.

Auf Grund der guten Ergebnisse bestellte die Marineleitung im August 1911 sieben weitere Motoren. Alle acht Motoren wurden 1912/13 geliefert und in die U-Boote U 19 bis U 22 eingebaut.

Wir übergehen die rasche Entwicklung, die der Krieg dem U-Boots-Motor aufzwang, und erwähnen nur den letzten und größten Motor, der von der MAN gebaut worden ist (Bild 279). Er leistete mit zehn Zylindern von 530 mm Durchmesser und einem ebenso großen Hub 3000 PS bei 390 U/min. Die beiden dreistufigen Einblasekompressoren wurden vom vorderen Kurbelwellenende angetrieben. Diese großen Maschinen konnte man nicht mehr von Hand umsteuern; hierfür war ein Servomotor vorgesehen. Im Januar 1918 wurden die ersten vier Motoren geliefert. Einige von ihnen sind nach Kriegsende mit herabgesetzter Leistung als ortfeste Maschinen verwendet worden.

Im Nürnberger Werk der MAN

nahm der Dieselmotorenbau eine andere Entwicklung als in Augsburg. Noch bevor der erste Motor in Augsburg die Brauchbarkeit des Dieselverfahrens bewiesen hatte, schlug Oberbaurat KLOSE, damals ein bekannter Eisenbahnfachmann, dem Werk Nürnberg vor, zusammen mit ihm einen „automobilen Personenwagen" zu entwickeln. ANTON RIEPPEL, für alle Neuerungen empfänglich, ging darauf ein und schloß mit KLOSE einen Vertrag. Aus verschiedenen Entwürfen wurde der Plan eines zweizylindrigen Viertakt-Gegenkolbenmotors ausgewählt, dessen Zylinder 110 mm Durchmesser hatten; der Hub jedes der beiden Kolben betrug 160 mm, die Drehzahl 500 U/min. Der Brennstoff — es kam 1896 nur Benzin in Frage — sollte durch eine Pumpe in die Saugleitung gespritzt werden. Mit solchem Vorhaben hatte man die Aufgabe am schwierigsten Ende angegriffen, und mit der Ausführung dieses Motors wurde es nichts. Da man Mitte 1897 in Nürnberg noch nicht weiter gekommen war, inzwischen aber die Erfolge des Dieselmotors vom Februar 1897 bekannt geworden waren, stellte RIEPPEL DIESELs Freund LUCIAN VOGEL (S. 432) ein, der am 15. Juni 1897 von Augsburg nach Nürnberg übersiedelte. VOGEL hatte die Entstehung des Dieselmotors von den Anfängen an miterlebt, und es war nur natürlich, daß VOGEL, als ihm die Leitung der Entwicklungsarbeiten am schnellaufenden Fahrzeugmotor übertragen wurde, das Dieselverfahren der Benzineinspritzung vorzog. Wie aus VOGELs Aufzeichnungen hervorgeht, wurden drei verschiedene Fahrzeugmotoren entworfen: ein kleiner Zweizylindermotor von 5 bis 6 PS und 800 U/min sollte in einen „Kutschenwagen" eingebaut werden; ein größerer, ebenfalls zweizylindriger von 25 PS bei 500 U/min war für einen Eisenbahntriebwagen gedacht, und ein großer Motor von 500 PS bei 400 bis 500 U/min sollte das Antriebsaggregat für eine Diesellokomotive werden. Wie VOGEL den Motor bauen wollte, zeigt Bild 280. Da die Gegenkolbenmotoren, die er vorgesehen hatte, bei senkrechter Anordnung nicht in das Eisenbahnprofil gepaßt hätten, stellte er sie paarweise schräg und setzte die Paare unter 90° auf das Gestell. Die Zylinder sollten 320 mm Durchmesser, die Kolben einen Hub von 2 × 400 mm erhalten.

Mit diesen drei Projekten hatte man sich Aufgaben gestellt, die damals niemand zu lösen vermocht hätte. Auch DIESEL, dem auf Wunsch RIEPPELs die Entwurfszeichnungen des „Kutschwagenmotors" zugesandt wurden, konnte nur kritisieren, aber keine ausführbaren Vorschläge machen. Man änderte den Entwurf, man fertigte einen dritten an, und im Februar 1898 war man beim fünften Entwurf angekommen.

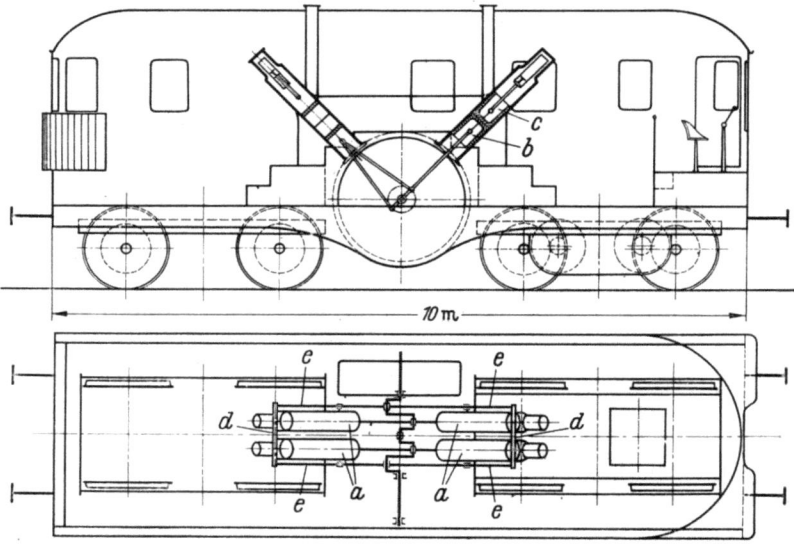

Bild 280. LUCIAN VOGELS Entwurf einer Diesellokomotive mit elektrischer Kraftübertragung (Februar 1898)

Der Motor sollte vier Zylinder a mit je zwei gegenläufigen Kolben b, c erhalten und bei 500 U/min 500 PS leisten. Je zwei äußere Kolben waren durch ein Querhaupt d verbunden; von diesen wurde die Leistung durch Zugstangen e auf die Kurbelwelle übertragen. Mit den oberen Arbeitskolben waren die Kolben der Einblaseluftkompressoren verbunden. Der Motor ist nicht ausgeführt worden

Im Dezember 1898 gelang es endlich, den kleinen Motor im Prüffeld in Gang zu setzen, wenige Wochen nachdem die Fusion der Werke Augsburg und Nürnberg beschlossen worden war. Der Zusammenschluß der beiden Firmen und der Mißerfolg des 6 PS-Motors waren für LUCIAN VOGEL der Anlaß, aus der Firma auszutreten.

Die Fortsetzung der Versuche brachte keine Besserung. Unmutig schrieb RIEPPEL am 10. Januar 1899 an Colonel MEIER, den Leiter der Diesel Motor Co. of America:

Es war meine Hoffnung, Ihnen eine einigermaßen entsprechende Mitteilung geben zu können. Leider ist mir das nicht möglich. Wir haben mit dem Motor große Schwierigkeiten und zweifle ich immerhin, daß es uns gelingen werde, denselben ohne vollständige Umconstruction brauchbar zu machen ...

Die Zweifel waren sehr berechtigt. Man gab die Arbeit an dem kleinen Motor auf; die beiden größeren Projekte blieben auf dem Papier. Die Zeit war für den Dieselmotor als Antrieb von Fahrzeugen noch längst nicht reif. RIEPPEL hat noch zweimal, 1904 und 1907, sich an demselben Problem versucht, aber wiederum vergeblich. Erst die kompressorlose Betriebsweise brachte zwanzig Jahre später die Lösung.

Nürnberg baut die Augsburger DM-Motoren

Inzwischen hatte der Augsburger DM-Motor seine Brauchbarkeit bewiesen. So entschloß sich RIEPPEL 1904, nachdem man sich in Nürnberg mehrere Jahre erfolglos um den Dieselmotor bemüht hatte, das Augsburger Modell nachzubauen. In Augsburg war man dagegen; LAUSTER machte geltend, daß, wenn man in Augsburg jetzt gute

Dieselmotoren baue, damit noch keine Gewähr gegeben sei, daß es dem Nürnberger Werk ebenso gelingen werde. In Nürnberg fehle es an erfahrenen Meistern und Monteuren, und ohne diese sei mit einem Gelingen nicht zu rechnen. Aber RIEPPEL setzte seinen Willen durch, und man begann in Nürnberg mit dem Bau von DM-Motoren. Ein in Augsburg ausgebildeter Dieselingenieur wurde nach Nürnberg abgeordnet.

Man fing 1904 in Nürnberg mit den Einzylindermotoren von 25 und 35 PS Leistung an; von 1907 ab wurden auch die größeren Typen mit 50 und 80 PS Zylinderleistung gebaut. Die Zahl der gebauten Einheiten war bis 1911 noch nicht sehr groß; es wurden insgesamt 154 Motoren verkauft, in der Mehrzahl die 25- und 35pferdigen Zylinder. Aber es war damit dem Nürnberger Werk gelungen, sich in den Dieselmotorenbau hineinzufinden, ohne daß größere Störungen auftraten. So konnte RIEPPEL daran denken, das Absatzgebiet seiner Motoren zu erweitern, und das wollte er dadurch verwirklichen, daß er die Fabrikation von Schiffsdieselmotoren aufnahm.

Die kreuzkopflosen Zweitaktmotoren des Werkes Nürnberg

Mit dem Zweitakt hoffte RIEPPEL das niedrige Gewicht, das ein Schiffsmotor haben muß, leichter zu erreichen als mit dem Viertakt; auch wünschte er wohl, mit seinen Konstruktionen nicht zu sehr von dem Augsburger Vorbild abhängig zu werden. So ließ er einen 100pferdigen Versuchsmotor bauen, als dessen Konstrukteur wir EBBS (S. 288) vermuten dürfen, der LUCIAN VOGELs Nachfolger geworden war. Von

Bild 281. Erster vom Werk Nürnberg der MAN gebauter Zweitakt-Schiffsmotor (1910)
Leistung 150 PS bei 550 U/min

a Kastengestell mit eingebauten (nicht sichtbaren) Spülpumpenzylindern; *c* Arbeitszylinder; *d* Steuerwelle mit Antriebwelle *e*; *f* Einblaseluftverdichter; *g* Klauenkupplung zum Umsteuern
Der Motor ist zweimal für portugiesische Kanonenboote geliefert worden

diesem Versuchsmotor ist nur bekannt, daß er einen Stufenkolben hatte, dessen Stufe als Spülpumpenkolben wirkte, und daß er einen Brennstoffverbrauch von 260 g/PSh erreicht haben soll. Auf Grund der Versuche glaubte das Werk Nürnberg, Schiffsmotoren für Leistungen von 600 bis 850 PS anbieten und ein Gewicht von 15 kg/PS sowie einen Brennstoffverbrauch von 210 g mit 5% Toleranz garantieren zu können. In Augsburg erhob man gegen solche Angebote Einspruch, da man dort mit den Viertaktschiffsmotoren ein Gewicht von 30 kg/PS noch kaum erreicht hatte; man fürchtete, daß ein Mißerfolg den Dieselmotor von neuem diskreditieren müsse. Aber RIEPPEL bestand darauf, daß die Motoren so gebaut würden, wie er es für richtig halte; nur zu einer Erhöhung der Brennstoffgarantie auf 220 g mit 10% Spielraum ließ er sich herbei.

Der erste Zweitaktschiffsmotor, den das Werk Nürnberg (im Mai 1910) abgeliefert hat, leistete bei 550 U/min 150 PS mit sechs Zylindern von 175 mm Durchmesser und 220 mm Hub. Bild 281 zeigt den Motor in der Ansicht. Das mit der Grundplatte fest verschraubte hohe Kastengestell a gibt dem Motor eine gute Längssteifigkeit. In das Kastengestell sind die Zylinder der Spülpumpen (b in Bild 283) gesetzt; jeder Zylinder hat seine eigene Spülpumpe, deren Kolben von einer Stufe des Arbeitskolbens gebildet wird (Bild 282). Den Abschluß des Aufbaues nach oben bildet der Arbeitszylinder c, dessen Kopf mit dem Zylinder aus einem Stück besteht (Bild 281). Über den Mitten der Zylinder liegt die Steuerwelle d, die durch die senkrechte Zwischenwelle e angetrieben wird. Im Zylinderkopf liegen das Brennstoffventil, ein Spülventil und ein Anlaßventil. Das Brennstoff- und das Spülventil werden mechanisch von der Steuerwelle betätigt; da diese den Raum über den Zylindermitten einnimmt, sind die beiden Ventile schräg in den Zylinderkopf gesetzt. Der Auspuff wird durch Schlitze im unteren Teil der Zylinderlaufbuchse gesteuert; es ist die Gleichstromspülung, bei welcher die Spülluft den Zylinder ohne Richtungswechsel durchströmt. Am vorderen Ende ist der Einblaseluftverdichter f angeordnet. An der Stirnseite vor diesem, im Bild nicht sichtbar, liegt die Brennstoffpumpe, deren sechs Stempel durch ein auf dem vorderen Ende der Kurbelwelle sitzendes Exzenter bewegt werden. Die Fördermengen und damit die Drehzahl des Motors werden durch früheres oder späteres Schließen der Saugventile von Hand eingestellt, wobei das Exzenter benutzt wird, das VOGT zuerst vorgeschlagen hat.

Für das Umsteuern des Motors war in der senkrechten Welle e (Bild 281) eine Klauenkupplung angeordnet, die ein Verdrehen der beiden Teile der Welle e gegeneinander um liegt solchen Winkel erlaubte, daß die Steuerzeiten für den Rückwärtsgang symmetrisch zum oberen Totpunkt lagen. Eine starke zylindrische Schraubenfeder (unter der Verschalung g in Bild 281 liegend), die sich auf beide Kupplungshälften stützte, erzeugte zwischen beiden eine so große Reibungskraft, daß die Klauen auch bei auftretenden Drehschwingungen sich nicht voneinander abhoben. Nur die Anlaßventile wurden nicht mit dieser Vorrichtung umgesteuert; für sie war eine pneumatische Umsteuerung vorgesehen, die beim Manövrieren durch zwei Steuerkolben automatisch betätigt wurde.

Für den Dieselmotorenbau neu war die Konstruktion des Arbeits- und Spülpumpenkolbens (Bild 282). Obwohl der Zylinderdurchmesser nur 175 mm betrug, hielt man eine Kühlung der Kolben für erforderlich. Hierfür wurde das Schmieröl des Triebwerks benutzt, das zuerst die Grundlager der Kurbelwelle schmierte und darauf durch Bohrungen in der Welle und der Pleuelstange an den Kolbenbolzen geleitet wurde. Durch die Bohrung a (Bild 282) gelangte das Öl in den Hohlraum des Kolbenbolzens und von dort durch das Kupferrohr b in den Innenraum des Verschlußdeckels c, dessen ringförmige Wand bis dicht unter die Mitte des Kolbenbodens geführt

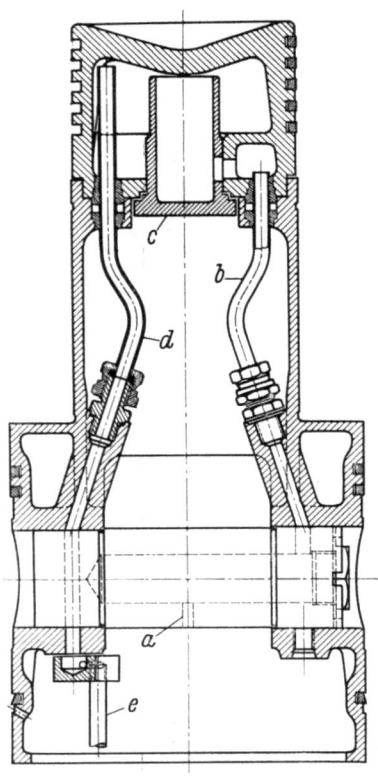

Bild 282
Arbeits- und Spülpumpenkolben („Stufenkolben") des Motors Bild 281
a Eintritt des Kühlöls in den Kolbenbolzen
b Ölzuleitung zum Kolbenkühlraum
c Verschlußdeckel mit Ölraum
d Öldruckleitung
e Ölabfluß in das Kurbelgehäuse
Da der Ölzufluß zum Kolbenkühlraum durch das Kolbenbolzenlager zu stark gedrosselt wurde, genügte die Kühlung für größere Leistungen nicht

war, so daß der heißeste Teil des Kolbenbodens mit dem noch nicht erwärmten Kühlöl in Berührung kam. Durch die Rohre d und e floß das erwärmte Kühlöl in die Kurbelwanne ab. Da das zugeführte Kühlöl durch den engen Ringspalt des Kolbenbolzenlagers stark gedrosselt wurde, kann die umlaufende Kühlölmenge nur gering und die Kolbenkühlung nicht sehr wirksam gewesen sein. Als der Zylinderdurchmesser und die Leistung größer wurden, genügte diese Kühlung nicht mehr, und man führte dem Kolben eine größere Kühlölmenge durch Gelenkrohre zu.

Der 150pferdige Zweitaktmotor (Bild 281), der in zwei Ausführungen für portugiesische Kanonenboote geliefert worden ist, bewährte sich so gut, daß er als Vorbild für den Bau größerer Typen dienen konnte. In rascher Folge wurden Vier-, Sechs- und Achtzylindermaschinen entwickelt. Die größte Leistung des Achtzylindermotors betrug 900 PS bei 450 U/min; zwölf Maschinen dieser Type wurden 1914 an die holländische Marine für Unterseeboote geliefert, zwanzig weitere bestellt. Von zwei größeren Maschinen von je 1500 PS Leistung berichtet ein altes Verzeichnis, daß sie zweimal ausgeführt und „als Altmaterial" verbraucht wurden.

Da für manche Verwendungszwecke die Drehzahl dieser Zweitaktmotoren zu hoch war, baute man dieselben Maschinen auch langsamer laufend mit demselben Zylinderdurchmesser und größerem Hub. Dadurch wurden die Motoren höher und schwerer; das Leistungsgewicht stieg auf 50 kg/PS, während man bei den Schnelläufern den

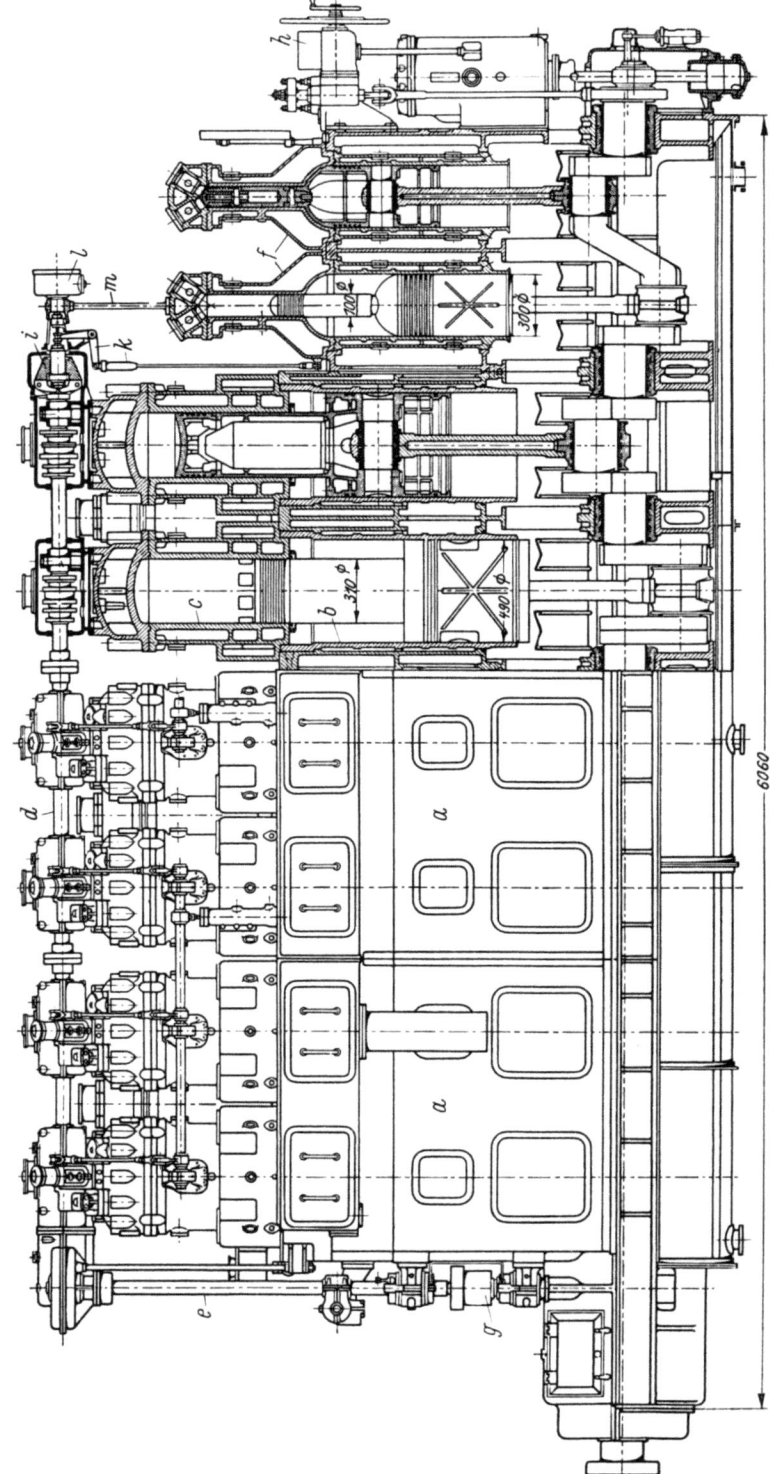

Bild 283. Sechszylindriger Zweitaktmotor der MAN, Werk Nürnberg (1910)
Leistung 600 PS bei 275 U/min

a Kastengestell; *b* Spülpumpenzylinder; *c* Arbeitszylinder; *d* Steuerwelle mit Antriebwelle *e*; *f* Einblaseluftverdichter; *g* Klauenkupplung; *h* Druckluftumsteuerung; *i* Regler; *k* Regelgestänge; *l* Tachometer; *m* Stütze des Reglerlagers

niedrigen Wert von 18 kg/PS erreicht hatte. Bild 283 zeigt als Beispiel für die langsamer laufenden Typen den Längsschnitt durch eine Sechszylindermaschine, die bei der herabgesetzten Drehzahl von 275 U/min 600 PS leistete. Sie ist mehrfach ausgeführt worden; zwei Einheiten wurden für ein Panzerboot der holländischen Marine geliefert. PAUL MEYER/Delft hat diesen Motor in der Zeitschrift des Vereins Deutscher Ingenieure (1914) beschrieben. Man entnimmt dem Längsschnitt, daß der Aufbau gegenüber dem Schnelläufer (Bild 281) unverändert geblieben ist; nur ist das hohe Kastengestell a wegen der größeren Abmessungen jetzt mehrfach unterteilt. Wie früher sind die Laufbuchsen b der Spülpumpenzylinder in das Kastengestell von oben eingesetzt; darüber stehen die Arbeitszylinder c, deren Köpfe, anders als in Bild 281, getrennte Gußstücke bilden. Über den Mitten der Zylinder liegt die Steuerwelle d, die ihren Antrieb von der senkrechten Welle e und der Kurbelwelle erhält. Die beiden Einblaseluftverdichter f werden von einer zweifach gekröpften Verlängerung der Kurbelwelle angetrieben. Wie bei den Schnelläufern ist für das Umsteuern in der senkrechten Welle e die Klauenkupplung g angeordnet, deren Wirkung zu Bild 281 beschrieben wurde. Für die Rückwärtsfahrt werden die Anlaßventile durch Druckluft so gesteuert, daß die Anlaßluft den Motor im entgegengesetzten Drehsinn anwirft; die diesem Zweck dienende Vorrichtung h liegt an der vorderen Stirnseite des Motors. Das vordere Ende der Steuerwelle trägt den Regler i, der durch das Gestänge k die Fördermenge der Brennstoffpumpe beeinflußt. Das Lager der Welle des Reglers und des Tachometers l stützt sich durch das Rohr m auf den Kopf des hinteren Einblaseluftkompressors.

Diese Zweitaktmaschinen, deren Entwicklung das Werk Nürnberg 1907 begonnen hatte, haben sich sehr gut bewährt. Sie wurden mit 2, 3, 4 und 6 Zylindern gebaut; die kleinste Zweizylindermaschine leistete 40 PS, die größte mit 6 Zylindern 900 PS.

Liegende Viertakt- und Zweitaktmotoren

Die umfangreichen Erfahrungen im Bau liegender Dampf- und Gasmaschinen, die man im Werk Nürnberg besaß, legten es nahe, sie im Dieselmotorenbau zu verwerten. In den wenigen Jahren von 1909 bis 1914 ließ RIEPPEL eine fast zu große Zahl liegender Dieselmotoren entwickeln, zunächst Viertakt-, dann auch Zweitaktmotoren. Die Viertaktmotoren hatten 50, 100 und 150 PS Zylinderleistungen, die Drehzahlen lagen zwischen 200 und 167 U/min. Bild 284 zeigt eine vierzylindrige Anlage; da sie für Betrieb mit Teeröl bestimmt war, hatte man die Leistung von 600 auf 500 PS herabgesetzt. Die Ähnlichkeit mit der liegenden Dampfmaschine ist unverkennbar. Zu beiden Seiten des als Seilscheibe ausgebildeten Schwungrades liegen je zwei Zylinder von 510 mm Durchmesser und 740 mm Hub. Im Vordergrund ist der liegend angeordnete zweistufige Einblaseluftkompressor sichtbar. Für größere Leistungen wählte man den Zweitakt, der mit Spülventilen und Auspuffschlitzen arbeitete. Der zweizylindrige Zweitaktmotor (Bild 285) leistete bereits 1000 PS. Die beiden auf einer Seite des Schwungrades liegenden Zylinder hatten 670 mm Durchmesser und 900 mm Hub. Seitlich neben dem vorderen Zylinder, mit diesem verflanscht, liegt das Gehäuse der Spülpumpe, ihr gegenüber auf der anderen Seite der Kurbelwelle der Einblasekompressor. Anfangs hatte man die Spülpumpe und den Kompressor zusammengebaut, indem man den Kolben mit drei Stufen versah, von denen die größte den Kolben der Spülpumpe bildete, während die kleinere als erste Kompressorstufe und die Stirnfläche des zweiten Kolbens als zweite Stufe dienten. Diese Konstruktion scheint Schwierigkeiten bei der Montage verursacht zu haben, denn sie wurde nach wenigen Ausführungen wieder aufgegeben.

Bild 284. Vierzylindriger liegender Viertaktmotor der MAN, Werk Nürnberg, für Betrieb mit Steinkohlenteeröl (1910)
Leistung 500 PS bei 167 U/min
Im Vordergrund der zweistufige Einblaseluftkompressor

Bild 285. Zweizylindriger liegender Zweitaktmotor der MAN, Werk Nürnberg (1911)
Leistung 1000 PS bei 150 U/min
Die für den Antrieb eines Gleichstromgenerators bestimmte Maschine wurde an die Straßenbahngesellschaft der Stadt Alexandria geliefert

Erster doppeltwirkender Zweitakt-Dieselmotor

Die Erfolge, die das Werk Nürnberg mit seinen liegenden Viertakt- und Zweitaktmotoren hatte, ermutigten dazu, 1912 das schwierigste Problem des Dieselmotorenbaues, den doppeltwirkenden Zweitakt, in Angriff zu nehmen. Wie Seitenansicht und Grundriß (Bild 286) zeigen, war der Motor ebenso aufgebaut wie die doppeltwirkenden Viertakt-Großgasmaschinen, die RICHTER 1904 entworfen hatte (Bild 176, S. 331). Der

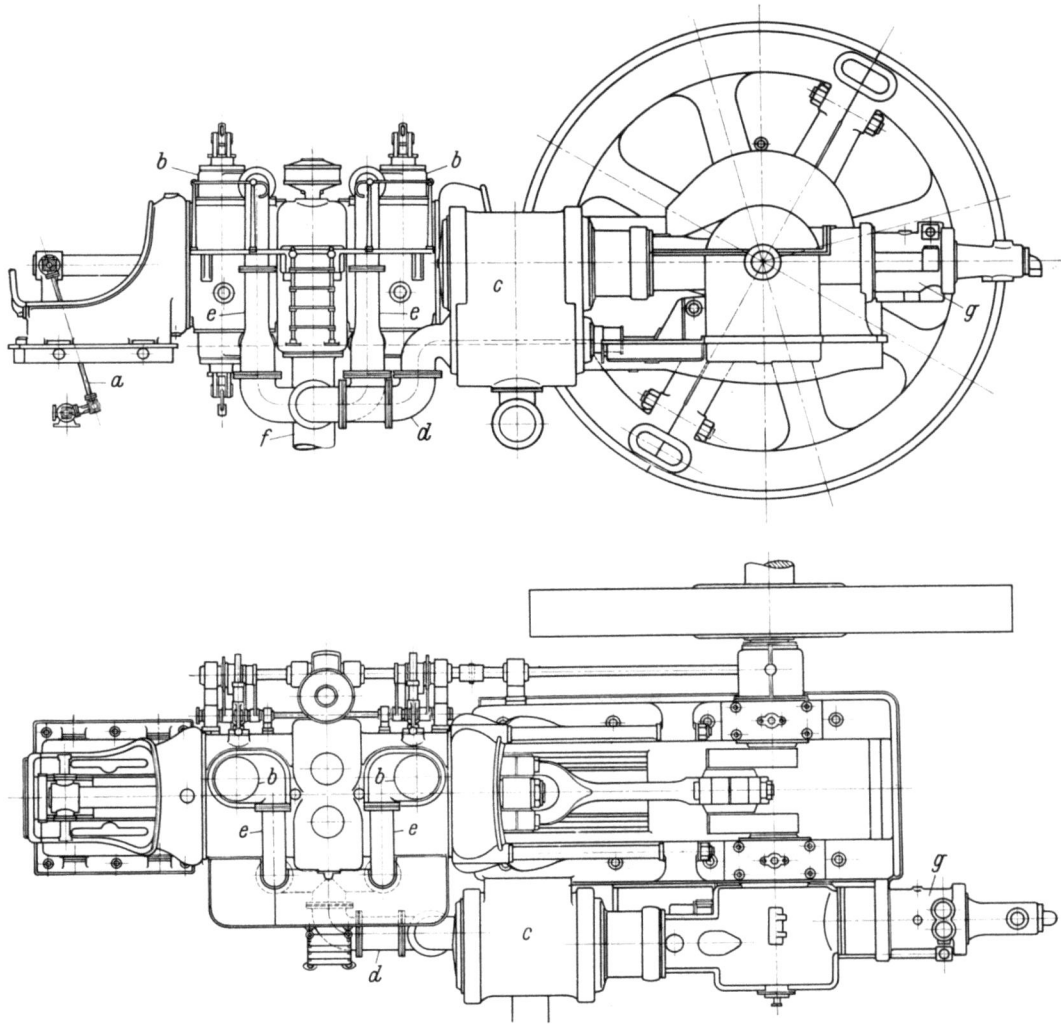

Bild 286. Einzylindriger liegender doppeltwirkender Zweitaktmotor der MAN, Werk Nürnberg (1912)

a Gelenkrohr für Kühlwasserzuführung; b Spülventile; c Spülpumpe; d, e Spülluftleitungen; f Auspuffleitung; g Einblaseluftkompressor

Der Zylinder hatte 760 mm Durchmesser; die Drehzahl ist unbekannt. Der Motor sollte 1000 PS leisten. Er ist nur einmal gebaut worden und wurde 1913 in der Kraftzentrale des Nürnberger Werkes aufgestellt

aus mehreren Teilen zusammengesetzte wassergekühlte Kolben und die Kolbenstange werden von zwei Kreuzköpfen mit Gleitschuhen getragen; das Kühlwasser wird durch Gelenkrohre (a in Bild 286) zu- und abgeführt. Die Spülung entspricht dem Gleichstromprinzip; die Spülluft tritt, wie damals üblich, durch Ventile b ein, die Abgase treten durch Schlitze in der Mitte des Zylinders aus. Die doppeltwirkende Spülpumpe c wird von der Kurbelwelle angetrieben; sie liefert die Spülluft durch die Leitungen d, e zu den Spülventilen b, von denen auf jeder Kolbenseite zwei vorhanden sind. Die Ventile liegen nicht in den Zylinderdeckeln, sondern seitlich an den Zylindermänteln, so daß die durch die Wärmespannungen besonders gefährdeten Deckel einfache Gußstücke werden. Die Abgase strömen durch die Leitung f zum Schalldämpfer. Der Spülpumpe gegenüber ist der liegende zweistufige Einblaseluftkompressor g angeordnet. Der Antrieb der Ventile und des Reglers unterscheidet sich nicht von dem der liegenden Gasmaschinen. Der Krieg unterbrach die weitere Entwicklung dieses Motors, der für jene Zeit eine hervorragende Leistung darstellt.

Stehende Zweitakt-Schiffsmotoren

Für den Einbau in Schiffe eignete sich der liegende Motor nicht. Um auch dieses Absatzgebiet dem Dieselmotor zu erschließen, nahm die MAN Nürnberg 1910 die Entwicklung großer stehender Handelsschiffsmotoren in Angriff. Die Seeschiffahrt stellt an den Antriebsmotor besonders hohe Ansprüche, denn die Schiffsmaschine arbeitet unter ungünstigeren Bedingungen als der ortfeste Motor. Da man in Nürnberg auf diesem Gebiet nicht über die notwendigen Erfahrungen verfügte, bildete die MAN im Jahr 1909 mit der Werft Blohm & Voß eine Studiengemeinschaft, die sich die Aufgabe stellte, die doppeltwirkende Zweitaktmaschine für den Schiffsantrieb zu schaffen. Die großen Leistungen, die der Schiffbau verlangte, glaubte man am besten mit der doppeltwirkenden Bauweise erreichen zu können. Die Erfahrungen, welche die Werft im Schiffsdampfmaschinenbau und die MAN im Dieselmotorenbau gesammelt hatten, wurden ausgetauscht, die Konstruktionszeichnungen gemeinsam ausgearbeitet. Beide Firmen nahmen die Arbeiten an je einer dreizylindrigen doppeltwirkenden Zweitaktmaschine in Angriff, welche bei 120 U/min 850 PS leisten sollte.

Die von Blohm & Voß gebaute Maschine wurde im Februar 1911 auf dem Prüfstand der Hamburger Werft in Betrieb gesetzt. Für die Ingenieure der Werft bedeutete der Motor eine Fülle neuartiger Probleme, deren schwierigstes die Gemischbildung und Verbrennung auf der unteren Kolbenseite war. Man hatte bei der ersten Ausführung den unteren Brennraum in zwei Taschen aufgeteilt, die sich schlecht spülen ließen, so daß die unteren Kolbenseiten zu wenig leisteten und der Brennstoffverbrauch hoch war. Die Zylinderdeckel und Kolben zeigten nach kurzer Betriebszeit Wärmerisse. Auch manche anderen Schwierigkeiten traten auf. Nur das Problem der Abdichtung der Kolbenstangen scheint von Anfang an wenig Störungen verursacht zu haben.

Auf Grund der mit der ersten Maschine gesammelten Prüfstandserfahrungen baute die Werft zwei neue Maschinen, die etwas andere Abmessungen erhielten. Der Zylinderdurchmesser von 480 mm wurde beibehalten, der Hub von 650 auf 710 vergrößert, die Leistung auf 830 PS herabgesetzt. So war die Maschine weniger hoch belastet, was für die untere Kolbenseite vorteilhaft war. Werkzeichnungen dieses Motors sind, soweit festgestellt werden konnte, nicht mehr vorhanden. Die Schnittzeichnung Bild 287 zeigt den Aufbau. Auf der Grundplatte, deren Form an die der Kolbendampfmaschine erinnert, stehen die schweren gußeisernen Ständer, die in der Längsrichtung durch kastenförmige Zwischenstücke und oben durch die Brücke a miteinander verbunden sind. Der Arbeitszylinder ist in zwei Teilen hergestellt; jeder Teil ist mit seinem Kühlmantel aus einem Stück gegossen. Der untere Brennraum hat jetzt die einfache Ringform erhalten. Auf der Unterseite liegen die Ventile seitlich in der Zylinderwand, so daß der untere Zylinderdeckel ein leicht herzustellendes Gußstück

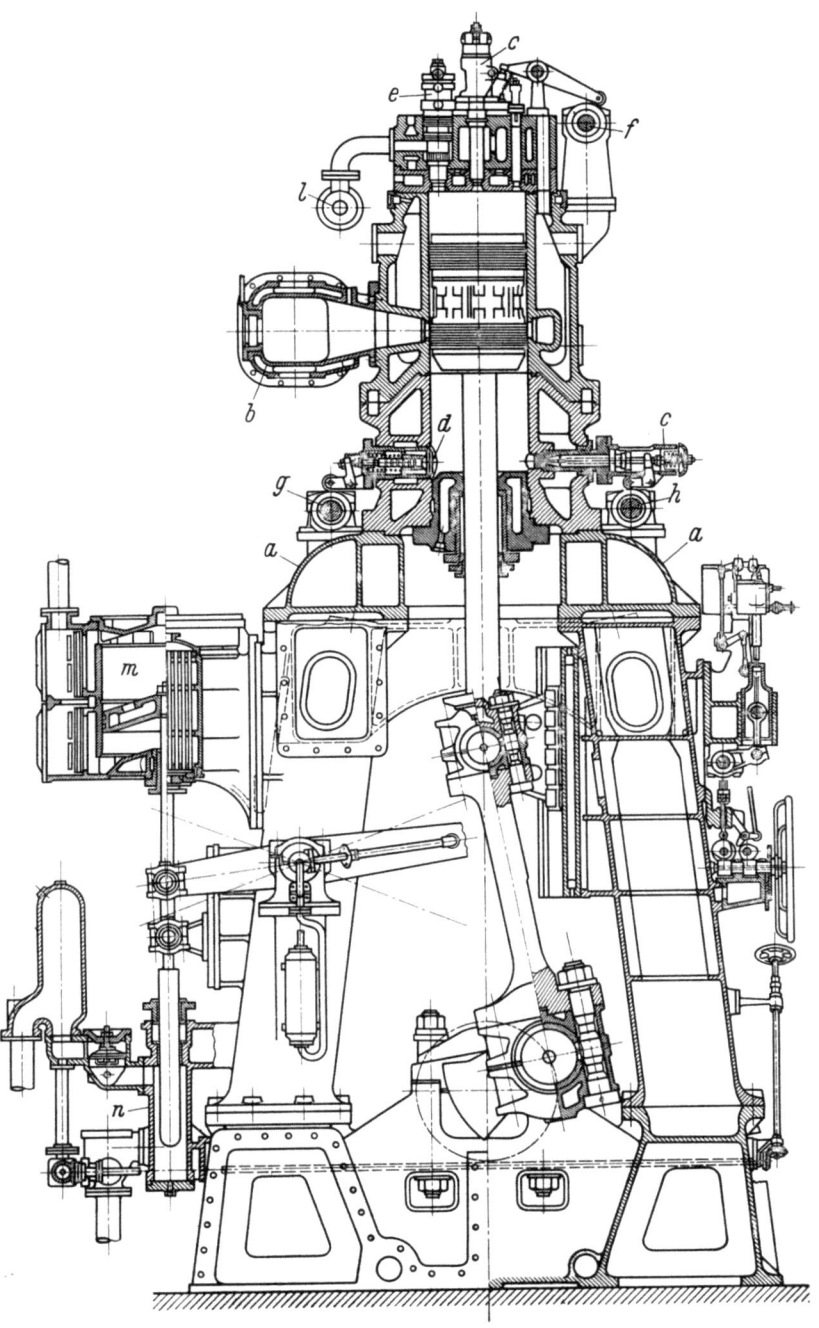

Bild 287. Erste in ein seegehendes Motorschiff eingebaute doppeltwirkende Zweitaktmaschine, in Zusammenarbeit mit der MAN 1913/14 von Blohm & Voß, Hamburg, gebaut

a Abdeckplatte der Ständer und Träger der Arbeitszylinder; *b* Auspuffleitung; *c* Brennstoffventile; *d* Spülventil; *e* Anlaßventil; *f, g, h* Steuerwellen; *l* Anlaßluftleitung; *m* Spülluftpumpe; *n* Kühlwasserpumpe

Zwei Maschinen wurden in das Motorschiff „Fritz" eingebaut, das 1915 mit den Probefahrten begann und 1919 an England abgeliefert wurde

bildet. Auf der oberen Seite sind die Ventile im Deckel untergebracht. Die Spülung verläuft im Gleichstrom; die Luft tritt durch Ventile ein und durch Schlitze in die Auspuffleitung b aus. Von den Ventilen sind in Bild 287 die beiden Brennstoffventile c, das untere Spülventil d und das Anlaßventil e sichtbar. Die Brennstoff- und die Spülventile werden durch drei Steuerwellen f, g und h betätigt, die, wie es damals die Regel war, durch Schraubenradpaare und senkrechte Zwischenwellen von der Kurbelwelle angetrieben werden, während man heute Zahnräder oder Kettenräder mit Ketten zum Antrieb der Steuerwellen benutzt. Im Lichtbild (Bild 288) sind die senkrechten Wellen

Bild 288. Ansicht des Motors Bild 287 auf dem Prüfstand von Blohm & Voß
i Antrieb der Steuerwellen f und h in Bild 287; k Antrieb der Steuerwelle g

zu erkennen. Die Welle i treibt die beiden Steuerwellen f und h, die Welle k nur die Steuerwelle g an. Anlaßventile (e in Bild 287) waren nur in den oberen Zylinderdeckeln vorhanden; sie wurden durch Druckluft gesteuert. l ist die Anlaßluftleitung. Jeder Zylinder hatte seine eigene doppeltwirkende Spülluftpumpe m, die durch Schwinghebel vom Kreuzkopf angetrieben wurde. Auch der Kolben der Kühlwasserpumpe n wurde vom Schwinghebel bewegt. Der Einblaseluftkompressor war am vorderen Maschinenende angeordnet.

Zwei Maschinen wurden in das auf eigene Rechnung von Blohm & Voß gebaute Schiff „Fritz" eingebaut, das im Mai 1915 seine Probefahrten begann. Dabei traten manche Schwierigkeiten auf, besonders infolge von Drehschwingungen der Wellenleitung, die zu jener Zeit den Ingenieuren viel zu schaffen gemacht haben. Mit Hilfe eines von HERMANN FRAHM, dem technischen Leiter der Werft Blohm & Voß, angegebenen optischen Torsionsindikators gelang es, sie zu beseitigen. Das Schiff wurde 1919 an England abgeliefert.

Ein zweites deutsches Motorschiff, das Frachtschiff „Secundus", das die Hamburg-Amerika Linie im Juli 1910 Blohm & Voß in Auftrag gegeben hatte, sollte ursprünglich ebenfalls doppeltwirkende Zweitaktmaschinen erhalten. Da sich aber die Entwicklung dieser Bauart bis zur Bordreife verzögerte, zog man es vor, einfachwirkende Zweitaktmaschinen einzubauen, die in vier Zylindern (600 mm Durchmesser, 920 mm Hub) bei 120 U/min je 1350 PS leisteten. Auch bei der Herstellung dieser Maschinen arbeitete

Bild 289. Sechszylindriger einfachwirkender Zweitakt-Schiffsmotor der MAN-Nürnberg auf dem Prüfstand (1913)
Zyl.-Dmr. 560 mm, Hub 900 mm;
Leistung 1600 PS bei 130 U/min
Auf der Rückseite sind drei doppeltwirkende Kolbenspülpumpen angeordnet (eine davon ist sichtbar), die durch Schwinghebel angetrieben werden. Im Vordergrund links das Schiffsdrucklager, das man damals mit Kammringen und einer größeren Zahl von hufeisenförmigen Druckbügeln baute

die Bauwerft mit der MAN zusammen. Eine Sechszylindermaschine ähnlicher Abmessungen leistete bei 130 U/min 1600 PS. Bild 289 zeigt diesen Motor auf dem Prüfstand. Im Vordergrund sieht man den Schwinghebel, der eine der drei auf der Rückseite liegenden Spülpumpen antreibt. Die Spülluft tritt durch zwei im Zylinderdeckel sitzende Ventile ein und durchströmt den Zylinder im Gleichstrom; die Abgase treten durch Schlitze aus. Die Spülventile und das zentral im Zylinderdeckel sitzende Brennstoffventil werden durch eine Nockenwelle gesteuert, die durch Schraubenräder und senkrechte Welle von der Kurbelwelle angetrieben wird. Ein kurzes Stück der etwas schräg stehenden senkrechten Welle ist im Bild links oberhalb des abgebildeten Mannes sichtbar; sie liegt zwischen dem zweiten und dritten Zylinder, diese vom Schwungrad aus gezählt. Vorn ist der Einblaseluftkompressor angeordnet.

Die Motoren waren für den Schiffsantrieb reichlich schwer; sie wogen 160 kg/PS, und auch ihr Brennstoffverbrauch war mit 210 g/PSh hoch. Dafür erwiesen sich aber schon die Erstausführungen für das Motorschiff „Secundus" als recht betriebssicher. Das Schiff machte im Frühjahr 1914 eine Reise von Hamburg über New York nach New Orleans und zurück, jedoch setzte der bald darauf ausbrechende Krieg weiteren Fahrten ein Ende. 1919 wurde das Schiff an Frankreich ausgeliefert.

Diese ersten in seegehende Schiffe eingebauten deutschen Dieselmotoren waren nicht die ersten ihrer Art. Die Firma Werkspoor in Amsterdam, die von Anfang an den Viertakt gepflegt hatte, hat schon 1910 einen sechszylindrigen Viertaktmotor von 450 PS für den Einschrauben-Tanker „Vulcanus" der Anglo-Saxon Petroleum Co. geliefert, der seine Fahrten im Dezember 1910 antrat. Die einfachwirkende Viertaktmaschine hat sogleich sehr zufriedenstellend gearbeitet und in Reedereikreisen beträchtliches Aufsehen erregt. Noch mehr galt dies von der „Selandia" der A. S. Det Ostasiatiske Kompagni, Kopenhagen, die mit zwei von Burmeister & Wain gebauten Viertakt-Kreuzkopfmaschinen ausgerüstet war. Der Zweitakt hat wegen seiner höheren Wärmebeanspruchung anfangs mehr Schwierigkeiten gemacht als der Viertakt, jedoch gab es auch Ausnahmen. Die von Gebr. Sulzer für das M. S. „Monte Penedo" der Hamburg-Südamerikanischen Dampfschifffahrts-Gesellschaft gebauten vierzylindrigen Zweitaktmaschinen haben von Anfang an befriedigt, und das Schiff hat mit den ursprünglichen Motoren nach dem Krieg noch während mehrerer Jahrzehnte bei einer brasilianischen Reederei seinen Dienst getan.

Während des Krieges 1914/1918 ruhte in Deutschland die Entwicklung des Handelsschiffsmotors vollständig. Der Arbeit mehrerer Jahre hat es bedurft, ehe der Vorsprung, den das Ausland inzwischen gewonnen hatte, wieder eingeholt werden konnte.

Der doppeltwirkende Nürnberger Zweitaktmotor mit 2000 PS Zylinderleistung

ANTON VON RIEPPEL hat schon 1909 die sechszylindrige doppeltwirkende Zweitaktmaschine von 12000 PS Leistung für ausführbar erklärt. Noch 1901 war die größte Zylinderleistung eines einzylindrigen Dieselmotors 30 PS. Acht Jahre später hatte das Augsburger Werk Zylinder von 200 PS Leistung gebaut, während Nürnberg auf 100 PS angelangt war. Jetzt hatte man die Kühnheit, 2000 PS in einem Zylinder erreichen zu wollen — es erschien fast vermessen. Aber das hochgesteckte Ziel ist, wenn auch erst nach Überwindung zahlreicher Schwierigkeiten, doch insofern erreicht worden, als der Beweis der Ausführbarkeit erbracht worden ist. Der 12000 PS-Motor von 1913 (Bild 296) wäre freilich, wie die später mit dem doppeltwirkenden Zweitakt gemachten Erfahrungen gezeigt haben, schwerlich betriebssicher gewesen, aber er muß trotzdem als eine Leistung ersten Ranges gewertet werden.

Über die Entstehung der Nürnberger Großdieselmaschine hat W. LAUDAHN, der damals als Marine-Maschinenbaumeister, später als Ministerialrat im Reichsmarineamt tätig war, eine Denkschrift von 280 Seiten verfaßt, von der sich je ein Exemplar in den Werken Augsburg und Nürnberg der MAN befindet. Ihr entnehmen wir die hier folgende gekürzte Darstellung.

Im August 1909 fragte das Werk Nürnberg beim Reichsmarineamt in Berlin an, ob man sich dort für den Einbau von Dieselmotoren in Kriegsschiffe interessiere. Die Firma wies darauf hin, daß sie drei verschiedene Motortypen baue, die sich für diesen Zweck eigneten. An dritter Stelle werden die doppeltwirkenden Zweitaktmaschinen angeführt, weil sie

bis zu den größten Leistungen, die überhaupt mit Verbrennungsmaschinen zu verwirklichen sind, entwickelt werden können.

Das Reichsmarineamt ging auf die Anregung ein, betonte jedoch in einer Besprechung, die Ende August 1909 in Nürnberg stattfand, daß für den Antrieb von Kriegsschiffen nur Maschinen von 2000 PS Zylinderleistung in Frage kämen. ANTON VON RIEPPEL erklärte sich zum Bau eines Sechszylindermotors von 12000 PS Leistung bereit. Man beschloß, zunächst an einem dreizylindrigen Aggregat Erfahrungen zu sammeln; dieses würde man nach gründlicher Erprobung zu einem Sechszylindermotor erweitern.

Im März 1910 wurde mit dem Bau der Dreizylindermaschine begonnen. Sieben Jahre hat es gedauert, bis man die sechszylindrige Maschine mit der geforderten Leistung von 12000 PS im Dauerlauf vorführen konnte. Sechsmal mußte man die Konstruktion des Arbeitszylinders ändern, bis es gelang, die auftretenden großen thermischen Beanspruchungen zu beherrschen. Von den einzelnen Zylinderkonstruktionen wurden mehrere zwei- und dreimal ersetzt, weil immer wieder Wärmerisse auftraten. Daß das für den damaligen Entwicklungsstand riesige Wagnis gelang, ist nur der zähen Ausdauer RIEPPELs und der Tüchtigkeit seiner Mitarbeiter zu verdanken, von denen zehn, darunter der Oberingenieur SCHWARZ, Leiter der Abteilung Schiffsölmaschinen, bei dem schweren Unglück, das sich am 30. Januar 1912 ereignete, ihr Leben verloren.

Die Hauptabmessungen, 850 mm Zyl.-Dmr. und 1050 mm Hub, sind während der ganzen Dauer der Versuche beibehalten worden. Die Drehzahl sollte 160 bis 170 U/min betragen. Ein Querschnitt durch die Maschine mit der *Erstausführung des Arbeitszylinders* ist in Bild 290 wiedergegeben. Die auf der Grundplatte ruhenden Ständer sind aus Stahlguß hergestellt und wegen ihrer Größe geteilt; sie tragen die Gleitbahnen für den zweigleisigen Kreuzkopf. Der aus zwei Teilen hergestellte gußeiserne Kolben ist ölgekühlt, das Kühlöl wird durch die hohlgebohrte Kolbenstange und ein Einsteckrohr zu- und abgeführt. Die Zylinderdeckel bestehen aus Stahlguß. In der ersten und zweiten Ausführung hatten sie noch die in Bild 290 und 291 gezeichnete verwickelte Gestalt: der obere und der untere Kolbenboden hat die Form je eines Kegelstumpfes, dessen Mantel, wenn der Kolben in der oberen bzw. unteren Totlage steht, auf der betreffenden Kolbenseite einen Brennraum abschließt, der aus zwei seitlich liegenden unterteilten Taschen besteht (Schnitt A-B in Bild 291). An jeder Tasche ist ein Brennstoffventil a und ein Spülventil b angebracht (Bild 290); jede Kolbenseite hat somit vier Brennstoff- und vier Spülventile. Diese Ventile werden durch vier Steuerwellen c mechanisch betätigt. In jedem der beiden Zylinderdeckel sind ferner zwei durch Druckluft gesteuerte Anlaßventile d angeordnet, die so gebaut waren, daß sie zugleich als Sicherheitsventile dienen konnten (in dem nach der alten Vorlage gezeichneten Bild 290 nicht erkennbar). Die Steuerwellen werden durch Schraubenräder und senk-

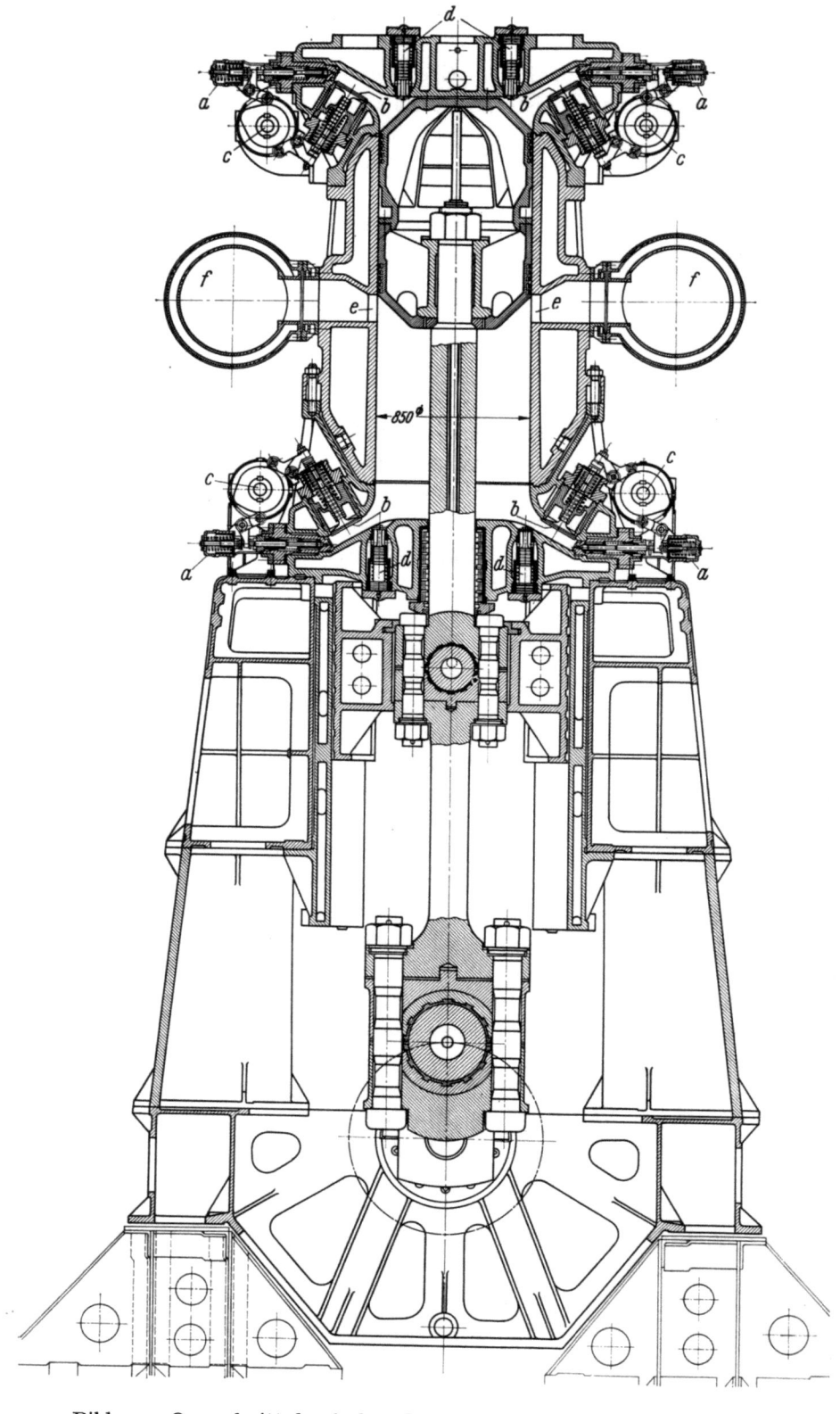

Bild 290. Querschnitt durch den Nürnberger 2000 PS-Versuchszylinder
Erste Ausführung vom März 1911
a Brennstoffventile; *b* Spülventile; *c* Steuerwellen; *d* Anlaß- und Sicherheitsventile; *e* Auspuffschlitze;
f Auspuffleitungen
Ein fünftägiger Probelauf, den die Marine gefordert hatte, gelang nicht, weil zahlreiche Störungen auftraten

Anton von Rieppel
1852–1926

rechte Zwischenwelle von der Kurbelwelle angetrieben. Die Abgase treten durch Schlitze e in die Auspuffleitungen f aus. Durch die Anordnung der Spülventile und Auspuffschlitze erhielt man eine Gleichstromspülung, bei der auch die Brennraumtaschen wirksam gespült werden. Aber die Zylinderdeckel wurden dadurch sehr kompliziert; sie hielten die Wärmespannungen nicht aus, und die Bauart mußte verlassen werden.

Für die Lieferung der Spülluft der Sechszylindermaschine waren drei Kolbenpumpen in Tandemanordnung mit je zwei doppeltwirkenden übereinanderliegenden Zylindern vorgesehen; ihre Kurbelwelle war mit der Welle des Motors verflanscht. Die Dreifach-Tandemspülpumpe hatte somit zwölf Kolbenseiten, ebenso viele hatten die sechs Arbeitszylinder, so daß auf jede Kolbenseite der Hauptmaschine eine Kolbenseite der Spülpumpe entfiel. Das Hubvolumen der Spülpumpe betrug das 1,45fache des Hubvolumens des Motors. Die Einblase- und Anlaßluft wurde von zwei Kompressoren geliefert, die durch einen 350pferdigen Dieselmotor angetrieben wurden.

Am 26. März 1911 wurde der dreizylindrige Versuchsmotor zum erstenmal mit kleiner Belastung in Betrieb genommen. Sehr bald traten Schwierigkeiten auf; besonders waren es die ungekühlten Stege zwischen den Auspuffschlitzen, die immer wieder rissen, so daß die Zylinder wiederholt ausgewechselt werden mußten. Häufig fraßen die Kolben der Spülpumpen und der Arbeitszylinder, und dabei kam es vor, daß die Arbeitskolben an der Auflage der unteren Kolbenkappe auf dem Absatz der Kolbenstange einrissen. Als man die Leistung der Dreizylindermaschine allmählich auf 3000 PS gesteigert hatte, nahm die Zahl der Wärmerisse in den Zylindern, Deckeln und Kolben bedenklich zu. Da die Beschaffung von Ersatzdeckeln aus Stahlguß zu lange dauerte, half man sich mit Zylinderdeckeln aus Gußeisen. Hinzukamen Schwierigkeiten mit den Einblaseluftkompressoren, die nicht ausreichten, um die erforderliche Druckluft zu liefern, so daß man noch einen dritten Kompressor aufstellen mußte. Allmählich gelang es, die Leistung der Dreizylindermaschine auf 5400 PS zu steigern, also auf 90% der Forderung der Marineleitung. Aber ein fünftägiger Probelauf mit dieser Belastung, den die Marine verlangte, konnte nicht durchgehalten werden, weil immer wieder Störungen auftraten. So entschloß man sich zu einer konstruktiven Änderung der Zylinder und der Kolben.

Bild 291 zeigt die *zweite Ausführungsform*. Die Laufbuchsen und Kühlmäntel der oberen und der unteren Seite bilden noch wie bei der ersten Ausführung ein einheitliches Gußstück; nur sind die Auspuffschlitze zu einem über den ganzen Umfang sich erstreckenden wellenförmigen Kanal erweitert, so daß die Laufbuchsen sich in der Wärme freier ausdehnen können. Die durch Wärmerisse gefährdeten Stege zwischen den Auspuffschlitzen sind fortgefallen. Die Zylinderdeckel sind gegenüber der ersten Ausführung versteift; sie werden jetzt nur noch aus Gußeisen hergestellt, das sich besser als der Stahlguß bewährt hatte. Für den unteren Teil des Kolbens wird Stahlguß als Werkstoff gewählt. Da sich gezeigt hat, daß auch drei Einblaseluftkompressoren nicht genügen, werden zwei weitere aufgestellt. Von den nunmehr fünf Verdichtern werden vier durch Elektromotoren, der fünfte durch einen Dieselmotor angetrieben.

Bei dieser zweiten Ausführung ereignete sich das erwähnte schwere Unglück. Der Ventilhebel eines der Spülventile brach; der Stumpf schlug auf den Nocken der Steuerwelle und öffnete das Spülventil vorzeitig, als im Zylinder die Verbrennung noch nicht beendet war. Die Flamme schlug in die Spülluftleitung, in der sich Öl angesammelt hatte; dieses wurde entzündet, und das ausbrechende Feuer ergriff den Brennstoffbehälter und das hölzerne Bedienungsgerüst. Der Dreizylindermotor wurde fast vollständig zerstört, zehn Menschen kamen ums Leben, vierzehn wurden schwer verletzt.

Seit diesem Unglück wurden die Versuche in Nürnberg nur noch mit einem einzylindrigen Motor fortgesetzt. Man entwarf eine ganz neue Form, den *dritten Versuchs-*

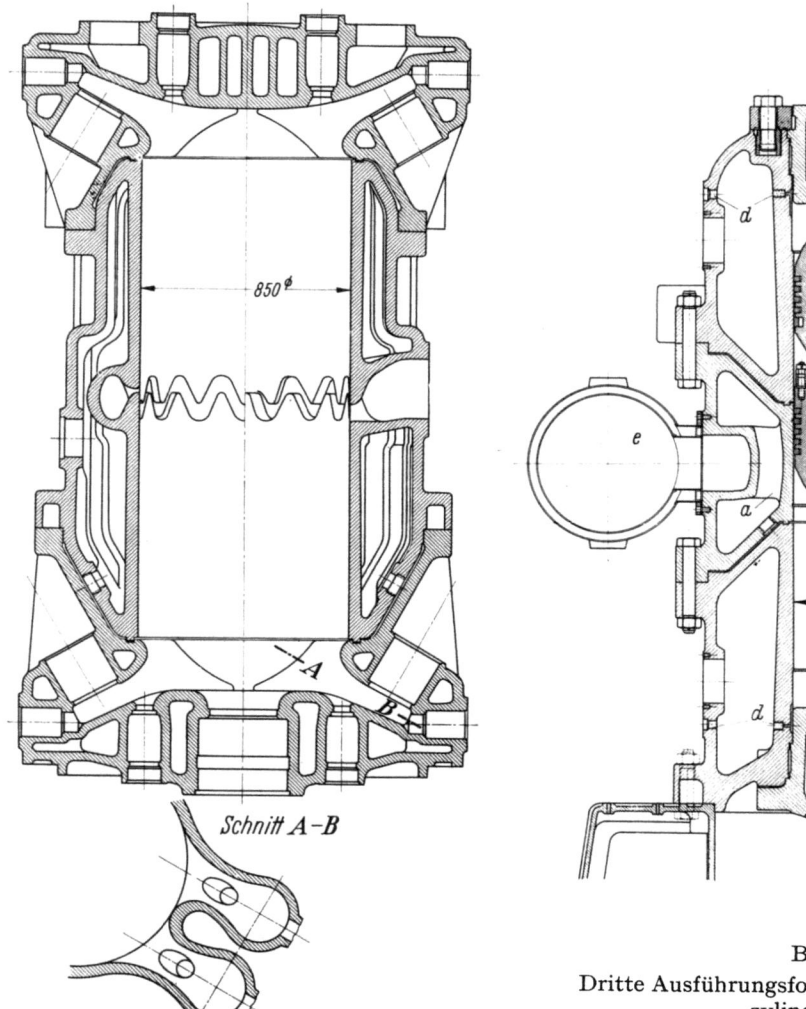

Bild 291
Zweite Ausführungsform des Nürnberger 2000 PS-Versuchszylinders (Januar 1912)
Die Stege zwischen den Auspuffschlitzen sind weggefallen; die Auspufföffnung hat Wellenform, damit die Kolbenringe über sie hinweggleiten können; die Laufbuchsen können den Wärmedehnungen besser folgen

Bild 292
Dritte Ausführungsform des 2000 PS-Versuchszylinders (1912)
Der Zylinder besteht jetzt aus drei Teilen. Der mittlere enthält die Auspuffkanäle; die Stege zwischen den Auspuffschlitzen sind wieder eingeführt, aber wassergekühlt (Kanäle a). Die Brennstoff- und die Spülventile b sind in die Seitenwand verlegt. Die Anlaßventile im unteren Deckel sind weggefallen, im oberen befindet sich nur noch ein Anlaßventil c.
d Indikatorstutzen; e Auspuffleitung
Trotz der einfacheren Form von Zylinder und Kolben traten immer wieder Wärmerisse auf

zylinder (Bild 292). Er besteht jetzt aus drei Teilen; der mittlere enthält die wieder eingeführten Auspuffschlitze, deren Stege a jetzt hohl sind und vom Kühlwasser durchströmt werden. Nach dem Vorbild der Großgasmaschine werden die Spülventile b in die Zylinderwand verlegt. Die Zahl der Anlaßventile ist von vier auf eines vermindert, das im oberen Deckel liegt (c). An Einspritzventilen sind auf jeder Zylinderseite zwei vorhanden. Auch die Form der beiden Kolbenkappen ist geändert; der Brennraum hat jetzt oben die einfache Scheibenform, unten ist er ringförmig.

Auch dieser dritte Entwurf war den mechanischen und thermischen Beanspruchungen nicht gewachsen. Bei höheren Belastungen traten Wärmerisse auf, so daß man bald einen neuen, den *vierten Versuchszylinder*, anfertigen mußte. Man glaubte jetzt das Mittel gegen die Wärmerisse gefunden zu haben: alle feuerberührten Stellen mußten intensiv gekühlt werden. Die Kühlwirkung wird verstärkt, wenn man das Kühlwasser mit größerer Geschwindigkeit an der wasserberührten Fläche entlangströmen läßt. Der

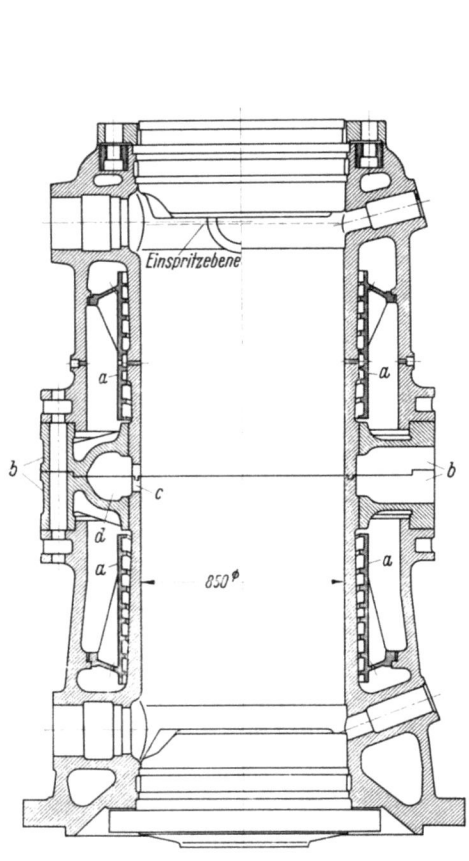

Bild 293. Vierte Ausführungsform des 2000 PS-Versuchszylinders (Mai 1913)

Verstärkte Kühlung der Laufbuchsenwände durch Einsatzstücke *a*; *b* geteiltes Mittelstück; *c* Auspuffschlitze ohne gekühlte Stege; *d* Auspuffsammelraum

Die spiralige Führung des Kühlwassers um die Laufbuchsen verbesserte die Kühlwirkung. An einzelnen Stellen, besonders an den Durchdringungen der Ventilkanonen, war die Wandtemperatur aber immer noch zu hoch

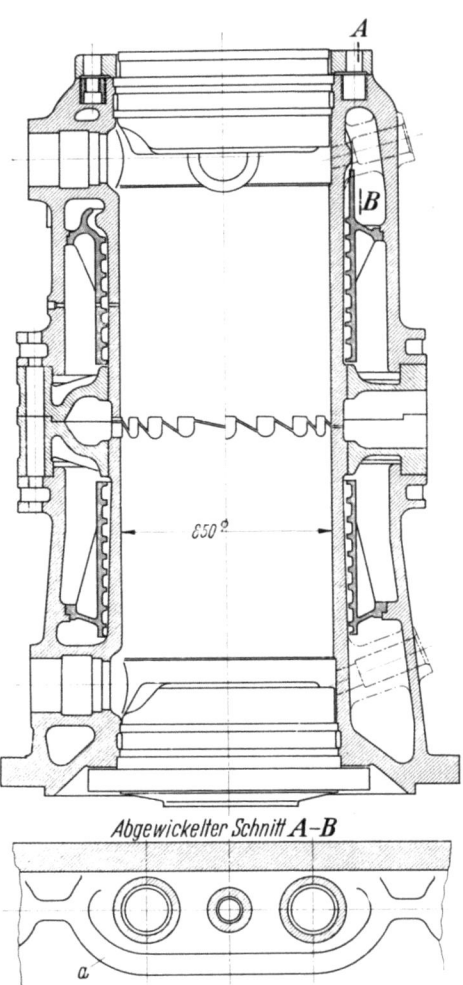

Bild 294. Sechste Ausführungsform des 2000-PS Versuchszylinders (Juni 1913)

Der die Ventile umfassende Teil der Brennraumwand ist durch eine kräftige, die Ventilkanonen stützende Rippe *a* versteift.

Mit dieser Ausführung gelang ein neuntägiger Dauerlauf, bei welchem der einzylindrige Versuchsmotor mit 1600 PS oder 80% der von der Marine geforderten Leistung von 2000 PS belastet war

obere und der untere Kühlwasserraum der Laufbuchsen wurden mit je einem Einsatzstück *a* versehen (Bild 293), das auf seiner Innenseite eine spiralig verlaufende Rippe hatte, durch die das Wasser gezwungen wurde, die äußere Laufbuchsenwand rasch zu umströmen. Zum Einbau solcher Einsätze hatte LAUSTER schon 1911 geraten, doch hatte man seine Anregung nicht beachtet. Erfunden hat LAUSTER diese Kühlanordnung nicht; sie wird schon in einem vom 6. August 1898 datierten, an LUCIAN VOGEL gerichteten Brief eines Augsburger Ingenieurs SEYFRIED erwähnt, der bei einem Besuch der Firma Krupp die spiralige Führung des Kühlwassers an einem Dieselmotor gesehen und darüber eine Skizze an VOGEL eingesandt hat. Die Kühleinsätze wurden bei den folgenden Versuchsausführungen des 2000 PS-Zylinders beibehalten. Der mittlere den Auspuffkanal enthaltende Teil des Arbeitszylinders wurde gegenüber der dritten Ausführung geändert: er besteht jetzt aus zwei miteinander zentrierten Ringstücken *b*, die auf die Laufbuchsen geschrumpft sind. Auch die obere und untere Laufbuchse sind gegeneinander zentriert. Jetzt konnten wieder Auspuffschlitze *c* ohne gekühlte Stege verwendet werden; die gekühlten Stege zwischen den Schlitzen, deren Hohlräume schwierig zu gießen waren, wurden entbehrlich, denn die Stege waren durch die Teilfuge von Wärmespannungen entlastet. Der Auspuffsammelraum *d* lag im Kühlwasser. Im Mai 1913 kam dieser Zylinder zum Probelauf. Das Ergebnis entsprach nicht den Erwartungen; die Temperatur der Zylinderwand war mit 415° C zu hoch. Man suchte sie durch Einspritzen von Wasser in den Arbeitszylinder zu erniedrigen, was auch gelang; man konnte den Zylinder damit gut betreiben. Aber für den Dauerbetrieb war das keine Lösung; der Zylinderverschleiß wäre unzulässig groß geworden.

Man glaubte jetzt, die Erfahrung gemacht zu haben, daß die Anordnung der Ventile in der Zylinderwand richtig sei. Nur an den Durchbrechungen der Ventilkanonen mit der Wand traten noch Wärmerisse auf, so daß man an einem *fünften Versuchszylinder* die gefährdeten Stellen durch Wulste verstärkte. Auch diese Maßnahme konnte das Auftreten von Wärmerissen nicht ganz verhindern. So brachte man bei einem *sechsten Versuchszylinder* (Bild 294) auf der Außenseite der Brennraumwand eine kräftige Rippe *a* an, welche die Durchdringungen der Spül- und Brennstoffventile verstärkte; sie sollte die auf die Ventilsitze wirkenden Kräfte verteilen und den Strömungsquerschnitt des Kühlwassers verkleinern, was die Kühlwirkung verbessern mußte. Auch die Auspuffschlitze erhielten eine etwas andere Form. Die Zylinderdeckel und die Kolbenkappen wurden jetzt aus einem legierten Stahlguß mit 3% Nickelgehalt hergestellt, der sich besser als das Gußeisen bewährte. Die Stahlgußteile wurden von einer Stahlgießerei in Pilsen geliefert.

Mit dieser sechsten Versuchsausführung gelang im Juni 1913 ein neuntägiger Dauerlauf, freilich nur mit einer Belastung von 1600 PS, was 80% der geforderten Leistung entsprach. Da sich hierbei keine wesentlichen Anstände zeigten, erklärte die Marineleitung sich mit dem Ausbau zu einer Sechszylindermaschine einverstanden.

Während man mit den Arbeiten an der Hauptmaschine begann, wurde noch ein *siebenter Versuchszylinder* ausgeführt (Bild 295). Bei diesem fand man eine Konstruktion, welche die Wärmerisse an den Ventildurchdringungen beseitigte. Die obere und untere Brennraumwand wurde durch je einen eingesetzten gekühlten Ring *a* vor der Flamme geschützt. Für die Brennstoff- und die Spülventile erhielten die Kühlringe entsprechende Aussparungen. Da die Ringe keine Kräfte zu übertragen hatten, konnten sie dünnwandig ausgeführt werden, was die Kühlwirkung verbesserte. Als sich Gußeisen für die Ringe nicht bewährte, fertigte man sie aus geschmiedetem Stahl an und stellte die Kühlwasserkanäle durch Bohren her; die Bohrlöcher wurden durch gußeiserne Stopfen verschlossen. Die Wandstärke betrug 18 mm. Wer die Kühlringe zuerst vorgeschlagen hat, ist nicht überliefert.

Im September 1913 konnte der siebente Versuchszylinder in Betrieb genommen werden. Zwar mußte man die Form der Kühleinsätze noch mehrfach ändern, um die

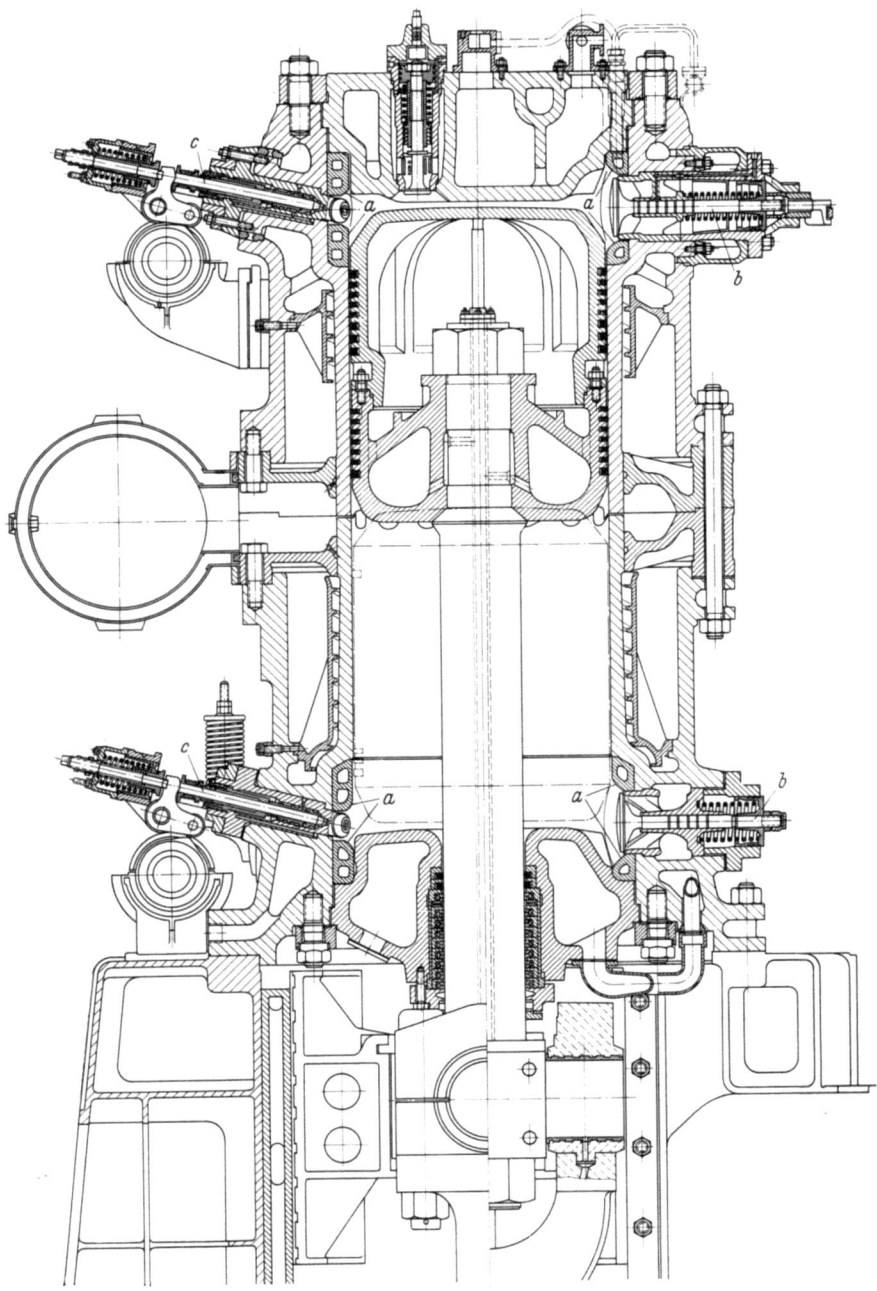

Bild 295. Siebente und letzte Ausführungsform des 2000 PS-Versuchszylinders (September 1913)
Die gefährdeten Stellen an den Durchdringungen der Brennstoff- und Spülventile sind jetzt auf der oberen und unteren Seite durch eingesetzte gekühlte Ringe a geschützt. b Spülventile; c Brennstoffventile

Wandtemperatur an den gefährdeten Stellen zu erniedrigen, aber im großen und ganzen schien doch die Gefahr der Wärmerisse gebannt zu sein. Nachdem man noch das stark kalkhaltige Kühlwasser, das zur Kesselsteinbildung neigte, durch enthärtetes Wasser ersetzt hatte, waren alle Schwierigkeiten so weit überwunden, daß man den Bau des Sechszylindermotors, der zurückgestellt worden war, beenden konnte.

Der 12000 PS-Motor

Bild 296 zeigt die imposante Maschine während der Montage. Sie wurde am 23. Februar 1914 zum erstenmal in Betrieb gesetzt. Da sich während der Vorversuche herausgestellt hatte, daß der Verbrauch an Einblaseluft erheblich größer war, als man angenommen hatte, wurde für den 12000 PS-Motor ein neues Kompressoraggregat gebaut,

Bild 296. Der Nürnberger 12000 PS-Motor im Aufbau (1914). Am linken (vorderen) Ende sind die Spülpumpen sichtbar

Am 24. März 1917 lief der Motor 12 Stunden mit einer Belastung von 12200 PS bei 135 U/min

dessen drei Kompressorzylinder von einem dreizylindrigen Zweitaktmotor angetrieben wurden. Seine Leistung betrug nicht weniger als 600 PS, die jedoch nicht ausschließlich zur Lieferung der Einblaseluft gebraucht wurden, da die Kompressoren auch die Anlaßluft, besonders für die Manövrierversuche, erzeugen sollten. Die Luft wurde in drei Stufen verdichtet. Die Kolben der drei Kompressoren waren als Stufenkolben gebaut; die drei großen Ringstufen bildeten den Niederdruckteil, die Stirnfläche des abgesetzten Kolbenteils des mittleren Kolbens die zweite Druckstufe, und die kleineren

Kolben der beiden äußeren Kompressorzylinder waren die Hochdruckstufe. Diese Hilfsmaschine arbeitete nicht sogleich störungsfrei; es dauerte längere Zeit, bis man sie in Ordnung gebracht hatte.

Natürlich durfte die große Sechszylindermaschine nicht sofort voll belastet werden. Man mußte die Leistung sehr behutsam steigern und jeden kleinen Mangel, der sich dabei zeigte, sofort abstellen. Erst im September 1914 gelang es, die Maschine mit 10000 PS zu belasten. Inzwischen war der Krieg ausgebrochen.

Bei 10000 PS war die Verbrennung nicht befriedigend; der Auspuff war dunkel gefärbt. Es lag daran, daß die Brennstoffventile (c in Bild 295) nahezu waagerecht angeordnet waren, eine Lage, für die der Plattenzerstäuber sich nicht eignete. Der Brennstoff blieb an den unteren Rändern der Lochplatten liegen, statt sich auf diesen zu verteilen, und wurde unvollkommen zerstäubt. Als man den Hülsenzerstäuber (Bild 273) einbaute, besserte sich die Verbrennung; die Leistung stieg und der Brennstoffverbrauch nahm ab.

Den Hülsenzerstäuber zu verwenden wurde auch deshalb notwendig, weil infolge des Krieges das Gasöl knapp wurde. Steinkohlenteeröl war vorhanden, und so stellte man zunächst den einzylindrigen Versuchsmotor auf Teeröl- und Zündölbetrieb um. Am 17. April 1915 lief der Versuchszylinder zum erstenmal mit Teeröl, und schon im Mai gelang ein 72stündiger Dauerlauf mit 2130 PS, danach ein fünftägiger Lauf mit 2030 PS. Da sich hierbei keine Beanstandungen ergaben, wurde auch der Sechszylindermotor für Teerölbetrieb eingerichtet; zugleich erhielt er neue Zylinder mit der verbesserten Kühlwirkung. Diese Arbeiten waren erst Anfang Januar 1917 beendet.

Am 24. März 1917 lief der Motor 12 Stunden mit einer Belastung von 12200 PS bei 135 U/min. Zwar zeigten sich bei der Untersuchung an einem der unteren Zylinderdeckel kleine Risse, aber man glaubte doch, den Hauptabnahmeversuch auf den 31. März ansetzen zu können. Er dauerte fünf Tage und begann mit einer 24stündigen Fahrt mit 10800 PS bei 130 U/min. Am folgenden Tag wurde die Leistung auf 12400 PS gesteigert und 12 Stunden beibehalten. Bei 12160 PS wurde ein Verbrauch an Teeröl von 214 g/PSh und an Zündöl von 29 g/PSh gemessen. Nach Beendigung der Abnahmefahrt konnten keine Mängel festgestellt werden; nur einige Kolbenringe waren gebrochen. Nachdem man die Maschine wieder zusammengebaut hatte, wurden Manövrierversuche gemacht, die einwandfrei verliefen.

Zum Einbau der Maschine in ein Linienschiff ist es nicht mehr gekommen. Sie wurde nach Kriegsende verschrottet. Die Erfahrungen, die man hatte sammeln können, blieben im Besitz ihrer Erbauer und wurden verwertet, als die MAN einige Jahre später die doppeltwirkende Zweitaktmaschine für die Handelsschiffahrt zu entwickeln begann.

XXVIII. Krupps Dieselmotorenbau in Essen und auf der Germaniawerft in Kiel (1897—1918)

Dreizehn Jahre — bis 1906 — hat es gedauert, bis die Leitung der Firma Krupp die immer wieder auftauchende Frage, ob sie den Dieselmotorenbau fortsetzen solle oder nicht, zugunsten des Dieselmotors entschied. Am 10. April 1893 hatte das Krupp-Direktorium seine Unterschrift unter den Lizenzvertrag mit DIESEL gesetzt; vierzehn Tage später hatten sich KRUPP und die Maschinenfabrik Augsburg zum „Consortium

Augsburg-Krupp" zusammengeschlossen. KRUPP überließ die Konstruktion und den Bau der Versuchsmotoren den Augsburgern, die als Maschinenfabrik besser hierfür eingerichtet waren als die Essener Gußstahlfabrik, beteiligte sich an den Kosten und beschränkte sich auf Besuche in Augsburg. Als die Jahre vergingen, ohne daß sich ein greifbares Resultat zeigen wollte, als insbesondere die Gasversuche, für die KRUPP sich in erster Linie interessierte, ergebnislos blieben, war man (im Oktober 1895) in Essen nahe daran, sich von DIESEL und der Maschinenfabrik Augsburg zurückzuziehen (S. 464), wozu KRUPP nach seinem Vertrag berechtigt war. Damals gelang es DIESELs Beredsamkeit und den Argumenten der Augsburger, KRUPPs Rücktritt zu verhindern. Die Versuche MORITZ SCHRÖTERs vom Februar 1897 brachten eine vorläufige Entscheidung: KRUPP blieb beim Dieselmotorenbau; auch erhielt er günstigere Bedingungen.

DIESEL hatte für beide Firmen ein Bauprogramm ausgearbeitet, das die Hauptabmessungen für fünf verschiedene Zylinder mit Leistungen von 18 bis 60 PS festsetzen sollte. Da er für alle Größen die gleiche Drehzahl von 160 U/min gewählt hatte, statt für die kleineren Leistungen größere Drehzahlen vorzusehen, gefiel das Programm nicht, und KRUPP bestimmte die Abmessungen seiner Motoren selbst.

Der erste Dieselmotor, den die Essener Gußstahlfabrik 1897 gebaut hat, war ein Kreuzkopfmotor, der mit 260 mm Zylinderdurchmesser und 410 mm Hub bei 170 U/min 20 PS leistete. Natürlich hat der Erstlingsmotor zahlreiche Schwierigkeiten gemacht, aber es gelang, einigermaßen über sie hinwegzukommen. Der Motor wurde 1906 auf der Kruppschen Germaniawerft aufgestellt, als diese den Unterseeboots-Motorenbau aufnahm, und diente dort zu Versuchszwecken. Nach 1918 wurde der Motor, KRUPPs „Erster" Dieselmotor, verschrottet.

Der nächste Motor, den KRUPP baute, hatte Zylinderabmessungen von 325/500 mm; er sollte 35 PS bei 170 U/min leisten. Der Ende April 1898 fertiggestellte Motor wurde im Sommer 1898 auf der Münchener Ausstellung (Bild 254, S. 489) gezeigt, wo er eine von Gebr. Sulzer gebaute Hochdruckkreiselpumpe antrieb. Für die Ausstellung hatte man seine Leistung auf 30 PS begrenzt. Gegenüber dem Augsburger Vorbild wies er einige Verbesserungen auf, darunter die Anordnung getrennter Druckluftflaschen für das Anlassen des Motors und das Einblasen des Brennstoffs. Der Übelstand, daß bei Vorhandensein eines gemeinsamen Luftgefäßes der Druck bei mehrmaligem Anlassen zu tief sank und zum Einblasen nicht mehr genügte, war dadurch behoben. Nach der Ausstellung wurde der Motor in der Schiffbauwerkstatt der Germaniawerft, später (1905) im Hotel Continental in Kiel aufgestellt und 1916 an den Mühlenbesitzer HEINRICH CLAUSEN in Satrup bei Schleswig verkauft, wo er bis 1937 den Mühlenbetrieb versehen hat. 1937 kaufte KRUPP ihn zurück, um ihn dem Deutschen Museum zu schenken.

Von dem 35 PS-Motor sind im ganzen zwei, von der 20 PS-Größe vier gebaut worden. Von diesen erhielt RIEDLER im Jahr 1901 einen Motor, der im Maschinenlaboratorium der Technischen Hochschule Charlottenburg aufgestellt wurde[76].

Auch im KRUPP Grusonwerk in Magdeburg begann man 1897, sich für den Dieselmotor zu interessieren. Es wurden zwei 50 PS-Motoren gebaut; das war die größte Zylinderleistung, die man bis dahin in Angriff genommen hatte. Sie wurden zunächst in den Magdeburger Werkstätten aufgestellt; später ist einer der beiden Motoren nach Hamburg, der andere nach Colombo verkauft worden.

Das war der Anfang des Dieselmotorenbaues der Firma Krupp; ihm sollte sehr bald ein vorläufiges Ende folgen. Zwar hatte der auf der Münchener Ausstellung gezeigte Motor dort ebenso gut gearbeitet wie die anderen Maschinen, aber kaum war die Ausstellung geschlossen, als von allen Seiten die Hiobsposten über das Versagen anderer Dieselmotoren kamen. Das Krupp-Direktorium, das von Anfang an DIESELs Erfindung nicht die gleiche Zuversicht entgegengebracht hatte wie die Maschinenfabrik Augsburg, wurde zurückhaltend. Man hatte 1897 in Essen, dem Beispiel Augsburgs folgend, eine „Versuchsstation" geschaffen, um eigene Versuche zu machen, insbesondere um den Dieselmotor für die Verwertung von Industrie-Abgasen einzurichten. Es war gelungen, den Motor nur mit Gas, ohne Zündöl zu betreiben, aber man hatte festgestellt, daß ein nur mit Gas arbeitender Dieselmotor wirtschaftlich nicht mit dem Ottomotor konkurrieren konnte. Das verminderte KRUPPs Interesse am Dieselmotor wesentlich. Auch hatte sich gezeigt, daß gewöhnlicher Stahl als Baustoff für die Teile, die aus Stahl hergestellt werden mußten, völlig ausreiche; mit der vermehrten Verwendung hochwertiger Stähle, auf welche DIESEL bei seinen ersten Verhandlungen mit KRUPP als den Absatz der Firma fördernd hingewiesen hatte, war es nichts. Man zögerte in Essen noch etwas, ob man den Dieselmotorenbau fortsetzen solle, aber als sich noch im Herbst 1899 keine Besserung der Gesamtlage zeigte, entschloß sich das Krupp-Direktorium Ende Oktober 1899, den Dieselmotorenbau aufzugeben. Die Essener Versuchsstation wurde aufgelöst.

Die ersten Schiffsdieselmotoren der Krupp-Germaniawerft

Fast sieben Jahre hat es gedauert, bis KRUPP von neuem den Dieselmotorenbau in Angriff genommen hat. 1896 hatte KRUPP die Kieler Germaniawerft erworben, deren Ausbau zu einer Kriegsschiffswerft geplant war. Während der ersten zehn Jahre ihres Bestehens sind dort keine Dieselmotoren gebaut worden. Der Anlaß, sich erneut mit der Frage zu beschäftigen, ob man den Dieselmotorenbau wieder aufnehmen solle, war eine Bestellung der russischen Regierung auf mehrere Unterseeboote, die durch Verbrennungsmotoren angetrieben werden sollten. Da weder die Germaniawerft noch die Maschinenfabrik Augsburg das Risiko übernehmen wollte, haben die ersten von der Germaniawerft gebauten Unterseeboote Petroleummotoren von Körting erhalten (Bild 361, S. 634). Aber man legte sich doch in Essen und Augsburg die Frage vor, ob nicht der Dieselmotor für den schwierigen Betrieb auf Unterseebooten verwendbar gemacht werden könne, und ließ durch drei Ingenieure die Pläne einer Dieselmotorenanlage für Unterseeboote ausarbeiten. Die Germaniawerft entsandte ihren Ingenieur WILHELM WORSOE nach Augsburg, wo er zusammen mit LAUSTER und WILHELM EBERLE die Pläne für eine aus zwei Dieselmotoren von je 200 PS bestehende Maschinenanlage für Unterseeboote gezeichnet hat (S. 562). Einzelheiten des Entwurfes sind nicht erhalten geblieben; den Gesamtplan hat C. REGENBOGEN, der technische Leiter der Germaniawerft, in einem 1912 vor der Schiffbautechnischen Gesellschaft gehaltenen Vortrag[77] mitgeteilt. Nach diesem Vortrag ist Bild 297 angefertigt worden.

Entsprechend dem Verwendungszweck mußte der Motor möglichst leicht gebaut werden. Das schien am sichersten erreichbar durch die Nachahmung der Säulenkonstruktion, die damals für die raschlaufenden Kolbendampfmaschinen der Torpedoboote gebräuchlich war. Auf zehn Tragsäulen a ruht ein Stahlgußrahmen b, an den die Unterteile c der Zylinderkühlmäntel angegossen sind. Der Rahmen trägt die gußeisernen Arbeitszylinder, deren Mantelteil von einem dünnen Stahlblech d gebildet wird. Die Nockenwelle e wird, wie üblich, durch eine senkrechte Zwischenwelle f und

Schraubenradpaare von der Kurbelwelle angetrieben. Der Antrieb liegt am vorderen Motorende; daß dies falsch war, weil am vorderen Motorende die stärksten Drehschwingungen auftreten, hat man bald darauf erkannt und den Antrieb nach hinten, neben das Schwungrad verlegt. Die Brennstoffpumpen g waren als Einzelpumpen gebaut; sie wurden durch Exzenter h von der Nockenwelle betätigt. Vier einstufige

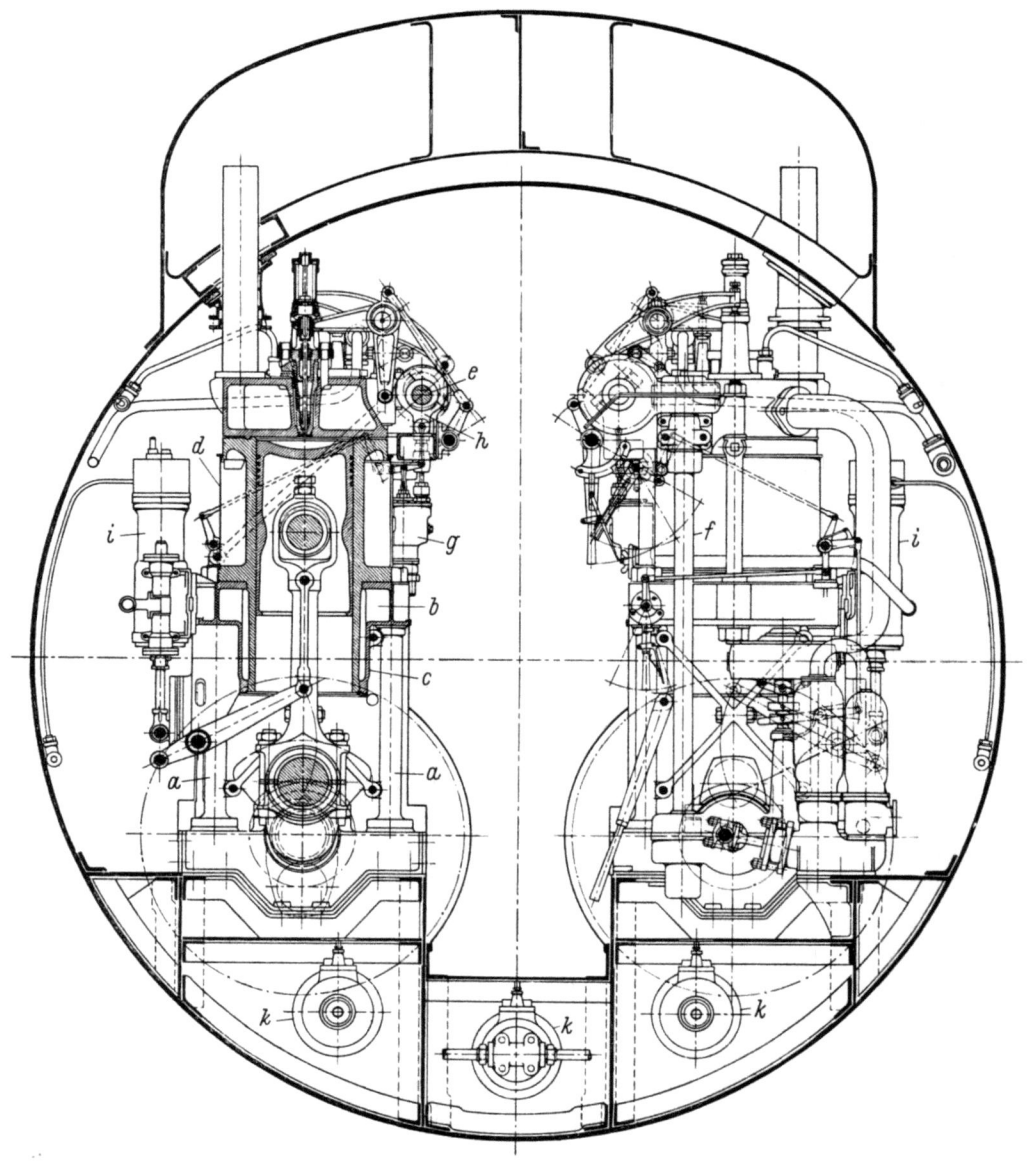

Bild 297. Querschnitt durch einen U-Boot-Entwurf mit zwei vierzylindrigen Viertaktmotoren von je 200 PS Leistung (1904)
Zyl.-Dmr. 270 mm, Hub 300 mm; 500 U/min

a Tragsäulen; b Stahlgußrahmen mit angegossenen unteren Kühlmantelteilen c; d Stahlblech als oberer Mantelteil; e Steuerwelle; f Zwischenwelle; g Brennstoffpumpen; h Exzenter; i Einblaseluftkompressoren; k Anlaßluftflaschen

Der von WORSOE, LAUSTER und EBERLE gemeinsam ausgearbeitete Entwurf ist nicht ausgeführt worden

Kompressoren *i*, die durch Schwinghebel von den Pleuelstangen angetrieben wurden, lieferten die Einblaseluft, die in stehend angeordneten Flaschen aufgespeichert wurde. Die drei Anlaßluftflaschen *k* lagen unter den Motoren in den Maschinenfundamenten. Das Gewicht der Motorenanlage hatte man zu 33 kg/PS berechnet. Die Motoren waren noch nicht umsteuerbar konstruiert; zum Umsteuern sollte die elektrische Anlage benutzt werden, die bei Unterwasserfahrt arbeitete, während die Motoren stillstanden. Da man in Augsburg das Projekt nicht in der von der Germaniawerft geforderten kurzen Zeit ausführen konnte, wurde es nicht weiterverfolgt.

Wieder gab es in Essen und auf der Germaniawerft eine Pause von zwei Jahren. 1906 drängte die Essener Verwaltung von neuem auf die Entwicklung raschlaufender Dieselmotoren, weil man sich von den Körtingschen Petroleummotoren unabhängig machen wollte. Es wurde ein neuer Entwurf angefertigt, der ausgeführt worden ist; es wurde der erste von der Germaniawerft gebaute Schiffsmotor (Bild 298). Dieser Motor konnte umgesteuert werden, wozu man die vier Kurbeln unter 90° angeordnet hatte und den Motor im Zweitakt anließ. Hierfür waren zwei Steuerwellen vorgesehen, deren Antrieb *a* jetzt am hinteren Ende des Motors, neben dem Schwungrad lag. Die in Bild 298 vorn liegende Steuerwelle *b* betätigte die Einlaßventile *c*, die gekühlten Auspuffventile *d* und die Brennstoffventile *e*, die hintere (in Bild 298 nicht sichtbar) die Anlaßventile, die im Zweitakt arbeiteten, so daß der Motor aus jeder Kurbelstellung anspringen konnte. Zum Umsteuern wurden die Steuerwellen durch das Handrad *f* axial verschoben.

Das Gewicht des Motors betrug 9900 kg; verglichen mit den schweren ortfesten Motoren war es mit 33 kg/PS sehr niedrig, jedoch genügte es den rasch wachsenden Ansprüchen nicht. REGENBOGEN berichtet, daß „der Motortyp, der an sich durchaus befriedigte, lediglich des verhältnismäßig noch hohen Gewichtes wegen späterhin für diesen Zweck verlassen wurde".

Mit dem „Zweck" war die Verwendung des Dieselmotors auf U-Booten gemeint. In einem engen Raum sollte eine möglichst große Leistung untergebracht werden. So kam man auf den seltsamen Gedanken, den in Essen gebauten 35 PS-Einzylindermotor, der auf der Ausstellung in München gezeigt und inzwischen auf der Germaniawerft aufgestellt worden war, in einen doppeltwirkenden Viertaktmotor umzubauen. Man glaubte, durch Heranziehen der unteren Kolbenseite die Leistung vergrößern zu können. Da das Brennstoffventil wie im oberen Zylinderdeckel so auch im unteren zentral angeordnet werden sollte, erhielt der Motor zwei Kolbenstangen — eine unmögliche Konstruktion, weil dadurch der untere Verbrennungsraum völlig zerklüftet wurde. Da man mit dieser Konstruktion keinen Erfolg hatte, baute man den Versuchsmotor zu einem doppeltwirkenden Zweitaktmotor um, was bei dem kleinen Zylinderdurchmesser von 325 mm ebenso aussichtslos war. REGENBOGEN bringt in seinem Vortrag Abbildungen des Versuchsmotors in der Bauart des doppeltwirkenden Viertaktmotors. Daß die Versuche gänzlich ergebnislos verlaufen sind, erwähnt er nicht.

Die Frage, ob dem Viertakt oder dem Zweitakt die besseren Aussichten zukämen, hat schon damals die Meinungen lebhaft bewegt. Auch auf der Germaniawerft ist man zwiespältiger Ansicht gewesen, denn nachdem man einen einzylindrigen Zweitakt-Versuchsmotor von 50 PS Leistung bei 500 U/min gebaut und erprobt hatte, kehrte man zum Viertakt zurück. Der Zweitaktmotor hatte zwei Spülventile im Zylinderdeckel und Auspuffschlitze, arbeitete also mit Gleichstromspülung. Die Spülung wurde von einer an den Arbeitskolben angebauten Stufe geliefert. Über die Ergebnisse sind

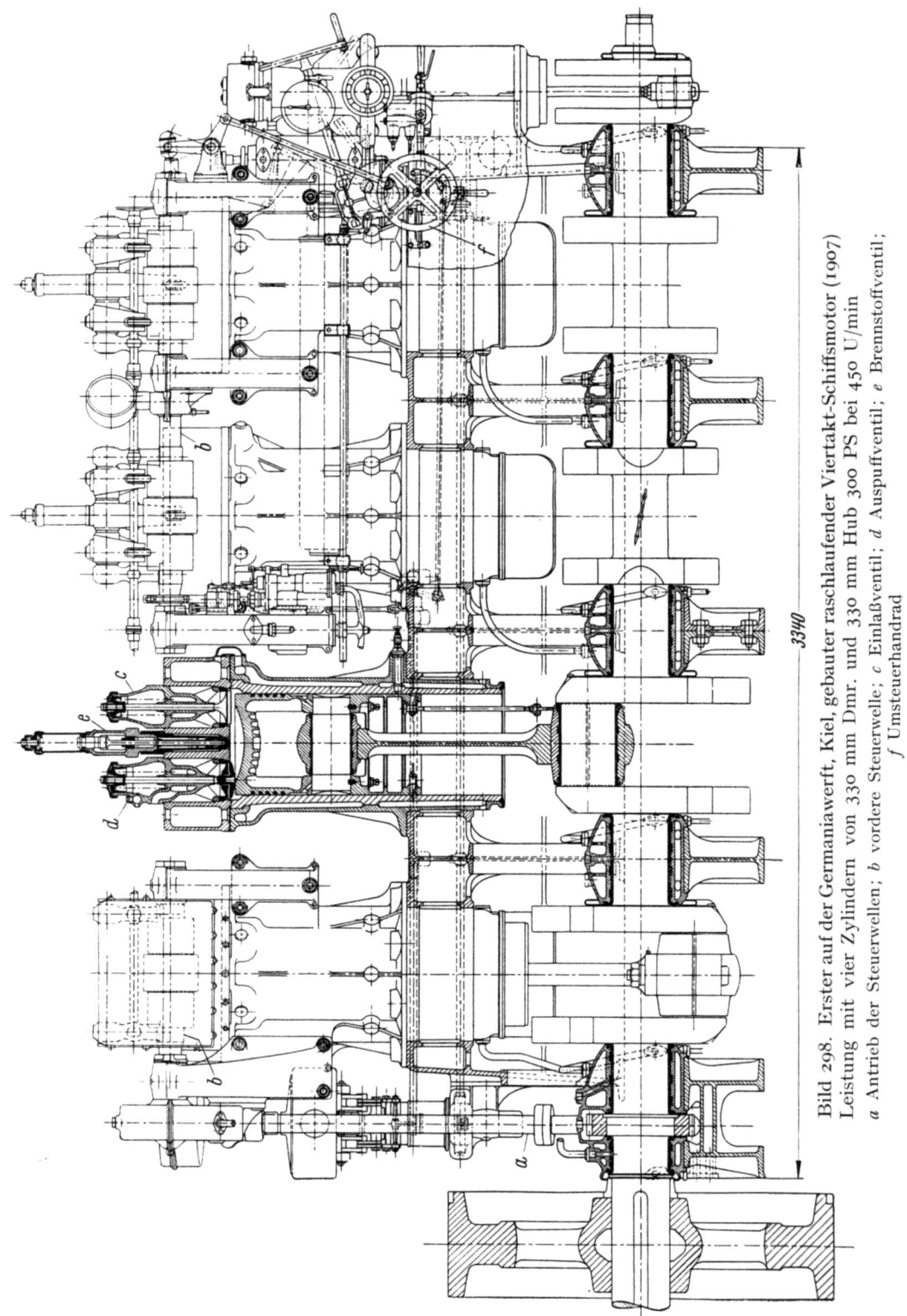

Bild 298. Erster auf der Germaniawerft, Kiel, gebauter raschlaufender Viertakt-Schiffsmotor (1907)
Leistung mit vier Zylindern von 330 mm Dmr. und 330 mm Hub 300 PS bei 450 U/min
a Antrieb der Steuerwellen; *b* vordere Steuerwelle; *c* Einlaßventil; *d* Auspuffventil; *e* Brennstoffventil; *f* Umsteuerhandrad

keine Unterlagen vorhanden. Offenbar hat der Stufenkolben, dessen Stufe als Spülpumpenkolben arbeiten sollte, sich nicht bewährt, denn er wurde bei den Zweitaktmotoren, welche die Germaniawerft bald darauf gebaut hat, nicht ausgeführt.

Ortfeste Dieselmotoren der Germaniawerft

Der Viertakt schien zunächst doch vorteilhafter zu sein. Um das Geschäft zu beleben, was mit dem Zweitaktmotor nicht gelungen war, hat man auf der Germania-

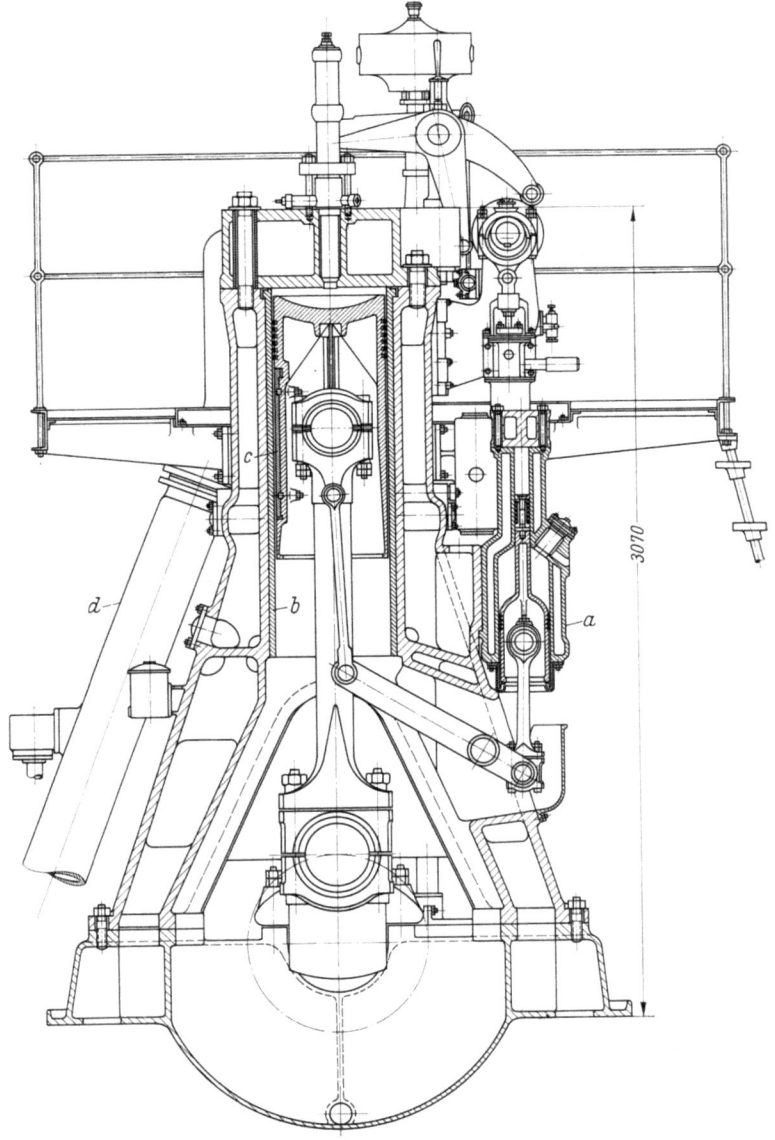

Bild 299. Langsamlaufender ortfester Krupp-Dieselmotor (1908)
Zyl.-Dmr. 475 mm, Hub 700 mm; Leistung 125 PS bei 175 U/min

a zweistufiger Einblaseluftkompressor; *b* eingepreßte Laufbuchse; *c* Gleitschuh am Kolben; *d* Auspuffleitung

werft von 1908 bis 1912 ortfeste Dieselmotoren gebaut, zunächst als Langsamläufer, deren Drehzahlen später in mäßigen Grenzen erhöht wurden. Es wurden sogleich elf verschiedene Typen mit Zylinderleistungen von 30 bis 125 PS und Drehzahlen von 280 bis 170 U/min entwickelt. Als Vorbild hat der stehende MAN-Motor von 1901 gedient; nur der Einblasekompressor *a* (Bild 299) arbeitet jetzt zweistufig. Warum man in den Arbeitszylinder eine besondere Laufbuchse *b* eingepreßt hat, ist unerfindlich; man glaubte wohl, die Lebensdauer des Arbeitszylinders durch Auswechseln der Laufbuchse nach stärkerem Verschleiß verlängern zu können. Diese Buchsen wurden bald wieder aufgegeben, da das Auswechseln Schwierigkeiten machte, ohne Vorteile zu bieten. An konstruktiven Neuerungen fällt das in die Kolbenlauffläche eingesetzte Gleitschuhstück *c* auf, das die Abnutzung des Kolbens aufnehmen sollte; seine besondere Form wurde der Germaniawerft unter Nr. 251509 patentiert. Gleitstücke ähnlicher Bauart sind später von vielen anderen Firmen ausgeführt worden. Da das Gasöl, heute unter der Bezeichnung Dieselöl im Handel, zu jener Zeit noch teuer und knapp war, wurden diese Motoren für Betrieb mit Steinkohlenteeröl eingerichtet.

Das Gewicht der ortfesten Motoren hatte man allmählich auf 200 bis 150 kg/PS, bei den Schnelläufern auf 120 kg/PS senken können. Von beiden Bauarten zusammen sind etwa 250 Maschinen geliefert worden; die größte war ein Vierzylindermotor mit 500 PS Leistung. Allmählich wurde aber der Bau von Schiffsmotoren für die Germaniawerft wichtiger, so daß man Ende 1912 beschloß, den Bau ortfester Anlagen einzustellen. Die Baurechte wurden an die Firma Ehrhardt & Sehmer, Saarbrücken, verkauft, die 1913/14 eine größere Anzahl von Krupp-Motoren gebaut hat. Mit dem Beginn des Krieges 1914 hörte auch dort die Fabrikation auf.

Die Schiffsdieselmotoren der Germaniawerft seit 1909

Die Frage, ob dem Viertakt oder dem Zweitakt der Vorzug zu geben sei, spiegelt sich in dem Bauprogramm der Germaniawerft wider; die Unsicherheit, wie man die Eigenarten der beiden Arbeitsverfahren bewerten solle, erschwerte die Entscheidung. Die Werft hatte sich auf den Bau von Unterseebooten spezialisiert; die deutsche Kriegsmarine und ausländische Marinen bestellten solche Boote in zunehmendem Umfang; so wurde der leichte raschlaufende Motor großer Leistung eine dringende Forderung. Der mit dem feuergefährlichen Petroleum arbeitende Körting-Motor war eine unbefriedigende Lösung. Das Richtige schien der Zweitakt-Dieselmotor zu sein, denn er leistete bei gleichem Hubvolumen wenn auch nicht das Doppelte wie der Viertaktmotor, so doch erheblich mehr als dieser. Nur hatte man mit dem Zweitakt leider noch wenig Erfahrungen. So überwogen anfangs die Viertaktmotoren. Um sie möglichst leicht bauen zu können, steigerte man die Drehzahl bis auf 500 U/min und baute sie „ganz leicht in Bronze". Unter den nicht für U-Boote gebauten Anlagen war eine Lieferung für ein flachgehendes Schaufelrad-Motorschiff, das für den Verkehr auf dem Fluß Ob in Rußland bestimmt war; sie bestand aus zwei raschlaufenden 120 PS-Viertaktmotoren, die auf ein gemeinsames Zahnradgetriebe arbeiteten (Bild 300). Bei der starren Verbindung zwischen Motoren und Zahnradgetrieben mußten starke Drehschwingungen auftreten, die eine erhebliche Laufunruhe verursachten. Die Abhilfe, Einschaltung einer in jedem Ritzel liegenden drehelastischen Welle, wie zu Bild 300

Bild 300
Antriebsanlage für ein russisches Schaufelradschiff, gebaut von der Germaniawerft Kiel (1911)
Zwei umsteuerbare Sechszylinder-Viertaktmotoren arbeiten durch je ein Ritzel auf das langsamlaufende Pfeilrad. Die Untersetzung ist 8:1. Die starken auftretenden Drehschwingungen wurden dadurch beseitigt, daß man die Ritzelwellen hohlbohrte, die Verlängerungen der Kurbelwellen durch die Bohrungen führte und sie am Ende der Ritzelwellen durch eine federnde Kupplung mit diesen verband

angegeben, hat man damals rein empirisch gefunden. Die Vorausbestimmung kritischer Drehschwingungsgebiete durch Rechnung war den Ingenieuren zu jener Zeit noch nicht geläufig.

Die Zweitakt-U-Boot-Motoren von 1909 bis 1918

Einen U-Boot-Motor von großer Leistung und kleinem Gewicht zu schaffen blieb das Ziel. Man war auf der Germaniawerft allmählich zu der Überzeugung gelangt, daß es mit dem Zweitakt am sichersten erreichbar sei; die Marinebehörde war derselben Meinung, zumal da die Körtingschen Zweitaktmotoren sich bewährt hatten. Als die Vertreter der Marine in einer Besprechung mit den Leitern der Germaniawerft im August 1908 erklärten, daß die Marine das Zweitaktverfahren unbedingt vorziehe, arbeitete die Germaniawerft das Angebot auf einen Zweitakt-U-Boot-Motor aus, das im November 1908 zu einer Bestellung durch das Reichsmarineamt führte. Gefordert wurde eine Leistung von 850 PS. Als Hauptabmessungen des Sechszylindermotors wählte die Werft einen Zylinderdurchmesser von 350 und einen Hub von 400 mm. Die Drehzahl sollte 450 U/min betragen.

Man entschied sich bei diesem ersten größeren Unterseebootmotor für eine neue Anordnung der Zylinder und Spülpumpen (Bild 301): je eine doppeltwirkende Kolbenspülluftpumpe a wurde an das vordere und hintere Ende gesetzt, die beiden Kompressorzylinder b in die Längsmitte. Das ergab gegenüber der sonst gebräuchlichen Anordnung der Spülpumpen auf der Rückseite der Zylinder und Antrieb durch Schwinghebel zwar eine schmale, aber recht lange Maschine, deren Länge durch die an den Stirnseiten liegenden Auspuffsammelleitungen c noch vergrößert wurde, und die Kurbelwelle des Sechszylindermotors erhielt nicht weniger als zehn Kröpfungen. Der Schnellauf erforderte große Querschnitte für den Eintritt der Spülluft; daher waren in jedem Zylinderdeckel *drei* Einlaßventile d vorgesehen, die von der oberhalb der Arbeitszylinder

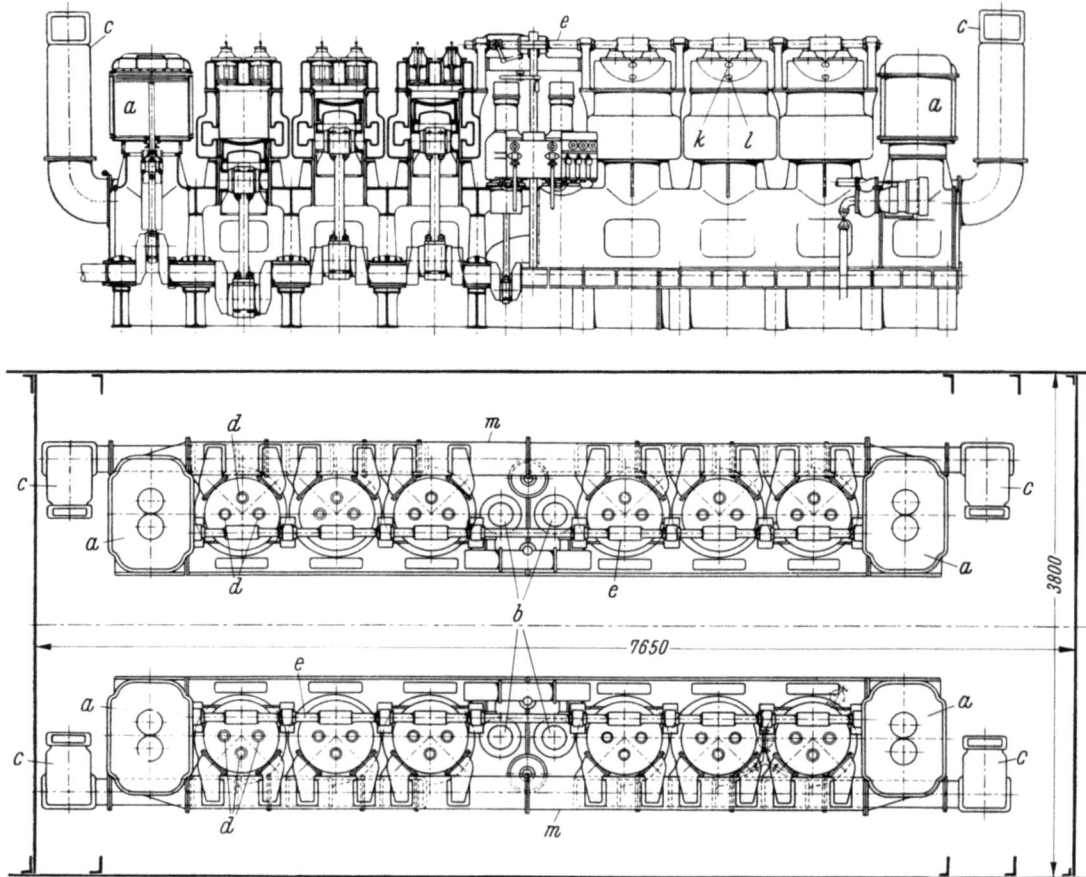

Bild 301. Erster Zweitakt-Unterseebootmotor der Germaniawerft Kiel (1911)
Leistung mit sechs Arbeitszylindern von 350 mm Dmr. und 400 mm Hub 850 PS bei 450 U/min
Am vorderen und hinteren Motorende je ein Spülpumpenzylinder a, in der Mitte die beiden Kompressorzylinder b, so daß die Welle zehn Kurbeln hat. c Auspuffsammelleitungen; d Einlaßventile der Spülluft;
e Steuerwelle; k Brennstoffventil; l Anlaßventil; m Spülluftleitung
Die Anordnung war unzweckmäßig, da die Kurbeln der in Längsmitte angeordneten Kompressorzylinder
und die Kurbel der hinteren Spülpumpe unnötig stark ausgeführt werden mußten

gelagerten Steuerwelle e betätigt wurden. Der Antrieb der drei Spülventile eines Zylinders, der KRUPP patentiert wurde, ist in Bild 302 dargestellt. Der auf der Steuerwelle e sitzende Nocken drückte durch den Hebel f und den Stempel g auf das dreiarmige Querhaupt h, wodurch die drei Spülventile d gleichzeitig öffneten. Damit hierbei das Querhaupt, dessen Arme ungleich lang waren, nicht kippte, gab man dem Querhaupt einen Führungskolben, der in dem mit dem mittleren Ventilgehäuse zusammengegossenen Zylinder i gleiten konnte. Auch die Tieflage des Angriffspunktes des Druckstempels g verringerte die Kippgefahr.

Die Zylinderdeckel waren nach der Bedienungsseite hin abgeschrägt (Bild 302); auf der Schrägfläche waren das Brennstoffventil k und das Anlaßventil l angeordnet (k und l sind in Bild 301 im Aufriß angedeutet). Beide wurden von der Nockenwelle e gesteuert. Die Schräglage der Ventile war erforderlich, weil die Bauhöhe in dem engen Maschinenraum des U-Bootes begrenzt war. Die Spülluftleitung m und die Auspuffsammelleitungen c lagen an der Bordwandseite übereinander, so daß der Bedienungsstand zwischen den beiden Motoren dem Personal einigen Platz bot (Bild 301 Grundriß). Bild 303 zeigt den Motor von der Bedienungsseite. Durch reichliche Verwendung von dünnwandigem Bronzeguß gelang es, das Leistungsgewicht auf 23,6 kg/PS zu senken.

Die Fertigstellung dieses ersten Zweitakt-U-Boot-Motors verzögerte sich sehr, weil man die Schwierigkeiten erheblich unterschätzt hatte. Besonders war es die Kolbenkühlung, die immer wieder Störungen verursachte. Als Kühlmittel diente Wasser, das

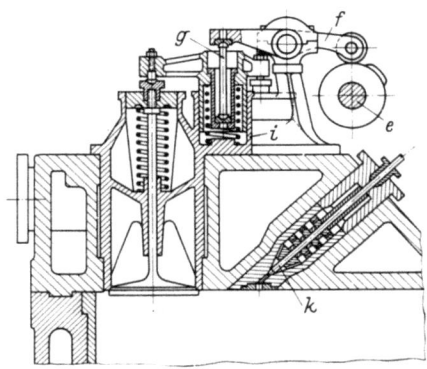

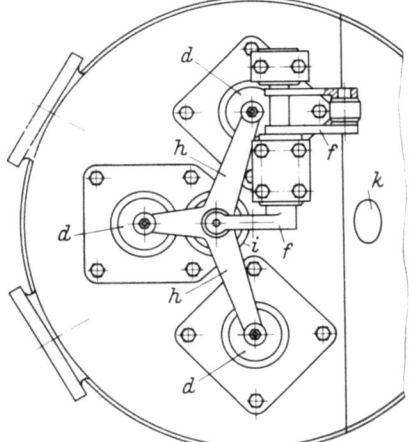

Bild 302
Steuerung der drei Spülventile eines Zylinders des Zweitaktmotors Bild 301

d Spülluftventile; *e* Steuerwelle; *f* Ventilhebel; *g* Druckstempel; *h* Querhaupt; *i* Führungszylinder für *h*; *k* Brennstoffventil

Um den Querschnitt für den Eintritt der Spülluft möglichst groß zu machen, hatte man *drei* Spülventile im Zylinderdeckel vorgesehen

Bild 303. 850 PS-Zweitakt-U-Boot-Motor der Germaniawerft (1911). Je zwei dieser Motoren wurden 1914 in vier Unterseeboote eingebaut

Im Vordergrund auf Mitte der Bedienungsstand mit den Brennstoffpumpen, dahinter die senkrechte Antriebwelle der oben durchlaufenden Steuerwelle, an den beiden Enden die Spülpumpen

den Kolbenhohlräumen durch Teleskoprohre zugeführt wurde. Deren bewegliche, am Kolben befestigte Teile waren gegen die feststehenden durch Stopfbuchsen abgedichtet. Hierfür eine geeignete Konstruktion zu finden, gelang trotz vieler Versuchsausführungen nur unvollkommen, so daß die Kolbenkühlung stets ein schwacher Punkt dieser sonst gut arbeitenden Motoren geblieben ist. Das durch die Stopfbuchsen sickernde Wasser gelangte in das Schmieröl in der Kurbelwanne, so daß das Öl verseifte und seine Schmierfähigkeit verlor, ein Übelstand, der auch bei anderen Firmen noch lange Zeit Unzuträglichkeiten verursacht hat. Auf der Germaniawerft verschwanden sie erst, als man bei späteren Bauten die Teleskoprohre durch Verlängerung des Tragarmes so weit nach außen verlegte, daß das Tropfwasser sich nicht mehr mit dem Schmieröl mischen konnte.

Nach zweieinhalbjähriger Bauzeit wurde der erste Motor von der Marine übernommen, nachdem er vom 10. bis 16. Juni 1911 einen Sechstagelauf störungsfrei durchgehalten hatte. Sieben weitere Motoren wurden nachbestellt und je zwei in vier Unterseeboote eingebaut, die 1914 in Dienst gestellt wurden.

Der erfolgreiche Probelauf des 850pferdigen Motors erregte das Interesse auch anderer Marinen. Während man sich in Italien und Norwegen mit Motorleistungen von 300 PS begnügte, wünschte die russische Marine erheblich stärkere Maschinen für Unterseeboote, die in Rußland gebaut werden sollten, während die Germaniawerft die Motorenanlage zu liefern hatte. 1912 bestellte Rußland sechs 1150 PS-Motoren. Sie wurden auf der Germaniawerft gebaut, konnten aber wegen des 1914 ausbrechenden Krieges nicht mehr nach Rußland versandt werden und wurden in die deutschen Unterseeboote U 63 bis U 65 eingebaut.

Diese größeren Motoren hatten sechs Zylinder von 390 mm Durchmesser und 450 mm Hub; die Drehzahl betrug 390 U/min. Da man inzwischen erkannt hatte, daß die Unterteilung der Spülpumpen und der Einblaseluftkompressoren sowie die Anordnung, die man bei dem 850 PS-Motor getroffen hatte, räumlich keine Vorteile boten, setzte man die Hilfsmaschinen wieder an das vordere Ende, wodurch die Kurbelwelle kürzer und leichter wurde. Auch entfiel der Nachteil, den die Anordnung nach Bild 301 hatte, daß die Kurbeln der beiden mittleren Kompressorzylinder und die Kurbel der hinteren Spülpumpe ebenso stark ausgeführt werden mußten wie der übrige Teil der Kurbelwelle, weil sie das Drehmoment der Arbeitszylinder weiterzuleiten hatten. Die Arbeitszylinder erhielten zunächst wieder drei mechanisch gesteuerte Spülventile und durch den Kolben gesteuerte Auspuffschlitze. Die Erfahrungen, die man damals mit dem schwierig zu beherrschenden Zweitakt besaß, waren noch unzureichend. Die Bestellungen auf den 1150 PS-Motor mehrten sich, aber über die Frage, welches Spülverfahren das beste sei, war man sich nicht klar. So kam man auf den Gedanken, bei einer Serie von sechs Maschinen statt der drei Spülventile im Zylinderdeckel Spülschlitze in der Zylinderwand vorzusehen, die den Auspuffschlitzen gegenüberlagen, also die Querspülung zu verwenden, die damals schon bekannt war. Damit der unten eintretende Spülluftstrom auch den oberen Teil des Zylinderraumes erreichte, brachte man am Kolben eine Ablenkerfläche an, die den Luftstrom zwang, zunächst nach oben und sodann an der gegenüberliegenden Wand abwärts zu strömen. Der Wegfall der drei Spülventile im Zylinderdeckel und ihres Antriebes hätte zwar den Aufbau des Motors sehr vereinfacht, aber Versuche zeigten, daß dann der unmittelbar unterhalb des Zylinderdeckels liegende Raum nur unvollkommen gespült wurde. So behielt man neben den Spülschlitzen in der Zylinderwand ein Spülventil im Zylinderdeckel bei und hoffte, mit dieser Bauart ein mäßiges Aufladen des Zylinders mit Frischluft zu erreichen, wie es heute, wenn auch unter Verwendung anderer konstruktiver Mittel, die Regel ist. Aber man mußte feststellen, daß die Motoren nicht mehr, sondern weniger als mit den drei Spülventilen leisteten. Es blieb nichts anderes übrig, als die Leistung von 1150 auf 1100 PS herabzusetzen. Abgesehen von dieser Leistungsminderung haben sich die Motoren gut bewährt. Auf Bild 304. das den 1100 PS-Motor zeigt, sind die Leitungen *a*

Bild 304. Zweitakt-U-Boot-Motor der Germaniawerft mit Spül- und Auspuffschlitzen und *einem* Spülventil im Zylinderdeckel (1914)
Leistung 1100 PS bei 390 U/min
a Luftleitungen von der Spülpumpe *b* zu den Spülventilen

zu erkennen, welche die Spülluft von der Kolbenpumpe *b* zu den Spülventilen in den Zylinderdeckeln führen.

Noch einmal hat die russische Marine der Germaniawerft einen Auftrag auf die Entwicklung eines neuen U-Boot-Motors gegeben, der eine wesentlich größere Leistung, 1650 PS, erhalten sollte. Es wurde der größte schnellaufende Zweitaktmotor, den die Germaniawerft gebaut hat. Beim Arbeitszylinder war man wieder zu den drei Spülventilen *a* (Bild 305) im Zylinderdeckel zurückgekehrt, die durch das dreiarmige Querhaupt *b* von der Steuerwelle betätigt werden (wie Bild 302). Die Auspuffschlitze *c* werden vom Kolben gesteuert; die Auspuffkanäle *d* liegen im Kühlwasserraum. Die Arbeitskolben sind wassergekühlt. Die Pumpen-Kompressorgruppe liegt am vorderen Ende; Bild 305 zeigt die geschickte, raumsparende Anordnung. Die Spülluftpumpe ist in die Zylinder B—B unterteilt; die Unterteilung war notwendig, weil der enge Maschinenraum, der zwei dieser Motoren aufnehmen sollte, den großen Durchmesser eines einzelnen Spülpumpenzylinders nicht zuließ. Der Einblaseluftkompressor ist jetzt vierstufig geworden; die vierte Stufe verdichtete die Luft auf den Druck von 200 at, mit dem die Torpedos geladen wurden. Ein selbsttätiges Druckminderventil reduzierte den Druck auf den zum Einblasen des Brennstoffs erforderlichen kleineren

Betrag. Die Verteilung der vier Druckstufen auf die drei Kurbeln der Gruppe zeigt Bild 305. Die Kolben der ersten und zweiten Stufe waren mit den Kolben der Spülpumpen zusammengebaut; die dritte und vierte Stufe, als Stufenkolben ausgebildet, waren zwischen den Spülpumpenzylindern angeordnet. Nach jeder Stufe wurde die Luft gekühlt. In Bild 305 ist nur der Rückkühler e der ersten Mitteldruckstufe sichtbar, der über den am vorderen Ende angebauten Kühlwasser- und Schmierölpumpen

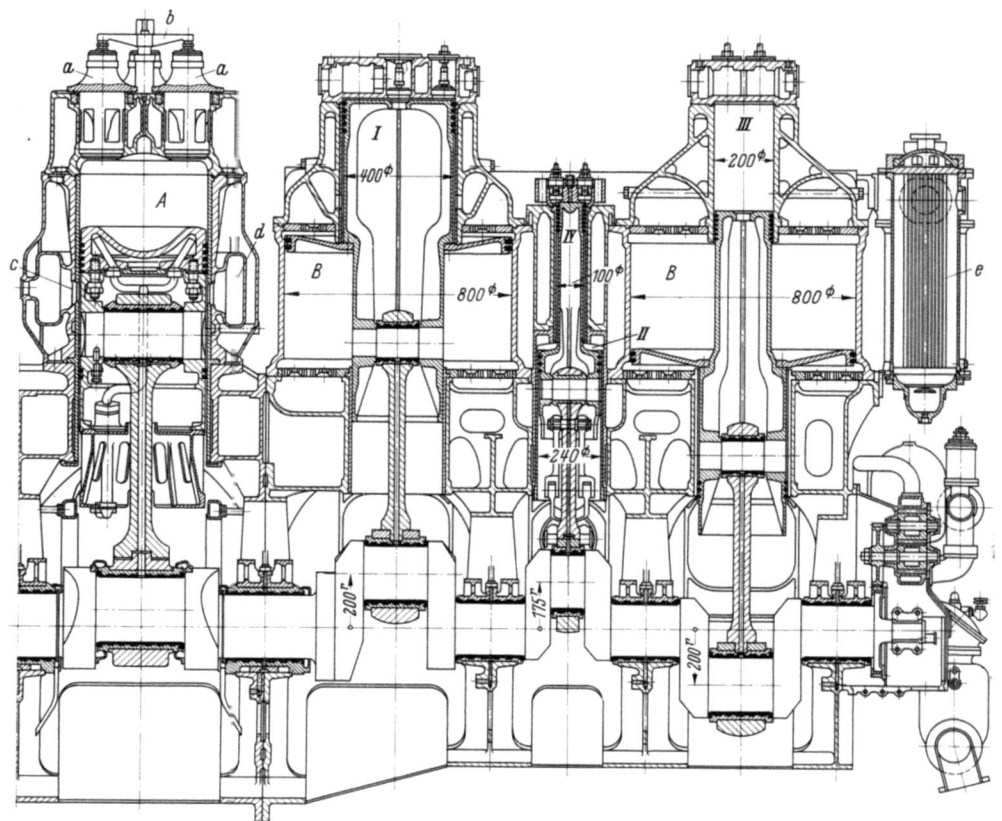

Bild 305. Schnitt durch vorderen Arbeitszylinder, Spülpumpen und vierstufigen Einblaseluftkompressor des 1650 PS-Zweitakt-U-Bootmotors der Germaniawerft (1916)

A vorderer Arbeitszylinder; B, B doppeltwirkende Spülpumpenzylinder 800 Dmr.; I Niederdruckstufe 400 Dmr., II Erste Mitteldruckstufe 240/100 Dmr., III Zweite Mitteldruckstufe 200 Dmr., IV Hochdruckstufe 100 Dmr.

a Spülventile; b Querhaupt zum Antrieb der Ventile; c Auspuffschlitze; d Auspuffkanal; e Rückkühler der Stufe II

liegt; die anderen Kühler liegen auf der Rückseite. So gelang es, das Profil der Hilfsmaschinen in Höhe und Breite dem der Arbeitszylinder anzupassen.

Der Motor war ganz in dünnwandigem Stahlguß hergestellt, für die damalige Zeit eine bedeutende Leistung. Das Gewicht betrug 39000 kg, das Einheitsgewicht 23,6 kg/PS. Mit der Konstruktion hatte man 1913 begonnen; da der Motor nicht mehr nach Rußland gesandt werden konnte, wurde er 1916 in den ersten deutschen U-Kreuzer U 139 eingebaut. Dieser wurde 1919 an England ausgeliefert, wo seine Einrichtungen auch den anderen Nationen zugänglich gemacht wurden. In der französischen Zeitschrift „La Technique Moderne" vom November 1919 werden die Motoren eingehend beschrieben

Bild 306. Größter von der Germaniawerft gebauter Zweitakt-U-Boot-Motor (1916)
Leistung 1650 PS bei 350 U/min

und sachlich gewürdigt. Bild 306 zeigt das Äußere dieser hervorragend gut konstruierten Maschine.

Viertakt-U-Boot-Motoren der Germaniawerft

Im zweiten Kriegsjahr, 1915, forderte die Marineleitung die Germaniawerft auf, Unterseeboote zu bauen, die als Blockadebrecher nach den USA fahren sollten, um kriegswichtige Rohstoffe zu holen, die in Deutschland anfingen, knapp zu werden. Sie waren etwa doppelt so groß wie die bis dahin gebauten U-Boote und trugen keine Waffen. Da es mehr auf Tragfähigkeit als auf große Geschwindigkeit ankam, erhielten die Boote zwei verhältnismäßig schwache sechszylindrige Viertaktmotoren mit 320 mm Zylinderdurchmesser und 420 mm Hub, die bei 400 U/min je 450 PS leisteten.

Der älteren Generation noch in Erinnerung sind die beiden „Handels"-U-Boote „U Deutschland" und „U Bremen", die mehrere Fahrten nach den USA und zurück gemacht haben, bis der Eintritt der USA in den Krieg dies verhinderte. Die „U Bremen" kehrte von einer Reise nicht zurück; „U Deutschland" wurde zu einem Kriegsboot umgebaut.

Da die Viertaktmotoren der Germaniawerft sich als betriebssicher erwiesen, wurden noch vier weitere Größen mit Leistungen von 530 bis 1700 PS entwickelt. Die Mehrzahl von ihnen wurde nach dem Krieg mit herabgesetzter Leistung und Drehzahl auf Motorjachten eingebaut oder als ortfeste Maschinen zum Antrieb von Generatoren verwendet.

Eine Entscheidung, ob dem Zweitakt oder dem Viertakt der Vorzug zu geben sei, hat das großzügige Bauprogramm der Germaniawerft, das beide Bauarten pflegte, nicht gebracht. Die Viertaktmotoren haben der Werft weniger Schwierigkeiten gemacht als die Zweitaktmotoren, aber auch diese haben sich nach Beseitigung aller Störungsursachen bewährt.

Zweitakt-Handelsschiffsmotoren

Wenn auch der Bau von Kriegsschiffen und ihrer Maschinenanlagen das Hauptarbeitsgebiet der Germaniawerft war, so wurde doch die Entwicklung des Handelsschiffsmotors nicht vernachlässigt. Entsprechend der Vorliebe der Werft für den Zweitakt wurde dieser auch für die ersten größeren Handelsschiffsmotoren gewählt,

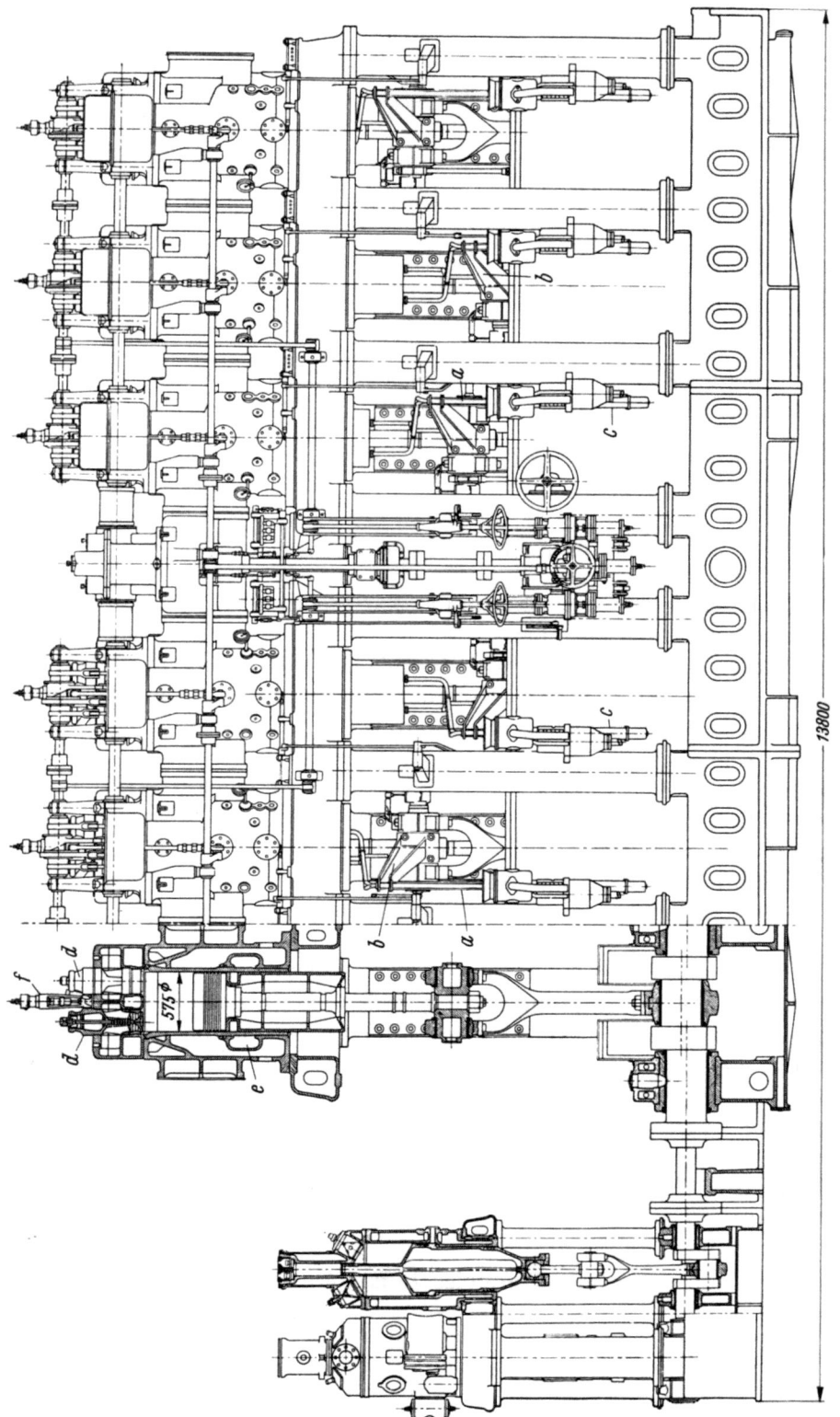

Bild 307. Sechszylindriger Zweitaktmotor der Krupp-Germaniawerft (1913)
Zyl.-Dmr. 575 mm, Hub 1000 mm; Leistung 1675 PS bei 106 U/min

a Teleskoprohre; *b* Teleskoprohrträger; *c* Teleskoprohrgehäuse; *d* Spülventile; *e* Abgaskanal; *f* Brennstoffventile Zwei dieser Motoren wurden 1913 fertiggestellt, aber wegen des Krieges erst 1921 in das Motorschiff „Zoppot" eingebaut. Die Hilfsmaschine am vorderen (linken) Ende ist der Einblaseluftkompressor

von denen 1911 je zwei auf den Motorschiffen „Hagen" und „Loki" eingebaut wurden. Es waren Sechszylindermaschinen mit 450 mm Zylinderdurchmesser und 800 mm Hub. Als „Konstruktionsleistung" ist in den Listen 1250 PS bei 140 U/min angegeben; später erscheint die kleinere Leistung von 1100 PS bei 120 U/min. Man war damals den Schwierigkeiten des Zweitaktes noch nicht recht gewachsen; die Erfahrungen, wie man der höheren Wärmebeanspruchung durch den Zweitakt begegnen muß, fehlten, und die hitzebeständigen Werkstoffe, die uns die Lösung der Aufgabe ermöglicht haben, gab es noch nicht. So war man gezwungen, die Leistung vorsichtig zu bemessen, um die Maschine zu schonen. Die ersten Konstruktionen waren zudem nicht recht gelungen; man hatte die Zylinderdeckel und die Zylinderrahmen aus einem Stück hergestellt, was zur Folge hatte, daß ein einziger Wärmeriß im Deckel den ganzen Zylinder unbrauchbar machte. Die Kolben wurden durch Wasser gekühlt, das durch Gelenkrohre zu- und abgeführt wurde; wie man dieses unmögliche Problem gelöst hat, darüber geben die Akten keine Auskunft. Gelenkrohre dürfen nur bei Ölkühlung der Kolben verwendet werden, da völliges Dichthalten nicht zu erreichen ist und das durchsickernde Wasser das im Kurbelgehäuse sich sammelnde Schmieröl rasch unbrauchbar macht.

Besser konstruiert war ein stärkerer Motor, der mit sechs Zylindern von 575 mm Durchmesser und 1000 mm Hub 1800 PS bei 125 U/min leisten sollte. Bild 307 ist eine Längsansicht dieser Maschine mit Schnitt durch einen Arbeits- und den einen der beiden Kompressorzylinder. Der seltsam zusammenhanglos erscheinende Anbau des zweizylindrigen Einblaseluftkompressors, dessen Abstand von der Hauptmaschine durch einen Wellenstummel vergrößert wird, erklärt sich daraus, daß man auf der Germaniawerft plante, die Zulieferung von einbaufertigen Kompressoren zu Hauptmotoren fremder Herkunft zu einem besonderen Geschäft zu entwickeln. Die Kompressoren sollten, auf eigener Grundplatte montiert, versandfertig hergestellt werden. Der Krieg 1914 verhinderte die Ausführung, und der Bau der Hauptmaschine wurde erst nach dem Krieg beendet. Wenige Jahre später machte die Druckeinspritzung des Brennstoffs den Einblasekompressor entbehrlich; es war jetzt nur ein Kompressor für das Laden der Anlaßluftgefäße erforderlich, und da dieser nicht ständig in Betrieb gehalten zu werden brauchte, kam man mit kleineren getrennt angetriebenen Aggregaten aus. So wurde aus dem geplanten Geschäft nichts.

Bei dem Hauptmotor (Bild 307) hatte man die Erfahrungen, die mit den kleineren Maschinen der Motorschiffe „Hagen" und „Loki" gemacht worden waren, verwertet. Die Zylinderdeckel wurden nicht mehr mit dem Zylinderrahmen zusammengegossen, sondern getrennt hergestellt; die Führung des Kühlwassers im Deckel wurde durch eine eingegossene waagerechte Trennwand verbessert. Das mit größerer Geschwindigkeit strömende Wasser kühlte wirksamer und konnte besser an die durch Wärmestauungen gefährdeten Stellen geleitet werden. Für die Kolbenkühlung wurde Seewasser benutzt, das durch Teleskoprohre a zu- und abgeführt wurde. Damit das durch die Stopfbuchspackungen sickernde Wasser nicht in die Kurbelwanne gelangen konnte, waren die am Kreuzkopf befestigten Teleskoprohrträger b weit nach außen gezogen, so daß die feststehenden Teile c der Kühlvorrichtung außerhalb des Kurbelgehäuses lagen. Im Zylinderdeckel waren zwei Spülventile d untergebracht; die Abgase wurden durch Schlitze und die wassergekühlten Kanäle e in die auf der Rückseite liegende Auspuffsammelleitung geführt. Da zwischen den Spülventilen, deren Durchmesser nicht verkleinert werden durfte, kein Platz für ein zentrisch angeordnetes Brennstoffventil blieb, griff man zu dem wenig glücklichen Aushilfsmittel, *zwei* Brennstoffventile f

vorzusehen, die durch ein verbindendes Querhaupt von einem Ventilhebel betätigt wurden.

Beide Motoren waren bei Beginn des Krieges fast fertiggestellt. Sie sind erst 1919/20 in das Motorschiff „Zoppot" eingebaut worden, das am 31. Juli 1920 seine erste Ausreise nach New York antrat. Die Maschinen haben gut gearbeitet, aber man hatte es nach den Prüfstandserfahrungen für ratsam gehalten, die Nennleistung des Motors von 1800 auf 1675 PS und die Drehzahl von 125 auf 106 U/min herabzusetzen. Die Verkleinerung der Leistung wurde nötig, weil der Querschnitt der beiden Spülventile für eine wirksame Spülung zu klein war. Heute läßt man die Spülluft durch Schlitze ein- und die Abgase durch Ventile austreten, wodurch eine bessere Füllung des Zylinders mit Luft erreicht wird. Das wurde aber erst möglich, als die Werkstofftechnik ein Material geschaffen hatte, das der korrodierenden Wirkung der an den Ventiltellern rasch vorbeiströmenden heißen Abgase widersteht.

Die 12 000 PS-Maschine der Krupp-Germaniawerft

Die deutsche Marineleitung, die im Februar 1910 die erste 12 000 PS-Maschine dem Werk Nürnberg der MAN in Auftrag gegeben hatte, nahm im Sommer desselben Jahres auch mit der Germaniawerft Verhandlungen auf. Sie führten zur Bestellung zunächst eines Dreizylinderaggregates von 2000 PS Zylinderleistung; erst wenn dessen Erprobung zufriedenstellend verlaufen sein würde, durfte die Versuchsanlage zu einem Sechszylindermotor ausgebaut werden. Für die Germaniawerft bedeutete die Übernahme eines solchen Auftrages dasselbe Wagnis wie für die MAN, hatte man doch, als die Dreizylindermaschine im Mai 1911 bestellt wurde, kaum größere Zylinder als 100 PS gebaut. Aber das Risiko mußte übernommen werden, da man hinter der Konkurrenz nicht zurückbleiben durfte. So wurde, schon bevor der Auftrag auf die Dreizylindermaschine erteilt worden war, der Bau eines einzylindrigen Versuchsmotors in Angriff genommen. Der erste Versuchszylinder der Germaniawerft ist in Bild 308 dargestellt. Die Hauptabmessungen (875 mm Durchmesser, 1050 mm Hub) waren etwas verschieden von denen des Nürnberger Zylinders. Der aus den vier Teilen a bis d bestehende Zylinderrahmen ist aus Stahlguß hergestellt; die untere und die obere Laufbuchse, beide aus Gußeisen, sind in die Rahmenteile b und c eingepreßt. Die aus Stahlguß angefertigten Zylinderdeckel werden nicht durch Stiftschrauben, wie sonst üblich, mit dem Rahmen verbunden, sondern von der mittleren Teilfuge aus nach unten und oben eingesetzt und nur durch Heftschrauben gehalten. Die einander zugekehrten wellenförmigen Kanten der Laufbuchsen lassen den Auspuffkanal frei, über den die Kolbenringe gleiten können, ohne hängenzubleiben. Die beiden gußeisernen Kolbenhälften werden in der Mitte durch Schrauben zusammengehalten. Das Kolbenkühlwasser wird durch Teleskoprohre dem Hohlraum der Kolbenstange zugeführt und fließt durch das Einsteckrohr ab. Die Kühlwasserpumpe und die Kolbenspülpumpe erhalten ihren Antrieb von Elektromotoren.

Jede Zylinderseite ist mit vier Spülventilen e und zwei Brennstoffventilen f versehen. Um den umständlichen mechanischen Antrieb durch Steuerwellen und Ventilhebel zu vermeiden, hatte man ölhydraulischen Antrieb gewählt, dessen an den Ventilen angreifende Teile in Bild 309 in größerem Maßstab gezeichnet sind. Die Spindel des nach innen öffnenden Spülventils e trägt auf ihrer Verlängerung den Öldruckkolben g; bei dem nach außen öffnenden Brennstoffventil f greift der Kolben am Hebel h an. Die

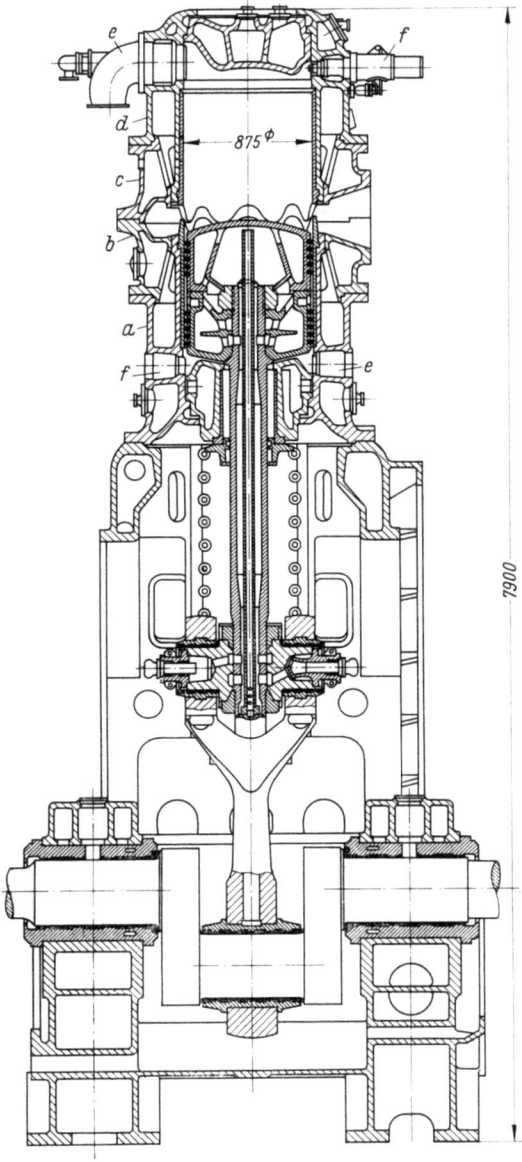

Bild 308. Erster 2000 PS-Versuchszylinder der Germaniawerft (1911)
a bis d Teile des Zylinderrahmens; e Spülventile; f Brennstoffventile
Der Zylinder zeigte schon bei 1200 PS Belastung Risse

Öldruckimpulse werden von einer am Bedienungsstand angeordneten verhältnismäßig kleinen Steuerwelle gegeben, deren Nocken einzelne Pumpenstempel so betätigen, daß zu den jeweils vorgeschriebenen Steuerzeiten die zu den Ventilen führenden Leitungen unter einen Druck von etwa 80 at gesetzt werden; die Druckimpulse wirken auf die Kolben g. Damit die Ventile genau arbeiten, müssen die Ölleitungen dauernd luftleer gehalten werden. Als Druckflüssigkeit benutzte man Rizinusöl, das wenig dazu neigt, Luft aufzunehmen. Eine Ölpumpe hält das Leitungssystem ständig unter Druck und gleicht jeden Lecködverlust sofort aus. Soweit überliefert ist, hat diese Steuerung gut gearbeitet.

Im November 1911 konnte man mit dem Einzylindermotor die ersten Versuche machen. Die Belastung wurde vorsichtig gesteigert, aber man kam nur bis 1200 PS; schon bei dieser Teillast traten Risse im Zylinder auf. Nach deren Beseitigung wurden

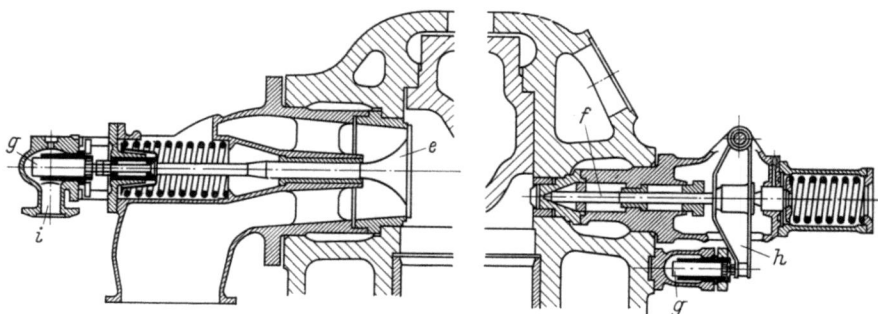

Bild 309. Ölhydraulischer Antrieb der Spülventile und Brennstoffventile des Versuchszylinders Bild 308
e Spülventile; f Brennstoffventil; g Öldruckkolben; h Hebel; i Druckölleitung
Der hydraulische Antrieb, der die mechanische Steuerung durch Nockenwelle und Ventilhebel entbehrlich machte, scheint einwandfrei gearbeitet zu haben

die Versuche fortgesetzt. Als im Februar 1912 bei einer Belastung von 1000 PS die Kurbelwelle brach, stellte man die Versuche mit diesem Zylinder ein.

Inzwischen hatte man mit dem Bau der Dreizylindermaschine begonnen, die im Juli 1912 versuchsbereit war. Die Zylinderkonstruktion war, wie Bild 310 zeigt, völlig geändert worden. Der Zylinder besteht jetzt in der Hauptsache nur aus zwei Teilen, die

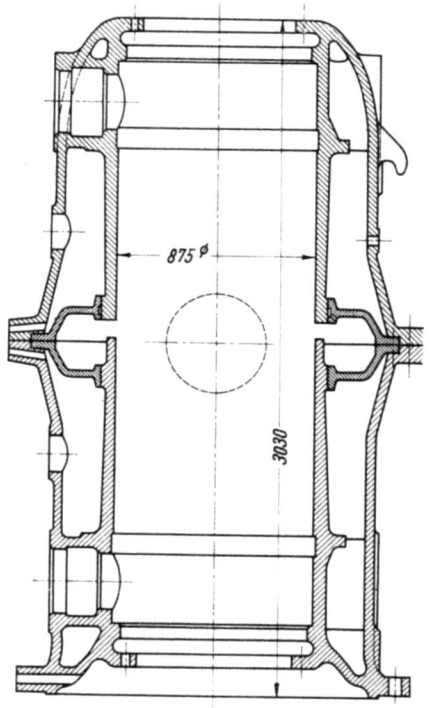

Bild 310. Zweiter Versuchszylinder 2000 PS der Germaniawerft (1912)
An den Durchdringungen der Spülventile traten nach kurzer Betriebszeit Risse auf

in der Mitte verflanscht sind. An jedem Teil sind die Laufbuchse und der Kühlmantel zusammengegossen. Zwischen die Flanschen der beiden Teile sind Ringstücke geklemmt, die den Auspuffkanal bilden. An den Zylinderdeckeln und den öldruckgesteuerten Ventilen hatte man nichts geändert. Wieder zeigten sich schon nach kurzer Betriebszeit Risse, so daß auch der zweite Zylinder verworfen werden mußte. Nicht anders erging es mit einem dritten Zylinder, an welchem man die Durchdringungen der Spülventile mit der Zylinderwand sehr sorgfältig geformt zu haben glaubte, denn das waren die am

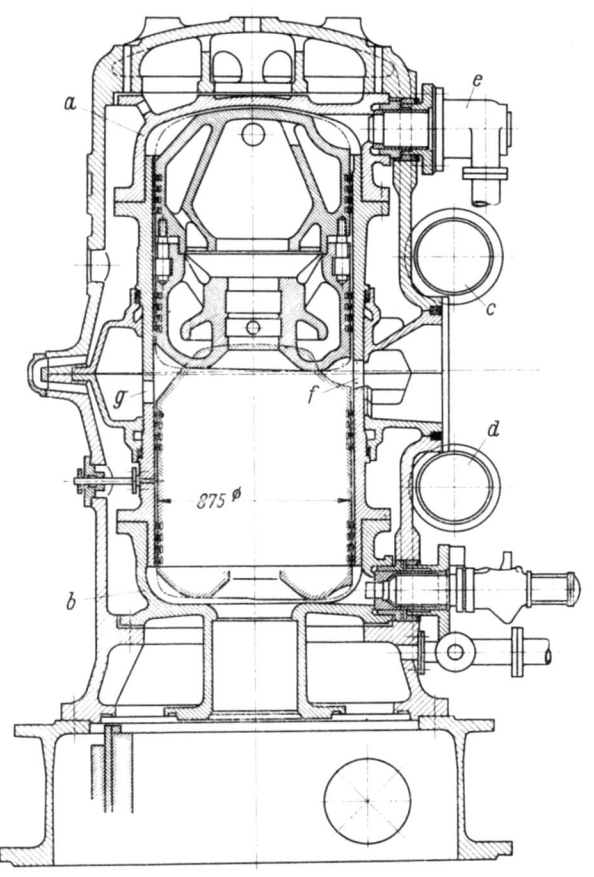

Bild 311
Der „Haubenzylinder" der Germaniawerft
(1913)

a obere, b untere Haube; c,d Spülluftzuleitungen; e Zusatz-Spülventil; f Spülschlitze; g Auspuffschlitze

Der Haupt-Spülstrom wird jetzt durch Schlitze f zugeleitet, die Abgase treten durch Schlitze g aus (Querspülung)

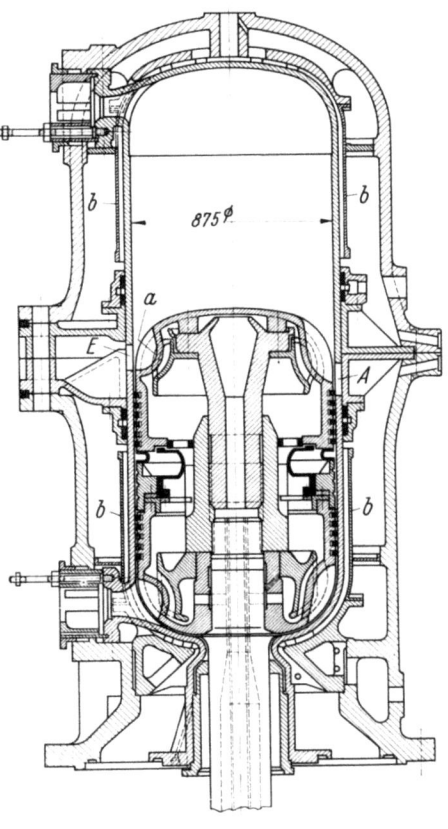

Bild 312
Letzter Entwurf des 2000 PS-Versuchszylinders der Germaniawerft (1917)

E   A

Eintritt der Spülluft; Austritt der Abgase
Spülversuche der Germaniawerft hatten gezeigt, daß die Bahn des Spülluftstromes im Zylinder sehr stark durch die Form der Ablenkerfläche a beeinflußt wird. — Die Geschwindigkeit des Kühlwassers an der Zylinderwand wird durch eingesetzte Mäntel b erhöht

Der Entwurf ist nicht mehr ausgeführt worden

meisten gefährdeten Stellen. Schon nach einer zwölfstündigen Fahrt mit 1600 PS Belastung rissen die Zylinder an denselben Stellen wieder ein. So beschloß man, die Spülventile, deren Verbindung mit der Zylinderwand die größten Schwierigkeiten verursacht hatte, wegzulassen, womit auch die Gleichstromspülung verlassen wurde.

Bei der „Querspülung" braucht man keine Spülventile; die Luft tritt durch Schlitze in der Zylinderwand ein, die Abgase treten durch gegenüberliegende Schlitze aus. Damit der Spülstrom möglichst den ganzen Brennraum oberhalb und unterhalb des Kolbens reinigte, wurde der Kolben mit Ablenkerflächen versehen, welche die Spülluft gleichmäßig über die Räume verteilen sollten. Einige kleinere Spülventile e wurden beibehalten. So entstand nach mancherlei Abänderungen der „Haubenzylinder", der seinen Namen von den beiden Hauben a,b (Bild 311) erhielt. Die Hauben stützten sich oben und unten auf den Zylinderrahmen; mit ihnen waren die gußeisernen Laufbuchsen so verschraubt, daß sie sich zur Zylindermitte hin frei in der Wärme ausdehnen konnten. Der Hauptteil der Spülluft tritt jetzt aus den Zuleitungen c,d durch Schlitze f ein, die Abgase treten auf der gegenüberliegenden Seite durch g aus.

Im Mai 1913 wurde der dreizylindrige Versuchsmotor zum erstenmal in Betrieb gesetzt. Mit der allmählich gesteigerten Belastung traten wieder Risse an den Zylindern und den Kolben auf, die zu Konstruktionsänderungen zwangen. Nach langen Bemühungen konnte man die Versuche Ende Januar 1914 fortsetzen. Um zu erproben, welcher Werkstoff sich für die hoch beanspruchten Hauben am besten eigne, hatte man je eine Haube aus Bronze, Stahlguß und Nickelstahlformguß angefertigt. Die beiden Stahlgußhauben haben sich bewährt, während die Bronzehaube versagte. Man untersuchte auch den Einfluß der kleineren Zusatzspülventile auf die erreichbare Leistung und die Güte der Verbrennung, und da sich zeigte, daß diese unabhängig von der Zusatzspülung war, ließ man die Zusatzventile (e in Bild 311) weg.

Im Mai 1914 gelang es zum erstenmal, bei einem längeren Probelauf eine Zylinderleistung von 1760 PS bei 150 U/min zu erreichen. 2000 PS waren das Ziel, das man sich gesteckt hatte. Aber jetzt stellte sich heraus, daß die Kolben keine höhere Belastung vertrugen. Man konstruierte sie um, ließ die in den Kolbenhohlräumen eingegossenen Stützrippen weg, da sie die freie Dehnung in der Wärme beeinträchtigten, und stützte die Kolbenböden auf der Kolbenstange ab. Das ergab bessere Resultate. Nebenher liefen umfangreiche Modellversuche, die einen starken Einfluß der Form der Ablenkerfläche am Kolben auf die Führung des Spülluftstromes im Zylinder erkennen ließen.

Der Kriegsausbruch verzögerte die Fortsetzung der Versuche; im November 1914 wurden sie wieder aufgenommen. Nachdem die Bronzehaube durch ein Stahlgußstück ersetzt worden war, konnte die Zylinderleistung auf 1800 PS gesteigert werden. In dreijähriger mühevoller Versuchsarbeit hatte man die Vorbedingung — 90% der geforderten Zylinderleistung — erfüllt, und die Marineleitung gab die Genehmigung zum Ausbau der Versuchsmaschine zum Sechszylindermotor. Im August 1916 war dieser fertiggestellt; im Mai 1917 gelang eine fünftägige Dauererprobung, bei der eine Leistung von 10 600 PS bei 140 U/min eingehalten wurde. Während einer Stunde konnte eine Höchstleistung von 12 060 PS bei 150 U/min gefahren werden.

Die Ergebnisse der Versuchsfahrten und der inzwischen fortgesetzten Spülversuche wurden in einer letzten Zylinderkonstruktion verwirklicht, die Bild 312 wiedergibt. Sie ist nicht ausgeführt worden, da das Kriegsende weitere Versuche verbot.

XXIX. Der Schwerölmotorenbau in Deutz (1897—1914)

Nach dem Abschluß des Lizenzvertrages zwischen KRUPP, der MAN und Deutz im Juli 1897 begann man in der Gasmotoren-Fabrik Deutz mit dem Bau der ersten beiden 20 PS-Motoren, nachdem am 2. August 1897 die Werkzeichnungen aus Augsburg eingetroffen waren. DIESEL, der sich große Mühe gegeben hatte, die Gasmotoren-Fabrik als Lizenznehmer zu gewinnen, suchte die Deutzer anzuspornen; er schrieb am 4. August 1897 an die Leitung der Gasmotoren-Fabrik:

> Meiner Ansicht nach können Sie von dem 20 PS-Motor ruhig 12 Stück in Auftrag geben. Für den Verkauf derselben kann beinahe garantirt werden, da die Anfragen in dieser Größe sich häufen und vorläufig nur Nürnberg dieselben baut ... Ich würde Ihnen dann auch — unmaßgeblich — raten, nach Augsburger Zeichnungen sofort eine 10 PS-Maschine rein mechanisch umzuzeichnen, ebenfalls vertikal, und davon noch ein Dutzend hinzustellen. Wenn Sie das thun, kommen Sie allen anderen Firmen — welche ja meist erst Werkstätten neu einzurichten haben und überhaupt in diesem Fache nicht so rasch arbeiten — weit zuvor und gewinnen Terrain. Der Horizontal-Typus muß ja doch erst ausprobiert werden, worüber noch Zeit vergeht.

Mit dem „Horizontal-Typus" war die liegende Bauart gemeint, die man in Deutz vorgezogen hätte, da sie sich besser dem Deutzer Programm anpaßte, das vorwiegend liegende Motoren für den Gewerbebetrieb vorsah. Aber einen liegenden Dieselmotor hätte man neu konstruieren müssen, und dazu fehlte es an Erfahrungen. So hielt man sich zunächst an die stehende Augsburger Bauart und erweiterte, DIESELs Rat befolgend, die erste Serie der 20 PS-Motoren von zwei auf zwölf. Die Type erhielt die Bezeichnung „V". Der erste Motor war Ende Januar 1898 zum Probelauf bereit, aber da er anfangs allerlei Schwierigkeiten machte, konnte man erst im Juni DIESEL seine Fertigstellung mitteilen.

Von der ersten Serie von zwölf Motoren sind nur zwei ausgeführt worden. Der erste wurde am 4. Juli 1898 nach München gesandt, wo er auf der „Kollektiv-Ausstellung" einen von LINDE gebauten Luftverflüssigungskompressor antrieb. 1899 wurde er in der Gießerei der Gasmotoren-Fabrik als Antriebsmaschine aufgestellt, wo er jahrelang gearbeitet hat. An diesem Motor machte ARNOLD LANGEN, EUGEN LANGENs Sohn, in den Jahren 1905 bis 1907 seine Vorstudien für die Entwicklung des Deutzer Dieselmotors der Type „DM". 1917 ist der Motor verschrottet worden. Der zweite Motor wurde am 21. August 1898 an ADOLPHUS BUSCH nach St. Louis geliefert. Inzwischen waren die vielen Rückschläge eingetreten, so daß die restlichen zehn Motoren keine Käufer mehr fanden. Es sind nur Teile von ihnen ausgeführt worden, die 1901 verschrottet wurden.

Die Deutzer Dieselmotoren „W" und „X"

Außer den beiden 20 PS-Motoren der „V"-Type, die nach Augsburger Zeichnungen angefertigt wurden, hat die Gasmotoren-Fabrik während der ersten Periode, die 1903 mit der Aufgabe des Dieselmotorenbaues endete, nur zwei einzelne Dieselmotoren gebaut, welche die Typenbezeichnungen „W" und „X" erhielten. Weil die Kreuzkopfbauart zu teuer wurde, entwarf der leitende Konstrukteur der Gasmotoren-Fabrik, BELA WOLF, einen Tauchkolbenmotor von denselben Zylinderabmessungen und der gleichen Leistung. Von diesem Motor ist nur von einem später gedruckten Prospekt eine Außenansicht (Bild 313) übriggeblieben. Das im Bild sichtbare, vom Kurbelgehäuse zum Einlaßventil führende senkrechte Rohr sollte das Ansauggeräusch dämpfen. Der

Tauchkolbenmotor wurde Anfang 1899 fertiggestellt; er war der erste kreuzkopflose Dieselmotor. Über sein weiteres Schicksal ist nichts bekannt.

Bei einer zweiten Einzelausführung, der Type „X", hielt man sich nicht an das Augsburger Muster. Das Gestell bildet jetzt zusammen mit dem Kühlmantel des Zylinders ein fast völlig geschlossenes, schlank konisches Gehäuse (Bild 314), das für die Aufnahme der gegenüber dem Gasmotor wesentlich höheren Kräfte gut geeignet ist. Die Nockenwelle liegt unmittelbar über der Kurbelwelle, von der sie durch ein Schraubenradpaar a (Bild 315) angetrieben wird; ihre tiefe Lage erhöht die Standsicherheit. Lange Stoßstangen betätigen die vier im Zylinderdeckel untergebrachten Ventile für

Bild 313. Erster kreuzkopfloser Dieselmotor, Type „W",
der Gasmotoren-Fabrik Deutz (1898)
Leistung 20 PS bei 175 U/min

Der Motor wurde nach dem Augsburger Vorbild konstruiert, erhielt aber einen Tauchkolben, wie ihn die Deutzer Gasmotoren hatten

Bild 314. Kreuzkopfloser Deutzer
Dieselmotor Type „X" (1898)
Zyl.-Dmr. 200 mm, Hub 330 mm,
Leistung 10 PS bei 220 U/min

Die Motoren „W" und „X" sind nur in je einer Ausführung gebaut worden

Einlaß, Auspuff, Brennstoff und Anlassen. Bei b wird der Brennstoff, bei c die Einblaseluft zugeführt, die der einstufige Kompressor d liefert.

Mitte Oktober 1898 war der Motor prüfbereit; fast ein Jahr dauerte es, bis man ihn in Ordnung gebracht hatte. „Nach vieler Mühe", schrieb ARNOLD LANGEN Anfang der 40er Jahre, „haben wir die Maschine in Betrieb bekommen, doch ging der einstufige Kompressor durch Ölzündung in die Luft... Die Maschine gelangte später in den

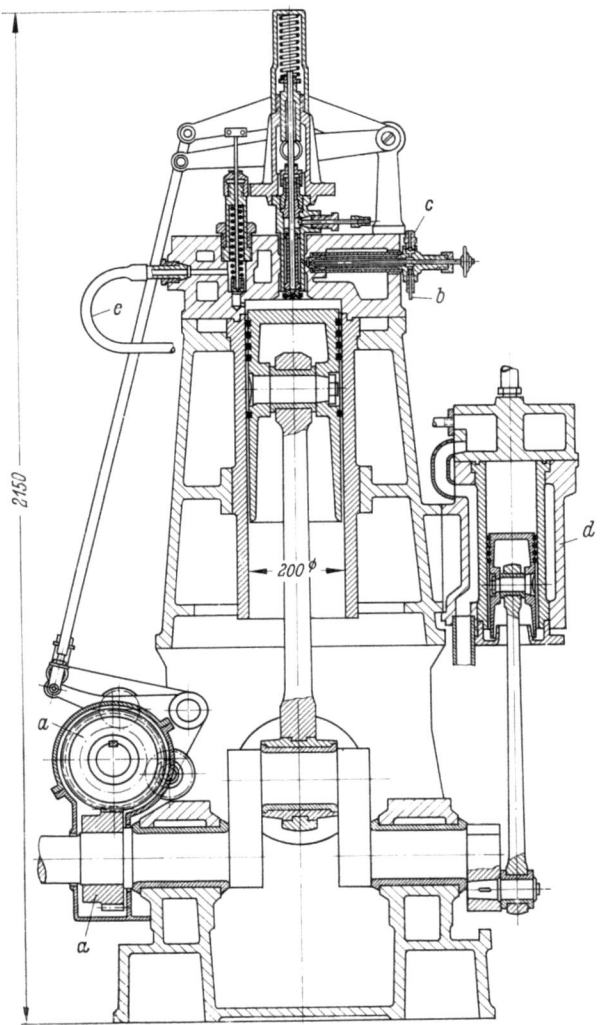

Bild 315. Längsschnitt durch den Deutzer Dieselmotor „X"
a Schraubenradantrieb der Steuerwelle; b Anschluß von der Brennstoffpumpe; c Einblaseluftleitung;
d Einblaseluftkompressor; e Anlaßluftleitung

Besitz von Augsburg [nachdem sie einige Zeit in der Technischen Hochschule München aufgestellt gewesen war], von wo ich sie zur Verhinderung schlimmeren Unheils für das Deutzer Archiv zurückkaufte." LAUSTER hat berichtet, daß der Motor während mehrerer Monate einwandfrei gearbeitet habe. Die Maschine steht heute im Werkmuseum der Klöckner-Humboldt-Deutz AG.

Deutz gibt den Dieselmotorenbau auf

Inzwischen hatte die Ausstellung in München stattgefunden. Die Nachricht von den ersten schweren Rückschlägen gelangte in die Öffentlichkeit. Auch in Deutz wurde man bedenklich, aber es heißt doch in einem an die MAN gerichteten Brief, „daß wir uns durch die Erfolglosigkeit unserer bisherigen Offerten durchaus nicht haben abhalten lassen, den Bau der Dieselmotoren energisch zu betreiben". Noch im Oktober 1898 schreibt HERMANN SCHUMM, der technische Leiter der Gasmotoren-Fabrik, an DIESEL:

> ... Daß wir ernst bestrebt sind, Ihre Maschinen zu einem ebensowohl technischen als kaufmännischen Erfolg zu führen, dürften Ihnen unsere Arbeiten im letzten Jahr bewiesen haben. Denn neben Ihrem normalen 20pferdigen Motor haben wir eine solche Maschine ohne Kreuzkopf und eine 10pferdige Maschine völlig neuer Anordnung geschaffen, und bei diesen Bestrebungen niemals in Betracht gezogen, welche Geldopfer wir dafür zu bringen hatten.

In demselben Brief erwähnt SCHUMM, daß die Konstruktionsarbeiten an einer liegenden Maschine begonnen seien:

> Es wird auch die horizontale Maschine große Opfer an Arbeit und Geld erfordern, ohne daß wir des Erfolges von Anfang an sicher sein können.

Ein geschäftlicher Erfolg hing für Deutz auch davon ab, daß die überhöhte Lizenzgebühr von 30% des Verkaufspreises ermäßigt wurde, zumal da außerdem eine jährliche Minimalprämie von 20 000 Mark zu zahlen war. Man wandte sich an KRUPP und die MAN als die Lizenzgeber, aber diese waren nur bereit, die Lizenz für die ersten drei Motoren um 50% herabzusetzen; für alle weiteren verkauften Motoren sollten die ursprünglichen Bedingungen gelten. Ein Jahr später bittet Deutz, man möge sich statt der jährlich zu zahlenden Prämie von 20 000 Mark mit den bisher gezahlten Lizenzgebühren von 17 000 Mark zufrieden geben. KRUPP und die MAN lehnten ab, „schon deshalb, weil jede Änderung des Vertrages sich auf alle anderen Lizenzverträge verallgemeinern würde". Das veranlaßte Deutz, der MAN und KRUPP am 14. August 1899 zu schreiben:

> ... daß wir von dem uns in § 15, Abs. 3 unseres Vertrages vom 15. 7. 1897 zugestandenen Rücktrittsrecht Gebrauch machen und die Fabrikation der Dieselmotoren demgemäß aufgegeben haben.

Da das Ausscheiden der Gasmotoren-Fabrik für die Lizenzgeber ein schwerer Schlag gewesen wäre, wurden sie nachgiebig. Man kam der Gasmotoren-Fabrik hinsichtlich der Zahlung der Minimallizenz entgegen und bestätigte dies in einem Zusatzabkommen vom Oktober 1899. Im Januar 1902 verlängerten KRUPP und die MAN die Frist zur Zahlung der Minimallizenz um drei Jahre, und auch DIESEL suchte das Interesse der Deutzer neu zu beleben. Ermunternd schreibt er an Deutz, daß in Augsburg zur Zeit rund 80 Motoren in Arbeit seien. Aber in Deutz machte man die Erteilung der russischen Lizenz zur Bedingung, die DIESEL halb zugesagt und dann doch an die „Russische Dieselmotor Compagnie" gegeben hatte, deren Direktor BERTHOLD BING in Nürnberg war. Die Verhandlungen zogen sich in die Länge, bis die MAN in einem vom 27. April 1903 datierten ungeduldigen Schreiben an die Bedingungen erinnerte, unter denen sie im Jahr vorher die Frist für die Zahlung der Minimallizenz verlängert habe:

> Es wurde von uns natürlich vorausgesetzt, daß die Lizenznehmer nunmehr endlich den Dieselmotorenbau energisch aufnehmen würden. Leider ist dies bis heute von keinem einzigen der Lizenznehmer geschehen, obwohl bereits mehr als ein Jahr verflossen ist.

Daraufhin kündigte Deutz den Vertrag am 2. Mai 1903. Als Begründung wurde die Nichterteilung der russischen Lizenz angegeben, die seinerzeit von DIESEL „in sichere Aussicht gestellt" worden sei. Die MAN versuchte noch einmal, die Deutzer umzustimmen, aber der Aufsichtsrat der Gasmotoren-Fabrik beschloß am 25. Juni 1903, den Bau von Dieselmotoren „endgültig" aufzugeben. Erst als es der MAN gelungen war, den Ruf des Dieselmotors wiederherzustellen, und der Ablauf der Dieselpatente näherrückte, hat man erneut in Deutz mit der Arbeit begonnen, die zur Schaffung eines Dieselmotors eigener Bauart geführt hat.

Der Haselwander-Motor

FRIEDRICH AUGUST HASELWANDER, der von 1859 bis 1932 gelebt hat, wird von Freunden und früheren Mitarbeitern als „Erfinder des kompressorlosen Rohölmotors" bezeichnet[78]. Das geht etwas zu weit, denn die kompressorlose Betriebsweise, d. i. die Druckeinspritzung des Brennstoffs, hat HASELWANDER nicht erfunden. Sein Motor, der während einiger Jahre von der Gasmotoren-Fabrik Deutz gebaut worden ist, arbeitete nach einem Verfahren, das DIESEL die „Selbsteinblasung" nannte (S. 500); der Arbeitskolben selbst sollte die höher gespannte Einblaseluft erzeugen. HASELWANDER hat unabhängig von DIESEL gearbeitet, dessen Selbsteinblasung ohne Erfolg blieb, während der Haselwander-Motor in einigen hundert Exemplaren ausgeführt worden ist. Den Mangel seines Motors hat HASELWANDER nicht beseitigen können, so daß der Bau nach einigen Jahren aufgegeben wurde.

Der Gedanke, der dem Haselwander-Verfahren zugrunde liegt, schien erfolgversprechend zu sein: der Einblaseluftdruck, der höher sein muß als der Enddruck der Verdichtung im Arbeitszylinder, sollte durch einen auf den Arbeitskolben gesetzten „Verdränger" erzeugt werden. Der sich dem oberen Totpunkt nähernde Kolben schnürt einen Teil des Verdichtungsraumes ab; in dem abgeschnürten Teil steigt der Luftdruck über den im Arbeitszylinder herrschenden Druck, und der so entstandene höhere Druck wird zum Zerstäuben des zu Beginn des Verdichtungshubes vor die Einspritzdüse gelagerten Brennstoffs benutzt.

HASELWANDER hat sein Verfahren am 19. Oktober 1897 zum Patent angemeldet, wenige Monate nach der Hauptversammlung des VDI in Kassel, auf der DIESEL und SCHRÖTER gesprochen hatten. Das Patent wurde unter der Nummer 101 453 erteilt. Ursprünglich wollte HASELWANDER den Überdruck durch den auf dem Arbeitskolben angebrachten Verdränger a (Bild 316) im Raum b erzeugen; der höhere Druck in b

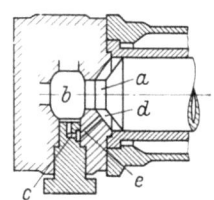

Bild 316. Zur Wirkungsweise des Verdrängerkolbens von HASELWANDER (1897)
(nach einer Deutzer Betriebsvorschrift vom Januar 1908)

a Verdränger; b Hauptbrennraum; c Brennstoffdüse; d ringförmiger Verdichtungsraum der Einblaseluft; e Überströmkanal von d nach c

Der Verdränger a, ein zylindrischer Aufsatz auf dem konischen Kolbenboden, schnürt einen Teil der im Zylinder befindlichen Luft in dem Ringraum d ab, wenn der Kolben sich dem oberen Totpunkt nähert. Die in d erzeugte Druckluft strömt durch die Bohrung e zur Düse c und zerstäubt den zu Beginn des Kolbenhubes in die Düse eingelagerten Brennstoff in den Hauptbrennraum b

sollte den vor die Düse c gelagerten Brennstoff durch einen Kanal in den ringförmigen Hauptbrennraum d hineinzustäuben. So ist der Motor jedoch nicht ausgeführt worden; die Umkehrung der Strömungsrichtung der Gase erwies sich als zweckmäßiger. Bei den in Deutz gebauten Haselwander-Motoren diente der Ringraum d als Verdichtungsraum für die Einblaseluft; der Raum b oberhalb des Verdrängers a wurde der Hauptbrennraum. Da man die axiale Höhe des Ringraumes d beliebig klein wählen durfte, konnte der in d erzeugte Einblasedruck leicht bis zu der zum Zerstäuben erforderlichen Höhe gesteigert werden. Die hochgespannte Einblaseluft strömte durch den Kanal e hinter den in der Düse c lagernden Brennstoff und zerstäubte diesen in den Hauptbrennraum b, in welchem ein niedrigerer Druck herrschte.

Auf diese Anordnung wurde HASELWANDER das Zusatzpatent 111 079 vom 6. Mai 1898 erteilt. Seine beiden Ansprüche lauten:

1. Zweitaktkraftmaschine für flüssigen Brennstoff nach Art des Patentes 101 453, dadurch gekennzeichnet, daß die die Zerstäubung des Brennstoffes bewirkende Preßluft aus dem Ringraume zwischen Verdränger und Cylinderwand in den centralen Verdrängungsraum gedrängt wird.

2. Eine Zweitaktkraftmaschine für flüssigen Brennstoff nach Anspruch 1, gekennzeichnet durch eine Düse, in welche der Brennstoff während des niedrigsten Druckes im Arbeitscylinder eingeführt wird und aus welcher der Brennstoff durch die aus dem Verdrängerraum eindringende Preßluft zerstäubt und in den Verbrennungsraum fortgerissen wird.

Auf einer Ausstellung der Deutschen Landwirtschafts-Gesellschaft in Mannheim (1902) zeigte HASELWANDER einen 6pferdigen Motor, den ARNOLD LANGEN und seine Deutzer Mitarbeiter besichtigten. Sie erhielten von der neuen Maschine einen so guten Eindruck, daß die Gasmotoren-Fabrik im April 1902 einen Lizenzvertrag mit HASELWANDER schloß. Aber schon bei den ersten Versuchen in Deutz zeigte sich ein grundsätzlicher Mangel des Verfahrens. Der von der Brennstoffpumpe in den Düsenvorraum eingelagerte Brennstoff kann nur dann von der Einblaseluft fein zerstäubt werden, wenn während der Dauer der Einspritzung ein hinreichend großer Luftüberdruck vorhanden ist. Beim Dieselverfahren ist das der Fall; der vor der Ventilnadel liegende Brennstoff wird durch Preßluft von konstantem Überdruck in den Brennraum hineingerissen, wobei der Luftvorrat in der Einblaseluftflasche für die Konstanz des Druckes sorgt. Beim Haselwander-Motor fehlt der Vorratsbehälter; der zum Einblasen nötige Überdruck wird erst kurz vor dem Eintreten der ersten Brennstofftropfen in den Brennraum erzeugt, aber er ist nicht sogleich in der vollen erforderlichen Höhe vorhanden, sondern muß erst vom Betrag null bis zur vollen Höhe ansteigen. Die Folge sind „schleichendes" Einspritzen, unzureichende Zerstäubung und hoher Brennstoffverbrauch. Die Professoren EUGEN MEYER (Berlin) und BRAUER (Karlsruhe) stellten an dem ersten von Deutz gebauten stehenden Haselwander-Motor (Bild 317) einen Brennstoffverbrauch von 344 bis 390 g/PSh fest. Damit war der Motor nicht konkurrenzfähig.

Der Gasmotoren-Fabrik gelang eine Verbesserung durch eine Anordnung, mit welcher erreicht wurde, daß der Brennstoff erst dann eingeblasen wurde, wenn der Überdruck im abgeschnürten Ringraum genügend hoch geworden war. Bild 318 zeigt das einfache Mittel: der Überströmkanal e vom abgeschnürten Ringraum zur Düse ist nicht mehr, wie in Bild 316 und 317, an den konischen Ringraum angeschlossen, sondern an eine Rille l im Hals zwischen den beiden Brennräumen (Bild 318). Der Verdrängerkolben ist auf einem Teil seiner Höhe auf einen kleineren Durchmesser abgedreht. In Bild 318 steht der Arbeitskolben in zwei verschiedenen Lagen: im Teilbild I berührt die obere Kante des Verdrängers den Hals, so daß die zusätzliche Verdichtung im Ringraum d beginnt; es findet aber kein Einblasen des Brennstoffs in den Hauptbrennraum statt, weil noch keine Verbindung zwischen Raum d und Brennstoffdüse besteht. Erst wenn der Kolben sich so weit nach links bewegt hat, daß der steuernde Bund m des Verdrängers die Mündung des Überströmkanals freigibt (Bild 318, II), kann die Einblaseluft, die jetzt einen erheblich höheren Druck hat, als im Hauptbrennraum herrscht, den in der Düse lagernden Brennstoff in den Brennraum zerstäuben. Der Zeitpunkt des Beginns der Einspritzung, der von der axialen Breite des Bundes m bestimmt wird, ist damit festgelegt; das schleichende Einspritzen ist vermieden. Erst mit dieser Verbesserung konnte der Haselwander-Motor verkauft werden.

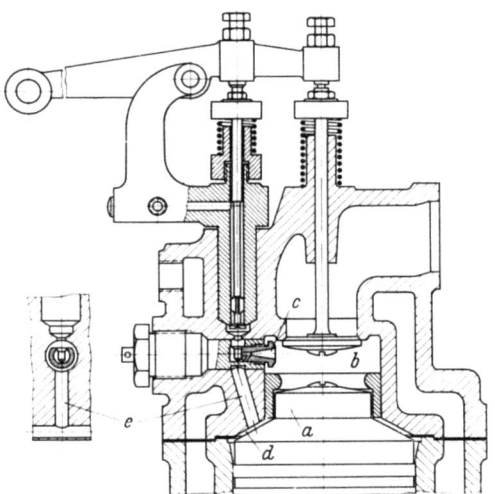

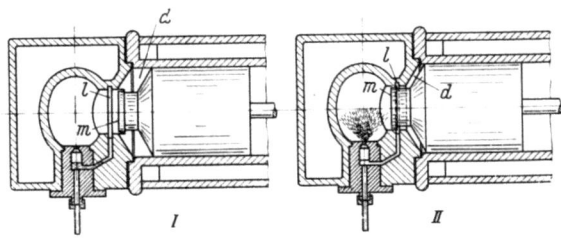

Bild 318. Von der Gasmotoren-Fabrik Deutz verbessertes Einblaseverfahren des Haselwander-Motors (DRP 182767 vom 17. Dezember 1904)
I Beginn der Verdichtung im Ringraum *d*
II Beginn des Einblasens
l Rille im Zylinderhals; *m* steuernder Bund für Beginn des Einblasens
Durch diese Einrichtung wurde erreicht, daß das Einblasen des Brennstoffs erst begann, wenn der Luftdruck im Raum *d* eine bestimmte Höhe erreicht hatte, was die Zerstäubung verbesserte

Bild 317. Zylinderkopf des Zweitaktmotors von HASELWANDER

a Verdränger; *b* Hauptbrennraum; *c* Brennstoffdüse; *d* ringförmiger Verdichtungsraum; *e* Überströmkanal
Bild 316 gilt für die liegende, Bild 317 für die stehende Anordnung. Der Hauptbrennraum *b* ist nach oben durch das Einlaßventil abgeschlossen. Die Abgase treten durch vom Kolben gesteuerte Auspuffschlitze aus. Über der Brennstoffdüse *c* liegt das Brennstoffventil, das den Brennstoff der Düse zuführt, wenn der Kolben durch den unteren Totpunkt geht

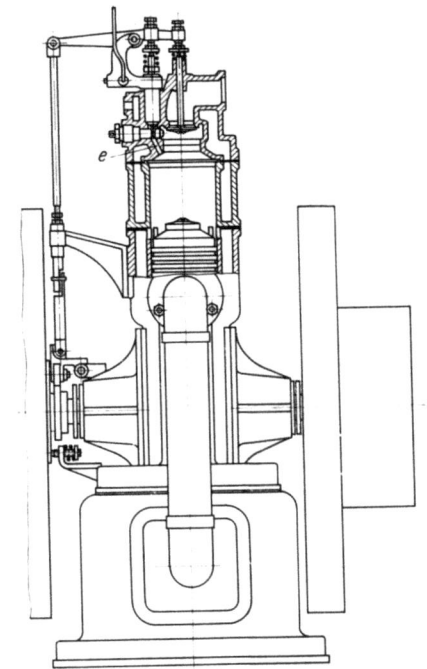

Bild 319
Erster 10 PS-Deutz-Haselwander-Rohölmotor (1904)

Die Gasmotoren-Fabrik Deutz hat etwa 190 Haselwander-Motoren liegender Bauart hergestellt. 1908 wurde der Bau aufgegeben, da es nicht gelang, den Übelstand zu beseitigen, daß der Überströmkanal *e* sich immer wieder durch Verbrennungsrückstände verstopfte

Deutz hat etwa 190 Haselwander-Motoren mit Zylinderleistungen von 4 bis 45 PS gebaut; die Drehzahlen lagen um 250 U/min. Ein völlig befriedigender Betrieb war nicht zu erreichen. Schon das Anlassen war wesentlich unbequemer als beim Dieselmotor, da der Haselwander-Motor nur mit 20 at Verdichtungsdruck arbeitete. Der Motor mußte mit Benzin angefahren werden; das angesaugte Benzin-Luft-Gemisch wurde elektrisch oder durch ein Glührohr entzündet. Erst wenn der Motor warm geworden war, konnte man auf Gasöl umschalten. Der Hauptnachteil des Haselwander-Motors war jedoch, daß der Verbindungskanal (*e* in den Abbildungen) zwischen Ringraum und Düse sich immer wieder durch Verbrennungsrückstände verstopfte. Diesen Übelstand hat man auch in Deutz nicht beseitigen können, so daß der Bau der Haselwander-Motoren nach einigen Jahren aufgegeben wurde.

FRIEDRICH AUGUST HASELWANDER war das Beispiel eines hochbegabten, rastlos tätigen Erfinders, der nicht vom Glück begünstigt ist. Er hat schon vor MICHAEL VON DOLIVO-DOBROWOLSKI einen Drehstromgenerator gebaut, der heute als Erste Drehstrommaschine im Deutschen Museum steht. Ein materieller Erfolg ist ihm nicht zuteil geworden. Eine an seinem Wohnhaus in Offenburg angebrachte Tafel nennt ihn den „Erfinder des kompressorlosen Ölmotors und des Drehstromes". FRIEDRICH AUGUST HASELWANDER hat einen Ölmotor erfunden, der ohne einen selbständigen Einblaseluftkompressor arbeitete, aber sein Verfahren hat mit der Betriebsweise, die man als „kompressorlos" bezeichnet, nichts gemeinsam. Die Kennzeichen der Einführung des Brennstoffs im oberen Totpunkt und der Einspritzung unter einem Druck von mehreren hundert Atmosphären fehlen dem Haselwander-Motor.

Der Brons-Motor

Mehr Erfolg als HASELWANDER hatte der Holländer BRONS, dessen Motor sich viele Jahre auf dem Markt behauptet hat. Der Brons-Motor, der nur als Viertaktmotor gebaut worden ist, arbeitete wie der Dieselmotor mit Verdichtungszündung, jedoch wurde der Brennstoff nicht, wie im Dieselmotor, nach Erreichen des höchsten Verdichtungsdruckes durch hochgespannte Preßluft in den Zylinder eingeführt, sondern durch den während des Saughubes des Kolbens entstehenden Unterdruck in eine unterhalb des Brennstoffventils *a* befindliche Kapsel *b* (Bild 320 bis 323) gesaugt, die durch Bohrungen mit dem Zylinderinnern in Verbindung steht. Beim Saughub des Kolbens kann nur ein kleiner Teil des Brennstoffs durch die engen Bohrungen in den Zylinder eintreten. Dieser Teil entzündet sich am Ende des folgenden Verdichtungshubes; die Zündung schlägt durch die Bohrungen in die Kapsel und entflammt den in ihr lagernden Hauptteil des Brennstoffs. Dadurch entsteht in der Kapsel ein Überdruck, der den noch in ihr befindlichen Brennstoff in den Zylinder hineinzerstäubt, wo er zu Beginn des Ausdehnungshubes verbrennt. Die Bohrungen in der nicht zentrisch im Zylinderdeckel sitzenden Kapsel (Bild 320) sind so angebracht, daß der Brennstoff möglichst gleichmäßig über den Hauptbrennraum verteilt wird. Das Verfahren, das nicht unter die Dieselpatente fiel, wurde durch das DRP 167149 vom 19. April 1904 geschützt.

Nachdem es BRONS gelungen war, mehrere 16pferdige Motoren in zufriedenstellendem Betrieb vorzuführen, nahm die Gasmotoren-Fabrik Deutz im März 1906 die Verbindung mit BRONS auf. Dieser reichte Anfang April 1906 eine Zusatzanmeldung ein, nach welcher „zwecks besserer Verbrennung und Fortpflanzung der im Arbeitszylinder vor sich gehenden Explosion in den Zerstäuberraum die Einführung der Luft in an sich bekannter Weise durch das gleiche Ventil stattfindet, durch welches der Brennstoff in die Zerstäuberkammer eingelassen wird". Dieses Zusatzpatent, das die Nr. 190 914 vom 3. April 1906 erhielt, ist unter dem Namen der Gasmotoren-Fabrik Deutz ausgegeben worden, die inzwischen die beiden Patente gegen eine einmalige Zahlung von 35 000 holl. Gulden erworben hatte.

Schon die ersten Deutzer Brons-Motoren (Bild 320) wurden mit dem Merkmal des Zusatzpatentes ausgerüstet, jedoch nicht so, daß die gesamte Verbrennungsluft, wie das Zusatzpatent angibt, sondern nur ein kleiner Teil durch das Brennstoffventil angesaugt

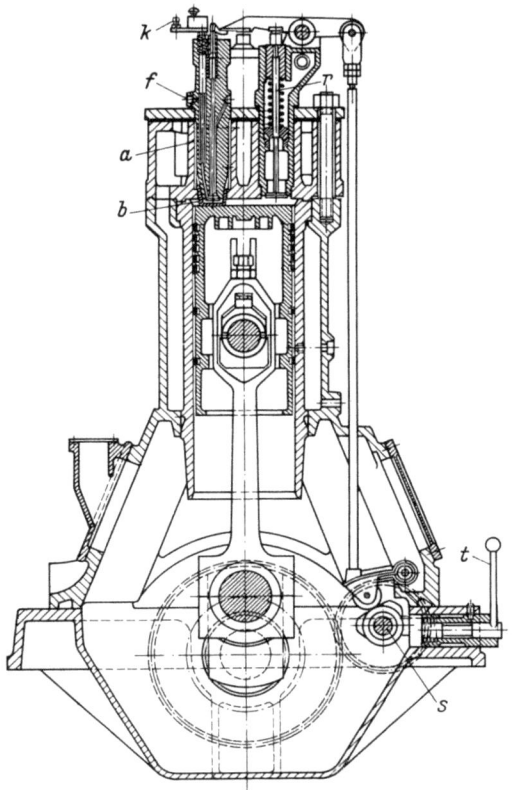

Bild 320. Der Deutzer Brons-Motor (1904)
Leistung 12 PS bei 340 U/min

a Brennstoffventil; *b* Zündkapsel; *f* Brennstoffeintritt; *k* Anschluß des Regelgestänges; *r* Anlaßventil; *s* Nockenwelle; *t* Anfahrhebel

Der Brons-Motor arbeitete zwar mit Selbstzündung, war aber kein Dieselmotor, da der Brennstoff nicht im oberen Totpunkt des Kolbens eingeführt, sondern zu Beginn des Abwärtsganges des Arbeitskolbens von diesem in eine Kapsel *b* gesaugt wurde, in welcher er sich am Ende des Verdichtungshubes entzündete

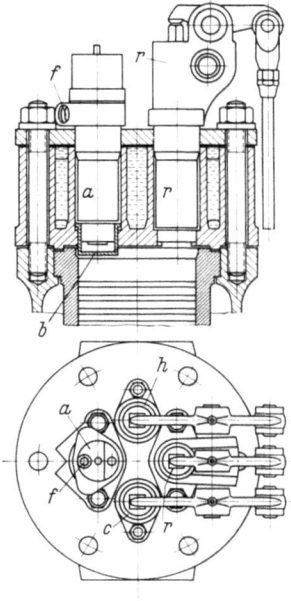

Bild 321
Zylinderkopf des Deutzer Brons-Motors

a Brennstoffventil; *b* Zündkapsel; *c* Einlaßventil; *f* Brennstoffeintritt; *h* Auspuffventil; *r* Anlaßventil

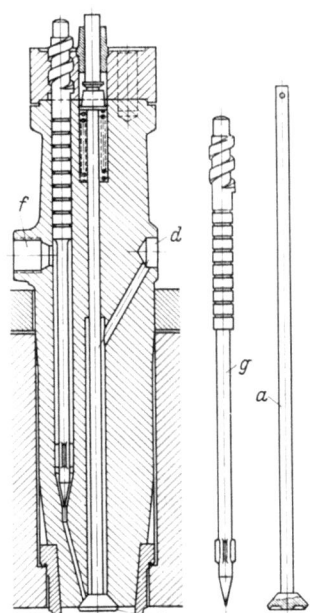

Bild 322
Brennstoffventil und Zündkapsel des Brons-Motors

a Brennstoffventil; *b* Zündkapsel; *d* Eintritt der Nebenluft; *f* Brennstoffeintritt; *g* Reguliernadel

Der Regler verdrehte die Nadel *g*, wodurch diese gesenkt oder gehoben und der Durchtrittsquerschnitt des Brennstoffs mehr oder weniger stark gedrosselt wurde

wurde, während der Hauptteil der Luft, wie bei jedem Viertaktmotor, durch das Einlaßventil c (Bild 321) eintrat. Die bei d (Bild 322) zugeführte Nebenluft reinigte die Zündkapsel von den Abgasen des vorhergehenden Arbeitsspiels, füllte sie mit frischer Luft und sicherte das Eintreten der Zündung. Der Brennstoff wird dem Ventil a durch ein Filter e (Bild 324) aus dem erhöht aufgestellten Brennstoffbehälter zugeleitet und tritt bei f in das Ventilgehäuse ein. In diesem fließt er an der „Reguliernadel" g (Bild 322) entlang an den Ventilkegel a. Während des Saughubes des Arbeitskolbens öffnet sich das Ventil, und der Brennstoff wird in die Zündkapsel b gesaugt. Im übrigen arbeitet der Brons-Motor wie ein Viertakt-Dieselmotor mit Einlaßventil c und Auspuffventil h (Bild 321), die durch Ventilhebel und Stoßstangen (Bild 324) gesteuert werden.

Die Drehzahl wird durch die Nadel g (Bild 322) geregelt, deren Höhenlage durch den Regler i (Bild 324) verstellt wird. Hierzu ist die Nadel an ihrem oberen Ende mit Rechteckgewinde versehen, das sie bei einer Drehung der Nadel mehr oder weniger

Bild 323. Brennstoffventil und Zündkapsel des Brons-Motors
a Brennstoffventil; b Zündkapsel; f Brennstoffeintritt
Der Zylinderdeckel gehört zu einem im Werkmuseum der Klöckner-Humboldt-Deutz AG stehenden Brons-Motor

tief in das Gehäuse schraubt. Auf das obere Ende der Nadel ist ein kurzer Hebel (k in Bild 320) gesetzt, an den das Regelgestänge l-m-n-o (Bild 324) angeschlossen ist. Mit zunehmender Drehzahl des Motors senkt der Regler die Nadel, wodurch der Brennstoffzufluß gedrosselt wird. Bei Bootsmotoren, bei denen der Propeller die Drehzahl konstant zu halten sucht, greift der Regler nur dann ein, wenn die im Schwungrad untergebrachte Kupplung durch den Hebel p ausgerückt wird oder der Propeller im Seegang austaucht.

Der Brons-Motor war wie der Dieselmotor ein Hochdruckmotor; er arbeitete mit Verdichtungsdrücken von 27 bis 28 at, und man konnte daher nur das kleinste Modell von 6 PS von Hand anwerfen, wobei der Verdichtungsdruck durch Öffnen eines Ventils vermindert wurde. Den größeren Zylindern wurde ein kleiner Luftverdichter (q in Bild 324) beigegeben, der die Anlaßluft lieferte, wofür 4 bis 6 at genügten. Der Zylinderdeckel erhielt dann ein Anlaßventil (r in Bild 320 und 321), das ebenso wie das Einlaß- und das Auspuffventil von der Nockenwelle s (Bild 320) gesteuert wurde. Zum Anfahren war auf der Nockenwelle axial verschiebbar ein Nockenbündel angeordnet, das außer den für den Viertaktbetrieb erforderlichen Einlaß- und Auspuffnocken einen vollständigen Satz Nocken für das Anlassen im Zweitakt besaß. Durch Umlegen des Hebels t (Bild 320 und 324) schaltete der Bedienungsmann vom Anlassen auf Betrieb um. Während der Fahrt brauchte der Motor kaum irgendwelche Wartung. Wenn das Boot langsamer fahren sollte, wurden die Propellerflügel mittels der Handkurbel u auf kleinere Steigung eingestellt, wobei sich die Drehzahl wenig änderte.

Bild 324. Deutzer Brons-Motor zum Antrieb einer Drehflügelschraube (1910)
c Saugstutzen des Einlaßventils; e Brennstoffilter; h Anschluß der Auspuffleitung; i Reglergehäuse; l–m–n–o Regelgestänge; p Kupplungshebel; q Anlaßluftkompressor; t Anfahrhebel; u Vorrichtung zum Verstellen der Drehflügelschraube. Die Brons-Motoren waren früher besonders in der Küstenfischerei weit verbreitet

Die Gasmotoren-Fabrik Deutz hat den Brons-Motor in mehreren Zylindergrößen als Ein- und Zweizylindermaschinen gebaut. Da sie betriebssicher und in der Wartung anspruchslos waren, haben sie sich gut eingeführt; besonders in der Seefischerei sind sie weit verbreitet gewesen. Ihr Brennstoffverbrauch wird zu 240 bis 280 g/PSh angegeben. Noch nach dem ersten Krieg 1919 griff man in Deutz auf den Brons-Motor zurück und baute ihn als Ein- bis Vierzylindermaschine mit Leistungen bis zu 80 PS. Erst als in den zwanziger Jahren der kompressorlose Dieselmotor zur Betriebsreife entwickelt worden war, gab man in Deutz den Bau der Brons-Motoren auf.

Der Deutzer Dieselmotor „Modell 8"

Deutz hatte zwar im Mai 1903 die Verbindung zu Diesel, Krupp und der MAN gelöst, aber die Entwicklung des Dieselmotors, der sich allmählich von seiner schweren Niederlage zu erholen begann, wurde in Deutz aufmerksam verfolgt. Als man sich dem Zeitpunkt näherte, zu dem Diesels Patente ablaufen mußten, begann man sich von neuem mit dem Dieselverfahren zu beschäftigen. Der Motor, den Deutz 1898 nach Augsburger Zeichnungen gebaut hatte und der inzwischen in der Gießerei verwendet worden war, wurde auf den Prüfstand gesetzt und untersucht. Nach einem Protokoll vom 23. Dezember 1905 leistete der 20pferdige Motor, wenn auch bei reichlicher Zufuhr an Einblaseluft, 21 bis 22 PS. „Darüber wird der Auspuff unrein" vermerkt das Protokoll. Das war ein so beachtliches Ergebnis, daß man beschloß, die Arbeiten am Dieselmotor wieder aufzunehmen. Man hielt sie anfangs geheim, denn die Dieselpatente waren noch in Kraft. Der Konstrukteur, der den Motor entwarf, arbeitete im Vorzimmer Arnold Langens. Es war Prosper L'Orange, der einige Jahre später das Vorkammerverfahren erfunden hat.

Bild 325. Deutzer Dieselmotor „Modell 8" (1907). Leistung 30 PS bei 180 U/min
Das Bild ist nach einem Deutzer Prospektblatt vom April 1907 angefertigt worden. Im Februar 1907 war Diesels erstes Patent Nr. 67 207 abgelaufen
Der Motor ist von Prosper L'Orange konstruiert worden, der damals in Deutzer Diensten stand

Der 30pferdige Motor (Bild 325) entspricht in seinem Aufbau dem Augsburger Vorbild, jedoch ist, wie bei dem „X"-Motor (S. 583) das A-Gestell mit dem Zylindermantel aus einem Stück gegossen. Die am Zylinderkopf gelagerte Nockenwelle wird durch Schraubenräder und senkrechte Zwischenwelle angetrieben; diese trägt an ihrem oberen Ende den Regler. Den zweistufigen Einblaseluftkompressor, der durch Schwinghebel von der Pleuelstange betätigt wird, hatte man zunächst nach dem Vorbild der MAN seitlich am Rahmen befestigt; bei späteren Ausführungen wurde er liegend an der Grundplatte angeordnet.

Im November 1906 wurde der neue Motor auf den Prüfstand genommen, und schon Anfang Januar 1907 konnte man ihn für verkaufsreif erklären. Durch eine im Juli 1906 an die Firmenvertreter versandte Rundfrage hatte man sich in Deutz überzeugt, daß mit einem guten Absatz der Dieselmotoren zu rechnen sei. Die Vertreter waren der Meinung, daß man sofort nach dem Erlöschen der Dieselpatente mit dem Verkauf anfangen solle. So begann Deutz pünktlich am 1. März 1907 — das erste Dieselpatent war am 28. Februar 1907 abgelaufen — mit der Versendung von Offerten. Am 18. März hatte man bereits 31 Angebote verschickt.

Damit war die MAN nicht einverstanden. Sie machte Deutz in einem Schreiben vom 28. März 1907 darauf aufmerksam, daß die Gasmotoren-Fabrik nicht berechtigt sei, vor Ablauf des zweiten Dieselpatentes, das bis zum November 1908 lief, Dieselmotoren anzubieten. Die Gasmotoren-Fabrik erwiderte, daß die von ihr gebauten Motoren das DRP 82168 nicht verletzten, sondern nach einem eigenen, in Deutz entwickelten Verfahren arbeiteten. Zu einem längeren Streit ist es nicht gekommen; Deutz trat einer Preiskonvention bei und konnte mit dem Verkauf beginnen. Die erste Maschine, ein 35 PS-Motor, wurde im November 1907 nach Hamburg geliefert.

Der liegende Deutzer Dieselmotor MKD

Mit dem nächsten Diesel-Modell, das in Deutz entwickelt wurde, kehrte man zu der Tradition der Gasmotoren-Fabrik zurück, die von Anfang an bei ihren Gasmotoren die

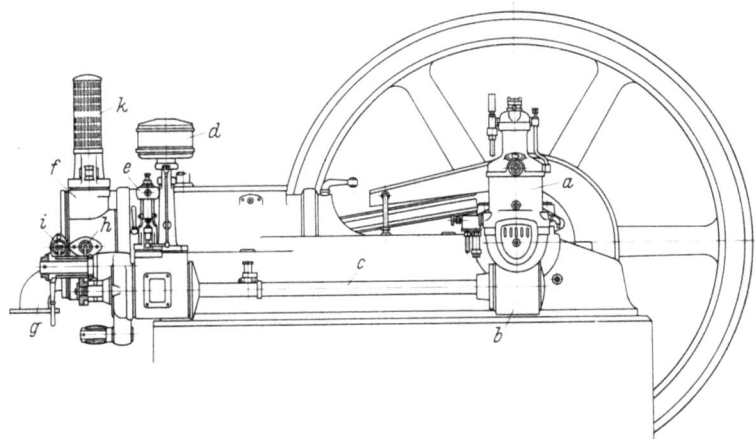

Bild 326. Deutzer liegender Dieselmotor Modell „MKD" (1909)
Leistungen 12 bis 40 PS bei 280 bis 210 U/min
a Einblaseluftkompressor; b Schraubenradantrieb der Steuerwelle c; d Regler; e Brennstoffpumpe; f Einlaßventil; g Auspuffleitung; h Anlaßventil; i Brennstoffventil; k Saugrohr
Der Motor wurde 1910 auf den Markt gebracht

liegende Bauart bevorzugt hatte. Bild 326 zeigt den ersten Deutzer liegenden Dieselmotor. Er sieht wie ein Gasmotor aus; nur der neben dem Kurbelwellenende stehende kleine zweistufige Einblaseluftkompressor a deutet das Dieselverfahren an. Er wird durch eine Stirnkurbel vom freien Ende der Kurbelwelle angetrieben; neben der Stirnkurbel, durch die Verschalung b verdeckt, ist der Schraubenradantrieb der Steuerwelle c angeordnet. Diese treibt durch ein Kegelradpaar den Regler d und betätigt durch einen Nocken die Brennstoffpumpe e. Die Anordnung des Einlaßventils f, des Auspuffventils g und des Anlaßventils h ist deutlicher aus Bild 327 zu erkennen, das einen Schnitt durch den Zylinderkopf zeigt. Neben dem Anlaßventil liegt das nockengesteuerte Brennstoff-

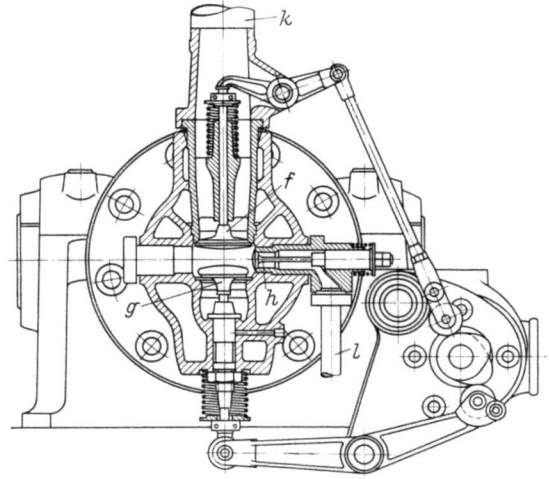

Bild 327
Schnitt durch den Zylinderkopf des Motors Bild 326
f Einlaßventil; g Auspuffventil; h Anlaßventil; k Saugrohr; l Anlaßluftleitung

ventil i (Bild 326). Das Sauggeräusch wird durch das geschlitzte Rohr k gedämpft, die Anlaßluft dem Ventil h durch das Rohr l (Bild 327) zugeführt, das mit dem Anlaßluftgefäß verbunden ist. Dieses wird durch den Kompressor a ständig auf dem zum Anlassen erforderlichen Druck gehalten.

Über einen der ersten fertiggestellten MKD-Motoren liegt der Bericht von F. BARTH vor, eines Oberingenieurs der Bayerischen Landesgewerbeanstalt in Nürnberg, Verfassers eines damals vielgelesenen Buches über den Betrieb von Kraftanlagen[79]. BARTH stellte an einem 35pferdigen liegenden MKD-Motor einen Brennstoffverbrauch von 187,3 g/PSh fest, der dem heute erreichten schon sehr nahe kommt. An einem kleineren Motor von 20 PS hat NÄGEL den etwas höheren Verbrauch von 206 g/PSh gemessen.

Der Motor hat sich rasch eingeführt und ist in großen Stückzahlen hergestellt worden.

Deutzer Bemühungen um den kompressorlosen Motor

In der Gasmotoren-Fabrik Deutz ist man von Anfang an bemüht gewesen, den Brennstoff ohne Einblaseluft in den Brennraum einzuführen. Gleichzeitig mit dem Beginn der Arbeiten am Haselwander-Motor (1902) meldete Deutz ein Verfahren zum Patent an, das man heute als „Nachkammerverfahren" bezeichnet. Es wurde durch das DRP 140265 geschützt. Bild 328 erläutert den Erfindungsgedanken: der durch die Leitung a zugeführte Brennstoff wird in das durch eine Wärmeisolation b auf hoher Wandtemperatur gehaltene Rohr c gespritzt, in welchem er teilweise verdampft und sich entzündet. Da die Einspritzung schon beginnt, während der Arbeitskolben sich noch auf seinen linken Totpunkt zu bewegt, werden die brennenden Dämpfe und Gase in die Kammer d geschoben, in welcher die weiter fortschreitende Verbrennung einen

Überdruck erzeugt. Dieser treibt den im Rohr c noch vorhandenen Brennstoff in den oberhalb des Kolbens liegenden Hauptbrennraum e, wobei die entstehende „Schußwirkung" eine gute Mischung von Brennstoff und Luft im Hauptbrennraum bewirken soll. Einlaßventil f und Auspuffventil g sind an der gekühlten Kammer d angebracht.

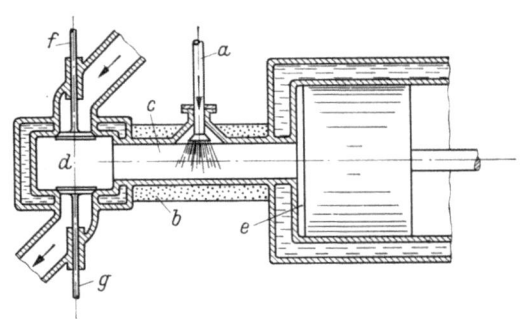

Bild 328
Skizze eines der ersten Deutzer Versuche, den Brennstoff „kompressorlos" einzuspritzen (1902) (nach der Patentschrift 140265 vom 13. Juni 1902)
a Brennstoffzuleitung; b Wärmeisolation; c Verbindungsrohr zwischen der Ventilkammer d und dem Hauptbrennraum e; f Einlaßventil; g Auspuffventil

Die Vorstellung von der Wirkung des Schußkanals hat die Gedankenwelt der Erfinder immer wieder angeregt. OTTO wollte durch den aus seinem Schußkanal (Bild 25, S. 53) austretenden Flammenstrahl die „geschichtete" Ladung sicher entzünden. Bei den Glühkopfmotoren, die jahrzehntelang besonders in der skandinavischen Küstenfischerei verwendet worden sind, erzeugt die Einschnürung zwischen Glühkopf und Hauptbrennraum eine ähnliche, wenn auch schwächere Wirkung. Die Krupp-Germaniawerft suchte 1919 das Problem der kompressorlosen Einspritzung durch eine von STEINBECKER angegebene Anordnung zu lösen, bei welcher Vorraum und Hauptbrennraum durch einen stark verengten Kanal verbunden waren[80]. Die Versuche, die anfangs aussichtsreich zu sein schienen, verliefen ergebnislos. Nur RICARDOs Motor, bei welchem der Schußkanal tangential an einer Wirbelkammer liegt, hat Erfolg gehabt.

In Deutz hat man mit dem Einspritzverfahren nach Bild 328 erst 1908 einen Versuch gemacht. Zwei Jahre vorher meldete die Gasmotoren-Fabrik eine andere Erfindung zum Patent an, mit welcher der Brennstoff „kompressorlos" eingespritzt werden sollte.

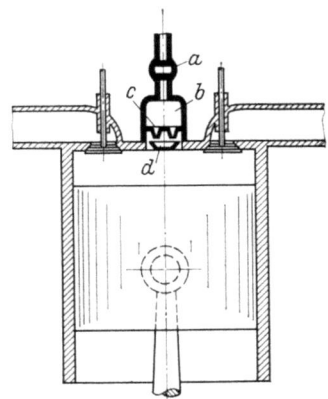

Bild 329
Deutzer „Zerstäubungskammer" (1906) (nach der Patentschrift 196514 vom 12. April 1906)
a Brennstoffzuführung; b Vorkammer; c Zwischenwand mit einer oder mehreren Düsenbohrungen; d Sammelschale

Das Verfahren, das durch das DRP 196514 vom 12. April 1906 geschützt wurde, kommt der Vorkammereinspritzung, wie sie heute benutzt wird, schon ziemlich nahe. Der Brennstoff wird, wie die Patentschrift sagt, „durch eine geeignete Zuführungsvorrichtung" a (Bild 329), also etwa durch eine Brennstoffpumpe, in die Kammer b eingeführt und sammelt sich, zum Teil die mit Düsen versehene Zwischenwand c durchdringend, in der Schale d an. Die Verdichtungswärme soll die Zündung bewirken; diese kann in der Kammer b eintreten, oder es können sich die über der Schale d entstehenden Dämpfe entzünden. In jedem Fall bildet sich in b ein Überdruck, der den dampf-gasförmigen Inhalt der Kammer durch die Bohrungen der Zwischenwand auf die Schale d bläst und den in ihr lagernden Brennstoff durch den die Schale umgebenden Spalt in den oberhalb des Kolbens befindlichen Hauptverbrennungsraum hinein zerstäubt.

Soweit sich feststellen läßt, hat man in Deutz mit dieser zweiten Erfindung keinen Versuch gemacht. Er konnte nicht gelingen, denn der Brennstoff mußte sich an den ungekühlten Teilen c und d, die nach kurzer Betriebszeit hätten rotglühend werden müssen, zersetzen, und die Kammer b hätte sich mit Ölkoks gefüllt. Dieser Übelstand hat den Konstrukteuren der Vorkammermaschine lange Zeit zu schaffen gemacht, bis man 1919 das Gegenmittel, die partielle Kühlung des Vorkammereinsatzes (Bild 346, S. 613), fand.

Im Jahr 1908 nahm man in Deutz das Problem der kompressorlosen Zuführung von neuem auf. L'ORANGE, der den Auftrag erhielt, den Motor zu konstruieren, hat über diese Arbeit berichtet[81]. Bild 330, das den Versuchsmotor zeigt, ist von L'ORANGE nach

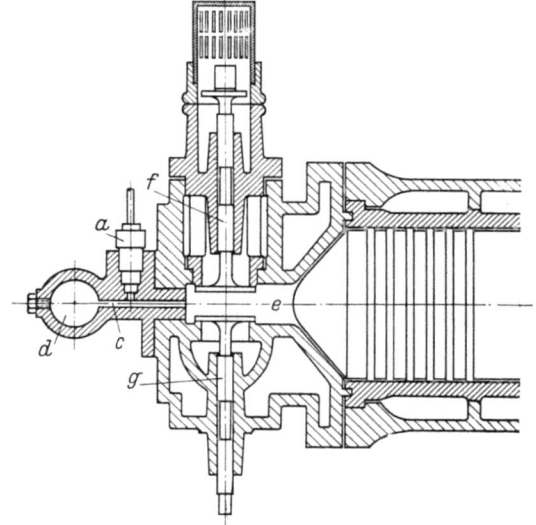

Bild 330
Der erste Deutzer kompressorlose Versuchsmotor, konstruiert von PROSPER L'ORANGE (1908)

a Brennstoffventil; c Schußkanal; d ungekühlte Brennkammer; e Hauptbrennraum; f Einlaßventil; g Auspuffventil
Die Bedeutung der Buchstaben entspricht Bild 328. Der Motor ist nur einmal als Versuchsmaschine gebaut worden

dem Gedächtnis gezeichnet worden, da, wie er sagt, in Deutz keine Zeichnungen des Motors vorhanden seien. Die Patentskizze Bild 328 hat offenbar als Vorbild gedient. Wie dort wird der Brennstoff (Ventil a in Bild 330) in den Verbindungskanal c zwischen Vorbrennraum d und Hauptbrennraum e gespritzt, jedoch ist der Kanal stark verengt und zu einem eigentlichen „Schußkanal" geworden. Die Kammer d ist jetzt ungekühlt; Einlaßventil f und Auspuffventil g sind nicht mehr an der Kammer, sondern am Zylinderkopf angeordnet. Die durch die Kolbenbewegung erzeugte, nach links gerichtete Luftströmung soll einen Teil des während des Verdichtungshubes durch das Ventil a eingespritzten Brennstoffs in die Kammer d befördern, wo er sich entzündet. Die ungekühlte Wand der Kammer soll das Eintreten der Zündung sichern, der in d entstehende Überdruck den gesamten Brennstoff in den Hauptbrennraum e treiben.

Über die Ergebnisse liegen keine Aufzeichnungen vor. Die Versuche L'ORANGEs wurden in Deutz nicht fortgesetzt, vermutlich weil L'ORANGE bald darauf zu Benz & Cie. nach Mannheim ging.

Der Deutzer Verdrängermotor

Eine bessere Lösung des Problems der kompressorlosen Betriebsweise hat man in Deutz schon im Jahr 1910 gefunden, demselben Jahr, in welchem MCKECHNIE die Hochdruckeinspritzung in England zum Patent anmeldete. Die Deutzer Konstruktion erhielt den Namen „Verdrängermotor", weil sie — wie HASELWANDER — einen auf den Kolbenboden gesetzten Verdränger *a* (Bild 331) benutzte, jedoch nicht, um die Einblaseluft zu erzeugen, sondern um im Verbrennungsraum einen „Ringwirbel" hervorzurufen, der die Luft mit dem durch Pumpendruck eingespritzten Brennstoff gründlich mischen sollte. Die beiden Patente, durch welche das Verfahren geschützt wurde (Bild 331), lauten auf den Namen „Joachim Brandis in Aachen". Es ist nicht bekannt,

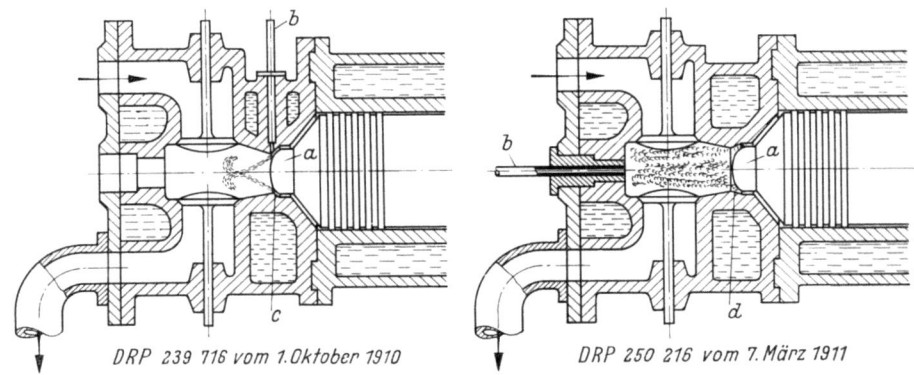

Bild 331. Der kompressorlose Verdrängermotor von JOACHIM BRANDIS (1910—1911)

Der Name ist vermutlich ein Deckname für die Gasmotoren-Fabrik Deutz, in welcher dieser Motor entwickelt wurde. Die Anordnung links bewährte sich nicht, da der Kolben sich in der Wärme infolge der einseitigen Brennstoffeinspritzung verzog. Mit der auf der rechten Bildseite dargestellten Konstruktion gelang es in Deutschland zum erstenmal, kompressorlose Dieselmaschinen serienmäßig herzustellen. Sie arbeiteten noch ohne die von MCKECHNIE erfundene Hochdruckeinspritzung

a Verdränger; *b* Brennstoffzuführung. Der geringfügige Unterschied in der Form der Kanten *c* und *d* hatte entscheidenden Einfluß auf die Form des durch den Verdränger erzeugten Luftwirbels

ob dies der Name eines Erfinders ist, dessen Lizenz man nahm, oder ob es sich um einen Decknamen handelt. Akten über Lizenzverhandlungen konnten nicht gefunden werden.

Mit der ersten Versuchsanordnung (Bild 331 links) hatte man keinen Erfolg. Tangential zur gewölbten Stirnfläche des Verdrängers *a* wurde der Brennstoff durch die Leitung *b* zugeführt. So konnte der Brennstoffstrahl sich nicht räumlich zerteilen und mit der Brennraumluft mischen. Außerdem zeigte sich, daß die Form der scharfen Kante *c* an der Halseinschnürung die Gestalt des Luftwirbels, den der Verdränger erzeugte, sehr stark beeinflußte; wenn der Wirbel sich nicht über die ganze Tiefe des Brennraums fortpflanzte, war die Mischung ungenügend. Und schließlich stellte man fest, daß der Kolben, weil er von der Stichflamme einseitig erwärmt wurde, sich verzog und bei den engen Spielräumen dazu neigte anzustreifen.

Eine zweite Versuchsanordnung (Bild 331 rechts) gelang besser. Die Brennstoffzuführung liegt jetzt in der Zylinderachse, und der austretende Brennstoffstrahl kann sich frei entfalten. Durch Versuche stellte man eine Schräge der Kante d fest, die einen Luftwirbel von der gewünschten Form erzeugte. Da der Flammenkegel kreissymmetrisch ist, hat der Kolben keine Veranlassung, sich in der Wärme zu verziehen.

Mit dieser Brennraumanordnung sind die ersten kompressorlosen Deutzer Dieselmotoren 1912 geliefert worden. Die Mitte des konisch-gewölbten Kolbenbodens (Bild 332)

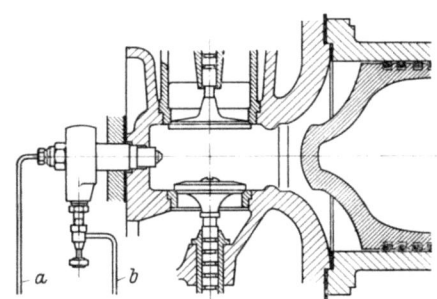

Bild 332. Brennraum des liegenden kompressorlosen Deutzer Verdrängermotors „MKV" (1912)

a Teerölleitung; b Zündölleitung
Mit dieser Brennraumkonstruktion sind die kompressorlosen Deutzer Motoren der älteren Bauart in großen Stückzahlen hergestellt worden

war als Verdränger ausgebildet; der über dem Kolben liegende Ringraum verengte sich von außen nach innen stark, so daß ein kräftiger Luftstrom entstehen mußte, der sich in einem Ringwulst am Brennraumeingang brach. Auch der Betrieb mit Steinkohlenteeröl gelang; hierzu wurde eine Brennstoffleitung b vorgesehen, die den Zündöltropfen vorlagerte.

An einem der ersten Motoren hat NÄGEL einen Brennstoffverbrauch von 199 g/PSh gemessen, bei dem niedrigen Zerstäubungsdruck von 75 at, den man anfangs anwandte, eine sehr günstige Zahl. Der Motor wurde mit Zylinderleistungen bis zu 100 PS gebaut. Zunächst blieb freilich die Druckluftzerstäubung vorherrschend, bis sie von der Hochdruckzerstäubung verdrängt wurde.

XXX. Hugo Güldner und die Güldner-Motoren-Werke (1894—1914)

Der Mann, dessen Namen die Güldner-Motoren-Werke tragen, hat sich durch sein 1903 erschienenes Lehrbuch „Das Entwerfen und Berechnen der Verbrennungsmotoren" ein Denkmal gesetzt. Tausende angehender Maschinenbauingenieure haben aus diesem Buch gelernt. 1921 ist es in dritter und letzter Auflage unter dem Titel „Das Entwerfen und Berechnen der Verbrennungskraftmaschinen und Kraftgas-Anlagen" herausgegeben worden. Es war seinerzeit das beste Lehrbuch auf diesem Gebiet.

Über HUGO GÜLDNERs Jugendzeit konnte nur wenig in Erfahrung gebracht werden. Er wurde am 18. Juli 1866 in Herdecke in Westfalen geboren; in Hagen i. W. besuchte er die höhere Maschinenbauschule. Um die Mitte der neunziger Jahre lebte er als Zivilingenieur in Magdeburg, wo er auch der Schriftleitung der Zeitschrift „Der Monteur" vorstand. Wie mehrere Patentanmeldungen zeigen, beschäftigte er sich eingehend mit Verbrennungskraftmaschinen. Da er keine eigene Fabrik besaß, bot er seine Erfindungen einer Firma Schumann & Küchler in Erfurt an, die im Juni 1894 einen Lizenzvertrag mit ihm schloß, aber nichts gebaut hat. Ein nur ein Jahr später mit H. Laas & Co. in Magdeburg geschlossener Vertrag hatte das gleiche Schicksal. Ebensowenig Erfolg hatte GÜLDNERs Versuch, ein eigenes Unternehmen zu gründen. Er setzte sich Anfang 1897 mit einem Berliner Kaufmann LÜDEKE in Verbindung, der sich mit 50000 Mark an der Firma „Lüdeke und Güldner, Maschinenfabrik, Magdeburg" beteiligte. GÜLDNER brachte zwölf Patente, Patentanmeldungen und Gebrauchsmuster ein, die seinen Zweitakt-Gasmotor betrafen. Am Ende desselben Jahres trat die Gesellschaft in Liquidation.

Von Magdeburg ging GÜLDNER als Oberingenieur der Motorenabteilung zur Maschinenfabrik Gebr. Pfeiffer nach Kaiserslautern, die seit 1894 den Akroyd-Motor (S. 416) in Lizenz baute. Auch dort gelang es ihm nicht, festen Fuß zu fassen, denn die Firma mußte bald darauf wegen Patentstreitigkeiten den Motorenbau aufgeben. So ließ GÜLDNER sich Anfang 1899 bei der „Allgemeinen Gesellschaft für Dieselmotoren" in Augsburg als Chefkonstrukteur einstellen. Dort konstruierte er den ersten Zweitakt-Dieselmotor (Bild 258, S. 503), der sich aber mit DIESELs Viertaktmotor nicht messen konnte. So trat GÜLDNER am 31. Oktober aus der „Allgemeinen Gesellschaft" aus.

In der Folgezeit hat GÜLDNER, der sich viel literarisch betätigte, den Abschnitt „Verbrennungsmotoren" für die 1902 in neuer Auflage erschienene „Hütte" und sein Buch „Das Entwerfen und Berechnen der Verbrennungsmotoren" geschrieben.

Güldners erster Viertakt-Gasmotor

Von da ab hat GÜLDNER sich dem Viertakt zugewandt, und das wurde für ihn der Beginn des Aufstiegs. Er entwarf einen Viertakt-Gasmotor mit dem dazugehörigen Gasgenerator und bot die Entwürfe der Maschinenbau-Gesellschaft München an, die sich bereit erklärte, die Ausführung zu übernehmen. GÜLDNER trat am 1. April 1903 als Oberingenieur in die Firma ein, die ihm die technische Leitung des Werkes übertrug. Der Gasmotor und der Gasgenerator wurden gebaut, und diesmal hatten GÜLDNERs Arbeiten Erfolg.

In seinem Äußeren sieht der Motor wie ein Dieselmotor aus mit A-Gestell und Antrieb der Steuerwelle durch eine senkrechte Zwischenwelle, die an ihrem oberen Ende den Regler trägt (Bild 333). Nur der Magnetapparat a, der von der in halber Höhe liegenden, durch ein Kegelradpaar b angetriebenen Steuerwelle betätigt wird, deutet den Gasmotor an. Die Erfahrungen, die GÜLDNER bei der „Allgemeinen Gesellschaft" in Augsburg als Konstrukteur gesammelt hatte, kamen ihm bei seinen Arbeiten in München zustatten. Die beiden im Bild rechts am Zylindermantel liegenden Stoßstangen steuern das Einlaß- und das Auspuffventil. Das Gas tritt am Flansch c, die Luft durch das geschlitzte Rohr d ein. Der Regler e betätigt durch das Gestänge f, g das Mischventil. Durch den Handhebel h wird das Anlaßventil zum Anfahren eingerückt.

Bei diesem Motor hat GÜLDNER eine wichtige Neuerung ausgeführt: ein Verfahren zum besonders gründlichen Ausspülen des Arbeitszylinders von Viertaktmotoren. Er ließ das Einlaßventil sich schon dann mit einem Teil seines vollen Hubes öffnen, wenn der aufwärtsgehende Kolben erst etwa die Hälfte des Ausschubhubes zurückgelegt hatte. Die Luftzuleitung des Motors war an das Gebläse angeschlossen, das dem Gasgenerator die Frischluft zuführte. Während beide Ventile geöffnet waren, förderte das Gebläse Luft in den Verbrennungsraum. Dadurch erreichte GÜLDNER ein restloses Entfernen der Verbrennungsprodukte. Nach dem Schließen des Auspuffventils wurde das Einlaßventil rasch ganz geöffnet und der Zylinder mit neuer Gas-Luft-Ladung gefüllt. GÜLDNER erhielt auf diese fortschrittliche Lösung das Patent 146234 vom 29. Januar 1903. Der einzige Patentanspruch lautete:

> Explosionskraftmaschine, dadurch gekennzeichnet, daß das zum Speisen des Gaserzeugers dienende Luftgebläse zugleich dazu benutzt wird, die entspannten Verbrennungsgase oder Abgasreste aus dem Arbeitszylinder auszutreiben.

Warum GÜLDNER sich nicht auch das Überschneiden der Steuerzeiten hat schützen lassen, geht aus den im Güldner-Archiv noch vorhandenen Akten nicht hervor. WILHELM MAYBACH hatte schon Jahre vorher denselben Gedanken gehabt, ihn aber eben-

Bild 333. HUGO GÜLDNERS erster Viertakt-Gasmotor, gebaut von der Maschinenbau-Gesellschaft München (1903)

a Magnetzünder; *b* Kegelrad auf der Steuerwelle; *c* Gaseintritt; *d* Lufteintritt; *e* Regler; *f, g* Regelgestänge; *h* Anlaßhebel

falls nicht zum Patent angemeldet. Heute wird das Überschneiden der Öffnungszeiten der beiden Ventile, je nach der Drehzahl mit verschieden großen Kurbelwinkeln, allgemein angewendet.

GÜLDNER ließ den Motor, der bei 250 mm Zylinderdurchmesser, 400 mm Hub und 210 U/min 20 PS Nennleistung hatte, durch MORITZ SCHRÖTER prüfen, der damals als erste Autorität auf dem Gebiet des Verbrennungsmotorenbaues galt. Auf Grund von Messungen, die SCHRÖTER im September 1903 vornahm, lautete sein Urteil:

a) Die Verbrennung im Güldner-Motor ist ... so vollständig, daß die Ausnützung der Wärme bzw. des Brennstoffes im Zylinder auf eine kaum noch steigerungsfähige Höhe gebracht erscheint;

Hugo Güldner
1866–1926

b) infolgedessen erreichte auch der mittlere indizierte Kolbendruck während der Dauerversuche den für Gasmotoren ungewöhnlich günstigen Wert von über 7,8 kg/qcm;

c) der Güldner'sche Motor nimmt bezüglich Brennstoffausnützung und Leistungsfähigkeit einen ersten Platz unter den gegenwärtig besten Gasmotoren-Konstruktionen ein, und erscheint wegen der schönen Lösung der Steuerungs- und Regulierungskonstruktion auch für größere Ausführungen als sehr konkurrenzfähig.

d) Kommt hierzu noch die bei späteren Ausführungen zu erwartende Werkstatterfahrung, so kann dem Motor ein durchschlagender Erfolg mit Bestimmtheit vorausgesagt werden.

Gründung der Güldner-Motoren G.m.b.H.

Im Besitz dieses günstigen Urteils wandte GÜLDNER sich an mehrere Industrielle mit dem Vorschlag, eine Gesellschaft zur Verwertung seiner Konstruktionen zu gründen. Dabei hat ihm die Maschinenbau-Gesellschaft München keine Schwierigkeiten gemacht. Obwohl GÜLDNER als Oberingenieur der Maschinenbau-Gesellschaft angestellt und ihm „die technische Leitung des Unternehmens ab 1. April 1903" übertragen war, erklärten sich die Gesellschaft und ihr Aufsichtsrat in einer am 15. Februar 1904 mit GÜLDNER getroffenen Vereinbarung damit einverstanden,

... daß Herr Güldner seine gesamten Erfinderrechte an dem Motor und [Gas-] Generator an eine Verkaufsgesellschaft veräußert, welche bereit ist, die Ausführung des Motors, soweit die Betriebsanlagen der Maschinenbau-Gesellschaft München hierzu ausreichen, dieser zu übertragen.

Die neu zu gründende Gesellschaft sollte den Namen „Güldner-Motoren-Gesellschaft m.b.H." tragen. Die Maschinenbau-Gesellschaft erkannte ausdrücklich an, daß sie „gegen die Aufstellung des Herrn HUGO GÜLDNER als Geschäftsführer dieser neuen Gesellschaft keine Einwendungen zu erheben" habe und keine der Erfindungen beanspruche, die GÜLDNER schon gemacht habe oder machen werde.

An demselben Tag wurde die Güldner-Motoren G.m.b.H. in München gegründet. Zu den Gründern gehörten außer GÜLDNER und anderen Industriellen CARL VON LINDE und der Kommerzienrat Dr. GEORG KRAUSS, München. Daraus sind die heutigen „Güldner-Motoren-Werke Aschaffenburg", eine Zweigniederlassung der Gesellschaft für Linde's Eismaschinen A.G., hervorgegangen.

Zunächst wollte man nur Gasmaschinen mit den zugehörigen Gasgeneratoren fabrizieren, denn die Dieselpatente waren 1904 noch in Kraft, und man besaß keine Lizenz. GÜLDNER stellte ein umfangreiches Programm auf; nicht weniger als zwölf verschiedene Einzylindermotoren sollten gebaut werden, der kleinste für 10, der größte für 100 PS Leistung. Die größeren Zylinder sollten auch zu Zwillingsmotoren zusammengestellt werden. Damit hätten sich für den bescheidenen Leistungsbereich von 10 bis 200 PS 18 verschiedene Modelle ergeben. Da das die Leistungsfähigkeit der Maschinenbau-Gesellschaft überstieg, entschloß sich die Güldner-Motoren-Gesellschaft 1905, den Betrieb der Maschinenbau-Gesellschaft in München zu pachten und die Motoren selbst zu bauen. Als wegen des rasch zunehmenden Absatzes auch das nicht mehr genügte, erwarb GÜLDNER ein 19000 qm großes Gelände in Aschaffenburg. Im April 1906 genehmigte die Generalversammlung den Kauf und stimmte dem Bau der neuen Fabrik in Aschaffenburg zu. Sie war um die Jahreswende 1907/08 fertiggestellt, und der Betrieb wurde von München nach Aschaffenburg verlegt. Das Fabrikgelände mußte schon 1909 auf 30000 qm vergrößert werden. Die Zahl der Angestellten und Arbeiter stieg von anfänglich 100 auf 300 im Jahr 1914. Bis zu seinem Tode hat HUGO GÜLDNER dieses Werk geleitet. Er starb am 12. März 1926 an den Folgen einer Operation, nicht ganz 60 Jahre alt.

Die Gas- und Benzinmotoren der Güldner-Werke bis 1914

Unermüdlich war GÜLDNER bestrebt, seine Motoren zu verbessern und sie mit der wertvollsten Eigenschaft einer Kraftmaschine, der Betriebssicherheit, auszustatten. Es sind keine umwälzenden Erfindungen, die aus seiner Lebensarbeit hervorgegangen sind, aber jeder einzelne Maschinenteil wurde so sorgfältig durchgebildet, daß man wußte, er werde den Anforderungen des Betriebes gewachsen sein. „Weniger erfinden — mehr konstruieren!" mahnt er mit Recht in der Überschrift eines Abschnitts seines Buches. Seine gediegenen Konstruktionen haben manchem Konstrukteur als Vorbild gedient.

Von den Neuerungen, die an seinem 1903 gebauten stehenden Gasmotor (Bild 333) angebracht wurden, ist die Regelung bemerkenswert. Bei dem älteren Motor beeinflußte der Regler nur das Gasventil, das bei abnehmender Leistung gedrosselt wurde. Die Folge war, daß bei kleiner Belastung das Gemisch so arm wurde, daß die Zündung zuweilen aussetzte. Eine neue Konstruktion, bei welcher der Regler den Hub des Einlaßventils der Belastung anpaßte, vermied diesen Nachteil. Mit abnehmender Last wird der Kulissenstein a (Bild 334) durch das an ihm angreifende Regelgestänge nach links verschoben. Dadurch wird der Hub des linken Endes des Ventilhebels b, der sich auf a abwälzt, verkleinert, und das Einlaßventil c läßt eine kleinere Gemischmenge in den Zylinder treten. Die Gemischregelung ist mit einer Mengenregelung kombiniert.

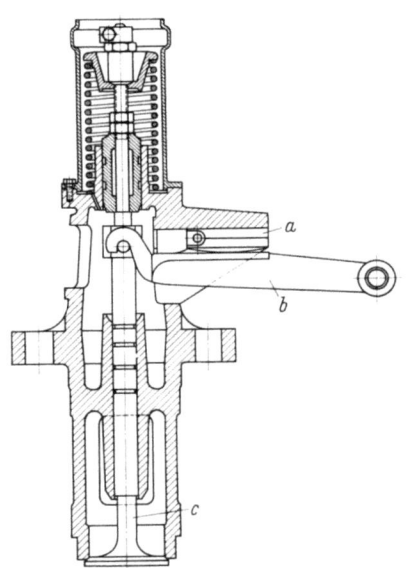

Bild 334. Einlaßventil eines Güldner-Gasmotors mit veränderlichem Hub (1908)

Der Regler verstellt in horizontaler Richtung den Kulissenstein a, auf dem sich der Ventilhebel b abwälzt. c Einlaßventil

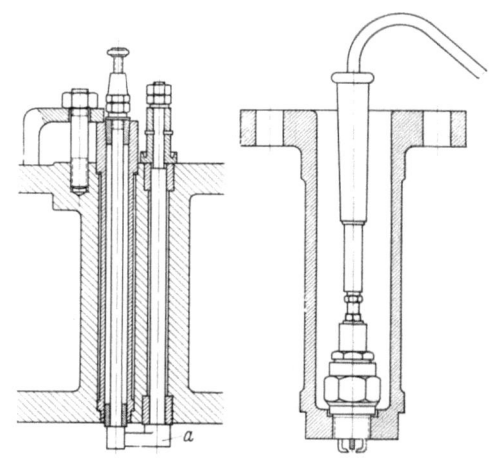

Bild 335
Die umständliche Abreißzündung (linkes Bild) seiner Gasmotoren hat GÜLDNER (1909) durch die einfachere Kerzenzündung (rechtes Bild) ersetzt.

a Abreißhebel

Die ersten Gasmotoren waren mit der Abreißzündung ausgerüstet (Bild 335, links), die schon OTTO verwendet hatte. Der Abreißhebel wurde durch einen Nocken auf der Steuerwelle betätigt, was den Aufbau komplizierte. Von 1909 an wurde die inzwischen von BOSCH entwickelte Kerzenzündung bei den Gas- und Benzinmotoren der Güldner-Werke eingeführt. Bild 335, rechte Seite, zeigt die Anordnung der Kerze im Zylinderkopf.

Ein zweizylindriger Gasmotor ist in Bild 336 dargestellt. Von 1912 ab wurden auch Drei- und Vierzylinder-Gasmotoren gebaut, der größte mit einer Leistung von

Bild 336. GÜLDNERS Zweizylinder-Gasmotor (1912)
Zyl.-Dmr. 475 mm, Hub 700 mm; Leistung 200 PS bei 160 U/min
Der größte von GÜLDNER gebaute Gasmotor leistete mit vier Zylindern 850 PS

850 PS. Ebenso entwickelte sich der Bau von Gasgeneratoren zu einem guten Geschäft. Über die Zahl der gelieferten Anlagen sind im Güldner-Archiv keine Angaben vorhanden.

Die Dieselmotoren der Güldner-Werke bis 1914

Mit dem Ablauf des DIESELschen Hauptpatentes, Anfang 1907, begann auch GÜLDNER mit dem Entwurf eines Dieselmotors eigener Konstruktion. Der erste 60pferdige Versuchsmotor war Ende 1907 fertiggestellt und lief sogleich einwandfrei. Eine Ausführung aus dem Jahr 1910 zeigt Bild 337. Abgesehen von dem zweistufigen Einblaseluftkompressor, der auf einem Anbau der Grundplatte steht, gleicht der Aufbau dem der Gasmotoren. Auch die Dieselmotoren, die GÜLDNER „Rohölmotoren" nannte, um den konkurrierenden Namen zu vermeiden, wurden in engen Leistungsstufen hergestellt: bei den Einzylindermotoren gab es zwölf Stufen mit Zylinderleistungen von 20 bis 150 PS, bei den Zweizylinderanlagen waren es elf mit Leistungen bis 300 PS. Ein Vorteil der engen Abstufung war, daß die Hauptabmessungen der

Bild 337. Güldner-Dieselmotor von 1910
Einzelne Motoren dieser schweren, soliden Bauart haben nahezu ein halbes Jahrhundert ihren Dienst getan

Gasmotoren, Zylinderdurchmesser und Kolbenhub, für die Dieselmotoren übernommen werden konnten, jedoch so, daß ein Dieselmotor bei gleichen Hauptabmessungen in die nächsthöhere Leistungsstufe eingereiht wurde. So konnten Modelle, Werkzeuge und Vorrichtungen gespart werden.

Neue Bauelemente brauchte GÜLDNER bei den Dieselmotoren nicht einzuführen. Da nur stehende ortfeste Anlagen gebaut wurden, konnte man für alle Einzelheiten bekannte Konstruktionselemente verwenden. Die Einblaseluft wurde nach der ersten und der zweiten Stufe gekühlt; damit war die Gefahr von Schmierölexplosionen beseitigt. Das Brennstoffventil wurde mit dem Plattenzerstäuber versehen, der DIESELs Siebzerstäuber ersetzt hatte. Die Brennstoffpumpe wurde von der mit halber Drehzahl umlaufenden Nockenwelle angetrieben, die Fördermenge durch den Regler kontrolliert, der den Förderhub der Pumpe durch Öffnen eines Ventils in der Druckleitung unterbrach. Die Motoren waren schwer und solide gebaut; auf das Gewicht wurde keine Rücksicht genommen. Auch liefen die Motoren verhältnismäßig langsam; eine mittlere Kolbengeschwindigkeit von 4 m/sec wurde kaum überschritten. So erwarben sich die Güldner-Motoren bald den Ruf, besonders betriebssicher und verschleißfest zu sein. Einzelne aus jener Zeit stammende Anlagen sind bis in die Gegenwart hinein in Betrieb gewesen.

Bis 1914 sind auch vereinzelt Drei- und Vierzylindermaschinen mit Leistungen bis zu 700 PS gebaut worden. Heute stellen die zum Linde-Konzern gehörenden Güldner-Motoren-Werke vorwiegend kleinere raschlaufende luft- oder wassergekühlte Dieselmotoren für Straßen- und Ackerschlepper, als Antrieb für Baumaschinen aller Art sowie als Bootsmotoren und ortfeste Motoren für gewerbliche Zwecke her.

XXXI. Der Motorenbau der Benz-Werke in Mannheim (1903—1918)

Als FRITZ HAMMESFAHR (S. 276) 1904 die Leitung der Firma „Benz & Cie., Rheinische Gasmotoren-Fabrik A.G." übernahm, stand es mit der Gesellschaft nicht zum besten. KARL BENZ war im April 1903 ausgeschieden; sein kaufmännischer Kollege JULIUS GANSS war ihm 1904 gefolgt, da auch er bei aller Tüchtigkeit einen schweren finanziellen Verlust nicht hatte abwenden können. HAMMESFAHR trug jetzt allein die Verantwortung.

Er versuchte es zunächst mit einer Vereinfachung des umfangreichen Bauprogramms. Statt der sechs verschiedenen Typen sollte es nur noch zwei geben, die Typen

Bild 338. Generatorgas-Motor Type „F" der Rheinischen Gasmotoren Fabrik Benz & Cie., Mannheim (1904)

Der Motor, in den Grundzügen ebenso aufgebaut wie OTTOS erster Viertaktmotor von 1876 (Bild 18), wurde in 15 Leistungsstufen von 16 bis 250 PS hergestellt. Gegenüber der Konkurrenz der Deutzer Gasmotoren konnte er sich nicht behaupten

„F" und „C". Bild 338 zeigt das eine dieser beiden Baumuster. Es wurde in nicht weniger als 15 Leistungsgrößen entwickelt, von 16 bis 250 PS. Um nicht zuviele verschiedene Modelle zu erhalten, faßte man je drei Leistungen in der Weise zusammen, daß nur die Durchmesser der Zylinder verändert wurden, der Kolbenhub aber innerhalb einer Gruppe der gleiche blieb. Dadurch wurde an Herstellungskosten gespart. Auch die verbesserte „C"-Type schien sich anfänglich gut einzuführen. Aber die Belebung des Geschäftes hielt nicht lange vor. Der Absatz, der 1906 noch leidlich befriedigte, erreichte 1908 seinen Tiefstand. Da man inzwischen auf dem 1899 erworbenen Gelände eine Fabrik für Kraftfahrzeuge errichtet und den Kraftfahrzeugbau dorthin verlegt hatte, war das alte Fabrikgelände nicht mehr ausgenutzt. HAMMESFAHR erwog jetzt, den Bau ortfester Motoren aufzugeben und das Gelände zu verkaufen. In dieser mißlichen Lage fand er den Mann, der es verstand, das Geschick zu wenden. Es war PROSPER L'ORANGE, der sich durch die Erfindung des Vorkammerverfahrens einen Namen gemacht hat (S. 610).

L'ORANGE, der am 18. Februar 1876 in Beirut das Licht der Welt erblickt hat, entstammte einer südfranzösischen Hugenottenfamilie. Im Alter von zwölf Jahren kam er nach Deutschland, wo er seine technische Ausbildung auf der Charlottenburger Hochschule erhielt, an der er 1900 die Diplomprüfung ablegte. 1904 trat er in die Dienste der Gasmotoren-Fabrik Deutz, durch deren Schule auch GOTTLIEB DAIMLER und WILHELM MAYBACH gegangen sind. Hier wurde er zunächst als Versuchsingenieur an Großgasmaschinen beschäftigt, um nach längerem Außendienst die Leitung des Versuchsstandes zu übernehmen. In dieser Stellung bot sich ihm reiche Gelegenheit, seine Kenntnisse auf dem Gebiet des Verbrennungsmotorenbaues zu erweitern. Am 1. Oktober 1908 trat L'ORANGE als Oberingenieur bei Benz & Cie. ein. Schon 1912 wurde er zum Vorstandsmitglied bestellt.

In die erste Zeit seiner Tätigkeit fällt die Erfindung des Vorkammerverfahrens, die durch das DRP 230517 geschützt wurde (S. 611). Freilich gelang es erst nach dem Krieg, das Verfahren brauchbar zu machen.

Im Jahr 1922 wurde der Bau ortfester Motoren von der Firma Benz & Cie. abgetrennt. Der neuen Firma gab man den Namen „Motoren-Werke Mannheim A.G." mit dem Zusatz „vorm. Benz Abt. Stationärer Motorenbau", den sie heute noch trägt. L'ORANGE wurde ihr technischer Leiter.

Als die Folgen der Inflation von 1923 der Fortsetzung seiner Entwicklungsarbeiten Schwierigkeiten machten, entschloß L'ORANGE sich 1925, aus den Motoren-Werken Mannheim auszuscheiden, um sich ganz seinen Forschungsarbeiten, insbesondere der Entwicklung von Einspritzgeräten zu widmen. Das von ihm in Stuttgart gegründete Werk hat auf diesem Gebiet Hervorragendes geleistet. Am 30. Juni 1939 starb PROSPER L'ORANGE, 63 Jahre alt. Seine Lebensarbeit wurde von seinem Sohn RUDOLF L'ORANGE erfolgreich fortgesetzt.

Die von L'Orange konstruierten Kleinmotoren

Die Konjunktur war damals dem Absatz mittelgroßer Gasmotoren, die man bei Benz bis dahin vorzugsweise gebaut hatte, nicht günstig. Die Konkurrenz des Dieselmotors machte sich sehr bemerkbar. Als L'ORANGE dies erkannt hatte, verlegte er den Schwerpunkt auf die Fabrikation von Kleinmotoren für gewerbliche Zwecke, ein Gebiet, auf das der Dieselmotor zunächst nicht folgen konnte, weil der Einblaseluftkompressor zu winzige Abmessungen erhalten hätte. Der erste von L'ORANGE konstruierte Motor war liegend; er wurde mit Leistungen von 6 bis 12 PS geliefert und fand guten

Absatz. Ebenso wurde ein kleiner stehender Motor, der die Typenbezeichnung „P" erhielt, gern gekauft. Mit Sorgfalt wurde alles vermieden, was die Herstellung verteuert hätte. Zylinderlaufbuchse, Kühlwassermantel und oberer Teil des Kurbelgehäuses waren aus einem einzigen Gußstück hergestellt. Einlaß- und Auspuffventil wurden unmittelbar, ohne Ventilkörbe, in den Zylinderkopf gesetzt. Als Zündvorrichtung diente die magnetelektrische Abreißzündung. Den Abreißhebel hatte man bisher durch Nocken auf der Steuerwelle und ein nicht ganz einfaches Gestänge betätigt; das vertrug der Verkaufspreis nicht. L'ORANGE verlegte die Abreißvorrichtung in das Zylinderinnere und stieß den Abreißhebel durch eine Nase an, die er auf den Kolben setzte. Kurz bevor der Kolben seinen oberen Totpunkt erreichte, berührte die Nase den Hebel, so daß der Zündfunke übersprang. Da die Motoren für den Betrieb mit verschiedenen Brennstoffen, wie Benzin, Benzol, Petroleum u. a., brauchbar sein sollten, von denen jeder ein etwas anderes Verdichtungsverhältnis erforderte, versah L'ORANGE die Kolben der Kleinmotoren mit zwei Nasen, einer hohen für niedrige und einer niedrigen für hohe Verdichtung. Mit zwei verschieden hohen Verdichtungen konnte er der Zündwilligkeit des Brennstoffs entsprechen. Je nach der Zündneigung des Brennstoffs wurde der Kolben um 180° um seine vertikale Achse gedreht eingebaut. Als sich später zeigte, daß die an den Kolbenboden angegossene Nase die Stöße auf den Abreißhebel nicht vertrug, ersetzte L'ORANGE sie durch eine in den Kolbenboden eingepaßte Kopfschraube, deren Länge nach dem gewünschten Verdichtungsverhältnis abgestimmt wurde. So konnten die Kolben mit ebenen Böden ausgeführt werden, was die Herstellung vereinfachte.

Die „P"-Motoren wurden in Leistungsstufen von 2, 4, 6 und 8 PS gebaut. Es waren sehr solide Kleinmotoren, die ungewöhnlich langsam liefen; die mittlere Kolbengeschwindigkeit lag bei nur 2 bis 2,4 m/sec, während man damals schon ortfeste Motoren mit doppelt so hohen Kolbengeschwindigkeiten baute. So erwarben sich diese Fabrikate rasch den Ruf, betriebssicher und dauerhaft zu sein, was ihren Absatz förderte. Sie wurden auch für den Betrieb mit Naphthalin eingerichtet, einem Kohlenwasserstoff, der bei Zimmertemperatur fest ist und bei 80°C schmilzt. Bild 339 zeigt einen Kleinmotor für Betrieb mit Naphthalin und die Vorrichtung zum Verflüssigen des Naphthalin. Da der Motor im kalten Zustand mit diesem Brennstoff nicht angelassen werden konnte, wurde zum Anfahren Benzin benutzt und erst dann auf Naphthalin umgeschaltet, wenn dieses flüssig geworden war.

Der „P"-Motor kam Ende 1909 auf den Markt. Wegen seiner Zuverlässigkeit und seines niedrigen Preises wurde er viel ge-

Bild 339

Stehender Kleinmotor von Benz & Cie., Type „P", für den Betrieb mit Naphthalin (1910)

Unter der Haube a ist der durch die Auspuffleitung b beheizte Verflüssiger für das Naphthalin angeordnet. Das Rohr c stützt ihn gegen das Fundament ab

kauft. Im Jahr 1910 wurden 638 Motoren abgesetzt, 1911 waren es 1735. Die meisten Motoren gingen nach Rußland, das einen großen Bedarf an Kleingewerbemotoren hatte. Die Fabrikation nahm einen so großen Umfang an, daß man in der Geschäftsleitung jetzt nicht mehr daran dachte, den Bau ortfester Motoren einzustellen. Bald wurden auch die Leistungen bis auf 80 PS in der Mehrzylinderbauart gesteigert.

Die Dieselmotoren der Benz-Werke

Die Entwicklung des Dieselmotors hatte man auch in Mannheim aufmerksam verfolgt. Da man sich zu einer Lizenznahme nicht hatte entschließen wollen, konnte erst 1908 mit den Arbeiten am Dieselmotor begonnen werden, als das zweite Dieselpatent abgelaufen war. Der Dieselmotor war inzwischen durch die MAN, Deutz und andere Firmen zu Normalbauarten entwickelt, die keine wesentlichen Schwierigkeiten mehr boten. Man wählte in Mannheim die gewöhnliche stehende Bauart mit A-Gestell und zweistufigem Einblaseluftkompressor. Der erste Dieselmotor, der von Benz & Cie. gebaut worden ist, leistete bei 415 mm Zylinderdurchmesser und 120 U/min 50 PS. Bald konnten auch Motoren mit Zylinderleistungen von 25, 40, 60 und 70 PS angeboten werden. Da alle Motoren mit 1 bis 4 Zylindern hergestellt wurden, erstreckte

Bild 340. Der größte bis 1914 von Benz & Cie. gebaute Dieselmotor von 280 PS Leistung
Am vorderen Kurbelwellenende ist der zweistufige liegende Einblaseluftkompressor angeordnet

Prosper L'Orange
1876–1939

sich der Leistungsbereich von 25 bis 280 PS. Bild 340 zeigt den größten von Benz damals gebauten Dieselmotor, der 280 PS leistete. Der zweistufige Einblaseluftkompressor war liegend am vorderen Kurbelwellenende angeordnet.

Schiffsdieselmotoren System Benz-Hesselman

Um auch Dieselmotoren für den Antrieb von Schiffen anbieten zu können, erwarben die Benz-Werke im Frühjahr 1910 die Lizenz des schwedischen Ingenieurs HESSELMAN, welcher Schutzrechte auf ein eigentümliches Umsteuerverfahren besaß. Das Umsteuerproblem, das dem Dieselmotorenbau anfänglich Schwierigkeiten gemacht hat, war inzwischen gelöst worden, aber die Verfahren waren patentiert und durften von Dritten nicht benutzt werden. Bei der Umsteuerung nach HESSELMAN wurden die Spülpumpen — es handelte sich um eine Zweitaktmaschine — als Druckluftmotoren zum Anlassen der Maschine in der einen oder der anderen Drehrichtung benutzt. Der Motor hatte zwei doppeltwirkende Spülpumpenzylinder mit Kurbeln unter 90°; die niedriggespannte Anfahrluft wurde durch Kolbenschieber gesteuert, die ihren Antrieb von einer Exzenterwelle erhielten. Die Schieber wurden wie die Schieber einer Kolbendampfmaschine in ihrer Stellung relativ zur Kurbelwelle verschoben, wenn umgesteuert werden sollte. Während des Anfahrens wirkten die Spülpumpen als Druckluftmotoren; nach dem Umschalten auf Brennstoff arbeiteten sie als Luftpumpen zur Beschaffung der Spülluft. Die Kolben der beiden zweistufigen Einblaseluftkompressoren, die oberhalb der Spülpumpen angeordnet waren, bildeten mit den Spülpumpenkolben ein einziges Gußstück.

Bild 341. Vierzylindriger Zweitakt-Schiffsdieselmotor, System Benz-Hesselman (1910)
Die beiden im Vordergrund links hinter den Steuerungsteilen liegenden Spülpumpen- und Kompressorzylinder a dienten beim Anlassen und Umsteuern als Kolbendruckluftmotoren. b Brennstoffpumpen, von der Exzenterwelle c angetrieben; d Hebel zum Verschieben der Welle c; e Steuerwelle der Brennstoffventile f
Das Motorschiff „Fram", mit welchem AMUNDSEN 1911 seine Antarktisexpedition ausführte, war mit diesem Motor ausgerüstet

39 Sass, Geschichte

Bild 341 zeigt den Benz-Hesselman-Motor. Im Vordergrund sind die beiden Kompressor-Spülpumpenzylinder *a* sichtbar, davor das umständliche Steuerungsgestänge mit vier Handhebeln und mehreren Handrädern. Vor den Zylinderköpfen der Einblasekompressoren liegen die vier Brennstoffpumpen *b*, die durch die Exzenterwelle *c* angetrieben wurden. Diese wurde zum Umsteuern durch den großen Handhebel *d* axial verschoben. Die höher liegende, in Konsolen gelagerte Steuerwelle *e* betätigte die Brennstoffeinspritzventile *f*, die mit Plattenzerstäubern versehen waren. Der Arbeitskolben steuerte die Spül- und Auspuffschlitze.

Trotz ihrer verwickelten Manövriereinrichtung haben sich diese Motoren als völlig betriebssicher erwiesen. Das Motorschiff „Fram", mit welchem AMUNDSEN 1911 seine Forschungsreise nach dem Südpol machte, war mit diesem Motor ausgerüstet. Das Schiff war sechs Monate unterwegs, ohne einen Hafen anzulaufen, so daß man im Fall einer größeren Havarie keine Möglichkeit gehabt hätte, eine Reparatur auszuführen. Aber es gab keine Betriebsstörung.

Die Erfindung des Vorkammerverfahrens

Die Benz-Werke verdankten PROSPER L'ORANGE die Überwindung der wirtschaftlichen Krise, in der sich ihre Abteilung Stationärer Motorenbau in den Jahren nach 1900 befand. Die Technik verdankt ihm mehr: die Erfindung des Vorkammerverfahrens.

Die Veranlassung, sich mit dem Problem der Brennstoffeinspritzung zu beschäftigen, war für L'ORANGE dieselbe wie für HASELWANDER, BRONS, die Gasmotoren-Fabrik Deutz und andere: der Einblaseluftkompressor, diese lästige Beigabe des Dieselverfahrens, sollte verschwinden. Schon während seiner Tätigkeit in Deutz hatte L'ORANGE sich die Aufgabe gestellt; dort war er mit Versuchen beschäftigt gewesen, die dasselbe Ziel hatten. Über seine Erfindung schreibt L'ORANGE in seinem Buch[81]:

> Anfang 1909 begann ich bei der Firma Benz & Cie. in Mannheim, diesmal mit eigenen Rechten an meinen Erfindungen, die Versuche zur Konstruktion eines kompressorlosen Dieselmotors, bei dem ein Schritt weitergegangen und auch die Verbrennungsvorgänge in der Kammer selbst durch die Regelung der Brennstoffzufuhr beherrscht werden sollten.
>
> In der Kammer sollte jetzt keine Explosion mehr entstehen, was bei dem vorigen Verfahren gerade erstrebt worden war, sondern nur eine allmähliche Verbrennung, durch die der Druck in der Kammer nur um so viel über den Druck im Arbeitsraum gebracht werden sollte, daß die nötige Zerstäubungsenergie bei dem Hereinblasen in den Arbeitsraum zustande kam.

Im März 1909 meldete L'ORANGE die Erfindung zum Patent an. Die Patentschrift wurde am 1. Februar 1911 ausgegeben und erhielt die Nr. 230517 und das Datum des 14. März 1909. Das Patent lautet auf den Firmennamen „Benz & Cie. Rheinische Gasmotorenfabrik Akt.-Ges." in Mannheim und beschreibt eine „Verbrennungskraftmaschine für flüssige Brennstoffe". Der einzige Anspruch hat den Wortlaut:

> Verbrennungskraftmaschine für flüssige Brennstoffe, bei welcher der Brennstoff sofort beim Eintritt in die Maschine verbrennt, dadurch gekennzeichnet, daß der flüssige Brennstoff durch eine heiße Kammer gespritzt wird, wobei er teilweise vollkommen verbrennt, teilweise sich zersetzt und teilweise verdampft und durch diese Umsetzungen auf dem Wege durch die Kammer den Druck in derselben über den Druck im Arbeitsraume des Zylinders erhöht, wodurch mit dem Brennstoff zugleich während der ganzen Durchtrittsdauer Gase und Dämpfe in den Zylinder strömen und dabei den Brennstoff zerstäuben.

Die der Patentschrift beigefügte Skizze ist in Bild 342 wiedergegeben. *A* ist die Vorkammer, *B* der Hauptbrennraum, im Text der Patentschrift „Arbeitsraum" genannt.

Die heute über ein halbes Jahrhundert alte Patentschrift beschreibt die Vorgänge in der Vorkammer völlig richtig, und zwar zu einer Zeit, als man von den Zünd- und Verbrennungsvorgängen in Motoren noch ziemlich unklare Vorstellungen hatte.

Die Verwirklichung der Erfindung stieß auf unerwartete Schwierigkeiten. L'ORANGE versuchte es zunächst mit einer Vorkammer nach Bild 343. Mit dieser gelang zwar, wie L'ORANGE berichtet, „zuletzt ein Dauerbetrieb, der 8 Tage und Nächte durchgeführt wurde und bei dem der Verbrauch etwa 245 g/PS. std betrug". Aber die Düse war durch Bildung von Ölkoks stark zugewachsen.

Im Archiv der Motoren-Werke Mannheim befinden sich mehrere andere Skizzen von Vorkammeranordnungen, die vermutlich von L'ORANGE angefertigt worden sind. Zwei sind in Bild 344 wiedergegeben; ob sie ausgeführt worden sind, ist nicht bekannt. Die Anordnung Bild 344 (links) ist keine eigentliche Vorkammer, da der Brennstoff nicht *durch* die Kammer gespritzt wird; wir bezeichnen sie heute als Nachkammer. Der Brennstoffstrahl trifft auf die ständig in der Flamme liegende „Brause" c, an der er, was man nicht vorausgesehen hatte, verkoken muß. Bei der Anordnung nach Bild 344 (rechts) trifft der Brennstoffstrahl auf den gekühlten Teil der Vorkammerwand, an der er sich niederschlägt. Beide Anordnungen mußten ver-

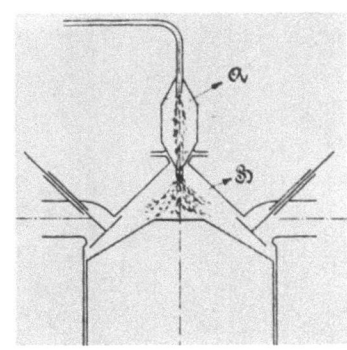

Bild 342
L'ORANGE's Vorkammer nach der Patentschrift 230517 vom 14. März 1909
A Vorkammer; B Hauptbrennraum

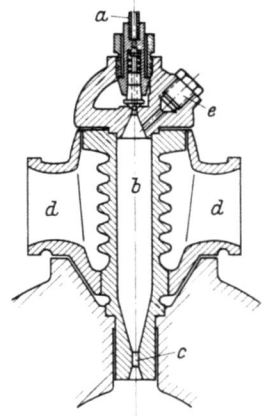

Bild 343. L'ORANGE's erste Versuchs-Vorkammer (1909)
Der Brennstoff wird durch die Leitung a in die mit Rippen versehene Vorkammer b gespritzt, wo er zündet und teilweise verbrennt. Durch den in b entstehenden Überdruck wird der noch nicht verbrannte Brennstoffteil durch die Bohrung c in den darunterliegenden Hauptbrennraum getrieben. Die Öffnungen d in der Verschalung dienen zum Anwärmen des Rippenkörpers vor dem Anlassen. e ist eine Indizierbohrung zum Messen des Druckes in der Vorkammer. Die Konstruktion bewährte sich nicht, da die untere Bohrung sich durch Koksbildung rasch zusetzte

sagen, denn sie erfüllten nicht die Bedingung, daß der Körper, mit dem der Brennstoffstrahl in Berührung kommt, weder zu heiß noch zu kalt sein darf. Ist er zu heiß, so verkokt der Brennstoff; ist er zu kalt, so kondensiert er. In beiden Fällen ist ein Dauerbetrieb unmöglich. Um das zu erkennen hat man ein Jahrzehnt gebraucht.

Weder L'ORANGE noch seine Firma sind sich anfänglich über den Wert des DRP 230517 im klaren gewesen. Offenbar enttäuscht von dem sich immer wiederholenden Verstopfen der Düsenbohrungen durch Ölkoks brach man die Versuche mit dem Vorkammermotor 1911 ab. L'ORANGE, mit der Umorganisation der Abteilung Motorenbau beauftragt, konnte sich — so berichtet er — mit den Versuchen nicht mehr so eingehend beschäftigen, wie es erforderlich gewesen wäre. Neukonstruktionen, die in den Jahren nach 1911 zu einer Vervielfachung des Umsatzes führten, nahmen ihn voll in Anspruch. Als man ihn 1914 zum Kriegsdienst eingezogen hatte, ließ die Firma 1915 das DRP 230 517 fallen, indem sie die Patentgebühren nicht mehr einzahlte.

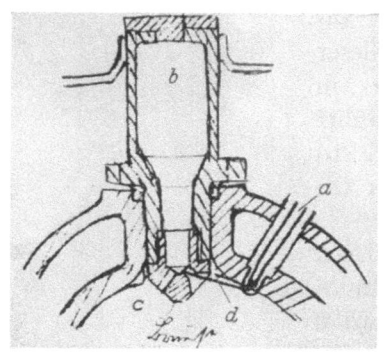 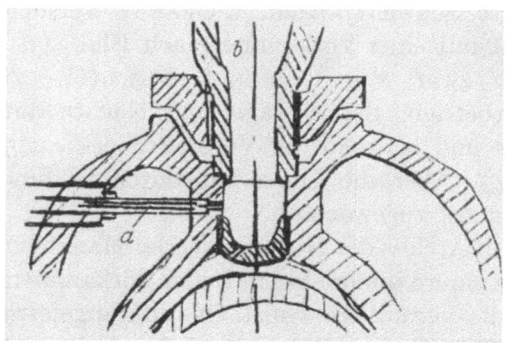

Bild 344. Skizzen von Vorkammern, wahrscheinlich von L'ORANGE entworfen (1910)

Linkes Bild: Der Brennstoff spritzt aus der Düse a gegen die Bohrungen der „Brause" c, welche die Vorkammer b unten abschließt. Linie d deutet die Achse des Brennstoffstrahles an. Die Vorkammer ist oben verschlossen

Rechtes Bild: Der Brennstoff wird durch die Düse a senkrecht zur Achse der Vorkammer b eingespritzt. Oben ist die Vorkammer verschlossen.

Während des Krieges 1914/18 hat sich der schwedische Ingenieur H. LEISSNER, der bei den Svenska Maskinverken in Södertälje arbeitete, unabhängig von L'ORANGE mit dem Problem der Vorkammerzerstäubung beschäftigt. Im Februar 1914 hatte er das deutsche Patent 287 912 auf eine Vorkammer erhalten, mit der er ein vollständiges Austreiben des eingespritzten Brennstoffs zu erreichen hoffte. Bedeutung hat das auf den Namen der Ljusne Woxna A. B. lautende DRP 302 239 (1917) erlangt, das eine Vorkammer besonderer Art schützte. Bild 345 erläutert die Wirkungsweise, wie LEISSNER sie sich vorstellte.

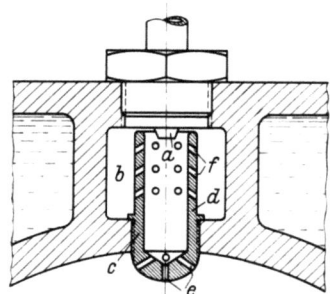

Bild 345. Vorkammer der Ljusne Woxna A. B. (H. LEISSNER) (1917)

a Brennstoffdüse; b Vorkammer; c Zündeinsatz mit in die Vorkammer hineinragendem Kragen d; e Bohrungen im Boden des Zündeinsatzes; f Bohrungen in d

Der Kragen d, obwohl aus Stahl, verbrannte in der hohen Temperatur der Vorkammer. Der Motor lief aber auch ohne den Kragen gut

a bezeichnet die Düse, durch welche der Brennstoff in den zentral im Zylinderkopf liegenden, von wassergekühlten Wänden eingeschlossenen Vorkammerraum b gespritzt wird. Dieser wird durch den Zündeinsatz c, auch Zünder genannt, mit Kragen d in einen inneren Vorkammerteil, der ganz innerhalb des Zündeinsatzes liegt, und einen äußeren Teil zerlegt, der ringförmig den Zündeinsatz umgibt. Von dem im oberen Totpunkt des Kolbens eingespritzten Brennstoff kann zunächst nur so viel verbrennen, wie der im Zündeinsatz vorhandene Sauerstoff zuläßt. Dadurch entsteht im Einsatz eine Drucksteigerung, so daß ein Teil des übriggebliebenen Brennstoffs durch die Bohrungen e in den Hauptbrennraum, ein anderer durch die Bohrungen f in den den Zünder umgebenden Ringraum geschleudert wird. In diesem, so glaubte LEISSNER, muß eine weitere Drucksteigerung stattfinden, die zur Folge hat, daß die Strömungsrichtung des Dampf-Gas-Gemisches sich umkehrt, wobei jetzt der noch innerhalb des Einsatzes c befindliche Brennstoff durch die Bohrungen e restlos in den Hauptbrennraum gedrängt wird.

Daß die Vorgänge in der Vorkammer sich so abgespielt haben, wie die Patentschrift es ausführt, war natürlich nicht nachweisbar, aber die Motoren liefen gut, wovon der Verfasser sich damals auf dem Prüffeld der Herstellerfirma hat überzeugen können. Sie liefen auch dann unverändert gut, wenn der Kragen d, der ungekühlt in die Vorkammer hineinragte, infolge der hohen Temperatur bis auf wenige Zacken abgebrannt war. Die Unterteilung der Vorkammer hatte sich damit als überflüssig erwiesen.

L'ORANGE berichtet, daß er Ende 1918 von den Ljusne-Woxna-Motoren gehört und eine dieser Maschinen auf seinem Prüffeld untersucht habe. Erst jetzt erkannte er die Brauchbarkeit des Vorkammerverfahrens. LEISSNERs Motor hatte jedoch eine Schwäche: die Temperatur des Einsatzes, der ohne den Kragen d etwa die Form des Zündeinsatzes in Bild 344 (rechtes Bild) angenommen hatte, konnte nicht beeinflußt werden. Sie durfte nicht zu hoch sein, sonst setzten sich die Bohrungen e (Bild 345) durch Ölkoksbildung zu, und nicht zu niedrig, denn dann gab es Zündungsaussetzer. Diese Schwierigkeit hat L'ORANGE durch eine Konstruktion des Zündeinsatzes beseitigt, die den Benz-Werken durch das DRP 397142 vom 18. März 1919 geschützt wurde. Erst diese wertvolle Erfindung hat das Vorkammerverfahren lebensfähig gemacht.

Bild 346 zeigt die Lösung der Aufgabe, den Zündeinsatz auf der richtigen Temperatur zu halten. Die Düse a spritzt den Brennstoff durch die von Kühlwasser umgebene

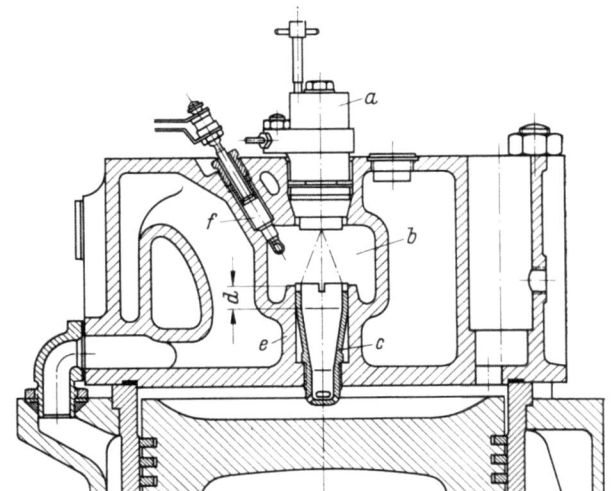

Bild 346. L'ORANGE's Vorkammer nach DRP 397142 vom 18. März 1919
Durch entsprechende Bemessung der Breite d des Kragenrandes, mit welcher dieser sich gegen die vom Kühlwasser berührte Wand e legt, konnte die Temperatur des Zündeinsatzes c auf richtiger Höhe gehalten werden, so daß die Vorkammerbohrungen sich nicht mehr durch Ölkoks verstopften
a Brennstoffventil; b Vorkammer; f Glühspirale zum Anwärmen der Vorkammer
Diese Erfindung hat den Vorkammermotor lebensfähig gemacht

Vorkammer b in den nach oben sich trichterförmig erweiternden Zündeinsatz c; dabei ist der Kegelwinkel des Brennstoffstrahles so bemessen, daß der Brennstoff in den Einsatz und auf seinen Rand, nicht aber auf gekühlte Teile der Vorkammerwand trifft, an denen er kondensieren könnte. Dem Kegelwinkel eine bestimmte Größe zu geben hat man durch die Ausführung der Düsenbohrung in der Hand. Der Einsatz ist, wie Bild 346 zeigt, in den Boden des Zylinderkopfes eingeschraubt. Sein oberer zylindrischer Kragenrand legt sich fest gegen die gekühlte Wand. Die in Achsenrichtung gemessene Breite d des Kragenrandes, welcher kühlend wirkt, wird so abgestimmt, daß der Einsatz nicht hellrotglühend werden kann und nicht zu kalt wird. Wenn Einsätze mit verschieden breitem Kühlrand vorbereitet sind, kann die passende Kragenweite d durch den Versuch in kurzer Zeit gefunden werden.

Der Motor arbeitet wie der Dieselmotor mit Verdichtungszündung. Beim Anlassen des Motors aus kaltem Zustand würde die Verdichtungswärme nicht zur sicheren Zündung ausreichen, da Vorkammerwand und Einsatz noch kalt sind. Hierfür ist (bei modernen Vorkammermotoren) eine Glühspirale f vorgesehen, die, von einer Batterie gespeist, einige Minuten vor dem Anlassen eingeschaltet wird und die Luft in der Vorkammer so weit erwärmt, daß der Motor beim Anspringen sicher zündet. Als L'ORANGE seine Erfindung machte, gab es diese bequeme Vorrichtung noch nicht; er behalf sich mit einer kleinen Rolle salpetergetränkten Fließpapiers, das mit einem Streichholz entzündet und durch einen Knebel rasch in den Vorkammerraum eingeführt wurde. Der Salpeter hielt das Papier eine Weile glimmend. Diese Vorrichtung hatte man schon bei den Glühkopfmotoren benutzt.

Erst L'ORANGEs temperaturabgestimmter Zündeinsatz hat den Vorkammermotor zu einer betriebssicheren Maschine gemacht. Seine 1908 begonnenen Versuche hatten keinen Erfolg, weil es ihm zunächst nicht gelang, die Temperatur des Zündeinsatzes zu beherrschen. So ließ die Firma das Grundpatent 230517 im Jahr 1915 fallen. Erst Anfang 1919 zeigten die Versuche mit LEISSNERs Motor, wie wertvoll das Patent war. Da eine behördliche Bestimmung ermöglichte, Patente, die wegen des Krieges 1914/18 nicht hatten ausgenutzt werden können, wieder in Kraft zu setzen, konnte die Löschung 1921 rückgängig gemacht werden. Inzwischen hatten mehrere deutsche Firmen die Fabrikation von Vorkammermaschinen nach dem DRP 230517 aufgenommen, wozu sie berechtigt waren, da das Patent als erloschen galt. Durch die Wiederinkraftsetzung des Patentes sahen sich diese Firmen in die seltsame Lage versetzt, in Prozessen, die gegen sie angestrengt wurden, wegen einer Verletzung belangt zu werden, die keine Verletzung war, als sie die angegriffenen Maschinen bauten. An diesen unklaren Streitigkeiten hat PROSPER L'ORANGE, wie sein Sohn dem Verfasser mitgeteilt hat, sich nicht beteiligt.

Die Fahrzeugmotoren der Benz-Werke

Wenn auch die ortfesten Motoren das Hauptarbeitsgebiet der Benz-Werke geworden waren, so wollte man doch den Bau von Wagenmotoren nicht ganz aufgeben. Von KARL BENZ' schwerem liegenden Wagenmotor war freilich ein größerer Absatz nicht zu erhoffen; zu deutlich hatte sich gezeigt, daß der unbeholfene Motor (Bild 55, S. 116), dessen Leistungsgewicht nicht unter 40 kg/PS gesenkt werden konnte, mit WILHELM MAYBACHs eleganten Konstruktionen nicht konkurrieren konnte. Auch der „Contra"-Motor (Bild 134, S. 268) brachte es zu keinen größeren Stückzahlen; die Käufer lehnten den liegenden Motor ab. So hatte BENZ sich unmutig von der von ihm gegründeten Firma getrennt. Sein Nachfolger HAMMESFAHR tat den Schritt, zu dem KARL BENZ sich nicht hatte entschließen können; er ging zur stehenden Bauart des Wagenmotors über, die allein die Aussicht bot, den Wettbewerb mit der Daimler-

Motoren-Gesellschaft zu bestehen. So begann man 1903 in den Benz-Werken mit der Entwicklung stehender Wagenmotoren.

Der Anfang war nicht ermutigend. Der erste Motor hatte zwei einzelne Zylinder von 100 mm Durchmesser und Abreißzündung; er sollte bei 1280 U/min 12 PS leisten. Die Konstruktion war mißglückt; man gab sie noch in demselben Jahr auf und entwickelte zwei neue Typen von 10 und 14 PS Leistung, bei denen man die beiden Zylinder nach dem Vorbild des Mercedes-Motors zu einem Gußstück vereinigte. Der „Parsifal"-Wagen, in den man die Motoren einbaute, gefiel der Kundschaft nicht. Erst als man sich Ende 1903, nach dem Ausscheiden von BENZ und GANSS, entschloß, das von WILHELM MAYBACH geschaffene Vorbild nachzuahmen, gelang es, einen Motor herauszubringen, der sich eine Reihe von Jahren auf dem Markt behauptet hat. Er war dem Maybach-Motor fast genau nachgebaut (Bild 347); auch die Einschnürung

Bild 347. 20 PS-Wagenmotor von Benz & Cie. (1903)
Die Konstruktion lehnt sich fast vollständig an das von WILHELM MAYBACH geschaffene Vorbild an. Das Modell, das bis 1908 gebaut worden ist, fand besseren Absatz als die von KARL BENZ konstruierten schweren liegenden Motoren

des Kurbelgehäuses unterhalb des mittleren Kurbelwellenlagers fehlte nicht. Die zu beiden Seiten der Zylinder angeordneten stehenden Ventile wurden durch zwei Nockenwellen gesteuert, deren Zahnradantrieb noch nicht verschalt war. Den Motor, der in den Jahren 1903 bis 1908 in zehn verschiedenen Leistungsgrößen von 14 bis 60 PS bei 1600 bis 1300 U/min gebaut wurde, suchte man allmählich zu verbessern. 1904 wurden die Zahnräder verschalt; von 1905 ab wurde das Kurbelgehäuse als glattes durchgehendes Gußstück ausgeführt; im folgenden Jahr ersetzte man die Abreißzündung, die sich für höhere Drehzahlen nicht eignete, durch die bessere und einfachere Kerzenzündung.

Erst 1908 gelang es den Benz-Werken, eine Bauart zu schaffen, die sich bis in die Gegenwart erhalten hat: den Motor mit stehenden Einlaß- und Auspuffventilen, die auf einer Zylinderseite nebeneinander angeordnet sind. Bild 348 zeigt den Längsschnitt,

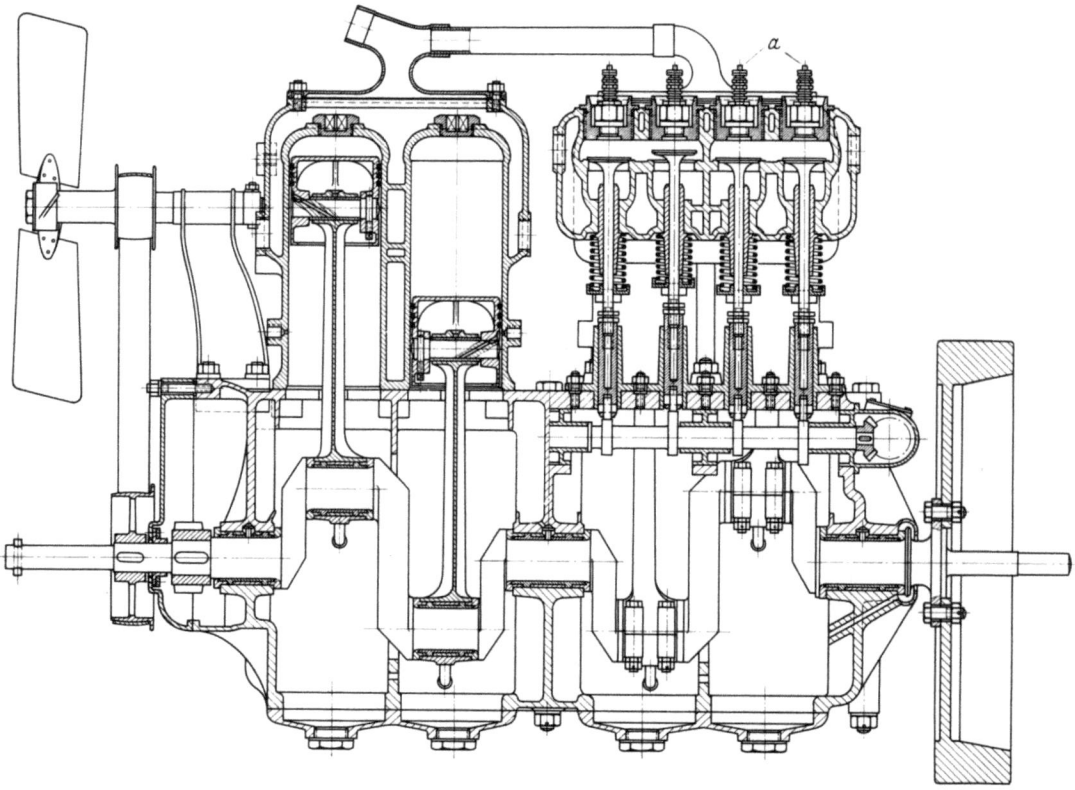

Bild 348. Längsschnitt durch den 18 PS-Benz-Motor mit auf einer Zylinderseite angeordneten stehenden Ein- und Auslaßventilen (1908)

Von den beiden Zündkerzen *a*, mit denen jeder Zylinder versehen war, ist die eine an den Magnetapparat, die andere an die Wagenbatterie angeschlossen

Bild 349 die Seitenansicht eines größeren Modells von 55 PS Leistung. Zwecks Herabsetzung des Normaldruckes der Kolbenkräfte auf die Zylinderwand war das Kurbelgetriebe geschränkt, d. h. die Zylinderachse gegenüber der Wellenachse in Richtung der oberen Hälfte der Kurbelzapfenbewegung etwas verschoben. So rückten die Zylinder dichter an die Nockenwelle, und die schädlichen seitlichen Taschen des Verbrennungsraumes, die für die Ventile erforderlich waren, wurden kleiner. 1909 gab man jedem Zylinder zwei getrennt voneinander arbeitende Zündvorrichtungen (Zündkerzen *a* in Bild 348 und 349), von denen die eine an den Magnetapparat (in Bild 349 im Vordergrund sichtbar), die andere an die Wagenbatterie angeschlossen war. Von diesem Baumuster wurden bis 1914 22 verschiedene Leistungsgrößen entwickelt.

Im Jahr 1911 gingen die Benz-Werke zur Blockbauart über, die RENAULT 1907 in Frankreich eingeführt hat. Alle Zylinder bildeten mit dem Oberteil des Kurbelgehäuses ein einziges Gußstück, was die Herstellung und Montage vereinfachte und die Längssteifigkeit des Motors erhöhte. Mit den Leistungen war man bei 100 PS angelangt.

Bild 349. Ein Benz-Motor von 1912, in der Bauart nach Bild 348

Der Motor hatte 120 mm Zyl.-Dmr. und 144 mm Hub; er leistete 55 PS bei 1500 U/min. Sein Gewicht betrug nur noch 6 kg/PS. Der Ventilantrieb ist ganz verschalt. Jeder Zylinder hatte zwei Zündkerzen a

Die Rennwagenmotoren der Firma Benz 1899 bis 1913

Die Rennerfolge einer Automobilfirma galten schon frühzeitig als Maßstab für die Leistungsfähigkeit des Werkes. Heute denkt man darüber anders; damals gab es kein besseres Propagandamittel als Weltrekorde. Wer das schnellste Fahrzeug auf die Bahn brachte, mußte auch den „besten" Motor haben.

Auch KARL BENZ hat sich anfänglich, wenn auch widerstrebend, an den Kraftwagenrennen beteiligt. Bei dem ersten Rennen, das 1894 auf der Strecke Paris–Rouen veranstaltet wurde, hatte sich unter den vierzehn Wagen, die das Ziel erreichten, ein Wagen mit einem Benz-Motor befunden, während die Daimler-Motoren-Gesellschaft mit neun Wagen viel ansehnlicher vertreten gewesen war. Das Rennen des nächsten Jahres (1895), das auf der Strecke Paris–Bordeaux–Paris ausgetragen wurde, beschickte KARL BENZ mit zwei Wagen, die beide die Probe bestanden. Der große Propagandawert, den solche Rennen hatten, stand nunmehr außer Zweifel, und so entschloß man sich doch in Mannheim, zwei Rennwagenmotoren zu entwickeln, einen Zweizylinder- und einen Vierzylindermotor, beide in der „Contra"-Bauart. Der kleinere Motor sollte 16 PS bei 1000 U/min, der größere 35 PS bei 850 U/min leisten. Der 16 PS-Rennwagen führte sich gut ein und errang mehrere erste und zweite Preise, darunter einen am 17. Juli 1900 auf der Fernfahrt Nürnberg–Bamberg–Nürnberg, auf welcher der Benz-Wagen eine Durchschnittsgeschwindigkeit von 51 km/h erreichte. Das war damals für die primitiv gebauten Wagen auf den wenig gepflegten Landstraßen eine hervorragende Leistung.

Der Vierzylinder-Contra-Motor scheint nur in einer einzigen Ausführung gebaut worden zu sein. Er soll (nach einer späteren Mitteilung des Oberingenieurs ERLE,

Mannheim) am 30. März 1900 bei 660 U/min 33 PS bei einem Benzinverbrauch von 380 g/PSh geleistet haben. Auf einem internationalen Bahnrennen, das am 29. Juli 1900 in Frankfurt am Main stattfand, erhielt der Benz-Wagen den ersten Preis.

In den Jahren nach 1900 steigerten sich die Rekorde der Rennwagen rasch. Schon 1901 erreichte der neue Mercedes-Wagen mit WILHELM MAYBACHS Motor bei dem Rennen in Nizza eine mittlere Geschwindigkeit von 86,1 km/h, und der Franzose FORNIER, Sieger auf der Fernfahrt Paris–Berlin, fuhr auf den Landstraßen eine Durchschnittsgeschwindigkeit von 71 km/h. Das war KARL BENZ zu viel; er erklärte solche Geschwindigkeiten für übertrieben, da sie den Straßenverkehr gefährdeten. So teilte er am 15. Oktober 1901 dem Aufsichtsrat mit, daß er nicht beabsichtige, sich künftig an Rennen zu beteiligen. Es müsse genügen, wenn die Firma betriebssichere und preiswerte Tourenwagen baue, um den hohen Absatz der letzten Jahre auch weiterhin zu erreichen.

Damit hatte BENZ den großen Reklamewert der Rennerfolge unterschätzt. Ein „Automobil" konnten sich damals nur wohlhabende Leute kaufen, und jeder von ihnen wollte das neueste und schnellste Modell haben, um möglichst den andern zu übertrumpfen. Die Leitung der Daimler-Motoren-Gesellschaft erkannte das, und WILHELM MAYBACH hatte seine starken Rennwagenmotoren geschaffen, die der Gesellschaft große Erfolge einbrachten. KARL BENZ wollte es nicht einsehen. Er schied lieber aus dem von ihm gegründeten Werk, als daß er gegen seine Überzeugung handelte.

Sein kaufmännischer Mitarbeiter GANSS war anderer Meinung. In der Überzeugung, daß man die Rennmode mitmachen müsse, hatte er im Herbst 1902 den französischen Ingenieur BARBAROU und mehrere Konstrukteure aus Frankreich nach Mannheim gerufen und ihnen die Aufgabe gestellt, einen dem Mercedes-Motor gleichwertigen Rennmotor von 60 PS Leistung zu konstruieren. BARBAROU baute einen Wagen mit einem kurzhubigen Vierzylindermotor von 160 mm Zylinderdurchmesser und 140 mm Hub, der konstruktiv sehr gut durchgearbeitet war, mit dem es aber nicht gelang, den Mercedes-Motor zu übertreffen. Nur einmal, bei dem Kilometerrennen von Huy im Juli 1903, erreichte BARBAROU, der die Rennen selbst fuhr, auf

Bild 350. Der von dem französischen Ingenieur BARBAROU konstruierte 60 PS-Rennwagen von Benz & Cie.

Der Wagen erreichte 1903 eine Höchstgeschwindigkeit von 119,2 km/h und übertraf damit den gleich starken Mercedes-Wagen um 3 km/h. Dies blieb sein einziger Sieg über die Mercedes-Wagen

seinem Wagen (Bild 350) eine Geschwindigkeit von 119,2 km/h, während der Mercedes-Wagen nur auf 116,1 km/h kam. Bei allen anderen Rennen blieben die Benz-Wagen unterlegen, da es nicht gelang, es den von WILHELM MAYBACH inzwischen entwickelten Rennmotoren von 90 und 120 PS gleichzutun. Daraufhin haben die Benz-Werke den Bau von Rennwagenmotoren für mehrere Jahre eingestellt, zumal da die finanzielle Lage der Firma solche kostspieligen Bauten nicht mehr erlaubte. Nur an Zuverlässigkeitsfahrten beteiligte man sich noch; bei solchen Erprobungen schnitten die solide gebauten Benz-Motoren stets gut ab.

Erst von 1907 ab, als die gebesserte Finanzlage den Bau von Rennmotoren wieder ermöglichte, hat man sich in den Benz-Werken von neuem mit dem Rennsport beschäftigt. Es war das Jahr, in welchem WILHELM MAYBACH die Daimler-Motoren-Gesellschaft verließ; die Hoffnung, daß dies die Aussicht vermehren würde, den Mercedes-Motor zu schlagen, mag für die Benz-Werke mitbestimmend gewesen sein, den Kampf von neuem aufzunehmen. BARBAROU war jetzt nicht mehr bei den Benz-Werken tätig, aber man hielt sich zunächst an sein Vorbild. Nacheinander wurden drei Rennwagenmotoren entwickelt mit Leistungen von 50, 60 und 80 PS; erst der dritte dieser Motoren befriedigte. Mit ihm gelang es, den Wagen mit dem 90 PS-Mercedes-Motor wiederholt zu schlagen.

Im Jahr 1908 änderte die Firma bei ihren Rennwagenmotoren die Form des Brennraumes, indem sie zur Bauart mit hängenden Ventilen überging, die es ermöglichen, dem Brennraum eine mehr geschlossene Form zu geben. In rascher Folge wurden drei Rennmotoren von 120, 150 und 200 PS entwickelt, von denen der größte (Bild 351) in Fachkreisen berühmt wurde. Der Zylinderdurchmesser betrug 185 mm,

Bild 351. Der Vierzylinder-200 PS-Rennwagenmotor von Benz & Cie. (1909)
c, d Stoßstangen und Kipphebel für Auspuffventile, *e, f* für Einlaßventile; *h* Magnete; *i* Zündkerzen; *k* Kühlwasserzuleitung

Der von diesem Motor angetriebene Wagen überschritt im November 1909 zum erstenmal die Geschwindigkeitsgrenze von 200 km/h. Er hat länger als ein Jahrzehnt den Weltrekord von 228,1 km/h gehalten

der Hub 200 mm. Seine Höchstleistung gab dieser bemerkenswerte Motor bei 1600 U/min.

Die Schnittzeichnung (Bild 352) zeigt Einzelheiten des Aufbaues. Trotz des großen Durchmessers hatten die Zylinder nur je ein Einlaß- und ein Auspuffventil, deren Durchmesser 100 mm betrug. Während das Auspuffventil a (Bild 352) mit kegeligem Sitz dichtete, war das Einlaßventil b ein Doppelsitzventil mit drei ebenen

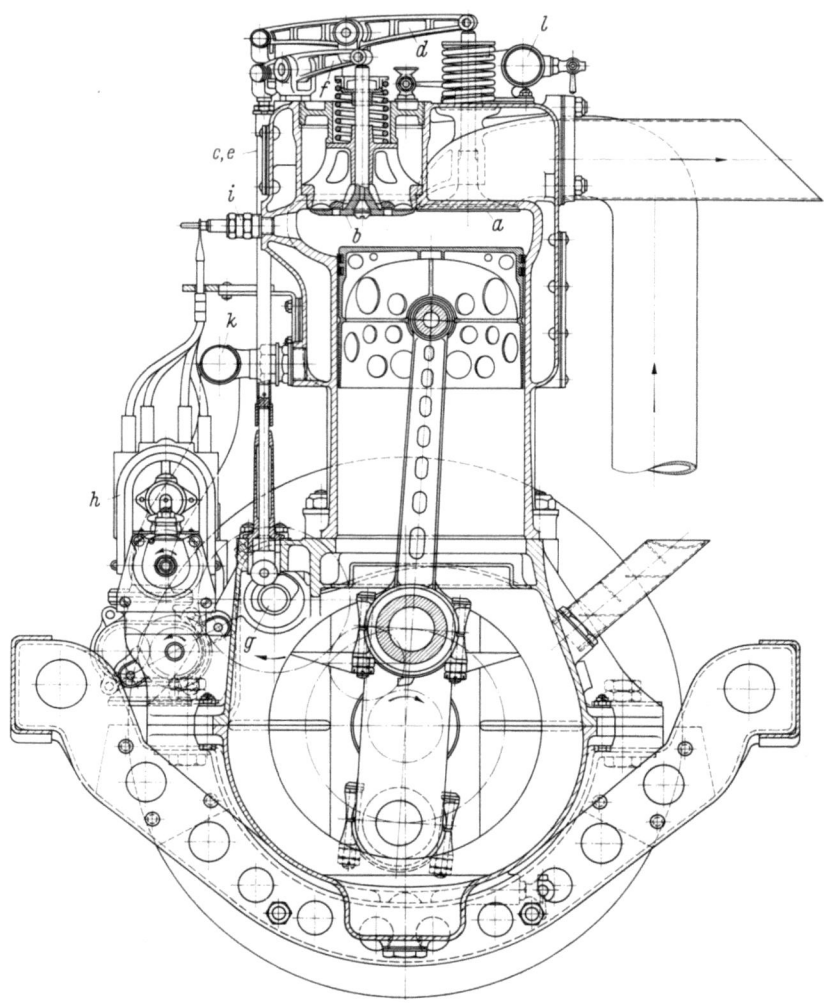

Bild 352. Querschnitt durch den Zylinder des 200 PS-Rennwagenmotors von Benz & Cie. (1909)
a Auspuffventil; b Einlaßventil; c, e Stoßstangen der Ventilhebel d, f; g Nockenwelle; h Magnete; i Zündkerze; k Kühlwasserzuleitung, l -ableitung

Sitzen; die beiden inneren Sitze deckten eine Lochreihe im Ventilteller ab. Die Auspuffventile wurden durch Stoßstangen c und Ventilhebel d, die Einlaßventile durch die Stangen e und Hebel f von der Nockenwelle g gesteuert. In Bild 351 sieht man die beiden Magnete h, deren Kabel zu je zwei Zündkerzen i führen. Durch die Leitung k wird das Kühlwasser den Zylindern zugeführt, durch l (nur in Bild 352) abgeleitet.

Wie die Schnittzeichnung Bild 352 erkennen läßt, hatte man sich bemüht, alle Teile so leicht wie möglich zu bauen. Die Zylinderwandstärke betrug trotz des großen Zylinderdurchmessers nur 6 mm; das untere Kurbelgehäuse war 4 mm und der Steg des Doppel-T-Querschnitts der Pleuelstange sogar nur 2 mm stark. Das Pleuelstangenverhältnis hatte man auf den kleinen Wert 3,2 verringert, um an Bauhöhe und Gewicht zu sparen; die damit verbundene Vergrößerung der Normaldrücke auf die Zylinderlaufbahn nahm man in Kauf. Wo es möglich war, wurden Erleichterungslöcher angebracht. So gelang es, das Leistungsgewicht, das beim 60 PS-Motor von 1907 noch 6,1 kg/PS betragen hatte, auf 2 kg/PS zu verringern, ein Wert, den man damals kaum bei Flugmotoren erreichte.

Der mit dem 200 PS-Motor ausgerüstete Wagen startete zum erstenmal am 19. September 1909 im Semmering-Rennen; er wurde dritter hinter zwei Mercedes-Wagen mit 150 PS-Motoren. Der 200 PS-Motor hatte noch nicht voll befriedigt. Das änderte sich bald: schon im Oktober 1909 wurden fast 200 km/h erreicht, im November 205,7 km/h, und im Frühjahr 1911 stellte der Benz-Wagen mit 228,1 km/h einen Weltrekord auf, der viele Jahre nicht überboten worden ist. Wenn auch solche Leistungen ebensosehr auf den Mut und die Geschicklichkeit des Fahrers wie auf die Güte des Motors und des Wagens zurückzuführen waren, so ließen sie sich doch vortrefflich als Reklame für die Herstellerfirma verwenden. Benz & Cie. hatten sich wieder einen Platz unter den internationalen Spitzenfirmen gesichert.

In Mannheim gab man sich mit diesem Erfolg nicht zufrieden. Zwei weitere Rennwagenmotoren von 110 und 80 PS wurden gebaut, von denen der zweite 1913 zur Erprobung kam. Bei diesem Motor, dessen Hub 149 mm betrug, hatte man die Drehzahl auf die ungewöhnliche Höhe von 3000 U/min gesteigert, entsprechend einer mittleren Kolbengeschwindigkeit von 14,9 m/sec. Es wurde eine Literleistung von 27 PS erzielt, während man um die Jahrhundertwende kaum mehr als 4 PS/lit erreicht hatte. Der bald darauf ausbrechende Krieg hat weitere Versuche mit diesem Motor verhindert.

Die Flugmotoren von Benz

Schon 1909, zu einer Zeit, als man erkannte, daß die Zukunft dem Flugzeug „Schwerer als die Luft" gehören würde, womit man den Gegensatz zum gasgefüllten Luftschiff hervorheben wollte, nahmen die Benz-Werke den Bau von Flugzeugmotoren auf. Nach dem Vorbild der Kraftwagenmotoren wurde ein vierzylindriger Flugzeugmotor gebaut, der 45 PS bei 1600 U/min leistete. Man bot ihn der Versuchsabteilung der Verkehrstruppen an, aber da der Motor mit seinem Leistungsgewicht von 2,6 kg/PS beträchtlich schwerer als die Flugmotoren der Daimler-Motoren-Gesellschaft war, wurde das Angebot abgelehnt. Die Benz-Werke waren damals mit dem Bau von Wagenmotoren voll beschäftigt, und so gab man die Entwicklung von Flugmotoren zunächst wieder auf.

Drei Jahre später, im Frühjahr 1912, setzte der deutsche Kaiser, um das Flugwesen zu fördern, einen Preis von 50000 Mark für den besten deutschen Flugmotor aus. Die Motoren sollten eine Leistung zwischen 50 und 115 PS haben; ihre Drehzahl war auf 1350 U/min begrenzt. Das Motorgewicht mit Zubehör, einschließlich des Benzingewichtes für eine siebenstündige Flugdauer, durfte 6 kg/PS nicht überschreiten. Für die Kolben und Pleuelstangen durften weder Aluminium noch Aluminiumlegierungen verwendet werden. Vier Erprobungen waren vorgeschrieben: der Aufbau mußte in drei

Tagen ausgeführt werden können; bei einer Vorprobe mußte der Motor bei einer Schräglage von 15° eine Viertelstunde unter Vollast laufen; ein siebenstündiger Dauerlauf unter Vollast war vorzuführen, und bei einem vierten Lauf sollte ein einwandfreies Verhalten bei erhöhten Drehzahlen nachgewiesen werden.

Das Preisausschreiben war für die Benz-Werke der Anlaß, sich erneut mit dem Bau von Flugmotoren zu befassen. Die Aussichten waren für die Benz-Werke nicht günstig, denn in den zurückliegenden drei Jahren hatte die Mannheimer Fabrik zwar gute Rennwagenmotoren, aber keine Flugmotoren gebaut, an welche schärfere Ansprüche als an die Rennmotoren gestellt wurden. Zudem war die Konkurrenz groß; außer Benz meldeten sich 25 Firmen mit 43 Motoren; 14 von diesen hatten umlaufende Zylinder. Aber die Benz-Werke unternahmen das Wagnis.

Am 1. Oktober 1912 begann die Prüfung der Motoren in der Deutschen Versuchsanstalt für Luftfahrt in Berlin-Adlershof. Benz hatte den Wettbewerb mit einem Vierzylindermotor beschickt, der bei 1350 U/min 105 PS leistete. Die Zylinder hatten 130 mm Durchmesser, der Kolbenhub betrug 180 mm. Die Zylinder standen einzeln, nicht zum Block vereinigt, auf dem Kurbelgehäuseoberteil; so konnten die Kühlwassermäntel aus Stahlblech hergestellt und auf die dünnwandigen gußeisernen Zylinderlaufbuchsen geschweißt werden. Bild 354, das für den ein Jahr später gebauten Sechszylindermotor gleicher Zylinderabmessungen gilt, gibt eine Vorstellung von dem sehr weit getriebenen Leichtbau des Kaiserpreis-Motors. Die durch Stoßstangen und Kipphebel betätigten Ventile waren hängend angeordnet, was für die Brennraumform vorteilhaft war. Die Zündkerzen (*b* in Bild 354), zwei an jedem Zylinder, saßen seitlich am Brennraum.

Von den 44 Motoren, die sich um den Kaiserpreis bewarben, bestanden nur zwei alle vier Prüfungen. Es waren der von Benz und der von der Argus-Motoren-Gesellschaft

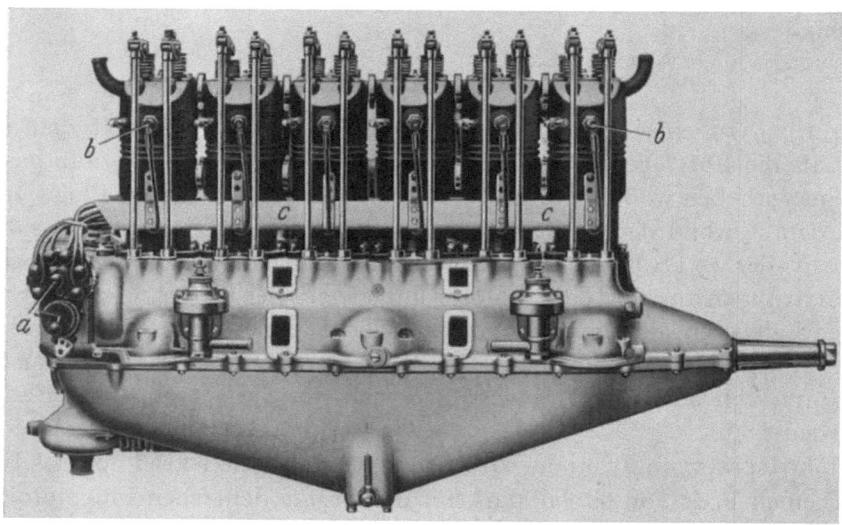

Bild 353. Erster in größeren Stückzahlen gebauter Flugmotor der Benz-Werke (1913)

a vorderer Zündmagnet; *b* vordere Reihe Zündkerzen; *c* Verschalung der Zündkabel

Der Motor leistete 150 PS bei 1300 U/min. In seinen Zylinderabmessungen entspricht er dem vierzylindrigen Motor, mit welchem BENZ & Cie. 1912 den Kaiserpreis gewann. Nach diesem Muster sind 2945 Motoren gebaut worden

Die Flugmotoren von Benz 623

gebaute Motor. Der Benz-Motor erhielt den ersten Preis, da sein Leistungsgewicht um 7% niedriger war als das des Argus-Motors. Auch der Benzinverbrauch war mit 210 g/PSh besonders gut.

Trotz dieses Erfolges blieben die erhofften Bestellungen aus. Mit den Prüfungen hatte sich auch gezeigt, daß der Vierzylinder-Viertaktmotor mit seinem unvollkommenen Massenausgleich sich für Flugzeuge nicht eignete; er erzeugte zu starke Vibrationen. So wurde die vierzylindrige Type zu einem Sechszylindermotor ausgebaut, den Bild 353 in Ansicht und Bild 354 im Schnitt zeigt. Man nahm sogleich drei verschiedene Größen,

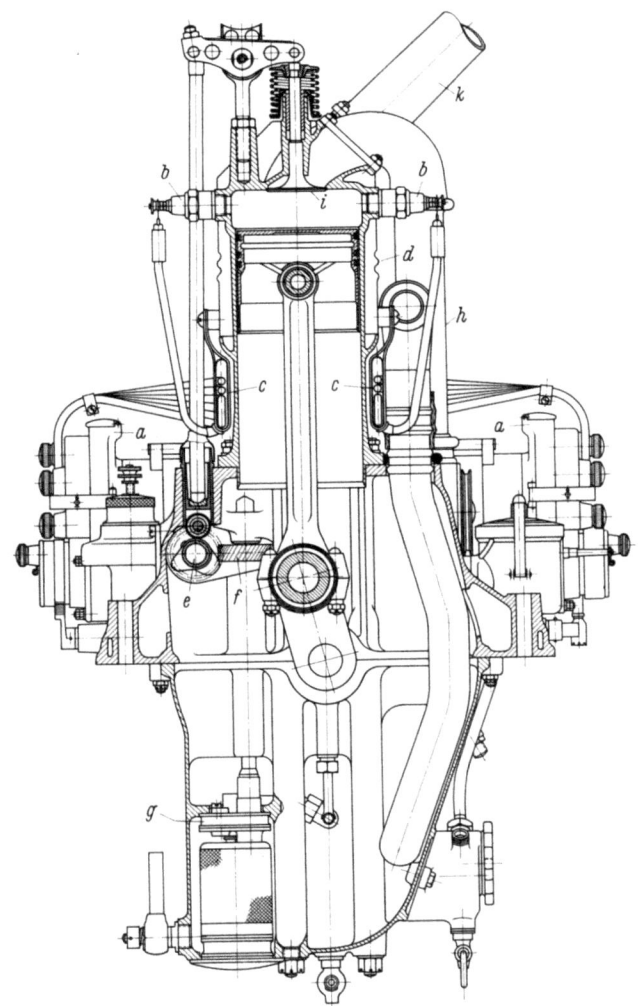

Bild 354. Schnitt durch einen mittleren Arbeitszylinder des Motors Bild 353

a Zündmagnete; *b* Zündkerzen; *c* Verschalungen der Zündkabel; *d* aufgeschweißter Kühlwassermantel; *e* Nockenwelle; *f* Schraubenradantrieb der Zahnradschmierölpumpe *g*; *h* Luftsaugeleitung; *i* Einlaßventil; *k* Auspuffleitung

von 85, 110 und 150 PS, in Angriff; die Abbildungen beziehen sich auf den größten Motor, der dieselben Zylinderabmessungen wie der Kaiserpreis-Motor hatte. Für je drei Zylinder war ein Vergaser vorgesehen. Die Luft wurde zwecks Anwärmung durch das Kurbelgehäuse gesaugt. Dieses war in der Längsmitte tief nach unten gezogen, so daß das im Kurbelgehäuse sich sammelnde Schmieröl auch bei Längsschieflagen des Flugzeuges mit Sicherheit von der Zahnradschmierölpumpe (g in Bild 354) angesaugt wurde. An der Stirnseite waren die beiden Zündmagnete a angeordnet, von denen jeder an eine der beiden Zündkerzen b angeschlossen war. Die Kabel waren durch Verschalungen c gegen Beschädigung sorgfältig geschützt. In der Schnittzeichnung sieht man den leichten, aufgeschweißten Kühlwassermantel d, den Querschnitt der Nockenwelle e und den Schraubenradantrieb f der Zahnradschmierölpumpe g. Durch das Rohr h wird die Luft durch das Kurbelgehäuse den Einlaßventilen i zugeleitet, durch k werden die Auspuffgase abgeführt.

Der 150 PS-Motor hatte ein Leistungsgewicht von 1,6 kg/PS. Er erwies sich als sehr betriebssicher und wurde in mehreren tausend Einheiten gebaut. Aber schon 1914 wurden stärkere Flugmotoren verlangt, und die Benz-Werke entwickelten einen 200 PS-Motor, der schneller lief und daher je Zylinder zwei Einlaß- und zwei Auspuffventile erhielt. Sein Einheitsgewicht war mit 1,85 kg/PS etwas größer als das seines Vorgängers. Von dem 200 PS-Motor sind über 6400 Stück gebaut worden, eine Folge der Anforderung des Krieges.

Unter den Flugmotoren, welche die Benz-Werke während des ersten Krieges entwickelten, ist ein zwölfzylindriger V-Motor bemerkenswert, der die für die damalige

Bild 355. Dieser 12-Zylinder-V-Motor der Benz-Werke war mit seiner Leistung von 500 PS der stärkste während des Krieges 1914—1918 in Deutschland gebaute Flugmotor. Zeichnungen des Motors sind nicht erhalten geblieben

Zeit große Leistung von 500 PS hatte. Von diesem Motor sind keine Zeichnungen, nur einige Lichtbilder erhalten geblieben. Eines davon ist in Bild 355 wiedergegeben, das den Motor von der Stirnseite zeigt. Die Zylinderreihen standen unter einem Winkel von

60°. Eine im V-Winkel liegende und zwei außenliegende Nockenwellen steuerten die Einlaß- und Auspuffventile. Vier Magnete, in Bild 355 im Vordergrund sichtbar, lieferten den Strom für die zweimal zwölf Zündkerzen. Von diesem Motor, der mit seinen 500 PS der stärkste während des ersten Krieges in Deutschland hergestellte Flugmotor war, sind 25 Einheiten gebaut worden. Der Motor hatte das beachtlich niedrige Einheitsgewicht von 1,39 kg/PS.

Der Ausgang des Krieges beendete 1918 den Bau der Leichtmotoren in den Benz-Werken. Auch die Daimler-Motoren-Gesellschaft mußte den Bau einstellen. Beide Gesellschaften gerieten dadurch in schwere finanzielle Bedrängnis. Sie wurde überwunden, nachdem man 1922 den Leichtmotorenbau der Benz-Werke von diesen abgetrennt und mit dem der Daimler-Motoren-Gesellschaft vereinigt hatte. So entstand die Daimler-Benz Aktiengesellschaft, die in ihre Firmenbezeichnung die Namen der beiden großen Ingenieure übernommen hat. Der in Mannheim verbleibende Teil nannte sich jetzt „Motoren-Werke Mannheim AG vorm. Benz Abt. Stationärer Motorenbau", eine Firmenbezeichnung, welche die Mannheimer Gesellschaft noch heute führt.

XXXII. Die Gebrüder Körting Aktiengesellschaft (1903—1918)

Das sich rasch entwickelnde Gasmotorengeschäft veranlaßte die Gebrüder Körting auch den Bau von Gasgeneratoren aufzunehmen. Sie erwarben ein Schutzrecht des hannoverschen Zivilingenieurs WIGAND (S. 163) und bauten mit seiner Hilfe eine Sauggasgeneratoranlage. Das Ergebnis war nicht ermutigend. Man versuchte es darauf mit dem Druckgasverfahren nach DOWSON (S. 150); ERNST KÖRTING bemühte sich, es zu verbessern, indem er die Verbrennungsluft vor ihrem Eintritt in den Generator durch die Abgase des Motors vorwärmte. Wenn auch der Generatorwirkungsgrad dadurch etwas stieg, so befriedigte doch der Druckgasbetrieb nicht, und man kehrte zum Sauggasbetrieb zurück, als Benz, die Gasmotoren-Fabrik Deutz und JULIUS PINTSCH mit betriebsbrauchbaren Sauggasanlagen auf dem Markt erschienen. Von 1902 ab lieferte auch Körting solche Anlagen, zunächst für Anthrazit, bald darauf auch für Braunkohle.

Die von Körting gebauten Sauggasmotoren unterschieden sich kaum von den 1897 entwickelten liegenden Gasmotoren der Type „M" (Bild 143, S. 283). Sie erhielten die Bezeichnung „MS" und wurden in 13 Leistungsstufen zwischen 20 und 250 PS Zylinderleistung hergestellt, so daß man mit einer Doppel-Zwillingsanlage 1000 PS erreichte. Die kleinen Zylinder waren noch mit Glührohrzündung versehen; die größeren erhielten elektrische Zündung, wassergekühlte Kolben und gekühlte Auspuffventile. Die Körtingschen Sauggasmotoren führten sich rasch ein; von 1903 bis 1910 wurden etwa 900 Anlagen mit Gasgeneratoren geliefert.

Finanziell hatte sich die Firma Körting um die Jahrhundertwende nicht günstig entwickelt. Es war die Zeit, in der man angefangen hatte, die ersten kleinen Elektrizitätszentralen zu bauen, wofür sich der Gasmotor, der keinen Dampfkessel brauchte, besonders zu eignen schien. Körting verlegte die Generatorwicklung in den Schwungradkranz, was eine kompakte, raumsparende Anlage ergab. Um den Umsatz seines Geschäftes zu steigern, hielt ERNST KÖRTING es für vorteilhaft, auch den elektrischen Teil im eigenen Werk herzustellen. Er versuchte dem Beispiel der großen Elektrizitätsfirmen zu folgen und den Bau ganzer Zentralen zu finanzieren, was ihm die Bestellungen auf die gesamten Maschinenanlagen gesichert hätte. Aber er hatte die hierzu erforderlichen Mittel unterschätzt; die Firma Körting, die bis dahin ein Familienunternehmen gewesen war, geriet in finanzielle Schwierigkeiten. Es gelang, sie durch Umwandlung des Unternehmens in eine Aktiengesellschaft zu überwinden. ERNST KÖRTING schied 1903 aus der Leitung aus.

Raschlaufende Zweitakt- und Viertakt-Kleinmotoren

Einen Ersatz für den Wegfall der elektrischen Maschinen hoffte man in der Fabrikation kleiner raschlaufender Benzinmotoren zu finden. Ein Prospekt aus dem Jahr 1904 empfiehlt „Ventillose Zweitaktmotore für Automobil, Boot, Fahrrad, Luftschiff und für stationäre Zwecke", die „in Folge gänzlichen Fortfalls aller Ventile äußerst einfach zu handhaben und keinen Störungen ausgesetzt" seien. Der kleinste Zweitaktmotor, für den Anbau an Fahrräder bestimmt, sollte 2,5 PS leisten; er war luftgekühlt; die größeren Zylinder leisteten 4 bis 20 PS und hatten Wasserkühlung. Diese Motoren sollten mit ein bis vier Zylindern gebaut werden mit Drehzahlen, die zu 800 bis 1000 U/min angegeben wurden. Als Treibstoffe wurden in dem Prospekt Benzin, Spiritus, Petroleum, Leuchtgas und Generatorgas genannt.

Das umfangreiche Programm wurde nur zu einem sehr bescheidenen Teil ausgeführt. Schon zwei Jahre später, 1906, gab man den Zweitakt mit Kurbelkammerspülung auf und kehrte zum Viertakt zurück. So berichtete ein Ingenieur der Daimler-Motoren-Gesellschaft, den man im Februar 1906 zum Studium der Konkurrenz-Fabrikate zur Automobilausstellung nach Berlin entsandt hatte:

> Körting war mit kleinen 4 Taktmotoren erstmals vertreten, ein ehemaliger Adler-Constructeur hat dieselbe nach der gleichen Construktion wie die Adler Auto-Motoren construirt. (Alle Ventile auf einer Seite), von der Reversirvorrichtung war nicht viel zu sehen ... K. soll den 2 Takt für kleine Motoren aufgegeben haben, dagegen war ein 200 HP 6 Cyl. 2 Takt Motor für Unterseeboote ausgestellt; sehr kräftig gebaut, ohne Umsteuerung da er für Dynamo-Antrieb bestimmt ist ...

Wenn auch aus der Fabrikation der Zweitaktmotoren in größerem Umfang zunächst nichts wurde, so ließ doch das Interesse am Zweitaktverfahren nicht nach. Eine Patentschrift 160849 vom 14. Januar 1904 zeigt, wie intensiv man sich bei Körting mit dem schwierigen Problem der Spülung raschlaufender Zweitaktmotoren beschäftigt hat. Bei Zweitakt-Vergasermaschinen mit Gemischverdichtung sind die Schwierigkeiten besonders groß, weil mit Gemisch gespült werden muß, wobei Verluste unvermeidlich sind. Damit diese möglichst klein werden, soll nach der Patentschrift zu Beginn des Spülvorganges zuerst eine abgemessene Menge Luft den Zylinder durchströmen und die Ladung erst dann eintreten, wenn der aufwärtsgehende Kolben die Auspuffschlitze abdeckt. Die Patentschrift zeigt, mit welcher Sorgfalt man sich bemüht hat, eine Zweitaktspülung zu schaffen, bei der nur kleine Gemischverluste auftreten.

Bild 356 zeigt die Wirkungsweise schematisch. Im Teilbild *I* hat der Kolben den Verdichtungshub beendet; seine Unterseite hat im Kurbelgehäuse einen Unterdruck erzeugt. Der Kolben steht so, daß seine Muschel *a* die in der Zylinderwand angebrachten Kanäle *b* und *c* verbindet. Infolge des im Kurbelgehäuse herrschenden Unterdruckes strömt die bei *b* von außen eintretende Luft durch *a*, *c* und den Kanal *d* sowie durch den Vergaser *e* und den im Kolbenmantel angebrachten Schlitz *f* in das Kurbelgehäuse, wie die Pfeile in *I* andeuten; dabei wird die Luft im Vergaser mit Brennstoff angereichert. Im Teilbild *II* steht der Kolben im unteren Totpunkt. Bevor er diesen erreicht, hat seine linke steuernde Kante die Auspuffschlitze g geöffnet, so daß der Zylinderinhalt sich entspannen kann; etwas später hat die rechte steuernde Kante auch die Spülschlitze c freigegeben, womit das Spülen und Laden beginnt. Das im Kurbelgehäuse

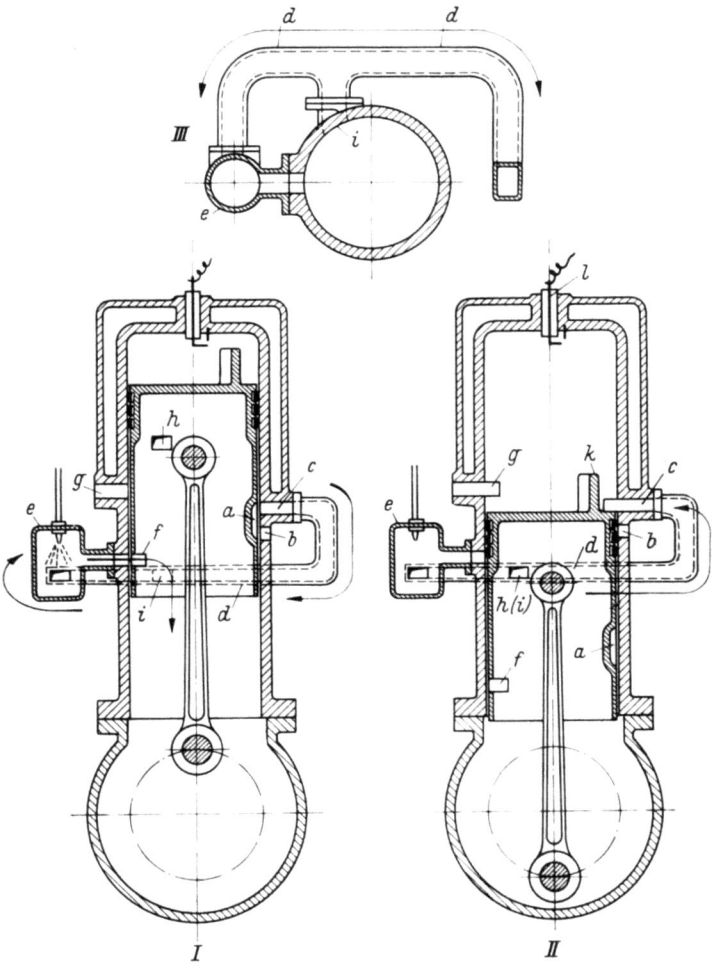

Bild 356. KÖRTINGS Spülung für gemischverdichtende Zweitakt-Kurbelkammermotoren
(nach DRP 160849 vom 14. Januar 1904)

I Kolben in oberer Totlage,
II Kolben in unterer Totlage,
III Horizontalschnitt durch den Zylinder in Höhe des Vergasers e

a Hohlraum im Kolbenmantel; b Lufteintritt; c Spülschlitz; d Luftkanal; e Vergaser; f unterer Schlitz im Kolbenmantel; g Auspuffschlitz; h oberer Schlitz im Kolbenmantel; i Schlitz in der Zylinderwand; k Ablenker für den Spülstrom; l Magnetabreißzündung

Die Saugleitung d zwischen Außenluft (Kanal b) und Vergaser e wird durch die Nebenschlußöffnungen h im Kolbenmantel und i in der Zylinderwand während der Spülperiode mit dem Kurbelgehäuse verbunden, so daß zu Beginn des Spülens die in d enthaltene reine Luft zuerst in den Zylinder tritt und Gemischverluste beim Spülen klein gehalten werden

Das Prinzip dieser Spülung ist bei den Petroleummotoren des ersten deutschen Unterseebootes „U 1" angewandt worden

vorverdichtete Brennstoff-Luft-Gemisch sucht jetzt in den Zylinder zu strömen; es findet den Weg in den Vergaser durch den Kolbenmantel verschlossen und muß durch die Öffnung h im Kolbenmantel strömen, die sich bei dieser Kolbenstellung mit dem

Schlitz *i* (Teilbild *III*) in der Zylinderwand deckt. Durch den Kanal *d* und die Spülschlitze *c* gelangt sie in den Zylinder (Pfeile in Teilbildern *II* und *III*). Da der Kanal *d* vom vorhergehenden Saughub mit Luft gefüllt ist, die den Vergaser noch nicht passiert hat, tritt zuerst reine Luft in den Zylinder, so daß dieser mit Luft und nicht mit Gemisch gespült wird. Eine auf dem Kolben angebrachte Ablenkwand verteilt den Spülstrom über das Zylinderinnere. Erst nachdem die Luft vorgespült hat, kann das Gemisch in den Zylinder eintreten. Einen Gemischverlust ganz zu vermeiden ist freilich bei dieser Anordnung nicht möglich, weil die Auspuffschlitze später schließen als die Spülschlitze, so daß nach Abschluß der Spülschlitze etwas von der Ladung durch den noch offenstehenden Spalt der Auspuffschlitze entweichen kann.

Kleine Zweitaktmotoren mit diesem Spülverfahren zu bauen gelang nicht. In dem engen Zylinderraum ließ sich der erforderliche Querschnitt der Spülluftkanäle nicht unterbringen, so daß die Spülung ungenügend war. Die Erfahrungen, die man an dem kleinen Modell gesammelt hatte, konnten aber nutzbringend verwertet werden, als die Germaniawerft bald darauf bei Körting 200pferdige Unterseebootmotoren bestellte, für deren Zylinderabmessungen sich die Spülung besser eignete.

Der Trinkler-Motor

Die Dieselpatente waren noch in Kraft, und Lizenzen waren nicht zu erhalten; so erwarb Körting 1904 die Patente des russischen Ingenieurs TRINKLER, der den Einblaseluftkompressor des Dieselmotors durch einen in den Zylinder eingebauten besonderen Verdichterkolben ersetzen wollte. Der Trinkler-Motor arbeitete wie der Dieselmotor mit Verdichtungszündung, nur wurde der Brennstoff schon zu Beginn des Verdichtungshubes vor eine offene Brennstoffdüse gelagert und erst am Ende des Hubes

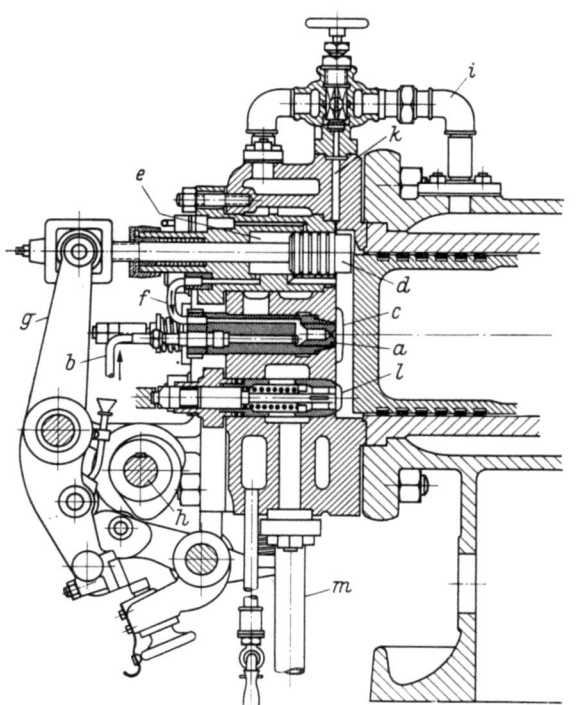

Bild 357. Der Trinkler-Motor (1904)
a Einspritzdüse; *b* Brennstoffzuleitung; *c* Ventilteller; *d* Hilfskolben; *e* Verdichtungsraum für Einblaseluft; *f* Überströmleitung zur Brennstoffdüse; *g* Steuerhebel des Hilfskolbens; *h* Nockenwelle; *i* Kühlwasserleitung vom Zylinderkopf zum Zylindermantel; *k* Kühlwasserabzweigung; *l* Anlaßventil; *m* Anlaßluftleitung

TRINKLER wollte den Einblaseluftkompressor durch einen in den Zylinderkopf eingebauten Hilfskolben entbehrlich machen, der die Einblaseluft dann erzeugte, wenn der Kolben durch den Totpunkt ging. Das Verfahren bewährte sich nicht, weil der kleine der Flamme ausgesetzte Kolben, der nicht gekühlt werden konnte, immer wieder Störungen verursachte

durch Preßluft in den Brennraum zerstäubt. Dieses Verfahren fiel nicht unter die Dieselpatente.

Der senkrechte Schnitt (Bild 357) durch den Zylinderkopf des liegenden Motors veranschaulicht die Wirkungsweise. Im Zylinderkopf liegt zentral die Einspritzdüse a, die nach dem Brennraum hin offen ist, also durch keine Ventilnadel gesteuert wird. Die (im Bild nicht sichtbare) Brennstoffpumpe fördert durch die Leitung b den Brennstoff in den Raum unmittelbar vor der Düsenmündung, während der Arbeitskolben durch den äußeren Totpunkt geht, wobei kein Überdruck im Zylinder vorhanden ist. Der Motor arbeitet im Viertakt; vom Ein- und Auslaßventil sieht man in Bild 357 nur den Teller c des einen der Ventile. Oberhalb der Ventile ist im Zylinderkopf der Hilfskolben d untergebracht, der mit seinem Stirnteil in den Verdichtungsraum ragt. Der Ringraum e über dem Hilfskolben steht durch eine Bohrung mit dem Raum des Arbeitszylinders in Verbindung und füllt sich während des Verdichtungshubes des Arbeitskolbens mit Luft von gleicher Spannung. Diese kann zunächst nicht durch die zur Düse a führende Leitung f entweichen, weil auf die Mündung der offenen Brennstoffdüse der gleiche Luftdruck wirkt. Kurz vor Erreichen des Totpunktes wird der Hilfskolben d durch den von einem Nocken gesteuerten Hebel g rasch nach links gezogen; dadurch wird die im Ringraum e eingeschlossene Luft zusätzlich verdichtet, und diese kann jetzt, durch die Leitung f in den Raum vor der Düse strömend, den dort lagernden Brennstoff in den Arbeitszylinder zerstäuben.

Wenn es gelungen wäre, diese Vorrichtung betriebsreif zu machen, hätte der Trinkler-Motor dem Dieselmotor, der den umständlichen Einblaseluftkompressor nicht entbehren konnte, schwere Konkurrenz bereiten können. Wegen des fehlenden Kompressors mußte der Trinkler-Motor billiger werden als der Dieselmotor, und zudem war sein Brennstoffverbrauch mit 220 g/PSh nicht schlechter als der des Dieselmotors. So gab man sich bei Körting große Mühe, den Trinkler-Motor betriebssicher zu machen, aber alle Bestrebungen scheiterten an der Unmöglichkeit, das Festbrennen des Hilfskolbens d in seiner Führung zu verhindern. Der ständig von der Flamme des Brennraums beheizte Kolben setzte sich immer wieder fest; ihn mit Innenkühlung zu versehen war wegen der kleinen Abmessungen unmöglich, und auch der Versuch, ihm durch die von der Kühlwasserleitung i abzweigende Bohrung k wenigstens etwas Wärme zu entziehen, hatte keinen Erfolg. Körting hat nur 54 Trinkler-Motoren geliefert; sie hatten Leistungen von 12 bis 60 PS mit Drehzahlen von 220 bis 180 U/min. Dem Herstellerwerk haben sie manchen Verdruß bereitet. Als 1907/08 die Dieselpatente abgelaufen waren, stellte Körting den Bau der Trinkler-Motoren ein und begann, Dieselmotoren eigener Bauart zu entwickeln.

Körting baut Dieselmotoren

Während die Mehrzahl der Dieselfirmen die von DIESEL und der MAN entwickelte stehende Bauart bevorzugte, behielt KÖRTING die liegende Bauart bei, die sich bei seinen Gasmotoren bewährt hatte. Das brachte den Vorteil, daß man viele Bauteile des Trinkler-Motors, von dem man sieben verschiedene Zylindergrößen entwickelt hatte, übernehmen konnte, da nur der Zylinderkopf geändert und der Einblaseluftkompressor hinzugefügt zu werden brauchte. Bild 358 zeigt den Motor im Lichtbild, Bild 359 in der Zeichnung. Der liegende zweistufige Einblaseluftkompressor a wird von einem Zapfen der Kurbelwelle angetrieben. Das Brennstoffventil b ist jetzt, anders als beim Trinkler-

Motor, mechanisch gesteuert; es hat eine lange Ventilnadel und einen der liegenden Anordnung des Ventils angepaßten Zerstäuber. Das Brennstoffventil wird ebenso wie das Einlaßventil c und das Auspuffventil d von der quer vor dem Zylinderkopf liegenden

Bild 358. Liegender Dieselmotor von Körting (1907)

Einlaßventil; d Auspuffventil; f Verschalung des Kegelradantriebes der Steuerwelle; g Übertragungswelle; h, i Verschalungen der Schraubenräder; k Regler; l Regelgestänge; m Brennstoffpumpe
Der Motor war ähnlich wie der Trinkler-Motor gebaut, hatte aber einen liegend angeordneten zweistufigen Einblaseluftkompressor a und ein mechanisch gesteuertes Brennstoffventil b. Er wurde in Zylindergrößen von 20 bis 150 PS gebaut und führte sich gut ein

Welle e gesteuert, die durch ein Kegelradpaar f (im Bild verschalt), die Zwischenwelle g und ein Schraubenradpaar h mit der Kurbelwelle in Verbindung steht. Auch das Anlaßventil, das im Zylinderkopf an der gleichen Stelle (l in Bild 357) wie beim Trinkler-Motor untergebracht ist, wird von der Steuerwelle e betätigt. Von der Zwischenwelle g wird durch ein zweites Schraubenradpaar i die stehende Welle des Reglers k angetrieben. Der Regler verstellt durch das Gestänge l einen Schiebekeil, der den Hub der Brennstoffpumpe m (Bild 358) verändert.

Mit den liegenden Dieselmotoren hatte Körting einen weit besseren Erfolg als mit dem Trinkler-Motor. Die Druckluft war immer noch das beste Mittel, um den Brennstoff zu zerstäuben, und sie blieb es bis in den Anfang der zwanziger Jahre, bis sie durch die Hochdruckzerstäubung abgelöst wurde.

Die liegenden Motoren wurden als Ein-, Zwei- und Vierzylinderanlagen in zehn verschiedenen Größen mit Zylinderdurchmessern von 190 bis 650 mm, Drehzahlen von 250 bis 170 U/min und Zylinderleistungen von 20 bis 150 PS gebaut. Ein Vierzylindermotor von 600 PS wurde 1911 an das Elektrizitätswerk Dessau geliefert. 1912 betrug die Zahl der insgesamt hergestellten liegenden Motoren 200. Im folgenden Jahr wurden auch stehende Motoren gebaut; dann bereitete der Krieg dieser Entwicklung ein Ende. Es war jetzt wichtiger geworden, den Bau von Unterseebootmotoren zu betreiben.

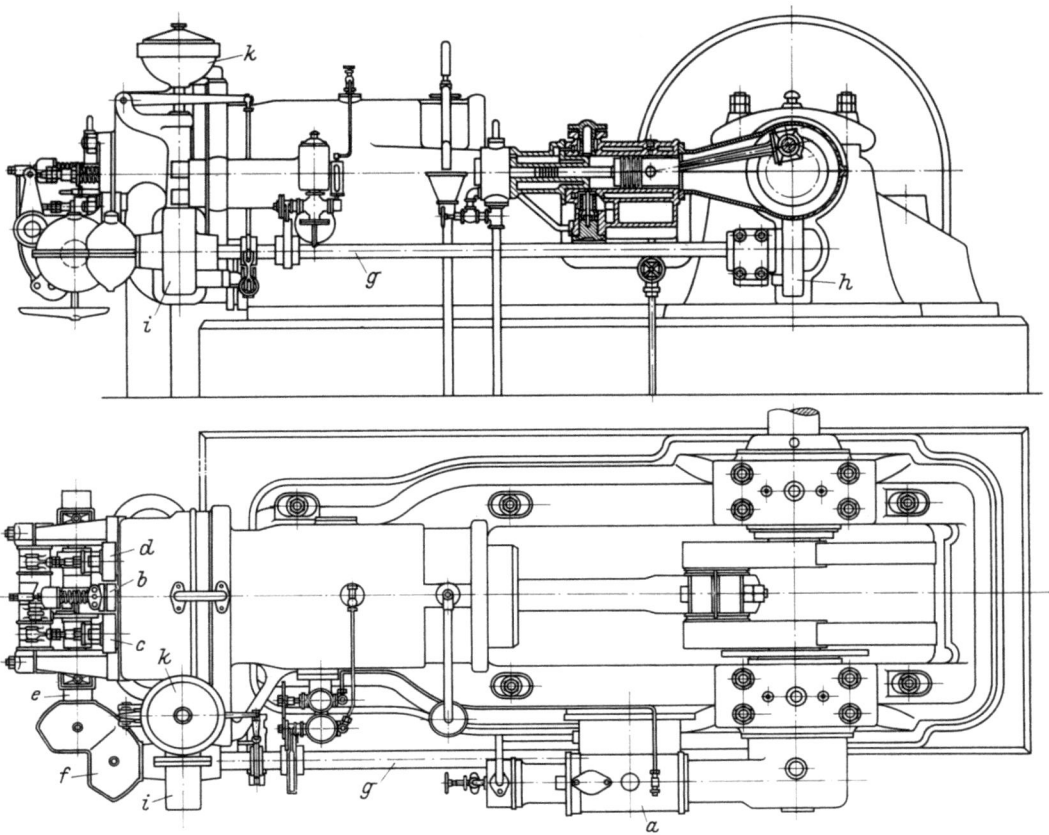

Bild 359. Der Motor Bild 358 in Aufriß und Grundriß

a Einblaseluftkompressor; b Brennstoffventil; c Einlaßventil; d Auspuffventil; e Steuerwelle; f Verschalung der Kegelräder; g Übertragungswelle; h Schraubenräder für Antrieb der Steuerwelle; i Schraubenräder für Antrieb des Reglers k

Die U-Boot-Petroleummotoren

Die Gebr. Körting AG ist die erste Firma gewesen, die für deutsche Unterseeboote Motoren geliefert hat. Die Anregung ist von der Kruppschen Germaniawerft ausgegangen. In Amerika und Frankreich hatte man mit Erfolg Unterseeboote gebaut; die Germaniawerft in Kiel wollte nicht zurückbleiben. Man begann auf der Werft Anfang 1904 die Pläne für ein Unterseeboot zu entwerfen, die man der Reichsmarine anbot. Da diese kein Interesse zeigte, wandte man sich an die russische Regierung, die sofort drei Boote der Germaniawerft in Auftrag gab. Für die Antriebsmotoren wurde der Zweitakt vorgeschrieben, von dem man erwartete, daß er bei gleichem Raumbedarf eine größere Leistung im Boot unterzubringen ermögliche. Mit Zweitaktmotoren besaßen die Gebrüder KÖRTING damals in Deutschland die meisten Erfahrungen, und so bestellte die Germaniawerft im Mai 1904 bei KÖRTING sechs Sechszylindermotoren, die bei 500 U/min 200 PS leisten sollten. Während die ausländischen Marinen auf ihren Booten Benzinmotoren verwendeten, schlug KÖRTING der Germaniawerft seine Petroleummotoren vor. Die Werft nahm das Angebot an, weil der Betrieb mit Petroleum die Brandgefahr erheblich verminderte. Da KÖRTING schon seit 1893 Petroleummotoren baute, durfte man sicher sein, daß er über die für den Bau erforderlichen Erfahrungen verfügte.

In der Bauvorschrift war die Kurbelkammerspülung (Bild 356) vorgeschrieben, weil diese die konstruktiv einfachste Anlage ergab. Der Motor benötigte keine besondere Spülpumpe, da die Unterseiten der Arbeitskolben als Spülpumpenkolben dienten; die Einlaß- und Auspuffventile des Viertaktes entfielen, weil der Arbeitskolben den Einlaß und Auspuff steuerte; selbst die Druckluftventile zum Anlassen des Motors durften fehlen, weil man im U-Boot die mit Gleichstromgeneratoren gekuppelten Motoren mit Strom von der Batterie anfahren konnte, indem man die Generatoren als Elektromotoren benutzte. So brauchten die Arbeitszylinder nur noch je eine Magnetabreißzündung (*l* in Bild 356), und die Konstruktion wurde denkbar einfach.

Vorversuche an einem einzelnen Zylinder dieser Größe überzeugten indessen, daß die Kurbelkammerspülung nach Bild 356 nicht genügte, um die erforderliche Spülluftmenge zu liefern. Infolge des großen schädlichen Raumes, den das Kurbelgehäuse bildete, wurde die von den Kolbenunterseiten gelieferte Luftmenge viel zu klein. Man konstruierte den Motor vollständig um und gab ihm eine Spülanordnung, die in Bild 360 dargestellt ist. Der Arbeitskolben *a* hat jetzt eine Kolbenstange *b* mit Kreuzkopf *c* erhalten; die Kreuzkopfführung *d* ragt bei der unteren Kolbenstellung tief in den Hohlraum des Arbeitskolbens *a* hinein. In Teilbild *II* ist der Kolben in seiner unteren Totlage gezeichnet; man sieht, daß der Raum *e*, eben der „schädliche" Raum, den man bei jeder Kolbenpumpe so klein wie möglich zu halten sucht, jetzt von der Innenwand des Arbeitskolbens *a* und der Außenwand der Kreuzkopfführung *d* gebildet wird, wodurch er viel kleiner als bei der Bauart Bild 356 ausfällt. Die Kolbenunterseiten können jetzt eine erheblich größere Spülluftmenge liefern. Der aufwärtsgehende Kolben *a* (Teilbild *I*) saugt mit seiner Unterseite die Luft aus dem Maschinenraum durch den Petroleumvergaser *f* im Sinn des eingezeichneten Pfeiles in den Ringraum *g*; der abwärtsgehende Kolben (Teilbild *II*) drängt, ebenfalls mit der Unterseite, die mit Petroleumdämpfen angereicherte Luft durch die Umführungsleitung *h* und die Spülschlitze *i* in den Arbeitszylinder; die Ablenkerfläche *k* am Kolben verteilt das Gemisch über den Zylinderraum. Der beim nächsten Hub aufwärtsgehende Kolben verdichtet mit seiner oberen Stirnfläche die Ladung, die im oberen Totpunkt durch eine Magnetabreißvorrichtung entzündet wird. Bevor der untere Totpunkt erreicht wird, öffnen die steuernden Kanten des Kolbens zuerst die Auspuffschlitze *l* und darauf die Spülschlitze *i*. Durch die Drosselklappe *m* kann die Menge des in den Zylinder eintretenden Gemisches und damit die Leistung beeinflußt werden. Auch diese Spülung arbeitete mit Vorspülung durch reine Luft nach Bild 356.

Die Spülung bedeutete gegenüber der Anordnung nach Bild 356 eine wesentliche Verbesserung. Aber die Spülluftmenge erwies sich trotz der Verkleinerung des schädlichen Raumes noch als zu klein; der Zweitaktmotor braucht, was uns seit langem geläufig ist, eine um 30 bis 40% größere Spülluftmenge, als sein Hubvolumen beträgt, und eine so große Luftmenge konnte die Spülvorrichtung nach Bild 360 nicht liefern, zumal da das Hubvolumen der Spülpumpe gegenüber dem des Arbeitskolbens durch die Kolbenstange verkleinert wurde. So blieb die Spülung unzureichend, was sich in dem hohen Brennstoffverbrauch von 500 g/PSh äußerte. Sieht man von diesem ab, so sind die Motoren ein voller Erfolg geworden.

Die ersten Unterseebootmotoren KÖRTINGs erhielten Zylinderabmessungen von 240 mm Durchmesser und wegen der beschränkten Bauhöhe einen Hub von ebenfalls 240 mm. Sie leisteten die geforderten 200 PS bei 550 U/min; ihr Leistungsgewicht betrug nur 17,5 kg/PS, eine für jene Zeit vortreffliche konstruktive Leistung.

Die ortfesten Petroleummotoren, die KÖRTING bis dahin gebaut hatte, wurden mit Benzin angelassen und, wenn sie warm geworden waren, auf Petroleum umgeschaltet, wodurch vermieden wurde, daß das im Vergaser verdampfte Petroleum sich an den noch kalten Zylinderwänden niederschlug. Um die mit der Verwendung von Benzin ver-

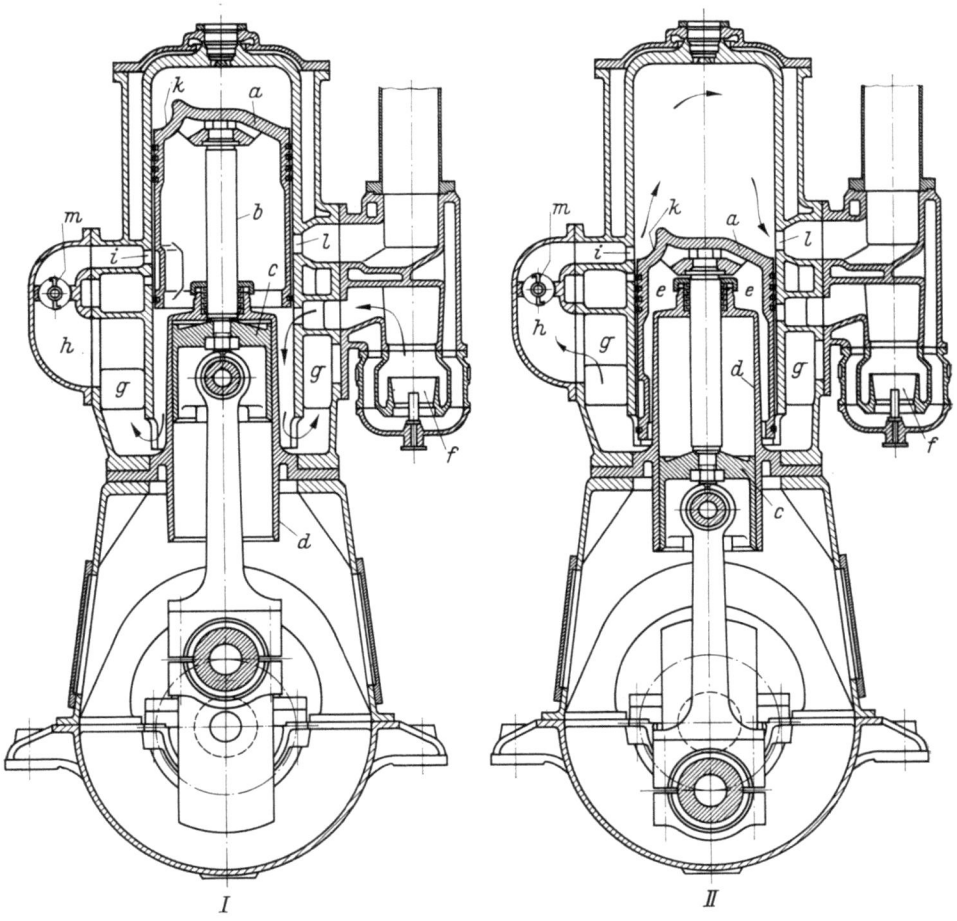

Bild 360. Zur Arbeitsweise der Spülung der ersten Körtingschen Zweitakt-Petroleummotoren für Unterseeboote (1904)

I Kolben in oberer Totlage,
II Kolben in unterer Totlage

a Arbeitskolben; *b* Kolbenstange; *c* Kreuzkopf; *d* Kreuzkopfführung (feststehend); *e* schädlicher Raum der Kolbenspülpumpe; *f* Petroleumvergaser; *g* Gemischraum; *h* Umführungsleitung; *i* Spülschlitze; *k* Ablenker für den Spülstrom; *l* Auspuffschlitze; *m* Drosselklappe für Regelung

Mit dieser Spülanordnung sind die ersten deutschen Unterseebootmotoren ausgerüstet worden

bundene Brandgefahr auszuschalten, fuhr man die Petroleummotoren unter Abschalten der Vergaser und der Zündvorrichtung durch die mit ihnen gekuppelten Gleichstrommaschinen an, die von der auf den Booten vorhandenen Batterie gespeist wurden und einige Minuten als Elektromotoren liefen. Der Petroleummotor saugte während dieser Zeit reine Luft an, die im Kreislauf durch eine elektrisch beheizte Vorrichtung angewärmt wurde. Nach etwa fünf Minuten konnte man auf Petroleumbetrieb umschalten.

Das Verfahren wurde KÖRTING und der Germaniawerft gemeinsam unter Nr. 166136 vom 16. Februar 1905 patentiert und bewährte sich gut.

Die ersten drei Unterseeboote, welche mit Petroleummotoren ausgerüstet worden sind, gehörten der russischen Marine. Ein weiteres Boot mit den gleichen Motoren wurde nach Norwegen geliefert. Erst dann gab die deutsche Marine ihre Zurückhaltung auf und bestellte ebenfalls KÖRTINGs Petroleummotoren.

Das erste deutsche Unterseeboot „U 1", das am 14. Dezember 1906 in Dienst gestellt wurde, erhielt zwei Körting-Motoren von je 200 PS. Bild 361 zeigt den sechszylindrigen Motor; es war der Motor, den der von der Daimler-Motoren-Gesellschaft

Bild 361
Erster deutscher Unterseeboot-Petroleummotor von 200 PS Leistung (1906)
Zwei solcher Motoren waren in das Unterseeboot „U 1" eingebaut, womit das Boot eine Überwassergeschwindigkeit von 10,8 Seemeilen in der Stunde erreichte
Von diesem Baumuster hat KÖRTING bis 1911 etwa 100 Petroleummotoren geliefert. Von 1912 ab wurden nur noch Dieselmotoren gebaut

zur Berliner Automobilausstellung im Februar 1906 entsandte Ingenieur besichtigt hatte. Dieser schrieb darüber an seine Firma (S. 626):

... dagegen war ein 200 HP 6 Cyl. 2 Takt Motor für Unterseeboote ausgestellt; sehr kräftig gebaut, ohne Umsteuerung da er für Dynamo-Antrieb bestimmt ist. Man sieht am Motor 6 Schwimmer, diverse Zugstangen für Regulierung, stehende Wellen für Pumpen und Regulator, horizontale Zünderwelle für Abreißzündung direkt über den Zünderflanschen ...

Das Gehäuse des Motors war ganz in Bronze ausgeführt, weil man so dünnwandigen Stahlguß, wie es erforderlich gewesen wäre, damals nicht herstellen konnte.

Mit seinen beiden 200pferdigen Motoren erreichte „U 1" eine Überwassergeschwindigkeit von 10,8 kn. Es hat bis zum Ende des ersten Krieges Dienst getan, zuletzt als Schulboot.

Die Unterseeboote U 5 bis U 8 erhielten vier Petroleummotoren, deren Leistung zusammen 900 PS betrug, nachdem man die des einzelnen Motors auf 225 PS gesteigert hatte. Da auch diese Leistung bald nicht mehr genügte, wurde der Zylinderdurchmesser auf 275 und der Hub auf 270 mm vergrößert, womit die Zylinderleistung auf 46 PS stieg. Mit diesen Zylinderabmessungen sind Sechs- und Achtzylindermotoren von 280 bzw. 370 PS gebaut worden. Die Boote U 9 bis U 18 erhielten je zwei Sechszylinder- und zwei Achtzylindermotoren, die auf zwei Schrauben arbeiteten und eine Gesamtleistung von 1300 PS hatten. Damit erreichten sie eine Überwassergeschwindigkeit von 15,6 kn. Das erste dieser Boote, U 9, das 1911 fertiggestellt wurde, stand zu Beginn des Krieges 1914/18 unter dem Kommando des Kapitänleutnants WEDDIGEN.

Die U-Boot-Dieselmotoren

Inzwischen hatte der Dieselmotor seine Überlegenheit bewiesen, und KÖRTING gab den Bau von Petroleummotoren auf. Für die U-Boot-Dieselmotoren, die er von 1912 ab entwickelte, behielt er zunächst den Zweitakt bei, immer noch in der Überzeugung, daß dieser die größeren Vorteile biete. Der erste Versuchs-Dieselmotor KÖRTINGs hatte sechs Zylinder und sollte 500 PS bei 450 U/min leisten. Das bei den Petroleummotoren benutzte Spülverfahren wurde verlassen, weil die Spülung nicht genügte. So erhielt der erste Zweitakt-U-Bootmotor, der nach dem Dieselverfahren arbeitete, wieder eine besondere Spülluftpumpe, deren Abmessungen man unabhängig von dem Hubvolumen der Arbeitskolben wählen konnte. In den Zylinderdeckel wurden vier Spülventile gesetzt, die von einer über den Zylindern angeordneten Nockenwelle gesteuert wurden. Für den Auspuff waren Schlitze in der Zylinderwand vorgesehen, die der Kolben steuerte. Aber man kam mit der komplizierten Form des Zylinderdeckels nicht zurecht und hat diese Bauart nicht weiterverfolgt.

Bild 362. KÖRTINGS erster Viertakt-U-Boot-Dieselmotor (1914)
Er leistete mit vier Zylindern 60 PS bei 450 U/min

Bei zwei U-Boot-Dieselmotoren, die 1913 von der russischen Marine bestellt worden waren, behielt man den Zweitakt bei, kehrte jedoch zu der einfachen Querspülung mit Spül- und Auspuffschlitzen zurück, mit einer Führung des Spülstromes innerhalb des Arbeitszylinders wie in Bild 360, aber mit angebauter Kolbenspülpumpe. Jeder Motor leistete bei 285 mm Zylinderdurchmesser und 350 mm Hub 400 PS bei 350 U/min. Die sechszylindrigen Motoren hatten einen Brennstoffverbrauch von 220 g/PSh. Das war gegenüber dem übermäßig hohen Verbrauch der Petroleummotoren von 500 g ein großer Fortschritt. Die Motoren wurden 1914 von der russischen Marine abgenommen, konnten aber wegen des bald darauf ausbrechenden Krieges nicht mehr an Rußland geliefert werden. Sie sind in zwei deutsche Unterseeboote eingebaut worden.

Da alle anderen deutschen Firmen, die sich mit dem U-Boot-Motorenbau befaßten, den Viertakt benutzten, forderte die Marineleitung auch von Körting, daß er zum Viertakt übergehen solle. Sie gab einen Versuchsmotor in Auftrag, der bei 450 U/min in vier Zylindern 60 PS leisten sollte. Es gelang Körting, in der kurzen Zeit von drei Monaten den Motor zu konstruieren, auszuführen und zu erproben. Wie Bild 362 zeigt, waren von den vier Zylindern je zwei zu einem Block zusammengefaßt; die Zylinderblöcke waren mit dem Einblaseluftkompressor (im Bild links) auf dem Oberteil des Kurbelgehäuses montiert. Die Probeausführung fiel so gut aus, daß die Marineleitung sogleich elf weitere Maschinen bestellte, die sämtlich vor Ende 1914 abgeliefert wurden.

Den in der Folgezeit rasch wachsenden Ansprüchen der Marine an Größe und Leistung der Unterseebootmotoren konnte die Firma Körting voll nachkommen. Innerhalb zweier Jahre stieg die Leistung auf 150, 290, 450 und 530 PS. Jetzt wurden nur noch direkt umsteuerbare Sechszylinder-Viertaktmotoren gebaut. 1917 war man bei einer Leistung von 1200 PS angelangt (Bild 363). Der am vorderen Ende angeord-

Bild 363. Ein 1200pferdiger Unterseebootmotor von Gebr. Körting (1917)

nete Zwillingskompressor verdichtete die Luft in vier Stufen auf 200 at, die zum Laden der Torpedos erforderlich war. Die Einblaseluft für den Brennstoff wurde der dritten Stufe, die auf 64 at verdichtete, entnommen. Als auch die Leistung von 1200 PS nicht mehr genügte, nahm Körting zwei Sechszylindermotoren in Arbeit, die bei 530 mm Zylinderdurchmesser und 380 U/min 1800 PS leisten sollten. Sie erfüllten die gestellten Bedingungen, sind jedoch nicht mehr verwendet worden. Dasselbe Schicksal hatte ein 700pferdiger Versuchszylinder, eine Leistung, die Körting nur mit dem Zweitakt beherrschen zu können glaubte. Der Zylinder erhielt einen hinter den Auspuffschlitzen angeordneten wassergekühlten Drehschieber, der die Auspuffschlitze abdeckte, bevor die Steuerkante des Kolbens die Spülschlitze geschlossen hatte, wodurch es möglich wurde, den Zylinder mit Spülluft aufzuladen, ein Verfahren, von dem man noch heute Gebrauch macht.

Der Motor bestand einen Dauerlauf von sechs Tagen und sechs Nächten, ohne daß sich Beanstandungen ergaben. Zu einem Ausbau zur Sechszylindermaschine ist es infolge des Kriegsausganges nicht mehr gekommen, jedoch ist der Versuchszylinder noch über ein Jahr nach dem Kriegsende in den Werkstätten der Firma Körting als Betriebsmaschine benutzt worden. Dann wurde er verschrottet.

XXXIII. Aus der Frühgeschichte anderer deutscher Motorfirmen

Als die Dieselpatente 1907/08 abgelaufen waren, nahm die Zahl der Firmen, die in Deutschland Verbrennungsmotoren bauten, rasch zu. Ein Verzeichnis aus dem Jahr 1914 führt 206 Namen von Fabriken auf, in denen Diesel- und Ottomotoren hergestellt wurden. Von ihnen werden nur noch 25 in der vom Verein deutscher Maschinenbau-Anstalten (1958) herausgegebenen Zusammenstellung „Deutsche Verbrennungsmotoren" genannt; die anderen sind entweder in fremden Firmen aufgegangen oder der Ungunst der Zeiten erlegen. Mehr als 20 Firmen haben den Verbrennungsmotorenbau seit 1914 neu aufgenommen; einige von ihnen haben ihn wieder aufgegeben. Die Gesamtzahl der in dem erwähnten Verzeichnis genannten deutschen Firmen beträgt gegenwärtig 46. Unter ihnen befinden sich alle großen Firmen, deren Geschichte wir behandelt haben; nur Körting fehlt, der heute auf anderen Arbeitsgebieten tätig ist.

Neben den größeren Unternehmen, die nach dem Vorbild Ottos und lange bevor Diesel seinen Motor erfand, den Verbrennungsmotorenbau betrieben haben, sind sieben deutsche Firmen zu nennen, die seit mehr als einem halben Jahrhundert Verbrennungsmotoren gebaut und sich in allen Krisen, die seither über die deutsche Wirtschaft hinweggegangen sind, durch die Tüchtigkeit ihrer Leiter behauptet haben. Einige von ihnen befinden sich noch heute in demselben Privatbesitz wie zur Zeit ihrer Gründung. Auch sie haben dazu beigetragen, daß der Verbrennungsmotorenbau sich auf ein dauerhaftes Fundament stützen kann, und haben das fachliche Können auf unserem Gebiet überliefert und verbreitet. Wenn wir ihre Leistungen nicht mit derselben Ausführlichkeit beschreiben können wie die der anderen Firmen, so liegt dies daran, daß der zweite Krieg den größten Teil ihrer geschichtlichen Aufzeichnungen vernichtet hat.

Die Firmen, die wir nennen, sind in der zeitlichen Reihenfolge aufgeführt, wie sie den Verbrennungsmotorenbau aufgenommen haben. Die älteste ist die **Hamburger Motoren-Fabrik Carl Jastram,** deren Gründung auf die Zeit zurückgeht, als Otto den Viertaktmotor noch nicht erfunden hatte und die Gasmotoren-Fabrik Deutz ihre atmosphärischen Gaskraftmaschinen baute. Im Jahr 1873 richtete CARL JASTRAM in Hamburg-Bergedorf eine Werkstatt ein, in der er sich anfangs wohl nur mit Schlosserarbeiten beschäftigt hat. Als die Viertaktmotoren aufkamen, wurde CARL JASTRAM sehr frühzeitig auf sie aufmerksam. Sogleich nach dem Fall des Viertaktpatentes begann er 1887 mit dem Bau eines kleinen Petroleummotors von 2 PS Leistung, den er allein entwarf und mit Unterstützung weniger Gesellen gebaut hat. Außer dem Schwungrad und der Kurbelwelle wurden alle Teile mit der Hand bearbeitet. Sein erster Motor,

638

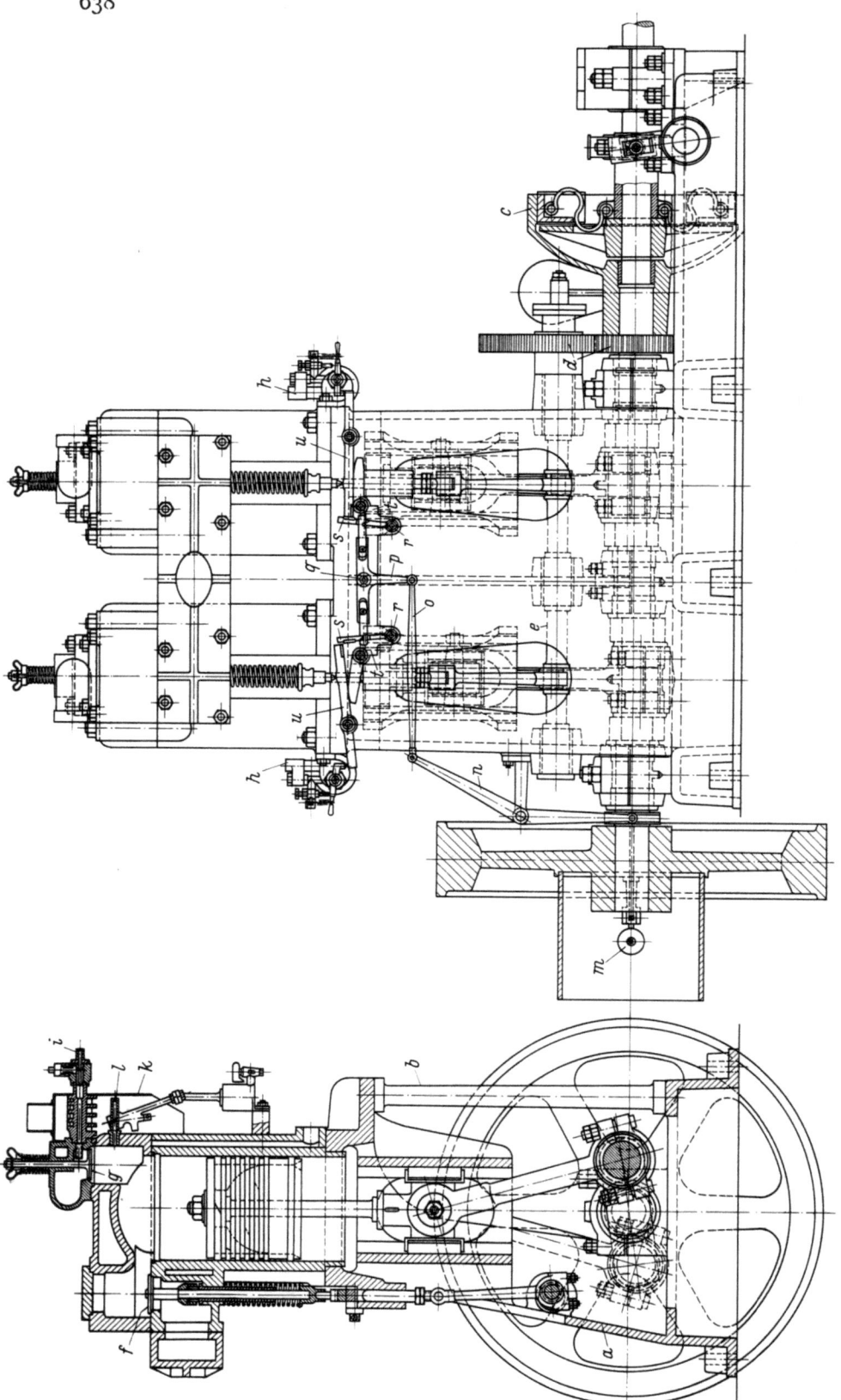

Bild 364. Zweizylindriger 20 PS-Petroleum-Bootsmotor, gebaut von Carl Jastram, Hamburg-Bergedorf (1903)

Die Bauart des Motors lehnt sich an die damals übliche Bauart kleiner Schiffsdampfmaschinen an: die Zylinder stehen teils auf dem mit der Grundplatte aus einem Stück gegossenen Ständer a, teils auf geschmiedeten Säulen b. Das Kurbelgehäuse ist auf der Bedienungsseite offen

c Ausrückkupplung; d Zahnräder zum Antrieb der Steuerwelle e; f Auspuffventil; g Einlaßventil; h Brennstoffpumpen; i Brennstoffdruckleitung; k Kamin; l Glührohr; m Regler; n–o Regelgestänge; p T-förmiger Hebel, um Zapfen q beweglich; r Drehzapfen für Hebel s; t Zwischenstücke mit Wälzhebeln; u Hebel für Antrieb der Auspuffventile f und der Brennstoffpumpen h

der 260 Umdrehungen in der Minute machte, erhielt 1889 auf der Hamburger Industrieausstellung eine Auszeichnung.

Um die Jahrhundertwende bietet die Hamburger Motoren-Fabrik schon fünf verschiedene Größen mit Zylinderleistungen von 2 bis 20 PS als „Stationäre Petroleum- oder Benzin-Motore" sowie als „Petroleum- oder Benzin-Boots-Motore Patent Jastram" an. Es sind Ein- und Zweizylindermotoren mit Drehzahlen von 420 bis 300 U/min. „Der Verbrauch beträgt höchstens 0,5 kg per Stunde und effective Pferdekraft." Die Bootsmotoren werden in der Fabrikation bald vorherrschend; die Nähe des Hamburger Hafens begünstigt ihren Absatz. Bild 364 zeigt einen zweizylindrigen Viertakt-Bootsmotor aus dem Jahr 1903. Mit seinen zwei Zylindern ist der Motor nicht umsteuerbar; er behält auch bei Rückwärtsfahrt seine Drehrichtung bei, und die Propellerwelle wird durch ein Zahnradwendegetriebe auf Rückwärtsfahrt umgelegt, oder der Propeller ist mit drehbaren Flügeln versehen. Soll der Motor, was im Bootsbetrieb häufig vorkommt, längere Zeit leerlaufen, ohne daß man ihn anzuhalten wünscht, so wird er durch die Ausrückkupplung c von der Wellenleitung getrennt, oder die beiden Propellerflügel werden in die Nullstellung gedreht.

Im Längsschnitt ist das Zahnradgetriebe d sichtbar, das die Steuerwelle e mit halber Drehzahl antreibt. Von e werden durch Exzenter und Exzenterstangen die Auspuffventile f betätigt. Nur diese werden mechanisch gesteuert; die Einlaßventile g öffnen sich beim Abwärtsgang der Kolben selbsttätig. Der Brennstoff, Petroleum, wird von den Pumpen h durch Leitungen i vor die Einlaßventile gefördert und beim Saughub des Kolbens mit der Luft in den Zylinder gesaugt. Der Teil der Brennstoffleitung, der an den Zylinderkopf anschließt, ist als Rippenkörper ausgebildet, der von einem Blechkamin k umschlossen ist und mit dem Glührohr l vor dem Anfahren durch eine Lampe erwärmt wird.

Der Motor arbeitet mit Aussetzerregelung. Bei normaler Drehzahl hält der in der Riemenscheibe untergebrachte Regler m durch das Gestänge n, o den T-förmigen Hebel p, der um den Zapfen q beweglich ist, in seiner mittleren Lage. In die waagerechten Enden des Hebels p sind, wie Bild 364 zeigt, Kerben eingearbeitet, links von der oberen, rechts von der unteren Seite. Mit den Kerben hält p die beiden um die Zapfen r schwenkbaren Hebel s so, daß diese die Bewegungen des Auspuffventilgestänges und der Brennstoffpumpen h nicht stören. Übersteigt die Drehzahl den zulässigen Wert, so erteilt die auf der Kurbelwelle gleitende, sich nach links verschiebende Reglermuffe dem Hebel p eine Linksdrehung; die Schrägflächen in den Hebeln s geben eine kleine Links- bzw. Rechtsdrehung der mit Wälzhebeln versehenen Zwischenstücke t frei, die wegen ihres einseitigen Übergewichtes nach links bzw. rechts kippen. Dadurch gelangen die in die Hebel s eingelassenen gehärteten Platten unter die Gegenplatten der Hebel u, auf die sich die unteren Enden der Auspuffventilspindeln stützen und von deren freien Enden die Stempel der Brennstoffpumpen h bewegt werden. Die Hebel s halten jetzt die Hebel u in einer solchen Lage fest, daß die Auspuffventile nicht mehr schließen und die Brennstoffpumpenstempel ruhen. Bei sinkender Drehzahl gibt der Regler alle Steuerbewegungen wieder frei.

Nachdem die Dieselpatente gefallen waren, ging auch CARL JASTRAM zum Dieselmotorenbau über. Er wählte das Zweitaktverfahren, das ihm baulich einfacher erschien. Seine Motoren hatten im Zylinderkopf ein Spülventil und im unteren Teil der Zylinderwand Auspuffschlitze; sie arbeiteten mit der Gleichstromspülung. Die Schwierigkeiten, die der Zweitakt bietet, hatte CARL JASTRAM wohl unterschätzt; es dauerte fast drei

Jahre, bis es ihm gelang, seinen Zweitaktmotor verkaufsreif zu machen. In der Folgezeit erwarben sich die Jastram-Schiffsmotoren, die heute im Viertakt arbeiten, einen guten Ruf.

CARL JASTRAM erreichte das hohe Alter von über 90 Jahren. Unternehmend wie er war, begann er im Jahr 1909, angeregt durch die Brüder ORVILLE und WILBUR WRIGHT, die damals zum ersten Mal ihre Flüge in Deutschland zeigten, mit dem Entwurf eines Flugmotors. Er baute einen sechszylindrigen Motor mit hängenden Zylindern, eine Bauart, die zu jener Zeit in Deutschland neu war. Bestimmend für die Wahl dieser Zylinderanordnung war, daß sie das Ansammeln des Schmieröls im Kurbelgehäuse verhinderte; so konnten die unteren Köpfe der Pleuelstangen das Öl nicht im Kurbelgehäuse umherschleudern, und das zu reichliche Schmieren der Kolben und das damit verbundene Verölen der Zündkerzen war vermieden. Der Motor wurde nach gut bestandenen Probeläufen in ein von dem Konstrukteur THELE entworfenes Flugzeug (Bild 365) eingebaut, dem das Fliegen aber nicht gelang. Es konnte nur Sätze

Bild 365. Flugzeug mit eingebautem Jastram-Motor (1912)
Das Flugzeug konnte nur Sprünge machen; zu fliegen ist ihm nicht gelungen

von 20 bis 30 m Länge machen, sich aber nicht in der Luft halten. Die Versuche ermutigten CARL JASTRAM nicht, den Flugmotorenbau fortzusetzen.

Zu den ältesten Motorenfabriken Deutschlands zählt ferner die **Carl Kaelble GmbH,** Motoren- und Maschinenfabrik in Backnang bei Stuttgart, die 1884 gegründet worden ist. Der Motorenbau wurde 1895, also noch vor DIESEL, aufgenommen. Nur wenig Dokumente aus früherer Zeit sind erhalten geblieben; jedoch erkennt man, daß der Motorenbau der Firma Kaelble eine ähnliche Entwicklung durchgemacht hat wie der anderer deutscher Firmen. Man fing mit Benzinmotoren an, die mit der damals vorwiegend gebrauchten Glührohrzündung gearbeitet haben; es folgten Petroleum- und Glühkopfmotoren. Frühzeitig interessierte sich KAELBLE für die kompressorlose Betriebsweise. Er hat schon 1904 einen Versuchsmotor nach HASELWANDERS Patenten (S. 585) gebaut, aber die Versuche haben offenbar nicht befriedigt, denn es sind in der Folgezeit keine Haselwander-Motoren fabriziert worden. Als 1908 die Dieselpatente fielen, baute auch KAELBLE liegende Dieselmotoren mit Einblaseluftkompressor (Bild 366). Das Bild gehört zu den wenigen aus jener Zeit erhalten gebliebenen Unterlagen.

KAELBLE dehnte schon sehr bald seine Fabrikation auf motorbetriebene Arbeitsmaschinen aus. Im Jahr 1900 brachte er Sägemaschinen auf den Markt, dann Motorsteinbrecher, fahrbare Kompressoranlagen, Zugmaschinen und Motorstraßenwalzen. Seine 1908 geschaffene Motorstraßenwalze soll die erste der Welt gewesen sein.

Die **Motorenfabrik Anton Schlüter** in München, Werk Freising, 1898 gegründet, hat sich vom Anfang ihres Bestehens an mit dem Bau von Verbrennungskraftmaschinen beschäftigt. Von den vor 1914 gebauten Motortypen sind keine Unterlagen erhalten

Bild 366. Liegender Dieselmotor der Firma Carl Kaelble, Backnang (1913)

Der neben dem Arbeitszylinder liegende Einblaseluftkompressor a wird von einem fliegenden Zapfen der Kurbelwelle angetrieben. Die Steuerwelle b betätigt die Brennstoffpumpe c, die unter Einwirkung des Reglers d steht, sowie durch das Gestänge e, f das obenliegende Einlaß- und das untenliegende Auspuffventil. Das Brennstoffventil wird durch den am linken Ende sichtbaren Hebel g gesteuert

geblieben. Bild 367 stellt den Querschnitt durch den Zylinderkopf eines liegenden Benzinmotors aus dem Jahr 1914 mit Einzelheiten dar, die eine sorgfältige Durcharbeitung der Konstruktion erkennen lassen. Das Einlaßventil a ist in einen Ventilkorb eingebaut, während der Kegel des darunterliegenden Auspuffventils b im Zylinderkopf dichtet. Beide Ventile werden von der Nockenwelle c gesteuert, die auch den Nocken für die Abreißzündung trägt. Zum Erleichtern des Anlassens kann der Auspuffventilhebel durch den Handgriff d aufgedrückt werden, so daß die Kompression aufgehoben wird; der Motor läßt sich dann leicht anwerfen. Bei Betätigung der Dekompressionseinrichtung wird zugleich der Zündzeitpunkt durch Verschieben des Nockens der Abreißzündung auf späteres Zünden verstellt, wodurch ein Zurückschlagen der Kurbelwelle während des Anfahrens vermieden wird.

Durch eine andere Vorrichtung wird das Einsetzen der Zündungen beim Anfahren gesichert. Da bei noch niedriger Drehzahl die Geschwindigkeit der Luft im Saugkanal e klein ist, so daß die Luft wenig Benzin aus der Düse f mitnimmt, ist im Saugkanal eine Zunge g angeordnet, die beim Starten durch eine Rändelschraube h so weit gesenkt wird, daß für die Luft nur ein enger Durchtrittsquerschnitt verbleibt, durch den die Luft mit hoher Geschwindigkeit strömt. Dadurch wird das Gemisch angereichert, so daß die Zündungen sicher einsetzen. Wenn der Motor die volle Drehzahl erreicht hat, wird die Zunge angehoben und der ganze Saugkanalquerschnitt freigegeben. Während des normalen Betriebes steht der Motor unter der Einwirkung des Reglers, dessen Muffe i durch das Gestänge k die Drosselklappe l verstellt. Bei niedriger Außentemperatur wird der angesaugten Luft Warmluft beigemischt, wozu der Saugkanal m einen Teil der Auspuffleitung umgreift. Die Menge der Warmluft wird durch einen Drehschieber mit Handgriff n geregelt.

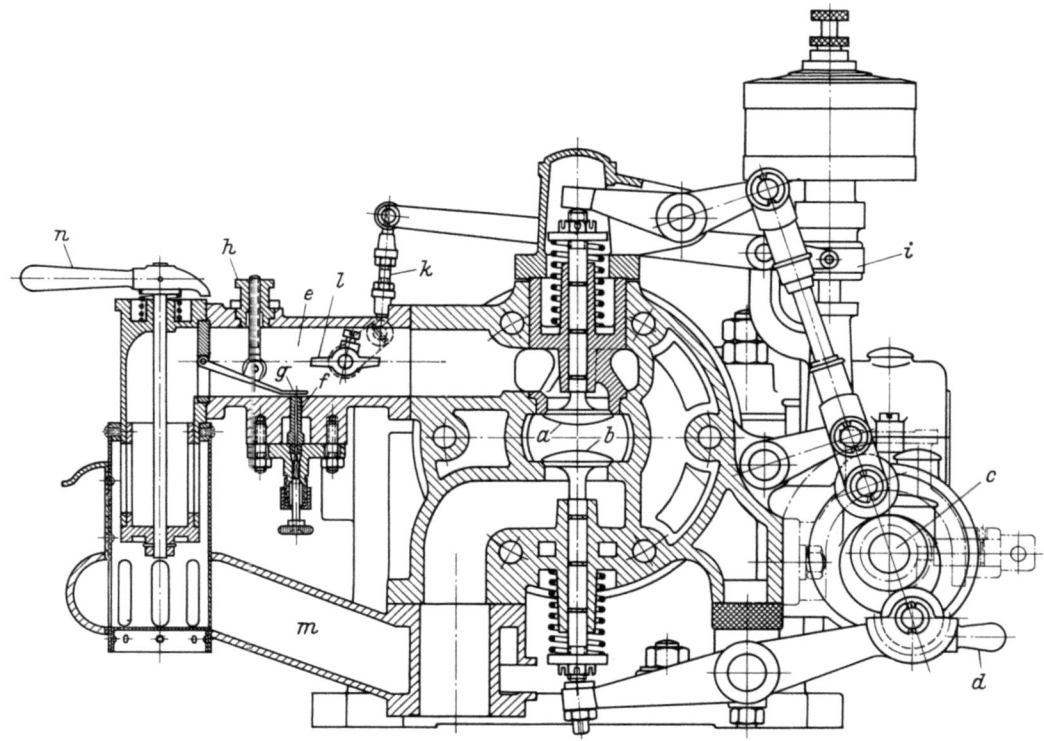

Bild 367. Schnitt durch den Zylinderkopf eines liegenden Benzinmotors der Motorenfabrik Anton Schlüter, München-Freising (1914)

a Einlaßventil; b Auspuffventil; c Nockenwelle; d Handgriff zum Aufheben der Kompression während des Anfahrens; i Reglermuffe; k Regelgestänge; l Drosselklappe; m Vorwärmkanal der Saugluft; n Regelung der Warmluft

Bemerkenswert ist die Sorgfalt, die auf die Herstellung einer guten Gemischbildung während des Anfahrens des Motors verwendet worden ist. Der Querschnitt des Saugkanales e wird, damit die Luft mit hoher Geschwindigkeit an der Benzindüse f vorbeiströmt, durch Senken der Zunge g mittels der Rändelschraube h so verengt, daß ein zündfähiges Gemisch entsteht

Der Motor konnte für Betrieb mit Petroleum, Benzin, Leuchtgas und Benzol eingerichtet werden. Dazu brauchte nur das Verdichtungsverhältnis geändert zu werden, wozu Beilagen verschiedener Dicke zwischen den unteren Pleuelkopf und den Fuß der Pleuelstange gelegt wurden. Den höchsten Verdichtungsdruck erforderte der Betrieb mit Benzol. Nähere Angaben über diesen Motor, seine Abmessungen und seine Leistung sind nicht erhalten geblieben; auch fehlen Angaben über die bis 1914 gelieferten Stückzahlen.

Die **Motorenfabrik München-Sendling,** die 1899 von O. VOLLNHALS gegründet worden ist und sich noch heute im Besitz der Familie des Gründers befindet, stellt seit mehr als 60 Jahren ausschließlich Verbrennungsmotoren her. In einer bescheidenen Werkstatt an der Forstenrieder Straße in München baute OTTO VOLLNHALS 1899 seinen ersten Motor, eine kleine liegende Maschine mit offenem Kurbelgehäuse, an das der Zylinder freifliegend geflanscht war (Bild 368). Der mit halber Drehzahl umlaufende Exzenterzapfen *a* steuerte mittels der Exzenterstange *b* das Auspuffventil und zugleich durch das Gestänge *c, d* die Abreißzündung *e*. Das Einlaßventil arbeitete selbsttätig. Es waren kleine schwere Viertaktmotoren mit den niedrigen Drehzahlen von 250 bis 220 U/min und dem hohen Leistungsgewicht von 300 bis 350 kg/PS entsprechend der damals üblichen Bauart.

Bild 368. Erster von der Motorenfabrik München-Sendling gebauter Motor (1899)
Der Motor konnte mit Benzin oder mit Leuchtgas betrieben werden; er wurde mit Leistungen von 3 bis 6 PS hergestellt
a Exzenterzapfen; *b* Exzenterstange; *c, d* Gestänge der Abreißzündung *e*

Da die ersten Motoren einen guten Absatz fanden, vergrößerte sich das Werk rasch. 1903 wurde der Bau von Generatorgas-Anlagen aufgenommen, für den man, um die Schwierigkeiten einer eigenen Entwicklung zu umgehen, eine Lizenz von dem Engländer TAYLOR erwarb. Sie waren für die Vergasung von Anthrazit oder Koks eingerichtet und wurden mit Leistungen bis zu 100 PS angeboten, obwohl das Bauprogramm zunächst nur Motoren bis 40 PS umfaßte. Aber schon 1910 konnte man Sauggasmotoren von 200 PS Leistung anbieten; auch wurden die Gasgeneratoren für die Beschickung mit Braunkohle und Torf eingerichtet.

Um jene Zeit — 1910 — nahm die Nachfrage nach kleinen Petroleummotoren mehr und mehr zu. Dieselmotoren, die man natürlich auch mit Petroleum hätte betreiben können, waren für Leistungen von wenigen PS nicht erhältlich; sie wurden nicht gebaut, weil der Einblaseluftkompressor gar zu kleine Abmessungen hätte erhalten müssen. So entwickelte VOLLNHALS einen Petroleum-Glühkopfmotor nach dem System des ungarischen Ingenieurs BANKI. Der Motor saugte ein aus Luft, zerstäubtem Brennstoff und Wasser bestehendes Gemisch an und verdichtete es auf 10 at; im Totpunkt des Kolbens entzündete es sich am heißen Glühkopf. Da der Motor keine Brennstoffpumpe brauchte, war er von einfachster Bauart. Er wurde in vier Stufen von 3 bis 9 PS hergestellt. Aber sein Brennstoffverbrauch erreichte 400 g/PSh, und damit konnte sich der Motor nicht lange behaupten. Er wurde durch ein verbessertes Modell ersetzt, das 4 und 6 PS leistete und dessen Einheitsgewicht auf 100 kg/PS gesenkt werden konnte.

Durch seine Pionierarbeit auf dem Gebiet des Motorpflugbaues hat OTTO VOLLNHALS sich ein besonderes Verdienst erworben. Er wollte der Landwirtschaft statt der Pferde eine mechanische Zugkraft zur Verfügung stellen und begann 1909 mit der Entwicklung eines Ackerschleppers (Bild 369). Dessen Motor leistete mit vier Zylindern 80 PS bei 480 U/min. Es war das erstemal, daß VOLLNHALS die stehende Bauart verwendete; bis dahin hatte er ausschließlich liegende Motoren gebaut. Aber so starke

Bild 369. Erster deutscher Ackerschlepper, entworfen von O. VOLLNHALS, München-Sendling (1909)
Ein Schlepper dieser Type steht heute im Deutschen Museum in München als „das erste deutsche unstarre System" eines Traktors

Maschinen brauchte die Landwirtschaft nicht, und daher wurde schon 1911 ein Schlepper fertiggestellt, der mit zwei Zylindern die halbe Leistung hatte. Später ging VOLLNHALS noch weiter auf die heute gebräuchlichen Größen herunter.

Während der Kriegsjahre 1914/18 beschäftigte man sich in der Motorenfabrik München-Sendling fast ausschließlich mit der Weiterentwicklung der Ackerschlepper. Auch die Benz-Werke in Mannheim erwarben eine Lizenz und bauten den „Benz-Sendling Motorpflug". 1925 wurde von Sendling der erste Diesel-Schlepper geliefert.

Den Schlepper von 1909 hat das Deutsche Museum erworben, das den Erwerb mit den Worten begründete: „Wir halten diesen Typ für unser Museum von besonderem Interesse, weil er das erste deutsche unstarre System (Traktor) darstellt, das so bedeutungsvoll für die weitere Entwicklung dieser Maschinen geworden ist".

Auch die **MODAG Motorenfabrik Darmstadt GmbH,** die heute zum Konzern der DEMAG AG, Duisburg, gehört, ist aus kleinsten Anfängen entstanden. Im Jahr 1902 richtete der Ingenieur AUGUST KOCH in Darmstadt eine Werkstatt ein, in der er Molkereimaschinen herstellte. Etwa zehn Arbeiter fanden hier ihre Beschäftigung. Aber bald zeigte sich, daß der Absatz nicht genügte, um das Unternehmen am Leben zu erhalten, und so verband sich KOCH mit dem Schlossermeister GRÄB, der in Darmstadt eine Werkstatt für die Reparatur von Motoren unterhielt; gemeinsam wollten sie Gasmotoren bauen. Die neue Firma nannte sich „Molkereimaschinen- und Motorenfabrik Koch & Gräb". Man stellte kleine liegende Gasmaschinen in der damals üblichen Bauart her. 1904 konnte man vier verschiedene Typen anbieten, die größte mit 10 PS Leistung.

Die Konjunktur war günstig; bald mußten die Werkstätten vergrößert werden. Durch Umwandlung in eine Gesellschaft mit beschränkter Haftung wurde das erforderliche Kapital beschafft. Die bebaute Fläche wurde auf 1200 qm vergrößert; die Belegschaft wuchs auf 50 Arbeiter an.

Im Jahr 1905 nahm KOCH die Fabrikation von Sauggasmotoren und Sauggasgeneratoren auf; schon der erste Motor hatte die beachtliche Leistung von 70 PS. Wieder wurde es notwendig, das Kapital zu vergrößern. Jetzt war es der Kaufmann FRIEDRICH MAY, der die erforderlichen Mittel beschaffte. Er war am 1. August 1906 als Gesellschafter eingetreten; drei Wochen später, am 20. August 1906, gründete er gemeinsam mit AUGUST KOCH und drei Aktionären die „Motorenfabrik Darmstadt A.G." KOCH und MAY bildeten den Vorstand; GRÄB blieb als Meister im Werk. KOCH schied 1907 aus, und MAY führte seitdem das Werk allein. Bis zu seinem Tod im Jahr 1939 hat er die Geschicke der MODAG geleitet und ihr durch Tatkraft und Umsicht einen geachteten Platz unter den deutschen Motorenfirmen verschafft.

Die aus der Zeit vor 1914 erhaltenen Akten geben ein Bild von der Entwicklung des Motorenbaues der MODAG. Die ersten Viertakt-Gasmotoren von 1903, in der damals vorherrschenden liegenden Bauart, arbeiteten noch mit der Glührohrzündung.

Bild 370. Ältester Gasmotor der Motorenfabrik Darmstadt, damals (1903) noch „Motorenfabrik Koch & Gräb"
Der Motor hatte Glührohrzündung; Gaszuleitung *a* zum Beheizen des Glührohres; *b* Kamin; *c* Nockenwelle; *d* Auspuffventil; *e* Hauptgaszuleitung

In Bild 370 sieht man die Gaszuleitung *a* zur Flamme, die das Glührohr beheizte, und den Kamin *b* für die Flamme. Die mit halber Drehzahl umlaufende Steuerwelle *c* lag neben der Kurbelwelle und parallel zu dieser. Von ihr wurde durch einen langen Hebel das Auspuffventil *d* und durch einen kürzeren das Einlaßventil gesteuert, vor dem der Hauptgashahn *e* angeordnet war. Da man an die Gleichförmigkeit der Umdrehungen keine großen Anforderungen stellte, genügte eine Aussetzerregelung. Als mit den Jahren die Motoren in steigendem Umfang zum Antrieb von Dynamomaschinen verwendet wurden, welche Strom von möglichst gleichmäßiger Spannung liefern sollten, versah man sie mit einem Fliehkraftregler, der einen das Einlaßventil verstellenden Schrägnocken steuerte. Etwa 1904 ging man von der Glührohr- zur Abreißzündung über. Von 1905 an wurden auch Sauggasmotoren und Sauggasgeneratoren gebaut, und zwar sogleich für verhältnismäßig große Zylinderleistungen. Während man sich bis dahin bei den Gas- und Benzinmotoren auf Zylindergrößen von 25 PS beschränkt hatte, begann man bei den Sauggasmotoren mit einem Zylinder von 70 PS, der 400 mm Durchmesser und 600 mm Hub hatte. Ein Motor dieser Größe, der in jener Zeit an eine Heidelberger Firma geliefert wurde, hat bis in die Gegenwart seinen Dienst verrichtet, ein Beleg für die solide Arbeit, die in der kleinen Firma geleistet wurde.

1908 übernahm die MODAG den Verkauf der von der englischen Firma Hornsby gebauten Glühkopfmotoren, fing dann aber auch bald an, selbst Glühkopfmotoren herzustellen, wozu sie die Rechte von der Solos-Motoren-Gesellschaft erwarb. Diese Gesellschaft hatte nach den Plänen von SÖHNLEIN einen Zweitakt-Glühkopfmotor mit Kurbelkammerspülung einfachster Bauart entwickelt. Es wurden mehr als 200 dieser Motoren gebaut; dann gab man die Fabrikation auf, weil der Brennstoffverbrauch mit 400 g/PSh nicht mehr den erhöhten Anforderungen entsprach, die man mit der fortschreitenden Entwicklung an die Motoren stellte.

In einem Prospekt aus dem Jahr 1912 wird zum erstenmal erwähnt, daß die MODAG auch „Gleichdruckmotoren System Diesel für alle Arten Rohöl und Teeröl"

Bild 371. Erster liegender Dieselmotor der Motorenfabrik Darmstadt (1912)
a Einblaseluftkompressor

liefere. Es waren liegende Viertaktmotoren mit Einblaseluftkompressor (Bild 371), deren Aufbau sich nicht von dem damals üblichen unterschied. Bis zum Ausbruch des Krieges 1914 hatte man erst eine beschränkte Zahl Dieselmotoren geliefert; dann setzte der Krieg dieser Entwicklung ein vorläufiges Ende. Heute baut die MODAG ausschließlich stehende Zweitaktmotoren mit Leistungen von 80 bis zu 1200 PS und Zylinderzahlen von 2 bis 9.

Die 1880 gegründete **Motorenfabrik Hatz GmbH** in Ruhstorf/Rott nahm 1905 den Bau von Verbrennungskraftmaschinen auf. Leider wurden bei Kriegsende 1945 alle Dokumente vernichtet, die über die geschichtliche Entwicklung des Motorenbaues dieser Firma hätten Aufschluß geben können. Bekannt ist nur, daß man mit liegenden langsamlaufenden Benzinmotoren angefangen hat, deren Leistung 3 bis 8 PS betrug. Darauf entwickelte man einen stehenden Schnelläufer von 5 PS bei 750 U/min. 1910 begannen die Gebrüder HATZ mit dem Bau von Glühkopfmotoren, die damals in den skandinavischen Ländern weit verbreitet waren und in der Seefischerei viel verwendet wurden. Bild 372 zeigt einen Hatz-Glühkopfmotor aus jener Zeit. Der ortfeste Motor steht auf einem gemauerten Sockel, so daß das Schwungrad frei vom Boden läuft. Glühkopfmotoren hatte man ursprünglich nach dem Vorbild des Akroyd-Motors als Viertaktmotoren entwickelt, ist dann aber bald zur Zweitaktbauart mit Kurbelkammerspülung und Schlitzsteuerung übergegangen, eine Konstruktion, mit der man zwar keine hohe spezifische Leistung und keinen niedrigen Brennstoffverbrauch erzielen kann, die aber den denkbar einfachsten Verbrennungsmotor ergibt. Die Unterseite des Kolbens und das Kurbelgehäuse dienen als Spülpumpe; Einlaß der Spülluft und Auspuff der Verbrennungsgase werden durch Schlitze in der Zylinderwand von der oberen Kolbenkante gesteuert. Außer dem normalen Kurbelgetriebe braucht der Zweitakt-Glühkopfmotor nur einige bewegte Teile zum Antrieb der Brennstoffpumpe a (Bild 372) und des Reglers b. Beide werden von einer Querwelle betätigt, die durch Schraubenräder von der Kurbelwelle angetrieben wird. Von der Brennstoffpumpe führt ein Kupferrohr zum schräg aufwärts gerichteten Brennstoffventil c, das den Brennstoff in den unter der Haube d liegenden Glühkopf spritzt. Zum Anfahren des Motors wird der Glühkopf durch eine Lötlampe erwärmt; hierfür ist ein

Bild 372
Glühkopfmotor der Motorenfabrik
Hatz GmbH, Ruhstorf/Rott (1910)
Der Motor leistete 12 PS bei 450 U/min

a Brennstoffpumpe; b Regler; c Einspritzventil; d Schutzhaube über dem Glühkopf; e Teller für Heizlampe; f Anschluß der Auspuffleitung; g Schmierpresse

Teller e vorgesehen, auf den die Lampe gestellt wird. Bei f wird die Auspuffleitung angeschlossen; g ist eine Schmierpresse.

Glühkopfmotoren der Zweitaktbauart sind jahrzehntelang in der Schiffahrt und im Kleingewerbe verwendet worden; sie waren wegen ihrer Einfachheit im Aufbau und der Anspruchslosigkeit im Betrieb sehr beliebt. Ihr einziger Nachteil war der hohe Brennstoffverbrauch, der etwa 300 g/PSh betrug. Erst von der Mitte der zwanziger Jahre an verschwanden die Glühkopfmotoren allmählich, nachdem der Kleindieselmotor seine wirtschaftliche Überlegenheit bewiesen hatte. Vereinzelt sind Glühkopfmotoren noch heute in Benutzung.

Zu den deutschen Firmen, die vor 1914 den Verbrennungsmotorenbau aufgenommen haben, gehört die Firma **Basse & Selve**, Altena (Westfalen), die heute eine Zweigniederlassung der Vereinigte Deutsche Metallwerke AG ist. Die Gesellschaft wurde 1861 als Messingwalzwerk gegründet. Um die Jahrhundertwende richtete sie eine größere Leichtmetallgießerei ein, für deren Erzeugnisse sich der damals aufkommende Kraftfahrzeugbau bald zu interessieren begann. Von 1905 an wurden Aluminiumformgußteile für die Automobilindustrie geliefert; 1906 stellte man die ersten gegossenen Aluminiumkolben für Kraftwagenmotoren her. Um eigene Erfahrungen zu sammeln, wie sich die von dem Werk gelieferten Leichtmetallkolben im praktischen Betrieb bewährten, richtete man 1910 in Altena eine Motorenabteilung ein, in der man die Leichtmetallteile der Erprobung unterwerfen konnte. Da der Flugbetrieb die härtesten Anforderungen an den Motor stellte, begann man im Herbst 1910 nach eigenen Zeichnungen einen Flugmotor zu entwickeln.

Es entstand ein kleiner Vierzylindermotor mit den Zylinderabmessungen 110/125, der bei 1365 U/min 45 PS leistete. Man hatte möglichst viele Teile aus Aluminium angefertigt, die Kolben, den Ölkühler, den Kühlwasserrückkühler und andere; selbst alle Bolzen, Muttern und Verschraubungen bestanden aus Leichtmetall. Mit diesem Motor beteiligte man sich 1912 am Wettbewerb um den Kaiserpreis für den besten deutschen Flugmotor, aber obwohl der Motor die Vor- und die Hauptprüfung bestand, wurde er nicht prämiiert, weil er mit seinem Eigengewicht von 2,36 kg/PS zu schwer war. Auch machten die gegossenen Aluminiumkolben so viele Schwierigkeiten, daß das Preisgericht die Verwendung von Aluminiumguß für die Kolben verbot.

Man ließ sich durch diesen ersten Mißerfolg nicht abschrecken und baute einen zweiten, größeren Flugmotor, der in sechs Zylindern 145 PS bei 1450 U/min leistete. Diesmal gelang es, das Einheitsgewicht auf 1,35 kg/PS zu senken, einen Wert, der bis dahin von anderen Firmen kaum erreicht worden war. Die Absicht, sich mit diesem Motor an einem zweiten Wettbewerb zu beteiligen, wurde durch den Ausbruch des Krieges verhindert; der Wettbewerb fand nicht statt. 1915 gaben die militärischen Stellen der Firma Basse & Selve einen neuen Motor in Auftrag, der 270 bis 300 PS leisten sollte. Er erhielt die Zylinderabmessungen 160/200 mm. Wie Bild 373 zeigt, waren die dünnwandigen Zylinder einzeln mit dem Kurbelgehäuse durch Anker verspannt; die gußeisernen Zylinderköpfe waren mit Gewinde auf die Stahlzylinder geschraubt. Als Kühlmantel diente ein Stahlblech. Der Boden des sehr leicht gehaltenen Kolbens stützte sich (a in Bild 373) auf den Kolbenbolzen. Die Kolbenkörper waren aus einer Aluminium-Zink-Legierung gepreßt. Jeder Zylinder hatte zwei Einlaß- und zwei Auspuffventile, die von der über den Zylindern liegenden Steuerwelle b betätigt wurden. Von der senkrechten Übertragungswelle c wurden durch Kegelräder d die beiden Zündmagnete angetrieben. Die Luft wurde durch das Kurbelgehäuse und die zu den Einlaßventilen führende Leitung e angesaugt und kühlte dadurch das Kurbelgehäuse und das in ihm befindliche Schmieröl.

Wie nicht anders zu erwarten war, zeigten sich bei der Erprobung zahlreiche Mängel, deren Beseitigung fast ein Jahr dauerte. Schließlich wurde die Musterprüfung bestanden, aber die Leistung mußte auf 240 PS herabgesetzt werden. Das Einheitsgewicht erhöhte sich damit auf 1,6 kg/PS, was noch als zulässig angesehen wurde.

Wichtiger als der Bau von Flugmotoren sind für die Firma Basse & Selve die Arbeiten geworden, die sie auf dem Gebiet der Herstellung von Leichtmetallkolben geleistet hat. Aus der ersten Zeit dieser Entwicklung, den Jahren 1906 bis 1912, sind keine Zeichnungen mehr vorhanden. Die Einführung der Kolbenform mit starkem Kolbenboden und dünnem Kolbenmantel, die den besten Wärmeabfluß zu den ge-

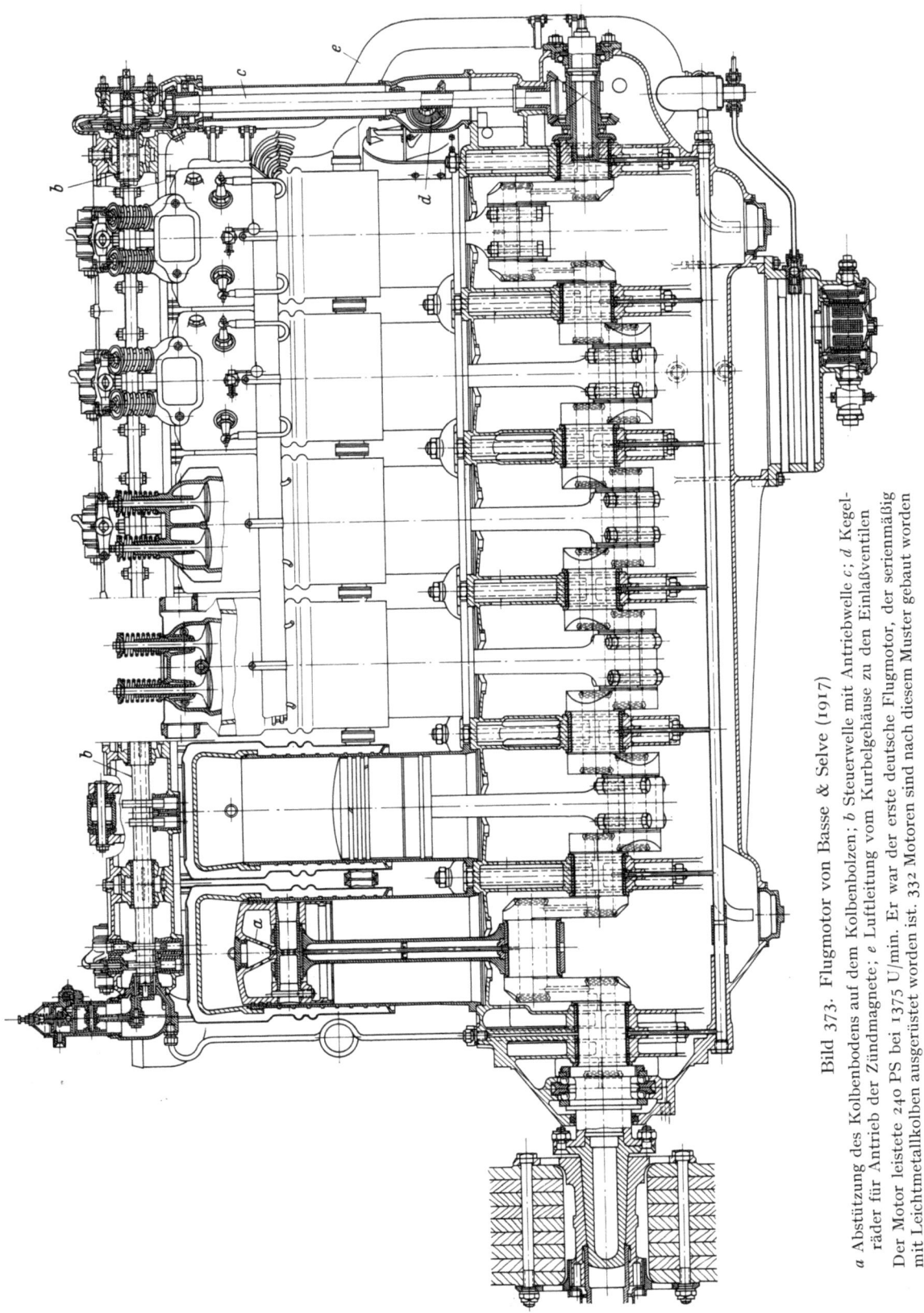

Bild 373. Flugmotor von Basse & Selve (1917)

a Abstützung des Kolbenbodens auf dem Kolbenbolzen; *b* Steuerwelle mit Antriebwelle *c*; *d* Kegelräder für Antrieb der Zündmagnete; *e* Luftleitung vom Kurbelgehäuse zu den Einlaßventilen Der Motor leistete 240 PS bei 1375 U/min. Er war der erste deutsche Flugmotor, der serienmäßig mit Leichtmetallkolben ausgerüstet worden ist. 332 Motoren sind nach diesem Muster gebaut worden

kühlten Zylinderwandungen ergibt, ist das Verdienst dieser Firma. Nicht weniger als 26 verschiedene deutsche Motorenfirmen bezogen 1918 ihre Leichtmetallkolben von Basse & Selve.

Ausblick

Wir brechen hier unsere Darstellung ab. Sie umfaßt die Geschichte des deutschen Verbrennungsmotorenbaues von seinem auf NICOLAUS AUGUST OTTO zurückgehenden Anfang 1861 bis zum Krieg 1914/18.

Die Entwicklung des Verbrennungsmotors beginnt in Deutschland mit OTTOs Erfindung des Viertaktmotors 1876. Die atmosphärische Gaskraftmaschine, mit der OTTO und LANGEN sich von 1861 bis 1876 abmühten, hat zur Entwicklung keinen Beitrag geliefert; sie war nicht entwicklungsfähig. Aber in diesen anderthalb Jahrzehnten haben OTTO und LANGEN, indem sie die erste Motorenfabrik der Welt einrichteten, den Grund zu einer großen Zukunft gelegt, die mit der Auffindung des Viertaktes einsetzte und in kaum vier Jahrzehnten zum 1000pferdigen Großgasmaschinenzylinder geführt hat.

Schneller noch ist der Dieselmotor gewachsen. Nur zwei Jahrzehnte hat es gedauert, bis aus DIESELs 20pferdigem Motor von 1897, obwohl zwei Jahre später außer den Männern der Maschinenfabrik Augsburg niemand mehr an ihn glaubte, ein 3000pferdiger Unterseebootmotor, damals von hoher Vollkommenheit, geworden war.

Von 1918 an verwischt sich mehr und mehr, was man bis dahin für den Verbrennungskraftmaschinenbau eines Landes als typisch national hatte bezeichnen können. Durch Abschluß von Lizenzverträgen zwischen Firmen verschiedener Länder, durch Erfahrungsaustausch und durch eine internationale technische Literatur wird der Verbrennungsmotorenbau allmählich international. Auch die politischen Ereignisse haben einen Einfluß. Nach und nach fällt der Patentschutz auf einzelne Verfahren und Konstruktionen; was früher nur von dem Patentinhaber oder Lizenznehmer hatte benutzt werden dürfen, wird Gemeingut. Eine Geschichte des Verbrennungsmotors, welche die neuere Zeit, etwa von 1920 ab, beschreibt, kann die Entwicklung nicht mehr lediglich von einem nationalen Standpunkt aus behandeln[82]. Die technischen Verbesserungen, die in einem Industrieland erdacht werden, gehen sehr bald in den Besitz auch der anderen Nationen über. Die Fortschritte, die der Verbrennungsmotorenbau in den letzten vier Jahrzehnten gemacht hat, sind bedeutend, und erfreulich ist, daß alle am Verbrennungsmotorenbau beteiligten Länder daran teilhaben können. Die neuere Entwicklung des Dieselmotors, der besonders als Schiffsmaschine größere Veränderungen durchgemacht hat als der mit Benzin betriebene Kraftwagenmotor und die Gasmaschine, ist hierfür ein Beispiel.

Als es nach dem Krieg 1914/18 galt, die stark zerstörten Handelsflotten wieder aufzubauen, war der Dieselmotor ein ernstlicher Konkurrent für den Dampfantrieb geworden. Die Pionierarbeiten der Firmen Burmeister & Wain, Sulzer und Werkspoor hatten schon vor dem Krieg bewiesen, daß der Dieselmotor eine zuverlässige Schiffsantriebsmaschine werden konnte. Nur über die Bauart, ob Viertakt oder Zweitakt, war man sich noch Anfang der zwanziger Jahre nicht einig. GEORGE CARELS, einer der ältesten Lizenznehmer DIESELs, hatte in einem 1913 in Newcastle vor der North-East Coast Institution of Engineers and Shipbuilders gehaltenen Vortrag erklärt, der Zweitakt sei „unweigerlich das System der Zukunft" RIEDLER dagegen behauptete mit dem ganzen Gewicht seiner Stimme, der Viertakt sei das einzig richtige Verfahren, besonders in der doppeltwirkenden Bauart. Nach 1918 setzte sich der Streit fort. Die Gebrüder SULZER bauten 1924 eine Zweitaktanlage von 13000 PS für das 23000 t große Fahrgastschiff „Aorangi", während Burmeister & Wain und ihre Lizenznehmer doppeltwirkende Viertaktmaschinen von 10000 PS Leistung lieferten. Die Betriebserfahrungen gaben den Befürwortern des Zweitaktes, soweit große Leistungen in Frage kamen, recht. Der doppeltwirkende Viertakt erwies sich als nicht einfach genug; der untere Zylinderdeckel war in seiner komplizierten Form den hohen mechanischen und thermischen Beanspruchungen nicht gewachsen, und als bald darauf der doppeltwirkende Zweitaktmotor der MAN seine Brauchbarkeit bewiesen hatte, zog sich der Viertakt auf sein eigentliches Gebiet, das der mittleren und kleinen Leistungen in der einfachwirkenden Bauart, zurück. Leistungen von etwa 3000 PS an aufwärts führt man heute nur in der Zweitaktbauart aus.

Eigentümlich ist, daß die Hochdruckeinspritzung mehr als anderthalb Jahrzehnte gebraucht hat, um sich allgemein durchzusetzen. DIESEL wollte sie anwenden, konnte sie aber mit den ihm zur Verfügung stehenden technischen Mitteln nicht verwirklichen. MCKECHNIE hat in seinem britischen Patent 27579 von 1910 präzise Angaben über den Einspritzdruck gemacht und hat die Hochdruckeinspritzung ausgeführt, anfangs unter Verwendung eines federbelasteten Druckspeichers, der später weggelassen wurde. Aber trotz des großen Fortschritts, den die Druckeinspritzung darstellt, hat man ihr jahrelang mißtrauisch gegenübergestanden. In seinem 1919 vor der Schiffbautechnischen Gesellschaft gehaltenen Vortrag[80] vertrat ALT die Ansicht, die Einführung der Druckeinspritzung sei nicht besonders dringlich, da die Schwierigkeiten, die man früher mit dem Einblaseluftkompressor gehabt habe, durch die mehrstufige Verdichtung überwunden seien, und J. MAGG meint in seinem 1928 erschienenen Buch[83], daß die Druckeinspritzung „wenigstens vorderhand noch auf kleinere Leistungen beschränkt" sei. Die Entwicklung hat diese Meinungen nicht bestätigt. Die Druckeinspritzung macht auch bei den größten Zylinderleistungen, die man bisher ausgeführt hat, keine Schwierigkeiten. Weit größere Mühe hat es bereitet, die Brennstoffpumpen kleiner raschlaufender mehrzylindriger Dieselmotoren, wie sie im Kraftwagenbetrieb Verwendung finden, so exakt herzustellen, daß die Pumpenelemente auch bei kleinster Belastung und im Leerlauf gleichmäßig fördern. Aber auch dieses Problem ist gelöst worden.

Die doppeltwirkende Zweitaktmaschine war eine weitere wichtige Stufe der Entwicklung. Während der Gasmaschinenbau die Doppelwirkung schon vor 1900 erfolgreich eingeführt hat, erscheint der erste doppeltwirkende Zweitakt-Dieselmotor für Handelsschiffe erst 1924, gebaut in Lizenz der MAN von Blohm & Voss für das Motorschiff „Magdeburg" der Deutschen Austral-Linie. Die ersten Maschinen dieser Art hatten noch den Einblaseluftkompressor und arbeiteten mit Druckluftzerstäubung des Brennstoffs. 1928/29 wurden die Motorschiffe „Leverkusen", „Duisburg" und „Kulmerland" der Hamburg-Amerika Linie in Betrieb gesetzt, deren vom Verfasser gebaute doppeltwirkende Zweitaktmotoren mit reiner Druckeinspritzung versehen waren. In der Folgezeit wurde der doppeltwirkende „kompressorlose" Zweitaktmotor für große Leistungen vielfach ausgeführt, bis er von dem einfachwirkenden aufgeladenen Zweitaktmotor abgelöst wurde.

Auf die Möglichkeit, die Leistung eines Verbrennungsmotors dadurch zu steigern, daß man den Zylinder mit vorverdichteter Luft füllt, hat A. BÜCHI schon 1905 hingewiesen. Sein Verfahren, die Ladeluft durch ein Turbogebläse zu erzeugen, das von den Abgasen des Motors betrieben wird, brachte erst 1925 und zunächst nur bei Viertaktmaschinen Erfolg, nachdem BÜCHI die Auspuffleitung in einzelne Stränge unterteilt hatte. In diesen konnten sich während des Auspuffvorganges starke Druckschwankungen ausbilden, die ein gründliches Ausspülen des Zylinders vor dem Aufladen ermöglichen. Das sinnreiche Verfahren wurde anfangs nur zu bescheidenen Steigerungen der Leistung gegenüber dem nichtaufgeladenen Motor benutzt. Heute ist man bei 100 und 200% Leistungszunahme angelangt: der hochaufgeladene Viertaktmotor kann das Zwei- bis Dreifache des nichtaufgeladenen Motors leisten.

Nach 1945 ist man in größerem Umfang dazu übergegangen, auch den Zweitaktmotor aufzuladen, nachdem Einzelversuche[84] gezeigt hatten, daß der Zweitakt eine höhere Aufladung verträgt, als man angenommen hatte. Dabei wird gegenwärtig der einfachwirkende Zweitakt bevorzugt, weil er nicht die Schwierigkeiten bietet, die der untere Zylinderdeckel und die Kolbenstangen der doppeltwirkenden Maschine verursachen können. Der aufgeladene einfachwirkende Zweitakt-Kreuzkopfmotor hat Zylinderleistungen erreicht, die man früher für unmöglich gehalten hat. Als der Verfasser 1927 in einem vor dem Institute of Marine Engineers in London gehaltenen Vortrag die Entwurfsskizze eines 15000pferdigen doppeltwirkenden Zweitaktmotors mit Druckeinspritzung zeigte, meinte ein Diskussionsredner: „Die Deutschen lieben das Wort ‚kolossal‘. This engine is really colossal". Das konnte man damals noch sagen, obwohl die MAN schon 1927 eine mit Druckluftzerstäubung arbeitende 15000 PS-Maschine im Elektrizitätswerk Hamburg-Neuhof aufgestellt hat. Heute ist ein Dieselmotor von 15000 PS nichts Außergewöhnliches mehr, nachdem man auf dem Prüfstand Zylinderleistungen von 3000 PS erreicht hat. Der Bau einer 30000 PS-Maschine, wie sie für große Tanker in Frage kommt, ist kein unlösbares Problem.

So hat sich der Verbrennungsmotor den Leistungsbereich von wenigen bis zu mehreren 10000 PS erobert. Benzinmotoren werden von etwa 0,5 PS an angeboten, Großgasmaschinen bis zu 10000 PS gebaut. Nach Tausenden zählen die mit Dieselmotoren ausgerüsteten seegehenden Motorschiffe, nach Millionen Pferdestärken die Summe ihrer Antriebleistungen. Versucht man die Zahl der PS abzuschätzen, die in den auf der Erde in Betrieb befindlichen Kraftwagen eingebaut sind, so gelangt man zu einer Zahl von mehreren Milliarden.

Wird der Verbrennungsmotor als Kolbenkraftmaschine die Stellung, die er heute innehat, auch in der Zukunft behaupten? Oder wird man es vorziehen, die großen Leistungen mit der Gasturbine, die kleineren durch einen Kreiskolbenmotor zu erzeugen, mit anderen Worten: wird man die oszillierende durch die umlaufende Bewegung ersetzen? Ohne Zweifel hat die Gasturbine in den letzten Jahren beachtliche Fortschritte gemacht und sich als Schiffsantriebsmaschine bewährt, wenn sie auch den Wärmewirkungsgrad des Dieselmotors so bald nicht erreichen wird. Ob aber die Fortschritte so groß sind, daß der Ausspruch „The days of the Diesel engine are numbered"[85] Aussicht auf nahe Verwirklichung hat, ist zu bezweifeln. Noch deutet nichts darauf hin, daß der Dieselmotor, durch sein Kolbentriebwerk gegenüber der umlaufenden Turbine benachteiligt, dieser den Platz wird räumen müssen. Der Schluß von der Kolbendampfmaschine und der Dampfturbine auf den Verbrennungsmotorenbau findet in der technischen Entwicklung vorläufig keine Begründung.

Ähnlich liegen die Verhältnisse auf dem Gebiet der kleinen Motorleistungen. Auch hier fehlt es seit langem nicht an Bemühungen, den Kurbeltrieb durch die rotierende Bewegung zu ersetzen. Der älteste Drehkolbenmotor, der mit Gas in Betrieb gesetzt worden ist, dürfte der des holländischen Ingenieurs J. H. BRUNKLAUS sein, der in den Jahren 1927 bis 1929 nach seinem holländischen Patent Nr. 26198 einen Drehkolbenmotor baute und mit Gas betrieb. Der Motor steht heute im National Museum van de Automobiel in Driebergen in Holland. Neuerdings hat der von F. WANKEL angegebene Drehkolbenmotor Aufsehen erregt, und namhafte Firmen sind gegenwärtig um seine Herstellung und Einführung bemüht. Auch andere Konstrukteure arbeiten auf diesem Gebiet, und selbst die Gasturbine hat man versuchsweise zum Antrieb von Kraftwagen benutzt. Wohin diese Entwicklung führen wird, kann heute niemand mit Sicherheit voraussagen.

So mag es sein, daß vieles oder alles, was wir von den großen Pionieren, von OTTO, DAIMLER und MAYBACH, von BENZ, DIESEL und BOSCH, übernommen und mit viel Mühe und Fleiß ausgebaut haben, eines Tages überholt und veraltet sein wird. Aber so resigniert, wie RUDOLF DIESEL gegen Ende seines Lebens den Sinn seiner Lebensarbeit beurteilt hat, brauchen wir nicht auf das zurückzublicken, was in einer hundertjährigen Geschichte des Verbrennungsmotorenbaues, von 1861 bis 1961, geleistet worden ist. „Es ist schön", hat DIESEL gesagt[60], „so zu gestalten und zu erfinden, wie ein Künstler gestaltet und erfindet. Aber ob die ganze Sache einen Zweck gehabt hat, ob die Menschen dadurch glücklicher geworden sind, das vermag ich heute nicht mehr zu entscheiden". Wir antworten: Die Maschine kann dem Menschen nicht das Glück bringen; es muß in ihm entstehen, nicht außerhalb seines Ich. Wohl aber hat jeder, der wenn auch nur zu einem bescheidenen Teil an der Entwicklung des Verbrennungsmotors hat mitarbeiten dürfen, etwas von der Schöpferfreude empfunden, die mit jedem nützlichen Schaffen verbunden ist. Wertvolleres wird auch den kommenden Generationen von Ingenieuren, die vielleicht dem Verbrennungsmotorenbau eine andere Richtung geben werden, nicht beschieden sein.

Schrifttum und Anmerkungen

1. Humanismus und Technik Bd. 4 (1957), zweites Heft, S. 97. Berlin: Franz Vahlen.
2. Das Manuskript Paul Meyers befindet sich im Deutschen Museum in München.
3. Für die Überlassung der Handschrift Imanuel Lausters ist der Verfasser Lausters Sohn, Herrn Dipl.-Ing. R. Lauster, Bremen, zu Dank verpflichtet.
4. KÖRTING, J.: Was das Gasfach unserer Familie gegeben hat. Gas- und Wasserfach Bd. 98 (1957) S. 833.
5. Nach SCHILDBERGER, F.: Bosch und die Zündung. Bosch-Schriftenreihe Folge 5. Stuttgart 1952.
6. CANESTRINI, G.: Motori ad esplosione ed a combustione interna, in dem Sammelwerk A. Uccelli: Storia della Tecnica dal medio evo ai nostri giorni. Mailand 1945.
7. MATSCHOSS, C.: Geschichte der Dampfmaschine. Berlin: Springer 1901.
8. DONKIN JUN., BR.: A Text Book on Gas, Oil, and Air Engines. London 1894.
9. Skizzen aus den Patentschriften gibt C. St. C. Davison in seiner Abhandlung „The Internal-Combustion Engine, Some early Stages in its Development". Engineering Bd. 182 (1956) S. 258.
10. SCHÖTTLER, R.: Die Gasmaschine. 2. Aufl. Braunschweig 1890.
11. CLERK, D.: The Gas, Petrol and Oil Engine, Bd. I. London 1910.
12. KASTNER, L. J.: A Century in the History of the Reciprocating Internal-Combustion Engine. Trans. Inst. Mech. Eng. Bd. 169. London 1955.
13. GÜLDNER, H.: Das Entwerfen und Berechnen der Verbrennungsmotoren. Berlin: Springer 1903.
14. EVANS, A. F.: The History of the Oil Engine. London 1932.
15. Auf eine Anfrage der Klöckner-Humboldt-Deutz AG bei der Firma John Cockerill, Seraing, wurde (1952) erwidert, daß in den Akten der Firma Cockerill nichts darüber zu finden sei.
16. WITZ, A.: Traité théorique et pratique des Moteurs à Gaz et à Pétrole, Bd. I. 4. Aufl. Paris 1903.
17. MAGÔT-CUVRÜ: Lenoir (Die berühmten Erfinder, Physiker und Ingenieure). Kunstverlag Lucien Mazenod. Paris 1951.
18. DELABAR, G.: Die Gasmaschinen auf der allgemeinen Industrie-Ausstellung in Paris im Jahre 1867. Dingler's Polytechn. Journal, erstes Januarheft 1868.
19. BOETIUS, H.: Die Ericson'sche calorische Maschine und Lenoir's Gasmaschine, eine Beschreibung ihrer Wirkungsweise und Berechnung ihrer Leistungsfähigkeit. Hamburg 1861.
20. Die richtige Schreibweise ist Erskine Hazard. Dieser erhielt 1826 ein britisches Patent auf „die Herstellung explosiver Mischungen und ihre Anwendung als bewegende Kraft für Maschinen".
21. RICHARD, G.: Les nouveaux moteurs à gaz et à pétrole, II. Bd. Paris 1892.
22. Über das Leben N. A. Ottos berichten ARNOLD LANGEN in seinem Buch „Nicolaus August Otto", Stuttgart 1949; E. FLATZ, Gedenkrede auf Nicolaus August Otto, gehalten anläßlich der 75-Jahr-Feier des Otto-Motors in Köln, 1951; C. MATSCHOSS, Geschichte der Gasmotoren-Fabrik Deutz, Köln 1921.
23. „Lennoir" im Original.
24. Die Aufzeichnungen Ottos, aus denen hier mehrfach Auszüge gebracht werden, sind um 1889 niedergeschrieben worden. Die Geschehnisse und ihre Beschreibung liegen zum Teil zeitlich weit auseinander. Die schwer leserlichen Blätter werden im Archiv der Klöckner-Humboldt-Deutz AG in Köln-Deutz aufbewahrt.
25. „Exp." soll hier offenbar „Explosionsgemisch" bedeuten.
26. Hinter „solchen" hat A. Langen in Klammern das Wort Viertaktmotor eingeschoben. Im Original fehlt die Einschiebung.
27. „wurde" im Original.
28. In seinem Buch[22] hat Arnold Langen auch über das Leben seines Vaters Eugen Langen berichtet.
29. SIEBERTZ, P.: Gottlieb Daimler, ein Revolutionär der Technik. 4. Aufl. Stuttgart: Reclam 1950. Der Verfasser bemüht sich nachzuweisen, daß Gottlieb Daimler allein den raschlaufenden Verbrennungsmotor geschaffen habe. Dem überragenden Verdienst Wilhelm Maybachs wird er nicht gerecht.

30. RATHKE, K.: Wilhelm Maybach. Friedrichshafen: Robert Gessler 1953.
31. Die handschriftlichen Aufzeichnungen Wilhelm Maybachs tragen das Datum vom 12. Januar 1921. Sie werden im Archiv der Maybach-Motorenbau G. m. b. H. in Friedrichshafen aufbewahrt.
32. Güldner[13] schreibt den Namen unrichtig Aimüller.
33. Dort auf den Seiten 62 bzw. 185.
34. Siebertz hat noch vor seinem Ableben den Irrtum K. Schnauffer gegenüber zugegeben.
35. Eine Probe bringt Güldner[13], dort S. 38.
36. Die letzten beiden, hier im Auszug wiedergegebenen Briefe Ottos gibt Langen[22] als verloren an. Sie haben sich nachträglich angefunden.
37. „Dreisigtausend" im Original.
37a. GOLDBECK, G.: Siegfried Marcus. Ein Erfinderleben. Düsseldorf: VDI-Verlag 1961.
38. Gottlieb Daimler zum Gedächtnis. Eine Dokumentensammlung, bearbeitet von P. SIEBERTZ. Stuttgart-Untertürkheim 1950.
39. BENZ, KARL: Lebensfahrt eines deutschen Erfinders — Erinnerungen eines Achtzigjährigen. Leipzig: Koehler & Amelang 1925.
Die richtige Schreibweise des Vornamens ist Karl, wenn auch Benz Carl geschrieben hat.
40. Heinrich Daniel Rühmkorff (1803—1877) wanderte 1839 von Hannover nach Paris aus. Dort schrieb er sich Ruhmkorff, weil man in Frankreich den so geschriebenen Namen wie in seiner Heimat aussprach. In Berlin und Hannover gibt es noch heute eine Rühmkorffstraße.
Rühmkorff hat seinen Induktionsapparat 1855 auf einer internationalen Ausstellung in Paris zuerst gezeigt.
41. LIECKFELD, G.: Die Petroleum- und Benzinmotoren, ihre Entwicklung, Konstruktion und Verwendung. Ein Handbuch für Ingenieure, Studierende des Maschinenbaues, Landwirte und Gewerbetreibende aller Art. München und Leipzig: R. Oldenbourg 1894.
42. WIGAND, C.: Zur Frage der freien Concurrenz im Gasmotorenbaue. Das dem Verfasser vorliegende Exemplar dieser selten gewordenen Broschüre trägt keine Jahreszahl. Sie muß 1882 oder 1883 geschrieben worden sein.
43. Gustav Schmidt hatte in einem 1861 in der Zeitschrift des Vereins deutscher Ingenieure veröffentlichten Aufsatz „Theorie der Lenoir'schen Gasmaschine" geschrieben:
„Viel günstiger würden sich aber die Resultate stellen, wenn man eigene Compressionspumpen durch die Maschine betreiben ließe, welche die kalte Luft und das kalte Gas vor dem Eintritte in die Maschine auf 3 Atmosphären comprimiren, wodurch eine weit stärkere Expansion und Ausnutzung der Verbrennungswärme möglich gemacht würde."
44. „Reitmann" im Original.
45. „(gegner)" als spätere Ergänzung durch Arnold Langen. Vielleicht ist es richtiger, „gesetze" zu ergänzen. Das Patentrecht kann nicht eine umstrittene Hypothese als beweiskräftig anerkennen; es verlangt den Nachweis von Vorgängen.
46. Gemeint sind die Patentschriften Barnetts und Millions sowie die Schrift Beau de Rochas'.
47. A. F. Evans[14] bezweifelt, daß J. Day der Erfinder der durch den Kolben gesteuerten Schlitzspülung ist. Es scheint aber kein früherer Name bekannt zu sein.
48. Das dem Fürsten Bismarck von Gottlieb Daimler geschenkte Motorboot ist gelegentlich von der Sage umsponnen worden. So schreibt Siebertz[29]:
„Daß Fürst Bismarck zu den ersten Benützern eines Daimler-Motorbootes zählte ..., gehört mit in diesen Zusammenhang ...; die Erprobung der neuen Methoden und Konstruktionen Daimlers durch den Reichskanzler gab der kommenden Entwicklung überaus kräftige Impulse."
ferner Rathke[30]:
„Ein Jahr später [1888] bestellte Reichskanzler Fürst Bismarck ein solches Boot, um damit auf dem Friedrichsruher See Spazierfahrten zu machen."
Der „Schwäbische Merkur" vom 28. Oktober 1938 (in Faksimiledruck wiedergegeben in der Dokumentensammlung[38]):
„Eines der ersten Boote war ein Geschenk Daimlers an Bismarck, der es in Friedrichsruh gerne zu Spazierfahrten benützte."
Nach einer Mitteilung des Fürstlich von Bismarck'schen Privatsekretariats (vom Mai 1957) ist damals dem Altreichskanzler tatsächlich ein Motorboot geschenkt worden: „Das Boot hat sich bis zum ersten Weltkrieg hier in Friedrichsruh befunden, ist aber praktisch niemals, mit Ausnahme von den jungen Enkeln des Fürsten, benutzt worden. Jedenfalls war es nicht etwa

vom Altreichskanzler bestellt worden. Andererseits ist es durchaus möglich, daß der Kanzler damit einmal auf dem Friedrichsruher Teich spazierengefahren ist."

Der Friedrichsruher Teich, von den Anwohnern „der Fürstenteich" genannt, ist eine etwa 400 m lange, von kleinen Inseln durchsetzte Verbreiterung des Flüßchens Aue, eines Nebenflusses der Bille, die bei Hamburg in die Elbe mündet.

49. Der im Original mißglückte Satz soll offenbar lauten: „Es war die Durchdringungskurve, die entsteht, wenn ein kugelförmiges Gehäuse von einem pyramidenförmigen Körper (der Ausbuchtung, in der die Pleuelstange läuft) geschnitten wird."
50. „ad absortum" im Original = ad absurdum.
51. D. i. des in jenen Tagen verstorbenen Klavierfabrikanten William Steinway in New York, mit welchem Gottlieb Daimler befreundet gewesen war. In einem 1888 geschlossenen Vertrag hatte Steinway das Recht erworben, die Patente Daimlers in den Vereinigten Staaten und Canada zu verwerten.
52. Der Name Gruson ist französischen Ursprungs. In Magdeburg wurde er noch um die Jahrhundertwende französisch ausgesprochen.
53. So R. Drawe, früher Direktor der Maschinenfabrik Ehrhardt & Sehmer in Saarbrücken, später langjähriger Ordinarius für Verbrennungskraftmaschinen und Brennstofftechnik an der Technischen Hochschule Charlottenburg.
54. VDI-Zeitschrift Bd. 30 (1886) S. 702. Lürmanns Vortrag behandelte die „Differential-Gasmaschine" des Engländers Atkinson, der mit Hilfe von zwei Kurbeltrieben die Wirkung des Viertaktes bei jeder Umdrehung in einem Zylinder verwirklichen wollte. Nur nebenbei erwähnt Lürmann die Möglichkeit, Hochofengichtgase in Gasmotoren zu verwerten.
55. JUNKERS, H.: Studien und experimentelle Arbeiten zur Konstruktion meines Großölmotors. Jahrb. Schiffbautechn. Ges. Bd. 13 (1912) S. 264.
56. DRAWE, R.: Konstruktive Einzelheiten an doppeltwirkenden Viertaktgasmaschinen. Stahl und Eisen Bd. 30 (1910) Nr. 6.
57. P. Siebertz in „Gottlieb Daimler zum Gedächtnis"[38]: „Der von ihm [Paul Daimler] unter Aufsicht seines Vaters konstruierte Kleinwagen weist bereits eine ganze Anzahl von Verbesserungen und Einrichtungen auf, die wir, so ist in der Firmengeschichte festgehalten, an dem bald darauf entstehenden Mercedes-Wagen wiederfinden."
58. Wie Dr. Karl Maybach dem Verfasser im Juli 1959 mündlich mitgeteilt hat, ist es Lorenz gewesen, der, für uns völlig unverständlich, gegen Wilhelm Maybach gearbeitet hat. Duttenhofer, der ein Mann von Format gewesen sei, hätte eine solche Behandlung Wilhelm Maybachs nicht zugelassen.
59. Jahrb. Schiffbautechn. Ges. Bd. 14 (1913) S. 366.
60. DIESEL, E.: Diesel, der Mensch, das Werk, das Schicksal. Hamburg: Hanseatische Verlagsanstalt 1937.
61. DIESEL, R.: Die Entstehung des Dieselmotors. Berlin: Springer 1913.
62. Carnots „Réflexions" sind von W. Ostwald übersetzt worden und in seiner Sammlung „Klassiker der exakten Wissenschaften" (1. Aufl. Leipzig 1892) erschienen.
63. Die Beschaffung eines der sehr seltenen Exemplare von Köhlers Schrift „Theorie der Gasmotoren" verdankt der Verfasser Herrn Zivilingenieur Hans G. Nissen, Berlin-Steglitz. Die Schrift ist 1887 in Leipzig erschienen und von Baumgärtner's Buchhandlung verlegt worden.
64. HAWKES, Fuel Oil in Diesel Engines. Engineering Bd. 110 (1920) S. 749.
65. RIEDLER, A.: Dieselmotoren. Beiträge zur Kenntnis der Hochdruckmotoren. Wien und Berlin: Verlag für Fachliteratur 1914.
66. DIESEL, E.: Erfindung und Priorität. Vortrag, gehalten am 27. April 1951 vor dem Hamburger Bezirksverein des VDI.
67. Georg Siemens urteilt in seinen Erinnerungen „Erziehendes Leben" (Urach: Port-Verlag 1948) über die Vorlesungen Riedlers:

„Leider machte er die Wirkung seines Vortrages, abgesehen von dessen völliger Zusammenhanglosigkeit, zum großen Teil dadurch wieder zunichte, daß er ihn mit Invektiven spickte gegen jeden und jedes, was ihm nicht paßte. Er übte eine geradezu impertinente Art höhnischer Kritik an seinen zahlreichen Gegnern, so daß seine Freunde und Bewunderer sagten, er sei eine ‚Kampfnatur'; in Wirklichkeit gehörte er zu jenen, die niemals zugeben, sich geirrt zu haben."

Der Verfasser der „Geschichte", der Riedlers Vorlesungen an der Technischen Hochschule Charlottenburg etwa um dieselbe Zeit (1905) wie G. Siemens gehört hat, kann dieses herbe

Urteil nicht in vollem Umfang bestätigen. Daß Riedler gern übertrieben scharf kritisierte, war jedoch seinem Vortrag anzumerken.

68. LÜDERS, J.: Der Dieselmythus. Quellenmäßige Geschichte der Entstehung des heutigen Ölmotors. Berlin: M. Krayn 1913.
69. Technische Rundschau Sulzer Bd. 40 (1958) Nr. 1. In dem Heft ist der erste von Sulzer gebaute Dieselmotor abgebildet.
70. Zeitschr. d. Ver. deutscher Ingenieure Bd. 41 (1897) S. 845.
71. DIESEL, E., und G. STRÖSSNER: Kampf um eine Maschine. Berlin: Erich Schmidt 1950.
72. DIESEL, E.: Das Phänomen der Technik. 2. Aufl. 1939.
73. SCHNAUFFER, K.: Die Erfindung Rudolf Diesels — Triumph einer Theorie. Zeitschr. d. Ver. deutscher Ingenieure Bd. 100 (1958) S. 308.
74. Jahrb. Schiffbautechn. Ges. Bd. 14 (1913) S. 366.
75. Ebendort S. 270.
76. An diesem Motor hat der Verfasser 1906 seine ersten Versuche als „Übungsarbeit" gemacht.
77. REGENBOGEN, C.: Der Dieselmotorenbau auf der Germaniawerft. Jahrb. Schiffbautechn. Ges. Bd. 14 (1913) S. 209.
78. Unter anderem in der Ill. Wochenschrift „Ortenauer Rundschau" Nr. 20 und 21 vom 15. und 22. Mai 1955.
79. BARTH, F.: Wahl, Projektierung und Betrieb von Kraftanlagen. Berlin: Springer, 5. Aufl. 1921.
80. ALT, O.: Die Probleme der Ölmaschine und ihre Entwicklung auf der Germaniawerft in Kiel. Jahrb. Schiffbautechn. Ges. Bd. 21 (1920) S. 318.
81. L'ORANGE, P.: Beitrag zur Entwicklung der kompressorlosen Dieselmotoren. Berlin: Richard Carl Schmidt & Co. 1934.
82. So ist auch A. C. Hardy's „History of Motorshipping" (London: Whitehall Technical Press Ltd. 1955) eine Darstellung der internationalen Entwicklung der Motorschiffahrt.
83. MAGG, J.: Dieselmaschinen — Grundlagen, Bauarten, Probleme. Berlin: VDI-Verlag 1928.
84. So die von Gebr. Sulzer ausgeführten Versuche, bei welchen mittlere nutzbare Kolbendrücke von fast 10 kg/cm² normal und von über 12 kg/cm² maximal erreicht wurden. Vgl. des Verf. Bau und Betrieb von Dieselmaschinen Bd. II, Berlin: Springer 1957.
85. Die Zeitschrift „The Motor Ship", London, bringt in ihrer Ausgabe vom Dezember 1960 die Notiz, ein englischer Ingenieurverein habe die Diskussion des Themas „Die Tage der Dieselmaschine sind gezählt" auf die Tagesordnung einer Veranstaltung gesetzt. Die Zeitschrift ist offenbar nicht der Meinung, daß eine solche Erörterung zeitgemäß sei; sie weist darauf hin, daß der Anteil der Dieselschiffe an dem in der Welt im Bau befindlichen Schiffsraum noch nie so groß gewesen sei wie in der Gegenwart.

Verzeichnis der Porträts

Nicolaus August Otto	nach Seite	24
Eugen Langen	,, ,,	32
Gottlieb Daimler	,, ,,	80
Wilhelm Maybach	,, ,,	96
Karl Benz	,, ,,	112
Ernst Körting	,, ,,	144
Robert Bosch	,, ,,	160
Hermann Ebbs	,, ,,	288
Hugo Junkers	,, ,,	304
Hans Richter	nach Seite	336
Paul Daimler	,, ,,	360
Karl Maybach	,, ,,	376
Rudolf Diesel	,, ,,	392
Heinrich von Buz	,, ,,	480
Imanuel Lauster	,, ,,	520
Anton von Rieppel	,, ,,	552
Hugo Güldner	,, ,,	600
Prosper L'Orange	,, ,,	608

Namenverzeichnis

ADAM, GERHARD, Ingenieur in München 60
AINMILLER, Ingenieur in München 38, 65
AKROYD, HERBERT A. STUART 411, 412, 415f., 447
ALT, OTTO, Oberingenieur der Krupp-Germaniawerft 651, 657
ANGELE, KONRAD, erhielt 1878 ein deutsches Patent auf die Benutzung der unteren Kolbenseite als Spülpumpe 88, 91, 202, 467
ARNOLD, Professor an der Technischen Hochschule Karlsruhe 469
ASTHÖWER, Mitglied d. Krupp-Direktoriums 428

BACH, CARL (VON) B., Professor an der Technischen Hochschule Stuttgart 394
BÁNKI, DONAT, ungarischer Konstrukteur von Gasmotoren 522, 643
BARBAROU, französischer Automobilkonstrukteur 275, 618
BARBER, JOHN, erhielt 1791 ein englisches Patent auf eine Art Gasturbine 4
BARNETT, WILLIAM, erfand 1838 eine Gasflammenzündung 7, 655
BARSANTI, baute gemeinsam mit MATTEUCCI 1854 eine atmosphärische Gasmaschine 8, 26
BARTH, F., Oberingenieur der Bayerischen Landesgewerbeanstalt Nürnberg 594, 657
BARTHOLOMÄI, GUSTAV, Lehrling bei WILHELM MAYBACH 186, 191f, 198f
BARTON, Oberingenieur bei HORNSBY 418
BEAU DE ROCHAS 56f, 164f, 408, 655
BECHER, JOHANN JOACHIM, machte 1680 in London Versuche mit der trockenen Destillation von Steinkohlen 4
BEHRISCH, Vorstandsmitglied der Diesel Motoren-Fabrik AG 486
BENZ, KARL, 59, 84, 102, 104f, 114f, 184, 195, 227, 234, 243, 248, 260f, 274f, 344, 605, 617, 655
BING, BERTHOLD, Finanzmann in Nürnberg 492
DE BISSCHOP, ALEXIS 114, 134f, 163
BLÉRIOT, überflog 1909 als erster den Ärmelkanal 365
BOETIUS, Civilingenieur, kritisierte 1861 den Lenoir-Motor 15, 654
BONNET, P. C., Bankdirektor in Augsburg 484
BOSCH, ROBERT, 155, 450, 454, 456, 460
BÖTTCHER, Monteur der MAN 490, 491, 513

BRAUER, Professor an der Technischen Hochschule Karlsruhe 131, 395, 586
BRAYTON 41, 411, 413f, 447
BRONS 588f
BROWN, E., Vorstandsmitglied der Firma Gebr. Sulzer 480
BROWN, SAMUEL, setzte um 1830 in England die ersten atmosphärischen Gasmaschinen in Betrieb 6
BRUNKLAUS, J. HENRI, holländischer Ingenieur, Pionier auf dem Gebiet der Drehkolben-Verbrennungsmotoren 653
BÜCHI, ALFRED, Erfinder der Abgasturboaufladung 73, 651
BÜHLER, EMIL, Photograph, unterstützte KARL BENZ 106
BUSCH, ADOLPHUS, Brauereibesitzer in St. Louis 484, 492, 531, 581
BUZ, HEINRICH (VON) B., 426f, 439, 454, 466, 478f, 493, 497, 502, 517f, 533
BUZ, KARL, Direktor der Vereinigten Zündholzfabriken AG 505

CANESTRINI, G., 59, 654
CAPITAINE, EMIL 211, 220f, 281, 383, 399, 412f, 487
CARELS, GEORGE, Inhaber der Firma Carels Frères, Gent 650
CARNOT, SADI 385f, 408, 411f, 498
CECIL, WILLIAM, baute 1820 eine atmosphärische Gasmaschine 5
CHORLTON, ALAN E. L., englischer Motorenfachmann 420
CLAPEYRON, Emile 386
CLAUSIUS, RUDOLF, lehrte in Zürich, Würzburg und Bonn 386
CLAYTON, JOHN, stellte um 1700 als einer der ersten Leuchtgas aus Steinkohlen dar 4
CLERK, DUGALD, Verfasser des Buches The Gas, Petrol, and Oil Engine 6, 305, 415, 654
COCKERILL, JOHN 10, 330
CORLISS, HENRY, Erfinder der Corliss-Schiebersteuerung bei Dampfmaschinen 304
CROSSLEY, FRANCIS WILLIAM und JOHN WILLIAM, erste englische Lizenznehmer der Gasmotoren-Fabrik Deutz 68
CUGNOT, NICOLAS JOSEPH, baute 1769 einen Dampfwagen 79

DAIMLER, GOTTLIEB 37, 40, 50, 55, 66, 74f, 120, 124, 167f, 181f, 201f, 224f
DAIMLER, PAUL 103, 344f, 357f
DAVISON, C. ST. C., englischer Autor 654
DAY, J., gilt als Erfinder des Zweitaktmotors mit Kurbelkammerspülung und Schlitzsteuerung durch den Kolben 171, 655
DEGRAND, erhielt 1858 ein französisches Patent auf einen doppeltwirkenden Zweitaktmotor mit Vorverdichtung von Gas und Luft 10
DELABAR, G., berichtete über die Gasmaschinen auf der Pariser Ausstellung 1867 15, 654
DEL PROPOSTO, Erfinder einer elektrischen Umsteuerung von Schiffsmotoren 532
DEURER, WILHELM, Vertreter der Daimler-Motoren-Gesellschaft in Hamburg 229
DIESEL, EUGEN 384, 418, 519, 656
DIESEL, RUDOLF 293f, 383f, 517f, 581f, 653, 656
DOLIVO-DOBROWOLSKI, MICHAEL VON D., Erfinder des Drehstromgenerators und -motors 588
DONKIN, BRYAN, Verfasser eines Text Book on Gas, Oil, and Air Engines 4, 8, 66, 112, 654
DOWSON, Erfinder des Druckgasgenerators 150, 625
DRAIS, KARL FREIHERR VON D., Erfinder der Draisine 96
DRAKE, ALFRED, baute um 1840 eine doppeltwirkende Gasmaschine 8
DRAWE, RUDOLF, Direktor der Maschinenfabrik Ehrhardt & Sehmer, später Ordinarius an der Technischen Hochschule Charlottenburg 327f, 656
DUNDONALD, Lord auf Culross Abbey, benutzte 1786 Koksofengas zur Beleuchtung seines Landhauses 4
DÜRR, Mitarbeiter des Grafen Zeppelin 377
DUTTENHOFER, MAX, Mitgründer und im Aufsichtsrat der Daimler-Motoren-Gesellschaft 182f, 199f, 211, 225f, 235, 246f
DYCKHOFF, FRÉDÉRIC, Maschinenfabrikant in Bar-le-Duc 479, 483, 531f

EBBS, HERMANN 288f, 303, 329, 467, 470, 539
EBERLE, WILHELM, Studienfreund LAUSTERS, später Oberingenieur der MAN 469, 523, 534, 561f
EGESTORFF, GEORG, Gründer der Hanomag 126
ENGLER, KARL, Professor an der Technischen Hochschule Karlsruhe 469
ESSLINGER, FRIEDRICH WILHELM, Mitgründer der Benz & Co. Rheinische Gasmotoren-Fabrik 107, 113, 126
EVANS, A. F., Verfasser einer History of the Oil Engine 6, 654, 655
EYTH, MAX 15

FARMAN, Flug-Pionier 365
FISCHER, FRIEDRICH VON F., seit 1890 kaufmännischer Leiter der Firma Benz & Co. 126, 260, 269
FISCHER, PHILIPP, soll um 1850 die Tretkurbeln des Fahrrades erfunden haben 96

FLASCHE, HANS, Ingenieur, Schwager DIESELS 524
FLATZ, EMIL, technischer Leiter der Klöckner-Humboldt-Deutz AG 654
FLIEGNER, Professor an der Technischen Hochschule Zürich 395
FORNIER, französischer Rennfahrer 618
FÖTTINGER, HERMANN, Professor an der Technischen Hochschule Charlottenburg 355
FRAHM, HERMANN, technischer Leiter der Werft Blohm & Voß, Hamburg 548
FRIEDMANN, ALEXANDER, baute in Wien Speisewasser-Injektoren 139
FUNCK, LEO, erfand 1879 eine gesteuerte Glührohrzündung 81, 251

GANSS, JULIUS, seit 1900 Verkaufsdirektor der Firma Benz & Co. 126, 260, 269, 605, 618
GEHRKE, wahrscheinlich Vertreter KÖRTINGS in Hamburg, fand die Schrift BEAU DE ROCHAS' auf, durch die OTTOS Viertaktpatent fiel 164
GERSTLE, AUGUST, Bankdirektor in Augsburg 484
GIFFARD, HENRI, versuchte ein lenkbares Luftschiff mit Dampfmaschinenantrieb zu bauen 362
GILLES, Deutzer Monteur, baute eine atmosphärische Gasmaschine 38
GILLHAUSEN, Mitglied des Krupp-Direktoriums 429, 454, 464, 480
GOECKE, Notar in Köln im Reichsgerichtsprozeß um das Viertaktpatent 23
GOLDBECK, G. 655
GOSSI, ANNA, N. A. OTTOS Braut 21
GRÄB, Mitgründer der Motorenfabrik Darmstadt 644
GRASHOF, FRANZ, Professor an der Technischen Hochschule Karlsruhe 37, 105, 394, 400
GROSS, ADOLF, Freund GOTTLIEB DAIMLERS, später Generaldirektor der Maschinenfabrik Eßlingen 74, 200, 225, 246
GÜLDNER, HUGO, Verfasser des Buches Das Entwerfen und Berechnen der Verbrennungsmotoren 6, 10, 24, 38, 58, 63, 71, 114, 130, 211, 220, 302, 412, 415, 418, 526, 654
—, Konstrukteur des ersten Zweitakt-Dieselmotors 502f, 505, 523, 598f
GUTERMUTH, Professor an der Technischen Hochschule Darmstadt 396f, 430, 481

HAENLEIN, PAUL, versuchte ein Luftschiff mit Antrieb durch einen Leuchtgasmotor zu bauen 362
HAMMESFAHR, FRITZ, ab 1904 Leiter der Firma Benz & Cie. 276, 605, 614
HARTENSTEIN, Chemiker bei Krupp, führte die ersten Abgasanalysen an DIESELS Versuchsmotor in Augsburg aus 466
HASELWANDER, FRIEDRICH AUGUST 585f, 640
HATZ, Gebrüder, Gründer der Motorenfabrik gleichen Namens 646

DE HAUTEFEUILLE, JEAN, suchte 1687 eine Wassersäule durch den Druck von Pulvergasen zu heben 3
HAWKES, C. J., entdeckte den Zündverzug im Brennraum des Dieselmotors 420
HAZARD, ERSKINE, erhielt 1826 ein englisches Patent auf die Herstellung explosiver Mischungen und ihre Anwendung als bewegende Kraft für Maschinen 15, 654
HEES, WILHELM, Inhaber eines Patentes auf Zweitakt-Gasmotoren 60, 129 f, 137, 278
HEESE, THEODOR, Erfinder einer Glührohrzündung 158, 252, 256
HEGELE, Verfasser einer Broschüre über GOTTLIEB DAIMLER 198
VON HELMHOLTZ, HERMANN, lehrte an den Universitäten Königsberg, Bonn, Heidelberg und Berlin 394
HENSON, versuchte ein lenkbares Luftschiff mit Dampfmaschinenantrieb zu bauen 362
HESSELMAN, KNUT JONAS ELIAS, schwedischer Ingenieur, leistete Pionierarbeit auf dem Gebiet der Druckeinspritzung 609
HEUSS, THEODOR 59
HIRTH, HELLMUTH, deutscher Flieger 365
HOCK, JULIUS, Fabrikant in Wien, soll 1873 einen Benzinmotor gebaut haben 41, 163
HONOLD, GOTTLOB, Mitarbeiter ROBERT BOSCHS, entwickelte die Hochspannungs-Magnetzündung 161, 180
HORNBLOWER, JONATHAN, Erfinder der Zweifachexpansions-Dampfmaschine 71, 494
HUBERT, Hochschullehrer in Lüttich, untersuchte eine Großgasmaschine von COCKERILL 338
HUGON, Pariser Fabrikant, baute einen Zweitaktmotor ähnlich dem Lenoir-Motor 57, 163
HUYGENS, CHRISTIAN, baute 1673 eine Pulvermaschine 2

JASTRAM, CARL, Gründer der Hamburger Motorenfabrik gleichen Namens 637 f
JELLINEK, EMIL, österreichischer Generalkonsul in Nizza, Förderer des Automobilwesens 175, 339 f, 346, 350, 356
JENATZY, Fahrer des siegreichen 60 PS-Maybach-Wagens im Gordon Bennett-Rennen 1903 350
JOHANNING, ALBERT, Direktor der Allgemeinen Gesellschaft für Dieselmotoren 493
JUNGHANS, ARTHUR, einer der ersten privaten Käufer eines Kraftwagens (1895) 198
JUNKERS, HUGO 305 f, 310, 656

KAELBLE, CARL, Gründer der Motorenfabrik gleichen Namens 640
KASTNER, L. J., englischer Autor 654
KECHNIE, JAMES MC, Erfinder der Hochdruck-Einspritzung des Brennstoffs 422, 501, 651
KELLER, KARL OTTO, technischer Leiter der Werft und Maschinenfabrik William Doxford & Sons, Sunderland 310

KINDERMANN, FERDINAND, Erfinder der Gegenkolbenmaschine 127, 305
KLINKERT, Monteur der MAN 508
KLOSE, Oberbaurat, Eisenbahnfachmann 537
KLÜPFEL, LUDWIG, Finanzrat, Mitglied des Krupp-Direktoriums 429
KNABE, Mechaniker des Luftschiffers Dr. WÖLFERT, kam mit diesem beim Absturz des Luftschiffes ums Leben 363
KNIGHT, CHARLES Y., Erfinder einer Schiebersteuerung von Verbrennungsmotoren 359
KOCH, AUGUST, Mitgründer der Motorenfabrik Darmstadt 644
KÖHLER, OTTO, Kritiker DIESELS 399 f, 407, 482, 484, 486
KÖRTING, BERTHOLD 139, 164
KÖRTING, ERNST 139 f, 163, 278 f, 286 f, 311 f, 396, 626
KÖRTING, JOHANNES 654
KRAUSS, CONRAD, Direktor der Hannover'schen Maschinenbau-Gesellschaft 127, 129
KRAUSS, GEORG, Mitgründer der Güldner-Motoren GmbH 601
KRESS, WILHELM, österreichischer Flugzeug-Konstrukteur 365
KRÜGER, Vorstandsmitglied der Diesel Motoren-Fabrik AG 486
KRUPP, FRIEDRICH ALFRED 428 f
KÜBLER, Freund WILHELM MAYBACHS in New York 233, 246
KUHN, G., MAX EYTHS Lehrherr in Stuttgart 15, 468
KURTZ, HEINRICH, Glockengießer in Stuttgart, führte den ersten schnellaufenden Daimler-Maybach-Motor aus 85

LANGEN, ARNOLD, Vorstand der Gasmotoren-Fabrik Deutz, Verfasser des Buches Nicolaus August Otto 21, 22, 25, 40, 44, 64, 167, 253, 581, 586, 592, 654
LANGEN, EUGEN, Förderer und Mitarbeiter OTTOS 26 f, 29 f, 40, 64, 66 f, 76, 81, 93, 133, 162 f, 305, 395, 425, 429
LANGEN, GUSTAV und JAKOB, Brüder EUGEN LANGENS, im Aufsichtsrat der Gasmotoren-Fabrik Deutz 50, 75, 76, 88, 151
LANGENSIEPEN, Ingenieur in Magdeburg, Konstrukteur von Petroleummotoren 468
LAUDAHN, W. 551
LAUSTER, IMANUEL 468 f, 474 f, 488, 492, 505, 508 f, 512, 515, 517 f, 522, 534, 538, 556, 562, 583
LAUSTER, Rudolf 654
LEBON, PHILIPPE, gilt in Frankreich nicht mit Unrecht als der Erfinder der Gasmaschine 5
LEFÈBVRE, Pariser Fabrikant, baute den Lenoir-Motor 11, 14, 15
LEISSNER, HARRY, schwedischer Ingenieur, wies als erster die Brauchbarkeit des Vorkammerverfahrens nach 612 f
LENOIR, JEAN JOSEPH ETIENNE 11 f, 41, 57, 163
LEVASSOR, Pariser Automobilfabrikant 175, 181, 187, 197, 233

LEWICKI, Professor an der Technischen Hochschule Dresden 163
LIECKFELD, GEORG, Ingenieur bei der Hannover'schen Maschinenbau-Gesellschaft 127, bei Körting 140f, Zivilingenieur in Hannover 146, 278, 412, 655
LINCK, KARL, GOTTLIEB DAIMLERS Kaufmann 167, 182f, 200
LINDE, CARL (VON) L., 383f, 391f, 424, 426f, 581, 601
LINDER, Monteur der MAN 407, 448, 464
LINDNER, Professor an der Technischen Hochschule Karlsruhe 468
L'ORANGE, PROSPER 592, 596, 606, 610f, 657
L'ORANGE, RUDOLF 501, 606
LORENZ, WILHELM, Direktor einer Patronenfabrik in Karlsruhe, Mitgründer und im Aufsichtsrat der Daimler-Motoren-Gesellschaft 182, 183, 200, 211, 213, 225f, 246f, 351, 656
LOUTZKY (VON LOUTZKOY), BORIS 294f, 347, 468
LÜDERS, J., Professor an der Technischen Hochschule Aachen 384, 399, 412, 424, 519, 657
LÜRMANN, Hüttenigenieur, hat in Deutschland zuerst auf die Verwertung von Hochofengasen in Gasmaschinen hingewiesen 304, 656

MAGG, JULIUS, Professor an der Technischen Hochschule Graz 651, 657
MAGÔT-CUVRÜ, Verfasser einer Skizze über Jean Joseph Lenoir 654
MARCUS, SIEGFRIED 79
MARINONI, Pariser Fabrikant, baute den Lenoir-Motor 11, 15
MATSCHOSS, CONRAD 4, 654
MATTEUCCI, baute gemeinsam mit BARSANTI 1854 eine atmosphärische Gasmaschine 8, 26
MAY, FRIEDRICH, Mitgründer der Motorenfabrik Darmstadt 645
MAYBACH, KARL 103, 369f, 656
MAYBACH, WILHELM 14, 37, 40f, 45f, 50, 55, 69, 76f, 96f, 123, 167f, 181f, 191, 339f, 369, 467, 619
MEIER, Colonel E. D., Leiter der Diesel Motor Co. of America 490, 531, 538
MEYER/Delft, PAUL 485f, 499, 520, 543, 654
MEYER, EUGEN, Professor an der Technischen Hochschule Charlottenburg 522, 526, 586
MICHAUX, zeigte ein Zweirad mit Tretkurbeln auf der Pariser Weltausstellung 1867 96
MUNKERT, Assistent SCHRÖTERS an der Technischen Hochschule München 480

NADROWSKI, Konstrukteur DIESELS, anfangs in Berlin, dann in Augsburg 434, 464, 469
NÄGEL, Professor an der Technischen Hochschule Dresden 384, 399, 412, 423, 517, 519, 598
NISSEN, HANS G., Zivilingenieur in Berlin-Steglitz 656
NOÉ, LUDWIG, Assistent DIESELS, später Direktor der Danziger Werft 488, 491

VON OECHELHÄUSER, WILHELM, Generaldirektor der Berlin-Anhalt'schen Maschinenbau-Gesellschaft 127, 305f, 395
OESTERLEN, FRITZ, Konstrukteur der Maschinenfabrik Augsburg 510
OTTO, NICOLAUS AUGUST 11, 19f, 39f, 43f, 50f, 60, 66f, 73f, 132, 153f, 162f, 251f
OTTO, WILHELM, Bruder N. A. OTTOS 19

PANHARD, Pariser Automobilfabrikant 175, 181, 233
PAPIN, DENIS, verbesserte 1688 HUYGENS' Pulvermaschine 3
PAWLIKOWSKI, RUDOLF, Assistent DIESELS, Konstrukteur des Kohlenstaubmotors 499
PERREAUX, Amerikaner, baute 1882 ein Dampf-Dreirad 96
PFAFFENZELLER, Monteur der MAN 488
PFEIFER, EMIL und VALENTIN, im Aufsichtsrat der Gasmotoren-Fabrik Deutz 36, 50

RADINGER, Professor an der Technischen Hochschule Wien 394
RATHKE, K. 655
REDTENBACHER, FERDINAND, Professor an der Technischen Hochschule Karlsruhe 29, 105
REGENBOGEN, CONRAD, technischer Leiter der Krupp-Germaniawerft 561f, 657
REICHENBACH, FRITZ, Oberingenieur der MAN 463, 476, 477
REITHMANN, CHRISTIAN, Uhrmacher 38, 58f, 60f, 65f, 114, 164
RENAULT, französischer Automobil-Industrieller 616
REULEAUX, F., Professor an der Technischen Hochschule Charlottenburg 34, 36, 40, 41, 119, 167, 394, 430
RICARDO, SIR HARRY, Erfinder des Wirbelkammermotors 595
RICHARD, G., Verfasser des Buches Les nouveaux moteurs à gaz et à pétrole 24, 56f, 176, 397, 414, 425, 447, 654
RICHTER, HANS, Oberingenieur der Maschinenbau-Gesellschaft Nürnberg, später Direktor der Krupp-Germaniawerft 303, 330f, 336, 545
RIEDLER, ALOIS, Professor an der Technischen Hochschule Charlottenburg 384, 398, 412, 422f, 446, 518, 522, 560, 650, 656
RIEGELMANN, Oberingenieur der Firma L. A. Riedinger 492, 517
RIEPPEL, ANTON (VON) R., Leiter der Maschinenbau-Gesellschaft Nürnberg 291, 295, 303, 330, 483, 490f, 537f, 543, 550f
RINGS, FRANZ, OTTOS Mitarbeiter am ersten Viertaktmotor 43, 50, 57, 69, 75
DE RIVAZ, ISAAC, erhielt 1807 ein französisches Patent auf den Antrieb eines Kraftfahrzeuges durch einen mit Wasserstoff betriebenen Motor 5, 79
ROBINSON, W., machte 1891 Versuche an einem Akroyd-Motor 418
ROOSEN-RUNGE, von 1869 bis 1871 Teilhaber der Firma Langen, Otto & Roosen 36

Rose, Max, Kaufmann, gründete mit Karl Benz die Benz & Co. Rheinische Gasmotoren-Fabrik 107, 113, 126
Rühlmann, Professor, untersuchte den ersten Gegenkolbenmotor 128
Rühmkorff, Heinrich Daniel, erfand 1855 den Induktionsapparat 121, 655

Santos Dumont, Flug-Pionier 365
Schedlbauer, Professor an der Industrieschule München 62
Scheerer, Georg, um 1893 Angest. in Maybachs Konstruktionsbüro im Hotel Hermann 199
Schildberger, F. 239, 654
Schleicher, Jakob, Schwager Eugen Langens, Vertreter der Gasmotoren-Fabrik Deutz in den USA 53, 69, 147
Schlüter, Anton, Gründer der Motorenfabrik gleichen Namens 641
Schmidt, Gustav, hat 1861 darauf hingewiesen, daß eine Vorkompression von Luft und Gas den Wirkungsgrad des Lenoir-Motors erheblich verbessern würde 163, 655
Schmitz, Albert, Mitglied des Krupp-Direktoriums 428f, 454, 464
Schmuck, Otto, Kaufmann, arbeitete anfangs mit Karl Benz zusammen 106
Schmucker, Monteur der MAN 464, 508
Schnauffer, K. 518, 655, 657
Schnetzer, Direktor der Kemptener Zündholzfabrik 508, 511
Schöffel, Monteur der MAN 464
Schöttler, R., Professor an der Technischen Hochschule Braunschweig, Verfasser des Buches Die Gasmaschine 12, 13, 112, 131, 158, 165, 167, 654
Schrödter, Max, Direktor der Daimler-Motoren-Gesellschaft 195, 200, 204f
Schröter, Moritz, Professor an der Techn. Hochschule München 60, 62, 391f, 395f, 401, 402, 426f, 465, 470, 480f, 518, 560, 600
Schumm, Hermann, Ingenieur, später im Vorstand der Gasmotoren-Fabrik Deutz 60, 69, 75, 147, 249, 255, 584
Schwarz, Oberingenieur der MAN Nürnberg, verunglückte bei einem Probelauf der dreizylindrigen Versuchsmaschine mit 2000 PS Zylinderleistung 551, 553
Schwarz, Carl, im Aufsichtsrat der Diesel Motoren-Fabrik AG 485
Seyfried, Ingenieur der Maschinenfabrik Augsburg 556
Siebertz, Paul, Daimler-Historiker 55, 82, 88, 92, 346, 654, 655, 656
Siemens, Georg 656
Siemens, Werner (von) S. 151, 152
Simms, Frederick, R., englischer Industrieller, erwarb für einen hohen Betrag die Lizenz auf die Motoren der Daimler-Gesellschaft 229
Slaby, Adolf, Privatdozent an der Königlichen Gewerbeakademie zu Berlin, später Ordinarius an der Technischen Hochschule Charlottenburg 166, 167

Söhnlein, Julius 409, 412, 646
Sombart, C. M., Inhaber der Firma Buss, Sombart & Co. in Magdeburg 134
Spiel, Brüder Carl und Adolf 210, 211f
Spiel, Johannes 216f, 282
Springfellow, Engländer, versuchte ein lenkbares Luftschiff mit Dampfmaschinenantrieb zu bauen 362
Stein, Carl, Direktor der Gasmotoren-Fabrik Deutz 77, 255
Steinbecker, Karl, konstruierte auf der Krupp-Germaniawerft einen Vorkammermotor mit Schußkanal 595
Steiner, Kilian, Direktor der Württembergischen Vereinsbank, im Aufsichtsrat der Daimler-Motoren-Gesellschaft 200
Steinway, William, Klavierfabrikant in New York, besaß das Recht der Verwertung der Patente Daimlers in den USA 246, 656
Street, Robert, erhielt 1794 ein englisches Patent auf eine Verbrennungskraftmaschine 4
Strössner, G. 657
Sulzer-Imhoof, Jakob 480
Sulzer-Schmidt 480

Thele, deutscher Flugzeugkonstrukteur 640
Trevithick, Richard, baute 1801 einen Straßendampfwagen 79
Trinkler, russischer Ingenieur, Erfinder eines kompressorlosen Einblaseverfahrens 628

Venator, Freund Diesels 395, 400
Vischer, Gustav, kaufmännischer Leiter der Daimler-Motoren-Gesellschaft 204, 229
Vogel, Lucian, Studienfreund Diesels, Oberingenieur der Maschinenfabrik Augsburg 432, 465, 467, 475, 537f
Vogt, Oberingenieur der Maschinenfabrik Augsburg 510, 520, 521, 523
Vollnhals, Otto, Gründer der Motorenfabrik München-Sendling 642

Wahl, H., führte Versuche mit dem Kohlenstaubmotor aus 499
Wallenberg, Bankdirektor in Stockholm 483
Wankel, F., Konstrukteur eines Drehkolben-Verbrennungsmotors 653
Watson, Erfinder der Glührohrzündung 81, 84
Weisbach, Julius, Professor an der Bergakademie in Freiberg 37
Weyrauch, Professor an der Technischen Hochschule Stuttgart 395
Wigand, C., Verfasser einer gegen Ottos Viertaktpatent gerichteten Broschüre 163, 625, 655
Will, Zivilingenieur, Zeuge in den Reithmann-Prozessen 61, 65
Winand, Paul, Erfinder der Hochspannungs-Magnetzündung 160f
Winslöw, Ingenieur der Firma Burmeister & Wain, Kopenhagen 483
Wittig, Wilhelm, Inhaber eines Patents auf Zweitakt-Gasmotoren 60, 129f, 137, 278

Witz, Aimé, französischer Motorenfachmann 10, 58, 112, 654
Wolf, Bela, Konstrukteur der Gasmotoren-Fabrik Deutz 77, 581
Wölfert, Karl, Leipziger Buchhändler, baute einen Maybach-Motor in einen Lenkballon ein 168, 175, 363
Woolf, Arthur, verbesserte die Zweifach-expansions-Dampfmaschine 71, 494
Worsoe, Wilhelm, Ingenieur der Krupp-Germaniawerft 534, 561 f

Wright, Brüder Orville und Wilbur, Flug-Pioniere 365, 640
Wright, Wellman L., soll 1833 eine doppeltwirkende Zweitaktgasmaschine gebaut haben 6

Zeppelin, Graf Ferdinand 243 f, 363, 369
Zeuner, Gustav, Professor an der Technischen Hochschule Dresden 394 f, 401 f, 481
Zons, M. J., Mechaniker in Köln 20, 21, 23 f, 27 f
Züblin, Oberingenieur der Firma Gebr. Sulzer 397 f

Sachverzeichnis

Abreißzündung von Otto 154, von Bosch 239, von Güldner 602
Ackerschlepper, erster deutscher, von O. Vollnhals, München-Sendling 644
Akroyd-Motor 415f
Allgemeine Gesellschaft für Dieselmotoren 492
Ammoniak-Dampfmaschine von Diesel 387
Atmosphärische Gasmaschine von Barsanti und Matteucci 9
— — von Gilles 38
— — von Otto 27f
— —, Schaltwerk von Eugen Langen 30
— —, Steuerung 31f
Aufladung der Großgasmaschine 328, des Dieselmotors 467f
Auspuffventil, gekühltes, von Hermann Ebbs 303
Aussetzerregelung am Motor von Daimler-Maybach 87, 170
— am Motor des Krupp-Grusonwerkes 290
— an Ottos erstem Viertaktmotor 49
— am Motor von Max Schrödter 208
Ausstellung von Dieselmotoren in München 488
Äußerer Petroleumvergaser Diesels 452

Batteriezündung von Karl Benz 110
Benzin-Dampfmotor von Wilhelm Maybach 353
Benzinmotor, erster Deutzer 155
— von Boris Loutzky 298
— der Rheinischen Gasmotoren-Fabrik 267
— von Johannes Spiel 217
Benzinmotoren von Anton Schlüter 641
— der Motorenfabrik München-Sendling 643
Bienenwabenkühler von Wilhelm Maybach 343
Bisschop-Motor 134
Brayton-Motor 413
Brennstoffventil, erstes, mit Plattenzerstäuber 516
— des Brons-Motors 589
Brunklaus-Drehkolbenmotor 653

Capitaine-Motoren 220f
Carnots Kreisprozeß 385, 391, 399, 411
Contra-Motor 268

Dekompression (Aufheben der Verdichtung beim Anlassen) 52, 72, 92, 149, 224
Diesel Motoren-Fabrik AG 484
Diesellokomotive 538
Dieselverfahren, Definition 406, 407, 418
Doppeltwirkender Viertaktmotor s. a. Großgasmaschine
Doppeltwirkender Viertakt-Gasmotor von Ehrhardt & Sehmer 323
— — — von Körting 315
— — — der Maschinenbaugesellschaft Nürnberg 329
Doppeltwirkender Zweitakt-Gasmotor von Körting 311
— — -Dieselmotor von Blohm & Voß-MAN 546
— — — der Krupp-Germaniawerft 576f
— — — der MAN Nürnberg 545f
Draisine 96, 168, 175
Drosselregelung 195
— des Benz-Motors von 1882 109
— des Benz-Motors von 1893 262
— des Bisschop-Motors 137
— des Karl Maybach-Motors 376
— des Motors von Max Schrödter 206
Druckluftübertragung im Motorwagen 354
Düsenmundstücke, Versuche Diesels 461

Einblaseluftkompressor des Versuchsmotors Diesels 463
—, vierstufig, eines U-Boot-Motors 572
Einblaseverfahren des Brons-Motors 588
— des Haselwander-Motors 587
Einspritzen des Brennstoffs unter Hochdruck 422, 501, 651
Eisenbahntriebwagen 168
— der Daimler-Motoren-Gesellschaft 241
— mit Dieselmotor, Entwurf 538

Feuerlöschwagen der Daimler-Motoren-Gesellschaft 210
Flammenzündung von Barnett 7
— an Ottos erstem Viertaktmotor 47f
Flugmotor, 60 PS, der Daimler-Motoren-Gesellschaft 366; 170 PS 367
Flugmotoren der Benz-Werke 621
Funkenzündung, Versuch Diesels 451

Gasgenerator von Benz & Cie. 270
— von Dowson 150
Gasmotor, erster von Karl Benz 106
—, verbesserter von Karl Benz 107
—, erster der Motorenfabrik Darmstadt 645
Gegenkolbenmotor von Kindermann 127
— von Oechelhäuser-Junkers 305

Sachverzeichnis

Generatorgas-Motor von Benz & Cie. 273, 605
Glühkopfmotor, Definition 418, 419
— der Motorenfabrik Hatz 647
Glührohrzündung von Deutz 251
— von Funck 81
— von Heese 159, 252
— von Loutzky 296
— von Watson 81
Großgasmaschine von Ehrhardt & Sehmer 323
— der Gasmotoren-Fabrik Deutz 318
— der Gebr. Körting 311
— der Märkischen Maschinenbauanstalt 337
— der Maschinenbaugesellschaft Nürnberg 329
— der Maschinenfabrik Thyssen & Co. 336
— von Oechelhäuser-Junkers 305
Güldner-Motoren GmbH 601

Hammertype, stehender Motor von Boris Loutzky 294
Haselwander-Motor 585f
Hochdruck-Einspritzung 422, 501, 651
Hochofengas, Verwertung in Gasmaschinen 305
Höhenflugmotor, überbemessener, von Karl Maybach 379
Hülsenzerstäuber 529
Hydraulische Ventilsteuerung 578

Indikatordiagramm des Akroyd-Motors 411
— des Brayton-Motors 411
—, theoretisches, von Carnot 411
— des Dieselmotors ohne und mit Auflading 411
— eines Dieselmotors bei Betrieb mit Kohlenstaub 498
— des Lenoir-Motors 14
— von Ottos erstem Viertaktmotor 44
— eines Viertakt-Gasmotors von Max Schröter 209
— des Versuchsmotors Diesels 462, 475
Indikatordiagramme des Dieselmotors von 1897 und 1957 480
Innenvergaser Diesels 449

Jastram-Motoren 637

Kaelble-Motoren 640
Kemptener Motor 505
Knight-Schiebermotor 359
Kohlenstaubmotor 499
Kolben, Konstruktion 526, 541
Kühlwasserrückkühler, Maybachs erster 181
Kurvennutensteuerung Gottlieb Daimlers 86, 98

Labyrinth-Zerstäuber 513
Leichtmetall, als Konstruktionsmaterial von Wilhelm Maybach verwendet 233
Leichtmetallkolben von Basse & Selve 648
Lenoir-Motor 11f
Leuchtgasversuche Diesels 454, 497
Lochzerstäuber von Burmeister & Wain 514
Luftschiff von Lebaudy 362
Luftschiffmotor 135 PS der Daimler-Motoren-Gesellschaft 363

—, achtzylindriger, von Paul Daimler 364
—, erster, von Wilhelm Maybach 245
— 150 PS von Karl Maybach 370
Luftschraubenboot mit Maybach-Motor 243

Membransteuerung, Ottos, des Auspuffventils 253
Mercedes-Motor, Wilhelm Maybachs erster 340
Mercedes-Rennwagen 35 PS 343
Mischventil, Bauart Körting-Lieckfeld 145
Motorboot, Daimler-Maybachs erstes 102
Motorrad, Daimler-Maybachs erstes 96f
Motorwagen, Daimler-Maybachs erster 100f
—, Karl Benz' erster 119
—, Paul Daimlers 344
—, Wilhelm Maybachs mit Druckluftübertragung 354
Münchener Ausstellung 1898 488

Oberflächenvergaser, Deutzer 156

Patente (wichtige)
    DRP 532 Schichtenbildungs- und Viertakt-Patent Ottos 51
    DRP 2735 Ottos Schußkanal 52
    DRP 14254 schützte Otto ein „inniges Gemenge" von Gas und Luft 73
    DRP 28022 Gottlieb Daimlers ungekühlter Motor mit Glührohrzündung 82
    DRP 67207 Diesels Grundpatent 389
    DRP 82168 Diesels zweites Patent 408
    DRP 230517 L'Orange's Vorkammerpatent 611
    DRP 397142 L'Orange's gekühlte Vorkammer 613
Pendelregler am Motor von Krupp-Gruson 290
Petroleummotor der Brüder Spiel 211
Petroleummotoren von Capitaine 220
—, Deutzer 255
— von Maybach 231
Petroleumpumpe der Brüder Spiel 215
Petroleumvergaser von Maybach 232
Phönix-Motor 187
Plattenzerstäuber 512
Pulvermaschine von de Hautefeuille 3
— von Huygens 2
— von Papin 3
Pumpe — Düse, Bauart L'Orange 501

Regelung (Mengen-) des doppeltwirkenden Zweitaktmotors von Körting 314
— (Gemisch- und Mengen-) des Gegenkolbenmotors von Oechelhäuser-Junkers 307
— des dritten Versuchsmotors Diesels 476
— des Kemptener Motors 509
— des Viertaktmotors von Körting 280
— des Loutzky-Motors 301
— des ersten Vierzylindermotors von Wilhelm Maybach 180
— des Motors von Johannes Spiel 219
Reichsgerichtsprozeß um Ottos Viertaktpatent 162

Rennwagen von Wilhelm Maybach 343, 350, 352
— von Benz & Cie. 617f
Riemenwagen, Gottlieb Daimlers 184
Röhrenkühler von Wilhelm Maybach 233

Sauggasanlage von Benz & Cie. 270
Schichtenbildung im Zylinder eines Verbrennungsmotors, Ottos Theorie 42, 51
Schiebermotor von Knight 359
Schiffsmotoren 531f
— der Krupp-Germaniawerft 561, 566
Schlüter-Motoren 641
Schußkanal an Ottos Viertaktmotor 53
Schwerölmotoren von Deutz 581
Schwimmerloser Vergaser von Karl Maybach 373
Schwungradkühlung Wilhelm Maybachs 185
Sechszylindermotor von Paul Daimler 358
Selbsteinblasung des Brennstoffs (Diesels Versuche) 500
Selbstzündung 406
Semi-Diesel engine, Definition 419
Siebzerstäuber Diesels 477
Simplex-Motor von Wilhelm Maybach 346
Spiel-Motor 211, 216
Spiritusmotoren, Deutzer 259
Spritzdüsenvergaser 193, 375
Spülung der Zweitakt-Kurbelkammermotoren von Körting 627
— der Zweitakt-U-Boot-Motoren von Körting 633
Stahlradwagen, Maybachs 172
Standuhr, Wilhelm Maybachs erster schnelllaufender Motor 88f
Sternbrenner, Diesels 459
Steuerung der Brennstoffventilnadel Diesels 472
— der atmosphärischen Gasmaschine von Otto und Langen 31f
—, Kurvennuten-, von Gottlieb Daimler 86, 98
— des Lenoir-Motors 11
Streubrenner, Diesels 474
Stufenkolben der Standuhr 89
— des Nürnberger Zweitakt-Dieselmotors 541
Summerzündung von Karl Benz 122, verbesserte 263

Tauchkolben 522, 523, 526, 541
Teerölbetrieb 529
Trinkler-Motor 628

U-Boot-Dieselmotor der Daimler-Motoren-Gesellschaft 368, 534f
U-Boot-Motor, Entwurf MAN-Krupp 562
U-Boot-Motoren, Viertakt- 573
—, Zweitakt- 567
U-Boot-Petroleummotoren von Körting 631f
Umsteuerung System Benz-Hesselman 609
Umsteuerungen von Schiffsmotoren 532

Velo-Wagenmotor von Karl Benz 265
Ventilsteuerung der Deutzer Großmotoren 321
— des doppeltwirkenden Viertaktmotors von Ehrhardt & Sehmer 325

Ventilsteuerung des doppeltwirkenden Viertaktmotors von Körting 317
Verbrennung bei konstantem Druck 418
— bei konstantem Volumen 419
Verbundmotor, Deutzer 71
—, Diesels 495
Verdampfer der Brüder Spiel 212
Verdichtung, zweistufige, der Einblaseluft 516
Verdichtungsdruck, von Diesel gewählt 405
Verdichtungszündung 418
Verdrängermotor von Deutz 597
Vergaser, äußerer, von Diesel 446
—, innerer, von Diesel 449
—, Deutzer Oberflächen- 156
—, Doppel-, für Benzin und Spiritus 242
—, Oberflächen-, Skizze von Eugen Langen 94
—, Schwimmer-, von Karl Benz 122
—, Schwimmer-, von Wilhelm Maybach 93
—, schwimmerloser von Karl Maybach 373
—, Spritzdüsen-, von Wilhelm Maybach 193
Versuchsmotor, Diesels erster 431f
— — zweiter 457f
—, — dritter 467f
Victoria-Wagen von Maybach 237
Viertakt-Gasmotoren von Körting 278, 282, 285
— -Kleinmotor der Gasmotoren-Fabrik Deutz 148
— -motor von Buss, Sombart & Co. 138
— -motor von Körting-Lieckfeld 144
— -motor vom Krupp-Grusonwerk 289
— -motor, Ottos erster 43f
— -Tandemmaschine von Körting 286
Viertaktverfahren (Beau de Rochas) 56
— (Reithmann) 58f
Viertakt-Wagenmotor von Karl Benz 113f
Vierzylindermotor, Wilhelm Maybachs erster 175
Vorkammerverfahren 610
Vorkammer von Leissner 612
— von L'Orange 611f

Wagenmotor, erster, von Karl Benz 113
— von Karl Benz mit vertikalem Schwungrad 261
Wagenmotoren von Benz & Cie. 614
Wankel-Drehkolbenmotor 653

Zahnradwechselgetriebe, Wilhelm Maybachs 174
Zerstäuber 512f, 529
Zerstäubungskammer von Deutz 595
Zündapparat, Ottos erster 154
Zündkerze, Diesels 460
Zündpunkteinstellung am Benz-Motor 264
Zündung, Batterie- von Karl Benz 110
—, Flammen- von Barnett 7
—, Flammen- an Ottos atmosphärischer Gasmaschine 33
—, Flammen- an Ottos erstem Viertaktmotor 47
Zündung durch Funken, Versuch Diesels 451
—, Hochspannungs-Magnet- von Winand 160
—, Innen- der Brüder Spiel 212
— des Lenoir-Motors 13

Zündung, magnetelektrische Niederspannungs- von Otto 153
—, Summer- von Karl Benz 122, 263
Zündverzug 407
Zündvorrichtung von Körting-Lieckfeld 142
—, Vorschlag von Werner Siemens 151
— der Brüder Spiel 214
Zweitakt-Dieselmotoren, doppeltwirkende 545 f
Zweitaktmotor von Karl Benz 106, 108
— von Hugo Güldner 502
— der Hannover'schen Maschinenbau AG 132
— Bauart Körting-Lieckfeld 141
— der MAN Nürnberg 539 f
— von Wittig und Hees 130

Zweizylinder-V-Motor von Daimler und Maybach 168
Zwergmotor, Ottos 159
Zwillingsmotor, Ottos 70
Zylinderblock des ersten Mercedes-Motors 341
Zylinderkonstruktion des Höhenflugmotors von Karl Maybach 380
Zylinderkonstruktionen der Großgasmaschine von Ehrhardt & Sehmer 327
— der Nürnberger Großgasmaschine 332
— der Großdieselmaschine der Krupp-Germaniawerft 576 f
— der Großdieselmaschine der MAN Nürnberg 550 f
Zylinderkopfbauarten der Deutzer Großmotoren 320

Satz und Druck:
Graphische Betriebe W. Büxenstein GmbH, Berlin SW 61

Additional material from *Geschichte des deutschen Verbrennungsmotorenbaues*
ISBN 978-3-662-11843-6 is available at http://extras.springer.com

MIX
Papier aus verantwortungsvollen Quellen
Paper from responsible sources
FSC® C105338

If you have any concerns about our products,
you can contact us on
ProductSafety@springernature.com

In case Publisher is established outside the EU,
the EU authorized representative is:
Springer Nature Customer Service Center GmbH
Europaplatz 3, 69115 Heidelberg, Germany

Printed by Libri Plureos GmbH
in Hamburg, Germany